OSKAR NIEMCZYK †

BERGMÄNNISCHES VERMESSUNGSWESEN

DRITTER BAND

1. Halbband

OSKAR NIEMCZYK †

BERGMÄNNISCHES VERMESSUNGSWESEN

EIN HANDBUCH DES MARKSCHEIDEWESENS

DRITTER BAND

Darstellungen · Anwendungen

VON

EMER. ORD. PROFESSOR DR.-ING. EH. DR. PHIL. OSKAR NIEMCZYK †
Ständiger Gastprofessor an der Technischen Universität Berlin

UND

Berg- und Vermessungsrat a. D.
DR. PHIL. HABIL. OTTO HAIBACH
apl. Professor an der Bergakademie Clausthal

Mit 293 Abbildungen und 18 Zahlentafeln

ERSTER HALBBAND

ZUR DRUCKLEGUNG VORBEREITET
VON o. PROFESSOR DR. RER. NAT. PAUL HILBIG

AKADEMIE-VERLAG · BERLIN
1963

Erschienen im Akademie-Verlag GmbH, Berlin W 8, Leipziger Straße 3—4

Lizenznummer: 202 • 100/577/63
Kartengenehmigung: MdI der DDR Nr. 7881/62
Gesamtherstellung: Druckhaus „Maxim Gorki", Altenburg
Bestellnummer: 5051/3/I, ES 20 F 1

VORWORT

Wir knüpfen an das Vorwort zu Band II dieses Handbuches an, in welchem wir darauf hinwiesen (Seite X, oben), daß sich Band III mit der *Anwendung* der im Band II entwickelten Projektions- und Darstellungsverfahren beschäftigen wird. Gleichzeitig sprachen wir in Band II (1956) die Vermutung aus, daß Band III „nicht weniger Raum beanspruchen dürfte als der vorliegende zweite Band". Diese Voraussage ist nicht nur erfüllt, sondern bei weitem übertroffen worden, so daß sich der Verlag entschloß, Band III aus Gründen der Handlichkeit in zwei Halbbänden herauszubringen. Hierfür sind wir dem Akademie-Verlag besonders dankbar, weil es uns damit möglich gemacht wird, die umfangreichen darstellerischen Aufgaben des Markscheiders so zu umreißen, wie sie heute tatsächlich bestehen.

Früher wurde das Gebiet der bergmännischen Darstellungen sehr unterschiedlich behandelt. So zeigen wir im geschichtlichen Abriß, *Abschnitt I* (O. NIEMCZYK), daß sich noch Ende des 19. Jahrhunderts und bis tief in das 20. Jahrhundert hinein die einschlägigen Lehrbücher der Markscheidekunde mit dem Rißwesen entweder überhaupt nicht (E. BORCHERS, P. UHLICH) oder nur andeutungsweise (O. BRATHUHN, P. WILSKI) befaßten.[1] Das war darauf zurückzuführen, daß dem seit langem notwendigen Ausbau der Darstellungswege eine unzulängliche Ausbildung des Markscheiders in den grundlegenden Fächern der Darstellenden und Analytischen Geometrie entgegenstand. Wenn in diesem Band III *erstmalig* ein kurzer Überblick über die *geschichtliche* Entwicklung bergmännischer Darstellungen gegeben wird, so erweist sich Abschnitt I schon deshalb als unentbehrlich, weil erst dessen Studium das Verständnis des Lesers für die Bedeutung unserer heutigen Bestrebungen auf rißtechnischem Gebiet wachzurufen vermag (vgl. Abschnitt I, S. 2, erster Absatz).

Band III baut mit den Abschnitten II—VI auf den von NIEMCZYK-HAIBACH im Band II erläuterten *Grundlagen* auf, deren Rahmen auf der viergeteilten Zusammenstellung der Riß-, Karten- und Planwerke fußt (Bd. II, S. 8/9). Abschnitt II des Bandes III beschäftigt sich mit den *Grubenrißwerken*, Abschnitt III stellt mit seinen geologisch-lagerstättenkundlichen Darlegungen die Überleitung zum Abschnitt IV, der den zweiten Halbband einleitet, her. Der Abschnitt IV ist dem

---

[1]) Eine Ausnahme stellt die Markscheidekunde von G. SCHULTE und W. LÖHR dar (1931, 1. Auflage).

geologisch-lagerstättenkundlichen Kartenwerk gewidmet, von dem ein Unterabschnitt abgeteilt die einzelnen Bergbauzweige des *Lagerstättenarchivs* behandelt. Mit dem *Betriebsplanwerk* beschäftigt sich sodann Abschnitt V, während der Abschnitt VI mit den *kleinmaßstäblichen Kartenwerken* den Abschluß bildet. Den einzelnen Abschnitten und Unterabschnitten sind die in Betracht kommenden Verfassernamen (in Klammern) vorangestellt.

Hervorzuheben ist folgendes. Die dem Band III beigegebenen Darstellungsbeispiele (Anwendungen) mußten sich in mannigfacher Beziehung über frühere Auffassungen und Vorbilder hinwegsetzen. Im Vordergrund steht das Bestreben, den im Band II verfolgten Gedanken zu verwirklichen, dem Artenreichtum an Projektionen im Rahmen der Analytischen Geometrie im dreidimensionalen Raum belebende Formen zu vermitteln. Die hierzu von O. HAIBACH entwickelten mathematischen Ableitungen und Darstellungswege (Band II, Abschnitt II und III, S. 65—383) haben daher ganz besonders im *Abschnitt II, A—E* des vorliegenden Bandes III, *Die Grubenrißwerke*, ihren Niederschlag an Hand praktischer Beispiele, Hinweise und rißlicher Konstruktionen sowie zum Teil farbiger Darstellungen gefunden. Die neuen, verhältnismäßig einfachen und leicht verständlichen Anwendungsformen, denen vorwiegend die Teilabschnitte II, C, *Das Zulegerißwerk*, und II, D, *Das Grubenrißwerk* (O. NIEMCZYK), in ausführlicher Weise gewidmet sind, müssen und werden sich durchsetzen, wenn wir den Anschluß an die rasche, fortschrittliche Entwicklung der Bergbautechnik nicht verlieren wollen. Dabei wird demjenigen Darstellungsverfahren der Vorzug zu geben sein, das für den in Betracht kommenden Bestandteil des Grubenrißwerks als das geeignetste anzusprechen ist. Diesen Gedanken zufolge ist im Abschnitt II, A—E das Überholte abgeworfen, das Brauchbare verbessert und erweitert worden; das Neue wird mit ausführlichen, übersichtlich gestalteten Rechnungs- und Konstruktionsbeispielen aus sämtlichen Bergbauzweigen dem Verständnis des Lesers nahegebracht.

Gänzlich neue Gesichtspunkte wirft der von O. HAIBACH verfaßte *Abschnitt III* über *die markscheiderische Behandlung tektonischer Vorgänge und Formen* auf. Es ist meines Wissens bisher noch nie in einer so ausführlichen, exakten Art und Weise, weder in der Geologie, noch im Bergbau, das Problem tektonischer Vorgänge und Formen in darstellender Beziehung angefaßt worden. Wohl gibt es aus geologisch-lagerstättenkundlichen, aus bergmännischen und markscheiderischen Kreisen zahlreiche Veröffentlichungen, vornehmlich beobachtender, untersuchender und konstruktiver Art, jedoch stets auf bestimmten Teilgebieten und ohne eine erschöpfende Lösung der zahlreichen bergmännisch-lagerstättenkundlich anstehenden Aufgaben. Erst demjenigen Leser, der die Darstellungsschwierigkeiten von Falten und tektonischen Störungen mit allen ihren verwickelten Begleiterscheinungen in Grundrissen, Seiger-, Flach- oder Achsenrissen sowie Schnitten zu übersehen vermag, wird die mühselige Arbeit klar, die vom Begrifflichen über das zweckmäßigste Projektionsverfahren bis zur fertigen Darstellung vom Autor (HAIBACH) hier geleistet worden ist. Die zahlreichen Beispiele, in 134 Abbildungen zusammengestellt, im Text beschrieben, erläutert und diskutiert, beweisen, angefangen von den Darstellungsmitteln und -verfahren über einfache bis zu den verwickeltesten Anwendungsformen, den hohen Wert einer derartigen Analyse der *markscheiderischen* Behandlung tektonischer Formen und Vorgänge. Es wird *erstmalig* in folgerichtigem Aufbau des Stoffes gezeigt, wie vorteilhaft auf der einen Seite, wie notwendig aber auch andererseits sich ein tieferes Eindringen in die markscheiderischen Darstellungsmethoden geologischer Erscheinungsformen für den Bergmann, Markscheider und Geologen erweist.

Mit diesem Abschnitt III ist, wie bereits erwähnt, die Überleitung zum zweiten Halbband des Bandes III gegeben, der mit *Abschnitt IV* über *Das geologische und lagerstättenkundliche Kartenwerk* einsetzt. Auch Abschnitt IV führt den Leser insofern in Neuland hinein, als hier zum ersten Male im bergmännischen Schrifttum die Bedeutung dieses noch in Entwicklung befindlichen Kartenwerks (Lagerstättenarchiv) als Grundlage betrieblicher und wirtschaftlicher Planungen sowie einer laufenden Überwachung der Lagerstättenverhältnisse in den Vordergrund tritt. Diese Hauptaufgabe des *Lagerstättenarchivs*[1]) fußt auf sehr sorgfältig durchzuführenden geologischen, rohstofflichen und betrieblichen Untersuchungen der in Betracht kommenden Lagerstättenart, die für jedes in Betrieb befindliche Bergwerk vorgenommen und fortgeführt werden sollen. Die Ausführungen im Abschnitt IV lassen, obwohl die Einrichtung der Archive vielfach erst im Aufbau begriffen oder noch nicht aufgenommen ist, dennoch die für jeden Bergbauzweig etwa einzuschlagende Linie für die Anlage eines Lagerstättenarchivs erkennen. Dem Markscheider ist hier die Federführung zugesprochen, die ihm mit der planmäßigen Gestaltung der Untersuchungen in Zusammenarbeit mit Fachkräften der in Frage kommenden Wissenszweige aus Bergbau, Aufbereitung, Geologie, Hydrologie, Chemie usw. erwächst. Vielleicht ist in diesem Zusammenhang die Feststellung von Interesse, daß die Abschnitte II, A—E, *Die Grubenrißwerke*, etwa den gleichen Umfang aufweisen wie die Abschnitte III und IV insgesamt, die sich mit dem *geologisch-lagerstättenkundlichen Rißwerk* beschäftigen. Welche Rolle hiernach die Geologie innerhalb des Fachgebietes Markscheidewesen spielt, bedarf daher keiner näheren Erläuterung.

Der nun folgende *Abschnitt V* behandelt das *Betriebsplanwerk*. Dieses ist in der Reihe der Rißwerke unbestritten als deren jüngstes Glied anzusprechen. In den *Richtlinien* für Herstellung und Ausgestaltung des bergmännischen Rißwerks, 1951, werden erstmalig im Anschluß an die Zubehörteile zum Grubenrißwerk die *betrieblichen Pläne* erwähnt, allerdings ohne bergbehördliche von betrieblichen Erfordernissen zu trennen. Demgegenüber unterscheidet der Verfasser (H. INNERLING) zwischen a) *Betriebssicherheitsplänen* für den Gebrauch der *Bergbehörde* und b) *Betriebsführungsplänen* für den *Bergwerksbetrieb*.

Die Betriebsführungspläne verdienen als Grundlage eines Betriebsplanwerks unsere besondere Beachtung, denn sie verdeutlichen dessen Zweck und bringen Darstellungen über die künftig geplante Entwicklung der bergmännischen Arbeiten, und zwar sowohl in den der Lagerstättenform angepaßten Projektionen (Grund-, Seiger-, Flachrisse) als auch im zeitlichen Ablauf der Betriebe. In beiden Fällen — bei den Betriebs*lage*plänen und Betriebs*zeit*plänen — sind Lagerstättenentwurfs(aufschluß)pläne, ferner Aus-, Vorrichtungs- und Gewinnungspläne, sodann Betriebspunktrisse usw. von Bedeutung.

Die Ausgestaltung markscheiderisch untermauerter Betriebsplanwerke hat ihren Ursprung in der Steinkohle. Dort ist auch das betriebliche Planwesen am weitesten entwickelt. Das zeigt eine große Auswahl von Beispielen. Dennoch

[1]) Archive Steinkohlen-, Braunkohlen-, Erz-, Kali- und Steinsalzbergbau, ferner Erdölgewinnungsbetriebe sowie Steine und Erden.

unterstreicht weiteres Planungsmaterial an Hand aufschlußreicher Abbildungen aus Braunkohlentagebaubetrieben, aus dem Lager- und Gangerzbergbau sowie aus dem Kalisalzbergbau deutlich Wert und wirtschaftlichen Nutzen jedweder geordneten Planungsarbeit. Das zeigt einwandfrei die Fülle der dargestellten Planungsbeispiele im Abschnitt V. Sie regen zum weiteren Ausbau der Betriebsplanwerke sämtlicher Bergbauzweige auf bergmännisch-markscheiderischer Grundlage an.

Abschließend bringt der *Abschnitt VI* (O. HAIBACH, O. NIEMCZYK) die *kleinmaßstäblichen Kartenwerke*, die das Verwaltungs- und Organisationswesen, ferner rechtliche sowie berechtsamstechnische Verhältnisse, außerdem bergbaulich wichtige Darstellungen technischen und wirtschaftlichen Inhalts in Übersichtsmaßstäben behandeln. Vielfach beschränken sich die Karten nicht auf Einzelanfertigungen, sondern erscheinen als Kartenwerke großen Stils und Umfanges, zum Beispiel der deutsche Planungsatlas oder das bergmännisch-geologische Kartenwerk des rheinisch-westfälischen Steinkohlenbezirkes u. a. m. Auch dieser Abschnitt umfaßt im bergmännischen Schrifttum *erstmalig* das Gebiet kleinmaßstäblicher Risse, Pläne und Karten als geschlossenes Ganzes. Er läßt ebenfalls Wert und Bedeutung der markscheiderischen Arbeit sowohl in den eigenen Fach- als auch in den vielen Grenzgebieten in den Vordergrund treten.

Wir werden noch in einem Schlußwort im zweiten Halbband zu Band III Ausführungen zum gesamten Gebiet der Darstellungen von Band II und III bringen, nicht nur des notwendigen Überblickes wegen, sondern auch um der *zukünftigen Entwicklung* des bergmännischen Rißwesens Rechnung zu tragen, die wir hier noch nicht berücksichtigen konnten, die jedoch das Bild der mathematischen Rechnungsweise sowie von Konstruktions- und Vervielfältigungsverfahren sehr stark beeinflussen dürfte.

Das Vorwort schließen wir mit unserem herzlichen Dank an alle diejenigen, die uns bei der Erfüllung unserer Aufgabe weitgehend geholfen haben. Besonders verbunden sind wir Herrn Vermessungsfahrsteiger K. BURGER, Essen, der mit Genehmigung von Herrn Vermessungsdirektor O. TREPTOW vollständige Beispiele für steile, gestörte Lagerung in verschiedenen Projektionen nach der von O. HAIBACH entwickelten Formbeschreibung der Lagerstätte erarbeitete. Wir danken nicht minder den Herren Fachgenossen Dr. H. BÖTTCHER, H. HEYLL, Dr. F. HEINE, Dr. W. KOLB, den Herren Vermessungssteigern H. BACHMANN, H. HOFFMANN, Clausthal, H. MACHMÜLLER, G. FISCHER und W. ALBRECHT, ferner Herrn Professor Dr.-Ing. habil. K. NEUBERT, Dr.-Ing. G. NEUWIRTH, P. RACK, Dr.-Ing. R. REICHENBACH, Dr.-Ing. H. ROM, Direktor Dr.-Ing. O. SCHLEIER, Dr.-Ing. H. SCHULTE, Ransbach (Westerwald), Vermessungsdirektor O. TREPTOW, H. VOSEN, H. ZIMMERMANN, F. W. SECK, G. ESSLINGER, E. WAGENER, A. WEISSNER, Dr.-Ing. W. WILKE und Dr.-Ing. W. WILKENING, die uns mit Rat und Tat unterstützt haben oder beispielhafte Darstellungsunterlagen aus dem Tätigkeitsfeld des Markscheiders zur Verfügung stellten.

Weiteren Dank sind wir schuldig dem Deutschen Steinkohlenbergbau-Verein Essen für einige uns vom Verlag Glückauf übermittelte Abbildungen, sodann der Geschäftsführung des Fachnormenausschusses Bergbau, Essen, Herrn Dipl.-Ing. W. SCHMITT für die Genehmigung zur Verwendung der Darstellungen aus den Lagerstättenarchiven Steinkohlen-, Braunkohlen- und Erzbergbau, sowie schließlich dem Geologischen Landesamt Nordrhein-Westfalen, Krefeld, Herrn Professor Dr.-Ing. W. Wolff für die Erlaubnis zur Benutzung internen geophysikalischen Schrifttums.

Dem Akademie-Verlag gilt unser besonderer Dank für die geleistete Arbeit. Die Anfertigung der farbigen Abbildungen, die normgerecht nach den *Richtlinien* für Herstellung und Ausgestaltung des bergmännischen Rißwerks, 1951, durchzuführen waren, erforderte peinliche Sorgfalt und Genauigkeit in der Strichführung und Farbtönung, zumal mitunter in einem Bild bis zu 14 Farben auftreten. Auch die Schwierigkeiten, die sich bei Deckblatt-Darstellungen ergaben, konnten ausgeräumt werden. Daher gebührt dem Verlag für die ausgezeichnete Drucklegung und Ausstattung des zweigeteilten Bandes III höchste Anerkennung.

O. Niemczyk Berlin — *O. Haibach* Essen

Im Herbst 1961

NACHWORT ZUM VORWORT

Es war Herrn Dr. phil. Dr.-Ing. E. h. O. Niemczyk nicht vergönnt, das Erscheinen des Bandes III zu erleben. Am 22. November 1961 raffte ihn der unerbittliche Tod unerwartet hinweg. Das Manuskript zum Band III war von ihm vollständig abgeschlossen und nebst den Originalen der Abbildungen und Zahlentafeln dem Verlag übergeben worden. Er hatte auch bereits einige Andrucke und Offsetdrucke überprüfen und zum Druck freigeben können. Die noch ausstehenden umfangreichen Arbeiten wurden, wie es seinem Willen und dem Wunsch seiner Gattin sowie der Fachkollegen entsprach, im Einverständnis mit dem Verlag von mir übernommen. In allem war ich bestrebt, im Sinne und im Geiste des großen Lehrers und Forschers zu handeln, und so wurde vor allem darauf geachtet, daß trotz mancher an mich herangetragenen Wünsche an den Absichten und insbesondere an dem charakteristischen Stil des Verfassers nichts geändert wurde.

Während der Vorbereitung dieses Halbbandes wurden in der Sowjetunion und in einigen Volksdemokratien Rißstandards erarbeitet, die aber in diesem Halbband 1 nicht mehr berücksichtigt werden konnten. Sie werden im zweiten Halbband, der voraussichtlich im Jahre 1965 erscheinen wird, behandelt.

Allen denjenigen, die mich bei meiner Arbeit unterstützt haben, sage ich meinen aufrichtigen Dank, in erster Linie Herrn Professor Haibach und Herrn Dr. Stipa sowie für das Lesen der Korrekturen Herrn Markscheider Dr. Schäfer und den Angehörigen meines Institutes, insbesondere Frau Jäger, die schon Herrn Professor Niemczyk unermüdlich geholfen hat.

Den Dankesworten an den Verlag, die Herr Professor Niemczyk am Schluß seines Vorwortes aussprach, schließe ich mich in vollem Umfange und ohne Einschränkung an.

Hiermit übergebe ich dieses Werk der Öffentlichkeit in der Erwartung, daß es das Andenken an den unvergessenen Altmeister unseres Faches noch recht lange wachhalten möge.

Hilbig

Berlin, im November 1962

INHALTSVERZEICHNIS

I. Überblick über die Entwicklungsgeschichte des Markscheiderischen Riß- und Kartenwesens (NIEMCZYK) . . . 1

1. Vorbemerkungen . . . 1

2. Die ältesten markscheiderischen Darstellungen bis zum Ende des 16. Jahrhunderts 2

a) Die ersten Darstellungen . . . 2

α) Der älteste bergbauliche Riß aus dem Jahre 1529 im sächsischen Bergrevier 3

β) Weitere grundrißliche Darstellungen bergmännischer Art . . . 4

γ) Rückblick auf die ersten Darstellungen . . . 8

b) Die ältesten Lehrbücher der Markscheidekunst von GEORG AGRICOLA und ERASMUS REINHOLT . . . 9

c) Der Stand der mathematischen Wissenschaften . . . 10

d) Bergordnungen . . . 11

e) Die Maximilianische Instruktion vom 16. 3. 1565 . . . 12

3. Das 17. Jahrhundert . . . 14

a) Der erste Seigerriß vom Jahre 1606 aus dem Oberharz . . . 14

b) Der Seigerriß vom Jahre 1609 aus dem sächsischen Bergbau . . . 16

c) Der erste kombinierte Grundriß-Seigerriß von 1613 . . . 16

α) Risse aus der Zeit von BALTHASAR RÖSLER . . . 20

β) Kombinierte Grundrisse-Seigerrisse. Selbständige Seigerrisse . . . 24

γ) Der erste Seigerriß als Folgeriß zum Grundriß vom Jahre 1694 . . . 27

d) Bergbehördliche Vorschriften . . . 30

e) Die mathematischen Erkenntnisse . . . 30

f) Die Lehrbücher von BALTHASAR RÖSLER und NIKOLAUS VOIGTEL . . . 31

g) Kurzer Rückblick auf das 17. Jahrhundert . . . 32

4. Das 18. Jahrhundert . . . 34

a) Der erste Versuch einer Flachrißdarstellung von NIKOLAUS VOIGTEL, 1714 . . . 34

b) Fortschritte und Rückschritte in der grund- und seigerrißlichen Darstellung . . 37

c) Der erste Kreuzriß von 1753 . . . 40

d) Begriffsverwirrungen . . . 41

e) Der schwedische Riß . . . 42

f) Ein weiterer Hinweis auf Flachrißdarstellungen VON OPPELS, 1749 . . . 43

g) Grund- und Seigerrisse in der zweiten Hälfte des 18. Jahrhunderts . . . 44

h) Die ersten Flachrißkonstruktionen des 18. Jahrhunderts . . . 48

i) Preußische und sächsische Bergordnungen 50
k) Das Schrifttum 52
l) Kurzer Rückblick auf das Rißwesen des 18. Jahrhunderts 53

5. Das 19. Jahrhundert 54
a) Die Darstellende Geometrie in Deutschland 54
b) Grundriß, Seigerriß und Kreuzriß im 19. Jahrhundert 55
α) Die ersten; annähernd richtig konstruierten Seigerrisse von O. Brathuhn, 1882 61
β) Durchschnitts- und Kreuzriß 62
c) Die Flachrißdarstellungen 63
d) Die ersten Konstruktionen von Anschauungsbildern 70
e) Bergbehördliche Verordnungen in Preußen bis zur Umwandlung der staatlichen Dienststellung des Markscheiders in eine freiberufliche im Jahre 1856. 71
f) Das Verordnungswesen in Preußen nach dem Erlaß des ABG 74
g) Mathematische Erkenntnisse. Lehrbücher der Markscheidekunst 78
h) Die Entwicklung des bergmännischen Kartenwesens 79
i) Kurzer Rückblick über das 19. Jahrhundert 81

6. Das 20. Jahrhundert 83
a) Die ersten richtigen Konstruktionswege für Seigerrisse, 1923 83
b) Der Umschwung des Jahres 1936. Normen. Richtlinien 1951 84

7. Abschließende Ausführungen zu Abschnitt I 85

II. Die Grubenrißwerke 91

A. Allgemeingültiges (Niemczyk) 91

1. Bedeutung und Aufgabe der bergmännischen Darstellungen 92
a) Bemerkungen zum Markscheide- und Rißwesen in innerdeutschen Ländern und im Ausland 93
α) Die gesetzlichen Grundlagen der Grubenrißwerke in der Bundesrepublik. Markscheiderordnung der Deutschen Demokratischen Republik 93
β) Markscheide- und Rißwesen im Ausland 94
Österreich. Das neue Bundesgesetz v. 10. 3. 1954 über das Bergwesen
England
Vereinigte Staaten von Amerika
Sowjetunion
b) Die Rechtsgrundlage der Grubenrißwerke 105
c) Die markscheiderischen Darstellungen 108
α) In grubensicherheitlicher Hinsicht 109
β) In geologisch-lagerstättenkundlicher Hinsicht 111
γ) In betrieblicher Hinsicht. 112

2. Der bergbehördliche Rahmen 113
Die Stellung des Markscheiders zur Bergbehörde
Aufgabenbereiche der Berg- und Vermessungsräte an den Oberbergämtern

3. Weitere Voraussetzungen für die Bearbeitung der Grubenrißwerke 117
a) Anweisungen, Richtlinien 118
Inhalt der Richtlinien für Herstellung und Ausgestaltung des bergmännischen Rißwerks, 1951
b) Vordrucke und Rißmuster 121

B. Die Berechtsamsdarstellungen und die Kennzeichnung der Markscheiden, Betriebsgrenzen und Sicherheitspfeiler in den Riß-, Karten- und Planwerken (HAIBACH) . . 122

1. Vorbemerkungen . . . 122
a) Kennzeichnung der markscheiderischen Aufgabe . . . 122
b) Grundzüge der Zeichengebung nach DIN 21900, 2.01 . . . 123

2. Berechtsamsdarstellungen im einzelnen . . . 124
a) Allgemeingültige Richtlinien. Berechnungswege . . . 124
b) Schürfrisse . . . 133
c) Mutungs- und Verleihungsrisse . . . 134
α) Regelfall . . . 134
β) Berechtsamsdarstellung im Erdölbergbau . . . 135
Staatsvorbehaltsgebiete
Erdölaltvertragsgebiete
d) Feldesumwandlungsrisse . . . 137
e) Feldesaustauschrisse . . . 138
f) Feldeszulegungsrisse . . . 138
g) Feldeszusammenlegungsrisse . . . 139
h) Feldesteilungsrisse . . . 139
i) Feldesvermessungsrisse . . . 140

3. Die Darstellung von Längenfeldern . . . 140

4. Die Übertragung der Markscheiden und Betriebsgrenzen in die Risse, Karten und Pläne . . . 149

5. Die Darstellung von Sicherheitspfeilern . . . 156
a) Zeichengebung nach den Richtlinien, DIN 21900, 2.012, 4.07 . . . 156
b) Kennzeichnung der Sicherheitspfeiler . . . 157
c) Die rißliche Behandlung, an Beispielen gezeigt . . . 158
α) Räumliche und zeitliche Begrenzung . . . 158
β) Einfachste Art eines Sicherheitspfeilers . . . 158
γ) Kleine örtliche Sicherheitspfeiler prismatischer Gestalt . . . 159
δ) Sicherheitspfeiler, die sich aus Ebenen und Flächen zusammensetzen . . . 161
ε) Sicherheitspfeiler, besteliend aus mehr oder weniger starken, flach geneigten, plattenartigen Gebirgskörpern . . . 161
ζ) Weitere Formen von Sicherheitspfeilern und ihre Darstellung. Hinweise . . 161
η) Maßnahmen im Sicherheitspfeiler, die sich aus dem Stand der Grubenbaue ergeben . . . 163

C. Das Zulegerißwerk (NIEMCZYK) . . . 164

1. Begriffliches . . . 164

2. Das Zubehör zum Zulegeriß . . . 166
a) Messungsnetze, Netzpläne und -skizzen . . . 166
Beispiele aus dem Kalisalz- und Erzbergbau
b) Feldbücher, Handbücher, Berechnungsbücher . . . 169
Beispiele zur Feld- und Handbuchführung
c) Sonstiges Zubehör. Der Abriß . . . 172

3. Bedeutung und Form des Zulegerißwerks . . . 176

4. Die Bestandteile des Zulegerißwerks und ihr Inhalt . . . 178
a) Im Tiefbau . . . 179
α) Die Titelblätter . . . 180
Beispiele aus dem Kalisalz- und Erdölbergbau

Beispiele für Blattverzeichnisse aus dem Steinkohlenbergbau
Beispiel für Berechtsamsrisse in Stammbaumform aus dem Gangerzbergbau
Beispiel für einen Grenzrißausschnitt aus dem Steinkohlenbergbau
β) Die Tagerisse (Beispiele) . . . 190
γ) Bohrrisse . . . 193
Bohrgrundrisse } mit Beispielen aus Braunkohlentagebauen
Bohrschnittrisse }
δ) Sohlenrisse . . . 198
Sohlengrundrisse
Beispiele aus dem Erz- und Kalisalzbergbau
Sohlenübersichtsrisse
Beispiel aus dem Kalisalzbergbau
Sohlenseigerrisse
ε) Abbaurisse . . . 203
αα) Abbaugrundrisse . . . 207
Abbaugrundrisse der Lagerstätte
Abbaugrundrisse der Bausohle
Beispiel aus dem Steinkohlenbergbau, Seigerabstandslinien t
Abbaugrundrisse der Bausohle
Beispiel aus dem Braunkohlentiefbau
ββ) Abbauseigerrisse. Berechnung von Raumkoordinaten im Polygonzugsystem . . . 211
Abbauseigerrisse der Bausohle
Beispiele aus dem Steinkohlen- und Erzbergbau, Querabstandslinien q
Abbauseigerrisse der Bausohlen
Beispiel aus dem Kalisalzbergbau, Querabstandslinien q
Firstengrundrisse mit Abbauseigerrissen
Beispiel aus dem Erzbergbau
γγ) Abbauflachrisse . . . 225
Flachrisse betrieblicher Art
Beispiele aus dem Steinkohlenbergbau
Flachriß als Zubehör zum Grubenrißwerk
Beispiel aus dem Steinkohlenbergbau, Ursprungsriß mit Seiger- (t), Quer- (q) und Bank- (f_b)abstandslinien
Folgeriß mit Bankabstandslinien (f_b)
δδ) Schnitte, Schnittrisse, Abbauschnittrisse . . . 234
b) Tagebaubetriebe . . . 237
α) Tagebaurisse . . . 238
αα) Braunkohlentagebau . . . 238
Beispiele von Tagebaurissen
ββ) Erzlagerbergbau . . . 240
Beispiel für Tagebau-, Schnitt- und Seigerriß
β) Wasserstreckenrisse . . . 243
Beispiel einer Anlage von Entwässerungsstrecken im Braunkohlentagebau

5. Das Zulegerißwerk in seinen Beziehungen zu anderen Riß-, Karten- und Planwerken . . . 245

6. Transformationen von Raumkoordinaten in verschiedene Projektionssysteme nach der Koordinatenumformungsmethode . . . 247
a) Transformationen aus G in S_D, F und F_D . . . 248
Zahlentafeln IA, IIA, IIIA
b) Umkehrungen S_D, F_D, F in G . . . 250
Zahlentafeln IU, IIU, IIIU

c) Transformationen aus F_D und F in S_D und umgekehrt aus S_D in F_D und F . . 253
Zahlentafeln IVA, IVU und VA, VU
d) Weitere Transformationsmöglichkeiten 258
Beispiele für G in J, umgekehrt J in G
Beispiele für F_D in F_{DK}, umgekehrt F_{DK} in F_D
Beispiele für F_D in F_V, umgekehrt F_V in F_D
Zahlentafeln VI, VII, VIII
e) Konstruktion eines Störungsflachrisses (aus dem Steinkohlenbergbau) 262
α) Vorbereitende Grundrisse und Schnitte 262
β) Störungsflachriß der Salbänder und der Störungszone 267
γ) Der endgültige Störungsflachriß mit t-, q- und f_b-Linien 267
Zahlentafeln IX und X

D. Das Grubenrißwerk (Niemczyk) 274

1. Das neuzeitlich ausgerichtete Grubenrißwerk 275
a) Der Zuschnitt 275
b) Die bleibenden Anforderungen 278

2. Die Rißarten der einzelnen Bergbauzweige 279
a) Steinkohlenbergbau 280
α) Flache Lagerung 280
β) Flache und steile Lagerung 281
Beispiele für Sonderdarstellungen in sG-Projektionen
b) Braunkohlenbergbau 288
α) Tagebau 288
Beispiele für Betriebszustandsrisse, amtliche Risse, Rekultivierungsrisse
β) Tiefbau 295
Beispiel eines Bohrrisses aus dem Braunkohlentiefbau
c) Erzlagerstätten 299
α) Lagerbergbau, Tagebau und Tiefbau 299
Beispiele für Abbaugrundrisse, Schnitte, Abschieberisse
β) Gangbergbau 303
Beispiele für Schnitte, sohlengrundrißliche Streckenquerschnitte; Stoßaufnahmen
d) Kali- und Steinsalzbergbau 308
Beispiel eines Abbaugrundrisses in flacher bis steiler Lagerung
e) Erdölbergbau 312
α) Ölschachtbetriebe 312
β) Erdölbohrbetriebe 313
Beispiele für Tiefenlinienpläne, Produktionsrisse, Lagerstättenüberwachungsrisse, Bohrlochsbild
f) Bergbau auf Steine und Erden 322
Beispiele über Basaltlavaabbau, Tonvorkommen im Mehrscheibenabbau, über Senkungspläne von Solegewinnungsbetrieben

3. Schlußausführungen 335

E. Besonderheiten bei der Bearbeitung von Rißwerken (Haibach) 337

1. Bemerkungen zur Erst- und Neuausfertigung von Grubenrißwerken 337
a) Gemeinsame geodätische und mathematische Grundlage 338
b) Weitere Gesichtspunkte 340
α) Erfahrungen, Ausbaufähigkeit, Hinweis auf Band II, Abschnitt I 340
β) Einfluß der Normen und Richtlinien 341
γ) Überlegungen rationeller Art, Vervielfältigungsmöglichkeit 341

2. Nachtragung, Änderung und Übernahme von Rißteilen, Sicherung von Rißwerken 343
a) Nachtragung und Änderung . . . 343
α) Hinweis auf Band II. Statische Eigenschaft und dynamische Wirkungsweise der Rißwerke . . . 343
β) Organisatorische Maßnahmen bei Änderungen, Fehlern und Umbenennungen 344
b) Übernahme von Rißteilen und Auszügen . . . 345
α) Übernahme fremder Bestandteile in die Tagerisse . . . 345
β) Übernahme fremder Bestandteile in die Untertagerisse . . . 347
c) Sicherungsmaßnahmen für Rißwerke . . . 348
α) Sicherung gegen unerlaubte Änderung des Inhalts . . . 348
β) Sicherung gegen Verlust . . . 348
γ) Maßnahme gegen vorzeitige Abnutzung . . . 349

3. Besonderheiten der Rißführung . . . 349
a) Grenzen der Darstellbarkeit . . . 349
b) Ausmerzen von Fehlern, Einfluß der Abbauwirkungen in den Darstellungen . . 350
c) Darstellungsgrundsätze bei Nachlese- und Wiederholungsbergbau . . . 355
d) Aufnahme der Grenzbaue und des Alten Mannes . . . 356

4. Behandlung der Grenzbaue . . . 357

5. Die Darstellung in den Grubenrißwerken für Betriebe, die auf mehreren Mineralien bauen . . . 360

III. Markscheiderische Behandlung tektonischer Formen und Vorgänge (Haibach) . . . 365

A. Vorbemerkungen . . . 365

B. Geologische Kennzeichnung und bergmännische Aufgabenstellung . . . 366

1. Kennzeichnung . . . 366

2. Aufgabenstellung . . . 367

C. Beobachtungs- und Messungsverfahren . . . 370

1. Forderung der geodätischen Richtigkeit . . . 370

2. Voraussetzung der kartographischen Richtigkeit . . . 370

3. Identität geologischer Flächen (Schicht, Lagerstätte, Störung) . . . 371

4. Aufnahme (Verbindung von Messung und Darstellung) . . . 371
a) Hilfsmittel . . . 371
b) Aufnahme in einer querschlägigen Strecke . . . 375
c) Aufnahme von Rutschstreifen . . . 376
d) Aufnahme in großen Räumen . . . 379
e) Aufnahme in Schächten . . . 380
f) Aufnahme im Aufhauen . . . 386
g) Aufnahme beim Bohren . . . 387

D. Die analytischen Mittel . . . 390

1. Schichtung, Trennflächen oder Klüfte, Schieferung der Gesteine . . . 391
a) Vorbemerkungen zum Wesen der Schichtung und Klüftung . . . 391
b) Darstellung . . . 394
c) Transformation . . . 395
d) Ermittlungen mit dem Wulffschen Netz . . . 398
e) Poldiagramm kleintektonischer Elemente. W. Schmidtsches Netz . . . 401
f) Verformungsellipsoid und Beanspruchungspläne . . . 407

2. Betrachtungen zur Falte . . . 412

a) Faltenform, tektonische Linien einer Falte, Bestimmungsstücke, Gliederungsmöglichkeiten, aufrechte, schiefe, überkippte Falten, Tauchfalten, Zickzackfalten, schlierenförmige Falten u. a. Einteilung nach dem Einfallen . . . 412
b) Das Bild der flachen (schwachen) Faltung . . . 424
c) Das Bild der stärkeren Faltung im Querschnitt und Grundriß bei Parallelität von Mulden und Sätteln, bei Nichtparallelität, Tauchen und Auftauchen der Falte, konvexe und konkave Seigerabstandslinien, Austausch von Mulde und Sattel, Wendeflächen, Verlust von Falten, Verspringen . . . 426
d) Die Faltenformänderung in der Teufe . . . 433
e) Tektonische Diskordanz, Stockwerkstektonik . . . 434
f) Das Bild der Querfaltung . . . 434
g) Die mechanischen Faltentypen und das Zeichnen der Falten beim Entwurf der Lagerstätte . . . 438
h) Ermittlung der Faltungsintensität . . . 447

3. Betrachtungen zur Störung . . . 451

a) Tektonische Bezeichnungen an der körperlichen Ecke, Hilfsmittel . . . 451
b) Die W. Nehmsche Systematik . . . 452
c) Die Störung im Verband . . . 454

4. Flexur-, Schollen-, Schuppen- und Blockbildungen, Zonen gestörten Gebirges . . 464

5. Ermittlungen an Harnischen, Gleitspuren. Das Kreuzen und Scharen . . . 473

6. Transformation von Flächen . . . 480

E. Hinweise auf die Aufgaben der Darstellenden Geometrie der Lagerstätte und auf weitere Aufgaben der Formbeschreibung . . . 481

1. Hinweis auf Bd. II, I, B, 5 . . . 481

2. Weitere Fälle der Formbeschreibung . . . 482

F. Die Tektonik in den Karten, Rissen, Plänen und Bildern . . . 483

1. Anwendung der Richtlinien (1951) . . . 483

2. Zeichengebung der Tektonik in den geologischen Karten auf topographischer Grundlage . . . 485

3. Die Tektonik in den bergmännisch-geologischen Karten, in tektonischen Plänen und Bildern . . . 485

4. Anschauliche Darstellung tektonischer Flächen im Schaubild, Häufigkeit des Auftretens gleichartiger Erscheinungen . . . 488

5. Die Tektonik in der F-Projektion. Die Störungsflachrisse . . . 494

a) Das Bild der Störung im Flachriß. Sinn der Arbeitsmethode . . . 494
b) Vergleichsmöglichkeiten nach punktförmigen Kennzeichen und nach Kreuzlinienformen. Die Bewegungsmöglichkeiten auf der Störungsfläche, Symbole für den Störungsablauf nach Richtung, Weg und Zeit, Kennlinien und Wertlinien auf der Störungsfläche. Darlegung einiger Fälle . . . 495
c) Hinweis auf tektonisch-lagerstättenkundliche Aufgaben, Salbandbeschreibung, Gangspaltenbeschreibung . . . 502
d) Beispiel eines Sprunges im Ruhrkarbon . . . 505

G. Bemerkungen zur Ausrichtung von Störungen 508

1. Zur Frage der Ausrichtungsregeln 508

a) Im Schrifttum 508

b) Stellungnahme 509

2. Die bergmännischen Ausrichtungsmöglichkeiten 510

a) Söhlige und seigere Ausrichtung 510

b) Ausrichtung durch flache Gesteinsstrecken 510

c) Ausrichtung für Abbauflächen 513

VERZEICHNIS DER ABKÜRZUNGEN

ABG	= Allgemeines Berggesetz für die preußischen Staaten vom 24. 6. 1865
Faberg	= Fachnormenausschuß für Bergbau
Mitt. a. d. Marksch. Wes.	= Mitteilungen aus dem Markscheidewesen
MO oder pr. MO	= Preußische Markscheiderordnung vom 23. 3. 1923
OBA	= Oberbergamt
Redta	= Reduktionstachymeter Bosshardt-Zeiß
Richtlinien 1950/51	= Richtlinien für Herstellung und Ausgestaltung des bergmännischen Rißwerks
Richtlinien 1953	= Richtlinien und Vorschläge zur Anlegung des Flözarchivs für den Steinkohlenbergbau
Rißmusteratlas 1942	= Rißmuster für Markscheidewesen 1942
ZPO	= Zivilprozeßordnung vom 1. 10. 1879

I. ÜBERBLICK ÜBER DIE ENTWICKLUNGSGESCHICHTE DES MARKSCHEIDERISCHEN RISS- UND KARTENWESENS

(Niemczyk)

1. *Vorbemerkungen*

Über die Geschichte der Markscheidekunde, die man in Deutschland bis ins vorige Jahrhundert als „Markscheidekunst“ bezeichnete, ist in zahlreichen Einzelaufsätzen viel geschrieben worden. Aber es ist nicht genug Material vorhanden, um eine zusammenhängende Entwicklungsgeschichte der Markscheidekunde herauszubringen. Zudem befassen sich die Veröffentlichungen geschichtlichen Inhalts in überwiegendem Maße mit der gerätekundlichen bis zur instrumentellen Seite der allmählich an Güte und Vollkommenheit immer mehr zunehmenden Meßverfahren, ferner mit den sonstigen Berufsangaben und der Stellung des Markscheiders im Zeitgeschehen der weiter zurückliegenden Jahrhunderte.

Was uns im Rahmen dieses Buches interessiert, ist die Entwicklung des *markscheiderischen Rißwesens*, das von W. Nehm für einige wenige Risse des beginnenden 17. Jahrhunderts und ferner textlich, vielfach auch in zahlenmäßigen Zusammenstellungen aus dem 16. und 17. Jahrhundert, behandelt worden ist. Wir wollen uns aber nicht in einer nüchternen Aufzählung oder Beschreibung der Rißarten und ihrer Ausgestaltung verlieren. Es gilt vielmehr zu versuchen, das bergmännische Rißwesen in ein vergleichendes Verhältnis zur heutigen mathematisch einwandfreien Darstellungsweise zu bringen. Damit hoffen wir, den Weg vom ursprünglich Primitiven zur technisch befriedigenden Darstellung klarer als bisher erkennen und beurteilen zu können.

Dazu gehört in erster Linie, daß man den jeweiligen Entwicklungsstand der markscheiderischen Darstellungsverfahren zu dem entsprechenden Stand der Wissenschaft, vornehmlich auf den Gebieten der Mathematik und Darstellenden Geometrie, in Parallele stellt. In gewisser Hinsicht bieten jedenfalls die im Laufe der letzten vier Jahrhunderte erschienenen Lehrbücher der Markscheidekunst Vergleichsmöglichkeiten. Sodann sind von Bedeutung die seit dem Mittelalter entstandenen Bergordnungen in den einzelnen Ländern sowie etwaige später von der Bergbehörde erlassene Bestimmungen und Geschäftsanweisungen über die Ausbildung der Markscheider sowie über ihre rißlichen Darstellungen. Schließlich wird zu gegebenem Zeitpunkt die Frage zu prüfen sein, ob und inwieweit bei der Ausübung der Berufsaufgaben, wiederum auf dem Gebiet der Darstellungen, die Einführung des Allgemeinen Berggesetzes (ABG) für die preußischen Staaten vor rd. 100 Jahren auf die bis dahin staatliche Stellung des Markscheiders von Einfluß gewesen sein kann.

Wenn man dann aus diesen Zusammenhängen einen klaren Überblick über den Werdegang des markscheiderischen Rißwesens und über dessen Entwicklungsstand zu Beginn des 20. Jahrhunderts gewonnen hat, hält es nicht schwer einzusehen, weshalb wir auf dem Gebiet der Darstellungen sozusagen einer Blutauffrischung in Form einer besseren Berufsausbildung bedurften und neue Wege gehen mußten. Vielleicht wird es unter diesem Gesichtswinkel für den Leser kein Opfer bedeuten, wenn er, anstatt dieses Kapitel zu überschlagen, am Ende erkennt, weshalb — was bis ins 20. Jahrhundert hinein nicht der Fall war — die Rißtechnik vollkommen neu auszugestalten und ihr Stand den betrieblichen und wirtschaftlichen Forderungen des Bergbaus anzugleichen war.

2. Die ältesten markscheiderischen Darstellungen bis zum Ende des 16. Jahrhunderts

a) Die ersten Darstellungen

Dem Ergebnis bisheriger geschichtlicher Forschungen zufolge kannte das Mittelalter keine markscheiderischen Darstellungen in verjüngtem Maßstab. Dagegen können die markscheiderischen Meßverfahren bis ins frühe Mittelalter hinein verfolgt werden [M. SCHMIDT, P. WILSKI, W. NEHM, F. KIRNBAUER].

Um nämlich die Lage der unterirdischen Baue zu veranschaulichen, steckte der Markscheider etwa vom 14. Jahrhundert an bis tief ins 18. Jahrhundert hinein die in der Grube gemessenen Stollen- und Streckenteile im gleichen Maßstab 1:1, d. h. in derselben Weise, wie dies die untertägige Messung zeigte, *über Tage* nach Richtungen und Längen ab [GEORG AGRICOLA (1556); in neuer deutscher Übersetzung bearbeitet von CARL SCHIFFNER u. a. (1928)]. (In Commission V. D. I. Verlag GmbH, Berlin.)

Bei der primitiven Art des Erzbergbaus jener Zeiten, den geringen Vortriebsleistungen und dem relativ winzigen Umfang der Bergwerksfelder war das Verfahren der körperlichen Darstellung von Grubenbauen auf der Tagesoberfläche einfach und leicht verständlich. Aber es hatte viele Nachteile. Solange man die Wachsscheibenmethode anwendete [F. KIRNBAUER (1940), W. NEHM (1940)], waren weder schriftliche Aufzeichnungen noch Darstellungen üblich. Aber auch nach Einführung des Kompasses und später des Hängezeuges war die natürliche Wiedergabe der Züge über Tage beschwerlich. Noch BALTHASAR RÖSLER klagt um das Jahr 1650 in seinem „hellpolierten Bergbauspiegel", der allerdings erst im Jahre 1700 erschien, über diese damals immer noch nicht ausgestorbene Methode des Absteckens der Grubenzüge über Tage, weil sich ihr mannigfache Hindernisse (Berghänge, Wald, Bäume, Gräben, Pingen, Teiche u. a. m.) entgegenstellten [M. SCHMIDT (1889, S. 12)].

Der schwerstwiegende Nachteil war aber wohl die rasche Vergänglichkeit solcher „Unterlagen". Denn wenn auch die Knickpunkte der darzustellenden Züge über Tage durch Holzpflöcke oder andere Zeichen mitunter vermarkt worden sein mochten, verschwanden diese Merkmale sehr bald, weil stillgelegte Grubenbaue oder gar aufgelassene Bergwerke mit der Zeit verfielen. Nach wenigen Jahrzehnten wußte man häufig nichts mehr über die Lage des Bergwerksfeldes sowie der Schächte, Stollen und Abbaue. Zeichnerische Unterlagen dagegen haben viele

Jahrhunderte, ja sogar Jahrtausende überdauert, wie u. a. Papyrusschriften der alten Ägypter beweisen.

α) Der älteste bergbauliche Riß aus dem Jahre 1529 im sächsischen Bergrevier

Nach unserer Kenntnis ist der bisher als älteste Darstellung des 16. Jahrhunderts angesprochene Riß im sächsischen Bergrevier im Jahre 1529 entstanden. Er stammt vom Markscheider und Bergmeister ANDREAS KÖHLER und wird von M. SCHMIDT in dessen Arbeit „Über die Entwicklung der Markscheidekunst und die Ausbildung der Markscheider in Sachsen", 1889, S. 14, beschrieben. Diese Darstellung ist ein „Grundriß von dem Freyberg'schen Bergwerk von Annaer und Altväter (Stollen) an der Halsbrücke bis an den Freudenstein im Freiholz nebst genauem Abriß des tiefsten Fürsten- und Thelersberger Stollns." M. SCHMIDT bezeichnet diesen Riß als einen im *ungefähren* Verjüngungsmaßstab 1:60000[1]) angefertigten Übersichtsriß mit den wichtigsten Tagesgegenständen einschließlich der hauptsächlichsten Schächte und Stollen.

Dem Entgegenkommen von Herrn Professor Dr.-Ing. habil. K. NEUBERT verdanken wir die gründliche Einsichtnahme in die Rißarchive der Bibliothek an der Bergakademie Freiberg (Sa.), in der die rißlichen Dokumente aller Reviere und Altersstufen des gesamten sächsischen Bergbaus in einer Gesamtzahl von annähernd 75000 Rissen und Karten übersichtlich und geordnet aufbewahrt werden. Ebenso sind wir Herrn Professor NEUBERT für eine größere Zahl von Ablichtungen geschichtlich interessanter Grubenbilder und Grubenbildauszüge für Veröffentlichungszwecke in der vorliegenden Arbeit verbunden. So haben wir auch in eine Kopie des von M. SCHMIDT erwähnten umfangreichen Grundrisses vom Jahre 1529 des Markscheiders ANDREAS KÖHLER Einblick genommen und festgestellt, daß neben den in perspektivischer Form dargestellten Tagesgegenständen (zumeist Waldgelände) die Schächte und deren Verbindungen durch ausgedehnte Stollen nebst Eintragung der zahlreichen Lichtlöcher in exakter Linienführung und Zeichengebung, sogar teilweise in bunter Manier, eine erstaunliche Geschicklichkeit des Verfertigers unter Beweis stellen. Allerdings sind Teufen- und Höhenverhältnisse sowie die Daten der Auffahrungen unberücksichtigt geblieben, obwohl die Herstellung der Stollenbetriebe, Schächte und Lichtlöcher weit über ein bis zwei Jahrhunderte Zeit in Anspruch genommen haben mag. Aber dieses Versäumnis der Angaben von Zeit, Höhen oder Höhenunterschieden ist bis in das 19. Jahrhundert hinein zu beklagen und hat den Wert der Darstellungen unserer Altvordern mitunter stark beeinträchtigt. Dieser Riß von ANDREAS KÖHLER kann wohl als *das erste, bisher bekanntgewordene grundrißliche Grubenbild* angesprochen werden.[2])

---

[1]) Herr Professor Dr.-Ing. K. NEUBERT machte uns freundlicherweise darauf aufmerksam, daß dieser Riß, der im Ruthenmaßstab angefertigt ist, in Wirklichkeit den Maßstab 1 : 4725 (umgerechnet) aufweist.

[2]) Da diese älteste Darstellung doch wohl dem allseitigen Interesse der gesamten Fachwelt begegnen dürfte, bringen wir mit Genehmigung des Akademie-Verlages im Anhang dieses Bandes einen Abdruck dieses ältesten Grubenbildes. Es ist dasselbe Bild, das dieser Verlag im Werk „Georgius Agricola", 1956, als Abb. 17 veröffentlichte.

β) Weitere grundrißliche Darstellungen bergmännischer Art

W. Nehm erwähnt ferner aus der gleichen Zeit zwei Abbildungen von Darstellungen bergbaufremden Ursprungs. Das aus dem Jahre 1529 stammende „Gemele (Gemälde) der Irrungen" (1934, S. 46), aufbewahrt im Hauptstaatsarchiv Dresden, soll die Karte einer Grenzbegehung zwecks Regelung eines Rechtsstreites darstellen. Das „erschütternd naive" [W. Nehm (S. 50)] Kärtchen ist noch nicht einmal als Landschaftsbild oder Ansichtsskizze anzusprechen. Die zweite Abbildung (1934, S. 51) stellt die älteste Karte des Oberharzes um 1530 dar. Es handelt sich um einen ebenfalls noch unmaßstäblich gehaltenen Grundriß.

Ferner erwähnt F. Kirnbauer (1935) eine aus Tirol stammende, den Bergbau zu Kitzbühel darstellende, von dem Zeichner, Maler und Feldmesser Paul Dax gefertigte Karte vom Jahre 1541, die jedoch nicht mehr erhalten ist. Diese hat wahrscheinlich eine bildliche Wiedergabe der Kitzbüheler Bergbaulandschaft mit eingetragenen Tagesanlagen und angedeuteten Grubenbauen vermitteln sollen.

Sodann ist uns in der Freiberger Rißsammlung ein „Grubenbild" der Silbergrube Hoeckendorff begegnet, welches Markscheider Johann Christoph Bieldner im Jahre 1555 angefertigt hat und das wir hier im Ausschnitt wiedergeben (Abb. 1). Der Verfertiger beschränkte sich darauf, für die in Betrieb befindlichen Gruben streifenweise die Schachtgevierte und Stolleneingänge der verschiedenen Erzgänge zu zeichnen. Grubenbaue, Stollen nebst Lichtlöchern wurden also nicht dargestellt. Die Entfernungen der Stollenmundlöcher zu dem auf dem unteren Blattrand unmaßstäblich dargestellten Flüßchen (der Wilde Weisritz Strohm) sind in Schrittmaß angegeben, die Teufen der Schächtchen wurden „nach Fahrten" bemessen. Über die Länge einer Fahrt wurde nichts gesagt. Aber man kann daraus auf Teufen von 10—25 m schließen. Sodann ist auf der rechten Blattseite in der Mitte die Lage eines Golderzganges eingetragen, und zwar in Form einer gewundenen Geröllhalde, da dieser Gang „verstürzt" worden ist. Allen unmaßstäblich gehaltenen Skizzen sind kürzere und längere Erklärungen, ja sogar Schilderungen von Episoden beigegeben. So wird rechter Hand zu dem Bild des zugeschütteten Golderzganges berichtet, daß der Bruder des Caspar Thelers, dem die Grube gehörte, bei dessen Leichenbegängnis den Stollen „verstürtzen" ließ und unter die Teilnehmer an der Trauerfeier „100 Thaler bares Geld" als „Recompens" (Entschädigung) verteilte, um sie durch Schwurleistung zur Schweigepflicht anzuhalten. Es sollte also niemand etwas Näheres über die Lage des Erzvorkommens erfahren!

Oder es steht an anderer Stelle zu lesen, daß eine Grube quartaliter eine Ausbeute im Werte von 50 Mark Gold und 100 Mark Kupfer, ungerechnet andere Metalle, erbracht habe, während die Nachbargrube eine Ausbeute im Werte von 118 Mark Silber und dazu weitere Ausbeute an Kupfer und Blei auswarf. Derartige, später durch Buchstaben bezeichnete Erläuterungen und Schilderungen verschiedensten Inhalts haben sich ebenfalls bis in das 18. und zum Teil noch 19. Jahrhundert hinein erhalten. Ohne Zweifel bedeutet dieser Riß gegenüber dem älteren Grubenbild vom Jahre 1529 einen Rückschritt; wir werden noch häufig auf Fortschritt und Rückschritt stoßen und in jedem Jahrhundert ebenso bemerkenswerten wie primitiven Darstellungen begegnen.

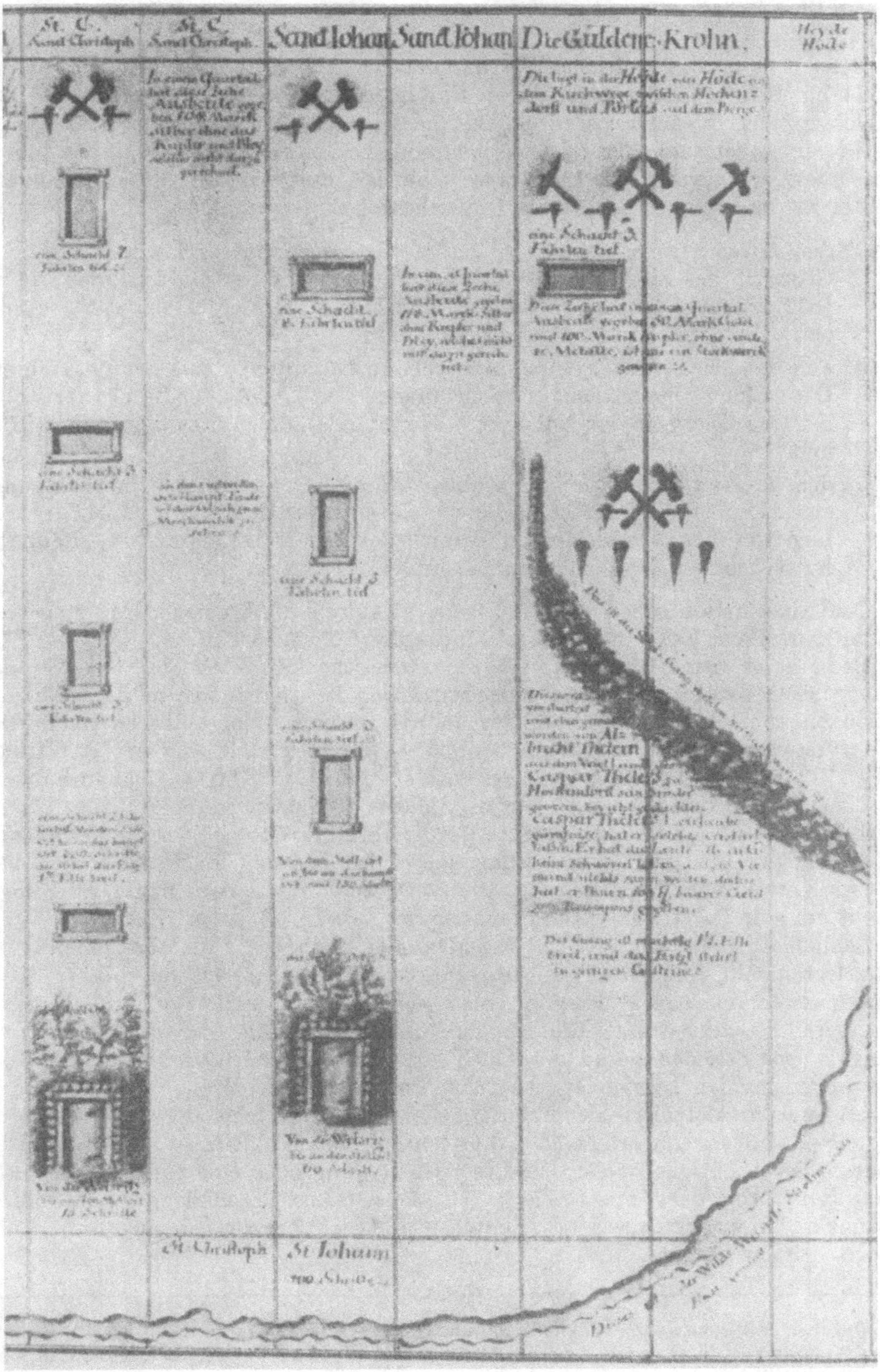

Abb. 1. Ausschnitt aus einem der ältesten „Grubenbilder" des Jahres 1555.
Aus den Rißarchiven der Bergakademie Freiberg (Sa.)

Beachtung und ausführliche Wertung haben vier weitere Risse aus den Jahren 1574 bis 1579 gefunden, von denen F. KIRNBAUER (1935) einen Grundriß des Goldbergbaus Grakofel bei Steinfeld im Drautal, Kärnten, mit Eintragung mehrerer Stollen und einer „Durchschlagsangabe" im ungefähren Maßstab 1:480 bis 1:500 aus dem Jahre 1577 beschreibt. Die drei weiteren Risse behandelt W. KOLB, und zwar in nachstehender Reihenfolge:

1937 den ältesten schlesischen Grubenriß, den sogenannten Sowitzer Riß, ein Grundriß des St. Jakob Stollens bei Tarnowitz, Oberschlesien, vom Jahre 1577 mit recht genauer Eintragung und Zulage eines untertägigen Streckennetzes, angefertigt von Bergmeister TRAPP,

1941 eine Übersichtskarte, deren Hersteller unbekannt ist, mit der ungefähren Darstellung verschiedener Schacht- und Stollen-Lagen alter Bergbaubetriebe bei Engelsberg, in der Nähe von Jägerndorf (Böhmen) aus dem Jahre 1579, und

1951 den ältesten sächsischen, von einem ebenfalls unbekannten Markscheider aus Altenberg angefertigten Berechtsamsriß aus dem Jahre 1574, der die Lage der Bergwerksfelder im Bereich des Zinnerzbergbaus von Altenberg im sächsischen Erzgebirge unmaßstäblich wiedergibt.[1])

Auf Einzelheiten gehen wir mit Rücksicht auf die ausführlichen Arbeiten von KIRNBAUER und KOLB, die nachgelesen werden können, nicht ein.

Sodann ist bemerkenswert, daß die sächsischen Markscheider GEORG und MATHIAS OEDER, BALTHASAR ZIMMERMANN und LAZARUS VOGT in der Zeit von 1550 bis zum Ende des Dreißigjährigen Krieges eine topographische Karte des Kurfürstentums Sachsen im Maßstab 1:14400 hergestellt haben [P. WILSKI (II, 1932, S. 239)]. Die Karte, von der noch etwa die Hälfte im Original vorhanden ist, bedeckt 38 qm Fläche. P. WILSKI äußerte sich dazu wie folgt: „Die Karte selbst bildet ein glänzendes Zeugnis für die Genauigkeit, mit der die damaligen Markscheider die Landesvermessung ausgeführt haben." Es handelt sich bei dieser Karte, deren Schaffung fast 100 Jahre Zeit in Anspruch nahm, allerdings nicht um eine Darstellung für bergmännische Zwecke.

Schließlich haben wir in den Rißarchiven der Freiberger Bibliothek einen bunt angelegten Riß von der Silbergrube Halsbrücker Stollen aus dem Jahre 1595 vorgefunden, der auszugsweise in Abb. 2 wiedergegeben wird. Der Name des Verfertigers ist nicht bekannt. Die nach der Stunde aufgefahrenen Strecken sind mit Angabe des Streichens und der Längen (in Lachtermaß) durch zwei parallele Begrenzungslinien bezeichnet, die Schächtchen und Lichtlöcher perspektivisch nebst angeschüttetem Haldenmaterial gekennzeichnet. Mehr oder weniger kunstfertige Malereien von arbeitenden Bergleuten „vervollständigen" das Bild. Die lagemäßige Richtigkeit spielt bei dieser Darstellung noch eine recht untergeordnete Rolle. Aber der Versuch, die verschiedenen Gänge ihrem Streichen und ihrer Länge nach mit der Lage der Schächtchen und Lichtlöcher wiederzugeben, ist als Fortschritt zu werten.

---

[1]) Dieser Riß vom Jahre 1574 ist auch als Tafel IV im Anhang zu der Veröffentlichung von K. NEUBERT in Georgius Agricola 1494—1555, Akademie-Verlag, Berlin 1955, in sehr deutlicher Wiedergabe zu finden.

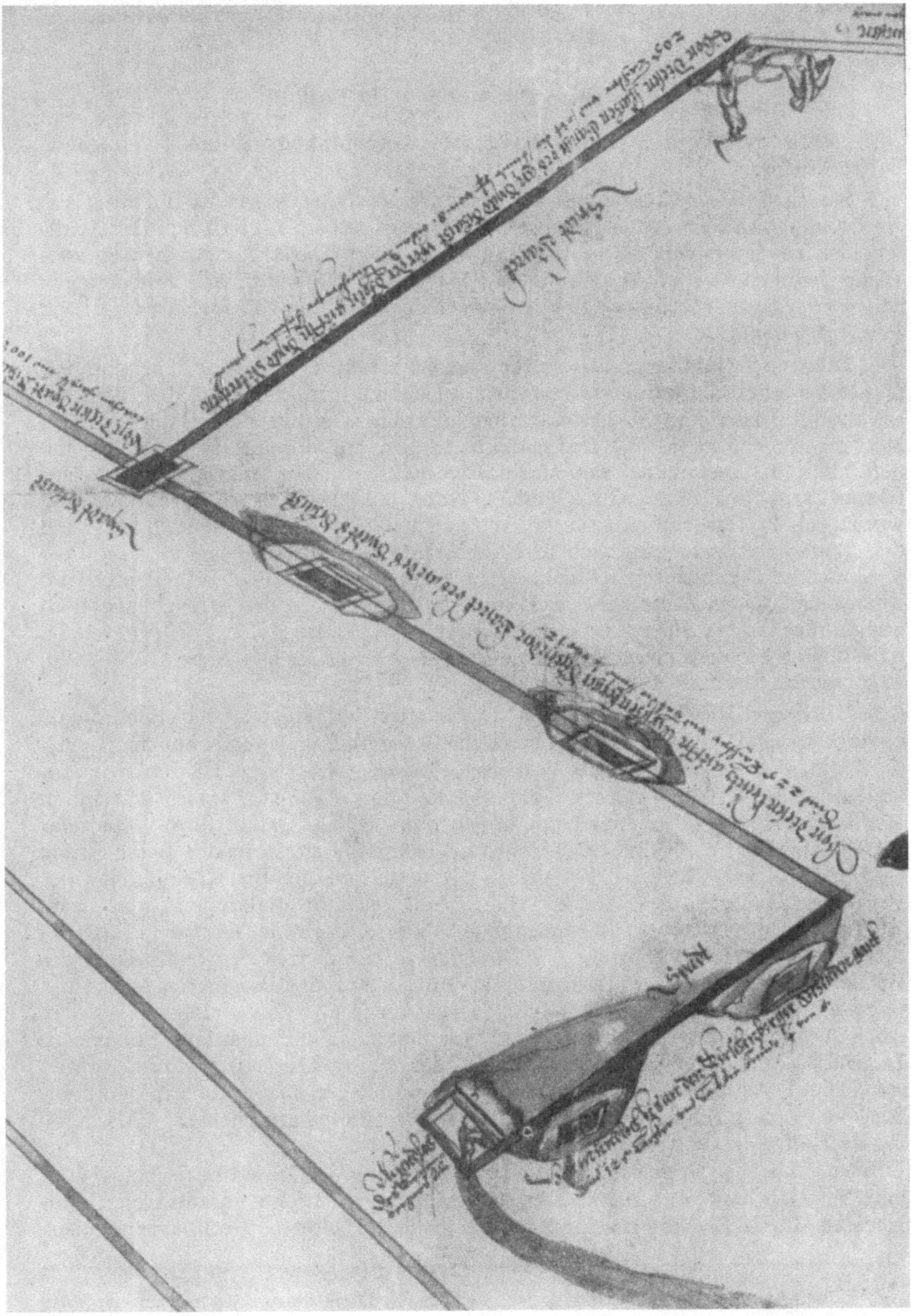

Abb. 2. **Ausschnitt aus einem Grubenbild vom Jahre 1595. Aus den Rißarchiven der Bergakademie Freiberg (Sa.)**

γ) Rückblick auf die ersten Darstellungen

Im Rahmen des vorliegenden Abschnittes beschränken wir uns auf folgende Feststellungen.

1. Sämtliche bisher aufgefundenen Risse des 16. Jahrhunderts sind *Grundrisse*. Sie lassen, soweit es um bergbauliche Dinge geht, erkennen, daß sich der Markscheider zu jener Zeit noch nicht an untertägige Darstellungen heranwagte. Wahrscheinlich werden auf Grund der bisherigen geschichtlichen Forschungen Seiger- oder gar Flachrisse (neben dem Grundriß) dem 16. Jahrhundert noch fremd gewesen sein.

2. Rißliche Darstellungen in verjüngtem Maßstab, d. h. in einem bestimmten Maßstabsverhältnis, waren zu jener Zeit Ausnahmen; man findet auf keinem der erwähnten Risse eine Maßstabsangabe, obwohl es schon damals an genauen Messungen nicht gefehlt hat und man aus einigen, auf einzelnen Rissen angegebenen alten Längenmaßen das Maßstabsverhältnis nachträglich ungefähr eintragen kann [S. F. Kirnbauer (1935); Kolb (1937)]. Der Transversalmaßstab wurde von Professor Humelius um 1550 erfunden [W. Nehm (1951, S. 22)]. Bei den damaligen Verkehrsmitteln und Nachrichtenübermittlungen wird sich diese bedeutsame Errungenschaft nicht allzu rasch herumgesprochen haben; denn wenn auch Georg Oeder im Jahre 1551 die erste Karte der herzoglichen Waldungen des Amtes Schwarzenberg herausgab [W. Nehm (1933, S. 70, und 1934, S. 50)], so wies diese ebensowenig wie die später erschienenen Risse (1555, 1574, 1595) ein bestimmtes Maßstabsverhältnis auf.

3. Die ersten Risse, die uns im 16. Jahrhundert begegnen, sind vielfach nichts anderes als unmaßstäbliche perspektivische Skizzenbilder, jedoch ohne die Kenntnis der Gesetze der Perspektive. Vornehmlich wurden über Tage Halden, Schachtkauen, Häuser, Betriebsanlagen und Schmelzöfen, Bäume, Wälder u. a. m. in anschaulichen bis zu malerischen Formen ohne Rücksicht auf ihre Größe oder die Genauigkeit ihrer Lage eingetragen. Verschnörkelungen in der Beschriftung sind beliebt. Bei sämtlichen Rissen handelt es sich um gerollte Kartenbilder und Risse. Die Rollform der Risse hat sich bis ins 19. Jahrhundert hinein erhalten.

Etwa um die Mitte des 16. Jahrhunderts zeigten sich im Oberharz die ersten Anzeichen für die Einführung des *Direktionsprinzips*, d. h. des Überganges der Betriebsleitung aller Bergwerksunternehmungen auf die Bergämter und deren Organe, also auf Bergmeister und Berggeschworene [W. Nehm (1934, S. 43/44)]. Auch die Markscheider, von denen einige von Zeit zu Zeit offenbar ihrer besonderen Leistungen und ihrer Eignung wegen zu Bergmeistern ernannt wurden, waren staatliche Beamte bei den Bergämtern. Und sie blieben später auch in den preußischen Ländern Staatsbeamte — königliche Bergamtsmarkscheider — bis in die zweite Hälfte des 19. Jahrhunderts hinein (s. S. 71).

Wenn nun auch diese Maßnahme der Einführung des Direktionsprinzips[1]) damals im Oberharz und in Sachsen bezweckte, die teilweise unrentablen Kleinbetriebe durch Zusammenschluß in rationeller arbeitende Großbetriebe über-

---

[1]) In den preußischen Bergwerksbetrieben wurde das Direktionsprinzip erst um die Mitte des 18. Jahrhunderts festgelegt [Schulte-Briesen (1933, S. 29)].

zuführen, mag hierdurch nicht von vornherein, wohl aber allmählich im Laufe von Jahrzehnten die Herstellung des Grubenbildes gefördert worden sein. Tatsächlich ist auch im frühen Anfang des 17. Jahrhunderts der erste Seigerriß entstanden.

b) Die ältesten Lehrbücher der Markscheidekunst von Georg Agricola und Erasmus Reinholt

Wir fragen nunmehr nach dem wissenschaftlichen Stand der damaligen Rißtechnik. Als Ersterscheinung auf dem Gebiet der Markscheidekunst ist das Buch „de re metallica" von Georg Agricola zu nennen, das 1556 in lateinischer Ausgabe und 1580 in deutscher Sprache in Frankfurt/Main erschien. Es behandelt in 12 Kapiteln die Bergbaukunst einschließlich Aufbereitung und Verhüttung der Erze. Im zweiten Teil des Kapitels V wird die Markscheidekunst beschrieben. Zu diesem Buch führte der königliche Markscheider Kleszczyński in Przibram (1854, S. 250) wörtlich aus: „Das 16. und 17. Jahrhundert war reich an mathematischen Kenntnissen, nur scheinen selbe nicht bis zu den damaligen Markscheidern gekommen zu sein. Selbst die wenigen Schriftsteller (Agricola, Reinholt, Voigtel), die vor dem 18. Jahrhundert[1]) die Markscheidekunst behandelten, haben in ihren Markscheidebüchern nicht die mathematischen Kenntnisse angewendet, die man schon damals hätte von ihnen fordern können." Mit dieser reichlich rauhen Kritik werden wir uns noch beschäftigen.

Georg Agricola beschreibt in dem angezogenen Kapitel V einen Teil der damals üblichen Meßverfahren des Markscheiders. Mathematische Entwicklungen fehlen völlig. Die Darstellung der Grubenbaue erfolgte, wie bereits erwähnt, nach Agricolas Angaben im gleichen Maßstab 1:1 über Tage. Zeichnerische Unterlagen in verjüngtem Maßstab waren ihm unbekannt [K. Neubert (1955, S. 92 bis 103)].

18 Jahre später, also 1574, erschien in deutscher Sprache ein Buch über das Feldmessen (in 5 Abschnitten) und das Markscheiden (in einem Abschnitt) von Dr. Erasmus Reinholt, gedruckt in Erfurt. Der Abschnitt über die Arbeiten des Markscheiders ist wenig umfangreich (gegenüber späteren Lehrbüchern) und schwer verständlich geschrieben. M. Schmidt (1889, S. 8) bemerkt zu diesem Buch, Reinholt habe „wohl zuerst gezeigt, wie sich die wichtigsten Aufgaben der Markscheidekunst auf trigonometrischem Wege mit Hilfe rechtwinkliger Dreiecke und einiger Sätze vom Kreis mit aller Schärfe lösen lassen . . .". Darüber hinaus verwarf Reinholt die Methode der graphischen Zulage und wies auf die Vorzüge der trigonometrischen Zugberechnungen hin [M. Schmidt (1892, S. 50)]. Auch Reinholt[2]) erwähnt im neunten Kapitel des Abschnitts über Markscheidekunst die Darstellung oder das Zulegen der Grubenzüge in der Natur im Maßstab 1:1.

Hiernach steht fest, daß der Markscheider der damaligen Zeit nur im letztgenannten Lehrbuch der Markscheidekunst von Erasmus Reinholt einige

---

[1]) Diese Bemerkung bedarf insofern einer Berichtigung, als Nikolaus Voigtel kein Zeitgenosse von Agricola und Reinholt war und anders zu beurteilen ist.

[2]) Über die von Erasmus Reinholt beschriebenen Meßgeräte und Meßverfahren berichtete in neuerer Zeit W. Wilkening ausführlich und interessant in den Mitt. a. d. Markscheidewesen, 1960, Heft 1, S. 13—16, und Heft 2, S. 58—74.

wenige Anhaltspunkte für die Anfertigung von Rissen oder Karten in verjüngtem Maßstab finden konnte.[1]) Er war in der Hauptsache auf sich selbst angewiesen; und wenn W. NEHM in seiner Arbeit über die ersten Ansätze des Markscheidewesens auf dem Rammelsberg die Stellung des Markscheiders im 14. Jahrhundert, ferner den damaligen Stand der Wissenschaft kennzeichnet und zu dem Ergebnis gelangt: „Alles in allem können wir sehen, daß der Fronbote (Markscheider) des Rammelsberges reiner Autodidakt war" (1933, S. 88), so müssen wir ihm nicht nur recht geben, sondern ergänzend hinzufügen, daß dies für die spätere Zeit auch noch zutrifft. Der damalige Markscheider fand auch in den Bergordnungen jener Zeit weder Rat noch Hilfe. Er genoß keine Ausbildung; mathematische Kenntnisse konnte er nur durch Selbstunterricht erlangen, denn damals wurde auf den höheren Lehranstalten noch keine Mathematik betrieben. Hierzu ist es deshalb wohl notwendig, den Stand der Mathematik des 16. Jahrhunderts zu kennzeichnen.

c) Der Stand der mathematischen Wissenschaften

Nach dem Zusammenbruch der Antike mit den großen Leistungen der alexandrischen und griechischen Mathematiker EUKLID (um 325 v. Chr.) und PTOLEMÄUS (um 125 n. Chr.) dauerte es nach den Stürmen der Völkerwanderung sehr lange, bis man sich der alten mathematischen Errungenschaften erinnerte. Im Frühmittelalter betrachtete man das Fingerrechnen (Kopfrechnen) als besondere mathematische Einzelleistung, das darin bestand, aus der Stellung der Hände und Finger die Zahlen 1 bis 10000 anzudeuten, ein Verfahren, das erstmals schriftlich von dem irischen Gelehrten BEDA VENERABILIS (674—735) festgehalten wurde [O. BECKER und J. E. HOFMANN (1951, S. 146)]. Auch in der Zeit der Scholastik (9.—15. Jahrhundert) haben sich die Gelehrten dieser Epoche zu irgendwelchen besonderen Leistungen auf mathematischem Gebiet nicht aufschwingen können. Das wurde erst im Zeitalter der Renaissance (16.—17. Jahrhundert) anders.

Es ist Tatsache, daß die Elemente EUKLIDS in 13 Büchern im Altertum und Mittelalter bis zur Neuzeit im 19. Jahrhundert neben der Bibel die verbreitetsten Bücher der Welt waren [M. STECK (1957, S. 113)]. Mit dem Aufkommen des Buchdrucks überstürzten sich die Übersetzungen der alten überlieferten Handschriften in fast alle Sprachen des damaligen Europas. Die erste lateinische EUKLID-Ausgabe erschien 1482, die erste deutsche EUKLID-Übersetzung, allerdings nur in der Teilausgabe des 1. Buches der Elemente, wurde von W. SCHMID, Nürnberg, 1532 und später nochmals 1539 aufgelegt. Die erste deutsche Übersetzung des 7. bis 9. Buches wurde 1555 und der ersten sechs Bücher 1562 in Augsburg herausgegeben [M. STECK (a. a. O.)].

Die EUKLIDische Geometrie ist eine Elementargeometrie ohne jedweden Ansatz zu einer Darstellenden Geometrie. Sie bringt eine vollständige Übersicht aller Teile der Mathematik und unterrichtet in 13 Büchern über die Erkenntnisse auf dem geometrischen und arithmetischen Sektor, auf dem Gebiet der Proportionenlehre, der Incommensurablen und der Stereometrie; näheres bei M. CANTOR, 1880, I. Band, S. 223—239. Der Almagest von CLAUDIUS PTOLEMÄUS ist ein astronomisches Werk in ebenfalls 13 Büchern. Es beschäftigt sich vorwiegend mit der

[1]) Aber auch von diesen Entwicklungen der Methode der graphischen Zulage sowie trigonometrischer Zugberechnungen wurde damals kaum Gebrauch gemacht.

sphärischen Trigonometrie. Hierzu sagt M. CANTOR u. a. (1880, I., S. 356): „Eine ebne Trigonometrie im Dienste der theoretischen Planimetrie ist dem Altertum ebenso fremd wie eine solche im Dienste feldmesserischer Untersuchungen."

Als erster bedeutender Astronom und Mathematiker an der Wende des Mittelalters ist REGIOMONTANUS (1436—1476), mit dem bürgerlichen Namen JOHANNES MÜLLER, Franken, zu nennen. Er schrieb um das Jahr 1463 eine vollkommen neue ebene und sphärische Trigonometrie, die jedoch erst 1533 zum Druck gelangte, aber auch damals keineswegs überholt war. Sodann sind im 16. Jahrhundert zu erwähnen FRANCOIS VIÈTE (1540—1603), der die gesamte ebene und sphärische Trigonometrie aus dem Sinus-Satz und einer modifizierten Form des Cosinus-Satzes entwickelte, ferner J. NEPER (1594) und H. BRIGGS (1556—1630), die uns die Logarithmenrechnung brachten [O. BECKER und J. E. HOFMANN (S. 164)].

Diesem kurzen Überblick zufolge müssen GEORGIUS AGRICOLA und ERASMUS REINHOLT die EUKLIDischen Bücher zumindest in lateinischer Sprache und ebenso das Buch von REGIOMONTANUS gekannt haben. AGRICOLA hat sich als ehemaliger Arzt und Bürgermeister mit mathematischen Problemen nicht abgegeben. ERASMUS REINHOLT ist, wie W. NEHM (1934, S. 38) mitteilt, Professor für Mathematik und Astronomie an der Universität Wittenberg gewesen. Obwohl von Haus aus ebenfalls Arzt, wurde er später Oberbergmeister des Herzogs von Braunschweig und Lüneburg. Auf diese Weise kam er mit der Markscheidekunst in Berührung. Der von ihm verfaßte Abschnitt über Markscheidekunst umfaßt allerdings nur rd. 80 Seiten in einem Druckspiegel, der etwa dem heutigen Papierformat DIN A 6 entspricht. Dieses Kapitel konnte trotz der beachtlichen Kenntnisse des Verfassers dem praktischen Markscheider rißtechnisch nicht allzuviel bieten. Es hat zwar noch eine zweite Auflage im Jahre 1615 erlebt, ist aber nie zu besonderer Bedeutung gelangt. Die auf S. 9 zitierte Bemerkung von KLESZCZYŃSKI trifft daher wohl auf G. AGRICOLA, dessen Ausführungen über das Markscheiden keinen Anspruch auf Wissenschaftlichkeit erheben können, nicht aber auf E. REINHOLT zu, der besonders in den fünf Abschnitten über das Feldmessen grundlegende mathematische Kenntnisse nachweist. Der sodann von KLESZCZYŃSKI erwähnte VOIGTEL lebte ein volles Jahrhundert später als AGRICOLA und REINHOLT und scheidet aus dem Vergleich aus; auch sind die mathematischen Kenntnisse VOIGTELS für die damalige Zeit als durchaus beachtlich zu bezeichnen.

d) Bergordnungen

Wir haben uns nun noch kurz mit den Bergordnungen des 16. Jahrhunderts zu beschäftigen dahingehend, ob und inwieweit sie Bestimmungen über die Anfertigung von Grubenrissen enthalten. Hier hat W. NEHM gute Vorarbeit geleistet hinsichtlich des Harzer und des sächsischen Markscheidewesens. Er gelangt zu dem Ergebnis, daß nach den damals bestehenden Bergordnungen die Markscheider des Oberharzes (1934, S. 36—38) ebensowenig wie die sächsischen Markscheider (1952, S. 1—5) im Laufe des 16. Jahrhunderts mit der Anfertigung von Grubenbildern von behördlicher Seite beauftragt wurden. W. NEHM zählt allein für das 16. Jahrhundert 16 deutsche Bergordnungen auf, von denen er mehrere studiert hat. Er zieht daraus den Schluß, daß „die rechtliche Fixierung des Markscheiderberufes mehr als dürftig ist". Die einzige Errungenschaft besteht in der Forderung schriftlicher Berichte über die durchgeführten Messungen. So sagt u. a. die Kursächsische Bergordnung vom 3. 10. 1554 (1952, S. 5): „Nach vollzogener Messung soll in besonderen schriftlichen Berichten auf Einzelheiten hingewiesen werden", und NEHM fügt hinzu: „Von einem Grubenbild ist keine Rede".

Trotzdem sind uns allein aus dem sächsischen Revier mehrere Grundrisse aus den Jahren 1529, 1555, 1574 und 1595 in verjüngtem Maßstab bekannt geworden, die von Markscheidern angefertigt wurden. Und wenn noch dazu in Oberschlesien, in Böhmen und in Österreich aus derselben Zeit Darstellungen in verjüngten Maßstäben vorliegen, kann die Anordnung oder Anregung zur Fertigung von Grubenkarten oder Rissen auch von anderer Seite erfolgt sein.

Einen diesbezüglichen Hinweis verdanken wir A. T. HORNOCH (1941, S. 188/189), der durch den Namen TRAPP, den Verfertiger des Sowitzer Risses [W. KOLB (1937)], auf dessen vor dem Jahre 1568 liegenden Tätigkeit in Ungarn aufmerksam wurde. W. KOLB hatte auf TRAPPS „großes technisches Verständnis und seinen in allen bergbaulichen Dingen geschulten Blick" hingewiesen, die ihn als einen der ersten die Lösung der Aufgabe erkennen ließen, die unterirdischen Grubenbaue anschaulich und exakt darzustellen. HORNOCH stellte fest, daß TRAPP im Jahre 1565 als Kunstmeister beim Neusohler Kupferbergbau tätig war, von wo aus man ihn nach Tarnowitz, Oberschlesien, berufen hatte, um die durch die damaligen hohen Wasserzuflüsse entstandenen Schwierigkeiten des dortigen Bergbaus zu beheben. Die weiteren Nachforschungen HORNOCHS erbrachten folgende Feststellungen.

e) Die Maximilianische Instruktion vom 16. 3. 1565

Die Ergiebigkeit des von den *Thurzo-Fuggern* (1495—1546) in Neusohl betriebenen Kupferbergbaus begann nachzulassen. Der Staat übernahm unter der Regierung Kaiser Maximilians II. im Jahre 1546 die Betriebe und ließ sich mehrfach durch besondere sachverständige Ausschüsse über das Ergebnis ihrer Lagerstättenuntersuchungen und Aufschlüsse unterrichten. Im Zuge solcher Kommissionsberichte entstand die *Maximilianische Instruktion vom 16. 3. 1565*, die sich u. a. auch auf die Verfertigung von Grubenkarten bezieht. Den Wortlaut des in Frage kommenden Ausschnittes geben wir wegen der schwer verständlichen Fachausdrücke der altdeutschen Sprache in heutiger sinnentsprechender Fassung wieder.

„Obwohl bei einem Bergwerk der Notwendigkeit und Billigkeit wegen die Berge oft aufgemessen und dargestellt sein sollen, ist aber bei der ganzen Behandlung nichts Ersprießliches herausgekommen. Deshalb machen wir jetzt und künftig unseren Bergmeistern in Neuensohl (Neusohl) ernstlich zur Pflicht, daß sie sofort alle Berge und ein jedes Bergwerksfeld besonders markscheiderisch vermessen, es in einer ordentlichen Maßstabsverjüngung auf eine Karte bringen, sodann über Tage mehrfach berichten, damit man erkennt, wie der Berg beschaffen ist, dessen Inneres bisher untersucht wurde, und wie fortan Betriebsführung und Arbeiter mit erhöhtem Nutzen eingesetzt werden können."

HORNOCH bemerkt mit Recht, „daß der Erlaß Maximilians vom 16. März 1565 die älteste bisher bekannte behördliche Verfügung über die Anfertigung von Grubenkarten enthält." Er fährt dann fort: „Die klare Betonung, daß solche Karten die Betriebsführung erleichtern, zeigt darauf hin, daß man sich über die große betriebstechnische Bedeutung der Grubenkarten bereits vollkommen im klaren war. Die Grubenkarten sollten schon zu dieser Zeit als Unterlage zum Entwurf und zur Lösung technischer Probleme des Bergbaues dienen und mußten daher in „ordentlicher Verjüngerung“ und nicht bloß als bildliche Darstellung der Bergbaulandschaft mit angedeuteten Grubenbauen verfertigt werden. Sie waren also bereits Grubenbetriebskarten.“

Diese von A. T. Hornoch vertretene Auffassung hat manches für sich. Man kann auch annehmen, daß im Anschluß an die Instruktion Kaiser Maximilians II. entsprechende Grubenrisse angefertigt wurden, wie einen solchen beispielsweise Trapp in Tarnowitz fertigstellte. Aber bis heute sind derartige Karten leider nicht gefunden worden, obwohl wir überzeugt sind, daß die in diesem Abschnitt erwähnten Risse und Karten nur einen Bruchteil dessen ausmachen mögen, was tatsächlich im 16. Jahrhundert an Karten hergestellt wurde, jedoch verlorenging. Im übrigen stellt die Maximilianische Instruktion keine Richtlinien für die Anfertigung von Grubenrissen auf, sondern überläßt es dem Markscheider, Mittel und Wege für die Art und Weise der Darstellung seiner Messungen und Wahrnehmungen zu finden.

Der Maximilianischen Instruktion steht zu jener Zeit in Sachsen lediglich die Bergordnung des Herzogs Christian vom Jahre 1589 mit einem Zusatz zu Artikel XVII gegenüber mit folgendem Wortlaut: „Und sollen die Markscheider hinfort den Vorstehern der Zechen oder Stollen, an deren Örtern sie zu Markscheiden gefordert und ihre Gebühr nehmen, was sie ziehen, schriftlich verzeichnet geben, wie tief man zu sinken und in wase Teufe man ansitzen und auslengen soll“ [M. Schmidt (1889, S. 12)]. Ein Grubenbild, wie in der kaiserlichen Verfügung vorgesehen, ist bisher weder in Sachsen noch im Oberharz angetroffen worden.

Selbst wenn wir annehmen, daß die Kenntnis von der Vorschrift des Kaisers über die Kartenherstellung in verjüngtem Maßstab über die Grenzen Ungarns und Österreichs hinausgedrungen ist, wissen wir damit noch nicht, welchen Grundgedanken in der Darstellungsform die ersten Risse von 1529 (Freiberg) und 1541 (Kitzbühel) ihre Entstehung verdanken. Man könnte daran denken, daß die Markscheider und Bergmeister des 16. Jahrhunderts ihre Anschauung über grundrißliche Darstellungen der *Kartographie* entlehnt haben [Leo Bagrow (Geschichte der Kartographie, 1951)]. P. Wilski hat sich die Mühe gemacht, geschichtliche Daten vorchristlicher Karten bis zum heutigen Kartenwesen zusammenzutragen (II, 1932, S. 235—241). Er erwähnt die ältesten Karten von Deutschland aus den Jahren 1491 und 1492, ferner eine Karte der Landstraßen durch das Heilige Römische Reich vom Jahre 1501 u. a. m. Geographische Karten als Land- und See-Karten spielten damals schon eine beachtliche Rolle, zumal nach der Entdeckung Amerikas zahlreiche neue Weltkarten entstanden. Aber auch Städtekarten, wenngleich stark mit perspektivischen Motiven durchsetzt, sowie Festungspläne gab es damals, so daß es gewiß nicht an Anregungen fehlte.

Dennoch sind die bisher aufgefundenen wenigen, für bergbauliche Zwecke entstandenen *grundrißlichen* Grubenbilder und Karten des 16. Jahrhunderts offensichtlich als markscheiderische Schöpfungen aufzufassen, die auf der Grundlage mitunter schon exakter Messungen das damalige Vorstellungsvermögen kennzeichnen und in einzelnen Fällen einer anerkennenswerten Kunstfertigkeit ihrer Hersteller nicht entbehren.

3. Das 17. Jahrhundert

a) Der erste Seigerriß vom Jahre 1606 aus dem Oberharz

Das auf S. 8 unter Ziffer 3 erwähnte Verfahren, unmaßstäbliche Grundrisse als perspektivische Ansichtsbilder herzustellen, hat sich bis ins 18. Jahrhundert erhalten. So begegnete uns in der Freiberger Rißsammlung ein halb perspektivisch, halb grundrißlich gezeichnetes Grubenbild vom Jahre 1603, das die verschiedenen Stollensohlen in bunter Darstellung aufwies, sich jedoch von den früher beschriebenen Rissen nicht unterscheidet.[1])

Aber schon kurz danach, im Jahre 1606, erschien der erste *Seigerriß* der Oberharzer Bergwerke (Abb. 3). W. Nehm (1934, S. 54) bemerkt, daß Vorläufer dieses Seigerrisses nicht nachzuweisen waren, ferner, daß „als Fachmann und geistiger Anreger Christian Zacharias Koch zeichnete und als ausführender Künstler Daniel Lindemeier". Es handelt sich um einen „Abriß"[2]) der gesamten Zellerfelder Bergstädte und Bergwerke, und man erkennt in dem von Nehm wiedergegebenen Ausschnitt des Kartenbildes, *oberer* Teil, die gesamte Situation in perspektivischer Darstellung. Die Schächte sind in der damals üblichen perspektivischen Zeltform, Stollenmundlöcher mit den zugehörigen, lediglich als einfache Linien dargestellten Sohlen, sodann Hüttenwerke, Gefluder, Bäche, Häuser und bewaldete Berge ebenfalls perspektivisch gezeichnet worden. Weiter im Hintergrund liegende Schächte wurden durch kleinere Zelte gekennzeichnet.

Dagegen sind im *unteren* Bildteil die zu den einzelnen Schächten und Grubenfeldern gehörenden Schachttiefen oder Gesenke zwischen den verschiedenen Sohlen durch senkrechte schmale, schwarz ausgefüllte Streifen dargestellt. Die Sohlenhorizonte wurden durch waagerechte Linien bezeichnet. Um die bergmännischen Arbeiten zu veranschaulichen, sind an zahlreichen Stellen der seigeren Darstellung Aufbrüche mit arbeitenden Gesteinshauern und Bergleuten eingetragen. Obwohl der Begriff der Projektionsfläche als seigerer Aufrißebene zu jener Zeit und bis in das 19. Jahrhundert hinein unbekannt war, hat man die Schächte und Gesenke von der steil gelagerten Gangfläche wahrscheinlich rein gefühlsmäßig in eine seigere Ebene projiziert. Allerdings dürfte es sich vorliegend nicht um eine einheitliche Aufrißebene handeln, weil die Gesamtheit aller Oberharzer Bergwerke im Seigerriß darzustellen war. Eine Maßstabsangabe fehlt, obwohl in der seigerrißlichen Ebene die Sohlenabstände genau erfaßt worden sein mögen. Nachprüfen läßt sich dies nicht, weil die wenigen eingetragenen Lachtermaße längen- und höhenmäßig nicht unterzubringen sind.

Mag dieser erste Seigerriß trotz seiner damals recht ansprechenden Form auf uns heute primitiv wirken, so kommt dem Versuch, untertägige Verhältnisse darzustellen und damit in das räumliche Vorstellungsvermögen einzudringen, eine große Bedeutung zu. Denn mit diesem anscheinend ohne Vorbild — wir kommen hierauf noch zurück — entstandenen Seigerriß des Markscheiders und Berg-

---

[1]) W. Nehm (Mitt. a. d. Markscheidewesen, 1933[1])) erwähnt außerdem eine grundrißliche Auswertung des Repnitzer Bergwerks aus dem Jahre 1610 von Georg Oeder.

[2]) Das Wort „Abriß" wurde damals für jeden Grundriß, später auch für den kombinierten Grund- und Seigerriß gebraucht.

Abb. 3. Der erste Seigerriß von ZACHARIAS KOCH aus dem Oberharzer Bergbau vom Jahre 1606. Aus W. NEHM (1934[3]) (Ausschnitt)

meisters Chr. Z. Koch ist der Grundstein zu einer Darstellung gelegt worden, die sich bis heute, wenn auch in stark abgewandelter Form, erhalten hat. Und das sind 360 Jahre!

b) Der Seigerriß vom Jahre 1609 aus dem sächsischen Bergbau

Ein weiterer aus dem Jahre 1609 datierender Seigerriß stammt aus dem Hauptstaatsarchiv Dresden und ist ebenfalls von W. Nehm (1934, S. 56) im Bild wiedergegeben worden. Wir haben diesen Seigerriß auch im Rißarchiv der Bergakademie Freiberg wiedergesehen. Der Verfertiger des Risses ist nicht bekannt. Es handelt sich um zwei Baufelder (Abb. 4). Der alte Hermes-Stollen (links) sollte mit dem alten Grund-Stollen (rechts) und eine $15^3/_4$ Lachter unter dem Hermes-Stollen liegende Strecke mit dem Thelersberger Stollen (rechts) durchschlägig werden. Eine zwischen den Gegenörtern in jeder Stollensohle dargestellte gewichtige Betriebsperson weist mit den Armen auf die einander entgegen arbeitenden Hauer hin. Die Eintragungen der Sohlen sind nahezu maßstäblich gehalten. Das Liegende des oberen alten Hermes-Stollens liegt um 4 m tiefer als die Sohle des alten Grund-Stollens, die Sohlen des tieferen Horizontes weisen einen Höhenunterschied von 1,5 m auf. Die Tagesoberfläche ist durch eine waagerechte Linie bezeichnet, die in senkrechte Felder 1—2 bis 13—14 eingeteilt ist, vermutlich, um die Längen der vorgetriebenen Strecken besser überwachen zu können. Im übrigen enthält der Riß, wie alle Darstellungen jener Zeit, zahlreiche Malereien und schriftliche Erläuterungen.

Dieser Seigerriß überrascht dennoch durch seine Einfachheit und läßt den Willen zu einer richtigen Darstellungsweise deutlich erkennen. Freilich handelt es sich vorliegend um eine eng begrenzte Darstellung von etwa 150 m seitlicher Ausdehnung. Es hat nicht den Anschein, als ob der Riß, obwohl 1609, also drei Jahre nach dem von Chr. Z. Koch angefertigten Zellerfelder Seigerriß entstanden, eine Beeinflussung vom Oberharz aus erfahren hätte. Jedenfalls sind die Darstellungsverfahren in beiden Rissen grundverschieden voneinander. Im Oberharzer Seigerriß wurden die Tagesgegenstände in Perspektive dargestellt, im Freiberger Seigerriß dient eine in beliebiger Höhe eingetragene waagerechte Linie zur Eintragung einer Häuserreihe, wobei jedes einzelne Gebäude einem bestimmten bezifferten senkrechten Flächenstreifen entspricht. Der Oberharzer Riß stellt ferner die Sohlenstrecken als einfache waagerechte Linien dar, der Freiberger Seigerriß weist dagegen die einzelnen Sohlenstrecken in der heute noch gebräuchlichen Darstellungsart in zwei horizontalen parallelen Linien nach, deren Abstand die Streckenhöhe bezeichnen soll. Demzufolge darf man annehmen, daß im Harzer sowie im Freiberger Revier der Gedanke, Seigerrisse zu konstruieren, annähernd zu gleicher Zeit und vielleicht sogar unabhängig voneinander aufgekommen ist. Aber zu diesen Seigerrissen gab es noch keine Grundrisse, aus denen Lage und Richtung der Grundstrecken ersichtlich gewesen wären.

c) Der erste kombinierte Grundriß-Seigerriß von 1613

Bemerkenswert ist deshalb ein dritter, von W. Nehm (1934[2], S. 57) gebrachter Riß (Abb. 5) aus dem Jahre 1613, den er als „Flachen Riß des Hohenbirkheimer

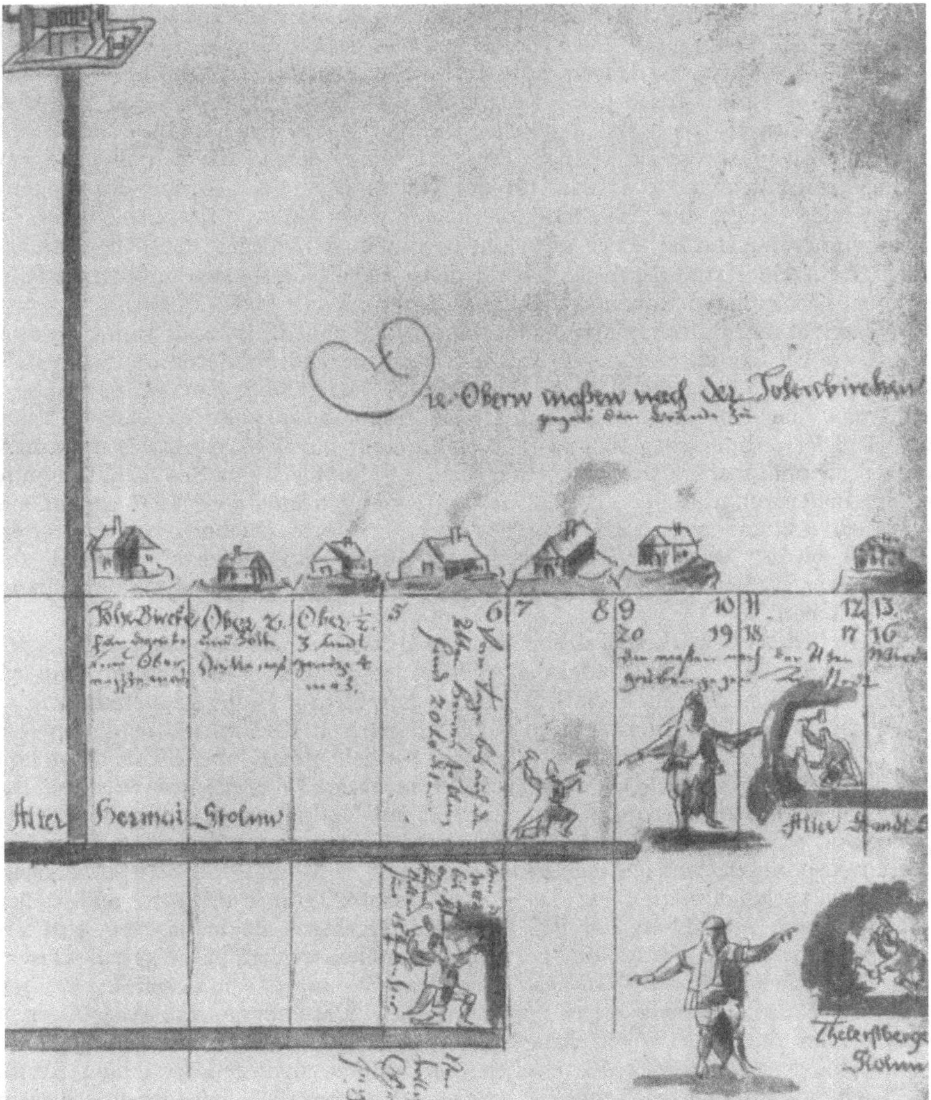

Abb. 4. Ausschnitt aus dem Seigerriß eines sächsischen Erzvorkommens, Dresden 1609. Aus den Rißarchiven der Bergakademie Freiberg (Sa.)

Ganges" bezeichnet hat. Der Riß wird im Hauptstaatsarchiv Dresden aufbewahrt; er ist in dreifacher Ausfertigung vorhanden und jedesmal von den Markscheidern HAUSPERGER aus Zellerfeld, GRIEL aus Joachimsthal und HAHN aus Schwarzenberg unterzeichnet. Dies hat seinen Grund darin, daß in einem Berechtsamsstreit um die Identität des Gottes-Segen-Ganges und des Hohenbirkheimer Ganges das Appellationsgericht in den Jahren 1612—1614 die obengenannten drei Markscheider anweisen ließ, „einen richtigen deutlichen, wahrhaftigen Abriß anzufertigen . . .". Und dieser Streit drehte sich um den im Riß, Abb. 5, bezeichneten Hohenbirkheimer Gang [W. NEHM (1952, S. 13)].

NEHM führt nun weiter aus (1934, S. 54): „Dieser Riß ist aber kein Seigerriß mehr wie bei KOCH, sondern ein flacher Riß mit besonderer Betonung der grundrißlichen Darstellung der Sohlen. Die bildhafte Darstellung KOCHS ist verlassen und hat einer nüchternen mathematischen Darstellungsweise weichen müssen; der Riß ist ordnungsgemäß und maßstabsgerecht zugelegt, sogar die ursprünglichen Messungszahlen sind eingeschrieben . . .". Später (1940, S. 171) sind NEHM wohl Bedenken gekommen, ob seine Auffassung vom Jahre 1934 zutreffend gewesen ist, und so erklärt er: „Es wird Sonderuntersuchungen vorbehalten bleiben, ob der erwähnte Riß (gemeint ist Abb. 5) tatsächlich als Flachriß anzusprechen ist, und ob nicht aus der Zeit von 1613 bis 1785 einwandfreie Flachrisse erhalten sind."

Hierzu ist zu bemerken, daß der Riß des Hohenbirkheimer Ganges vom Jahre 1613 keinen flachen Riß, sondern einen *Seigerriß* darstellt. Dies muß im Hinblick darauf betont werden, daß im Schrifttum schon hierauf Bezug genommen wurde und zum Beispiel K. BURGER (1951, S. 23) diesen von W. NEHM fälschlicherweise als „Flachriß des Hohenbirkheimer Ganges" bezeichneten Grubenriß als besondere Flachrißleistung hervorhebt. Dem ist leider nicht so! Denn die ordnungsgemäße, maßstabsgerechte (allerdings ohne Angabe des Maßstabsverhältnisses) und gewissenhafte Zulage ist nur auf die gerichtliche Forderung im Rechtsstreit zurückzuführen gewesen, wonach eine genaue Messung von den genannten drei Markscheidern verlangt worden war. Der Gang wies zwei Trümer auf (roter und weißer Trum), deren Ausbildung der Riß zeigt. Im Gegensatz zu der in Abb. 3 und 4 gegebenen richtigen Darstellung geradliniger Sohlenstrecken im Seigerriß wurden nun aber nach Abb. 5 *die Sohlenstrecken zugelegt und auf deren Streichrichtungen die Schächte und Gesenke seiger aufgesetzt.* Diese Darstellung, auf ausgebogenen (infolge der Zulage) Strecken Schächte und Gesenke seiger aufzutragen oder von den Schächten aus die Sohlenstrecken grundrißlich zuzulegen, um einen Abriß, d. h. einen kombinierten Grund- und Seigerriß herzustellen, hat sich von diesem Zeitpunkt (1613) an sowohl im Freiberger als auch im Oberharzer Revier eingebürgert; denn HAUSPERGER war in dem bewußten Rechtsstreit vorübergehend von Zellerfeld nach Freiberg geholt worden, während GRIEL und HAHN den sächsischen Revieren Joachimsthal und Schwarzenberg angehörten.

Wir haben bisher nur vom sächsischen und Oberharzer Bergbaubezirk gesprochen, aus denen uns markscheiderische Darstellungen erhalten geblieben sind. Es hat aber im Mittelalter bis in die Neuzeit hinein neben diesen beiden Revieren stets ein dritter Bezirk bestanden: der Eisenerzbergbau im *Siegerland.* Der Bergbau im Siegerland ist sogar noch älter als derjenige der sächsischen und Harzer Gangvorkommen, denn schon um 500 v. Chr. haben nachweisbar die Kelten an der Sieg leicht reduzierbaren Brauneisenstein gewonnen, und das

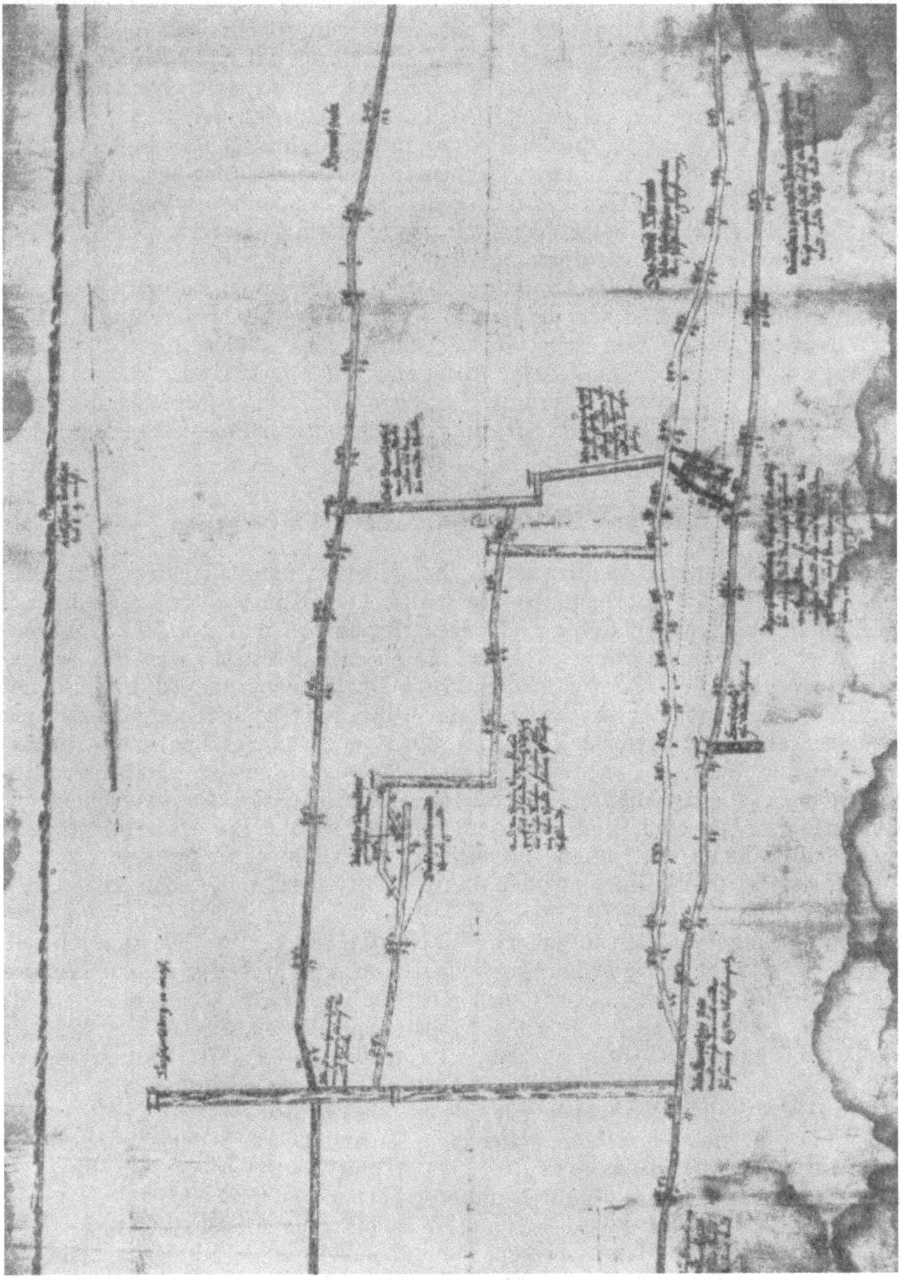

Abb. 5. Erster kombinierter Grundriß-Seigerriß des Hohenbirkheimer Ganges aus dem Jahre 1613. Von W. NEHM (1934[2], S. 57) fälschlich als „flacher Riß" angesprochen. (Ausschnitt)

Siegerland ist nicht nur später zur Römerzeit, sondern verbürgten Überlieferungen zufolge seit dem 12. Jahrhundert als die erste Schwertschmiede in deutschen Landen angesprochen worden. Nur sind aus der Zeit, da das Rißwesen im 16. und 17. Jahrhundert im sächsischen und Harzer Bergbau zu weitgehender Entfaltung gelangte, aus dem Siegerland keine Darstellungen erhalten geblieben. Dies hat seinen Grund darin, daß vom 15. bis zum 18. Jahrhundert kein nennenswerter Bergbau im unteren Lahngebiet und an der Sieg betrieben wurde (Das Oberbergamt *Rheinland-Pfalz* in Bad Ems. Länderdienst-Verlag, Brilon-Basel 1959). Wir werden bei Behandlung der markscheiderischen Darstellungen im 18. Jahrhundert hierauf zurückkommen.

Wenn wir nochmals auf die Abbildungen 3 und 4 der ersten Seigerrisse zurückgreifen, so erklärt sich die neue Rißart (Abb. 5) wohl folgendermaßen. Man empfand es als Mangel, Seigerrisse für sich allein herzustellen, ohne Lage und Richtung der Grubenbaue zu kennen, aus denen der Seigerriß entstand. Deshalb kombinierten Hausperger, Griel und Hahn den Grundriß im Streichen der Flöze mit dem Seigerriß, der ja damals nur die Tagesschächte und Gesenke in ihrer lotrechten Lage darstellen sollte.

α) Risse aus der Zeit von Balthasar Rösler

So führt auch Balthasar Rösler im „hellpolierten Bergbauspiegel" um 1650, Buch 4, Kapitel 2, § 2 auf S. 88 aus, daß man bei der Konstruktion von Abrissen „die Stöllen/Strecken und Örter nach *ihren Krümmen* / und der Schächte Donlegen / nach dem ebenen Plano im Grunde lege / daß dieselben / wie *oben nieder* / anzusehen seynd" [W. Nehm (1940, S. 170)]. Da hiernach alle Abrisse der damaligen Zeit die nach ihrem Streichen (nach ihren Krümmen) aufgenommenen Grundstrecken nebst lotrecht (wie von oben nieder anzusehen) aufgesetzten Schächten und Gesenken nachweisen sollten, haben wir in den Freiberger Rißarchiven eine große Anzahl von kombinierten Grundriß-Seigerrissen verschiedener Markscheider, aber auch von Abrissen geprüft, welche die Unterschrift von Balthasar Rösler mit ihren charakteristischen Verschnörkelungen trugen. Darunter befanden sich Risse aus den Jahren 1631, 1645, 1655, 1660, 1663, 1668 und 1670.

Stellt man einen Vergleich mit den von W. Nehm (1951, S. 21 u.127) angegebenen Listen der vor 1700 amtierenden Markscheider an, so ergibt sich eine pausenlose markscheiderische Tätigkeit Balthasar Röslers vom Jahre 1629 bis 1668 bzw. 1670. Demgegenüber bemißt die Faksimileliste nach W. Nehm (1951, S. 128) die Tätigkeit Balthasar Röslers auf die Zeit von 1649 (!) bis 1670. Es liegt danach in beiden Listen (Faksimile- und Haupt-Liste) insofern ein Schreib- oder Druckfehler in den Freiberger Angaben vor, als es anstatt „1649—1670" heißen muß „1629—1670". Dementsprechend lassen sich die Angaben und Vermutungen von Nehm über Balthasar Rösler auf S. 129 (1951) nicht aufrechterhalten. Balthasar Rösler war 42 Jahre hindurch ununterbrochen als Markscheider tätig und fertigte in dieser Zeit rd. 45 Abrisse an. Er ist offenbar ein sehr befähigter und darum auch begehrter Mann gewesen, der auf mehreren Bergrevieren, teilweise sogar zu gleicher Zeit, eingesetzt wurde. Obwohl 1663 zum Bergmeister ernannt, ist er bis zum Jahre 1670 Markscheider geblieben und hat auch bis zum Schluß die unter seiner Leitung angefertigten Abrisse unterzeichnet.

Aus der großen Zahl seiner Darstellungen bringen wir in den Abbildungen 6, 7 und 8 nur drei Bildausschnitte der Abrisse aus den Jahren 1631, 1668 und 1670. Die übrigen Risse aus den Jahren 1645 bis 1663 zeigen keine bemerkenswerten Neuerungen gegenüber dem Riß Abb. 8, der später beschrieben wird. In Abb. 6 wird das Silbervorkommen „Alt Himmelsfürst Fundgrube“ vom Jahre 1631 dargestellt. Dieser Riß ist an sich ein Grundriß, ohne Maßstab. Es sind zwei Schächte durch eine söhlige Strecke miteinander verbunden; der Kompaßzug ist bis zu einem Markscheiderzeichen (Kreuz bei Punkt A) fortgeführt. Die Stellen, an denen zwei Schächte stehen, sind als Gevierte mit Seilwinden angedeutet, die Schachtteufen jedoch im Text angegeben. Das Bild stellt etwa den Übergang vom ordnungsmäßig zugelegten Grundriß zum kombinierten Grundriß-Seigerriß dar, es steht aber darstellerisch noch weit unterhalb der Rangstufe des kombinierten Grundriß-Seigerrisses von Hausperger, Griel und Hahn (Abb. 5).

Als nächste Abbildung folgt ein Teil-, und zwar das Mittelstück eines umfangreichen Seigerrisses vom Zinnerzbergbau Altenberg. Diesen Riß hat Balthasar Rösler im Jahre 1668 angefertigt (Abb. 7), und zwar nicht in bunter, sondern in schwarzer Ausführung. Die Darstellung weicht, sichtlich dem eigenartigen Charakter der Lagerstätte entsprechend, in vielen Punkten von der bisherigen Anfertigungsweise der Abrisse ab, und Rösler war sich bestimmt der Schwierigkeit seiner Aufgabe bewußt. Es handelt sich um einen Seigerriß, der die Schächte und höhlenartigen Durchdringungen im Altenberger Zinnerz-Stockwerksbau zeigt. Ein Grundriß hierzu ist nicht vorhanden. Der Riß baut auf dem (hier im Mittelteil der Darstellung) als waagerechte Linie wiedergegebenen Niveau des „tiefen Erbstollens des Altenbergischen Zwitter-Stocks“ auf. Er ist auf $^1/_4$ verkleinert. Maßstab sowie Höhen- und Teufenangaben fehlen. Das Bild ist zwecks Erläuterung der Grubenausbau- und Abbauweise reich beschriftet, obwohl das Abbauverfahren bildlich recht verständlich dargestellt wurde. Jedenfalls sind die bereits mit Bergeversatz (Selbstversatz) abgebauten Teile, ferner der Streckenausbau in Zimmerung mit den als Hohlraumquerschnitte gezeichneten Abzweigbauen sowie die noch zur Gewinnung vorgerichteten Baufelder gut zu erkennen. Balthasar Rösler, dessen Unterschrift unter dem Titel mit Lupe lesbar ist, hat geglaubt, daß hier die seigerrißliche Darstellungsform der sonst üblichen grundrißlichen Darstellung vorzuziehen ist; ebenso war er wohl der Auffassung, daß bei einem stockwerkartigen Vorkommen ein kombinierter Grundriß-Seigerriß auch kein überzeugendes Bild liefern könne, und so hat er sich auf die seigerrißliche Wiedergabe beschränkt, die nicht nur anschaulich, sondern auch sorgfältig und fehlerfrei wirkt. Abb. 7 stellt demnach eine erstaunliche Leistung dar.

Sodann gehen wir noch kurz auf einen der letzten, aus der Hand Balthasar Röslers vom Jahre 1670 stammenden Abrisse, den Ausschnitt des Risses vom Silber-Spatgang Nikolaus Erbesdorf-Fundgrube ein (Abb. 8). Hier erkennt man, besonders im rechten Bildteil, deutlich die Kombination Grundriß-Seigerriß. Die obere und untere Strecke des Thelersberger Stollens sind, wie die Knickpunkte zeigen, zugelegt und Tagesschacht sowie Gesenk lotrecht auf den Grundstrecken aufgetragen. Die Seigerteufen der Schächte sind in Lachtermaß angegeben. Die Zulage ist maßstäblich erfolgt. Schachtkaue und Halden als Tagesgegenstände sind perspektivisch eingezeichnet. Die grundrißlichen Grubenbaue sind magnetisch orientiert.

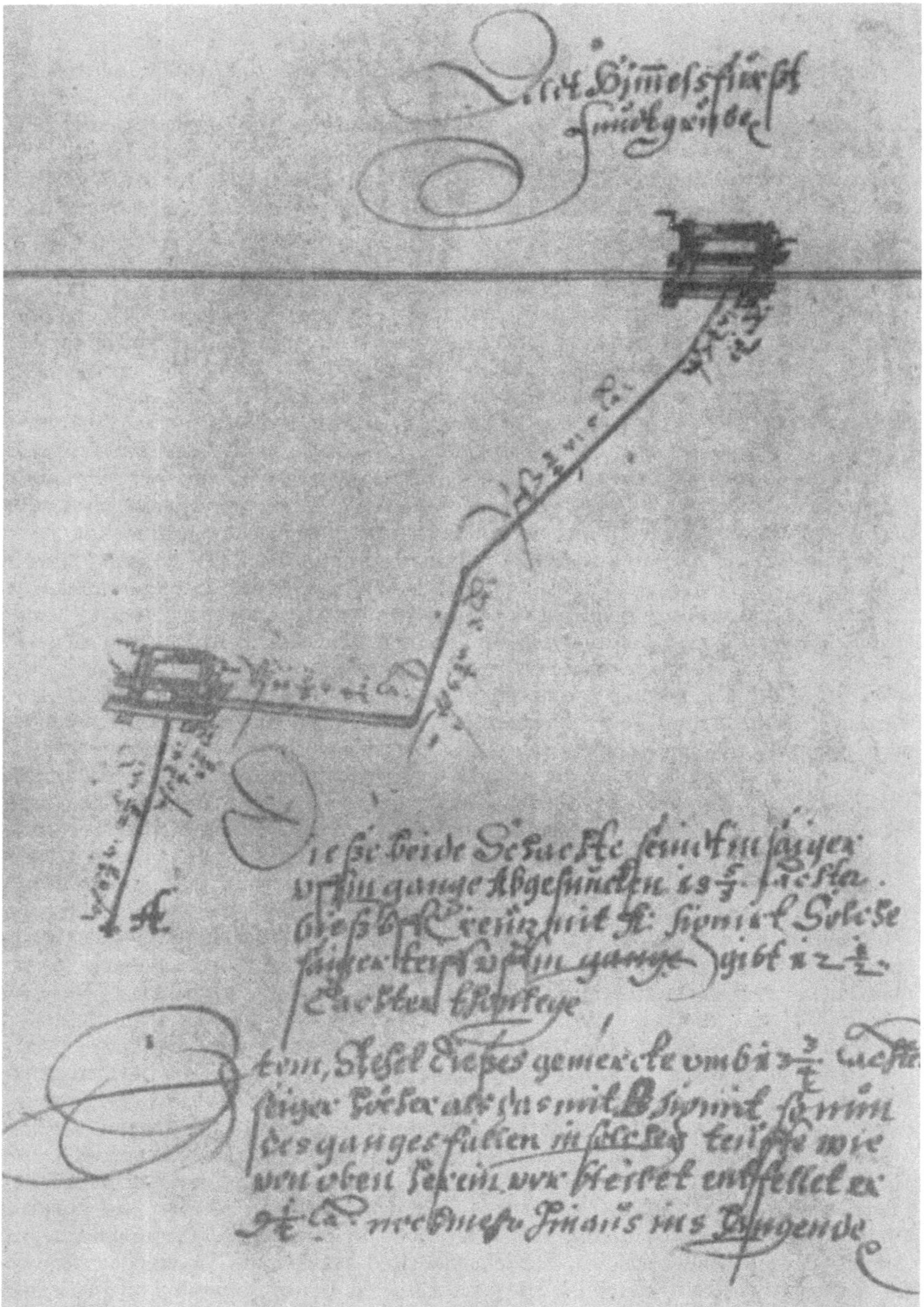

Abb. 6. Abriß aus dem Jahre 1631 von BALTHASAR RÖSLER. Aus den Rißarchiven der Bergakademie Freiberg (Sa.)

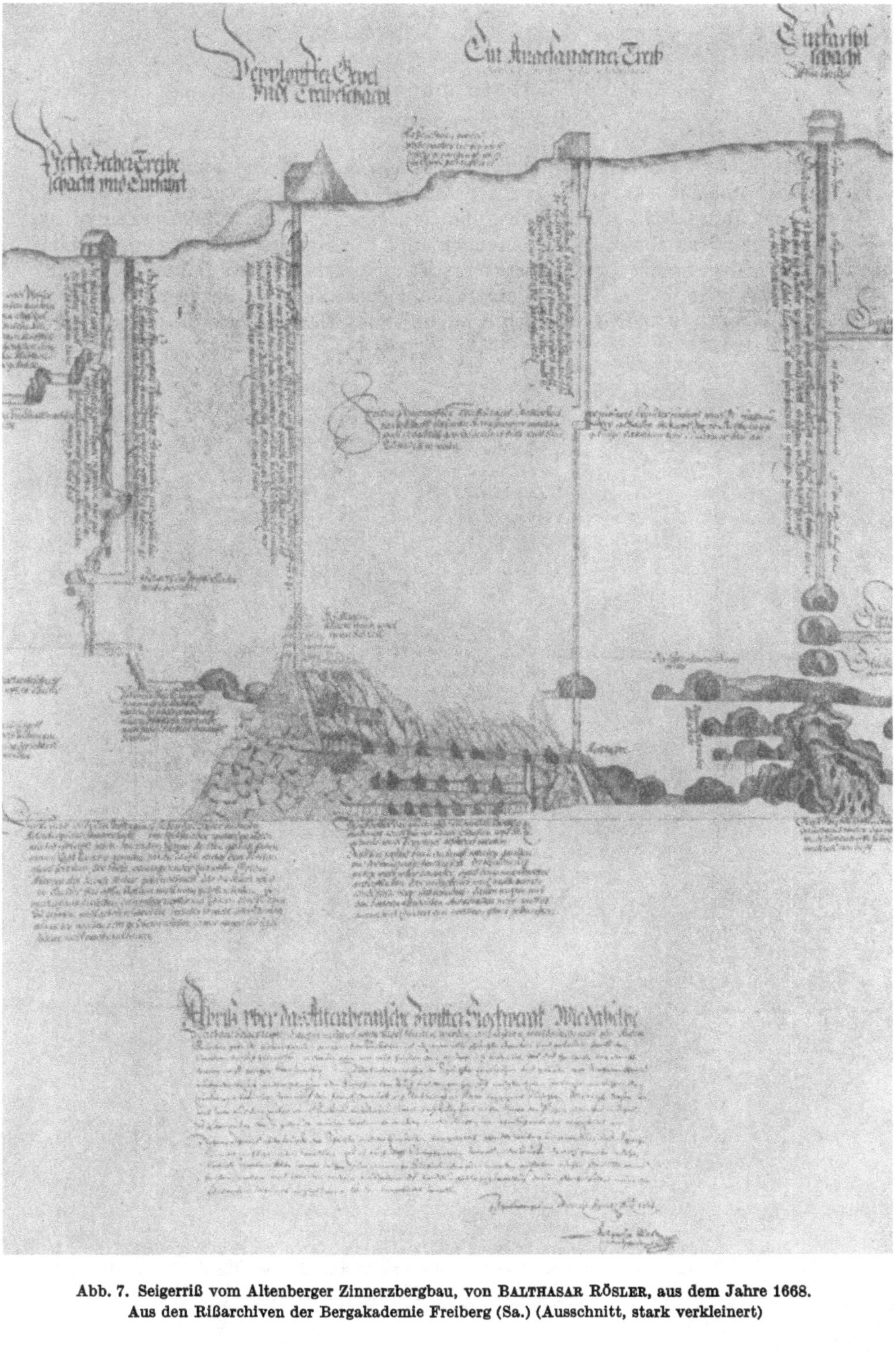

Abb. 7. Seigerriß vom Altenberger Zinnerzbergbau, von Balthasar Rösler, aus dem Jahre 1668. Aus den Rißarchiven der Bergakademie Freiberg (Sa.) (Ausschnitt, stark verkleinert)

β) Kombinierte Grundrisse-Seigerrisse
Selbständige Seigerrisse

Rückblickend stellen wir fest, daß BALTHASAR RÖSLER und auch die anderen Reviermarkscheider das Verfahren der Markscheider HAUSPERGER, GRIEL und HAHN vom Jahre 1613 übernommen hatten, wonach die Sohlenstrecken nicht geradlinig, sondern ihrem Streichen nach in den Seigerriß übertragen wurden. Auch der Markscheider und spätere Oberbergmeister DANIEL FLACH in Zellerfeld hat, wie viele andere Markscheider, die gleiche Methode angewandt. Hierzu bringt W. NEHM (1940, S. 173) einen Ausschnitt aus Blatt 4 des Rißbuches Nr. 13

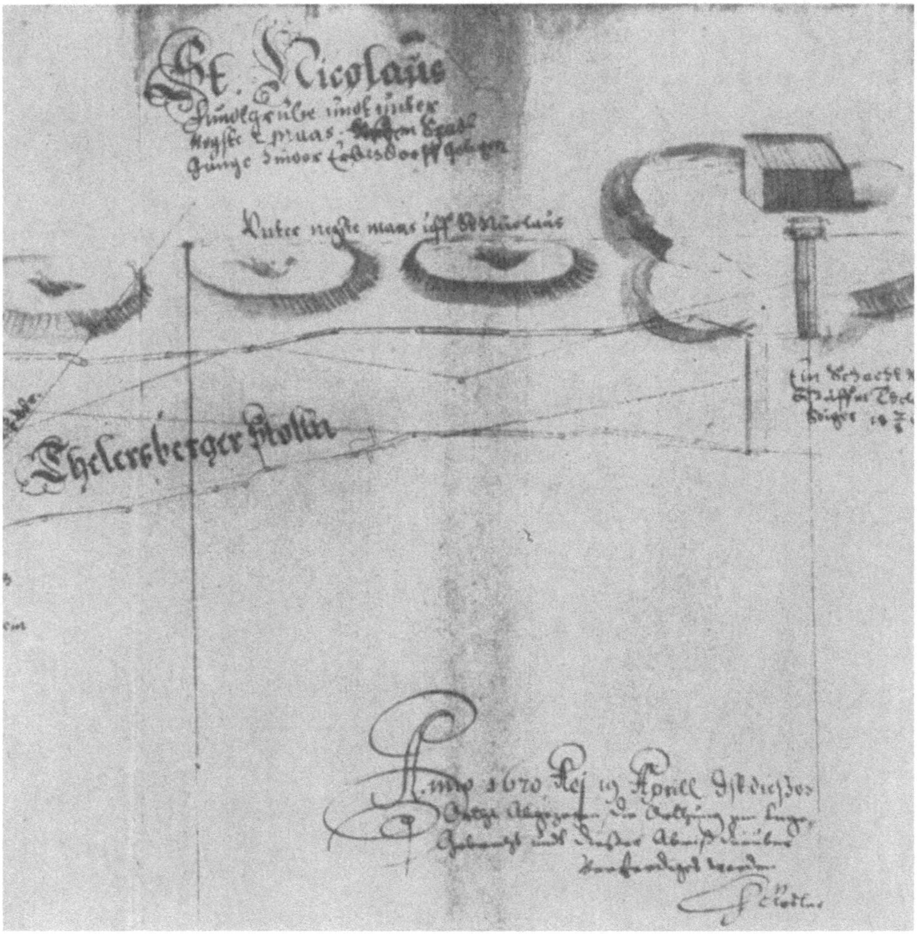

Abb. 8. Kombinierter Grund- und Seigerriß von BALTHASAR RÖSLER aus dem Jahre 1670. (Ausschnitt) Aus den Rißarchiven der Bergakademie Freiberg (Sa.)

von DANIEL FLACH über das Grubengebäude St. Johannes und Prophet Samuel aus der Oberharzer Rißsammlung vom Jahre 1661. In diesem Bild sind die gleichen Ausbiegungen der Sohlen- und Teilstrecken anzutreffen, wie wir sie aus den Darstellungen RÖSLERS kennen.

Nun waren nach den Wirren des Dreißigjährigen Krieges in Clausthal bis 1662 ADAM ILLING und in Zellerfeld von 1666—1678 DANIEL FLACH tätig. Und W. NEHM sagt: „ADAM ILLING und DANIEL FLACH haben 1661 bzw. 1664, also so gut wie gleichzeitig, große zusammenhängende Seigerrisse der Clausthaler und Zellerfelder Gangzüge konstruiert. ILLING gab den horizontalen Grundstrecken den ihnen zukommenden geraden Verlauf, so wie es ZACHARIAS KOCH schon 60 Jahre vorher gezeigt hat. Es ist für mich undeutbar, wie FLACH in Abb. 1 [W. NEHM (1940, S. 173)] zu den konstruktiv falschen Ausbiegungen der Grundstrecken gekommen ist. Eine Begründung könnte vorliegen, wenn es sich herausstellte, daß FLACH seine Konstruktion als flache oder auch als perspektivische Risse aufgefaßt hätte. Solange dieser Beweis nicht geführt ist, sehe ich in diesen FLACHschen Rissen einen konstruktiven Rückschritt“ (1940, S. 178).

In der Tat findet man im Harzer Revier zahlreiche Seigerrisse, die der Darstellungsart entsprechen, wie sie ZACHARIAS KOCH (Abb. 3) wählte. Das zeigt u. a. ein Seigerriß (ohne beigegebenen Grundriß) des Harzer Markscheiders J. C. BUCHHOLZ vom Jahre 1681 mit dem Titel „Stollen Abbildung nach der Seigerteuff abgebildet“.[1]) Der Riß ist ähnlich wie bei Z. KOCH im Zuge einer etwa 2000 Lachter langen Linie mit zahlreichen Schächten bis zu 200 Lachter Teufe angelegt. Es ist anzunehmen, daß es sich bei der Längenausdehnung des Risses von rd. 4 km um eine mehrfach geknickte Verbindungslinie der Haupt- und Nebenschächte handelt. In vier farbig angelegten Hauptsohlen sind die Grundstrecken geradlinig dargestellt, die Schächte weisen an der Tagesoberfläche die damals übliche Schachtkauen-Zeltform auf. Dieser Seigerriß enthält auch die ersten Andeutungen von Abbauen, die als Strossen bezeichnet werden.

Demgegenüber hat im Jahre 1686 der Markscheider und Zehndner NIKOLAUS VOIGTEL in seinem Lehrbuch der Geometria subterranea, erste Auflage, in zahlreichen Figuren, aus denen wir nur zwei herausgreifen, wiederum das gleiche Verfahren der *ausgebogenen* Sohlenstrecken für die Herstellung von Abrissen angewandt.

In einem solchen Abriß (Abb. 9) sind bei c und b zwei Schächte abgeteuft worden. Die obere Sohle weist eine von i nach a aufgefahrene Strecke auf. Im Punkt a sollte ein flaches Gesenk niedergebracht werden, dessen Abteufarbeiten jedoch wegen starker Wasserzuflüsse alsbald eingestellt werden mußten. Man entschloß sich, vom Schacht c aus in einem tieferen Horizont die Strecke e—d aufzufahren und nach Unterfahrung des Gesenkes bei d hochzubrechen. Diese Aufgabe wird im Kapitel „Einen Durchschlag auf einem Gange über sich brechende anzugeben“ auf S. 97/99 des Buches von NIKOLAUS VOIGTEL erläutert. Sowohl aus der übernommenen Abbildung als auch aus dem Text geht hervor, daß die Strecken i—a und e—d *im Streichen des Ganges aufgefahren und grundrißlich, ausgehend von den seiger aufgetragenen Schächten, zugelegt worden sind.*

Das gleiche geht aus Abb. 10 hervor, die einen Ausschnitt aus demselben Buch [NIKOLAUS VOIGTEL (1686, S. 123ff., Blatt 6, Figur 4)] darstellt. Hier handelte es

---

[1]) Eine Kopie dieses Seigerrisses befindet sich u. a. im Markscheide-Institut der Technischen Universität Berlin.

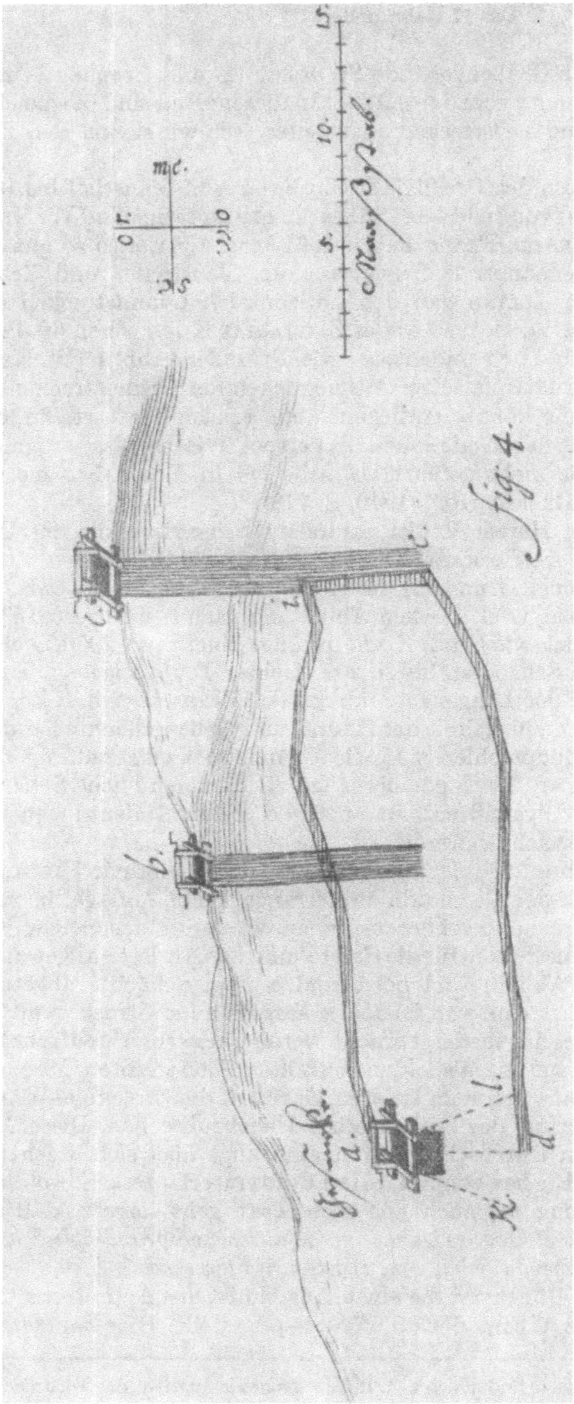

Abb. 9. Kombinierter Grund- und Seigerriß.
Aus dem Lehrbuch von Nikolaus Voigtel, Geometria subterranea, 1686, 1. Auflage

sich um Streitigkeiten unter den Gewerken, die zu regeln waren. Man erkennt auch in diesem kombinierten Grund- und Seigerriß, daß die Sohlenstrecken im oberen, mittleren und tieferen Stollen zugelegt wurden und entsprechende Krümmungen mit den lotrecht darauf stehenden seigeren Schächten und Gesenken aufweisen.

γ) Der erste Seigerriß als Folgeriß zum Grundriß vom Jahre 1694

Schließlich bringen wir aus den Freiberger Rißarchiven den Abriß der Grube Himmelsfürst und Donat Ober (Abb. 11), dessen Verfertiger leider unbekannt ist. Der Riß stammt aus dem Jahre 1694. Er ist aus zweierlei Gründen bemerkenswert, einmal weil uns auch hier im Seigerriß die Andeutung von *abgebauten* Teilflächen des Ganges in Form eines Aufbruches begegnet, der in grauer Farbe angelegt wurde. Zum zweiten handelt es sich um die *erste getrennte Darstellung von Grund- und Seigerriß*. Wir sehen im oberen Teil des Rißauszuges im Grundriß eine vom Tagesschacht L über Schacht M zum Schacht N führende zugelegte Grundstrecke (Unter Stollen) und von N aus nach links den Thelersberger Stollen, von dem aus am linken Blattrand entlang eine söhlige Strecke zum Schacht Q führt. Von Q aus leitet wiederum nach rechts eine söhlige Strecke zum Schacht P und mittels des Tauben Stollens von P zum Tagesschacht O über. Bei L und O im Grundriß sind Schachtkaue und Halde perspektivisch dargestellt. Offenbar handelt es sich um zwei gleichfallende Erzgänge.

Es ist also erstmalig in diesem Riß vom Jahre 1694 der *Seigerriß* räumlich getrennt vom Grundriß, aber konstruktiv abhängig von ihm entworfen worden, wobei die Schächte und Gesenke lotrecht in den unteren Riß projiziert wurden. Wir finden damit bereits gegen Ende des 17. Jahrhunderts die Loslösung der grund- und seigerrißlichen Darstellung vom kombinierten Grundriß-Seigerriß. Allerdings sind die Flachschächte im Grundriß zwischen den Sohlenstrecken noch in derselben Weise wiedergegeben wie im Seigerriß. Aber der Seigerriß als *Folgeriß* zum Grundriß war damit geboren, ohne daß wir den Begründer und die genaue zeitliche Entstehung dieses Darstellungsverfahrens kennen. Auch ein Transversalmaßstab, von dem ein kleiner Teil rechts oben zu sehen ist, findet sich auf dem Riß, der übrigens in seiner Anlage der gestrichelt aus dem Grundriß abgeloteten Darstellung des Seigerrisses eine verblüffende Ähnlichkeit mit der von August Beyer in seinem Lehrbuch vom Jahre 1749 (Blatt 0, Fig. 16) gegebenen Darstellung eines getrennten Grund- und Seigerrisses aufweist.

Bei Durchsicht des alten Rißmaterials ist es vorteilhaft, stets einen größeren Posten von Rissen für einen bestimmten Zeitraum, zum Beispiel des 17. Jahrhunderts, durchzuarbeiten. Man gelangt alsdann rasch zu der Erkenntnis, daß sich die Darstellungsmethoden der verschiedenen Markscheider in manchem voneinander unterscheiden. Innerhalb eng begrenzter Zeitabschnitte stößt man öfter auf naive Auffassungen und primitive Grubenbilder als auf saubere, exakte und durchdachte Darstellungen, dies alles natürlich im Rahmen der von jedem Markscheider erlernten Fertigkeiten. Wer damals Markscheider werden wollte, mußte zu einem praktisch erfahrenen Markscheider „in die Lehre gehen". Niemand weiß, wie zu jener Zeit der fertige Markscheider sein Wissen nachwies; und es waren, wie zuvor und heute, gute und schlechte Pädagogen am Werk.

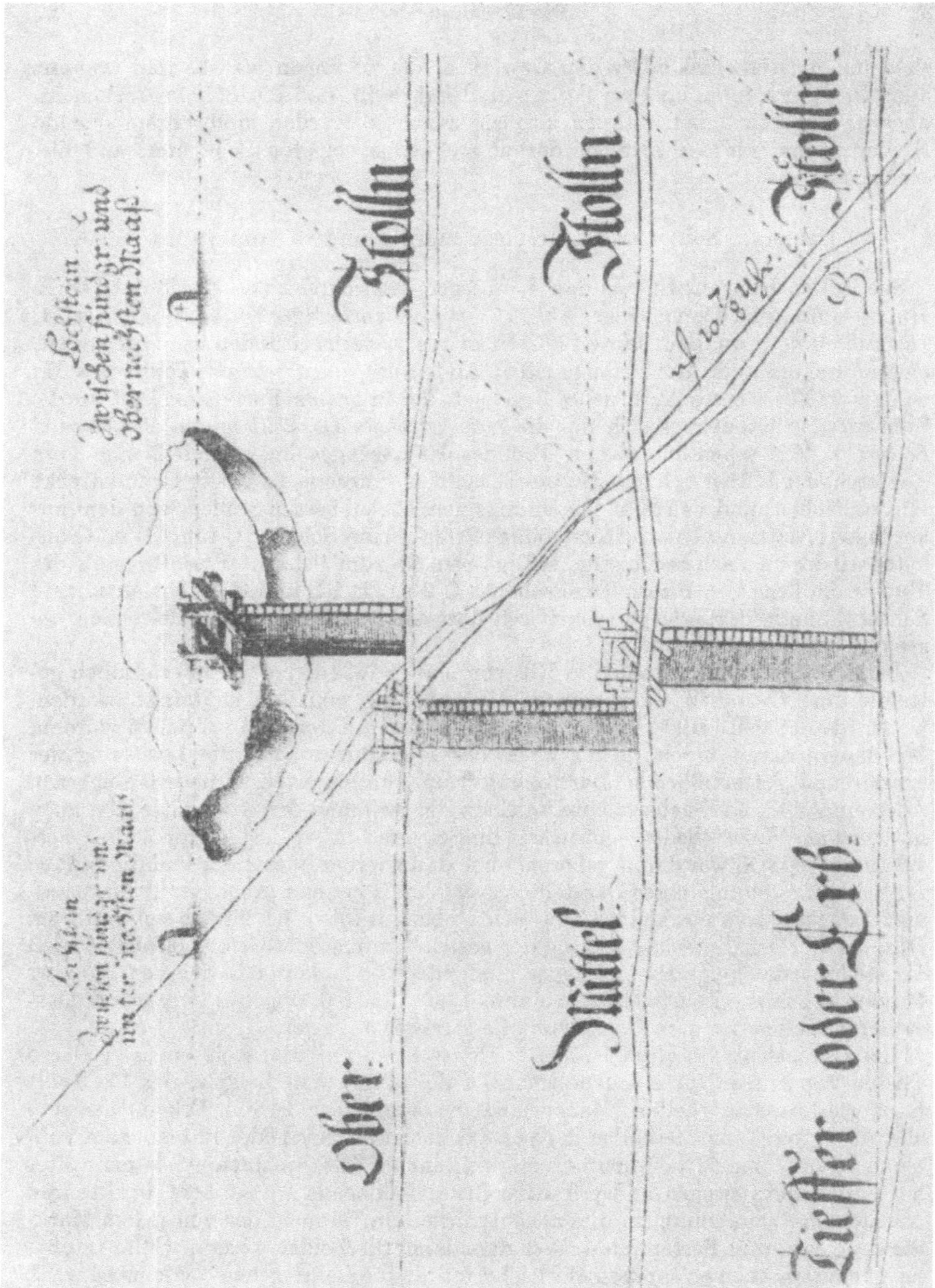

Abb. 10. Kombinierter Grund- und Seigerriß aus Nikolaus Voigtel, 1686, 1. Aufl.

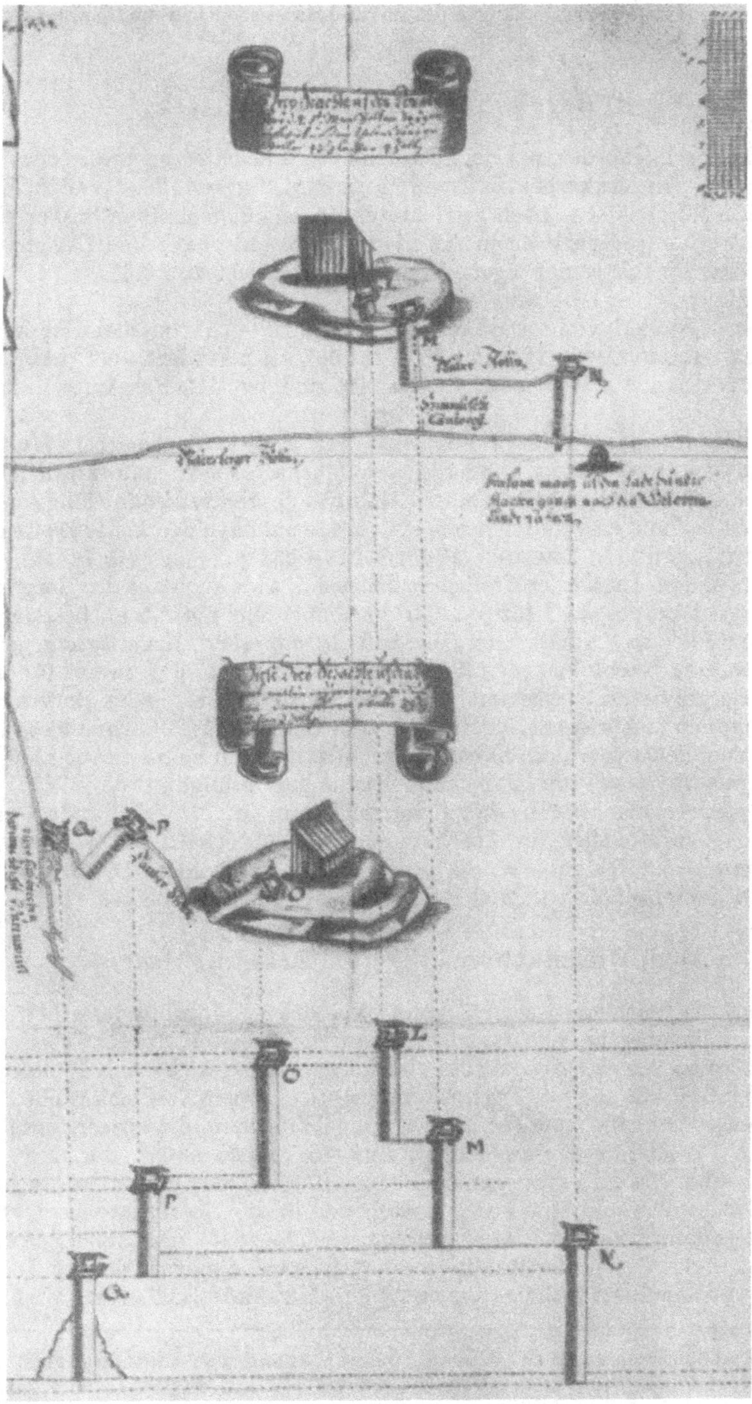

Abb. 11. Der erste Seigerriß als Folgeriß des Grundrisses. 1694.
Aus den Rißarchiven der Bergakademie Freiberg (Sa.) (Ausschnitt)

d) Bergbehördliche Vorschriften

Auch die Bergbehörde änderte hieran nichts. Sie hatte schon in der Dienstanweisung für den Markscheider Elias Morgenstern vom 28. 11. 1626, Ziffer 6, verfügt, daß Morgenstern „nach verrichteten Zügen auf genannten Stollen und der Gewerken Zechen jedesmal einen richtigen Abriß und deutlichen Bericht . . . an die Bergbeamten mit seiner eigenen Unterschrift übergeben soll . . .“ [W. Nehm (1955, S. 84)].

An anderer Stelle berichtet W. Nehm (1951, S. 22—23), in einem Reskript des Kurfürsten Johann Georg II. vom 30. 12. 1667 sei gefordert, daß „Abrisse der innerlichen Gebäude und Strossen[1]) gefertigt und bei den Bergämtern beigelegt würden“.

Schließlich machte es im Jahre 1693 der sächsische Oberberghauptmann Abraham von Schönberg erstmalig den Markscheidern „zur ausdrücklichen Pflicht, jedesmal einen richtigen Abriß, darauf alle übersetzende Gänge und ihre Stunden fleißig mit eingebunden sein sollen, sowohl nach der Teufe als über Tage *doppelt* zu fertigen“ [A. Rhodius (1860, S. 219—233)].

Sowohl aus dem Inhalt der Freiberger Rißarchive als auch aus der Bergordnung von 1693 geht hervor, daß für jede Grube immer nur *ein* Abriß, bestehend aus einem kombinierten Grund- und Seigerriß, in *doppelter* Ausfertigung gefordert wurde; das eine Exemplar war offenbar für den Betrieb, das zweite für das zuständige Bergrevieramt bestimmt. Ob diese Vorschrift, für jedes Bergwerk *zwei* übereinstimmende Abrisse zu liefern, erst vom Ende des 17. Jahrhunderts ab oder bereits früher Geltung erhielt, haben wir nicht feststellen können. Auch hat es den Anschein, als ob diese Vorschrift keineswegs immer befolgt wurde.

Bemerkenswert ist sodann, daß man sich schon im 17. Jahrhundert mit der Herstellung von Modellen für Anschauungszwecke beschäftigte. W. Bornhardt (1931) verweist auf das vom bereits erwähnten Markscheider J. C. Buchholz im Jahre 1684 gebaute hölzerne Modell des gesamten Rammelsberges.

e) Die mathematischen Erkenntnisse

Was nun die mathematischen Erkenntnisse des 17. Jahrhunderts betrifft, auf die wir kurz eingehen müssen, ist zunächst auf die Arbeiten von René Descartes (1596—1650) zu verweisen, der wohl als Naturwissenschaftler und Philosoph den größten Einfluß auf seine Zeitgenossen ausübte. Er bemühte sich nicht nur um geometrische Probleme, sondern auch um algebraische und transzendente Fragestellungen. Es sind ferner zu nennen Fermat (1601—1665), der u. a. Untersuchungen über die Kubatur von Drehkörpern, über die Quadratur der höheren Parabeln angestellt und eine kurze Einführung in die Koordinatengeometrie gegeben hat, sodann Evangelista Torricelli (1608—1647), der neben Fermat und Roberval in das Gebiet der Infinitesimalmathematik eingedrungen ist. Die Reihe dieser hervorragenden Mathematiker wird über Desargues, Pascal, Wallis und

---

[1]) Alten Abbaurissen aus dem Oberharz zufolge verstand man unter „Strossen“ Abbauflächen. So zeigt u. a. der bereits erwähnte Seigerriß von J. C. Buchholz vom Jahre 1681 (S. 25) mehrfach derartige als Strossen bezeichnete, in der Regel kleine Abbauteilflächen.

Huygens (1629—1695) fortgesetzt bis zu J. Newtons (1643—1727) und G. W. Leibniz' (1646—1716) ersten großen Entdeckungen in der Infinitesimalrechnung und dem sich daraus entwickelnden bekannten Prioritätsstreit [O. Becker und J. E. Hofmann (1951)]. Aber alle diese großen Fortschritte in der höheren Mathematik wirkten sich nicht auf dem Sektor der Darstellenden Geometrie aus. *Das Gebiet der Projektionslehre gelangte nicht zur Entwicklung, und so war der Markscheider nach wie vor auf sich selbst gestellt.*

f) Die Lehrbücher von Balthasar Rösler und Nikolaus Voigtel

Auch die schriftstellerische Tätigkeit auf dem Gebiete der Markscheidekunst und der Darstellungen ließ im 17. Jahrhundert viel zu wünschen übrig. Es erschienen ebenfalls nur zwei Bücher: „Der hellpolierte Bergbauspiegel" von Balthasar Rösler und die „Geometria subterranea" von Nikolaus Voigtel. Beide Verfasser waren praktische Markscheider.

Das erstgenannte Buch „Der hellpolierte Bergbauspiegel" von Balthasar Rösler, das aus dem Jahre 1650 stammt — es hat uns in Freiberg vorgelegen —, fand allgemein Beachtung und deshalb eine handschriftliche Verbreitung, bevor es im Jahre 1700 im Druck erschien und in der Zwischenzeit veraltete. Es ist vorwiegend in Form einer Anweisung geschrieben und hat den großen Nachteil, daß es weder zur Erläuterung des Textes beschreibende Skizzen noch Abbildungen zu den geschilderten Arbeitsvorgängen und Konstruktionen enthält. W. Nehm (1952, S. 6—13) hat Auszüge aus mehreren interessierenden Abschnitten des Buches gebracht und zu einzelnen Paragraphen einen Kommentar zu geben versucht. Man darf allerdings nicht vergessen, daß der Wortlaut der Sprache Röslers teilweise schwer verständlich ist, und daß der Sinn mancher Sätze und Ausdrücke ohne erklärende Abbildungen oder entsprechende Abrisse leicht mißdeutet werden kann.

So sagt W. Nehm (1952, S. 8), „als neu stellte er fest, daß Rösler ursprünglich den Seigerriß als selbständigen Grundlagenriß ansah, ... daß er später Grundriß und Seigerriß auf einem Blatt so vereinigte, daß der Grundriß Grundlagenriß und der Seigerriß Folgeriß wurde, eine Anordnung, die sich bis heute gehalten habe." Demgegenüber bemerken wir, daß sämtliche sächsischen Abrisse, in die wir Einblick genommen haben, sowohl von Balthasar Rösler als auch von anderen Markscheidern aus jener Zeit, vom Jahre 1613 bis zum Ende des 17. Jahrhunderts, stets Kombinationen streichender, ausgebogener Sohlenstrecken mit lotrecht aufgesetzten seigeren Schächten und Gesenken darstellen. An keiner Stelle ist uns im sächsischen Bergbau eine Trennung des Grundrisses vom Seigerriß, außer bei Abb. 11 aus dem Jahre 1694, begegnet.

Erst gegen Ende des 17. Jahrhunderts erschien im Druck das Lehrbuch von Nikolaus Voigtel in erster Auflage im Jahre 1686, und zwar in Eisleben, wo Voigtel im Mansfeldischen als Zehndner und Markscheider wirkte. Dem Buch ist eigentümlich, daß der Verfasser in den beiden ersten Kapiteln der Zahlenrechnung und den Grundregeln der Algebra, Geometrie und Trigonometrie etwa den sechsten Teil des 152 Seiten umfassenden Textes widmet. Auf das ganze Buch verteilt sind neun zeichnerische Schwarzdrucktafeln und insgesamt 80 Abbildungen eingefügt. Die später — im 18. Jahrhundert — erschienenen Lehrbücher anderer

Autoren sind dieser von Nikolaus Voigtel gewählten Anordnung von Text und Abbildungen entweder gefolgt, oder sie haben die Abbildungen mit fortlaufender Numerierung der Figuren im Anhang gebracht. Es war zu jener Zeit und bis ins 19. Jahrhundert hinein üblich, die Abbildungen nicht dem Text beizugeben, sondern im Anhang anzufügen.

Nikolaus Voigtel hat im Gegensatz zu Balthasar Rösler die lateinische Sprache beherrscht und die Bücher von Euklid studiert (1. Auflage, S. 114). Zweifellos verfügte er über damals beachtliche mathematische Kenntnisse. So weist er u. a. auf die Vorteile hin, die sich bei der Methode der Sohlen- und Seigerteufen-Berechnung dadurch erzielen lassen, daß man mit dem Sinus des Fallwinkels und seinem Complement arbeitet (1. Aufl., S. 33—43). Über die Darstellungen, über die wir schon gesprochen haben (Abb. 9 u. 10), ist in der ersten Auflage nur wenig gesagt worden, und zwar im 16. Kapitel „Von Abrissen", die Voigtel unterteilt in Grundrisse, Seigerrisse sowie „Grund- und Seiger-Risse beisammen" (S. 119/120). Letztere bezeichnet er als Grund- und Stand-Risse, doch ist zu bemerken, daß sich der Ausdruck „Stand-Riß" ebensowenig eingebürgert bzw. durchgesetzt hat, wie die drei lateinischen Ausdrücke „Ichnographischer" = Grund-, „Orthographischer" = Seiger- und „Scenographischer" = Grund- *und* Seiger-Riß, die N. Voigtel übernommen hat und auf die wir noch im nächsten Abschnitt „Das 18. Jahrhundert" zu sprechen kommen. Nikolaus Voigtel schrieb die erste Auflage seines Buches im Lebensalter von 28 Jahren, ein Zeichen für die hohe Begabung und Reife dieses Mannes, der die zweite Auflage des Werkes, das sich quantitativ und qualitativ nicht wesentlich von der ersten Auflage unterscheidet, 28 Jahre später, in seinem Todesjahr 1714 herausbrachte.

g) Kurzer Rückblick auf das 17. Jahrhundert

Ein kurzer *Rückblick* auf die Entwicklung des markscheiderischen Rißwesens im Laufe des 17. Jahrhunderts zeigt beachtliche Fortschritte gegenüber den Anfängen der Rißtechnik des 16. Jahrhunderts. Schon im Jahre 1606 erscheint der erste Seigerriß, der zunächst ebenso wie der zweite bekannt gewordene Seigerriß des Jahres 1609 die Sohlenstrecken und deren Horizonte in geradliniger Form als waagerechte einfache Linien oder als Strecken, jedoch ohne die Beigabe eines Grundrisses, kennzeichnet. Aber bereits im Jahre 1613 setzt sich eine neue Auffassung durch, wonach auf jedem Abriß die Grundstrecken nach ihrem Streichen mit allen Ausbiegungen und Krümmungen zugelegt und auf ihnen lotrecht und in der seigeren Projektion die Schächte und Gesenke aufgetragen wurden; oder man legte von den seigerrißlich eingetragenen Schächten aus die Sohlenstrecken grundrißlich zu.

Noch im Jahre 1686 definierte Nikolaus Voigtel den Seigerriß folgendermaßen: „Ein Seiger-Riß (pfleget sonst ein orthographischer Riß genennet zu werden) ist ein so genannter flacher Grund-Riß, und wird sonst eine Bezeichnung eines Profils oder Durchschnitts eines körperlichen Dinges und dessen angehörigen Glieder genannt" (S. 119). Und von den kombinierten Grund- und Seigerrissen sagt der gleiche Autor: „Diese sind, wenn ich den Grund- und Seiger-Riß zugleich und in einer Figur vorstellig mache"; und „da Grund- und Stand-Riß beisammen ist, nur ein richtiger Maßstab vorhanden sein darf, darauff mit einem Zirkel die Grundlinien, auch Höhen über denselbigen abzunehmen und zu erfahren sind" (1686, S. 120). Deutlicher als mit solchen unbeholfenen Erklärungsversuchen läßt sich das tiefe Dunkel, das die damalige Vorstellung und Anschauung vom Wesen des Seigerrisses einhüllt, gar nicht kennzeichnen.

Sehr wahrscheinlich haben tüchtige Markscheider, wie HAUSPERGER, GRIEL und HAHN, später ELIAS MORGENSTERN, BALTHASAR RÖSLER, MARTIN HÖRNING und NIKOLAUS VOIGTEL keine andere Lösung, Grundriß und Aufriß miteinander zu vereinigen, gefunden. Offenbar legte man Wert darauf, die Veränderungen im Streichen eines Ganges in den verschiedenen Sohlen zu erfassen. Und diese unverzerrte Darstellung söhliger Grubenbaue zusammen mit seiger aufgetragenen Bauen (Schächten, Gesenken) können wir nach den neueren Darlegungen von O. HAIBACH (Bd. II, S. 49, 163, 266ff.) als sG-Projektion ansprechen, d. h. als plagiogonale Grundrißprojektion mit um 50^g geneigten Projektionsstrahlen. Natürlich hat man vor 300 Jahren das heute entwickelte Verfahren der schiefen Projektion nicht gekannt und nur unbewußt angewandt, bis dann (ab 1694) die Trennung in den orthogonalen Grundriß G und den orthogonalen Seigerriß S vollzogen wurde, die bis heute erhalten geblieben sind. Andererseits steht fest, daß es im 17. Jahrhundert auch seigerrißliche Darstellungen gab, die — wie die Risse von ADAM ILLING, Clausthal, J. C. BUCHHOLZ und anderen beweisen — den geradlinigen Verlauf der Sohlen- und Grundstrecken auf dem Seigerriß zeigten. Dann aber hätte ein besonderer Grundriß neben dem Seigerriß bestehen müssen, was nicht der Fall war (Abb. 3 u. 4). Fehlte aber der Grundriß zu dem geradlinige Sohlenstrecken aufweisenden Seigerriß, so hatte letzterer wenig Wert, weil das Streichen der Strecken und damit deren Ausbiegungen unbekannt blieben. Nach heutigen Begriffen war somit damals der „krummlinige Grundriß-Seigerriß" ebenso unvollkommen wie der von W. NEHM für allein richtig gehaltene „geradlinige Seigerriß", wenn zu letzterem nicht das Grundrißbild nebenbei bestand. Es ist deshalb auch nicht statthaft, im Falle des krummlinigen Grundriß-Seigerrisses von einem Rückschritt zu sprechen, wie es W. NEHM getan hat (1940, S. 178).[1]) Es fehlte eben der Grundgedanke, die Vereinigung von Grund- und Aufriß (Seigerriß) in derselben Ebene (Projektionsebene) herbeizuführen.

Die für das 17. Jahrhundert von uns geschilderte Entwicklung der Seigerrißformen vom einfachen Seigerriß ohne Grundriß (1606—1694) über den kombinierten Grundriß-Seigerriß (1613—1694) zum Seigerriß als Folgeriß des Grundrisses (ab 1694 bis heute) haben wir durch eine sehr große Zahl entsprechender alter Abrisse bestätigt gefunden. Mitunter begegnet man der Meinung, es ließe sich an Hand der alten Risse nicht eindeutig aussagen, ob bei den alten Darstellungen ein Flachriß oder eine andere Projektionsart oder eine Verknüpfung von Projektionsarten mit solchen schnittrißlicher Art vorliegt.

Diese Auffassung teilen wir nicht. Die oben angegebene Entwicklungsfolge ist nicht nur durch zahllose Rißbeispiele belegt, sondern auch in den Lehrbüchern der Markscheidekunst des 17. und 18. Jahrhunderts textlich und konstruktiv fundiert

---

[1]) Diese nach unserer Überzeugung unzutreffende Meinung von W. NEHM fußt darauf, daß er ursprünglich den Riß des Hohenbirkheimer Ganges vom Jahre 1613 (Abb. 5) als „flachen Riß" anstatt als kombinierten Grundriß-Seigerriß ansprach. N. hat die weitere Entwicklung der Abrisse vom Jahre 1613 ab in Sachsen und im Oberharz nicht gründlich genug verfolgt, so daß er bei der Beurteilung des Rißwesens im 17. und 18. Jahrhundert einigen Irrtümern unterlag.

(Nikolaus Voigtel, Balthasar Rösler, August Beyer, v. Oppel u. a.). Es kann keinem Zweifel unterliegen, daß der Seigerriß als ursprüngliche Form der Darstellung steiler Gangverhältnisse anzusprechen ist und verschiedene Entwicklungsphasen durchmachte, bis fast 170 Jahre später *neben* dem Seigerriß der Flachriß aufkommen konnte (s. Abschnitt 4, „Das 18. Jahrhundert").

Hinsichtlich der zeichnerischen Ausgestaltung der Abrisse haben wir bereits ausgeführt, daß die primitive Darstellungsart überwog. Besonders die falsche perspektivische Wiedergabe von Tagesgegenständen ist durch das ganze 17. Jahrhundert hindurch und auch noch später anzutreffen. Fast immer sind die Risse bunt ausgezeichnet. Nachtragungsdaten fehlen nach wie vor, ebenso Höhenzahlen oder Höhenunterschiede, desgleichen Eintragungen der Abbauflächen. Die ersten Risse mit Andeutungen farbig angelegter Abbauflächen stammen aus den Jahren 1681 und 1694. Das Datum des Abbaus ist jedoch auf keinem Riß angegeben. Die Risse lassen dementsprechend weder die jährliche Zunahme der Streckenvortriebe noch den Abbaufortschritt erkennen.

Die Bergordnungen sehen von Anbeginn des 17. Jahrhunderts die Anfertigung *eines* Abrisses für jede Grube vor; gegen Ende des 17. Jahrhunderts werden Duplikate eingeführt. Die Art und Weise der Rißausführung wurde nicht vorgeschrieben, so daß der Willkür bei der Ausgestaltung der Abrisse mehr oder weniger Tür und Tor offen standen. Gegen Ende des 17. Jahrhunderts (1694) erscheint im sächsischen Bergbau der erste Seigerriß als Folgeriß des Grundrisses. Der diesbezügliche Markscheider bleibt leider unbekannt, ebenso wie das genaue Datum für die Herstellung der neuen Rißart nicht feststeht.

Es werden die ersten von Markscheidern verfaßten Lehrbücher herausgebracht, die sich — wenn auch in bescheidenem Umfang — bemühen, das bisher gewonnene räumliche Vorstellungsvermögen zu erweitern und zu vertiefen. Der Markscheider vollbringt bei der Anfertigung von Abrissen, gemessen an der damaligen Anschauung in bergbaulicher Hinsicht, beachtliche Leistungen [Zacharias Koch (1606); Balthasar Rösler (1668, Zinnerzbergbau Altenberg)].

4. Das 18. Jahrhundert

a) Der erste Versuch einer Flachrißdarstellung von Nikolaus Voigtel, 1714

Das 18. Jahrhundert leitet die Zeit der Erstarkung Preußens ein. Es ist aber auch die Zeit, in der das Feuersetzen allmählich durch die Schießarbeit ersetzt wurde, ferner die Zeit, in der die Gewinnung von Steinkohle und Braunkohle an Bedeutung gewann und — allerdings erst gegen Ende des 18. Jahrhunderts — die Einführung englischer Dampfmaschinen zur Hebung der Wasserzuflüsse den Steinkohlentiefbau in zunächst bescheidenem Ausmaß begründete.

Trotzdem vollzog sich dieser Umschwung recht langsam, wenn man berücksichtigt, daß die Belegschaft einer Grube auf den südlichen Steinkohlenzechen Westfalens um das Jahr 1790 im Durchschnitt rd. sieben Mann betrug und die Leistung pro Mann und Schicht bei 0,2—0,3 t lag [M. Schulz-Briesen (1933, S. 49)]. Es änderte sich daher trotz zahlreich gewordener Bergbauunternehmungen

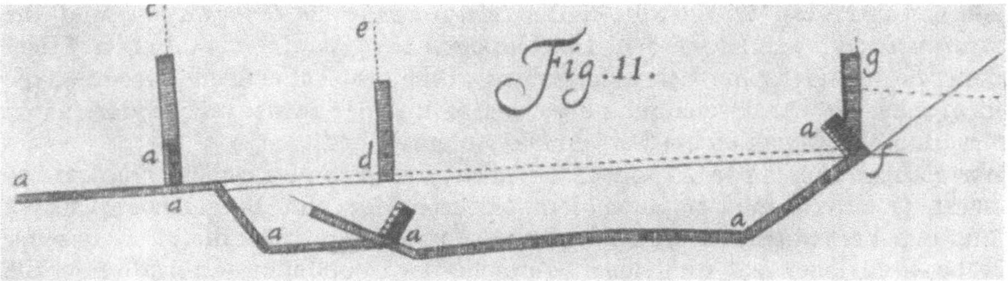

Abb. 12. Die Konstruktion von „Grund- und Seigerrissen beisammen".
Aus Nikolaus Voigtel, Geometria Subterranea, 1714, 2. Auflage

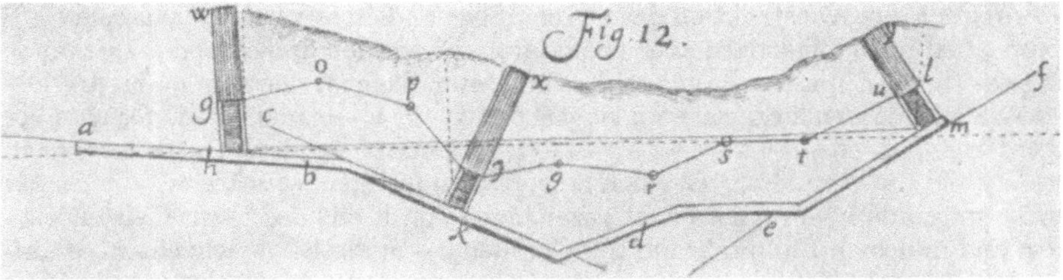

Abb. 13. Die erste Anregung von Nikolaus Voigtel zur Flachrißkonstruktion.
1714, 2. Auflage. Der „scenographische" Riß

und der Zunahme an Bergbauzweigen nicht allzu viel an den darstellerischen Aufgaben des Markscheiders.

Wir hatten im vorigen Abschnitt (S. 33) darauf hingewiesen, daß sich bereits gegen Ende des 17. Jahrhunderts die getrennte Darstellung von Grund- und Seigerriß entwickelte. Die ersten Anweisungen finden wir in der zweiten Auflage des Lehrbuches von Nikolaus Voigtel vom Jahre 1714. Dort wird die Konstruktion von „Grund- und Seigerrissen beisammen" an zwei Abbildungen erläutert.

Abb. 12 (bei Nikolaus Voigtel Figur 11) zeigt die infolge der Ausrichtung von zwei Gängen ausgebogene Grundstrecke a—a mit drei rechtwinklig auf dem zugehörigen Streckenteil angedeuteten Schächten. Der ausgebogene Stollen wird zwischen den Punkten a (links) und f (rechts) geradlinig durchgezogen, die Schächte sind in diese Linie hineinprojiziert und rechtwinklig als Schächte a c, d e und f g auf der geradlinigen Strecke a f aufgetragen. Damit ist der Übergang von der früheren krummlinigen Seigerriß-Darstellung auf den Seigerriß mit geradliniger Streckenführung endgültig vollzogen. Daß auch dieses Verfahren falsch war, begründen wir bei Beschreibung der Abbildung 13.

Mit Abb. 13 (bei Nikolaus Voigtel Fig. 12) führt der Autor den „scenographischen Riß" vor, der bereits kurz erwähnt wurde. Um Darstellungs- und Ausdrucksweise zu verstehen, müssen wir auf die Geschichte der Darstellenden Geometrie zurückgreifen und bringen folgende Ausführungen von Chr. Wiener (1884): „Über die Darstellungsweise der Alten gibt uns der römische Baumeister Vitruvius um das Jahr 10 v. Chr. in seinem Werk über die Baukunst Nachricht, indem er sagte, daß zu Entwürfen die *Ichnographie*, die *Orthographie* und die *Scenographie* angewendet werden. Die Ichnographie gebe die Abbildung auf dem Boden, die Orthographie das aufgerichtete Bild der Außenfläche (frontis), die Scenographie die Umrißzeichnung der Fronten und der zurückweichenden Seiten derart, daß alle Linien einem Mittelpunkt entsprechen."

Wir glauben annehmen zu sollen, daß nicht nur dem Markscheider Nikolaus Voigtel (s. S. 32), sondern auch dem Markscheider und Bergmeister Chr. Z. Koch, dem Verfertiger des ersten Seigerrisses vom Jahre 1606, die in lateinischer Sprache — zu jener Zeit die Umgangssprache der Gebildeten — verfaßte Schrift des Römers Vitruvius bekannt war. Mit diesem Hinweis wird der hervorragenden Leistung von Chr. Z. Koch kein Abbruch getan, wenn wir die Kenntnis der Grundlehren alter Baukunst bei ihm voraussetzen, die ihm — da damals die Ausdrücke Grundriß, Aufriß und vertikaler Schnitt nicht bekannt waren — vielleicht die Anregung zur Konstruktion des ersten „Seiger"-Risses vermittelt haben.

Nun ist Abb. 13 folgendermaßen zu erklären. Es wurden drei einander kreuzende Gänge a—b, c—d und e—f aufgeschlossen. Unter Tage ist der Zug a—h—b—k—d—e—m—f mit den drei seigeren Schächten h—g, k—q und m—l, ferner über Tage der Zug g—o—p—q—g—r—s—t—u ausgeführt worden. Hätte man nach dem Vorbild der Abbildung 12 einen Seigerriß zu fertigen, so wäre auf die gerade Verbindungslinie h—m (gestrichelt gezeichnet) von k aus das gestrichelte Lot zu fällen und in dessen Fußpunkt auf der Geraden h—m der Seigerschacht k—q aufzutragen. Ebenso müßte man die Schächte h—g und m—l lotrecht auf die Linie a—m aufsetzen (gestrichelt gezeichnete Lote). Dem Tageszug sowie dem Grubenzug käme alsdann eine stark verkürzte und verzerrte Form zu. Diese ohne Rücksicht auf das Ausmaß der Ausbiegung in jedem Falle eintretende Verkürzung der Projektionslinie a—m brachte natürlich eine Verkleinerung der zugehörigen Abbaufläche im Riß mit sich. Merkwürdigerweise findet man in den einschlägigen Lehrbüchern keinen Hinweis auf die unbedingt vorhanden gewesenen Unstimmigkeiten im Seigerriß. Und so hat sich dieses falsche „Projektionsverfahren" bis tief in das 19. Jahrhundert hinein erhalten, ohne daß die Bergbehörde gegen diese fehlerhafte Seigerriß-Konstruktion jemals eingeschritten wäre.

Aber Nikolaus Voigtel geht nicht diesen Weg gemäß Abb. 12, sondern er verlängert die äußeren Begrenzungen der Seigerschächte h—g, k—q und m—l in Abb. 13 bis zu den Punkten w, x und y, so daß die flachen (tonnlägigen) Schächte h—w, k—x und m—y entstehen. Er stellt auch noch zwischen den Punkten w, x und y die Tagesoberfläche dar und nennt das Ganze einen scenographischen Riß. Dieser Riß (Abb. 13) stellt offenbar zwischen der ausgebogenen Grundstrecke h—b—k—d—e—m und der oberen Begrenzung w—x—y die *flache Gangfläche*, mit anderen Worten den ersten Versuch einer *Flachrißkonstruktion* dar. Zwar hat der Autor den Begriff „scenographisch" des Römers Vitruvius mißverstanden, denn mit der Erklärung der „zurückweichenden Seiten derart, daß alle Linien einem Mittelpunkt entsprechen", war der *Augpunkt* der heutigen Perspektive gemeint. Um so höher bleibt die Leistung von Nikolaus Voigtel, die auch Johann Friedrich Weidler (1726, S. 98) gewürdigt hat, zu bewerten. Sie wurde leider später von August Beyer im Jahre 1749, S. 205, mit den Worten „indem dies mehr eine Malerei als eine geometrische Vorstellung und weder vom Bergbau recipiert (übernommen) noch sonderlich nützlich ist . . ." abgetan, so daß der Gedanke der Flachrißherstellung nicht weiter verfolgt wurde.

b) Fortschritte und Rückschritte in der grund- und seigerrißlichen Darstellung

Ein weiterer Schritt auf dem Gebiete der Seigerrißkonstruktion ging von dem bereits erwähnten Johann Friedrich Weidler, Mathematiklehrer zu Wittenberg, aus, der als erster im *Schrifttum* die Trennung von Grundriß und Seigerriß erwähnt, die schon im Jahre 1694 (vgl. Abb. 11) bekannt war. Er stellt in seinem Buch „Institutiones geometriae subterraneae" vom Jahre 1726, ins Deutsche übersetzt von Nikolaus Fuchsthaler im Jahre 1764, die Aufgabe, „einen Standriß der Gruben zu machen". Die Lösung lautet:

1. Verfertiget den Grundriß . . . nach den oben gegebenen Regeln.
2. Unter diesem machet den Seigerriß . . . .

Hier wurde erstmalig betont, daß der Grundriß zuoberst und *unter diesem* der Seigerriß zu fertigen sei. Der Text wird durch eine Abbildung ergänzt (1726, S. 97, Fig. 11).

Wir bringen zunächst aus der Freiberger Rißsammlung einen Grund- und Seigerriß des Markscheiderbeflissenen Gotthilf Friedrich Helbig über das Erzvorkommen Kaiser Heinrich und Heilige Dreifaltigkeit. Der Riß stammt aus dem Jahre 1725 (Abb. 14) und wird, auf die Hälfte verkleinert, wiedergegeben. Ein Fortschritt gegenüber dem Grund- und Seigerriß vom Jahre 1694 ist nicht zu verzeichnen. Zwar ist auch hier die Trennung des oberen Grundriß-Seigerrisses vom unteren Seigerriß vollzogen. Aber die Tagesgegenstände, Häuser, Halden, Gefluder u. a. m., sind sowohl im Grund- als auch im Seigerriß in perspektivischer Form aufgetragen und sollten wohl zur Verschönerung und Anschaulichkeit des Bildes beitragen. Der Seigerriß ist unvollständig, denn die linke Hälfte des Grundrisses fehlt in der Seigerrißkonstruktion. Der Riß verrät keine besondere Eigenart. Sein Verfertiger ist nicht, wie der unbekannte Urheber des Abrisses vom Jahre 1694 (Abb. 11), auf die konstruktionsmäßig wichtige und richtige Darstellung im Seigerriß eingegangen, sondern liefert zum kombinierten Grundriß-Seigerriß einen selbständigen Seigerriß. Wir erkennen wiederum, wie sich Fortschritt und Rückschritt auch in größeren Zeiträumen ablösen.

Dem lehrbuchmäßig von J. F. Weidler geforderten Fortschritt entspricht weit besser der aus dem Jahre 1748 stammende Grund- und Seigerriß von J. S. Ehrenmann, welcher der Tafel 28, Fig. 301, des Lehrbuches von J. F. Lempe vom Jahre 1785 entlehnt ist. Der Seigerriß ist unbedingt als Folgeriß des Grundrisses anzusprechen (Abb. 15). Die Orientierung des Grundrisses erscheint nach Norden [1]) erfolgt zu sein; eine Himmelsrichtung ist nicht angegeben.

Man hat, wie der obere Grundriß zeigt, mit einem von a bis f im Gneisgebirge 29 Lachter weit vorgetriebenen Stollen den Wilhelminer Gang bei 78° Einfallen angetroffen (Text dazu bei J. F. Lempe, S. 856), der in nahezu 300 m Länge ein sehr gleichmäßiges Streichen, auch in der tieferen Sohle, aufweist. Dieser Gang wird westlich des Punktes *t* in der Stollensohle spießwinklig vom Friedrich

---

[1]) Bis tief ins 19. Jahrhundert hinein war die Lage der Nordrichtung (oder Mittagslinie) an keine Vorschriften gebunden. Die Himmelsrichtungen wurden zumeist durch eine Winkelrose gekennzeichnet.

Abb. 14. Grund- und Seigerriß nach der neuen Konstruktionsmethode (Seigerriß als Folgeriß) 1725. Ausschnitt aus den Rißarchiven der Bergakademie Freiberg (Sa.)

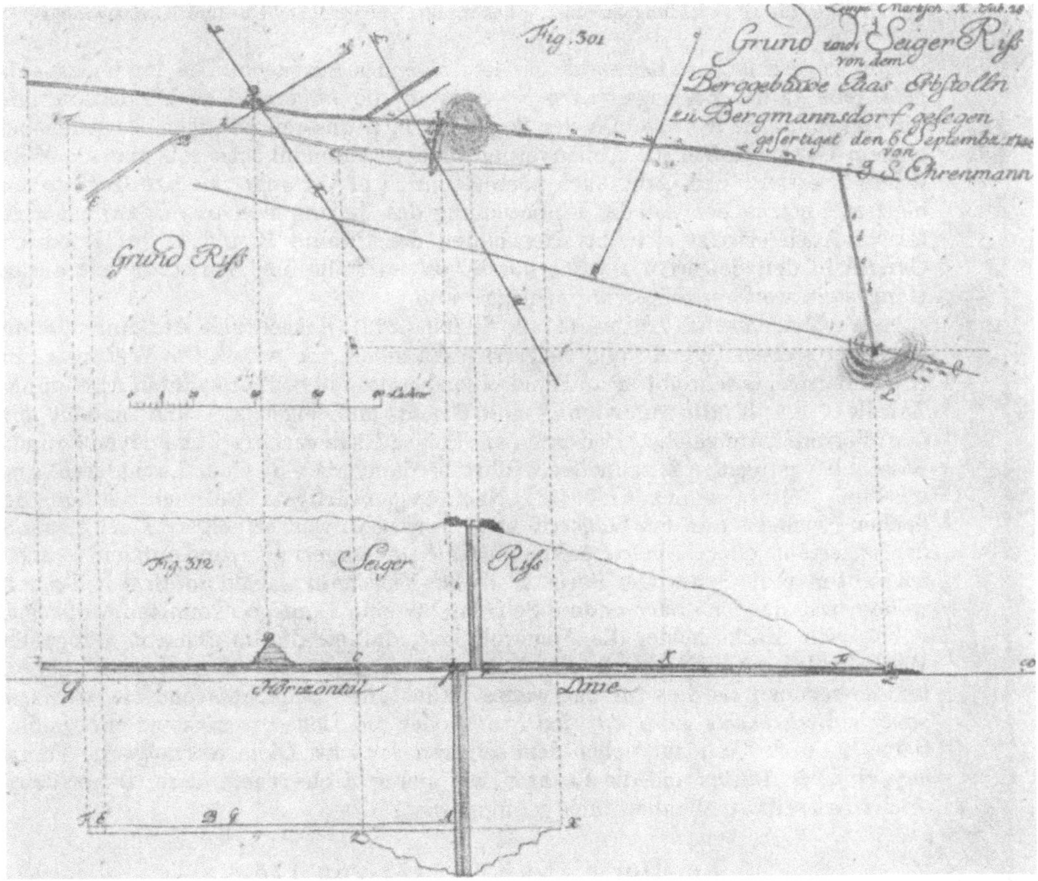

Abb. 15. Grund- und Seigerriß (Folgeriß)-Konstruktion vom Jahre 1748. Aus F. J. LEMPEs Lehrbuch, 1785

Gang gekreuzt, der in der ersten Sohle durch die Strecke BE aufgeschlossen wurde. Die Konstruktion des Seigerrisses wird durch die aus dem Grundriß heruntergeloteten, gestrichelten Linien verständlich. Von einer Spur der Seigerrißebene ist allerdings noch keine Rede. Ein Überhauen bei D deutet anscheinend den beginnenden Abbau an; ebenso ist, wie wir älteren Darstellungen (1681, 1694) entnehmen konnten, die ungleichmäßig ausgezogene Linie ZWX im Seigerriß im Tiefsten des Gesenkes als Abbauanfang zu erklären. Die zugehörige Abbaufläche wäre gemäß anderen Vorbildern bei einer Buntdarstellung in grauer Farbe angelegt worden.

Gegenüber den älteren Darstellungen fällt angenehm auf, daß die vielen erläuternden Malereien und Erklärungen in Fortfall gekommen sind. Dies stellt aber in diesem Falle eine Ausnahme dar, denn wir werden solche Erläuterungen auf den Rissen der späteren Zeit wiederfinden. Vorliegend sind nämlich die Beschreibungen des Markscheiders EHRENMANN zur Fig. 301 (Abb. 15) in einem zwei volle Seiten langen Text bei J. F. LEMPE (1785, S. 856/857) zu finden. Man war damals eben immer noch nicht in der Lage, das, worauf es ankam, im Riß selbst darzustellen. Die Tagessituation außer der üblichen Haldendarstellung fehlt.

Zur seigerrißlichen Konstruktion ist folgendes zu sagen. Die im Gneis aufgefahrene taube Zugangsstrecke a—f ist in die seigerrißliche Projektion mit hineingenommen worden. Da der Seigerriß nach unseren heutigen Begriffen bei steilem Gangeinfallen die Abbauverhältnisse veranschaulichen soll und die Möglichkeit bestand, den Gang auch nach Osten zu in Verlängerung der Buchstaben h g f zu untersuchen, ist die Einbeziehung des Zugangsstollens in den Seigerriß falsch. Auch erweist sich das Herabloten der Punkte B und E des Friedrich Ganges in den Seigerriß als überflüssig, da im Falle der Bauwürdigkeit dieses Ganges ein weiterer Seigerriß anzulegen war.

Nun geht August Beyer (1749, S. 200—203) hinsichtlich der Anfertigung eines getrennten Grund- und Seigerrisses ähnlich vor wie J. Fr. Weidler. In einem Beispiel beschreibt er an Hand einer bereits auf S. 27 erwähnten Abbildung, Tabelle 0, Fig. 16, die Anfertigung eines Grund- und Seigerrisses und schließt mit den Worten: „Auf solche Art werden alle Seiger-Risse verfertigt und denen Grund-Rissen beygefüget". Anschließend führt er dann aber in einer besonderen Anmerkung folgendes aus (S. 204): „Nach gegenwärtigem Beispiel werden die flachen Schächte auf den Seigerriß eben deswegen, weil er Seigerriß heißt, nach der Seigerteufe oder Catheto (senkrechte Kathete) aufgetragen, und auf dem Grundriß sieht man die Sohle oder Basis. Weil aber Viele gern alsbald auf dem Riß sehen wollen, was der eine oder andere Schacht für eine Donlege (Tonnlage) aufweist, haben viele Markscheider die Angewohnheit, daß sie die im Schacht gezogenen Winkel addieren und durch die Anzahl der gemessenen Winkel dividieren[1]), und so nehmen sie dies für das wahre Fallen eines Schachtes an; *sie zeichnen danach die Schächte flach auf das Profil*, oder sie ziehen wenigstens eine punktierte Linie als Tonnlage neben dem seigeren Schacht. Diese Art zeigt die Tonnlage eines Schachtes und die Lachter, wie viel er flache Teufe habe. Daher denn solche Art seine Liebhaber auch gefunden hat."

c) Der erste Kreuzriß von 1753

In obiger Wiedergabe der Ausführungen von August Beyer haben wir einen Satz stärker hervorgehoben, der kennzeichnend für die neue Rißart ist, die sich um diese Zeit in den preußischen Ländern, ausgehend von Ungarn, entwickelte, für den sogenannten *Kreuzriß*[2]), der später (im 19. Jahrhundert) im sächsischen Bergbau auch „Kopfriß" genannt wurde. Man machte damals keinen Unterschied zwischen den Begriffen „Profil" und „Seigerriß", denn August Beyer definiert beides wie folgt: „Ein Profil ist die Vorstellung von dem perpendikulären Durchschnitt einer körperlichen Figur; also ist auch hier der Seiger-Riß lateinisch orthographia bei den Markscheidern" (1749, S. 200). Um nun neben dem vorschriftsmäßigen Seigerriß, der parallel zur Streichrichtung des Ganges verlaufen soll, auch noch dessen Einfallen zu erhalten, konstruierte man einen zweiten Seigerriß (Kreuzriß) quer zum Gangstreichen, und zwar zunächst in einer

---

[1]) Gemeint ist die arithmetische Mittelbildung.

[2]) Die Ausdrücke „Kreuzriß" und „Kopfriß" sind veraltet und werden heute nicht mehr gebraucht. Jetzt gilt der Querriß als besondere Form des Seigerrisses, weil er quer zur Lagerstätte angelegt wird (vgl. Bd. II, S. 31 u. 32 sowie S. 151, Tafel 3), oder man spricht vom *Abbauschnittriß*; vgl. in diesem Band Abschnitt II, C, 4), S. 179ff.

beliebigen Richtung des Einfallens, jedoch nach Maßgabe der Abb. 16 (s. Anhang) als Projektion. Diese Art der Seigerrißkonstruktion gehörte zunächst zu den Seltenheiten. Wir bringen eine solche Darstellung aus der Mitte des 18. Jahrhunderts. Der Riß befindet sich im Rißarchiv des Oberbergamts Dortmund. Herr Oberbergamtsdirektor i. R. H. Nocke hat freundlicherweise eine Fotokopie dieser Darstellung anfertigen lassen (Abb. 16).

Besagter Kreuzriß stellt ein Kupfererzbergwerk in der Nähe der Stadt Plettenberg am Fuße des Lenne-Gebirges in der westfälischen Grafschaft Mark dar. In der Mitte des Blattes ist der Titel „Grundt und Sayger-Riß" zu sehen mit dem Anfertigungsvermerk des Markscheiders J. H. Jung vom 24. 7. 1753. Die Karte ist, wie eine Winkelrose rechter Hand zeigt, nach Norden orientiert (S. C. = Septentrionem Centro). Im nordöstlichen Teil finden wir den Grundriß des Beerenberger Zuges (Zug = Erzgang), an zahlreichen Pingen erkennbar. Darunter, von den Pingen aus abgelotet, wird der Folgeriß zu diesem Grundriß erkennbar als „Profil *oder* Sayger-Riß nach dem Hauptstreichen". Ferner sieht man auf der westlichen Seite die Konstruktion des zweiten Seigerrisses (Kreuzrisses) in der Einfallsrichtung des Ganges, als „Profil *und* Sayger-Riß nach der Dohnlege (Tonnlage)" bezeichnet. Oben auf dem Blatt fällt ein Strichmaßstab in Lachtermaß auf. Links neben dem Titel ist die Legende mit den Erklärungen zu sehen, wobei der Grundriß die großen Buchstaben A bis Q und der erste Seigerriß die zugehörigen kleinen Buchstaben a bis q aufweist. Die Darstellung der Tagesgegenstände erfolgte wie üblich, soweit es sich um Gebäude handelt (Beerenberger Hof bei Punkt M), in primitiver Perspektive.

Die Legende besagt mehr als der Grundriß, der nicht nachgetragen wurde, denn es fehlen in ihm das Gangstreichen von C nach E in der Stollensohle sowie die söhlige Strecke des Ganges in der tiefen Stollensohle von E nach F nebst den tonnlägigen Verbindungen zwischen beiden Sohlen. In den ersten Seigerriß sind in Analogie zu Abb. 15 die Gesteinsstrecken AB und DE wiederum hineinprojiziert. Zwecks Konstruktion des Kreuzrisses auf der westlichen Blattseite sind auf dem Grundriß durch die Punkte Q (Tagesoberfläche), B (obere Stollensohle), E (tiefe Stollensohle) und P (Sohle des tiefsten Stollens, projektiert) waagerechte Linien parallel zum Streichen des Ganges, übereinstimmend mit dem nördlichen Blattrand, gezogen. Rechtwinklig hierzu erkennt man, parallel zum Gangeinfallen und zum westlichen Blattrand, in Sohlenabständen von 16 zu 16 Lachtern, genauso wie beim ersten Seigerriß, abstandsgleiche Linien. Die Schnittpunkte der korrespondierenden waagerechten und senkrechten Linien liefern, miteinander verbunden, das rd. 72° betragende Gangeinfallen. Auf den senkrechten Linien sind von der Einfallenden aus bis zum Schnitt mit den waagerechten Linien durch die Grundrißpunkte A und D die beiden im tauben Gestein aufgefahrenen Zuführungsstrecken projiziert zur Darstellung gebracht.

d) Begriffsverwirrungen

Wir stellen auch hier in einer Darstellung aus dem westfälischen Bergbaugebiet dieselbe Verworrenheit der Begriffe durch Gleichstellung der Worte „Profil" und „Seigerriß" fest, wie sie dem sächsischen Bergbau eigentümlich waren. Es ergibt sich außerdem, daß der zweite Seigerriß (Kreuzriß) überflüssig ist. Er zeigt lediglich das Einfallen an, das man, wie schon August Beyer erwähnte, auch als punktierte Linie bei Schacht F im ersten Seigerriß oder durch Einfallpfeile an den Grundstrecken des Grundrisses hätte andeuten können. Auf letzteren Gedanken ist man allerdings erst 100 Jahre später gekommen.

Andere Kreuzriß-Darstellungen sind uns unter den alten Rissen des Oberbergamtes Dortmund noch mehrfach begegnet, ohne daß außer der Kennzeichnung des Einfallens der Lagerstätte ein besonderer Nutzen dieser Konstruktionsart zu entdecken war. Im Gegenteil: Ein Beispiel einer sehr verworrenen grundrißlichen Darstellung der Eisensteingrube Wilhelm bei Voerde aus dem Jahre 1801, die wir hier wegen zu unklarer Verhältnisse nicht wiedergeben, hat samt der zugehörigen Kreuzrißdarstellung gezeigt, daß dem Markscheider auch schwerwiegende Darstellungsfehler unterlaufen sind. Auf der genannten Eisensteingrube ist das Gangvorkommen Roter Glaskopf mit einem oberen und einem tiefen Stollen aufgeschlossen worden. Die parallel zueinander verlaufenden Stollen treffen diagonal etwa unter 45° auf das Streichen des stark gestörten Ganges auf. Hierzu hat der zuständige Markscheider einen „*Seigerriß*" in der *Streichrichtung der Stollen* angelegt, der das Gangeinfallen mit 35° darstellt, und ferner einen „*Profilriß*" in der *Streichrichtung des Ganges*, der dessen Einfallen zu 75° anzeigt! Wenn ein Seigerriß nicht in der Streichrichtung des Ganges angelegt wird, so stellt diese Darstellungsweise zunächst einen groben Verstoß gegen die gültigen Konstruktionsregeln dar. Mögen solche Fehler auch vereinzelt aufgetreten sein, so kennzeichnen sie dennoch das Verfahren der damaligen Kreuzrißanfertigung keineswegs als Fortschritt, sondern eher als Rückschritt.

Bemerkenswert war in dieser fehlerhaften Darstellung der ständige Hinweis auf das Vorliegen von Sprüngen und Blattverschiebungen, die unterschiedslos als „Verdrückungen" bezeichnet, aber doch schon kenntlich gemacht wurden. Bis tief in das 18. Jahrhundert hinein ist das Auftreten von Verwerfungen vielfach übersehen oder nicht beachtet und daher auch nicht immer dargestellt worden.

Mit vorstehendem Beispiel sind wir der Zeit um ein halbes Jahrhundert vorausgeeilt, um die Bedeutungslosigkeit der damaligen Kreuzrißkonstruktion herauszustellen, die auch schon aus Abb. 16 hervorging. Die Anfertigung von zwei zu demselben Grundriß gehörenden Seigerrissen hat eher Verwirrung als klare Darstellungsverhältnisse geschaffen. Dennoch ist der Kreuzriß später auch im sächsischen Bergbau vereinzelt zur Anwendung gelangt, ja, er spielt sogar bis ins 20. Jahrhundert hinein eine Rolle, so daß wir gezwungen sind, uns in den nächsten Abschnitten damit nochmals zu befassen.

e) Der schwedische Riß

Etwa zur gleichen Zeit, zu der der Kreuzriß aufkam, also um die Mitte des 18. Jahrhunderts, fand auch der *schwedische Riß* in den deutschen Ländern und in Preußen Eingang. In Schweden wiesen einige mächtige Gangerzlagerstätten mehrere bauwürdige Trümer auf, so daß man, um Überdeckungen der Grubenbaue zu vermeiden, *Klapprisse* schuf und für das Einpassen der einzelnen Deckblätter (Klappen) mit Hilfe ausgeschnittener „Fenster" sorgte [W. Nehm (1940, S. 170)]. Auf die Bedeutung solcher Klapprisse (schwedische Risse) haben August Beyer (1749, S. 230/231) und von Oppel (1749, S. 396ff.) zu gleicher Zeit hingewiesen.

Eine besondere Ausgestaltung erfuhren diese Risse im Harzer Bergbau, worüber sich im Archiv der Ober- und Unterharzer Bergwerke mehrere Unterlagen befinden. Auch im vorliegenden Aufsatz zeigen die Abbildungen 25a und 25b (s. Anh.) deutlich Nebentrümer zum Hauptgang, für die man im Falle ihrer Bauwürdigkeit besondere Klapprisse anfertigte. Diese Form der Darstellung ist auch in den anderen deutschen Bergbauländern, zum Beispiel in Sachsen und im Siegerland, eingeführt worden.

f) Ein weiterer Hinweis auf Flachrißdarstellungen von Oppels, 1749

Wir sprachen davon, daß August Beyer in seinem Buch „Gründlicher Unterricht von Bergbau nach Anleitung der Markscheidekunst“ vom Jahre 1749 den Gedanken des scenographischen Risses von Nikolaus Voigtel, der zur Herstellung von Flachrissen hätte führen können, verworfen hat. Es ist bemerkenswert, daß in dem gleichen Jahr 1749 ein rd. 700 Druckseiten umfassendes Buch „*Anleitung zur Markscheidekunst*“ von dem nachmaligen sächsischen Oberberghauptmann von Oppel in Dresden erschien, in dem dieser — völlig unabhängig von August Beyer — die getrennte Ausführung von Grundriß und Seigerriß (als Folgeriß) sehr ausführlich beschreibt; ferner wird aber auch in diesem Buch der *Flachriß* behandelt, ohne daß diese Bezeichnung bekannt war und ohne Bezugnahme auf die älteren Darlegungen Nikolaus Voigtels über den scenographischen Riß.

Von Oppel definiert den Begriff „Profil“ anders als August Beyer. Er sagt: „Ein Profil oder Durchschnitt ist die Vorstellung einer geraden Fläche, auf welcher die darauf befindlichen Punkte und Linien selbst sind, nicht aber andere und fremde gefället werden“ (1749, § 367, S. 142). Dazu macht er den Zusatz: „Ist das Profil eine Vorstellung von einer seigeren oder söhligen Fläche, kann man es gleichfalls einen seigeren oder söhligen Riß nennen . . .“. Damit hat von Oppel eindeutig zum Ausdruck gebracht, daß er unter einem Profil eine beliebig geneigte ebene Fläche versteht, die keine Projektionsfläche darstellt, auf die man irgendwelche Punkte fällen könnte.

Im Rahmen der Erörterungen über die Anfertigung von Seigerrissen führt nun von Oppel im § 771, S. 389 seines Buches weiter aus: „Ein Riß, den ein Markscheider mit der allerleichtesten Mühe macht, ist ein Profil (s. oben) von Grubenbauen, die auf einem Gange vorgerichtet sind, wenn er die Fläche, nach welcher der Gang ausgebreitet ist, und in welche demnach die Linien seines Streichens sowohl als seiner Donlege (Tonnlage) fallen, vorstellet. Ein solches Profil aber kann nur die Teile eines Grubengebäudes, das auf einem einigen[1]) Gange betrieben worden, abbilden und, wenn es auch in Ansehung dessen nicht mangelhaft sein soll, so wird dabei angenommen, als ob derselbe Gang in einer ganz geraden Fläche das Gebirge durchschnitte.“

Mit diesen Ausführungen über das „Profil“ als der Schnittfläche, innerhalb deren der Gang seinem Streichen und Fallen nach ausgebildet ist, kann nur der *Flachriß* gemeint gewesen sein, zumal da der Autor in seiner klaren Sprache und verständlichen Ausdrucksweise im zweiten Satz betont, daß man immer nur eine Teilfläche darstellen kann, die eine gleichmäßige Ausbildung zeigt. Leider ist diesen Ausführungen weder ein besonderes Kapitel gewidmet, noch wird ein

---

[1]) Unter „einigem Gang“ versteht der Autor wohl „gleichmäßig ausgebildeten Gang“.

Beispiel der Flachrißausführung gebracht. Auch findet sich diese „Anmerkung“ an unauffälliger Stelle inmitten des großen „vierten Hauptstücks“, das von der Berechnung und Zulage der Züge handelt, so daß diese Ausführungen von Oppels unbeachtet geblieben sind. Es ist hier also zum zweiten Male vom Flachriß die Rede, ohne daß davon bei der Herstellung von Grubenrissen Notiz genommen worden wäre. Der Gedanke war zwar schon zu Beginn und um die Mitte des 18. Jahrhunderts lebendig, aber die Ausführung ließ noch lange auf sich warten.

g) Grund- und Seigerrisse in der zweiten Hälfte des 18. Jahrhunderts

Wir haben sodann im Rißarchiv der Bergakademie Freiberg eine Anzahl von Rissen aus der zweiten Hälfte des 18. Jahrhunderts gefunden, die der Forderung, Grundriß und Seigerriß getrennt darzustellen, entsprechen, was jedoch nicht immer der Fall war. Aus dieser Zeit führen wir in Abb. 17 auszugsweise einen Grund- und Seigerriß des Markscheiders Carl Kraphiel, „derzeit churfürstlich-sächsischer Bergkommissar“, aus dem Jahre 1766 vor, der keinesfalls eine beispielhafte Darstellung verrät und in welchem ausschließlich der Seigerriß eine Rolle spielt. Das Bild zeigt, daß auf große Aufmachung Wert gelegt wurde. Der Grundriß ist unvollständig und läßt zwei größere Pingen mit den in Betrieb befindlichen Schächten erkennen, von denen lotrechte gepunktete Linien zu den beiden Schächten im Seigerriß weisen. Der Seigerriß enthält das übertägige Landschaftsbild mit den Schachtgebäuden, Hügeln und Bäumen immer noch in Perspektive. Der Hauptschacht reicht bis zur 4. Sohle; er ist um ein kleines Stück abgesetzt und bis zur 5. Sohle abgeteuft, in der die Sohlenstrecke auch den rechten äußeren Schacht erreicht. Die Darstellung erfolgte in bunten Farben, nur die unregelmäßig ausgetuschten Abbauflächen sind hellgrau getönt. Inwieweit die mit Zacken versehenen Abbaue auf genauen Aufnahmen beruhen oder mehr malerisch wirken sollten, läßt sich nicht nachprüfen. Sonst zeigt der Riß keine eigene Note, und man stellt allgemein in der zweiten Hälfte des 18. Jahrhunderts in keinem der deutschen oder preußischen Länder irgendeinen Fortschritt auf dem Gebiete der grund- und seigerrißlichen Darstellungen fest.

Man kann sogar sagen, daß die Zahl der Risse, die den allgemeinen Anforderungen nicht entsprachen, keineswegs als unerheblich zu bezeichnen ist. So begegnete uns u. a. ein ausdrücklich als solcher betitelter Grund-, Flach- und Seigerriß über die Erla-Rothen Berg im Schwarzenberger Berg Fundgrube, der von dem obergebirgischen Vize-Markscheider Christian Gottfried Tauscher im Jahre 1765, also zur gleichen Zeit wie der bei Abb. 17 erwähnte Riß, angefertigt wurde. Die Darstellung, die wir aus gewissen Hemmungen heraus nicht wiedergeben, zeigt schon im Grundriß seigere Schächte (somit Rückfall in die Zeit Balthasar Röslers) nebst perspektivisch gehaltenen Tagesgegenständen, wie Schachtkauen, Gebäude, Gefluder u. a. m. Unterhalb des Grundrisses befindet sich links der als solcher bezeichnete „Flachriß“ und ohne Unterbrechung der Zeichnung auf der rechten Seite als Fortsetzung des „Flachrisses“ der „Seigerriß“. Sowohl im „Flachriß“ als auch im „Seigerriß“ sind Flachschächte mit Angabe des Einfallwinkels ebenso wie „Seigerschächte“ mit Einfallwinkeln von 70—85° eingetragen. Der Riß ist neben dem Titel mit weitschweifigen Erklärungen unter den Buchstaben A bis Y versehen, die alle frei gebliebenen Teile des Blattes aus-

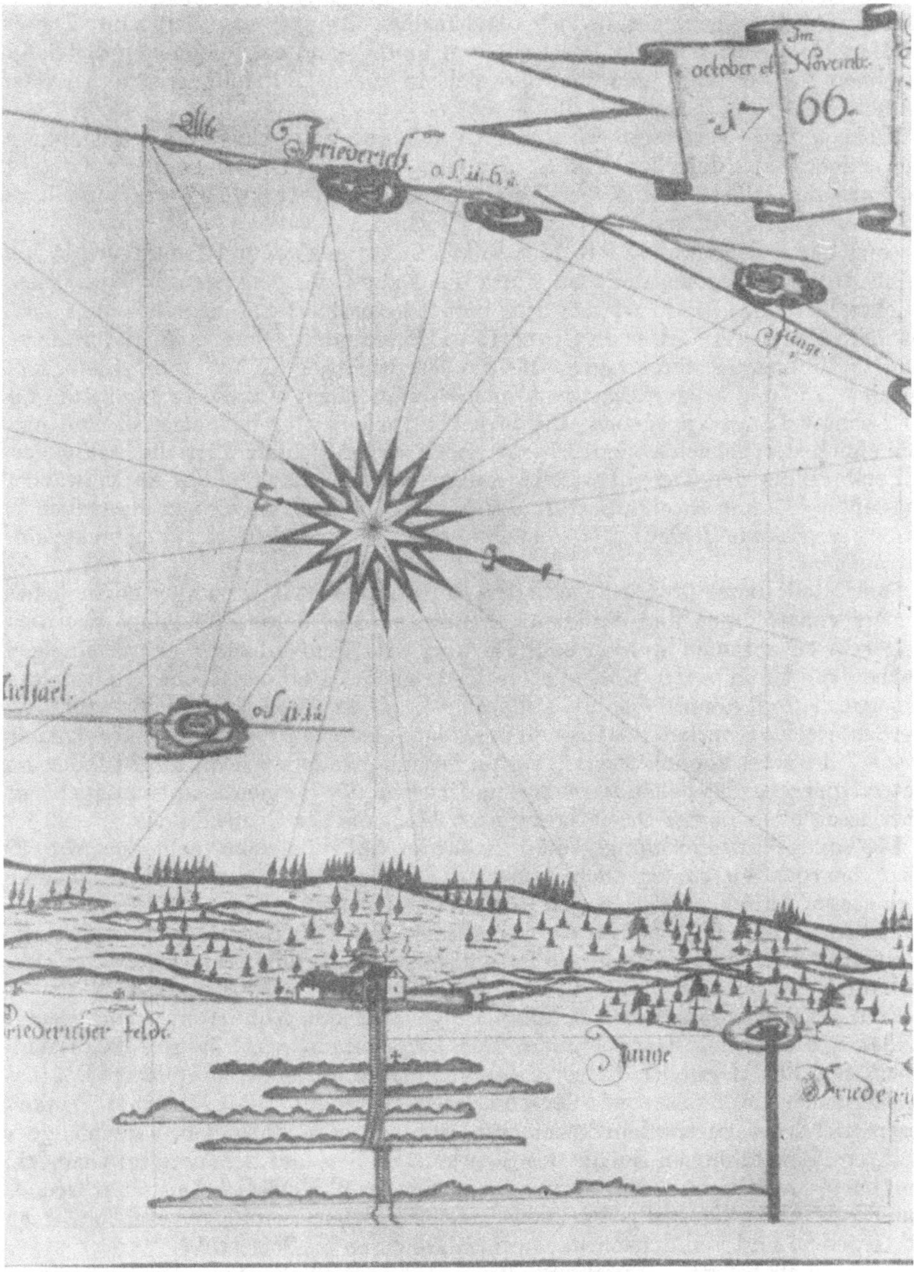

Abb. 17. Ausschnitt aus einem Grund- und Seigerriß des Jahres 1766.
Aus den Rißarchiven der Bergakademie Freiberg (Sa.)

füllen. Sodann ist der Abbau im „Seigerriß“ wie auch im „Flachriß“ treppenförmig kenntlich gemacht, jedoch ohne farbige Tönung oder Schraffur. Dieses Bild spottet jeder weiteren Beschreibung, und es sind nur diejenigen Betriebspersonen zu bedauern gewesen, die sich in dieser Darstellung zurechtfinden sollten.

Nicht weniger verworren wirkt der Grund- und Seigerriß (eines ungenannten Verfertigers) aus dem Jahre 1776, der eine Galmeigrube bei Iserlohn darstellt und aus der Rißsammlung der Westfälischen Berggewerkschaftskasse Bochum stammt (Abb. 18, s. Anh.).

Auch hier bedecken auf der rechten Seite des Blattes Titel und Anmerkungen von A bis L in der damals üblichen Form ein Drittel des gesamten Blattes. Diese Buchstaben sind ebenso wie bei dem vorher geschilderten Bild vom Jahre 1765 aus dem Freiberger Revier im Grundriß wiederzufinden. Oben, etwa in der Mitte, ist die Winkelrose eingetragen, die die Nordrichtung (NNW zum Blattrand) anzeigt. An der linken Blattkante findet man einen Transversalmaßstab für 20 Lachter Länge angegeben. Die Strecken im Grund- und Seigerriß sind einschließlich der Schächte sämtlich rot angelegt. Im Seigerriß ist die wellig verlaufende Linie der Tagesoberfläche dunkelgrau mit nach unten zu schwächer werdender Tönung abschraffiert (in der Wiedergabe Abb. 18 schwarz erscheinend). Tagesgegenstände fehlen. Die Schächte sind im Grundriß als Rechtecke eingetragen.

Sonst stellt dieser Grundriß, besonders südlich Schacht B, ein undurchdringliches Gewirr von söhligen und einfallenden Strecken dar, deren Höhenlage aus dem Seigerriß entnommen werden soll. Da aber alle Grubenbaue in einer einzigen Farbe getönt und weder Höhenunterschiede noch Daten der Nachtragungszeiten angegeben sind, könnte nur mit Hilfe eines Preisrätsels nachträglich festgestellt werden, welche Strecken des Grundrisses denen des Seigerrisses entsprechen. Auch dieses Bild zeigt ähnlich wie das vorher beschriebene, daß das Zurechtfinden im untertägigen Grubengebäude mehr dem Ortssinn der Bergleute zu damaliger Zeit überlassen blieb als der Orientierung nach Maßgabe des Grubenbildes.

Die Anlage eines ordnungsgemäß geführten Abbaubetriebes geht aus Abb. 18 nicht hervor. Wir stellen auch immer wieder fest, daß zwischen einer beliebig gerichteten Auffahrung im tauben Gestein und einer erzhaltigen Strecke im Gangstreichen in den Projektionen des Seigerrisses kein Unterschied gemacht wurde. Weitergehende Schlußfolgerungen lassen sich aus der kümmerlichen Art der Darstellung nicht ziehen.

Eine erheblich bessere Darstellung bringen wir mit Abb. 19 aus dem Siegerländer Spateisenstein-Gangbergbau. Das Bild stammt vom Jahre 1780. Wenngleich sich der Hersteller dieses Risses von der damals noch üblichen Beigabe ausführlicher Legenden sowie der benutzten Meßgeräte, Maßstäbe und Winkelrosen nicht frei zu machen vermochte, erkennt man doch den Versuch einer exakten, maßstäblichen Zulage der Strecken, Stollen und Schächte im Grundriß und einer sorgfältigen Höhenaufnahme im Seigerriß. Natürlich enthalten Grund- und Seigerriß noch immer perspektivische Eintragungen von Pingen und Schächten im Grundriß und von Schachtkauen und Gebäuden im Seigerriß.

Wenn auch bei der Darstellung eine eigene persönliche Note des Verfertigers hervortritt, muß dennoch zwischen den drei Bergbaubezirken Sachsens, des Harzes und des Siegerlandes eine gewisse Verbindung der Markscheider unter-

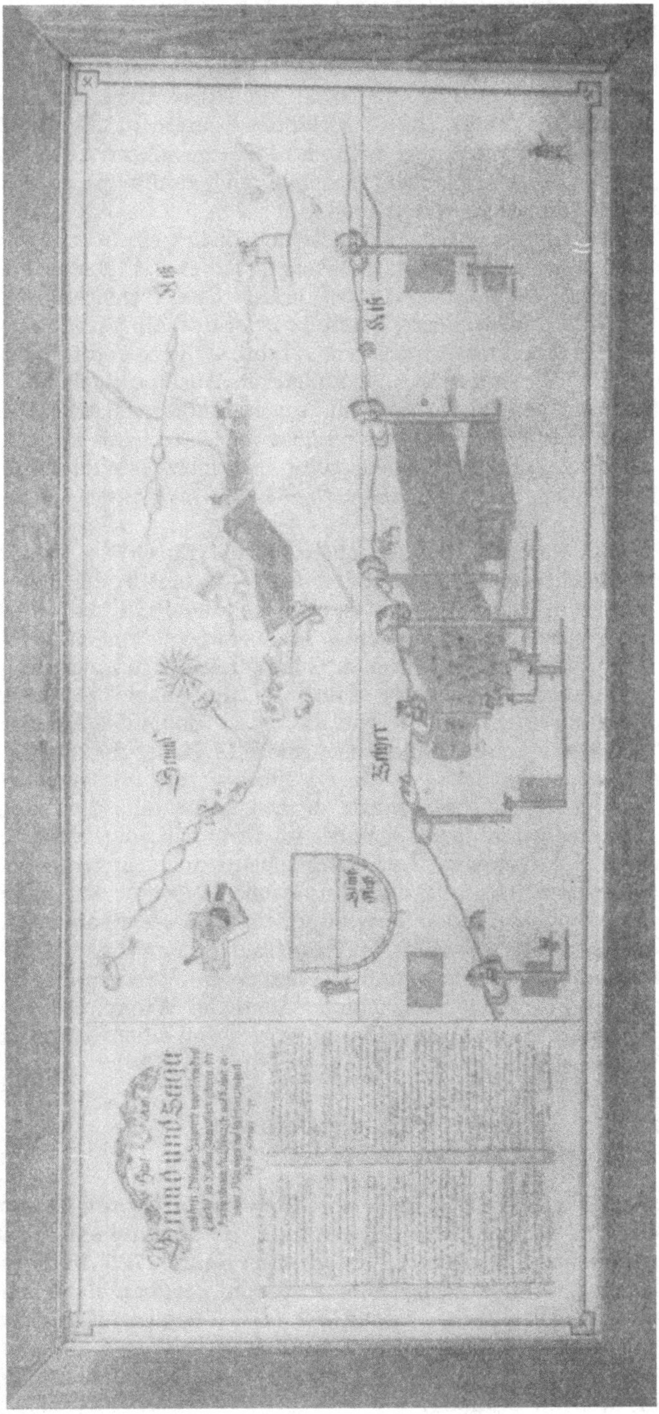

Abb. 19. Grundriß und Seigerriß (Folgeriß) einer Gangerzlagerstätte aus dem Siegerländer Spateisensteinbergbau. 1780

einander bestanden haben. Es wäre sonst nicht zu verstehen, weshalb die Konstruktionen und die Ausführung der Zeichnungen in allen drei Revieren eine erstaunliche Übereinstimmung aufweisen. Der Siegerländer Grund- und Seigerriß vom Jahre 1780 zeigt gegenüber den auf den Abb. 15 und 17 dargestellten Abbauen erheblich größere, grau angelegte Abbauflächen, in denen auch zahlreiche, relativ kleine Vertaubungszonen des Ganges zu erkennen sind.

Erst gegen Ende des 18. Jahrhunderts ist im sächsischen Bezirk ein Fortschritt zu verzeichnen, und so bringen wir aus dem Freiberger Rißarchiv noch Teile eines Grund- und Seigerrisses des Markscheiders Johann Christian Müller von der Freude Gottes Grube (Abb. 20). Diese Darstellung ist deshalb bemerkenswert, weil sie unter dem Anfertigungsvermerk vom Jahre 1789 bereits Nachtragungsdaten bis zum Jahre 1815 aufweist und außerdem Ansätze flächenhaft angelegter Abbaue im Grundriß sowohl als auch im Seigerriß erkennen läßt. *Der Grundriß entbehrt außerdem zum ersten Male erfreulicherweise jeglicher perspektivischer Darstellungen.* Die vorhandenen Schacht- und sonstigen Gebäude sind, ebenso wie Gräben und Wege, sachgemäß *in ihren Grundrißformen aufgenommen und maßstäblich kartiert worden.*

Der Gelobt Länder Morgen Gang ist im nördlichen Blatteil durch den König Friedrich Auguster Tage-Schacht aufgeschlossen. Der Gang streicht in der ersten Sohle ostwestlich und wird von dem südnördlich streichenden St. Christopher Flachen Gang gekreuzt. In letzterem ist in derselben Sohle ein Stollen nach NNW aufgefahren worden, der den offenbar verworfenen Gelobt Länder Morgen Gang wieder angetroffen hat. An dieser Stelle ist der Mausner-Tage-Schacht abgeteuft worden. Wenig östlich hiervon schließt ein Gesenk die zweite Sohle des Morgen-Ganges nach ONO auf; in dieser Sohle befindet sich die alte Radstube. In derselben Richtung ist dann noch die dritte Sohle erschlossen, die im Grundriß besonders dunkel erscheint. Von der zweiten zur dritten Sohle fällt der Gang nahezu lotrecht ein. Auf dem Seigerriß lassen sich die im Grundriß eingetragenen Aufbrüche und Abbauteilstücke verfolgen. Der Gang scheint der grundrißlichen Darstellung nach stark verworfen zu sein. In der Hauptsache deutet der Riß einen weiteren Wandel in den markscheiderischen Darstellungen an insofern, als gegen Ende des 18. Jahrhunderts bei der Aufnahme und Auftragung von Tagesgegenständen die korrekte Darstellung einsetzte und die ungenaue Wiedergabe der Situation in perspektivischer Form ihr Ende nahm. Auch die Winkelrose verschwindet von diesem Zeitpunkt an im Grundriß und wird durch einen Nordpfeil abgelöst.

h) Die ersten Flachrißkonstruktionen des 18. Jahrhunderts

Nachdem der Markscheider und spätere Professor Johann Friedrich Lempe in den Jahren 1781 und 1782 bereits zwei Bücher über die Markscheidekunst herausgebracht hatte, erschien von demselben Verfasser im Jahre 1785 die Fortsetzung zu August Beyers „Gründlichem Unterricht von Bergbau nach Anleitung der Markscheidekunst“. Dieses sehr umfangreiche Lehrbuch ist 1176 Seiten stark, mit einem Druckspiegel etwa im Format DIN A 5 (rd. $14 \times 19{,}5$ cm) versehen, nebst anschließendem Sachverzeichnis (Register) und 43 Zeichentafeln mit 440 Abbildungen (Figuren) im Anhang.

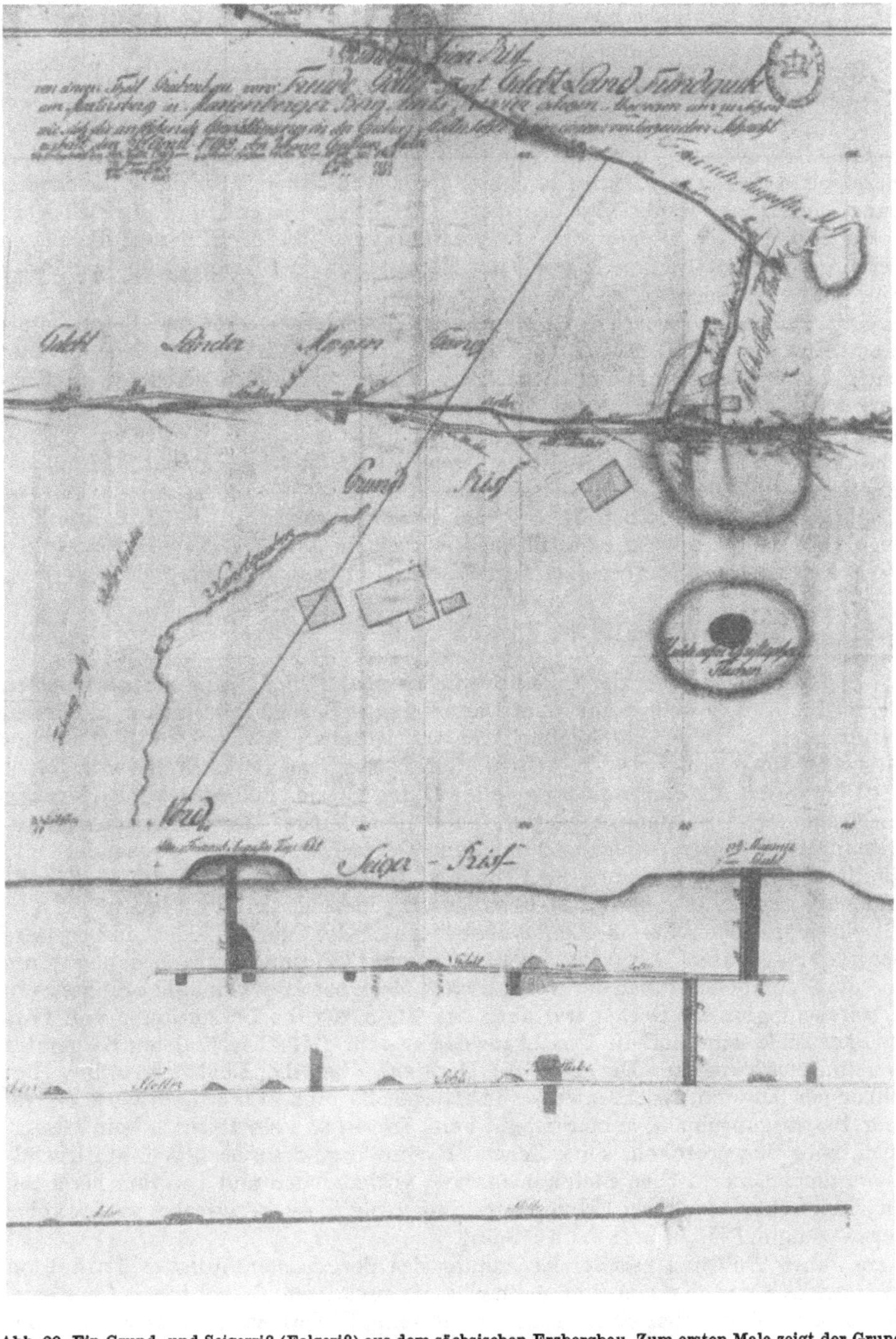

Abb. 20. Ein Grund- und Seigerriß (Folgeriß) aus dem sächsischen Erzbergbau. Zum ersten Male zeigt der Grundriß keine perspektivischen, sondern grundrißliche Formen der Tagesgegenstände. 1798. Ausschnitt aus den Rißarchiven der Bergakademie Freiberg (Sa.)

Bemerkenswert ist dieses Buch deshalb, weil in ihm im Anschluß an das dritte Kapitel „Von der Verfertigung der Grund- und Seigerrisse“ (S. 812, 859) ein viertes Kapitel *den Flachen Riß* (S. 859—867) zum ersten Male in einigen Aufgaben behandelt. Im § 120 dieses Abschnitts führt LEMPE wörtlich aus: „Der Herr Bergmeister SCHEIDHAUER ist der erste, der sich in seinem über die Markscheidekunst gefertigten Manuskript des Worts: Flacheriß, bedient, und ihn richtig zu verfertigen lehrt.“ Es sind dies die Ausführungen, die in W. NEHM Bedenken hervorgerufen hatten, den Seigerriß des Hohenbirkheimer Ganges vom Jahre 1613 weiterhin als „Flachriß“ ansprechen zu sollen (S. 18).

Es ist nun leider das erwähnte Manuskript des Markscheiders und Bergmeisters SCHEIDHAUER vom Jahre 1772 nicht mehr aufzufinden. Wir haben auch gemeinsam mit Herrn Professor Dr.-Ing. habil. K. NEUBERT vergeblich versucht, im Freiberger Rißarchiv Flachrisse des Bergmeisters SCHEIDHAUER ausfindig zu machen, ebenso wie auch J. F. LEMPE weder im Lehrbuch vom Jahre 1785 noch aus seinem Tätigkeitsfeld irgend ein praktisches Flachriß-Beispiel vorgelegt hat. Wir müssen uns damit abfinden, daß in der Zeit von 1772 bis 1785 die Konstruktion von Flachrissen im sächsischen Erzbergbau bekannt wurde. In der Rißsammlung begegnete uns jedoch der erste Flachriß vorerst im Jahre 1805, so daß wir diese Rißart im nächsten 5. Abschnitt über das 19. Jahrhundert beschreiben wollen.

i) Preußische und sächsische Bergordnungen

Uns interessiert ferner der Inhalt der im Laufe des 18. Jahrhunderts erlassenen Bergordnungen, soweit in ihnen auf Darstellungen Bezug genommen wird. In den preußischen Gebieten einschließlich der westfälischen Mark wurde bedenkenlos die bisher für den Erzbergbau geltende jülich-bergische Bergordnung vom 27. 4. 1542 bis in das 18. Jahrhundert hinein auf den Braun- und Steinkohlenbergbau übertragen. Sie ist dann erweitert, nach dem Muster der sächsischen Bergordnungen, die ihren Siegeszug durch ganz Deutschland hielten, abgeändert und als „Renovierte Bergordnung für Cleve und die Grafschaft Mark“ am 18. 7. 1737 in den westlichen Provinzen des damaligen Preußens eingeführt worden.

Dem märkischen Steinkohlenbergbau verhalf der Markscheider und spätere Bergmeister AUGUST HEINRICH DECKER, der um 1735 zum Bergrat ernannt wurde und die Steinkohlengruben der westfälischen Mark bereiste, allmählich zu besseren Arbeitsbedingungen. Decker war auch der Mann, der die Bergordnung von 1737 in erster Linie schuf und die Errichtung des im Jahre 1738 begründeten Bergamtes Bochum befürwortete. Die Berichte DECKERs über die Eindrücke seiner Befahrungen lauteten damals niederschmetternd. So fand er u. a. kein Verleihungs- oder Bestätigungsbuch, kein Fristen-, kein Vertrags-, kein Recess-, kein Gegenbuch, kein Bergprotokoll, keine Zehend-Rechnung und *keinen Abriß* auf irgendeinem der im märkischen Steinkohlenrevier vorhandenen und von ihm bereisten 105 Steinkohlenbergwerke (Kohlpütten) vor. Alle diese Bergwerke wiesen keine Vermessung auf [H. ACHENBACH (1869)].

Im Jahre 1756 trat mit der Ernennung des Bergmeisters JOHANN FRIEDRICH HEINTZMANN und der von ihm geschaffenen „revidirten Bergordnung für Cleve, Meurs und Mark vom 29. 4. 1766“ zwar eine Verbesserung in der Bergbauverwaltung, jedoch nicht auf markscheiderischem Gebiet ein. Sehr spät erfahren wir aus der Geschichte des preußischen Staatsbergbaus, daß im Jahre 1787 der

Vizemarkscheider und spätere Bergamtsmarkscheider NIEMEIER eine Karte des Bergreviers Wetter mit Profilen und in den Jahren 1793 bis 1796 Karten der Reviere Bochum und Blankenstein anfertigte [M. SCHULZ-BRIESEN (1933)]. Diese Karte der einzelnen Reviere der märkischen Bergamtsbezirke können wir wohl als die erste Flözübersichtskarte des Hauptbergwerksdistriktes und späteren Oberbergamtes Dortmund (S. 76) ansprechen.

Im Laufe der Zeit entstanden weitere Bergordnungen für Schlesien, für Magdeburg, Halberstadt usw.; und als am 1. 6. 1794 das Allgemeine Preußische Landrecht in Kraft trat, wurde darin u. a. der größte Teil der bergrechtlichen Bestimmungen mit Angabe der obengenannten Bergordnungen für ganz Preußen aufgenommen. Zwar wird die Tätigkeit des Markscheiders bei Behandlung von Fundesfeststellungen und von Streitigkeiten über das Vorrecht des Alters im Felde erwähnt. Aber in keiner dieser Bergordnungen finden wir irgendwelche Anhaltspunkte für die Anfertigung des Grubenbildes oder für die Zahl und Ausgestaltung der Risse und der an sie zu stellenden Anforderungen.

Daher herrschte in der Ausführungsart der Darstellungen gerade im 18. Jahrhundert eine Willkür, die, wie wir aus den Abbildungen 14 bis 19 ersehen haben, durch keine Vorschrift oder Anweisung gehemmt oder eingeschränkt wurde. Die staatlichen Markscheider waren an den Bergämtern einzeln für sich tätig und konnten das Rißwesen weder maßgeblich noch fortschrittlich beeinflussen. Auch auf den durch FREIHERRN VON HEINITZ im Jahre 1777 in Preußen eingerichteten vier *Hauptbergwerksdistrikten*, den späteren *Oberbergämtern*, gab es keine übergeordneten Stellen mit markscheiderischer Ausbildung. Die Entwicklungsgeschichte des preußischen Staatsbergbaus zeigt, daß man den Arbeiten des Markscheiders im 18. Jahrhundert wenig Interesse entgegenbrachte, jedenfalls nicht entfernt die Aufmerksamkeit, der die Arbeiten des Markscheiders im sächsischen Bergbau begegneten. Wie konnte es sonst möglich sein, daß der frühere Markscheider, spätere Bergrat DECKER, auf keiner der befahrenen 105 Steinkohlenzechen Westfalens auch nur einen einzigen Riß vorfand und auch keine nennenswerte Abhilfe für diese unhaltbaren Zustände herbeizuführen vermochte! Es kann auch nicht mehr verwundern, daß wir unter den alten Rissen des Oberbergamtes Dortmund lediglich Abrisse kleiner, kaum lebensfähiger Erzbergbaubetriebe, jedoch keinen Abriß eines Steinkohlenbergwerks aus dem 18. Jahrhundert fanden.

Bergrechtliche Verordnungen über die Amtspflichten des Markscheiders im *sächsischen* Bergbau erwähnt JOHANN FRIEDRICH LEMPE im dritten Kapitel seines Buches vom Jahre 1785 auf den Seiten 15/16. Er führt 13 Pflichtenartikel an, von denen die Artikel IV und V das Rißwesen angehen. Die darin enthaltenen Vorschriften lauten:

„*Artikel IV.* Insofern kein Revierriß vorhanden ist, oder der vorhandene nicht die gehörige Richtigkeit aufweist, hat der Markscheider einen solchen mit aller nur möglichen Genauigkeit für das Bergamtsarchiv zu fertigen und darauf von Zeit zu Zeit nachzutragen. Letzteres obliegt ihm auch dann, wenn schon ein richtiger Revierriß vorhanden ist.

Artikel V. Nach verrichteten Zügen, die von ihm zu diesem oder jenem Endzweck verlangt werden, liegt ihm ob, jedesmal zwei der Absicht seiner Arbeit entsprechende Risse zu fertigen; den einen unentgeltlich für das Oberbergamt, den anderen für die Gewerken gegen entsprechende Bezahlung; dabei soll er einen schriftlichen Aufsatz vorlegen, worin er deutlich das Resultat seiner Messung und Angaben beschreibt."

Diese Vorschriften besagen, wie wir bereits erwähnt haben, nichts über den Inhalt der in zwei Exemplaren geforderten Darstellung. Sie ließen dem ausführenden Markscheider vollkommen freie Hand; sie regelten weder das Format der Risse, noch verlangten sie bestimmte Maßstäbe oder die Einhaltung einer vorgeschriebenen Blattgröße und Blattorientierung. Ebensowenig kannte man Quadratnetze, Sohlenfarben in geordneter Reihenfolge, geschweige denn Abbauschraffuren oder Höhenzahlen und Nachtragungsdaten. Anfertigungs- und Nachtragungsvermerke wurden unter dem Blatt-Titel vermerkt; die Daten der Streckenfortschritte ebenso wie der Zuwachs an Abbaufläche blieben jedoch unbekannt.

k) Das Schrifttum

Von großer Bedeutung wurde für den gesamten Bergbau Deutschlands die Gründung der drei Bergakademien Freiberg, Clausthal und Berlin in der zweiten Hälfte des 18. Jahrhunderts, von denen Freiberg als älteste Akademie im Jahre 1766 erstand [M. SCHMIDT (1889)]. Welche Rolle das Rißwesen im Unterricht der neu begründeten Berghochschulen spielte, läßt sich in großen Zügen den damals erschienenen Lehrbüchern entnehmen.

Nach den vereinzelt dastehenden Versuchen der beiden Markscheider BALTHASAR RÖSLER und NIKOLAUS VOIGTEL, im 17. Jahrhundert die wesentlichen Aufgabengebiete der damaligen Markscheidekunst zu umreißen, stellte sich im 18. Jahrhundert ein Umschwung auf dem schriftstellerischen Sektor ein, der den ausgesprochenen Drang markscheiderischer und mathematischer Fachleute zu wissenschaftlicher Betätigung auf dem Gebiete der Markscheidekunst offenbarte. Wir verdanken diese Kenntnis der bereits erwähnten Arbeit des k. k. Markscheiders KLESZCZYŃSKI (1854), der das gesamte markscheiderische Schrifttum nach Jahren, Verfassern und kurzer Inhaltsangabe der Schriften von AGRICOLA (1556) bis WEISBACH (1851) zusammengestellt hat.

Was das markscheiderische Rißwesen angeht, haben wir die von NIKOLAUS VOIGTEL (1714), JOHANN FRIEDRICH WEIDLER (1726), AUGUST BEYER (1749), VON OPPEL (1749) und JOHANN FRIEDRICH LEMPE (1785) beschriebenen und vorgeschlagenen Darstellungswege für das 18. Jahrhundert erläutert.

Erwähnenswert ist sodann das Buch des Professors der Mathematik und Physik, ABRAHAM GOTTHELF KÄSTNER, Göttingen, „Anmerkungen über die Markscheidekunst" vom Jahre 1775. Auf 214 Seiten spricht KÄSTNER über die markscheiderischen Messungen, wobei er vielfach auf Fehler in den früher erschienenen Lehrbüchern verweist und Berichtigungen bringt. Die Grubenrisse, und zwar lediglich Grund- und Seigerrisse, werden nur kurz gestreift (S. 147—151) ohne Beigabe irgendwelcher Darstellungen. Das Buch ist von einem Mathematiker geschrieben, und danach sind auch die von KÄSTNER gegebenen Begriffe zu beurteilen. Er sagt (S. 147): „Wenn man sich die Grube, in der gemessen worden ist, mit einer söhligen Ebene durchschnitten vorstellt, und was sich in dieser Ebene befindet, auf einem Papiere, nach einem verjüngten Maßstab verzeichnet, so entsteht ein *söhliger Riß*, so etwas, wie ein Grundriß bey einem Hause."

Zum Seigerriß führt KÄSTNER folgendes aus (S. 148): „Die Grube ließe sich auch mit seigeren Ebenen, nach unterschiedlichen Richtungen gesetzt, durchschneiden. Was in eine solche Ebene fällt, läßt sich auf einem *Seigerrisse* abbilden, den man also, über die gehörige Sohle, senkrecht auf einen söhligen stellen kann. Wie Profile eines Gebäudes." Man wird nicht behaupten wollen, daß die KÄSTNERschen Definitionen klar und verständlich wirken, noch dazu ohne jedwede darstellende Erläuterung. Der Flachriß wird von KÄSTNER nicht erwähnt.

Im zweiten Teil des Buches befaßt sich KÄSTNER mit einer „Abhandlung von Höhenmessungen durch das Barometer" auf 226 Seiten und spricht das Barometer als Hilfsmittel für den Markscheider an, „Kenntnis von Gebürgen" zu geben. Es werden die von mehreren Forschern aufgestellten Theorien behandelt und einige Anwendungen in der Praxis gebracht.

Um den Einfluß der Wissenschaft auf die Markscheidekunst seit Gründung der Freiberger Bergakademie zu kennzeichnen, bemerken wir, daß von 1700 bis 1762 im ganzen sieben Lehrbücher und drei Veröffentlichungen, dagegen von 1767 bis 1800 insgesamt zehn Lehrbücher und zehn Veröffentlichungen auf markscheiderischem Gebiet im Druck erschienen sind. Im letzten Drittel des 18. Jahrhunderts hat sich die Zahl der markscheiderisch-wissenschaftlichen Arbeiten gegenüber dem zurückliegenden erheblich längeren Zeitraum etwa verdoppelt. Allerdings spielen die Darstellungen in den oben nicht benannten Büchern und Schriften entweder gar keine oder eine völlig untergeordnete Rolle, so daß es sich erübrigt, auf weitere Einzelheiten einzugehen.

Auch hinsichtlich der mathematischen Errungenschaften des 18. Jahrhunderts sind Ausführungen über die unmittelbaren Nachwirkungen der Entdeckungen von NEWTON und LEIBNIZ oder über die Fortschritte in der Arithmetik und Algebra, in der Elementargeometrie sowie in der Höheren Mathematik nicht vonnöten, da das Gebiet des markscheiderischen Rißwesens in erster Linie mit dem Aufkommen des Lehrfaches der Darstellenden Geometrie zusammenhängt; die Darstellende Geometrie ist in den deutschen Ländern erst im Laufe des 19. Jahrhunderts zur Entwicklung gelangt, wenngleich der französische Mathematiker G. MONGE (1746—1818), der Begründer dieses Wissensgebietes, schon seit dem Jahre 1795 an der von ihm selbst gegründeten und geleiteten École Polytechnique in Paris Vorlesungen in Darstellender Geometrie gehalten hat.

l) Kurzer Rückblick auf das Rißwesen des 18. Jahrhunderts

Rückblickend vermerken wir, daß das 18. Jahrhundert die getrennte Darstellung von Grund- und Seigerriß beibehielt, so daß damit die Loslösung vom kombinierten Grundriß-Seigerriß des 17. Jahrhunderts vollzogen war. Versuche, die Anfertigung des Flachrisses zu empfehlen [NIKOLAUS VOIGTEL (1714), VON OPPEL (1749)], werden von der Praxis nicht aufgenommen. Erst um 1772 bis 1785 findet durch SCHEIDHAUER (1772) sowie durch J. F. LEMPE (1785) die Konstruktion von Flachrissen, jedoch ohne das nachweisbare Erscheinen praktischer Beispiele, Erwähnung.

Die falschen Konstruktionsverfahren von Grund- und Seigerriß bleiben bestehen. Der Kreuzriß als zweiter Seigerriß in der Einfallrichtung der Lagerstätte kommt auf. Obgleich sich diese Rißart keineswegs als nützlich erweist, wird sie, wenn auch vereinzelt, über das 18. Jahrhundert hinaus beibehalten. Auch der schwedische Riß fand um die Mitte des 18. Jahrhunderts Eingang in den deutschen Bergbauländern.

Im Grund- und Seigerriß werden abgebaute Flächen durch graue Farbtönung kenntlich gemacht. Gegen Ende des 18. Jahrhunderts (1789) wird die bis dahin üblich gewesene Darstellung der Tagesgegenstände in perspektivischer Form durch eine einwandfreie Aufnahme und Kartierung der Grundrißformen von Gebäuden, Wegen usw. abgelöst. Auf den Grundrissen verdrängt der Nordpfeil die Winkelrose.

Trotz dieser anerkennenswerten Fortschritte überwiegen, besonders in der zweiten Hälfte des 18. Jahrhunderts, in den Darstellungen die Rückschritte, zumal die Darstellende Geometrie als Lehr- und Wissensgebiet noch immer keine Rolle spielt. Die Projektionseigenschaft des Seigerrisses bleibt daher nach wie vor unerkannt.

5. Das 19. Jahrhundert

a) Die Darstellende Geometrie in Deutschland

Wir haben schon erwähnt (S. 10), daß die Darstellende Geometrie ihren Ursprung, der in die Römerzeit zu Beginn der christlichen Zeitrechnung fällt, der Baukunst verdankt. Auch die Malkunst befaßte sich mit der Zeit, besonders bei der Wiedergabe landschaftlicher Gegenstände, mit den geometrischen Gesetzen des Sehens zur Übertragung räumlicher Verhältnisse in die Zeichenebene. Aus beiden Arbeitsrichtungen entwickelten sich die Lehren der Darstellenden Geometrie einschließlich der Perspektive.

Aber der Weg, der in diesen Bereich führte, war langwierig. Das Mittelalter brachte in der Fortentwicklung des Grund- und Aufrißverfahrens nicht viel Neues, außer daß man horizontale und vertikale Querschnitte verwendete. Auch entwickelte sich erst im 18. Jahrhundert die Lehre von der orthogonalen Parallelprojektion. Aber den Schlüssel zur Darstellenden Geometrie als Wissenschaft fand erst Gaspard Monge, dessen Buch in erster Auflage in Paris im Jahre 1798 erschien [R. Haussner (deutsche Übersetzung, Leipzig 1900)]. Der entscheidende Schritt, den G. Monge tat und den vor ihm niemand getan hatte, beruht auf der Überlegung, die Schnittlinie der Grund- und Aufrißebene als Projektionsachse aufzufassen. Um diese Achse ließ sich eine Projektionsebene in die andere legen, so daß die Vereinigung von Grund- und Aufriß (Seigerriß) in derselben Ebene gewährleistet war. Und damit hatte man auch die *Spur* der Seigerrißebene gewonnen, wenngleich es noch ein Jahrhundert dauerte, bis sie in den markscheiderischen Darstellungen feste Form annahm.

Im damaligen Österreich fand die Darstellende Geometrie 1801 an der Universität in Prag und 1815 in Wien Eingang, in Süddeutschland (Karlsruhe 1825) gab Schreiber im Jahre 1828/29 in Karlsruhe und Freiburg das erste Lehrbuch der Darstellenden Geometrie heraus, in den preußischen Ländern wurde dieses Wissensgebiet noch erheblich später an den Universitäten und polytechnischen Schulen, den späteren Technischen Hochschulen, eingeführt; bei letzteren spielte bis in das 20. Jahrhundert hinein die Schattenkonstruktionslehre eine beachtliche, bei weitem ausgeprägtere Rolle als die eigentliche Disziplin der Projektionslehre. Um das Jahr 1842 sprach man erstmalig von der „kotierten" Projektion, und im Jahre 1859 — in Wirklichkeit 1856[1]) — traten die axonometrische, die

[1]) Die Theorie der axonometrischen Projektionsmethode ist 1856 von Julius Weisbach veröffentlicht worden; s. auch S. 60.

Kavalier-Perspektive sowie einzelne Teile der projektiven Geometrie als neue Lehrgebiete in Erscheinung [Christian Wiener (Leipzig 1884)].

Man ersieht hieraus, daß das heutige Gebiet der Darstellenden Geometrie in Deutschland etwa 130 Jahre alt ist. Berücksichtigt man noch dazu, daß in Preußen für die Anwärter des Markscheidefaches erst Ausgang des 19. Jahrhunderts nur Primareife einer neunklassigen Höheren Schule für die Aufnahme zum Studium und ein „vier“-semestriges Studium an einer Berghochschule vorgeschrieben wurden, ferner daß der Markscheider bis tief ins 20. Jahrhundert als Halbakademiker ohne Hochschulvor- oder gar Hochschulabschlußprüfung eine völlig unzureichende Ausbildung genoß, so wird man verstehen, daß die Errungenschaften der Darstellenden Geometrie während des ganzen 19. Jahrhunderts dem Markscheider verschlossen bleiben mußten. Obwohl in den Lehrbüchern des 17. und 18. Jahrhunderts immer wieder betont wird, daß die Markscheidekunst zu den exakten Wissenschaften zähle [von Oppel, Kästner], obwohl sich ferner Mathematikprofessoren mit dieser Wissenschaft ausführlich beschäftigten (Reinholt, Weidler, Lempe, Kästner, Hecht, Weisbach) und in den markscheiderischen Lehrbüchern bis zu 40% des Stoffes den mathematischen Disziplinen gewidmet sind (August Beyer, J. F. Lempe), haben die preußischen Bergbehörden dem Markscheider von Anbeginn an eine ungenügende Ausbildung zuteil werden lassen; sie lehnten darüber hinaus — zum Nachteil des Bergbaus selbst — über Jahrzehnte hinweg die berechtigten Forderungen des Markscheiders nach einer den anderen technischen Disziplinen gleichwertigen Ausbildung ab. Markscheiderisches Schrifttum und Akten des Deutschen Markscheider-Vereins beweisen zur Genüge die um die Mitte des 19. Jahrhunderts einsetzenden Kämpfe der Markscheider um die Hebung des beruflichen Ansehens, vornehmlich um die Einführung der Reifeprüfung als Vorbedingung zum Studium sowie um ein vollwertiges akademisches Studium u. a. m.

Dies vorauszuschicken war notwendig, um Rückschritte und Rückschläge, die bis zum Ende des 19. Jahrhunderts immer wieder auf dem Gebiete der markscheiderischen Darstellungen zu verzeichnen sind, verständlich zu machen und einen Tiefstand des Rißwesens zu kennzeichnen, der denjenigen des vorhergegangenen Jahrhunderts in mancher Beziehung fast noch übertraf.

b) Grundriß, Seigerriß und Kreuzriß im 19. Jahrhundert

Es dürfte zweckdienlich sein, die weitere Entwicklung des Grund- und Seigerrisses sowie des Kreuzrisses im Laufe des 19. Jahrhunderts fortlaufend zu verfolgen und danach erst den Werdegang des Flachrisses zu beschreiben, dem im Gegensatz zum sehr beständigen Seigerriß nur ein relativ kurzes Dasein vergönnt war, bis er vor kurzem wieder zu Ansehen gelangte.

Dem Seigerriß als Folgeriß des Grundrisses hafteten, wie bereits erwähnt, seit Anfang des 18. Jahrhunderts zahlreiche Nachteile an. Den eigentlichen Sinn des Seigerrisses, bei steilem Gangeinfallen die Abbauverhältnisse darzustellen, hatte man auch im Anfang des 19. Jahrhunderts immer noch nicht erfaßt; und als die Eintragung abgebauter Flächen wegen des zunehmenden Umfanges der Abbaue gegen Ende des 18. Jahrhunderts notwendig und auch üblich geworden war, traten dort, wo die tauben Gesteinsstrecken in den Seigerriß projiziert wurden, Schwierigkeiten in der Abbaudarstellung auf. Da der Markscheider die dadurch heraufbeschworenen Unstimmigkeiten nicht zu beseitigen vermochte, gewann der Flachriß an Bedeutung, weil er die Darstellung der Abbauflächen innerhalb der Ebene der Lagerstätte, auch der Höhe nach, ohne weiteres zuließ.

An drei Grund- und Seigerrissen verschiedener Markscheider aus den Jahren 1805, 1809 und 1813, in die wir in der Freiberger Rißsammlung Einsicht nehmen konnten, war an den Strecken sowie an den grau angelegten Abbauflächen sowohl im Grundriß als auch im Seigerriß zu erkennen, daß die bekannten Fehler und Mängel in den Darstellungen weiterhin kritiklos von jedem Markscheider übernommen wurden. Wie sehr der Zweck eines Seigerrisses zu jener Zeit noch verkannt wurde, beweist das nächste Beispiel (Abb. 21, s. Anh.) eines unvollkommenen Sohlengrund- und Sohlenseigerrisses[1]) von dem Berggebäude Jacob Fundgrube, der von einem unbekannten Markscheider in den Jahren 1820/22 angefertigt wurde.

Es handelt sich um die Erschließung zweier aufeinander zufallender Gänge, des annähernd gegen Nordnordost streichenden Jacob-Ganges sowie des von Südwest nach Nordost streichenden Neuglücker Morgen-Ganges. Beide Gänge weisen ein errechnetes Einfallen von 40—45° auf, so daß nach den heutigen Gepflogenheiten ein Seigerriß an sich überflüssig wäre. Die genau konstruierte Kreuzlinie im Grundriß, die nach Südwest zu einfällt, bezeichnet die Verbindungsnaht beider Gänge. Daß man sich nicht mit dem Gedanken trug, den Seigerriß zur Eintragung von Abbauflächen zu verwenden, geht schon daraus hervor, daß man die Schächte und Sohlenstrecken (Gezeugstrecken) *beider* Gänge auf demselben Seigerriß zur Darstellung brachte. Es überdeckten somit die Sohlenstrecken des Neuglücker Morgen-Ganges im Seigerriß zu einem großen Teil die vom Kunst- und Treibe-Schacht des Jacob-Ganges nach Norden zu aufgefahrenen Strecken. Unsere heutige Vorstellung vom Sinn und Zweck eines Seigerrisses schließt die in Abb. 21 wiedergegebene Seigerrißkonstruktion vollkommen aus; sie ist wiederum als klarer Rückschritt zu vermerken. Um das Einfallen der beiden Gangflächen und deren Aufeinandertreffen zu veranschaulichen, hätte man ein gebrochenes Querprofil anlegen sollen. Daß der Markscheider auf diesen naheliegenden Gedanken nicht verfiel, beweist die tiefe Verwurzelung der durch zwei Jahrhunderte überlieferten falschen Vorstellungen.

Zwei weitere Grund- und Seigerrisse aus den Jahren 1824 und 1839 des Freiberger Rißarchivs erbrachten keine neuen Ausblicke. Die Maßstäbe dieser Risse zeigten unterschiedliche Größenverhältnisse und bewegten sich, aus Lachter- in Metermaß umgerechnet, zwischen 1 : 400 und 1 : 800. Mitunter konnte man in einem Grund- und Seigerriß, zum Beispiel in dem von Chr. Fr. Löschner im Jahre 1824 gefertigten und bis zum Jahre 1892 nachgetragenen Riß von der Größenordnung 2,5 mal 1,5 m, dessen Darstellungen dem Maßstab 1 : 800 entsprachen, Erstreckungen des Erzvorkommens von 2 km Länge und Teufen bis zu 680 m feststellen. Aber wenn auch die im Grundriß dieses Risses in verschiedenen Farben dargestellten 13 Gezeugstrecken mitunter ein wenig ansprechendes Gewirr von Sohlenstrecken vermittelten, lieferte der dazugehörige Seigerriß mit den als Horizontalen farbig angelegten Sohlenstrecken ein klareres Bild, zumal der Abbau in hellgrauer Flächentönung angelegt und zufällig keine Verwirrung der Abbauverhältnisse durch Gesteinsstrecken zu befürchten war.

[1]) „Sohlengrund- und Sohlenseigerriß“ nach heutigen Begriffen (s. Abschnitt II, C, S. 199ff.).

Von den Lehrbüchern und Veröffentlichungen jener Zeit kommt hauptsächlich dem Lehrbuch der Markscheidekunst des Professors für Mathematik und Markscheidekunde an der Bergakademie Freiberg, Daniel Friedrich Hecht, vom Jahre 1829 Bedeutung zu. In diesem Buch handelt das dritte Kapitel (S. 96—144) „vom Zulegen eines Markscheiderzuges und Fertigung der Grubenrisse". § 56 dieses Kapitels beschreibt die Anfertigung des Seigerrisses. Neue Gedanken werden nicht laut, wie auch die Abbildung des Grund- und Seigerrisses vom Friedrich August Erbstollen aus dem Jahre 1828 in Anlage XI am Schluß des Buches zeigt. Die Fehler in der Darstellung des Seigerrisses bleiben bestehen. Bemerkenswert ist lediglich der Hinweis darauf, daß zuweilen zwei einander rechtwinklig schneidende Seigerrisse konstruiert werden, was dann vorkommt, „wenn man auf zwei Gängen baut, welche einander ziemlich das Winkelkreuz geben" [D. F. Hecht (1829, S. 108)].

Wenn Hecht mit dieser Bemerkung den Kreuzriß gemeint haben sollte, käme seinem Hinweis unbedingt die Bedeutung zu, daß bei zwei sich nahezu rechtwinklig schneidenden Gängen je ein Seigerriß im Gangstreichen anzulegen sei, was durchaus der normalen Denkweise entsprechen und den „Kreuzriß" überflüssig machen würde. Im übrigen ist es kaum zu verstehen, daß die in das Wesen der damaligen Markscheidekunst eindringenden Berufsmathematiker, die ihre Ausbildung an einer Universität erhalten hatten, wie Weidler, Kästner, Hecht und andere, diese Mängel in den seigerrißlichen Darstellungen nicht bemerkt haben. Man konnte wohl dann von einem Markscheider, der sich bis zum Ende des 19. Jahrhunderts mathematische Kenntnisse durch Selbstunterricht aneignen mußte, erst recht nicht erwarten, daß er diese Fehler aufdeckte.

Einen interessanten Einblick in die damals schon recht ansprechende Darstellungsweise bietet ferner der in Abb. 22 (s. Anh.) gebrachte *Generalriß* der Braunkohlenbergwerke Riestädt und Emseloh zwischen Sangerhausen und Eisleben. Da es sich um den Abbau von mehreren Flözen im Tiefbau handelt, kann diese Rißart den Verhältnissen im Steinkohlenbergbau etwa gleichgestellt werden. Der Riß, dessen Verfertiger auch in einem beschreibenden Aufsatz [Seyfert (1858, S. 169 bis 192)] des Braunkohlenvorkommens nicht genannt wird, entstand in der Zeit von 1838 bis 1846. Beachtenswert sind im Grundriß die Abbauflächen der einzelnen Flöze in verschiedenartiger Schraffur. Für die Chaussee Sangerhausen—Eisleben ist ein Sicherheitspfeiler von 5 m Breite nach Norden und von 10 m Breite nach Süden belassen worden. Ferner ist ein Querschnitt in Richtung AB angelegt, der die Lagerungsverhältnisse einwandfrei darstellt und das allgemein zwischen 5 und 10° schwankende Flözeinfallen angibt.

Um nun die Flözverhältnisse in der Streichrichtung darzustellen, hat der Verfertiger — anstatt einen Längsschnitt zu konstruieren — einen „Saiger-Riß" etwa in der Streichrichtung der Flöze angelegt, der die flache Lagerung der Flöze bis auf das im Osten der Mulde etwas steiler gelagerte Ausgehende anzeigt. Man begegnet also immer wieder der Neigung des Markscheiders, ohne Rücksicht auf das Einfallen der Lagerstätte, vorliegend selbst bei 5—10°, einen Seigerriß zu liefern, obwohl dieser in Wirklichkeit bequem durch einen Längsschnitt zu ersetzen war. Höhenverhältnisse und Abbaudaten sind im Generalriß nicht vermerkt. Die Zeichnung des Generalrisses (Abb. 22) überrascht allerdings durch ihre saubere und sorgfältige Ausführung.

Das gleiche gilt für den von Markscheider Friedrich Eduard Neubert im Jahre 1844 von der Krönung Fundgrube im Annaberger Bergamtsrevier angefertigten Grund- und Seigerriß, der nur ein Teilgebiet der sehr umfangreichen gerollten Karte wiedergibt, die erstmalig im Maßstab 1 : 1000 angefertigt wurde (Abb. 23)[1]). Sowohl im Grundriß als auch im Seigerriß fallen die Jahreszahlen der Streckenauffahrungen auf, die sich zwischen 1829 und 1890 bewegen. Zum ersten Male ist an verschiedenen Stellen der Sohlenstrecken *das Einfallen des Ganges* angegeben. Auch das Streichen und Einfallen von Störungen ist häufig vermerkt. Der Riß entbehrt leider der Übersichtlichkeit, weil infolge Raummangels die im südlichen Feldesteil des Grundrisses in den Jahren 1849—1852 und 1886—1889 aufgefahrenen Streckenbetriebe in den Seigerriß hineinragen.

Im Seigerriß selbst sind in den einzelnen Sohlen oberhalb der Strecken *die Jahreszahlen des Vortriebes* und unter den Strecken *die Höhenzahlen für das Ansteigen der Strecken*, am Schacht mit Null beginnend, in Millimetern angegeben. Die Abbauflächen wurden in dem bunten Riß sowohl im Grund- als auch im Seigerriß in grauer Flächentönung angelegt. Dieser Seigerriß betrifft nur die Mittelpartie im Grundriß westlich des Malwiner Richt- und Treibeschachtes. Wohl sind danach in diesem Riß einige Neuerungen zu verzeichnen, doch ist das Verfahren der seigerrißlichen Darstellung unverändert geblieben.

Serien weiterer Grund- und Seigerrisse der sächsischen Bergbaureviere aus der Zeit von 1854 bis 1873 weisen hinsichtlich Konstruktions- und Darstellungsart keine neuen Entwicklungsformen nach.

Wir begegnen sodann im ersten Jahrgang der „Zeitschrift für Bergrecht" vom Jahre 1860 einem Aufsatz, der sich mit dem damaligen Rißwesen im *Siegener* Bergbaubezirk befaßt [A. Rhodius (S. 210—233)]. Dieser Veröffentlichung ist auf S. 348 ein Rißmusterblatt beigefügt, das den Stand der Darstellungsmethoden wiedergibt. Aus diesen Rißmusterauszügen des Bergamtsmarkscheiders A. Rhodius, Siegen, haben wir Abb. 24 herausgegriffen, die einen Teil des Abbaugrundrisses der Spateisensteingrube NN (Fig. 1), ferner den zugehörigen Seigerriß (Längenprofil, Fig. 2) und den Querschnitt (Fig. 3) zeigt. Es ist nun sehr interessant, etwas Näheres über die Begriffsbestimmungen zu erfahren, die ein staatlicher Markscheider kurz vor dem Inkrafttreten des Allgemeinen Berggesetzes für die preußischen Staaten vom 24. 6. 1865 über das Grubenbild, über Grund-, Seigerrisse und Profile bekanntgibt. Rhodius sagt (S. 221): „Die *Grund-* und *Seigerrisse* oder die *Grubenbilder im engeren Sinne* sind nichts anderes als die Projektionen der Grubenbaue oder gewisser Durchschnitte derselben auf bestimmte Ebenen, die man Projektions-Ebenen nennt. Eine von den Projektions-Ebenen ist söhlig (horizontal), die anderen sind seiger (lotrecht) genommen. Die Projektion auf die söhlige Ebene heißt die söhlige Projektion oder der Grundriß, die Projektionen auf die seigeren Ebenen heißen Seigerrisse" (Abb. 24, s. Anhang).

Auf S. 225 fährt Rhodius fort: „Hinsichtlich der *seigeren Projektionen* ist zu bemerken: Bei stärker geneigten Lagerstätten wird eine der seigeren Projektions-Ebenen der Hauptstreichungslinie der Lagerstätte parallel, die andere rechtwinklig zu dieser angenommen (Kreuzriß). Auf diesen beiden Seigerebenen werden die Projektionen sämtlicher Teile der Grubenbaue entworfen.

---

[1]) Es ist bemerkenswert, daß bis ins 19. Jahrhundert lediglich Rollrisse im Gebrauch standen. Erst um das Jahr 1840 führte Küper im westfälischen Steinkohlenbergbau Plattenrisse ein, die allmählich die gerollten Risse verdrängten [H. Werneke (1888, III, S. 24)].

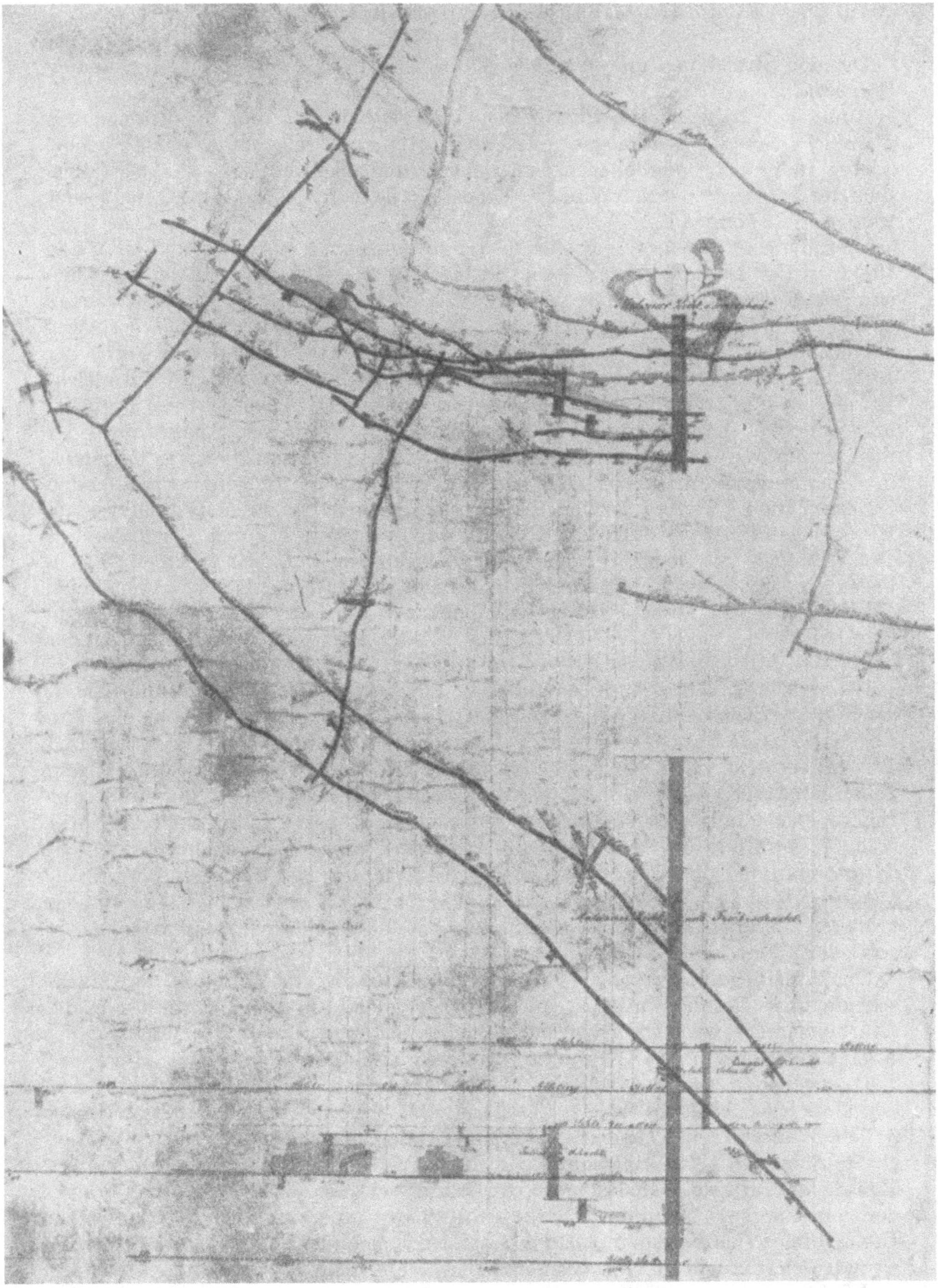

Abb. 23. Ausschnitt aus einem Grund- und Seigerriß des Jahres 1844, mit Angaben der Streckenauffahrungen (Daten) und des Gangeinfallens. Aus den Rißarchiven der Bergakademie Freiberg (Sa.)

Die der Streichungslinie parallele Projektion heißt *Längenprofil*, die andere *Querprofil* ...

Außer den Längen- und Querprofilen sind gebräuchlich die Projektionen von *Durchschnitten der Grubenbaue* und Lagerstätten mit seigeren Ebenen, welche, nach geraden oder gebrochenen Linien des Grundrisses geführt, die Streichungslinie der Lagerstätte unter Winkeln schneiden, die dem rechten Winkel mehr oder weniger nahekommen ..."

Diese von A. Rhodius gegebenen Definitionen widersprechen teilweise den Gesetzen der Darstellenden Geometrie. Es gibt für eine Lagerstätte nur einen einzigen Seigerriß in der Spur der Streichlinie der Lagerstätte. Die Definitionen „Längenprofil" und „Querprofil" von Rhodius sind unzutreffend. Überflüssig ist ferner der Begriff „Durchschnitte der Grubenbaue", denn der in Fig. 3 der Abbildung 24 dargestellte „Seigerdurchschnitt" ist dem Querschnitt AB gleichbedeutend, den man nicht noch auf die Seigerebene CD zu projizieren braucht; und wenn das Längenprofil, Fig. 2 der Abbildung 24, in der Schnittebene der Streichrichtung liegt, so handelt es sich um den uns bereits bekannten Seigerriß, in den nunmehr zum ersten Mal in richtiger Weise die diagonal verlaufenden „Oberer" und „Tiefer" Stollen als Streckenquerschnitte hineinprojiziert sind. Hieraus geht hervor, daß das Konstruktionsverfahren bei den seigerrißlichen Darstellungen im Siegener Revier eine Abkehr von den bisherigen Methoden bedeutete, Gesteinsstrecken ihrer Länge nach in den Seigerriß zu übernehmen (Abb. 15, 16, 18). Bemerkenswert ist dann noch die Darstellung des Abbaus in Schummerung; sie entspricht etwa der Wiedergabe von Abbauflächen in der bekannten früheren Zeichengebung des westfälischen Steinkohlenbergbaus.

Wenngleich A. Rhodius 1860 endlich von *Projektionsebenen* spricht und Grund- sowie Seigerriß im ersten Satz seiner Erklärung an sich richtig definiert sind (im Gegensatz zu den im 18. Jahrhundert gegebenen Definitionen von Voigtel und Beyer), besteht nach wie vor keine klare Vorstellung von den Schnittebenen. Außerdem stellen wir fest, daß das Grubenbild noch immer aus Grund- und Seigerriß, gegebenenfalls unter Beifügung von Schnitten, besteht. Im weiteren Sinne rechnet Rhodius die Situationsrisse (Tagerisse) hinzu. Neben dem Grubenbild kannte man, jedoch nicht vorgeschrieben, Übersichtskarten mehrerer Bergwerksanlagen, Mutungs-, Verleihungs- und Konzessionsrisse, ferner Karten der in einem größeren Bergbaubezirk verliehenen Grubenfelder als Grubenfeldkarten sowie schließlich Flöz- und Gangkarten.

Um dieselbe Zeit wirkte als Professor für Mathematik, Mechanik und Markscheidekunst Julius Weisbach an der Bergakademie Freiberg. Er gab u. a. die Lehrbücher heraus: „Die neue Markscheidekunst und ihre Anwendung auf die Anlage des Rothschönberger Stollns", erste Abteilung, in Braunschweig im Jahre 1851 erschienen, sowie „Die neue Markscheidekunst und ihre Anwendung auf bergmännische Anlagen", zweite Abteilung, „Die trigonometrischen und Nivellier-Arbeiten unter Tage", ebenfalls in Braunschweig im Jahre 1859 erschienen. Der zweite Band von 1859 bringt unter zahlreichen zeichnerischen schönen Anlagen im Buntdruck auf zwei Abbildungen den Grund- und Seigerriß des Adolph-Stolln, der vom Bergwerkskandidaten Oskar Choulant angefertigt wurde. Auch diese Darstellung weicht von den früheren Konstruktionen nicht ab insofern, als der im Grundriß mit Ausbiegungen verlaufende Adolphstollen mit seinen Lichtlöchern und Schächten in der üblichen Weise in die Seigerrißebene projiziert wurde. Das

Stollenmundloch war Höhennullpunkt, die Stollensohle ist als rote Linie mit leichtem Ansteigen eingetragen und mit Höhenzahlen an den Lichtlöchern über und unter Tage versehen.

Im übrigen ist der Seigerriß von J. Weisbach genauso wie von seinen Vorgängern auch auf söhlige Verhältnisse angewandt worden, und taube Gesteinsstrecken wurden ohne Berücksichtigung ihrer Ausbiegungen ebenso wie Strecken in der Gangfläche in die seigere Ebene projiziert. Diese veraltete Auffassung der Seigerrißkonstruktion, die sich über ein Jahrhundert lang erhalten hatte, wird auch noch von dem bereits erwähnten Schüler Weisbachs, O. Choulant, in dessen Lehrbuch „Abriß der Markscheidekunst" im Jahre 1873 vertreten (S. 116 und Tafel VIII, Fig. 244). Choulant erwähnt ebenfalls den Kreuzriß, dagegen nicht den Flachriß, der auch im Lehrbuch von J. Weisbach (1859, Teil 2) nicht angeführt wird. Auch Ad. Liebenam behält dieses Darstellungsverfahren der Seigerrißkonstruktion bei (1876, S. 305ff.), indem er in seinem „Lehrbuch der Markscheidekunst und praktischen Geometrie" Profile nach dem Streichen und Profile nach dem Fallen der Lagerstätte unterscheidet. Erstere nennt er „Seigerrisse", die letzteren „schlechthin Profile" und zeigt, wie man grundrißlich ausgebogene Strecken im Seigerriß wiedergibt (Fig. 200, 201, 202).

Schließlich ist uns noch u. a. aus dem Jahre 1887 im Freiberger Rißarchiv ein Grund- und Seigerriß von den Grubenbauen des Pöbler Bergbauvereins begegnet, der von dem Markscheider Gretschel angefertigt worden ist und gegenüber den seigerrißlichen Darstellungen der vorhergehenden Jahrzehnte keinerlei Fortschritt aufweist.

α) Die ersten annähernd richtig konstruierten Seigerrisse von O. Brathuhn, 1882

Jedoch im Oberharz war man weiter. Im Jahre 1882 wurde dem Markscheider Bergrat O. Brathuhn in Clausthal der Auftrag erteilt, einen Plan für die Umarbeitung der Oberharzer Grubenrisse aufzustellen und diese Arbeiten zu leiten („Zeitschr. f. d. Berg-, Hütten- und Sal.-Wes.", 1886). O. Brathuhns Aufgabe bestand darin, die vorhandenen Messungen in die Triangulation in Grund, Silbernaaler Zug, Wildemann, Lautenthal, Bockswiese und Hahnenklee, Rosenhöfer und Burgstädter Revier, Grube Juliane und Sophie einzubeziehen, die älteren Grubenzüge einzurechnen, die älteren Nivellements anzuschließen und die Grubenräume neu einzumessen.

O. Brathuhn betont die guten Leistungen der Oberharzer Markscheider auf meßtechnischem Gebiet, geißelt jedoch das damalige Rißwesen mit folgenden Worten: „Wenn dabei die rißlichen Darstellungen sich nicht gleichmäßig fortentwickelten und schließlich auf einem Standpunkte blieben, der den heutigen Anforderungen nicht entsprechen konnte, so liegt die Schuld weniger an den Markscheidern als vielmehr daran, daß niemals (von der Bergbehörde) allgemeine Regeln über die Anfertigung der Grubenrisse aufgestellt und Bestimmungen zu deren Befolgung erlassen worden sind." Als besondere Mängel erwähnt er u. a., daß die von den Gruben gefertigten General-Grundrisse „*sämtliche* Strecken enthielten, so daß bei den vielen unvermeidlichen Überdeckungen und der mangelhaften Colorierung *recht unverständliche Bilder* entstehen mußten". Auf den Seigerrissen fehlte vielfach der notwendige Raum für die Eintragungen.

Diese Unzulänglichkeiten in den Darstellungen waren in allen deutschen und preußischen Ländern zu beklagen, und wir werden hierauf nochmals eingehender zu sprechen kommen. Zunächst geben wir aus dem erwähnten Aufsatz von O. Brathuhn die damals neuen Grundrisse der 13. bis 16. Strecke des Gangvorkommens im III. Burgstädter Revier, Abb. 25a (Fig. 2), das Querprofil desselben Lagerstättenabschnitts, Abb. 25b (Fig. 3) und den zugehörigen Seigerriß, Abb. 25c (Fig. 4) wieder (vgl. Atlas, Anlage VIII, zum Band XXXIV, 1886). Wir erkennen, daß die drei Anlagen den Grundriß, Querschnitt und Seigerriß einwandfrei, dem damaligen Stande der Wissenschaft entsprechend, darstellen. Der Grundriß — hier nicht wiedergegeben — enthält ein Koordinatennetz. Beim Seigerriß fällt auf, daß die vielen in Abb. 25a eingetragenen gerad- und krummlinigen Strecken nicht mehr in die Seigerrißebene hineinprojiziert sind, sondern fehlerfrei als Streckenquerschnitte in Erscheinung treten, ähnlich wie bei A. Rhodius (S. 60). Die Abbauflächen weisen verschiedenartige Schraffur auf; nur dort, wo in der 15. Strecke das südliche Nebentrum mit abgebaut wurde, ist dies durch Doppelschraffur kenntlich gemacht. Es sind im Seigerriß ferner die Netzlinien, vornehmlich die Höhen in waagerechten Linien von 100 zu 100 m eingetragen. Wenn auch die Jahreszahlen der Abbaue fehlen, kann dieser Riß als *annähernd richtig konstruierter Seigerriß* angesprochen werden. Auf seine Schwächen gehen wir noch ein. Damit soll nicht behauptet sein, daß nicht schon vorher, ähnlich wie im Siegerland (S. 58), nahezu fehlerfreie Seigerrißkonstruktionen bestanden haben, kaum jedoch zu erheblich früherer Zeit. Damit können wir die Entwicklung der Grund- und Seigerrisse für das 19. Jahrhundert abschließen und wenden uns nochmals dem Kreuzriß zu (Abb. 25a, b, c, s. Anhang).

β) Durchschnitts- und Kreuzriß

Im Abschnitt über das 17. Jahrhundert hatten wir einen von Balthasar Rösler verfertigten Seigerriß vom Zwitterstock des Altenberger Zinnerzvorkommens vom Jahre 1668 beschrieben und bemerkt, daß bei der ungewöhnlichen Ausbildung dieser Lagerstätte eine befriedigende Darstellung auf Schwierigkeiten stößt. Herrn Professor Dr.-Ing. habil. K. Neubert verdanken wir die Photokopie eines Grund- und *Durchschnittsrisses* von einem Teil ebendesselben Altenberger Zwitterstock-Vorkommens. Es sind dies zwei Risse, der Grundriß und der Durchschnittsriß, angefertigt vom Markscheider C. Ch. Martini, aus dem Jahre 1811. Da die beiden Darstellungen einen sehr großen Maßstab (etwa 1:200) aufweisen, sehen wir von einer Wiedergabe ab, weil die außerordentlich kleingehaltene Beschriftung in einer stark verkleinerten Abbildung nicht mehr entziffert werden könnte. Wir beschränken uns auf den Hinweis, daß der Grundriß ohne Daten, Höhenzahlen und Mächtigkeitsangaben in seiner verwickelten Formgebung an sich schon kaum verständlich ist und ohne den zugehörigen Durchschnittsriß überhaupt unlesbar wäre; denn erst dieser Begleitriß zeigt das steile, nahezu lotrechte Stockwerkseinfallen mit den abgebauten höhlenartigen Ausweitungen und der unregelmäßigen Ausbildung des Vorkommens. Man staunt zwar über die sorgfältige und genaue Aufnahme und Darstellung in beiden Rissen, dennoch erschwert das Fehlen der Lage der Durchschnitts-Linie im Grundriß eine einwandfreie Vergleichsmöglichkeit im Hinblick auf die spärliche Beschriftung sowohl des Grund- als auch des Durchschnitts-Risses.

Ob der Durchschnittsriß (zum Grundriß), wie vielfach angenommen wird, den Übergang zum später auch im sächsischen Bergbau auftretenden Kreuzriß gebildet hat, mag dahingestellt bleiben. Jedenfalls soll, wie schon der Name sagt, ein Durchschnittsriß die lotrecht stehende Projektions- oder Schnittebene durch eine ungleichmäßig ausgebildete Lagerstätte, nämlich den Durchschnitt, darstellen. Solcher Durchschnitte bedarf es in der Regel nur bei stockwerkartig entwickelten Lagerstätten und nicht bei gang- oder flözartigen Vorkommen (z. B. Abb. 16).

Wir zeigen noch einen Grund-, Seiger- und Kreuzriß von F. W. Pechstein aus dem Jahre 1867, bei dem der Kreuzriß offenbar einen geplanten Durchschlag veranschaulichen sollte (Abb. 26). Zur Konstruktion dieses Grund-, Seiger- und Kreuzrisses ist nicht viel zu sagen. Sie entspricht durchaus der Konstruktionsart, wie wir sie für den Grund- und die beiden Seigerrisse zu Abb. 16 des Jahres 1753 beschrieben haben. Der Kreuzriß der Abbildung 26 wurde für den Durchschlag des Überhauens aus der 26-Lachter-Strecke mit dem Abhauen zur 10-Lachter-Strecke entworfen. Damit sollte gleichzeitig das Einfallen des Ganges mit 77° angezeigt werden. Da die Darstellung im Maßstab 1:500 (1 Lachter = 2 m) erfolgt ist, hätte die Zulage im Grundriß für die Durchschlagsangabe voll ausgereicht, und das Einfallen des Ganges konnte man, wie dies schon im Grund- und Seigerriß vom Jahre 1844 (Abb. 23) der Fall war, an den Grundstrecken eintragen. Wir vermögen daher nach wie vor dem Kreuzriß in dieser Form keine maßgebliche Bedeutung zuzusprechen und halten ihn nur dann für gegeben, wenn die Lagerstättenmächtigkeit ständig wechselt. Aber er findet im Schrifttum nicht nur des 19. Jahrhunderts, sondern bis ins 20. Jahrhundert hinein eine Stütze. Wir müssen daher beim Abschnitt 6. „Das 20. Jahrhundert" hierauf nochmals zurückkommen.

c) Die Flachrißdarstellungen

Im Zuge der Grubenbildbeschreibung behandeln wir nunmehr den *Flachriß*. Mit dem Eintreten Scheidhauers und Lempes für die Darstellung des Flachrisses gewann dessen Konstruktion von Beginn des 19. Jahrhunderts an immer mehr an Boden. Denn es schien nunmehr gegenüber allen anderen Darstellungen (Grundriß, Seigerriß) keine Rißart für die Anschauung, für betriebliches Planen und auch für die konstruktive Anfertigung so geeignet zu sein wie gerade der Flachriß. Man kann sogar behaupten, daß in dem gleichen Maße, in dem die Gangverhältnisse im Flachriß wiedergegeben wurden, der Seigerriß im sächsischen Bergbau an Bedeutung verlor.

Der älteste Flachriß, der uns im Freiberger Rißarchiv begegnete, ist der „Flache Riß von dem St. Anner und Schindler Spaat Gange" aus dem Jahre 1805. Als Verfertiger zeichnete Obersteiger Johann Friedrich Schmidt (Abb. 27, s. Anh.). Bemerkenswert ist an dem Riß das Quadratnetz mit 10 Lachter großen Quadraten. Auf der rechten Seite sind die bekannten „Anmerkungen" zusammengestellt, und wir erfahren, daß die an Schachtsäulen und Strecken eingezeichneten Punktreihen, strichpunktierten Eintragungen usw. Ausbausignaturen für Türstockzimmerung, Mauerung u. a. m. bedeuten. Es entspricht auch durchaus der Natur des Darstellers als Betriebsmann, daß er im Riß die verschiedenen Ausbauarten sichtbar verankert zu wissen wünschte. Eine derartige Kennzeichnung der Aus-

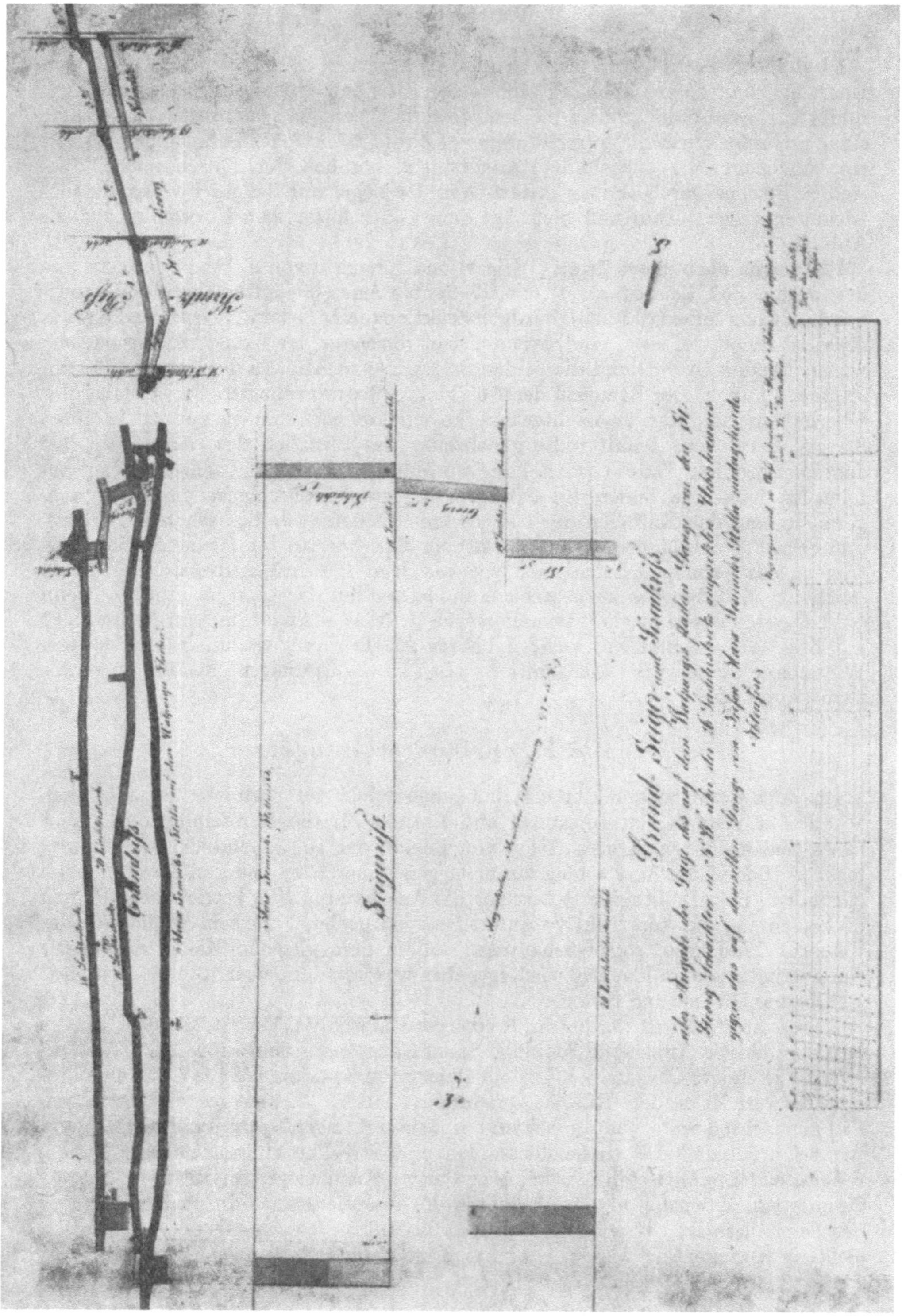

Abb. 26. Grund-, Seiger- und Kreuzriß aus dem Jahre 1867. Aus den Rißarchiven der Bergakademie Freiberg (Sa.)

baumethoden ist uns in den nachfolgend erwähnten und besprochenen Flachrissen nie mehr aufgefallen.

Sodann ist zu bemerken, daß sämtliche Einfallenden und Grund- oder Teilstrecken einen geraden Verlauf nehmen! Zweifellos hatte man die Absicht, für betriebliche Zwecke mit dem Flachriß eine der natürlichen Ausbildung der Lagerstätte nahekommende Darstellung zu finden. Daß dies nicht gelang, hatte seine guten Gründe. Einer der wesentlichsten Gründe ist zum Beispiel darin zu suchen, daß das Streichen ebensowenig wie das Einfallen des Ganges genau bekannt war. Über die Ausbildung des Ganges und der Gangfläche ist in den Anmerkungen nichts gesagt, und es geht aus zwei Darstellungen anderer Flachrisse hervor, daß man der Konstruktion ein durchschnittliches Einfallen zugrunde legte, also etwa 55—60° oder etwa 60°. Mit derart unsicheren Angaben, die mitunter für kilometerweite Erstreckungen und mehrere hundert Meter Einfallen Geltung haben sollten, war keine einwandfreie Flachrißherstellung möglich. Weder Höhenverhältnisse oder Änderungen des Gangstreichens und -fallens, noch Jahreszahlen der Streckenauffahrungen oder Abbauflächen sind angegeben. Das gesamte Grubengebäude weist bei Abb. 27 eine Längenausdehnung von rd. 480 m und eine Teufe von 340 m auf.

Sodann lag uns ein weiterer Flacher Riß vom Sauschwartner Spatgang aus dem Jahre 1808 vor, dessen Verfertiger nicht genannt war. Die Darstellungsart (ohne Quadratnetz) war die gleiche wie bei Abb. 27; sämtliche Risse, die wir in großer Zahl vorfanden, wiesen eine graue Tönung nach, wobei die Schächte, Einfallenden und waagerechten Strecken dunkelgraue, die Abbauflächen hellgraue Färbung zeigten. Zum ersten Male begegnete uns aus dem Titel des Risses eine sehr unsichere Bemerkung über das generelle Streichen und über das Einfallen des Ganges von 55° bis 60° gegen Norden. Hier stellten wir eine Längenausdehnung von 500 m und eine Teufe von 150 m fest. Der Maßstab betrug etwa 1:600.

Als nächsten Flachriß bringen wir in Abb. 28 den Flachriß der Rothe Zeche Fundgrube mit den Grubenbauen auf dem Unverhofft Glücker und Paulus Morgengang. Der Riß stammt aus dem Jahre 1811 und wurde vom Markscheider Carl Christian Martini angefertigt; er ist etwa im Maßstab 1:500 gehalten und weist die geringe Breitenausdehnung von 230 m und Teufen bis zu 140 m auf. Die Abbauflächen zeigen zahlreiche Vertaubungsstellen. Nach der Teufe zu nimmt die Ergiebigkeit des Vorkommens sichtlich ab. Von besonderer Bedeutung sind an einzelnen Stellen des Risses die Querschnitte von Strecken, die teils ins Liegende, teils ins Hangende getrieben wurden; diese Lagerstätte bestand somit aus mehreren Trümern, von denen die Namen Mathiasgang und Markusgang im Riß hervortreten.

Ein weiterer Flacher Riß (als gerollter Riß) vom Grubengebäude Kroner Fundgrube fiel durch seine Ausdehnung mit einer Länge von 2,70 m bei einer Höhe von 80 cm auf. Er ist im Jahre 1820 vom Markscheider Gottlob Friedrich Dittrich angefertigt und mit der naiven Bemerkung „$^1/_2$ Stunde von Freyberg, im Süden" versehen worden, um die Lage des Vorkommens zu bezeichnen. Für diesen Riß ist kein Streichen und Fallen der Lagerstätte angegeben, und es ist mit Sicherheit anzunehmen, daß der Flachriß bei der obenangegebenen Ausdehnung infolge mehrfacher Änderung des Streichens und Fallens der Gangfläche falsch konstruiert worden ist; denn auf allen Flachrissen, die hier, ob mit oder ohne Abbildung, erwähnt werden, sind einfallende sowie söhlige Strecken in un-

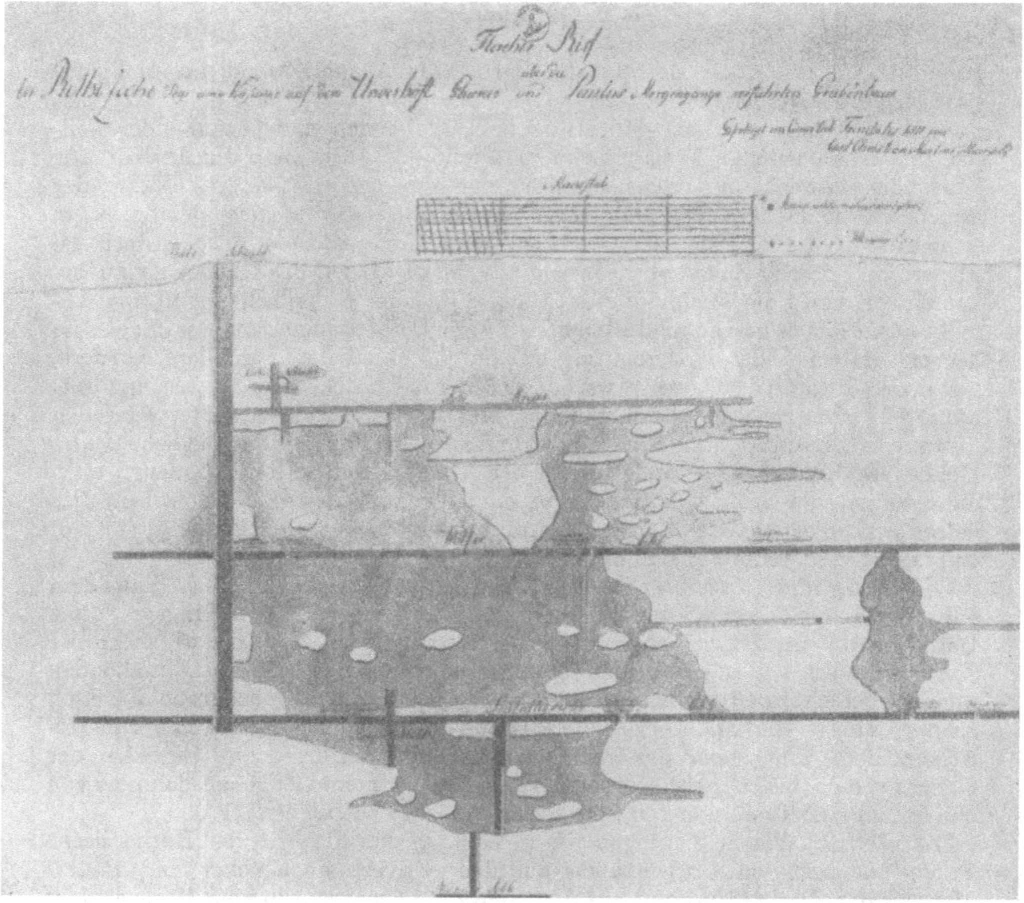

Abb. 28. Ein Flachriß mit Nebentrum-Abzweigungen aus dem Jahre 1811.
Aus den Rißarchiven der Bergakademie Freiberg (Sa.)

veränderter Weise immer senkrecht aufeinander und unterschiedslos geradlinig dargestellt. Trotzdem besteht heute kein Zweifel darüber, daß die dem Streichen der Gangfläche folgende Strecke auch in der Projektion Ausbiegungen aufweisen kann. Zur einwandfreien Flachrißkonstruktion gehören aber zugleich mit der Streckenaufnahme verbundene umfassende Höhenaufnahmen, die man damals nicht vornahm.

Der abgebaute Gang weist in diesem Riß mehrere Trümer auf, und um die Untersuchungen auf „Nebengängen“ darzustellen, hat man im Riß an den einzelnen Abzweigungen der kurzen Querschläge Klappen angebracht, die oberhalb oder unterhalb des Risses liegen und die in Frage kommenden Aufschlüsse zeigen. Auf den Gedanken, Ölpapier zu verwenden, das es damals schon gab, kam man wohl nicht.

Allmählich muß wohl auch die Bergbehörde von der eifrigen Anfertigung zahlreicher Flachrisse Kenntnis erhalten haben, denn sie gab — stark verspätet — am 23. 1. 1830 ein „Patent an sämtliche Königlichen Bergämter, die Fertigung der flachen Risse betreffend“ heraus. Darin wird eine umständliche Anweisung erteilt, mit der nicht viel anzufangen ist und anschließend erklärt: „Ein flacher Riß erscheint als eine Projektion der sämtlichen auf einem Gange vorhandenen Grubenbaue auf eine im Hauptstreichen und Fallen des Ganges liegende Ebene“ (Jahrbuch der Kgl. Bergakademie Freyberg, 1832, S. 192—195).

Erwähnt sei aus dem Freiberger Rißarchiv dann noch eine umfangreiche Mappe von Moritz Reichelt aus dem Jahre 1835, in der sich ein Grundriß in bunter Tönung mit rd. 7—8 Sohlen von der Reußen Fundgrube befindet nebst einem Flachriß mit Klappen verschiedener Gangabzweigungen in der gleichen oben beschriebenen Art sowie etwa 15 „Profilrissen“ ohne Bedeutung.

Alsdann zeigen wir, zeitlich geordnet, den „Flachen Riß über die auf dem Rothzechner Teile des Neunlüfter und Dreifaltigkeiter Gangschaarkreutz befindlichen Abbaue“ vom Markscheider Friedrich Traugott Staedter aus dem Jahre 1837 mit einem Nachtragungsvermerk vom Jahre 1838 (Abb. 29). Schächte, Sohlenstrecken und Einfallende sind diesmal schwarz ausgefüllt, die Abbaue in hellgrauer Farbe getönt. Neu sind in diesem Flachriß einige Jahreszahlen der Abbaue aus 1837 und 1838. Man erkennt aber auch in einem höheren Horizont, in der Tiefen Stollensohle, Jahreszahlen von 1821—1827. Die Strecken und Abbaue im oberen Rißteil sind ohne Zeitdaten, doch läßt sich rückrechnend mit ziemlicher Wahrscheinlichkeit sagen, daß die ersten Schächte und Grubenbaue in den achtziger Jahren des 18. Jahrhunderts entstanden sein mögen. Dies deutet ebenso, wie bei allen anderen Flachrissen, darauf hin, daß bei Inbetriebnahme der Grube Grund- und Seigerriß bestanden haben, die man später zur Konstruktion des Flachrisses benutzt hat. Wir glauben, diese Schlußfolgerung aus einem Vermerk ziehen zu können, den wir bei Erwähnung des nächsten Flachrisses anführen. Dieser Flachriß von der Fundgrube Junge hohe Birke stammt aus dem Jahre 1852 und wurde vom Ganghäuer C. W. Sieber angefertigt. Wir kennen jetzt schon neben Markscheidern, Vizemarkscheidern und Markscheiderbeflissenen auch Bergwerkskanditaten, Obersteiger und Ganghäuer als Verfertiger von Grubenbildern und entnehmen daraus, daß deren Anfertigung durch einen Markscheider damals noch nicht — wenigstens nicht im sächsischen Bergbau — amtlich vorgeschrieben war.

Von besonderem Interesse ist auf diesem Flachriß des Jahres 1852 der Hinweis: Gefertigt unter Zugrundelegung des Grund- und Seigerrisses von 1824 im Jahre 1852. Es mag sich somit bei einer großen Anzahl derartiger Flachrisse vielfach um Umkonstruktionen und nicht um die Neuanfertigung solcher Risse gehandelt haben. Da irgendwelche Observationsbücher aus der damaligen Zeit nicht vorliegen, hält es schwer, sich vorzustellen, wie die Flachrißkonstruktion vor sich gegangen ist und in welcher Form eine solche als Umkonstruktion aus Grund- und Seigerriß erfolgte. Es wurde noch mit dem Lachter-Transversalmaßstab gearbeitet und 1 Lachter = 2 m gesetzt. Diese Festsetzung ist von der sächsischen Bergbehörde im Jahre 1830 im Hinblick darauf getroffen worden, daß ein älteres sächsisches Lachter dem Maß 1,97665 m entsprach. Angaben über das Einfallen des Ganges fehlen im Flachriß vom Jahre 1852 ebenso wie Höhen- und Abbaudaten. Auch dieses Vorkommen wies die stattliche Ausdehnung von 1,4 km bei einer Teufe von 500 m auf.

Wir führen nun (ohne Abbildungen) zwei weitere Flachrisse aus den Jahren 1861 und 1863 an. Der erstgenannte Flache Riß von den Grubenbauen der Mord-

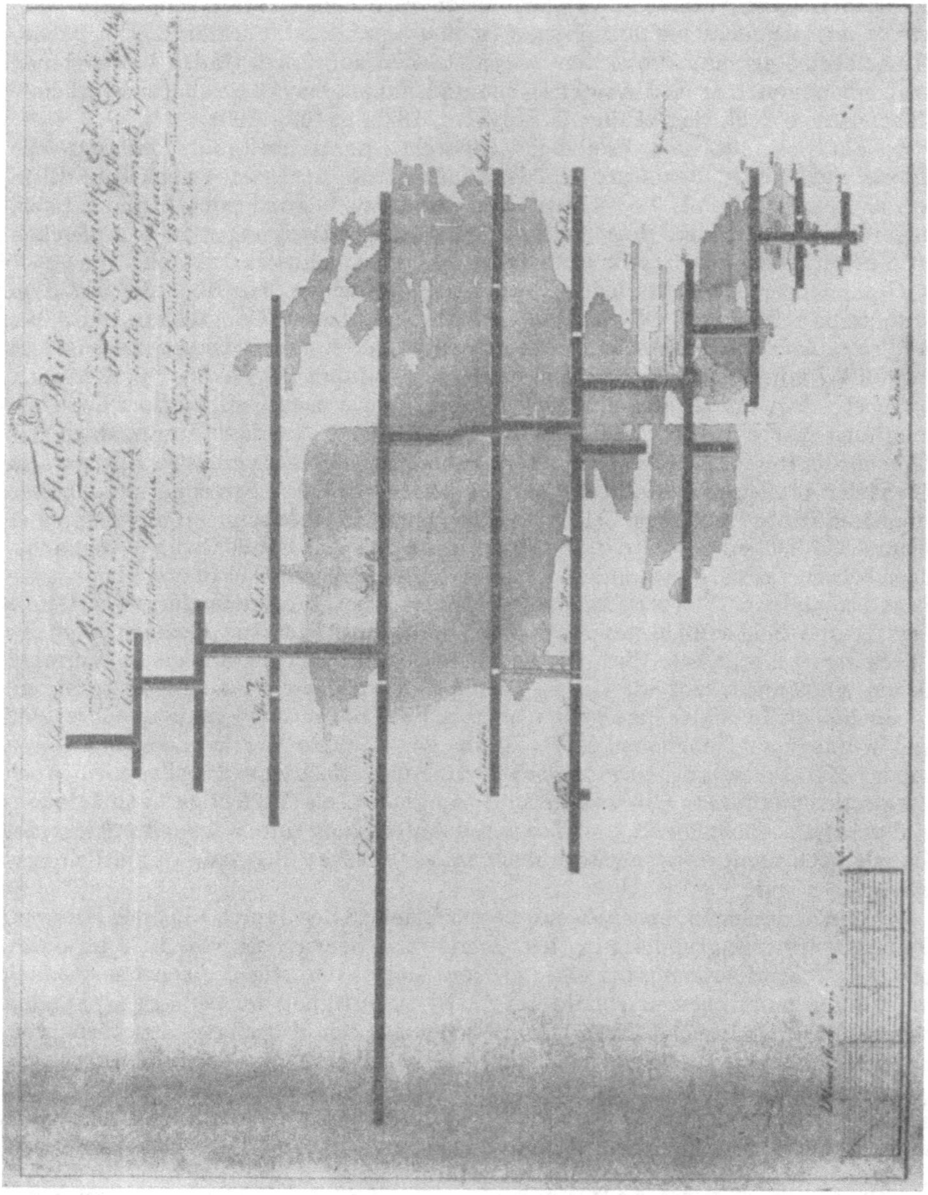

Abb. 29. Flachriß mit Abbaudaten vom Jahre 1837. Aus den Rißarchiven der Bergakademie Freiberg (Sa.)

grube bei Freiberg ist von Markscheider Gretschel angefertigt worden; der zweite Flachriß von Simon Bogners Neuwerk Flachen und Reiche Bergsegen bei Vereinigte Feld aus dem Jahre 1863 gibt das Streichen und Fallen des Ganges (mit 65° in West) an und ist von dem Rißzeichner C. W. Weinhold angefertigt worden.

Beide Risse sind im Maßstab 1:1000 angefertigt, der erst von dieser Zeit an (etwa um 1860) die Regel bildet. Auffällig wirken die Eintragungen zahlreicher Kreuzlinien mit anderen Gängen, die allerdings nicht bezeichnet sind, ebenso wie auch in diesen Rissen weder Höhen noch Abbaudaten festgestellt werden können. Auch an der Wiedergabe der Darstellung von Schächten und Strecken in dunkelgrau und der Abbaue in hellgrau hat sich nichts geändert.

Bemerkenswert ist hierzu noch folgendes. Schon zu Beginn des 19. Jahrhunderts haben wir bei der Durchsicht des Freiberger Rißmaterials feststellen können, daß in Seiger- und Flachrissen die Kreuzlinien von Gängen eingetragen waren. Auch zur Ausrichtung von Störungen, soweit deren Charakter erkannt wurde, ist die Konstruktion der Kreuzlinien vorgenommen worden. Ferner findet man in den Lehrbüchern der Markscheidekunst des 19. Jahrhunderts häufig die Lösung von Aufgaben, wie zum Beispiel: „Das Streichen und Fallen der Durchschnittslinie zweier Gänge zu finden“ oder „Das Ausgehende einer Lagerstätte über Tage zu bestimmen“ u. a. m.

Als letzten erwähnen wir kurz den Flachen Riß „von den Grubenbauen auf dem Loth Gang, Vereinigte Feld bei Brand“ aus dem Jahre 1879, wiederum von Markscheider Gretschel gefertigt. Auch dieser Riß im Maßstab 1:1000 gibt Gangstreichen und -fallen nicht an; er unterscheidet sich in der Darstellungsweise auch nicht, bis auf die Eintragung einiger Abbaudaten, von den älteren Flachrissen.

Im Hinblick darauf, daß die Anfertigung Flacher Risse gegen Ende des 19. Jahrhunderts eingestellt, ja vom Oberbergamt Dortmund in dessen Bezirk sogar verboten wurde, worauf wir später nochmals zurückkommen, scheint uns der Hinweis darauf angebracht, daß die Konstruktion aller Flachrisse, auch der in Abb. 27, 28 und 29 beschriebenen, falsch war. Man legte jeder Gangfläche eine parallele Ebene zugrunde und projizierte genauso, wie dies im Seigerriß geschah, die Flachschächte, Schwebenden und söhligen Strecken durch waagerechte Strahlen auf diese Ebene, so daß sämtliche Baue in gerader, lotrecht aufeinander stehender Linienführung — genau wie im Seigerriß — in Erscheinung traten. Die Lage der Projektionsebene zur unregelmäßig gekrümmten Gangfläche war aber unbekannt. Ob damals zu jedem Flachriß ein ständig nachgetragener Grundriß vorhanden war, muß bezweifelt werden. Damit waren aber die söhligen und geneigten Längen im Flachriß falsch, und die sich daraus ergebenden Unstimmigkeiten wurden entweder verheimlicht, oder der Riß ist mehr oder weniger als ungefähres Bild angesprochen worden. Wieviele Unfälle dieser falschen Darstellungsweise zuzuschreiben waren, läßt sich natürlich nicht mehr nachprüfen; daß man aber zumindest damit rechnete, geht allein schon aus dem späteren *Verbot* des Flachrisses hervor, zumal zu bedenken ist, daß eine exakte Flachrißkonstruktion weit mehr Kenntnisse voraussetzt, als solche bei der Grundrißherstellung notwendig sind (vgl. Abschnitt II, C, S. 225ff.).

Die Mängel der Flachrißkonstruktion wurden zwar schon frühzeitig erkannt, aber sie konnten damals nicht behoben werden. So definierte Professor Daniel

FRIEDRICH HECHT (1829, § 57, S. 112) den Flachriß wie folgt: „Eine Projektion oder Zeichnung von Grubenbauen auf einer plattenförmigen Lagerstätte so verfertigt, daß man auf dieser Zeichnung die wahren Entfernungen und flachen Teufen der Grubenbaue voneinander abmessen kann, heißt *ein flacher Riß der Grubenbaue auf der Lagerstätte*, oder auch *ein flacher Riß der Lagerstätte selbst.*" Er setzt aber sofort hinzu: „Wegen der vielen mannigfaltigen Wendungen und Krümmungen der plattenförmigen Lagerstätten sowie ihrer Salbänder, können flache Risse das nicht sein, was die vorige Erklärung sagt und verlangt. *Daher sind auch alle flache Risse für markscheiderische Bestimmung ganz untauglich; sie sind daher dem Naturgegenstand nur ähnelnde Bilder*, welche bloß für Beschreibungen von Lagerstätten und den darauf vorkommenden Grubenbauen erläutert sind." Eine treffendere Kennzeichnung der Unbrauchbarkeit der damaligen Flachrißkonstruktionen als die des Mathematikprofessors D. F. HECHT vom Jahre 1829, des Vorgängers von JULIUS WEISBACH in den Lehrfächern Mathematik und Markscheidekunst an der Bergakademie Freiberg, ist uns in der Folgezeit nicht mehr begegnet. Dennoch stellen wir fest, daß auch der Mathematikprofessor HECHT keinen Hinweis auf eine bessere Lösung des Flachrißproblems zu geben vermochte.

Wir verweisen außerdem auf eine Bemerkung von A. RHODIUS (1860, S. 226) zum Flachriß. Er führt aus: „Ein flacher Riß ist die Projektion der Grubenbaue auf eine der Lagerstätte parallele Ebene. Früher machte man auch von den auf Gängen bauenden Gruben flache Risse. Dieselben sind aber außer Gebrauch gekommen und können auch füglich als überflüssig betrachtet werden." Aus dieser Bemerkung geht einmal hervor, daß RHODIUS keine Kenntnis von der unentwegten Fortführung des Flachrisses im sächsischen Bergbau hatte, den man dort bis fast zum Ende des 19. Jahrhunderts in der falschen Ausführung herstellte, zum zweiten beschränkt er sich auf die unbegründete Bemerkung, der Flachriß könne als überflüssig angesprochen werden.

d) Die ersten Konstruktionen von Anschauungsbildern

Im 19. Jahrhundert ging man nun aber auch allmählich, wenngleich zögernd, zur räumlich wirkenden Darstellung über. Schon D. F. HECHT spricht vom „körperlichen Riß des Grubenbaues" und stellt die Aufgabe „Aus dem zur körperlichen Aufnahme eines Schachtes gegebenen Grundrisse desselben die nötigen Durchschnittsrisse oder *den körperlichen Riß des Schachtes* zu fertigen" (1829, S. 114—122). Die der Lösung dieser Aufgabe dienenden zeichnerischen Anlagen II und III sind allerdings nicht geeignet, die Darstellung als räumliches Anschauungsbild erscheinen zu lassen.

Wesentlich bedeutsamer als der Versuch HECHTS, ein Anschauungsbild zu konstruieren, waren die von JULIUS WEISBACH gegebenen mathematischen Entwicklungen für die axonometrische Projektion und seine Untersuchungen über die isometrische und anisometrische Projektionsmethode [K. NEUBERT (1956, S. 118/119)]. Leider sind die WEISBACHschen Hinweise und Entwicklungen, wie wir wissen, damals nicht weiterverfolgt, sondern erst nach 60 Jahren durch den Geologen E. STACH ohne Bezugnahme auf die WEISBACHsche Urheberschaft wieder aufgegriffen worden [E. STACH (1922)]. Es ist aber auch bemerkenswert, daß nicht das von Christian Wiener (Leipzig, 1884) für die Entstehung der axonometrischen Perspektive angegebene Jahr 1859, sondern das Jahr 1856 maßgeblich ist.[1])

e) Bergbehördliche Verordnungen in Preußen bis zur Umwandlung der staatlichen Dienststellung des Markscheiders in eine freiberufliche im Jahre 1856

Wir haben uns nun noch mit den im Laufe des 19. Jahrhunderts in Preußen erlassenen Bergordnungen und berggesetzlichen Bestimmungen über das markscheiderische Rißwesen zu beschäftigen, nachdem die Vormachtstellung Preußens den anderen deutschen Ländern gegenüber nicht nur in politischer, sondern auch in wirtschaftlicher Beziehung immer stärker fühlbar wurde. So färbten allmählich auch die den Bergbau angehenden preußischen Verordnungen auf die übrigen Staaten ab, besonders auf den sächsischen Bergbau, während Bayern, Württemberg und Baden als Staaten mit nur wenigen bergbaulichen Kleinbetrieben von derartigen Maßnahmen weniger berührt wurden.

Es ist nunmehr von Interesse zu wissen, weshalb bei dem hohen Entwicklungsstand der Höheren Mathematik und Darstellenden Geometrie des 19. Jahrhunderts das gesamte markscheiderische Rißwesen nach wie vor einer ordentlichen Pflege entbehrte und keinen greifbaren Fortschritt aufzuweisen vermochte. Man darf nicht vergessen, daß der Bergbau im 19. Jahrhundert einen ungeheuren Aufschwung nahm, daß zum Beispiel um das Jahr 1800 die Steinkohlenförderung Gesamtpreußens in den oberschlesischen, niederschlesischen, westfälischen Bezirken und dem Saargebiet einschließlich der kleineren Bezirke rd. $^1/_2$ Million t, dagegen um das Jahr 1900 rd. 86 Millionen t betrug und damit einer 170fachen Förderzunahme innerhalb des 19. Jahrhunderts entsprach.

Bis zum Jahre 1856 ergab sich die Stellung der preußischen Markscheider aus § 120 des Gesetzes über die polizeilichen Verhältnisse der Gewerbe vom 7. 9. 1811, worin lediglich zum Ausdruck kam, daß „Markscheider und Berggeschworene nur als *Staatsbeamte* von den Oberbergämtern angesetzt werden“ [H. Werneke (1887, S. 8)].

Sodann liegt uns die Instruktion für die Markscheider im märkischen und Essenschen Bergamtsbezirk vom 15. 2. 1832, erteilt vom Königlich Preußischen Westfälischen Oberbergamt, vor. Sehr interessant ist hierin der wohl bisher nicht allgemein bekannt gewesene Paragraph 1, den wir wörtlich wiedergeben: „Der Markscheider steht, weil er in vielen Fällen als der Kontrolleur des Revierbeamten auftreten muß, im Range den Bergamts-Mitgliedern völlig gleich. Er wohnt daher den kollegialischen Sitzungen bei, so oft er von dem Dirigenten des Bergamts dazu berufen wird, bearbeitet aber in der Regel keine Vortragssachen. Sowohl als Markscheider wie auch als Techniker wird er bei Betriebsverhandlungen zu Rate gezogen und darf sich diesen Beratungen nie entziehen.“

Verweilen wir einen Augenblick bei dieser „Instruktion“, so dürfte die Frage erlaubt sein, ob nicht aus § 1 die Berechtigung herzuleiten ist, dem Markscheider dieselbe Ausbildung zuteil werden zu lassen wie den Anwärtern für den Staats-

---

[1]) J. Weisbach, Theorie der axonometrischen Projektionsmethode. Civilingenieur, 1856, S. 236—250.

dienst im Bergfach, den damaligen Bergeleven und späteren Bergreferendaren! Diese Frage wird unbedingt bejaht werden müssen; wir kommen hierauf noch zurück.

Das bergmännische Rißwesen wird in dieser Instruktion in mehreren Paragraphen behandelt. So handelt § 9 von der Anfertigung und Nachtragung der Grubenbilder sämtlicher Zechen des dem Bergamtsmarkscheider zugeteilten Bezirks. Unter den Punkten a bis o wird jedoch nur von den aufzutragenden Gegenständen gesprochen, zum Beispiel von Schichtungsprofilen, von der Bestimmung der Vierungsgrenzen, von den Angaben der Örter und Gegenörter, von der markscheiderischen Aufnahme der Tagesgegenstände, von der Anweisung (Angabe) der seigeren und tonnlägigen Schächte, Abhauen u. a. m. Im § 15 wird die vollständige Nachtragung der Grubenbilder verlangt. Ob man unter dem Grubenbild den uns bisher aus dem sächsischen und Oberharzer Bergbau bekannten Grund- und Seigerriß und den Flachriß verstand oder auch schon den Situationsriß (Tageriß) hinzurechnete, der amtlich erst im Jahre 1856 gefordert wurde, geht aus der Instruktion nicht hervor. Die sodann im § 15 erwähnte Rißsammlung bezieht sich natürlich auf den gesamten, dem Markscheider zugewiesenen Amtsbezirk.

Beachtung verdient ferner der Paragraph 22, in dem verlangt wird, daß der Markscheider über jede Arbeit „einen Riß und die schriftlichen Observationen" einzureichen hat, damit, falls ein solcher Riß verlorengeht, die Darstellung aufs neue angefertigt werden kann. In dieser Bestimmung scheint der Keim zum späteren Fundamental- und heutigen Zulegeriß zu liegen. Schließlich besagt § 25, daß jede Zeichnung richtig orientiert, d. h. mit der magnetischen und wahren Mittagslinie versehen sein muß und womöglich der wahre Norden immer oben am Risse sein soll[1]), so daß die Höhe des Risses parallel mit der wahren Mittagslinie zu liegen kommt . . .".

Wer als eigentlicher Urheber dieser 30 Paragraphen umfassenden Instruktion in Frage kommt, ist heute nicht mehr festzustellen. Nach unseren Ermittlungen gab es damals an den Oberbergämtern noch keine oberbergamtlichen Markscheider, und so ist anzunehmen, daß vielleicht ein älterer und erfahrener Bergamtsmarkscheider beratend vom Oberbergamt hinzugezogen wurde und an dem Entwurf der Instruktion maßgeblich mitwirkte.

Eine weitere „Dienstinstruktion für die Königlichen Markscheider und Markscheidergehülfen in dem Westfälischen Haupt-Berg-Distrikte" ist vom damaligen Oberbergamt Dortmund unter dem 29. 10. 1847 erlassen worden. Sie handelt von den allgemeinen Pflichten des Königlichen Markscheiders Ackermann beim Essen-Werdenschen Bergamt. Der Paragraph 3 dieser Dienstinstruktion spricht von ähnlichen Aufgaben des Markscheiders wie § 1 der erstgenannten Instruktion vom 15. 2. 1832. Der Aufschrift dieser Instruktion entsprechend wird in den Paragraphen 9 und 10 von den unter der Leitung des Markscheiders tätigen „Gehülfen" gesprochen, die zum Teil selbständig arbeiten und die Verantwortung für die Richtigkeit ihrer Aufgaben tragen, jedoch gegebenenfalls vom Markscheider „revidiert" werden können. Über ihre Ausbildung wird ebensowenig gesagt wie über die Ausbildung der Markscheider selbst. Mit dieser Instruktion vom

---

[1]) Hiernach fand der Grundsatz, vom Jahre 1832 an die Risse mit dem oberen Blattrand stets nach Norden zu orientieren, in Preußen Beachtung.

Jahre 1847, in der man erstmalig von *Gehülfen des Markscheiders* spricht, wurde offenbar versucht, dem mit der Förderzunahme im Steinkohlenbergbau verbundenen raschen Anwachsen der markscheiderischen Aufgaben durch die Einstellung billigerer Hilfskräfte zu begegnen. Der Erfolg dieser Maßnahme muß negativ ausgefallen sein, denn schon neun Jahre später, im Jahre 1856, werden die Gehülfen mit verantwortlichem Dienstkreis nicht mehr erwähnt. Man fand eine andere Lösung.

Von den Darstellungen ist in der 25 Paragraphen aufweisenden Instruktion des Jahres 1847 kaum die Rede. Im § 19 sind *erstmalig Fehlergrenzen* angegeben, und im § 20 wird darauf hingewiesen, daß der Markscheider bei der Anfertigung der Grubenbilder, Situationsrisse, Flözkarten, Berechtsamsrisse usw. die von den verschiedenen Behörden erlassenen Vorschriften und Verfügungen zu beachten hat. Gemeint sind mit diesem Hinweis die in der Instruktion vom 15. 2. 1832 angezogenen Paragraphen, u. a. § § 15, 22, 25 usw. über die Herstellung der Grubenbilder, Karten und Risse.

Die erwähnte andere Lösung bestand nun darin, daß im Jahre 1856 die bisherige Beamtenstellung des Markscheiders aufgehoben und in eine mit gewissen Beschränkungen verbundene *rein gewerbliche* Stellung umgewandelt wurde. Die Markscheider betrieben fortan ihr „Gewerbe" unter der Aufsicht der Oberbergämter. Wem im Grunde genommen diese von wenig Weitblick zeugende Umstellung der staatlichen Markscheiderstellen in freiberufliche, der Gewerbeordnung unterliegende Stellungen zu verdanken war, haben wir nicht ermitteln können. Aber diese Maßnahme bedeutete das beginnende Absinken des beruflichen Ansehens des Markscheiders und war vor allen Dingen seiner Ausbildung, seiner früheren beachtlichen betrieblichen Inanspruchnahme und seinem wissenschaftlichen Leistungsvermögen äußerst abträglich.

Es verblieben zwar noch einige wenige Bergamtsmarkscheider in ihren staatlichen Stellungen, wie aus dem Allgemeinen Markscheider-Reglement vom 25. 2. 1856, III, § 15, S. 5, hervorgeht. Aber der Markscheider war damit in eine schiefe Lage geraten insofern, als er auf der einen Seite als Organ der Bergpolizei in Erscheinung trat, auf der anderen Seite in die Abhängigkeit des Bergwerksbesitzers geriet [H. Werneke (1887, S. 9)]. Es ist dagegen damals schon von markscheiderischer Seite lebhafter Widerspruch erhoben worden, und dieser Kampf des Markscheiders gegen den widersinnigen Gedanken, den Markscheiderberuf zu einem Gewerbe zu stempeln, hat niemals aufgehört; er wird solange weitergeführt werden, bis diese ungerechtfertigte Maßnahme der „Konzessionserteilung" aufgehoben wird.

Die erste Folge dieser falschen Einschätzung des Markscheiderberufes waren die zugleich mit dem Allgemeinen Markscheider-Reglement verbundenen Vorschriften zur Prüfung der Markscheider vom 25. 2. 1856. Diese Vorschriften sahen in den preußischen Ländern nicht einmal ein Studium des Anwärters für das Markscheidefach an einer der längst bestehenden Bergakademien vor. Auf diese Weise wurde trotz der damals großen Errungenschaften auf den Gebieten der Höheren Mathematik, der Darstellenden Geometrie und der Physik das Fachwissen des Markscheiders auf einem Tiefstand belassen, der trotz aller Einsprüche, Widersprüche und Reformvorschläge mehrere Jahrzehnte hindurch anhielt. Diese Verwirrungen, die sich hinsichtlich der Begriffe im markscheiderischen Darstellungswesen, wie wir noch sehen werden, bis zum Ende des 19. Jahrhunderts auch in den bergbehördlichen Verordnungen unvermindert erhielten, kennzeichnen weit mehr im Rißwesen als auf dem Sektor der markscheiderischen Meßverfahren die damalige mangelnde mathematische Ausbildung der Markscheider.

In diesem Zusammenhang soll nicht unerwähnt bleiben, daß einige Oberbergämter „gegen eine Umgestaltung des Markscheidewesens und insbesondere gegen die Verrichtung von Markscheiderarbeiten durch andere Personen, als Königl. Beamte ernste Bedenken vorgebracht haben“ (Zeitschr. f. d. Berg-, Hütten- u. Sal. Wes., 1858, S. 38—40). Hiergegen nimmt der Minister für Handel, Gewerbe und öffentliche Arbeiten, von der Heydt, in einem Erlaß an die Oberbergämter und das Bergamt zu Rüdersdorf vom 8. 7. 1855 Stellung, indem er betont, daß die geäußerten Bedenken ihn „nicht bestimmen können, die Sache fallen zu lassen . . .“. Klar geht aus den weiteren Ausführungen des Ministers hervor, daß es sich um das liebe Geld handelte, denn namentlich der oberbergamtliche Antrag, „die etatsmäßigen Markscheiderstellen um so viel zu vermehren, daß alle Arbeiten nicht weiter durch Gehülfen, sondern nur von Königl. Markscheidern selbst verrichtet werden können“, erscheine ebenso wie andere vorgeschlagene Maßregeln teils unzureichend, teils „auch ganz unausführbar“. — Wir wissen nun aber wenigstens, daß die verhältnismäßig geringe Zahl der staatlichen Markscheiderstellen, die neu hätten geschaffen werden müssen, dem Staat zu teuer waren. Die Lösung, den Markscheider in die Gewerbeordnung einzugliedern und ihn seinen Unterhalt freiberuflich verdienen zu lassen, war billiger, obwohl sich der Bergbau damit selbst schadete. So wurde die für den Markscheiderberuf so verhängnisvolle Instruktion vom 25. 2. 1856 geboren.

f) Das Verordnungswesen in Preußen nach dem Erlaß des ABG

Als erfreulich ist lediglich festzustellen, daß das bergbehördliche Interesse an den Arbeiten des Markscheiders wuchs. Hierfür spricht die Tatsache, daß man in der zu jener Zeit ins Leben gerufenen Zeitschrift für das Berg-, Hütten- und Salinenwesen im preußischen Staate unter dem Abschnitt „Versuche und Verbesserungen bei dem Bergwerksbetriebe“ auch das „Markscheiden“ mit aufnahm. So fanden wir im Jahrgang 1855 dieser Zeitschrift S. 392 folgenden Hinweis: „In dem Siegenschen Bezirke werden jetzt bei allen neuen Grubenbildern die Gangverhältnisse in die Grundrisse eingezeichnet, eine Methode, welche zuerst vom Bergmeister Marenbach im Jahre 1844 bei einem neuen Grubenbilde für die Grube Heinrichssegen im Reviere Müsen angewendet wurde, und welche zur Verdeutlichung der Gangverhältnisse wesentlich beiträgt. Früher wurde der Gang in den Grubenbauen auf den Grundrissen nur dadurch angedeutet, daß man die Strecke, in welcher solcher aufgeschlossen war, mit derselben Farbe, womit die betreffende Sohle angelegt wurde, an der Schattenseite verstärkt, bezeichnete.“ Offensichtlich stellt diese Maßnahme den ersten Versuch einer Abkehr von der bisherigen Gepflogenheit, einen Teil des Grubenbildes für weitschweifige Erklärungen zu verwenden, dar. Man bemühte sich somit, die notwendigsten Darstellungen nunmehr ohne den erläuternden Text farbig im Riß zum Ausdruck zu bringen.

Ein Beispiel hierfür liefert ein Rißauszug im Grundriß von der Mutung Wildenstein, den wir der Westfälischen Berggewerkschaftskasse Bochum verdanken (Abb. 30). Der Riß ist als Vorläufer des späteren Grund- und Situationsrisses an-

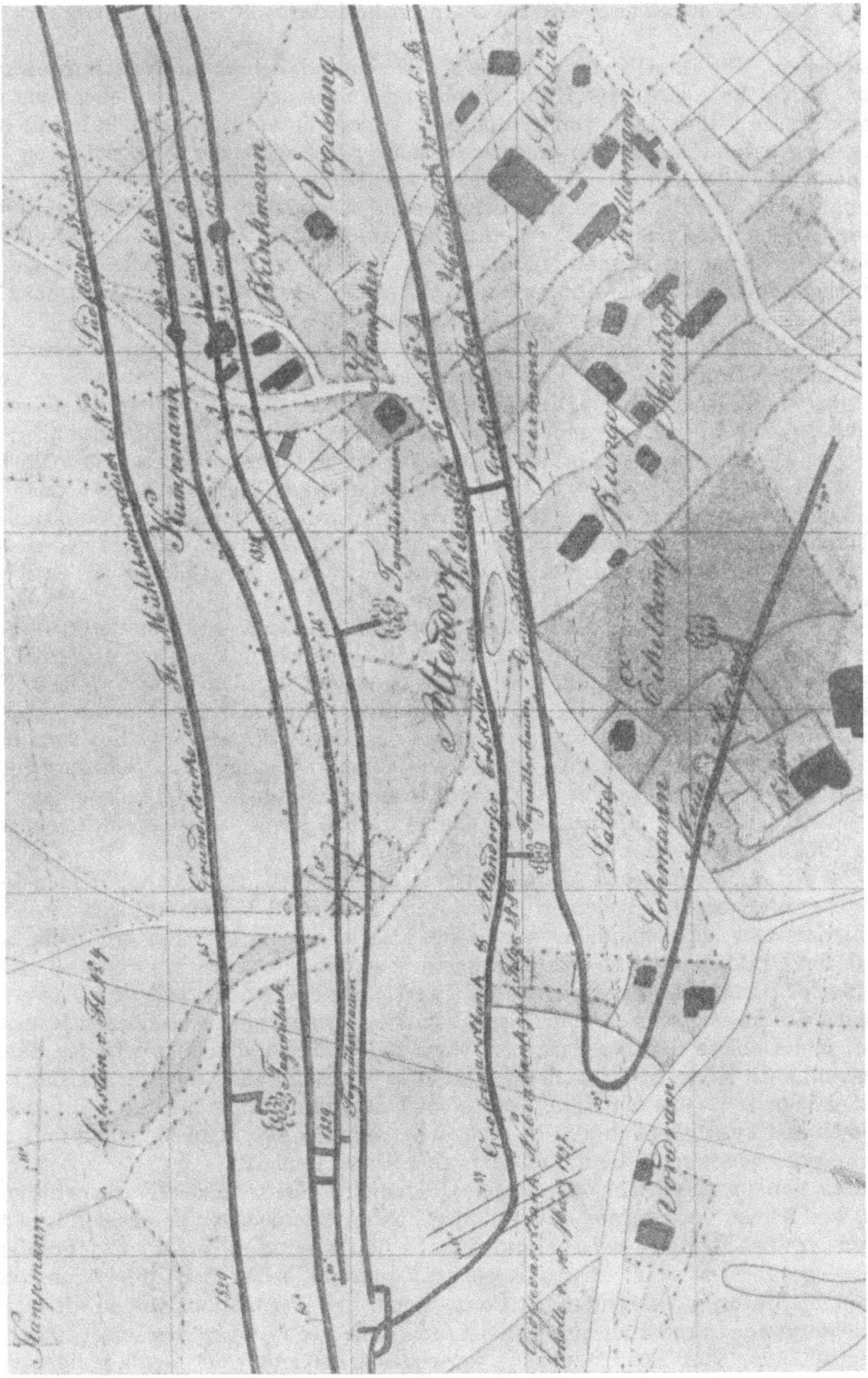

Abb. 30. Ausschnitt aus einem Mutungsriß des Oberbergamtes Dortmund vom Jahre 1851.
Aus den Rißarchiven der Westfälischen Berggewerkschaftskasse Bochum

zusprechen, der im Oberbergamtsbezirk Dortmund in der Geschäftsanweisung vom 14. 5. 1887 (S. 5) als Hauptgrund- und Sohlenriß vorgeschrieben wurde. Auf dem im Jahre 1851 von C. Schäfer angefertigten Riß (Abb. 30) sind die Tagesgegenstände und Eigentumsgrenzen bunt mit Angabe der Grundstückseigentümer und außerdem die Grundstrecken von sechs Flözen ihrem Streichen und Einfallen nach in roter Farbe dargestellt. An den aufgefahrenen Strecken sind die Jahreszahlen 1824, 1829 usw. zu erkennen, auch ist der Verlauf einer Sattellinie angegeben; ferner trifft man Störungen mit Angabe des Einfallwinkels an. Querschlägige Ausrichtungen sind auf dem Riß gelb, Überhauen grau angelegt. Die Grundstrecken und Häuser weisen Schattenstriche auf.

Dieser Grund- und Sohlenriß ist sauber kartiert, gezeichnet und beschriftet worden. Der Maßstab ist in Lachtermaß gehalten und entspricht etwa dem Verjüngungsverhältnis 1:3000. Die Flözmächtigkeiten sind noch in Zollmaß (1 Lachter = 80 Zoll) angegeben und schwanken zwischen 0,7 und 1,8 m. An einzelnen Stellen wurden von den Grundstrecken aus kurze Tagesüberhauen von 25 bis 35 m seigerer Höhe angesetzt. Danach liegen geringe Teufen vor. Höhenzahlen sind nicht eingetragen, denn erst im Jahre 1875 wurde in Preußen eine Verordnung erlassen, wonach die Ermittlung der Höhen für sämtliche Grubenbaue gegen den Nullpunkt des Amsterdamer Pegels und die Eintragung der Höhen in die Grubenpläne vorgeschrieben wurde [H. Werneke (1888, III, S. 27)].

Es ist hervorzuheben, daß die Zeichnung vollkommen frei ist von den früher in der Beschriftung so beliebten Verschnörkelungen, vor allem aber von den für die zurückliegenden Jahrhunderte kennzeichnenden textlich weitschweifigen Erläuterungen. Dieser einfache Grundriß stellte allerdings keine besonderen Anforderungen an das Darstellungsvermögen des Markscheiders, wie dies zum Beispiel für die Anfertigung von Seiger- oder Flachrissen und von Schnitten gilt. Dennoch scheint damit der Beginn eines geordneteren Darstellungswesens im westfälischen Steinkohlenbezirk um das Jahr 1850 ebenso eingeleitet zu sein wie um 1880 im Oberharzer Erzgebiet (Abb. 25a, b, c).

Der auf S. 75 gebrachte Auszug aus einem Grundriß der Mutung Wildenstein könnte es angezeigt erscheinen lassen, auch Mutungs-, Verleihungs-, Konsolidationsrisse usw. zu behandeln. Wir halten dies jedoch nicht für erforderlich, einmal im Hinblick auf die Veröffentlichungen aus dem Berechtsamswesen (Der deutsche Steinkohlenbergbau; Sammelwerk, Erster Band, 1942), zum zweiten wegen des umfangreichen Schrifttums (Mitteilungen aus dem Markscheidewesen) auf dem Gebiete der Längen- und Geviertfelder-Verleihungen sowie der damit verbundenen Rechtsstreitigkeiten, denen das Gesetz zur Bereinigung der Längenfelder vom 1. 6. 1954 ein Ende bereitet hat. Hinzukommt, daß es sich bei diesen Rissen fast ausschließlich um die rechtliche Seite der Gesetzauslegungen und nur in untergeordnetem Maße um das Darstellerische handelt.

Das von uns mehrfach angezogene Allgemeine Markscheider-Reglement vom 25. 2. 1856 ist ebenso wie ein Teil der später erschienenen Vorschriften vom Minister für Handel, Gewerbe und öffentliche Arbeiten, also für ganz Preußen, herausgegeben worden. Dieses Reglement schreibt außer der Anfertigung von Schürf-, Mutungs-, Verleihungs-, Conzessions- und Permissions-Rissen die markscheiderische Darstellung in Grund- und Aufrissen nebst den erforderlichen Tagesplänen, Durchschnitten usw. sowie die Anfertigung der Grubenbilder vor. Bei der Aufnahme *neuer* Grubenbilder sind nach Vorschrift des zuständigen

Oberbergamtes der Tageriß und die nötigen Grund- und Aufrisse zu liefern, wobei von jedem Riß eine Originalzeichnung als *Fundamentalriß* (heutiger Zulegeriß) und eine Reinzeichnung erforderlich werden. Von der Anfertigung eines Grund- und Situationsrisses oder Grund- und Sohlenrisses ist noch nicht die Rede, woraus hervorgeht, daß einzelne Markscheider, was ja auch für die zurückliegenden Jahrhunderte gilt, ihrer Zeit mitunter vorauseilten. In der Folgezeit sind für Preußen auf markscheiderischem Gebiet im Zusammenhang mit dem ABG vom 24. 6. 1865 mehrere Verordnungen, wie zum Beispiel die Gewerbeordnung für den Norddeutschen Bund vom 21. 6. 1869, deren § 34 die Markscheiderkonzession betrifft, sowie verschiedene Nachträge, u. a. vom 26. 4. und 31. 10. 1865, vom 9. 3. und 8. 4. 1867 erschienen, die hinsichtlich der markscheiderischen Darstellungen keine neuen Bestimmungen enthalten. Auch die Dienst-Instruktion desselben Ministers für die Bergamts-Markscheider vom 1. 2. 1857 behandelt keine besonderen, das Rißwesen angehende Anweisungen. Sehr bedeutsam erscheint es auch, daß von den über die Stellung des Bergamtsmarkscheiders in § 1 der Instruktion von 1832 und in § 3 der Instruktion von 1847 angeführten Dienstobliegenheiten nicht mehr viel übrig geblieben ist. Wir stellen danach fest, daß nach dem Jahre 1856 in jedem in Preußen vorhandenen Bergamt noch ein königlicher Bergamtsmarkscheider als Aufsichtsperson über die nun freiberuflich tätigen konzessionierten Markscheider seines Amtsbezirkes tätig war.

Aber auch die Zahl dieser staatlichen Bergamtsmarkscheider belastete anscheinend den Staatsetat noch zu hoch, denn die Allgemeinen Vorschriften für die Markscheider im Preußischen Staate vom 21. 12. 1871 besagen in § 13: „Die Geschäftsführung und die Arbeiten der Markscheider unterliegen der amtlichen Controlle, welche von den Oberbergämtern *in der Regel durch die Oberbergamts-Markscheider* ausgeübt wird.“ Damit war die Tätigkeit der Königlichen Bergamtsmarkscheider als Aufsichtsbeamte in Preußen erloschen. Es gab nur noch an den Oberbergämtern eine begrenzte Zahl von königlichen Oberbergamtsmarkscheidern (den späteren Berg- und Vermessungsräten), deren Aufgabe u. a. darin bestand, bei den Markscheidern von Zeit zu Zeit Geschäftsrevisionen durchzuführen.

Die Worte „in der Regel“ in § 13 der Vorschriften vom 21. 12. 1871 sind dahin zu verstehen, daß diese „Controlle“ auch von einer anderen Person als einem Oberbergamts-Markscheider ausgeübt werden kann. Diese Möglichkeit bestand insofern, als die verantwortliche Leitung über das Markscheide- und Rißwesen sowie die Entscheidung in allen markscheiderischen Berufsaufgaben an jedem Oberbergamt in den Händen eines Oberbergrates als bergtechnischen Mitgliedes des Oberbergamtes, bisweilen auch vorübergehend in den Händen eines vertretungsweise bestellten Bergassessors lag (Denkschrift der Oberbergamtsmarkscheider des Oberbergamtes Dortmund vom Jahre 1909). Hervorheben möchten wir, daß es sich bei unseren Ausführungen stets nur um Auszüge aus Erlassen, Verordnungen und Bestimmungen ministerieller bzw. bergbehördlicher Art und um die sachliche Wiedergabe von amtlichen Aktenvermerken handelt.

Im übrigen bieten die ministeriellen Vorschriften vom Jahre 1871, rißtechnisch gesehen, nichts Neues neben den im § 10 aufgeführten Fehlergrenzen, in denen nicht einmal das damals längst bekannte Fehlerfortpflanzungsgesetz Berücksichtigung fand. Über das Rißwesen bringt in diesen Vorschriften der Paragraph 11 unter A (S. 6, 7) wörtlich die gleichen Bestimmungen, wie sie in § 27 unter A

(S. 10, 11) des Markscheider-Reglements vom 25. 2. 1856 erlassen wurden. An einem fortschrittlichen Rißwesen bestand kein Interesse. Alle Anweisungen über Einzelheiten der instrumentellen Aufgaben und meßtechnischen Arbeiten sowie der rißlichen Darstellungen des Markscheiders sind damals den Oberbergämtern übertragen worden. Und diese gaben nach 1856 und nach 1871 Geschäftsanweisungen heraus, wobei jedes Oberbergamt der Eigenart der in seinem Bezirk auftretenden Lagerstättenverhältnisse Rechnung zu tragen suchte. Aber die in darstellerischer Beziehung seit jeher bestehende Begriffsverwirrung wurde durch die Sonderbestimmungen der einzelnen Oberbergämter keineswegs behoben.

So spricht u. a. das Oberbergamt Halle in seiner Anweisung vom 31. 8. 1872 von Grundrissen, Seigerrissen, Gebirgsprofilen und profilarischen Darstellungen. Bei Grubenbildanfertigungen sind, wenn das Einfallen 45° übersteigt, an Stelle der Spezialgrundrisse *flache* Risse anzufertigen.

Das Oberbergamt Clausthal forderte laut Anweisung vom 1. 9. 1872 mit Nachtrag vom 10. 2. 1877 Grund- und Profilrisse! Bei Lagerstätten mit mehr als 45° Einfallen sollen, wo es für nötig erachtet wird, außer den Spezial-Baurissen noch *flache* Risse geliefert werden. Beim Gangbergbau genügt meistens ein Grundriß, wogegen für jeden gebauten, auf dem Grundriß dargestellten Gang ein besonderer Seigerriß anzufertigen ist.

In der Geschäftsanweisung des Oberbergamts Bonn vom 1. 4. 1878 nebst Nachträgen ist auf S. 24, § 26, von seigeren Längenprofilen und in § 27, Ziff. 4, von einem Hauptlängenprofil an Stelle des Seigerrisses die Rede. *Flache* Risse ... sollen nur auf besondere Bestimmung der Bergbehörde oder auf den Antrag des Bergwerkbesitzers geliefert werden.

Nur das Oberbergamt Dortmund führte unter dem 14. 5. 1887 Grundrisse, Seigerrisse und Profile in der noch heute geläufigen Form an. In § 19 heißt es: „Die Sohlenstrecken auf Lagerstätten, welche mehr als 60° gegen den Horizont geneigt sind, müssen im Grundriß *und* Seigerriß dargestellt werden ... *Die Anlegung sogenannter flacher Risse ist untersagt* (§ 19)."

Darüber hinaus verlangten das Oberbergamt Dortmund als zum Grubenbild gehörig Hauptgrund- und Sohlenrisse, die übrigen Oberbergämter entweder Hauptgrund- und Situationsrisse oder Hauptgrund- und Sohlenrisse. Damit waren nach dem Erlaß vom 21. 12. 1871 zum Grubenbild, bisher bestehend aus Grund- und Seigerriß, mitunter Flachriß, Tageriß und Profilen oder Durchschnitten als neue Bestandteile die *Hauptgrund- und Situations- oder Sohlenrisse* hinzugekommen.

g) Mathematische Erkenntnisse. Lehrbücher der Markscheidekunst

Wir sind in den vorhergehenden Abschnitten über das 16., 17. und 18. Jahrhundert stets auf die Errungenschaften der Wissenschaft auf mathematischem Gebiet sowie auf den Inhalt der erschienenen Lehrbücher eingegangen, soweit letztere sich mit dem Gebiet der Darstellungen befaßten. Dies wäre für das 19. Jahrhundert noch nachzuholen.

Vom Aufblühen des Wissenszweiges der Darstellenden Geometrie hatten wir gesprochen (S. 54). In den anderen mathematischen Disziplinen wurde das Einzelwissen stärker vertieft und um viele neue Ergebnisse bereichert. Im einzelnen hierauf einzugehen, würde zu weit führen, so daß wir für besonders Interessierte auf die „Geschichte der Mathematik“ von O. Becker und J. F. Hofmann (1951, S. 237—254) verweisen. Im wesentlichen blieben diese Errungenschaften dem Markscheider auf Grund der bestehenden Ausbildungsvorschriften ohnedies verschlossen.

Hinsichtlich der im Laufe des 19. Jahrhunderts erschienenen Lehrbücher der Markscheidekunde ist die Ausbeute in darstellerischer Beziehung als höchst mager zu bezeichnen. Vom Lehrbuch des Mathematikprofessors D. F. Hecht war schon die Rede (S. 70). Ebenso haben wir der Leistungen von Julius Weisbach auf darstellerischem Gebiet gedacht (S. 70). Erwähnenswert sind sodann noch die Lehrbücher von E. Borchers, O. Brathuhn und P. Uhlich. Die praktische Markscheidekunst von E. Borchers erschien in erster Auflage 1870 und in unveränderter zweiter Auflage 1882. Über das markscheiderische Rißwesen ist in diesem Lehrbuch nichts zu finden. Ähnliches gilt für das im Jahre 1901 erschienene Lehrbuch der Markscheidekunde von P. Uhlich; in letzterem werden nur auf S. 11 und 278 einige Begriffe erklärt. Auf S. 11 sagt P. Uhlich: „Unter Seigerriß versteht man die Projektion des Aufgenommenen auf die vertikale Aufrißebene, unter Kreuz- oder Querriß die Darstellung auf einer vertikalen zum Aufriß senkrechten Bildebene, während ein flacher Riß die Abbildung auf eine beliebige gegen den Horizont geneigte Ebene ist“. Nähere Erläuterungen und Beschreibungen oder gar Beispiele der Rißarten werden nicht gegeben.

Nur O. Brathuhn bringt in der ersten Auflage seines Lehrbuches der Praktischen Markscheidekunst, 1884, (S. 203—211) einige Mitteilungen über die Anfertigung von Grubenrissen, ferner über die Fundamentalrisse sowie über Seigerrisse und Profile. Bei Beschreibung der Seigerrisse führt er auf S. 208 aus: „Nicht immer genügt *ein* Seigerriß zu einem Grundriß. Die Projektionsebene für den zweiten Seigerriß nimmt man senkrecht zu der des ersten an.“ Damit war ohne entsprechende Bezeichnung der Kreuzriß gemeint.

In der 4. Auflage dieses Lehrbuches, 1908, gibt O. Brathuhn einen Grund für die Anfertigung des Kreuzrisses an und sagt: „Unregelmäßige Lagerstätten mit Strecken von verschiedenen Fallwinkeln geben, wenn alle Grubenräume seigerrißlich dargestellt werden, kein übersichtliches Bild. Man hat sich in diesem Falle auf die Darstellung der wichtigsten Strecken zu beschränken und auf die Wiedergabe des Unwesentlichen zu verzichten. Zum Ersatz fertigt man einen zweiten Seigerriß rechtwinklig zum ersten an“ (Kreuzriß) (1908, S. 308).

h) Die Entwicklung des bergmännischen Kartenwesens

Das 19. Jahrhundert bringt außerdem die Entstehung und Entwicklung zunächst kleinerer, später umfangreicher werdender Karten und Kartenwerke auf den verschiedensten Gebieten. Karten als geographische oder topographische Darstellungen in kleinen und kleinsten Maßstäben hat es schon frühzeitig gegeben; wir erwähnten im Abschnitt 2 über das 16. Jahrhundert die von mehreren Markscheidern im Maßstab 1:14400 hergestellte topographische Karte des Kurfürstentums Sachsen, an deren Fertigstellung nahezu 100 Jahre gearbeitet worden ist (S. 6). Es wurden ferner im 17. und 18. Jahrhundert Grubenfelderkarten für kleinere und größere Teile von Erzbergbaubezirken im Harzer, im sächsischen und Siegener Revier mit und ohne die Eintragung von Tagesgegenständen geschaffen.

Bedeutungsvoll sind jedoch für den Bergbau *Lagerstättenkarten*, die es, besonders im Steinkohlenbergbau, möglich machen, das Streichen der Flöze und Flözgruppen, deren Gleichstellung oder Verlagerung als Folge von tektonischen Störungen im Bereich eines Bergbaubezirkes oder eines großen Bergbaugebietes darzustellen. In dieser Beziehung können wir uns kurz fassen insofern, als bereits ein umfassendes Schrifttum über die „Bergmännisch-geologischen Übersichtskartenwerke der deutschen Steinkohlengebiete" besteht [G. SCHULTE † und W. LÖHR (Der Deutsche Steinkohlenbergbau, Technisches Sammelwerk, 2. Band, 1956, S. 311—342); W. NEHM (1951, S. 80—83)].

Dort berichten für das rheinisch-westfälische Gebiet G. SCHULTE † und W. LÖHR (Sammelwerk, 1956, S. 312—330) sehr ausführlich über die kleinmaßstäblichen Kartenwerke, deren erstes in den Jahren 1787—1796 entstand (s. S. 51) und nach zahlreichen Zwischen-Kartenwerken mit der neuen Flözkarte im Maßstab 1:10000 abgeschlossen worden ist, die im Jahre 1877 von der Westfälischen Berggewerkschaftskasse Bochum angefertigt wurde.

Über das Aachener Gebiet hat W. NEHM (Sammelwerk, 1956, S. 331—333) berichtet. Er faßt das im Jahre 1656 entstandene Grubenbild eines unbekannten Bearbeiters „in Übereinstimmung mit STEGEMANN" (Glückauf, 1910) als erste Übersichtskarte der Indemulde auf. Ob man ein Bild ohne einheitliches Maßstabsverhältnis und mit unklaren Darstellungen der Grubenbaue als Übersichtskarte bezeichnen darf, erscheint gewagt, und wir möchten diese „Karte" rißtechnisch allen denjenigen Bildern gleichstellen, die wir im 17. Jahrhundert als „Abrisse" kennenlernten. Die erste als wirklicher Übersichtsriß der Aufschlüsse in der Wurmmulde zu bezeichnende Karte entstand offenbar erst im Jahre 1825, und die erste Übersichtskarte des gesamten Aachener Bergbaubezirks im Maßstab 1: 25000 erschien im Jahre 1900.

Im Saarbezirk wurde unter dem Einfluß Frankreichs im Jahre 1808 eine Karte der geologischen Aufschlüsse über und unter Tage im Maßstab 1:5000 hergestellt. Nachdem das Saarland im Jahre 1815 an Preußen gefallen war, entstanden mehrfach Revierkarten, die im Jahre 1903 durch eine neue Flözkarte im Maßstab 1: 25000 abgelöst wurden (Sammelwerk, 2. Band, 1956, R. SCHRÖDER †, S. 334 bis 337).

Aus dem niederschlesischen Gebiet berichtet K. FRICKE (S. 338/339) über die erste in den Jahren 1869—72 entstandene Flözkarte des niederschlesischen Steinkohlenbeckens im Maßstab 1: 16000. Auch im oberschlesischen Gebiet wurde die erste Flözübersichtskarte erst spät, im Jahre 1867, geschaffen, umgearbeitet und als Grundlage für die im Jahre 1902 erschienene Flözkarte 1: 10000 verwendet (Sammelwerk, 2. Band, 1956, E. WOHLRAB, S. 340/341). Im sächsischen Steinkohlenbezirk sind in den Jahren 1877 und 1900 zwei Feld- und Flözkarten des Zwickauer Reviers herausgebracht worden (Sammelwerk, 1956, R. LANDGRAF †, S. 342).

Aber nicht nur in den Steinkohlenbezirken, sondern auch in den Erzrevieren sind kleinere und größere Kartenwerke hergestellt worden. So ist u. a. die Siegener Revierkarte zu nennen, die eine vollständige Darstellung der Tagesgegenstände unter Angabe der Grubenfelder, Pingenzüge, der Hauptstollen usw. enthält, im Maßstab 1:4000 angefertigt und für Übersichtszwecke in den Maßstab 1: 20000 übergeführt wurde. Die Karte entstand in der ersten Hälfte des 19. Jahrhunderts [A. RHODIUS (1860, S. 232/233)].

Im Jahre 1859 ist ferner die vom damaligen Markscheider, späterem Professor O. Brathuhn entworfene Generalkarte der gesamten Mansfeldschen Kupferschiefer-Reviere im Maßstab 1:32000 erschienen. Dieser Karte mit den bergbaulichen Aufschlüssen sind ein Querprofil im gleichen Maßstab und ein Seigerriß im Maßstab 1:8000 beigefügt (Zeitschrift f. d. Berg-, Hütten- u. Sal. Wes., 1859, S. XVI).

Erwähnenswert ist schließlich noch die zu Anfang des 20. Jahrhunderts (im Jahre 1912) vom Oberbergamt Breslau herausgegebene, vom damaligen Oberbergamtsmarkscheider Brück bearbeitete Erzkarte der oberschlesischen Blei-Zinkerz-Lagerstätte im Maßstab 1:10000. Da dieses metasomatische Vorkommen im Bereich der Beuthener Mulde flözartig ausgebildet ist, wirkte die bunte Darstellung der verschiedenen Mineralarten außerordentlich anschaulich, so daß die Erzkarte zu den schönsten Kartenwerken der damaligen Zeit gehörte. Die Karte ist vergriffen bis auf ein Exemplar, das sich beim Oberbergamt Clausthal befindet.

Wir sehen, daß bis auf geringfügige Ausnahmen die Herstellung kleinerer Spezial-Übersichtskarten im Bergbau aller Sparten erst im 19. Jahrhundert einsetzte. Diese Karten entbehrten anfänglich noch aus Mangel an Aufschlüssen der einwandfrei wirkenden Darstellungsweise. Zur Anfertigung größerer Flöz- und Flözübersichtskarten geschlossener Bergbaugebiete in schon recht gut gelungenen Darstellungsformen und in ansehnlicher Blattfolge kam es gegen Ende und um die Wende des 19. Jahrhunderts. Wenn dieses Kartenmaterial heute veraltet sein mag und inzwischen neue wertvolle Kartenwerke erstanden, bleibt dennoch der geschichtliche Wert der farb- und formschönen Flöz- und Lagerstättenkarten aus der Endzeit des 19. Jahrhunderts unvermindert erhalten.

Über die Kartenwerke des 20. Jahrhunderts bedarf es sodann keiner besonderen Ausführungen mehr, da das größte aller neuzeitlichen bergmännisch-geologischen Kartenwerke, die neue tektonische Übersichtskarte des rheinisch-westfälischen Steinkohlenbezirks im Maßstab 1:10000 fertiggestellt ist [W. Nehm (1951, S. 80 bis 84) und Abschnitt VI, C, 3, zweiter Halbband]. Die sonstigen Kartenwerke anderer Bergbaubezirke stehen noch in Gebrauch; es liegt auch ein ausreichendes Schrifttum über deren Zweck, Entstehung und Bedeutung vor.

i) Kurzer Rückblick über das 19. Jahrhundert

Halten wir wiederum *Rückblick* über die wesentlichsten Ereignisse des 19. Jahrhunderts, so konnte man das Aufkommen des Lehrgebietes der *Darstellenden Geometrie*, die von Frankreich ihren Ausgang nahm und in der ersten Jahrhunderthälfte in den deutschen Ländern ebenfalls eine erfreuliche Entwicklung durchmachte, auch für das Gebiet der markscheiderischen Darstellungen als vielversprechend ansehen. Dennoch erfüllten sich etwaige Erwartungen hinsichtlich eines günstigen Einflusses dieses neuen Wissensgebietes auf das bergmännische Rißwesen in keiner Weise.

Weder im sächsischen noch im Siegener oder im Oberharzer Bergbaubezirk kündigte sich bei der Herstellung der Grund- und Seigerrisse auch nur der geringste Umschwung an. Noch schlechter war es um die Anfertigung von Flachrissen bestellt. Diese gewannen im sächsischen Bergbau zu Anfang des 19. Jahrhunderts zwar an Bedeutung; aber sie waren bis zum Jahrhundertende, als ihre

Herstellung für den westfälischen Bergbau verboten wurde, ebenso fehlerhaft konstruiert worden, wie die Seigerrisse auf andere Weise für die Verwendung unter steilen Lagerungsverhältnissen unbrauchbar blieben. Erst in der zweiten Hälfte des 19. Jahrhunderts faßte man die Seigerrißfläche als Projektionsebene auf und stellte alle die seigere Bildebene schräg oder rechtwinklig kreuzenden Querschläge, Strecken usw. in der zutreffenden Querschnittsform dar. Aber von einer Eintragung der *Spur* der Seigerrißebene im Grundriß, welche generell den Ausbiegungen der Lagerstätten-Streichrichtung folgen soll, war noch keine Rede.

Die Herstellung von Durchschnittsrissen blieb auf Einzeldarstellungen beschränkt. Vereinzelt auftretende Kreuzrisse brachten keinen Nutzen. Um die Mitte des Jahrhunderts ist von Julius Weisbach die Lehre der Axonometrie sowie die Darstellung isometrischer, dimetrischer und anisometrischer Anschauungsbilder zur Förderung des räumlichen Vorstellungsvermögens entwickelt worden; die vielversprechenden Konstruktionsverfahren wurden jedoch von der Praxis nicht aufgenommen. Über die Konstruktion von Kreuzlinien zur Ausrichtung von Störungen und zum Auffinden von Lagerstätten (später fälschlich Flözprojektionen genannt) unterrichten bereits zu Anfang des 19. Jahrhunderts die Lehrbücher. In den Grund-, Seiger- und Flachrissen fanden diese Konstruktionen weitgehend Anwendung, ebenso wie wir in den Streckenauffahrungen die Jahresdaten und außerdem Pfeile und Winkelgrößen für das Gang- oder Flözeinfallen antrafen. Um die Mitte des 19. Jahrhunderts wurden die Grundrisse mit Koordinatennetzen ausgestattet.

Auch die Entwicklung des Kartenwesens, besonders die Herausgabe von Erzrevierkarten sowie von Flöz- und Flözübersichtskarten kleiner und großer Bergbaubezirke fällt in diese Zeit.

Dennoch dauerte bis zum Ende des 19. Jahrhunderts in allen Bergbaubezirken ohne Ausnahme die schon aus früherer Zeit bekannte Begriffsverwirrung unvermindert an. Man warf Projektionen und Schnitte durcheinander, sprach vom Seigerriß, meinte aber das Querprofil, bezeichnete einen Seigerriß als Längsprofil u. a. m. Die Unklarheiten gingen so weit, daß selbst unter den preußischen Oberbergämtern keine volle Übereinstimmung in begrifflicher Hinsicht bestand.

Die Ursachen dieser „Sprachverwirrung", ferner der zahlreichen Konstruktions- und Darstellungsfehler beruhten einzig und allein auf der völlig unzureichenden beruflichen Ausbildung des Markscheiders, um die man sich bis zur Mitte des 19. Jahrhunderts behördlicherseits niemals gekümmert hatte und die erst durch Prüfungsbestimmungen vom 25. 2. 1856 geregelt wurde. Diese Prüfungs- und Ausbildungs-Vorschriften standen in unmittelbarem Zusammenhang mit der zu gleicher Zeit stattfindenden Umwandlung der bisherigen staatlichen Stellung des Markscheiders in eine rein gewerbliche! Der Anwärter des Markscheidefaches in Preußen brauchte kein Studium an einer Bergakademie bei der Meldung zur Prüfung nachzuweisen, denn erst durch Erlaß des Preußischen Ministers für Handel und Gewerbe vom 24. 10. 1898 wurden neue Prüfungsbestimmungen bekanntgegeben, die ein nur *vier*semestriges Studium ohne irgendeine Abschlußprüfung an einer Berghochschule vorsahen. Es bedarf daher keiner weiteren Erklärungen mehr über die Unzulänglichkeiten, Mängel und Fehler in den rißlichen Darstellungen des Markscheiders, wie sie uns auch noch im Laufe des 19. Jahrhunderts fortlaufend begegnen.

6. Das 20. Jahrhundert

a) Die ersten richtigen Konstruktionswege für Seigerrisse, 1923

Wir greifen auf Abb. 25a und 25c zurück, auf den *Grund- und Seigerriß* des Oberharzer Erzvorkommens im III. Burgstädter Revier, der von O. Brathuhn in den Jahren 1882–1886 anläßlich der Neugestaltung des Harzer Grubenrißwesens angefertigt wurde. Bei der Kritik dieser Darstellung bemerkten wir, daß der Seigerriß (Abb. 25c) nur dann als richtig konstruiert gelten könne, wenn das Streichen der Lagerstätte einen geradlinigen Verlauf beibehält. Mit Hilfe eines Lineals läßt sich nämlich leicht feststellen, daß im Grundriß (Abb. 25a, Anh.) etwa in der Gegend der eingezeichneten Schnittlinie CD in allen vier Streckenhorizonten ein Umbiegen der Streichrichtung um einen stumpfen Winkel von durchschnittlich 165° stattfindet.

Zeichnet man parallel zur generellen Streichrichtung des Ganges die Spurlinien und errichtet in deren Schnittpunkt die Lotrechten, so bilden diese einen Winkel von 15° und zeigen damit an, daß sich im Bereich dieses spitzen Winkels die Abbaue im Seigerriß überdecken müssen. Ist der Spurlinienwinkel nicht konkav, sondern konvex, so tritt das Gegenteil, also ein Auseinanderklaffen der Abbaue, ein. Die Spur der Seigerrißebene ist den Wendungen des Streichens anzupassen und muß in jeden Seigerriß eingetragen werden.

Es hat auch noch im 20. Jahrhundert lange gedauert, ehe diese Notwendigkeiten — Eintragung der Spurlinien im Grundriß und deren Parallelität zwischen Bildebene und Lagerstätte — erkannt wurden. Erst W. Nehm (1923) hat den richtigen Konstruktionsweg mit der Einführung von Trennkeilen gewiesen. Hierzu sagt er u. a.: „Paßt sich, wie es sehr häufig vorkommt, bei einer Änderung des Streichens die Bildebene nicht der veränderten Richtung an, so zeigen sich in dem Seigerriß Verkürzungen, die dem Cosinus der Richtungsänderung entsprechen.“ W. Nehm ist es aber auch gewesen, der auf die „Leblosigkeit“ der üblichen Seigerrißdarstellung hinwies, wie diese ohne weiteres aus Abb. 25c hervorgeht und die sich auch dann nicht hätte beheben lassen, wenn die Jahresabbaudaten und die Höhenzahlen der Sohlenstrecken eingetragen worden wären. Um dieser Eintönigkeit zu begegnen, hat W. Nehm die Auftragung von Abstandslinien, die er „Scheibenlinien“[1]) nannte, vorgeschlagen und dies an einem Beispiel in der gleichnamigen Arbeit dargelegt.

Wir betonen jedoch, daß Scheibenlinienkonstruktionen nur dann möglich sind, wenn genügend Aufschlüsse vorliegen und für das Liegende der Lagerstätte ein reichliches Maß an Höhenzahlen gewonnen wird; denn projektierte Scheibenlinien in einem unbekannten, steil gelagerten Baufeld sind ebenso zwecklos wie projektierte Höhenlinien in einem unbekannten Gelände.

Mit den von W. Nehm gemachten Vorschlägen ist diese Konstruktion und Darstellungsweise zum Teil Allgemeingut geworden und in den späteren Normvorschriften, Rißmusteratlanten sowie Vorschriften verankert worden. Der Seiger-

---

[1]) Die Scheibenlinien werden heute als Querabstandslinien bezeichnet; vgl. Bd. II, S. 143, Abb. 29.

riß hat von seinem ersten Erscheinungsjahr 1606 an somit zu seiner Entwicklung eines Zeitraumes von 317 Jahren bedurft, bis seine Konstruktion und Darstellungsweise fehlerfrei wurde, und es dauerte noch ein weiteres Vierteljahrhundert, bis er zum vollwertigen Ursprungsriß heranreifte (s. a. Bd. II).

Am Schluß der obenerwähnten Arbeit hat W. Nehm zum Ausdruck gebracht, daß die von ihm vorgeschlagene Konstruktion der Trennkeile und Scheibenlinien im Seigerriß „den Weg zum Ausbau brauchbarer *Flachrisse* zeigt". Aber die Zeit war immer noch nicht reif für neue Vorschläge zur Flachrißherstellung, denn auch die preußische MO vom 23. 3. 1923, welche die veralteten Vorschriften des Jahres 1871 abgelöst hatte, änderte nichts an dem im Jahre 1887 ergangenen Verbot des Oberbergamtes Dortmund, den Flachriß zu den Bestandteilen des Grubenbildes zu zählen. Dennoch kommt der MO vom 23. 3. 1923 insofern Bedeutung zu, als sie praktisch die Grenzen der einzelnen Oberbergamtsbezirke hinsichtlich des Markscheidewesens aufhebt. Die Oberbergämter sind nicht mehr befugt, für ihren Bezirk eigene Geschäftsanweisungen herauszugeben, vielmehr „können die Oberbergämter die Bestimmungen der MO in besonderen Fällen durch Vorschriften für ihren Bezirk ergänzen" (§ 93 der MO).

b) Der Umschwung des Jahres 1936. Normen. Richtlinien 1951

Erst nachdem K. Lehmann (1921) mit seinen Vorschlägen zur Neugestaltung des Grubenrißwesens erreichte, daß der Normenausschuß Markscheidewesen des Fachnormenausschusses für Bergbau (Faberg) im Jahre 1926 ins Leben gerufen wurde und unter dem Vorsitz von K. Lehmann seine Arbeiten aufnahm, trat ein ungeahnter Umschwung auf dem bis dahin wenig gepflegten Gebiet der Darstellungen ein. Es ist nur dem Einsatz dieses Arbeitsausschusses Markscheidewesen, dem u. a. O. Haibach, H. Müller † und W. Nehm † angehörten, zu danken, daß neben der Normenbearbeitung *das gesamte markscheiderische Rißwesen auf eine völlig neue Grundlage gestellt* und aus seinem Dornröschenschlaf erlöst wurde. Die Geschichte dieses Normenausschusses Markscheidewesen und seiner hervorragenden Arbeitsleistungen kann noch nicht geschrieben werden, weil seine Tätigkeit immer noch fortdauert und bis auf weiteres nicht entbehrt werden kann, wenn die einmal erreichte Linie zweckentsprechend fortgeführt werden soll.

Obwohl damals alle Bestrebungen des Deutschen Markscheider-Vereins mit seinen Arbeitsausschüssen auf eine Neuordnung des gesamten markscheiderischen Rißwesens abzielten, hat leider P. Wilski in seinem Lehrbuch zu einer Zeit, da für veraltete Vorschriften und Gebräuche kein Verständnis mehr vorhanden war, eine teils unzutreffende, teils unvollständige Darstellung über das Rißwesen gegeben (1932, Zweiter Teil, S. 244—247).

Demgegenüber leitet die im gleichen Jahr 1932 erschienene erste Auflage der „Markscheidekunde" von G. Schulte und W. Löhr einen erfreulichen Umschwung ein insofern, als zum ersten Mal ausführlich der damals neueste Stand der bergmännischen Darstellungen in einwandfreier Weise und durch zahlreiche Abbildungen sowie Rißmuster ergänzt der Fachwelt vermittelt wurde. Vier Jahre später führten die von K. Lehmann als Obmann des markscheiderischen Normenausschusses der Bergbehörde vorgelegten ersten *Normvorschriften*[1]) sowie der damit verbundene Nachtrag zur MO 1923 vom 4. 2. 1936 zu einer Lockerung der bestehenden Vorschriften. So ist damals die Anwendung der Flachrißkonstruktion zwar zunächst noch in begrenztem Umfange, aber doch schon möglich geworden. Bereits zwei Jahre später erschienen zwei Aufsätze von H. MÜLLER (1938[3], 1938[4]), die den Flachriß als Folgeriß auffaßten und Schnittkonstruktionen zur Ermittlung der Lagerstättenbeschaffenheit erforderlich machten. Die Vorschläge MÜLLERS erwiesen sich zwar als brauchbar, vermochten sich aber nicht durchzusetzen. Es ist das Verdienst von O. HAIBACH, in den Jahren 1943/51 neue Wege der Flachrißherstellung gezeigt zu haben, die es ermöglichen, direkt aus den für grundrißliche Zwecke bestimmten Aufnahmen den Flachriß, ebenfalls noch als Folgeriß, anzufertigen. Voraussetzung hierbei ist das Vorliegen einer genügenden Menge von Höhenzahlen. Die Transformation findet alsdann aus G (Grundriß) in F (Flachriß) auf nomographischem Wege statt (Bd. II, S. 135f.). Zugleich wird in Bd. II, II und III, das gesamte markscheiderische Projektionsverfahren auf breiter Grundlage im Zusammenhang behandelt.

Ebenso hat aber auch O. HAIBACH die *selbständige* Flachrißführung vorgesehen, d. h. für die Flachrißkonstruktion als *Ursprungsriß* die entsprechenden Wege gewiesen, wobei der Flachriß mittels Raum- oder Polarkoordinaten-Umformung direkt aus den Messungsunterlagen entsteht. Die mathematischen, auf den Gesetzen der Darstellenden und der Analytischen Geometrie fußenden Grundlagen für die Konstruktion einwandfreier Flachrisse sind damit gegeben; es wird sich in diesem dritten Band noch Gelegenheit bieten, den Wert und die Bedeutung dieser Darstellungsart praktisch unter Beweis zu stellen. Deshalb ist auch hervorzuheben, daß, nachdem Begriffsbestimmungen für das Rißwesen [O. HAIBACH (1943)] festgesetzt worden waren, die im Jahre 1951 vom Fachnormenausschuß Bergbau im Deutschen Normenausschuß herausgegebenen *Richtlinien für Herstellung und Ausgestaltung des bergmännischen Rißwerks* den *Flachriß* wiederum als Bestandteil des Grubenbildes anführen. Diese *Richtlinien* bilden gewissermaßen den Abschluß der Normungsarbeiten (Der Deutsche Steinkohlenbergbau, Sammelwerk. 2. Band, 1956, S. 197—201).

7. *Abschließende Ausführungen zu Abschnitt I*

Damit kann der durch vier volle Jahrhunderte von uns verfolgte Werdegang des markscheiderischen Rißwesens für die drei grundlegenden Rißarten des Grubenbildes: Grundriß, Seigerriß und Flachriß abgeschlossen werden. Wir hoffen gezeigt zu haben, welchen Beweggründen die mitunter erfreuliche, großenteils unzureichende, mit Fortschritten und Rückschlägen verbundene Entwicklung der markscheiderischen Darstellungen zuzuschreiben war.

Bis zum Beginn des 17. Jahrhunderts stand der Markscheider auf eigenen Füßen, später (im 17., 18. und 19. Jahrhundert) konnte er als Schüler praktisch tätiger staatlicher Markscheider sein erworbenes Wissen und Können nur durch Selbstunterricht erweitern. Die ersten primitiven Ausbildungsvorschriften vom 25. 2.

---

[1]) Normen für Markscheidewesen, DIN BERG 1901—1938. Herausgegeben vom Fachnormenausschuß für Bergbau und Deutschen Normenausschuß e. V., 1936.

1856 fielen für den Markscheider mitten in die Entwicklungszeit der Darstellenden Geometrie; und diese blieb gerade ihm, der damals schon, vor 100 Jahren, mittels dieser Disziplin das gesamte Rißwesen grundlegend und neu aufbauend hätte umgestalten können, verschlossen, und zwar aus engstirnigen, rein etatmäßigen Erwägungen heraus. Nach jahrhundertelanger Zurückhaltung der Bergbehörde überstürzten sich nunmehr von der Mitte des 19. Jahrhunderts an deren Verordnungen, Bestimmungen und Vorschriften für den Markscheider und seine Arbeiten. Eine Hebung des Gütewertes der bergmännischen Darstellungen hat die Bergbehörde damit nicht erreicht. Der beschämende Tiefstand des Rißwesens blieb bestehen.

Da wir der vorliegenden Arbeit nur die Bedeutung eines „Überblickes" beigemessen haben, erhebt sie auch nicht den Anspruch auf Vollständigkeit. Es ist einleuchtend, daß eine Nachlese des geschichtlich wertvollen Rißmaterials aller kleinen und großen Bergbaubezirke manchen neuen Gesichtspunkt herauszustellen vermag. Aus solchen Ergänzungen der vorstehenden Ausführungen wird man nicht nur ein differenzierteres Bild der Darstellungen in den einzelnen Ländern gewinnen, sondern auch beachtliche Unterschiede und zeitliche Überdeckungen unter den aufgekommenen Konstruktionsverfahren feststellen. Aber all dies dürfte das von uns gegebene Übersichtsbild kaum beeinträchtigen, bei dem es darauf ankam, nicht nur die allmähliche Entwicklung, sondern vor allem den Stand des markscheiderischen Rißwesens zu Beginn des 20. Jahrhunderts zu kennzeichnen. Und dieses kümmerliche Erbe, das wir antreten mußten, ist auch durch weitere geschichtliche Einzelforschungen nicht aus der Welt zu schaffen.

Wir ersparen es uns, den mühevollen Weg, den unser Beruf bis zur fakultativen (1926) und obligatorischen (1934) vollakademischen Ausbildung mit abgeschlossener Diplomhauptprüfung gehen mußte, zu schildern. Er ist unseren älteren Fachgenossen wohlbekannt. Weniger bekannt dürfte dem Außenstehenden die Tatsache sein, daß wir die in unserer Ausbildung fehlenden 80 Jahre in den letzten 20 Jahren aufgeholt haben. Der heutige Stand des markscheiderischen Rißwesens ist weit über die Beseitigung und Ausmerzung aller alten Fehler und Mängel hinausgewachsen und den derzeitigen betrieblichen und wirtschaftlichen Forderungen des Bergbaus angeglichen worden. Das zu beweisen wird die Hauptaufgabe dieses Bandes sein, der zeigen soll, wo wir heute auf dem Gebiete der bergmännischen Darstellungen stehen.

SCHRIFTTUMSVERZEICHNIS

ACHENBACH, H., Geschichte der Cleve-Märkischen Berggesetzgebung und Bergverwaltung bis zum Jahre 1815, Z. f. d. Berg-, Hütten- u. Sal.-Wes. (1869)

AGRICOLA, G., De re metallica. Zwölf Bücher vom Berg- und Hüttenwesen, 1556 in lateinischer, 1580 in deutscher Sprache. Frankfurt/Main

Allgemeines Markscheider-Reglement vom 25. 2. 1856, Min. f. Handel, Gew. u. öff. Arb. Berlin

Allgemeines Berggesetz für die preußischen Staaten vom 24. Juni 1865, Herausg. REUSS-GROTEFEND-DAPPRICH, Carl Heymanns Verlag Berlin 1953

Allgemeine Vorschriften für die Markscheider im preußischen Staate vom 21. 12. 1871, Min. f. Handel, Gew. u. öff. Arb. Berlin

BARGOW, L., Geschichte der Kartographie, Safari-Verlag Berlin 1951

BECKER, O., HOFMANN, J., Geschichte der Mathematik. Athenäum-Verlag Bonn 1951

BEYER, A., Gründlicher Unterricht von Bergbau, nach Anleitung der Markscheiderkunst, Schneeberg 1749

BORCHERS, E., Die praktische Markscheidekunst unter Anwendung des Luftblasenniveaus und des Theodoliten in Verbindung mit geeigneten Hilfsapparaten, 1. Aufl., Verlag Carl Rumpler Hannover 1870; 2. Aufl., Baumgärtners Buchhandlung Leipzig 1882

BORNHARDT, Geschichte des Rammelsberger Bergbaus, Clausthal 1931

BRATHUHN, O., Praktische Markscheidekunst, 2. Aufl., Verlag Veith & Co. Leipzig 1908

BURGER, K., Der Flachriß am Wendepunkt der rißtechnischen Entwicklung. Festschrift aus Anlaß des 25jährigen Bestehens der Vermessungssteiger-Lehrgänge an der Bergschule zu Bochum, Bochum 1951

CANTOR, M., Vorlesungen über Geschichte der Mathematik, 4 Bde., Verlag Teubner Leipzig
1. Band, Von den ältesten Zeiten bis zum Jahre 1200 n. Chr.: 1880
2. Band, Von 1200—1668: 1892
3. Band, Von 1668—1758: 1898
4. Band, Von 1758—1799: 1908

CHOULANT, O., Abriß der Markscheidekunst, Freiberg 1873

Denkschrift der Oberbergamtsmarkscheider des Oberbergamtes Dortmund vom Jahre 1909, nicht veröffentlicht

Der Deutsche Steinkohlenbergbau, Sammelwerk, Verlag Glückauf Essen, 1. Bd. 1942; 2. Bd. 1956

Dienstinstruktion vom 29. 10. 1847 für die Kgl. Markscheider und Markscheidergehülfen in dem Westfälischen Haupt-Berg-Distrikte, Oberbergamt Dortmund

Geschäftsanweisung des Oberbergamtes Dortmund vom 14. 5. 1887

Gesetz über die polizeilichen Verhältnisse der Gewerbe in Preußen vom 7. 9. 1811

HAIBACH, O., Begriffsbestimmung für die bergmännischen Riß-, Karten- und Plandarstellungen, Mitt. a. d. Marksch.-Wes. (1943[2])

Haussner, R., Darstellende Geometrie von Gaspard Monge, 1798, Deutsche Übersetzung, Ostwalds Kl. d. ex. Wiss., Nr. 117, Leipzig 1900
Hecht, D. F., Lehrbuch der Markscheidekunst, Verlag Graz und Gerlach Freiberg 1829
Hornoch, A. T., Zur Geschichte des Grubenrißwesens, Z. f. Berg-, Hütten- u. Sal.-Wes. (1941)
Jahrbuch der Kgl. Bergakademie Freyberg, 1832, S. 192—195
Instruktion für die Markscheider im märkischen und Essen'schen Bergamtsbezirk vom 15. 2. 1832, Oberbergamt Dortmund
Kästner, A. G., Anmerkungen über die Markscheidekunst, Göttingen 1775
Kirnbauer, F., Die ältesten Dokumente deutschen Markscheidewesens, Montan. Rundschau Leoben (1935)
—, Die Entwicklung des Markscheidewesens im Lande Österreich, Blätter f. Technikgeschichte Wien (1940)
Kolb, W., Der älteste schlesische Grubenriß. Z. f. d. Berg-, Hütten- und Sal.-Wes. (1937)
—, Eine bergmännische Übersichtskarte des 16. Jahrhunderts aus dem Sudetenland. Z. f. d. Berg-, Hütten- und Sal.-Wes. (1941)
—, Der älteste sächsische Grubenriß aus dem Jahre 1574. Mitt. a. d. Marksch.-Wes. (1951)
Kleszczyński, k. k. Markscheider Przibram: Literatur der Markscheidekunst von den ältesten Zeiten bis auf die Gegenwart, Berg- u. Hüttenm. Jahrb. Leoben, Wien 1854
Lehmann, K., Vorwort zu den Normen für Markscheidewesen, 1936
Lempe, J. F., Fortsetzung zu August Beyers Gründlichem Unterricht von Bergbau nach Anleitung der Markscheidekunst, Richter'sche Buchhandlung Altenburg 1785
Liebenam, Ad., Lehrbuch der Markscheidekunst und praktischen Geometrie, Verlag A. Mentzel Leipzig 1876
Lüdemann, K., Einige geschichtliche Mitteilungen über die Anwendung der isometrischen Projektion auf die Darstellung von Grubenrissen, Mitt. a. d. Marksch.-Wes. (1923)
Müller, H., Zur Konstruktion des Flachrisses, Mitt. a. d. Marksch.-Wes. (1938[3])
—, Der Flachriß als ergänzende Konstruktionsgrundlage bergbaulicher Sonderrisse, Verlag Glückauf Essen 1938[4]
Nehm, W., Die Erweiterung markscheiderischer Darstellungsmethoden im Seigerriß, Mitt. a. d. Marksch.-Wes. (1923)
—, Die ersten Ansätze des Markscheidewesens auf dem Rammelsberg, Mitt. a. d. Marksch.-Wes. (1933[2])
—, Die Entwicklung des Markscheidewesens auf dem Oberharz bis zum Dreißigjährigen Krieg, Clausthal 1934[2]
—, Über den Stand der markscheiderischen Berufsgeschichte, Mitt. a. d. Marksch.-Wes. (1950) Heft 1
—, Materialien zur Geschichte des sächsischen Markscheidewesens, Mitt. a. d. Marksch.-Wes. (1951[1, 2])
—, Die Geschichte eines Kartenwerks, das nie fertig ist, Mitt. a. d. Marksch.-Wes. (1951[3])
—, Aus der Frühzeit des deutschen Grubenrißwesens. Bergvermessungstechn. Blätter (1952[1])
Neubert, K., Julius Weisbach zum 150. Geburtstag, Mitt. a. d. Marksch.-Wes. (1956) Heft 4
Niemczyk, O., Haibach, O., Bergmännisches Vermessungswesen, Zweiter Band, Akademie-Verlag Berlin 1956
Normen für Markscheidewesen. DIN Berg 1901—1938, herausgegeben vom Fachnormenausschuß für Bergbau und Deutschen Normenausschuß, 1936. Vertrieb: Beuth-Verlag GmbH. Berlin W15
von Oppel, Anleitung zur Markscheidekunst, nach ihren Anfangsgründen und Ausübungen kürzlich entworfen. Verlag von Conrad Walther, Kgl. Hof-Buchhändler, Dresden, 1749 Hierzu: Anhang der Anleitung zur Markscheidekunst, Dresden 1752
Preußische Markscheiderordnung vom 23. März 1923
Prüfungsbestimmungen des Pr. Min. f. Handel u. Gew. vom 24. 10. 1898 für Anwärter des Markscheidefaches, Berlin
Reinholt, E., Gründlicher und warer Bericht. Vom Feldmessen / Sampt allem / was dem Anhengig. Darin alle die Irthumb /so biß daher im Messen für geloffen / entdackt worden.

Desgleichen vom Markscheiden / kurtzer und gründlicher Unterricht, Druck von Georg Baumann Erfurt 1574
RHODIUS, A., Die Bergwerksrisse und Bergwerkskarten, Z. f. Bergrecht *1*, (1860)
Richtlinien für Herstellung und Ausgestaltung des bergmännischen Rißwerks, Essen 1950/51. Druck: Rhein. Lichtpaus- und Druckanstalt Josef Schäfer, Düsseldorf
RÖSLER, B., Der hellpolierte Bergbauspiegel 1650, Verlag Jakob Winkler Dresden 1700
SCHULTE, G., LÖHR, W., Markscheidekunde für Bergschulen und für den praktischen Gebrauch, 3. Aufl., Springer Verlag Berlin 1958
SCHULZ-BRIESEN, M., Der preußische Staatsbergbau von seinen Anfängen bis zum Ende des 19. Jahrhunderts, zwei Bände, Verlag Reimar Hobbing Berlin 1933
SCHMIDT, M., Über die Entwicklung der Markscheidekunst und die Ausbildung der Markscheider in Sachsen, Jahrb. f. d. Berg- und Hüttenwes., Freiberg (Sa.) 1889 u. 1892
SEYFERT, Das Braunkohlenbergwerk bei Riestädt, Z. f. d. Berg-, Hütten- u. Sal. Wes. (1858)
STACH, E., Die stereographische Darstellung tektonischer Formen im Würfeldiagramm auf Stereo-Millimeterpapier, Z. d. Dt. Geol. Ges., Berlin (1922)
STECK, M., Die geistige Tradition der früheren Euklid-Ausgaben, Forschungen u. Fortschritte (1957) S. 113—117
UHLICH, P., Lehrbuch der Markscheidekunde, Freiberg (Sa.) 1901
VOIGTEL, N., Geometria subterranea oder Markscheidekunst, Eisleben, 1. Aufl. 1686, 2. Aufl. 1714
WEIDLER, J. F., Institutiones geometriae subterraneae, Anleitung zur unterirdischen Meß- oder Markscheidekunst, Wittenberg 1726/64
WEISBACH, J., Die neue Markscheidekunst und ihre Anwendung auf die Anlage des Rothschönberger Stollns, Erste Abteilung, Braunschweig 1851
—, Theorie der axonometrischen Projektionsmethode, Civilingenieur, 236—250 (1856)
—, Die trigonometrischen und Nivellier-Arbeiten unter Tage, Zweite Abteilung, Braunschweig 1859
WERNEKE, Zur Entwicklung des Grubenrißwesens im westfälischen Oberbergamtsbezirke, Mitt. a. d. Marksch.-Wes. (1888) III. Heft
—, Mitt. a. d. Marksch.-Wes. (1887)
WIENER, CHR., Lehrbuch der darstellenden Geometrie, 2 Bde., Verlag Teubner Leipzig 1. Band: Geschichte der darstellenden Geometrie, 1884
WILKENING, W., ERASMUS REINHOLT, der Verfasser der ersten deutschen Markscheidekunde. Mitt. a. d. Marksch.-Wes. (1960) Heft 1
WILKENING, W., Die „Markscheidekunde" des ERASMUS REINHOLT aus dem Jahre 1574, Mitt. a. d. Marksch.-Wes. (1960) Heft 2
WILSKI, P., Markscheidekunde, Springer Verlag Berlin, Bd. I 1929, Bd. II 1932
Zeitschrift für das Berg-, Hütten- und Salinenwesen 1855, 1858, 1859
Zentrale Agricola-Kommission, Georgius Agricola 1491—1555 zu seinem 400. Todestag. 21. November 1955, Akademie-Verlag Berlin 1955

II. DIE GRUBENRISSWERKE

A. Allgemeingültiges

(NIEMCZYK)

Im Abschnitt I über die Entwicklungsgeschichte des markscheiderischen Riß- und Kartenwesens hatten wir den späten Einsatz brauchbarer Darstellungsmethoden eingehend begründet. Die größeren Bergwerksgesellschaften, besonders im Steinkohlenbergbau Westdeutschlands, erkannten sehr bald nach dem Inkrafttreten des ABG vom 24. 6. 1865, welche Vorteile ihnen durch die Übernahme einzelner Markscheider in ihre Dienste erwuchsen; denn schon zu Anfang des 20. Jahrhunderts war bei einem Bestand der staatlichen Markscheider von 10% der im Deutschen Markscheider-Verein e. V. (DMV) zusammengefaßten Mitglieder die Zahl der freiberuflich tätigen Markscheider von 90% auf 35% abgesunken, und diese Zahl verringerte sich weiter, so daß heute neben den 8% im Staatsdienst beschäftigten noch etwa 7% freiberufliche und rd. 85% im deutschen Bergbau angestellte Markscheider tätig sind.

Es kann daher nicht verwundern, wenn die Bergbehörde die Mitarbeit des DMV in Anspruch nahm, in dem sämtliche Berufszweige einschließlich der Staatsstellen zusammengeschlossen waren. So übersandte der Preußische Minister für Handel und Gewerbe eine für Anfang des 20. Jahrhunderts vorgesehene neue Markscheiderordnung (MO) im Entwurf erstmalig im Jahre 1909 dem DMV zur Äußerung, und es ist dessen großes Verdienst, nicht nur an dieser, sondern auch an anderen wichtigen Verordnungen maßgeblich mitgewirkt zu haben. Und so behandelt die mit dem 23. 3. 1923 erschienene preußische Markscheiderordnung (MO) allein auf 17 von 32 Seiten (53%) das markscheiderische Rißwesen, das in den vorangegangenen Markscheiderinstruktionen der Jahre 1856 und 1871 auf eine einzige Druckseite beschränkt geblieben war.

Wenn damit nun auch ein großer Schritt auf dem Gebiete der markscheiderischen Darstellungen getan war, können wir doch erst das Jahr 1936 als das Geburtsjahr der Neuordnung des bergmännischen Rißwesens ansprechen, weil es das Erscheinungsjahr der „Normen für Markscheidewesen" (DIN BERG 1901 bis 1938, Normen für Markscheidewesen, herausgegeben vom Fachnormenausschuß für Bergbau — Faberg — und Deutschen Normenausschuß e. V.) ist und weil außerdem zugleich mit der Herausgabe der Normen der Rißmusteratlas angekündigt wurde. Zwar ist dieser wegen der Kriegsereignisse erst im Jahre 1942 herausgekommen, doch entstand er im Zuge der Normungsarbeiten. Im Vorwort sagt der Obmann des Arbeitsausschusses für die Aufstellung der Normen im DMV,

Professor Dr. K. LEHMANN, folgendes: „Die Normen sollen die notwendigen Grundlagen[1]) abgeben, nach denen die bergmännischen Risse und Zeichnungen unter Wahrung der Wirtschaftlichkeit bei vollendeter zeichnerischer Darstellung inhaltlich weitestgehend ausgebaut werden konnten ..." und „Die Brauchbarkeit der vorliegenden Normen wurde durch Anlegen von Musterrissen aller einschlägigen Bergbauzweige und Rißarten erprobt." Das, was die Jahre 1936 und 1942 einleiteten, nämlich die Grundgedanken für ein nicht nur umzugestaltendes, sondern für ein vollkommen neues Rißwerk, kennzeichnet den großen Umschwung auf dem gesamten Gebiete der Darstellungen. Stillstände und Rückfälle in der Entwicklung des markscheiderischen Rißwesens konnten bis zum Ausgang des 19. Jahrhunderts nicht überwunden werden, weil es neben der unzureichenden Berufsausbildung auch keine führenden amtlichen Stellen im Markscheidewesen geben durfte. Es ist daher bemerkenswert, daß Einzelforscher, wie zum Beispiel W. NEHM, H. MÜLLER, O. HAIBACH und andere durch wertvolle Beiträge auf dem Gebiet der Darstellungen hervortreten konnten, ferner daß der DMV durch die Bildung großer und kleiner Arbeitsausschüsse allen markscheiderischen Berufen und auf allen Bergbaugebieten großenteils den Weg zum Erfolg auf rißtechnischem Gebiet gewiesen hat.

Bevor wir auf die Bestandteile und Besonderheiten der Grubenrißwerke eingehen können, ist es notwendig, einige allgemeine Gesichtspunkte zu behandeln, die dem Rißwesen in den deutschen Ländern eigentümlich sind und seine Eigenarten gegenüber anderen Ländern begründen.

1. Bedeutung und Aufgabe der bergmännischen Darstellungen

Es ist in früheren Zeiten (19. Jahrhundert und Beginn des 20. Jahrhunderts) von bergbehördlicher Stelle übersehen oder nicht erkannt worden, daß der Fortschritt im Markscheidewesen und damit die Grubensicherheit nicht allein von der Weiterentwicklung der Instrumententechnik sowie der Meßverfahren, sondern in zumindest gleichem, wenn nicht sogar höherem Maße von einer einwandfreien darstellerischen Wiedergabe des Grubengebäudes abhängt. Die Aufgabe des markscheiderischen Rißwesens besteht darin, die vermessungstechnischen, bergmännischen und geologischen Aufnahmen, Beobachtungen und Wahrnehmungen über und unter Tage so zur Darstellung zu bringen, daß der geschulte Fachmann (Markscheider, Bergmann) das, was aufgemessen, beobachtet, entworfen oder geplant wird, im Riß, Plan oder in der Karte nutzbringend zu lesen versteht. Art und Weise sowie Richtigkeit und Anschaulichkeit der Darstellungsarten und -methoden erfordern gerade im Bergbau eine mathematisch fundierte, dreidimensional ausgerichtete Denk- und Arbeitsweise.

Die Schwierigkeiten in der exakten Darstellung unregelmäßig gestalteter Gang- oder Flözkörper bzw. -flächen begannen mit der Auftragung der in Frage kommenden Grubenbaue auf seigere und geneigte Projektionsebenen (Seigerrisse, Flachrisse); sie konnten auch bis tief ins 20. Jahrhundert hinein nicht behoben werden aus Gründen, die wir im Abschnitt I (S. 86) ausführlich erläutert haben. Erst in

---

[1]) An die Stelle des Wortes „Grundlagen" ist zweckmäßig der Ausdruck „Richtlinien" zu setzen. (Der Verf.)

den letzten beiden Jahrzehnten wiesen H. MÜLLER (1938[1,2], 1942) und O. HAIBACH (1942, 1943, 1944, 1948[1,2,3], 1949[1,2,3], 1951[1,2,3], 1952[1,2,3], 1954, 1956) neue Darstellungswege auf den Gebieten der Projektionsmethoden, der Schnittkonstruktionen und der körperlichen Darstellungen im Modell, in Schau-, Raum- und Hochbildern. Hierüber unterrichtet übersichtlich der zweite Band unseres Handbuches (1956).

In engem Zusammenhang mit der Aus- und Umgestaltung des bergmännischen Rißwesens stehen naturgemäß die *Richtlinien für Herstellung und Ausgestaltung des bergmännischen Rißwerks* vom Jahre 1950/51 als eine markscheiderische Gemeinschaftsarbeit großen Stils, die an die Stelle der Normen für Markscheidewesen vom Jahre 1936 getreten sind, so daß diese überflüssig wurden. Mit dem Erscheinen der Richtlinien ist allerdings das große Gebiet der Grubenrißwerke zunächst nur untermauert, und es ist Aufgabe des dritten Bandes unseres Handbuches, die von O. HAIBACH im zweiten Band gegebenen mathematischen Grundlagen und Darstellungswege durch praktische Beispiele zu belegen, d. h. ein sinnvolles Zusammenspiel der theoretischen Darlegungen mit den Richtlinien herbeizuführen. In diesem Sinne ist es besonders zu begrüßen, daß die *inner*deutschen Länder diesen Richtlinien allgemein und der Anfertigung neuer sowie der Weiterführung bestehender Grubenrißwerke auf dieser neuen Grundlage zugestimmt haben (Einleitung zu Richtlinien S. 4—7).

a) Bemerkungen zum Markscheide- und Rißwesen in innerdeutschen Ländern und im Ausland

Man kommt in diesem Abschnitt nicht daran vorbei, wenigstens in großen Zügen die teils in Gesetzesvorschriften, teils im Ausbildungsgang der Markscheider begründeten Unterschiede aufzuzeigen, die sich im In- und Ausland auf dem Gebiete der bergmännischen Darstellungen darbieten.

α) Die gesetzlichen Grundlagen des Grubenrißwerks in der Bundesrepublik. Markscheiderordnung der Deutschen Demokratischen Republik

Ursprünglich hatten die mit Preußen im ehemaligen Deutschen Reich zusammengeschlossenen bergbautreibenden Länder, wie Anhalt, Baden, Württemberg, Bayern, Braunschweig, Oldenburg, Sachsen, Schaumburg-Lippe, die Freie Hansestadt Hamburg und andere ihre eigenen Berggesetze, ihre besonderen Bergpolizeiverordnungen und teilweise sogar ihre eigenen Markscheiderordnungen.

Als gesetzliche Grundlage des Grubenbildes gilt bekanntlich im ehemaligen Preußen § 72, Absatz 1—3 des ABG vom 24. 6. 1865, wonach der Bergwerksbesitzer gehalten ist, durch einen konzessionierten Markscheider ein Grubenbild in zwei Exemplaren anfertigen und regelmäßig nachtragen zu lassen. Es ist sodann Aufgabe der Oberbergämter, durch Bergpolizeiverordnungen die Zeitabstände der Nachtragungen des Grubenbildes u. a. m. zu regeln. *Eine* Ausfertigung des Grubenbildes ist der Bergbehörde zu übergeben (amtliches Grubenbild), die zweite auf dem Bergwerk aufzubewahren (Werksgrubenbild). Über die Art und Weise der Anfertigung, Ausgestaltung und Nachtragung des Grubenbildes unterrichteten früher Geschäfts- und Dienstanweisungen für den Markscheider, an deren Stelle in den Grundzügen die preußische Markscheiderordnung (MO) vom Jahre 1923 getreten ist.

Sie gilt heute für sämtliche Oberbergamtsbezirke des Bundesgebietes, hat aber in den Jahren 1936 und 1951 in bezug auf das markscheiderische Rißwesen Abänderungen erfahren, auf die wir noch zu sprechen kommen.

Abweichend von den für die Bundesrepublik geltenden Bestimmungen über das Markscheidewesen hat die Deutsche Demokratische Republik (DDR) unter dem 23. 7. 1957 eine Anordnung über die Berufsausübung der Markscheider — *Markscheiderordnung* — bekanntgegeben, die wir mit allen 55 Paragraphen im Anhang dieses Bandes im vollen Wortlaut wiedergeben. Wichtig ist in dieser Verordnung, soweit es um markscheiderische Darstellungen geht, der Paragraph 40, der besagt, daß „der Markscheider bei der Anlegung und Nachtragung des Rißwerkes *die Normen* über die Standardisierung des bergmännischen Rißwesens zu beachten hat.“ Da es sich bei diesen Normen im wesentlichen um die bereits erwähnten *Richtlinien* handelt, an deren weiterem Ausbau Vertreter der Geologie, Geophysik und des Markscheidewesens der DDR im Normenausschuß beim Deutschen Steinkohlen-Bergbau-Verein (Faberg) mitwirken, wird die Einheitlichkeit der Darstellungsmethoden gewahrt.

Die Umstellung der einzelnen Länder des Bundesgebietes auf die *Richtlinien* hat zu einer Vereinheitlichung des markscheiderischen Rißwesens geführt, die sich in jeder Beziehung nutzbringend auswirken wird, wenn man berücksichtigt, daß eine solche Umstellung stets längere Zeit erfordert. Dies schließt nicht aus, daß in einigen Ländern, wie Baden-Württemberg oder Bayern, zusätzlich einige Dienstanweisungen, Verfügungen und Verordnungen bestehen, die zum Beispiel den Maßstab für Berechtsamsrisse festlegen oder die Anfertigung von Situationsrissen für Mutungen besonders regeln u. a. m. Auf den Aufbau der Rißwerke nehmen aber derartige Bestimmungen keinen Einfluß. Die im dritten Band zu bringenden Anwendungen und Beispiele sind somit in ganz Deutschland bedeutungsvoll. Auf Abweichungen soll von Fall zu Fall eingegangen werden.

β) Markscheide- und Rißwesen im Ausland

Im Ausland gelten andere Grundsätze. Wohl kaum ein anderer Beruf wird im Ausland so grundverschieden beurteilt und gewertet wie der Beruf des Markscheiders. Es gibt Länder — wir fassen hier natürlich nur bergbautreibende Länder ins Auge —, die die in Betracht kommenden markscheiderischen Arbeiten durch Kräfte ausführen lassen, die im Sinne unserer Ausbildungsgrundsätze weder fachschulmäßig noch akademisch vorgebildet sind. Zumeist handelt es sich um solche Länder, deren Bergbaubetriebe nur auf vereinzelt auftretende, eng begrenzte Vorkommen als Tagebaue oder wenig tiefe Lagerstätten beschränkt sind. Man hat alsdann weder nachbarrechtliche Interessen zu wahren, noch Orientierungs- und Anschlußmessungen großen Stils auszuführen, wie sie etwa in umfangreichen, geschlossenen Bergbaubezirken anfallen. Sodann gibt es Länder, in denen dem Markscheidewesen zwar Bedeutung zukommt, jedoch nicht in dem Maße wie beispielsweise in Deutschland. Zu diesen Ländern gehört u. a. Österreich.

In *Österreich* regelte früher das Allgemeine österreichische Berggesetz vom 23. 5. 1854 die bergbaulichen Gewinnungsrechte, ferner die Pflichten und Rechte der Bergbauberechtigten sowie die bergbehördliche Aufsicht. Im § 185 wurde jedem

Bergbauunternehmer aufgegeben, „über seinen Schurf oder Bergbaue genaue Grubenkarten zu führen“. Und § 198 regelte die Feldesgrenzen zwischen Nachbarn im Falle des Zusammentreffens von Grubenbauen, wobei „beeidete Markscheider“ hinzuzuziehen waren. In einer Vollzugsvorschrift zum Allgemeinen Berggesetz wurden Arbeiten des Markscheiders in den Paragraphen 40, 51, 53 und 97 erwähnt.

Nach Auskünften, die wir Herrn Berghauptmann Dipl.-Ing. Kilga, Wien, verdanken, ist das alte durch ein neues Bundesgesetz vom 10. 3. 1954 über das Bergwesen (Berggesetz) ersetzt worden, das stark gekürzt nur noch 153 Paragraphen enthält. In diesem neuen Berggesetz entspricht § 93 dem Inhalt und teilweise auch dem Wortlaut des früheren § 185. Ein dem § 198 des früheren Berggesetzes gleichwertiger Paragraph ist in das neue Berggesetz nicht aufgenommen worden, wie auch die Arbeiten und der Beruf des Markscheiders in ihm keine Erwähnung mehr finden. Wir müssen hier schon auf zwei grundlegende Unterschiede zwischen den Berggesetzen Preußens und Österreichs hinweisen.

In den deutschen Ländern (vornehmlich im früheren Preußen) ist das amtliche sowie das Werksgrubenbild unbedingtes Erfordernis. In Österreich hat der Bergbauberechtigte für Grubenkarten in je *einer* Ausfertigung aufzukommen, was unserem Werksgrubenbild gleichkommen würde. Die Bergbehörde behält sich nur vor, aus diesen Grubenkarten Übersichtskarten herzustellen (§ 93) und in alle Grubenkarten und Pläne sowie in alle Aufzeichnungen über Betriebsverhältnisse, auf die sich die Aufsicht der Bergbehörde bezieht, Einsicht zu nehmen (§ 106, Abs. 2 des neuen Berggesetzes). Ein weiterer Unterschied äußert sich darin, daß in Österreich keinerlei Vorschriften bestehen, nach denen im Bergbau nur bestimmte Personen beschäftigt werden dürfen, d. h., der Bergbauunternehmer kann jede Person, die er für befähigt hält, als Markscheider einsetzen. Allerdings bleibt es der Bergbehörde unbenommen, die ihr vom Bergwerksbesitzer vorgelegten „Lagerungs- und Grubenkarten“ nach Überprüfung zurückzuweisen, falls sie den Anforderungen nicht genügen. In der Mehrzahl werden jedoch die Markscheiderstellen, besonders bei größeren Bergbaugesellschaften, mit Diplomingenieuren der Fachrichtung Markscheidewesen besetzt, die auf der Montanistischen Hochschule Leoben auf Grund eines dem Studium an deutschen Berghochschulen gleichwertigen achtsemestrigen Lehrganges die zweite Staatsprüfung mit Erfolg abgelegt haben.

Darüber hinaus ist im Jahre 1957 ein neues Ziviltechnikergesetz (Bundesgesetzblatt Nr. 146/57) in Kraft getreten, demzufolge Ingenieurkonsulenten für das Markscheidewesen zugelassen werden mit der Befugnis, „das gesamte Fachgebiet zu vertreten sowie Schurfarbeiten mit den dazu gehörenden baulichen und bergbaulichen sowie Vermessungsarbeiten auszuführen, soweit sie mit dem Bergbau unmittelbar zusammenhängen, ausgenommen die zur grundbücherlichen und katastralen Durchführung eines Rechtsgeschäftes erforderlichen Vermessungen und die Verfassung von Teilungsplänen“.

Des Markscheiders wird namentlich erst Erwähnung getan in der Allgemeinen Bergpolizeiverordnung vom 26. 8. 1928. In ihr ist der Abschnitt XVI dem Markscheidewesen gewidmet; er enthält in den Paragraphen 281—291 Anweisungen über die Grubenkarten, deren Maßstab und Netz sowie über ihre Nachtragung. Im § 287 sind einige Fehlergrenzen bei den markscheiderischen Aufnahmen angegeben; sodann wird in den Paragraphen 288—290 über die Ausführung von Feinmessungen gesprochen, worunter Messungen mit dem Theodolit nebst Fehlerausgleichung verstanden werden. Schließlich handelt § 291 von der Erhaltung der Markscheiderzeichen und Festpunkte. § 281 über Grubenkarten ist im großen ganzen recht knapp gehalten. Er besagt, daß die Grubenbaue ihrer Gestalt, Größe und Lage nach im Grundriß und, wenn sie auf verschiedenen Sohlen übereinander liegen, auch im Aufriß oder in Scheibenkarten darzustellen sind. Ferner sollen alle Tagesgegenstände einschließlich der zu ihrem Schutze festgesetzten Sicherheitspfeiler eingetragen werden. In Einzelfällen sind Sonderrisse vorgeschrieben.

Man könnte nun erwarten, daß über die Anfertigung und Ausgestaltung der Grubenkarten eine Geschäftsanweisung oder Markscheiderordnung unterrichtet. Dies ist aber nicht der Fall; vielmehr ist die Form der Rißherstellung dem Ausführenden voll und ganz überlassen. Zwar haben die Normen für Markscheidewesen nach dem Jahre 1936 auch in Österreich Eingang gefunden, vornehmlich bei der Neuanfertigung von Grubenbildern. Jedoch handelt es sich dabei nicht um die Erfüllung bestimmter Vorschriften, sondern um freiwillige Leistungen. Nach Bekanntwerden der Richtlinien 1950/51 werden diese mit der Zeit wohl auch in Österreich zur Anwendung gelangen.

Über das Berufsbild des Markscheiders in Österreich, über sein Arbeitsfeld über und unter Tage, ferner auch über das österreichische Rißwesen hat der Verfasser dieses Abschnittes im übrigen bereits früher Ausführungen gemacht (1939, Heft 7, S. 137—141[1])), die sich in den hauptsächlichen Punkten heute noch aufrechterhalten lassen.

Wir können in diesem Rahmen selbstverständlich nicht auf das Markscheide- und Rißwesen sämtlicher bergbautreibender Länder eingehen, wenn wir nachstehenden Ausführungen folgen. In den Jahren 1924 bis 1933 habe ich im Auftrage deutscher und französischer Bergwerksgesellschaften eine größere Anzahl ausländischer Lagerstätten verschiedener Bergbauzweige untersucht, worauf bereits (Bd. II, S. 724—726) hingewiesen wurde. Bei der Bereisung europäischer Länder, u. a. von Schweden, Norwegen, Polen, der Tschechoslowakei, von Österreich, Belgien, Frankreich, der Schweiz, von Italien, der Balkanstaaten usw., lernte ich auch — soweit es das überhaupt gab — das Markscheide- und Rißwesen kennen, und ich glaube, daß sich die Verhältnisse in diesen Ländern bis heute nicht, zumindest nicht grundlegend geändert haben.

Auf meinen Expertisen habe ich die Wahrnehmung gemacht, daß in einzelnen Staaten, zum Beispiel den Balkanländern, Italien und Norwegen, weder der Beruf des Bergingenieurs noch der des Markscheiders bodenständig vertreten war. Soweit es Bergingenieure, jedoch keine Markscheider gab, hatten diese ihre Kenntnisse zumeist an einer deutschen oder österreichischen Berghochschule erworben. Man kann sich daher gut vorstellen, daß die vorhandenen Risse oder Karten in den bereits aufgeschlossenen Bergbaubetrieben entweder als dürftig oder als ungenau, mitunter sogar als unbrauchbar angesprochen werden mußten. In Frankreich und Belgien begegnete uns der géomètre souterrain, der in der Regel Fachschulausbildung aufweist und in etwa unserem Bergvermessungstechniker gleichzustellen wäre. Das Rißwesen entspricht im allgemeinen den behördlichen und betrieblichen Anforderungen, doch sind uns über das Maß unserer früheren Ansprüche an das Darstellungswesen hinausgehende Leistungen oder gar Besonderheiten, die man als richtungsweisend bezeichnen könnte, nicht aufgefallen.

---

[1]) Berg- u. Hüttenm. Monatsh. d. Mont. Hochschule Leoben.

Natürlich bestehen in den letztgenannten Ländern mit ausgedehnten Bergbaubezirken ähnlich wie im österreichischen Bergbau Bestimmungen und Vorschriften über das bergmännische Vermessungs- und Rißwesen. Im Grunde genommen wiederholen sich auch diese Anweisungen und Vorschriften in quantitativ und qualitativ abgeänderter Form. Es erscheint uns jedoch nicht angebracht, hier ins einzelne zu gehen, sondern einige Eigenarten des Markscheidewesens, gegebenenfalls auch der Darstellungen, in den drei Ländern *England, Vereinigte Staaten von Amerika* und *Sowjetunion* in großen Zügen zu behandeln. Mit dieser Auswahl hoffen wir die verschiedenartige Einstellung dieser Länder zu den uns im deutschen Markscheide- und Rißwesen bewegenden Fragestellungen und Problemen am besten zu kennzeichnen.

Für *England* liegen uns zwei interessante Schriften vor, die wir Herrn Kenneth Wardell verdanken. Eine Schrift „The Royal Institution of chartered surveyors" beschäftigt sich mit den Vorschriften und Bestimmungen für berufliche Prüfungen der „privilegierten" oder, wie wir in Deutschland sagen würden, der „öffentlich bestellten" Vermessungsingenieure und ist mit 84 Seiten Inhalt im Jahre 1953 in London veröffentlicht worden. Die zweite Schrift „Surveying practice and statutory plans" enthält die Gesetze und Vorschriften über die Ausübung der markscheiderischen Praxis sowie über die gesetzlich vorgeschriebenen Risse. Sie wurde vom National Coal Board im Jahre 1951 in London herausgegeben. In ihr werden auf 66 Seiten die Vorschriften sowie zeichnerische Tafeln und Muster für sinnbildliche Ausdrucksmittel gebracht (Bd. II, S. 346—360, und Richtlinien 1950/51). Im Anhang findet man das Musterblatt eines bunt angelegten Abbaugrundrisses im Maßstab 1:2500, somit in Metern, nachdem das Meter mit 3,280831831 engl. Fuß auch in England eingeführt worden ist.

Aus der erstgenannten Schrift geht hervor, daß die Königliche Gesellschaft der privilegierten Vermessungsingenieure eine Reihe von Abteilungen umfaßt: Landwirtschaft, Schätzungswesen, Häuserverwaltung, Stadt- und Landplanung, Bauingenieurwesen, Massenermittlung, *Markscheidewesen.* In jeder dieser Abteilungen — wir würden sagen „Fachrichtungen" — können Prüfungen abgelegt und berufliche Abschlüsse erzielt werden. Die Aufnahmebedingungen für das Studium und die praktische Tätigkeit weichen stark voneinander ab. Allgemein wird ein Schulzeugnis mit befriedigenden Noten in fünf Fächern, darunter Englisch, Mathematik, Geschichte usw. verlangt. Soweit es sich um die markscheiderische Abteilung handelt, findet eine erste Prüfung (Vorprüfung) in den Fächern Messen und Nivellieren, Planzeichnen, Kartenlesen, Theoretische und Angewandte Mathematik, Physik und Chemie, Liegenschaftsrechte und Wirtschaftslehre statt. Es folgt nach zwei Jahren eine zweite, die sogenannte Zwischenprüfung, in die bereits Markscheidekunde aufgenommen wird. Außerdem erstreckt sich diese Zwischenprüfung auf Katasterwesen, technisches Messen, Geologie, technisches Zeichnen, Bergrecht, Schätzungswesen, Stadt- und Landplanung, Baukonstruktionslehre, Steuerwesen. Bei der Meldung zur Zwischenprüfung sind Übungsergebnisse einzureichen. Die Schlußprüfung kann erst nach Ablauf von weiteren vier Jahren abgelegt werden, von denen die ersten beiden Jahre dem Studium, die letzten beiden der praktischen Ausbildung zu widmen sind. Abweichungen sind zulässig. Zur Schlußprüfung werden verlangt: Markscheidekunde für Fortgeschrittene, Angewandte Geologie, Substanzbewertungen, Bergschadenkunde, Grundstückswesen, Grundzüge der Bergbaukunde, Gesetzeskunde u. a. m.

Die Ausbildung dauert im ganzen etwa 7—8 Jahre. Dabei handelt es sich beim mine surveyor um einen akademischen Beruf, der nicht, wie bei uns, mit dem des Bergingenieurs, sondern des Vermessungsingenieurs in engem Zusammenhang steht. Eine dem Studium vorausgehende bergmännische Praxis wird nicht gefordert. Der Unterricht in Bergbaukunde setzt erst sehr spät ein und ist auf ein Geringmaß beschränkt. Aus diesen Unterschieden gegenüber unseren Ausbildungsvorschriften erklärt sich der Mangel an Lehrbüchern der Markscheidekunde in England.

Auf dem Vermessungsgebiet gibt es hauptsächlich Lehrbücher, von denen das bekannteste das zweibändige Werk „Eine Abhandlung über das Vermessen" von MIDDLETON und CHADWICK ist, das in 6. Auflage in London im Jahre 1955 erschien (erste Auflage 1899/1902, fünfte Auflage 1935). Der erste Band behandelt die meßtechnischen Grundlagen (381 Seiten), der zweite Band beschäftigt sich mit den Messungen für Fortgeschrittene, u. a. mit Ausgleichungsrechnung, Basis- und Kleindreiecksmessungen, astronomischer Ortsbestimmung, Stereophotogrammetrie usw. (438 Seiten). Im Vorwort zum zweiten Band heißt es u. a.: „Der erste Band der Abhandlung über das Vermessen befaßt sich mit den Grundaufgaben des Messens und den Anwendungen in der Praxis im Vereinigten Königreich oder für kleine Überseemessungen und enthält den Unterrichtsstoff für das erste Jahr an den Universitäten und Ingenieur-Hochschulen, bei denen sich die Messungen über zwei Jahre ausdehnen. Der zweite Band ist für den Gebrauch der Zivilingenieure bestimmt, ferner für die Landmessung in Großbritannien und Übersee sowie zur Vorbereitung der Zivilingenieur-Studenten für die Schlußprüfungen. Er erfaßt ferner mit Band 1 zusammen die Zwischenprüfungen der Königlichen Gesellschaft privilegierter Vermessungsingenieure . . ."

Die Gesellschaft privilegierter Vermessungsingenieure besteht aus eingeschriebenen Mitgliedern. Die Mitgliedschaft steht allen denen offen, die die Befähigungsprüfungen bestanden haben und über die notwendige Praxis verfügen. Studierende sind bis zur bestandenen Zwischenprüfung zwar an die Gesellschaft angeschlossen, dürfen jedoch nicht die Mitgliedschaft erwerben. Nach einer Probezeit von fünf Jahren werden sie korporative Mitglieder der Gesellschaft.

Zu den obenangeführten Ausbildungs- und Prüfungsvorschriften bestehen natürlich auch Ergänzungs- und Ausnahmebestimmungen, zum Beispiel für die Ablegung *direkter* Mitgliedschaftsprüfungen u. a. m., worauf hier nicht mehr eingegangen wird.

Unsere besondere Aufmerksamkeit verdient die zweitgenannte Schrift über die praktischen Arbeiten des mine surveyor und das markscheiderische Rißwesen. Das Buch enthält 10 Abschnitte, von ihnen sind, soweit es das Rißwesen angeht, Abschnitt 2 und 4 von besonderem Interesse. Ersterer enthält ins einzelne gehende Anweisungen für die Anfertigung des vorgeschriebenen *Arbeitsrisses*, wie er im Gesetz über den Steinkohlenbergbau vom Jahre 1911 vorgesehen ist. Nach dem Musterriß im Anhang des Buches zu urteilen, handelt es sich nach unseren *Richtlinien* um einen Abbaugrundriß für ein einzelnes Flöz, das mit 8° einfällt; doch zeigt der Riß auch die Tagesgegenstände. Da im englischen Bergbau meist nur ein einziges Flöz im Abbau steht, reicht auch ein einziger Riß aus, für den bei dem flachen Einfallen der Lagerstätte keine weiteren zusätzlichen Risse, wie zum Beispiel Seiger-, Flachrisse oder Schnitte, erforderlich werden. Das Netz des Risses ist in Quadrate von 100—500 m Seitenlänge eingeteilt, wobei es dem Anfertigenden anheimgestellt wird, das Netz auch mit einem „Fuß“-Maßstab zu überdecken, dessen Quadratseiten alsdann zum Unterschied gegen die schwarzen Netzlinien des „Meter“-Maßstabes in violetten Linien darzustellen sind. Der Engländer wird sich von dem alten bisherigen „Fuß“-Maßstab nur langsam lösen, zumal da sich heute noch die Höhen der Grubenbaue auf eine willkürlich angenommene Zahl, und zwar 10000 Fuß unterhalb des Landeshorizontes NN beziehen. Diese Bestimmung mutet insofern merkwürdig an, als sämtliche Bergwerksbetriebe an das Landesnetz (nationales Netz der Landesaufnahme) sowie an das Landeshöhennetz anzuschließen sind, ferner obwohl für durchzuführende Schachtteufenmessungen, wie wir noch sehen werden, Fehlergrenzen bestehen. Die Zeichengebung für Tagesgegenstände und Grubenbaue ist im englischen Bergbau natürlich von den Ausdrucksmitteln (symbols), wie sie unsere *Richtlinien* angeben, verschieden.

Abschnitt 4 der Anweisung „Surveying practice and statutory plans“ handelt von den Fehlergrenzen. Allgemein ist festzustellen, daß die Grenzen keineswegs etwa weit gezogen sind, daß sie aber im großen ganzen den bei uns bestehenden Genauigkeitsansprüchen gleichkommen. So soll der offene Polygonzug an seinem Ende keine größere Abweichung der Zugseite als 1:1500 aufweisen (vgl. MO von 1923). Und bei Richtungsübertragungen mittels Schachtlotung darf der Widerspruch zwischen zwei gleichwertigen Lotungen den Betrag von 2′ nicht überschreiten. Auch für Richtungsüberprüfungen mit Hilfe von Magnetorientierungen ist die Einhaltung einer Grenze von 2′ vorgeschrieben. Schachtteufenmessungen sollen im Rahmen 1:5000 übereinstimmen (auf 1000 m Teufe $\pm$ 20 cm) usw.

Der nächste Abschnitt 5 befaßt sich sodann mit der Festsetzung von Sicherheitspfeilern, wobei kleine und große Gefahrenzonen unterschieden werden, welch letztere als „unconsolidated deposits“, d. h. als „ungefestigte Ablagerungen“, etwa dem Begriff „Schwimmsandnester“ entsprechen dürften. Sodann gehören „alter Mann“, „Wasseransammlungen“ usw. ebenfalls zu den großen Gefahrenzonen. Für Baue unter dem Meer bestehen Sondervorschriften.

Die folgenden Abschnitte 6—10 sind mit Musterblättern ausgestattet. So behandelt Abschnitt 6 Kartenzeichen für Tagesgegenstände und Grubenbaue sowie Schriftmuster. Abschnitt 7 bringt die Zeichen für Wetterrisse, Grubenrettungs- und Feuerbekämpfungspläne nebst einem Wetterriß für zwei Tiefbausohlen in isometrischer Darstellung. Im Abschnitt 8 finden sich die Ausdrucksmittel für elektrische Anlagen mit entsprechenden Mustern. Sodann sind im Abschnitt 9 Sonderpläne, und zwar Tagerisse, Schaubilder, Schacht-, Pumpen- und Wasserhaltungs- nebst Sumpfanlageplänen, Grubenrettungs-, Abwasser- und andere Pläne mit den zulässigen und vorgeschriebenen Maßstabsverhältnissen aufgeführt. Abschnitt 10 zeigt die Zeichen für geologische Karten und Pläne, ferner Bohrtabellenmuster und Vordrucke. In einem Anhang wird dann die Kartenblatteinteilung der britischen Insel gebracht, und zwar im metrischen Gitternetz. Die Einteilung der Blätter ist bis zur Meßtischblattgröße 1:25000 durchgeführt.

Aus dem gegebenen kurzen Überblick über das bergmännische Rißwesen in *England* können wir folgende Schlußfolgerungen ziehen. Die von den Verhältnissen im deutschen Steinkohlenbergbau grundverschiedenen Lagerungsverhältnisse in England bedingen auch einfachere Darstellungsmöglichkeiten. Man kennt nur *eine* Projektion: die Grundrißprojektion. Daher spielt im gesamten Rißwesen Englands die dreidimensionale Arbeitsweise, abgesehen von einigen perspektivischen Wetterrissen, eine untergeordnete Rolle. Hinzukommt die enge Verbundenheit des mine surveyor mit dem übertägigen Vermessungswesen, dagegen eine fühlbare Kluft zu den bergbaulichen Fächern. Erst diese geben dem deutschen Markscheider das Verständnis für die betrieblichen Notwendigkeiten und bergmännischen Arbeiten, die er von der Picke auf kennengelernt hat. Nur auf diese Weise erhält er die Fähigkeit, in der Bodenbewegungskunde, in der Gebirgsmechanik, in der lagerstättenkundlichen und in der betrieblichen Planung Probleme anzufassen und schöpferische Arbeit zu leisten.

Wir behandeln nunmehr das Markscheidewesen in den *Vereinigten Staaten von Amerika*. Dort ist das Studium des mine surveyor oder des mineral surveyor im Gegensatz zum englischen mine surveyor in den meisten Fällen mit dem des Bergingenieurs (mining engineer) gekoppelt.[1]) Die Ausbildung in den einzelnen Staaten ist jedoch nicht einheitlich geregelt. So verfügen einzelne Gruben über eigene Vermessungsabteilungen, deren Leitung in den Händen eines Bergingenieurs (engineer of mines) oder eines „civil engineer“ oder eines „commissioned mineral surveyor“ liegt. Letztere unterstehen direkt der Aufsicht des „Bureau of Land Management“, also nicht der Bergbehörde!

In verschiedenen Hochschulinstituten wird die Einführung in die Markscheidekunde, in die Feldgeologie und Angewandte Geophysik in den Lehrplan der Bergbaustudierenden mit einbezogen. An anderen Hochschulen betreibt man die Markscheidekunde in besonderen Kursen. Teilweise stößt man dabei auf einen Schulbetrieb, wie er in Deutschland selbst an Fachschulen undenkbar wäre. Man unterscheidet in den Staaten zwischen „geodetic surveying“ (Geodäsie) und „mine surveying“ (Markscheiden), kennt aber darüber hinaus weitere Abarten der Meßtechnik, wie zum Beispiel „mineral land surveying“, „tunnel surveying“, „precise shaft surveying“, also besondere Meßmethoden beim Prospektieren, beim Tunnelbau und bei Schachtdurchschlägen.

Auf Einzelheiten einzugehen, verbietet sich bei der unübersehbaren Mannigfaltigkeit der Aufgaben und Anforderungen in den verschiedenen Bergbauzweigen und Bergbaudistrikten von selbst. Dennoch erscheint uns folgendes bedeutsam.

Maßgeblich ist im amerikanischen Bergbau das dem Innenministerium unterstehende „Bureau of mines“. Es hat sowohl Aufgaben zur Förderung, Erhaltung und Erschließung von Lagerstätten als auch zur Förderung sicherer und gesunder Arbeitsbedingungen im Bergbau durchzuführen. Das „Bureau of mines“ besteht aus dem Hauptbüro und 9 Abteilungen, die wiederum in Regionalbüros unterteilt sind. Hierauf soll im folgenden nicht eingegangen werden. Wesentlich ist, daß sich die bergpolizeiliche Aufsicht nur auf Steinkohlenbetriebe erstreckt. Alle übrigen Bergbauzweige sind der Aufsicht einer der obenerwähnten Abteilungen in den einzelnen 49 (jetzt 50) Staaten unterstellt. Vergleiche zwischen den amerikanischen und den deutschen Bergbehörden lassen sich nicht ziehen, weil in USA die Aufgaben, die Tätigkeit und die Organisation der Bergbehörden weitestgehend von unseren Verhältnissen abweichen.

Die einzelnen Staaten in den USA erlassen für ihren Bereich Berggesetze, deren Einhaltung durch Inspektoren (State mines inspectors) überwacht wird. In einigen

---

[1]) Einen Teil der nachfolgenden Ausführungen verdanke ich Herrn Markscheider Dipl.-Ing. H. Wesemann, der sich in den Jahren 1958/59 in den Vereinigten Staaten aufhielt, bei der Bereisung der Nord- und Südstaaten das Markscheidewesen in USA studierte und mir freundlicherweise seine Ermittlungen zur Verfügung stellte.

Staaten gibt es auch Gesetze über die Ausführung bergmännischer Vermessungen sowie über die Anfertigung eines amtlichen Grubenbildes (Steinkohle). Leider sind uns Unterlagen hierüber nicht zugänglich gewesen.

Das markscheiderische Schrifttum ist dünn gesät. Besonders aufschlußreich ist das 275 Seiten im Format DIN A 5 umfassende Buch „Introduction to mine surveying“ von W. W. Staley, Universität Idaho, Bergbauabteilung, 1939. Dieser Autor hat, um ein Durchschnittsbild der markscheiderischen Arbeitsverfahren zu erhalten, an zahlreiche Bergwerksgesellschaften in USA, in Kanada und Mexiko Fragebogen versandt und bei großen wie bei kleinen Bergbaubetrieben sowie in allen Bergbauzweigen, von der Steinkohle bis zum Erzlagerstättenbergbau, einen Querschnitt durch das gesamte amerikanische Markscheidewesen zu gewinnen versucht. Wenn es sich auch bei diesem Buch nur um eine „Einführung in die Markscheidekunde“ handelt, gestattet es u. a. doch einen recht guten Einblick in das bergmännische Rißwesen der Staaten.

Von 15 Kapiteln ist das dreizehnte den Darstellungen gewidmet. Es wird, soweit es um das Rißwerk geht, davon gesprochen, daß die Bergwerksleitung eine Anzahl verschiedener Rißarten benötigt. Die Bergbehörde wird nicht erwähnt. Bemerkenswert ist zum Beispiel, daß die Arbeiten des Markscheiders keiner amtlichen Prüfung der Geschäftsführung unterliegen, ferner, daß der Markscheider die Verantwortung für die Richtigkeit der Darstellungen nicht zu tragen braucht. Es gibt weder Anfertigungsvermerke noch beurkundende Unterschriften für Risse und Karten.

Außerhalb des untertägigen Grubenbildes sind folgende Rißarten im Gebrauch: Berechtsamsrisse, Tagerisse, topographische Tagerisse, geologische Tagerisse und ein Direktionskartenwerk. Da man in USA mit englischen Maßen mißt (Bd. II, S. 729): 1 inch = 2,54 cm, 1 foot = 30,48 cm, stehen Maßstäbe in Anwendung, die bei uns in Deutschland nicht üblich sind. Allgemein setzt man in den Staaten 1 inch = 30, 50, 100, 200, 300, 1000 oder 2000 Fuß (foot), je nachdem, ob es sich um groß- oder kleinmaßstäbliche Risse oder Karten handelt. Nach unseren Maßstäben würden zum Beispiel abgerundet in etwa 1:1200 für Berechtsamsrisse, 1:360 über 1:720 bis 1:1200 für Tagerisse sowie 1:6000 für Direktionsrisse gelten; diese Werte sind aus Fußmaß in unser Metermaß umgerechnet.

Für untertägige Zwecke geht man auch in den Vereinigten Staaten vom *Zulegeriß* aus. Die Zulegerisse bestehen aus kräftigem, mit Leinen unterzogenem Papier. Sie enthalten sämtliche bergbaulich wichtigen Objekte, vor allem Koordinaten- und Polygonnetze sowie die Grubenbaue. Von diesen Zulegerissen werden Grubenbilder in großen und mittelgroßen Maßstäben (1:360 bis 1:720, groß, und 1:1200, mittelgroß) angelegt, und zwar im Original als *Transparentrisse* mit dünner Leineneinlage oder als Ozalidpausen, von denen Zweitexemplare als Lichtpausen für den Betriebsführer (mine engineer), den Fahrsteiger (general superintendent) und den Steiger (mine superintendent) anzufertigen sind. Daneben besteht ein geologisches Grubenbild in den gleichen Maßstäben. Ferner gibt es in vereinzelten Fällen Risse der Lagerstättenproben und Wetterrisse im Maßstab 1:360 bis 1:1200. Schließlich werden im Bedarfsfall Streb- und Stoßrisse in besonders großen Maßstäben 1:120, 1:240 und 1:360 angefertigt, die unseren Betriebspunktrissen entsprechen dürften. Darüber hinaus gibt es Quer- und Längsschnitte. Außerdem legt man in Sonderfällen Kartenwerke an. Soweit Rißmaterial zur Verfügung stand, machte dieses einen einfachen, in einzelnen Fällen primitiven Eindruck.

Da in USA keine Normen eingeführt sind, bleibt nicht nur die Maßstabswahl dem Hersteller überlassen, sondern es fehlt auch an den in den europäischen Staaten allgemein in jedem bergbautreibenden Land bestehenden Vorschriften für sinnbildliche Ausdrucksmittel (*Richtlinien* in Deutschland, Normen in Österreich, statutory plans in England usw.). Da es sich fast überwiegend um Einzelvorkommen, sei es Kali, Erdöl, Erz oder Steine und Erden (Bauxit), handelt und daher Markscheiden nicht zu beachten sind, werden die Dreiecksnetze und Höhen vielfach nicht an die Landesvermessung angeschlossen. Es bestehen demgemäß auch keine Verzeichnisse für Bild- und Kartenzeichen zur Darstellung von Schächten, Grubenbauen, Abbauverfahren u. a. m. Und so macht sich das Fehlen von Normungsvorschriften doch in mitunter recht ungünstiger Form bemerkbar.

In dem erwähnten Abschnitt XIII des Buches von Staley werden sodann das Zulegen auf dem Riß, das Auftragen der Netzlinien, ferner koordinatenmäßiges Zulegen und Kartieren, schließlich die Darstellung im Riß beschrieben. Bei letzterem Teilabschnitt fällt folgendes auf. Der Autor betont, daß beim Vorliegen mehrerer Tiefbausohlen ein bestimmter Weg einzuhalten ist. Weist nämlich die Lagerstätte sehr steiles bis lotrechtes Einfallen auf, so überdecken sich die Sohlenstrecken, und es wird „Verwirrung gestiftet“. Dann heißt es: „Gewöhnlich wird dies durch die Benutzung verschiedener Farben verhindert“. Danach folgen eine Schilderung über die zweckmäßige Verwendung von Farben und die Beschreibung eines Grubenbildauszuges, auf dem die Stollensohle schwarz, die 200-Fuß-Sohle blau, die 300-Fuß-Sohle grün und die 400-Fuß-Sohle rot darzustellen waren. In der dazu gelieferten Abbildung (Fig. 96) sind die farbigen Strecken durch Strich- und Punkt-Zeichen gekennzeichnet. Der Maßstab des Rißauszuges entspricht etwa dem Verhältnis 1:2000, das Einfallen der Lagerstätte liegt bei $\alpha = 79°$.

Die Abbildung Fig. 96 zeigt, daß es unmöglich wäre, in einem solchen Riß die Abbauführung einzutragen. Merkwürdigerweise sagt aber der Autor weder etwas über die Einzeichnung von Abbauflächen, noch wird auf die Anfertigung eines besonderen Seigerrisses oder Flachrisses hingewiesen. Man arbeitet also nur in der Grundrißprojektion. Denn da in USA neben jedem Grubenriß auch ein geologischer Riß gleichen Maßstabes besteht, fällt auf, daß der Autor ausdrücklich bemerkt, „man könne einen geologischen Riß nur für eine einzige Sohle anfertigen, da es unmöglich sei, die Ergebnisse von mehr als einer Sohle auf einem Blatt darzustellen“! In der Tat bestätigte mir Herr Markscheider Dipl.-Ing. H. Wesemann, daß in USA auch heute noch alle Risse und Karten als Grundrisse gezeichnet werden und daß Seiger- sowie Flachrisse unbekannt sind.

Auch in der *Sowjetunion* handelt es sich beim Markscheider — das Wort „Markscheider“ ist direkt ins Russische übernommen worden — um einen akademischen Beruf, der engstens mit dem Bergbau verbunden ist. Nur findet dort eine wesentlich umfassendere Ausbildung statt; allerdings ist sie auch erheblich stärker aufgegliedert als bei uns in Deutschland. Das Ministerium für Höhere Schulbildung der Sowjetunion gibt für die einzelnen Fachgebiete Ausbildungsvorschriften heraus, die in sehr ausführlichen Studienplänen einen vollständigen und guten Überblick über das gesamte Ausbildungswesen liefern. In einer solchen Fachgebietsgruppe sind die Bergbau-Metallurgischen und Bauhochschulen zusammengefaßt. An den Hochschulen bestehen *Institute*, die ein bestimmtes großes Fachgebiet umschließen und im Grunde genommen kleinere Hochschulkörper für sich bilden. Unter ihnen begegnet das im Jahre 1773 begründete *Bergbau-Institut in Leningrad* unserem besonderen Interesse. Es hatte zunächst den Charakter einer Militärschule, später eines Bergbau-Kadettenkorps, bis es im Jahre 1866 die Bezeichnung „Bergbautechnische Hochschule" erhielt.

Das Leningrader Institut ist in acht Fakultäten gegliedert — nach unseren an deutschen Berghochschulen bestehenden Einrichtungen würden wir von Fachrichtungen sprechen —, und zwar: 1. Bergbau, 2. Schachtabteufen, 3. Elektrotechnik und Maschinenbau im Bergbau, 4. Markscheidewesen, 5. Aufbereitung, 6. Geologie im Bergbau, 7. Erdölbergbau und 8. Angewandte Geophysik. Aus diesen acht Fachrichtungen gehen nach erfolgreichem Studium 14 Kategorien von Bergingenieuren hervor:

1. Bergingenieur (für alle Mineralvorkommen),
2. Schachtbau-Bergingenieur,
3. Bergbau-Wirtschaftsingenieur,
4. Bergingenieur in Elektrotechnik,
5. Bergingenieur im Maschinenbau,
6. Bergbau-Markscheideingenieur,
7. Bergingenieur in Aufbereitung,
8. Ingenieur-Metallurge im Bergbau,
9. Ingenieur-Geologe im Bergbau,
10. Bergingenieur für Forschungsgeologie,
11. Bergingenieur für Hydrologie,
12. Bergingenieur für Erdölbergbau,
13. Bergingenieur für Erdölgeologie,
14. Bergingenieur für Geophysik.

In dem uns vorliegenden Programm des Aufbaus und Unterrichtsstoffes der Fachrichtung Markscheidewesen wird diese als älteste Fachrichtung des Bergbauinstituts in Leningrad bezeichnet; sie ist allerdings erst im Jahre 1921 zu einer selbständigen Abteilung und im Jahre 1940 zur Fakultät erhoben worden.

Die Inhaltsangabe der Arbeitsgebiete im Studienprogramm führt an erster Stelle die Anfertigung des Grubenbildes an. Das ist an sich schon ein Zeichen dafür, daß man der Herstellung von Rissen und Plänen für über- und untertägige Zwecke große Bedeutung beimißt. An weiteren, dem Markscheider erwachsenden Aufgaben werden erwähnt: die Durchführung von Substanzberechnungen, Entwurfsarbeiten für die Erschließung und Anlage von Bergwerksbetrieben, ferner Durchschlagsangaben, bergwirtschaftliche, sodann bergschadenkundliche Aufgaben einschließlich einer sorgsamen Überwachung der Bodenbewegungen, sämtliche Entwurfs- und Absteckungsarbeiten für U-Bahn- und Tunnelbau-Anlagen u. a. m.

Eine große Bedeutung kommt den Darstellungen zu. Man unterscheidet wie bei uns zwischen den übertägigen Rissen und dem Grubenbild in ähnlichen Rißarten, wie solche bei uns eingeführt sind. Es gibt grundlegende und Fertigpläne, wofür wir wohl die Ausdrücke „Zulegerisse" und „amtliches Bild" sowie „Werksgrubenbild" gebrauchen; denn in der Sowjetunion sind auch bei der Bergbehörde, d. h. bei den „bergbautechnischen Inspektionen", Markscheider tätig. Ebenso kennt man Quer- und Längsschnitte, Seigerrisse (vertikale Projektionen), Schichtenschnitte usw. Auch bestehen für die verschiedenen Bergbauzweige bestimmte unterschiedliche Nachtragungsfristen für die Grubenbilder. Ins einzelne gehende

Bestimmungen nach Art unserer Markscheiderordnungen oder Richtlinien für Grubenrißwerke sind mir nicht bekannt geworden. Doch bin ich der Überzeugung, daß in der Sowjetunion unser deutsches Schrifttum über das bergmännische Rißwesen nicht nur bekannt ist, sondern auch in den amtlichen Vorschriften sinngemäß verarbeitet wird.

Der allgemeine Lehrgang für das in allen Fachrichtungen *sechs* Jahre währende Studium sieht für das Markscheidewesen außer politischen und fremdsprachlichen Vorlesungen den Unterrichtsstoff vor, der zum Teil auch an den deutschen Berghochschulen eingeführt ist, jedoch einige Erweiterungen enthält; denn neben Höherer Mathematik, Physik, Chemie, Theoretischer Mathematik, Darstellender Geometrie, Allgemeiner Geologie, Mineralogie und Kristallographie sowie Petrographie werden Geodäsie mit Übungen, topographisches, markscheiderisches und maschinentechnisches Zeichnen, sodann Hydrogeologie, Ingenieurgeologie, Gesteinsmechanik, Bergbaukunde und Bergwerksmaschinen *in den ersten drei Jahren* gelehrt. Im 4., 5. und 6. Studienjahr verlangt das Studium: Lagerstättenkunde, Ausgleichungsrechnung, Höhere Geodäsie, Markscheidekunde, Entwerfen markscheiderisch-geodätischer Instrumente, Photogrammetrie, Geometrie der Lagerstätten, Allgemeine Elektrotechnik, Grundlagen des Bauwesens, Bergbaukunde einschließlich Bergbaumechanik, Transportwesen, Grubensicherheits- und Rettungswesen, Bergwirtschaftslehre, Organisation und Planung im Bergbau.

Dem Studierenden des Markscheidewesens wird somit in der Sowjetunion eine sehr gründliche und umfassende Ausbildung zuteil, wie man sie in anderen Staaten nicht kennt. Vor allem legt man in der Union besonderen Wert auf einen vertieften markscheiderisch-geodätischen und bergmännisch-maschinentechnischen Unterricht.

In der Sowjetunion hat der Studierende in jedem Jahr Vor- und Sonderprüfungen abzulegen, und er darf nur dann weiterstudieren, wenn er die am Schluß jeden Studienjahres fälligen Prüfungen bestanden hat. Das straffe Unterrichtswesen der Union ist mit dem unsrigen nicht zu vergleichen, und es hängt dies wohl nicht zuletzt mit der Mentalität eines ganz anders gearteten Volkes zusammen, die sich bekanntermaßen, von unserem Standpunkt gesehen, schwer beurteilen läßt. Aus diesem Grunde erscheint es uns auch untunlich, Vergleiche darüber anzustellen, ob der unsrigen oder der in einem ausländischen Staat bestehenden Ausbildungsmethode der Vorzug zu geben ist.

Eines steht aber fest. Der Beruf des Markscheiders in der Sowjetunion ist noch differenzierter entwickelt als in Deutschland. Da das Leningrader Bergbauinstitut in hohem Maße Forschung betreibt und über eine große Zahl von Forschungskräften verfügt, die ständig mit der Bergbauindustrie in Verbindung stehen, werden beispielsweise zahlreiche Forschungsaufträge auf dem Gebiete der Gebirgsmechanik den markscheiderischen Wissenschaftlern übertragen, wie etwa Prüfstandversuche zur Ermittlung der Kennziffern für verschiedene Stahlstempelsorten, Widerstands- und Festigkeitserprobungen von Karbon- und anderen Gesteinen, Baustoffen u. a. m.

Wir haben dem Leser vorstehend einen kurzgefaßten Einblick in das markscheiderische Ausbildungswesen sowie in das bergmännische Rißwesen vornehmlich einiger fremder Staaten vermittelt und glauben sagen zu können, daß wir Markscheider in Deutschland auf dem Gebiete der Darstellungen keinem ausländischen Vorbild nacheifern konnten. Daß wir auf uns selbst gestellt waren, wird wohl von keiner Seite bezweifelt werden. Und so leiten unsere früheren „Normen" und heutigen *Richtlinien* ebenso wie der Rißmusteratlas 1942 und die im Band II von O. Haibach gezeigten Darstellungswege einen neuen Entwicklungsabschnitt ein, der die mit großen Mühen erarbeiteten theoretischen Grundlagen durch systematischen Aufbau und praktische Anwendungsbeispiele dem Verständnis des Lesers näherbringen soll.

Dieser im dritten Band zur Behandlung gelangende neue Entwicklungsabschnitt wird aber auch gekennzeichnet sein durch die Feststellung, daß die markscheiderische Praxis in dem einen oder anderen Falle von den vorgeschlagenen Wegen abweichen muß oder wird, ohne daß dadurch Wert und Bedeutung der neuen Vorschläge herabgemindert zu werden brauchen.

b) Die Rechtsgrundlage der Grubenrißwerke

Eine rechtliche Grundlage hat es für das Grubenbild oder für den „Abriß", den Vorgänger des Grubenbildes, seit seinem Aufkommen *immer* gegeben. Als erste Verordnung, in der das Grubenbild gesetzlich verankert worden ist, kann nach unserer bisherigen Kenntnis der geschichtlichen Vorgänge die Instruktion Kaiser Maximilians II. vom 16. 3. 1565 gelten (Abschnitt I, S. 12). Bei nachbarlichen Feldesstreitigkeiten entschieden die ordentlichen Gerichte auf der Grundlage des Abrisses (Abschnitt I, S. 18; Festlegung des Hohenbirkheimer Ganges im Jahre 1613 durch markscheiderische Messung). Im 18. Jahrhundert (1785) führte Joh. Fr. Lempe für den Markscheider im sächsischen Bergbau 14 Pflichtartikel an, unter denen die Artikel IV und V von der Herstellung des Revierrisses sowie des Abrisses handeln, der in einem Exemplar unentgeltlich an das Oberbergamt, in einem weiteren „für die Gewerken gegen entsprechende Bezahlung" zu liefern war (Abschnitt I, S. 51).

Im ehemaligen Preußen hinkte man bis ins 19. Jahrhundert hinein einer gesetzlichen Verankerung des Grubenbildes in erheblichem Maße nach. Erst im Allgemeinen Markscheider-Reglement vom 25. 2. 1856 des Preußischen Ministers für Handel, Gewerbe und öffentliche Arbeiten wurden für Gesamtpreußen die vom Markscheider auszuführenden Arbeiten sowie die anzufertigenden Zeichnungen bekanntgegeben. Zwar kannte man auch in Preußen das Grubenbild seit dem 18. Jahrhundert, allerdings in recht unterschiedlicher Ausführung (Abschnitt I, S. 37ff.). Gesetzlich vorgeschrieben wurde das Grubenbild in Preußen erst im ABG vom 24. 6. 1865.

Dieses Gesetz bringt unmißverständlich zum Ausdruck, daß die Anfertigung und Nachtragung des Grubenbildes ausschließlich dem *Markscheider* vorbehalten ist. Die Grubenbilder sind Urkunden, und die Messungen, Beobachtungen und darstellerischen Arbeiten des Markscheiders, die zum Grubenbild führen, begründen den öffentlichen Glauben, der seinen Arbeiten zukommt (§§ 415 u. 417 ZPO). Damit ist eine klare Rechtsgrundlage gegeben. An dieser Tatsache ändert auch die Feststellung nichts, daß das Grubenrißwerk auf Grund seiner weitergehenden Entwicklung und neuzeitlichen Ausgestaltung heute ein anderes Gesicht gewonnen hat, als es vor 100 Jahren beim Inkrafttreten des ABG aufwies.

Die urkundliche Beweiskraft des Grubenrißwerks wird untermauert durch bergpolizeiliche Vorschriften sowie durch die MO vom 23. 3. 1923. Bei letzterer handelt es sich um eine Ministerialverordnung, in der gewissermaßen Ausführungsanweisungen zu den das Markscheidewesen berührenden Paragraphen des Berggesetzes erteilt werden. Die Verbindung „Gesetz, Vorschrift und Anweisung“ unterstreicht den Anspruch auf öffentlichen Glauben, der in der darstellenden Tätigkeit des Markscheiders im Grubenrißwerk zum Ausdruck gelangt.

Immer wieder wird die Frage aufgeworfen, welcher Bereich den Beurkundungen markscheiderischer Darstellungen beizumessen ist. Hierzu glauben wir auf den geschichtlichen Teil, Abschnitt I, zurückgreifen zu sollen. Bis ins 19. Jahrhundert hinein gab es nur einen einzigen Riß für jede in Betrieb befindliche Grube, zunächst im 17. Jahrhundert den Seigerriß ohne Zulage der Sohlenstrecken, daneben den kombinierten Grund- und Seigerriß, danach im 18. Jahrhundert den Seigerriß als Folgeriß des Grundrisses, jedoch auch nur in einem einzigen Bild, dem „Abriß“. Der im Laufe des 18. Jahrhunderts hinzugekommene Kreuzriß als zweiter Seigerriß, rechtwinklig zum Streichen der Lagerstätte, trat nur vereinzelt in Erscheinung. Der Markscheider war schon im frühen Mittelalter Staatsbeamter; die von ihm gefertigten Risse waren mit urkundlicher Beweiskraft ausgestattet. Erst im Laufe des 19. Jahrhunderts kamen neben dem Grund- und Seigerriß auch noch andere Darstellungen auf, wie Tagerisse, Flachrisse, Schnitte. Gegen Ende des 19. Jahrhunderts gewannen Hauptgrund- und Situations- bzw. Sohlenrisse an Bedeutung. An der rechtlichen Natur des nunmehr aus mehreren Bestandteilen bestehenden Grubenbildes änderte sich nichts.

Die „Geologie im Grubenbild“ war bis zum 18. Jahrhundert noch unbekannt. W. Nehm (1942, S. 45) bemerkt, daß die Geologie im Bergbau als Hilfswissenschaft betrieben wurde und erst mit A. G. Werner und L. von Buch zu Anfang des 19. Jahrhunderts als selbständiger Zweig in den Naturwissenschaften eine Rolle zu spielen begann. Tatsächlich setzte auch um die Wende des 18. zum 19. Jahrhundert in einigen deutschen Ländern, zum Beispiel im Oberharz und in Sachsen, die markscheiderische Aufnahme und Darstellung tektonischer Störungen ein. Aber damals wurden alle Störungsarten, ob Sprünge, Überschiebungen oder Blätter, noch als „Verdrückungen“ bezeichnet (Abschnitt I, S. 42), und die Formen der Darstellung muteten noch recht problematisch an.

Um die Mitte des 19. Jahrhunderts wurden geologisch-lagerstättenkundliche Darstellungen von den Oberbergämtern vorgeschrieben. So besagt die Dienstinstruktion für die Markscheider im Oberbergamtsbezirk Breslau vom 18. 7. 1867, daß „die Streichungsrichtung, Fallungsrichtung und der Fallwinkel der bebauten Lagerstätte, alle übersetzenden Gänge, Sprünge, Klüfte, Überschiebungen, Riegel, Verdrückungen und sonstige Störungen der von den Lagerstätten sich abziehenden (abzweigenden) Nebentrümer“ auf den Rissen einzutragen sind. Die das geologisch-lagerstättenkundliche Moment betonenden Vorschriften wurden in den folgenden Jahrzehnten (Geschäftsanweisungen) umfassender. Im 20. Jahrhundert kamen die Schichtenschnitte auf; Gesteins- und Kohlenpetrographie fanden Eingang. W. Nehm und später H. Schulte haben sodann aus der MO von 1923 sowie aus anderen Verordnungen eine große Zahl von Paragraphen herausgezogen, die sich mit den Anforderungen an die geologisch-lagerstättenkundlichen Darstellungen des Markscheiders beschäftigen (Sammelwerk, 2. Band, 1956, S. 278—281). Wir erkennen so, daß die Geologie im Grubenbild aus dem anfänglichen Nichts im Laufe eines Jahrhunderts organisch herangewachsen ist, im Grubenbild verankert wurde und damit ebenfalls in den Bereich der urkundlichen Beweiskraft rückte.

Mit Fragen der rechtlichen Stellung des Grubenbildes hat sich schon früher O. Haibach (1942, S. 18/19) beschäftigt und vor 19 Jahren die damalige behördliche Auffassung wiedergegeben, wonach „den geologischen Rissen die Bedeutung und Rechtswirkung einer öffentlichen Urkunde nur insoweit zukommt, als ihr Inhalt die Annahme erlaubt, daß er zu dem Geschäftskreis gehört, der dem Markscheider als solchem zugewiesen ist. Beim Grubenbild ist diese Annahme stets gegeben, bei geologischen Rissen jedoch nur dann, wenn und soweit sie für die Bearbeitung des behördlichen Grubenbildes[1]) notwendig sind." Diese Sätze sind zu einer Zeit geschrieben worden, da die *Richtlinien 1950/51* nocht nicht bestanden, so daß Haibach in seiner zum Rißmusteratlas gehörenden Übersicht über die Rißwerke (1942, Tafel 1, S. 14/15) noch von „Geologischen Sonderrissen" und „Betriebstechnischen Sonderrissen" spricht.

Heute stehen das Geologisch-Lagerstättenkundliche Rißwerk und das Betriebsplanwerk als selbständige Rißwerke neben dem Grubenrißwerk, und diese drei Säulen gehen nicht nur aus dem Zulegerrißwerk hervor, sondern sie sind auch miteinander gekoppelt (Bd. II, Tafel 1, S. 7); es geht somit nicht mehr um Sonderrisse, sondern um ganze Rißwerke. Sieht man vom Zulegerißwerk und den kleinmaßstäblichen Kartenwerken ab, so hat man die Dreiteilung: „Grubenrißwerk, Geologisch-Lagerstättenkundliches Rißwerk, Betriebsplanwerk" nicht allein deshalb vorgenommen, weil sich die zu einem vollkommenen Rißwerk gehörenden Darstellungen im Grubenrißwerk (Grubenbild) nicht mehr in allen Teilen unterbringen lassen. Es gibt noch einen anderen, erheblich schwerwiegenderen Grund für diese Aufteilung des gesamten Rißwerks: er ist in der Umstellung des deutschen Bergbaus zu suchen. Dazu sagt O. Haibach: „Es ist an der Zeit dahin zu wirken, daß das Markscheidewesen den Entwicklungsstand, den es seit erdenklichen Zeiten auf dem Gebiet der Darstellung besessen hat, nicht in einem Augenblick verliert, in welchem der Bergbau gewaltige Anstrengungen zur Mechanisierung und besseren Ausnutzung der Lagerstätte unternimmt" (Bd. II, S. 27). Da O. Haibach mit dieser Forderung darauf hinzielt, „*zu einer Steigerung des praktischen Wertes des Rißwesens für den Bergwerksbetrieb*" zu gelangen, ist damit der starre Rahmen des behördlichen Grubenbildes gelockert und die erwähnte Dreiteilung des Grubenrißwerks notwendig geworden.

Aber diese Dreiteilung darf keine Isolierung jedes der drei Rißwerke mit sich bringen, vielmehr muß deren Zusammenhang mit- und untereinander erhalten bleiben, weil das eine aus dem anderen hervorgeht, das eine aus dem anderen schöpft. Damit erhebt sich die Frage, ob unter den veränderten Verhältnissen die von O. Haibach (1942, S. 18/19) gegebene Lesart über urkundliche Beweiskraft und öffentlichen Glauben der geologisch-lagerstättenkundlichen und betrieblichen Darstellungen aufrechtzuerhalten oder zu verbessern ist.

Es ist nicht zu bestreiten, daß ein großer Teil der nicht zum Grubenrißwerk gehörenden Darstellungen geologischen sowie betrieblichen Inhalts weder urkundspflichtig noch urkundsfähig sein kann. Dazu gehören vor allem Schaubilder statistischer Art, Darstellungen über Belegschaftsbewegung, Förderkapazität, Unfallerhebungen u. a. m. Wenn jedoch O. Haibach (Bd. II, S. 14) ausführt: „*Der neuzeitliche Betriebsplan gehört*, nachdem die grundsätzliche Entscheidung getroffen sein wird, *zu den zeitnahen und nicht mehr zu den Darstellungen mit*

[1]) Unter „behördlichem Grubenbild" werden hier amtliches *und* Werksgrubenbild verstanden.

Urkundscharakter“, so bemerke ich folgendes. Es ist durchaus möglich, daß sowohl Teile des Geologisch-Lagerstättenkundlichen Rißwerks als auch des Betriebsplanwerks zur *behördlichen* Durchführung von Feldesteilungen, Markscheideregulierungen oder zur Festlegung von Schutzbezirken, Einengung bestehender Schachtsicherheitspfeiler u. a. m. herangezogen werden. Man wird in solchen Fällen die urkundliche Beweiskraft der vorzulegenden Darstellungen, zumindest in einigen Fällen, fordern müssen.

Aus diesen und mancherlei anderen Gründen, auf die nicht mehr näher eingegangen werden soll, halte ich eine Beschränkung der Urkundsfähigkeit auf das Grubenrißwerk allein nicht für tragbar. Weder Bergbehörde noch Markscheider sollten hier strenge Trennungsstriche ziehen. Vielmehr müssen beide Teile darauf bedacht sein, mittels sachlicher Beurteilung des in Frage stehenden Rißinhalts beurkundungspflichtige sowie beurkundungsfähige Arbeiten des Markscheiders zu kennzeichnen.

c) Die markscheiderischen Darstellungen

Die Forderungen, die an das Grubenrißwerk gestellt werden müssen, hat O. Haibach in dem bereits erwähnten Aufsatz „Das behördliche Grubenbild“ (1942, S. 11—42), der mit zwei weiteren Beiträgen von W. Nehm und H. Müller dem Atlas „Rißmuster für Markscheidewesen“, im folgenden kurz „Rißmusteratlas“ genannt, vorangestellt ist, eingehend aufgezählt und erläutert. So fordert und begründet er die geodätische Richtigkeit des Rißwerkes, er stellt die Notwendigkeiten für darstellende Arbeiten in kartographischer und rißlicher Hinsicht heraus; und er behandelt dabei Fragen, wie zum Beispiel Allgemeinverständlichkeit, die Einfachheit und Klarheit, das Maßstabsverhältnis, die zeichnerische Ausführung, die Anwendung von Methoden der Darstellenden Geometrie, den Zuschnitt des Rißwerkes auf Lagerstättenform und Bergbauart, und er faßt schließlich die Erweiterungsmöglichkeiten rißlicher Darstellungsarten ins Auge (1942, S. 20—28). Darüber hinaus stellt O. Haibach weitergehende Anforderungen, so die Vervielfältigungs- und Ausbaufähigkeit, ferner die sachliche Richtigkeit und Vollständigkeit des Rißwerkes und schließlich dessen laufende Nachtragung (1942, S. 28—37).

So mancher Fachgenosse spricht die Ausführungen Haibachs in vieler Beziehung als zu ausführlich an. Er übersieht dabei vollkommen, welchen Weg wir seit dem Aufkommen des Grubenbildes, des früheren „Abrisses“, zurückgelegt haben; er vergißt, daß jede Errungenschaft darstellender Art mühsam erkämpft werden mußte, daß bis ins 19. Jahrhundert hinein Darstellung *und* erläuternder Text nebeneinander das Grubenbild beherrschten und daß Jahrhunderte vergehen mußten, bis sich die Erkenntnis durchsetzte, daß ein Grubenbild auch ohne textliche Beigabe bis ins kleinste ausgearbeitet werden kann und vom Fachmann mit Verständnis aufgenommen wird. Wir sprechen die Herstellung eines Grubenrißwerks auch heute noch als Kunst an, denn es ist nicht leicht, auf einem zweckgebundenen Riß das Notwendige einfach und verständlich darzustellen, das Zwecklose und Unnötige fortzulassen und das Bemerkenswerte nicht nur exakt und sauber, sondern so darzustellen, daß es dem Betrachtenden auffällt, ohne aufdringlich zu wirken. Daher ist es, wie dies O. Haibach getan hat, richtig und erforderlich, auf alle Einzelheiten der Grubenbildherstellung einzugehen.

Aber es sind außer den bereits erwähnten noch andere Momente, die eine Rolle spielen und heute mehr denn je den Wert des Grubenrißwerks bestimmen; das sind die Anforderungen an das Rißwerk in grubensicherheitlicher, in geologisch-lagerstättenkundlicher und in betrieblicher Hinsicht.

α) In grubensicherheitlicher Hinsicht

Das Grubenrißwerk stellt den Grundpfeiler der Grubensicherheit dar [O. NIEMCZYK (Die markscheiderische Forschung im Dienste des deutschen Bergbaus. „Forschungen und Fortschritte" 1942, H. 25/26, und 1954, H. 6)]. Jede noch so einfache Auffahrung in der Aus- und Vorrichtung, jeder Strebansatz und jedes Aufhauen, jede Aufwältigung und jeder Gegenortsbetrieb — um nur einige wenige Betriebsmaßnahmen zu nennen — verlangen die Heranziehung des Grubenbildes. Und hinter jedem Einblick des Bergmanns in das Grubenrißwerk steht die Frage der Grubensicherheit. So läßt sich zum Beispiel die gegenseitige Stellung der Baue und Abbaue zu-, unter- oder übereinander nur an Hand des Rißwerks unter Beachtung der Sicherheitsvorschriften überwachen; oder der Gefahr des Anfahrens von Standwassern kann man nur mit Hilfe höchst genauer Darstellungen im Riß begegnen. Nicht minder wichtig sind die Eintragungen des Markscheiders im Grubenrißwerk für die Grenzen von Brandfeldern mit den Angaben über die Entstehung des Brandes, über die Lage des Brandherdes, über die Abdämmung, über Brandgase, Kohlensäureausbrüche u. a. m. Eine wirksame Bekämpfung von Bränden ist ohne genaue Darstellungen im Riß undenkbar. Deshalb bildet der Inhalt der Grubenrißwerke die Voraussetzung für die im Rahmen des Jahresbetriebsplanes vom Markscheider herzustellenden Feuerlöschpläne, und es wird gefordert, daß sämtliche für die Brandbekämpfung notwendigen Angaben im Plan vorhanden sind, der von Fall zu Fall nachzutragen ist.

Ebenso wie Feuerlöschrisse in der sG-Projektion dargestellt werden, dienen auch die in Perspektive angefertigten Wetterrisse als Unterlage zu den von den Bergbehörden vorgeschriebenen vierteljährlichen Wetterberichten. Welche Bedeutung den Darstellungen im Wetter- und Feuerlöschriß in grubensicherheitlicher Beziehung zukommt, geht aus den *Richtlinien* hervor, die auf drei Blättern unter 2.10_{1-3} je 55 Zeichen für die grundrißlichen und schaubildlichen Darstellungen nebst zugehörigen Abkürzungen angeben; s. auch II D, S. 282ff.

Den Anforderungen an die Grubensicherheit muß das Grubenrißwerk besonders durch die Kenntlichmachung von *Gefahrenzonen* gerecht werden. Hier geben die *Richtlinien* verschiedene Anhaltspunkte in bezug auf die Gebirgsschlaggefahr, ferner auf standwasserbedrohte Lagerstättenteile, sodann auf Brandfelder und schließlich auf Gas- und Laugenausbrüche sowie Laugenwirkung (Kalibergbau). Zonen, die eine Gebirgsschlaggefahr bezeichnen, lassen sich in seltenen Fällen im vorhinein angeben. Und weil es so schwierig ist, Gebirgsschlagherde vorauszuerkennen, ist die Grubensicherheit in gebirgsschlaggefährdeten Baufeldern — besonders im Steinkohlen- und Kalibergbau — von großer Bedeutung. So hat sich auf gebirgsschlaggefährdeten Zechen des Ruhrbezirks im letzten Jahrzehnt folgende besondere Gefahrenquelle ergeben.

Wird beim Vorliegen einer kohärenten, mächtigen Sandstein- oder Sandschieferbank im Hangenden eines flach gelagerten Kohlenflözes in diesem ein breites Aufhauen aufgefahren, so ist die Strebfront so anzulegen, daß sie das Aufhauen möglichst rechtwinklig schneidet. Unter allen Umständen ist zu vermeiden, daß die Strebfront in breiter Ausdehnung parallel oder nahezu gleichgerichtet zum Aufhauen fortschreitet. Geschieht dies dennoch, so tritt bei einer Annäherung der Abbaufront von 20—30 m an das Aufhauen der gefürchtete Gebirgsschlag ein, der entweder die Kohlenfront oder das Aufhauen, häufig auch beide Betriebe teilweise oder vollkommen zertrümmert und zumeist schwere Unfälle hervorruft.

Dieser Gefahrenfall ist in den *Richtlinien*, 2.11, *nicht* angegeben. Es gibt auch andere Fälle, die sich häufig wiederholen und in den *Richtlinien* nicht zu finden sind. Man kann zwar nicht verlangen oder erwarten, daß sämtliche Beispiele für das Vorliegen einer Gebirgsschlaggefahr auf dem Blatt oder auf mehreren Blättern „Gefahrenzonen" zur Darstellung gelangen. Denn einmal sind es zahlreiche Faktoren, die den Eintritt eines Gebirgsschlages begünstigen, andererseits sind wir trotz Forschung und Fortschritt noch nicht imstande, orts- und zeitsichere Voraussagen zu machen. Dennoch sollten in den *Richtlinien* mehr Beispiele gegeben werden, als sie das Werk in der jetzigen Auflage bringt. Auf *häufig* auftretende Gefahrenzonen, wie wir eine solche erwähnten, müßte doch wohl hingewiesen werden.

Unser heutiges Wissen um den Stand der Gebirgsschlagforschung hat der Verfasser dieses Teilabschnittes anläßlich der Internationalen Tagung für Gebirgsdruckforschung in Essen am 16./17. 10. 1956 in seinem Vortrag über die Ergebnisse wichtiger Arbeiten der Forschungsgemeinschaft Neumühl in den nachfolgenden Sätzen zusammengefaßt:

1. Wir wissen heute, weshalb und auf welche Weise ein Gebirgsschlag zustande kommt.
2. Ebenso sind uns die Anzeichen dafür bekannt, wann ein Gebirgsschlag *nicht* eintreten kann oder wird.
3. Schließlich können wir Angaben darüber machen, wann wir, um ein gebirgsschlaggefährdetes Flöz abzubauen, messen müssen und was wir zu beobachten und zu messen haben.

So beachtlich die erzielten Fortschritte auch sein mögen, sie reichen dennoch nicht aus, das erstrebenswerte Ziel der Gebirgsschlagvoraussage sicherzustellen. Immer aber bleibt hier das durchsichtige Grubenbild die geeignete Hilfsquelle, die auf dem Gebiete der Gebirgsdruckforschung im Interesse der Grubensicherheit jedes erkennbare Gefahrenmoment zur Darstellung zu bringen hat.

Das Thema „Grubensicherheit und Grubenbild" hat O. Haibach schon früher ausführlich behandelt (1942, S. 38—40). Zwei Jahre später skizzierte er die grubensicherheitlichen Aufgaben bei der geologischen Bearbeitung des Grubenbildes (1944, S. 12—17). In dieser letztgenannten Arbeit geht der Autor auf die Wechselbeziehungen zwischen den geologisch-lagerstättenkundlichen und den grubensicherheitlichen Aufgaben im Rahmen der bestehenden Gefahrenmöglichkeiten ein. Hierbei befaßt er sich mit den Darstellungen, deren Notwendigkeit 1. durch die Eigenart des Gebirges, 2. durch Wasser und 3. durch Gase sowie Brand gegeben ist. Abschließend legt O. Haibach eine konkret gefaßte Formulierung der wünschenswerten Vorschriften zu diesem Fragenkomplex vor (S. 17).

Damit ergibt sich der Übergang zu den im nächsten Teilabschnitt zu erörternden Anforderungen an das Grubenbild.

β) In geologisch-lagerstättenkundlicher Hinsicht

Das Markscheidewesen ist seit drei Jahrzehnten bemüht, Mittel und Wege zu finden, um die starre Form zu überwinden, die dem Grubenrißwerk seit den ersten Anfängen seiner Entwicklung anhaftete. In Bd. II hat sich O. HAIBACH mit dem „neueren bergmännischen Karten-, Riß- und Planwesen in Technik und Forschung" eingehend beschäftigt, so daß wir im folgenden nur zu einigen Punkten Stellung zu nehmen brauchen. HAIBACH kommt bei Behandlung der Frage, ob eine Trennung des in einen „unbiegsamen Rahmen" eingezwängten behördlichen Grubenbildes vom Werksgrubenbild zweckdienlich wäre, welch letzteres mehr auf die Forderungen des Bergwerksbetriebes auszurichten sei, zu einem eindeutigen Schluß. Er zieht aus den in unseren Fachkreisen angestellten Erwägungen die klare Folgerung, „es bei der form- und inhaltsgleichen Einrichtung von Werks- und amtlichem Grubenbild zu belassen" (1956, S. 4). Da dem Betrieb jedoch in Verbindung mit dem Werksgrubenbild neue Hilfsmittel zur Verfügung stehen müssen, hat man sich bei der Fülle der betrieblichen Notwendigkeiten zu der von uns bereits angeführten *Dreiteilung* entschlossen. Wir haben aber, wie aus späteren Ausführungen hervorgehen wird, heute schon den „unbiegsamen Rahmen" überwunden und auch in mancher Beziehung Abweichungen von der „form- und inhaltsgleichen Einrichtung von Werks- und amtlichem Grubenbild" zu verzeichnen.

Die „Geologie im Grubenbild" hat W. NEHM als erster in größerem Rahmen behandelt (1942, S. 43—80). Aber er ist, besonders in den letzten Unterabschnitten $F_{II, III}$, S. 68—78, in sehr abstrakter Form auf die Darstellungsformen eingegangen und hat mehr wissenschaftlich systematisierend und großräumig als konkret gearbeitet. Deshalb hat O. HAIBACH (1944) den wirklichkeitsnahen Fragenkomplex gezeigt und die geologischen Arbeiten des Markscheiders vom Standpunkt der Grubensicherheit beleuchtet.

Inzwischen ist insofern ein etwas anderes Bild entstanden, als das Geologisch-Lagerstättenkundliche Grubenrißwerk auch betriebswirtschaftliche Bedeutung gewonnen hat. Im Sinne einer karteimäßigen Erfassung markscheiderischer, rohstofflicher und betrieblicher Unterlagen ist die Sammelbezeichnung „*Lagerstättenarchiv*" aufgekommen. In ihm ist das geologisch-lagerstättenkundliche Element in Form von tektonischen, stratigraphisch-faziellen, Grob- und Feinstrukturkarten, Gangmittelkarten, Bohrrissen, Grundwasserkarten, hydrologischen Karten usw. vertreten. Es finden sich aber auch im Lagerstättenarchiv neben Zahlentafeln, Formblättern und Diagrammen je nach dem in Betracht kommenden Bergbauzweig Betriebspunktrisse, Flözeigenschaftskarten, Gütekarten u. a. m., die teils betriebliche, teils wirtschaftliche oder gemischt-betriebswirtschaftlich-geologische Eigenschaften aufweisen und die man, wie zum Beispiel Wertlinien- oder Bauwürdigkeitspläne, nicht unbedingt der geologisch-lagerstättenkundlichen Sparte allein zuschreiben darf (Lagerstättenarchiv, 1.01324).

Eines steht jedoch fest. Sowohl die geologisch-lagerstättenkundlichen als auch die dem Betrieb dienenden Arbeiten gehören zum Pflichtaufgabenkreis des Markscheiders und sind, wie Tafel 1 im Bd. II, S. 7 zeigt, mit dem Grubenrißwerk und dem Zulegerißwerk eng verbunden. O. HAIBACH sagt hierzu mit Recht (1956, S. 10): „*Eine Loslösung dieser Arbeiten* — gemeint sind Grubenrißwerk,

Geologisch-Lagerstättenkundliches Rißwerk und Betriebsplanwerk — *aus dem allgemeinen Rahmen ist unmöglich, weil sonst jeglicher Zusammenhang verlorengeht und über kurz oder lang die markscheiderische Grundlage als Voraussetzung sicherheitlicher und betriebstechnischer Forderungen dem Zerfall preisgegeben ist.*"

Mit diesem Satz bestätigt O. HAIBACH aber auch meine Ausführungen über die urkundliche Beweiskraft von Teilen des Geologisch-Lagerstättenkundlichen Rißwerks sowie des Betriebsplanwerks.

γ) In betrieblicher Hinsicht

Den Grundstein zu den rißlichen betriebstechnischen Planungsarbeiten des Markscheiders hat unstreitig H. MÜLLER in seiner Arbeit über die betrieblichen Sonderrisse gelegt (1942, S. 81—121), nachdem er vier Jahre zuvor in zwei sehr beachtlichen Aufsätzen (1938[1 u. 2]) die Mitarbeit des Markscheiders an der betrieblichen Planung begründet hatte. Aber das Bild, das H. MÜLLER vor fast zwei Jahrzehnten vor Augen hatte, ist ebenso wie die Vorstellung, die W. NEHM damals in geologischer Beziehung vorschwebte, stark abgewandelt worden. Das ergibt sich sowohl aus den Ausführungen von O. HAIBACH (Bd. II, S. 10—17) als auch von H. INNERLING (Sammelwerk, 2. Band, 1956, S. 265—276), ohne daß der Wert der Arbeiten von H. MÜLLER oder W. NEHM hierdurch etwa herabgemindert wird.

Weit mehr als beim Geologisch-Lagerstättenkundlichen Rißwerk, das bei einigen Bergbauzweigen noch in der Entwicklung, bei anderen gar nicht in Angriff genommen ist, erweisen sich beim Betriebsplanwerk grundlegende Arbeiten als notwendig. Dort stehen wir überhaupt erst am Anfang einer planmäßigen Gestaltung. So sagt H. INNERLING: „Ein für betriebliche Zwecke geeigneter Plan muß über die Darstellung des jeweils erreichten Zustandes von Lagerstätte und Grubengebäude hinaus *ein Bild von der wahrscheinlichen Weiterentwicklung in der Zukunft entwerfen* (Sammelwerk, 2. Band, 1956, S. 266). Derselbe Autor trennt auch nicht Betriebstechnik und Betriebswirtschaft voneinander, wie dies die *Richtlinien* tun, sondern er verbindet sie miteinander, weil eine Großzahl der betrieblichen Pläne und Risse sowohl — wie er zutreffend ausführt — auf technischen als auch wirtschaftlichen Überlegungen aufbaut.

Es erscheint uns zudem selbstverständlich, daß man einem betrieblichen Rißwerk keinen festen Rahmen geben kann. Wenn also H. INNERLING die Gliederung für ein Betriebsplanwerk empfiehlt (Sammelwerk, 2. Band, S. 268), von der er selbst sagt, sie enthalte seinen Vorschlag vom Jahre 1951 in neuer Form, so handelt es sich doch wohl um Gedankengut, das keinen Anspruch auf kritiklose Übernahme in das betriebliche Rißwerk erheben will, aber zur Aussprache ermuntert. Es ist daher auch gleichgültig, ob H. INNERLING ursprünglich vom „Hauptgrundriß einer bestimmten Sohle" sprach, den er später als „Sohlenentwurfsplan" oder „Sohlenriß" bezeichnet, oder ob er die frühere Benennung „Betriebs-Baugrundriß" in „Flözentwurfsplan" oder „Abbauplan" abänderte. Ein Blick auf den betreffenden Plan oder Riß sagt dem Fachmann ohnedies, worum es sich handelt.

Wesentlich erscheint uns, daß die von H. INNERLING vorgeschlagene Gliederung für das *Betriebsplanwerk* (Sammelwerk, 2. Band, S. 268) jede Möglichkeit offenhält, d. h., es läßt sich diese Aufteilung des Rißwerks ebenso für die Planung in mehreren Bergwerksfeldern (Großraumplanung) als auch für eine Rahmenplanung in *einem* Bergwerksfeld verwenden (Bd. II, S. 11).

Inwieweit man technisch-wirtschaftliche „Vorschau“-Pläne entwirft, hängt einmal von der Größe der Betriebe ab, zum zweiten vom Umfang der Aufschlüsse in unverritzten Bergwerksfeldern. Erstreckt sich die Planung nur auf ein einziges Feld, wie dies das von H. INNERLING gebrachte Beispiel zeigt (S. 269—272 und Anlagen 1 bis 9), so sind auch nicht immer alle in der Gliederung (S. 268) angegebenen Pläne notwendig.

Das Planen am Betriebspunkt im Teil- oder begrenzten Baufeld bedarf dieser zum Betriebsplanwerk gehörenden Risse im allgemeinen nicht. Die Arbeiten im kleinen erfordern u. a. Erhebungen über Schüttungszahlen, Förderwageninhalte, Verrechnungsgewichte, Abbauverluste, Gewinnungsverluste u. a. m. Darüber hinaus gehören zu den im Aus-, Vorrichtungs- und Abbauplan eines Baufeldes vorhandenen Eintragungen des Abbaufortschrittes, der Kohleninhalte usw. Sonderdarstellungen; sie bringen Ausbauregeln, Auffahrungspläne von Querschlägen, Zeitpläne für Vor- und Rückbau, Wetterrisse, Maschineneinsatzpläne, Rohrpläne u. a. m.

Aber die Veröffentlichungen und Vorschläge, die sich mit betrieblichen Darstellungen beschäftigen, sind vorläufig ausschließlich auf die Verhältnisse in der Steinkohle abgestellt. So bringt H. MÜLLER im Rißmusteratlas 1942 im ganzen 21 Sonderrisse vorwiegend technischen und betriebswirtschaftlichen Inhalts. Davon sind 17 Blatt Darstellungen aus der Steinkohle, 4 Blatt aus der Braunkohle. Auch die 9 rißlichen Anlagen von H. INNERLING (Sammelwerk, 2. Band, 1956) beziehen sich auf das Ruhrgebiet.

Die Frage, inwieweit das Betriebsplanwerk in anderen Bergbauzweigen Bedeutung gewinnen kann, läßt sich nicht ohne weiteres beantworten. Wir haben es hier noch mit einem sehr jungen Wissenszweig der Darstellungen zu tun, der in Verbindung mit dem Gruben- und dem Geologisch-Lagerstättenkundlichen Rißwerk weitgehender gedanklicher und projektiver wie konstruktiver Arbeit bedarf.

2. Der bergbehördliche Rahmen

Das ABG vom 24. 6. 1865 berührt in den Paragraphen 17, 72 und 190 die Arbeiten des Markscheiders. Im § 17 wird die Anfertigung von Mutungsrissen durch den Markscheider vorgeschrieben. § 72 verlangt die Herstellung eines Grubenbildes in zwei Exemplaren durch den Markscheider; die Nachtragungsfristen für das Grubenbild schreibt in der Bundesrepublik das zuständige Oberbergamt vor. Und im § 190 heißt es, daß die Markscheider unter der Aufsicht der Oberbergämter stehen, daß sie von den Oberbergämtern geprüft und konzessioniert werden und daß den Oberbergämtern die Wiederentziehung erteilter Konzessionen obliegt.

Ausführungsbestimmungen zum ABG enthalten die Bergpolizeiverordnungen der Oberbergämter sowie die noch gültige MO vom 23. 3. 1923 (für die DDR vom 23. 7. 1957), soweit die Arbeiten des Markscheiders in Frage kommen. In bezug auf die Aufsicht der Oberbergämter über die Markscheider beschäftigen sich in der erwähnten MO allein acht Paragraphen (§§ 82 bis 89) mit der amtlichen Nachprüfung der Geschäftsführung sowie der Arbeiten des Markscheiders durch den zuständigen Berg- und Vermessungsrat bzw. Oberberg- und -vermessungsrat (früher Oberbergamtsmarkscheider). Diese Bestimmungen sind sehr ausführlich gehalten. Sie regeln nicht nur die Fristen für die durchzuführenden Prüfungen, sondern es wird auch von außergewöhnlichen Revisionen, Nachmessungen und Gutachten des prüfenden Beamten über Verhandlung und Ergebnis der Nachmessungen gesprochen.

In der neuen Markscheiderordnung der DDR vom 23. 7. 1957 sind es nur noch zwei Paragraphen, die sich mit der Beaufsichtigung des Markscheiders befassen (§§ 51 u. 52). Aber man legt sich unwillkürlich die Frage vor, ob das ABG mit dem lapidaren Satz im § 190 (2), der von der Tätigkeit der Oberbergämter spricht: „Unter ihrer Aufsicht stehen die Markscheider", derartige ins einzelne gehende Vorschriften im Auge hatte, wie sie die Paragraphen 82 bis 89 der MO vorsehen. Hierzu müssen wir etwas weiter ausholen und das Tätigkeitsfeld des Markscheiders soweit umreißen, als dies zur Beurteilung seines Zuständigkeitsbereichs sowie der Frage zweckvoll erscheint, welcher Umfang der behördlichen Aufsicht über die Arbeiten des Markscheiders zukommt.

Von wesentlicher Bedeutung ist, daß der Markscheider dem Bergbau nicht nur auf technisch-wirtschaftlichem Gebiet dient, sondern daß er auch auf gesetzlicher Grundlage eine Tätigkeit ausübt, die die Bergbehörde als im öffentlichen Interesse liegend anspricht. Damit verbunden ist der öffentliche Glaube, der seinen Arbeiten zukommt, und die daher auch in *amtlicher Eigenschaft* ausgeführt werden, zumal da sie unumstritten als Grundlage für behördliche Entscheidungen anerkannt sind. Hierzu gehören zum Beispiel alle der Grubensicherheit im Bergbau dienenden Messungen und Angaben über und unter Tage, wie sie bei Teilabschnitt 1c (S. 109) erwähnt wurden, oder im Braunkohlentagebau die Arbeiten zu Rekultivierungszwecken, ferner die für den Schutz der Tagesoberfläche notwendigen Maßnahmen, die im Interesse der öffentlichen Sicherheit von den Wasserbaubehörden, den Strombauverwaltungen, den Eisenbahndienststellen usw. zu erlassen sind, sodann die Mengenberechnungen für Mineralgewinnungsrechte und Glaubwürdigkeitszeugnisse für Vorratsmengen zu steuerlichen Veranlagungen u. a. m.

Man unterscheidet daher auch zwischen beurkundungspflichtigen und beurkundungsfähigen Arbeiten des Markscheiders (s. Teilabschnitt 1b), und es ist Sache des Oberbergamtes als aufsichtführender Behörde gemäß § 190 ABG, die uneingeschränkte Handlungsfreiheit des Markscheiders gegenüber dem Bergwerksunternehmer sicherzustellen, soweit es sich um die behördlich dem Markscheider zugesprochenen Arbeitsgebiete handelt.

Sowohl Zuständigkeit des Markscheiders als auch Aufsichtsumfang der Bergbehörde sind damit gekennzeichnet. Es kann danach nicht dem Willen des Gesetzgebers entsprochen haben, alle drei Jahre (in der DDR sogar alle zwei Jahre) amtliche Überprüfungen der Geschäftsführung und der Arbeiten des Markscheiders, der doch selbst mit amtlichen Eigenschaften ausgerüstet ist, vorzusehen. Es wird durch allzu häufige „Revisionen" kein Vertrauensverhältnis zwischen Prüfer und Geprüftem hergestellt. Zudem haftet dem oft wiederholten Prüfverfahren der Makel an, daß der Prüfer glaubt, irgendwelche Beanstandungen selbst geringfügiger Bedeutung finden zu *müssen*, um damit die Lebenswichtigkeit der Prüfungseinrichtung unter Beweis zu stellen.

Weit zweckmäßiger erscheint uns die geplante Lösung, an die Stelle der veralteten MO eine „Verordnung über die technische Ausführung markscheiderischer

Arbeiten" treten zu lassen und die „Berufsordnung für Markscheider" gesetzlich zu regeln. Die etwa der MO entsprechende Technische Anweisung entbehrt alsdann der Bestimmungen über die Beaufsichtigung der Markscheider. Dafür sollte nach dem vorläufigen Entwurf der Berufsordnung für Markscheider die in Betracht kommende Stelle, die sich mit der behördlichen Aufsicht befaßt, etwa lauten: „Eine Prüfung der Geschäftsführung und der Arbeiten des Markscheiders erfolgt nach der dienstlichen Notwendigkeit." Dem letzten westdeutschen Entwurf der Berufsordnung zufolge soll die Regelung der Aufsicht den Ländern überlassen bleiben; es steht wohl aber zu erwarten, daß die Länder im Sinne der obenerwähnten Fassung verfahren. Und diese Regelung würde nicht nur der amtlichen Eigenschaft des Markscheiders besser entsprechen, sondern auch die prüfenden Berg- und Vermessungsräte weitgehend entlasten und für die Lösung anderer Aufgaben freigeben.

Damit erhebt sich die Frage, welche Aufgaben der im Behördendient stehende Berg- und Vermessungsrat überhaupt zu erfüllen hat. Hierzu folgendes: Die amtliche Stellung sowie die Zuständigkeit der Oberbergamtsmarkscheider sind mit dem Inkrafttreten der allgemeinen Vorschriften für die Markscheider im preußischen Staate vom 21. 12. 1871 geregelt worden (Abschnitt I, S. 77). Außerdem sind damals Dienstanweisungen und Sondervorschriften der Oberbergämter erschienen, die den Geschäftsbetrieb und das Arbeitsfeld der Oberbergamtsmarkscheider umreißen sollten. Als Haupttätigkeit wurde zu Beginn des 20. Jahrhunderts die Überwachung des Grubenrißwesens angesprochen. Im Zusammenhang damit sind 15 Arbeitsgebiete für die Oberbergamtsmarkscheider benannt worden, die im Laufe der Zeit Ergänzungen und Abwandlungen erfahren haben. Im besonderen erbrachte der Erlaß des Ministers für Handel und Gewerbe vom 23.3.1920 ins einzelne gehende Angaben über die dienstliche Stellung und die Aufgaben der Berg- und Vermessungsräte als Dezernenten bei den Oberbergämtern.

Später, in den dreißiger Jahren, wurden die Arbeitsgebiete der Berg- und Vermessungsräte an jedem der damals bestehenden fünf Oberbergämter Bonn, Breslau, Clausthal, Dortmund und Halle gesondert festgelegt. Wir geben nachfolgend das Arbeitsgebiet der Berg- und Vermessungsräte des *Oberbergamtes Dortmund* wieder; die Angaben hierüber verdanken wir Herrn Professor Dr. O. Haibach.

1. Allgemeine Markscheiderangelegenheiten.
2. Aufsicht über die Ausbildung der Beflissenen und Kandidaten des Markscheidefaches.
3. Mitglied des Prüfungsausschusses für die Markscheiderprüfungen.
4. Aufsicht über die technische Ausbildung der zugeteilten Bergvermessungsanwärter und Assistenten.
5. Markscheiderische Angelegenheiten der Bergreviere.
6. Bearbeitung der Bodensenkungsnivellements der Zechen sowie Höhenmessungen anderer Verwaltungen und Behörden einschließlich der Landesaufnahme.
7. Verfolgung der geologischen und durch den Bergbau hervorgerufenen Bodenbewegungen durch Auswertung der Messungen.
8. Wissenschaftliche und organisatorische Leitung der grundlegenden Höhenmessungen des Industriebezirkes (Gemeinschaftsarbeit des Bergbaus, der Städte, Eisenbahnverwaltungen und Wassergenossenschaften).

9. Fragen über bergbauliche Einwirkungen auf die Reichsautobahnen, Wasserstraßen und Eisenbahnen.
10. Geophysikalische Aufgaben.
11. Aufgaben der Landesplanung.
12. Metallerzbergbau.
13. Bearbeitung neuer Vorschriften über das Markscheidewesen.
14. Fortführung der amtlichen Kartenwerke.
15. Allgemeine Angelegenheiten in Erz-, Erdöl- und Salinenfragen.
16. Bearbeitung allgemein geologischer und verwaltungstechnischer Karten, der Tiefbohrkarten und der dazu gehörigen Verzeichnisse.
17. Verwaltung des Archivs, der Grubenbilder, Risse, Karten und Vermessungsbücher sowie der Instrumentensammlung.

Hinzu treten noch einige Arbeitsgebiete, bei denen die Berg- und Vermessungsräte als *Mitarbeiter* hinzuzuziehen sind:

1. Allgemeine Fragen der Wasserverbände, der Kanalanlagen, Vorflutstörungen und Wasserlaufregulierungen infolge des Bergbaus.
2. Allgemeine Eisenbahn- und Verkehrsangelegenheiten, Angelegenheiten der Reichsautobahnen, Wegebauten und der Reichspost.
3. Rechtsfragen in Erdöl- und Salinenangelegenheiten.
4. Geologische und sonstige wissenschaftliche Angelegenheiten.

Man erkennt an dieser Zusammenstellung den Umfang und die Bedeutung des Tätigkeitsfeldes der Berg- und Vermessungsräte. Unter diesen Arbeiten des Oberbergamtes Dortmund ist nicht einmal das Gebiet „Prüfung der Geschäftsführung und der Arbeiten der Markscheider“ aufgeführt, das bei den Aufgabenbereichen der anderen vier Oberbergämter stets angegeben ist. Im übrigen könnte bei Durchsicht der Liste der Arbeitsgebiete der fünf Oberbergämter der Eindruck entstehen, daß diese jeweils auf die Eigenarten der Bergbauzweige zugeschnitten sind. Das ist nur vereinzelt der Fall. Wir würden es außerdem begrüßen, wenn bestimmte, für jeden Oberbergamtsbezirk in Betracht kommende Aufgaben in jeder Zusammenstellung der Arbeitsgebiete aufgeführt werden. Das gilt u. a. für die „Erhaltung des Dreiecksnetzes der Landesaufnahme“, ein Aufgabenbereich, der uns in der HAIBACHschen Akte lediglich in der Aufstellung des Oberbergamtes Bonn begegnete.

Daß unsere Anregung zweckdienlich sein dürfte, geht aus folgendem hervor. Im Ruhrgebiet fand die letzte Wiederherstellungstriangulation im Jahre 1920 statt. Es ist nicht zu bestreiten, daß das Dreiecksnetz der Landesaufnahme inzwischen, d. h. innerhalb von 40 Jahren, durch bergbauliche Einwirkungen vollkommen unbrauchbar wurde. Vor etwa 10 Jahren fanden auf Veranlassung des Oberbergamtes Dortmund Besprechungen mit dem Geodätischen Institut Frankfurt/Main und dem Landesvermessungsamt Nordrhein-Westfalen statt, die sich mit der Erneuerung des Dreiecksnetzes im rheinisch-westfälischen Steinkohlenbezirk beschäftigten. Ein diesbezüglicher Vorschlag sah mit Rücksicht auf die teure Signalisierung der trigonometrischen Punkte I. und II. Ordnung eine Kostenbeteiligung des Bergbaus in Höhe von rd. 300000 DM vor und stieß auf Ablehnung. Seither ruht die Angelegenheit. Zwar rechnete man in Markscheiderkreisen mit dem baldigen Einsatz elektrophysikalischer Langstreckenmessungen [V. STIPA (1956)], um mit hohen Genauigkeiten große Seitenlängen zu erzielen, doch sind diese Verfahren bei Dreiecksmessungen erst vor einiger Zeit zum Einsatz gelangt. Auch der Gedanke, den Meridianweiser [O. Haibach, Einsatzmöglichkeiten des Meridianweisers (1950)] zu Dreieckspunkteinschaltungen heranzuziehen, um durch Bergbaueinwirkung unbrauchbar gewordene Netze wiederherzustellen, wird noch im Rahmen eines dem Verfasser dieses Abschnittes vom Kultusministerium des Landes Nordrhein-Westfalen erteilten Forschungsauftrages geprüft. Hierauf näher einzugehen würde zu weit führen.

Es erscheint uns daher wohl angebracht zu erwägen, ob nicht von der Bergbehörde (Oberbergamt Dortmund) im Verein mit Wissenschaft und Praxis eine brauchbare Lösung für die Wiederherstellungstriangulation angestrebt werden sollte. Auch ohne den Bau hoher, kostspieliger Signaltürme dürfte es möglich sein, Mittel und Wege zu finden, um das unbrauchbar gewordene Dreiecksnetz des rheinisch-westfälischen Steinkohlengebietes zu erneuern und damit die Grubensicherheit an den Grubenfeldgrenzen zu erhöhen.

Auch in den heutigen westdeutschen Oberbergamtsbezirken, deren Zahl durch die Aufteilung in Länder wesentlich erhöht[1]) worden ist, wird die Frage der „Erhaltung des Dreiecksnetzes der Landesaufnahme" bedeutungsvoll sein. Wir denken hierbei an das unzureichende Dreiecksnetz im Saargebiet oder an die laufend notwendige Wiederherstellung von Dreieckspunkten in den Tagebauen der großen Braunkohlenbetriebe mit ihren ständigen Rekultivierungsmaßnahmen.

Berücksichtigen wir, daß das Oberbergamt Dortmund seit vielen Jahrzehnten die Durchführung großer Leitnivellements im Ruhrbezirk von mehreren hundert Kilometern Länge organisiert hat und laufend überwacht, erinnern wir uns ferner, daß andere Oberbergämter diesem Beispiel gefolgt sind, so muß es auch möglich sein, nicht nur die ständige Gebrauchsfähigkeit des Höhennetzes, sondern auch des Dreiecksnetzes in den Bergbaugebieten sicherzustellen.

Wir bezwecken mit diesen Hinweisen keine Kritik der bestehenden Verhältnisse, sondern eine engere Zusammenarbeit unserer Berufszweige und -vertretungen in Wissenschaft und Praxis mit denen der Bergbehörde. In den meisten Fällen wird eine solche Zusammenarbeit nützlicher und erfolgversprechender sein als die aufsichtführende Tätigkeit der Berg- und Vermessungsräte.

An den Oberbergämtern hat sich inzwischen manches geändert. So hat das Oberbergamt Dortmund die markscheiderischen den bergtechnischen und juristischen Angelegenheiten gleichgesetzt und dies durch Einrichtung der Dienststellung eines Oberbergamtsdirektors für das Markscheidewesen zum Ausdruck gebracht. Was aber immer noch fehlt, ist eine Fachvertretung im Bundeswirtschaftsministerium.

3. Weitere Voraussetzungen für die Bearbeitung der Grubenrißwerke

Eine der Hauptaufgaben auf dem Gebiet der Darstellungen besteht ohne Zweifel darin, die bergbehördlichen Vorschriften sowie die aus den fachlichen Bedürfnissen unseres Berufes heraus aufgestellten *Richtlinien* solchen Anwen-

---

[1]) Nach der Bildung deutscher Länder in der Bundesrepublik sind folgende Oberbergämter bestehengeblieben: Bonn, Clausthal/Harz, Dortmund, München; neu hinzugekommen sind: Bad Ems, Freiburg i. Br., Saarbrücken, Wiesbaden. Die Oberbergämter Breslau und Halle bestehen nicht mehr. In der DDR ist an die Stelle des Oberbergamtes Halle eine technische Inspektion getreten.

dungsformen zuzuführen, die neben dem praktischen Nutzen die mathematisch einwandfreie Darstellung verbürgen. Denn gerade die Vielfalt der Anforderungen, die, räumlich gesehen, an die Rißwerke jedes einzelnen Bergbauzweiges zu stellen sind, ist nicht zuletzt der Anstoß zur umwälzenden Neugestaltung des bergmännischen Rißwesens gewesen. Und da die in Angriff genommene Neuordnung im Fluß ist und die Reformbestrebungen weiter anhalten werden, dürfte es nicht einfach sein, den oben gestellten Bedingungen mehr und mehr gerecht zu werden. Wir müssen uns damit begnügen, an dem bisher Erreichten festzuhalten und das Erreichbare nicht aus den Augen zu verlieren.

a) Anweisungen, Richtlinien

Inhalt der *Richtlinien* für die Herstellung und Ausgestaltung des bergmännischen Rißwerks, 1951

Das hinsichtlich der Neuordnung oben Gesagte gilt bereits für die MO vom Jahre 1923. Wie wir schon erwähnten, sind eine neue „Berufsordnung" und eine „Verordnung über die technische Ausführung der markscheiderischen Arbeiten für das bergmännische Rißwerk" im Werden.

Von besonderer Wichtigkeit und Bedeutung ist der Abriß. Wir verstehen in diesem Falle unter „Abriß" nicht etwa das frühere Grubenbild, das wir im geschichtlichen Abschnitt I, S. 14, definierten. Vorliegend handelt es sich um den in der MO von 1923 bezeichneten *Abriß*, über den im § 17, 1^b gesagt wird: „Zur Registratur des Markscheiders soll für jedes Grubenbild ein Aktenheft vorhanden sein, das einen Abriß über die Entwicklung des Grubenbildes und die hierauf bezüglichen Schriftstücke enthält, insbesondere auch diejenigen über etwa erfolgte amtliche Prüfungen, sowie über die Festsetzungen der Markscheiden und Sicherheitspfeiler."

Zu diesem Abriß des Grubenbildes hat O. Haibach (1943) ausführlich Stellung genommen, nachdem er schon früher (Rißmusteratlas 1942, S. 17) Sinn, Zweck und Notwendigkeit dieser von jedem Markscheider für jedes Grubenbild anzulegenden Akte herausgestellt hatte. Wir werden auf Einzelheiten der Abrißherstellung ebenfalls bei Behandlung des Zulegerißwerkes zu sprechen kommen.

Wie notwendig Anweisungen für eine einheitliche Ausgestaltung des bergmännischen Rißwerks sind, hat der geschichtliche Abriß (Abschnitt I, S. 2f.) gezeigt, der eine vier volle Jahrhunderte herrschende Willkür auf dem Gebiete der Darstellungen widerspiegelt, derzufolge jeder Riß eine andere Konstruktionsart, eine eigene Nomenklatur, beliebige Zeichen- und Farbgebungen und eine unterschiedliche textliche Ausgestaltung aufwies.

Auf bergpolizeiliche Vorschriften, die den Anforderungen der einzelnen Oberbergamtsbezirke angepaßt werden, braucht nicht besonders eingegangen zu werden, weil sich diese Vorschriften nicht mit der rißtechnischen Ausführung, sondern mit Bestimmungen befassen, die vorwiegend auf grubensicherheitliche Interessen abgestellt sind. Doch wird vereinzelt auch auf diese Vorschriften später zurückgegriffen werden.

Anders verhält es sich mit den „Richtlinien für Herstellung und Ausgestaltung des bergmännischen Rißwerks". Sie stellen als Normenwerk, das nur unter einer DIN-Nummer, 21900, erschienen ist, eine unentbehrliche Ergänzung zur alten

MO von 1923 und künftig zur Verordnung über die technische Ausführung markscheiderischer Arbeiten dar und gliedern sich in vier große Gruppen:

1. Form und Inhalt des Rißwerks	1.01—1.14	mit	62	Blatt
2. Zeichen für Grubenbaue	2.01—2.13	„	41	„
3. Geologische Zeichen	3.01—3.15	„	62	„
4. Betriebliche Sonderdarstellungen	4.01—4.08	„	31	„
(5. Stichwortverzeichnis mit 10 Seiten	=		5	„)
	Summe:		201	Blatt in DIN A4

Damit steht zunächst fest, daß das vorhergegangene Werk „Normen für Markscheidewesen", DIN Berg 1901—1938, mit 64 Blatt Inhalt [besprochen von O. Haibach (1936)[2]], völlig neu überarbeitet wurde, so daß quantitativ und qualitativ etwas ganz Neues entstanden ist. Aber dieses Neue, nämlich die *Richtlinien*, stellen ebenfalls nichts Endgültiges dar. W. Nehm (1951, S. 195—199) hat das Werk ziemlich ausführlich besprochen und abschließend zum Ausdruck gebracht (S. 198 unten): „Es ist eine undankbare Aufgabe, ein solches Werk, wie das hier vorliegende, zu schaffen; noch undankbarer ist es, es zu besprechen."

Wir sind nicht derselben Meinung. Man muß — das ist unsere Überzeugung — den Fachgenossen, die gemeinsam mit dem Obmann, Professor Dr. K. Lehmann, die *Richtlinien* in jahrzehntelanger, unendlich mühevoller Arbeit, ohne jedes Entgelt, aus reinem Idealismus und aus Liebe zu ihrem Beruf, ausgearbeitet haben, uneingeschränkten Dank aussprechen. Wäre diese uneigennützige Arbeit nicht geleistet worden, so ständen wir heute noch auf dem Niveau, das die Darstellungen des Markscheiders etwa zu Anfang des Jahrhunderts aufzuweisen hatten. Wir möchten daher von einer mühseligen, schwierige Kleinarbeit erfordernden Aufgabe sprechen, diese aber nicht als undankbar bezeichnen, zumal da das Ergebnis in Form der *Richtlinien* volle Anerkennung verdient und auch von jedem Fachgenossen entsprechend eingeschätzt wird.

Die Mühseligkeit der Arbeit drückt sich bereits in der ersten Gruppe der *Richtlinien* aus. Dort ist als gänzlich neu die Gliederung des Grubenrißwerks, 1.013 bis 1.01334 sowie der Sonderrisse 1.014—1.0145, hervorzuheben. Aber man darf nicht vergessen, daß wir erst am Anfang stehen. Lagerstättenarchiv und Betriebsplanwerk sind in mehreren Bergbauzweigen heute weder vorhanden, noch vorläufig in Erwägung gezogen. Aber auch dort, wo — wie im Steinkohlenbergbau — bereits Richtlinien für die Erstellung des *Flözarchivs* bestehen, bahnen sich neue Überlegungen an, die nicht in der Wertbeurteilung des Vorkommens allein, sondern in karteimäßigen Erfassungen bestimmter Faktoren einen Wertmesser erblicken, worauf wir bei Behandlung des Geologisch-Lagerstättenkundlichen Rißwerks zu sprechen kommen. Es wird sich somit erst im Laufe der nächsten Jahre, vielleicht des folgenden Jahrzehnts, zeigen, ob und inwieweit die vorgeschlagene Gliederung Ergänzungen oder Abänderungen erfahren soll oder bestehen bleiben kann.

Neu sind ferner in der ersten Gruppe der *Richtlinien* einige Begriffsbestimmungen unter 1.072. Wir sprechen sie deshalb nicht als vollständig an, weil O. Haibach (Bd. II, I, B, 1, S. 28—34) für alle heutigen und früher in einzelnen Ländern gebräuchlichen Ausdrücke eine vollständige Liste der Begriffe im Rißwesen liefert. Es mag an dieser Stelle auch auf die ausführlichen Darlegungen von

O. HAIBACH in Bd. II, I, B „Begriffliches und Grundsätzliches in der Darstellung„ S. 27—64, verwiesen werden.

In der zweiten Gruppe „Zeichen für Grubenbaue“ sind als neu und besonders eindrucksvoll die Zeichen für die Bergbauzweige des Steinkohlen-, des Braunkohlenbergbaus mit Bohrungen, des Erzbergbaus, der Erdölgewinnungsbetriebe und des Erdölbergbaus in Ölschachtbetrieben zu nennen. Die Darstellung „Erzbergbau“ 2.05 mit nur drei Blättern scheint uns nicht vollständig genug zu sein. Das gleiche gilt für das Blatt 2.08 „Kali- und Steinsalzbergbau“. Ergänzungsbedürftig ist ferner Blatt 2.11 „Gefahrenzonen“ hinsichtlich des Auftretens von Gebirgsschlägen; wir nehmen Bezug auf unsere Ausführungen im Teilabschnitt 1c, S. 109.

Die dritte Gruppe „Geologische Zeichen“ halten wir für außerordentlich aufschlußreich. Dem von W. NEHM (1951, S. 197) zu 3.01 „Störungen“ erhobenen Einwand, das Blatt sei zu knapp gehalten und weise gegen die frühere Darstellung (DIN Berg 1922 und 1923, in drei Blättern der Normen für Markscheidewesen) überhaupt keine Fortschritte auf, kann folgendes entgegengehalten werden: Eine Erweiterung der Darstellungen und Beispiele zu Blatt 3.01 vorzusehen, wäre wenig sinnvoll. Richtlinien sind kein Lehrbuch; sie sollen die Zeichen für die verschiedenen Störungsarten angeben. Wir finden in SCHULTE-LÖHR, 1958, dritte Auflage, auf den Seiten 317—326 allein 12 Beispiele über die Ausrichtung von Störungsarten, und A. T. HORNOCH (Wien, 1927) behandelt sogar 20 Aufgaben über das Verwerferproblem, die von D. V. FROST um weitere 34 Aufgaben erweitert wurden, ohne daß Ergänzungen oder Erweiterungen zu Blatt 3.01 notwendig geworden wären (Bd. II, S. 98—102).

Ganz besonders spricht uns die Darstellung kleintektonischer Formen in 3.02 (vier Blätter) an mit der Anfertigung von Kluftrosen, der Einmessung flächenhaft wiederzugebender Klüfte und Schlechten u. a. m. Das gleiche gilt für die petrographischen Lagerstättenschnitte (3.03 mit fünf Blättern und den offenbar von O. SCHLEIER angeregten eisenerzpetrographischen Schnitten nebst Ausführungsbeispielen). Vollkommen neu sind die den geologischen Zeichen eingefügten stratigraphischen Gliederungen des Karbons und der Eisenerzhorizonte (3.071) sowie der Schichtengruppen des Karbons der Steinkohlenbezirke, sodann der jurassischen, kretazischen und paläozoischen Eisenerzhorizonte. Anschließend finden wir eine stoffliche Gliederung der Steinkohle (3.08 mit drei Blättern) und danach bei 3.09 mit zwei Blättern die einheitliche Flözbezeichnung für die Aufstellung eines Flözarchivs. Auch die geologisch-petrographischen Zeichen im Gang- und Lagerbergbau (3.12 mit acht Blättern) sind stark erweitert worden, wobei wir auf die Darstellung der Mineralführung mit besonders ansprechenden Beispielen hinweisen. Ebenfalls neu sind am Schluß der dritten Gruppe unter 3.15 insgesamt sieben Blatt ‚Schichtenverzeichnis, Entnahme von Proben, Benennung von Gesteinen“.

Auch die Zeichen und Darstellungen der vierten Gruppe „Betriebliche Sonderdarstellungen“ sind fast in ihrer Gesamtheit neu. Vielleicht ist man bei 4.06 „Zeichen für die Berechnung und Darstellung von Abbaueinwirkungen“ (drei Blatt) etwas zu weit gegangen und hat zu viele Begriffe und Faktoren geprägt, denen man in der Praxis mitunter nur selten begegnet. Es empfiehlt sich außerdem, die Ausdrücke „Zerrungen“ und „Pressungen“ durch „Längungen“ und „Verkürzungen“ zu ersetzen, im Hinblick darauf, daß unter Tage im Hangendkörper keine Zerrungen, sondern „Auflockerungen“ des Gesteins eintreten. Ebenso werden bestimmte Druckauswirkungen im hangenden Gestein „Verdichtungen", jedoch keine Pressungen hervorrufen [O. Niemczyk, Internationale Tagung über Gebirgsdruckforschung (1956, S. 4)].

Die „Richtlinien für Herstellung und Ausgestaltung des bergmännischen Rißwerks" sind bedeutungsvoll geworden. Mängel und Fehler werden sich in einem so umfangreichen Werk immer finden; aber sie ändern nichts an der Feststellung, daß die *Richtlinien* eine wertvolle Ergänzung der bestehenden und zu erwartenden Vorschriften und Anweisungen über die Ausgestaltung des Grubenrißwerks bilden. Sie gehören im Verein mit diesen Anweisungen zum täglichen Rüstzeug dessen, der Kartierungen, Zulagen, Berechnungen, konstruktiv einwandfreie und zeichnerisch vollendete Darstellungen — sei es im Zulegerißwerk oder im Grubenrißwerk — vorzunehmen hat.

b) Vordrucke und Rißmuster

Gehen wir auf die MO von 1923 zurück, so weist Anlage 1, S. 4, 10 Vordrucke A—K und Anlage 2 zur MO eine Mappe mit 15 Musterrissen oder Tafeln I—XV auf. Beide Teile, Vordrucke wie Rißmuster, sind zwar veraltet, können aber dennoch, da sie auch heute noch in den Abteilungen Markscheidewesen der Bergwerksgesellschaften vorhanden sind, manchen Anhaltspunkt für Darstellungszwecke liefern, ebenso auch für Formblätter und Vordrucke.

Aber rißliche Darstellungen veralten heutzutage rascher als Meßverfahren und Instrumente. Im Jahre 1942 erschienen die „Rißmuster für Markscheidewesen" mit 15 Musterrissen aus dem Steinkohlen-, 7 aus dem Braunkohlen-, 12 aus dem Erz-, 4 aus dem Kali- und Steinsalzbergbau sowie 21 Sonderrissen, insgesamt mit 59 Rißmustern. Das war das Vierfache der 19 Jahre zuvor erschienenen Muster. Und doch ist heute, nach weiteren 17 Jahren, ein beachtlicher Teil der Rißmuster aus dem Atlas von 1942 erweiterungs-, erneuerungs- oder zumindest abänderungsbedürftig, zumal da die gesamte Darstellung auf DIN 1900—1938 vom Jahre 1936 und nicht auf den *Richtlinien* vom Jahre 1951 fußt. Das wird sich im Laufe der in den kommenden Abschnitten zu bringenden Ausführungen klar ergeben.

Um die Vordrucke von Beobachtungs- und Berechnungsbüchern sowie Formblättern ist es nicht anders bestellt. Die Mannigfaltigkeit solcher Unterlagen ergibt sich zum Beispiel aus den „Richtlinien und Vorschlägen zur Anlegung des Flözarchivs für den Steinkohlenbergbau" 1953, deren Zahl sich für eine einzige Schachtanlage allein auf 63 beläuft. Und dennoch sind alle diese Formblätter, Zahlentafeln und Diagramme notwendig, wenn das Flözarchiv Anspruch auf Zuverlässigkeit und Vollständigkeit erheben will.

Aus diesen wenigen Hinweisen geht hervor, daß Vorschriften, Anweisungen und Richtlinien wohl die äußere Gestaltung eines Zubehörteiles zum Rißwerk und dieses selbst beeinflussen; niemals aber können sie dem Riß, Plan oder der Karte den inneren Wert verleihen, dessen diese bedürfen, um das erkennen zu lassen, worauf es im Grunde genommen ankommt, zum Beispiel auf absolute Richtigkeit der Darstellung, auf ausgewählte Strichstärken oder Farbwirkungen zur Erhöhung der Anschaulichkeit, auf ein geschicktes Betonen von Wertlinien, Schichtmächtigkeiten, Mulden- und Sattelwendungen, Falten, Störungszonen u. a. m.

Und dieses Leben im Riß, im Plan oder in der Karte, d. h. die persönliche Note des Ausführenden kann nur das *Rißmuster* zeigen. So wirken bei aller Nüchternheit, die den Konstruktionen der Muster im Atlas 1942 zugrunde lag, u. a. die Rißmuster 8 und 9, Schnitt 11, Seigerriß 13 und zahlreiche andere Darstellungen unbedingt ansprechend, ungerechnet die räumlich wirkenden Bilder aus den verschiedensten Bergbauzweigen. Es zeigt sich so, daß man Sachlichkeit und peinliche Sorgfalt durchaus mit geschmackvoll wirkenden Farbtönen oder elegantem Linienschwung verbinden kann und darf, ohne gegen die Gesetze der Mathematik oder der Perspektive zu verstoßen. So erfüllen auch Rißmuster zu ihrem Teil die Voraussetzungen, die zu einer zweckdienlichen Bearbeitung des Grubenrißwerks gehören. Wir sind aus kostenmäßigen Gründen leider nicht in der Lage, Rißmuster nach Art des Atlas 1942 diesem Band beizugeben. Aber wir werden versuchen, mit Hilfe von Rißauszügen und ausgewählten Ausschnitten im kleinen Beispiele zu liefern, die sich gedanklich auch in größere Maßstäbe umsetzen lassen.

B. Die Berechtsamsdarstellungen und die Kennzeichnung der Markscheiden, Betriebsgrenzen und Sicherheitspfeiler in den Riß-, Karten- und Planwerken[1])

(Haibach)

1. Vorbemerkungen

a) Kennzeichnung der markscheiderischen Aufgabe

Trotz des Wandels der Technik ist eine wichtige Aufgabe des Markscheiderberufes, die bereits seit Jahrhunderten im Bergbau besteht, unverändert erhalten geblieben: die Sicherung des Bergwerkseigentums durch die Markscheiden. Das Feld (Mark) und das Trennen oder Festlegen (scheiden) hat zur Wortbildung *Markscheide* geführt. Mit dem Begriff der Markscheide sind noch eine Reihe anderer ureigener Aufgaben des Markscheiders verknüpft. Wir wollen diese im folgenden unter Voranstellen einiger Begriffsbestimmungen kurz kennzeichnen.

Unter Bergbauberechtigung werden die rechtlichen Ausdrücke *Berechtsame*, *Gerechtsame* und *Gerechtigkeit* — das sind rechtliche Befugnisse, die aus Regalien und dem Grundstücksrecht hergeleitet werden — zusammengefaßt. Berechtsame ist ein dem Bergrecht eigentümlicher Begriff, Gerechtsame und Gerechtigkeit greifen in andere Rechtsgebiete ein. Der Begriff Bergbauberechtigung schließt auch das *Bergwerkseigentum* mit ein, wenn man unter ihm die Berechtigungen versteht, die der bergmännischen Gewinnung allein dienen (*Richtlinien* 1951, DIN 21900, 2.01). Eine besondere Rechtsstellung nimmt der *Grundeigentümerbergbau* ein. Da das Recht mit dem Flurstück verbunden ist, übernimmt die Flurstücksgrenze die Eigenschaft der Markscheide.

Alle Bergbauberechtigungen — gültige wie gelöschte — besitzen eine Begrenzung, die irgendwie definiert ist. Ältere Rechte im Felde haben den Vorrang. Ihre Grenzen beeinträchtigen die der jüngeren Bergbauberechtigten (Alter im Felde).

Die Mitwirkung auf berechtsamstechnischem Gebiet beginnt für den Markscheider schon beim Schürfen insofern, als festgestellt werden muß, welche Gebiete bergfrei oder nicht beansprucht sind, welche landesgesetzlichen Bestimmungen

[1]) Weitere neue Normenvorschriften werden, wie bereits im Nachwort zum Vorwort erwähnt, im zweiten Halbband behandelt (1965).

in dem fraglichen Gebiet gelten oder welche älteren Rechte bestehen. Im Falle des Fündigwerdens hat der Markscheider die Vermessung des Fundpunktes vorzunehmen. Alsdann zählt zu seinen Aufgaben die Streckung des Feldes, gegebenenfalls im Anschluß an laufende Mutungen und ausgesprochene Verleihungen. In Deutschland erfolgt die Anfertigung der Mutungs- und Verleihungsrisse, die einen wesentlichen und untrennbaren Bestandteil der Verleihungsurkunde darstellt, gleichfalls durch den Markscheider.

Für alle weiteren Berechtsamsdarstellungen, wie wir sie im einzelnen in diesem Abschnitt und unter 2. besprechen werden, ist der Markscheider zuständig. Immer handelt es sich, von fachlicher Seite aus gesehen, um eine mathematisch fundierte, zahlenmäßige und rißliche Abgrenzung von Rechten.

Ehe eine Markscheide, eine Betriebsgrenze, Pachtfeldgrenze oder ein Sicherheitspfeiler in die Risse, Karten und Pläne — seien sie Bestandteile von Rißwerken oder Auszüge aus diesen, die von der Bergbehörde gefordert werden, oder seien es Bestandteile, die für die Betriebsleitung oder Betriebsführung erforderlich sind — eingetragen wird, ist das Studium der Vorgänge, zum Beispiel der Verleihungsakten, der Berechtsamsrisse, der Akten über etwaige Änderungen (Regulierungen) an der Berechtsame sowie der An- und Verpachtungen notwendig. Sodann sind hinzuzuziehen die Berechnungsergebnisse über etwaige Umformungen der Koordinaten bei Anwendung verschiedener Systeme. Zweckmäßigerweise werden die endgültigen in Gebrauch zu nehmenden Werte im Titelblatt des Rißwerkes oder in Koordinatenheften, geordnet nach Rißblattnummern, zusammengestellt und den Rißbearbeitern übergeben, da bei der Fortführung der Rißwerke und bei Neuanlage von Rißblättern immer wieder die Koordinatenwerte gebraucht werden. Der Rißbearbeiter muß feststellen, ob alle Grenzfestsetzungen, die für das betreffende Blatt, und zwar nach Maßgabe der Riß*art* in Betracht kommen, zur Darstellung gelangt sind.

b) Grundzüge der Zeichengebung nach DIN 21 900, 2.01

Die in den *Richtlinien* 1951 enthaltenen DIN-Blätter lassen auf den ersten Blick nicht die leitenden Gesichtspunkte erkennen, auf die eine Zeichengebung bei so vielseitiger Anwendung Rücksicht zu nehmen hat. Sie muß einmal, weil in alten Rissen und Kartenwerken unverändert eine herkömmliche Zeichengebung üblich gewesen ist, möglichst mit den Gewohnheiten übereinstimmen, zum anderen soll sie in den verschiedenen Anwendungsbereichen nicht grundlos Abweichungen aufweisen.

Es entspricht einer alten Übung, wenn als Farbe für Wichtiges Rot angewendet, ferner wenn Geplantes mit roten Strichlinien kenntlich gemacht wird und wenn man schließlich von dem Unterscheidungsmittel der Farbe in sinnfälliger Weise Gebrauch macht. Auch hier greift man auf Gewohntes zurück und gibt den Mineralien in den Darstellungen der Bergbauberechtigungen Farben, die sich ihrer Bedeutung nach sofort einprägen.

Beispiele: Steinkohle — grau (schwarz), Braunkohle — dunkelkreß (braun), Eisenerz — rot (Farbe des Hämatits), Nichteisenerze (Buntmetalle) — ublau, Erdöl usw. — kreß (orange). Was dann an einigermaßen auffälligen Farben noch verbleibt, gilt für Salze (laubgrün), Steine und Erden (seegrün) und alle übrigen Mineralien (veil). Das alles hat sich bewährt und eingebürgert. Diesen Grundzügen haben sich Farbstreifen und Beschriftung angepaßt. Sind innerhalb eines Feldes mehrere Mineralien verliehen, die mit verschiedenen Farben gekennzeichnet werden, so erhalten die Grenzen eine rechtsläufig angeordnete, bestimmte Reihenfolge der beteiligten Farben, und zwar abwechselnd mit kurzen Strichlängen. Das gleiche gilt für die Beschriftung. Beim Zeichnen wird so verfahren, als wäre das ältere Feld zuerst dargestellt worden. Zur Kennzeichnung der Feldesgrenzen werden die Eckpunkte numeriert. Bei sich überdeckenden Feldern kann auf Bezifferungen, die für jedes Feld einzeln durchzuführen sind, nicht verzichtet werden.

Obgleich keine Längenfelder mehr gestreckt und nur noch Bergwerke mit gevierten Feldern verliehen werden, haben Längenfelder immer noch dort Bedeutung, wo innerhalb oder in der Nähe einer solchen Berechtsame gebaut wird. Somit ergibt sich auch heute noch die Notwendigkeit einer Zeichengebung für Längenfelder, die von derjenigen der Geviertfelder abweichend durchgebildet ist (vgl. *Richtlinien* 1951, DIN 21900, 2.011).

2. Berechtsamsdarstellungen im einzelnen

a) Allgemeingültige Richtlinien, Berechnungswege

Für die nachstehend behandelten Berechtsamsrisse, insbesondere für die in den Unterabschnitten b) bis i) genannten Risse, sind allgemeingültige Forderungen hinsichtlich Form und Inhalt zu erfüllen. Wir stellen diese daher an die Spitze und gehen bei den einzelnen Rissen auf die Besonderheiten jeweils ein. Außerdem wollen wir zur Begründung der Art der Ausfertigungen auf die Mängel hinweisen, die sich aus der früheren Bearbeitung, als die heutigen Mittel noch nicht zur Verfügung standen, ergeben haben.

1. Der Riß ist *Bestandteil der Urkunde.* Er ist so oft zu fertigen, als Urkunden (1., 2., . . . Ausfertigung) hierzu vorhanden sind. Der Riß, der einen vollständigen Titel führen muß, wird mit der Urkunde verbunden (Schnur und Siegel). Er ist beurkundungspflichtig (Markscheider), er trägt die Beglaubigungsvermerke der (Hoheits-)Behörde. Rasuren sind unstatthaft. Änderungen müssen durch Namensunterschrift und Datum bescheinigt werden.

2. Der *Zeichenstoff* muß haltbar und aus bestem Papier sein, daß man darauf gut zeichnen und drucken kann. Der Riß wird vor scharfem Knicken und Brechen durch Unterziehen von Leinen gesichert. Vor der endgültigen Verbindung mit dem Schriftsatz der Urkunde hat ein enges Rollen und das Knicken zu unterbleiben.

3. Das *Format* wird von der Größe des Feldes und vom Maßstabsverhältnis bestimmt. Auf jeden Fall sind die DIN-Formate anzuwenden, und zwar in der Weise, daß auf DIN A 4 zurückgegangen wird, um möglichst das Falten einzuschränken. An alten Rissen kann man beobachten, wie nachteilig sich ein unvernünftiges Knicken auswirkt. In den Bruchkanten oder -ecken ist praktisch der Inhalt der Risse nicht mehr zu entziffern. Über die *Blattgestaltung* kann in den *Richtlinien* (1951) bei DIN 21900, 1.11, 1.12 nachgelesen werden.

4. Für die *Zeichengebung* sind die *Richtlinien* (1951) als Anweisung zu betrachten. Weitere Erfordernisse sind durch Erlasse und Verfügungen festgelegt und müssen befolgt werden. Dazu gehört auch der Maßstab. Gezeichnete Maßstäbe waren früher nötig, als alle Darstellungen, Maße und Größen von der graphischen Ermittlung und Darstellung abhingen. Heute ist das Auftragen der Maßstabsleiter

nicht unbedingt erforderlich. Früher sind die Risse stets von Hand gezeichnet worden. An die Stelle der Zeichnung kann nun auch der Druck treten (Photopapiere, Lichtpauspapiere müssen ausscheiden). Der Druck hat nur dort Bedeutung, wo mehrere Ausfertigungen notwendig oder erwünscht sind und wo bereits Originalteile vorliegen, zum Beispiel die Ausschnitte aus einem Kartenwerk, für das eine bestimmte Zeichengebung an sich schon vorgeschrieben ist.

5. Die *koordinatenmäßige Behandlung* ist heute eine Selbstverständlichkeit. Früher zeigten zuweilen die Berechtsamsrisse ein Quadratnetz, aber diese Netze hatten nur graphische Bedeutung, um den Zusammenhang zwischen den Darstellungen im Riß und den zugrunde liegenden Karten oder Kartenwerken klarzulegen. Als Nordrichtung diente Magnetisch-Nord oder eine sonstwie definierte Richtung. Der große Mangel alter Berechtsamsrisse besteht demnach in der nicht zutreffenden Voraussetzung, daß die Darstellung der Tagesgegenstände (die „Situation") geometrisch und kartographisch richtig ist, was aber von alten Karten nicht allgemein behauptet werden kann. Infolgedessen ist auch die Darstellung des Fundpunktes und des Feldes (Eckpunkte, Grenzen, wie Bach- und Flußläufe, politische Grenzen usw.) ungenau oder fehlerhaft; nicht selten sind aus dieser Ungenauigkeit oder Unvollkommenheit der graphischen Feldesfestlegung Grenzstreitigkeiten entstanden, die durch Urteil der ordentlichen Gerichte geschlichtet werden mußten, oder man einigte sich durch Verträge auf neue „Betriebsgrenzen" (s. weiter unten, S. 152). Der Schwund des Papieres (Bd. II, S. 390) darf bei alten Rissen nicht übersehen werden. Doch fallen alle diese Schwierigkeiten fort, wenn gültige Koordinatensysteme vorliegen. Die Meridianstreifensysteme (Gauß-Krüger-Koordinaten) bieten darüber hinaus den Vorteil der Einheitlichkeit. Die früher geführten verschiedenen Systeme in den einzelnen Landesteilen (vgl. § 34 der MO) sind damit ausgeschaltet; an ihre Stelle treten entsprechend den *Richtlinien* (1951) DIN 21900, 1.09 die für das Bergbaugebiet gültigen Koordinatensysteme der Meridianstreifen.

Bei Anschlußfeldern (Feldern, die sich an vorhandene alte Felder anlehnen), bei Feldesteilung, Zusammenlegung oder sonstigen Änderungen an den Berechtsamen, die graphisch oder in älteren Koordinatensystemen festgelegt sind, ist es notwendig, im Falle der graphischen Kartierung zunächst die Anerkenntnis der Markscheide in der Ausdrucksform der Koordinatenwerte herbeizuführen oder die Koordinaten älterer Systeme in solche der Meridianstreifensysteme umzurechnen. Im zweiten Falle handelt es sich lediglich um eine andere mathematische Ausdrucksform für die gleiche Aufgabe. Bei einer graphischen Festlegung werden verschiedene Bearbeiter nicht in jedem Fall zu gleichem Ergebnis kommen, da die Beurteilung der graphischen Unterlagen in letzter Schärfe subjektiv erfolgt.

6. Der *Fundpunkt* (Punkt, in welchem die Lagerstätte im Mutungsverfahren angetroffen wird) muß nach Raumkoordinaten angegeben werden: R- und H-Wert, Höhenangabe, bezogen auf NN. Die Werte beruhen auf einwandfreier, gesicherter Vermessung. Außerdem muß der Fundpunkt rißlich und mit Maßen so dargestellt werden, daß Zweifel über seine Lage nicht entstehen können; zum Beispiel soll der Bohrlochansatzpunkt so zu den Tagesgegenständen aufgenommen sein, daß er im Gelände wiederhergestellt werden kann. Soweit gefordert, ist die kleinste und größte Entfernung des Fundpunktes von den Feldesgrenzen zu errechnen und in den Riß einzutragen.

7. Die *Feldeseckpunkte* werden mit Buchstaben oder Ziffern bezeichnet und sind durch Koordinaten bestimmt. Die Werte für die Eckpunkte sind maßgebend, nicht die Punktlagen im Riß, die in ihrer Genauigkeit vom Maßstabsverhältnis abhängig sind, d. h. von der Genauigkeit, mit der sie aufgetragen werden können. Beim Anschluß an ein bereits vorhandenes Feld müssen sich die Markscheiden decken, oder es müssen neue Punkte auf der Verbindungsgeraden zwischen zwei alten Punkten liegen. Der Nachweis ist in den Berechnungsunterlagen zu führen (s. weiter unten).

Es sollte gefordert werden, daß die neuen Begrenzungen auf weite Erstreckung geradlinig, also so einfach wie möglich verlaufen. Abweichungen sind nur dann zulässig, wenn der Anschluß es erfordert, oder wenn zum Beispiel die Landesgrenze die Feldesausdehnung bestimmt. Die Markscheiden sind hervorzuheben. Innerhalb der Umgrenzung sind einzutragen: Name der Berechtsame, die Beschreibung des Feldes durch Buchstaben oder Ziffern (z. B. 1, 2, 3, 4, 5, 1) und die Flächengröße des Feldes.

8. Die *Flächengröße des Feldes* beruht auf der Berechnung aus Koordinatenwerten. Die Berechnung gehört zu den beizufügenden Unterlagen; hierfür dienen meist Vordrucke mit Sicherungsrechnung. Die ermittelten Zahlenwerte für die Flächengrößen gegenüber der tatsächlichen Größe sind abhängig von der angewandten Projektionsart des Koordinatensystems. Für Flächen, die aus Gaußkonformen oder Gauß-Krüger-Koordinaten errechnet sind, ergeben sich je nach der Entfernung der Fläche vom Mittelmeridian Flächenkorrekturen. Näheres hierzu Bd. I, S. 448; daselbst Zahlentafel und Beispiel.

In alten Rissen ist die Fläche in der Regel durch Auflösung in kleinere geometrische Figuren und Summierung ermittelt worden, oder sie ist mit dem Planimeter erfolgt. Schon auf den „gleichen“ Ausfertigungen desselben Risses kann man unterschiedliche Flächengrößen ermitteln. Zwischen der graphischen Fläche (Verleihungsgröße) und der Fläche, die auf Grund *nachträglich* erfolgter koordinatenmäßiger Punktfestlegung bestimmt worden ist (Betriebsfeldgröße), ergeben sich naturgemäß Widersprüche, die oft erheblich sind. Die in der Urkunde angegebene Flächengröße ist indessen maßgebend, ob sie zutrifft oder nicht.

9. Solange keine Berechnung nach Koordinaten stattfand, war die *Situation* (daher auch die alte Bezeichnung „Situationsriß“) wichtig. In den heutigen Berechtsamsrissen ist die Darstellung der Tagesgegenstände in den meisten Fällen praktisch ohne große Bedeutung und gewissermaßen nur Beiwerk, abgesehen von dem Aufnahmebereich des Fundpunktes, auf dessen Darstellung aus den unter 6. genannten Gründen nicht verzichtet werden kann. Es ist daher weit einfacher und wirtschaftlicher, eine verbürgt richtige Kartendarstellung, wie sie in den öffentlichen Kartenwerken geboten wird, zu benutzen. Die unter 2. angeführten Erfordernisse bezüglich der Papierbeschaffenheit lassen sich dadurch erfüllen, daß man sich die Verwendung des betreffenden Kartenausschnitts und die Vervielfältigung im Druckverfahren genehmigen läßt.

10. Die verschiedentlich obenerwähnten Unterlagen sind *Zubehör der Berechtsamsakten*. Sie können aus dem Messungswerk und dessen Berechnungen bestehen, ferner aus Berechnungen, die der Festlegung des Fundpunktes, der Markscheiden, Trennungslinien, der Entfernungen, der Flächenermittlungen, der Umrechnungen usw. dienen. Weiter gehören dazu sämtliche Unterlagen, auf die in den maßgebenden Angaben Bezug genommen wird.

Die Behörde prüft die Unterlagen und den Riß. Der Prüfungsbericht geht zu den Akten.

Der Inhalt der Akten und der Risse ist — soweit erforderlich — für die berechtsamsmäßige Bearbeitung des Zulegerißwerkes maßgebend (vgl. Abschnitt II, C, S. 176ff.).

11. *Berechnungswege.* Gewisse Berechnungen kehren bei der Bearbeitung der Berechtsame immer wieder. Es sind das Aufgaben, die bei der Teilung von Grundstücken auftreten und die auf Lösungen beruhen, die die analytische Geometrie auf dem Wege über Funktions- und Bestimmungsgleichungen bietet. In der Regel wird ein Neupunkt N mit seinen Koordinaten y_N und x_N gesucht. Wir sparen uns die Entwicklung und benutzen aus L. ZIMMERMANN (1925) die Berechnung bei Grundstücksteilung, die Formeln in praktischer Zusammenstellung enthält, so daß eine Reihe von Aufgaben mit einem Mindestmaß an Formeln und Rechenaufwand gelöst werden kann. Wir bringen daher an dieser Stelle keine Vordrucke für das Rechnen, weil es dafür viele Wege gibt, angefangen mit umständlicher logarithmischer Berechnung bis zur eleganten Neupunktberechnung mit Doppelrechenmaschine oder gar bis zur programmierten Rechnung mit Automaten. Wichtiger erscheint uns hier die Bereitstellung der Lösungen (vgl. L. ZIMMERMANN) und die Vermittlung eines schnellen Überblickes, den wir mit einigen einfachen Beispielen α) bis ι) geben wollen (Abb. 1—8).

α) Berechnung des Schnittpunktes N zweier Geraden

$$\text{In den Formeln} \quad \left\{\begin{aligned} y_N &= y_C + \frac{y_D - y_C}{x_D - x_C}\, m \\ x_N &= x_C + m \end{aligned}\right\} \quad \text{ist}$$

$$m = \frac{(y_A - y_C) - \dfrac{y_B - y_A}{x_B - x_A}(x_A - x_C)}{\dfrac{y_D - y_C}{x_D - x_C} - \dfrac{y_B - y_A}{x_B - x_A}}$$

Die in der Abb. 1 angeschriebenen Koordinaten für A, B, C und D eingesetzt, ergeben

$$m = \frac{(+1-3) - \dfrac{(+4-1)}{(-1+1)}(-1+4)}{\dfrac{(+5-3)}{(-2+4)} - \dfrac{(+4-1)}{(-1+1)}}$$

$$= \frac{-2 - [+\infty\,(+3)]^{1)}}{+1-\infty} = +3$$

$$y_N = +3 + (+1 . +3) = +6$$

$$x_N = -4 + 3 \qquad\qquad = -1$$

[1]) Die Grenzbetrachtung ergibt bei Einsetzen von z. B.

$$-\infty \sim -10^6; \qquad \frac{-10^6 . 3 - 2}{-10^6 + 1} \sim +3$$

Abb. 1 bis 8. Aufgaben der Koordinatenberechnung für Berechtsamszwecke

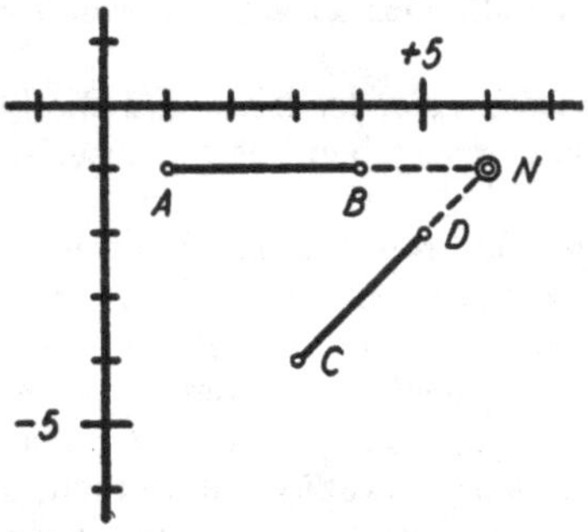

	y	x
A	+1	-1
B	+4	-1
C	+3	-4
D	+5	-2
N	+6	-1

Abb. 1

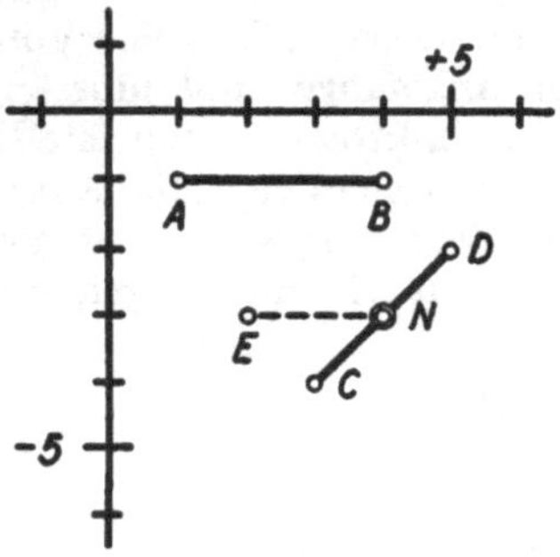

	y	x
A	+1	-1
B	+4	-1
C	+3	-4
D	+5	-2
E	+2	-3
N	+4	-3

Abb. 2

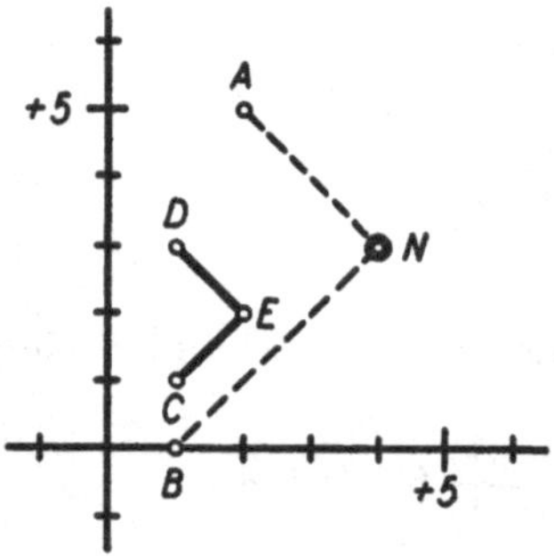

	y	x
A	+2	+5
B	+1	±0
C	+1	+1
D	+1	+3
E	+2	+2
N	+4	+3

Abb. 3

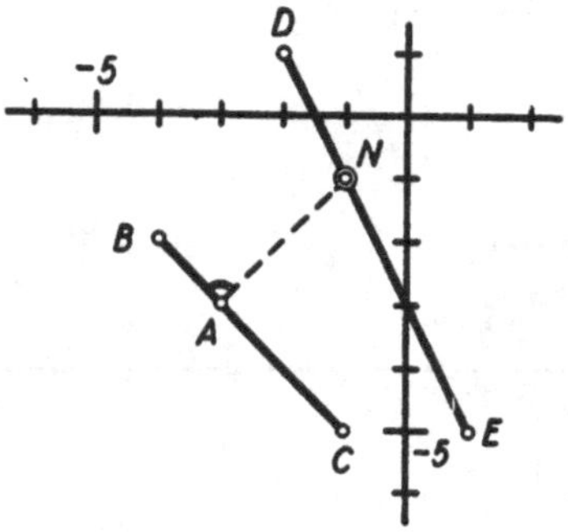

	y	x
A	-3	-3
B	-4	-2
C	-1	-5
D	-2	+1
E	+1	-5
N	-1	-1

Abb. 4

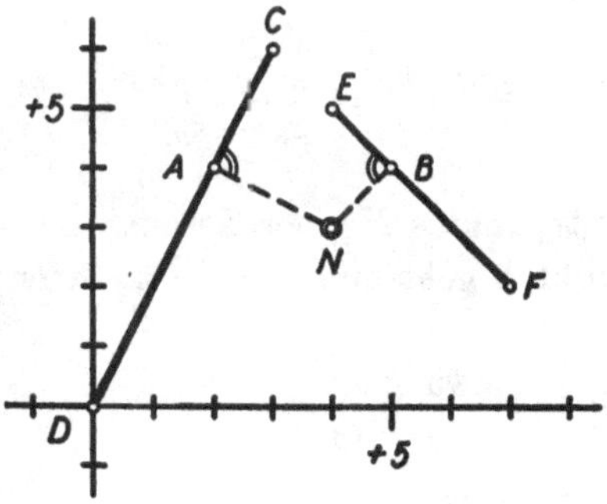

	y	x
A	+2	+4
B	+5	+4
C	+3	+6
D	±0	±0
E	+4	+5
F	+7	+2
N	+4	+3

Abb. 5

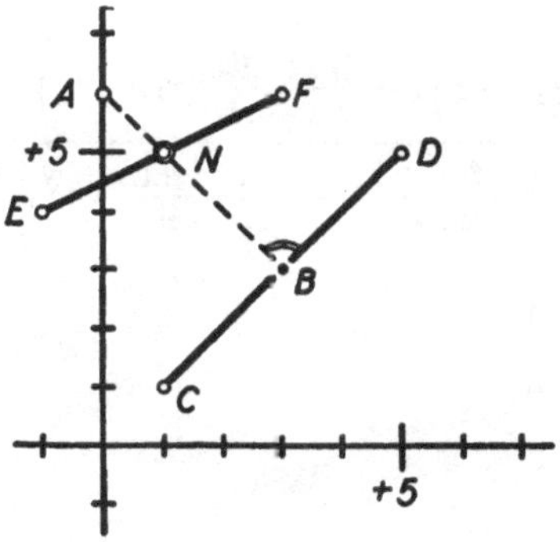

	y	x
A	±0	+6
B	–	–
C	+1	+1
D	+5	+5
E	−1	+4
F	+3	+6
N	+1	+5

Abb. 6

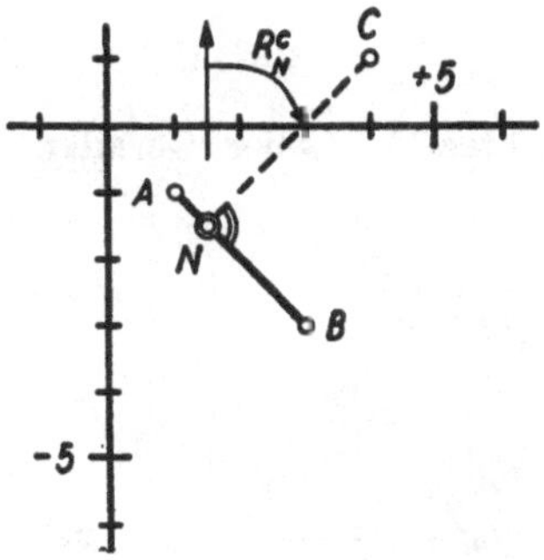

	y	x
A	+1	−1
B	+3	−3
C	+4	+1
N	+1,5	−1,5

Abb. 7

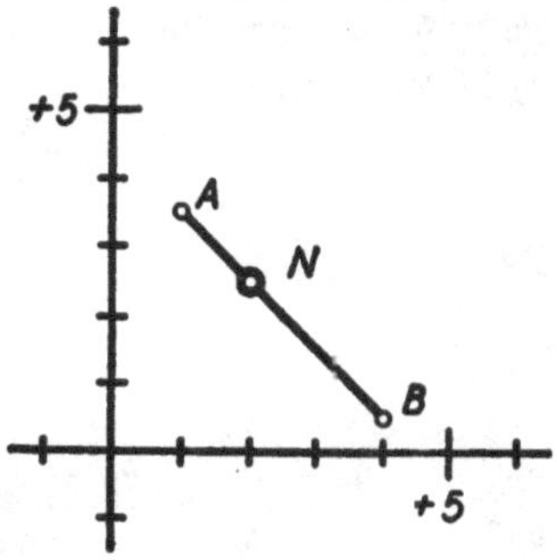

	y	x
A	+1	+3,5
B	+4	+0,5
N	+2	+2,5

Abb. 8

Eine Probe besteht in

$$\frac{y_D - y_C}{x_D - x_C} = \frac{y_N - y_D}{x_N - x_D}$$

β) Berechnung des Schnittpunktes N einer Geraden $\overline{CD}$ mit einer zweiten, die durch einen gegebenen Punkt E geht und parallel zu einer anderen Geraden $\overline{AB}$ verläuft

$$y_N = y_C + \frac{y_D - y_C}{x_D - x_C}\, m$$

$$x_N = x_C + m$$

$$m = \frac{(y_E - y_C) - \frac{y_B - y_A}{x_B - x_A}(x_E - x_C)}{\frac{y_D - y_C}{x_D - x_C} - \frac{y_B - y_A}{x_B - x_A}}$$

Im Beispiel: $m = +1$

$y_N = +4$

$x_N = -3$

Probe: $$\frac{y_D - y_C}{x_D - x_C} = \frac{y_D - y_N}{x_D - x_N}$$

γ) Berechnung des Schnittpunktes N zweier Geraden, die parallel zu zwei anderen verlaufen

$$y_N = y_B + \frac{y_E - y_C}{x_E - x_C}\, m$$

$$x_N = x_B + m$$

$$m = \frac{(y_A - y_B) - \frac{y_E - y_D}{x_E - x_D}(x_A - x_B)}{\frac{y_E - y_C}{x_E - x_C} - \frac{y_E - y_D}{x_E - x_D}}$$

Im Beispiel: $m = +3$

$y_N = +4$

$x_N = +3$

Probe: $$\frac{y_E - y_C}{x_E - x_C} = \frac{y_N - y_B}{x_N - x_B}; \qquad \frac{y_E - y_D}{x_E - x_D} = \frac{y_N - y_A}{x_N - x_A}$$

δ) Berechnung des Schnittpunktes N einer Geraden $\overline{DE}$ mit einer Senkrechten, die in einem gegebenen Punkt A auf einer anderen Geraden $\overline{BC}$ errichtet ist

$$y_N = y_E + \frac{y_D - y_E}{x_D - x_E} m$$

$$x_N = x_E + m$$

$$m = \frac{(y_A - y_E) + \frac{x_B - x_C}{y_B - y_C}(x_A - x_E)}{\frac{y_D - y_E}{x_D - x_E} + \frac{x_B - x_C}{y_B - y_C}}$$

Im Beispiel: $m = +4$

$y_N = -1$

$x_N = -1$

Probe: $\frac{y_D - y_E}{x_D - x_E} = \frac{y_D - y_N}{x_D - x_N}; \quad -\frac{x_B - x_C}{y_B - y_C} = \frac{y_N - y_A}{x_N - x_A}$

ε) Berechnung des Schnittpunktes N zweier Senkrechten, die in gegebenen Punkten A und B auf zwei Geraden $\overline{CD}$ und $\overline{EF}$ errichtet sind

$$y_N = y_B - \frac{x_E - x_F}{y_E - y_F} m$$

$$x_N = x_B + m$$

$$m = \frac{(y_A - y_B) + \frac{x_C - x_D}{y_C - y_D}(x_A - x_B)}{-\frac{x_E - x_F}{y_E - y_F} + \frac{x_C - x_D}{y_C - y_D}}$$

Im Beispiel: $m = -1$

$y_N = +4$

$x_N = +3$

Probe: $-\frac{x_E - x_F}{y_E - y_F} = \frac{y_N - y_B}{x_N - x_B}; \quad -\frac{x_C - x_D}{y_C - y_D} = \frac{y_N - y_A}{x_N - x_A}$

ζ) Berechnung des Schnittpunktes N einer Geraden $\overline{EF}$ mit einer von einem Punkte A auf die Gerade $\overline{CD}$ gefällten Senkrechten

$$y_N = y_E + \frac{y_F - y_E}{x_F - x_E} m$$

$$x_N = x_E + m$$

$$m = \frac{(y_A - y_E) + \frac{x_D - x_C}{y_D - y_C}(x_A - x_E)}{\frac{y_F - y_E}{x_F - x_E} + \frac{x_D - x_C}{y_D - y_C}}$$

Im Beispiel: $m = +1$

$y_N = +1$

$x_N = +5$

Probe: $\frac{y_F - y_E}{x_F - x_E} = \frac{y_F - y_N}{x_F - x_N}; \; -\frac{x_D - x_C}{y_D - y_C} = \frac{y_N - y_A}{x_N - x_A}$

η) Berechnung des Schnittpunktes N der Senkrechten von einem gegebenen Punkt C auf eine Gerade $\overline{AB}$

$$y_N = y_A + \frac{y_B - y_A}{x_B - x_A} m$$

$$x_N = x_A + m$$

$$m = \frac{(x_C - x_A) + \frac{y_B - y_A}{x_B - x_A}(y_C - y_A)}{\left(\frac{y_B - y_A}{x_B - x_A}\right)^2 + 1}$$

Im Beispiel: $m = -0{,}5$

$y_N = +1{,}5$

$x_N = -1{,}5$

Probe: $\frac{y_A - y_N}{x_A - x_N} = \frac{y_N - y_B}{x_N - x_B}$

ϑ) Berechnung der kürzesten Entfernung $\overline{NC}$

$$\overline{NC} = \sqrt{(y_C - y_N)^2 + (x_C - x_N)^2}$$

Im Beispiel: $\overline{NC} = 3{,}53$

Probe: $\overline{NC} = \dfrac{y_C - y_N}{\sin R_N^C}$ (stets mit der größeren Kathete!)

ι) N soll auf $\overline{AB}$ liegen

a) wenn x_N gegeben

$$y_N = y_B - \frac{(x_B - x_N)(y_B - y_A)}{x_B - x_A}$$

b) wenn y_N gegeben

$$x_N = x_B - \frac{(y_B - y_N)(x_B - x_A)}{y_B - y_A}$$

oder unter Erfüllung der Bedingung

$$\begin{vmatrix} x_N & y_N & 1 \\ x_A & y_A & 1 \\ x_B & y_B & 1 \end{vmatrix} = 0$$

$$x_N(y_A - y_B) + x_A(y_B - y_N) + x_B(y_N - y_A) = 0$$

$$+\,2{,}5 \cdot -3 + 3{,}5 \cdot +2 + 0{,}5 \cdot +1 = 0$$

b) Schürfrisse

Bergrechtlich versteht man unter *Schürfen* das übertägige (durch Schurf, Graben), das untertägige (durch Bohren, Auffahren) und das geophysikalische Aufsuchen (meist) verleihbarer Mineralien auf ihrer natürlichen Ablagerung. Rißliche Darstellungen, die das Schürfen betreffen, können aus betrieblichen oder — und darauf kommt es hier an — aus rechtlichen und Verwaltungsgründen erforderlich werden. Insoweit muß man — allgemein gesagt — unter Schürfrissen solche Darstellungen verstehen, die zum Nachweis des Vorhandenseins von Mineralien dienen mit dem Ziel, eine rechtliche oder behördliche Zuteilung bestimmter begrenzter Gebiete zu erwirken. Je nach den für die Länder oder deren Landesteile geltenden Gesetzen oder je nach herrschender Verwaltungspraxis kann man zu den Schürfrissen auch solche Darstellungen rechnen, die auf Grund geophysikalischer Untersuchungen die Lagerstätte beschreiben und die für die Zuteilung von Untersuchungsgebieten gefertigt werden, zum Beispiel als Voraussetzung für einen Erdölgewinnungsvertrag zwischen dem betreffenden Land und dem Unternehmer. Ergänzend erscheinen in diesen Rissen (besser Plänen) auch die Ergebnisse der mit behördlicher Erlaubnis niedergebrachten Schürf- und Untersuchungsbohrungen.

Eine eigenständige Entwicklung mußte auf dem Erdölsektor eintreten, weil einerseits die Rechtsgrundlagen für den Erdölbergbau von den sonstigen des

Bergbaus erheblich abweichen und auch die Erdölgewinnung sich in gänzlich anderen Bahnen bewegt als der übrige Bergbau. Die Schürftätigkeit erstreckt sich auf *Staatsvorbehaltsgebiete* sowie auf Gebiete, über die Erdölverträge mit dem Grundeigentümer — *Erdölaltvertragsgebiete* — (wie solche zum Beispiel im Oberbergamtsbezirk Clausthal und Dortmund bestehen) abgeschlossen worden sind. Da den Schürfbohrungen im allgemeinen geophysikalische Beobachtungen vorausgehen, werden große erdölhöffige Gebiete den Unternehmern überlassen, die ihrerseits der Bergbehörde gegenüber zu Berichten verpflichtet sind. Diese Berichte enthalten das Ergebnis geophysikalischer Vermessungen und das der niedergebrachten Bohrungen nebst Schichtenschnitten und weiteren Anlagen, aus denen u. a. die Lage der einzelnen Bohrungen zu erkennen ist. Bei den Schürfarbeiten in Erdölaltvertragsgebieten wird die Bergbehörde in der Regel lediglich im Rahmen ihrer bergaufsichtlichen Aufgaben über den Fortgang und die Entwicklung der Arbeiten unterrichtet. Man kann somit zusammenfassend sagen, daß unter den Auskünften, die die Schürfrisse zu geben haben, solche im Vordergrund stehen, die eine eindeutige Beschreibung der Fläche (Flurstücke, Felder) vermitteln, und daß die Risse alle die Hinweise enthalten, die geeignet sind, einen besseren Einblick in die nunmehr erdölhöffigen Lagerstättenbereiche zu vermitteln.

c) Mutungs- und Verleihungsrisse

α) Regelfall

Diese Risse werden zunächst als Mutungsrisse gefertigt; sie werden erst dann zu Verleihungsrissen, wenn die Verleihung rechtskräftig geworden ist. Sie müssen den im einleitenden Abschnitt angegebenen Bedingungen genügen. Ergänzend ist dazu noch folgendes zu sagen: Die Mutung ist mit ihrem Namen — das ist fast immer der Name des verliehenen Bergwerks oder des Bergwerksfeldes — zu nennen und in das Feld einzutragen. Dieses ist nach seiner politischen Lage zu bezeichnen. Es sind anzugeben Gemeinde, Landkreis, Regierungsbezirk, Land. Ferner sind die Verwaltungsbehörden, wie Bergamt, Oberbergamt, anzuführen. Die Feldesgröße muß aus dem Riß zu ersehen sein (Flächenermittlung s. Bd. II, S. 612/613, und II, B, 2a, Ziff. 8, S. 126). Die *kürzeste* Entfernung des Fundpunktes von der Markscheide wird als Senkrechte auf die nächstliegende Feldesgrenze ermittelt gemäß Gleichung η), S. 132.

Die *größte* Entfernung ergibt sich aus den Koordinaten des Fundpunktes und des weitesten Eckpunktes gemäß Gleichung ϑ), S. 132.

Die Markscheide des begehrten Feldes ist in roten Linien (Strichlinien) mit nach innen verwaschenem Farbband in Rot zu zeichnen. Nach der Verleihung wird die Strichlinie als Vollinie ausgezogen. Benachbarte Mutungsfelder auf gleichem Mineral sind mit Strichlinien in Rot anzugeben, ebenso die verliehenen Bergwerke mit Vollinien unter Angabe von Namen und Mineral. Alle übrigen Verleihungen, also auch die, die nicht auf das gleiche Mineral ausgesprochen worden sind, müssen — soweit sie in den Spiegel des Risses hineinfallen — unter Benutzung amtlicher Unterlagen kenntlich gemacht werden. Der Riß hat ferner die politischen Grenzen zu zeigen (*Richtlinien* 4.032). Mit Abb. 9 bringen wir ein Beispiel eines Situationsrisses (freundlicherweise von der Deutschen Erdöl AG zur Verfügung gestellt) als zugehörigen Bestandteil der Urkunde. Die Urkunde bestätigt der Erdölgesellschaft, die im Erdöl- und Erdgasuntersuchungsgebiet Plön (Schürf- und Gewinnungsvertrag vom ...) die Fündigkeit der Erdölbohrung ... nachgewiesen hat, die Zuteilung eines Gewinnungsfeldes Plön-Ost I.

β) Berechtsamsdarstellung im Erdölbergbau

Die rißliche Behandlung der Berechtsame im Erdölbergbau hat von der sonst bekannten Bearbeitung eine abweichende Entwicklung genommen. Wir wollen diese Besonderheiten an Hand von Hinweisen, die uns freundlicherweise von Herrn Bergvermessungsoberinspektor H. Hoffmann vom Oberbergamt Clausthal gegeben worden sind, in ihren Wesenszügen aufzeigen.

Berechtsamsdarstellungen, Staatsvorbehaltsgebiete. Falls die für den Abschluß eines *Konzessions- und Gewinnungsvertrages* erforderlichen Voraussetzungen gegeben sind, d. h., wenn durch das „Schürfen" ein Gebiet als erdölhöffig anzusehen ist, wird zwischen Land und Unternehmer ein Vertrag abgeschlossen. Solche Konzessionsverträge wurden früher erst möglich, wenn ein bis zwei Bohrungen niedergebracht und weitere Bohrungen geplant waren.[1]) Bestandteil eines solchen Vertrages ist eine Karte im Maßstab 1:100000 (Kartenausschnitt aus dem Großblatt), auf der die Ausdehnung des Gebietes in roten Linien mit Verwaschung nach innen eingezeichnet ist.

Ähnlich wie bei der Mutungsübersichtskarte (siehe Abschnitt VI, B, 2) wird für die Konzessionsgebiete (deren Zuteilung auf fünf Jahre befristet ist und auf Antrag jeweils um drei Jahre verlängert werden kann) ein Kartenwerk im Maßstab 1:100000 geführt, welches sämtliche Erdölkonzessionen enthält. Die Grenzen dieser Konzessionsfelder verlaufen vorwiegend über ausgeprägte topographische Linien, wie Straßen, Wege, Eisenbahnen, Wasserläufe oder politische Grenzen. Letzteres ist besonders in Gebieten mit unterschiedlichem Bergrecht zu beachten.[2])

Eine gewählte topographische Abgrenzung, die nicht eindeutig ist, kann zu Unzuträglichkeiten führen. Demgegenüber kommen einer koordinatenmäßigen Festlegung sowohl Vorteile wie Nachteile zu. Man wird Erdölkonzessionsgebiete koordinatorisch bestimmen, wenn bereits Erdölgewinnungsfelder (s. u.) bis an die Konzessionsgrenze heranreichen.

Erdölgewinnungsfelder (Erdgasgewinnungsfelder). Auf Grund abgeschlossener Verträge hat der Unternehmer bei Fündigwerden in den Konzessionsgebieten Anspruch auf Zuteilung eines Erdölgewinnungsfeldes. Über den Zweck, die Entstehung, die rißliche Darstellung und die rechtliche Bedeutung der Gewinnungsfelder bedarf es einiger Ausführungen:

---

[1]) Neuerdings werden mehrere Konzessionsgebiete bis zu einer Gesamtgröße von rd. 600 km² zu großräumigen Untersuchungseinheiten zusammengefaßt, wobei die früher für einen Konzessionsabschluß geforderten Voraussetzungen wesentlich gelockert sind. Dies hängt in der Hauptsache mit den geologischen Erkenntnissen über die Tiefenstrukturen zusammen. Schrifttum A. Weissner, Die Erdöllagerstätten in Niedersachsen. M. a. d. MW. 1959, S. 85.

[2]) Wichtig ist bei allen Erdölangelegenheiten überhaupt die Frage, in welchem bergrechtlichen Geltungsbereich man sich befindet, da die Anfertigung der Karten und Risse den jeweils gültigen Bestimmungen angepaßt sein muß. So setzt sich zum Beispiel der Oberbergamtsbezirk Clausthal aus ehemals preußischen, braunschweigischen, oldenburgischen, schaumburg-lippischen und anderen Gebieten zusammen.

Mit der vorgeschriebenen Streckung verfolgt der Staat als Vertragspartner den Zweck, den Unternehmer über das als erdölhöffig erkannte Gebiet hinaus zu veranlassen, seinen vertraglich festgelegten Bohrverpflichtungen auch in den übrigen, meist weiträumigen Konzessionsgebieten nachzukommen. Falls ein Unternehmer in seinem Konzessionsgebiet fündig wird, muß er vor Aufnahme der Produktion erst ein *Gewinnungsfeld* strecken. Zwar gewährt ihm die Bergbehörde im allgemeinen vor dessen Streckung eine vorläufige Fördererlaubnis, fordert ihn aber gleichzeitig auf, die Zuteilung eines solchen Feldes in die Wege zu leiten. Abweichend vom Mutungs- und Verleihungsverfahren hat er der Bergbehörde zunächst einen Vorschlag über die beabsichtigte Streckung auf einem Kartenausschnitt 1:25000 zu unterbreiten; danach wird darüber entschieden, ob die beabsichtigte Streckung im staatlichen Interesse vorgenommen wurde, d. h. ob das als erdölhöffig erkannte Gebiet weitgehend von dem Gewinnungsfeld überdeckt wird.

Es ist nun noch einiges zur rißlichen Darstellung zu sagen. Ist das Oberbergamt mit der vorgeschlagenen Streckung einverstanden, so hat der Antragsteller ähnlich wie beim Mutungs- und Verleihungsverfahren einen *Situationsriß* über die genaue Lage des Feldes einzureichen, der nach markscheiderischer Prüfung einen Bestandteil der später anzufertigenden Zuteilungsurkunde bildet. Für die Anfertigung eines solchen Situationsrisses, Abb. 9, gelten neben den *Richtlinien* für die Streckung von Erdölgewinnungsfeldern vom 5. 8. 1940 die entsprechenden Bestimmungen der MO, wie sie auch für Mutungsrisse anzuwenden sind. Die Abweichungen sind aber so beachtlich, daß sich eine Gegenüberstellung von Mutungs- und Erdölzuteilungsrissen empfiehlt.

Mutungsrisse	*Erdölzuteilungsrisse*
Titel. Mineral, Name, politische und verwaltungsmäßige Zugehörigkeit	Erdölgewinnungsfeld, Name, wenn dieser nicht gleichlautend mit dem Konzessionsnamen ist. Sonst wie Mutungsrisse
Maßstab 1:10000	1:25000
Koordinaten. Gauß-Krüger (tafelförmige Aufführung der Feldeseckpunkte und des Fundpunktes)	wie Mutungsrisse ohne Koordinaten für die Fundbohrung
Fundpunkt. Anzuschließen an die Landesvermessung	Bezeichnung „Fundbohrung“ statt Fundpunkt. Anschluß an die Landesvermessung entfällt
Lage des Fundpunktes. Eintragung der Minimal- und Maximalentfernung des Fundpunktes von der Markscheide	Entfällt bei Fundbohrloch. (Zweckmäßigerweise sollte die Bedingung „Fundbohrloch innerhalb des Feldes“ geodätisch exakt erfaßt werden.)
Lage des Fundpunktes. Sonderdarstellung des Fundpunktes in 1:2000	Entfällt für Fundbohrloch. (Zweckmäßigerweise ist die Lage des Bohrlochs auf einem den Berechnungsunterlagen beizugebenden Kartenausschnitt — Katasterkarte — eindeutig zu bezeichnen.)

Mutungsrisse	*Erdölzuteilungsrisse*
Flächengröße bis zu 2200000 m² abzüglich Flächenverbesserung	Bis zu 4400000 m² für Erdölgewinnungsfelder, bis 25000000 m² für Erdgasgewinnungsfelder, beide abzüglich Flächenverbesserung
Anzahl der Ausfertigungen 2 Risse	3 Risse
Stelle für die Einreichung: Bergamt, Termin 6 Monate nach Einlegen der Mutung	Oberbergamt (ohne vorgeschriebenen Termin)

Erdölgewinnungsfelder stellen kein „Bergwerkseigentum" dar und werden daher nicht ins Berggrundbuch eingetragen. Die Zuteilung erfolgt auf 30 Jahre. Im Gegensatz zu den Konzessionsgebieten und Erdölvertragsflächen werden die Erdöl- und Erdgasgewinnungsfelder auf die amtliche Mutungsübersichtskarte des Oberbergamtes und der Bergämter aufgetragen.

Berechtsamsdarstellungen, Erdölaltvertragsgebiete. Die Vertragsabschlüsse zur Gewinnung von Erdöl zwischen Grundeigentümern und Unternehmern vor Inkrafttreten der Erdölverordnung vom 13. 12. 1934 sind privatrechtlicher Natur. Sie müssen durch die Behörde auf Grund einer Prüfung anerkannt worden sein und unterstehen somit heute noch ihrer Überwachung.

An kartenmäßigen Unterlagen sind beim Oberbergamt lediglich Deckblätter zur Mutungsübersichtskarte 1:25000 (sogenannte Vorrisse) angelegt, auf denen die unter Altvertrag stehenden Gebiete eingetragen sind. Die Flächen enthalten die Nummer des Vertrages. Die Eigentumsverhältnisse sind einer Aufstellung am Blattrand zu entnehmen. Wegen der Kleinmaßstäblichkeit der Karten werden hier nur grobe Eintragungen vorgenommen. Für genauere Feststellungen wird auf die Parzellenverzeichnisse und Katasterkarten zurückgegriffen.

Wenn auch die Gültigkeit eines Teiles der Altverträge abgelaufen ist oder demnächst erlischt, so ist ihnen dennoch bis heute ihre Bedeutung für die Bergbehörde erhalten geblieben. Wegen der Erhebung eines Förderzinses muß nämlich nachgeprüft werden, ob es sich um Bohrungen handelt, die sich auf Staatsvorbehaltsflächen oder auf Altvertragsflächen befinden. Im Zusammenhang mit den Flurbereinigungsverfahren, bei denen die alten Flurstücksgrenzen weitgehend verschwinden, ist es von großer Bedeutung, die Grenzen der unter Erdölaltvertrag stehenden Flurstücke in ihrer alten Form festzuhalten. Die Anlegung von Katasterkarten mit Altvertragsflächen ist wohl erwünscht, jedoch aus verschiedenen Gründen noch nicht zum Abschluß gelangt.

d) Feldesumwandlungsrisse

Wir führen diese Berechtsamsrisse aus Gründen der Vollständigkeit an, ferner mit Rücksicht auf die Eigenarten, deren rißtechnische Seite verdient erwähnt zu werden. Der Feldesumwandlung gestreckter Felder in gevierte und gevierter Felder in erweiterte Felder liegt oder hat der Gedanke zugrunde gelegen, an Stelle der auf Grund älterer Rechte verliehenen Bergwerke neue entstehen zu lassen, wobei rechtliche, technische und wirtschaftliche Verbesserungen in den Vordergrund treten. Da uns die gesetzlichen Bestimmungen weniger interessieren als die rißtechnische Behandlung bei einer Umwandlung, hat sich unser Augenmerk auf die Berechtsame zu richten; insofern liegt hier eine allgemeinere Aufgabe vor, die sich mit der Darstellung gestreckter Felder befaßt. Der Feldesumwandlungsriß (zum Beispiel in Auswirkung des § 215 des ABG vom Jahre 1865) hat indessen keine große Bedeutung mehr, da man im Vertrags- oder Vereinbarungswege noch hinreichend Mittel und Wege findet, vernünftige Betriebsgrenzen zu erreichen. Der Riß unterscheidet sich hinsichtlich seiner Erfordernisse von dem unter c) behandelten Mutungs- und Verleihungsriß kaum; hiervon abweichend und neu ist nur die Grenzbehandlung der gestreckten Felder. Wir gehen deshalb in Abschnitt II, B, 3, S. 140 kurz auf diese Fragen ein, die früher einmal sehr große Bedeutung gehabt haben.

Die gevierten und gestreckten Felder sind ihrer Natur nach völlig voneinander verschieden. Um sie in den Berechtsamsrissen und Grubenrißwerken auseinanderzuhalten, ist das gevierte Feld stets rot (8na), das gestreckte Feld blau (14na) darzustellen; zusammenfallende Grenzen beider Feldesstreckungen wechseln in der Farbe miteinander ab. (Weiteres im Abschnitt II, B, 3, S. 140).

e) Feldesaustauschrisse

Sind an den Berechtsamsgrenzen Änderungen vorzunehmen, so muß zunächst ermittelt werden, wie die Grenzen in den Verleihungsrissen festgelegt worden sind. Graphische Darstellungen sind für die Eintragung von Austauschlinien ungeeignet. In der Regel geht eine koordinatenmäßige Bestimmung der Feldeseckpunkte voraus. Liegen dann die Anerkenntnis der Bergwerke und die Bestätigung der Bergbehörde vor, so kann die Austauschlinie oder -fläche, deren Lage von technischen und wirtschaftlichen Gesichtspunkten bestimmt wird, festgelegt werden. Dabei wird ein flächengleicher oder massengleicher Austausch in Frage kommen, ferner können mitbestimmend sein die gütemäßige Ausbildung der Lagerstätte (gegebenenfalls zur Verrechnung, Entschädigung) und schließlich die tektonischen Verhältnisse. Ehe eine Austauschfläche (-ebene) gefunden wird, sind in der Regel eingehende Untersuchungen vorausgegangen, die meist zu mehreren Lösungen führen, und unter denen schließlich eine als die günstigste ausgewählt wird. Die dabei etwa notwendigen Berechnungen aus der analytischen Geometrie haben wir in diesem Abschnitt unter 2a) Ziffer 11, S. 127, zusammengefaßt.

f) Feldeszulegungsrisse

Es bedarf keiner weiteren Begründung, daß auch für das Verfahren der Zulegung von Bergwerksfeldern ein Riß, der Zulegungsriß, erforderlich ist. Am Verfahren ist beteiligt das *Hauptfeld*, jenes Feld, aus dem aus allgemein wirtschaftlichen Gründen Abbau in einem angrenzenden Bergwerksfeld betrieben werden soll. Die Darstellung des Hauptfeldes stützt sich auf die Verleihungsmaße und Feldesgröße sowie auf die anerkannten und bestätigten Koordinatenwerte der Feldeseckpunkte. Für die Streckung und Größe des Zulegungsfeldes ist der Grundgedanke maßgebend, die Gewinnung von Bodenschätzen in Feldesteilen sicherzustellen, in denen nach Lage der Dinge der Feldeseigentümer einen eigenen Abbau nicht betreiben kann. Sofern es sich nicht um Teile gestreckter Felder (Längenfelder, Abschnitt II, B, 3, S. 140) handelt, bestehen keinerlei Schwierigkeiten, das Zulegungsfeld in seiner Größe zu bestimmen. Für die Ausfertigung (zwei bei

Zulegung eines ganzen Feldes, drei bei der Zulegung von nur einem Teil des benachbarten Feldes) gelten die in diesem Abschnitt bei 2a), S. 124 aufgeführten allgemeingültigen Erfordernisse.

g) Feldeszusammenlegungsrisse

Betriebliche und wirtschaftliche Gründe können dazu führen, zwei oder mehrere Berechtsame zu einer zu vereinigen (Zusammenlegung, Konsolidation). Um welche Feldesarten (Geviertfeld, Längenfeld) es sich dabei handelt, ist gleichgültig. In der Regel sind Berechtsame zu vereinigen, die auf gleiche Mineralien verliehen wurden. Es tritt auch der Fall ein, daß Felder zusammengelegt werden, die auf ein oder mehrere Mineralien verliehen worden sind, zum Beispiel ein Feld mit Steinkohle sowie ein Feld mit Steinkohle und Eisenerz. So verschiedenartig die Absichten und die Rechtsgrundlagen dafür sein mögen, im Zusammenlegungsriß muß eine völlig klare Beschreibung der Berechtsame gegeben sein.

h) Feldesteilungsrisse

Wir lassen dem Feldeszusammenlegungsriß ein Beispiel der (realen) Feldesteilung folgen. Der Vorgang entspricht einer tatsächlich im Anschluß an eine Zusammenlegung (Konsolidation) (II, B, 2, g) vorgenommenen Teilung. Die Teilungslinie, die das Feld Anna (Abb. 10) teilt, ist durch die Geraden 47 — 48 und 48 — 49 bestimmt und erzeugt zwei neue Felder Barbara und Charlotte. Im übrigen wird auf die allgemein gültigen Richtlinien unter 2a, S. 124 verwiesen. Der Text für den Feldesteilungsriß würde etwa so abzufassen sein, wie er in Ergänzung zu Abb. 10, s. Anhang, nachstehend entworfen ist.

Teilungsriß für die durch die Teilung des Eisenerzbergwerkes Anna, Fe, mit . . . .
. . . .
. . . .
Maßstab 1 : 25000
Tafel der Koordinaten . . . .
Barbara

Pkt. Nr.	Rechts	Hoch
. . . .		
. . . .		
. . . .		

Eisenerzbergwerk Charlotte

Pkt. Nr.	Rechts	Hoch
. . . .		
. . . .		
. . . .		

Angefertigt, Wohnsitz, Datum, Name, Markscheider
Beglaubigungsvermerk des Oberbergamtes

i) Feldesvermessungsrisse

Für die Praxis hat der Feldesvermessungsriß kaum noch Bedeutung. Wir erwähnen ihn der Vollständigkeit halber und erinnern an die gesetzlichen Bestimmungen, wonach der Bergwerkseigentümer (und zugleich auch der Feldesnachbar) eine amtliche Vermessung und Verlochsteinung des ihm verliehenen Feldes verlangen kann. Diese erfolgte seit alters her durch das „Erbbereiten", eine Handlung, in der entsprechend dem früheren Stand der markscheiderischen Vermessungskunst die Grenzen festgelegt wurden, innerhalb welcher die Rechte an den Mineralien ersessen, verbrieft oder verliehen waren. Fachgeschichtlich gesehen besteht das Vermessen und Verlochsteinen[1]) zunächst in der Absteckung der Feldesgrenzen (Ende des Bergwerks, Anfang eines neuen auf einem Gang) mit anschließender Verlochsteinung (Grenzstein mit Loch); alsdann beruht es auf graphischen Grundlagen unter Benutzung kartographischer Unterlagen mit gelegentlicher anschließender Verlochsteinung.

Schließlich wurde das Vermessen und Verlochsteinen ausgeschaltet; der Vorgang ist in eine koordinatenmäßige Festlegung der Feldeseckpunkte umgewandelt worden. Wir haben in Abschnitt II, B, 4, S. 149, zur Aufgabe der Übertragung der Markscheiden und Betriebsgrenzen Näheres ausgeführt. Das dort beschriebene Verfahren der Verwirklichung graphischer Grenzen mit Hilfe von Koordinaten stellt nichts anderes dar als ein neuzeitliches Feldesvermessen und Verlochsteinen. Insofern besteht keine Notwendigkeit mehr für die Anfertigung von Feldesvermessungsrissen. Im übrigen vergleiche Abschnitt II, B, 4.

3. Die Darstellung von Längenfeldern

Längenfelder, auch gestreckte Felder genannt, sind Grubenfelder, die lange Zeit vor Inkrafttreten des ABG vom 24. 6. 1865 zur Verleihung gekommen sind. Von den Geviertfeldern — der Unterschied und das Zusammenauftreten von Geviert- und Längenfeldern ist mit Abb. 4, S. 325, Band II, in einem Skizzenbild anschaulich erläutert — unterscheiden sich die gestreckten Felder durch ihre Abhängigkeit vom Verhalten der Lagerstätte. Lage, Ausdehnung und Begrenzung des Längenfeldes sind an die Lage, das Streichen und Fallen des Fundflözes gebunden. Diese Abhängigkeit ist das Hauptmerkmal, denn im Gegensatz dazu ist bei den Geviertfeldern die Lage und Begrenzung völlig unabhängig von der Fundlagerstätte, und einer Streckung des Feldes sind naturgemäß damit weite Spielräume gegeben.

Obgleich durch gesetzliche Maßnahmen, wie Zulegung und Bereinigung der Längenfelder, eine Ausschaltung dieser für heutige bergbauliche Begriffe unzulänglichen Feldesformen angestrebt ist, haben wir es immer noch mit Längenfeldern zu tun, da einmal in ihnen heute noch Bergbau betrieben wird und andererseits bei einer Bereinigung alle mit dem Längenfeld zusammenhängenden Fragen noch beantwortet werden müssen. Indessen betrachten wir es nicht als unsere

---

[1]) In den Anfängen der bergmännischen Vermessung wurden nicht nur Lochsteine gesetzt, auch der Verlauf der Strecken ist abgesteckt worden, jedenfalls so lange, als man die rißtechnische Bearbeitung noch nicht beherrschte.

Aufgabe, in einem Handbuch über Darstellungen auf die Rechtsgrundlagen für Längenfelder einzugehen. Dazu müßte die gesamte, meist sehr alte Gesetzgebung für Längenfeldverleihung herangezogen werden; ferner kommen in Betracht die bergrechtlichen Observanzen, die Rekursbescheide, Gerichtsentscheidungen, das Gewohnheitsrecht, die Verwaltungspraxis und ein ausgedehntes Schrifttum[1]).

Die Abhängigkeit der Feldesform- und -größe von dem Verhalten der Lagerstätte, die Art der Feldesmaße (Verleihungsmaße) und die sich daraus ergebende Vermessung und Festlegung entsprechend dem Wortlaut der Verleihungsurkunde und der Auslegung der gesetzlichen Bestimmungen haben nicht nur zu einer Behinderung der Verleihung, sondern nicht selten zu langen und heftigen Feldesstreitigkeiten geführt. Die Verschiedenartigkeit der Voraussetzungen und Grundlagen verbietet eine konkrete Behandlung, wir müssen uns vielmehr darauf beschränken, die Wesenszüge einer Feldesstreckung und die dabei auftretenden Verfahrenswege zu erläutern.

Liegt die Aufgabe vor, für ein Grubenrißwerk die Grenzen einzutragen, so läuft dies auf eine Verbindung geologischer, lagerstättenkundlicher, vermessungstechnischer und rißtechnischer Aufgaben hinaus.

1. Die geologisch-lagerstättenkundlichen Arbeiten können etwa wie folgt aufgezählt werden:
   Stratigraphische Stellung der Lagerstätte,
   Klarstellung im Schichtenschnitt und im tektonischen Aufbau,
   Formbeschreibung.
2. Die vermessungstechnischen Aufgaben bestehen in der Lagebestimmung des Fundpunktes,
   der „Realisierung“ und „Rektifizierung“ der Verleihungsmaße (Fundgrube, Maaßen, Vierung), der Klarstellung zu anderen Berechtsamen und zum getätigten Abbau.
3. An dritter Stelle stehen die rißlichen Aufgaben, die in den vorangegangenen Arbeiten zu 1 und 2 vorbereitet sind. Sie umfassen alle Arbeiten, die mit der Grenzfestlegung und Grenzsicherung (vgl. Abschnitt II, B, 4 u. 5, S. 149ff.) zusammenhängen.

Zu 1

Tageskartierung und Aufnahme unter Tage führen zu einem lückenlosen Schichtenschnitt, um die Identität zwischen Gruben- und Tagesaufschlüssen (z. B. bei einem Fundpunkt am Tage, Schürfpunkt) sicherzustellen. Hierdurch wird erst der Vergleich des geologischen Inhalts der Vierungsfläche mit dem des Vierungskörpers und den darin vorhandenen Aufschlüssen möglich. Wenn auch die Identität des Fundflözes innerhalb des Feldes für die anschließende Feldesbestimmung nicht immer Bedingung ist, so ist doch eine eingehende Klarstellung der tektoni-

---

[1]) Zur Weiterverfolgung des ausgedehnten Schrifttums wird lediglich auf das letzte Schrifttum K. Oberste-Brink (1954) und G. Kessler (1955) verwiesen, ferner auf „Leitsätze für die Streckung von Längenfeldern“, mitgeteilt in den Mitteilungen aus dem Markscheidewesen 1955, Heft 1, S. 24—36, und auf J. Oertgen (1954). In den Streit über die Längenfeldsberechtsame haben von markscheiderischer Seite u. a. mit sehr gegenteiligen Auffassungen Brück, Kliver, Fuhrmann und Neumann eingegriffen. Zum Thema „Längenfelder“ vgl. auch O. Niemczyk in Lexikon der Vermessungskunde, Herbert Wichmann-Verlag, Berlin-Grunewald 1943.

schen Verhältnisse eine unabweisbare Voraussetzung für alle weiteren Maßnahmen. Dazu gehören die Fragen über den bergmännischen und wirtschaftlichen Wert des Feldes an sich und im Rahmen weiterer Berechtsame, die etwa das Betriebsgrubenfeld ausmachen, ferner Fragen des sich ergebenden Mineralvorrats sowie der Aus- und Vorrichtung und der Gewinnung. Eine Beurteilungsmöglichkeit der Nachbarberechtsame muß gegeben sein.

Zu 2

Hierzu dient die Vermessung, die nicht nur in den Aufnahmen der Fundpunkte der eigenen Längenfelder besteht, sondern in ihrer Gesamtanlage so beschaffen sein muß, daß nicht allein die Verleihungsmaße in die Natur übertragen werden können (Realisierung), sondern auch die Übertragung von Maßen, die sich infolge neuer Aufschlüsse ergeben (Rektifizierung), möglich wird. Die im Bergbau angewendeten Maße haben wir in Band II im Anhang, Abschnitt VI, zusammengestellt. Da wir im folgenden an Hand von anschaulichen Beispielen die Längenfeldbegrenzung lediglich erläutern wollen, genügt es, wenn wir das Grundsätzliche der Verleihungsmaße umreißen.

Im Ruhrbergbau galten für ganz bestimmte Gebietsteile und zu einer begrenzten Zeit folgende Maße:

1 Fundgrube = 42 Lachter = 87,88 m
1 Maaße = 28 Lachter = 58,587 m
1 Lachter (als Teil einer Maaße) = 2,0924 m.[1])

Das sind söhlige Längenmaße; sie werden nicht an die Ausbißlinie angelegt (vgl. S. 144). Die Vierungsmaße (kleine Vierung $2 \cdot 3^1/_2 = 7$ Ltr. und große Vierung bis zu 500 Ltr.) werden im ersten Falle rechtwinklig (senkrecht) zum Einfallen, im zweiten Streckungsfall söhlig angetragen.

Zu 3

Es ist erkennbar, daß die Maaßen abstrakter Natur sind und eine konkrete Wiedergabe nur in der Natur oder in den Rissen finden können. In der Tat ist es so, daß der Grenzverlauf nur dann bewiesen werden kann, wenn das Fundflöz so weit aufgeschlossen ist, als es verliehen wurde. Diese Widersinnigkeit hat denn auch dazu beigetragen, von einer solchen Grenzbestimmung Abstand zu nehmen. Um nun aber in der Praxis den Grenzverlauf zu sichern, ist im Rißwerk die Möglichkeit einer ausreichenden Darstellung gegeben. Diese gipfelt schließlich in der Angabe der Grenzlinie in den Abbaurissen, jener Linie also, bis zu der eigener Abbau geführt werden darf. Sie setzt folgende Begriffsbestimmungen voraus:

Fundpunkt = Stelle der Auffindung, Schürfpunkt am Tage, im Stollen, im Tiefbau, im Bergfreien. Nachweis des Minerals. Der Punkt (seine Lage und Höhe) wird durch Vermessung, Einmessung und Darstellung im Riß festgelegt.

Fundsohle = Höhenlage des Fundpunktes an der Stelle, an der das Mineral nachgewiesen ist. Durch den Fundpunkt muß man sich eine söhlige Ebene gelegt denken.

---

[1]) Es gibt 22 Arten von Lachtermaßen verschiedener Länder; s. Bd. II, S. 737/738.

Fundgrube = Verleihungsmaß, söhlig in streichender Richtung auf dem Fundflöz (hierfür sind maßgebend: Gesetz, Bergordnung, Wortlaut der Verleihungsurkunde).

Maaßen = Verleihungsmaß (wie bei Fundgrube). Die Maaßen können rechts oder links, zum Teil rechts und links der Fundgrube eingetragen werden, und zwar söhlig — streichend.

Vermessungslinie = Linie, die in Höhe der Fundsohle auf dem Fundflöz liegt. Als Maßlinie gilt sie nur auf dem Fundflöz, nicht auf den Störungen, die das Fundflöz etwa verwerfen.

Kopfmarkscheiden = Seigere Ebenen, die senkrecht in den Endpunkten des letzten Stückes der Vermessungslinie errichtet wurden.

Die obigen sechs Begriffe werden in Abb. 11 erläutert. Ein nach Südwesten einfallendes Flöz streicht als Fundflöz ziemlich regelmäßig und biegt nur im Norden ein wenig nach Westen um. Im Süden wird es durch eine südlich einfallende Störung verworfen, und zwar ins Liegende des Flözes. Die Geländeoberfläche weist Höhenlinien auf. Der Fundpunkt liegt auf der Lagerstätte bei +100 m NN = Fundsohle; sie ist in der sG-Projektion der Abbildung als Ebene dargestellt. In ihr wird vermessen, also in den Berg hinein und über das Tal hinweg, wo das Flöz nicht mehr vorhanden ist. Man muß demgemäß das Fundflöz in die Luft hinein projektieren. Der Fundpunkt liegt in der Mitte der Fundgrube; nach Nordwesten sind im Streichen 2 Maaßen verliehen, nach Südwesten 6 Maaßen. Die Maaßen auf der Vermessungslinie zählen nicht auf dem Störungsstreichen (vgl. 5. Maaße nach SO). Die Nordwest-Kopfmarkscheide begrenzt das Fundflöz mit einer Durchdringungs-(Kreuz-)linie und den Längenfeldkörper mit einer seigeren Ebene. Dasselbe gilt für die Südwest-Kopfmarkscheide. Für den Fall, daß die Vermessungslinie auf eine Störung trifft und das Längenfeld sich hinter der Störung nicht fortsetzt (vgl. Leitsätze für die Streckung von Längenfeldern, Fußnote S. 141), ist die Kopfmarkscheide in Punkt E rechtwinklig (wie mit Strichlinien angedeutet) anzulegen, sofern nicht nach der Teufe zu die Kreuzlinie zwischen Fundflöz und Störung das Feld begrenzt (in Abb. 11 nicht der Fall).

Vierung. Obgleich dazu kaum eine Berechtigung vorlag, sind seinerzeit die Vorstellungen hinsichtlich der Streckung von gangförmigen Lagerstätten auf die Flözlagerung im Steinkohlenbergbau übertragen worden. Auf diese Weise mußten über die Natur der Flözlagerung erst Erfahrungen gesammelt werden. Hätte im Bergbau, der zunächst in bescheidenem Umfang auf nur einem Flöz und in geringer Teufe stattgefunden hat, eine richtige Vorstellung über die Tektonik bestanden, so wäre bei der anerkannt praktischen Einstellung des Bergmanns kaum so lange eine derart ungeeignete und schwierig zu handhabende Feldesstreckung erhalten geblieben. Entsprechend der Ausdehnung des Bergbaus und der Vergrößerung der Betriebe entwickeln sich aus kleinsten und kleinen Feldern größere, solche mit kleiner und großer Vierung. Von einschneidender Bedeutung war es, wie eine solche Vierung anzulegen ist. Hier lautete die Frage: Geologische oder geodätische Vierung? Anknüpfend an die „Leitsätze" wird bei der kleinen Vierung stets rechtwinklig zum Streichen und Einfallen des Fundflözes gestreckt (Abb. 12). Die hangende und liegende Vierungsbegrenzungsfläche verläuft also etwa im Zuge der hangenden und liegenden Schichtflächen. Nur dann, wenn

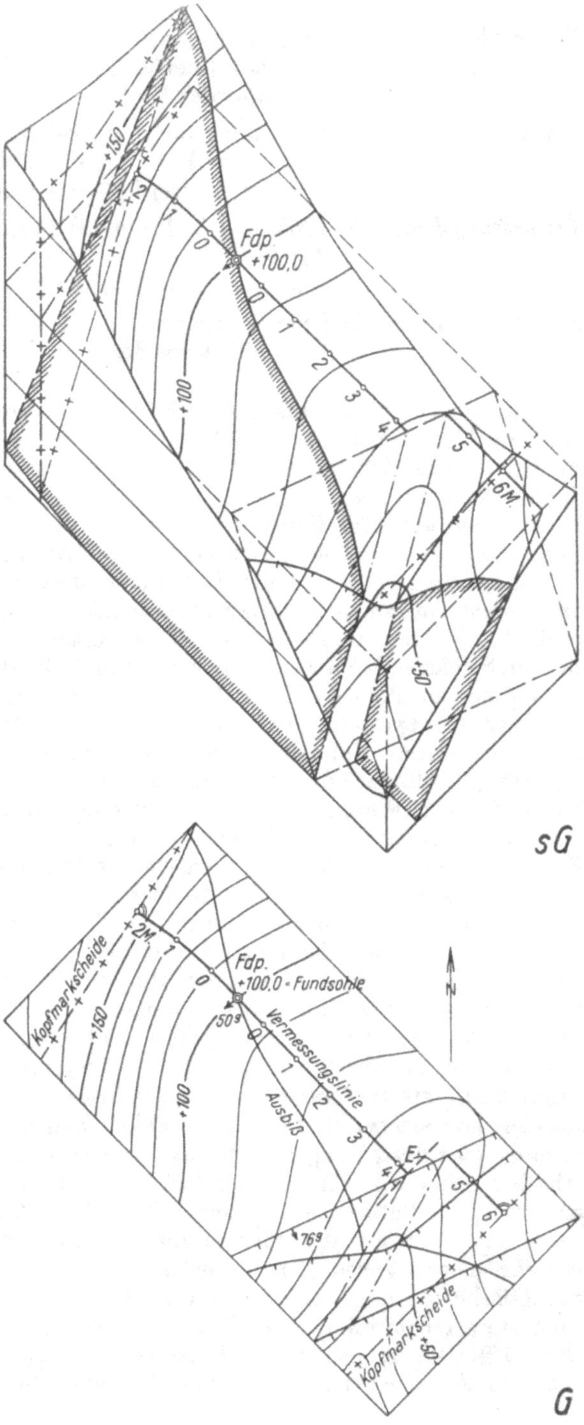

Abb. 11. Erläuterung der Begriffe eines Längenfeldes (= gestreckten Feldes): Fundpunkt, Fundsohle, Fundgrube (Verleihungsmaß), Vermessungslinie (kontinuierliche Linie trotz Störung), Kopfmarkscheide, Begrenzung am Tage durch Ausbiß. Mit der Ewigen Teufe und der Vierung zusammenhängende Fragen werden in der Abbildung nicht veranschaulicht. Darstellung in sG und G, Maßstab 1:5000

Schichten im Fallen umbiegen, (z. B. in der Mulde auf Abb. 12) wird davon abgewichen; das Feld greift alsdann in den Gegenflügel ein.

Für Längenfelder mit großer Vierung ist heute die geodätische Vierung maßgebend. Konstruktiv ist von jedem Punkt auf dem Fundflöz rechtwinklig zum Streichen das Vierungsmaß ins Hangende und Liegende oder ganz ins Hangende oder ganz ins Liegende söhlig abzutragen, wodurch in etwa zum Fundflöz parallel verlaufende Flächen entstehen (vgl. Abb. 13). Die Schwierigkeiten, die sich hinsichtlich der Ausgrenzung der Abbauflächen entsprechend der Verleihung ergeben, können allein schon dann erkannt werden, wenn in einem benachbarten Schnitt Streichen und Fallen sich nur um ein geringes ändern. Die das Fundflöz in der Vierung begleitenden Flöze erfahren durch die (konstruierten) Vierungsflächen Durchschneidungen, deren Linienverlauf sich vorher kaum genau feststellen läßt und außerdem vom betrieblichen Standpunkt aus so ungünstig gestaltet ist, daß auf die Gewinnung von Teilen der in die Vierung fallenden Flöze verzichtet werden muß.

Hilfsvierung. Neben der an das Fundflöz anzulegenden Vierung (quadratura accessoria) kennt das Längenfeldesrecht noch die Hilfsvierung (quadratura principalis), um eine Erweiterung des Feldes über eine das Fundflöz abschneidende Störung hinaus zu ermöglichen (vgl. Abb. 12). Die „Leitsätze“ a. a. O. besagen: „Sie ist nur im Streichen und nicht im Einfallen des Fundflözes anzulegen. Ein Nachweis der Flözidentität ist in der Hilfsvierung nicht erforderlich.

In der Hilfsvierung tritt jenseits der Störung das dem ursprünglichen Fundflöz *nächstliegende* bauwürdige Flöz an die Stelle des Fundflözes.

Flözverleihungen, die in der Verleihungsurkunde ausdrücklich ohne Vierung erteilt worden sind, setzen über eine das Fundflöz abschneidende Störung hinaus nicht fort.“

Ewige Teufe.

Für gangförmige Lagerstätten, die gleichmäßig streichen und fallen, stellt die Ewige Teufe nichts anderes dar als die Erlaubnis, so tief zu bauen, wie es technisch und wirtschaftlich möglich ist. Gefaltete Lagerstätten dagegen führen bei der Anwendung eines so unbestimmten Begriffes zu Schwierigkeiten. Selbst wenn man sich darauf einigt, daß das Muldentiefste (s. Abb. 35a und b in Abschnitt III) die Ewige Teufe bedeutet, muß man sich fragen, welche von den Mulden, die vorgelagert sind, gemeint ist. Diese so weit hinaus zu verlegen, als es irgend möglich ist, dürfte wohl stets das Bestreben sein. Damit ist aber auch die Ungeeignetheit einer gesetzlichen Bestimmung wohl kaum deutlicher gemacht worden und andererseits die Notwendigkeit heraufbeschworen, der Willkür und Unsicherheit irgendwie zu begegnen. Setzen wir die Anwendbarkeit der Leitsätze für die Ewige Teufe[1])

[1]) „Das Tiefste und Höchste des Längenfeldes beim Flözbergbau ist gegeben, wenn das Einfallen in das Gegeneinfallen des Fundflözes übergeht. Das gilt jedoch nicht, wenn ein Gegeneinfallen von sehr kurzer Erstreckung (etwa im Rahmen der kleinen 7-Lachter-Vierung) vorliegt. In diesem Falle soll die Vierung nur an das normale Haupteinfallen des Flözes angelegt werden. Das Anlegen an das kurze Gegeneinfallen ist unstatthaft. Verschwindet innerhalb der Längenfeldgrenzen die nächstvorliegende Mulde im Streichen, so liegt von dieser Stelle ab das Tiefste des Fundflözes in der nächstfolgenden Mulde. Wenn das Feld im Streichen um einen Sattel herum gestreckt werden muß, so ist die Streckung auch in der Einfallinie des Sattelhöchsten vorzunehmen. Die Quersenke bildet in diesem Falle die Ewige Teufe, sofern nicht schon vorher durch eine Störung die Grenze des Längenfeldes erreicht ist“ (Abb. 14).

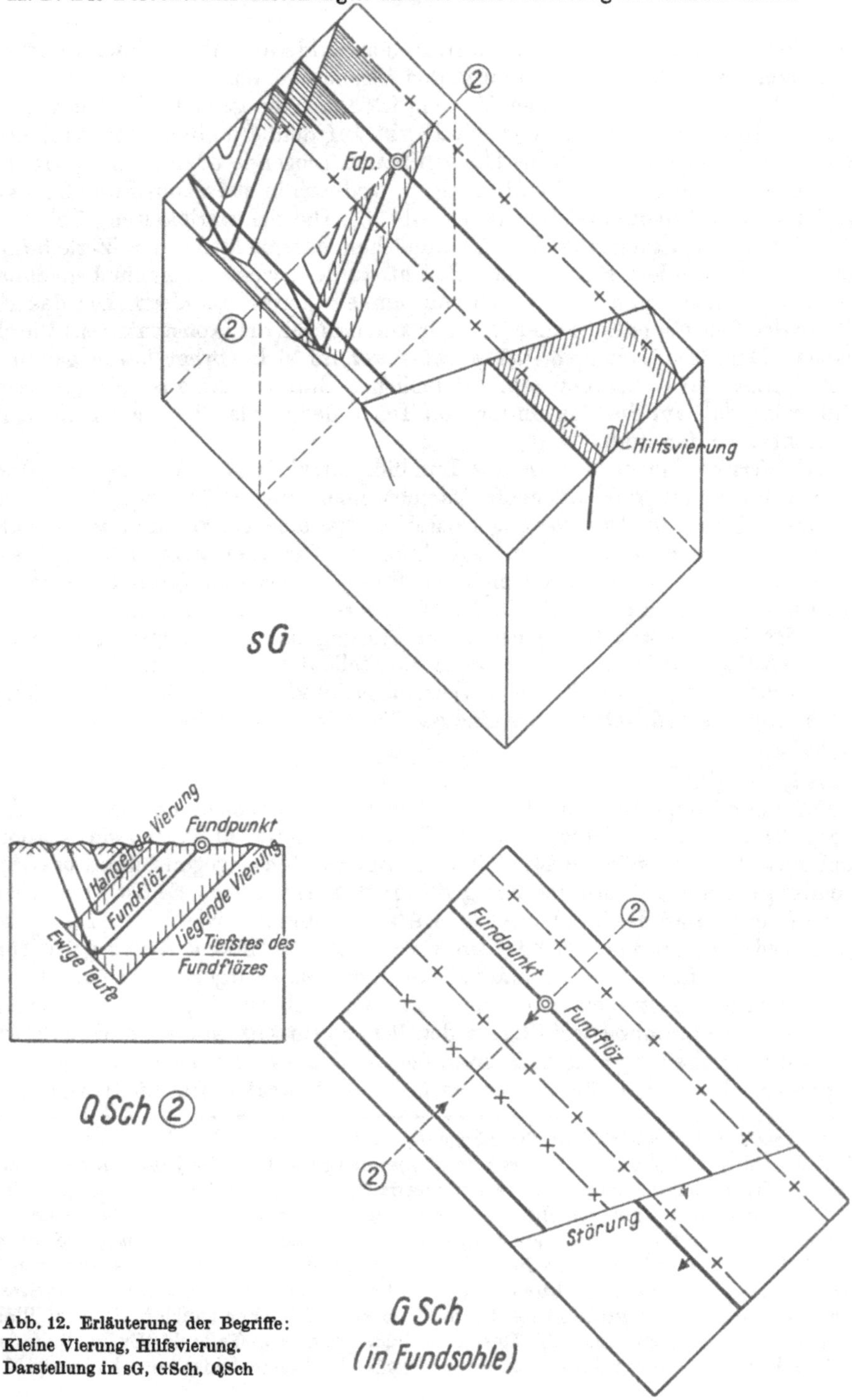

Abb. 12. Erläuterung der Begriffe: Kleine Vierung, Hilfsvierung. Darstellung in sG, GSch, QSch

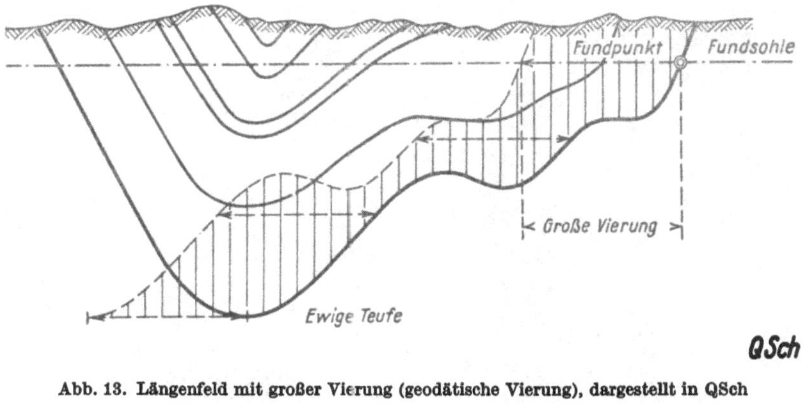

Abb. 13. Längenfeld mit großer Vierung (geodätische Vierung), dargestellt in QSch

voraus, so ergeben sich immer noch genug Schwierigkeiten, wie wir sie mit den Abb. 14 und 15 veranschaulicht haben.

Die kleine Sonderfalte auf dem Südflügel der Mulde in Abb. 15 stellt nicht die Ewige Teufe dar. Sie verursacht jedoch in der Teufe eine andere Streckung der Vierung.

In Abb. 14 beginnt auf der Seigerabstandslinie + 100 m im Anschluß an die Fundgrube bei 0 die Vermessungslinie. Sie läuft um den Sattel herum. Der Körper der kleinen Vierung dehnt sich also nach Osten aus, bis auch in dieser Fallinie ein Tiefstes (ein Tiefpunkt in der Quermulde) erreicht wird. Es liegt hier der Fall einer dritten Kopfmarkscheide vor. Noch schwieriger werden die räumlichen Abgrenzungen, wenn bei ähnlicher Lagerung nach großer Vierung verliehen worden wäre.

Alter im Felde.

Hinsichtlich der Ausgrenzung der Längenfeldesberechtsame bedeutet das Alter im Felde den Vorrang einer älteren Mutung oder Verleihung. Mit einer jüngeren Mutung kann also ein Teil eines bereits gestreckten Feldes nicht beansprucht werden. Im Falle der Abb. 15 ist das Feld mit dem Fundpunkt B die jüngere Berechtsame. Aus ihr wird durch das ältere Feld ein Stück (Doppelschraffen) herausgeschnitten.

Da Geviertfelder und Längenfelder gemeinsam als selbständige wie auch als zusammengelegte Felder auftreten und zudem diese Feldesarten verändert werden können (vgl. Abschnitt II, B, 2), ist es notwendig, Geviertfeld- und Längenfeldgrenzen deutlich mit den Farben Rot (Geviertfeld), Schwarz (Vierungsgrenze und Kopfmarkscheide des Längenfeldes) und für alle übrigen Merkmale des Längenfeldes in Blau zu kennzeichnen. Für die Zeichengebung sind die *Richtlinien* DIN 21900, 2.01, „Darstellung der Feldesgrenzen“ im Grubenrißwerk maßgebend. Ein Musterriß für die Berechtsamsdarstellung im Grubenrißwerk ist im Rißmusteratlas (1942) mit Riß 3, Titelblatt 3, Steinkohlenbergbau, angegeben. Im einzelnen gilt folgendes:

Hangende und liegende Vierungsgrenzen sowie die Kopfmarkscheiden werden in Schwarz mit Strich und Kreuz unterbrochen und abwechselnd angegeben.

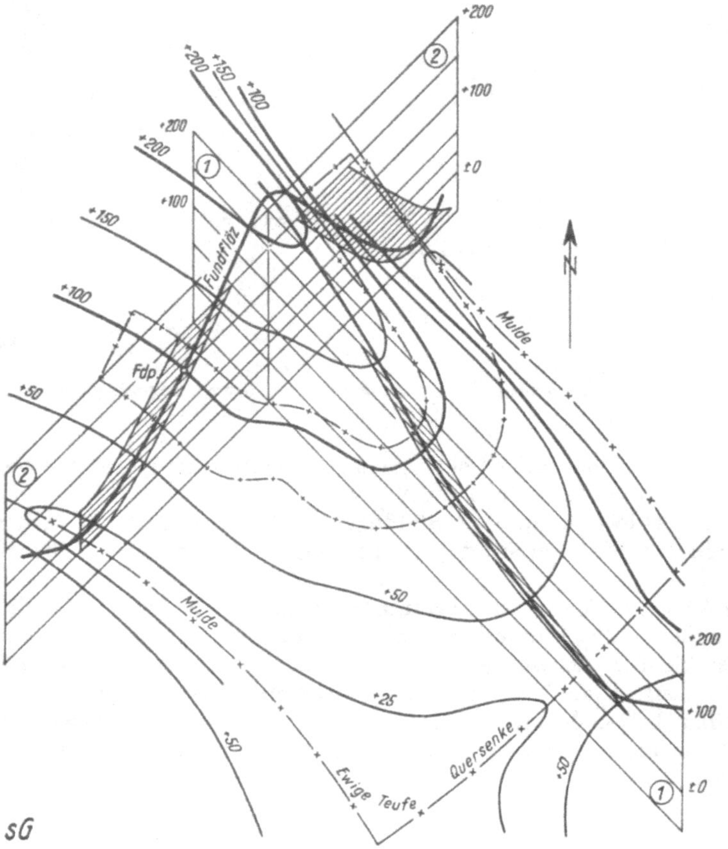

Abb. 14. Die „Ewige Teufe" bei Vorliegen einer Quersenke, dargestellt im Anschauungsbild mit Quer- und Längsschnitt (sG)

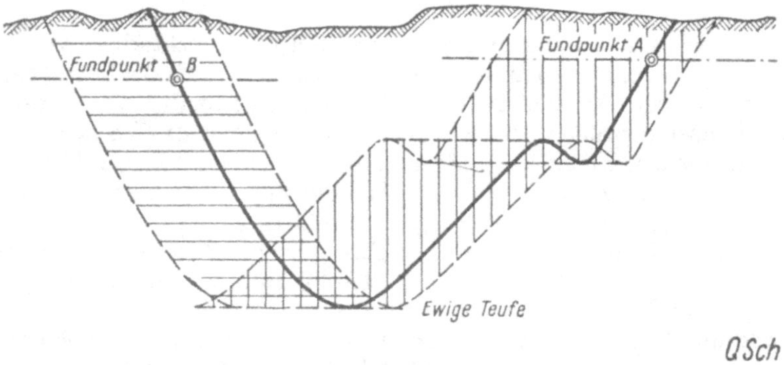

Abb. 15. Ewige Teufe und Alter im Felde, dargestellt in QSch

Vermessungslinie mit Fundpunkt und Fundgrube. Fundpunkt = Doppelkreis mit Fallen. Fundgrubenpunkte werden mit 0, die Maaßen auf der Vermessungslinie (blau) mit Ziffern (blau) versehen. Fallen Vierungsgrenzen und Vermessungslinie zusammen (zum Beispiel bei Streckung der Vierung ganz ins Hangende), so werden obige Zeichen in Blau abwechselnd geführt.

Für aus Geviert- und Längenfeldern zusammengelegte Felder werden abwechselnd rote und blaue Buchstaben gewählt (Rißmusteratlas, Steinkohlenbergbau, Riß 4, Titelblatt 3). Das Vierungsmaß wird an einer mit Pfeilen versehenen Maßlinie in Blau eingetragen. Geviertfeld- und Längenfeldmarkscheide setzt sich aus kurzen roten Strichen und blauen Kreuzen zusammen.

Geviertfeldmarkscheide, Vierungsgrenze und zugleich Vermessungslinie eines Längenfeldes lassen sich gleichfalls mit obigen Zwecken vereinigen: blaue Kreuze, rote kurze Striche, Maaßen in blauen Kreisen und Ziffern.

Weitere Zeichenverbindungen sind möglich in Blau, wenn die Mulden- oder Sattellinie mit der Vierungsgrenze zusammenfällt.

4. Die Übertragung der Markscheiden und Betriebsgrenzen in die Risse, Karten und Pläne

Es ist nicht unsere Absicht, den Begriff der Markscheide und der Betriebsgrenze unter Beachtung der jeweiligen bergrechtlichen Bestimmungen zu kennzeichnen. Wir wollen hier vornehmlich das Allgemeingültige erfassen und erläutern.

Die Markscheiden (es sind hier nur die Markscheiden der Geviertfelder gemeint), die das Recht an den Mineralien räumlich abgrenzen, sind keine Grenzlinien, sondern lotrechte Flächen, genauer gesagt lotrechte Ebenen. Mehrere solcher Ebenen umschließen die Berechtsame; mehrere Berechtsame bilden ein Betriebsfeld oder Grubenfeld, wobei unter „Feld“ der Raum verstanden wird, der durch die Tagesoberfläche, durch lotrechte Flächen und durch die „Ewige Teufe“ begrenzt wird. Mit der Ewigen Teufe ist kein Maß verbunden, theoretisch gilt sie bis zum Erdmittelpunkt, praktisch bis zu dem Tiefenbereich, in den man mit Bohrlöchern, Schächten und Strecken vordringen kann.

Alle Lotrechten erscheinen in der orthogonalen Grundrißprojektion (G) als Punkte, die lotrechten Ebenen als Geraden. Das gleiche gilt für die Grundschnitte (GSch). Gleiche Markscheiden in den Sohlengrundrissen (G) decken sich, ebenso in den Grundschnitten (GSch).

Im orthogonalen Seigerriß (S) ist die Darstellung der Markscheide-Ebene unterschiedlich. Im Sohlenseigerriß (S) sollte man auf die Wiedergabe der Markscheide als lotrechter Geraden, nämlich als Schnittgeraden der lotrechten Seigerrißspur-Ebene mit der lotrechten Markscheide-Ebene, verzichten, da die Schnittgerade nur irreführend ist. Im Abbauseigerriß (S, Q) liegt das Schwergewicht auf der Darstellung der Lagerstättenfläche (Liegendes). Infolgedessen erscheint in der seigerrißlichen Projektion die Markscheide meist als eine schiefe oder krumme Durchdringungslinie von lotrechter Markscheide-Ebene mit der graphischen Fläche des Lagerstättenliegenden.

Die lotrechten Ebenen der Quer- und Längsschnitte (QSch, LSch) erzeugen mit den lotrechten Markscheide-Ebenen lotrechte Geraden. Beim Längenschnitt, dessen Spur eine Linie ist und der daher eine Fläche bildet, die aber auf eine

Zeichenebene abgewickelt wird, wird die Markscheide als lotrechte Gerade gezeichnet.

Der orthogonale Flachriß (F) in seiner Eigenschaft als Abbauflachriß zeigt die Markscheide als krumme Linie, nämlich als Projektion der Durchdringungslinie des Lagerstättenliegenden (graphische Fläche) mit der lotrechten Ebene der Markscheide.

Es ist also zu beachten, daß eine Markscheide in den Rissen, in denen sie als krumme Linie auftreten muß, erst dann genau festgelegt oder gezeichnet werden kann, wenn die Lagerstättenform bekannt ist. So unverständlich oder unwahrscheinlich es klingen mag: die Darstellung von Markscheiden erfolgt in diesen Fällen auf Grund einer sorgfältigen Lagerstättenprojektierung. Die Darstellung ist erst dann endgültig richtig, wenn die Markscheide selbst angefahren ist.

Wir brechen an dieser Stelle das Aufzählen weiterer Beispiele für Markscheiden ab, weil wir die wichtigsten Fälle für die Rißbenutzer genannt haben und sich andererseits in den übrigen Projektionen die Darstellung von Markscheiden durch die entstehenden Bilder selbst erklärt. Während in den genannten Darstellungen von G, GSch, S, Q, Sch, LSch und F nur Gerade oder Linien von den Markscheiden entstehen können, treten in den weiteren Projektionen nunmehr Geraden, Linien *und* Ebenen auf.

Die bedeutsame Eigenschaft der Markscheide in rechtlicher, betrieblicher, sicherheitlicher und wirtschaftlicher Hinsicht zwingt, wie wir gezeigt haben, zu einer besonders sorgfältigen Arbeitsweise. Abgesehen von den Berechtsams- und Grenzrissen können wir nur in einem Falle auf die Darstellung der Markscheiden in den Grubenrißwerken verzichten. Bilden nämlich mehrere selbständige Felder, ohne daß ein berggesetzlicher Zusammenschluß stattgefunden hat, ein Betriebsfeld, also eine Betriebseinheit, so haben wir „Innenmarkscheiden“ und „Außenmarkscheiden“. Erstere würden in den Rissen nur störend wirken. Sie können als solche, da jedem Grubenrißwerk eine Berechtsamsdarstellung im Titelblatt beigegeben ist, dort erkannt werden.

Markscheiden haben im Laufe der Geschichte verschiedenartige Festlegungen erfahren: durch Vermessungen, durch Grenzmale, durch Merkmale in der Landschaft und in den Strecken unter Tage, durch Begriffe (oftmals sehr umstrittene), durch graphische Darstellung und schließlich durch Koordinatenbestimmungen. Maßgebend ist in jedem Falle der Inhalt der Urkunden der Verträge. Die Übertragung der Feldesgrenzen in die Grubenrißwerke erfolgt nach Maßgabe des Rechtstitels.

Während sich (noch vorhandene) Lochsteine durch Neuvermessung im gültigen Vermessungssystem koordinatenmäßig bestimmen lassen, treten bei nicht nach Koordinaten festgelegten Grubenfeldern Schwierigkeiten auf. Das ist sofort einleuchtend, weil die Begrenzung in der rißlichen Darstellung sich oft auf topographische Linien stützt; wenn diese gleichzeitig Flurstücks-, Flur- oder sonstige katasteramtliche Grenzen darstellen, sind mit jeder Neuvermessung Änderungen verbunden. Somit wird sich auch jedesmal die Flächengröße ändern. Alle diese Gründe sprechen für eine koordinatenmäßige Festlegung der Felder sofort bei der Streckung und spätestens dann, wenn vorauszusehen ist, daß sich Widersprüche an den Markscheiden ergeben werden.

In neuerer Zeit werden die Markscheiden fast nur noch durch die Koordinaten der Feldeseckpunkte bestimmt. Das verwendete Koordinatensystem ist dabei unwichtig, da die Koordinatenwerte verschiedener Systeme lediglich andere

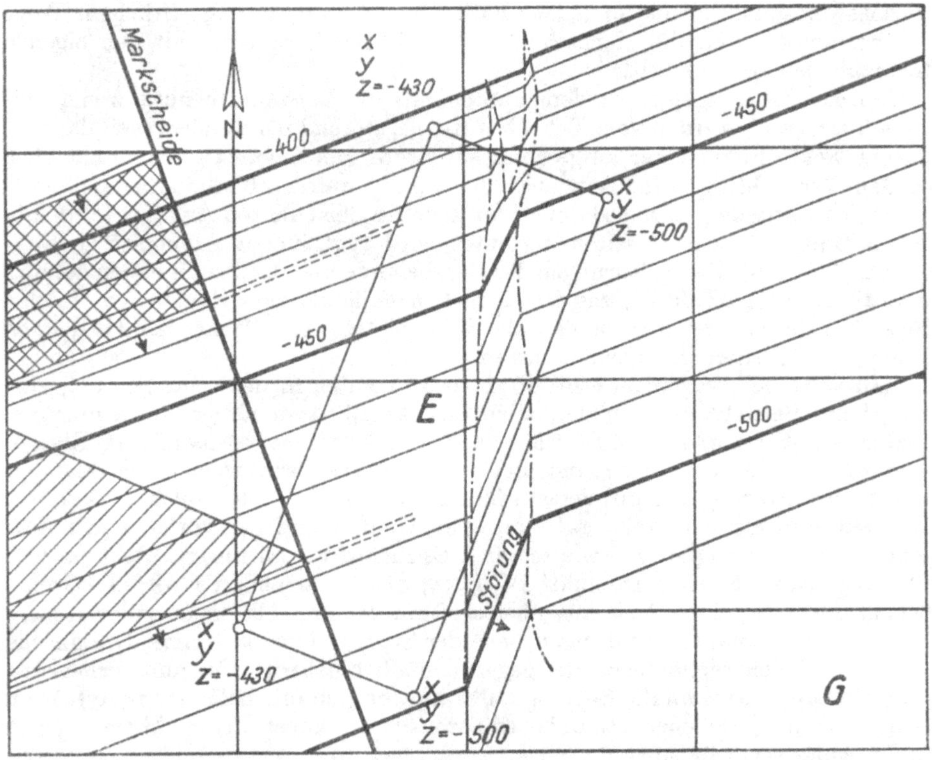

Abb. 16. Festlegung einer Betriebsgrenze an einer Störung durch die Raumebene E_l

Ausdrucksformen für ein und dasselbe sind.[1]) Schwierigkeiten können nur da auftreten, wo Bergwerksbetriebe mit graphisch ermittelten Grenzen miteinander markscheiden. An die Stelle der graphischen Markscheide, die ja nur unvollkommen die Berechtsame mit Hilfe der dargestellten Tagesgegenstände (Fluß- und Bachläufe, Wege, Flurstücksgrenzen, politische Grenzen u. dgl.) angibt, muß eine koordinatenmäßige Festlegung treten, die in allen Rißarten angewendet wird. Im rechtlichen Sinne ist diese Grenzfestlegung keine „Markscheide" mehr, sondern eine „Betriebsgrenze", falls diese zuvor von den beteiligten Bergwerksbesitzern anerkannt wurde. Damit sind für die Bearbeitung der Rißwerke die Werte festgesetzt, die nunmehr in allen Rißarten der Bergwerksbetriebe Anwendung finden.

Während bei Grundstücken die Grenzen sichtbar gemacht werden können, unterbleibt dies im Untertagebetrieb. Zwar soll es vorgekommen sein, daß jemand gewünscht hat, die Markscheide rot an den Stoß anzumalen; in der Regel ist es aber so, daß die markscheiderische Abteilung von den in der Grube vorhandenen

---

[1]) Ein Abstimmen der verschiedenen Koordinatenwerte mit den Nachbarn ist herbeizuführen, um gleiche Zahlen zu gewinnen.

Vermessungspunkten aus in jedem Falle die Abstände auf schriftlichem Wege angibt, unter denen die Markscheide oder die Betriebsgrenze mit den eigenen Grubenbauen erreicht wird.

Grenzen, die festgelegt werden mußten, als die Lagerstätte noch wenig aufgeschlossen war, werden vom Betrieb meist als störend empfunden, weil das verliehene Feld durch später aufgeschlossene Störungen ungünstig aufgeteilt wird, so daß Verpachtung oder Austausch notwendig werden. Technische und wirtschaftliche Gründe geben alsdann zu Änderungen der Grenzen Anlaß, zuweilen in einem Umfange, wie er selten vermutet wird (vgl. hierzu Abschnitt II, C, 4, Grenzriß, S. 180). Die Erfahrungen der Bergbehörde und der Praxis haben gezeigt, daß die Koordinatenfestlegung fast in jedem Falle als die sicherste Art für den Betrieb anzusehen ist und die Gewähr dafür bietet, über die Art der Festlegung keine Streitigkeiten entstehen zu lassen.

Man wird sich fragen müssen, ob in diesem Falle, in dem eine Störung eine natürliche Betriebsgrenze bildet, auch eine koordinatenmäßige Festlegung am Platze ist. Wir wissen, daß Störungsflächen nicht mit mathematischen Ebenen oder Flächen zu vergleichen sind und daß auch das Verwurfsmaß schwankt, ja selbst, daß Störungen ganz verschwinden können. Bei einer solchen Betriebsgrenzenfestlegung wird man gut tun, einmal auf Grund der vorhandenen Aufschlüsse die Störung so gut wie möglich einzugabeln (Störungsriß, tektonischer Plan der Lagerstätte, s. Abschnitt IV, B, 8), aber zum anderen wird die Grenzfläche, die von keiner Seite aus überschritten werden soll, so festzulegen sein, daß sie mit der wahrscheinlichsten Lage der Störung übereinstimmt. Das gleiche gilt für den Sicherheitspfeiler, der gegebenenfalls hinzutritt. Die nun vorliegende geneigte Grenzebene an der Störung läßt räumlich sich mit Hilfe der analytischen Geometrie im gegebenen Raumkoordinatensystem konstruieren. Hierzu geben wir in Abb. 16 ein Beispiel.

Durch drei verschiedene Raumpunkte, sofern sie nicht auf einer Geraden liegen, ist eine Ebene E im Raum bestimmt. Die Punkte haben die Koordinaten $P^1(x_1, y_1, z_1)$, $P^2(x_2, y_2, z_2)$ und $P^3(x_3, y_3, z_3)$. Ein weiterer Punkt $P(x, y, z)$ gehört dieser Ebene an, wenn die Gleichung[1]) besteht

$$\begin{vmatrix} x & y & z & 1 \\ x_1 & y_1 & z_1 & 1 \\ x_2 & y_2 & z_2 & 1 \\ x_3 & y_3 & z_3 & 1 \end{vmatrix} = 0 \tag{1}$$

Entwickelt man diese Gleichung, so lautet die Bedingung

$$\begin{aligned} & x\,[y_1(z_2 - z_3) - z_1(y_2 - y_3) + (y_2 z_3 - z_2 y_3)] \\ & -y\,[x_1(z_2 - z_3) - z_1(x_2 - x_3) + (x_2 z_3 - z_2 x_3)] \\ & +z\,[x_1(y_2 - y_3) - y_1(x_2 - x_3) + (x_2 y_3 - y_2 x_3)] \\ & -\,[x_1(y_2 z_3 - z_2 y_3) - y_1(x_2 z_3 - z_2 x_3) + z_1(x_2 y_3 - y_2 x_3)] = 0 \end{aligned} \tag{2}$$

oder

$$Ax - By + Cz - D = 0 \tag{2a}$$

[1]) Vgl. Band II, S. 115/16.

$$x = \frac{By - Cz + D}{A}$$

$$y = \frac{Ax + Cz - D}{B} \tag{2b}$$

$$z = \frac{-Ax + By + D}{C}$$

Liegt P auf der Ebene, so muß die Gleichung (2) erfüllt sein.

Benutzt man in dem vereinfachten Fall der Abb. 17 nebst Koordinatentäfelchen die angeschriebenen Werte, so erhält man nach (2) und (2b)

$$\begin{aligned}
A &= [2(6-3) - 5(8-4) + (8.3 - 6.4)] = -14 \\
B &= [1(6-3) - 5(7-9) + (7.3 - 6.9)] = -20 \\
C &= [1(8-4) - 2(7-9) + (7.4 - 8.9)] = -36 \\
D &= [1(8.3 - 6.4) - 2(7.3 - 6.9) + 5(7.4 - 8.9)] = -154
\end{aligned}$$

und für

$$z = \frac{14 \cdot 15 - 20 \cdot 10 - 154}{-36} = \frac{-144}{-36} = +4.$$

Im Grundriß der Abb. 17 haben wir die Koordinatenwerte für die vier Raumpunkte aufgetragen und die z-Werte angeschrieben. Gefragt wird weiter nach dem Richtungswinkel (Streichen) der Ebene E. Setzt man in der allgemeinen Gleichung der Ebene die z-Koordinate gleich Null, so erhält man die Gleichung der Schnittgeraden der Ebene E mit der Ebene durch die y- und x-Achsen, der Grundrißprojektionsebene G bei ± 0, also R_E. Aus (2a), S. 152, wird

$$Ax - By - D = 0.$$

Im Beispiel der Abb. 17, die wir um eine weitere anschaulichere Abb. 18 vervollständigen,

$$-14x + 20y + 154 = 0$$

$$x = \frac{20}{14}\, y + 11 = 1{,}4286y + 11\,.$$

Für R_E erhalten wir $1 = \frac{20}{14}\, y = 1{,}4286y$ $\quad (x = 1)$

$$y = 0{,}70000$$

$$R_E = 38{,}880^g.$$

Über die Koordinatenrechnung erhalten wir unter Einsetzen von $y = +10$ und $z = +3$ für P^4 mit (2b)

$$x_4 = \frac{-20 + 10 + 36 + 3 - 154}{-14} = +17{,}57143.$$

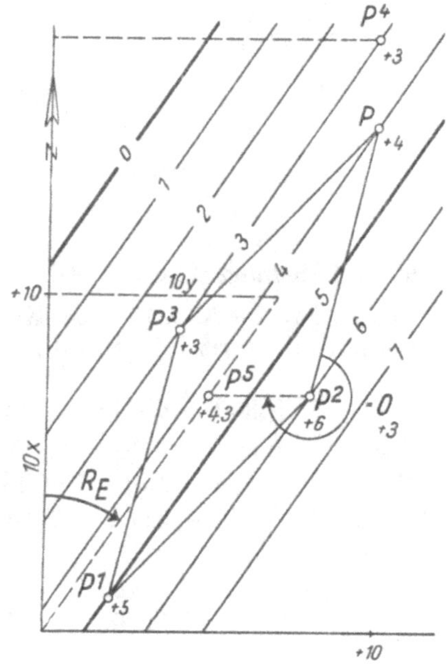

	x	y	z
P	+15	+10	+4
O	+7	+8	+3
P1	+1	+2	+5
P2	+7	+8	+6
P3	+9	+4	+3
P4	+17.6	+10	+3
P5	+7.0	+4.9	+4.3

Abb. 17. Koordinatenmäßige Festlegung einer Raumebene E

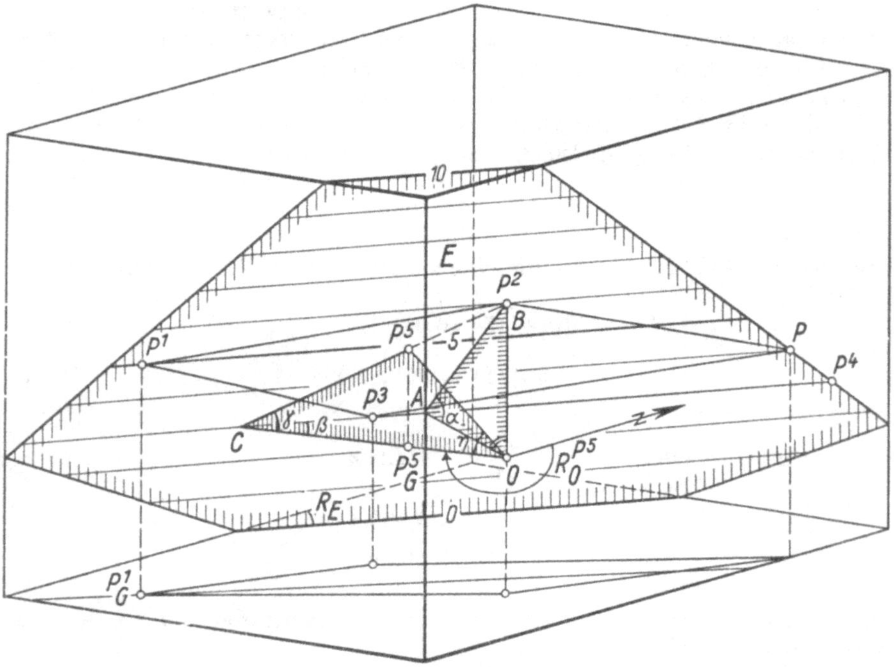

Abb. 18. Erweiterte Darstellung von Abb. 17, $M_{5:9:10}$
α = Einfallen von E. P^5 = Schnittpunkt von $\overline{OP^5}$ mit E. (Zur Vereinfachung der Abbildung ist der Punkt O, der beliebige Lage besitzen kann, unter P^2 angenommen)

Da P^3 und P^4 gleiches z haben, läßt sich aus x_3, y_3, x_4, y_4 der Richtungswinkel R_E mit 38,880^g (wie oben) berechnen. Mit den Abbildungen ist zugleich die Darstellung mit Seigerabstandslinien gegeben, wodurch ein Vergleich oder eine grobe Probe vorliegt. Das Einfallen α von E wird gefunden, indem von 0 aus (Abb. 18) gemäß Abschnitt II, B, 2, a, 11, η, S. 132, der Fußpunkt A errechnet wird. Alsdann wird AO ermittelt gemäß ϑ und aus $\overline{AO}$ und $z_2 - z_3$ $\overline{OP^2}$. Die Katheten ergeben α. Im Beispiel ist $\alpha = 37,936^g$.

An einer Grenze, die durch die Ebene E gebildet wird, kann weiterhin gefragt sein, in welchem Punkt (P^5 der Abb. 18) ein Strahl (d. h. eine ansteigende Strecke), der den Richtungswinkel $R_O^{P^5}$ und den Höhenwinkel η (d. h. das Ansteigen der Strecke) hat, die Ebene (d. h. die Abbaugrenze oder den Sicherheitspfeiler) durchstößt. Wir skizzieren den Weg der Berechnung. Gegeben: $P^3(x_3, y_3, z_3 = z_4 = z_0)$, $P^4(x_4, y_4, z_4)$ (siehe Koordinatentäfelchen Abb. 17), $\alpha(= 37,936^g)$, $O(x_0, y_0, z_0)$ (siehe Koordinatentäfelchen), $R_O^{P^5}$ $(= 300,000^g)$, η $(= +25,000^g)$. Gesucht: $P^5(x_5, y_5, z_5)$. β $(= 61,120^g)$ erhält man aus R_{P3}^{P4} und R_O^{P5}. $\overline{CO}$ $(= 5,40005)$ aus $\overline{AO}$ $(= 4,42388)$ und β. γ $(= 32,282^g)$ aus $\overline{BO}$ $(= 3,0)$ und $\overline{CO}$. $\overline{OP^5}$ $(= 3,34840)$ aus γ, $\overline{CO}$ und α. $\overline{OP^5_G}$ $(= 3,09532)$ aus η und $\overline{OP^5}$. Es folgt die polygonometrische Berechnung von P^5 und die Berechnung der Seigerteufe $(= +1,28137)$ zwischen O und P^5. Koordinaten $P^5(x_5 = 7,00000,\ y_5 = +4,90648,\ z_5 = +4,28137)$. Als Proben können u. a. benutzt werden: $\overline{CO} = \overline{CP^5_G} + \overline{OP^5_G}$ und da P^5 ein Punkt der Ebene E sein soll, muß die Bedingung entsprechend den Gleichungen (1) bzw. (2) erfüllt sein.

Da *An- und Verpachtungen* von Lagerstättenteilen an den Markscheiden recht häufig vorkommen, wollen wir uns mit den hierbei anfallenden Arbeiten rißlicher Art befassen. Wir unterstellen die Kenntnis der mannigfaltigen Gründe, die zu Anpachtungen und Verpachtungen kleineren oder größeren Umfanges führen, und weisen darauf hin, daß die Kenntnis der Lagerung und der Lagerstättenbeschaffenheit Voraussetzung ist. Die Unterlagen hierfür werden dem geologischen und lagerstättenkundlichen Kartenwerk entnommen, gegebenenfalls können die Planungsunterlagen des Betriebsplanwerkes benutzt werden. Damit sind die rißlichen Voraussetzungen für die Anfertigung der Anlagen zu einem Vertrag oder einer Vereinbarung gegeben. Es kann sich dabei um eine Verpachtung oder eine Anpachtung (genauer eine vereinbarte Abbaugestattung im eigenen oder fremden Feld) gegen Verrechnung oder um eine An- *und* Verpachtung bei ganzem oder teilweisem Substanzausgleich handeln. Zweckmäßigerweise werden die diesbezüglichen Rißauszüge in einem solchen Maßstab gefertigt, daß die anstehenden und abgebauten Mineralmengen genügend genau ermittelt werden können. Zu dem in Abb. 19 gegebenen Beispiel ist ergänzend folgendes zu sagen.

Der abbautechnisch ungünstige Verlauf der Markscheide und die in den Feldesteilen auftretenden Verwerfungen mit Sprunghöhen, die im Abbau nicht zu überwinden sind, zwingen zu einem Austausch von Flözteilen. Da im vorliegenden Falle der Grundsatz einer wertgleichen Regelung befolgt werden soll, außerdem eine möglichst günstige Begrenzung der Abbaufläche angestrebt werden muß, haben erst Untersuchungen der Lage des Punktes E stattfinden müssen, damit dieser als der günstigste angesehen werden kann. Er führt zu den neuen Betriebsgrenzen EF und AE. Die Koordinaten des Punktes E werden durch Austauschvereinbarung, der eine Ausfertigung des Rißauszuges beigefügt ist, verbindlich.

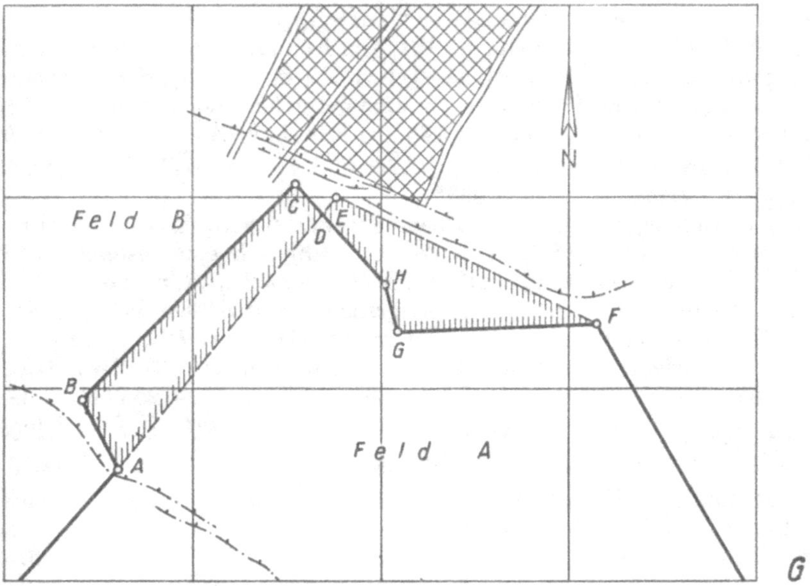

Abb. 19.
Beispiel für eine An- und Verpachtung (= Austausch) von wertgleichen Lagerstättenteilen. Flözfläche *ABCD* = 115000 m² in Feld *A* wird ausgetauscht mit Flözfläche *DEFGH* = 99900 m² in Feld *B*

Die Rißauszüge für Fälle der reinen Anpachtung oder Verpachtung werden in der Regel in einem solchen Maßstab angefertigt, daß alle notwendigen Eintragungen vorgenommen werden können, insbesondere solche über die Beschaffenheit der Lagerstätte, damit eine einwandfreie Errechnung der abgebauten Mineralmenge und Beschreibung ihrer Eigenschaften stattfinden kann.

Wir beenden diesen Unterabschnitt mit zwei Hinweisen auf den Grenzriß [O. Haibach (1936)], wie er als Bestandteil des Zulegerißwerkes in den Titelblättern (s. Rißmusteratlas, 1942, Riß 5) geführt wird (s. II, C, S. 180) und durch uns wegen seiner betrieblichen Bedeutung in der „Übersicht über die bergmännischen Darstellungen“, Bd. II, Tafel 2, S. 8 u. 9, gleichfalls dem Betriebsplanwerk zugeordnet wird. Es ist deshalb durchaus berechtigt, wenn aus Gründen der Betriebsplanung Änderungen an den Markscheiden vorgenommen werden müssen.

5. Die Darstellung von Sicherheitspfeilern

a) Zeichengebung nach den Richtlinien, DIN 21900, 2.012, 4.07

Sicherheitspfeiler haben den Zweck, den Einfluß benachbarter Grubenbaue gegen das eigene Feld oder die Abbauwirkungen aus eigenen und aus benachbarten Bauen im Felde oder an den Feldesgrenzen auszuschließen. Sie sollen ferner dazu dienen, Gefahren, die aus einer Durchdringung (Überfahrung) oder Annäherung der benachbarten Baue entstehen oder mit Wahrscheinlichkeit erwartet werden können, abzuwehren. Die Festsetzung von Sicherheitspfeilern setzt die Kenntnis der Sachverhalte und die Klarstellung der Rangordnung dieser Sachverhalte voraus. Rechtliche, geologische und lagerstättenkundliche, betriebliche, wirtschaftliche und sicherheitliche Belange lassen in ihrer Gesamtheit oft recht schwierige Aufgaben entstehen.

Welche Bedeutung die Bergbehörde den Sicherheitspfeilern beimißt, geht aus einer Arbeit von H. Scharf (1959) hervor, die sich in einer Sammlung bergaufsichtlicher Verordnungen für den Oberbergamtsbezirk Dortmund mit der historischen Entwicklung der Sicherheitspfeiler beschäftigt. Daneben gibt es jedoch zwei sehr wichtige Fragen, die hier nicht unerwähnt bleiben sollen. Sicherheitspfeiler dienen nicht in jedem Falle der Sicherheit. Sie können bei schematischer Anwendung in manchen Fällen sogar eine Gefahr bedeuten. Andererseits sind die in Sicherheitspfeilern stehenbleibenden Mineralmengen der Volkswirtschaft entzogen. Es gehört mit zu den Aufgaben des Markscheiders, diesen Dingen besondere Beachtung zu schenken und eine zweckdienliche Lösung durch geeignete Vorausberechnungsverfahren und Abbauplanungen zu finden.

Es gilt darum, stets die verschiedenen Forderungen und Erfordernisse so zu vereinen, daß ein vernünftiger und wirksamer Sicherheitspfeiler entsteht, der in den bergmännischen Darstellungen seine Form erhält.

Die Darstellungsmittel selbst können sich auf wenige Zeichen beschränken. Als Grenzen, die sie, von betrieblicher Seite aus gesehen, auch tatsächlich sind, werden sie nach alter Übung rot hervorgehoben (Punkt-, Strich-, Voll-Linien dünn). In grundrißlichen Darstellungen müssen, wenn die Grenze als Streichlinie erscheint und die Grenzebene oder die Sicherheitspfeilerfläche mit einem Fallwinkel einfällt, die Gradzahlen angeschrieben werden, zum Beispiel 50^g D für das Deckgebirge und 60^g K für das Steinkohlengebirge. Sicherheitspfeiler sollen in allen Rissen des Grubenrißwerks erscheinen. Die behördlichen Verfügungsnummern der Genehmigungen, Verträge, Geltungsdauer und Hinweise auf die Bedingungen sind einzutragen, auf jeden Fall vollständig in *den* Rißarten, in denen der in Frage kommende Gebirgsausschnitt am ausführlichsten behandelt wird. Aufgehobene Sicherheitspfeilergrenzen werden rot durchkreuzt (*Richtlinien* DIN 21900, 2.012). Unter 4.07 a. a. O. finden wir noch Zeichengebungen für die Grenzen der Bergbauschutzflächen, für Schutzstreifen an Eisenbahnen und Kanälen, für Flächen, in denen Bergbau untersagt ist und für Quellenschutzgebiete. Letztere Zeichen gelten in der Hauptsache für Darstellungen der Flächennutzung und Raumordnung.

b) Kennzeichnung der Sicherheitspfeiler

Sicherheitspfeiler lassen sich ihrem Zweck und Formenreichtum nach gliedern. Wir legen hier den größeren Wert auf die Formen. Sie weisen alle Übergänge auf von der einfachsten bis zur komplizierten Form. Außerdem können sie eigene, fremde oder freiwillige Sicherheitspfeiler sein, also im eigenen Interesse dem Betrieb selbst auferlegte, sie können auf Grund von Maßnahmen im benachbarten Grubenfeld sich ergebende Sicherheitspfeiler, ferner durch bergpolizeiliche Bestimmungen von vornherein gegeben sein oder durch bergbehördliche Anordnung im Einzelfall vorgeschrieben werden. Weitere Eigenschaften der Sicherheitspfeiler sind darin zu erblicken, daß sie auf die Dauer Geltung haben oder zeitlich begrenzt sind. Mit dem Sicherheitspfeiler ist eine Reihe von besonders aufgeführten Auflagen verknüpft, die zum Teil eingeschränkt oder erweitert werden können.

Die Sicherungsmaßnahmen, die ein Sicherheitspfeiler erfordert, werden sich häufig erstrecken auf

die Sicherheit der Baue,
die Sicherheit innerhalb der Betriebe (Leben, Gesundheit),
den Schutz der Lagerstätte und
den Schutz der Tagesoberfläche.

Der Schutz der Lagerstätte durch Sicherheitspfeiler ist anders zu beurteilen als die übertägigen Sicherungsmaßnahmen; diese beziehen sich auf die besonders wertvollen und betrieblich empfindlichen Einrichtungen, gleichgültig, ob sie in privatem oder öffentlichem Interesse unterhalten werden. Indessen tritt heute die Bedeutung des Schutzkörpers als solchen immer mehr zurück gegenüber den Maßnahmen, die innerhalb eines Einwirkungsbereiches im Sinne der Bergschadenkunde (Bodenbewegungskunde) ergriffen werden. War es bei vereinzelt vorhandenen Gegenständen noch berechtigt, von hierfür geltenden Sicherheitspfeilern zu sprechen, so ist in dicht bebauten Gebieten der Sicherheitspfeiler praktisch gegenstandslos geworden.

c) Die rißliche Behandlung, an Beispielen gezeigt

α) Räumliche und zeitliche Begrenzung

Raumkoordinaten für Ebenen, Abstandslinien (der kotierten Projektion) für Flächen, Streichlinien, Einfallswinkel, Schnittlinien und Durchdringungslinien sind Mittel, um die Sicherheitspfeilergrenzen festzulegen. Wie sie im einzelnen dargestellt werden, schreibt die Rißart bzw. die Projektionsart vor. Es gibt Fälle — das muß vermerkt werden —, wo die Sicherheitspfeiler nicht vollständig dargestellt werden können, zum Beispiel im Abbaugrundriß, wenn die Lagerstätte noch wenig bekannt ist und der Sicherheitspfeiler mit einem bestimmten Fallwinkel einfällt. Man muß dann zu einer anderen Rißart greifen, in der die Elemente des Sicherheitspfeilers eingetragen werden können, u. a. in lotrechten oder waagerechten Schnitten oder auch in Sohlengrundrissen, wenn die Sohlenhöhenlage so gut wie einheitlich gegeben ist.

Sicherheitspfeiler können auch zeitlich begrenzt sein. So werden behördliche Genehmigungen oder Anordnungen befristet, und Verträge können zu bestimmten Terminen ablaufen. Bei unterschiedlicher Befristung der Sicherheitspfeiler ist der zeitlichen Rangfolge besondere Beachtung zu schenken. Demnach können sich gewissermaßen Sicherheitspfeiler auch gegenseitig durchdringen und teilweise aufheben.

β) Einfachste Art eines Sicherheitspfeilers

Da wir uns hier im wesentlichen mit der Art der räumlichen Ausdehnung und mit den rißlichen Darstellungen zu befassen haben, greifen wir aus der Unzahl

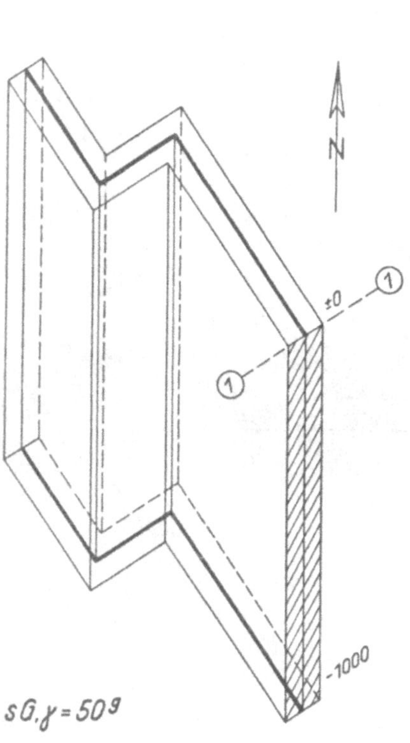

Abb. 20. Einfachste Art eines Sicherheitspfeilers, gebildet aus lotrechten Ebenen

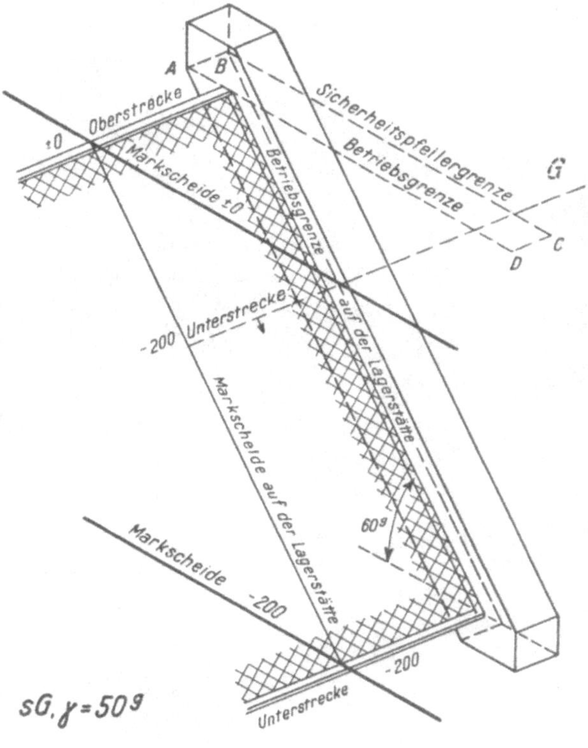

Abb. 21. Sicherheitspfeiler, bestehend aus einem prismatischen Gebirgskörper. sG, $\gamma = 50^g$-Darstellung, verbunden mit Ausführung in G

der vorkommenden Fälle einige kennzeichnende heraus und beginnen zunächst mit dem einfachsten Beispiel.

Für die Markscheiden (Außenmarkscheiden, Betriebsgrenzen) sind häufig Sicherheitspfeiler mit einer Breite von 20 m nach jeder Seite, senkrecht zur Markscheide gemessen, vorgesehen. Die Pfeiler stellen also schmale Wände dar, so wie es in Abb. 20 zum Ausdruck kommt. Sind solche Sicherheitspfeiler allgemein angeordnet, so tragen sie in den Rissen keinen Vermerk. Im Falle der Aufhebung ist dann aber ein Vermerk aufzunehmen, etwa in folgender Weise: Durchörterung des Sicherheitspfeilers genehmigt — erlaubt durch Bergamt . . . mit Verfügung . . . vom . . . zwischen . . . bis . . . Um Zweifel auszuschließen, muß ersichtlich sein, ob die Aufhebung — das gleiche gilt auch für neue Festsetzungen von Sicherheitspfeilern — allgemein gilt oder nur innerhalb bestimmter Grenzen.

γ) Kleine örtliche Sicherheitspfeiler prismatischer Gestalt

Für einen örtlichen, neu festgesetzten Sicherheitspfeiler dient das Beispiel der Abbildung 21. Eine mit 60^g einfallende Lagerstätte soll bis zur Markscheide

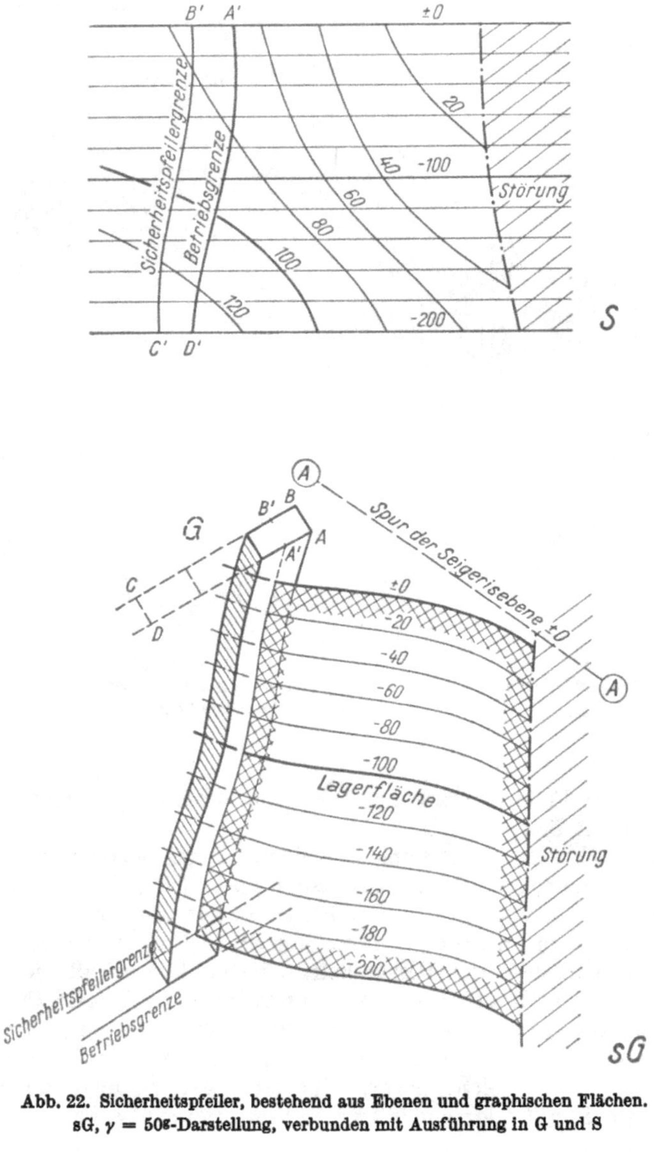

Abb. 22. Sicherheitspfeiler, bestehend aus Ebenen und graphischen Flächen. sG, γ = 50g-Darstellung, verbunden mit Ausführung in G und S

abgebaut werden. Damit kann ein zeitlich begrenzter Sicherheitspfeiler notwendig werden. Er muß so beschaffen sein, daß die eigenen Grubenbaue, solange sie in Betrieb stehen und offenbleiben müssen, genügend gegen das Anfahren aus dem Nachbargrubenfeld gesichert sind. Im Beispiel werden durch einen prismatischen Gebirgskörper die fremden Grubenbaue mindestens 20 m von den eigenen ferngehalten. Die Nachbarn unterrichten sich über den Sachverhalt mit Hilfe eines Rißauszuges. Die grundrißliche Darstellung, die nichts weiter enthält als einen besonders kenntlichgemachten schmalen Sicherheitsstreifen A B C D, ist mit unserer Abb. 21 unmißverständlich erläutert.

δ) Sicherheitspfeiler, die sich aus Ebenen und Flächen zusammensetzen

Die betrieblichen Verhältnisse mögen genau so wie im Falle γ liegen, die Lagerstätte jedoch hat wechselndes Einfallen (Abb. 22). Der Sicherheitspfeiler schmiegt sich der Lagerstätte an, und alle Punkte der Lagerstätte an der Markscheide weisen mindestens einen Sicherheitsabstand von 20 m auf. Die grundrißliche Darstellung unterscheidet sich von der in Abb. 22 wiedergegebenen nur in einer größeren Länge des Streifens. Wir haben diesen Fall eines anderen Grundes wegen noch herangezogen, denn bei steiler und flacher Lagerung müssen als Abbaurisse Grundrisse *und* Seigerrisse geführt werden. Der Abbauseigerriß soll zeigen, wie in der S-Projektion der Sicherheitspfeiler in Erscheinung tritt. Um die Form einwandfrei wiederzugeben, sind im Abbauseigerriß q-Abstandslinien angewandt worden. Dem grundrißlichen Streifen ABCD entspricht der seigerrißliche Streifen mit den gleichen Buchstaben.

ε) Sicherheitspfeiler, bestehend aus mehr oder weniger starken, flach geneigten, plattenartigen Gebirgskörpern

Die Abschirmung von Grubenbauen gegen Gebirgsschichten mit starker Wasserführung oder gegen einen Gebirgskörper mit älteren Grubenbauen, die als standwassergefährlich angesprochen werden, geschieht durch Schutzgrenzen in einer mehr oder weniger waagerechten Fläche. Im Beispiel der Abbildung 23 ist ein im Durchschnitt 40 m mächtiger Gebirgskörper dargestellt, der eine allgemeine Neigung von 10^g nach Süden aufweist. Eine grundrißliche Darstellung des Körpers selbst ist — wenn keine Seigerabstandslinien angewandt werden — wenig aufschlußreich. Der Sicherheitspfeiler kommt in seiner Ausdehnung erst auf den Abbaugrund- und -seigerrissen zum Ausdruck (vgl. den Sicherheitspfeilerstreifen im oberen Teil der Lagerstätte auf dem Sattelsüdflügel). Außerdem sind die Schnitte geeignet, in Form von geraden Linien die untere Grenzebene zu zeigen. Die Bemessung eines wirksamen Sicherheitspfeilers setzt indessen voraus, daß die Unterfläche des Gebirges, aus dem Gefahren erwartet werden, hinreichend bekannt ist.

ζ) Weitere Formen von Sicherheitspfeilern und ihre Darstellung. Hinweise

Man ist mit Rücksicht auf die anfallende Konstruktionsarbeit bestrebt, möglichst einfache Sicherheitspfeiler anzuwenden, selbst dann, wenn gewisse Mineralverluste in Kauf genommen werden müssen. Zylindrische oder kegelförmige

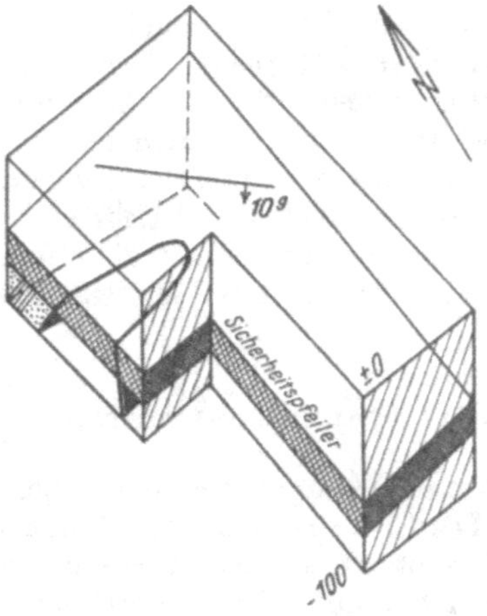

Abb. 23. Sicherheitspfeiler, bestehend aus einem mehr oder weniger mächtigen, flachgeneigten, plattenförmigen Gebirgskörper. Skizze

Körper oder Kombinationen dieser stereometrischen Körper mit anderen Gebilden sind als Sicherheitspfeiler denkbar und zuweilen sogar notwendig. Wir schränken ihre Anwendung aber so stark wie irgend möglich ein, auch aus dem Grunde, weil schwierige Gebilde von den Rißbenutzern schlecht verstanden werden. Bei Bohrlöchern (Wasserbringern im Stein- und Kalisalzbergbau) indessen und auch für Schächte greift man zu zylinderförmigen und kegelförmigen Körpern. Wir haben in Bd. II, S. 263ff., in praktischen Beispielen für die Anwendung der kotierten Projektion das Notwendige gesagt. Es ist hier noch zu ergänzen, daß die Grenzflächen in allen in Anwendung stehenden Rißarten und auf allen in Frage kommenden Rißblättern nebst den erforderlichen Erläuterungen zur klaren Darstellung gelangen.

Verwickelter wird die Darstellung von Sicherheitspfeilern, wenn in Betrieb befindliche Bergwerksanlagen mit ersoffenen Bergwerken markscheiden und die Grubenbaue in Richtung auf die Standwasser möglichst nahe an die verlassenen Grubenbaue heranrücken sollen, ohne daß irgendeine Gefahr auftritt. Ein solcher Fall erfordert die Anlage von Sicherheitsbereichen um jeden Grubenbau. So entstehen räumliche Gebilde um Strecken, Schächte und Abbauflächen, die nicht immer leicht zu verstehen sind. Obgleich eine betriebliche Sicherung darin besteht, daß bei Annäherung an Standwasser vorgebohrt wird, ist ein laufendes Nachtragen und Studium der Risse erforderlich; notfalls muß zu Sonderdarstellungen gegriffen werden, aus denen die Lagebeziehungen im einzelnen noch klarer hervorgehen.

Im größeren Rahmen treten solche Bearbeitungen von Sicherheitspfeilern auf, wenn innerhalb umfangreicher Gebiete mehrere untereinander zusammenhängende (durchschlägige) Bergwerksbetriebe stillgelegt worden sind, die an heute noch betriebene Anlagen angrenzen und in denen die Wasser aufsteigen. Ferner sind solche und ähnliche Rißbearbeitungen dort notwendig, wo für ganz oder teilweise verlassene Bergwerksbetriebe Pumpgemeinschaften bestehen. Diese Standwasserrisse (Zeichengebungen hierfür in den *Richtlinien* 1951, DIN 21900, 2. 11), sowohl solche für ganze „Wasserprovinzen“ als auch solche für die Beurteilung der Wasserzu- und -abflüsse (bei Pumpgemeinschaften) sind zwar selten, erfordern jedoch ein hohes Maß an konstruktivem und darstellungstechnischem Können. Für diese Fälle erscheinen uns die bildlichen Darstellungen (vgl. Bd. II, S. 8/9, Übersicht) besonders geeignet, insbesondere die sG-Projektion, in der — wie wir es im Falle der Bearbeitung eines Rißwerkausschnittes „Beschickungsanlage“ (vgl. Bd. III, S. 285f., Abb. 84) gezeigt haben — eine exakte Bearbeitung stattfinden kann.

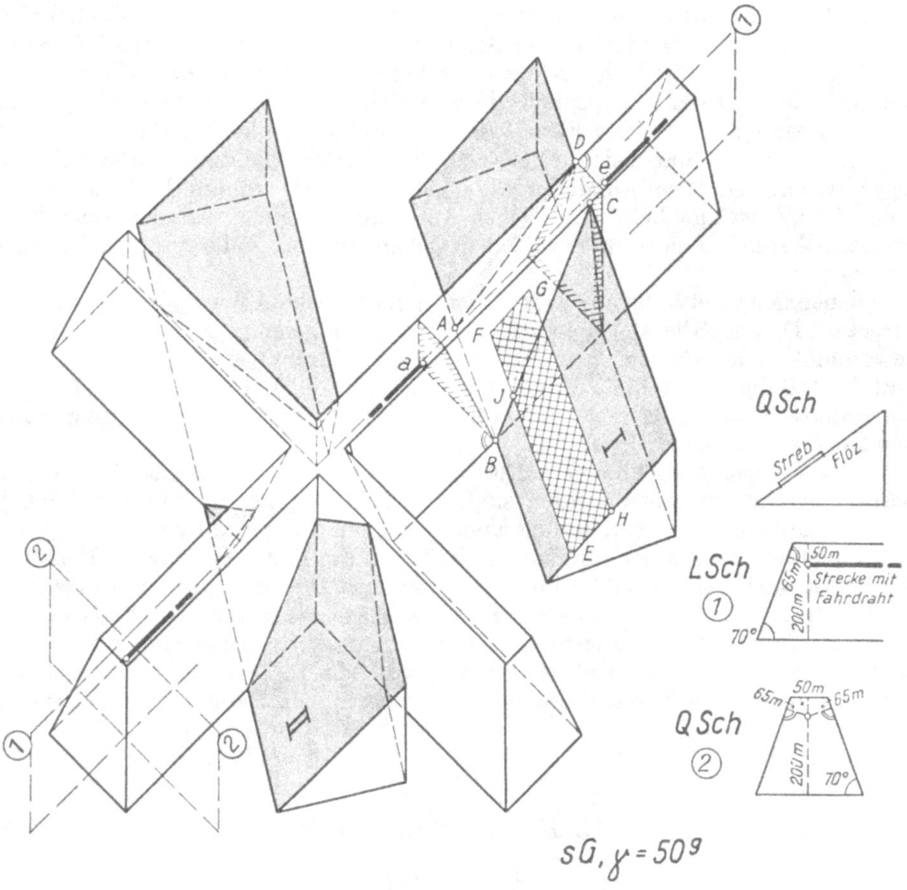

Abb. 24. Sicherheitspfeilergrenzen für Streckenbetriebe
a) Sicherheitspfeiler gemäß Schnitt ① und ②, gelegt um den Fahrdraht einer elektrischen Lokomotivförderung, dargestellt in sG, $\gamma = 50^g$ mit zwei Kohlenflözen I und II und deren Abbauflächeneingrenzung,
b) Ermittlung der gesuchten Endpunkte *a* und *e* der Fahrdrahtleitung

η) Maßnahmen im Sicherheitspfeiler, die sich aus dem Stand der Grubenbaue ergeben

Es ist allgemein üblich, daß ein festgesetzter Sicherheitspfeiler eingehalten wird, d. h., daß Grubenbaue und Abbaue nur bis an diesen Schutzpfeiler herangeführt werden dürfen. Es besteht aber auch die Möglichkeit, daß Sicherheitspfeiler ihre Lage verändern, wie das folgende Beispiel, Abb. 24, dartun soll.

Im Steinkohlenbergbau ist im Einwirkungsbereich der Abbaue der Betrieb mit Fahrdrahtlokomotiven aus Sicherheitsgründen nicht gestattet. Da man den Abbau aus naheliegenden Gründen gewöhnlich nicht aufgeben will, wird man den Fahrdraht kürzen oder unterbrechen.

Um diesen Fahrdraht ist nun ein unverhältnismäßig großer, durch die Schnitte ① und ② der Abb. 24 bezeichneter Schutzbezirk gelegt, der sich jedoch in seiner Ausdehnung, eben durch das Kürzen der Fahrdrahtlänge, ändert. Wir haben in der Abbildung 24 den Schutzpfeiler in eine Richtstrecken- und Querschlagskreuzung verlegt und die beiden Flöze I und II durchqueren lassen. Die nicht schattierten Flözteile befinden sich jeweils im Schutzbezirk, und zwar unabhängig von irgendwelchen Änderungen an den durchgehenden Fahrdrähten. Falls der Abbau nicht in die weißgebliebenen Flächen vordringt, braucht nichts veranlaßt zu werden. Wenn jedoch in diesen Flächen gebaut werden soll, treten Änderungen ein.

Wir nehmen zwei Fälle an: a) im Bereich der Strecke AB und b) innerhalb der Strecke CD. Im Falle a) haben wir die Stirnfläche gemäß Schnitt ① (s. Nebenzeichnung) zu konstruieren, so daß die Fußlinie durch B geht, im Falle b) dergestalt, daß die Scheitellinie durch D verläuft. Mit den Stirnflächen ergeben sich die Punkte *a* und *e*, das sind die Anfangs- und Endpunkte des herauszuschneidenden Fahrdrahtes.

Indessen liegen die Abbauverhältnisse nicht immer so, wie sie der Einfachheit halber hier angenommen worden sind. Gewöhnlich ragt ein Strebteil E F G H in den Schutzbezirk hinein, und man wird nunmehr, ausgehend von der Lage und Höhe der nächstliegenden Punkte, zum Beispiel J (im Falle a) war es der Punkt B), die Konstruktion der *a*- und *e*-Punkte vornehmen. Der Schutzbezirk ist meistens stereometrisch bestimmt, dagegen sind die Flöze als graphische Flächen aufzufassen. Ihre Formbeschreibung muß also vorliegen, wenn man die *a*- und *e*-Punkte finden will. In Abb. 24 ist wiederum die sG, $\gamma = 50^g$-Projektion angewandt, aus der sich, ohne umdenken zu müssen, die Darstellung in G ergibt.

C. Das Zulegerißwerk

(Niemczyk)

1. Begriffliches

Risse, Pläne und Karten, die auf markscheiderischen Messungsunterlagen und Beobachtungen oder auf rechnerisch oder mathematisch begründeten Konstruktionswegen fußen, bilden, sofern sie Ursprungsdarstellungen sind und laufend zum Zweck ihrer Vollständigkeit ergänzt werden, die Grundlage der Grubenrißwerke. Im Markscheidewesen faßt man alle derartigen Risse unter dem Sammelbegriff *Zulegerißwerk* zusammen [Schulte-Löhr (1958, S. 356)]. Aus ihm gehen das Grubenrißwerk (Amts- und Werksgrubenbild), das Geologisch-Lagerstättenkundliche Rißwerk und das Betriebsplanwerk hervor, ferner eine große Zahl weiterer Darstellungen [vgl. *Richtlinien 1950/51*, DIN 21900, 1.0131, 1.0132, 1.0133, 1.014].

Der *Zulegeriß* ist eine großmaßstäbliche Darstellung, bei der außer der geometrisch einwandfreien Zulage oder Kartierung der getätigten Aufnahmen auch die Entwurfsarbeiten Bedeutung gewinnen.

Unter dem *Zulegerißwerk* verstehen wir eine mathematisch richtige, grundlegende, in allen Teilen vollständige und klare Darstellung des gesamten Grubengebäudes, im besonderen aller mit der Inangriffnahme und Fortführung eines Bergwerksbetriebes verbundenen Arbeiten darstellender Art über und unter Tage.

Man kannte und kennt auch heute noch verschiedene Bezeichnungen für den Ausdruck *Zulegeriß*. In einigen Ländern und Bergbaubezirken sind die Ausdrücke Fundamentalrisse, Urrisse, Entwurfsrisse oder Konzeptrisse gebräuchlich; in den Vereinigten Staaten von Amerika und in England spricht man von Arbeitsrissen. Im Hinblick darauf, daß dem Zulegerißwerk in vielen Teilen *urkundlicher* Charakter zukommt, erwog man die Einführung der Bezeichnung *Urkundsrißwerk* [O. Haibach (1943, S. 23)]. Aber auch dieser Ausdruck trifft nicht den Kernpunkt, so daß man es zweckmäßig bei der Benennung *Zulegerißwerk* bewenden läßt.

Bei Durchsicht älterer und neuerer Lehrbücher sowie der Markscheiderordnungen, ja selbst der *Richtlinien*, stellt man immer wieder fest, daß dem Zulegerißwerk bestenfalls ein kleiner, unbedeutender Abschnitt zugebilligt wurde, während das Hauptgewicht der Behandlung von „Darstellungen" stets in das umfangreiche und ausführliche Kapitel des *Grubenrißwerks* gelegt worden ist. Wir glauben, im Gegensatz hierzu gerade die Behandlung der Zulegerisse besonders ausführlich gestalten zu sollen im Hinblick darauf, daß die erste, ursprüngliche Kartierung, Zulage oder Konstruktion immer erst auf dem Zulegeriß erfolgt, von welchem Grubenrißwerk, Geologisch-Lagerstättenkundliches Rißwerk und Betriebsplanwerk ihren Ausgang auf dem Wege der Vervielfältigung in großen und kleinen Maßstäben nehmen. Wohl wird man bei der Beschreibung von Teilen des Grubenrißwerks und anderer Rißwerke auf Besonderheiten und Eigentümlichkeiten der Rißarten in den verschiedenen Bergbauzweigen eingehen, um darzutun, welche Risse der Eigenart der Lagerstättenausbildung und betrieblichen Gewinnung des betreffenden Bergbauzweiges am zweckdienlichsten entsprechen und gerecht werden.

Die Kennzeichnung der *Rißformen* aber erfolgt zuallererst in dem Rißwerk, in dem sie entstehen, nämlich im *Zulegerißwerk*. Wir werden daher die in den *Richtlinien* unter 1.013 *Grubenrißwerk* gebrachte Gliederung in das Zulegerißwerk übernehmen und diese von Fall zu Fall ergänzen, da die Gliederung keinen Anspruch auf Vollständigkeit erheben kann (Bd. II, S. 8/9, Tafel 2).

Zu jedem *Zulegerißwerk* sind vorbereitende Arbeiten notwendig. Sie bestehen in der Schaffung des Vermessungsrahmens über und unter Tage, wobei auf eine zweckmäßige Blatteinteilung sowie auf die Eingliederung aller Aufnahmen in das Dreiecks- und Höhennetz der Landesaufnahme Bedacht zu nehmen ist. Die großräumige Netzgestaltung über und unter Tage liefert das äußere Gerüst für das Zulegerißwerk und zugleich die Grundlage für die Kleinaufnahmen. Die damit verbundenen umfangreichen Messungen, Beobachtungen und Aufnahmen, die der Zulage und Kartierung im Zulegeriß dienen, faßt man unter der Bezeichnung *Zubehör* zusammen. Über die Bestandteile dieses Zubehörs, dessen Zweck und Ausgestaltung unterrichtet der nächste Abschnitt.

2. *Das Zubehör zum Zulegeriß*

a) Messungsnetze, Netzpläne und -skizzen

Den Ausgangspunkt eines Zulegerißwerks bildet stets die Anschlußmessung über Tage. Diese kann für ein größeres Bergwerksfeld im Wege der Dreiecksmessung II.—IV. Ordnung erfolgen (Bd. I, III, B, S. 144—191). Oder aber es finden Neubestimmungen trigonometrischer Punkte mit Hilfe von Kleindreiecksmessungen statt, vorausgesetzt, daß das vorhandene Netz der Landesaufnahme dicht genug angelegt wurde, um mittels Vorwärts- und Rückwärtseinschnitten, Doppelpunkteinschaltungen usw. die Grundlage für Richtungsübertragungen zu schaffen (Bd. I, Abschnitt III, C, S. 192—242). Das so erstellte trigonometrische Punktnetz ist sodann durch Polygonzüge zu verdichten (Bd. I, III, D, S. 242 bis 286), um den Rahmen für die Stückvermessungen festzulegen. Es ist notwendig, daß der Markscheider das trigonometrische Messungsnetz in Netzplänen darstellt (*Richtlinien*, 1.0122). Falls das trigonometrische Punktnetz nur durch Punkteinschaltungen, also nicht durch ein besonderes Dreiecksnetz festgelegt wird, ist es, weil keine Verwirrungen oder Unklarheiten zu befürchten sind, statthaft, den polygonometrischen Netzplan über Tage (*Richtlinien*, 1.1023) mit dem trigonometrischen zu verbinden. Derartige Pläne der Messungsnetze über Tage werden kleinmaßstäblich (1: 5000 und darunter) hergestellt.

Ein Höhennetzplan (Bd. I, Abschnitt III, A, S. 136—144) im Anschluß an die Landesaufnahme, der die mit Hilfe von Feinnivellements durchgeführten Züge und Zugschleifen nachweist, ist ebenfalls notwendig (*Richtlinien*, 1.0124). In allen trigonometrischen Netzplänen sind die bei der Netzausgleichung ermittelten mittleren Fehler einzutragen. Bei Kleindreiecksmessungen empfiehlt sich die Konstruktion und Darstellung — gegebenenfalls am Blattrand — der Fehlerellipsen.

Die polygonometrischen Netzpläne müssen für die einzelnen Polygonzüge kurze Zeitangaben bezüglich der Ausführung sowie Hinweise auf die Berechnungsbücher, in denen die Zugberechnungen zu finden sind, enthalten, wie dies schon von O. Haibach (1942, S. 99—105) vorgeschlagen wurde. Außerdem hat der Markscheider für die einzelnen Züge die erzielten Richtungs- und Koordinatenabschlüsse in die Netzpläne einzutragen.

In den Höhennetzplänen sind die Zugrichtungen, die Zuglängen sowie die Schlußfehler der Schleifen anzugeben.

Als nächste Aufgabe erwächst dem Markscheider die Durchführung der Anschluß- und Orientierungsmessungen, zumeist in Form von Richtungsübertragungen durch tiefe Schächte (Bd. I, E, S. 286—311). An die Richtungsübertragungen wird das untertägige Polygonnetz mit sämtlichen Schächten, Blindschächten, Stapeln usw. angeschlossen. Hier ist es erforderlich, auf dem trigonometrischen und polygonometrischen Netzriß über Tage die Verbindung nach unter Tage zu kennzeichnen, und zwar durch seigerrißliche Eintragung der Schächte unter Hinweis auf die Art der Richtungs- und Ortungsübertragung (Doppellotung, Mehrgewichtslotung, Einrechnung, Meridianweisermessung, Steilschachtmessung usw.). Zweckmäßig erscheint sodann die Angabe der Hauptsohlen mit Hinweisen auf die wichtigen abzweigenden Polygonzüge im Netzplan.

Von besonderer Bedeutung sind die Netzpläne der untertägigen Betriebe; sie sind es im Hinblick auf das fast immer vorhandene, weit verzweigte Netz der

Grubenbaue, sodann auf eine größere Zahl von Tiefbau- und Zwischensohlen, die durch Blindschächte, Stapel und Gesenke miteinander verbunden sind. Im Steinkohlenbergbau erweist sich die Darstellung mitunter als schwierig, weil die Haupt- und zum Teil auch die Teilquerschläge in den einzelnen Sohlen meist übereinanderliegen. Selbst bei unmaßstäblicher, skizzenhafter Linienführung, wie sie O. Haibach (1942, S. 100—101) vorschlägt, werden alsdann Häufungen von parallelen Zügen in der Punktfolge und damit verwirrend wirkende Bilder hervorgerufen. Aus diesem Grunde stellt man in der Steinkohle zumeist Netzpläne oder Netzskizzen nur in einer Sohle dar, wie dies zum Beispiel das Schema einer Netzskizze zeigt, die Haibach auf S. 104 der obenerwähnten Abhandlung für untertägige Polygonzugverbindungen zeigt.

Diese Netzskizze verdient deshalb Beachtung, weil sich die darin enthaltene Zeichengebung, ferner die Kennzeichnung der Züge mit entsprechenden Hinweisen auf die Bezugsquellen in einfacher, übersichtlicher und unmißverständlicher Form bewerkstelligen läßt. So werden die der Orientierung dienenden Polygonzüge, zum Beispiel ein Einrechnungszug zwischen zwei Schächten in *stark* ausgezogener Linienführung, die Hauptzüge in etwas schwächerer Linienstärke und die Verbindungszüge in dünnen Linien dargestellt. Es ist sodann zwischen vermarkten, verlorengegangenen (durchgestrichenen) und neu bestimmten Polygonpunkten zu unterscheiden, wobei die Messungsrichtung durch Pfeile bezeichnet wird. Züge, die mittels Einrechnung oder mit Hilfe von Zwangszentrierung ausgeführt wurden, sind ebenfalls auf einfache Weise herausgehoben. Auch Hinweise auf die Durchführung eines Polygonzuges lassen sich zeitlich durch Angabe von Monat und Jahr unter einem Bruchstrich und hinsichtlich der Koordinatenbestimmung mit Angabe der Nummer des Berechnungsheftes sowie der Seitenzahl oberhalb des Bruchstrichs leicht kennzeichnen, zum Beispiel durch den Bruch $\frac{19{,}62}{4/55}$. Schließlich trägt man an den Stellen, an denen ein Abschluß mit mittlerer Fehlerangabe erzielt wurde, in einem Kreis die Richtungs- und Koordinatenwidersprüche ein, zum Beispiel mit $f_y = 0{,}17$ m, $f_x = 0{,}22$ m und $f_\beta = 3{,}89^c$.

Daß die Anregungen, die Haibach im Jahre 1942 für die normgerechte Anfertigung von Netzplänen und -skizzen gegeben hat, auf fruchtbaren Boden fielen, beweisen zahlreiche Darstellungen dieser Art von Fachgenossen verschiedener Bergbauzweige.

Die Frage nach der richtigen Bezeichnung dieser Darstellungsart ist noch nicht eindeutig beantwortet. Die alte MO vom Jahre 1923 spricht im § 56, Ziff. 7 von *Netzrissen*. O. Haibach (1942, S. 99) hält im Hinblick darauf, daß bei diesen Darstellungen die Maßstäblichkeit keineswegs gewahrt zu werden braucht, das Wort *Netzskizzen* für geeigneter; die *Richtlinien* bezeichnen in DIN 21900, 1.0122 bis 1.0124 diese Risse oder Skizzen als *Pläne*. Wir glauben, für die trigonometrischen, polygonometrischen und Höhennetzaufnahmen über Tage den Ausdruck *Netzpläne* beibehalten zu können, jedoch für untertägige Zwecke mit Haibach dem Ausdruck *Netzskizzen*[1]) den Vorrang geben zu sollen, weil wir beim Riß eine

---

[1]) Netzpläne und Netzskizzen unter Tage können auch in der sG-Projektion hergestellt werden. Sie sind besonders dann wirkungsvoll, wenn Richtungsübertragungen durch Schächte darzustellen sind.

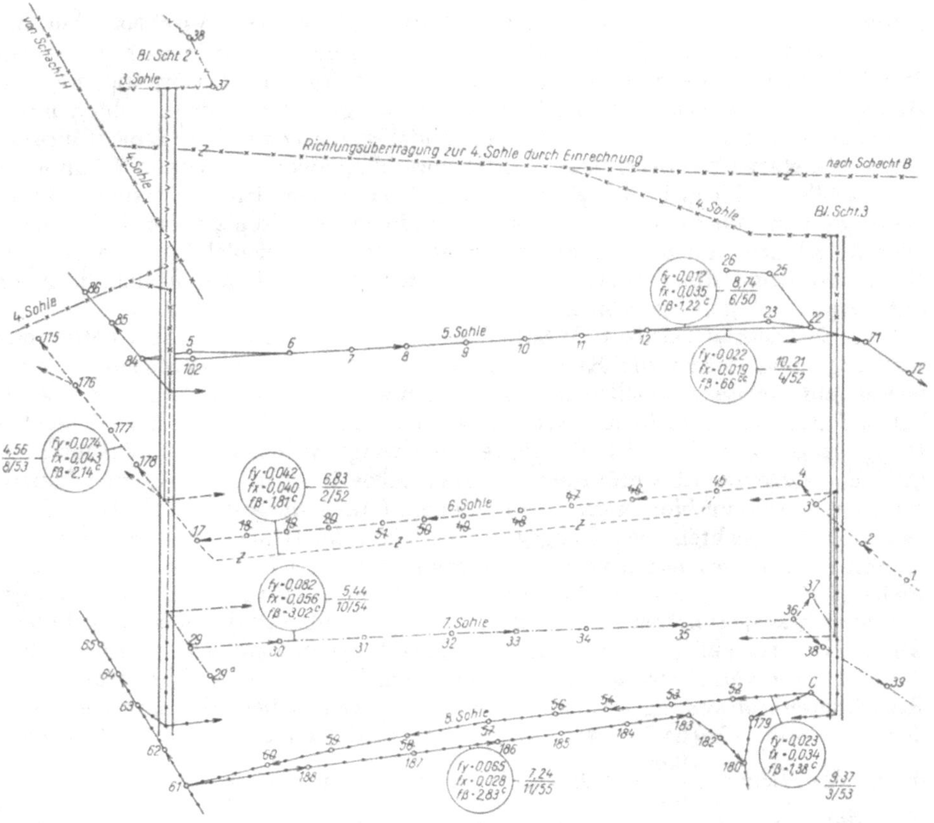

Abb. 25. Netzskizze, unmaßstäblich, der Polygonzüge unter Tage eines Kalibergwerks in steiler Lagerung

exakte Kartierung voraussetzen, die hier nicht gegeben zu sein braucht, während sich mit dem Wort „Plan" die Vorstellung des Planens oder Entwerfens verbindet, was für unmaßstäblich gehaltene Skizzen ebenfalls nicht in Frage kommt.

Wir bringen in Abb. 25 einen Ausschnitt aus der Netzskizze eines Kalibergwerks in steiler Lagerung, wobei es uns darauf ankommt, zwischen zwei Blindschächten das untertägige Polygonnetz *mehrerer* Tiefbausohlen zur Darstellung zu bringen. Diese Netzskizze ist nicht maßstäblich gehalten. Erschwerend wirkt sich hierbei aus, daß wir bei einer Schwarzweiß-Abbildung die Zeichengebung niemals so deutlichmachen können wie bei einer Wiedergabe in den Sohlenfarben, die das Bild natürlich bei weitem anschaulicher gestalten könnte. Das wird auch aus den Abbildungen 26, 27 und 28 hervorgehen. In der Netzskizze, Abb. 25, haben wir uns der von Haibach vorgeschlagenen Zeichengebung bedient, da sie sich bewährt hat.

Nach neuzeitlichen Gesichtspunkten hergestellte Netzpläne und -skizzen sind sodann in den Abbildungen 26, 27 und 28 dargestellt. Diese drei Pläne verdanke ich der Erzbergbau Siegerland A.G. in Betzdorf/Sieg.

Abb. 26 stellt den trigonometrischen Netzplan der Gruben Pfannenberger Einigkeit und Eisenzecher Zug dar und gibt eine Übersicht über die an gegebene Dreieckspunkte der Landesaufnahme angeschlossenen Dreiecksmessungen. Von besonderer Bedeutung sind die Messungsabschlüsse mit dem Nachweis günstiger Schnittfiguren und den Angaben über die ermittelten mittleren Fehler. In Abb. 27 ist oben in der Mitte maßstäblich (kleiner Maßstab) die Verbindungsstrecke zwischen den beiden Gruben aufgetragen, während alle Einzelheiten dieses Durchschlages aus der unmaßstäblichen großen Darstellung mit Fehlerangaben und auf dem rechten Blattrand aus entsprechenden Bemerkungen hervorgehen. Es ist in diesem Falle ein Meridianweiser zum Einsatz gelangt. Der Netzplan der Sohlenorientierungen enthält ebenfalls die notwendigen Hinweise auf Messungsbücher und Messungswidersprüche.

Abb. 28 stellt in schematischer Form einen *Sohlenseigerriß* (S. 178) der Sohlenorientierungen der Grube Eisenzecher Zug unterhalb der 670-m-Sohle dar. Auch in diesem Plan sind Polygon- und Nivellementszüge nebst Fehlerabschlüssen eingetragen.

Alle drei Pläne zeigen anschaulich den Aufbau und Zusammenhang der Messungsnetze über und unter Tage, und wir dürfen wohl diese Art der Darstellung von Netzplänen und -skizzen als das beste Orientierungsmittel für Übersichten über die vorhandenen Messungsunterlagen ansprechen. Darüber hinaus gibt es aber auch Fälle, die nicht im Netzplan oder in der Netzskizze vermerkt werden können, sondern in den *Abriß* gehören, worauf wir in einem der nächsten Teilabschnitte eingehen.

b) Feldbücher, Handbücher, Berechnungsbücher

Die trigonometrischen, polygonometrischen und Höhennetzpläne über Tage sowie die Polygonnetzskizzen unter Tage liefern, wie bereits erwähnt, den Rahmen für die Kleinaufnahmen. Das Polygonnetz bedarf über Tage einer Verdichtung im Bereich von Städten und eng besiedelten Ortschaften durch Schaffung von koordinatorisch bestimmten Kleinpunktnetzen.

Stückvermessungen zur Aufnahme von Tagesgegenständen erfordern besondere Kenntnisse und Erfahrungen, zumal da auch der öffentlich bestellte Vermessungsingenieur und seine Hilfskräfte derartige Messungen, wenn auch mit teilweise anderer Zielsetzung, ausführen und an zahlreiche Verordnungen, Bestimmungen und Anweisungen gebunden sind. Bei den Aufnahmen im Vermessungswesen spielen die Eigentumsgrenzen eine ausschlaggebende Rolle, während der Markscheider diejenigen Objekte zu messen und darzustellen hat, die für den Bergbau von Bedeutung sind. Den Vermessungsingenieur interessieren in erster Linie Grenzen und Eigentumsverhältnisse, den Markscheider alle Tagesgegenstände, die Abbauwirkungen ausgesetzt sein können und unter Umständen geschützt werden müssen. Das schließt nicht aus, daß verschiedene Vermessungszweige, wie etwa kommunale Vermessungsämter, ebenso wie der Markscheider die gesamte Tagessituation zur Herstellung von Rissen, Karten und Plänen aufnehmen. Dennoch bestehen zwischen dem Vermessungs- und Markscheidewesen bei der Durchführung von Stückvermessungen und der damit verbundenen *Feldbuchführung* grundsätzliche Unterschiede, auf die wir in unserem Band IV „Die Messungen über Tage“ zu sprechen kommen.

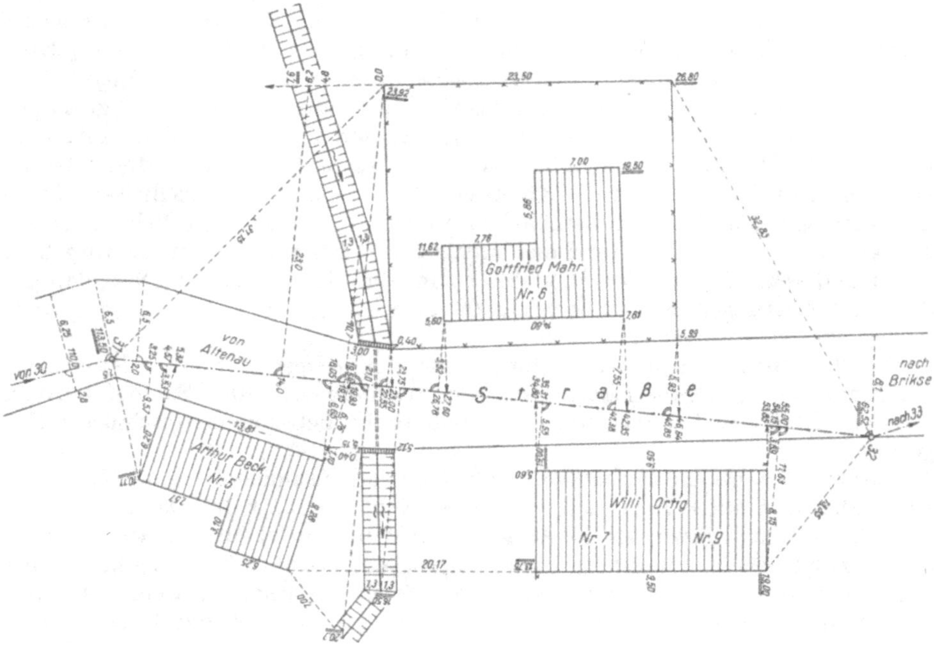

Abb. 29. Feldbuch einer Kleinaufnahme

Bei den Stückvermessungen ist auf das Einbinden gerader Messungslinien in das vorhandene Polygonnetz zu achten, d. h., es ist ein den örtlichen Gegebenheiten anzupassendes Polygon- und Kleinpunktnetz anzulegen. Besonderer Wert kommt den Sicherungsmessungen (Kontrollen) zu, vornehmlich beim Abnehmen rechter Winkel mit dem Winkelspiegel oder dem Winkelprisma bzw. der Winkeltrommel in steilem Gelände. Ebenso wird die Einmessung von Gebäudefluchten, ferner der Hausbreiten- und längen sowie kurzer Gebäudeabstände gefordert. Die Durchführung der Kleinaufnahmen über Tage regelt sich im übrigen nach den zum Beispiel in den Markscheiderordnungen gegebenen Anweisungen; auch in den älteren Lehrbüchern der Markscheidekunde sind Beispiele zur Aufnahme im Felde und zur Feldbuchführung zu finden.

Wir zeigen eine Probe markscheiderischer Feldbuchführung in Abb. 29. Zur unmaßstäblich gehaltenen Aufnahme im Felde gehört Übung, die sich der Aufnehmende mit der Zeit aneignen kann. Man kartiert in größeren Maßstäben und zeichnet von Hand in schwarzer Tusche oder mit hartem Bleistift die Tagesgegenstände und gemessenen Werte in das Feldbuch ein (unverwaschbare Eintragungen). Das Feldbuch darf keine Rasuren enthalten. Geänderte Maße sind kenntlichzumachen, die Zahl der Streichungen und Änderungen ist zu bescheinigen. Die Zahlen selbst müssen gut lesbar sein. Im übrigen ist das Feldbuch so zu führen, daß die Aufnahmen von jedem Fachmann mühelos gelesen und kartiert werden können. Feldbücher dieser Art oder auch Aufnahmen nach Polarkoordinaten mit besonderen Instrumenten und Geräten (zum Beispiel mit dem Redta von Zeiß) bilden die Grundlage für die Kartierung von Tagerissen im Zulegerißwerk. Die in den *Richtlinien 1950/51* unter 4.02 und 4.03 erläuterten Zeichen für die Darstellung in den Rissen sind zu beachten.

Bei ungünstigem Gelände (Halden, Teichen, Waldstücken usw.) sind Aufnahmen mit dem Kompaß oder mit Tachymetern zulässig, doch müssen die Zuglinien in das gegebene Dreiecks- oder Polygonnetz eingebunden sein. An Stelle frei hängender Kompasse setzt man zweckmäßig Bussolen ein. Es wird dann mit Springständen gearbeitet, weil diese Art der Aufnahme mit geringen Fehlerquellen behaftet ist. Als Tachymeterinstrumente werden Diagrammtachymeter oder, falls genaue Messungen gefordert werden, Doppelbildentfernungsmesser eingesetzt. Weitere Einzelheiten wird der bereits erwähnte Band IV, Übertagemessungen, bringen.

Die Übernahme von Feldbüchern anderer Markscheider oder von Dienststellen des Vermessungswesens an Stelle eigener Aufnahmen ist zwar statthaft, ohne daß jedoch der Markscheider von der Verantwortung für die Richtigkeit seiner Darstellungen im Tageriß befreit wird.

Unter Tage bauen die Kleinaufnahmen ebenfalls auf dem vorhandenen Polygonnetz der Haupt- und Verbindungszüge auf. Die Niederschrift der Aufnahmen erfolgt nach den bestehenden Vorschriften (§ 78 der MO) in Handbüchern. In ihnen sind jeder Messung folgende Angaben voranzustellen:

Ort und Zweck der Messung,
Zeit der Ausführung,
Name des Beobachters,
benutzte Instrumente und Meßgeräte mit Angabe der Stücknummer und des Herstellers, also der Lieferfirma,
bei Kompaß- oder Bussolenaufnahmen die Nadelabweichung.

Das Handbuch selbst muß im Titel die laufende Nummer des Buches nach Messungsart und Zeitfolge, Namen und Lage des Bergwerks sowie den Zeitabschnitt angeben, in dem die Messungen ausgeführt wurden.

Es sind aber noch weitere Eintragungen vorzunehmen. So hat der Messende die Daten der Anschlüsse an frühere Messungen und Berechnungen im Handbuch und im Berechnungsheft, auf das wir noch zu sprechen kommen, kenntlichzumachen, ebenso die Messungswidersprüche. Auch soll stets im Handbuch auf die Seite des zugehörigen Berechnungsheftes und auf das in Frage kommende Blatt des Zulegerisses verwiesen werden. Änderungen der Niederschrift während und nach der Messung sind deutlich und unmißverständlich zu kennzeichnen. Der Markscheider hat die Handbücher außerdem mit seinem Sichtvermerk zu versehen und unter der letzten Messungsniederschrift einen Abschlußvermerk aufzunehmen.

Allgemein werden in den markscheiderischen Abteilungen folgende Handbücher geführt:

Winkelmessungen der Hauptpolygonzüge,
Winkelmessungen der Verbindungszüge (Nebenzüge),
Geometrische Höhenmessungen,
Hängetheodolitmessungen als Nachtragungsmessungen,
Kompaß- oder Bussolenmessungen als Nachtragungsmessungen,
Aufnahmen der Mineralführung,
Gebirgsschichtenaufnahmen.

Diese Aufstellung kann nach Bedarf ebenso erweitert wie eingeschränkt werden, zumal jeder einzelne Berufszweig andere Aufgaben zu erfüllen hat, denen die Anlage von Handbüchern anzupassen ist.

Jedes Handbuch enthält auf der linken Seite das *Formblatt* für die in Betracht kommende Messung, für welches in der Regel Vordrucke in den Anweisungen gegeben werden. Die Vordrucke sind nur Anhalt, nicht Vorschrift. Im Handbuch bleibt die rechte Blattseite stets frei für die Eintragung von Handzeichnungen. Abb. 30 zeigt ein Beispiel für ein kurzes Teilnivellement in einem wenig ansteigenden Querschlag. Eine Handzeichnung ist nicht beigegeben, da sie vorliegend entbehrt werden kann.

Sodann läßt Abb. 31 im Zuge einer Nachtragungsmessung mit Theodolit die Aufnahme der Mineralführung in einem Erzgang erkennen. Es zeigt in der schwarzweiß ausgeführten Handzeichnung, daß die Erzführung sowie Lage, Streichen und Einfallen der Störungen mit großer Sorgfalt aufgenommen sind. Im Original der Handzeichnung wird die Erzführung (mit Buntstift oder Farbe) in der vorgeschriebenen Farbe des betreffenden Minerals, die Störungslinien werden in blauer Farbe dargestellt. Auch für das Gelände unter Tage sind die Niederschriften in Formblättern sowie die Handzeichnungen in schwarzer Tusche, gegebenenfalls farbig, auszuführen. Die Anfertigung der Handbücher erfolgt nach Maßgabe der in den *Richtlinien* enthaltenen Zeichengebung; Niederschriften in Handbüchern gelten als Urkunden.

In engem Zusammenhang mit den Handbüchern stehen die *Berechnungshefte oder -bücher*. Es ist selbstverständlich, daß sowohl die trigonometrischen und polygonometrischen Netzpläne über Tage als auch die Netzskizzen unter Tage [O. Haibach (1942, S. 104 sowie Abb. 25, S. 168)] auf Bandnummer und Seitenzahl des zugehörigen Berechnungsheftes verweisen. Ebenso wie oben für die Handbücher gefordert wurde, daß sie auf Berechnungsbücher und Zulegerisse Bezug nehmen, so gilt die gleiche Forderung auch für die Berechnungshefte (§ 79,3 der MO). Diese Maßnahmen sind dazu angetan, das Zurechtfinden in diesen Unterlagen zu beschleunigen. In den Abbildungen 30 und 31 fehlen derartige Hinweise, weil es sich nur um Teilausschnitte aus größeren Aufnahmen handelt.

In die Berechnungsbücher sind auch die Richtungsübertragungen aufzunehmen. Fehlerabschlüsse und Fehlerverteilung sollen bei allen Feinmessungen, insbesondere bei den Orientierungsmessungen, Polygonzügen, geometrischen und trigonometrischen Höhenmessungen kenntlich gemacht werden. Inwieweit den Berechnungsbüchern auch Handzeichnungen in sorgfältiger Ausführung beizugeben sind, hängt vom Umfang der Aufnahmen und davon ab, ob und inwieweit der Zusammenhang der Messungen, zum Beispiel in mehreren Sohlen, einer geschlossenen Übersicht bedarf.

c) Sonstiges Zubehör. Der Abriß

Nach den Bestimmungen der MO von 1923 hat der Markscheider eine Registratur zu führen, die gemäß § 16 enthalten muß:

1. ein Geschäftsbuch,
2. ein Rißverzeichnis, ferner ein Verzeichnis der Feld- und Handbücher sowie der Berechnungsbücher,

Ort: 670 m Sohle, Querschlag II nach Osten								Dat. 15. 12. 1956 Beob. Müller, Robert 39
Zweck: Nivellement zur Bestimmung von HB 11, 12 u. 13								Jnstr. Ni 2 Nr. 36112 von: Zeiss
Punkt	Rückbl.	Mitte	Vorbl.	Steigen +	Fallen −	Höhe NN		
HB 10	1,139			(aus	R5/21)	-439,682	HB 10	Mittel
HB 11	1,410		1,410		0,271	-439,954	HB 11	-439,954 12,5 m östl. PP 423
×	1,457		1,402	0,008		-439,946		
HB 12	1,556		1,332	0,125		-439,822	HB 12	-439,821 4,8 m westl. PP 429
×	1,457		1,424	0,132		-439,691		
HB 13			1,332	0,125		-439,566	HB 13	bei PP 434
	7,019		6,900	0,390	0,271			
	0,119			0,119				
			Mittel	0,116		0,116		
		zur	Kontrolle	zurück				
HB 13	1,310					-439,566	HB 13	Mittel
×	1,433		1,408		0,098	-439,664		
HB 12	1,294		1,588		0,155	-439,820	HB 12	-439,821
×	1,327		1,392		0,098	-439,919		
HB 11	1,361		1,361		0,034	-439,953	HB 11	-439,954
HB 10			1,088	0,272		-439,682	HB 10	
	6,725		6,838	0,272	0,385			
			0,113		0,113			
				Mittel	0,116	0,116		

Abb. 30. Handbuchführung. Formblatt für Nivellements unter Tage

Ort: 770 m Sohle, Gangmittel Bernhard, Qu 1g Süd

Zweck: Nachtragungsmessung

Dat. 3.4.1958 Beob. Meier, Josef 21

Jnstr. Tathe Nr. 48834 von: Fennel

			Standpunkt	832			
831	0,0000			Kontroll +			
856	105,9420			Soll	105,9430	(R6/22)	
2x	211,8840				105,9420		
				Diff.	10		
			Standpunkt	856			
832	0,0000						
894	91,6060						
2x	183,2160				91,6080		
	856	- 894 =	8,531 m				
			Standpunkt	894			
856	0,0000						
895	170,8950						
2x	341,7900				170,8950		
	894	- 895 =	5,835 m				
			Standpunkt	895			
894	0,0000						
896	283,7550						
2x	127,5080				283,7540		
	895	- 896 =	6,835 m				

4/58

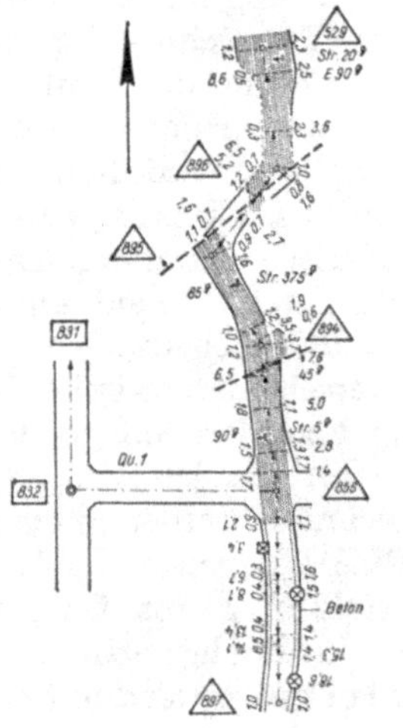

Abb. 31. Handbuchführung. Nachtragungsmessung mit dem Theodolit

3. ein Verzeichnis des Instrumentariums und der Meßwerkzeuge nebst Angabe der erfolgten Prüfungen,
4. eine Vorschriftensammlung über das Markscheidewesen,
5. Akten über den laufenden Schriftverkehr mit Behörden, Verbänden usw.,

sodann nach § 17,1 zu jedem Grubenbild (*Zulegeriß*)

a) eine Sammlung der Gebirgsaufschlüsse in Bohrungen, Schächten usw.,
b) einen *Abriß* über die Entwicklung des Grubenbildes, auf den wir noch näher eingehen werden, und
c) ein Aktenheft mit den Angaben der Grubenaufsichtspersonen (Betriebsführer) über die nachzutragenden Grubenbaue und Tagesgegenstände.

Wir haben bisher bei unseren Ausführungen zum Abschnitt II häufig auf die MO vom 23. 3. 1923 Bezug genommen und vielfach zu verschiedenen Paragraphen Zusätze machen müssen, die deutlich zum Ausdruck bringen, daß die in der MO enthaltenen Vorschriften in einzelnen Fällen abänderungs- und ergänzungsbedürftig sind. Dies ist nach einem Zeitraum von 36 Jahren durchaus verständlich. Es ist daher zu begrüßen, daß an die Stelle der MO eine in Ausarbeitung begriffene „Verordnung über die technische Ausführung der markscheiderischen Arbeiten", ferner „Richtlinien für die Durchführung der markscheiderischen Messungen und Berechnungen sowie für die Erfordernisse der rißlichen Darstellung in den einzelnen Bergbauarten" treten sollen. Solange die neue Verordnung und die Richtlinien nicht vorliegen, müssen wir zu der vorläufig noch bestehenden MO Stellung nehmen, soweit es sich in den §§ 16 und 17 um das Gebiet der Darstellungen handelt. Dies ist der Fall bei Ziffer 2 und 4 zu § 16 und für alle Punkte des § 17.

Hinsichtlich des § 16, Ziff. 2 ist zu bemerken, daß das vom Markscheider anzulegende Rißverzeichnis das gesamte bergmännische Rißwerk umfassen muß. Die Aufbewahrung erfolgt zweckmäßig nach Maßgabe der *Richtlinien*, 1.011 bis 1.0145. Das Verzeichnis der Handbücher, Berechnungshefte und -bücher wird sich der Gliederung der Grubenrißwerke anpassen. Bei § 16, Ziff. 4 hat man zu beachten, daß sämtliche auf das Rißwesen Bezug nehmenden Gesetze, Anweisungen, Bergpolizeiverordnungen usw. in die Vorschriftensammlung aufzunehmen sind, und zwar auch dann, wenn im Rahmen anderer Vorschriften das Gebiet der markscheiderischen Darstellungen nur am Rande erwähnt wird.

Der Paragraph 17 sieht unter a) ein geordnetes Verzeichnis der Gebirgsaufschlüsse in Bohrlöchern, Schächten, Blindschächten und Stapeln vor. Man hat hier zu unterscheiden zwischen dem Aufnahmeverfahren in der Gebirgsschichteneintragung und der Anlage der Sammlung, d. h. des Verzeichnisses der Aufschlüsse. Über die Aufnahmeverfahren unterrichtet der Abschnitt III, S. 371ff. Die Verzeichnisse werden in einem Aktenordner angelegt, und zwar auf umklappbaren DIN A 4-Bogen in der Reihenfolge, in der die Gebirgsschichtenaufnahmen zeitlich erfolgen, getrennt nach Schachtschnitten, Bohrungen als Tief-, Senkrecht- und Flachbohrungen, sowie nach Blindschächten, Querschlagauffahrungen usw. Kernbohrungen sind mit den Angaben über Streichen und Fallen der Schichten und deren geologisch-petrographischem Inhalt zu versehen u. a. m. Bei der Planung neuer Schachtanlagen werden heutzutage in sämtlichen Bergbauzweigen umfangreiche Bohrprogramme nach bestimmten geologischen und markscheiderischen Gesichtspunkten durchgeführt.

Gemäß § 17, Ziff. 1 b) wird die Anlage eines Aktenheftes verlangt, „das einen *Abriß* über die Entwicklung des Grubenbildes und über die hierauf bezüglichen Schriftstücke, insbesondere auch diejenigen über etwa erfolgte amtliche Prüfungen, sowie über die Festsetzung der Markscheiden und der Sicherheitspfeiler enthalten muß". O. HAIBACH (1943, S. 1—9) hat die Fassung des § 17, Ziff. 1 b) als unvollkommen bezeichnet und in einem besonderen Aufsatz dazu Stellung genommen. Da uns seine Ausführungen beachtlich erscheinen, wollen wir hierauf kurz eingehen.

HAIBACH betont vorweg, daß der Abriß zum Zulegerißwerk gehört und kein Bestandteil des Grubenrißwerks, also des amtlichen und des Werksgrubenbildes, ist. Aus dieser Feststellung heraus ergibt sich die Zuständigkeit des Markscheiders als des Sachbearbeiters. Das, was HAIBACH vom Abriß erwartet, hat er selbst (1942, Rißmusteratlas, S. 17) auf die Formel gebracht, daß dieser über den geodätischen und rißlichen Aufbau nebst der Entwicklung des Grubenbildes Auskunft erteilt und dem Sachbearbeiter ein kritisches Werturteil über das Rißwerk einräumt.

Die wertvollen Hinweise, die HAIBACH nachfolgend hinsichtlich der geodätischen, der berechtsamstechnischen, der geologisch-lagerstättenkundlichen, der betriebstechnischen und rißtechnischen Bearbeitung der Grubenrißwerke zum Zwecke der Erstellung des Abrisses gibt, machen diesen zum wertvollen Nachschlagewerk. Zu berücksichtigen bleiben aber immer die Unterschiedlichkeiten, die sich auf den erwähnten fünf Sachgebieten bei den verschiedenen Bergwerksbetrieben einstellen. Es wird auch nicht immer einfach sein, das, was sich später vielleicht einmal als wichtig oder unwichtig erweist, in seiner Tragweite vorauszuerkennen. Zumindest ebenso schwierig dürfte aber auch die Begrenzung des Umfanges der zu leistenden Arbeit sein. Gemeint sind hier nicht die Eintragungen der amtlichen Prüfungen (Geschäftsrevisionen) sowie der Festsetzung von Markscheiden und Sicherheitspfeilern im Abriß gemäß § 17, Ziff. 1 b). Vielmehr geht es um kurze Einblicke in die im einzelnen zu begründenden Bearbeitungsvorgänge, die sich in den Aufnahmen, Berechnungen und Darstellungen nicht wiedergeben lassen, oder um organisatorische Maßnahmen und um Tatbestände, die sich weder in den Akten, noch im gewöhnlichen Schriftverkehr finden. Eine sachgemäße Auswahl des zu Bringenden, die Trennung der Spreu vom Weizen, ist notwendig, wenn eine für den oder die Nachfolger des Markscheiders und für die Bergbehörde nutzbringende Sammlung richtunggebender Schriftstücke sowie eigener Gedankengänge über den Aufbau und die Entwicklung der Rißwerke geschaffen werden soll. Erst ein zweckdienlich aufgebauter Abriß, der aus der persönlichen Note des Verfassers erwächst, wird dem in Frage stehenden Rißwerk den Stempel der Vollständigkeit aufdrücken.

Zu § 17, Ziff. 1 c) ist zu bemerken, daß er die Auflagen, die dem Betrieb hinsichtlich der Angaben nachzutragender Grubenbaue und Tagesgegenstände erwachsen, gegenwärtig nicht in genügendem Umfange berücksichtigt. Der Markscheider kann nur dann für die Vollständigkeit seiner Aufnahmen verantwortlich gemacht werden, wenn die Angaben des Betriebsführers *schriftlich* unter Beigabe entsprechender zeichnerischer Unterlagen (Lichtpausen der in Betracht kommenden Grubenbaue), gegebenenfalls bei nicht mehr befahrbaren Bauen mit eingetragenen Messungszahlen erfolgen. Besonders beim Abwerfen von Grubenbauen oder bei Stillegung von Feldesteilen kommt es auf Vollständigkeit und

Klarheit der Angaben des Betriebes an. Sind Baue, bevor sie durch den Markscheider aufgenommen werden, nicht mehr zugänglich, so ist besondere Vorsicht geboten. Diesem Umstand trägt bereits in den *Richtlinien* das Blatt 2.024 Rechnung. In ihm sind Strecken, die nicht mehr markscheiderisch aufgenommen werden konnten, gestrichelt ohne Farbgebung dargestellt. Dort, wo vom Betrieb aus Einmessungen erfolgten, ist die Strecke gerissen und farbig gezeichnet und mit dem Vermerk „behelfsmäßig eingemessen" versehen. Liegen keine Maße vor, so erhält die ebenfalls gestrichelt gezeichnete Strecke ohne Farbgebung den Vermerk „nach Angabe aufgetragen". Der Inhalt der Ziffer 1c des § 17 der MO wird demgemäß durch die kommende Verordnung wesentlich zu erweitern und zu ergänzen sein.

3. Bedeutung und Form des Zulegerißwerks

Wie schon aus den eingangs erläuterten Begriffsbestimmungen hervorgeht, gründen sich die Zulagen, Kartierungen und Entwurfsarbeiten des Markscheiders auf *eigene* Aufnahmen und Konstruktionen. Alle Kennzeichen der Originalität, des Ursprungscharakters der Darstellung, müssen somit gegeben sein. Nur bei der Anfertigung von Tagerissen ist die Verwendung fremder, also von Nachbarmarkscheidern oder öffentlichen Vermessungsdienststellen herrührenden Unterlagen statthaft. Das bedeutet jedoch, daß auch in diesen Fällen die *Originalaufnahmen* fremder Ämter heranzuziehen sind, d. h., es dürfen nicht etwa Vervielfältigungen der in Rissen oder Plänen kartierten Tagesgegenstände auf den Zulegeriß des Markscheiders übernommen werden; vielmehr hat an Hand der fremden Unterlagen die Kartierung von Polygonpunkten nach Koordinaten und an Hand der Originalfeldbuch-Aufnahmen die Darstellung der aufgenommenen Objekte auf den Zulegerissen des Markscheiders zu erfolgen. Dabei ist nur die Verwertung solcher Messungsunterlagen zulässig, die Anspruch auf öffentlichen Glauben haben.

Unter Tage kommen natürlich Übernahmen fremder Messungen nicht in Frage, es sei denn, daß es sich um Grenzbaue handelt. Aber es sind mitunter alte Grubenbaue aus früher abgebauten Feldesteilen und älteren Grubenbildern in die Zulegerisse zu übertragen. In solchen Fällen verlangen die Vorschriften, daß die Richtigkeit der Lage derart alter Grubenbaue möglichst durch eine Verbindung mit den neuen Aufnahmen überprüft wird.

Diese Hinweise auf die Sicherung der markscheiderischen Arbeiten gegen Einflüsse aus Messungen, die nicht auf eigenen Aufnahmen beruhen, betonen bereits die große Sorgfalt, die vom Markscheider in bezug auf die Darstellungen im Zulegeriß erwartet wird. Die erste Forderung, die hier erhoben werden muß, erstreckt sich auf die unbedingte *Richtigkeit* der rißlichen Darstellungen. Diejenigen Eigenschaften, die außerdem die Zulegerisse aufweisen müssen, hat O. Haibach (1942, S. 20—37) in allen Einzelheiten beschrieben. Seine damaligen Ausführungen bezogen sich zwar auf das Grubenrißwerk (amtliches und Werksgrubenbild). Wir wissen jedoch, daß dieses nichts anderes als eine getreue Wiedergabe des Zulegerißwerks ist, wenn auch in anderen Maßstäben und mit anderer Farbgebung. Ferner haben wir in Abschnitt II, A, 1c „Die markscheiderischen Darstellungen", S. 108 bis 113, bereits auf diese Arbeit von Haibach verwiesen und sind anschließend auf die Anforderungen eingegangen, die in grubensicherheitlicher, geologisch-lagerstättenkundlicher und betrieblicher Hinsicht an die Rißwerke und damit an das Zulegerißwerk gestellt werden müssen. Da der Rißmusteratlas vom Jahre 1942 mit dem erwähnten Aufsatz von HAIBACH jedem Markscheider und dessen Mitarbeitern zugänglich ist, braucht auf die Bedeutung des Zulegerißwerks und auf die an dieses zu stellenden Anforderungen hinsichtlich seiner inneren und äußeren Eigenschaften nicht mehr eingegangen zu werden. Es ist nur noch einiges zur Form des Zulegerißwerks zu sagen.

Von vornherein ist zu betonen, daß das Normenwerk „*Richtlinien 1950/51*" für den zeichnerischen Rahmen des Zulegerißwerks, DIN 21900, maßgebend ist. Für Zulegerisse ist nach der Vorschrift nur abgelagertes Papier von bester Qualität zu verwenden, doch neigt man heute in der Praxis dazu, Astralon und andere Stoffe vorzuziehen, die sich besser bewähren als Zeichenpapier (Bd. II, V, S. 390 bis 397). Bei der Zulage und Kartierung ist zu beachten, daß diejenigen Züge, die mit Magnetinstrumenten (Kompasse, Bussolen usw.) aufgenommen werden, wegen der Fehlermöglichkeiten infolge ablenkender Einwirkungen so lange nicht in Tusche ausgezogen werden dürfen, wie nicht eine geprüfte Polygonmessung stattgefunden hat. In Verbindung hiermit steht die Bestimmung des § 74, Ziff. 1 der MO, wonach bei Nachtragungsmessungen das Hauptzugnetz „in der Regel nicht mehr als 400 m Streckenlänge hinter den Endpunkten der Kleinaufnahme zurückbleiben darf". Allerdings bezieht sich diese Verordnung nicht auf neuzeitliche Betriebe im Steinkohlenbergbau, da in diesen auch die Nachtragungsmessungen mit dem Theodolit (Hängetheodolit) erfolgen. Von den Grubenbauen, die vom Betrieb als „unsicher" bezeichnet werden, war im Unterabschnitt 2c, S. 176, bereits die Rede.

Der Maßstab, in dem Zulegerisse anzufertigen sind, wird vom zuständigen Oberbergamt vorgeschrieben. Die Regel bildet der Maßstab 1:1000, seltener 1:2000. Im Erzbergbau steht mitunter im Hinblick auf die zahlreichen darzustellenden Einzelheiten (Gangbergbau) der Maßstab 1:500 im Gebrauch.

Die Farbgebung ist nach § 56, Ziff. 4 der MO im Zulegeriß auf das Notwendige zu beschränken. Für Messungspunkte, Züge polygonometrischer, tachymetrischer oder magnetischer Art gelten die *Richtlinien*, 4.01 bis 4.024. An die Stelle flächenhaft angelegter Darstellungen soll im Zulegeriß Ränderung, d. h. die Tönung mittels Farbstreifen, treten. Lediglich beim Erzbergbau auf Gängen und Lagern wird die gleiche flächenhafte Farbgebung angewandt wie beim Grubenrißwerk, *Richtlinien*, 2.05, um besonders die Unterschiede in der Erzführung hervorzuheben. Wir werden im nächsten Teilabschnitt (S. 187) an einem Beispiel in schwarzweißer Zeichengebung die Unzweckmäßigkeit dieser Darstellungsart bestätigt finden und erkennen, daß nur eine vollständige Farbgebung mit Eintragung sämtlicher Farbunterschiede die notwendige Anschaulichkeit der Rißführung verbürgt. Im § 56, Ziff. 4 der MO, letzter Absatz, heißt es sodann, daß die „durchörterten Gebirgsschichten an den Stößen und Bohrlöchern nach Bedarf farbig darzustellen sind, soweit es die Deutlichkeit des Risses zuläßt". Auch in diesem Falle wird sich die farbige der schwarzweißen Darstellung gegenüber als vorteilhaft erweisen.

Über die im § 56 der MO für die Anfertigung von Zulegerissen erteilten Anweisungen hinaus, die sich mit dem Verbot von Rasuren sowie der Anfertigung von Netzplänen und Netzskizzen beschäftigen, ist noch manches zu erwähnen, was im Laufe der zurückliegenden Jahrzehnte die Darstellungsform im Zulegeriß beeinflußt hat.

So wird man verlangen müssen, daß jeder Zulegeriß Anfertigungsvermerk, Datum und Unterschrift des hierfür zuständigen Markscheiders nachweist; darüber hinaus wird, worauf wir noch zurückkommen werden, in einigen Fällen behördlich vom Markscheider sogar gefordert, daß er *jede* Nachtragung unterschreibt. Es scheint uns ferner notwendig zu sein, eine allgemein verbindliche Regelung für die Gültigkeit der Höhenzahlen in den Zulegerissen vorzusehen dergestalt, daß alle Höhenzahlen in den söhligen Querschlägen und Strecken, die auf NN zu beziehen sind, die Höhenlage der Schienenoberkante und analog in gleisfreien Bauen die Höhenlage der Sohle bezeichnen. Bei einfallenden und ansteigenden Grubenbauen dürfte sinngemäß zu verfahren sein.

Besonderes Augenmerk verdienen in den *Richtlinien* die Zeichen auf den Blättern 2.011, 2.012 und 2.013. Ebenso wie auf neu festgesetzte sowie aufgehobene Sicherheitspfeilergrenzen ist in den Zulegerissen auf Baufeld-, Abteilungs- und Bauwürdigkeitsgrenzen Bedacht zu nehmen. Im Zusammenhang hiermit interessieren nachträglich ermittelte Koordinaten von Feldeseckpunkten, die auf gerichtlichem oder vertraglichem Wege festgesetzt wurden, und deren Werte *vor* Eintragung in die Zulegerisse dem zuständigen Oberbergamt zwecks Anerkennung bekanntzugeben sind.

Aus den Hinweisen in diesem Teilabschnitt über Zweck, Bedeutung und Form des Zulegerißwerks geht — trotzdem wir uns auf das Notwendige beschränkt haben — hervor, daß das Zulegerißwerk in seiner Anlage außer eingehenden Kenntnissen und Erfahrungen auf unserem Fachgebiet und seiner zahlreichen Grenzfächer große Sorgfalt und Gewissenhaftigkeit neben ausreichender Kenntnis der einschlägigen Bestimmungen, Vorschriften, Verordnungen und Gesetze in bergrechtlicher, betrieblicher, mathematischer und darstellender Hinsicht erfordert. Für die Durchführung der Arbeiten, auch der vorbereitenden zur Herstellung der Netzpläne und -skizzen, der Feldbuch-, Handbuchaufnahme und Berechnungsbücher, der Registratur sowie des Abrisses, insgesamt des *Zubehörs*, dienen dem Markscheider neben der einschlägigen Literatur der Rißmusteratlas vom Jahre 1942 mit den einleitenden Abhandlungen von O. Haibach, W. Nehm und H. Müller und die *Richtlinien 1950/51* als wertvolle Unterrichts- und Nachschlagewerke.

Damit gelangen wir zur Erläuterung des Inhalts des Zulegerißwerks.

4. Die Bestandteile des Zulegerißwerks und ihr Inhalt

Zum Zulegerißwerk gehören

a) *im Tiefbau*

α) *Titelblätter*

β) *Tagerisse*

γ) *Bohrrisse*
Bohrgrundrisse
Bohrschnittrisse

δ) *Sohlenrisse*
Sohlengrundrisse
Sohlenübersichtsrisse
Sohlenseigerrisse

ε) *Abbaurisse*

αα) *Abbaugrundrisse*[1])

Abbaugrundrisse der Bausohle

Abbaugrundrisse der Bausohlen

ββ) *Abbauseigerrisse*[1])

Abbauseigerrisse der Bausohle

Abbauseigerrisse der Bausohlen

γγ) *Abbauflachrisse*

δδ) *Schnitte und Schnittrisse, Abbauschnittrisse*

b) *bei Tagebaubetrieben*

α) *Tagebaurisse*

Tagebaugrundrisse

Tagebauseigerrisse

Tagebauschnittrisse

β) *Wasserstreckenrisse*

a) Im Tiefbau

Wenn wir nachstehend den *Tiefbau* zuerst behandeln, so deshalb, weil einige der im Tiefbau auftretenden Rißarten einzeln oder in Kombinationen auch in den Tagebaubetrieben vorkommen, so daß die unter b) erwähnten Rißarten nicht mehr gesondert beschrieben oder erläutert werden müssen.

Die unter a) und b) gegebene Aufstellung kann auf Vollständigkeit keinen Anspruch erheben, da wir noch sehen werden, daß es auch noch andere Rißarten gibt, die in einzelnen Bergbauzweigen und -bezirken zu berücksichtigen sind. Wenn sich daher umseitige Aufstellung begreiflicherweise nur an die *Richtlinien* anlehnt, so bleibt doch immer zu bedenken, daß in den Normen 1.01 generelle Bezeichnungen vorliegen. Es kommen aber auch noch Unterteilungen einzelner großer Rißgruppen hinzu, wie solche in den *Richtlinien* bereits bestehen. So sind bei ε) die *Abbaurisse* in *Abbaugrundrisse*, *Abbauseigerrisse* und *Abbauflachrisse* zu trennen, die ihrerseits wiederum Unterteilungen erfahren müssen.

Wenn beispielsweise in den *Richtlinien* unter 1.0131 bei der Gruppe der *Abbaugrundrisse* unterschieden wird zwischen *Abbaugrundrissen der Lagerstätte*, *Abbaugrundrissen der Bausohle* sowie *Abbaugrundrissen der Bausohlen*, zu denen noch *Firstengrundrisse* treten, so sind diese vier Rißarten keineswegs etwa in jedem Bergbauzweig anzutreffen. Man kennt *Firstengrundrisse* nur im Gangbergbau, wobei es fraglich erscheint, ob die Bezeichnung „*Firstengrundrisse*" heute noch Geltung haben kann, worauf wir an gegebener Stelle besonders eingehen werden. Ferner gibt es *Abbaugrundrisse der Bausohle* nur dort, wo die Lagerstätte einfällt; bei waagerechter Lagerung gibt es keine Bausohlen; vielmehr lassen sich bestimmte Flöz- oder Lagerhorizonte in der waagerechten Lagerung lediglich nach der Teufe bemessen und nicht nach der Anzahl der Bausohlen.

Allgemein ist es in diesem Zusammenhang üblich, die Vereinigung einzelner Rißarten zuzulassen, sofern die Übersichtlichkeit der Darstellung nicht darunter leidet. Hiermit ist meist die Verbindung des Tagerisses zu β) mit einem der unter

[1]) Die *Richtlinien* sehen u. a. Abbaugrundrisse sowie Abbauseigerrisse „der Lagerstätte" vor. Zu dieser Rißart nehmen wir auf S. 207 Stellung.

γ), δ) oder ε) genannten Risse gemeint, worauf schon die MO hingewiesen hat. Es ist aber nicht immer, selbst wenn die Übersichtlichkeit gewahrt wird, zweckmäßig, eine solche Koppelung von Rißarten vorzunehmen, weil es — besonders im Steinkohlenbergbau mit seinen zahlreichen Bergschäden — besser ist, den Tageriß als Transparentriß dem Zulegerißwerk und Grubenrißwerk beizugeben und diese Deckpause nur im Bedarfsfalle auf die Untertagerisse aufzulegen.

In der MO heißt es sodann im § 48, daß für Bergwerke geringen Umfanges, die nur auf einer einzigen Lagerstätte bauen, der Sohlenriß gleichzeitig als Titelblatt und als Abbaugrundriß benutzt werden darf. Von dieser Möglichkeit wird man gegebenenfalls in den Betrieben „Steine und Erden", die im Tage- und begrenzten Tiefbau, wie zum Beispiel Tongruben, arbeiten, Gebrauch machen können. Im übrigen Bergbau von der Steinkohle bis zum Kali — im Erdöl gelten andere Darstellungsformen — ist für derartige Ausnahmegenehmigungen kein Platz.

α) Die Titelblätter

Die Titelblätter geben in erster Linie Auskunft über die Lage des verliehenen Bergwerksfeldes, verbunden mit einem kurzen Überblick über die geologischen, Berechtsams- und geschichtlichen Verhältnisse des Vorkommens. Man muß bei den *Titelblättern* unterscheiden zwischen dem

1. *Haupttitelblatt*,
2. *Blattverzeichnis* in mehreren Blättern mit Nachtragungsvermerken,
3. *Berechtsamsriß* als Grundriß und
4. *Berechtsamsriß* in Form eines Stammbaumes,
5. *Grenzriß*.

Nach den einschlägigen Bestimmungen soll ein *Haupttitelblatt* enthalten:

a) den Namen des Bergwerks, des Minerals, des Ortes der Gewinnung, des Bergamtes und des Oberbergamtes;
b) das Blattverzeichnis, in der Regel in mehreren Exemplaren;
c) eine kleinmaßstäbliche Darstellung 1 : 10000 bis 1 : 50000 der Berechtsams- und Pachtfeldgrenzen nebst Koordinaten der Feldeseckpunkte, ferner die wichtigsten Aus- und Vorrichtungsstrecken, soweit die Übersichtlichkeit dies zuläßt, sowie der Hauptschnittlinien, gegebenenfalls mit einem anschaulich wirkenden Schnitt durch die Lagerstätte;
d) einen Schnitt der normalen Schichtenfolge als Hauptschichtenschnitt;
e) nötigenfalls eine Darstellung der Sicherheitspfeiler;
f) eine Farben- und Zeichenerklärung nach Bedarf;
g) eine Chronik als Aufzeichnung der geschichtlichen Ereignisse, entweder nach Art der Angaben in den Rissen 1 und 17 zum Rißmusteratlas 1942 oder neuerdings geteilt in eine Berechtsams- und Betriebschronik;
h) den Anfertigungsvermerk des Markscheiders;
i) eine Aufstellung der unterschriftlich vollzogenen Nachtragungsvermerke, falls dies nicht im Blattverzeichnis erfolgt.

Ein Beispiel für ein neuzeitliches *Haupttitelblatt* bringen wir mit Abb. 32, das wir Herrn Markscheider Dr.-Ing. G. Neuwirth von der Wintershall AG., Kassel, verdanken. Dieses Titelblatt eines Kalibergwerks enthält auf der linken Seite die

Berechtsams- und auf der rechten Seite die geologisch-betriebliche Übersicht im Maßstab 1 : 50000 (in Abb. 32, s. Anh., verkleinert). Erstere zeigt die Lage der einzelnen Bergwerksfelder sowie die Tagesgegenstände in großen Umrissen. Auf der rechten Blattseite sind außer geologischen Eintragungen die bergmännischen Aus- und Vorrichtungsarbeiten in großen Zügen mit den Schächten, Querschlägen und Tiefbohrlöchern zu erkennen. Darunter, in der Mitte des Blattes, ist in einem Querschnitt kleinmaßstäblich (im Original 1 : 15000) die steile und gestörte Ausbildung der Salzlagerstätte zu erkennen. Auf der rechten Blattseite sind Hauptschichtenschnitt und Zeichenerklärung zu finden. Links des Querschnittes ist die Entwicklung der Berechtsamsverhältnisse geschildert, rechts des Querschnittes berichtet die Chronik kurz über die wichtigsten bergmännischen Daten der Kalibetriebe.

Ein weiteres Beispiel für ein *Haupttitelblatt* aus der Erdölgewinnung, das uns Herr Markscheider Dipl.-Ing. A. Weissner von der Deutschen Erdöl Aktiengesellschaft zur Verfügung gestellt hat, zeigen wir in Abb. 33. Es handelt sich um eine Feldesverleihung für einen Erdölbohrbetrieb. Darstellung und Verzeichnisse auf dem Titelblatt entsprechen den üblichen Anforderungen.

Die Darstellung tektonischer und stratigraphischer Verhältnisse wird im Haupttitelblatt von der Art der Lagerstätte und ihrer Ausbildung abhängen. Die in die Muster Riß 1, 17 und 23 des Rißmusteratlas 1942 aufgenommenen Photos (Lichtbilder) von Betriebsanlagen können entbehrt werden, da sonst der Platz für die unter a) bis i) verlangten Eintragungen zu sehr eingeengt wird. Wie Riß 2 im Rißmusteratlas 1942 zeigt, ist es angängig, Blattverzeichnis und Nachtragungsvermerke auf Sonder- oder Beiblättern zum Haupttitelblatt wiederzugeben, besonders dann, wenn ein Bergwerk großen Umfanges zahlreiche Rißplatten aufweist. Bei der Anordnung der Darstellungen und Verzeichnisse im Haupttitelblatt sowie in den weiteren Titelblättern wird man dem Markscheider behördlicherseits gewisse Freiheiten der Handhabung einräumen müssen.

So darf nicht übersehen werden, daß dem *Titelblatt 2* mit dem Blattverzeichnis und den Nachtragungsvermerken, vom bergbehördlichen Standpunkt gesehen, besondere Bedeutung zukommt. Hierzu hat das *Oberbergamt Dortmund* unter dem 15. 11. 1956 über die Nachtragung des Grubenbildes eine Verordnung erlassen, derzufolge ein Nachtragungsverzeichnis für jedes betriebene Bergwerk anzulegen ist, aus welchem im einzelnen zu ersehen sein muß, welche Grubenbildplatten jeweils nachgetragen worden sind, wobei der Markscheider *jede Nachtragung* unterschriftlich nachzuweisen hat. In dieser Verordnung wird hervorgehoben, daß das Muster zum Titelblatt 2 im Rißmusteratlas 1942 nur für wenig umfangreiche Grubenfelder herangezogen werden sollte; für große Bergwerksfelder ist der Verordnung ein besonderes Muster für dieses Titelblatt beigegeben worden, das den Markscheidern des Oberbergamtsbezirkes Dortmund zum Anhalt dienen soll.

Wir bringen in den Abbildungen 34a, b und 35a, b Auszüge aus dem Titelblatt 7 eines sehr ausgedehnten Grubenfeldes, die wir Herrn Professor Dr. O. Haibach verdanken. Da auf dem in Frage kommenden Bergwerk bereits in der 13. Sohle gebaut wird und 71 Kohlenflöze nacheinander im Abbau standen und stehen, sind allein 7 Blätter im Format DIN A 1 notwendig, um ein vollständiges Blattverzeichnis mit den Nachtragungsvermerken fertigzustellen. Aus den Abb. 34 und 35 geht die Einteilung des Titelblattes in:

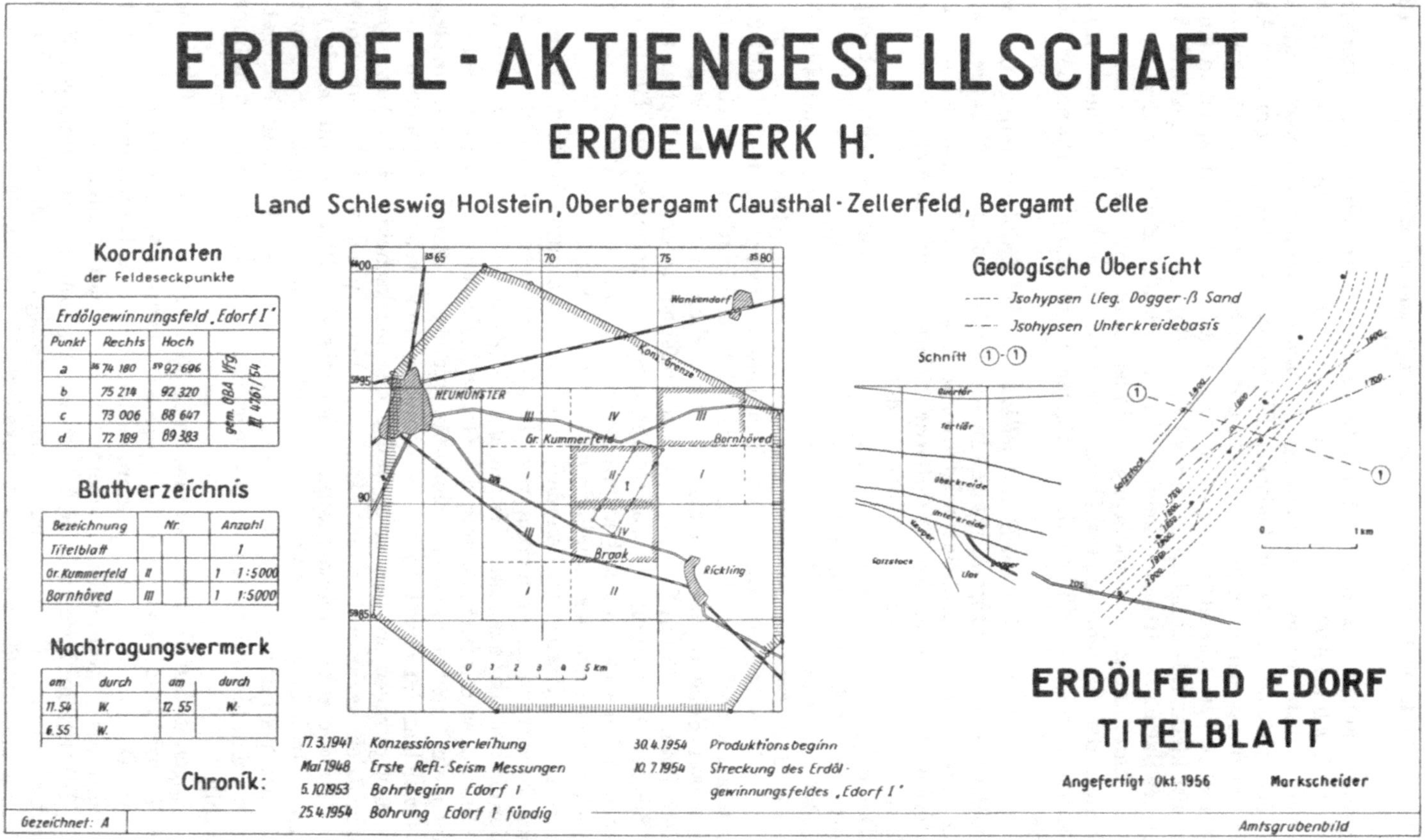

ERDOEL-AKTIENGESELLSCHAFT

ERDOELWERK H.

Land Schleswig Holstein, Oberbergamt Clausthal-Zellerfeld, Bergamt Celle

Koordinaten
der Feldeseckpunkte

Erdölgewinnungsfeld „Edorf I"			
Punkt	Rechts	Hoch	
a	35 74 180	59 92 696	gem. OBA Vfg. III 4761/54
b	75 214	92 320	
c	73 006	88 647	
d	72 189	89 383	

Blattverzeichnis

Bezeichnung	Nr.		Anzahl
Titelblatt			1
Gr. Kummerfeld	II		1 1:5000
Bornhöved	III		1 1:5000

Nachtragungsvermerk

am	durch	am	durch
11.54	W.	12.55	W.
6.55	W.		

Geologische Übersicht

---- Jsohypsen Lieg. Dogger-β Sand
— · — Jsohypsen Unterkreidebasis
Schnitt ①-①

Chronik:

17.3.1941	Konzessionsverleihung
Mai 1948	Erste Refl.-Seism. Messungen
5.10.1953	Bohrbeginn Edorf 1
25.4.1954	Bohrung Edorf 1 fündig
30.4.1954	Produktionsbeginn
10.7.1954	Streckung des Erdölgewinnungsfeldes „Edorf I"

ERDÖLFELD EDORF
TITELBLATT

Angefertigt Okt. 1956 Markscheider

Gezeichnet: A

Amtsgrubenbild

Abb. 33. Haupttitelblatt aus der Erdölgewinnung

Lfd. Nr.	Bezeichnung der Risse	Anzahl der Blätter mit Schema	Nachtragungsvermerke → 1958 III	1958 IV	1959 I	1959 II	1959 III	1959 IV	1960 I	1960 II	1960 III	1960 IV
I	Titelblätter	13										
1	Haupttitelblatt (noch anfertigen)	1										
2	Bergwerksfeld m. Blatteinteilung	2										
3	Berechtsamsriß, Stammbaum (angefangen)	1										
4	Nachtragungsvermerk m. Blattverzeichn.	7		3,4,5,6,7	3,4,5,6,7	3,4,5,6,7						
5	Grenzriß Bl. 1 (alt) Bl. 2 (neu)	2										
II	Tagerisse (alt) 1:2000	12										
	Tagerisse (neu) 1:2000	27										
III	Sohlenrisse											
1	Sohlengrundriß der Wettersohle	3										
2	" " Oberen Sohlen	39		19,16	16	16						
3	" " Unteren Sohlen	35		2,16	2,16	2,16						
4	" " 12. Sohle Teilsohle	12										
5	" " 12. Sohle	36		9 16,23,28	9,22 12,16,23	9,22 29,23,34						
6	" " 13. Sohle Teilsohle	11										
7	" " 13. Sohle	27		18,22 23	18,22,19 23	18,22 23,29,35						
8												
9												

Abb. 34a. Titelblatt 7 eines Steinkohlenbergwerks, Blatt 3, I–III

IV	Schnittrisse												
1	(1)	9	3 2 1 4 10 / 6 7 5 6				10						
2	(2)	2	1 2										
3	(4)	2	2 1										
4	(6)	1	1										
5	(8)	1	1										
6	(10)	4	1 2 / 3 4										
7	(12)	7	3 1 2 6 / 5 4 7										
8	(14)	3	2 1 3										
9	(16)	7	1 2 3 4 / 7 5 6										
10	(16a)	4	1 2 / 3 4										
11	(18)	9	8 1 2 3 4 / 6 7 5 9										
	Summe	262											
	Datum												
	Unterschrift des Markscheiders												

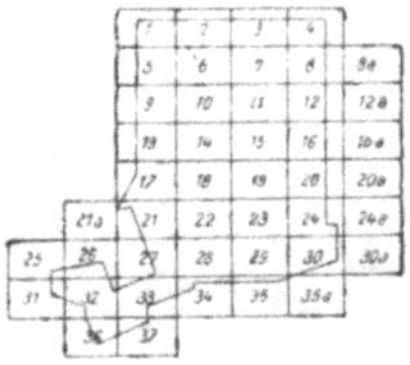

	Blattverzeichnisse nachgetr.:

Abb. 34b. Titelblatt 7, Fortsetzung, Blatt 3, IV

Lfd. Nr.	Bezeichnung der Risse	Anzahl der Blätter mit Schema		Nachtragungsvermerke → N									
				1958		1959				1960			
				III	IV	I	II	III	IV	I	II	III	IV
IV	Schnittrisse Fortsetzung												
12	(20)	1	1										
13	(22)	8	8 6 1 3 / 7 5 2 4		2, 3	5							
14	(24)	6	1 2 3 / 3 4 6		6	3, 6	4,6,5						
15	(26)	1	1										
16	(28)	7	1a 3 1 5 / 6 2 4		5	1, 4, 5							
17	(30)	7	2 1 3 / 5 4 6 7			7							
18	(32)	6	1 2 3 / 4 5 6		6	3, 4, 6	4						
19	(34)	6	4 1 5 / 6 2 3										
20	(36)	5	1 2 / 4 3 5			5	5						
21	(38)	4	1 3 / 2 4										
22	(40)	4	2 1 3 4										
23	(42)	4	1 2 / 4 3			2 / 3							
24	(44)	4	1 2 / 4 3										
25													
26													

Abb. 35a. Titelblatt 7 eines Steinkohlenbergwerks, Blatt 4, Fortsetzung, IV

V	Abbaurisse		Blätter	Nachtragungen		
1	Abbaugrundriß Fl. O		2	1 2		
2	"	" N	2	1 2		
3	"	" M	2	1 2		
4	"	" K	2	1 2		
5	"	" J	2	1 2		
6	"	" H	12	1 2 / 16 / 18 19 20 / 23 24 24a / 29 30 30a		
7	"	" F	17	1 2 / 15 16 / 18 19 20 / 22 23 24 24a / 28 29 30 / 34 35 35a		
8	"	" D	8	21 22 24 / 27 28 29 30 / 33	24	24 24
9	"	" Zollv. 1	21	2 / 12 / 14 15 16 / 17 18 19 20 / 21 22 23 24 / 27 28 29 30 / 32 33 34 35		
10	"	" Zollv. 2	23	1 2 / 5 / 12 / 14 15 16 / 18 19 20 / 21 22 23 24 / 27 28 29 30 / 32 33 34 35 / 37		
11	"	" Zollv. 3	13	12 / 15 16 / 18 19 20 / 22 23 24 / 28 29 / 34 35	16 / 20	16 / 19, 20 — 16, 19, 20 / 20
12	"	" Zollv. 4	27	1 2 / 5 / 11 12 / 14 15 16 / 17 18 19 20 / 21 22 23 24 / 26 27 28 29 30 / 32 33 34 35 / 36 37		
13	"	" Zollv. 5	26	1 2 / 5 / 11 12 / 14 15 16 / 18 19 20 / 21 22 23 24 / 26 27 28 29 30 / 32 33 34 35 / 36 37		
14	"	" Zollv. 6	29	1 2 / 5 / 11 12 / 14 15 16 / 17 18 19 20 / 21 22 23 24 24a / 26 27 28 29 30 30a / 32 33 34 35 / 36 37	19	19 19
	Summe	Übertr. v. Bl. 3 = 262+	249 = 511			
	Datum					
	Unterschrift des Markscheiders					

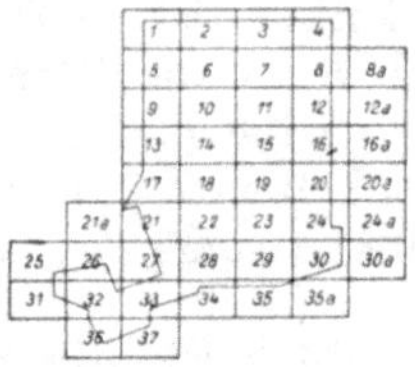

Blattverzeichnisse nachgetr. :

Abb. 35b. Titelblatt 7, V, Fortsetzung

I. *Titelblätter,*
II. *Tagerisse,*
III. *Sohlenrisse,*
IV. *Schnittrisse*

hervor (Blatt 3, da die Blätter 1 und 2 abgeworfen sind).

Die Fortsetzung bringt der Ausschnitt Abb. 35 (Blatt 4) mit dem restlichen Teil IV, Schnittrisse, und Teil V, *Abbaurisse*, wobei allerdings erst 14 Flöze blattmäßig aufgeführt sind, während die weiteren Flöze 15 bis 71 zu den Blättern 5, 6 und 7 gehören. Auf Blatt 7 findet sich dann am Schluß noch Teil VI: *Sonstige Nachtragungen*. Dazu gehören Standwasserlisten, Listen der Brandherde und Brandfelder, Wetter-, Feuerlösch- und Druckluftleitungsrisse; diese Listen werden ebenfalls auf besonderen Blättern angefertigt und nachgetragen.

Das *Haupttitelblatt* nebst Blattverzeichnissen ist für jedes in Betrieb befindliche Bergwerk anzulegen. Die sonst noch in Betracht kommenden Titelblätter, und zwar Berechtsamsrisse als Grundriß und als Stammbaum, sowie Grenzrisse werden nur im Bedarfsfalle angefertigt. So geht schon aus dem Riß 3, Rißmusteratlas 1942, hervor, daß das gegenseitige Überdecken von Längen- und Geviertfeldern im Steinkohlenbergbau die grundrißliche Darstellung in einem Berechtsamsriß notwendig macht. Die Darstellung derartiger Berechtsamsrisse wird, wenn auch in stark abgeänderter Form, trotz des Gesetzes zur Bereinigung der Längenfelder vom 1. 6. 1954 in Zukunft aufrechterhalten bleiben müssen, weil der Eigentumsübergang von Längen- auf Geviertfelder nur dann erfolgt, wenn die Notwendigkeit hierzu vorliegt. Es zeigt sich aber schon hier, daß grundrißliche Berechtsamsdarstellungen für einen Geviertfelderbesitz in Form eines Titelblattes nicht erforderlich werden. Man hat sie jedoch dann anzufertigen, wenn in Bergwerksfeldern, die sich gegenseitig überdecken, Verleihungen auf verschiedene Mineralien erfolgt sind, zum Beispiel auf die Gewinnung von Erzen und von Steinkohle in demselben Feld oder in übereinanderliegenden Bergwerksfeldern, deren Markscheiden nicht übereinstimmen.

Anders liegt der Fall bei den Titelblättern, die die Berechtsamsverhältnisse in Stammbaumform wiedergeben, wie dies Riß 4 im Rißmusteratlas 1942 zeigt. Solcher Darstellungen bedarf es nicht nur im Falle gemeinsamen Bergwerkseigentums an Längen- und Geviertfeldern (Riß 4), sondern auch bei Bergwerksfeldern, die sich aus Kleinfeldern heraus entwickelt haben und durch Zukäufe, Umwandlungen von Längen- in Geviertfelder, durch Konsolidationen, Zulegungen usw. im Laufe der Zeit zum jetzigen Bergwerksfeld herangewachsen sind. Ein diesbezügliches Beispiel, das wir der Erzbergbau Siegerland AG., Herrn Obermarkscheider Dr.-Ing. R. Reichenbach verdanken, ist in Abb. 36 dargestellt. Das Beispiel ist in anderer Weise ausgeführt als Riß 4 im Rißmusteratlas 1942. Dennoch läßt das Bild des Stammbaums der Grube Pfannenberger Einigkeit (cons.) mit einem Flächeninhalt von 1309821 qm keinen Zweifel an der geschichtlichen Felderentwicklung von Anbeginn an bis zum heutigen Besitzstand aufkommen.

Bei der Darstellung von Berechtsamsverhältnissen im Titelblatt wird die Frage, ob man die grundrißliche oder die Stammbaumform oder gar beide Titelblätter zur Ausführung bringt, auch von dem betreffenden Bergbauzweig abhängen. Auf Beispiele aus anderen Bergbauzweigen haben wir bereits hingewiesen.

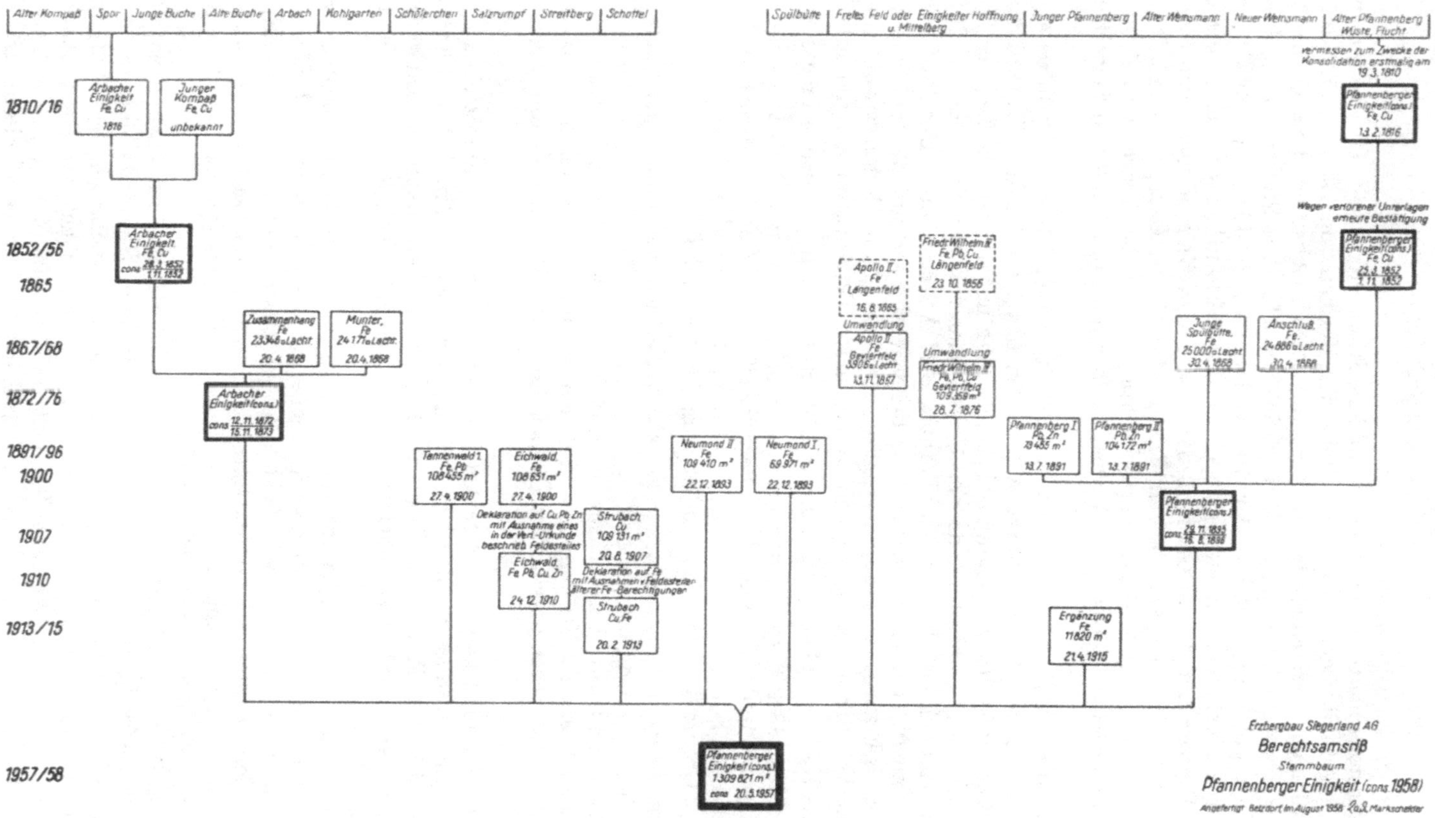

Abb. 36. Titelblatt. Berechtsamsriß eines Erzbergwerks in Stammbaumform

Das Muster eines *Grenzrisses* liefert Riß 5 im Rißmusteratlas 1942. Er kann auch heute als Anhalt dienen, wobei an Stelle der Normen von 1936 die *Richtlinien* hinsichtlich der Darstellung treten. Zur Frage der Grenzbaue und des Grenzrisses nimmt O. HAIBACH im Abschnitt II, E, S. 357ff. ausführlich Stellung. Es soll aber schon hier auf einige Punkte der von O. HAIBACH (1936) über den Grenzriß gebrachten Ausführungen eingegangen werden. Wesentlich erscheint uns des Autors Hinweis auf die im Grenzriß darzustellenden Umrandungen von Sicherheitspfeilern, sei es für Markscheiden, Brandfelder, für das Deckgebirge, für Standwasser, alte Baue, Bohrlöcher und Schächte oder für Bauwerke, Verkehrswege und Schiffahrtskanäle sowie auf Vermerke über die Aufhebung von Sicherheitspfeilern.

Hierzu bringen wir den Ausschnitt Abb. 37 aus einem Grenzriß, Titelblatt 4, der Vereinigten Steinkohlenbergwerke X—Y, den uns Herr Dr.-Ing. H. INNERLING zur Verfügung stellte. Es gelangt auf diesem Plan nur der östliche Teil des Bergwerksfeldes zur Darstellung, da der Gesamtfeldesriß, obwohl er mit 1 : 20000 kleinmaßstäblich gehalten ist, das Format DIN A 1 einnimmt. Das Feld markscheidet mit 9 Nachbarbergwerken, von denen vorliegend nur die fünf Nachbarzechen A bis E zur Erläuterung herangezogen werden. Man erkennt sowohl an der Zeichenerklärung als auch an den aufgeführten Vereinbarungen, die mit den Zechen A bis E getroffen wurden und die Ziffern (1) bis (46) tragen — im gesamten Feld sind es 83 Ziffern —, daß an allen Markscheiden unmittelbar Abbau betrieben wurde und noch wird; beim Bergwerksfeld X—Y handelt es sich vorläufig erst um die 7. Sohle.

Dieser Grenzriß bringt vornehmlich zum Ausdruck, daß

a) den Feldesmarkscheiden entlang sämtliche Sicherheitspfeiler im Laufe der Zeit aufgehoben worden sind,

b) auf Grund von Vereinbarungen und Verträgen mit den Feldesnachbarn kleinere Flözstreifen aus verschiedenen Gründen, sei es durch Überlassung, durch Austausch oder infolge Überschreitens der Markscheide usw. abgebaut wurden.

Solche Vereinbarungen sind textlich mit entsprechenden Aktenzeichen sowie Skizzen der Veränderungen an der Markscheide belegt. Am linken Blattrand befindet sich eine Aufstellung der aufgehobenen Sicherheitspfeiler, am rechten Blattrand ein Koordinatenverzeichnis (beide Tafeln in Abb. 37 nicht mehr aufgenommen).

Liegen keine Abmachungen der geschilderten Art vor, so kommt dem Grenzriß dennoch im Rahmen der Auftragung eigener und benachbarter Grubenbaue im Bereich der beiderseitigen Markscheiden Bedeutung zu; die Darstellung und Nachtragung der nämlich aus *grubensicherheitlichen* Gründen wichtigen Grenzbaue erfolgt im Wege des nachbarlichen Austauschverfahrens [O. HAIBACH (Die Ausgestaltung des Grenzrisses; 1936, Glückauf)].

Aus unseren Ausführungen und beigegebenen Rißmustern bzw. Rißmusterauszügen dürfte hervorgehen, welche Aufgaben dem Haupttitelblatt nebst zugehörigem Blattverzeichnis, ferner den Berechtsamsdarstellungen des Titelblattes, sei es als Übersichtsrisse oder Stammbäume, und schließlich den Grenzrissen als wichtigen Ergänzungskarten zum Titelblatt zufallen. Man hat früher die Aussageeigenschaft der Titelblätter häufig unterschätzt; bezeichnend hierfür ist, daß

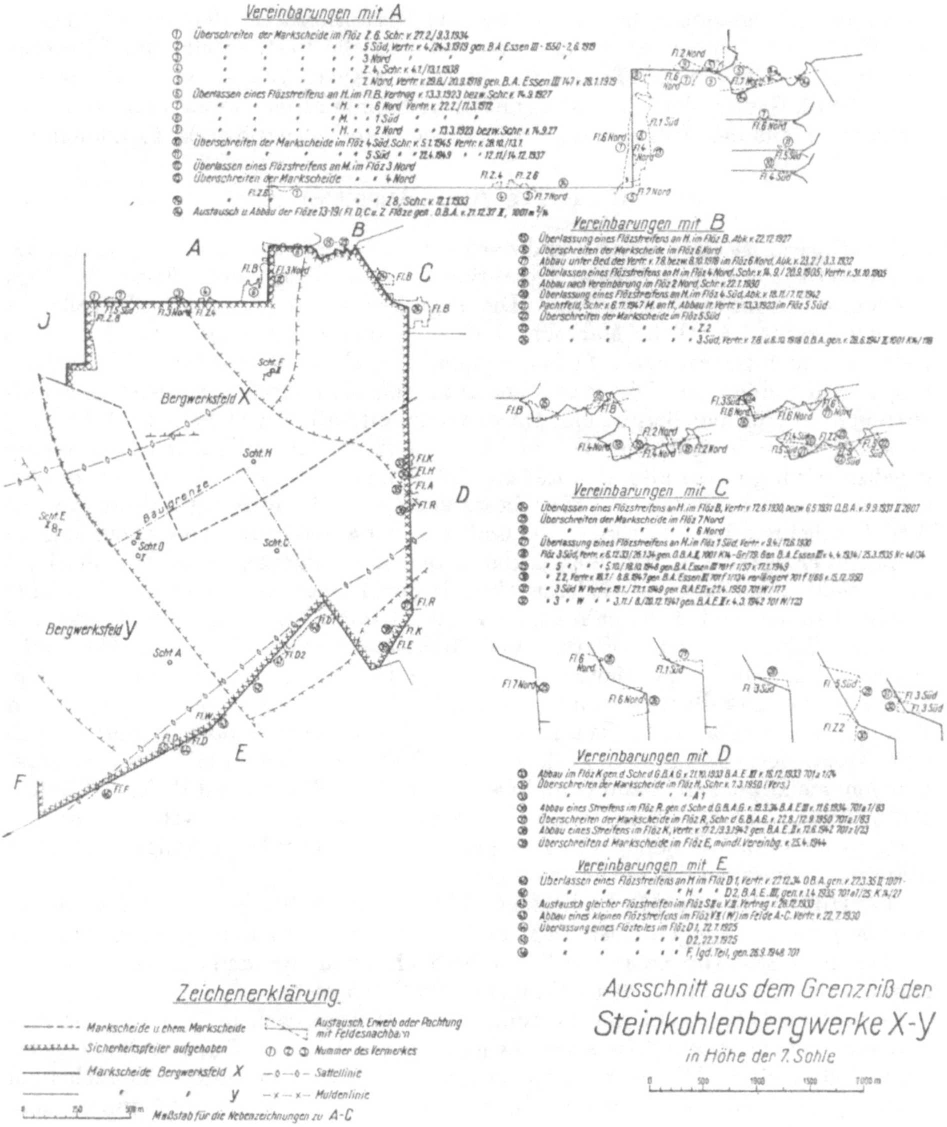

Abb. 37. Grenzriß Steinkohlenbergwerke $X-Y$ (Ausschnitt)

weder in den genannten drei Aufsätzen zum Rißmusteratlas 1942 noch in sonstigen Veröffentlichungen über das Rißwesen und die Bestandteile der Rißwerke zum Wert und Wesen der Titelblätter besondere Ausführungen gemacht wurden. Heute ist die Gruppe der Titelblätter mit ihren mannigfaltigen Zweckbestimmungen nicht mehr aus den Rißwerken, vornehmlich dem Zulegerißwerk, fortzudenken.

β) Die Tagerisse (Beispiele)

Der *Tageriß* ist ein *Grundriß* und nach der Definition von O. HAIBACH (Bd. II, S. 150/51) die weitverbreiteste Projektion G „auf waagerechte Ebene im Vermessungshorizont ± Null, söhlig". Die Tagerisse müssen, wie fast alle Teile des Zulegerißwerks, sämtliche Markscheiden, Bau- und Pachtfeldgrenzen, ferner die bergbehördlich festgesetzten Sicherheitspfeiler und Schutzbezirke sowie Höhenangaben in genügender Zahl enthalten. Außerdem sind alle Tagesgegenstände aufzutragen, die für den Bergbau im Interesse der öffentlichen Sicherheit Bedeutung haben. Um zu verhindern, daß dieser Forderung eine willkürliche Auslegung gegeben wird, gibt die alte MO im § 49, Ziff. 1, alle diejenigen Objekte an, die besondere Rücksicht verlangen. Aber dieses Verzeichnis ist in den 36 Jahren, die seit dem Erscheinen der MO vergangen sind, ergänzungsbedürftig geworden, und es empfiehlt sich, die Angaben über die darzustellenden Tagesgegenstände in der jetzt zweckdienlichen Übersicht wiederzugeben. In der Hauptsache kommen in Betracht:

Eisenbahnen und Eisenbahnanlagen, Autobahnen, Straßen, öffentliche und private Wege, Gebäude, Werks- und Industrieanlagen aller Art, Friedhöfe, Wasserstraßen und ihre Bauwerke, sonstige Gewässer, Brunnen und Quellen, Wasserwerke und ihre Gewinnungsanlagen, Vorflutanlagen, Versorgungs- und Fernleitungen aller Art, Rundfunk- und Fernsehsendeanlagen, Sprengstoff- und Tanklager, Gasometer, Halden, Waldbestände, Ent- und Bewässerungsanlagen wie Dränagen, Dämme und Deiche, Gräben, Wiesen und Weiden, Gärten, Parkanlagen, Zäune mit und ohne gemauerte Sockel, metallurgische und andere Öfen, jedenfalls alle diejenigen Tagesgegenstände, die, vom bergschadenkundlichen Standpunkt gesehen, bedeutungsvoll sind.

Die Hilfskräfte des Markscheiders haben deshalb bei den vierteljährlichen Nachtragungsmessungen über Tage nicht nur auf Neubauten, sondern auf alle baulichen Veränderungen an der Tagesoberfläche zu achten und die bergschadensempfindlichen Objekte in den Feldbüchern zu kennzeichnen.

Es bestehen aber nicht nur Bestimmungen darüber, welche Tagesgegenstände aufzunehmen sind, sondern auch darüber, wie alle diese Objekte im Tageriß darzustellen sind. Hierüber unterrichten die *Richtlinien* mit entsprechender Zeichengebung für vermessungstechnische Karten und Pläne, 4.01 (noch nicht fertiggestellt), ferner für Vermessungspunkte und -linien, 4.02; sodann sind topographische Zeichen für Tagerisse und Vermessungspläne schwarz und farbig, 4.03, zu beachten.

Die Zeichen für vermessungstechnische Karten und Pläne, 4.01, werden von der Arbeitsgruppe „Vermessungswesen" des Fachnormenausschusses „Bau, Arbeitsausschuß 3", ausgearbeitet. Hierzu ist im Juli 1959 eine Zusammenstellung von *Zeichen für Vermessungsrisse, großmaßstäbliche Karten und Pläne*, DIN 18702, 20 Seiten stark, erschienen, die beim Beuth-Vertrieb GmbH, Berlin W 15 und Köln, in der DDR beim Fachbuchversandhaus Leipzig O 5, erhältlich sind.

In den *Richtlinien* werden vier Blätter, 4.02, und fünf Blätter, 4.03, mit den Zeichen für Vermessungspunkte und -linien sowie für Tagerisse und Vermessungspläne als „betriebliche Sonderdarstellungen“ bezeichnet. Dies hat folgendes zu bedeuten. Die Darstellungen in den Tagerissen für Dreiecksmessungen, magnetische, polygonometrische und tachymetrische Messungen sowie für Höhenmessungen, sonstige Vermessungspunkte und -linien, 4.021 bis 4.025, sind besonders auf das bergmännische Vermessungswesen zugeschnitten. Das gleiche gilt für die Zeichen 4.031 bis 4.034, Bahnen und Bahnanlagen, Verkehrszeichen, Signale, Grenzen und Grenzzeichen, Grenzscheiden, allgemeine Anlagen, Gebäude und bauliche Anlagen, Leitungen, Wasser-, Gas- und Elektrizitätsversorgung, Stadtentwässerung und -reinigung, Post- und Telegraphenanlagen, Brücken, Fähren und Wehre. Die Zeichen des Abschnitts 4.03 gelten sowohl „für das markscheiderische Rißwerk als auch für die Darstellungen des allgemeinen Vermessungswesens und der Behörden, soweit sie den markscheiderischen Arbeitsbereich berühren“, heißt es in den *Richtlinien*.

Von besonderer Wichtigkeit sind die Erläuterungen, die in den *Richtlinien* jeweils am Schluß der Abschnitte 4.02 und 4.03 gegeben werden. Verwiesen sei hier darauf, daß bei 4.03 für die Risse, Karten und Pläne der Bergbauberechtigungen (Abschnitt II B, S. 123) im Zulegerißwerk sowie im Grubenrißwerk vorrangig die Zeichen der Deutschen Grundkarte 1 : 5000 gelten sollen, sofern die *Richtlinien* in 4.03 dem nicht entgegenstehen. Ebenso bedeutungsvoll erscheint uns der Hinweis darauf, daß bei gemeinsamen Darstellungen von Tagesgegenständen und Grubenbauen eine geschlossene Flächentönung fortfällt, an deren Stelle, wie im Zulegerißwerk, die Innenumrandung mit Farbstreifen tritt.

Wir bringen in Abb. 38 einen Ausschnitt aus einem Tageriß im Maßstab 1 : 2000, den wir Herrn Professor Dr. O. Haibach verdanken. Ein Vergleich mit den in den *Richtlinien* gegebenen Zeichen läßt die normgerechte Darstellung erkennen, auf die der Zeichner beim Auszeichnen der Tagesgegenstände in Tusche stets zu achten hat. Über die Farbgebung auf Tagerissen geben die Richtlinien Auskunft.

An anderer Stelle erwähnten wir bereits, daß man von den Tagerissen häufig Transparentpausen, möglichst auf maßhaltigen Zeichenstoffen wie Astralon oder Plexiglas (Bd. II, IV, A, S. 388ff.) anfertigt. Da die Markscheideabteilungen größerer Bergwerksbetriebe mit photomechanischen Einrichtungen ausgerüstet sind (Bd. II, IV, B, S. 479—511), lassen sich ausgezeichnete Vervielfältigungen in nahezu kartendruckähnlicher Wiedergabe in allen gewünschten Maßstäben herstellen, die man auf die bergmännischen Darstellungen auflegt.

Höhendarstellungen in Form von Höhenlinien, die aus tachymetrischen oder Doppelbildentfernungsmessungen gewonnen werden, sind auf Tagerissen nur in besonderen Fällen, zum Beispiel bei der Aufnahme von Halden und Teichen, erforderlich. Beim Abbau von Erzlagerstätten oder anderen Vorkommen im Gebirge wird man Höhenlinienkonstruktionen nicht entbehren können. Im Braunkohlentagebau sowie in Tagebauen aller Art sind Höhenlinien in den Tagerissen (Bohrrissen) für die Massenberechnungen abzutragender Deckschichten unbedingtes Erfordernis. So zeigt Riß 20 im Rißmusteratlas 1942 einen Höhenlinienriß aus dem Braunkohlentagebau mit Eintragung der Höhenlinien über Tage nebst den Tagesgegenständen sowie den Höhenlinien des Hangenden und Liegenden eines in geringer Teufe erbohrten Braunkohlenflözes. In ähnlicher Weise stellt man auch beim Vorliegen von ausreichend vorhandenen Aufschlüssen

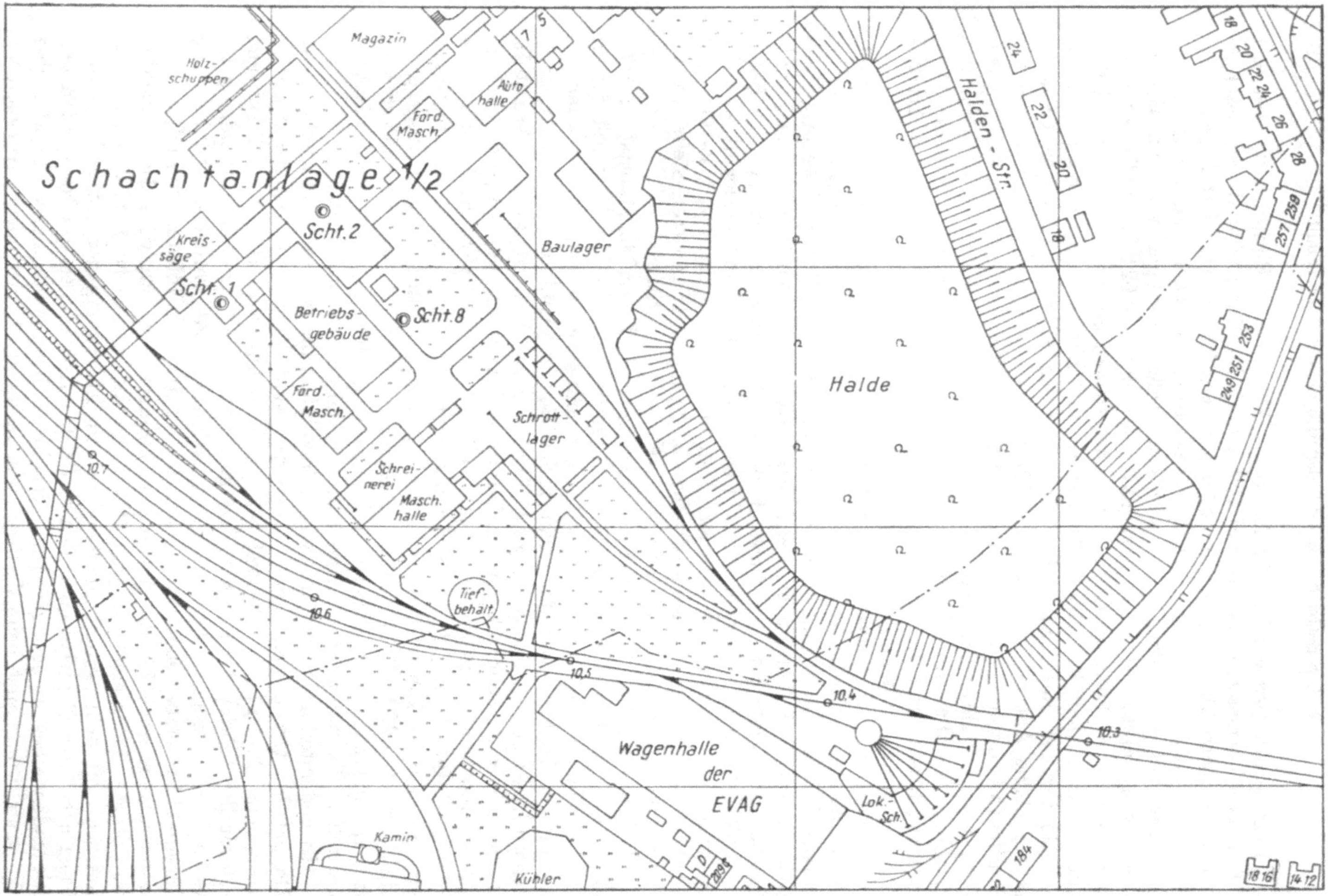

Abb. 38. Ausschnitt aus einem Tageriß 1:2000

auf Höhenlinienplänen die Abrasionsflächen des Karbongebirges, von Flöz- oder Störungsflächen dar, wie dies die Risse 40 und 41 im Rißmusteratlas 1942 zeigen.

Die Tagerisse wurden früher vielfach mit untertägigen Darstellungen gekoppelt. So besagte der Name *Hauptgrund- und Situationsriß*, daß auf dem Hauptgrundriß (jetzt Sohlengrundriß) die Tagesgegenstände aufgetragen wurden. Auch Abbaugrundrisse wurden mitunter mit der Tagessituation versehen, um alsbald den Stand der Abbaue zu den einzelnen Tagesgegenständen erkennen zu können. Heute arbeitet der Markscheider mit transparenten Tagerissen; es hat den Vorteil, daß die Darstellung der Grubenbaue klar und übersichtlich bleibt.

Außer der Bezeichnung *Tageriß* für sämtliche Bergbauzweige kennt man auch den *Lageriß* in den Erdölgewinnungsbetrieben, d. h., im Erdölbergbau (Schachtbetrieb, z. B. Wietze) bestehen Tagerisse, dagegen in den Erdölbohrbetrieben Lagerisse, auf die wir noch zu sprechen kommen.

γ) Bohrrisse

Die veraltete MO erwähnt den *Bohrriß* als selbständige Rißart nicht. Sie bestimmt lediglich im § 58, Ziff. 6, daß die in Schächten oder Bohrlöchern aufgeschlossenen Gebirgsschichten mit den beim Abteufen oder an Bohrkernen festgestellten Einfallen nach Bedarf in Seigertafeln dargestellt werden. Unter „Seigertafel" kann man unter gewissen Voraussetzungen die heutigen Schichtenschnitte (Normalprofile) verstehen. Es werden ferner Anweisungen über Fallwinkel-, Seigermaß- und Mächtigkeitseintragungen auf dem Riß gegeben. Für die Erdölgewinnung in Bohrbetrieben bestimmt dann noch § 66, Ziff. 2 die Maßstäbe für die waagerechten Abmessungen. Der Schnitt soll die aufgeschlossenen Gebirgsschichten mit Angabe der Wasser- oder Ölführung, ferner die verschiedenen Arten der Futterrohre, die Wasserabschlüsse und eine etwaige Verfüllung angeben.

Nach den *Richtlinien* ist der Bohrriß als selbständige Rißart aufzufassen. Er soll außer Markscheiden, Bau- und Pachtfeldgrenzen, Schutz- und Sicherheitspfeilern nebst Höhenzahlen enthalten

a) die Zeitangabe über den Beginn und die Beendigung jeder Bohrung,
b) die Zeichengebung für die Art der Bohrung nach den *Richtlinien*,
c) die Lage und Höhe der Bohrlochansatzpunkte,
d) die Teufe und Abweichung von der Lotrechten,
e) die Zeitangabe über die Vertiefung oder eine etwaige Verfüllung des Bohrlochs,
f) die durchbohrten Gebirgsschichten, sofern nicht auf das Verzeichnis der Gebirgsaufschlüsse verwiesen wird,
g) Grundwasserhorizonte und Höhen der Grundwasserspiegel, sodann bei Bohrungen zum Aufsuchen nutzbarer Lagerstätten außerdem
h) Mächtigkeitsangaben,
i) Analysenergebnisse,
k) die Mineralverwertbarkeit,
l) die Ergebnisse geophysikalischer Untersuchungen und sonstige Einzelheiten über die Lagerstätte.

Diese Angaben können je nach Art und Zweck der Bohrung für jeden Bergbauzweig zusammengefaßt oder in verschiedene Sonderdarstellungen aufgegliedert werden.

Die *Richtlinien* unterscheiden beim Grubenrißwerk, 1.01313, *Bohrgrundrisse* und *Bohrschnittrisse*. Diese Aufteilung trifft natürlich auch für das Zulegerißwerk zu und darüber hinaus für sämtliche Bergbauzweige. Es ist jedoch durchaus möglich, dort, wo sich dies empfiehlt und die Übersichtlichkeit erhalten bleibt, grund- und schnittrißliche Darstellungen im Bohrriß miteinander zu verbinden. Wir kommen hierauf noch zurück.

Entscheidend ist für die Herstellung von Bohrgrund- und Schnittrissen, ob es sich um Einzeluntersuchungen oder um ein systematisches Abbohren ganzer Bergwerksfelder oder geschlossener Feldesteile handelt. Im letzteren Fall wird man Bohrgrundrisse und Bohrschnitte getrennt anfertigen. Am häufigsten liegt dieser Fall im Braunkohlenbergbau vor, wenn neue Felder oder Feldesteile erschlossen werden sollen. Hierüber findet der Leser in Bd. II, V, B, S. 651—669 die notwendigen Darstellungen (Abb. 19, S. 651, Abb. 20—22, S. 656/657). Dazu haben wir folgendes ausgeführt: „Die Zuverlässigkeit einer Kohleninhaltsberechnung im Braunkohlentagebau steht oder fällt mit der Anlage des Bohrnetzes.“ Ich wies dann auf die Schaffung eines Flächenrostes hin, dessen Seitenlängen wohl erwogen werden müssen. Auch das zweite Beispiel in Band II fußt auf Bohrgrund- und Schnittrissen, nur ist im grundrißlichen Flächenrost, Abb. 24, S. 662, und in den nachfolgenden Abbildungen die Lage der Bohrlöcher nicht mehr vermerkt. Aber das Vorhandensein der Höhenlinien in den Abbildungen 25 bis 27, S. 663/664, beweist, daß diese aus den Bohrergebnissen gewonnen wurden. Bei weiträumig abzubohrenden Feldern wird man in bestimmten Abständen die Lage einiger Bohrlöcher koordinatenmäßig erfassen.

Zwei Bergbauzweige sind es vornehmlich, bei denen weitverzweigte und umfangreiche Bohrnetze eine besondere, ja ausschlaggebende Rolle spielen, weil allein den Bohrergebnissen zufolge eine Beurteilung der Lagerstätte nach Wert und Inhalt möglich ist: im *Braunkohlenbergbau* (*Tagebau*) und in den *Erdölbohr- und Gewinnungsbetrieben*.

Im *Braunkohlentagebau* unterscheidet man zwischen Untersuchungsbohrungen für das planmäßige Abbohren eines Vorkommens und Bohrungen für Grundwasserbeobachtungen. Von Bedeutung sind die Bohrverfahren. So wird zum Beispiel in der Rheinischen Braunkohle unterschieden zwischen Spül-, Spülkern- und Trockenbohrlöchern. Abb. 39 stellt einen Ausschnitt aus einem Bohrgrundriß dar, den wir dem *Lagerstättenarchiv Braunkohle*[1]), und zwar der dortigen Darstellung 1, entlehnen. Aus der Zeichenerklärung geht hervor, worauf bei der Darstellung Wert gelegt wird. Zum Abschnitt „Bohrrisse“ gehört auch Abb. 40, die als Anaglyphenraumbild auf S. 289 im Kapitel IID beschrieben wird. Zum Ausschnitt Abb. 39 liefern wir, ebenfalls dem Lagerstättenarchiv Braunkohle (dort Darstellung 5) entnommen, den zugehörigen Ausschnitt aus dem Bohrschnittriß mit Abb. 41. Der Schnittriß ist im Zuge der fünf Bohrungen, Trockenbohrlöcher 35^{50} und 36^{50}, der Spülbohrung 102^{51} und der Trockenbohrlöcher 37^{51} und 38^{51}, von Nordwest nach Südost angelegt. Der Riß läßt bei einem Einfallen von 14^{g} g. SW unter einer 80—140 m mächtigen Decke ein rd. 90 m mächtiges Braunkohlenflöz erkennen. Das Flöz ist durch einen Vor- und einen Hauptsprung verworfen.

---

[1]) Das *Lagerstättenarchiv Braunkohle* war bei Abfassung dieses Abschnitts zwar fertiggestellt, jedoch noch nicht im Druck.

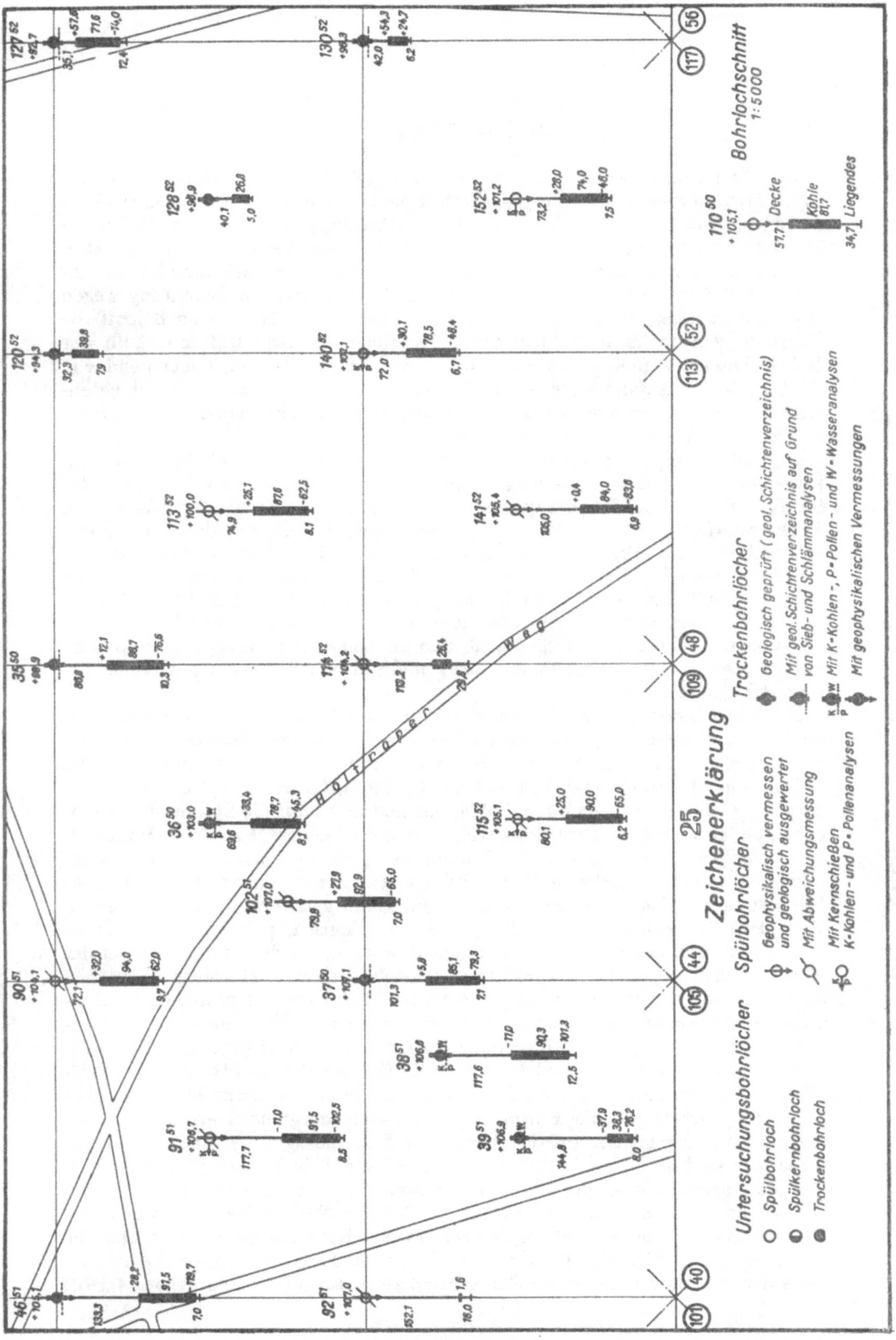

Abb. 39. Bohrriß aus einem Braunkohlen-Tagebaufeld

Bei Grundwasserbeobachtungen werden Pegelbohrlöcher gestoßen und verrohrt. Hierauf kommen wir im geologisch-lagerstättenkundlichen Abschnitt IV zu sprechen. Außer dem erwähnten Bohrriß, Abb. 39, gibt es auch noch andere Darstellungsarten in Bohrrissen. Hierfür dienen als Beispiele u. a. die Darstellungen 2 im Grundriß und 6 im Schnittriß des Lagerstättenarchivs Braunkohle. Auf diese beiden Beispiele gehen wir ihrer besonderen Bedeutung wegen auch erst im Abschnitt IV ein. Schließlich erwähnen wir als weiteren Bohrriß die Darstellung 3 im Braunkohlenarchiv, derzufolge im Grundriß unterhalb der Bohrlochnummer links eines senkrechten Striches die Teufen, abnehmend von der End- bis zur Anfangsteufe, und rechts des Striches die durchbohrten Schichtenmächtigkeiten eingetragen werden, wobei die Kohlenmächtigkeiten durch Unterstreichen der Werte hervorzuheben sind.

Im Tiefbau liegen die Verhältnisse anders. Da es sich im Steinkohlen-, im Erz- sowie im Kali- und Steinsalzbergbau meist um vereinzelte Tiefbohrungen, also im Raum begrenzte Lagerstättenuntersuchungen handelt, ist die Anlage von Bohrgrundrissen und -schnitten selten erforderlich, es sei denn, daß ganze Bergwerksfelder oder Untersuchungsstrecken systematisch abzubohren sind. So lassen sich zum Beispiel Bohrungen zur Klärung der Tektonik und Stratigraphie eines Baufeldteiles im Zulegeriß 1: 1000 grundrißlich und im Schnitt im Sohlengrundriß wiedergeben. Bei geneigter und steiler Lagerung können flache Kernbohrungen bankrecht niedergebracht und in Quer- oder Längsschnitten dargestellt werden, also getrennt von der grundrißlichen Eintragung (s. auch Abschnitt IV).

Hinsichtlich der Anlage von Bohrnetzen im Steinkohlenbergbau verweisen wir auf unsere Untersuchungsarbeiten im Felde der Zeche *Neumühl* und die von der Forschungsgemeinschaft Neumühl veröffentlichten Arbeiten, besonders auf die Arbeit von O. Jacobi und E. Brändle („Glückauf", Heft 13/14, 1956, Abb. hinter S. 412). In der genannten Abbildung sind nicht nur die Standorte der eingebauten elektrischen Fernmeßgeräte, wie etwa Konvergenzgeber, Hangendgeber, Bohrlochgeber, Versatzdruckdosen usw., sondern auch der *Aufschlußbohrungen* eingetragen, die als Hoch-, Sohlen-, Horizontal- oder Schrägbohrlöcher bis zu 30 m ins Hangende, Liegende und in die Kohle getrieben wurden. Im ganzen sind etwa 60 Bohrungen und deren Kerne geologisch, petrologisch, gesteinsmechanisch und geophysikalisch untersucht worden. Zu dem Bohrgrundriß der Aufschlußbohrungen sind entsprechende Bohrschnittrisse für sämtliche Bohrungen angefertigt worden, von denen einige Ergebnisse als feinstratigraphische Schichtenschnitte, ferner als makro- und mikropetrographische Flözschnitte in den genannten Abhandlungen (S. 370, Abb. 2, und S. 377, Abb. 1) wiedergegeben sind.

Für die *Erdöllagerstätten* stellen wir in Abb. 42 einen Ausschnitt aus einem Erdölbohr- und Gewinnungsfeld als *Lageriß* dar. Zu letzterem ist zu bemerken, daß für Erdölbohrbetriebe die Eintragung der Eigentumsgrenzen erforderlich ist; man erkennt demgemäß auf der Abbildung Flurstücksgrenzen und -nummern. Außerdem sind normgerecht (2.061) in Betrieb befindliche Bohrungen mit Angabe des Fündigkeitsjahres, der Bohrlochsnummer, der Tagesoberflächenhöhe im Zähler und der Bohrlochstiefe, bezogen auf NN, im Nenner des links vom Bohrloch stehenden Bruches, sodann der gemessenen Bohrlochsabweichung und der Förderart (F = fließend, P = pumpend, gemäß 2.063) eingetragen. Auch die Lage der Ölleitungen sowie der Starkstromkabelleitungen ist angegeben (4.046).

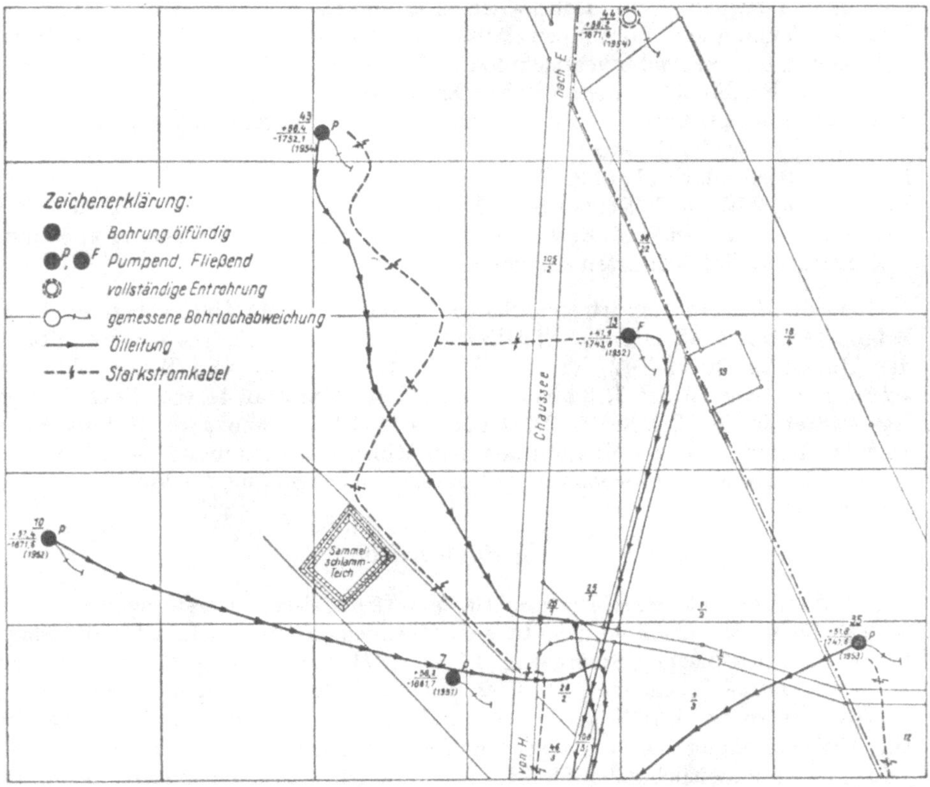

Abb. 42. Lageriß eines Erdölbohrbetriebes

Am nördlichen Blattrand ist die Bohrung *44* zu erkennen, die im Jahre 1954 niedergebracht, jedoch nicht fündig wurde und deshalb entrohrt und verfüllt worden ist (2.061,1).

Im Lageriß sind außerdem darzustellen:

die Flächen der Erdöl-Altvertragsgerechtsame, also der Altverträge, die vor dem Jahre 1934 (Staatsvorbehalt) abgeschlossen wurden,

die Konzessions- und Gewinnungsfelder unter Angabe der bergbehördlichen Genehmigungen

sowie zahlreiche weitere Gegebenheiten, auf die wir im Abschnitt II, D zu sprechen kommen.

Über weitere Darstellungen geologisch-lagerstättenkundlicher Art aus Erdölbohrbetrieben (zum Beispiel Lagerstättenüberwachung, Produktionsrisse usw.) soll wiederum im Abschnitt IV berichtet werden.

Welche Bedeutung den Bohrgrund- und Schnittrissen zukommt, geht allein schon aus den *Richtlinien* hervor. In ihnen sind besondere Zeichengebungen vorgesehen für

Steinkohlenbergbau, 2.021, Bohrlöcher im Grundriß,
Braunkohlenbergbau, Bohrungen, 2.041 bis 2.044 mit Flözschnitten, ferner mit Mustern für Schichtenverzeichnisse (Bohrungen) einschließlich der ausgewerteten Profile nebst ausführlichen Erläuterungen,
Erdölgewinnungsbetriebe, 2.061 bis 2.064 nebst Erläuterungen, sowie 2.07 für Ölschachtbetriebe (Wietze),
Kali- und Steinsalzbergbau, 2.08, während für den
Erzbergbau, 2.05 bis 2.051, am Schluß der Bemerkungen auf die Abschnitte 2.04 und 2.06 verwiesen wird, deren Zeichen hinsichtlich der Darstellung von Bohrlöchern und Bohrschnitten sinngemäß anzuwenden sind.

Über die Ausführungsart von Schacht- und Bohrschnitten geben auch der Rißmusteratlas 1942 und die *Richtlinien* Aufschluß. So sind Schachtschnitte in den Rissen 29, 30 und 42, ferner Bohrschnitte von Ton- und Braunkohlenvorkommen im Riß 55 des Rißmusteratlas, ferner Bohrschnitte von Braunkohlenlagerstätten in den *Richtlinien* 2.041 und 2.044, Blatt 1 und 2, dargestellt. Es ist aber bei Benutzung von Mustern aus dem Rißmusteratlas immer — worauf wir bereits hinwiesen — zu beachten, daß in der Zeichengebung die *Richtlinien* maßgebend sind.

δ) Sohlenrisse

Der übergeordnete Begriff der *Sohlenrisse* (Grundrisse) ist erst gegen Ende des 19. Jahrhunderts aufgekommen. In den Allgemeinen Vorschriften für die Markscheider im preußischen Staate vom 21. 12. 1871 werden diese Risse noch nicht erwähnt. Erstmalig begegnen sie uns in der Geschäftsanweisung des *Oberbergamtes Dortmund* vom 14. 5. 1887 als Hauptgrund- und Sohlenrisse (Abschnitt I, S. 76). Die Bezeichnungen dieser Rißart wurden bei den einzelnen Oberbergämtern jedoch nicht einheitlich gehandhabt, sondern es ist — abweichend von Dortmund — auch von Hauptgrund- und Situationsrissen gesprochen worden (I, S. 74).

Mit dem Erscheinen der MO von 1923 erhielt der damalige Hauptgrund- und Sohlenriß bzw. Hauptgrund- und Situationsriß die Bezeichnung „Hauptgrundriß". Auch hat man im § 49, Ziff. 2 der MO die Zweckbestimmung dieser Rißform dahingehend angegeben, daß „der Hauptgrundriß die Erschließung der Lagerstätte sowie die Lage der Aufschlußbaue zu den Gegenständen der Oberfläche in söhliger Projektion veranschaulichen soll". Damit, daß diese Bestimmung die Notwendigkeit der Auftragung von Tagesgegenständen hervorhob, wurde der Riß eben doch wieder zum „Hauptgrund- und Situationsriß" gestempelt. Seltsamerweise verlangt die Behörde die Darstellung der Tagesgegenstände auch auf den Abbaugrundrissen, eine Maßnahme, die zum Beispiel in stark bebauten Gebieten als ungewöhnlich große Belastung empfunden werden mußte.

Und nun hat man bei Herausgabe der *Richtlinien* die neue Bezeichnung „Sohlenriß" gewählt, um zum Ausdruck zu bringen, was man wirklich meint, nämlich *die Darstellung der Aus- und Vorrichtung einer Hauptsohle oder auch von zwei und mehreren Sohlen,* sofern Klarheit und Übersichtlichkeit dadurch nicht beeinträchtigt werden. Das Wort „Sohlenriß" ist ein Sammelbegriff für mehrere Arten von Sohlenrissen. Man kannte auch schon früher außer dem „Hauptgrundriß" den „Hauptsohlengrundriß" sowie den „Hauptseigerriß". Diese drei Rißarten bestehen auch heute noch und tragen nach den *Richtlinien* 1.10313 die Bezeichnungen

Sohlengrundriß, früher Hauptgrundriß,
Sohlenübersichtsriß, früher Hauptsohlengrundriß,
Sohlenseigerriß, früher Hauptseigerriß genannt.

Es sind auch noch im Rißmusteratlas 1942 Vertreter von zwei Rißarten der Sohlenrisse zu finden. So stellt Riß 7 aus dem Steinkohlenbergbau einen Sohlengrundriß, ferner Riß 24 aus dem Erzbergbau einen Sohlenübersichtsriß für 6 Sohlen dar. Dagegen sind Vertreter des Sohlenseigerrisses in allen Sparten des Bergbaus äußerst selten anzutreffen, und es liefert der Rißmusteratlas 1942 kein Beispiel für diese Rißart. Im folgenden beschreiben wir die kennzeichnenden Eigenschaften der drei Sohlenrißformen.

Der *Sohlengrundriß* zeigt im allgemeinen die in Aus- und Vorrichtung in *einer*, seltener in zwei Bausohlen aufgefahrenen Grubenbaue und damit die Art und Weise der Erschließung der Baufelder. Außer den Schächten, Blindschächten, Stollen und Füllörtern sind die Querschläge mit den aufgenommenen Gebirgsschichten, ferner die sonstigen Ausrichtungsbaue, zum Beispiel Abteilungsquerschläge, sodann die Grundstrecken, Richt-, Sumpf- und Auslenkungsstrecken in der Lagerstätte darzustellen. Außerdem werden in den Sohlengrundriß die Markscheiden, Berechtsamsgrenzen, Sicherheitspfeiler und Schutzbezirke, Bau- und Pachtfeldgrenzen, tektonische Störungen, Sattel- und Muldenlinien, Spuren der Seigerrißebenen sowie der Schnitte eingetragen. Ebenso sind sämtliche Großräume, wie Wasserhaltungsanlagen, Füllörter, Sprengstofflager usw., in den Sohlengrundriß aufzunehmen. Über die sonstigen Darstellungen, wie etwa Beschriftung, Zeichengebung, gebräuchliche Abkürzungen, Farbgebung u. a. m. erteilen die *Richtlinien* Auskunft. Ein Ausschnitt aus einem Sohlengrundriß (Steinkohle) ist bei SCHULTE-LÖHR (1958, 3. Auflage, S. 360/361, und Tafel 34 im Anhang) zu finden.

Bei den bisher erwähnten Sohlengrundrissen (Riß 7, Rißmusteratlas und SCHULTE-LÖHR) handelt es sich ausschließlich um Darstellungen aus dem Steinkohlenbergbau. Wir zeigen deshalb in Abb. 43 (a, b) einen Ausschnitt aus einem Sohlengrundriß der 680-m-Sohle des Eisenerzbergwerks Georg der Erzbergbau Siegerland AG im Maßstab 1 : 500. Den *Sohlengrundriß* verdanken wir Herrn Obermarkscheider Dr.-Ing. R. REICHENBACH.

Abb. 43a gibt den Ausschnitt in schwarzweiß, Abb. 43b farbig wieder. Damit bringen wir zum Ausdruck, daß die schwarzweiße Ausführung, die sich ebenso wie die farbige Darstellung streng an die *Richtlinien* hält, nicht im entferntesten den Einblick in die Aus- und Vorrichtung sowie in die Schichtenfolge des Nebengesteins oder gar in die Ausbildung der Erzlagerstätte gewährt, wie dies die Farbgebung ermöglicht (Abb. 43a, b s. Anhang).

Man erkennt in Abb. 43b deutlich das Streckennetz der oberen 640-m-Sohle in gerissenen Linien, ebenso auch die in schwach gelber Flächentönung angelegte Erzführung, aus der in bezug auf die 680-m-Sohle das wechselnde Einfallen des Ganges zwischen 80^g und 100^g zu entnehmen ist. Der stark gestörte, bis zu 14 m mächtige Eisenerzgang ist durch rote Strichelung gekennzeichnet. Obwohl es sich um einen Ausschnitt aus einem Zulegeriß handelt, sind sämtliche Grubenbaue den *Richtlinien*, 2.05, gemäß farbig angelegt, weil dies zum Verständnis der verwickelten Tektonik der Lagerstätte erforderlich ist. So treten auch die Verbindungen zwischen den beiden Sohlen ausgeprägt hervor; ebenso läßt sich der

Einfluß der Störungen im Erzkörper und außerhalb desselben in der farbigen Abbildung 43b gut verfolgen. Alle diese Einzelheiten gehen in der schwarzweißen Ausführung verloren, oder sie sind nur bei angestrengter und dauerhafter Aufmerksamkeit wahrnehmbar. Bemerkenswert ist u. a., daß Höhenzahlen und Polygonpunktnummern, die nach den *Richtlinien* in der Sohlenfarbe, vorliegend in blauer Schrift, zu kennzeichnen sind (Abb. 43b), in Abb. 43a, also in schwarzweiß, nicht eingetragen werden könnten.

In diesem Sohlengrundriß treten besonders stark die Vorteile der Großmaßstäblichkeit hervor, die sich im Hinblick auf die Gestörtheit der Lagerstätte und die Mannigfaltigkeit der zu beachtenden Eintragungen als unbedingt notwendig erweist. Anders liegen die Verhältnisse im Salzgitterer Eisenerzbergbau. Im Hinblick darauf, daß der Lagererzbergbau von Salzgitter mehr als 50% der gesamten deutschen Eisenerzförderung bestreitet [O. SCHLEIER (1954, Teil I, S. 139)], scheint es uns angezeigt, einige kennzeichnende Rißarten zu erläutern.

So bringen wir in Abb. 44 einen Ausschnitt aus einem Sohlengrundriß der 2. Teilsohle des Eisenerzbergwerks H, Salzgitter. Die Höhenlage und Bezeichnung der einzelnen Sohlen geht aus den Tagebaurissen desselben Bergwerks, *Abbauseigerriß*, Abb. 69, S. 244, hervor. Bis zu einer Teufe von 80—90 m wurde (Tagesoberfläche liegt bei rd. +200 m) das Erz im Tagebau gewonnen. Von dort an ist das Vorkommen, das zunächst steil mit 85^g, dann aber nach der Tiefe zu zunehmend flacher einfällt, in mehreren Lagern in großer Mächtigkeit entwickelt. Im ganzen sind es fünf Lager, das schwarze, braune, gelbe, graue und rote Lager, vom Liegenden zum Hangenden gerechnet, durch rote, lang unterbrochene Linienführung begrenzt. Die einzelnen Lager sind nicht immer scharf gegeneinander abgegrenzt, mitunter sind sie auch durch erzarme Mittel voneinander getrennt, wie zum Beispiel zwischen dem grauen und roten Lager ein aus sandigen Schiefertonen bestehendes Zwischenmittel mit geringprozentigem Fe-Gehalt entwickelt ist.

Söhlig gemessen beträgt die gesamte Mächtigkeit des Vorkommens (scheinbare Mächtigkeit) in der 2. Teilsohle rd. 90 m. Der Rißauszug zeigt daher nicht nur eine Sohlenstrecke nebst Begleitstrecken, vorliegend im braunen Lager, sondern weitere söhlige Auffahrungen, zum Beispiel im roten Lager. Sodann sind in 80—100 m Entfernung voneinander vom Liegenden zum Hangenden söhlige Strecken senkrecht zum Streichen als querschlägige Untersuchungsstrecken im Erzkörper aufgefahren. Es werden hier — und das ist besonders wichtig — die geologisch-petrographischen Verhältnisse der Lagerstätte sowie die Bauwürdigkeit, der Metallgehalt und die Struktur der Erze dargestellt (*Richtlinien*, 3.125 bis 3.128, und Erläuterungen zu 3.12). Zur besseren Übersicht sind die Untersuchungsstrecken quer zum Streichen von Farbbanddarstellungen mit Eintragung von Analysenergebnissen begleitet. Auch Durchschnittsanalysen (eingekreist) und querschlägige Mächtigkeiten (in rechteckiger Form) werden betont. Die hangende Sohlenstrecke in der 1. Tiefbausohle ist gerissen gezeichnet, mit blauem Farbstrich versehen, die tiefere Sohlenstrecke in der 2. Tiefbausohle weist rote Farbstrichgebung auf. Ein Vergleich der beiden Sohlengrundrisse, Abb. 43b und 44 macht den gewaltigen Unterschied zwischen den Darstellungen im Gang- und Lagerbergbau besonders deutlich.

Es kommt aber noch etwas anderes hinzu. Nehmen wir an, die in Abb. 44 mit verschiedenen Farben bezeichneten Lager wären durch größere Zwischenmittel voneinander getrennt, so daß jedes Lager seine Sohlenstrecke erhalten müßte, dann würde dies im Gangbergbau dem Auftreten mehrerer übereinanderliegender bauwürdiger Gänge entsprechen, ebenso wie es auch im Kalibergbau mehrere Lager gibt, die steil gestellt sind. Ein solcher Fall ist mir im Freiberger Gangbergbau auf Blei-Silbererzgängen begegnet. Der in Frage kommende Markscheider bezeichnete, da er im Sohlenriß zahlreiche Sohlenstrecken in einem Schwarm von Gängen darzustellen hatte, diesen Riß als *Sohlengruppen-Grundriß*[1]). Eine Parallele zu bisher bekannten Darstellungen im Erzbergbau besteht nicht, obwohl ein Beispiel ähnlicher Art für Steinkohlenbergbau im Rißmusteratlas 1942 beim Riß 7 gegeben ist, der im mittleren Blatteil mehrere Flöze mit sehr steilem Einfallen zeigt. In den *Richtlinien* werden solche Darstellungen ebenfalls nicht erwähnt. Wir werden nachfolgend jedoch auf einen weiteren Sohlengrundriß zu sprechen kommen, der ähnliche Verhältnisse streift. Man erkennt schon hier, daß die *Richtlinien* nur Anhaltspunkte liefern können, so daß die für das *Grubenrißwerk* unter 1.013 gegebene Gliederung auf Vollständigkeit keinen Anspruch erheben kann.

Wir behandeln nunmehr den soeben angeführten *Sohlengrundriß*, der in Abb. 45 wiedergegeben wird. Den Rißauszug verdanken wir Herrn Markscheider Dr.-Ing. G. Neuwirth. Die Darstellung stammt aus dem Kalibergbau und zeigt die Aus- und Vorrichtung in drei Kalilagern, und zwar in zwei Hartsalzlagern und einem Sylvinitlager. Die Aufschlüsse in der 580-m-Sohle sind insofern bemerkenswert, als alle drei Lager auf engem Raum ihr Streichen fortdauernd ändern und damit mehrere Spuren in der Seigerrißebene erfordern, die nicht mehr durch Keile unterbrochen oder geknickt werden können, sondern die nahezu senkrecht aufeinander stehen und eine getrennte Behandlung der einzelnen Gebirgskörper notwendig machen. Es ist ferner erwähnenswert, daß die Streckenstöße in den drei Lagern (Hartsalzlager 1 und 2 sowie Sylvinitlager 1) gleichmäßig dünne Strichstärken nachweisen, während die im nicht gewinnbaren älteren Steinsalz aufgefahrenen Grubenbaue mit Schattenstrichen (westlicher und nördlicher Stoß) ausgestattet sind.

Beachtenswert sind sodann Streich- und Einfallsrichtungen. So streichen die drei Lager im nördlichen Blatteil etwa von Westen nach Osten; sie biegen sodann scharf nach Süden ein, mit größeren Abständen voneinander, die durch ein flacher werdendes Einfallen bedingt werden. Im süd- bzw. südöstlichen Teil des Blattes ist schließlich im Hartsalzlager 1 und im Sylvinitlager 1 ein Umkippen in die entgegengesetzte Richtung zu erkennen, zwar um einen spitzen Winkel von 20—30^g aus südwestlichem in östliches bzw. nordöstliches Streichen, während das Hartsalzlager 2 aus der südlichen in eine östliche Streichrichtung überwechselt und keine besonderen Regelwidrigkeiten im Streichen und Fallen aufweist.

Da die in den drei Lagern aufgefahrenen Strecken keineswegs die gesamte bauwürdige Lagerstättenmächtigkeit anzeigen und ferner die Untersuchungs- sowie Verbindungsbaue teils unbauwürdige Partien, teils bauwürdige Ausweitungen des Vorkommens nachweisen, lassen sich geologische und petrographische Einzelheiten im *Sohlengrundriß* nicht darstellen, wenn die Übersichtlichkeit der Auffahrungen gewährleistet bleiben soll. Deshalb zeigt, wie wir im Abschnitt IV ausführen werden, der gleiche Rißauszug, Abb. 45, die geologischen und lagerstättenkundlichen Besonderheiten in einem *Lagerstättenriß* der 580-m-Sohle.

---

[1]) Wir halten diesen Ausdruck für keineswegs glücklich gewählt und glauben auch nicht, daß er in den *Richtlinien* 1951 im Falle einer Neuauflage Eingang findet.

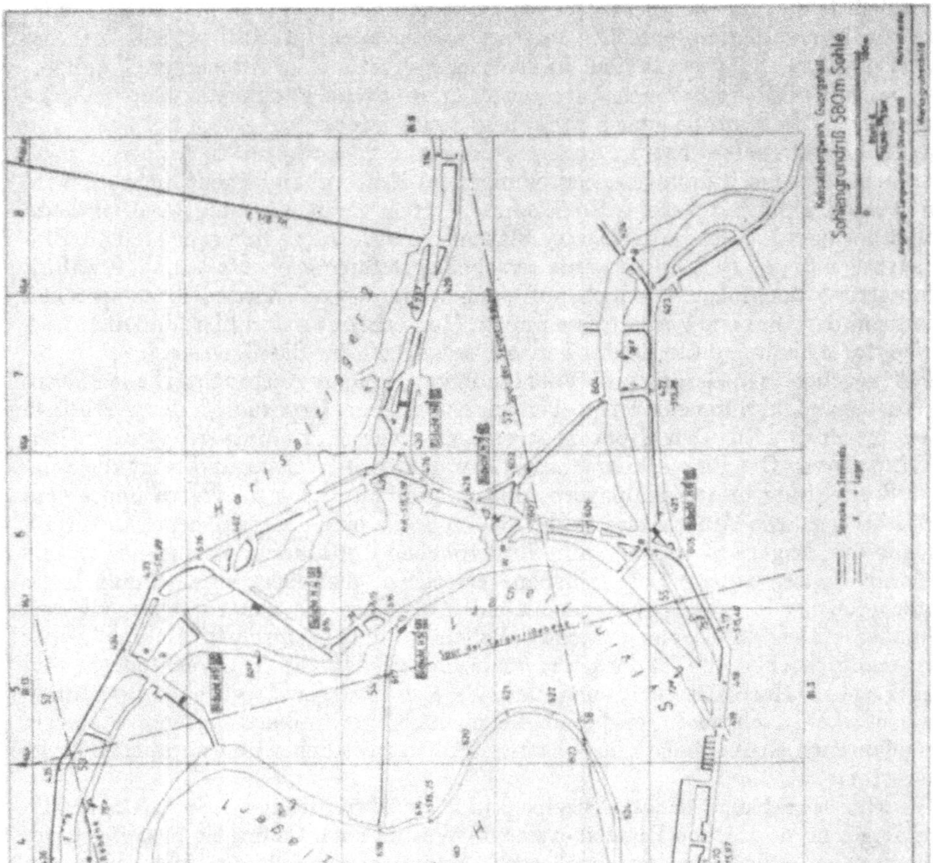

Abb. 45. Sohlengrundriß einer steilen Kalisalz-Lagerstätte

Wir zeigen im folgenden einen *Sohlenübersichtsriß* aus dem Kalibergbau (Abb. 46). Es handelt sich um dasselbe Sylvinitlager 1, welches im *Sohlengrundriß* der 580-m-Sohle, Abb. 45, zur Darstellung gelangte. Hinzukommen hier noch drei weitere Sohlen, die 400-, 630- und 700-m-Sohle. Die drei tieferen Sohlen weisen das gleiche Streichen auf, wie dies die Abb. 45 in der 580-m-Sohle zeigt. Nach der Tiefe zu wird im Nordsüdflügel des Lagers das Einfallen flacher.

Die Sohlenstrecke in der 400-m-Sohle verhält sich nach Streichen und Fallen anders. Im nordwestlichen Blatteil fällt das Lager steil nach Norden zu ein, während die Strecken in der 580-m- und 700-m-Sohle südlich gerichtetes steiles Einfallen aufweisen. Das Lager ist somit im Norden überkippt; erst in der Mitte des Blattes verläuft das Streichen in der 400-m-Sohle in der gleichen Richtung wie in den beiden tieferen Sohlen bei einem allgemeinen Einfallen aller Sohlenstrecken nach Südwesten zu. Die nasenförmige Einbuchtung in der Streichrichtung der tieferen Sohlen ist in der oberen 400-m-Sohle in der westöstlich verlaufenden Spur der Seigerrißebene bei Punkt 57 nur leicht angedeutet.

Im Sohlenübersichtsriß Abb. 46 sind annähernd lotrecht zu den Spuren 50—51—52 und 53—54—55 der Seigerrißebenen die Querschnitte ② und ④ angelegt. Sie zeigen in Abb. 47 die ungleichmäßige Ausbildung des steil einfallenden, zwischen älterem und jüngerem Steinsalz eingebetteten Sylvinitlagers.

Solange nach der Teufe zu Streichen und Einfallen der Lager keine wesentlichen Veränderungen erfahren, könnte Abb. 46 auch noch für die Darstellung in einer tieferen Sohle ausreichen, so daß — wegen des Fehlens kleintektonischer Eintragungen — trotz der stark wechselnden Streich- und Einfallsrichtungen die Übersichtlichkeit gewahrt bleibt.

Was schließlich den *Sohlenseigerriß* betrifft, so bietet er in darstellender Hinsicht keinerlei Gewinn. Wie schon der Name sagt, können in ihm lediglich Schächte, Blindschächte und Sohlenstrecken zur Darstellung gelangen. Der Riß würde tot wirken; abgesehen davon ist das, was ein Sohlenseigerriß zeigen kann, auch im *Abbauseigerriß der Bausohlen* enthalten. Auf Zeche Zollverein begegnete uns ein Sohlenseigerriß, der die einzelnen Schächte und die in jedem Schacht vorhandenen Sohlenstrecken wiedergab, die in den einzelnen Horizonten teilweise durch Anreißen kenntlich gemacht waren.

Ein anderes Bild zeigten wir mit Abb. 28 (Anlage), in der Herr Markscheider Rack von der Erzbergbau Siegerland A. G. den Netzplan der Sohlenorientierungen mit Angabe der Messungswidersprüche als Sohlenseigerriß dargestellt hat. Hier wirkt der Riß durch die Eintragung der Meßergebnisse, ferner durch die Hinweise auf Berechnungsbücher und Fehlerangaben in den Schächten und Sohlenstrecken recht anschaulich. Sollte diese Darstellungsweise in der Praxis Verbreitung finden, so wäre damit dem Sohlenseigerriß ein Platz im Zulegerißwerk gesichert.

ε) Abbaurisse

Für den Abbauriß schlechthin gebrauchte der Bergmann früher vielfach den Ausdruck „Grubenbild“, weil ihm diese Rißart, die in der MO noch als „Baurisse“ bezeichnet wird, Aus-, Vorrichtung und Gewinnung, also sämtliche Streckenauffahrungen und Abbaue, in einem zeigte. Die Abbaurisse sind auch heute noch das wichtigste Glied im Bereich der zu einem *vollständigen Rißwerk* gehörenden

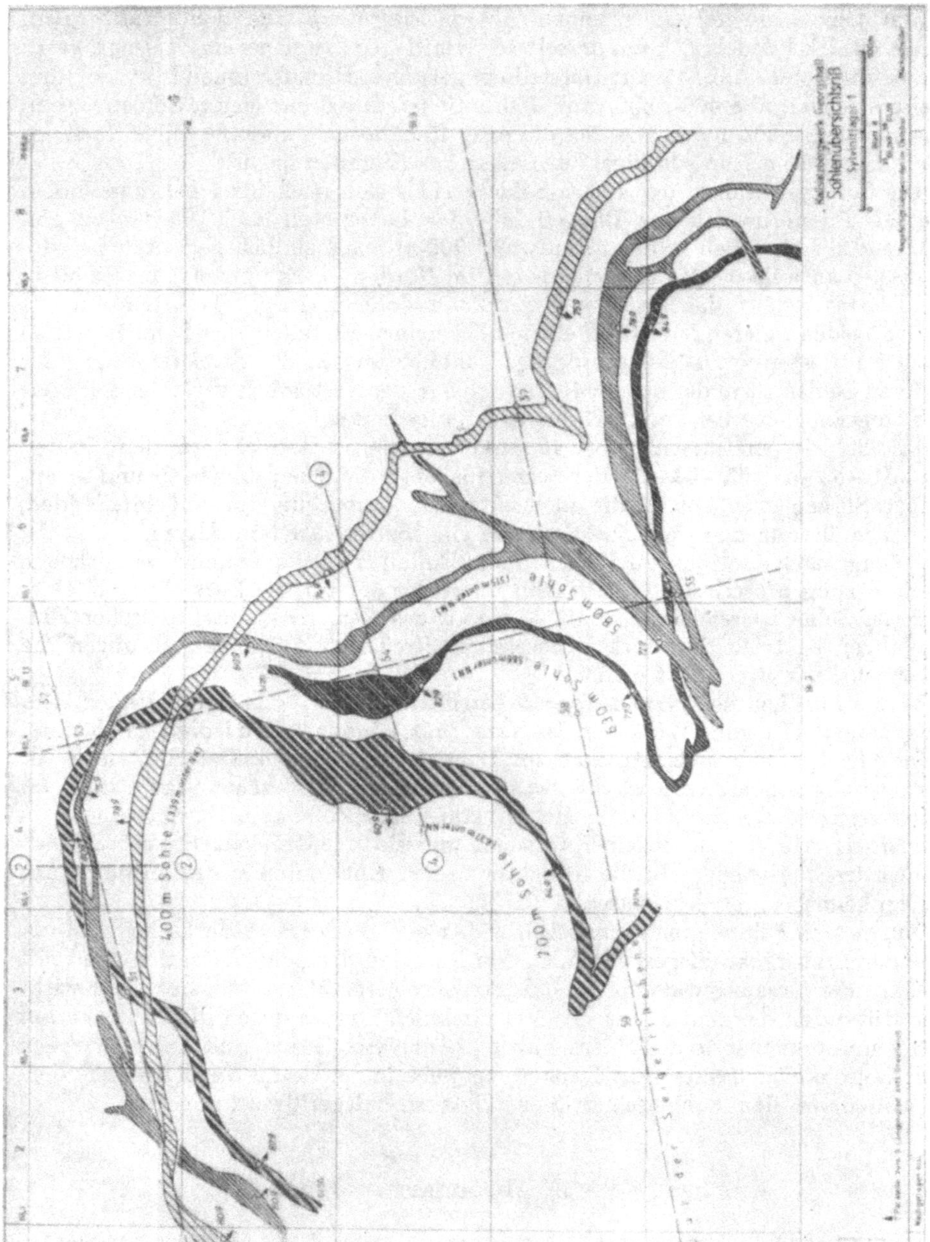

Abb. 46. Sohlenübersichtsriß einer steilen Kalisalz-Lagerstätte

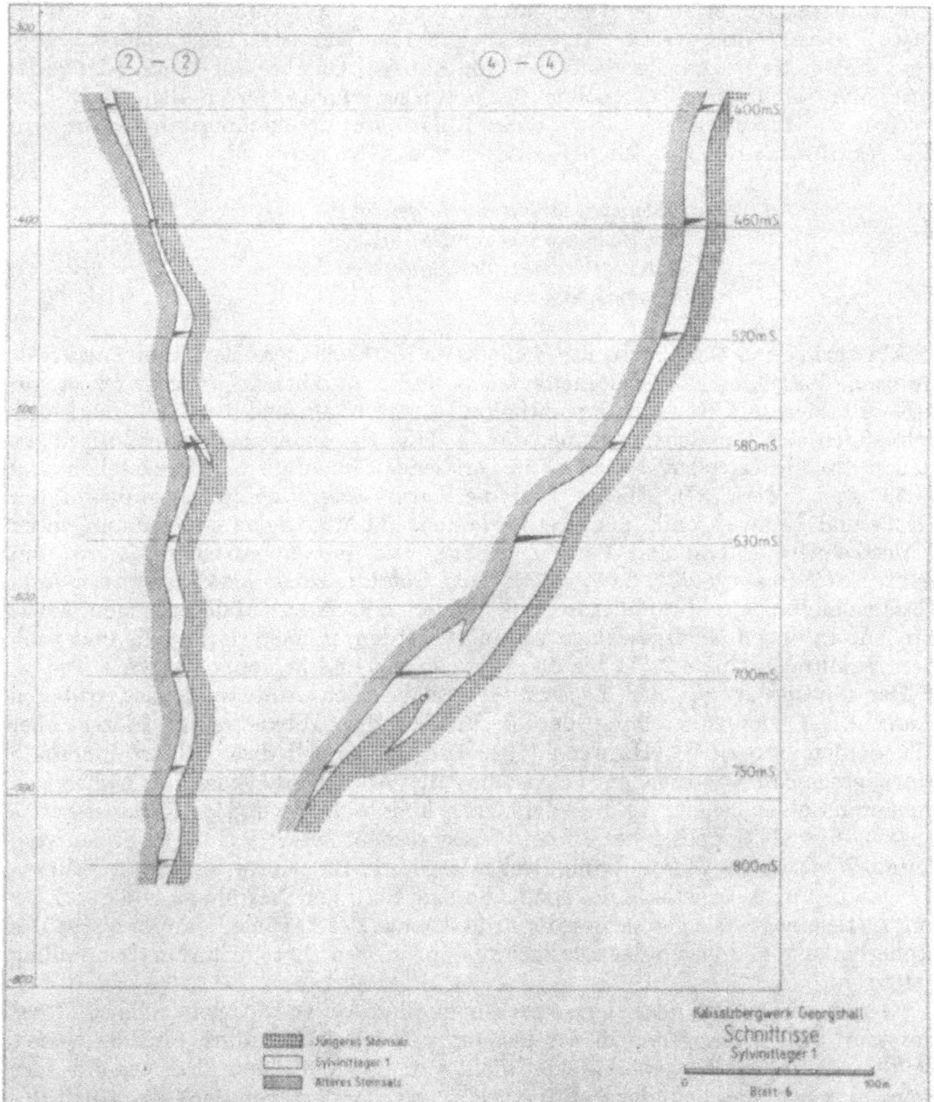

Abb. 47. Schnitte zum Sohlenübersichtsriß, Abb. 46

Bestandteile. Die bisherige Bezeichnung „Baurisse“ war verfehlt, denn das Wort „Grubenbaue“ und damit „Baurisse“ gilt für Grundstrecken, Richtstrecken, Querschläge und Schächte ebenso wie für Abbaue. Da aber auf diesen Rissen die „Abbaue“ eine ausschlaggebende Rolle spielen, dürfte der in den *Richtlinien* verankerte Ausdruck *Abbaurisse* diese Rißart am zweckmäßigsten verkörpern. Die *Richtlinien*, 1.01313, sehen vier Arten von *Abbaurissen* vor:

Abbaugrundrisse der Lagerstätte,
Abbaugrundrisse der Bausohle,
Abbaugrundrisse der Bausohlen und
Firstengrundrisse.

Abbaurisse müssen ebenso wie Sohlenrisse Markscheiden, Bau- und Pachtfeldgrenzen, Berechtsams-, Sicherheitspfeiler- und Schutzbezirksgrenzen, ferner auf NN zu beziehende Höhenzahlen enthalten. Aufzutragen sind die Grubenbaue einschließlich der Ausrichtungsbaue, die — falls sie anderen Erschließungen als denen des Flözes selbst dienen — in gerissener Linienführung darzustellen sind (§ 59, Ziff. 1 der MO). Ebenso sind die Lagerstättenverhältnisse mitsamt der Groß- und Kleintektonik, den Mächtigkeiten und Mächtigkeitsschwankungen zu kennzeichnen. Abbau und Versatz, Abbauzeiten mit Angabe der Monate und Jahre (*Richtlinien*, 2.091, 2.092, 4.022) und Gefahrenzonen als Standwasser- und Gasansammlungen, Brandherde und -felder mit ihren Abdämmungen sowie Stellen, an denen Gebirgsschläge vermutet werden, müssen dargestellt und nach den *Richtlinien*, 2.025, 2.111 bis 2.114, bezeichnet und begrenzt werden.

Der *Abbaugrundriß der Lagerstätte* enthält nach Auffassung des früheren Ausschusses zur Aufstellung der *Richtlinien* die Abbaue *eines* Flözes über alle Sohlen hinweg [O. Haibach (1943)], d. h., es soll diese Rißart innerhalb eines geschlossen wirkenden Feldesteiles die Abbauverhältnisse in sämtlichen gebauten Sohlen zeigen. Als Beispiel hierfür könnte man Riß 8 im Rißmusteratlas 1942 — hier als Grundriß bezeichnet — ansprechen. Dieser Riß ist im Süden vom Sutan-Wechsel, im Norden vom Deckgebirge und im Südwesten von der Markscheide begrenzt. Innerhalb des Baufeldes sind Süd- und Nordflügel von der 2. bis zur 7. (tiefsten) Sohle gebaut worden. Die Abbaue der 1. Sohle konnten wegen des Sicherheitspfeilers gegen das Deckgebirge auf diesem Blatt nicht zur Darstellung gelangen.

Ob man diesen Riß oder einen anderen, der den Abbau *aller* Sohlen eines Flözes darstellt, als „Abbaugrundriß der Lagerstätte“ bezeichnen darf, muß bezweifelt werden. Denn eine Lagerstätte wird nicht von einem einzigen Flöz, wie dies hier beim Flöz Sonnenschein der Fall ist, verkörpert, sondern von der Gesamtheit der Flöze, Gänge oder Lager, die die Lagerstätte ausmachen. Wir sind daher der Auffassung, daß der Ausdruck „Abbaugrundriß der Lagerstätte“ nicht empfehlenswert ist. Für den erwähnten Riß 8 im Rißmusteratlas dürfte die Bezeichnung *Abbaugrundriß der Bausohlen* angebracht sein.

Anders liegt der Fall, wenn nur eine einzige Lagerstätte, zum Beispiel ein Gangvorkommen, in seiner ganzen Ausdehnung nach Streichen und Einfallen im Abbau, von der tiefsten zur höchsten Sohle, steht. Alsdann wäre die Bezeichnung *Abbaugrund- bzw. Abbauseigerriß der Lagerstätte* statthaft. Aber solche Fälle sind sehr selten!

Es ist auch noch folgendes zu bedenken. Liegen im Steinkohlen-, Braunkohlen- (als Tiefbau), Erz- und Kalibergbau die Flöze oder Lager *waagerecht*, wie dies keineswegs selten der Fall zu sein pflegt, so kann man immer nur von einer Flöz-, Lager- oder Bausohle sprechen, in der bis zur nächsthöheren Sohle die weiteren Flöze oder Lager durch Blindschächte usw. gelöst sind. Es scheint uns zweckmäßig zu sein, alsdann von einem *Abbaugrundriß der Bausohle* oder *der Bausohlen* auszugehen, wobei das Wort „Bausohle" auch bei waagerechter Lagerung das Niveau der Flöz- oder Fördersohle bezeichnen kann.

αα) Abbaugrundrisse

Abbaugrundrisse der Bausohle sollen den Abbau eines Flözes, Ganges oder Lagers im Bereich einer Tiefbausohle, also etwa zwischen der 3. Bausohle und der 2. Bausohle veranschaulichen, wobei der Riß die Bezeichnung *Abbaugrundriß der 3. Tiefbausohle* trägt und die Grundstrecken in der 2. Sohle gerissen angedeutet werden. Ein Muster liefert Riß 27 im Atlas 1942 (dort Grundriß genannt); es ist der Riß vom Eisenstein-Bergwerk Georg und Sonne. Da es sich um ein Einfallen des Ganges von 70^g—90^g handelt, ist ein Seigerriß mit diesem Abbaugrundriß verbunden.

Hinzukommen aber noch zwei weitere Beispiele aus dem Rißmusteratlas 1942, nämlich die Risse 29 und 30, die im Atlas als „Baurisse" oder „Baugrundrisse" bezeichnet sind. Riß 29 stellt die Abbaue der unteren, Riß 30 der oberen Erzlage aus der oberschlesischen Blei-Zinkerzlagerstätte dar. Diese Lagerstätte ist flözartig mit großen Mächtigkeitsschwankungen in waagerechter Lagerung entwickelt. Man spricht diese Risse zweckmäßig als „Abbaugrundriß der unteren Erzlage" und als „Abbaugrundriß der oberen Erzlage" an. Beide Abbaugrundrisse zusammen bilden die Blei-Zinkerzlagerstätte des oberschlesischen metasomatischen Vorkommens in der Beuthener Mulde.

Abbaugrundrisse der Bausohle werden nur dann in Frage kommen, wenn Flöz, Gang oder Lager sehr flach einfallen und nahezu waagerecht liegen. Riß 27 im Atlas 1942 als Abbaugrundriß der Bausohle weist zwar steiles Einfallen nach, doch sind auf dem Blatt neben dem Grundriß ein Seigerriß und mehrere Firstengrundrisse zu sehen, so daß wegen der Raumbeschränkung nur die Darstellung einer einzigen Bausohle in Betracht gezogen werden konnte. Bei stark geneigtem und steilem Einfallen der Flöze, Gänge oder Lager werden in der Regel Abbaugrundrisse der Bausohlen anzufertigen sein.

Abbaugrundrisse der Bausohlen weisen das Streckennetz sowie die Abbaue mehrerer Sohlen nach. Außer dem Riß 8 im Rißmusteratlas kann auch noch Riß 15 (Steinkohlenbergbau) als Beispiel dienen. Zur Darstellung kam Flöz Schuckmann aus dem oberschlesischen Steinkohlenbecken mit den Bauen und Abbauen in drei Sohlen. Das Flöz zeigt bei einer durchschnittlichen Mächtigkeit von 10—11 m mit einem Einfallen von rd. 40^g eine relativ gleichbleibende, ungestörte Entwicklung.

Sodann verweisen wir im Rißmusteratlas 1942 auf Riß 22 aus dem Braunkohlentiefbau. Hier liegt für ein rd. 10 m mächtiges Flöz in flacher Lagerung mit 5—8^g Einfallen ein Abbaugrundriß für fünf Bausohlen vor. Der Riß wirkt primitiv und unübersichtlich. Mitunter überdecken sich die Abbaue von drei Sohlen. Die Mächtigkeit der horizontalen Scheibe zwischen zwei Sohlen, die keineswegs immer gleichbleibend ist, geht lediglich aus dem Schnitt 2 hervor. Trotz farbiger Darstellung ist es schwierig, sich im Riß zurechtzufinden.

Wir bringen daher in Abb. 48 ein ähnliches Beispiel, das nach neuzeitlichen Gesichtspunkten und gemäß DIN 21900, 2.093, ausgeführt wurde. Den Rißauszug verdanken wir Herrn Markscheider E. WAGENER von den Braunschweigischen Kohlenbergwerken, Helmstedt. Das Bild zeigt im Schnitt 1 ein ähnlich flach einfallendes Braunkohlenflöz, wie es im Riß 22 des Rißmusteratlas vorliegt. Die Mächtigkeit des Flözes liegt bei 17—20 m. Die Überlagerung spielt keine Rolle, da es sich um Tiefbau handelt. Wir richten das Augenmerk des Lesers auf den *Abbaugrundriß der sechs Bausohlen*. Von grundlegender Bedeutung ist folgendes:

1. Es ist vermieden worden, enge Abbauschraffuren anzuwenden.
2. Die waagerechten Scheiben der einzelnen Sohlen sind durch den Verlauf des Liegenden und Hangenden begrenzt; das zeigen besonders die Schraffen der 4., 5. und 6. Sohle im Schnitt 1.
3. Den Abbaulängen der Scheiben entsprechen die durch stark ausgezogene Kurven der betreffenden Sohlenfarbe gekennzeichneten Abschnitte. *Beispiel*: In der Sohle VI stellt die blaue, stark ausgezogene südnördlich verlaufende Kurve an der linken Blattseite die Abbaubegrenzung im Hangenden dar. Von dieser Kurvenlinie gehen schräg nach Nordosten in weitem Abstand blaue Schraffen ab, die sämtlich bis zur stark gerissen gezeichneten blauen Kurvenlinie im Liegenden reichen. Etwa vom Schnitt der Hangendkurve VI mit der Schnittlinie 1 ab zeigt eine dünn gestrichelte, blaue, geknickte Linie den Stand des Abbaus im Hangenden des Flözes nach Norden zu an.
4. In gleicher Weise läßt sich für die Scheibenabbaue V und VI die Begrenzung der Hangendabbaue in dünn gestrichelter Manier erkennen, während die stark gestrichelten Kurven V und VI im Osten des Blattes die Liegendgrenzen anzeigen.
5. Für die Scheibenabbaue der 3., 2. und 1. Sohle sind im Rißauszug leicht die westlichen Hangendbegrenzungen zu finden, während die Liegendgrenzen auf dem vorliegenden Blatt nicht mehr zur Darstellung kommen können.

Die abschnittsweise Begrenzung der Scheibenabbaue in sechs Sohlen mit den eingetragenen Abbauschraffen erweist sich als übersichtlich, trotzdem mitunter eine Überdeckung von 3—4 Abbauen stattfindet. An zahlreichen Stellen erkennt man die Scheibenmächtigkeiten, die zusammengezählt die Flözmächtigkeit ergeben. Höhenzahlen sind in ausreichendem Maße vorhanden. Die Abbaudaten werden jährlich verzeichnet, was bei der langen Dauer der Abbauführung von 8 Jahren als durchaus ausreichend bezeichnet werden kann.

Es ist sodann ein weiterer Riß 37 (im Rißmusteratlas 1942 als Baugrundriß angegeben) aus dem Kalibergbau zu erwähnen, der ebenfalls die Streckenbetriebe und Abbaue in drei Sohlen zeigt. Das Beispiel ist insofern unglücklich gewählt, als die 774-m-, 768-m- und 762-m-Sohle nur je 6 m seigeren Abstand voneinander aufweisen. In Wirklichkeit sind diese drei Sohlen, wie aus dem Abbauschnitt, Riß 38, zu ersehen ist, *Teilsohlen* zwischen der 780-m- und 700-m-Sohle. Die unbedeutenden seigeren Abstände der vielen Teilsohlen haben bei dem geringen Einfallen des Kalilagers zur Folge, daß der Riß 37 unübersichtlich wirkt. Hinzukommen weitere Besonderheiten der Darstellung, auf die wir bei Behandlung der Seigerrisse eingehen wollen. Das Überdecken der einzelnen Strecken und

Abbaue in den drei genannten Teilsohlen wird zwar durch die Farbgebung gemildert; dennoch lassen Klarheit der Zeichengebung und Beschriftung zu wünschen übrig. Schon W. NEHM (1942, S. 48) bezeichnete diese Darstellung als schwer deutbar. O. HAIBACH (1943, S. 25) rät in diesem Fall zur rißlichen Wiedergabe einer Zwischensohle und zur Anfertigung von zwei Deckpausen für die anderen beiden Teilsohlen. Dieser Vorschlag erscheint uns in Anbetracht der Übersichtlichkeit, die der Abbaugrundriß der Bausohlen erhält, wenn man sich der Deckpausen zur 762-m-Zwischensohle bedient, annehmbarer als die Darstellung der drei Zwischensohlen auf einem einzigen Blatt.

An vierter Stelle werden in den *Richtlinien*, 1.013, unter den Abbaugrundrissen die *Firstengrundrisse* genannt, die lediglich auf den Gangbergbau beschränkt sind. Unserer Überzeugung nach gehört diese Rißform nicht zu den Abbaugrundrissen, weil sie den Darstellungen dieser Rißgruppe nicht entspricht; denn Firstengrundrisse stellen immer nur die in den verschiedenen Höhenlagen zwischen zwei Sohlen aufgefahrenen söhligen Strecken im Erz dar. Je nach dem Vorliegen mehr oder weniger mächtiger Störungen werden diese Strecken nicht in bestimmten Teilsohlen durchgehend aufgefahren, vielmehr sind sie häufig entsprechend den Abbauständen als Teilstücke anzutreffen. Dies geht besonders aus Riß 27 des Rißmusteratlas 1942 hervor.

Wie wir bereits erwähnten, gehört zum Abbaugrundriß der 1. Bausohle (Riß 27) ein Seigerriß. Über dem Seigerriß sind im Atlas fünf Firstengrundrisse (im Riß 27 als Firstenrisse bezeichnet) in der Farbe der 1. Tiefbausohle zu erkennen; sie sind von links nach rechts in 25 m, 20 m, 18 m, 12 m und 45 m Höhe über der 1. Sohle angelegt und im Seigerriß leicht wiederzufinden.

Die Firstengrundrisse sind somit keine Abbaugrundrisse im üblichen Sinne; sie sind Teilausschnitte aus Grundstrecken, die in der Erzlagerstätte aufgefahren werden, mit denjenigen Darstellungen, die bei der Vorrichtung im Gangbergbau von Bedeutung sind.

Nun wird es bei derartigen Darstellungen grundrißlicher Art im Gangbergbau in steiler Lagerung auf das angewandte Abbauverfahren ankommen. Beim Riß 27 des Rißmusteratlas handelt es sich um Firstenstoßbau. Dabei ist es gleichgültig, ob der Firstenstoß waagerecht getrieben oder schräg gestellt wird. Seit dem Jahre 1957 wendet jedoch u. a. die Erzbergbau Siegerland AG. den *Schrägstoßbau*, auch Etagenschrägbau genannt, an. In diesem Falle wird der zwischen zwei Sohlen anstehende Gang nur in zwei Abschnitten hereingewonnen; hierbei erhalten die Schrägstöße eine Länge von etwa 33 m. Wird also ein bestimmter Abbaustand vom Markscheider nachgetragen, so gelangen die Abbaufirsten zur Darstellung, und diese Aufnahme stellt einen *vorübergehenden Zustand* dar, so daß eine spätere Messung die vorangegangene Nachtragung überdecken muß. Es kommt aber noch etwas anderes hinzu.

Wie aus Abb. 49 hervorgeht, die einen Ausschnitt des Florzer Mittels des Eisenerzbergwerkes Füsseberg-Friedrich Wilhelm wiedergibt, gehört zum oberen Grundriß zwischen der 744-m- und 694-m-Sohle ein gleichmaßstäblicher Seigerriß. Da nach dem neuen, obenerwähnten Abbauverfahren die Firste schräggestellt wird, erscheint sie im Seigerriß als eine unregelmäßig ansteigende und abfallende, selten waagerecht verlaufende, gestrichelt gezeichnete Linie, die bis zur darunter befindlichen, nahezu parallel gerichteten, ausgezogenen Linie für das Nachtragungsdatum 10/58 einen einfach schraffierten, schmalen Flächenstreifen gegen den Vollversatz des Jahres 1957 umschließt. Demgemäß sind die unterschiedlich geneigt liegenden Firsten-Teilstrecken in die waagerechte Zeichenebene hineinprojiziert worden. Um dies deutlicher zu veranschaulichen, sind im Seigerriß an einigen Knickpunkten des Firstenverlaufs lotrechte Pfeile eingetragen und gestrichelt bis zum westlichen Stoß der grundrißlichen Darstellung fortgeführt worden. Damit werden in der Grundrißprojektion die Streckenteile von links nach rechts begrenzt, die ein ständig wechselndes Ansteigen und Einfallen nachweisen. Selbstverständlich sind die Pfeile mit den Höhenangaben über der 744-m-Sohle mit 8,8, 9,2, 16,0, 18,1 m usw. nur zur Erläuterung der Darstellungsweise von uns in den Riß übernommen worden; beim rißlichen Auszeichnen werden sie nicht kenntlich gemacht.

Hieraus dürfte zunächst hervorgehen, daß der bisher gebräuchlich gewesene Ausdruck „Firstengrundriß" dem Charakter der heutigen Darstellungsweise im Gangbergbau nicht gerecht wird. Es handelt sich vielmehr um Darstellungen, die bei jedem Stand der Nachtragsmessung den jeweiligen Stand der Abbaufirsten in der seiger- und grundrißlichen Projektion kennzeichnen. Aus diesem Grunde hat man zum Beispiel im Siegerland diese Rißart aus dem Grubenrißwerk herausgenommen und als *Betriebspunktrisse* dem *Lagerstättenarchiv* einverleibt, worauf später noch einzugehen sein wird.

Man fragt sich wohl noch, aus welchen Gründen im Gangbergbau, vornehmlich des Siegerlandes, diese Art der Darstellung gewählt wurde. Hierzu teilte mir Herr Dr.-Ing. R. Reichenbach mit, daß diese Risse — jetzt Betriebspunktrisse genannt — rein betrieblichen Erfordernissen entspringen; für den Betrieb sind der Verlauf von Störungen und Salbändern, ferner die Lage der Rollöcher, Fahrungen und Überbrüche (Abb. 49) sowie die Höhe des noch unverritzt anstehenden Gangmittels allein von ausschlaggebender Bedeutung (Seigerriß). Den Betriebsingenieur interessiert der Verlauf der vielen Verwerfungen (Abb. 49 oberes Bild) nur insoweit, als sich ihm diese im Abbau mit schrägem Stoß zeigen. Deshalb wird im Grundriß der in die waagerechte Projektionsebene übertragene Verlauf der Störungen und nicht etwa deren Streichen dargestellt. Die Darstellungsweise des Störungscharakters, wie sie im Riß 27 des Atlas 1942 grund- und seigerrißlich zum Ausdruck kommt, läßt sich somit vorliegend im Betriebspunktriß, der in großen eingekreisten Ziffern 73, 74 usw. die einzelnen Betriebspunkte bezeichnet, nicht anwenden; bedeutungsvoll ist diese in Abb. 49 verkörperte Darstellung deshalb, weil sie zur Vorratsermittlung dient.

Dem Beispiel zufolge steht fest, daß die beschriebene Rißart nicht als Firstengrundriß in das Grubenrißwerk gehört, wo sie in den *Richtlinien* aufgeführt ist, sondern nach unserer gemeinsamen Überzeugung als Betriebspunktriß im Lagerstättenarchiv (Abschnitt IV) und in besonderen Fällen im Betriebsplanwerk (Abschnitt V) Aufnahme finden sollte. Dagegen geben die *Abbaugrundrisse der Bausohle* sowie *der Bausohlen* nach der MO (§ 49,3) „ein genaues Bild von den Grubenbauen und dem Verhalten der Lagerstätten in allen Einzelheiten, insbesondere auch von dem Stand des Abbaus". Hierzu sind einige Ergänzungen notwendig.

Ebenso wie die Sohlengrundrisse müssen auch die Abbaugrundrisse Markscheiden, Bau- und Pachtfeldgrenzen, Sicherheitspfeiler und Schutzbezirke aufweisen. Daß sämtliche Schächte und Grubenbaue, wie zum Beispiel Hauptförder-, Wetter- und Blindschächte, Überhauen, Ab- und Aufhauen, Überbrechen, schwebende Baue als Brems-, Laufberge und Kettenbahnen, Breit- und Blindörter u. a. m. aufzutragen sind, ist selbstverständlich. Ebenso ist der Abbau- und Versatzdarstellung Aufmerksamkeit zu schenken, wobei die *Richtlinien*, 2.02 bis 2.09 und 2.11, ferner 3.01 und 3.02 sowie 4.02 zu beachten sind. Von besonderer Wichtigkeit ist die Eintragung von Gefahrenzonen, sei es hinsichtlich der Ansammlung von Standwasser, Gasen oder der Angaben über Brandherde und ihre Abdämmung, außerdem beim Abbau gebirgsschlaggefährdeter Baue.

Wenn die MO betont, daß ein genaues Bild von dem Verhalten der Lagerstätten in allen Einzelheiten verlangt wird, so ist damit gemeint, daß Höhenangaben, bezogen auf NN, in ausreichend bemessener Zahl vorhanden sein sollen, um in Quer- und Längsschnitten die Lagerungsverhältnisse zur Darstellung zu bringen. Es ist somit ein Riß herzustellen, der unter Berücksichtigung der Störungen, deren Kennzeichnung und Ausrichtung sichtbar sein müssen, sowie der Sattel- und Muldenbildungen, der Lagerstättenmächtigkeit und deren Veränderungen ein vollkommenes Bild des in Betracht kommenden Teiles der Lagerstätte, ihrer Erschließung, Ausbildung und Gewinnung ermöglicht. Die Höhenzahlen auf den Abbaugrundrissen sind auch deshalb notwendig, weil mitunter in flacher und halbsteiler Lagerung, besonders dann, wenn in der Lagerstätte keine streichenden Strecken aufgefahren werden, Höhenlinien zu konstruieren sind, um Unregelmäßigkeiten der Beschaffenheit des Liegenden hervorzuheben. Bei steiler Lagerung werden im Abbaugrundriß nur die Sohlenstrecken, Wetterstrecken, Sohlenquerschläge und Aufbrechen dargestellt [Schulte-Löhr (3. Auflage, 1958, S. 362)]. In diesem Falle sind *Abbauseigerrise* anzulegen.

Wird ein flach gelagertes, mächtiges Flöz in mehreren Scheiben abgebaut, so sind gegebenenfalls für jede Scheibe besondere Abbaugrundrisse zu führen. Dabei ist zu beachten, daß die in der untersten Scheibe aufgefahrenen Ausrichtungs- und Förderstrecken in den oberen Scheiben in gestrichelter Form gezeichnet werden. Überdecken sich beim Vorliegen flach ausgebildeter Überschiebungen einzelne Lagerstättenteile, so legt man auch für diese Teilflächen Sonderrisse an und bezeichnet solche Darstellungen als „hangender Teil“ oder „liegender Teil“ des überschobenen Teiles der Lagerstätte. Ebensogut kann man sich mit transparenten Deck- oder Klapprissen behelfen [Schulte-Löhr (1958, S. 362/363)]. Auch die Meßpunkte als Polygonpunkte und Höhenmarken sowie die Endpunkte der Nachtragungsmessungen sind in den Abbaugrundrissen einzutragen, ebenso wie die Spuren der Seigerriß- und Schnittebenen kenntlich gemacht werden müssen.

Wesentlich sind ferner die Angaben der *Zeiten* auf den Abbaurissen. Für die Grubenbaue sind die Zeichengebungen in den *Richtlinien* bei 4.022, für Abbau und Versatz bei 2.025, 2.051, 2.05, 2.08 und 2.091 zu finden. Über die Zeichen- und Farbgebung in den Abbaurissen des Steinkohlenbergbaus sind bei Schulte-Löhr (1958, S. 361—364) ausführliche Angaben mitgeteilt. Im übrigen sind die *Richtlinien* maßgebend.

ββ) Abbauseigerrisse

Allgemein zählt man die Gruppen der *Abbauseigerrisse*, der *Abbauflachrisse* und der *Abbauschnittrisse* auch zu den *Abbaurissen*, weil sie — soweit es sich nicht um Ursprungsrisse handelt — eine notwendige Ergänzung der *Abbaugrundrisse* bilden, ferner da in der Regel auf Grund der bisherigen Darstellungsmethoden ein Seiger-, Flach- oder Schnittriß ohne den zugehörigen Grundriß über die Ausbildung der Lagerstätte wenig aussagte (s. Abschnitt I).

Wenn wir trotzdem die *Abbauseigerisse* und später gesondert die *Abbauflachrisse* behandeln, so deshalb, weil sich *Seigerriß* und *Flachriß* einmal als Folgeriß aus dem Grundriß entwickeln lassen, zum zweiten, weil beide Rißarten direkt, also ohne Zuhilfenahme des Grundrisses, als *Ursprungsrisse* hergestellt werden können. Es ist das Verdienst von O. HAIBACH, vom Jahre 1949 an in Einzelaufsätzen und 1956 (Bd. II) zusammengefaßt die mathematisch einwandfreie, raum- und polarkoordinatenmäßige Zulage nach Messungswerten für die Herstellung von Seiger- und Flachrissen begründet zu haben. Er setzte sich, was bis dahin von keiner Seite zuvor versucht worden war, zum Ziel, *die völlige Gleichwertigkeit des Flach- und Seigerrisses mit dem Grundriß sicherzustellen* [O. HAIBACH (1949, S. 23ff.)]; und dieses Ziel hat er auch erreicht.

W. NEHM hatte als erster dem Abbauseigerriß durch Einführung der Spur und durch das Herausschneiden von Keilen eine brauchbare Konstruktionsform gegeben (1923, S. 1—8). Darüber hinaus führte er zur Belebung der Rißart die „Scheibenlinien" ein, die, in Kurven dargestellt, deren Abstand in Metern von der Bildebene bedeuteten. O. HAIBACH wies nach, daß es sich bei den NEHMschen Scheibenlinien um *Querabstandslinien* handelt, die durch abstandsgleiche, parallel zur Seigerrißprojektionsebene verlaufende Ebenen entstehen (1949, S. 24). Daneben hat HAIBACH bei der Lösung der Projektionsverfahren (Bd. II, II, S. 143, Abb. 29) auf das Vorhandensein einer ganzen Reihe weiterer formbeschreibender Wertlinien hingewiesen, so daß im Abbauseigerriß neben den Querabstandslinien noch Seigerabstandslinien in Erscheinung treten können. Ihre Heranziehung wird davon abhängig sein, welche Formgebung mit Hilfe der Wertlinien im Abbauseigerriß oder Abbauflachriß betont werden soll.

Natürlich sind die erwähnten, formbeschreibenden Wertlinien nicht die einzigen, die für *Seigerrißkonstruktionen* in Frage kommen. So geht aus dem Beispiel zur Herleitung von Wertlinien von O. HAIBACH (Bd. II, S. 368, Tafel 2) hervor, daß bei besonders mächtigen Lagerstätten Seiger-, Quer- und Bankabstandslinien sowohl des Hangenden als auch des Liegenden, Lagerstättenmächtigkeitslinien, ferner Werte der Mineralgehalte, der Gehalte an Bergen oder sonstigen Beimengungen, der physikalischen Eigenschaften der Lagerstätte, der Bauwürdigkeit u. a. m. dem Abbauseiger- oder Flachriß beigegeben werden können, sei es in Form direkter Eintragungen in die Risse, sei es als Deckpausen. Ein Großteil solcher zusätzlicher Risse oder Transparentblätter gehört unter allen Umständen in das *Geologisch-Lagerstättenkundliche Rißwerk* (*Lagerstättenarchiv*), das wir im Abschnitt IV behandeln. Dennoch halten wir es für zweckdienlich und in bestimmten Fällen sogar für empfehlenswert, besonders wichtige Wertlinien nicht nur grundrißlich darzustellen, sondern auch im Seigerriß und gegebenenfalls im Flachriß in das Grubenrißwerk zu übernehmen. Wir werden in diesem Teilabschnitt noch Beispiele hierfür liefern.

Ähnlich unserer bei Behandlung der Abbaugrundrisse vertretenen Auffassung, daß der Ausdruck „Abbaugrundriß der Lagerstätte" abzulehnen ist, nehmen wir auch davon Abstand, von „Abbauseigerrissen der Lagerstätte" zu sprechen. Wir wollen demgemäß auch hier nur *Abbauseigerrisse der Bausohle* und *Abbauseigerrisse der Bausohlen* voneinander unterscheiden.

Die Gruppe *Abbauseigerriß der Bausohle* ist im Rißmusteratlas 1942 mit dem zugehörigen *Abbaugrundriß* im Riß 27 vertreten. Dieser Riß wirkt unzulänglich, wie alle Abbauseigerrisse, die nicht auf Raumkoordinaten aufbauen, sondern lediglich Sohlenstrecken und Abbauflächen mit einigen Abbaudaten zur Darstellung bringen. Auch die Eintragung einiger Störungslinien vermag die Schwächen der zweidimensionalen Darstellung nicht zu mildern.

Das gleiche gilt für Riß 38 im Atlas 1942, der ebenfalls als *Abbauseigerriß der Bausohle* im Kalibergbau angesprochen wurde. Zu diesem Abbauseigerriß gehört der von uns bereits erwähnte *Abbaugrundriß* der drei Zwischensohlen (774-, 768- und 762-m-Sohle) als Riß 37. Die Beispiele aus dem Kalibergbau, die im Rißmusteratlas 1942 angeführt sind, stellen eine aus den vier Rissen 35 bis 38 bestehende Gruppe dar, die sämtlich im Zusammenhang miteinander stehen. Es erscheint notwendig, an dieser Stelle auf die genannte Rißgruppe näher einzugehen, zumal da W. Nehm in seinem Aufsatz „Die Geologie im Grubenbild" (1942, S. 48ff.) die vier Darstellungen aus dem Kalibergbau nicht gesondert, sondern nur ganz kurz im Verein mit anderen Musterrissen aus Steinkohle, Erz usw. behandelt hat, ohne auf Einzelheiten einzugehen.

Es ist doch wohl zunächst bemerkenswert, daß unter den 38 Musterrissen der verschiedenen Bergbauzweige erstmalig bei den Darstellungen im Kalibergbau von zwei *geologischen Rissen* die Rede ist. Der Ausdruck „geologischer Riß" wurde damals deshalb gebraucht, weil die im Kalibergbau notwendige Darstellung der Salzhorizonte farbig ausgeführt werden mußte. Das Streckennetz verblaßt in diesen bunten Bildwerken; sein Verlauf ist nur dem aufmerksamen Beobachter erkennbar. Ein wenn auch unvollkommener Vergleich ist hinsichtlich des Streckennetzes mit dem Riß 37 möglich. Und dieser Vergleich zeigt deutlich, daß selbst bei Verwendung gleicher Maßstäbe die geologische Zeichengebung im Abbaugrundriß nicht darstellbar wäre. Die geologischen Risse 35 und 36 gehören nach den *Richtlinien* in abzuwandelnder Form in das *Geologisch-Lagerstättenkundliche Rißwerk* (Abschnitt IV).

Mit dem *Abbaugrundriß* 37 steht der *Abbauseigerriß* 38 in unmittelbarem Zusammenhang. Berücksichtigt man nun, daß die *Schnitte* ④ und ⑥ als Querschnitte durch die Sylvinitlagerstätte ein verhältnismäßig flaches Einfallen von 20^g—25^g aufweisen — nur eine begrenzte Partie zwischen der 764- und 784-m-Sohle zeigt ein durchschnittliches Einfallen von 56^g —, so muß die Notwendigkeit der Darstellung im Seigerriß, wie ihn Riß 38 bringt, bestritten werden. Und auch dieser Abbauseigerriß der Bausohle weist außer Abbauschraffen, Abbaujahren und Teilsohlenangaben nichts Wesentliches auf; sein Auskunftsvermögen ist gering. Es sind weder Lagerstättenmächtigkeiten noch Mineralgehalte in ihrer zweifellos wechselvollen Zusammensetzung, es sind weder Störungen noch Vertaubungszonen angegeben. Es kann nicht zweifelhaft sein, daß ein solcher Abbauseigerriß in seiner Nüchternheit, Leblosigkeit und Unvollkommenheit für heutige Verhältnisse untragbar erscheint. Wir werden später aus dem Kalibergbau ein auf neuzeitlichen Aufnahmen fußendes Beispiel für einen Seigerrißausschnitt bringen.

Auf den *Abbauschnittriß*, zum Riß 38 des Rißmusteratlas 1942 gehörend, kommen wir bei Behandlung der *Schnitte* und *Schnittrisse* zu sprechen.

Als weiterer *Abbauseigerriß der Bausohle* ist sodann noch der zum Betriebspunktriß der Abbildung 49 (früher als *Firstengrundriß* bezeichnet) zwischen der

744-m- und 694-m-Sohle des Eisenerzbergwerks Füsseberg-Friedrich Wilhelm zu nennen. Über diese Darstellung ist auf Seite 209 berichtet worden.

Wir kommen zu den *Abbauseigerrisen der Bausohlen.* Hierzu gehört u. a. Riß 13 im Rißmusteratlas 1942 mit dem zugehörigen *Abbaugrundriß*, in dem in gerissener Linie die Spur der Seigerrißebene eingetragen ist. Man erkennt, daß Konstruktion und Farbgebung noch nach den *Normen für Markscheidewesen 1936* erfolgten, ferner daß nach den NEHMschen Vorschlägen die Querabstandslinien (Scheibenlinien) dargestellt sind. Die starken Ausbuchtungen der Querabstandslinien im westlichen Teil des Abbauseigerrisses zwischen den Netzlinien 2 und 4 sowie zwischen zweiter und vierter Sohle (Scheibenlinien 30 bis 80 m) zeigen eine fast vollkommene Überkippung des Flözes an, die allerdings auch im zugehörigen Abbaugrundriß an den Grundstrecken deutlich erkennbar ist.

Über die Konstruktion von *Abbauseigerrissen* unterrichtet das Schrifttum [SCHULTE-LÖHR (1958, S. 292—294); W. NEHM (1923); NIEMCZYK-HAIBACH (Bd. II, S. 143, 157, 239ff., S. 298, 362ff.)].

Die Zeichen- und Farbgebung wird in den *Richtlinien* beschrieben; sie ist im übrigen die gleiche wie in den *Abbaugrundrissen.* Es werden nur die in *einem* Flözflügel aufgefahrenen söhligen Strecken und Abbaue dargestellt. Im Steinkohlenbergbau beschränkt man sich darauf, Sattel- und Muldenlinien als Begrenzungen zu wählen (Riß 13, Rißmusteratlas; W. NEHM, 1923, S. 8, Rißmuster).

Ein weiterer *Abbauseigerriß der Bausohlen* findet sich dann im Riß 25 des Rißmusteratlas 1942. In Zusammenhang damit steht Riß 24. Im Abbauseigerriß treten aber noch andere Schwächen in der Darstellung hervor; sie ist nicht dreidimensional aufgebaut, was sich im Fehlen formbeschreibender Wertlinien bemerkbar macht, ein Mangel, den schon W. NEHM im Text zum Rißmusteratlas (1942, S. 49) betont. So sagt Riß 25 weder über die Mächtigkeit der Lagerstätte (Gangbergbau) noch über ihre Eigenschaften etwas aus.

Wir bringen nun ein Beispiel für einen *Abbauseigerriß der Bausohlen*, den wir wiederum der Erzbergbau Siegerland AG. verdanken. Zu diesem Riß gehören die Abbildungen 50 bis 53. Die Abbildungen 50 und 51 stellen die Grundrisse der 16. Sohle sowie der 744-m-Sohle des Eisenerzbergwerks Füsseberg-Friedrich Wilhelm in schwarzweißer Ausführung dar. Im Grundriß der 16. Sohle sind die Ausrichtungs- und Erzstrecken der oberen 744-m-Sohle gerissen eingezeichnet. Ebenso zeigt der Grundriß der 744-m-Sohle, Abb. 51, die Baue der oberen 694-m-Sohle in wiederum gerissener Linienführung. Zu jeder der im Abbauseigerriß, Abb. 52, dargestellten vier Sohlen ist ein solcher Grundriß, wie ihn die Abb. 52 und 51 zeigen, vorhanden. Die Grundrisse haben auch noch eine andere Bedeutung. Sie lassen erkennen, daß im Gangbergbau unter steilen Verhältnissen von 80^g bis 100^g keine *Abbaugrundrisse* bestehen, sondern daß es lediglich *Sohlengrundrisse* und *Abbauseigerrise* gibt. Zu den Auszügen aus den Sohlengrundrissen, Abb. 50 und 51, bedarf es keiner weiteren Ausführungen. Der Abbauseigerriß, Abb. 52, zeigt einige Überschiebungen, die in dem noch nicht abgebauten Teil zwischen der 16. und der 744-m-Sohle gerissen dargestellt sind. Von der Eintragung von Abbauschraffuren wurde Abstand genommen, weil es sich um den erwähnten Schrägstoßbau handelt, dessen Abbaubegrenzungen klar und deutlich hervortreten. Diese Art der Darstellung von Abbauflächen hat den Vorteil, daß die Abbaudaten besser verfolgt werden können als bei einer Vollschraffur des Abbaus mit trockenem Bergeversatz.

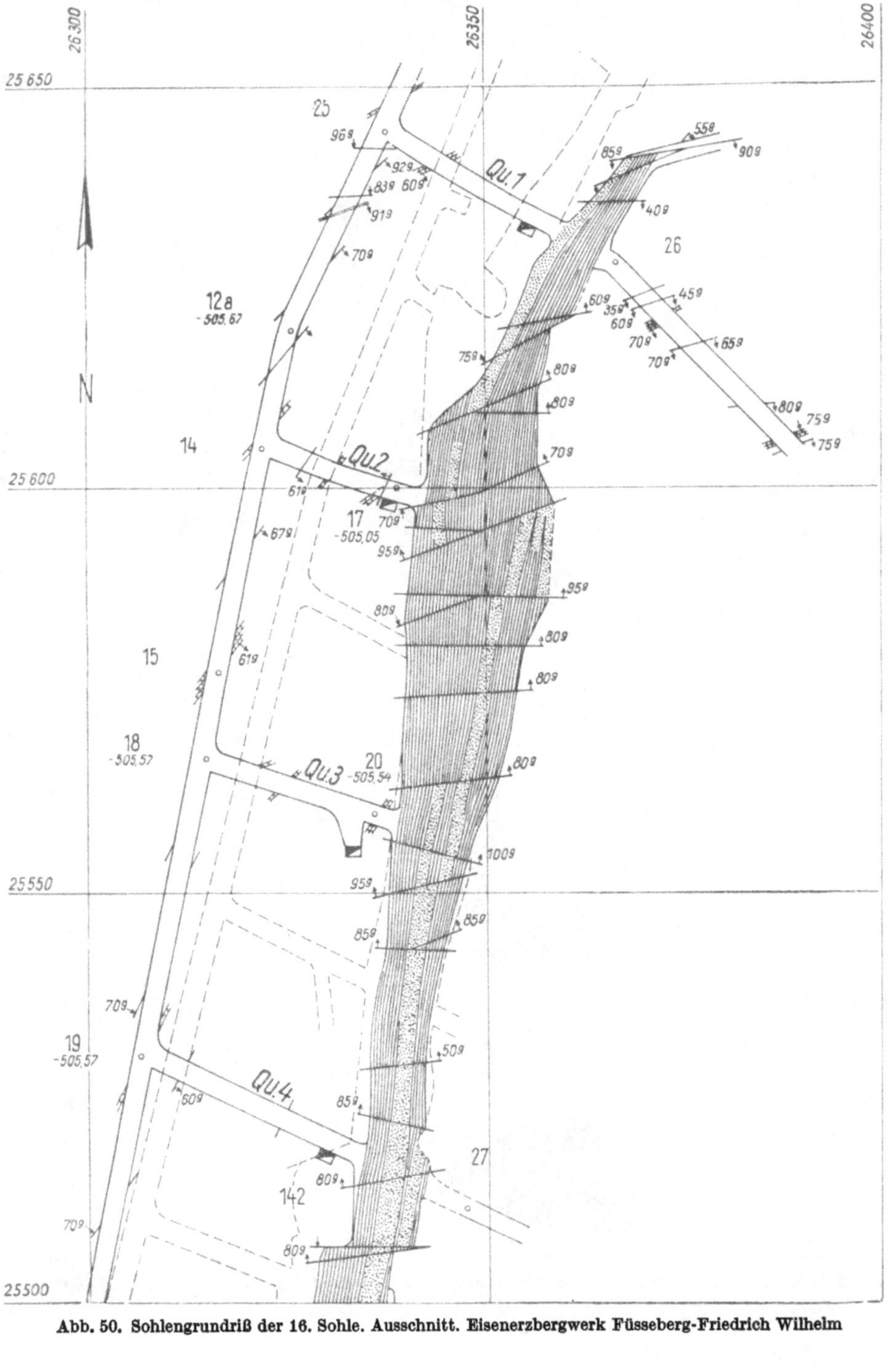

Abb. 50. Sohlengrundriß der 16. Sohle. Ausschnitt. Eisenerzbergwerk Füsseberg-Friedrich Wilhelm

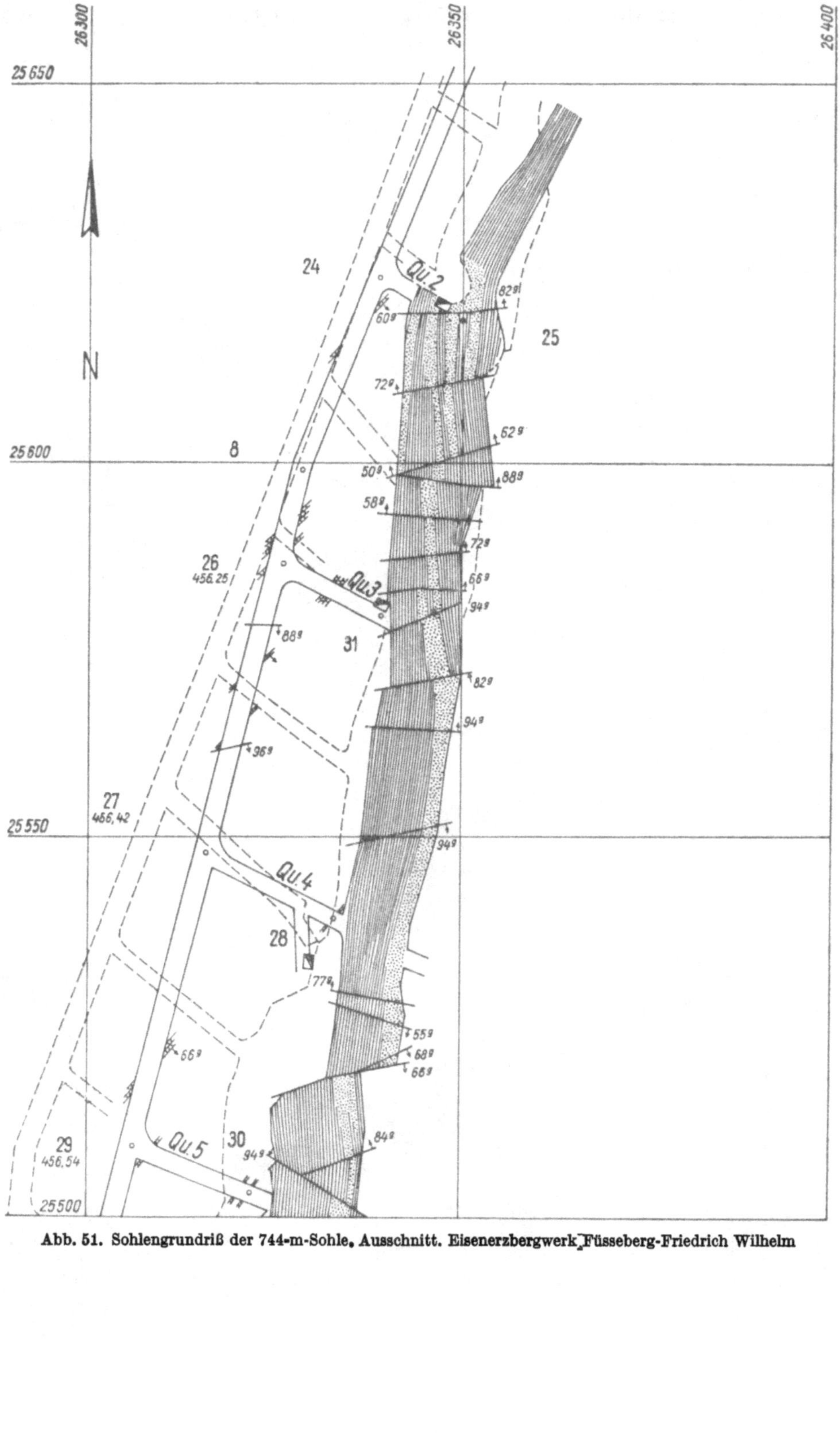

Abb. 51. Sohlengrundriß der 744-m-Sohle, Ausschnitt. Eisenerzbergwerk Füsseberg-Friedrich Wilhelm

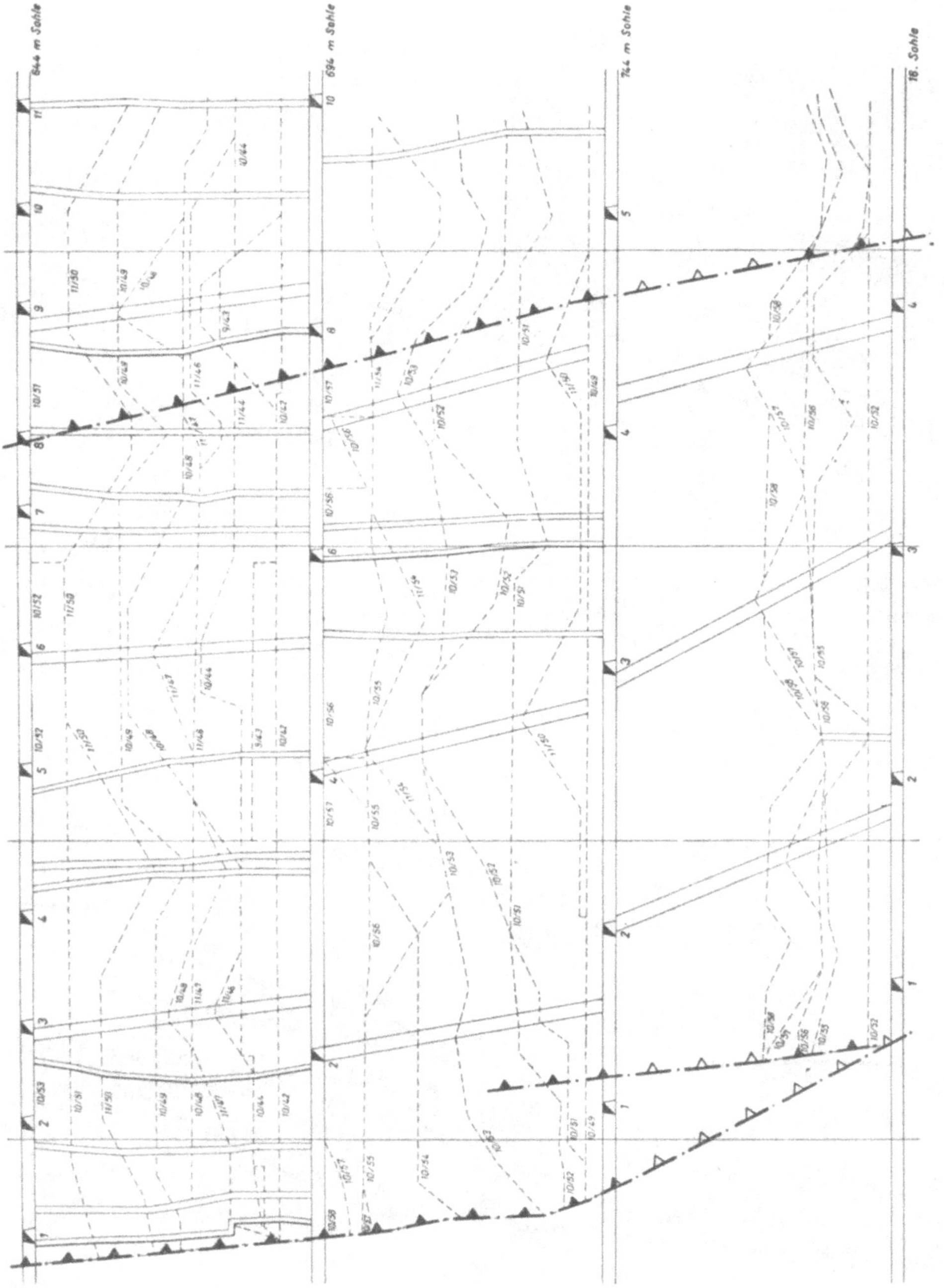

Abb. 52. Abbauseigerriß des Eisenerzbergwerks Füsseberg-Friedrich Wilhelm. Ausschnitt

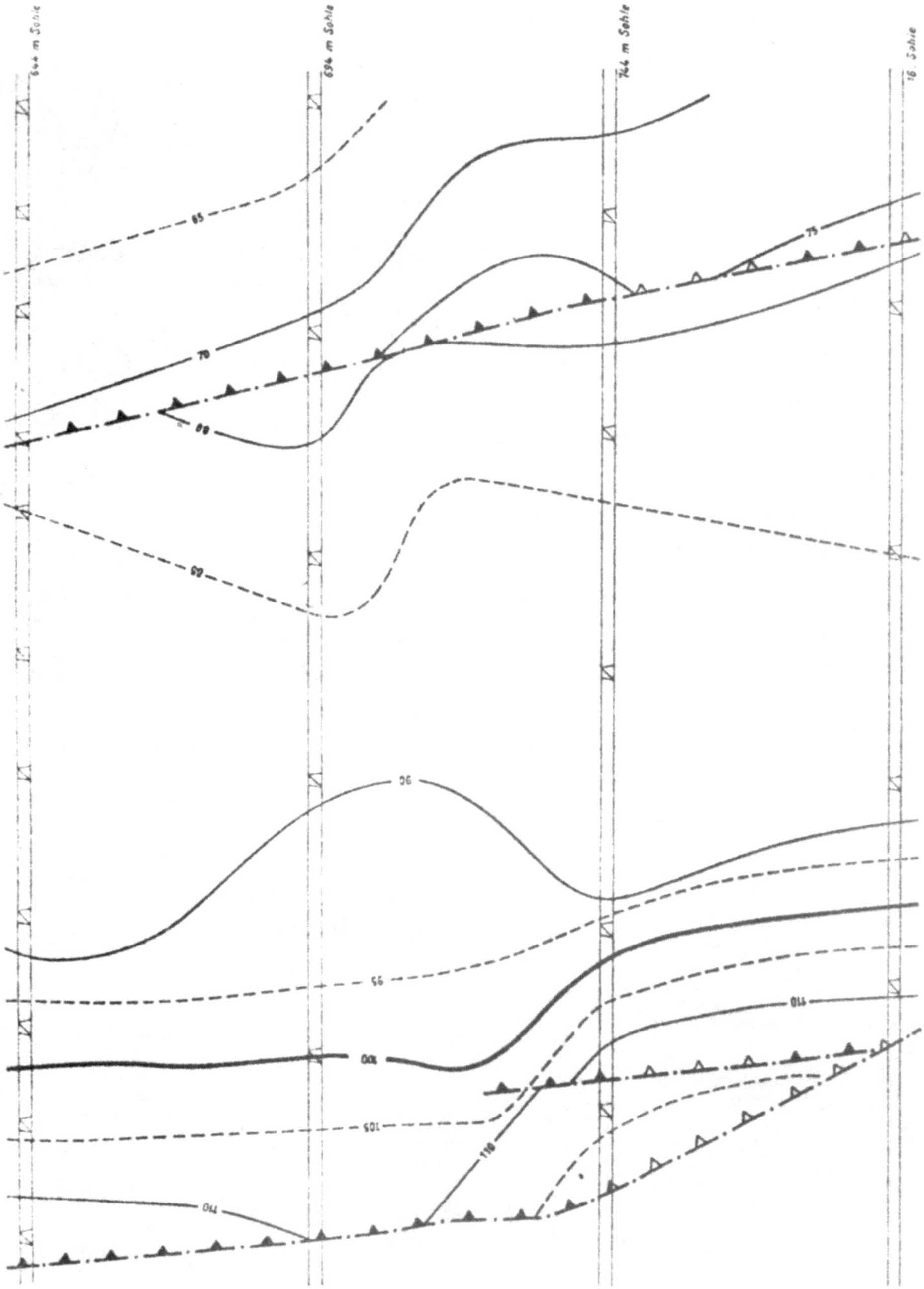

Abb. 53. Deckpause zu Abb. 52. Die Querabstandslinien

Herr Markscheider Dipl.-Ing. Rack von der Erzbergbau Siegerland AG. hat nun gemäß Abb. 53 auf besonderem Blatt die Linien gleichen Abstandes von der Seigerrißebene konstruiert. Die Spur der Seigerrißebene verläuft in der Ordinate 26250 der Sohlengrundrisse (Abb. 50 und 51), parallel zur Nordrichtung außerhalb der beiden Abbildungen. Abb. 53 weist auf besonderem Deckblatt die *Querabstandslinien* in Metern in ihrer zunehmenden Entfernung von der Seigerrißebene nach Norden zu nach (Bd. II, S. 143, Abb. 29, und S. 227, Abb. 7).

Diese Linien geben den Abstand der Gangbegrenzung von der Seigerrißebene wieder. Die Abstände sind senkrecht zur Seigerebene bis zum Gang gemessen; sie beziehen sich somit auf die der Seigerrißebene zugewandte Fläche des Ganges und müssen, da der Gang im Bereich der Darstellung mit 100^g lotrecht steht, senkrecht verlaufen. Lediglich im nördlichen Teil der Abbildung 53 zeigt sich ein Einfallen von 90^g—80^g. Als Folge hiervon erkennt man am linken Blattrand zwischen der 744-m- und 694-m-Sohle ein leichtes Umbiegen der 100-m- und 115-m-Abstandslinie aus der senkrechten in die waagerechte Richtung. Bei flacherem Gangeinfallen müssen alsdann die Querabstandslinien nahezu waagerecht im ungestörten Gang oder Flöz verlaufen, wie dies auch die später zu beschreibenden Abbildungen 62 und 64 sowie der Riß 13 im Rißmusteratlas 1942 beweisen. An den Störungen (Überschiebungen) setzen die Kurven ab und werden abgelenkt. Zwischen der 16. und 744-m-Sohle sind die Abstandslinien durchgezogen, weil die diesbezüglichen Konstruktionen keinen Schwierigkeiten begegnen. Der Nachteil bei diesen Darstellungen beruht stets darauf, daß man derartige Konstruktionen nur dann vornehmen kann, wenn genügend Aufschlüsse im Abbaufeld gegeben sind; ferner haben nachträglich, d. h. nach erfolgtem Abbau entstandene Wiedergaben bedingten Wert. Gewagte Projektierungen in unaufgeschlossenen Feldesteilen sind aus Mangel an Anhaltspunkten zumeist wertlos.

Das nächste Beispiel für einen Abbauseigerriß aus dem Kalisalzbergbau haben wir bereits angekündigt (S. 213) und behandeln es in Abb. 54. Sowohl auf dem Sohlengrundriß der 580-m-Sohle (Abb. 45) als auch auf dem Sohlenübersichtsriß, Abb. 46 und 47, einer steilen Kalisalzlagerstätte ist die für den Seigerrißausschnitt in Betracht kommende Spurlinie der Seigerrißebene mit den Begrenzungspunkten 50, 51 und 52 eingetragen. Da es sich um den Abbauseigerriß des Sylvinitlagers 1 handelt, bietet der Sohlenübersichtsriß, Abb. 46 und 47, bessere Vergleichsmöglichkeiten als Abb. 45.

Der Abbauseigerriß, Abb. 54, zeigt bei steilem Einfallen des Lagers zwischen 70^g und 80^g alles das, was wir heute von einer solchen Darstellung erwarten, nämlich über acht Sohlen hinweg (400-m- bis 800-m-Sohle) die bauwürdigen und unbauwürdigen Stellen des Lagers, ferner die zwischen 3,1 m und 12,5 m schwankenden Lagermächtigkeiten, sodann Abbaudaten, Höhenzahlen und den Verlauf der Querabstandslinien, die sich auf das Liegende des Sylvinitlagers beziehen. Da das Lager die Seigerrißebene schneidet, so daß dieses teils nördlich, teils südlich der Spurlinie liegt, gehen die positiven in negative Querabstandslinien über und umgekehrt. Das Bild der Querabstandslinien ist sehr unregelmäßig gestaltet und läßt zwischen der 460-m- und 580-m-Sohle, ferner zwischen der 630-m- und 700-m-Sohle sowie zwischen 630-m- und 800-m-Sohle ringförmig geschlossene Kurven erkennen, die auf eine unregelmäßige Muldenbildung des Lagers schließen lassen.

Wir müssen allein schon an Hand der beiden Beispiele Abb. 53 und Abb. 54 W. Nehm (1923) darin beipflichten, daß er über die richtige und zweckmäßige

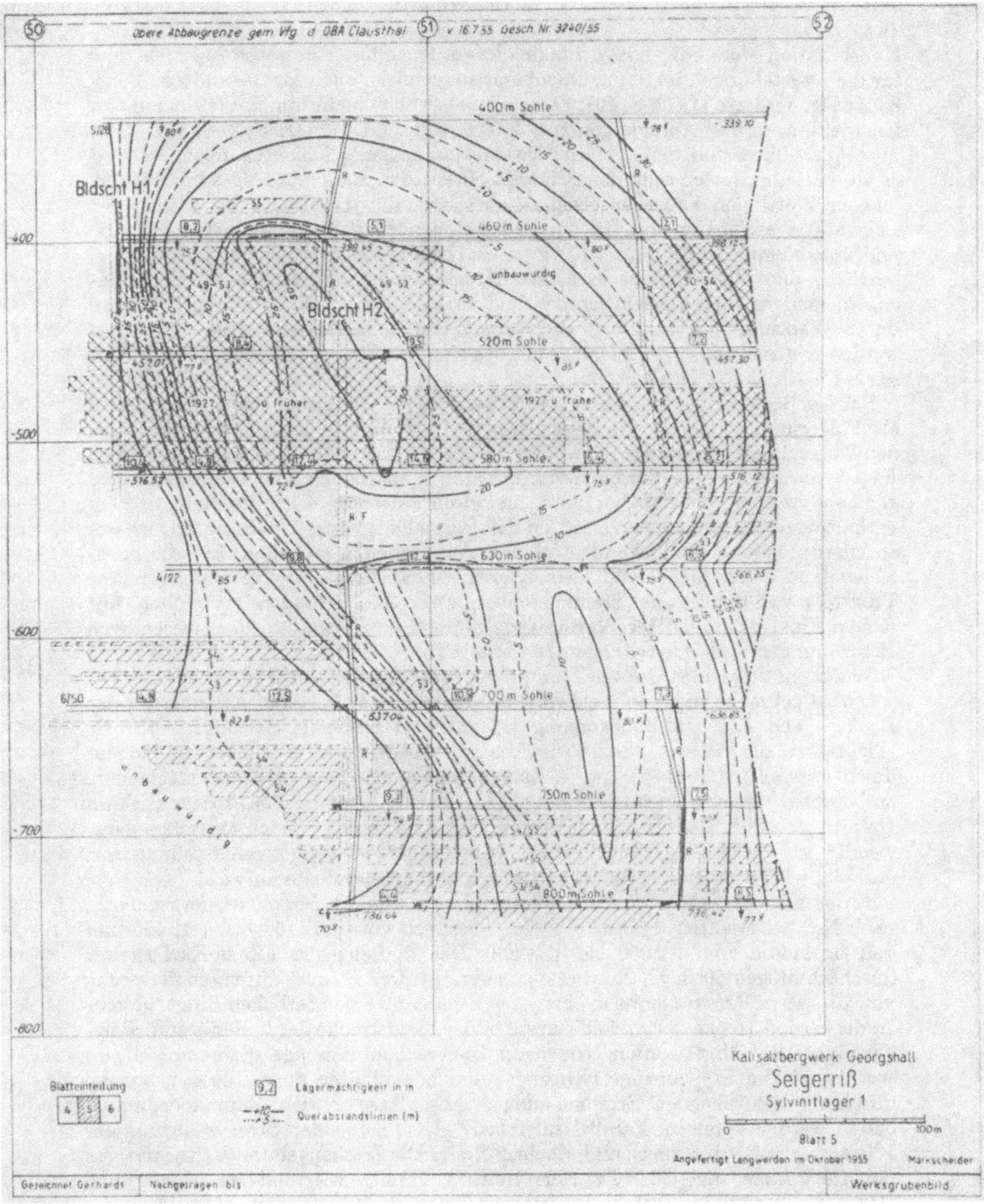

Abb. 54. Ausschnitt aus einem Abbauseigerriß eines Kalibergwerks mit Querabstandslinien

Konstruktion eines Seigerrisses hinaus dessen lebendige Ausgestaltung nicht nur für die Darstellungen im Steinkohlenbergbau, sondern auch für die anderen Bergbauzweige forderte (1942, S. 49). Es kommt aber noch mehr hinzu. Wenn man den Entwicklungen und Anregungen von O. Haibach (Bd. II, III, E, 3, S. 363—383) über Wertlinien und deren vielseitige Anwendungsmöglichkeiten folgt, so wird es am vorteilhaftesten sein, den Seigerriß eines jeden Bergbauzweiges mittels derjenigen Wertlinien betriebswichtig zu gestalten, die jeweils der Bedeutung der Lagerstätte angepaßt sind. In der Steinkohle werden es immer *Seiger-*, *Flach-* und *Querabstandslinien* sein. In dieser Beziehung sollten nicht bindende Vorschriften den Markscheider in seinen Überlegungen und Entschließungen einengen, sondern auch hinsichtlich des *Grubenrißwerks* einige Darstellungsfreiheiten unter Wahrung von Sorgfalt, Richtigkeit und Genauigkeit zulassen. Hieraufwerden wir auch noch bei Behandlung des *Geologisch-Lagerstättenkundlichen Rißwerks* im Abschnitt IV eingehen.

Bei der Behandlung von Abbauseigerrissen haben wir bisher nur vom Seigerriß als Folgeriß des Grundrisses gesprochen. Seit 10 Jahren kennen wir aber auch den Seigerriß als *Ursprungsriß*, wie ihn O. Haibach (1949[1,2,3]) vorgeschlagen hat. Es ist nur leider von diesen Gedankengängen in der Praxis wenig Gebrauch gemacht worden, so daß wir glauben, durch ein entsprechendes Beispiel dem verhältnismäßig einfachen Verfahren der Darstellung eines Ursprungsseigerrisses zu einer möglichst weitgehenden Verbreitung verhelfen zu sollen. Für die nachstehenden Unterlagen sind wir Herrn Markscheider Vermessungsdirektor Treptow von der Essener Steinkohlenbergwerke AG. besonders verbunden, mit dessen Einverständnis Herr Vermessungsfahrsteiger K. Burger die notwendigen Berechnungen und Darstellungen ausgeführt hat.

Wenn im folgenden Beispiel zum *Ursprungsabbauseigerriß* auch ein *Abbaugrundriß* gebracht wird, so geschieht dies lediglich zur besseren Erläuterung des Rechen- und Konstruktionsvorganges, ferner um schon im Abbaugrundriß die Wichtigkeit der *Seigerabstandslinien*, die im Grundriß nichts anderes als Höhenlinien darstellen (Abb. 55) und in blauen Linien mit 10 m Abstand erscheinen, zu betonen. Wir werden solche Höhenlinien (Seigerabstandslinien) später auch im Ursprungsseigerriß, Abb. 56, und im Flachriß, Abb. 62, wieder antreffen. Notwendig ist der Abbaugrundriß zum Verständnis der Seigerrißherstellung nur deshalb, weil er, wie Abb. 55 zeigt, zwei Koordinatensysteme aufweist:

1. das normale, stets übliche, hier in blauen dünnen Linien wiedergegebene, nach Norden orientierte Netz, mit den Abszissen von +12150 bis +12450 und den Ordinaten von +9850 bis +10250. Das Einfallen des Flözes Karl ist mit durchschnittlich 60^g nach Nordwesten gerichtet. Das Flöz ist durch einen Sprung von 25—40 m Verwurfshöhe in einen westlichen und einen östlichen Flügel geteilt. In der Grundstrecke der 8. Sohle sowie in der Kopfstrecke der 7. Sohle sind Polygonzüge ausgeführt worden. Die neun Querverbindungszüge (Strebmessungen) wurden an die Polygonzüge richtungs- und höhenmäßig angeschlossen, so daß durch die schwebenden Strebmessungen Abschlüsse in den Raumkoordinaten erzielt werden konnten. Parallel zur relativ gleichbleibenden Streichrichtung des Flözes verläuft die Seiger- und Flachriß-Spur. Die Zeichengebung ist im übrigen den *Richtlinien* angepaßt. Da Herr Burger ähnlich wie in seiner Abhandlung (1951, S. 23—49) im Benehmen mit uns ein *einfaches* Beispiel wählte und die Aufgabe der neuzeitlichen Seigerriß- und Flachrißherstellung so zu lösen versuchte,

daß Rechnung und Darstellung keinen übermäßig großen Aufwand erfordern, hoffen wir, dem Leser das Eindringen in den Gang der Konstruktionen wesentlich zu erleichtern.

Mit Rücksicht darauf, daß derselbe *Abbaugrundriß*, Abb. 55, auch zur Herstellung eines *Abbauflachrisses,* und zwar des letzteren als *Ursprungs- und Folgerisses* dienen sollte, mußte

2. die Drehung des 1. Koordinatensystems in ein zweites Koordinatensystem erfolgen dergestalt, daß die Grundstrecke der 8. Sohle sowohl im Seiger- als auch im Flachriß zutiefst liegt und damit auf der unteren Blatthälfte erscheinen muß im Gegensatz zur oberhalb befindlichen Kopfstrecke der 7. Sohle in der oberen Blatthälfte. Zu diesem Zweck waren Streichen und Einfallen des Flözes einem neuen Netz anzugleichen, wodurch eine Drehung der x-Achse des normalen Koordinatensystems um einen Drehwinkel $\psi = 160^g$ erforderlich wurde, so daß es sich nunmehr um die Konstruktion eines gedrehten Seigerrisses S_D handelt, also G/S_D [O. Haibach (Bd. II, S. 126)]. Das gedrehte Koordinatennetz ist auf Abb. 55 mit roten Netzlinien und Zahlenwerten versehen, die Abszissen liegen zwischen $+200$ und $+600$ m, die Ordinaten bewegen sich zwischen -1100 und -1200 m.

Auf die Bedeutung der Ordinatenwerte kommen wir noch zu sprechen. Für die Darstellungen in der Seigerrißebene sind natürlich die Höhenzahlen der 7. und 8. Sohle maßgebend, so daß Netzlinien zwischen -850 und -700 m bestehen.

Es ist dann noch im Grundriß (Abbaugrundriß Flöz Karl) ein weiterer Drehwinkel $\psi = 225^g$ eingetragen worden, um die Parallele zur Flachrißspur zwecks Konstruktion eines *Störungsflachrisses* einzutragen (grünes Netz). Diese Parallele $^a{}_{St}$ bezeichnet mit der Abkürzung St das Wort „Störung". Auf die Konstruktion des Störungsflachrisses selbst kommen wir erst später nach der Beschreibung der Flachrißkonstruktionen als Ursprungs- und Folgeriß zu sprechen. Auch auf die Flachrißnetzlinien gehen wir erst im nächsten Teilabschnitt ein. Zur Konstruktion des *Abbauseigerrisses*, Abb. 56, also des *Ursprungsrisses,* ist folgendes zu sagen.

Ausgehend von den Entwicklungen von O. Haibach (1943[3], S. 64, Abb. 1), oder Niemczyk-Haibach (Bd. II, S. 127, Abb. 13) sind im wesentlichen die um den Winkel $\psi = 160^g$ gedrehten Systeme als Raumkoordinatensysteme von Bedeutung. Es sind somit zur Erstellung von Ursprungsrissen als Seiger- oder Flachrisse sowie von Wertlinienkonstruktionen *stets Aufnahmen nach Lage und Höhe aller Meßpunkte erforderlich.* Dabei wird es vorteilhaft sein, möglichst viele Verbindungen zwischen zwei Sohlen zu schaffen. Im *Abbaugrundriß*, Abb. 55, sind neun derartige Querverbindungen eingetragen. Meist sind es in der Praxis Steilaufhauen, die geeignete Schnitte für die Herstellung der Rißunterlagen liefern.

Zunächst scheint es notwendig zu sein, den Zusammenhang der Koordinatensysteme mit einem Nullpunkt herzustellen, der gemäß Abb. 57 in den Schacht A gelegt wurde. Man hat damit das Ursprungs-Koordinatensystem mit dem Nullpunkt 0 und das um die Abstände a und b verschobene und zudem um $\psi = 160^g$ gedrehte Koordinatennetz mit dem Nullpunkt 0_1 = Schacht A. Die Abbildung zeigt kleinmaßstäblich im Grundriß das Bild des gedrehten Koordinatensystems mit $-x_D$ von ± 0 bis -3000 m und $+x_D$ von ± 0 bis $+3000$ m sowie den Ordinaten $+y_D$ von $+2000$ m bis ± 0 und von ± 0 bis -3000 m. Vom Schacht aus ist ein Hauptquerschlag g. NW in der 8. Tiefbausohle angelegt. Das Grundriß-

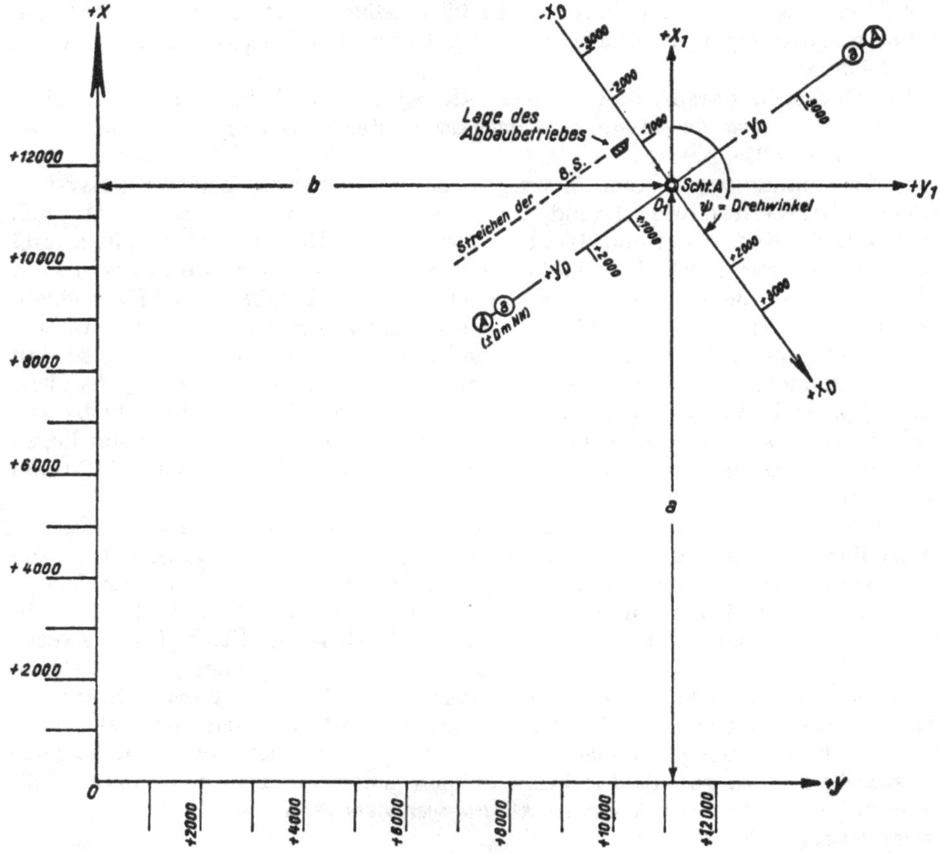

Verzeichnis der Koordinaten, G-Systeme										
Pkt.	Raumkoordinaten im Ursprungs G-System			Parallel verschobene Achsen für Nullpunkt O_1 = Schscht A (Mitte)		Koordinaten im G-System (verschob.)		Raumkoordinaten im gedrehten G-System		
	y m	x m	z m	b m	a m	$y_1 = y - b$ m	$x_1 = x - a$ m	y_D m	x_D m	$z_D = z$ m
Scht. A (Mitte)	+11093,40	+11618,73	±0	+11083,40	+11618,73	±0	±0	±0	±0	±0
50	+9984,99	+12193,41	-694,20	-„-	-„-	-1108,41	+574,68	+558,94	-1116,44	-694,20
29	+9982,91	+12296,34	-814,20	-„-	-„-	-1110,48	+677,61	+500,12	-1200,93	-814,20

Abb. 57. Orientierung des Abbaugrundrisses zum gedrehten Koordinatensystem

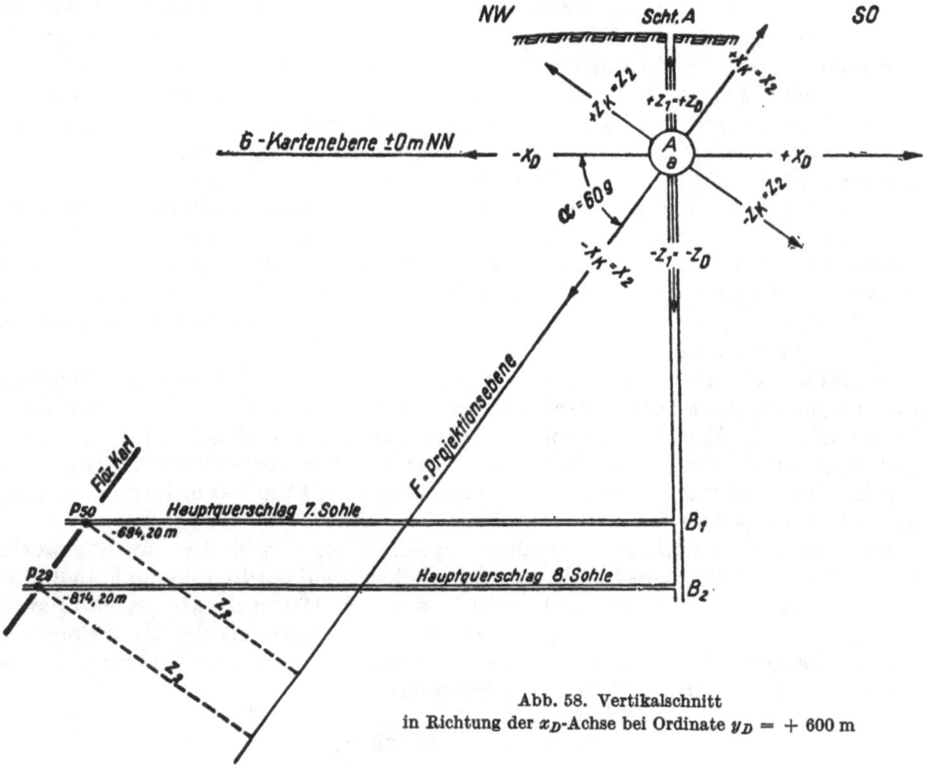

Abb. 58. Vertikalschnitt
in Richtung der x_D-Achse bei Ordinate $y_D = +600$ m

blatt Abb. 55 ist stark verkleinert flächenhaft schraffiert in Abb. 57 links oben angedeutet (Pfeil) zwischen den $-x_D$-Werten -1100 und -1200 m sowie den y_D-Werten $+250$ und $+600$ m.

Das diesbezügliche Koordinatennetz finden wir in roter Strichführung im *Abbaugrundriß* des Flözes Karl, Abb. 55. Damit ist die Lage des *Abbaugrundrisses* zum Bezugsnullpunkt des gedrehten Systems festgelegt. Die $y_D = y_2$-Werte entsprechen den *Längsabstandslinien* zum Hauptquerschlag, dagegen stellen die $x_D = x_2$-Werte die *Querabstandslinien* als querschlägige Entfernungen der durch den Schacht gelegten Seigerrißebene dar. In der unteren Blatthälfte ist ein Verzeichnis der Koordinaten im Ursprungs(G)-, im verschobenen und im gedrehten (G) System aufgestellt.

Zum besseren Verständnis der analytischen Zusammenhänge der Raumkoordinaten möge Abb. 58 dienen, die einen lotrechten Schnitt in Richtung der x_D-Achse darstellt. Auf die in der Abb. 58 gestrichelt gezeichneten Linien gehen wir erst bei Behandlung des Flachrisses ein. Die ausgezogenen lotrechten und waagerechten Linien beziehen sich auf den *Ursprungsseigerriß*. Von Punkt *a* aus in der G-Kartenebene ± 0 zeigt die Lotrechte Schacht A—B_1 kleinmaßstäblich für Polygonpunkt P_{50} den x-Wert für $z = -694{,}20$ m und für Polygonpunkt P_{29} mit $z = -814{,}20$ m an. Die Waagerechten durch B_1 und B_2 stellen die Hauptquerschläge in der 7. und 8. Sohle dar.

Zwecks Konstruktion des *Ursprungsseigerrisses* S_D werden zunächst in Abb. 56 die aus den Koordinatenrechnungen der Polygonzüge gewonnenen y_D-Werte in Höhe der 8. und 7. Sohle aufgetragen. Für die Sohlenhöhen kommen durchgehend in der 8. Sohle $z = -814{,}20$ m und in der 7. Sohle $z = -694{,}20$ m in Frage. Die 7. und 8. Sohle sind, wie bereits erwähnt wurde, durch 9 Strebmessungen miteinander verbunden. Da es sich bei der Raumkoordinatenrechnung der Polygon- und Verbindungszüge in diesen 9 Schnitten immer um den gleichen Rechenvorgang handelt, ist es notwendig, für die Seigerriß- und später für die Flachriß-Konstruktion ein Formular zu entwerfen. So entstand in Anlehnung an die von Herrn BURGER bereits früher gegebenen Entwicklungen 1951 die *Zahlentafel 1* (Seigerrißkonstruktion). Bei der Durchführung der Rechnung beschränken wir uns auf den Schnitt $P_{50}—a—b—c—d—e—f—g—h—P_{29}$. Die übrigen acht Schnitte sind in der gleichen Weise zu berechnen.

In Zahlentafel 1 treten einige Abweichungen von den für markscheiderische Zwecke genormten mathematischen Zeichen auf. So muß, da O. HAIBACH für den Kippwinkel der Flachriß- gegen die Grundrißebene die Bezeichnung α wählte und seine Ausdrücke beizubehalten sind, der Richtungswinkel mit ν (anstatt α), der Höhenwinkel mit i, der bankrechte Abstand vom Punkt zum Liegenden mit b bezeichnet werden usw.

Die Zahlentafel enthält 16 Spalten. Spalte 3 bis 6 gibt die Messungswerte, Spalte 7 bis 13 die Berechnung der räumlichen Teilkoordinaten und Spalte 14 bis 16 die gesuchten Raumkoordinaten in dem um 160^g gedrehten Koordinatensystem an. Der Rechnungsgang ist auf einfache Weise mit der Funktionstafel und Rechenmaschine rasch und sicher zu bewerkstelligen. Die Endwerte in den Spalten 14, 15 und 16 fußen auf den Formeln

$$\begin{aligned} y_{D_n} &= y_{D_{n-1}} + s_n \cdot \sin \nu_{D_n} \\ x_{D_n} &= x_{D_{n-1}} - s_n \cdot \cos \nu_{D_n} \\ z_{D_n} &= z_{D_{n-1}} + f_n \cdot \sin i_n . \end{aligned}$$

Aus den durchgerechneten Polygonen und Verbindungszügen läßt sich die weitere Kartierung im Seigerriß leicht bewirken. Zur Auftragung der Punkte a bis g oder a bis h oder a bis i der übrigen 8 Schnitte dienen die Werte der Spalten 14 bis 16. Mit Spalte 16 für z_{D_n} gewinnt man zugleich die *Seigerabstandslinien*, die in Abb. 56 als durchgehende waagerechte, parallele und abstandsgleiche blaue Linien dargestellt und von 10 zu 10 m stärker ausgezogen sind. Mit Spalte 15 erhalten wir für x_{D_n} die Zahlenwerte zu den *Querabstandslinien* zwischen $+1100$ und $+1200$ m; sie sind in roter Linienführung dargestellt und zeigen einen ebenfalls waagerechten, leicht geschwungenen Kurvenverlauf. An Störungen, wie zum Beispiel an der Sprungfläche in Abb. 56, setzen die Querabstandslinien ab und müssen je nach dem Charakter der Verwerfung durch schräge Linien in derselben Abstandskurve miteinander verbunden werden. Demgegenüber sind Seigerabstandslinien in ihrem waagerechten Verlauf durch Störungen nicht beeinflußt. Hiernach dürfte leicht einzusehen sein, daß die Herstellung eines Seigerrisses als *Ursprungsriß* keinen Schwierigkeiten begegnet. O. HAIBACH (Bd. II, S. 142—144) behandelt im Rahmen der Lösung von Projektionsverfahren u. a. die formbeschreibenden Wertlinien im Grund-, Seiger- und Flachriß. Er führt auf S. 144, oben, wörtlich aus:

Berechnung der Raumkoo

Datum und Ort der Messung: 30. 4. 55. Flöz Karl, 2. Strebmessung, N. W. 85

Richtungen entnommen	P_n	Messungswerte: Richtungen $\nu_n = \nu_{n-1} + \beta_n \pm 200^g$ (g c)	Messungswerte: Flache Länge f_n (m)	Messungswerte: Höhenwinkel i_n (± g c)	Messungswerte: Bankrecht Abstand Pkt-Liegd. b (m)	Berechnung der räumlichen: Gedrehte Richtungen $\nu_{D_n} = \nu_n - \psi$ (g c)	sin ν_{D_n} / cos ν_{D_n} (±)	sin i_n / cos i_n (±)	f
1	2	3	4	5	6	7	8	9	
	49								
	50						−0,9859	+0,0064	
		49−30	43,16	+ 0−41		289−30	−0,1673	+1,0	
	a				−1,40		−0,0003	−0,8255	
		360−02	16,62	−61−82		200−02	−1,0	+0,5644	
	b				−1,24		−0,1285	−0,8015	
		368−20	20,40	−59−19		208−20	−0,9917	+0,598	
	c				−0,65		−0,1698	−0,8463	
		370−86	34,47	−64−24		210−86	−0,9855	+0,5326	
	d				−1,03		−0,0822	−0,8137	
		365−24	22,42	−60−51		205−24	−0,9966	+0,5813	
	e				−1,03		−0,1597	−0,8238	
		370−21	21,53	−61−63		210−21	−0,9872	+0,5669	
	f				−1,20		−0,2862	−0,8964	
		378−48	15,91	−70−77		218−48	−0,9582	+0,4432	
	g				−1,45		−0,5880	−0,8599	
		0−02	11,82	−65−90		240−02	−0,8088	+0,5104	
	h				−0,60		−0,9447	−0,2014	
		38−72	3,23	−12−91		278−72	−0,3281	+0,9795	
	29								

zur Seigerrißkonstruktion G/S_D

ahrt durch . . . Theod. Nr. . . . Meßband Nr. . . . — Drehwinkel $\psi = 160^g$

atenunterschiede im gedrehten System			Raumkoordinaten der Punkte im gedrehten System		
Ordinaten-unterschied $\Delta y_{D_n} = s_n \cdot \sin \nu_{D_n}$ ± m	Abszissen-unterschied $-\Delta x_{D_n} = -s_n \cdot \cos \nu_{D_n}$ ± m	Höhen-unterschied $\Delta z_{D_n} = f_n \cdot \sin i_n$ ± m	Ordinate $y_{D_n} = y_{D_{n-1}} + \Delta y_{D_n}$ ± m	Abszisse $x_{D_n} = x_{D_{n-1}} - \Delta x_{D_n}$ ± m	Höhe (NN) $z_{D_n} = z_{D_{n-1}} + \Delta z_{D_n}$ ± m
11	12	13	14	15	16
			+ 558,94	+ 1116,44	− 694,20
− 42,55	+ 7,22	+ 0,28	− 42,55	+ 7,22	+ 0,28
			+ 516,39	+ 1123,66	− 693,92
0	+ 9,38	− 13,72	0	+ 9,38	− 13,72
			+ 516,39	+ 1133,04	− 707,64
− 1,57	+ 12,10	− 16,35	− 1,57	+ 12,10	− 16,35
			+ 514,82	+ 1145,14	− 723,99
− 3,12	+ 18,09	− 29,17	− 3,12	+ 18,09	− 29,17
			+ 511,70	+ 1163,23	− 753,16
− 1,07	+ 12,99	− 18,24	− 1,07	+ 12,99	− 18,24
			+ 510,63	+ 1176,22	− 771,40
− 1,95	+ 12,04	− 17,74	− 1,95	+ 12,04	− 17,74
			+ 508,68	+ 1188,26	− 789,14
− 2,02	+ 6,76	− 14,26	− 2,02	+ 6,76	− 14,26
			+ 506,66	+ 1195,02	− 803,40
− 3,55	+ 4,88	− 10,16	− 3,55	+ 4,88	− 10,16
			+ 503,11	+ 1199,90	− 813,56
− 2,99	+ 1,04	− 0,65	− 2,99	+ 1,04	− 0,65
			+ 500,12	+ 1200,94	− 814,21
		Soll:	+ 500,13	+ 1200,95	− 814,20
			$f_y = +0{,}01$	$f_x = +0{,}01$	$f_z = -0{,}01$
			$[\Delta y_{D_n}] = -58{,}82$	$[\Delta x_{D_n}] = -84{,}50$	$[\Delta z_{D_n}] = -120{,}01$

„Die in den Abbildungen[1]) vorgeführte *S*-Projektion besitzt in der *q*-Abstandslinie ihr bestes Formbeschreibungsmittel. Bei dieser, wie auch bei der *G*- und *F*-Projektion, finden Formbeschreibungen auf zwei oder drei Arten statt, ein Verfahren, das im Rißwesen als völlig neuartig zu bezeichnen ist. Wir haben es mit einem noch viel zu jungen Wissenszweig zu tun, als daß wir an dieser Stelle dieses Gebiet, theoretisch und empirisch betrachtet, mit einer unmittelbaren Nutzanwendung für die Praxis abhandeln können."

Dieser vor vier Jahren erfolgten Äußerung wird nunmehr der in Abb. 56 gebrachte Abbauseigerriß als Ursprungsriß gerecht. Er beweist die Richtigkeit der Voraussage von HAIBACH, wonach der Seigerriß hinsichtlich Konstruktions- und Darstellungsart fortan, nicht zuletzt auf Grund formbeschreibender Wertlinien, dem Grundriß ebenbürtig geworden ist. Dasselbe gilt für den noch zu beschreibenden *Flachriß* als *Ursprungsriß*.

γγ) Abbauflachrisse

Bei stark geneigtem Einfallen eines Steinkohlenflözes wird Schrägbau betrieben. Der Betrieb benötigt alsdann markscheiderische Strebaufnahmen, die in der Regel von Monat zu Monat oder in größeren Zeitabständen aufgemessen werden. Abb. 59 und 61 zeigen derartige Strebstöße aus der mäßig bis stark geneigten Lagerung. Die Strebaufnahmen geben, wie Abb. 59 erkennen läßt, Aufschluß über den Verlauf des Kohlenstoßes und den Abbaufortschritt, wie er sich auf die einzelnen Kameradschaften verteilt. Allgemein wird die zum Kohlenstoß gelegene Fördermittelkante mit dem Hängetheodolit eingemessen und an die in der oberen und unteren Sohle bestehenden Züge angeschlossen. Die gerade Verbindungslinie zwischen dem Anfangspunkt der Messung bei 229,0 m in der Sohlenstrecke der 7. Sohle mit 0,0 und dem bei 314,5 m in der 8. Sohle gelegenen Endpunkt beträgt 203,0 m. Diese Sollinie vom Strebkopf zum Strebfuß wird beim Vortrieb mitunter überschritten, manchmal auch nicht erreicht. So erkennt man in Abb. 60 bei der 4. Messung, die den Kohlenstoß am 1. 9. 1958 zeigt, daß der Streb im oberen Teil bis zu 4,75 m (zehnfach vergrößerte Darstellung) vorgeeilt, dagegen im unteren Teil bis zu 3,10 m zurückgeblieben ist. Demgemäß hat der Reviersteiger für den Ausgleich zu sorgen.

In jede Strebmessung wird auch stets eine genaue Aufnahme der Kleintektonik einbezogen; ebenso ist der Wechsel in der Flözmächtigkeit und in den Bergemittelstärken von Bedeutung (Abb. 60). Das Einfallen des Flözes wird im Bereich der Sollinie sowie für das Fördermittel angegeben. Auf Abb. 60 ist eine Schlechten- und Kluftrose dargestellt; sie wurde durch Großzahlmessungen ermittelt und gibt Haupt- und Nebenschlechten im Inneren des Kreises der Kluftrose, außerdem Haupt- und Nebenklüfte im Außenring des Kreises für das in Frage kommende Flöz an. Flözeinfallen und Kohlenstoßrichtung sind ebenfalls eingetragen. Von großer Wichtigkeit ist hierbei der Winkel zwischen der Richtung des Kohlenstoßes und der Hauptklüfte; er soll größer als 10^g sein, damit eine Parallelität der Klüfte zum Strebstoß vermieden wird, um der Gefahr des Absetzens oder Zubruchgehens des Hangenden zu begegnen.

---

[1]) Gemeint sind die Abbildungen 27 bis 30, Seite 142—144 im Bd. II.

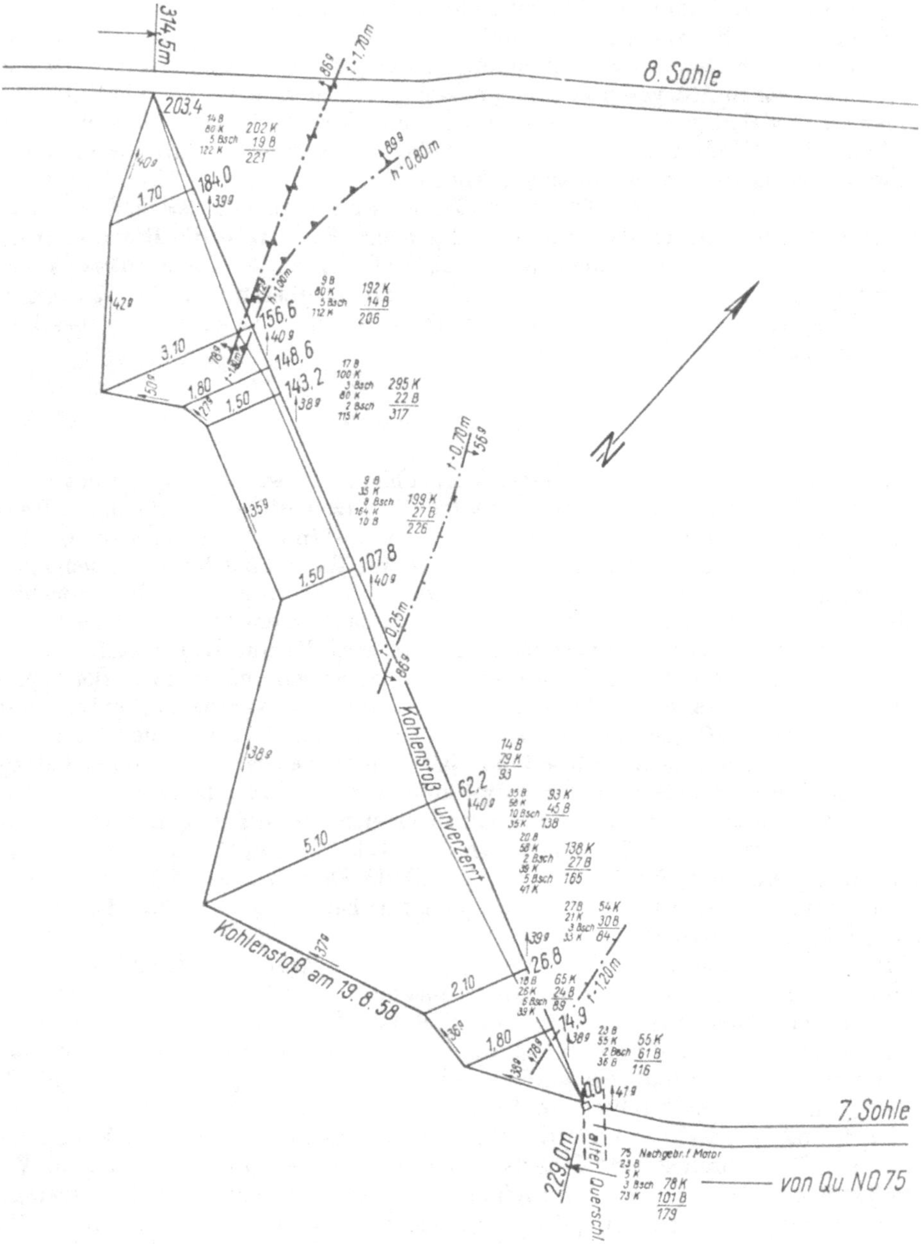

Abb. 59. Flachrißliche Darstellung für betriebliche Zwecke. Steinkohlenbergbau

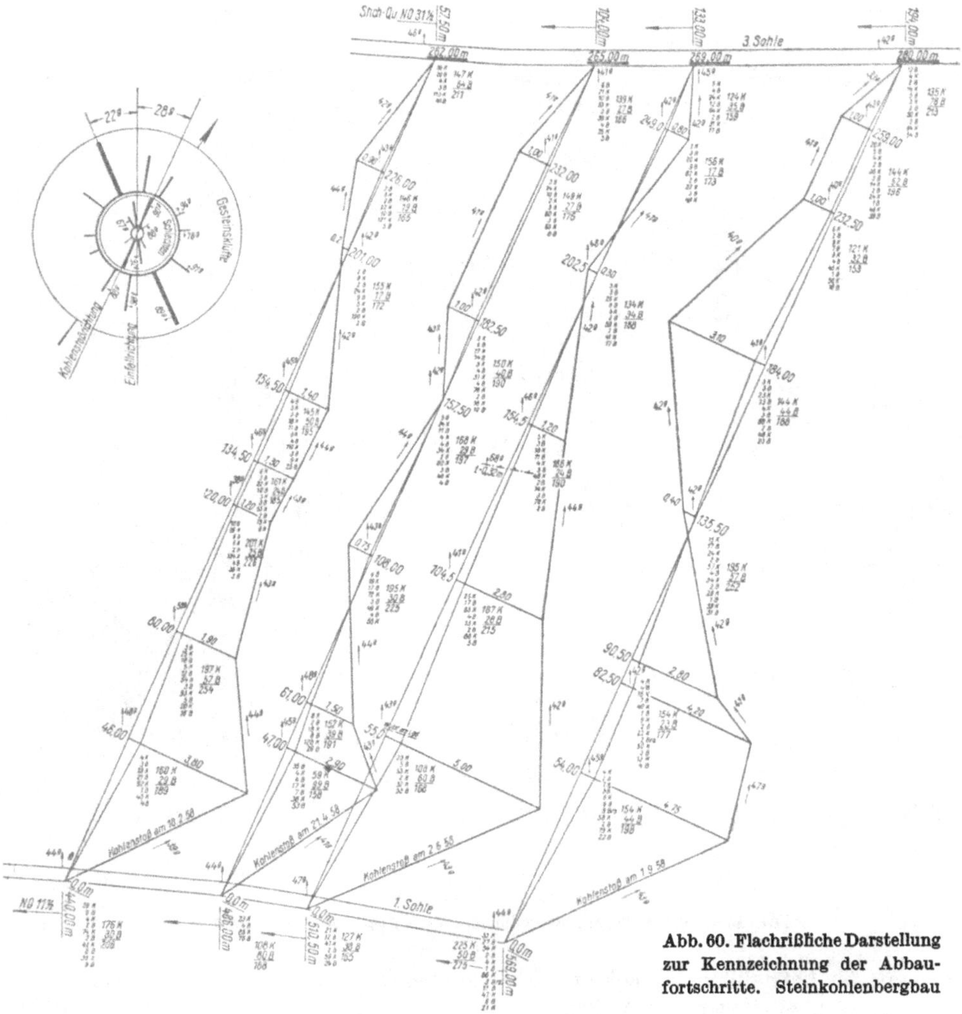

Abb. 60. Flachrißliche Darstellung zur Kennzeichnung der Abbaufortschritte. Steinkohlenbergbau

Fällt das Flöz stärker ein als mit 50^g, so wird firstenbauartiger Verhieb mit streichenden Firsten als Abbauverfahren angewandt, um durch treppen- oder stufenförmige Absätze eine Großzahl von Angriffspunkten zu gewinnen. Die Höhe der Stufen beträgt 2–3 m oder den doppelten Wert. Eine Darstellung dieses Abbauverfahrens findet sich in Abb. 61. Jede Firste ist bei jeder zeiträumlich wiederholten Messung einzeln aufzunehmen, auch wird die Versatzböschung eingemessen.

Man bezeichnet diese Strebaufnahmen im Schrägbau in mäßig geneigter bis steiler Lagerung (Abb. 59 bis 61) als *betriebliche Flachrisse*. Hier wird man wohl zutreffender die Bezeichnung *flache Zustandsrisse* gebrauchen dürfen, wobei die Rißarten der Abb. 59 bis 61 nicht gut als Flachrisse im Sinne eines Zulege- oder Grubenrißwerks anzusprechen sind. Aber sie sind leicht herzustellen und nachzu-

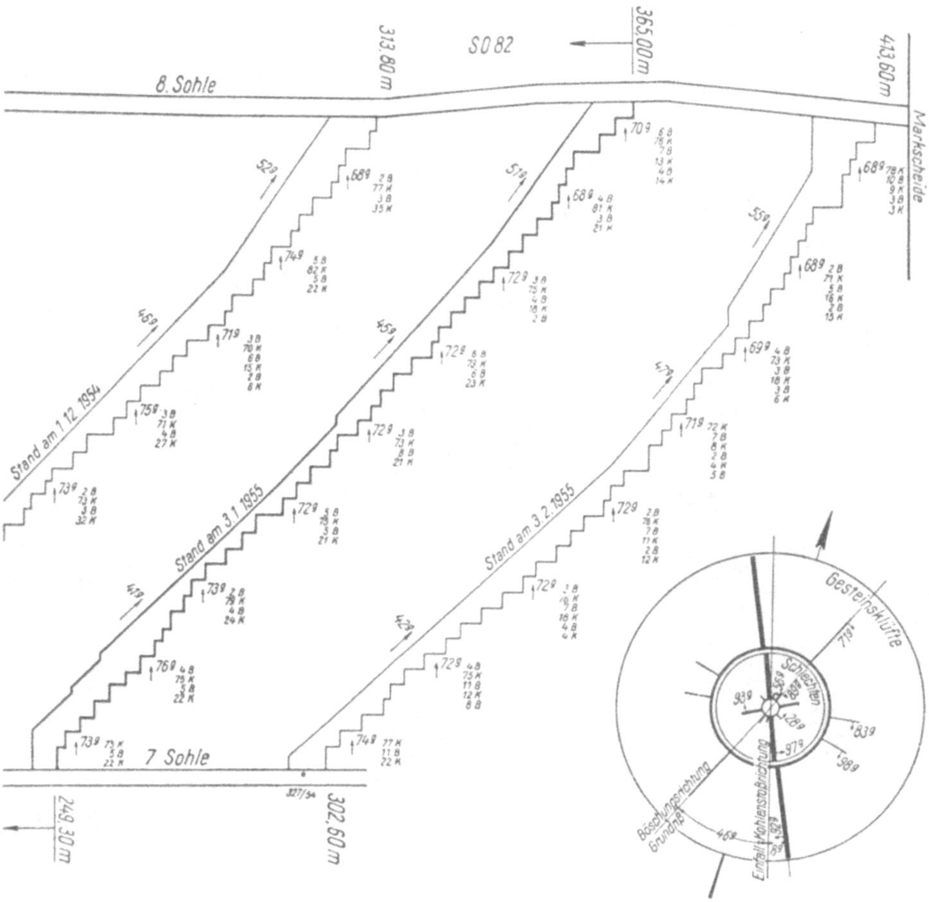

Abb. 61. Betriebliche Flachrißdarstellungen. Steile Lagerung. Steinkohlenbergbau

tragen; für betriebliche Zwecke reichen sie ebenfalls aus. Flachrisse als Bestandteile des Grubenrißwerks erfordern allerdings als Folgerisse zu Grundrissen oder als Ursprungsrisse eine besondere Art der Darstellung, der wir uns nachfolgend zuwenden.

Zur Berechnung der *Raumkoordinaten* für *Flachriß-Darstellungen* lassen sich drei Wege einschlagen. Es sind möglich: die *Transformationsmethode*, die Verwendung von *Netztafel-Nomogrammen* und die *Zulage im Polygonnetz*. Hierzu treten auch noch Berechnungsmöglichkeiten der *Polarkoordinaten* aus Netztafel- oder Kurvenschar-Nomogrammen oder aus *Polygonzügen*.

Wir haben uns in dem zu bringenden Beispiel für die Berechnung von Raumkoordinaten im Polygonzugsystem entschieden, weil das Verfahren gut zu übersehen ist und sich — ähnlich wie bei Zahlentafel 1 — in Formblättern erfassen läßt. Damit sind auch gewisse Vergleichsmöglichkeiten mit den früheren Ausführungen von K. Burger (1951, Sonderdruck, S. 34ff.) gegeben, der wohl als

Berechnung der Raumkoo

Datum: 30. 4. 1955 Flöz Karl, 2. Strebmessg., N. W. 85

Richtungen entnommen	P_n	Messungswerte: Richtungen $\nu_n = \nu_{n-1} + \beta_n \pm 200^g$ g c	Flache Länge f_n m	Höhenwinkel i_n ± g c	Bankrecht Abstand Pkt-Liegd. b m	Berechnung der räumlichen Koordinatenunterschiede im gedrehten System: Gedrehte Richtungen $\nu_{D_n} = \nu_n - \psi$ g c	$\sin \nu_{D_n}$ / $\cos \nu_{D_n}$ ±	$\sin i_n$ / $\cos i_n$ ±	Söhlige Länge $s_n = f_n \cdot \cos i_n$ m	Ordinatenunterschied $\Delta y_{D_n} = s_n \cdot \sin \nu_{D_n}$ ± m	Abszissenunterschied $-\Delta x_{D_n} = -s_n \cdot \cos \nu_{D_n}$ ± m	Höhenunterschied $\Delta z_{D_n} = f_n \cdot \sin i_n$ ± m	$A = \Delta z_{D_n} \cdot \sin \alpha$ / $C = \Delta z_{D_n} \cdot \cos \alpha$
1	2	3	4	5	6	7	8	9	10	11	12	13	14
	49												
	50	49−30	43,16	+ 0−41		289−30	−0,9859 −0,1673	+0,0064 +1,0	43,16	−42,55	+ 7,22	+ 0,28	+ 0,23 + 0,16
	a	360−02	16,62	−61−82	−1,40	200−02	−0,0003 −1,0	−0,8255 +0,5644	9,38	0	+ 9,38	−13,72	−11,10 − 8,06
	b	368−20	20,40	−59−19	−1,24	208−20	−0,1285 −0,9917	−0,8015 +0,598	12,20	− 1,57	+12,10	−16,35	−13,23 − 9,61
	c	370−86	34,47	−64−24	−0,65	210−86	−0,1698 −0,9855	−0,8463 +0,5326	18,36	− 3,12	+18,09	−29,17	−23,60 −17,15
	d	365−24	22,42	−60−51	−1,03	205−24	−0,0822 −0,9966	−0,8137 +0,5813	13,03	− 1,07	+12,99	−18,24	−14,76 −10,72
	e	370−21	21,53	−61−63	−1,03	210−21	−0,1597 −0,9872	−0,8238 +0,5669	12,20	− 1,95	+12,04	−17,74	−14,35 −10,43
	f	378−48	15,91	−70−77	−1,20	218−48	−0,2862 −0,9582	−0,8964 +0,4432	7,05	− 2,02	+ 6,76	−14,26	−11.54 − 8,38
	g	0−02	11,82	−65−90	−1,45	240−02	−0,5880 −0,8088	−0,8599 +0,5104	6,03	− 3,55	+ 4,88	−10,16	− 8,22 − 5,97
	h	38−72	3,23	−12−91	−0,60	278−72	−0,9447 −0,3281	−0,2014 +0,9795	3,16	− 2,99	+ 1,04	− 0,65	− 0,53 − 0,38
	29												

Rechenproben	$[\Delta y_{D_n}]$	$[\Delta x_{D_n}]$	$[\Delta z_{D_n}]$	$[A$
$[\Delta x_{2n}] = [\Delta z_{D_n}] \cdot \sin \alpha + [\Delta x_{D_n}] \cdot \cos \alpha$				−97,
				$[C]$
$[\Delta z_{2n}] = [\Delta z_{D_n}] \cdot \cos \alpha - [\Delta x_{D_n}] \cdot \sin \alpha$	−58,82	−84,50	−120,01	−70,

ur Flachrißkonstruktion G/F_D

Theod. Nr. . . . Meßband Nr. . . .		Drehwinkel ψ 160^g		Kippwinkel $\alpha = 60^g$ $\sin\alpha = 0{,}809$ $\cos\alpha = 0{,}5878$			Verschwenkungswinkel $\varphi = 0^g$			
ekippten System		Raumkoordinaten der Punkte im gedrehten und im gekippten System								
= cos α = sin α	Abszissen-unterschied $\Delta x_{2n} = A + B$ ± m	Höhen-unterschied $\Delta z_{2n} = C - D$ ± m	Ordinate $y_{D_n} = y_{D_{n-1}} + \Delta y_{D_n}$ ± m	Abszisse $x_{D_n} = x_{D_{n-1}} - \Delta x_{D_n}$ ± m	Höhe (NN) $z_{D_n} = z_{D_{n-1}} + \Delta z_{D_n}$ ± m	Abszisse $x_{2n} = x_{2n-1} + \Delta x_{2n}$ ± m	Höhe $z_{2n} = z_{2n-1} + \Delta z_{2n}$ ± m	Höhe $Fz_{D_n} = t = z_{D_n} + b\cdot\cos\alpha$ − m	Abszisse $Fx_{D_n} = q = x_{D_n} + b\cdot\sin\alpha$ − m	Höhe $Fz_{2n} = f_b = z_{2n} + b$ − m	P_n
	16	17	18	19	20	21	22	23	24	25	26
											49
,24	− 4,01	+ 6,00	+ 558,94	+ 1116.44	− 694,20	− 1217,86	+ 495,17				50
,84			− 42,55	+ 7,22	+ 0,28	− 4,01	+ 6,00	− 0,82	− 1,13	− 1,40	
,51	− 16,61	− 0,47	+ 516,39	+ 1123,66	− 693,92	− 1221,87	+ 501.17	− 694,74	+ 1122,53	+ 499,77	a
,59			0	+ 9,38	− 13,72	− 16,61	− 0,47	− 0,73	− 1,00	− 1,24	
,11	− 20,34	+ 0,18	+ 516,39	+ 1133,04	− 707,64	− 1238,48	+ 500,70	− 708,37	+ 1132,04	+ 499,46	b
,79			− 1,57	+ 12,10	− 16,35	− 20,34	+ 0,18	− 0,38	− 0,53	− 0,65	
,63	− 34,23	− 2,51	+ 514,82	+ 1145,14	− 723,99	− 1258,82	+ 500,88	− 724,37	+ 1144,61	+ 500,23	c
,64			− 3,12	+ 18,09	− 29,17	− 34,23	− 2,51	− 0,61	− 0,83	− 1,03	
,64	− 22,40	− 0,21	+ 511,70	+ 1163,23	− 753,16	− 1293,05	+ 498,37	− 753,77	+ 1162,40	+ 497,34	d
,51			− 1,07	+ 12,99	− 18,24	− 22,40	− 0,21	− 0,61	− 0,83	− 1,03	
,08	− 21,43	− 0,69	+ 510,63	+ 1176,22	− 771,40	− 1315,45	+ 498,16	− 772,01	+ 1175,39	+ 497,13	e
,74			− 1,95	+ 12,04	− 17,74	− 21,43	− 0,69	− 0,71	− 0,97	− 1,20	
,97	− 15,51	− 2,91	+ 508,68	+ 1188,26	− 789,14	− 1336,88	+ 497,47	− 789,85	+ 1187,29	+ 496,27	f
,47			− 2.02	+ 6,76	− 14,26	− 15,51	− 2,91	− 0,85	− 1,17	− 1,45	
,87	− 11,09	− 2,02	+ 506,66	+ 1195,02	− 803,40	− 1352,39	+ 494,56	− 804,25	+ 1193,85	+ 493,11	g
,95			− 3,55	+ 4,88	− 10,16	− 11,09	− 2,02	− 0,35	− 0,49	− 0,60	
,61	− 1,14	+ 0,46	+ 503,11	+ 1199,90	− 813,56	− 1363,48	+ 492,54	− 813,91	+ 1199,41	+ 491,94	h
,84			− 2,99	+ 1,04	− 0,65	− 1,14	+ 0,46				
			+ 500,12	+ 1200,94	− 814,21	− 1364,62	+ 493,00				29
		Soll:	+ 500,13	+ 1200,95	− 814,20	− 1364,59	+ 493,01				
			$fy = +0{,}01$	$fx = +0{,}01$	$fz = -0{,}01$	$fx = -0{,}03$	$fz = +0{,}01$				

] ,66]	$[\Delta x_{2n}] = [A + B]$	$[\Delta z_{2n}] = [C - D]$	$[\Delta y_{D_n}]$	$[\Delta x_{2n}]$	$[\Delta z_{2n}]$	$[\Delta x_{D_n}]$	$[\Delta z_{D_n}]$
,37	− 146,76	− 2,17	− 58,82	− 146,76	− 2,17	− 84,50	− 120,01

erster die Gedankengänge von O. HAIBACH in die Praxis übertrug und Rechnung sowie Kartierung sowohl nach Raumkoordinaten als auch nach Polarkoordinaten durchzuführen suchte.

Vorerst kommen wir nochmals auf Abb. 58 zurück, die im Vertikalschnitt die Beziehungen zwischen den Koordinatenunterschieden Δx und Δz in der Seigerriß- und Flachrißebene erläutert. Von den Δx- und Δz-Werten für P_{50} und P_{29} sprachen wir schon. Wir erkennen ferner, daß die Teilhöhen z_2 durch gestrichelte Lote von P_{50} und P_{29} auf die Flachrißprojektionsebene F bezeichnet sind. Es empfiehlt sich, die Zusammenhänge in den grundrißlichen und seigeren Darstellungen der Abb. 57 und 58 zu beachten.

Wir behandeln zunächst den *Abbauflachriß* in Abb. 62 als gedrehten *Ursprungsriß* F_D. Dazu ist es notwendig, daß außer der Drehung des Grundrisses um den Winkel $\psi = 160^g$ eine Kippung des gedrehten Flachrisses in die Flachrißebene um den durchschnittlichen Einfallwinkel des Flözes, d. h. um den Winkel α erfolgt, der im vorliegenden Fall mit 60^g angesetzt wird. In diese Ebene sind sämtliche Polygon- und Zwischenpunkte der Schnittlinien zu projizieren. Die Flözfläche ist insofern ungleichmäßig gestaltet, als das Einfallen zwischen 41^g und 66^g schwankt.

Gebraucht werden folgende Ausdrücke unter Beibehaltung der von K. BURGER verwendeten mathematischen Zeichen.

(a) $y_{D_n} = y_{D_{n-1}} + \Delta y_{D_n} = y_{D_{n-1}} + s_n \cdot \sin \gamma_{D_n}$ als Ordinate,

(b) $x_{2n} = x_{2n-1} + \Delta x_{2n} = x_{2n-1} + \Delta z_{D_n} \cdot \sin \alpha + \Delta x_{D_n} \cdot \cos \alpha = x_{2n-1} + f_n \cdot \sin i_n + s_n \cdot \cos \nu_{D_n} \cdot \cos \alpha$ als Abszisse,

(c) $z_{2n} = z_{2n-1} + \Delta z_{2n} = z_{2n-1} + f_n \cdot \sin i_n \cdot \cos \alpha - s_n \cdot \cos \nu_{D_n} \cdot \sin \alpha$ als Höhe,

(d) $F_{z_{D_n}} = z_{D_{n-1}} + \Delta z_{D_n} - b \cdot \cos \alpha = z_{D_{n-1}} + f_n \cdot \sin i_n - b \cdot \cos \alpha$ als Seigerabstand t,

(e) $F_{x_{D_n}} = x_{D_{n-1}} + \Delta x_{D_n} + b \cdot \sin \alpha = x_{D_{n-1}} + s_n \cdot \cos \nu_{D_n} + b \cdot \sin \alpha$ als Querabstand q,

(f) $F_{z_{2n}} = z_{2n-1} + \Delta z_{2n} + b = z_{2n-1} + \Delta z_{D_n} \cdot \cos \alpha - \Delta x_{D_n} \cdot \sin \alpha + b = z_{2n-1} + f_n \cdot \sin i_n \cdot \cos \alpha - s_n \cdot \cos \nu_{D_n} \cdot \sin \alpha + b$ als Bankabstand f_b.

Die Bedeutung der Zeichen geht aus dem Formular der *Zahlentafel 2* hervor. Man erkennt, daß lediglich der Ordinatenwert y_{D_n} des Flachrisses mit demjenigen des Seigerrisses (zwischen den Seiten 224 und 225) übereinstimmt, während die Formeln für z_{D_n} und x_{D_n} des Seigerrisses für die Flachrißkonstruktion Erweiterungen erfahren. Aus der Formelzusammenstellung ergibt sich zudem, daß dem trigonometrischen Formular für die Raumkoordinaten- und Wertlinienberechnung des Flachrisses ein erheblich größerer Umfang zukommen muß als der seigerrißlichen Berechnung nach Zahlentafel 1.

Auch Zahlentafel 2 umfaßt nur die Berechnungen für den Schnitt $P_{50} - a - b - c - d - e - f - g - h - P_{29}$. Die Rechnung ist für die anderen 8 Schnitte zu erweitern. Die Zahlentafel 2 weist 26 Spalten auf. In den Spalten 1 bis 6 sind wiederum die Meßwerte aufgeführt; die Spalten 7 bis 13 enthalten die Rechnungswerte der Teilkoordinaten im gedrehten, die Spalten 14 bis 17 im gekippten System. Die Endwerte für die drei Raumkoordinaten Y_{D_n}, x_{2n} und z_{2n} sind in den Spalten 18, 21 und 22 zu finden.

Zur Konstruktion der Seigerabstandslinien t, der Querabstandslinien q und der Bankabstandslinien f_b[1]) sind die Koordinaten x_{D_n} (Spalte 19), z_{D_n} (Spalte 20) und z_{2n} (Spalte 22) um den jeweiligen Funktionswert $b \cdot \sin\alpha$, $-\ b \cdot \cos\alpha$ bzw. b (aus Spalte 6) zu verbessern. Die Rechnung wird mit Hilfe der natürlichen Zahlen für $\sin 60^g = 0{,}809$ und $\cos 60^g = 0{,}588$ mit dem Rechenschieber ausgeführt (siehe Kopf des Formulars, rechts oben).

Damit sind sämtliche Grundlagen für die Kartierung des Flachrisses aus den Koordinaten für x, y und z sowie für die drei formbeschreibenden Wertlinien (Spalten 23, 24 und 25) gegeben. Die Seigerabstandslinien t sind mit Abständen von 5 zu 5 m in blauer Linienführung dargestellt. Im Gegensatz zu den t-Linien auf dem Seigerriß, Abb. 56, zeigen nunmehr die Seigerabstandslinien im Flachriß leicht geschwungene Formen und setzen an der Sprungfläche ab. Da ihr Verlauf in allen drei Rißarten „Grundriß, Seigerriß und Flachriß“ parallel zum Streichen der Lagerstätte gerichtet ist, lassen Grundriß und Flachriß die mehr oder weniger unregelmäßige Ausbildung des Flözes gut erkennen, während der Seigerriß die t-Linien immer nur, ebenso wie alle streichenden Baue, als gerade Linien mit gleichen Abständen zur Darstellung bringen kann.

Auch die Querabstandslinien q, ebenfalls von 5 zu 5 m aufgetragen, liefern in roter Linienführung einen bewegten Kurvenverlauf. Den interessantesten Eindruck rufen jedoch die grün dargestellten Bankabstandslinien f_b hervor, die von ^{m} zu ^{m} angegeben werden. Es kommt ihnen insofern besondere Bedeutung zu, als ihr Verlauf bestimmte geologische Aussagen zuläßt, zum Beispiel hinsichtlich der Gebirgsmächtigkeiten, oder stratigraphischer, fazieller und sedimentärer Verhältnisse, worauf schon K. Burger (1951, S. 41—47) hingewiesen hat. Wesentlich ist sodann die Kennzeichnung der Seiger-, Quer- und Bankabstandslinien für betriebliche Zwecke. Häufig sind beim Schrägbau mit seinen verschiedenen Verhiebsarten, zum Beispiel dem Abbau in Knäppen oder bei firstenbauartigem Verhieb, seigere Höhenlinien von Nutzen, denn es sind gleichzeitig auch Linien für söhlige Auffahrungen im Flöz. Im Flachriß sind Querabstandslinien als Linien gleicher querschlägiger Ausrichtungslänge aufzufassen [O. Haibach (1951, S. 30)]. So zeigt der Flachriß, Abb. 62, deutlich an verschiedenen Stellen des Flözes Einmuldungen, Aufsattelungen u. a. m.

Anders verhält es sich mit dem *Abbauflachriß als Folgeriß*. Die Konstruktion eines solchen Risses setzt die Anfertigung von graphisch konstruierten Schnitten voraus. Eine größere Anzahl von Schnitten ermöglicht eine genauere Rißherstellung als eine geringe Zahl von Schnitten. Die bereits erwähnten neun Strebmessungen, die im *Abbaugrundriß*, Abb. 55, eingetragen sind, wurden zur Konstruktion von neun Schnitten verwendet, die sämtlich in Richtung der $x_2 = x_D$-Achse liegen. Es läßt sich alsdann, da die Raumkoordinaten x, y und z der in den

---

[1]) Im Bd. II, S. 25, 139ff. hat O. Haibach die Bankabstands- (Flachabstands-)linien mit b bezeichnet. In den Formeln (d) bis (f) S. 229 tritt der Bankabstand b bei den drei Wertlinien entweder in Verbindung mit der cos-, sin-Funktion oder allein auf (s. Spalten 23, 24 und 25 der Zahlentafel 2). Um Irrtümern vorzubeugen, bezeichnen wir im folgenden zwar den Bankabstand stets mit b, jedoch die Bankabstands*linie* (Flachabstandslinie) mit f_b.

Grundstrecken 7. und 8. Sohle angelegten Polygonpunkte bekannt sind, der gesamte Konstruktionsgang durch Zulegen bewerkstelligen.

Zunächst werden die Schnitte konstruiert. Wir greifen wiederum den Schnitt der 2. Strebmessung vom 30. 4. 1955 heraus, der zwischen den Polygonpunkten 50 und 29 mit den Zwischenpunkten a bis h gemessen wurde. Die Zulage geht aus Abb. 63 hervor. Ausgehend von P_{29} in der 8. Sohle, dessen absolute Höhe bekannt ist, werden aus dem *Abbaugrundriß*, Abb. 55, der Reihe nach die Projektionsmaße der Linien $P_{29} - h$, $h - g$, $g - f$ usw. auf die rote Netzlinie + 500 m abgegriffen. So ist das Projektionsmaß für die Linie $P_{29} - h =$ $- 1{,}0$ m, für Linie $h - g = - 4{,}9$ m, für Linie $g - f = - 6{,}8$ m usw. Es bedarf nun noch der Höhenunterschiede $\Delta z = f_n \cdot \sin i_n$, die mittels Rechenschieber für i_{29}^{h} das Maß $- 0{,}65$ m, für i_{h}^{g} den Wert $- 10{,}2$ m, für i_{g}^{f} das Maß $- 14{,}3$ m usw. erbringen. Trägt man im Punkt P_{29} mit der Höhe $- 814{,}20$ nach rechts zu die Abszisse $\Delta x = - 1{,}0$ m und im Endpunkt dieses Maßes nach oben zu senkrecht die Höhe $\Delta z = - 0{,}65$ m als Ordinate auf, so liegt die Hypotenuse als Verbindungslinie $P_{29} - h = - 1{,}2$ m in der Flachrißebene. Im Punkt h wird nunmehr das aus dem Abbaugrundriß abgegriffene Projektionsmaß $- 4{,}9$ m waagerecht nach rechts und vom Endpunkt ab nach oben zu senkrecht der Wert $- 10{,}2$ m bis zum Punkt g abgetragen, so daß die Verbindungslinie $h - g$ mit 11,2 m Länge wiederum im Schnitt der Flachrißebene (Abb. 63) liegt. Das Verfahren wird bis zum Punkte a in der 7. Sohle fortgesetzt.

Die Zulage der 9 Schnitte erfolgt zweckmäßig großmaßstäblich, also etwa in 1:500. Wenn auch Rechenproben zweckmäßig und notwendig sind, wird dennoch die Kartierung der Schnitte nie so genau ausfallen können wie das Auftragen nach Raumkoordinaten. Das geht bei einem Vergleich der auf dm abgerundeten Zu-

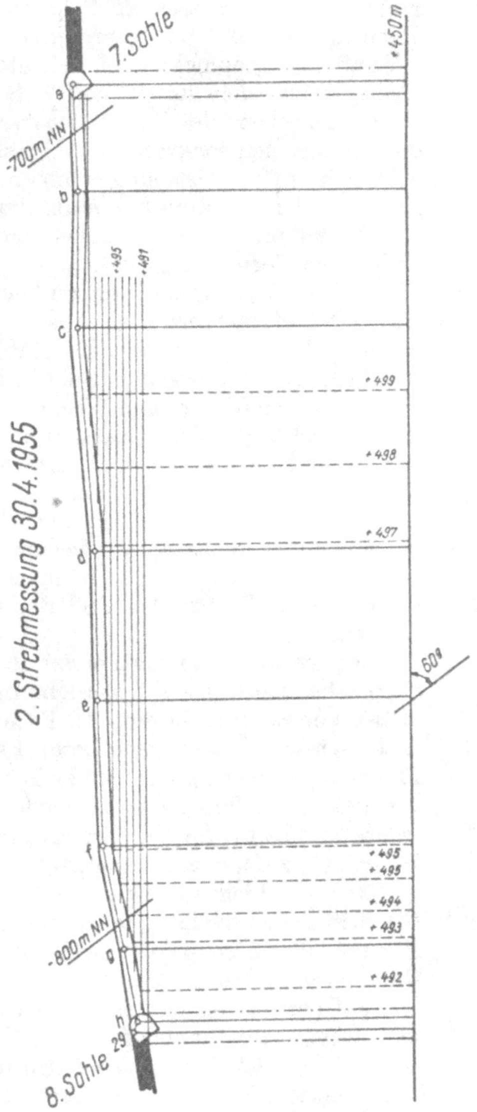

Abb. 63. Konstruktion eines Schnittes für den Flachriß Flöz Karl als Folgeriß

lagewerte mit den auf cm genau berechneten Werten der Spalten 12, 13 und 18 der Zahlentafeln 1 und 2 hervor. Es zeigt sich somit schon hier, daß die Anfertigung eines Flachrisses als Folgeriß zum Abbaugrundriß in der Zulage nie der Rechengenauigkeit im Ursprungsriß gleichkommen kann.

Stellt man nunmehr nach erfolgter Zulage des Abhauens in der Polygonlinie $P_{29} - a$ zwischen der 8. und 7. Sohle gemäß Abb. 63 die mit 60^g einfallende Projektionsebene des Flachrisses durch eine im Niveau + 450 m liegende Gerade dar, die um den senkrechten Abstand 43,00 m (von P_{29} aus) von der Niveaulinie + 450 m entfernt ist, so gewinnt man durch die schwarz gerissen gezeichneten Lote von den Punkten $h - a$ auf die + 450 m Linie die übrigen Höhenwerte z_{2n}. Auf diese kommt es aber zunächst nicht an.

Um den Verbindungszug $P_{29} - h - g - f - \ldots - b - a$ auf dem Flachriß (Folgeriß), Abb. 64, kartieren zu können, bedarf es der Teilkoordinaten Δx_{2n} und Δy_{D_n}. Den Δx_{2n}-Werten entsprechen die Längen der Verbindungspolygonseiten $P_{29} - h$, $h - g$, $g - f$ usw. maßstäblich aus Abb. 63 (Spalte 21 in Zahlentafel 2). Die Teilordinaten Δy_{D_n} liefert der *Abbaugrundriß* im gedrehten System (rote Netzlinien); sie sind mit den Werten der Ordinatenunterschiede in Spalte 18 der Zahlentafel 2 identisch. Kartiert man diese Abszissen- und Ordinaten-Teilwerte aller Polygon- und Verbindungszüge, so ist der Rahmen des Flachrisses als Folgeriß fertiggestellt. Aus den x_{2n}-Werten lassen sich die Seigerabstandslinien t graphisch konstruieren. Wir haben jedoch im Folgeriß, Abb. 64, davon Abstand genommen, weil dieser als Deckpause zum *Ursprungsriß*, Abb. 62, dient, der bereits mit t-, q- und f_b-Abstandslinien ausgestattet ist, so daß zu viele voneinander abweichende Kurven das Bild der Formbeschreibung unübersichtlich gestalten würden.

Lediglich die Konstruktion der *Bankabstandslinien* f_b im *Folgeriß*, Abb. 64, soll nachstehend beschrieben werden. In Abb. 63 sind die Querabstände in dünnen Linien von m zu m dargestellt. Es sind Parallelen lotrecht zu den z_{2n}-Werten (gerissen schwarz ausgezogene Lote). Es zeigt sich, daß bei der steilen Lagerung des Flözes nur wenige Meterlinien zwischen 8. und 7. Sohle zu verzeichnen sind. Dort, wo diese Meterlinien das Liegende des Flözes schneiden, ist jeweils eine Lotrechte (gerissen) auf die Bezugsgerade + 450 m gefällt und mit der in Frage kommenden Meterzahl beschriftet worden. So schneidet zum Beispiel die Parallele + 450 m das Liegende zwischen den Punkten f und g in einem Punkt, der, in die Flachrißebene abgelotet, wiederum die Zahl + 495 m trägt. Aber Liegendes und Meterparallelen schneiden sich derart spitzwinklig, daß sich jede zeichnerische Unsicherheit auswirken muß.

Die Übertragung der erwähnten Schnittpunkte als Bankabstandspunkte geschieht nunmehr auf dem Folgeriß. Nach Übernahme der Bankabstandspunkte aus sämtlichen neun Schnitten werden die grün dargestellten Bankabstandslinien f_b konstruiert, die allerdings Abweichungen gegenüber den f_b-Kurven des Ursprungsflachrisses aufweisen. Diese Abweichungen betragen mitunter mehrere dm, bis zu 0,7 m; sie beruhen darauf, daß die graphische Bestimmung der Schnittpunkte zwischen abgerundetem Bankabstandswert und der Liegendfläche des Flözes im Folgeriß gegenüber den koordinatenmäßig erfaßten Wertlinien des Ursprungsrisses zu Ungenauigkeiten führt.

Da die Anfertigung von Seiger- und Flachrissen als *Ursprungs-* oder *Folgerisse* häufig in den Händen des Vermessungssteigers liegen wird, ist es interessant, daß Herr BURGER Zeitstudien angestellt hat, die jede Abneigung gegen die Herstellung derartiger Risse in Zukunft unangebracht erscheinen lassen. So stellte er fest, daß für die koordinatenmäßige Berechnung

des Grund- und Seigerrisses (Ursprungsrisse) je 4,5 Min./Pkt.,
des Flachrisses als Folgerisses je 7,8 Min./Pkt. und
des Flachrisses als Ursprungsrisses je 8,2 Min./Pkt.

an Zeitaufwand erforderlich sind. Werden außer der koordinatenmäßigen Rechnung auch Konstruktionen formbeschreibender Wertlinien fällig, so erhöht sich der Zeitaufwand wie folgt:

beim Grundriß als Ursprungsriß sind rd. 6 Min./Pkt. notwendig,
beim Flachriß als Ursprungsriß sind rd. 13,5 Min./Pkt. notwendig,
beim Flachriß als Folgeriß sind rd. 12 Min./Pkt. notwendig,
beim Seigerriß als Ursprungsriß sind rd. 6 Min./Pkt. notwendig.

Auf den Flachriß als Ursprungsriß des vorliegenden Beispiels, Abb. 62, bezogen, ergibt sich eine Punktzahl von 90 Rechnungspunkten. Rechnung und Kartierung einschließlich der drei t-, q- und f_b-Wertlinien wurden demnach in 1215 Minuten oder 20,25 Arbeitsstunden bewältigt; bei achtstündiger Arbeitszeit beläuft sich die benötigte Zeit auf $2^1/_2$ Tage. Hier kann unter keinen Umständen von einem übermäßigen Zeitaufwand gesprochen werden. Dabei geht es lediglich um die Rechen- und Zulage- oder Kartierungsarbeit. Die zeichnerische Ausführung und Beschriftung des Risses ist nicht mit inbegriffen; sie richtet sich nach der persönlichen Geschicklichkeit und Handfertigkeit des Ausführenden. Hinzukommt, daß in Zukunft wesentliche Zeitverkürzungen zu erwarten sind, einmal durch ständige Heranziehung der nomographischen Hilfsmittel und durch Benutzung elektronischer Rechenanlagen, zum zweiten bei der Zulage und Konstruktion von Wertlinien mittels des noch in praktischer Erprobung befindlichen Projektionszeichengerätes von O. HAIBACH (Bd. II, S. 597–603).

Auf der Suche nach geeigneten Beispielen für Flachrißkonstruktionen bin ich häufig den Darstellungsverfahren begegnet, Flachrisse als Folgerisse aus Grundrissen herzustellen. Die den Abbaugrundrissen ebenbürtige Erstellung von Abbauseiger- und von Abbauflachrissen als *Ursprungsrisse* muß sich aber mit der Zeit durchsetzen. Denn nur die dreidimensional behandelte Projektion wird auf die Dauer bestehen; damit verbunden ist die unabdingbare Forderung, die zweidimensionalen Seiger- und Flachrisse abzubauen und den Ursprungsrissen in der Praxis eine feste Verankerung zu geben.

Aus den Ergebnissen von Zeitstudien über die Konstruktion von Flachrissen als Ursprungs- und Folgerisse läßt sich eine nennenswerte Zeitersparnis beim Folgeriß gegenüber dem Ursprungsriß nicht nachweisen. Dafür hat der Ursprungsriß immer den Vorteil, genauere Kartierungen und Formbeschreibungen zu liefern. Der Versuch unserer Altvordern, vor 200 Jahren den Flachriß zum Ursprungsriß zu erheben, mußte an den damaligen mangelhaften mathematischen Grundkenntnissen in der Darstellenden Geometrie scheitern (Abschnitt I, S. 54), die als Lehre und Wissenschaft vor rd. 100 Jahren in den deutschen Ländern auflebte, uns Markscheidern jedoch erst Anfang dieses Jahrhunderts als Wissensgebiet zugänglich wurde. Wenn wir heute Grundrisse, Seigerrisse und Flachrisse hinsichtlich ihrer mathematisch einwandfreien und formbeschreibenden Darstellungsweise ebenbürtig nebeneinander stellen dürfen, so ist dies in erster Linie den mühevollen, bahnbrechenden Arbeiten von W. Nehm †, H. Müller † und O. Haibach zu danken.

δδ) Schnitte, Schnittrisse und Abbauschnittrisse

Mit den Schnitten im Rahmen der Darstellungen, vornehmlich mit den *Schnittarten*, hat sich O. Haibach (Bd. II, S. 279—298) ausführlich beschäftigt. Nachdem die Bedeutung der Schnitte allgemein und die Schnitteigenschaften behandelt sind, geht Haibach zur Schnittherstellung über. Als oberster Grundsatz soll gelten, daß „*der Schnitt stets und in erster Linie das zu zeigen hat, was tatsächlich geschnitten wird*“ (S. 281). Aber es werden bei der Schnittherstellung häufig tektonische und stratigraphische Einzelheiten in die Schnittebene hineinprojiziert, ein Vorgang, den Haibach im Bd. II, Abb. 1, S. 282 näher erläutert. Die Darstellung tatsächlich in der Schnittebene liegender und in diese hineinprojizierter lagerstättenkundlicher Einzelheiten bedarf einer sorgfältigen Konstruktion. Man sollte darauf achten, das in den Schnitt vor oder hinter der Schnittebene Hineinzuprojizierende in *Strichlinien* wiederzugeben. Hierbei kommt es auch, wie Haibach hervorhebt, auf das Maßstabsverhältnis an, und es wird „in großmaßstäblichen Schnitten in der Regel die exakte Lösung im Vordergrund stehen, während in kleinmaßstäblichen Karten . . . eine möglichst weitgehende Mitverwertung am Platze ist“, d. h. eine Mitverwertung der vor oder hinter der Spur des Schnittes befindlichen Aufschlüsse (Bd. II, S. 282). Wir betonen ausdrücklich, daß in den Darstellungen zwischen tatsächlich Geschnittenem und Projiziertem streng zu unterscheiden ist, was bisher nicht immer gebührend beachtet wurde.

An Schnittarten unterscheidet O. Haibach (Bd. II, S. 287) bei größeren Rißwerken zwischen Haupt-, Hilfs-, Neben- und Sonderschnitten, und wir finden u. a. einen Hauptschichtenschnitt im Riß 1 des Rißmusteratlas 1942, und zwar im Haupttitelblatt, kleinmaßstäblich in 1:5000. Sodann beschreibt Haibach Grundschnitte, lotrechte Schnitte und weitere Schnittformen, abschließend in größerer Breite die Schichtenschnitte.

Von jeder Schnittart sind Vertreter in der Praxis anzutreffen. Für den *Grundschnitt* bringt Haibach einen Ausschnitt aus der tektonischen Übersichtskarte 1:10000 des Rheinisch-Westfälischen Steinkohlenbezirkes in Abb. 3, Bd. II, S. 287, ferner als lotrechten Schnitt einen Längenschnitt mit überhöhten Höhenmaßen, Abb. 4, S. 289. Ein weiterer Grundschnitt wird noch im Abschnitt IV, C, 1 (Steinkohlenbergbau) gezeigt werden.

Für den *Querschnittriß* als Darstellung auf lotrechter Schnittebene, rechtwinklig zum Streichen der Lagerstätte, finden sich im Rißmusteratlas 1942 zahlreiche Beispiele, so Riß 11, Steinkohlenbergbau, durch Hauptschächte und Hauptquerschläge im Maßstab 1:4000 und als Ausschnitt hiervon Riß 12 im Maßstab 1:2000 für die Wiedergabe im Zulegeriß, wobei die Begleitschichten in schwarzweißer Zeichengebung (im Gegensatz zur farbigen Ausführung im Grubenrißwerk) hervortreten. Maßgeblich sind für die Zeichengebung an Stelle der veralteten Normen 1936 die *Richtlinien* 1950/51, vorliegend in 3. 06. Weitere Querschnitte liegen im Rißmusteratlas vor bei den Rissen 19 und 22, Braunkohlentagebau, bei Riß 36, Kalibergbau mit den Schnitten ④ und ⑥ sowie bei einer Großzahl kleinmaßstäblicher Querschnitte in den Rissen 1, 5, 8, 9, 15, 21, 23, 27 und 55 an den Blatträndern der Muster.

Bei den *Längsschnittrissen* folgen die Spuren *geradlinig* dem streichenden Verlauf der Sattel- und Muldenlinie [SCHULTE-LÖHR (1958, S. 281)]. Als Vertreter dieser Gruppe weist der Atlas die Risse 27, Gangbergbau, sodann 32, Blei-Zinkerzvorkommen, und Riß 36, Kalibergbau mit Schnitt ③ aus und bringt ferner im Riß 17 (Titelblatt) einen kleinmaßstäblichen Längsschnitt. Längenschnittrisse folgen mit ihren Spuren *jeder Änderung* des Streichens der Lagerstätte. Die Spuren sind selten als gerade Linien gezeichnet, sie verlaufen zumeist geknickt oder krummlinig, Längenschnittrisse werden hauptsächlich kleinmaßstäblich für Übersichtszwecke verwendet. Wir finden Längenschnittrisse in den Rissen 1, Haupttitelblatt Steinkohlenbergbau und 23, Titelblatt Gangbergbau im Atlas 1942, ferner im Band 1, *Der Deutsche Steinkohlenbergbau*, 1942, Anlagemappe, als Schnitt 1 zum Blatt 14 des Beitrages BEDERKE-NIEMCZYK über das oberschlesische Gebiet.

Einen wesentlichen Raum im Bereich der Schnitte nehmen die *Schichtenschnitte* ein. Man versteht hierunter die Darstellung einer Schichtenfolge auf einer Ebene, die im Streichen senkrecht auf der Schichtfläche steht. Es wird somit eine Schichtenfolge bankrecht, also rechtwinklig zu ihrem Einfallen geschnitten. Auch über die Anfertigung von Schichtenschnitten hat O. HAIBACH ausführliche Angaben gemacht (Bd. II, S. 291/292). Man unterscheidet *Hauptschichtenschnitte* der Schichtenfolge und der Lagerstätte.

Bei der Festsetzung von Begriffsbestimmungen hat HAIBACH (1943², S. 27) den Hauptschichtenschnitt als Darstellung bezeichnet, die „die allgemeine Schichtenfolge in ideeller Form, konstruiert oder verarbeitet aus mehreren beobachteten Einzelschnitten, zeigt und nicht mehr den beobachteten Verhältnissen zu entsprechen braucht". Im Band II bringt er zur Erläuterung mit Abb. 7, S. 294, das Beispiel eines Ausschnittes aus einem Hauptschichtenschnitt (Steinkohlenbergbau). Derartige *Hauptschichtenschnitte der Schichtenfolge* findet man, wie HAIBACH in einer Fußnote angibt (S. 294), im Schrifttum, ferner nicht nur im Atlas 1942 und in den *Richtlinien*, sondern auch bei KUKUK (1938), sodann im Band 1 des Sammelwerks 1942 sowie im Übersichtskartenwerk 1:10000 des rheinisch-westfälischen Steinkohlenbezirkes.

Der *Hauptschichtenschnitt der Lagerstätte* beschränkt sich auf die Lagerstätte und deren benachbarten Schichtenbereich. Es zählen dazu kohlenpetrographische Flözschnitte, Gebirgsschichtenaufnahmen mit Eintragung der aufgenommenen Schichtenfolge, der Störungen, Schlechten und Klüfte, Schichten- und Störungsaufnahmen zur Klärung verwickelter Lagerungsverhältnisse, Darstellungen der physikalischen und chemischen Eigenschaften der Kohle u. a. m. Alle derartigen, in den Bereich der Lagerstätte hineinreichenden Schichtenschnitte gehören im Abschnitt „Geologisch-Lagerstättenkundliches Rißwerk" zum *Lagerstättenarchiv*. Deshalb werden sie dort auch im Abschnitt IV erörtert werden.

Auf dem Gebiet der Schnitt- und Schnittrißdarstellungen besteht seit langem im Markscheidewesen Klarheit in bezug auf Anlage und Konstruktion sowie hinsichtlich der inneren und äußeren Ausgestaltung von Schnitten. Im Grunde genommen geht es daher in diesem Teilabschnitt nicht um neuartige Darstellungsarten und -verfahren, sondern in der Hauptsache um eine sachgemäße Eingliederung der verschiedenen Schnittformen in das Feld der Darstellungen. Aus diesem Grunde erübrigen sich auch Beispiele, die für den Markscheider und seine Mitarbeiter kaum etwas wesentlich Neues bringen könnten.

Bei den Schnittrissen haben wir schließlich noch die *Abbauschnittrisse* zu behandeln. Diese Rißart ist an sich schon seit der Mitte des 18. Jahrhunderts bekannt. Man sprach damals diese Darstellungen — quer zum Streichen des Ganges — als Kreuzrisse an und gebrauchte später noch andere Ausdrücke, wie zum Beispiel Kopfrisse. Alle diese veralteten und abgeworfenen Ausdrücke (Abschnitt I, S. 40) kennzeichneten in keiner Weise die Wesensart dieser Risse. In Wirklichkeit handelt es sich um *Querschnitte durch die Lagerstätte*, die jedoch nicht geologische Einzelheiten veranschaulichen, sondern die Abbauverhältnisse eines unregelmäßig ausgebildeten Erzganges oder eines Lagers im Erz- oder im Kali- und Steinsalzbergbau zur Darstellung bringen sollen. Stellt man sich ein halbsteil bis steil einfallendes, mächtiges, aber völlig unregelmäßig ausgebildetes Kalilager vor, so wird weder ein Flachriß noch ein Seigerriß die wirkliche Lagerstättenform im ganzen wiedergeben können. Vielmehr sind bei mächtigen Lagern die Abbauverhältnisse quer zum Streichen des Vorkommens zumindest ebenso bedeutungsvoll.

Aber diese Darstellungen bleiben auf Einzelfälle beschränkt, und so stellen wir bei Durchsicht des Rißmusteratlas 1942 fest, daß dort ein einziges Beispiel für einen *Abbauschnittriß* bei Riß 38 vorliegt. Zu den Rißmustern 35—38 hatten wir bereits Stellung genommen (S. 213) und ausgeführt, daß Riß 38 als Seigerriß bei dem flachen Einfallen des Kalilagers weder notwendig war, noch daß ihm wegen seiner Unvollständigkeit irgendwelche Bedeutung zukommt. Diese Darstellung wäre in einem neu anzufertigenden Rißwerk unmöglich.

Nun sind im Sohlengrundriß des Lagers, Riß 35, zwei Querschnittrisse ④ und ⑥ in relativ geringem Abstand von 170 m zueinander eingezeichnet und im Riß 36 dargestellt. Schnittriß ④ entspricht in seiner südlichen Hälfte voll und ganz dem bei Riß 38 gebrachten Abbauschnittriß, was trotz der verschiedenen Maßstäbe leicht zu übersehen ist. Vergleicht man die nicht weit voneinander entfernten Querschnittrisse ④ und ⑥ miteinander, so stellt man ungewöhnlich starke Unterschiede in der Entwicklung des Lagers und seiner Begleitschichten fest. Daraus geht allein schon hervor, daß die Anlage von Querschnittrissen im Beispiel zumindest in Abständen von 40 zu 40 m notwendig gewesen wäre, so daß an die Stelle der zwei gebrachten Schnitte deren 5 bis 6 hätten treten müssen. Sollte sodann ein einigermaßen befriedigendes Bild der Ausbildung des Kalilagers zustande kommen, so mußten anstatt des überflüssigen Seigerrisses 5 bis 6 Abbauschnittrisse (gegebenenfalls in kleinerem Maßstab) zur Kartierung gelangen. Es ist jedoch unterhalb des Seigerrisses, Riß 38, nur ein einziger solcher Abbauschnittriß vorhanden.

Aber auch dieser einzige Abbauschnittriß wirkt leblos. Er enthält weder Angaben über Mineralgehalte oder über die Bauwürdigkeit des Lagers noch über die Art und Ausbildung des Nebengesteins, also über Eintragungen, die man zur besseren Beurteilung der Lagerstätte bei dem zur Verfügung stehenden Raum hätte vornehmen können.

Faßt man überdies den Abbauschnittriß als lotrecht stehende Projektionsfläche auf, deren Spur — bei steilem Einfallen des Lagers — senkrecht zur Spur des Seigerrisses verläuft, so könnte auch, besonders bei sehr mächtigen Lagerstätten in mehreren Stockwerken, an die Konstruktion formbeschreibender Wertlinien gedacht werden.

Wir wiesen schon darauf hin, daß die Anfertigung von Abbauschnittrissen nur in Ausnahmefällen in Betracht kommen wird. Die Frage, ob eine derartige Rißart überhaupt notwendig ist, bedarf zweifellos einer Erörterung. Nachdem das *Geologisch-Lagerstättenkundliche Rißwerk* und damit die *Lagerstättenarchive*, betrieblich und wirtschaftlich gesehen, eine stets zunehmendere Bedeutung erlangen, wird man bei der lagerstättenkundlichen Gliederung eines neu aufzustellenden *Lagerstättenarchivs Kali- und Steinsalzbergbau* vielleicht andere Darstellungen und Rißarten dem Abbauschnittriß vorziehen, die erschöpfender wirken als das bisher üblich Gewesene. Dazu nehmen wir im Abschnitt IV Stellung.

b) Tagebaubetriebe

Tagebaubetrieb mit oder ohne Deckgebirgsschichten kommt zur Zeit in Deutschland in drei Bergbauzweigen in Betracht: in der *Braunkohle*, im *Salzgitterer Erzbergbau* und auf dem Gebiet der *Steine und Erden*.

Von den im Tiefbau unter a) genannten Rißarten α) bis ι) scheiden bei flacher Lagerung für Tagebaue in der Braunkohle aus: β) *Tagerisse*, δ) *Sohlenrisse*, η) *Abbauseigerrisse* und ϑ) *Abbauflachrisse*. Grundsätzlich ist im Tagebaubetrieb der Tageriß β) mit dem *Abbaugrundriß* ζ) zu verbinden. Danach bleiben im *Braunkohlentagebau* bestehen:

α) *Titelblätter*,
γ) *Bohrrisse*,
ζ) *Tagebaurisse* als vereinigte *Tage- und Abbaugrundrisse*,
ι) *Schnittrisse*.

Von diesen brauchen nur die *Tagebaurisse* beschrieben zu werden, da bei den übrigen Rißarten ähnliche Verhältnisse vorliegen wie im Tiefbau.

Im Salzgitterer Erzbergbau liegen die Verhältnisse etwas anders, weil dort die Erzlager am Tage steil bis lotrecht stehen. In Salzgitter sind außer den *Titelblättern*, *Bohrrissen*, *Tagebaurissen* (vereinigten Tage- und Abbaugrundrissen) sowie *Schnittrissen* noch *Abbauseigerrisse*, gegebenenfalls auch *Abbauflachrisse* notwendig. Erspart werden also nur die Tagerisse als besondere Blätter unter Beibehaltung des Arbeitsaufwandes und die Sohlenrisse. Aber auch letztere sind erforderlich, wenn, wie wir noch sehen werden, der Tagebaubetrieb in Salzgitter nach rd. 100 m Teufe durch Tiefbau abgelöst wird.

Auf dem Sektor der *Steine und Erden* läßt sich mit einem Berechtsamsriß sowie einem Tagebauriß bei kleinem Umfang der Berechtsame auskommen, wofür die Bergbehörde auf Antrag die Genehmigung erteilt. Wird, was sehr selten der Fall ist, in größerem Umfange Tiefbau betrieben, so findet der Abbau je nach der Teufe und Mächtigkeit der Lagerstätte etwa ähnlich wie im Braunkohlentiefbau statt, wobei Scheibenabbau in Frage kommt, wie wir ihn in Abb. 49 dargestellt haben. Dabei ist es gleichgültig, ob es sich um Dachschiefer, Tone, Kaolin, Gips, Kalkstein und Dolomit, Basalte oder um die Gewinnung von Koch- und Badesalz in Salinenbetrieben handelt.

Dort, wo bei „Steine und Erden" kein Tiefbau, sondern nur Tagebau umgeht, trifft man, schon im Hinblick auf die Kostenfrage, Darstellungen an, die, soweit überhaupt ein Zwang zu deren Herstellung besteht, an Primitivität mitunter nichts zu wünschen übrig lassen. Da im übrigen die Tagebaue und — soweit vorhanden — Tiefbaue bei „Steine und Erden" mitunter andere Darstellungen erfordern als Braunkohlen-Tage- und Tiefbaue, erübrigen sich an dieser Stelle nähere Ausführungen. Dieser Abschnitt „Steine und Erden" wird bei II, D, f) näher behandelt werden.

Soweit es um Braunkohlen- und Erztagebaue geht, tritt hinsichtlich der Rißarten keine nennenswerte Ersparnis ein. Hinzukommen aber noch in der Braunkohle neben den amtlichen Rissen die für den Betrieb lebenswichtigen *Zustandsrisse*, die gesondert anzufertigen sind, ferner *Rekultivierungsrisse* nach erfolgtem Verkippen der Tagebaue. Schließlich sind bei den Tagebaubetrieben zusätzlich *Wasserstreckenrisse* erforderlich, um die Entwässerungsmaßnahmen deutlich zu machen. Bemerkenswert sind bei Tagebau- und Erdölbetrieben häufig noch die Darstellungen, die sich aus dem Grundeigentümerbergbau ergeben und die die Arbeiten des Markscheiders weit umfangreicher gestalten als allgemein angenommen wird.

Neben dem Abbau der Lagerstätte ist, soweit vorhanden, in allen Tagebaubetrieben das Abräumen der Deckschichten zu bewerkstelligen und das Verkippen der Hohlräume darzustellen.

Die Unterlagen für den Braunkohlenbergbau verdanke ich Herrn Markscheider E. Wagener von den Braunschweigischen Kohlenbergwerken, für den Salzgitterer Lagerbergbau Herrn Markscheider Direktor O. Schleier.

α) Tagebaurisse

αα) Braunkohlentagebau

Die Zulegerisse der Tagebaue werden im Maßstab 1:1000 angefertigt. In vierteljährlicher Nachtragung ist der jeweilige Stand des Abraums und der Kohle mit sämtlichen Schnitten darzustellen. In den *Richtlinien* sind bei 2.031 für Zulegerißwerk und Grubenbild die Zeichen in schwarzer und farbiger Darstellung angegeben. Die nächstfolgenden Zeichen 2.032 gelten aber nicht nur, wie die *Richtlinien* betonen, für betriebliche Pläne und Sonderdarstellungen, sondern auch für Zulegerisse.

So zeigt in Abb. 65 ein Ausschnitt aus einem Braunkohlentagebau in schwarzweißer Ausführung für zwei aufeinanderfolgende Jahre, März 1957 und März 1958, gemäß 2.032, vier Abraum- und zwei Kohlenschnitte. Von einer Wiedergabe der vierteljährlich nachgetragenen Abbaustände für Abraum und Kohle wurde abgesehen, weil der Rißauszug sonst zu unübersichtlich wirken würde. In solchen Fällen greift der Markscheider dann auch im Zulegeriß zur Farbgebung.

Man erkennt im Rißauszug die Jahresdaten der Schnitte sowie eine ausreichende Menge von Höhenzahlen. In der Rechtswertlinie 30800 ist zwischen den Ordinaten 83200 bis 83600 auf der rechten Seite ein Schnitt angelegt, der den Stand der jährlichen Abraum- und Kohlenschnitte zeigt. Derartige Schnitte werden zum Zweck der Massenberechnungen in Abständen von 20 zu 20 m konstruiert, und zwar vorliegend in der Nordsüd-Richtung, also stets nur in einer Richtung; überschreitet der Schnittwinkel Böschungsrichtung-Nordsüd-Linie den Betrag von 50^g, so sind die Schnitte in der Westost-Richtung anzulegen.

Um zum Ausdruck zu bringen, wie die Schnitte für die *vierteljährlichen* Massenberechnungen von Abraum und Kohle angefertigt werden, fügen wir in Abb. 66

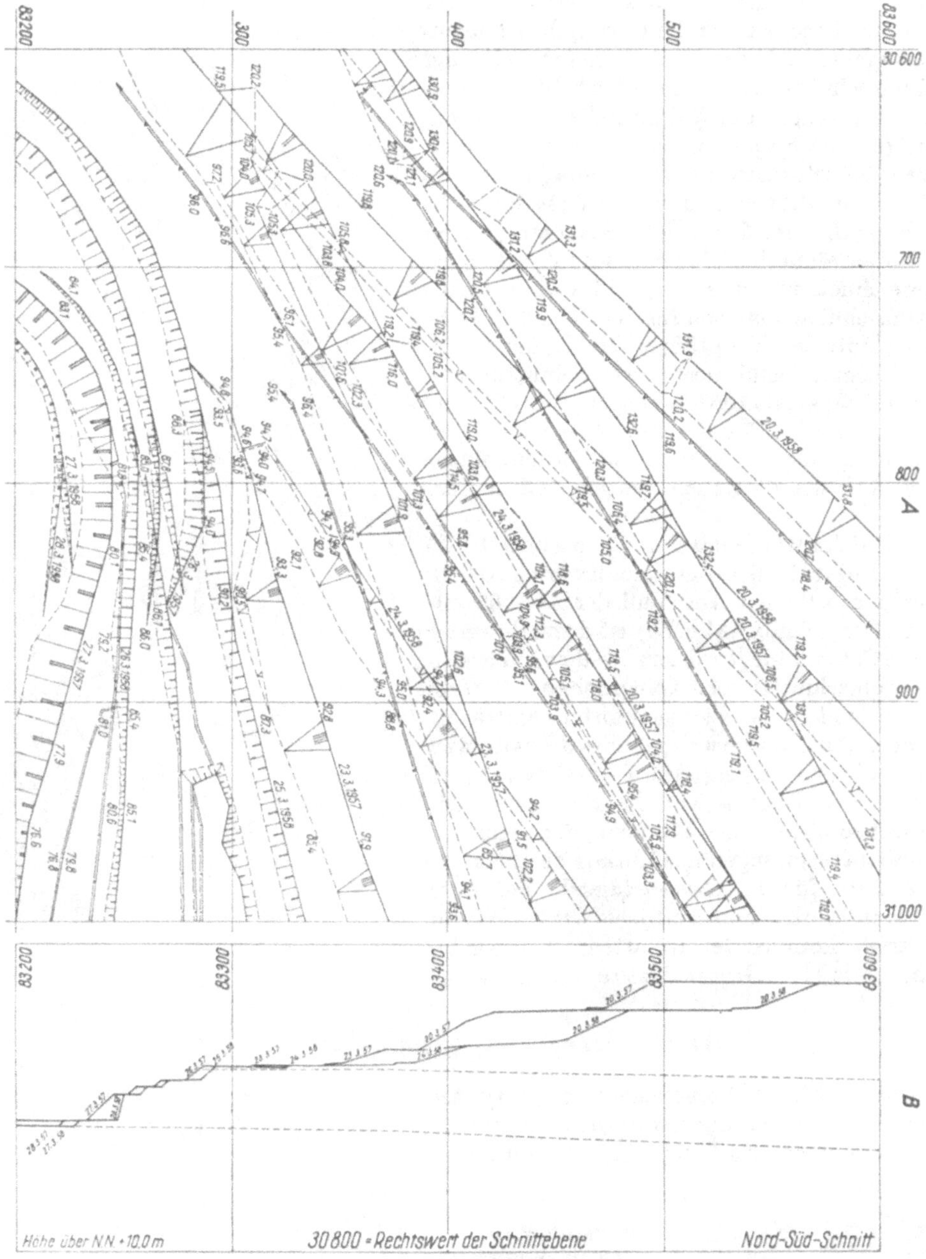

Abb. 65. Ausschnitt aus dem Zulegeriß eines Braunkohlentagebaues mit zwei aufeinanderfolgenden Jahresständen.
A. Tagebaugrundriß
B. Schnitt für Massenberechnungszwecke

einen Schnitt mit dem Rechtswert 31 140 der Schnittebene bei, der die vierteljährlich nachgetragenen Abraum-, Zwischenmittel- und Kohleschnitte wiedergibt. Auch hier wendet der Markscheider im Zulegeriß Farbgebung an, auf die vorliegend verzichtet werden konnte, weil die schwarzweiße Darstellung noch verständlich wirkt. Wir haben anstatt der Farbgebung die vier Quartale der Nachtragungen mit den römischen Zahlen I bis IV in Abb. 66 bezeichnet, und zwar sowohl für die vier Abraumschnitte als auch für den 1. und 2. Kohlenschnitt des Hauptflözes. Im 1. und 2. Abraumschnitt sind noch zwei Schnittflächen des IV. Quartals 1957 kenntlich gemacht worden. Die Schnittrisse (Abb. 66) sind ein Bestandteil der Zulegerisse im Braunkohlentagebau, wie dies auch aus Abb. 65 hervorgeht.

Die Schnittlinie mit dem Rechtswert 31 140 liegt 140 m östlich des Rechtswertes 31 000, der den östlichen Abschluß der Abb. 65 bildet. Der Schnitt, Abb. 66, ist deshalb weiter nach Osten verlegt worden, weil er außer den Abraumschnitten vier Kohlenschnitte für drei Flöze und zwei Zwischenmittelschnitte erkennen läßt. Wir erwähnen dies deshalb, weil wir bei Behandlung des *Lagerstättenarchivs Braunkohlenbergbau* auf die Bedeutung der Zwischenmittel im Rahmen der Kohleninhaltsberechnungen ausführlich eingehen.

Auf die für das *Grubenrißwerk*, und zwar für das Werks- und Amtliche Grubenbild in Betracht kommenden Rißarten gehen wir im Abschnitt II D, *Grubenrißwerk*, näher ein.

ββ) Erzlagerbergbau

Die mächtigen Eisenerzlager von Salzgitter nehmen unter den Lagerstätten Deutschlands eine besondere Stellung ein (O. SCHLEIER,

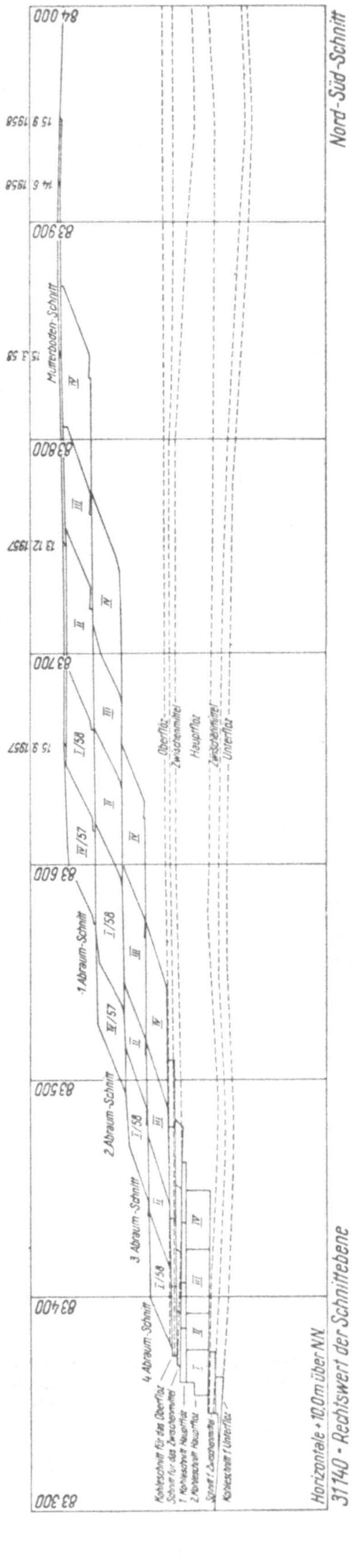

Abb. 66. Braunkohlentagebau. Schnittriß für vierteljährliche Massenberechnungen für Abraum und Kohle

1949, 1959, I. und II. Teil). Das gilt nicht nur für die anzuwendenden Abbauverfahren im Weitungs- und Blockbruchbau, sondern auch für die Darstellungen, worauf wir bei den Vorratsberechnungen im Band II (1956, S. 684—691) bereits hingewiesen haben.

Da es sich um ein vom Tage aus steilgestelltes, mächtiges Erzlager handelt, das bis zu einer bestimmten Teufe im Tagebau gewonnen wurde, um danach auf den Tiefbau überzugehen, besteht in diesem Falle die seltene Möglichkeit, die Darstellungen in den Tagebauen mit denen der tiefer angelegten Sohlen zu koppeln. Hierzu wählten wir aus den uns von Herrn Direktor SCHLEIER freundlichst zur Verfügung gestellten Unterlagen drei Ausschnitte aus, die in den Abbildungen 67 bis 69 dargestellt sind.

Abb. 67 stellt einen *Abbaugrundriß* aus dem Tagebau Eisenerzbergwerk H im Auszug dar. Mit Rücksicht auf die Ausdehnung des in Betracht kommenden Tagebaues, die zwischen seinem südöstlichen und nordöstlichen Rand an der fraglichen Stelle 270—280 m beträgt, konnte der Ausschnitt nicht in der üblichen Gitternetzlage angefertigt werden, so daß lagemäßig auf die Richtung des Nordpfeiles zu achten ist.

Wir erkennen in der grundrißlichen Darstellung die Eintragung der strichpunktiert gezeichneten *Hauptschnittlinie* (15), auf die wir bei Abb. 68 zurückkommen. Parallel zur Schnittlinie sind alle 40 m Hilfsschnitte (15b), (15d), (14d) und (14b) vorhanden, ähnlich den Schnittlinien in Braunkohlentagebauen, die dort allerdings Abstände von 20 m aufweisen. Sodann ist im oberen Teil des Zeichenblattes in gerissenen Linien die Spur der Seigerrißebene (Abb. 69) angegeben. Am oberen und unteren Blattrand erkennt man die eingetragenen Tagesgegenstände, wie zum Beispiel Gleise, Schuppen, Böschungen. Ferner sind von m zu m Höhenlinien konstruiert, die einen Abfall des Geländes von +218 m bis +197 m nach Norden zu um 21 m anzeigen.

Im Hinblick darauf, daß die verschiedenen Abraum- und Erzbermen, die Erz- und Abraumböschungen sowie die Abraumkippen vielfach ineinander übergehen, mußte die Abb. 67 farbig gehalten werden. So treten die Bauwürdigkeitsgrenzen des Erzlagers am Hangenden und Liegenden, Störungslinien u. a. m. auf der linken Blattseite, Mitte, deutlich hervor.

Die Abbildung kennzeichnet den Stand des Abbaus sowie der Abraumbewegungen vom 31. 8. 1955. In der Mitte des Rißauszuges ist der Erzkörper mit rot geschrafften Böschungen zu erkennen. Rechts anschließend ist die Abraumkippe dargestellt (*Richtlinien*, 2.052). Der Erzkörper wird im Tiefsten des Tagebaues gewonnen (+146 m). Von dort aus sind nach Nordosten zu in einer ständigen Wechselfolge Abraumschnitte (grau angelegt) und die Bermen in aufsteigender Reihenfolge (grün, rot, blau angelegt) und nach Südosten zu ebenfalls im Ansteigen in den farbigen Flächen violett, grün, rot, blau und gelb mit den Zwischenböschungen in grauer Farbe erkennbar samt einer zwischen den Höhenlinien 207 und 212 aufgetretenen Böschungsrutschung. Die Zeichengebung für die Oberkante der Tagebauöffnung im Nord- und Südwesten ist ebenfalls den *Richtlinien* 2.042 angeglichen.

Zum besseren Verständnis der Ausbildung des Erzlagers und der Verkippung des Tagebaues dienen die Schnitte. Unter ihnen ist Schnitt (15) als *Hauptschnitt*

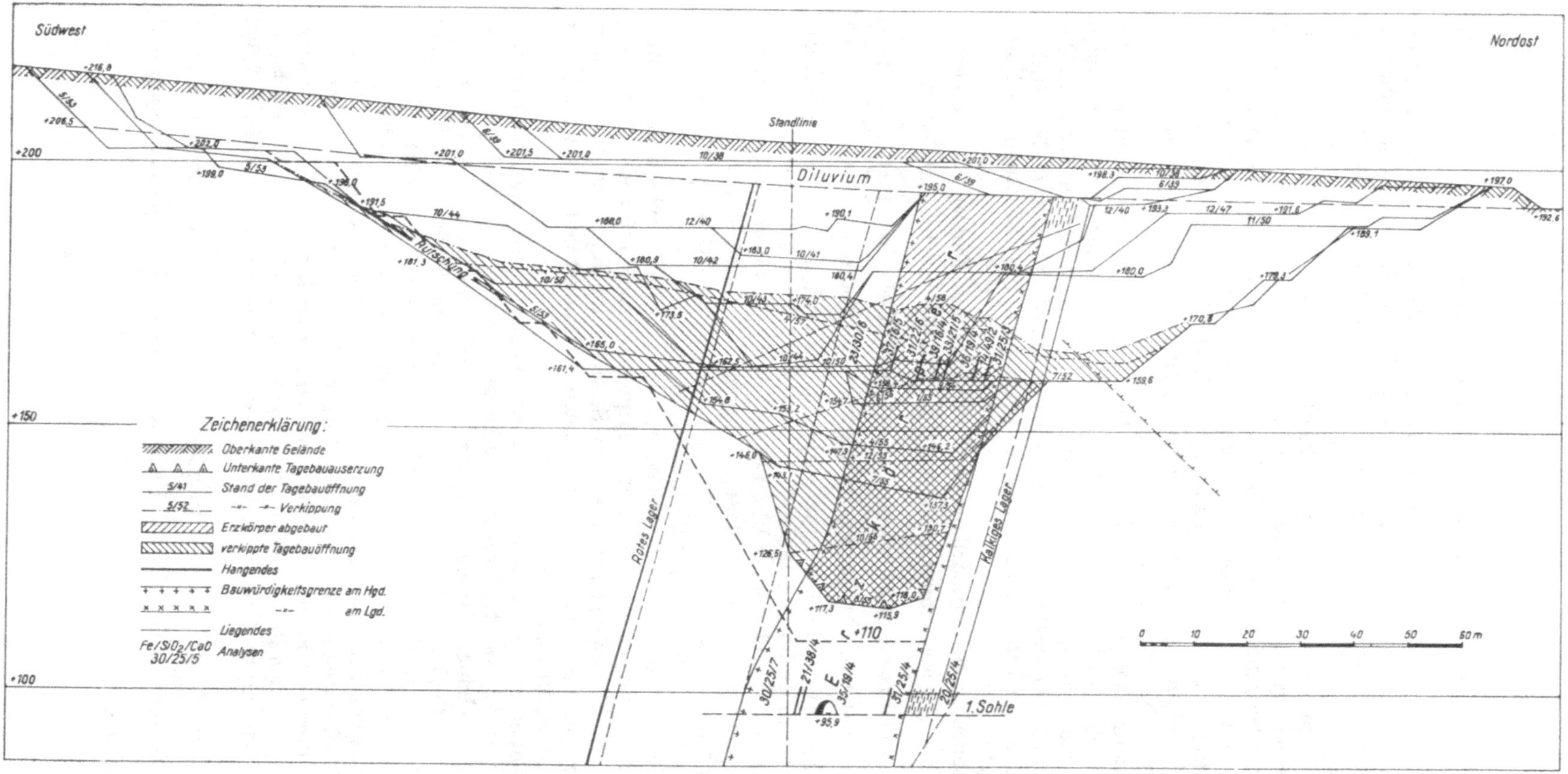

Abb. 68. Tagebauschnittriß. Hauptquerschnitt durch Schnittlinie 15 zu Abb. 67

in Abb. 68 konstruiert, und zwar in doppelt so großem Maßstab wie Abb. 67. Die eingetragene „Standlinie" liegt in der Mitte der Schnittfläche. Der mit 83ᵍ einfallende Erzkörper erweitert nach der Teufe zu seine Mächtigkeit von 23 m auf 31 m. Deutlich tritt die weitreichende Verkippung des Tagebaues hervor.

Der Abbau des Erzlagers im Tagebau findet seine Begrenzung in rd. 80 m Teufe. Die äußerste Begrenzung des zur Verkippung und Erzgewinnung vorgesehenen Raumes ist stark gestrichelt hervorgehoben und sieht als tiefste Schutzfläche das Niveau + 110 m vor. Darunter ist bei + 95,9 m die 1. Tiefbausohle angerissen bezeichnet. Von Wichtigkeit sind ferner die in den Erzkörper eingeschriebenen Analysenwerte nach Fe-, SiO_2- und CaO-Gehalten. Höhenzahlen und Daten für Abraum- und Abbaustände sind ausreichend vorhanden. Alles weitere geht aus der Zeichenerklärung hervor.

Die Eigenart der Lagerstätte bringt es mit sich, daß zum Grundriß (Abb. 67) auch ein *Abbauseigerriß* anzufertigen ist, der in Abb. 69 gebracht wird. Hier erkennt man schon deutlicher die Entwicklung vom Tage- zum Tiefbau. Die Darstellung zeigt den im Tagebau mittels Bruchbau gewonnenen Erzkörper, darunter das abgebaute und verkippte Erzlager. Zum Schutz der Betriebe unterhalb der unregelmäßig gestalteten Unterkante der Tagebauauserzung gegen Einbrüche ist bei + 110 m die Schutzgrenze gezogen. Sie wird aber nicht immer eingehalten. Liegt zum Beispiel ein festes Gefüge des verkippten Materials vor, so baut man auch bis an die Grenze der Tagebauauserzung heran, so daß zwischen dem Abbau aus Tagebauen und Tiefbauen kein bemerkenswertes Mittel aus angebautem Erz zu bestehen braucht. Mächtigkeitszahlen und Analysen des Erzlagers sind im Tagebauschnittriß und Tagebauseigerriß ebenso einzutragen wie in den Schnitten und Seigerrissen der Tiefbaue. Die Lage des Hauptschnittes (15) ist im Seigerriß ebenfalls zur Darstellung gebracht. Der Übergang zum Tiefbau erweist sich an den Strecken der 1. und 2. Bausohle sowie der Zwischensohlen. Hiernach kann man sich vorstellen, daß ein Abbauseigerriß des Salzgitterer Erzlagers keine Besonderheiten gegenüber anderen Seigerrissen im Tiefbau aufzuweisen hat, außer der häufigeren Eintragung von Mächtigkeits- und Analysenwerten. Bei unregelmäßig ausgebildetem Liegenden sind auch die gleichen Konstruktionsmöglichkeiten für die Herstellung von Seiger- und Querabstandslinien gegeben wie bei Abb. 56 des Ursprungsrisses zum Abbauseigerriß des Flözes Karl oder bei den Abb. 53 und 54 aus dem Gangerz- und Kalibergbau. Im vorliegenden Beispiel (Abb. 69) erübrigte sich, wie u. a. aus dem Querschnitt im Abschnitt D, S. 302, Abb. 92, hervorgeht, die Konstruktion von *t*- und *q*-Linien wegen der gleichmäßigen Ausbildung des Liegenden des Lagers und des relativ gleichbleibenden Einfallens der Lagerstätte.

β) Wasserstreckenrisse

Die künstliche Entwässerung von Kohlenflözen im Braunkohlenbergbau erfordert längere Zeit vor der Erschließung eines Tagebaubetriebes das Auffahren von Entwässerungsstrecken in verschiedenen Horizonten, aus denen das von der Tagesoberfläche her zufließende und in den Schichten zirkulierende Wasser laufend abgezogen und abgeleitet wird. Auf die hiermit verbundenen Verleihungsanträge für Wasserableitungen, Umleitungen öffentlicher Gewässer sowie für die Beobachtung der Wasserverhältnisse in den Kippen durch den Markscheider haben wir bereits früher verwiesen („Braunkohle", 1938, S. 67—68).

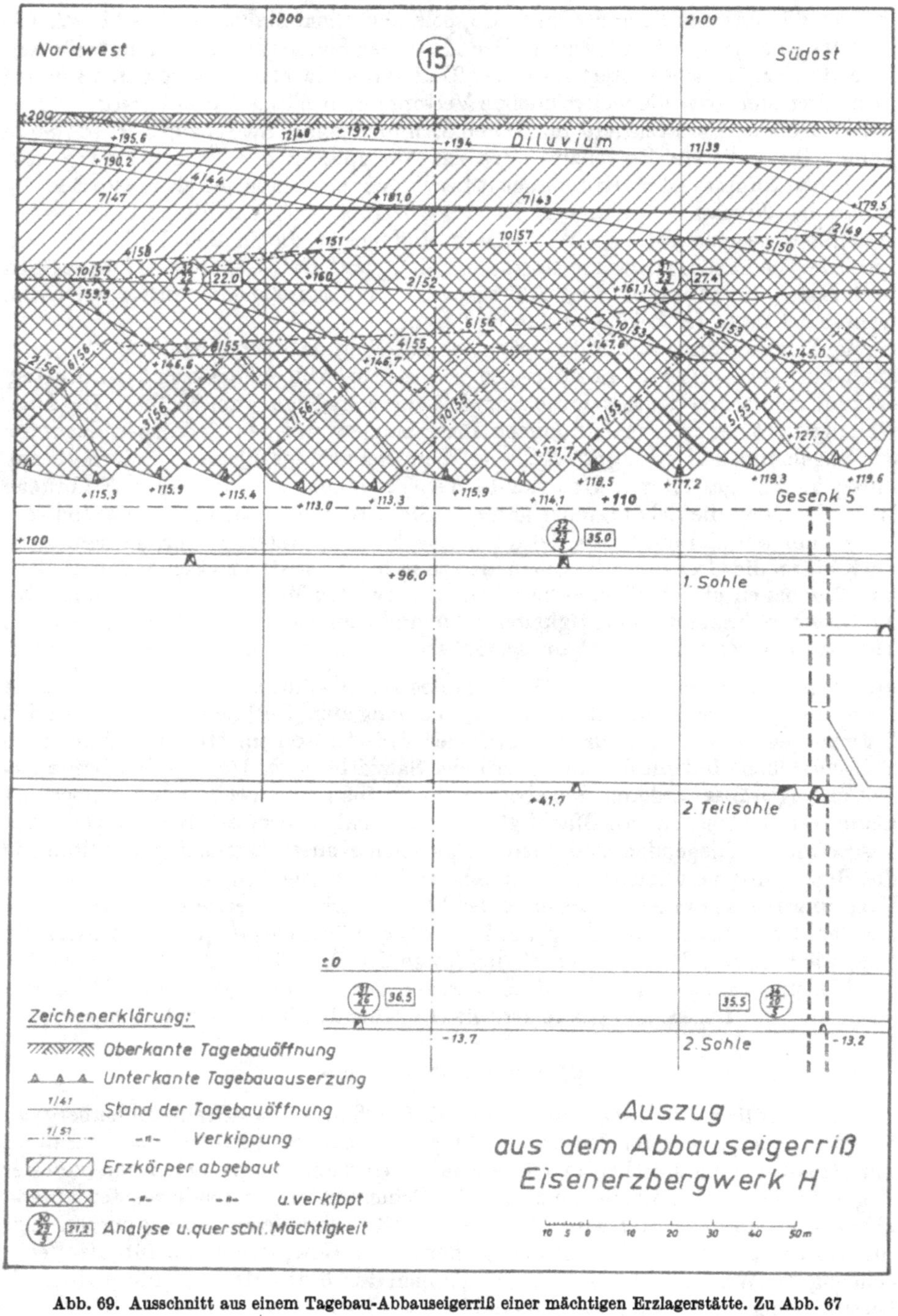

Abb. 69. Ausschnitt aus einem Tagebau-Abbauseigerriß einer mächtigen Erzlagerstätte. Zu Abb. 67

Zur Überwachung der Entwässerungsverhältnisse in Braunkohlentagebauen hat die Bergbehörde die Führung von *Wasserstreckenrissen* durch den Markscheider angeordnet. Einen entsprechenden Grundriß solcher Entwässerungsstrecken hat uns Herr Markscheider E. Wagener von den Braunschweigischen Kohlenwerken zur Verfügung gestellt, den wir auszugsweise in Abb. 70 wiedergeben. Die obere, mit stärkerer Strichführung versehene Strecke ist im Niveau des 1. Flözes bei +64 m NN angelegt, die tiefere Entwässerungsstrecke im 2. Flöz bei etwa +25 bis +27 m NN. Laut Zeichenerklärung sind die zahlreichen, mit Nummern versehenen Fallfilterbohrlöcher, Wetterbohrlöcher und Fluchtschächte besonders gekennzeichnet. Ebenso sind Pumpkammern, Polygonpunkte und Nachtragungsdaten nebst Höhenzahlen eingetragen.

Ist die Entwässerung durchgeführt und erfolgt das Abräumen der Überlagerungsschichten sowie die Kohlengewinnung, so verlieren die Wasserstreckenrisse ihre Bedeutung und haben nur noch geschichtlichen Wert.

5. Das Zulegerißwerk in seinen Beziehungen zu anderen Riß-, Karten- und Planwerken

Wir führten an anderer Stelle (S. 164) aus, daß das Zulegerißwerk die Grundlage zum dreiteiligen Gesamtrißwerk, den Grubenrißwerken, dem Geologisch-Lagerstättenkundlichen Rißwerk und dem Betriebsplanwerk, bildet. Für das Grubenrißwerk und für Teile der beiden anderen Rißwerke bestehen bergbehördliche Bestimmungen über die Maßstabsverhältnisse, über die Farbgebung und über zusätzliche Darstellungen (Bd. II). Sofern die dem Betrieb und der Bergbehörde dienenden Darstellungen im gleichen Maßstab des Zulegerisses zu halten sind, beschränken sich die Übertragungen oder Nachbildungen (Kopien) zumeist auf Unterschiede in der Farbgebung (*Richtlinien*). Sind andere, vom Maßstab des Zulegerißwerks abweichende Maßstäbe für das Grubenrißwerk vorgeschrieben, so kommen Vervielfältigungsverfahren in Frage, über die wir in ausführlicher Weise in Bd. II, IV, B, S. 457 bis 524, das Notwendige und Wissenswerte gesagt haben.

Werks- und amtliche Risse werden, zumeist im Steinkohlenbergbau, im halben Maßstab des Zulegerisses hergestellt. Auf dem Zulegeriß kartiert man in der Regel in 1: 1000; auf die einzelnen Blätter legt der Zeichner Hilfspausen auf und kopiert auf ihnen die bei der letzten Nachtragungsmessung aufgenommenen Baue, da es sich stets um begrenzt ausgedehnte Auffahrungen handelt, die natürlich nach Blattnummern genau zu bezeichnen sind. Die Pausen mit den in Gruppen zusammengefaßten Grubenbauen werden auf photomechanischem Wege (Bd. II, S. 474—511) in den Maßstab 1: 2000 übergeführt, und zwar auf transparenten Agfastatfolien. Die auf das Grubenbild gelegten Folien paßt man in das vorhandene Koordinatennetz ein und drückt die aufgenommenen Grubenbaue mit Hilfe eines untergelegten Graphitbogens entweder durch oder überträgt sie mit der Kopiernadel auf das Grubenbild (Bd. II, S. 457 und 459). Bestehen keine photomechanischen Einrichtungen, so müssen das einfache Pantographierverfahren, ferner mechanische oder optische Übertragungsverfahren angewandt werden.

So primitiv dieses Vervielfältigungsverfahren auch wirken mag, kommt ihm dennoch der Vorteil zu, daß bei den Übertragungsarbeiten nichts vergessen wird.

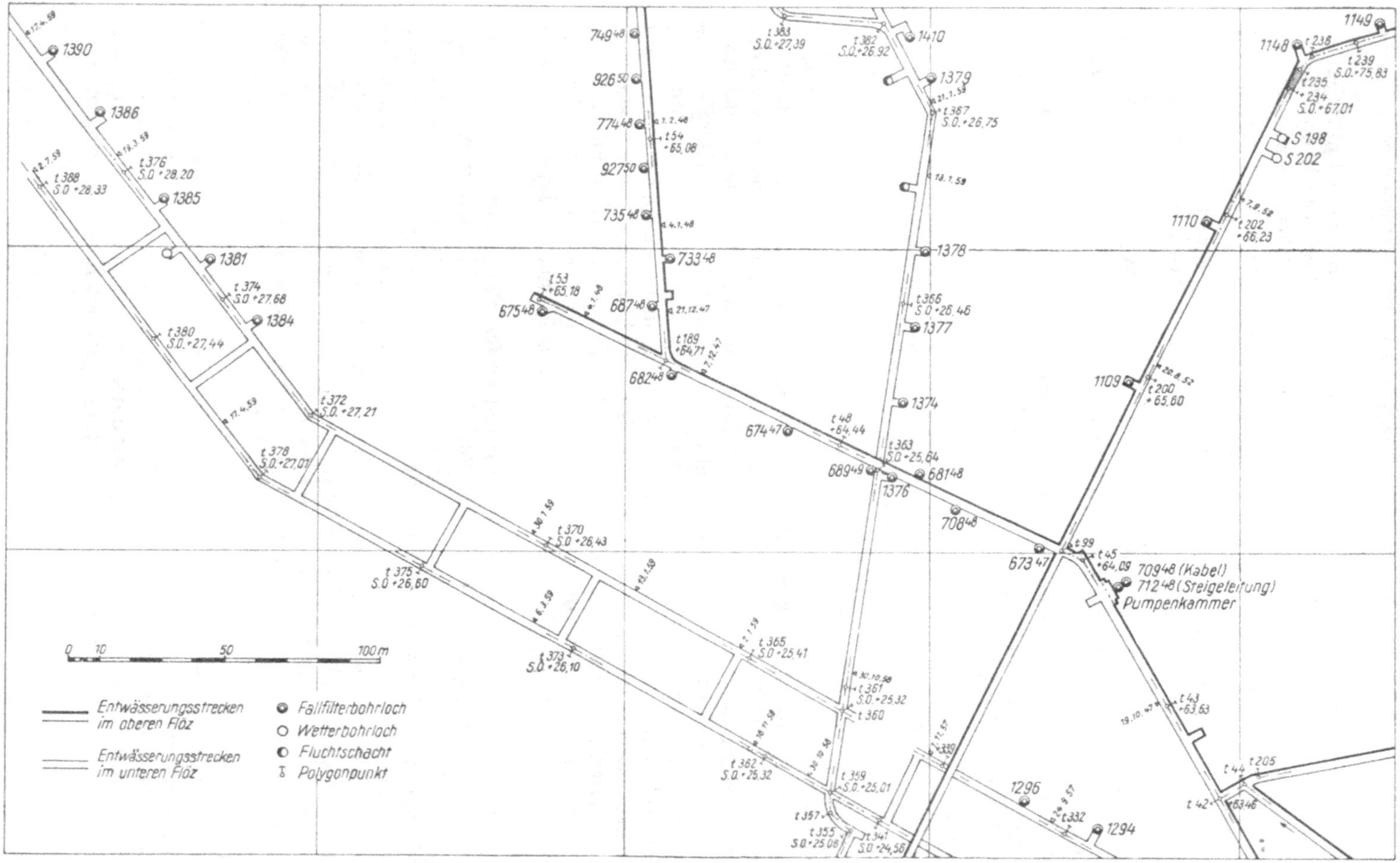

Abb. 70. Sonderriß von Entwässerungsstrecken im Tagebaubetrieb, Baufeld *T*. Braunkohlentagebau

Es versteht sich von selbst, daß diese Methode auch für kleinere Maßstäbe, z. B. 1 : 5000 für Übersichtszwecke, gilt. Noch kleinere Maßstabsverhältnisse, wie 1 : 10000, kommen hierfür nicht in Betracht.

Eigentlich müßte man erwarten, daß auf diesem Gebiete gewaltige Anstrengungen unternommen werden, die primitiven Übertragungsverfahren durch geeignetere und raschere Methoden, besonders hinsichtlich der Punktdarstellungen, zu ersetzen. Doch sind hier erst bescheidene Anfänge zu verzeichnen.

Fertigt man farbige Rißauszüge an, wie solche häufig von der Bergbehörde als Antragszeichnungen in mehreren Exemplaren (Frischwetterversorgung, Elektrifizierungen usw.) gefordert werden, so lassen sich heute schon von derartigen Darstellungen Buntphotographien anfertigen. Diese Photo-Rißauszüge sind im DIN-A-4-Format durchaus preiswert herstellbar, dagegen nicht in größeren Formaten DIN A 2 oder A 1, wie solche im Markscheidewesen gebraucht werden; die Kosten für farbige Risse in Großformaten nehmen mit wachsender Flächengröße rasch zu und übersteigen bei der relativ geringen Zahl, in der Rißexemplare benötigt werden, die Preise, die für von Hand gefertigte Blattgrößen entstehen. Solange demnach Vervielfältigungen von Buntdarstellungen größeren Formats an der Kostenfrage scheitern, muß man sich in den Fällen, in denen mehrere Exemplare ein und derselben Darstellung erforderlich sind, mit der Herstellung von maßhaltigen Lichtpausen aus festem Papier oder unterklebtem Leinen begnügen, die farbig anzulegen sind. Es sollte jedoch angestrebt werden, auch die Grubenbilder in farbiger Darstellung anzufertigen und die augenblicklich in hoher Entwicklung stehende Farbphotographie so weit auszubauen, daß sie neuzeitlichen Vervielfältigungsmöglichkeiten im Markscheidewesen zum Durchbruch verhilft.

Es wird ferner darauf hingewiesen, daß neben Maßstabsverkleinerungen in den einzelnen Rißwerken, besonders für das Betriebsplanwerk, auch maßstäbliche Vergrößerungen, zumindest bis 1 : 250, in Betracht zu ziehen sind. Hierauf wird bereits bei den Kartierungen und Zulagen im Zulegerißwerk Bedacht zu nehmen sein.

Bei den kleinmaßstäblichen Kartenwerken (Bd. II, S. 9, Tafel 2, Spalte 4) spielt das Zulegerißwerk insofern eine untergeordnete Rolle, als derartige Karten- und Planwerke, wie zum Beispiel Verwaltungskarten, Karten rechtlichen Inhalts sowie Pläne bergwirtschaftlichen und technischen Inhalts, in der Regel aus Übersichtskarten und -plänen zusammengestellt werden; sie umfassen vielfach auch nicht mehr ein einzelnes Bergwerk, sondern einen Felderbesitz und erstrecken sich mitunter auf größere Gebiete und Bezirke.

6. Transformationen von Raumkoordinaten in verschiedene Projektionssysteme nach der Koordinatenumformungsmethode

Bei Behandlung der Abbaurisse, sei es als Abbaugrund-, Abbauseiger- oder Abbauflachrisse, haben wir in den Teilabschnitten 3 a ζ), η) und ϑ) darauf hingewiesen, daß nur die Messungen nach Lage und Höhe aller Meßpunkte mit der Möglichkeit, alle Berechnungen und Kartierungen nach *Raumkoordinaten* vorzunehmen, die Ebenbürtigkeit dieser und anderer Projektionen untereinander sicherstellen (S. 203 ff.). Darüber hinaus bieten die dreidimensionalen Aufnahmen und *Raumkoordinatenrechnungen* den Vorteil der Konstruktion von Ursprungsrissen an Stelle von Folgerißkonstruktionen.

Man stelle sich einmal vor, daß innerhalb eines nach den HAIBACHschen Gesichtspunkten angefertigten Zulegerißwerks aus irgendwelchen Gründen bestimmte Rißarten, zum Beispiel Grundrisse, verlorengegangen und nicht wieder aufzufinden sind. Alsdann muß es möglich sein, aus den noch vorhandenen Abbauseiger- oder Abbauflachrissen die zugehörigen Grundrisse auf dem Wege der Transformation wiederherzustellen. Oder es sei aus Konjunktur- oder sonstigen Gründen die Stillegung eines Bergwerksbetriebes X erfolgt und im Zusammenhang damit das aus neuzeitlichen Erwägungen heraus geschaffene Zulegerißwerk abgestellt, d. h. in besonderen Räumen aufbewahrt worden. In diesen Archivräumen seien auch noch im Laufe der Zeit weitere Ablagen von Rißwerken erfolgt. Nun wird, nach einer Reihe von Jahren, geplant, den Bergwerksbetrieb X wieder aufzumachen. Aber man stellt gerade im steil gelagerten Flözflügel eines Feldesteiles fest, daß nur noch Abbauflachrisse, dagegen weder Abbaugrund- noch Abbauseigerrise vorhanden sind, deren Verbleib aus irgendwelchen Gründen nicht zu ermitteln ist. Die Wiederherstellung bestimmter Grund- und Seigerrisse wird alsdann notwendig; fehlen auch noch die Beobachtungsbücher (Handbücher), und liegen lediglich die Berechnungsbücher vor, so ist der Konstruktionsweg nur dann gegeben, wenn Raumkoordinaten bestehen. Alsdann sind Transformationen aus F bzw. F_D in G und aus F bzw. F_D in S oder S_D vorzunehmen. Hier zeigt sich die Wertlosigkeit früherer Meß- und Darstellungsmethoden, die nur dem Grundriß G eine Vormachtstellung gaben, aber eine gleichwertige Konstruktion von Seiger- und Flachrissen außer acht ließen.

Aber abgesehen von solchen doch wohl selten auftretenden Fällen hat HAIBACH durch die Klärung der analytischen Zusammenhänge zwischen den Projektionsarten die Wege zu einer gleichartigen Behandlung aller überhaupt möglichen Vorgänge gewiesen. Wenn also Drehung, Kippung und Verschwenkung einer Ebene nur wenige Überlegungen erfordern, wenn beliebig orientierte Projektionen mit einfachen mathematischen Mitteln ineinander übergeführt werden können, entfällt doch wohl jede Scheu vor der Anwendung solcher Mittel, ganz gleich, ob Grundrisse in gedrehte Flachrisse, Seigerrisse oder dimetrische Achsenrisse, also G in F_D, S_D oder M oder umgekehrt zu transformieren sind.

a) Transformationen aus G in S_D, F und F_D nach der Koordinatenumformungsmethode

Wir glauben, mit unseren Ausführungen und Beispielen in den Teilabschnitten 3a ζ), η) und ϑ) die Aufgabe, aus G in Ursprungsrißform S_D und F_D herzustellen, einschließlich der zugehörigen Wertlinienkonstruktionen, rechnerisch, kartographisch und zeitlich bereits so gelöst zu haben, daß die Durchführung einer derartigen Arbeit von jedem Fachgenossen als einfach empfunden werden kann. In einer weiteren Aussprache mit Herrn Vermessungsdirektor TREPTOW regten wir nun an, die obengenannten Beispiele nach den von O. HAIBACH (1956, S. 132/133) in unserem Band II angegebenen Raumkoordinaten-Umformungsverfahren umzurechnen. Es könnte sich damit zum Beispiel die Aufgabe ergeben, aus dem gekippt-gedrehten Flachriß F_D (Abb. 62, Zahlentafel 2) sowie aus dem gekippt-gedrehten Seigerriß S_D (Abb. 56, Zahlentafel 1) die Raumkoordinaten der Polygonpunkte in den neun Querschnitten (Strebaufnahme) im Grundriß(G)-System zu

Berechnung der Seigerriß (S

Datum und Ort der Messung: 30. 4. 1955, Fl. Karl, 2. Strebmessung, N. W. 85

ausgeführt durch:

Theodolit Nr.: Meßband Nr.:

Pkt. P_n	Raumkoordinaten d. Punkte im G-System						Raumko… ge…	
	Ursprungskoord.			Raumkoord. verschoben			$y_K = y_I$	
	y	x	z	$y_1 =$ $(y - b)$ $b = + 11093{,}40$	$x_1 =$ $(x - a)$ $a = + 11618{,}73$	$z_1 = z$	$y_1 \cdot \cos \psi$	$- x$…
	± m	± m	± m	± m	± m	± m	± m	±
1	2	3	4	5	6	7	8	
50	+ 9984,99	+ 12193,41	− 694,20	− 1108,41	+ 574,68	− 694,20	+ 896,73	− [illegible]
a	+ 10015,17	+ 12224,26	− 693,92	− 1078,23	+ 605,53	− 693,92	+ 872,31	− [illegible]
b	+ 10009,66	+ 12231,85	− 707,64	− 1083,74	+ 613,12	− 707,64	+ 876,77	− [illegible]
c	+ 10003,82	+ 12242,56	− 723,99	− 1089,58	+ 623,83	− 723,99	+ 881,49	− [illegible]
d	+ 9995,71	+ 12259,03	− 753,16	− 1097,69	+ 640,30	− 753,16	+ 888,05	− [illegible]
e	+ 9988,94	+ 12270,17	− 771,40	− 1104,46	+ 651,44	− 771,40	+ 893,53	− [illegible]
f	+ 9983,44	+ 12281,06	− 789,13	− 1109,96	+ 662,33	− 789,13	+ 897,98	− [illegible]
g	+ 9981,10	+ 12287,79	− 803,39	− 1112,30	+ 668,98	− 803,39	+ 899,87	− [illegible]
h	+ 9981,10	+ 12293,74	− 813,55	− 1112,30	+ 675,01	− 813,55	+ 899,87	− [illegible]
29	+ 9982,91	+ 12296,34	− 814,20	− 1110,49	+ 677,61	− 814,20	+ 898,41	− [illegible]

IA
ng aus G

der Grundriß (G)-Projektion G/S_D

winkel $\psi = 160^g$	Kippwinkel $\alpha = 100^g$	$\cos\psi \cdot \sin\alpha = -0{,}80902$	Einfallen
$\sin\psi = +0{,}58779$	$\sin\alpha = 1{,}0$	$\sin\psi \cdot \sin\alpha = +0{,}58779$	$\alpha_E = 60^g$
$\cos\psi = -0{,}80902$	$\cos\alpha = 0{,}0$		$\sin\alpha_E = 0{,}80902$

gedrehten und System		Endgültige Raumkoord.			Berechnung der Querabstandslinien			
$z_K = -x_D$		$y_K = y_D$	$z_K = -x_D$					
$-x_1 \cdot \cos\psi \cdot \sin\alpha$	$-y_1 \cdot \sin\psi \cdot \sin\alpha$	$y_1 \cdot \cos\psi - x_1 \cdot \sin\psi$	$-x_1 \cdot \cos\psi \cdot \sin\alpha - y_1 \cdot \sin\psi \cdot \sin\alpha$	$x_K = z_1 = z_D$	b	$\frac{b}{\sin\alpha_E}$	$Fz_K = z_K + \frac{b}{\sin\alpha_E}$	Pkt. P_n
$\pm$ m	$\pm$ m	$\pm$ m	$\pm$ m		$\pm$ m	$\pm$ m	$\pm$ m	
10	11	12	13	14	15	16	17	18
+464,93	+651,51	+558,94	+1116,44	−694,20				50
+489,89	+633,77	+516,39	+1123,66	−693,92	−1,40	−1,73	+1121,93	a
+496,03	+637,01	+516,38	+1133,04	−707,64	−1,24	−1,53	+1131,51	b
+504,69	+640,44	+514,81	+1145,13	−723,99	−0,65	−0,81	+1144,32	c
+518,02	+645,21	+511,69	+1163,23	−753,16	−1,03	−1,27	+1161,96	d
+527,03	+649,19	+510,62	+1176,22	−771,40	−1,03	−1,27	+1174,95	e
+535,84	+652,42	+508,67	+1188,26	−789,13	−1,20	−1,48	+1186,78	f
+541,22	+653,80	+506,65	+1195,02	−803,39	−1,45	−1,79	+1193,23	g
+546,10	+653,80	+503,11	+1199,90	−813,55	−0,60	−0,74	+1199,16	h
+548,20	+652,73	+500,12	+1200,93	−814,20				29

berechnen. Hierbei müßten beide Rechnungen für die endgültigen Raumkoordinaten in G dieselben Werte erbringen. Herr TREPTOW griff den Vorschlag dankenswerterweise auf, zog Herrn Vermessungsfahrsteiger BURGER hinzu, und wir besprachen gemeinsam die Art und Weise der Durchführung der Umformungsaufgaben, wobei es natürlich wiederum notwendig wurde, den Rechnungsgang formularmäßig zu erfassen.

Es kamen aber noch andere Überlegungen hinzu. So hatten wir uns bei der Konstruktion des Seiger- und Flachrisses, Flöz Karl, als Ursprungsriß für die Berechnung von Raumkoordinaten im *Polygonzugsystem* entschieden (Zahlentafeln 1 und 2). Bei den nach der HAIBACHschen Methode geplanten Umformungen ist jedoch die *Koordinaten-Umformungsmethode* an Stelle der Polygonzugumformungsmethode anzuwenden, d. h. ein Verfahren, welches die Ermittlung der Raumkoordinaten, x, y, und z voraussetzt, die also vorerst zu erfolgen hat. Daß hiermit ein etwas größerer Zeitbedarf verbunden ist, leuchtet ein.

Wir erwähnen ferner, daß wir bei der Flachrißkonstruktion F_D (Zahlentafel 2) die Indizes im gekippten System mit $2n$, die Koordinaten also mit x_{2n}, z_{2n} bezeichneten, wofür man auch, um den Projektionsvorgang zu kennzeichnen, die Symbole x_{K_n} und z_{K_n} setzen kann, was wir nachfolgend tun werden. Bei Beachtung dieser Indizes müssen wir unser Augenmerk nochmals der Abb. 57 zuwenden, mit der wir grundrißlich die Lage der Koordinaten-Nullpunkte sowie der normalen und gedrehten Achsensysteme zum Riß des Flözes Karl (sehr stark verkleinert) nebst Koordinatenverzeichnis bringen, während Abb. 58 die räumliche Lage der Grundriß- und Flachrißprojektionen mit den Koordinatenachsen in einem vertikalen Schnitt in Richtung der x_D-Achse verkörpert. Damit können wir zur Berechnung der Raumkoordinaten für die Seigerrißkonstruktion aus den Raumkoordinaten y, x, und z im Ursprungssystem übergehen; den Rechnungsgang erfassen wir wiederum in einem Formular, das wir in Anlehnung an Zahlentafel 1 mit Zahlentafel I bezeichnen.

Man geht bei der Strebmessung vom 30. 4. 1955 von den Ursprungs-Raumkoordinaten y, x, und z aus, die gemäß Abb. 57 verschoben werden, wobei sich lediglich y und x in y_1 ändern, während $z = z_1$ erhalten bleibt (Spalten 1 bis 7). Sodann sind im gedreht-gekippten System die y_D- und x_D-Werte mit den neuen Bezeichnungen y_K und z_K in den Spalten 8 bis 11 nach den von O. HAIBACH gegebenen Formeln (Bd. II, S. 126 bis 133) zu berechnen. Die endgültigen Raumkoordinaten y_K, $z_K = -x_D$ und $x_K = z_1 = z_D$ der Spalten 12, 13 und 14 der Zahlentafel I A[1]) entsprechen alsdann den Werten y_{Dn}, x_{Dn} und z_{Dn} der Spalten 14, 15 und 16 aus Zahlentafel 1. In den Spalten 15 bis 17 der Zahlentafel I A sind dann noch die Querabstandswerte q für den Seigerriß angegeben. Ein Vergleich der Endkoordinaten y, x und z in den beiden Zahlentafeln zeigt gute Übereinstimmung der Zahlenwerte mit Unterschieden bis zu 1 cm. Wie bereits erwähnt wurde, dauert die Berechnung nach Ursprungs-Raumkoordinaten (Zahlentafel I) etwa $^1/_2$ Stunde länger als mittels der Polygonzugrechnung (Zahlentafel 1). Dieser Mehrbedarf an Zeit läßt sich jedoch ausschalten, wenn die Umformung der Strebmessungen auf nomographischem Wege erfolgt.

Wenn wir uns mit den Flachrißkonstruktionen aus G an Hand der Ursprungs-Raumkoordinaten beschäftigen, so wollen wir uns zunächst einer einfachen

---

[1]) Die Zahlentafel I A befindet sich zwischen den Seiten 248 und 249.

Flachrißkonstruktion G/F bedienen. Hierbei gehen wir wiederum vom Abbaugrundriß, Flöz Karl, Abb. 55, aus. Jedoch legen wir die Spur der F-Projektionsebene nicht parallel zum Streichen des Flözes, sondern in die Richtung der y_1-Achse (Abb. 57). Damit ist der Riß um 200^g gedreht, doch ist im eigentlichen Sinne kein Drehwinkel vorhanden, vielmehr werden nur die Vorzeichen für y_K, x_K und z_K negativ. Es bedarf keiner Rechnungen im gedrehten System. Unterstellen wir, um ein anderes Beispiel als in Abb. 62 zu bringen, daß das Flöz ein durchschnittliches Einfallen von 40^g aufweist, so daß der Kippwinkel $\alpha = 40^g$ zu setzen ist, dann gewinnt man mit Zahlentafel III A[1]) ein einfaches, in seinem Aufbau der Zahlentafel I A ähnelndes Formular. Es stimmt — immer für dieselbe Strebmessung vom 30. 4. 1955 — in den Werten der Spalten 1 bis 7 mit Zahlentafel I A vollkommen überein und zeigt auch den gleichen Aufbau, wobei von einer Berechnung der Wertlinien für t, q und f_b Abstand genommen wurde. Wir bemerken schließlich noch, daß das gleiche Formular der Zahlentafel III A auch für die Transformationen nach den G/S-, G/SCH-, G_D/F_D-, G_D/S_D- und G_D/SCH_D-Systemen gilt (Bd. II, S. 132/133).

Nunmehr ist noch die Flachrißkonstruktion G/F_D aus Ursprungs-Raumkoordinaten zu behandeln. Wir bringen das Formular entsprechend der Polygonzugrechnung, Zahlentafel 2, in der Zahlentafel II A[1]). Die Spalten 1 bis 9 der Zahlentafel I A sind gemäß dem unter dem Formular angegebenen Vermerk der Zahlentafel II A voranzustellen; aus Gründen der Raumersparnis vermeiden wir die mehrfache Wiedergabe von Zahlenwerten, die bei Erörterung derselben Beispiele oftmals auftreten müssen. Spalte 7 aus Zahlentafel I A mußte dagegen zwecks Vergleiches der endgültigen Werte zwischen den Spalten 19 und 20 eingefügt werden. Das Berechnungsverfahren ergibt sich aus den schon angeführten mathematischen Entwicklungen in unserem Band II. Es wurde Wert darauf gelegt, in beiden Zahlentafeln 2 und II A die endgültigen Raumkoordinaten und formbeschreibenden Werte einander so gegenüberzustellen, daß gute Vergleichsmöglichkeiten bestehen; so zeigt sich, daß Abweichungen zwischen den beiderseitigen Zahlen nur bis zu 1 cm auftreten. Das Formular Zahlentafel II A gilt für gedrehte, orthogonal gekippte Raumkoordinatensysteme G/F_D, G/S_D, G/Q.

b) Umkehrungen S_D, F_D, F in G

Sollen aus den Projektionen S_D, F und F_D Rückrechnungen in die Grundrißform erfolgen, so wird die Umkehrtransformation vielfach auf anderen Formeln aufbauen, als solche für die Ausgangstransformation zugrunde liegen. Dies zeigen wir an den genannten drei Transformationen zu a) und b), wobei wir mit dem Beispiel S_D beginnen und danach die Flachrißbeispiele bringen. Dabei geht man zweckmäßig von den gedrehten Koordinaten y_1, x_1 und z_1 zu den Endkoordinaten y_K, x_K, z_K und umgekehrt über, weil sich bei unseren Rechnungsbeispielen die Umwandlung der Ursprungs- in verschobene Raumkoordinaten stets wiederholt. Danach hat man folgende Formelausdrücke.

---

[1]) Die Zahlentafeln II A und III A befinden sich zwischen den Seiten 250 und 251.

Berechnung der Flachriß- (F_D)

Datum u. Ort der Messung: 30. 4. 1955, Fl. Karl, 2. Strebmessung, N. W. 85
ausgeführt durch:
Theodolit Nr.:
Meßband Nr.:

Drehwinkel $\psi = 160^g$
$\sin \psi = +0{,}58779$
$\cos \psi = -0{,}80902$

Raumkoordinaten im gedrehten und im gekippten System							Endg	
$x_K = x_{2n}$			$z_K = z_{2n}$			$y_K = y_D$		$-x_D$
$x_1 \cdot \cos \psi \cdot \cos \alpha$	$y_1 \cdot \sin \psi \cdot \cos \alpha$	$z_1 \cdot \sin \alpha$	$z_1 \cdot \cos \alpha$	$-x_1 \cdot \cos \psi \cdot \sin \alpha$	$-y_1 \cdot \sin \psi \cdot \sin \alpha$	$y_1 \cdot \cos \psi - x_1 \cdot \sin \psi$	$-x_1 \cdot \cos \psi$	$-y_1 \cdot \sin \psi$
± m	± m	± m	± m	± m	± m	± m	± m	± m
10	11	12	13	14	15	16	17	18
−273,28	−382,96	−561,62	−408,04	+376,13	+527,08	+558,94	+464,93	+651,51
−287,95	−372,53	−561,40	−407,88	+396,33	+512,73	+516,39	+489,89	+633,77
−291,56	−374,43	−572,49	−415,94	+401,29	+515,35	+516,38	+496,03	+637,01
−296,65	−376,45	−585,72	−425,55	+408,30	+518,13	+514,81	+504,69	+640,44
−304,48	−379,25	−609,32	−442,70	+419,08	+521,98	+511,69	+518,02	+645,21
−309,78	−381,59	−624,08	−453,42	+426,37	+525,20	+510,62	+527,03	+649,19
−314,96	−383,49	−638,42	−463,84	+433,50	+527,82	+508,67	+535,84	+652,42
−318,12	−384,30	−649,96	−472,22	+437,85	+528,93	+506,65	+541,22	+653,80
−320,99	−384,30	−658,18	−478,20	+441,80	+528,93	+503,11	+546,10	+653,80
−322,22	−383,67	−658,70	−478,58	+443,50	+528,07	+500,12	+548,20	−652,73

Die Spalten 1−6 und 8−9 sind wegen Raumersparnis weggelassen. Sie sind aus der Zahlentafel I A zu entnehmen
in Zahlentafel 1, Spalte 6 (Ba

A
aus G

Grundriß (G)-Projektion

ippwinkel $\alpha = 60^g$ $\sin\alpha = 0{,}80902$ $\cos\alpha = 0{,}58779$	$\cos\psi\cdot\cos\alpha = -0{,}47553$ $\sin\psi\cdot\cos\alpha = +0{,}34550$ $\cos\psi\cdot\sin\alpha = -0{,}65451$ $\sin\psi\cdot\sin\alpha = +0{,}47553$	Einfallen $\alpha_E = 60^g$ $\sin\alpha_E = 0{,}80902$ $\cos\alpha_E = 0{,}58779$

aumkoordinaten				Wertlinien			
$\cos\psi$ $\sin\psi$ $\cdot x_D$ m	$z_1 = z_D$ $\pm$ m	$x_K = x_{2n}$ $x_1\cdot\cos\psi\cdot\cos\alpha$ $+y_1\cdot\sin\psi$ $\cdot\sin\alpha$ $+z_1\cdot\sin\alpha$ $\pm$ m	$z_K = z_{2n}$ $z_1\cdot\cos\alpha$ $-x_1\cdot\cos\psi$ $\cdot\sin\alpha$ $-y_1\cdot\sin\psi\cdot\sin\alpha$ $\pm m$	$t =$ $Fz_{D_n} =$ $z_D + b\cdot\cos\alpha$ $\pm$ m	$q =$ $Fx_{D_n} =$ $-x_D + b\cdot\sin\alpha$ $\pm$ m	$f_b =$ $Fz_K = Fz_{2n}$ $z_K + b$ $\pm$ m	Pkt. P_n
	7 (aus Zahl.-Taf. I A)	20	21	22	23	24	25
6,44	−694,20	−1217,86	+495,17				50
3,66	−693,92	−1221,88	+501,18	− 0,82 −694,74	− 1,13 +1122,53	− 1,40 +499,78	a
3,04	−707,64	−1238,48	+500,70	− 0,73 −708,37	− 1,00 +1132,04	− 1,24 +499,46	b
5,18	−723,99	−1258,82	+500,88	− 0,38 −724,37	− 0,53 +1144,60	− 0,65 +500,23	c
3,23	−753,16	−1293,05	+498,36	− 0,61 −753,77	− 0,83 +1162,40	− 1,03 +497,33	d
6,22	−771,40	−1315,45	+498,15	− 0,61 −772,01	− 0,83 +1175,39	− 1,03 +497,12	e
8,26	−789,13	−1336,87	+497,48	− 0,71 −789,84	− 0,97 +1187,29	− 1,20 +496,28	f
5,02	−803,39	−1352,38	+494,56	− 0,85 −804,24	− 1,17 +1193,85	− 1,45 +493,11	g
9,90	−813,55	−1363,47	+492,53	− 0,35 −813,90	− 0,48 +1199,42	− 0,60 +491,93	h
0,93	−814,20	−1364,59	+492,99				29

den Spalten 22, 23 und 24 entspricht nicht dem b in Spalte 5 der Zahlentafel IA (und II A), sondern dem b
Abstand Pkt.-Ligd. b)

Z
Ausga

Berechnung der Flachri

Datum und Ort der Messung: 30. 4. 1955, Flöz Karl, 2. Strebmessung, N. W. 85

ausgeführt durch:

Theodolit Nr. Meßband Nr.

Punkt P_n	Raumkoordinaten der Punkte im G-System					
	Ursprungskoordinaten			Raumkoordaten verschoben		
	y ± m	x ± m	z ± m	$y_1 = (y - b)$ $b = + 11093{,}40$ ± m	$x_1 = (x - a)$ $a = + 11618{,}13$ ± m	$z_1 = z$ ± m
1	2	3	4	5	6	7
50	+ 9984,99	+ 12193,41	− 694,20	− 1108,41	+ 574,68	− 694,2
a	+ 10015,17	+ 12224,26	− 693,92	− 1078,23	+ 605,53	− 693,9
b	+ 10009,66	+ 12231,85	− 707,64	− 1083,74	+ 613,12	− 707,6
c	+ 10003,82	+ 12242,56	− 723,99	− 1089,58	+ 623,83	− 723,9
d	+ 9995,71	+ 12259,03	− 753,16	− 1097,69	+ 640,30	− 753,1
e	+ 9988,94	+ 12270,17	− 771,40	− 1104,46	+ 651,44	− 771,4
f	+ 9983,44	+ 12281,06	− 789,13	− 1109,96	+ 662,33	− 789,1
g	+ 9981,10	+ 12287,71	− 803,39	− 1112,30	+ 668,98	− 803,3
h	+ 9981,10	+ 12293,74	− 813,55	− 1112,30	+ 675,01	− 813,5
29	+ 9982,91	+ 12296,34	− 814,20	− 1110,49	+ 677,61	− 814,2

fel III A
nung aus G

us der Grundriß(G)-Projektion | G/F

	Kippwinkel $\alpha = 40^g$	$\sin\alpha = 0{,}58779$ $\cos\alpha = 0{,}80902$

Raumkoordinaten der Punkte im gekippten System				Endgültige Raumkoordinaten			Punkt P_n
x_K		z_K		$y_K = y_1$	$x_K - x_1\cdot\cos\alpha + z_1\cdot\sin\alpha$	$z_K = x_1 \cdot \sin\alpha + z_1\cdot\cos\alpha$	
$\cdot\cos\alpha$	$z_1\cdot\sin\alpha$	$x_1\cdot\sin\alpha$	$z_1\cdot\cos\alpha$				
m	$\pm$ m	$\pm$ m	$\pm$ m	$\pm$ m	$\pm$ m	$\pm$ m	
8	9	10	11	12	13	14	15
64,93	−408,04	+337,79	−561,62	−1108,41	− 872,97	−223,83	50
89,88	−407,88	+355,92	−561,40	−1078,23	− 897,76	−205,48	a
96,03	−415,94	+360,39	−572,49	−1083,74	− 911,97	−212,10	b
04,69	−425,55	+366,68	−585,72	−1089,58	− 930,24	−219,04	c
18,02	−442,70	+376,36	−609,32	−1097,69	− 960,72	−232,96	d
27,03	−453,42	+382,91	−624,08	−1104,46	− 980,45	−241,17	e
35,84	−463,84	+389,31	−638,42	−1109,96	− 999,68	−249,11	f
41,22	−472,22	+393,22	−649,96	−1112,30	−1013,44	−256,74	g
46,10	−478,20	+396,76	−658,18	−1112,30	−1024,30	−261,42	h
48,20	−478,58	+398,29	−658,70	−1110,49	−1026,78	−260,41	29

Berechnung der Grundriß

Datum und Ort der Messung: 30. 4. 1955, Flöz Karl, 2. Strebmessung, NW 85

ausgeführt durch:

S_D-Raumkoordinaten entnommen aus ..., Bd. ..., S. ...

Pkt. Nr.	Raumkoordinaten im S-System			Teilwerte der Raumkoordi			
				für y_1			
	y_K ± m	x_K ± m	z_K ± m	$-x_K \cdot \cos\alpha_1 \sin\psi_1$ ± m	$-z_K \cdot \sin\alpha_1 \sin\psi_1$ ± m	$y_K \cdot \cos\psi_1$ ± m	x_K ·
1	2	3	4 ·	5	6	7	
50	+ 558,94	− 694,20	+ 1116,44	0	− 656,23	− 452,19	
a	+ 516,39	− 693,92	+ 1123,66	0	− 660,48	− 417,77	
b	+ 516,38	− 707,64	+ 1133,04	0	− 665,99	− 417,76	
c	+ 514,81	− 723,99	+ 1145,13	0	− 673,10	− 416,49	
d	+ 511,69	− 753,16	+ 1163,23	0	− 683,73	− 413,97	
e	+ 510,62	− 771,40	+ 1176,22	0	− 691,37	− 413,10	
f	+ 508,67	− 789,13	+ 1188,26	0	− 698,45	− 411,52	
g	+ 506,65	− 803,39	+ 1195,02	0	− 702,42	− 409,89	
h	+ 503,11	− 813,55	+ 1199,90	0	− 705,29	− 407,03	
29	+ 500,12	− 814,20	+ 1200,93	0	− 705,89	− 404,61	

. I U
nach G

der Seigerriß(S_D)-Projektion S_D/G

Kippwinkel	Drehwinkel	
$\alpha_1 = 300^g$	$\psi_1 = 240^g$	$\cos\alpha_1 \cdot \sin\psi_1 = 0{,}0$
$\sin\alpha_1 = -1{,}0$	$\sin\psi_1 = -0{,}58779$	$\sin\alpha_1 \cdot \sin\psi_1 = +0{,}58779$
$\cos\alpha_1 = 0{,}0$	$\cos\psi_1 = -0{,}80902$	$\cos\alpha_1 \cdot \cos\psi_1 = 0{,}0$
		$\sin\alpha_1 \cdot \cos\psi_1 = +0{,}80902$

n gekippt-gedrehten System				Raumkoordinaten im G-System			
für x_1		für z_1		$y_1 =$	$x_1 =$	$z_1 =$	Pkt. Nr.
$z_K \sin\alpha_1 \cos\psi_1$ $\pm m$	$y_K \cdot \sin\psi_1$ $\pm m$	$-x_K \cdot \sin\alpha_1$ $\pm m$	$+z_K \cdot \cos\alpha_1$ $\pm m$	$-x_K \cos\alpha_1 \sin\psi_1$ $-z_K \sin\alpha_1 \sin\psi_1$ $+y_K \cdot \cos\psi_1$ $\pm m$	$x_K \cos\alpha_1 \cos\psi_1$ $+z_K \sin\alpha_1 \cos\psi_1$ $+y_K \sin\psi_1$ $\pm m$	$-x_K \cdot \sin\alpha_1$ $+z_K \cdot \cos\alpha_1$ $\pm m$	
9	10	11	12	13	14	15	16
+903,22	−328,54	−694,20	0	−1108,42	+574,68	−694,20	50
+909,06	−303,53	−693,92	0	−1078,25	+605,53	−693,92	a
+916,65	−303,52	−707,64	0	−1083,75	+613,13	−707,64	b
+926,43	−302,60	−723,99	0	−1089,59	+623,83	−723,99	c
+941,08	−300,77	−753,16	0	−1097,70	+640,31	−753,16	d
+951,59	−300,14	−771,40	0	−1104,47	+651,45	−771,40	e
+961,33	−298,99	−789,13	0	−1109,97	+662,34	−789,13	f
+966,80	−297,80	−803,39	0	−1112,31	+669,00	−803,39	g
+970,74	−295,72	−813,55	0	−1112,32	+675,02	−813,55	h
+971,58	−293,96	−814,20	0	−1110,50	+677,62	−814,20	29

Zahl
Umkel

Berechnung der Grundriß(G

Datum und Ort der Messung: 30. 4. 1955, Flöz Karl, 2. Strebmessung, NW 85

ausgeführt durch:

F_D-Raumkoordinaten entnommen aus ..., Bd. ..., S. ...

Pkt. Nr.	Raumkoordinaten im F-System			Teilwerte der Koordinate			
				für y_1			
	y_K	x_K	z_K	$-x_K \cos \alpha_1 \sin \psi_1$	$-z_K \sin \alpha_1 \sin \psi_1$	$y_K \cdot \cos \psi_1$	x_K co
	± m	± m	± m	± m	± m	± m	±
1	2	3	4	5	6	7	
50	+ 558,94	− 1217,86	+ 495,17	− 420,77	− 235,47	− 452,19	+
a	+ 516,39	− 1221,88	+ 501,18	− 422,16	− 238,33	− 417,77	+
b	+ 516,38	− 1238,48	+ 500,70	− 427,89	− 238,10	− 417,76	+
c	+ 514,81	− 1258,82	+ 500,88	− 434,92	− 238,18	− 416,49	+
d	+ 511,69	− 1293,05	+ 498,36	− 446,75	− 236,98	− 413,97	+
e	+ 510,62	− 1315,45	+ 498,15	− 454,49	− 236,89	− 413,10	+
f	+ 508,67	− 1336,87	+ 497,48	− 461,89	− 236,57	− 411,52	+
g	+ 506,65	− 1352,38	+ 494,56	− 467,25	− 235,18	− 409,89	+
h	+ 503,11	− 1363,47	+ 492,53	− 471,08	− 234,21	− 407,03	+
29	+ 500,12	− 1364,59	+ 492,99	− 471,47	− 234,43	− 404,61	+

IIU
ach *G*

ıer Flachriß(F_D)-Projektion		F_D/G
Kippwinkel	Drehwinkel	$\cos\alpha_1 \cdot \sin\psi_1 = -0{,}34550$
$\alpha_1 = 340^g$	$\psi_1 = 240^g$	$\sin\alpha_1 \cdot \sin\psi_1 = +0{,}47553$
$\sin\alpha_1 = -0{,}80902$	$\sin\psi_1 = -0{,}58779$	$\cos\alpha_1 \cdot \cos\psi_1 = -0{,}47553$
$\cos\alpha_1 = +0{,}58779$	$\cos\psi_1 = -0{,}80902$	$\sin\alpha_1 \cdot \cos\psi_1 = +0{,}65451$

ːippt-gedrehten System				Raumkoordinaten im *G*-System			
für x_1		für z_1		$y_1 =$	$x_1 =$	$z_1 =$	Pkt. Nr.
$z_K \sin\alpha_1 \cos\psi_1$ ± *m*	$y_K \cdot \sin\psi_1$ ± *m*	$-x_K \cdot \sin\alpha_1$ ± *m*	$+z_K \cdot \cos\alpha_1$ ± *m*	$-x_K \cos\alpha_1 \sin\psi_1$ $-z_K \sin\alpha_1 \sin\psi_1$ $+y_K \cdot \cos\psi_1$ ± *m*	$x_K \cos\alpha_1 \cos\psi_1$ $+z_K \sin\alpha_1 \cos\psi_1$ $+y_K \cdot \sin\psi_1$ ± *m*	$-x_K \cdot \sin\alpha_1$ $+z_K \cdot \cos\alpha_1$ ± *m*	
9	10	11	12	13	14	15	16
+324,09	−328,54	− 985,27	+291,06	−1108,43	+574,68	−694,21	50
+328,03	−303,53	− 988,53	+294,59	−1078,26	+605,54	−693,94	a
+327,71	−303,52	−1001,96	+294,31	−1083,75	+613,12	−707,65	b
+327,83	−302,60	−1018,41	+294,41	−1089,59	+623,84	−724,00	c
+326,18	−300,70	−1046,10	+292,93	−1097,70	+640,29	−753,17	d
+326,04	−300,14	−1064,22	+292,81	−1104,48	+651,44	−771,41	e
+325,61	−298,99	−1081,55	+292,41	−1109,98	+662,34	−789,14	f
+323,69	−297,80	−1094,10	+290,70	−1112,32	+668,99	−803,40	g
+322,37	−295,72	−1103,07	+289,50	−1112,32	+675,02	−813,57	h
+322,67	−293,97	−1103,98	+289,77	−1110,51	+677,60	−814,21	29

(1)	G/S_D $\psi = 160^g$, $\alpha = 100^g$ Gegeben: y_1, x_1, z_1 Gesucht: $y_K = y_D = y_1 \cdot \cos\psi - x_1 \cdot \sin\psi$ $x_K = z_1$ $z_K = -x_D = -x_1 \cdot \cos\psi \cdot \sin\alpha - y_1 \cdot \sin\psi \cdot \sin\alpha$ (s. Bd. II, S. 133, Fall 9)	S_D/G $\psi_1 = 240^g$, $\alpha_1 = 300^g$ Gegeben: y_K, x_K, z_K Gesucht: $y_1 = -x_K \cdot \cos\alpha_1 \cdot \sin\psi_1 - z_K \cdot \sin\alpha_1 \cdot \sin\psi_1 + y_K \cdot \cos\psi_1$ $x_1 = x_K \cdot \cos\alpha_1 \cdot \cos\psi_1 + z_K \cdot \sin\alpha_1 \cdot \cos\psi_1 + y_K \cdot \sin\psi_1$ $z_1 = -x_K \cdot \sin\alpha_1 + z_K \cdot \cos\alpha_1$
(2)	G/F_D $\psi = 160^g$, $\alpha = 60^g$ Gegeben: y_1, x_1, z_1 Gesucht: $y_K = y_1 \cdot \cos\psi - x_1 \cdot \sin\psi$ $x_K = x_1 \cdot \cos\psi \cdot \cos\alpha + y_1 \cdot \sin\psi \cdot \cos\alpha + z_1 \cdot \sin\alpha$ $z_K = z_1 \cdot \cos\alpha - x_1 \cdot \cos\psi \cdot \sin\alpha - y_1 \cdot \sin\psi \cdot \sin\alpha$ [s. Bd. II, S. 129, Formeln (83)]	F_D/G $\psi_1 = 240^g$, $\alpha_1 = 340^g$ Gegeben: y_K, x_K, z_K Gesucht: $y_1 = -x_K \cdot \cos\alpha_1 \cdot \sin\psi_1 - z_K \cdot \sin\alpha_1 \cdot \sin\psi_1 + y_K \cdot \cos\psi_1$ $x_1 = x_K \cdot \cos\alpha_1 \cdot \cos\psi_1 + z_K \cdot \sin\alpha_1 \cdot \cos\psi_1 + y_K \cdot \sin\psi_1$ $z_1 = -x_K \cdot \sin\alpha_1 + z_K \cdot \cos\alpha_1$
(3)	G/F $\psi = 200^g$, $\alpha = 40^g$ Gegeben: y_1, x_1, z_1 Gesucht: $y_K = -y_1$ $x_K = x_1 \cdot \cos\alpha + z_1 \cdot \sin\alpha$ $z_K = -x_1 \cdot \sin\alpha + z_1 \cdot \cos\alpha$ (s. Bd. II, S. 131, Fall 1)	F/G $\psi_1 = 200^g$, $\alpha_1 = 360^g$ Gegeben: y_K, x_K, z_K Gesucht: $y_1 = y_K$ $x_1 = x_K \cdot \cos\alpha_1 + z_K \cdot \sin\alpha_1$ $z_1 = -x_K \cdot \sin\alpha_1 + z_K \cdot \cos\alpha_1$

Die *Ausgangs-* und *Umkehr*formeln weisen bei G/F und F/G bis auf das Vorzeichen von y_1 keine Änderungen auf, während den Formeln G/S_D bzw. G/F_D und S_D/G bzw. F_D/G stark voneinander abweichende Ausdrücke zukommen; dagegen stimmen die Umkehrformeln aus S_D *und* F_D in G miteinander überein. Auf diese Weise entstehen die drei Umkehrzahlentafeln F/G, S_D/G und F_D/G. Wir beziffern die aus G oder nach G aufzustellenden Zahlentafeln mit römischen Zahlen und geben den Tafeln der Ausgangsrechnung (*aus G*) den Buchstaben A, den Tafeln der Umkehrrechnung (*nach G*) den Buchstaben U bei. Danach bezeichnen obige Formeln (1) bis (3) auf der linken Seite die Zahlentafeln IA, IIA und IIIA, auf der rechten Seite die Zahlentafeln IU, IIU und IIIU. Die letztgenannten Zahlentafeln sind zwischen den Seiten 250 und 251 und auf Seite 252 zu finden.

Da wir von den Raumkoordinaten y_K, x_K und z_K im S- bzw. F_D- oder F-System ausgehen und auf die Raumkoordinaten y_1, x_1 und z_1 im G-System herauskommen,

Zahlentafel III U
Umkehrung nach G

Berechnung der Grundriß(*G*)- aus der Flachriß(*F*)-Projektion *F/G*

Datum und Ort der Messung: 30. 4. 1955, Flöz Karl, 2. Strebmessung, NW 85

ausgeführt durch:

F-Raumkoordinaten entnommen aus ..., Bd. ..., S. ...

Kippwinkel
$\alpha_1 = 360^g$
$\sin\alpha_1 = -0{,}58779$
$\cos\alpha_1 = +0{,}80902$

Pkt. Nr.	Raumkoordinaten im *F*-System			Teilwerte				Raumkoordinaten im *G*-System			Pkt. Nr.
				für x_1		für z_1					
	y_K ± m	x_K ± m	z_K ± m	$x_K \cdot \cos\alpha_1$ ± m	$z_K \cdot \sin\alpha_1$ ± m	$-x_K \cdot \sin\alpha_1$ ± m	$z_K \cdot \cos\alpha_1$ ± m	$y_1 = y_K$ ± m	$x_1 = x_K \cdot \cos\alpha_1 + z_K \cdot \sin\alpha_1$ ± m	$z_1 = -x_K \cdot \sin\alpha_1 + z_K \cdot \cos\alpha_1$ ± m	
1	2	3	4	5	6	7	8	9	10	11	12
50	−1108,41	− 872,97	−223,83	−706,25	+131,56	−513,12	−181,08	−1108,41	−574,69	−694,20	50
a	−1078,23	− 897,76	−205,48	−726,31	+120,78	−527,69	−166,24	−1078,23	−605,53	−693,93	a
b	−1083,74	− 911,97	−212,10	−737,80	+124,67	−536,05	−171,59	−1083,74	−613,13	−707,64	b
c	−1089,58	− 930,24	−219,04	−752,58	+128,75	−546,79	−177,21	−1089,58	−623,83	−724,00	c
d	−1097,69	− 960,72	−232,96	−777,24	+136,93	−564,70	−188,47	−1097,69	−640,31	−753,17	d
e	−1104,46	− 980,45	−241,17	−793,20	+141,76	−576,30	−195,11	−1104,46	−651,44	−771,41	e
f	−1109,96	− 999,68	−249,11	−808,76	+146,42	−587,60	−201,53	−1109,96	−662,34	−789,13	f
g	−1112,30	−1013,44	−256,74	−819,89	+150,91	−595,69	−207,71	−1112,30	−668,98	−803,40	g
h	−1112,30	−1024,30	−261,42	−828,68	+153,66	−602,07	−211,49	−1112,30	−675,02	−813,56	h
29	−1110,49	−1026,78	−260,41	−830,69	+153,07	−603,53	−210,68	−1110,49	−677,62	−814,21	29

ohne die Wertlinienberechnung vorzunehmen, erweisen sich die Formulare als höchst einfach und übersichtlich. Auch die Ergebnisse befriedigen insofern, als die Endwerte y_1, x_1 und z_1 in den drei Zahlentafeln U mit den Rechnungswerten der Spalten 5, 6 und 7 der Zahlentafeln IA und IIIA bis auf Abweichungen von 1 bis 2 cm übereinstimmen.

c) Transformationen aus F_D und F in S_D und umgekehrt aus S_D in F_D und F

Für die übrigbleibenden Transformationen aus Flachrissen in Seigerrisse und umgekehrt waren die in Betracht kommenden Formeln ebenfalls zu entwickeln. Dabei bezeichnen wir die Raumkoordinaten in den F-Systemen wiederum mit y_K, x_K und z_K, diejenigen der Punkte im S_D-System mit y_2, x_2 und z_2. Der Einfachheit halber wurde auch hier von Wertlinienberechnungen abgesehen. Da es sich immer um die gleichen Beispiele mit geringfügigen Abwandlungen der Abb. 55, 56 und 62 handelt, wird auch stets von der 2. Strebmessung vom 30. 4. 1955 im Flöz Karl mit den Polygonpunkten 50-*a*-*b* . . .-*g*-*h*-29 ausgegangen. Damit ist ein Vergleich der Ausgangs- und Endwerte leicht möglich, so daß sich im vorliegenden Falle die sonst üblichen Rechenproben erübrigen.

Hinsichtlich der erwähnten Entwicklungen neuer Transformationsformeln ist folgendes zu sagen. Für die Grundriß(G)- und gedrehten Grundriß (G_D)-Projektionen sind die notwendigen Koordinaten-Umrechnungen im Band II von O. Haibach mitgeteilt worden. Weitere Transformationen sind von K. Burger durchgeführt worden. Wir nehmen an, daß Herr Burger die interessanten Rechnungsverfahren für Ausgangs- und Umkehrtransformationen in einer besonderen Abhandlung bekanntgeben wird, die zum leichteren Verständnis der Projektionsvorgänge dienen mag. Mit Rücksicht auf den Zweck dieses Handbuches beschränken wir uns darauf, zwei derartige Koordinatenumformungen an Hand von

(4)

$F_D/S_D \quad \alpha = 60^g$

Gegeben: y_K, x_K, z_K im F_D-System

Gesucht:
$$y_2 = y_K$$
$$x_2 = x_K \cdot \sin\alpha + z_K \cdot \cos\alpha$$
$$z_2 = -x_K \cdot \cos\alpha + z_K \cdot \sin\alpha$$

$S_D/F_D \quad \alpha_1 = 340^g$

Gegeben: y_2, x_2, z_2 im S_D-System

Gesucht:
$$y_K = +y_2$$
$$x_K = -x_2 \cdot \sin\alpha_1 - z_2 \cdot \cos\alpha_1$$
$$z_K = +x_2 \cdot \cos\alpha_1 - z_2 \cdot \sin\alpha_1$$

(5)

$S_D/F \quad \alpha_1 = 340^g, \quad \varphi_1 = 375^g$

Gegeben: y_2, x_2, z_2 im S_D-System

Gesucht:
$$y_K = +y_2 \cdot \cos\varphi_1 + x_2 \cdot \sin\alpha_1 \cdot \sin\varphi_1 + z_2 \cdot \cos\alpha_1 \cdot \sin\varphi_1$$
$$x_K = +y_2 \cdot \sin\varphi_1 - x_2 \cdot \sin\alpha_1 \cdot \cos\varphi_1 - z_2 \cdot \cos\alpha_1 \cdot \cos\varphi_1$$
$$z_K = +x_2 \cdot \cos\alpha_1 - z_2 \cdot \sin\alpha_1$$

$F/S_D \quad \alpha = 60^g, \quad \varphi = 25^g$

Gegeben: y_K, x_K, z_K im F-System

Gesucht:
$$y_2 = +y_K \cdot \cos\varphi - z_K \cdot \sin\varphi$$
$$x_2 = +x_K \cdot \cos\varphi \cdot \sin\alpha + y_K \cdot \sin\varphi \cdot \sin\alpha + z_K \cdot \cos\alpha$$
$$z_2 = -x_K \cdot \cos\varphi \cdot \cos\alpha - y_K \cdot \sin\varphi \cdot \cos\alpha + z_K \cdot \sin\alpha$$

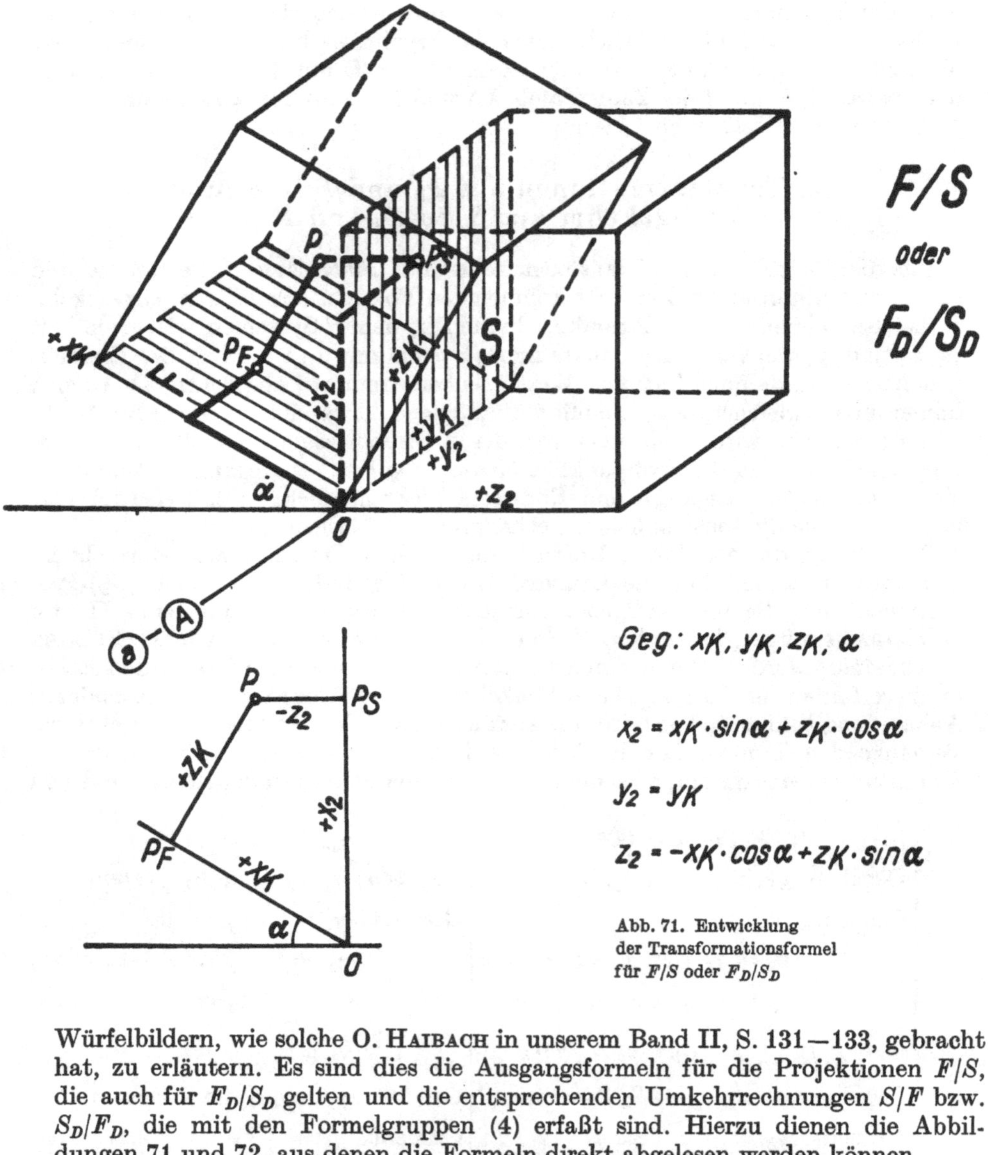

Abb. 71. Entwicklung der Transformationsformel für F/S oder F_D/S_D

Würfelbildern, wie solche O. Haibach in unserem Band II, S. 131—133, gebracht hat, zu erläutern. Es sind dies die Ausgangsformeln für die Projektionen F/S, die auch für F_D/S_D gelten und die entsprechenden Umkehrrechnungen S/F bzw. S_D/F_D, die mit den Formelgruppen (4) erfaßt sind. Hierzu dienen die Abbildungen 71 und 72, aus denen die Formeln direkt abgelesen werden können.

Für die oben bezeichneten Transformationen gelten die Formeln auf der vorhergehenden Seite.

Mit den Transformationsformeln (4) sind sämtliche Möglichkeiten der raumkoordinatorischen Projektionsumwandlung aus G nach S_D oder F_D sowie aus S_D oder F_D nach G und ferner aus F_D nach S_D und umgekehrt erschöpft. Wir hatten bereits mit den Formeln (3) ein abweichendes Flachriß-Beispiel gebracht insofern, als ohne Hinzunahme eines Drehwinkels ($\psi = 200^g$) dem Flöz ein Einfallen von

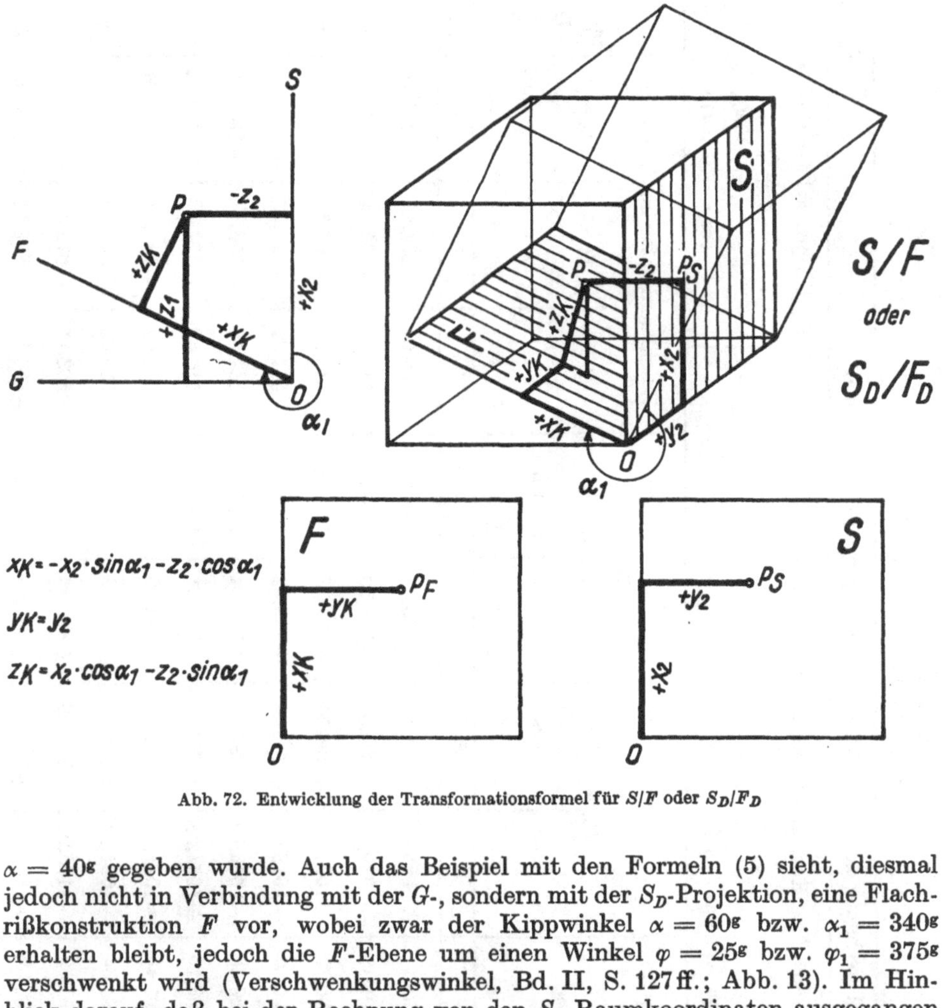

Abb. 72. Entwicklung der Transformationsformel für S/F oder S_D/F_D

$\alpha = 40^g$ gegeben wurde. Auch das Beispiel mit den Formeln (5) sieht, diesmal jedoch nicht in Verbindung mit der G-, sondern mit der S_D-Projektion, eine Flachrißkonstruktion F vor, wobei zwar der Kippwinkel $\alpha = 60^g$ bzw. $\alpha_1 = 340^g$ erhalten bleibt, jedoch die F-Ebene um einen Winkel $\varphi = 25^g$ bzw. $\varphi_1 = 375^g$ verschwenkt wird (Verschwenkungswinkel, Bd. II, S. 127ff.; Abb. 13). Im Hinblick darauf, daß bei der Rechnung von den S_D-Raumkoordinaten ausgegangen wurde, bezeichnen die Formeln (5) auf der linken Seite die Transformation S_D/F, auf der rechten Seite die Umkehrung.

Dementsprechend sind nach (4) die Zahlentafeln IVA und IVU, nach den Formeln (5) die Zahlentafeln VA und VU, S. 256, 257 und zwischen den Seiten 256 und 257 aufgestellt worden. Ein Vergleich der Anfangs- und Endwerte in den vier Vordrucken zeigt im Rahmen geringfügiger Abweichungen (bis zu 2 cm) die erwünschte Übereinstimmung. Im übrigen erkennt der Leser, daß die Zahlentafeln I bis V, wenn man von den Spaltenbildungen bei den Wertlinienberechnungen absieht, hinsichtlich ihrer formularmäßigen Erfassung nur geringfügige Abweichungen untereinander aufweisen. Es läßt sich jedenfalls übersehen, daß für die Transformationen der verschiedenen Projektionen, soweit ihnen praktischer Nutzen zukommt, lediglich eine begrenzte Zahl von Vordrucken vorzusehen sein dürfte.

Zahlentafel IV A
Ausgangsrechnung aus F_D

Berechnung der Seigerriß(S_D)- aus der Flachriß(F_D)-Projektion F_D/S_D

Datum und Ort der Messung: 30. 4. 1955, Flöz Karl, 2. Strebmessung, NW 85

ausgeführt durch:

F_D-Raumkoordinaten entnommen aus ..., Bd. ..., S. ...

Kippwinkel der F-Ebene
$\alpha = 60^g$
$\sin\alpha = 0{,}80902$
$\cos\alpha = 0{,}58779$

Pkt. Nr.	Raumkoordinaten im F_D-System			Teilwerte				Raumkoordinaten im S_D-System			Pkt. Nr.
				für x_2		für z_2					
	y_K	x_K	z_K	$x_K \cdot \sin\alpha$	$z_K \cdot \cos\alpha$	$-x_K \cdot \cos\alpha$	$z_K \cdot \sin\alpha$	$y_2 = y_K$	$x_2 = x_K \cdot \sin\alpha + z_K \cdot \cos\alpha$	$z_2 = -x_K \cdot \cos\alpha + z_K \cdot \sin\alpha$	
	$\pm$ m	$\pm$ m	$\pm$ m	$\pm$ m	$\pm$ m	$\pm$ m	$\pm$ m	$\pm$ m	$\pm$ m	$\pm$ m	
1	2	3	4	5	6	7	8	9	10	11	12
50	+558,94	−1217,86	+495,17	− 985,27	+291,06	+715,85	+400,60	+558,94	−694,21	+1116,45	50
a	+516,39	−1221,88	+501,18	− 988,53	+294,59	+718,20	+405,46	+516,39	−693,94	+1123,66	a
b	+516,38	−1238,48	+500,70	−1001,95	+294,31	+727,97	+405,08	+516,38	−707,64	+1133,05	b
c	+514,81	−1258,82	+500,88	−1018,41	+294,41	+739,92	+405,22	+514,81	−724,00	+1145,14	c
d	+511,69	−1293,05	+498,36	−1046,10	+292,93	+760,04	+403,18	+511,69	−753,17	+1163,22	d
e	+510,62	−1315,45	+498,15	−1064,23	+292,81	+773,21	+403,01	+510,62	−771,42	+1176,22	e
f	+508,67	−1336,87	+497,48	−1081,55	+292,41	+785,80	+402,47	+508,67	−789,14	+1188,27	f
g	+506,65	−1352,38	+494,56	−1094,10	+290,70	+794,92	+400,11	+506,65	−803,40	+1195,03	g
h	+503,11	−1363,47	+492,53	−1103,07	+289,50	+801,43	+398,47	+503,11	−813,57	+1199,90	h
29	+500,12	−1364,59	+492,99	−1103,98	+289,77	+802,09	+398,84	+500,12	−814,21	+1200,93	29

Zahl
Ausgangs

Berechnung der Flachriß(F

Datum und Ort der Messung: 30. 4. 1955, Flöz Karl, 2. Strebmessung, NW 85

ausgeführt durch:

S_D-Raumkoordinaten entnommen aus ..., Bd. ..., S. ...

Pkt. Nr.	Raumkoordinaten im S_D-System			Teilwerte der Raumkoordinaten			
				für y_K			
	y_2	x_2	z_2	$+ y_2 \cdot \cos \varphi_1$	$+ x_2 \sin \alpha_1 \sin \varphi_1$	$+ z_2 \cos \alpha_1 \sin \varphi_1$	$+ y_2$
	± m	± m	± m	± m	± m	± m	±
1	2	3	4	5	6	7	
50	+ 558,94	− 694,20	+ 1116,44	+ 516,39	− 214,92	− 251,13	− 2
a	+ 516,39	− 693,92	+ 1123,66	+ 477,08	− 214,84	− 252,76	− 1
b	+ 516,38	− 707,64	+ 1133,04	+ 477,07	− 219,08	− 254,87	− 1
c	+ 514,81	− 723,99	+ 1145,13	+ 475,62	− 224,15	− 257,59	− 1
d	+ 511,69	− 753,16	+ 1163,23	+ 472,74	− 233,18	− 261,66	− 1
e	+ 510,62	− 771,40	+ 1176,22	+ 471,75	− 238,83	− 264,58	− 1
f	+ 508,67	− 789,13	+ 1188,26	+ 469,95	− 244,31	− 267,29	− 1
g	+ 506,65	− 803,39	+ 1195,02	+ 468,08	− 248,73	− 268,81	− 1
h	+ 503,11	− 813,55	+ 1199,90	+ 464,81	− 251,88	− 269,91	− 1
29	+ 500,12	− 814,20	+ 1200,93	+ 462,05	− 252,08	− 270,14	− 1

V A
ɪg aus S_D

ɪer Seigerriß(S_D)-Projektion S_D/F

Kippwinkel d. F-Ebene	Verschwenkungswinkel	
$\alpha_1 = 340^g$	$\varphi_1 = 375^g$	$\cos\varphi_1 \cdot \sin\alpha_1 = -0{,}74744$
$\sin\alpha_1 = -0{,}80902$	$\sin\varphi_1 = -0{,}38268$	$\sin\varphi_1 \cdot \sin\alpha_1 = +0{,}30960$
$\cos\alpha_1 = +0{,}58779$	$\cos\varphi_1 = +0{,}92388$	$\cos\varphi_1 \cdot \cos\alpha_1 = +0{,}54305$
		$\sin\varphi_1 \cdot \cos\alpha_1 = -0{,}22494$

schwenkten-gekippten System				Raumkoordinaten im F-System			Pkt. Nr.
für x_K		für z_K		$y_K =$	$x_K =$	$z_K =$	
$x_2 \sin\alpha_1 \cos\varphi_1$	$-z_2 \cos\alpha_1 \cos\varphi_1$	$+x_2 \cdot \cos\alpha_1$	$-z_2 \cdot \sin\alpha_1$	$+x_2 \sin\alpha_1 \sin\varphi_1$ $+z_2 \cos\alpha_1 \sin\varphi_1$ $+y_2 \cdot \cos\varphi_1$	$-x_2 \sin\alpha_1 \cos\varphi_1$ $-z_2 \cos\alpha_1 \cos\varphi_1$ $+y_2 \cdot \sin\varphi_1$	$+x_2 \cdot \cos\alpha_1$ $-z_2 \cdot \sin\alpha_1$	
± m	± m	± m	± m	± m	± m	± m	
9	10	11	12	13	14	15	16
−518,87	−606,28	−408,04	+903,22	+50,34	−1339,05	+495,18	50
−518,66	−610,20	−407,88	+909,06	+ 9,48	−1326,47	+501,18	a
−528,92	−615,30	−415,94	+916,65	+ 3,12	−1341,83	+500,71	b
−541,14	−621,86	−425,55	+926,43	− 6,12	−1360,01	+500,88	c
−562,94	−631,69	−442,70	+941,08	−22,10	−1390,44	+498,38	d
−576,58	−638,75	−453,42	+951,58	−31,66	−1410,73	+498,16	e
−589,83	−645,28	−463,84	+961,33	−41,65	−1429,77	+497,49	f
−600,48	−648,96	−472,22	+966,80	−49,46	−1443,32	+494,58	g
−608,08	−651,61	−478,20	+970,74	−56,98	−1452,22	+492,54	h
−608,57	−652,17	−478,58	+971,58	−60,17	−1452,12	+493,00	29

Zah
Umke

Berechnung der Seigerriß(

Datum und Ort der Messung: 30. 4. 1955, Flöz Karl, 2. Strebmessung, NW 85

ausgeführt durch:

F-Raumkoordinaten entnommen aus ..., Bd. ..., S. ...

Pkt. Nr.	Raumkoordinaten im F-System			Teilwerte der Raumkoordinat			
				für y_2		für x_2	
	y_K	x_K	z_K	$+y_K \cdot \cos\varphi$	$-x_K \cdot \sin\varphi$	$x_K \cos\varphi \sin\alpha$	$y_K \sin\varphi$
	± m	± m	± m	± m	± m	± m	± m
1	2	2	4	5	6	7	8
50	+50,34	−1339,05	+495,18	+46,51	+512,43	−1000,86	+15,
a	+9,48	−1326,47	+501,18	+8,76	+507,61	−991,46	+2,
b	+3,12	−1341,83	+500,71	+2,88	+513,49	−1002,94	+0,
c	−6,12	−1360,01	+500,88	−5,65	+520,45	−1016,53	−1,
d	−22,10	−1390,44	+498,38	−20,42	+532,09	−1039,27	−6,
e	−31,66	−1410,73	+498,16	−29,25	+539,86	−1054,44	−9,
f	−41,65	−1429,77	+497,49	−38,47	+547,14	−1068,67	−12,
g	−49,46	−1443,32	+494,58	−45,70	+552,33	−1078,80	−15,
h	−56,98	−1452,22	+492,54	−52,64	+555,74	−1085,45	−17,
29	−60,17	−1452,12	+493,00	−55,59	+555,70	−1085,37	−18,

V U
ach S_D

der Flachriß(F)-Projektion F/S_D

Kippwinkel d. F-Ebene	Verschwenkungswinkel	
$\alpha = 60^g$	$\varphi = 25^g$	$\cos\varphi \cdot \sin\alpha = 0{,}74744$
$\sin\alpha = 0{,}80902$	$\sin\varphi = 0{,}38268$	$\sin\varphi \cdot \sin\alpha = 0{,}30960$
$\cos\alpha = 0{,}58779$	$\cos\varphi = 0{,}92388$	$\cos\varphi \cdot \cos\alpha = 0{,}54305$
		$\sin\varphi \cdot \cos\alpha = 0{,}22494$

rschwenkten-gekippten System				Raumkoordinaten im S_D-System			
	für z_2			$y_2 =$	$x_2 =$	$z_2 =$	Pkt. Nr.
$z_K \cos\alpha$	$-x_K \cos\varphi \cos\alpha$	$-y_K \sin\varphi \cos\alpha$	$+z_K \cdot \sin\alpha$	$+y_K \cdot \cos\varphi$ $-x_K \cdot \sin\varphi$	$+x_K \cos\varphi \sin\alpha$ $+y_K \sin\varphi \sin\alpha$ $+z_K \cdot \cos\alpha$	$-x_K \cos\varphi \cos\alpha$ $-y_K \sin\varphi \cos\alpha$ $+z_K \cdot \sin\alpha$	
m	$\pm$ m	$\pm$ m	$\pm$ m	$\pm$ m	$\pm$ m	$\pm$ m	
9	10	11	12	13	14	15	16
291,06	+727,17	−11,32	+400,61	+558,94	−694,22	+1116,46	50
294,59	+720,34	− 2,13	+405,46	+516,37	−693,93	+1123,67	a
294,31	+728,68	− 0,70	+405,08	+516,37	−707,66	+1133,06	b
294,41	+738,55	+ 1,38	+405,22	+514,80	−724,01	+1145,15	c
292,94	+755,08	+ 4,97	+403,20	+511,67	−753,17	+1163,25	d
292,81	+766,10	+ 7,12	+403,02	+510,61	−771,43	+1176,24	e
292,42	+776,44	+ 9,37	+402,48	+508,67	−789,14	+1188,29	f
290,71	+783,79	+11,13	+400,13	+506,63	−803,40	+1195,05	g
289,51	+788,63	+12,82	+398,47	+503,10	−813,58	+1199,92	h
289,78	+788,57	+13,53	+398,85	+500,11	−814,22	+1200,95	29

Zahlentafel IV U
Umkehrung nach F_D

Berechnung der Flachriß(F_D)- aus der Seigerriß(S_D)-Projektion — S_D/F_D

Datum und Ort der Messung: 30. 4. 1955, Flöz Karl, 2. Strebmessung, NW 85

ausgeführt durch:

S_D-Raumkoordinaten entnommen aus ..., Bd. ..., S. ...

Kippwinkel der F-Ebene
$\alpha_1 = 340^g$
$\sin\alpha_1 = -0{,}80902$
$\cos\alpha_1 = +0{,}58779$

Pkt. Nr.	Raumkoordinaten im S_D-System: y_2 ± m	x_2 ± m	z_2 ± m	Teilwerte für x_K: $-x_2\cdot\sin\alpha_1$ ± m	$-z_2\cdot\cos\alpha_1$ ± m	Teilwerte für z_K: $+x_2\cdot\cos\alpha_1$ ± m	$-z_2\cdot\sin\alpha_1$ ± m	Raumkoordinaten im F_D-System: $y_K = y_2$ ± m	$x_K = -x_2\cdot\sin\alpha_1 - z_2\cdot\cos\alpha_1$ ± m	$z_K = +x_2\cdot\cos\alpha_1 - z_2\cdot\sin\alpha_1$ ± m	Pkt. Nr.
1	2	3	4	5	6	7	8	9	10	11	12
50	+558,94	−694,21	+1116,45	−561,63	−656,24	−408,05	+903,23	+558,94	−1217,87	+495,18	50
a	+516,39	−693,94	+1123,66	−561,41	−660,48	−407,89	+909,06	+516,39	−1221,89	+501,17	a
b	+516,38	−707,64	+1133,05	−572,49	−666,00	−415,94	+916,67	+516,38	−1238,49	+500,73	b
c	+514,81	−724,00	+1145,14	−585,73	−673,10	−425,56	+926,44	+514,81	−1258,83	+500,88	c
d	+511,69	−753,17	+1163,22	−609,33	−683,73	−442,71	+941,07	+511,69	−1293,06	+498,36	d
e	+510,62	−771,42	+1176,22	−624,09	−691,37	−453,43	+951,58	+510,62	−1315,46	+498,15	e
f	+508,67	−789,14	+1188,27	−638,43	−698,45	−463,85	+961,33	+508,67	−1336,88	+497,48	f
g	+506,65	−803,40	+1195,03	−649,97	−702,43	−472,23	+966,80	+506,65	−1352,40	+494,57	g
h	+503,11	−813,57	+1199,90	−658,19	−705,29	−478,21	+970,74	+503,11	−1363,48	+492,53	h
29	+500,12	−814,21	+1200,93	−658,71	−705,89	−478,58	+971,58	+500,12	−1364,60	+493,00	29

d) Weitere Transformationsmöglichkeiten

Über die Transformationen nach den Formeln (3) und (5) hinaus hat sich Herr Burger die Mühe gemacht, auch noch weitere von O. Haibach (Bd. II, S. 127 bis 133) beschriebene Projektionssysteme ineinander überzuführen, von denen wir zunächst nur drei Fälle behandeln wollen. Es sind dies die Transformationen G/J, F_D/F_{DK} und F_D/F_V und umgekehrt.

In der Praxis des Markscheiders tritt der Fall häufig auf, aus einem Abbaugrundriß einen isometrischen Achsenriß (G/J) herzustellen. Zum Drehwinkel $\psi = 160^g$ gemäß Abb. 55 ist alsdann noch der Winkel $\psi = 50^g$ (45°) zuzuzählen (Bd. II, S. 132), so daß $\psi = 210^g$ wird. Sodann ist der Reduktionskoeffizient der Würfelseite 1 mit $54° - 44' - 08'' = 60{,}8173^g$ als Kippwinkel α zu berücksichtigen, um zu den axonometrischen Raumkoordinaten zu gelangen (Bd. II, S. 164/165).

Im Fall F_D/F_{DK} kann zu dem bereits nach Abb. 62 bestehenden gedrehten Flachriß F_D noch ein zweiter Kippwinkel α_2 hinzukommen, wenn sich das Einfallen des Flözes merklich (um etwa 20^g—30^g) ändert; damit entsteht die Projektion F_{DK}. Schließlich wollen wir, was in der Praxis ebenfalls häufig vorkommt, infolge Änderung des Streichens der Lagerstätte, unterstellen, daß ein Verschwenkungswinkel φ in Frage kommt, so daß die Transformation von F_D in F_V erfolgen muß. Ebenso könnte man natürlich die Projektion F_V direkt aus der G- oder S_D-Projektion ableiten.

Man erkennt ohne weiteres aus diesen zusätzlichen Transformationen F_{DK} und F_V, welche Abwandlungen bei fühlbaren Änderungen des Fallens oder (und)

(6)

G/J $\psi = 50^g + 160^g$, $\alpha = 60{,}8173^g$	J/G $\psi_1 = 50^g + 240^g$, $\alpha_1 = 60{,}8173^g$
Gegeben: y_1, x_1, z_1 im gedrehten G-System	Gegeben: x_K, y_K, z_K
Gesucht: y_K, x_K, z_K	Gesucht: y_1, x_1, z_1
$y_K = -x_1 \cdot \sin\psi + y_1 \cdot \cos\psi$	$y_1 = -x_K \cdot \cos\alpha_1 \cdot \sin\psi_1 + y_K \cdot \cos\psi_1 - z_K \cdot \sin\alpha_1 \cdot \sin\psi_1$
$x_K = +x_1 \cos\psi \cdot \cos\alpha + y_1 \cdot \sin\psi \cdot \cos\alpha + z_1 \cdot \sin\alpha$	$x_1 = +x_K \cdot \cos\alpha_1 \cdot \cos\psi_1 + y_K \cdot \sin\psi_1 + z_K \cdot \sin\alpha_1 \cdot \cos\psi_1$
$z_K = -x_1 \cdot \cos\psi \cdot \sin\alpha - y_1 \cdot \sin\psi \cdot \sin\alpha + z_1 \cdot \cos\alpha$	$z_1 = -x_K \cdot \sin\alpha_1 + z_K \cdot \cos\alpha_1$

(7)

F_D/F_{DK} $\alpha_2 = 30^g = 2.$ Kippwinkel	F_{DK}/F_D $\alpha_1 = 370^g$
Gegeben: y_K, x_K, z_K	Gegeben: y_2, x_2, z_2
Gesucht: y_2, x_2, z_2	Gesucht: y_K, x_K, z_K
$y_2 = y_K$	$y_K = y_2$
$x_2 = +x_K \cdot \cos\alpha_2 + z_K \cdot \sin\alpha_2$	$x_K = +x_2 \cdot \cos\alpha_1 + z_2 \cdot \sin\alpha_1$
$x_2 = -x_K \cdot \sin\alpha_2 + z_K \cdot \cos\alpha_2$	$z_K = -x_2 \cdot \sin\alpha_1 + z_2 \cdot \cos\alpha_1$

Zahl

Berechnung der isometrischen(

Datum und Ort der Messung: 30. 4. 1955, Flöz Karl, 2. Strebmessung, NW 85

ausgeführt durch:

Theodolit Nr.: Meßband Nr.:

Pkt. Nr.	Raumkoordinaten (verschoben) im G-System			Teilwerte der Raumkoordinaten			
	$y_1 =$ $(y - b)$ $b = +11093,40$	$x_1 =$ $(x - a)$ $a = +11618,73$	z_1	für y_K		für x	
				$-x_1 \cdot \sin\psi$	$+y_1 \cdot \cos\psi$	$+x_1 \cos\psi \cos\alpha$	$+y_1 \sin$
	± m	± m	± m	± m	± m	± m	±
1	2	3	4	5	6	7	8
50	− 1108,41	+ 574,68	− 694,20	+ 89,90	+ 1094,77	− 327,70	+ 10
a	− 1078,23	+ 605,53	− 693,92	+ 94,72	+ 1064,96	− 345,29	+ 9
b	− 1083,74	+ 613,12	− 707,64	+ 95,91	+ 1070,40	− 349,62	+ 9
c	− 1089,58	+ 623,83	− 723,99	+ 97,59	+ 1076,17	− 355,73	+ 9
d	− 1097,69	+ 640,30	− 753,16	+ 100,16	+ 1084,18	− 365,12	+ 9
e	− 1104,46	+ 651,44	− 771,40	+ 101,90	+ 1090,86	− 371,47	+ 9
f	− 1109,96	+ 662,33	− 789,13	+ 103,61	+ 1096,30	− 377,68	+ 10
g	− 1112,30	+ 668,98	− 803,39	+ 104,65	+ 1098,61	− 381,47	+ 10
h	− 1112,30	+ 675,01	− 813,05	+ 105,59	+ 1098,61	− 384,91	+ 10
29	− 1110,49	+ 677,61	− 814,20	+ 106,00	+ 1096,82	− 386,39	+ 10

der Grundriß(*G*)-Projektion *G/I*

Drehwinkel	Kippwinkel	
$\psi = 50^g + 160^g$	$\alpha = 60{,}8173^g$	$\cos\psi \cdot \cos\alpha = -0{,}57023$
$\sin\psi = -0{,}15643$	$\sin\alpha = 0{,}81650$	$\sin\psi \cdot \cos\alpha = -0{,}09031$
$\cos\psi = -0{,}98769$	$\cos\alpha = 0{,}57734$	$\cos\psi \cdot \sin\alpha = -0{,}80645$
		$\sin\psi \cdot \sin\alpha = -0{,}12773$

kippten-axonometrischen System				Axonometrische Raumkoordinaten im *J*-System			
	für z_K			$y_K =$	$x_K =$	$z_K =$	Pkt. Nr.
$-z_1 \cdot \sin\alpha$	$-x_1 \cos\psi \sin\alpha$	$-y_1 \sin\psi \sin\alpha$	$+z_1 \cdot \cos\alpha$	$-x_1 \cdot \sin\psi$ $+y_1 \cdot \cos\psi$	$+x_1 \cos\psi \cos\alpha$ $+y_1 \sin\psi \cos\alpha$ $+z_1 \cdot \sin\alpha$	$-x_1 \cos\psi \sin\alpha$ $-y_1 \sin\psi \sin\alpha$ $+z_1 \cdot \cos\alpha$	
± *m*	± *m*	± *m*	± *m*	± *m*	± *m*	± *m*	
9	10	11	12	13	14	15	16
−566,81	+463,45	−141,58	−400,79	+1184,67	−794,41	−78,92	50
−566,59	+488,33	−137,72	−400,63	+1159,68	−814,51	−50,52	a
−577,79	+494,45	−138,43	−408,55	+1166,31	−829,54	−52,53	b
−591,14	+503,09	−139,17	−417,99	+1173,76	−848,47	−54,07	c
−614,96	+516,37	−140,21	−434,83	+1184,34	−880,95	−58,67	d
−629,85	+525,35	−141,07	−445,36	+1192,76	−901,58	−61,08	e
−644,32	+534,14	−141,78	−455,60	+1199,91	−921,76	−63,22	f
−655,97	+539,50	−142,07	−463,83	+1203,26	−936,99	−66,40	g
−664,26	+544,36	−142,07	−469,69	+1204,20	−948,72	−67,40	h
−664,79	+546,46	−141,84	−470,07	+1202,82	−950,89	−65,45	29

$$
(8)\left\{\begin{array}{l|l}
\qquad F_D/F_V \quad \varphi = 115^g & \qquad F_V/F_D \quad \varphi_1 = 285^g \\
\text{Gegeben: } y_K,\, x_K,\, z_K & \text{Gegeben: } y_V,\, x_V,\, z_V \\
\text{Gesucht: } y_2,\, x_2,\, z_2 & \text{Gesucht: } y_K,\, x_K,\, z_K \\
\qquad y_2 = y_V = y_K \cdot \cos\varphi & \qquad y_K = -x_V \cdot \sin\varphi_1 + y_V \\
\qquad\quad - x_K \cdot \sin\varphi & \qquad\quad \cdot \cos\varphi_1 \\
\qquad x_2 = x_V = y_K \cdot \sin\varphi & \qquad x_K = +x_V \cdot \cos\varphi_1 + y_V \\
\qquad\quad + x_K \cdot \cos\varphi & \qquad\quad \cdot \sin\varphi_1 \\
\qquad z_2 = z_V = z_K & \qquad z_K = z_V
\end{array}\right.
$$

Streichens der Lagerstätte die Darstellung erfassen. Es entstehen alsdann die aus der Konstruktion von Seigerrissen her bekannten, teils rechteckigen, teils keilförmigen Lücken in der Darstellung. Wir bringen vorstehend die in Betracht kommenden Formelausdrücke.

Wir beschränken uns darauf, die auf der linken Seite für die Ausgangsrechnung angegebenen Formelausdrücke (6), (7) und (8) in Zahlentafeln umzusetzen; es sind dies die Zahlentafeln VI, VII und VIII[1]). Die Aufstellung der Zahlentafeln für die Umkehr-Transformationen begegnen nach dem Vorhergesagten keinen Schwierigkeiten. In unserem Band II hat O. Haibach (1956, S. 109/110) 15 Projektionsarten zF bis sA angegeben. Rechnet man noch die Abwandlungen durch Drehwinkel ψ, Kippwinkel α und Verschwenkungswinkel φ hinzu, so ist leicht einzusehen, daß Hunderte von Kombinationsmöglichkeiten bestehen. Herr Burger hat, ausgehend von 18 G-Projektionen und 13 F-Projektionen, die in Frage kommenden Transformationsformeln entwickelt und diese auf die gleiche Anzahl von Umkehr-Transformationen erweitert. Damit ließ sich eine Zusammenstellung der Raumkoordinaten-Transformationsformeln für Ursprungsrisse in der Orthogonalprojektion anfertigen, die allein 62 Transformationen und Formeln, letztere in y-, x- und z-Werten, umfaßt. Diese Aufstellung enthält keineswegs etwa wirklichkeitsfremde Kombinationen, sondern in der Praxis des Markscheiders durchaus brauchbare, ja sogar vielfach schon gebräuchliche Projektions-Transformationen, zum Beispiel G/G_D, G/F, G_D/F_D, G/S, G_D/S_D, ... oder F/S, F_D/S_D, F/S_D, F/Q, F/F_V, F/F_{VK}, F_D/F_{VK} .... usw. und umgekehrt.

Wenn hier von einer Wiedergabe der sehr umfangreichen Burgerschen Formeltafel Abstand genommen wird, so deshalb, weil wir nicht allzuweit über den äußeren Rahmen der gebrachten Beispiele hinausgehen wollten und dennoch zeigen konnten, welch' ungeahnte Möglichkeiten die von O. Haibach gegebenen analytischen Entwicklungen für die Berechnung und Darstellung aller denkbaren Projektionsverfahren bieten. Der Arbeitsaufwand ist durchaus tragbar. Für die Berechnung einer der formularmäßig erfaßten Zahlentafeln werden 40 bis 50 Minuten an Zeit benötigt. Bei den in den Abbildungen 55, 56 und 62 kartierten neun Strebmessungen erfordert der gesamte Rechnungsgang je Rißkonstruktion *einen* Arbeitstag (7,5 Stunden). Kartierung und Zeichenarbeit sind nicht zeitraubender als bei den normalen Ausarbeitungen der Grundrisse.

Darüber hinaus liefern, wie bereits erwähnt, die Haibachschen Projektions- und Transformationsverfahren *Ursprungsrisse*, deren Wert und Bedeutung gegen-

[1]) Die Zahlentafeln VI, VII und VIII befinden sich zwischen den Seiten 258 und 259 und auf den Seiten 260 und 261.

Zahlentafel VII

Berechnung der zweifach gekippten Flachriß(F_{DK})- aus der gedrehten Flachriß(F_D)-Projektion — F_D/F_{DK}

Datum u. Ort der Messung: 30. 4. 1955, Flöz Karl, 2. Strebmessung, NW 85

ausgeführt durch:

F_D-Raumkoordinaten entnommen aus . . ., Bd. . . ., S. . . .

2. Kippwinkel $\alpha_2 = 30^g$ — $\sin \alpha_2 = 0{,}45399$, $\cos \alpha_2 = 0{,}89101$

Pkt. Nr.	Raumkoordinaten im F_D-System			Teilwerte				Raumkoordinaten im gekippten 2. System F_{DK}			Pkt. Nr.
				für x_2		für z_2					
	y_K ± m	x_K ± m	z_K ± m	$x_K \cdot \cos \alpha_2$ ± m	$z_K \cdot \sin \alpha_2$ ± m	$-x_K \cdot \sin \alpha_2$ ± m	$+z_K \cdot \cos \alpha_2$ ± m	$y_2 = y_K$ ± m	$x_2 = +x_K \cdot \cos \alpha_2 + z_K \cdot \sin \alpha_2$ ± m	$z_2 = -x_K \cdot \sin \alpha_2 + z_K \cdot \cos \alpha_2$ ± m	
1	2	3	4	5	6	7	8	9	10	12	12
50	+558,94	−1217,86	+495,17	−1085,13	+224,80	+552,90	+441,20	+558,94	−860,33	+ 994,10	50
a	+516,39	−1221,88	+501,18	−1088,70	+227,53	+554,72	+446,56	+516,39	−861,17	+1001,28	a
b	+516,38	−1238,48	+500,70	−1103,50	+227,31	+562,26	+446,13	+516,38	−876,19	+1008,39	b
c	+514,81	−1258,82	+500,88	−1121,62	+227,39	+571,49	+446,29	+514,81	−894,23	+1017,78	c
d	+511,69	−1293,05	+498,36	−1152,12	+226,25	+587,03	+444,04	+511,69	−925,87	+1031,07	d
e	+510,62	−1315,45	+498,15	−1172,08	+226,16	+597,20	+443,86	+510,62	−945,92	+1041,06	e
f	+508,67	−1336,87	+497,48	−1191,16	+225,85	+606,93	+443,26	+508,67	−965,31	+1050,19	f
g	+506,65	−1352,38	+494,56	−1204,98	+224,53	+613,97	+440,66	+506,65	−980,45	+1054,63	g
h	+503,11	−1363,47	+492,53	−1214,87	+223,60	+619,00	+438,85	+503,11	−991,27	+1057,85	h
29	+500,12	−1364,59	+492,99	−1215,86	+223,81	+619,51	+439,26	+500,12	−992,05	+1058,77	29

Zahlentafel VIII

Berechnung der gedreht-verschwenkten Flachriß(F_{DV})- aus der gedrehten Flachriß(F_D)-Projektion F_D/F_{DV}

Datum und Ort der Messung: 30. 4. 1955, Flöz Karl, 2. Strebmessung, NW 85	Verschwenkungswinkel	sin φ = +0,97237
ausgeführt durch:	$\varphi = 115^g$	cos φ = −0,23345
F_D-Raumkoordinaten entnommen aus ..., Bd. ..., S. ...		

Pkt. Nr.	Raumkoordinaten im F_D-System			Teilwerte				Raumkoordinaten im gedreht-verschwenkten System F_{DV}			Pkt. Nr.
				für y_2		für x_2					
	y_K	x_K	z_K	$+y_K \cdot \cos\varphi$	$-x_K \cdot \sin\varphi$	$+y_K \cdot \sin\varphi$	$x_K \cdot \cos\varphi$	$y_2 = yv$ $+y_K \cdot \cos\varphi$ $-x_K \cdot \sin\varphi$	$x_2 = xv =$ $+y_K \cdot \sin\varphi$ $+x_K \cdot \cos\varphi$	$z_2 = zv =$ $= z_K$	
	± m	± m	± m	± m	± m	± m	± m	± m	± m	± m	
1	2	3	4	5	6	7	8	9	10	1	12
50	+558,94	−1217,86	+495,17	−130,48	+1184,21	+543,50	+284,31	+1053,73	+827,81	+495,17	50
a	+516,39	−1221,88	+501,18	−120,55	+1188,12	+502,12	+285,25	+1067,57	+787,37	+501,18	a
b	+516,38	−1238,48	+500,70	−120,55	+1204,26	+502,11	+289,12	+1083,71	+791,23	+500,70	b
c	+514,81	−1258,82	+500,88	−120,18	+1224,04	+500,59	+293,87	+1103,86	+794,46	+500,88	c
d	+511,69	−1293,05	+498,36	−119,45	+1257,32	+497,55	+301,86	+1137,87	+799,41	+498,36	d
e	+510,62	−1315,45	+498,15	−119,20	+1279,10	+496,51	+307,09	+1159,90	+803,60	+498,15	e
f	+508,67	−1336,87	+497,48	−118,75	+1299,93	+494,62	+312,09	+1181,18	+806,71	+497,48	f
g	+506,65	−1352,38	+494,56	−118,28	+1315,01	+492,65	+315,71	+1196,73	+808,36	+494,56	g
h	+503,11	−1363,47	+492,53	−117,45	+1325,80	+489,21	+318,30	+1208,35	+807,51	+492,53	h
29	+500,12	−1364,59	+492,99	−116,75	+1326,89	+486,30	+318,56	+1210,14	+804,86	+492,99	29

über den bisherigen unzulänglichen zweidimensionalen Darstellungen gar nicht abzuschätzen sind. Es ist hohe Zeit, daß sich diese Erkenntnisse und ihre Anwendungsformen durchsetzen.

e) Konstruktion eines Störungsflachrisses

Störungsflachrisse sind bisher in der markscheiderischen Praxis kaum zur Anwendung gelangt. Zur Frage der Darstellung unregelmäßig ausgebildeter Flächen, wie solche besonders bei Störungen auftreten, haben W. Nehm (1939) und O. Haibach (1948[2], 1952[1,2] und 1956; Bd. II, S. 260ff. sowie Bd. III, III) Stellung genommen. Nehm stellte weitgehend Störungsflächen als Überschiebungen, Aufschiebungen, Verschiebungen (Blätter) und Sprünge im Modell dar (Bd. II, S. 338, Abb. 9) und schuf auch körperliche Darstellungen von einzelnen Störungsflächen mit Harnischen, Rutschstreifen, Salbändern und Spiegeln zur Veranschaulichung der kennzeichnenden Merkmale für Störungsflächenformen. O. Haibach (Bd. II, S. 269) weist auf Darstellungen im Rißmusteratlas 1942 hin, die in den Rissen 26 (Eisenerzbergbau) und 40 (Steinkohlenbergbau) *grundrißliche* Pläne von Störungsflächen bringen. Es wird auch auf die Eintragung von q- und t-Abstandslinien Bezug genommen (Bd. II, S. 269); aber immer waren es bisher Störungs-S- und G-Risse, die eine Rolle spielten. Es erscheint uns deshalb notwendig, auf die Konstruktion eines Störungs*flachrisses* F_D einzugehen, der auch hier als *Ursprungsriß* auf exakter Grundlage aufzubauen ist.

α) Vorbereitende Grundrisse und Schnitte

Der zu konstruierende Störungsflachriß bezieht sich auf die in unseren Beispielen in der G- (Abb. 55), S- (Abb. 56) und F_D- (Abb. 62) Projektion ständig wiederkehrende Sprungfläche; sie verläuft von Nordnordwest nach Südsüdost gemäß Abb. 55 (Abbaugrundriß G). Konstruktiv ging Herr Burger von folgender Überlegung aus. In der unmittelbaren Nähe der Störung sind zwei Meßlinien angelegt, und zwar westlich der liegenden Kreuzlinie die Strebmessung K_{51}-a-b-c-d-e-f-g-h-K_{32} und östlich der hangenden Kreuzlinie die Polygonverbindung K_{32}-a-b-c-d-e-f-g-P_{53}-K_{53}. Beide Meßlinien liegen 6—10 m östlich und westlich (streichend gemessen) der Kreuzlinien, so daß die Salbänder der Störungszone nicht eingemessen werden konnten. Deshalb zog Herr Burger von den Meßpunkten der Polygonzüge aus streichende Linien (unveränderter Seigerabstand) bis zum hangenden und liegenden Salband durch, so daß, wie Abb. 73 zeigt, in der hangenden Kreuzlinie die vollschwarzen Punkte K_{32}, K_b', K_c' ... K_g', K_{52} und in der liegenden Kreuzlinie die vollschwarzen Punkte K_{51}, K_B', K_C' ... K_G', K_{31} zur Konstruktion des Störungsflachrisses heranzuziehen sind. In Abb. 73 sind auch die Parallelen zur Flachrißspur mit dem Drehwinkel $\psi = 225^g$ sowie die Schnittlinie ① bis ① eingetragen. Die Koordinaten der vollschwarzen Punkte (Schnittpunkte der Streichenden mit der Kreuzlinie) wurden in dm-Werten vom Riß (Abb. 73) abgegriffen.

Sodann legte *B.*, wie aus dem Abbaugrundriß Flöz Karl, Abb. 55, hervorgeht, unter einem Drehwinkel $\psi = 225^g$ eine Parallele zur Flachrißspur des Störungsflachrisses und erreichte damit, daß Berechnung und Konstruktion weiterhin im Rahmen der ursprünglich gewählten Flachrißprojektion G/F_D erfolgen konnten.

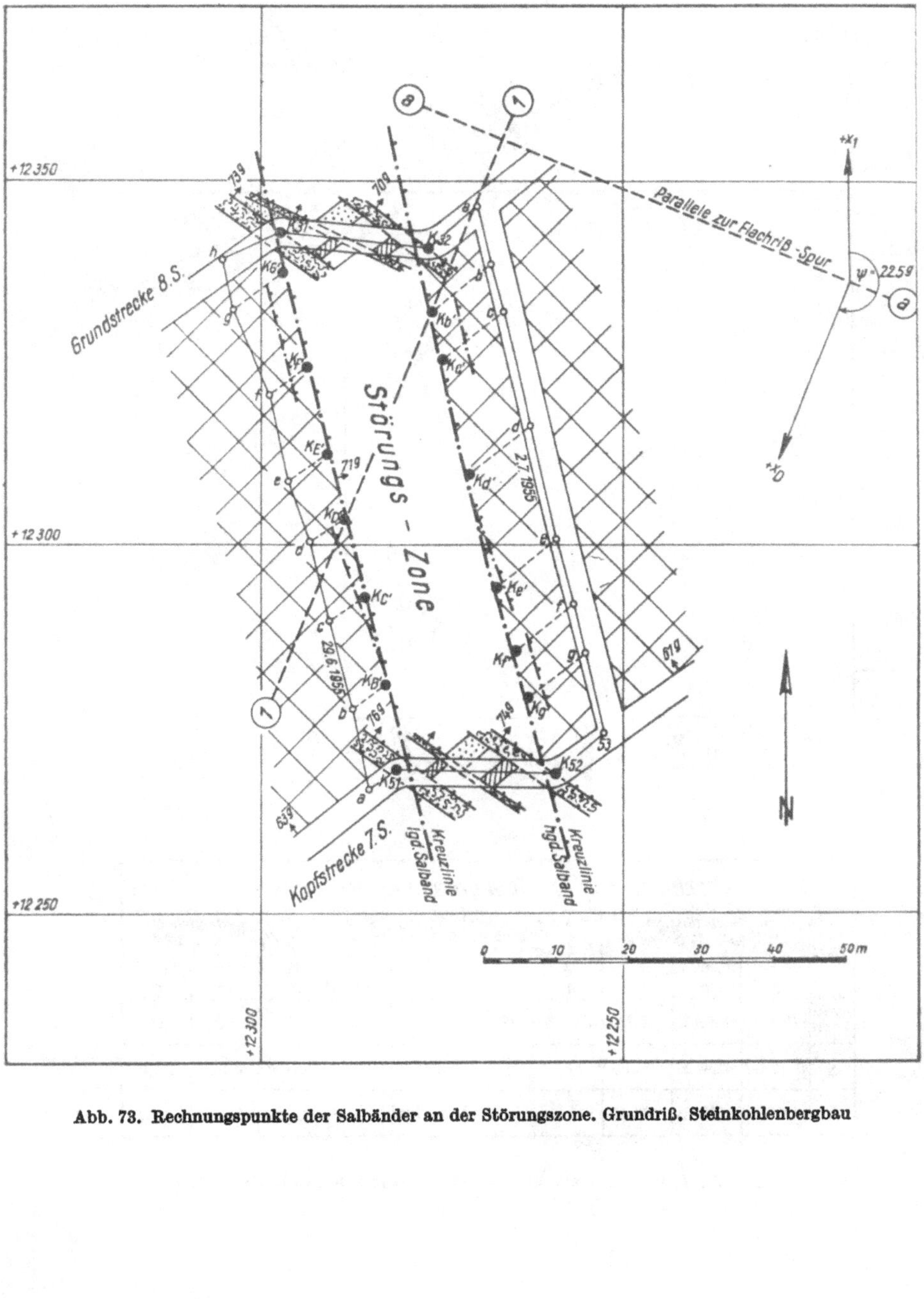

Abb. 73. Rechnungspunkte der Salbänder an der Störungszone. Grundriß. Steinkohlenbergbau

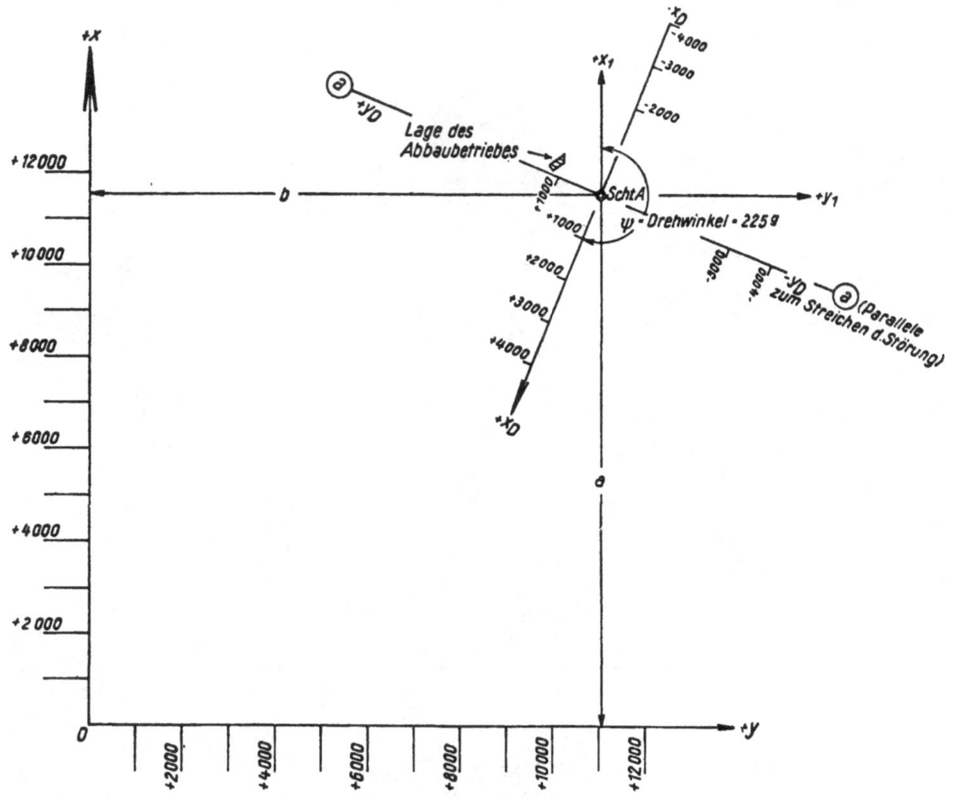

Verzeichnis der Koordinaten, G-Systeme										
Pkt.	Raumkoordinaten im Ursprungs G-System			Parallel verschobene Achsen für Nullpunkt 0_1 = Schacht A (Mitte)		Koordinaten im G-System (verschob.)		Raumkoordinaten im gedrehten G-System		
	y m	x m	z m	b m	a m	$y_1 = y - b$ m	$x_1 = x - a$ m	y_D m	x_D m	$z_D = z$ m
Scht. A (Mitte)	+11093,40	+11618,73	±0	+11093,40	+11618,73	±0	±0	±0	±0	±0
32	+10073,41	+12340,91	-814,00	-"-	-"-	-1019,99	+722,18	+1218,71	-276,88	-814,00
53	+10093,30	+12274,35	-694,00	-"-	-"-	-1000,10	+655,62	+1174,86	-222,99	-694,00

Abb. 74. Lage des Abbaubetriebes zu den Koordinatensystemen. Grundriß

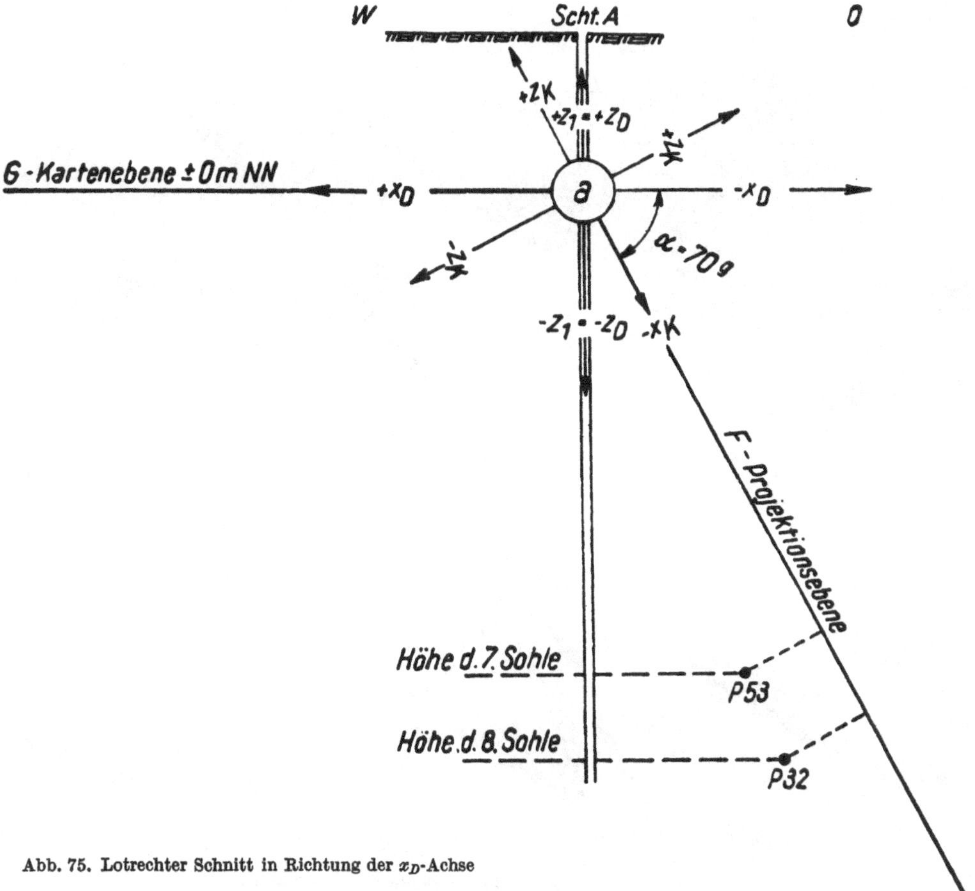

Abb. 75. Lotrechter Schnitt in Richtung der x_D-Achse

Um die veränderte Lage der Störungsflachriß-Konstruktion dem Leser vor Augen zu führen, sind die grundrißlichen Zusammenhänge der Koordinatensysteme in Abb. 74 dargestellt, die bis auf die unterschiedliche Achsenlage infolge anderer Drehwinkelgrößen eine unverkennbare Ähnlichkeit mit Abb. 57 aufweist. Auch die beiden Koordinatenverzeichnisse der G-Systeme stimmen hinsichtlich der Raumkoordinaten y, x, z sowie der Drehwerte a und b überein. Unterschiede treten erst in den Spalten für y_1, x_1 sowie y_D, x_D und z_D in Erscheinung. Ein weiterer Vergleich ist zwischen Abb. 75 und Abb. 58 gegeben, die einen lotrechten Schnitt durch Schacht A wiedergeben mit den G- und F-Projektionsebenen, wobei in Abb. 75 nunmehr die Flachrißebene um den Einfallswinkel $\alpha = 70^g$ der Sprungfläche gegen die Kartenebene geneigt ist, während Abb. 58 das Einfallen $\alpha = 60^g$ des Flözes Karl anzeigt.

Zur weiteren Kennzeichnung der Lagerungsverhältnisse ist in Abb. 76 ein lotrechter Schnitt im Zuge des Schnittes ① — ① der Abb. 73 in der Einfallsrichtung $\alpha = 70^g$ des Sprunges angelegt. Dieser Schnitt stellt mehrere, von der

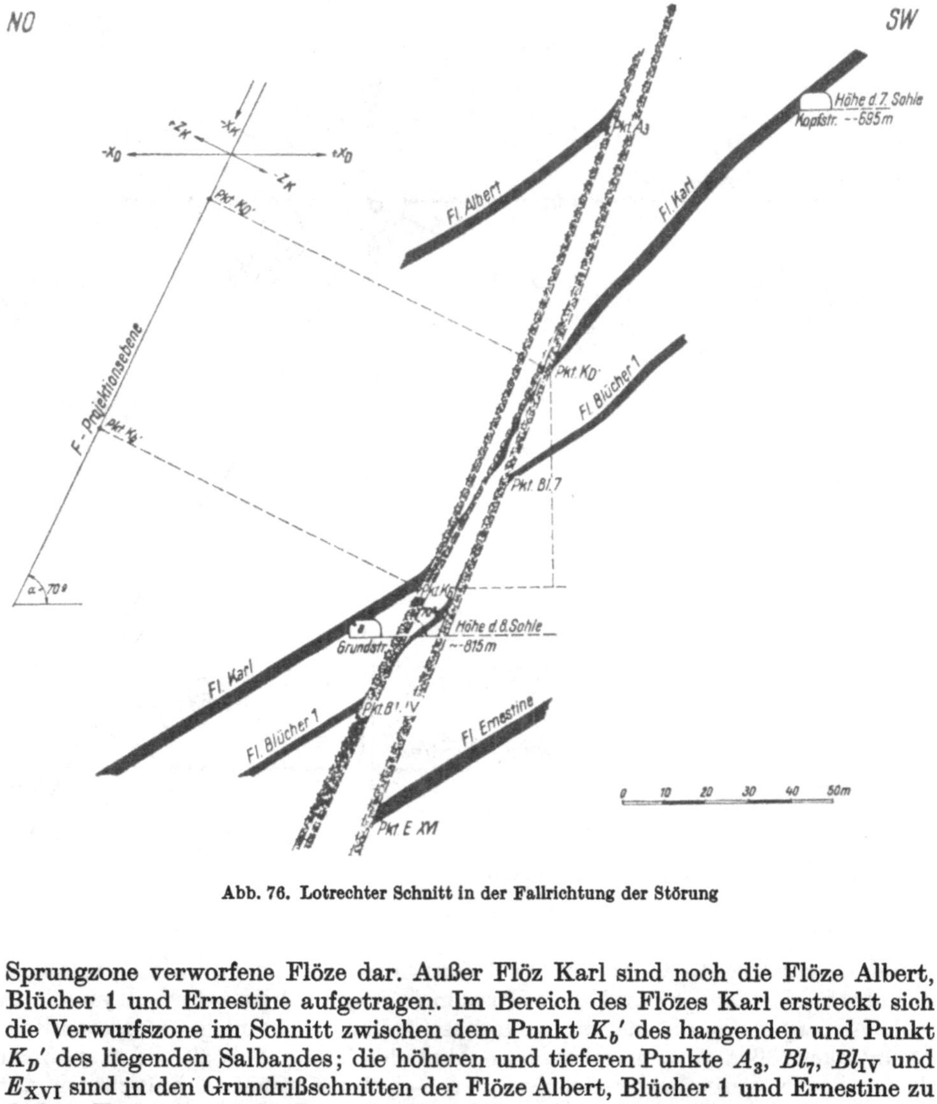

Abb. 76. Lotrechter Schnitt in der Fallrichtung der Störung

Sprungzone verworfene Flöze dar. Außer Flöz Karl sind noch die Flöze Albert, Blücher 1 und Ernestine aufgetragen. Im Bereich des Flözes Karl erstreckt sich die Verwurfszone im Schnitt zwischen dem Punkt K_b' des hangenden und Punkt K_D' des liegenden Salbandes; die höheren und tieferen Punkte A_3, Bl_7, Bl_{IV} und E_{XVI} sind in den Grundrißschnitten der Flöze Albert, Blücher 1 und Ernestine zu finden. Es ist ferner die Lage der Projektionsebene F parallel zum Sprung mit $\alpha = 70^g$ eingetragen nebst den Achsenrichtungen x_K, z_K und x_D. Die Abbildungen 73 bis 76 sind — mit Ausnahme der Abb. 73 mit den vollschwarzen Punkten K_{31}—K_{51} und K_{32}—K_{52} — zur Herstellung des Störungsflachrisses nicht unbedingt notwendig, sondern dienen lediglich zur Erläuterung der Projektionsgrundlagen, der Achsensysteme und der Tektonik der Störungszone.

Störungsflach

Datum und Ort der Messung: 2. 7. 1955, Flöz Karl, NW 85

ausgeführt durch:

Theodolit Nr. Meßband Nr.

Pkt. Nr.	Raumkoordinaten im *G*-System			1. System (verschoben)			Teilwe	
							für y_K	
	y	x	z	$y_1 =$ $(y - b)$ $b = +11093{,}40$	$x_1 =$ $(x - a)$ $a = +11618{,}73$	z_1	$-x_1 \cdot \sin\psi$	$y_1 \cdot \cos$
	± m	± m	± m	± m	± m	± m	± m	± m
1	2	3	4	5	6	7	8	9
K_{32}	+10073,4	+12340,9	−815,7	−1020,0	+722,2	−815,7	+276,4	+942,
K_b'	+10073,5	+12332,0	−803,3	−1019,9	+713,3	−803,3	+273,0	+942,
K_c'	+10075,0	+12325,3	−790,9	−1018,4	+706,6	−790,9	+270,4	+940,
K_d'	+10078,5	+12309,5	−765,7	−1014,9	+690,8	−765,7	+264,4	+937,
K_e'	+10082,5	+12294,0	−731,4	−1010,9	+675,3	−731,4	+258,4	+933,
K_f'	+10085,0	+12285,0	−715,1	−1008,4	+666,3	−715,1	+255,0	+931
K_g'	+10087,0	+12279,0	−706,5	−1006,4	+660,3	−706,5	+252,7	+929
K_{52}	+10090,7	+12268,6	−695,5	−1002,7	+649,9	−695,5	+248,7	+926

gendes Salband G/F_D

Drehwinkel	Kippwinkel	
$\psi = 225^g$	$\alpha = 70^g$	$\cos\psi \cdot \cos\alpha = -0{,}41943$
$\sin\psi = -0{,}38268$	$\sin\alpha = 0{,}89101$	$\sin\psi \cdot \cos\alpha = -0{,}17373$
$\cos\psi = -0{,}92388$	$\cos\alpha = 0{,}45399$	$\cos\psi \cdot \sin\alpha = -0{,}82319$
		$\sin\psi \cdot \sin\alpha = -0{,}34097$

Raumkoordinaten im gedreht-gekippten System						Endgültige Raumkoordinaten			
	für x_K		für z_K			$y_K =$	$x_K =$	$z_K =$	Pkt. Nr.
$\cos\psi$ $\cdot\cos\alpha$	$y_1 \sin\psi$ $\cdot \cos\alpha$	$z_1 \cdot \sin\alpha$	$z_1 \cdot \cos\alpha$	$-x_1 \cos\psi$ $\cdot \sin\alpha$	$-y_1 \sin\psi$ $\cdot \sin\alpha$	$y_1 \cdot \cos\psi$ $-x_1 \cdot \sin\psi$	$x_1 \cos\psi \cos\alpha$ $+y_1 \sin\psi$ $\cdot \cos\alpha$ $+z_1 \sin\alpha$	$z_1 \cos\alpha$ $-x_1 \cos\psi \sin\alpha$ $-y_1 \sin\psi \sin\alpha$	
m	± m	± m	± m	± m	± m	± m	± m	± m	
10	11	12	13	14	15	16	17	18	19
302,9	+177,2	−726,8	−370,3	+594,5	−347,8	+1218,8	−852,5	−123,6	K_{32}
299,2	+177,2	−715,7	−346,7	+587,2	−347,8	+1215,3	−837,7	−125,3	K_b'
296,4	+176,9	−704,7	−359,1	+581,7	−347,2	+1211,3	−824,2	−124,6	K_c'
289,7	+176,3	−682,2	−347,6	+568,7	−346,1	+1202,0	−795,6	−125,0	K_d'
283,2	+175,6	−651,7	−332,0	+555,9	−344,7	+1192,3	−759,3	−120,8	K_e'
279,5	+175,2	−637,2	−324,6	+548,5	−343,9	+1186,6	−741,5	−120,0	K_f'
276,9	+174,8	−629,5	−320,7	+543,6	−343,2	+1182,5	−731,6	−120,3	K_g'
272,6	+174,2	−619,7	−315,8	+535,0	−341,9	+1175,1	−718,1	−122,7	K_{52}

Störungsflachriß,

Datum und Ort der Messung: 29. 6. 1955, Flöz Karl, NW 85

ausgeführt durch:

Theodolit Nr. Meßband Nr.

Pkt. Nr.	Raumkoordinate im G-System			1. System (verschoben)			Teilwerte d	
							für y_K	
	y	x	z	$y_1 =$ $(y - b)$ $b = +11093{,}40$	$x_1 =$ $(x - a)$ $a = +11618{,}73$	z_1	$-x_1 \cdot \sin\psi$	$y_1 \cdot \cos\psi$
	± m	± m	± m	± m	± m	± m	± m	± m
1	2	3	4	5	6	7	8	9
K_{51}	+10068,6	+12269,5	−695,6	−1024,8	+650,8	−695,6	+249,0	+946,8
K_B'	+10067,0	+12280,5	−711,5	−1026,4	+661,8	−711,5	+253,3	+948,3
K_C'	+10064,2	+12293,0	−736,5	−1029,2	+674,3	−736,5	+258,0	+950,9
K_D'	+10061,3	+12303,5	−754,9	−1032,1	+684,8	−754,9	+262,1	+953,5
K_E'	+10059,0	+12312,5	−767,7	−1034,4	+693,8	−767,7	+265,5	+955,7
K_F'	+10056,3	+12324,0	−783,4	−1037,1	+705,3	−783,4	+269,9	+958,2
K_G'	+10053,0	+12337,0	−804,5	−1040,4	+718,3	−804,5	+274,9	+961,2
K_{31}	+10052,73	+12342,61	−815,70	−1040,67	+723,88	−815,7	+277,0	+961,5

es Salband G/F_D

Drehwinkel	Kippwinkel	
$\psi = 225^g$	$\alpha = 70^g$	$\cos\psi \cdot \cos\alpha = -0{,}41943$
$\sin\psi = -0{,}38268$	$\sin\alpha = 0{,}89101$	$\sin\psi \cdot \cos\alpha = -0{,}17373$
$\cos\psi = -0{,}92388$	$\cos\alpha = 0{,}45399$	$\cos\psi \cdot \sin\alpha = -0{,}82319$
		$\sin\psi \cdot \sin\alpha = -0{,}34097$

mkoordinaten im gedreht-gekippten System						Endgültige Raumkoordinaten			
	für x_K		für z_K			$y_K =$	$x_K =$	$z_K =$	Pkt. Nr.
,	$y_1 \sin\psi \cdot \cos\alpha$	$z_1 \cdot \sin\alpha$	$z_1 \cdot \cos\alpha$	$-x_1 \cos\psi \cdot \sin\alpha$	$-y_1 \sin\psi \cdot \sin\alpha$	$y_1 \cdot \cos\psi$ $-x_1 \cdot \sin\psi$	$x_1 \cos\psi \cos\alpha$ $+y_1 \sin\psi \cos\alpha$ $+z_1 \cdot \sin\alpha$	$z_1 \cdot \cos\alpha$ $-x_1 \cos\psi \sin\alpha$ $-y_1 \sin\psi \sin\alpha$	
	± m	± m	± m	± m	± m	± m	± m	± m	
	11	12	13	14	15	16	17	18	19
9	+178,0	−619,8	−315,8	+535,7	−349,4	+1195,8	−714,6	−129,5	K_{51}
6	+178,3	−634,0	−323,0	+544,8	−350,0	+1201,6	−733,3	−128,2	K_B'
8	+178,8	−656,2	−334,4	+555,1	−350,9	+1208,9	−760,2	−130,2	K_C'
2	+179,3	−672,6	−342,7	+563,7	−351,9	+1215,6	−780,5	−130,9	K_D'
0	+179,7	−684,0	−348,5	+571,1	−352,7	+1221,2	−795,3	−130,1	K_E'
8	+180,2	−698,0	−355,7	+580,6	−353,6	+1228,1	−813,6	−128,7	K_F'
3	+180,7	−716,8	−365,2	+591,3	−354,7	+1236,1	−837,4	−128,6	K_G'
6	+180,8	−726,8	−370,3	+595,9	−354,8	+1238,5	−849,6	−129,2	K_{31}

β) Störungsflachrisse der Salbänder und der Störungszone

Aus dem Vorhergesagten geht die Bedeutung der Salbänder hervor. Es empfiehlt sich daher, zunächst einen Störungsflachriß der Salbänder mehrerer Flöze (Abb. 76) unter Zuhilfenahme der Aufschlüsse und Messungen in diesen Flözen zu konstruieren, wie dies auch Herr Burger getan hat. Zu diesem Zweck sind die Raumkoordinaten für die beiden Salbänder zu berechnen. Dies geschieht wiederum mit Hilfe von trigonometrischen Formularen nach dem Muster der Zahlentafeln II A, G/F_D (ohne Formbeschreibung) oder VI, G/J mit veränderten Dreh- und Kippwinkel-Größen. Die Berechnungen für den Störungsflachriß des hangenden Salbandes sind in Zahlentafel IX, des liegenden Salbandes in Zahlentafel X[1]) niedergelegt; die Zahlenwerte sind, wie bereits erwähnt, auf *dm* abgerundet, die Formelgleichungen bei (6) zu finden. Da es sich um andere Polygonzüge handelt (gegenüber der 2. Strebmessung vom 30. 4. 1955), sind auch veränderte Ausgangskoordinaten in den Spalten 2 bis 4 der beiden Zahlentafeln zu berücksichtigen gewesen. Ferner wurden zur Ermittlung der Raumkoordinaten für die Salbänder sowie der Seiger-, Quer- und Flachabstandslinien die Messungen in den bereits erwähnten Flözen Albert, Blücher 1 und Ernestine herangezogen, auf deren Wiedergabe aber hier verzichtet wird.

Auf diese Weise entstanden die Abb. 77 als Störungsflachriß für die liegenden Salbänder der vier Flöze sowie Abb. 78 als Deckpause für die hangenden Salbänder. Die Raumkoordinaten y_K und x_K der Spalten 16 und 17 in den Zahlentafeln IX und X dienen zur Kartierung der Polygonpunkte der Salbänder, die Werte z_K in Spalte 18 bezeichnen die Höhen der Flachabstandswerte im Störungsflachriß. Bei Auflage der Deckpause, Abb. 78, auf Abb. 77, liegendes Salband, hebt sich die schmale Störungszone zwischen dem hangenden (Punkte K_{52}—K_{32}) und liegenden Salband (Punkt K_{51}—K_{31}) des Flözes Karl deutlich heraus. Wie schon angedeutet wurde sind die drei Wertlinien t, q und f_b in den beiden Abbildungen dargestellt, ohne daß entsprechende Rechnungsgrundlagen beiliegen.

γ) Der endgültige Störungsflachriß

Den Abschluß der Darstellungsfolge bildet der Störungsflachriß des Flözes Karl mit Abb. 79. Sie zeigt die 16—20 m breite flache Störungsfläche mit den in ausgezogenen Linien eingetragenen Seigerabstandslinien t, bezogen auf das hangende Salband im abgesunkenen Flözteil in Richtung der x_K-Achse, also in der Einfallsrichtung der Störung. Die Seigerabstandlinien t sind in ausgezogenen Kurven, die Querabstandlinien q mit gestrichelten Linien, die Bankabstandslinien f_b gepunktet wiedergegeben. Die t-Werte weisen die Zahlen 0 bis + 60 m, die q-Werte 0 m bis + 30 m, die f_b-Werte — 1 m bis — 7 m auf. Als einigermaßen regelmäßig erweist sich das Bild der Wertlinien nur hinsichtlich der t- und q-Linien, während die Bankabstandslinien f_b größere Abweichungen veranschaulichen. Für die Konstruktion der t-, q- und f_b-Linien dienen einmal die Eintragungen in der Nebenzeichnung zu Abb. 79 links neben dem Störungsflachriß, aus der die Beziehungen der tektonischen Kennwerte Δx_D, Δz_1 und Δz_K zur Störungszone

[1]) Die Zahlentafeln IX und X befinden sich zwischen den Seiten 266 und 267.

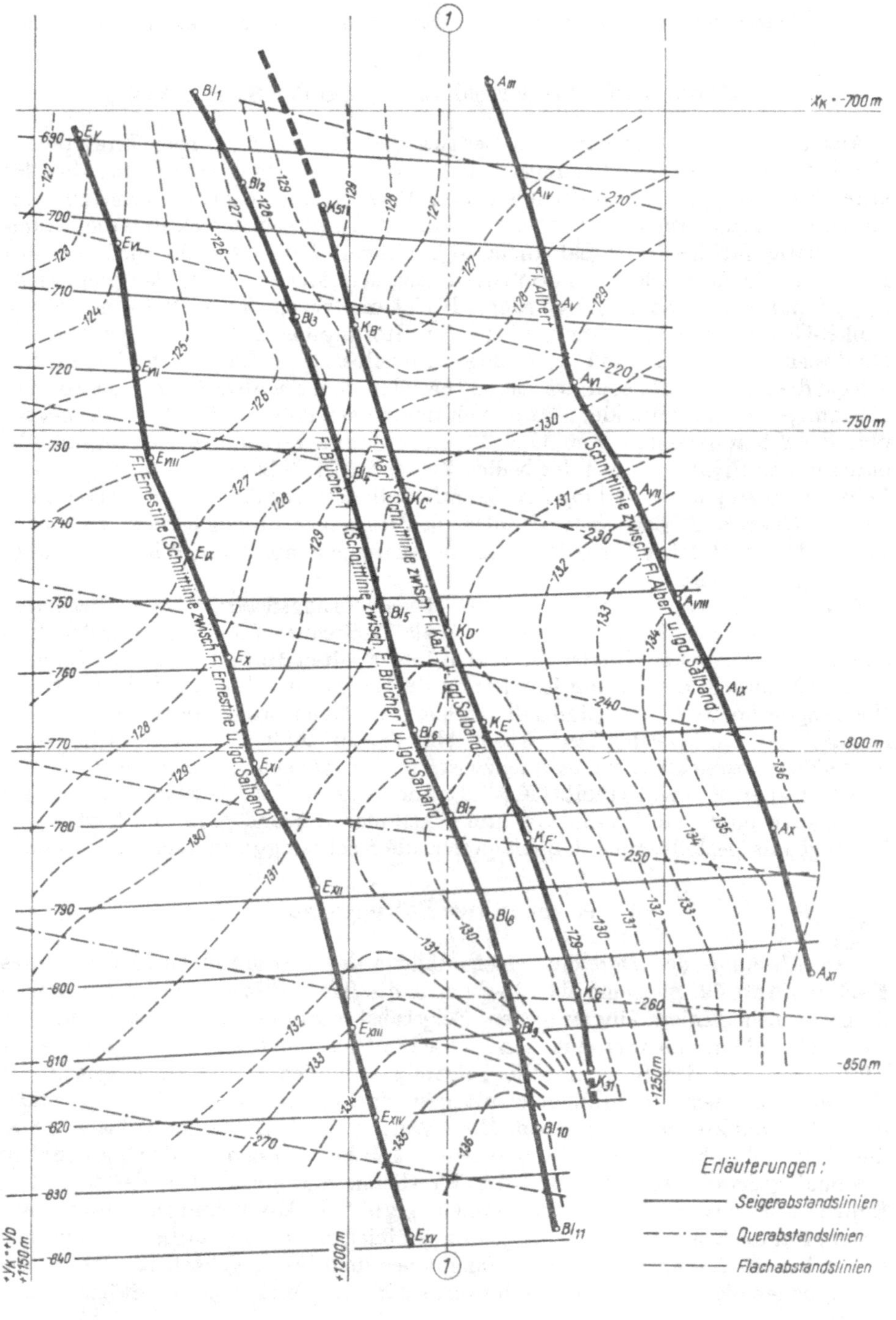

Abb. 77. Störungsflachriß für das liegende Salband. Steinkohlenbergbau

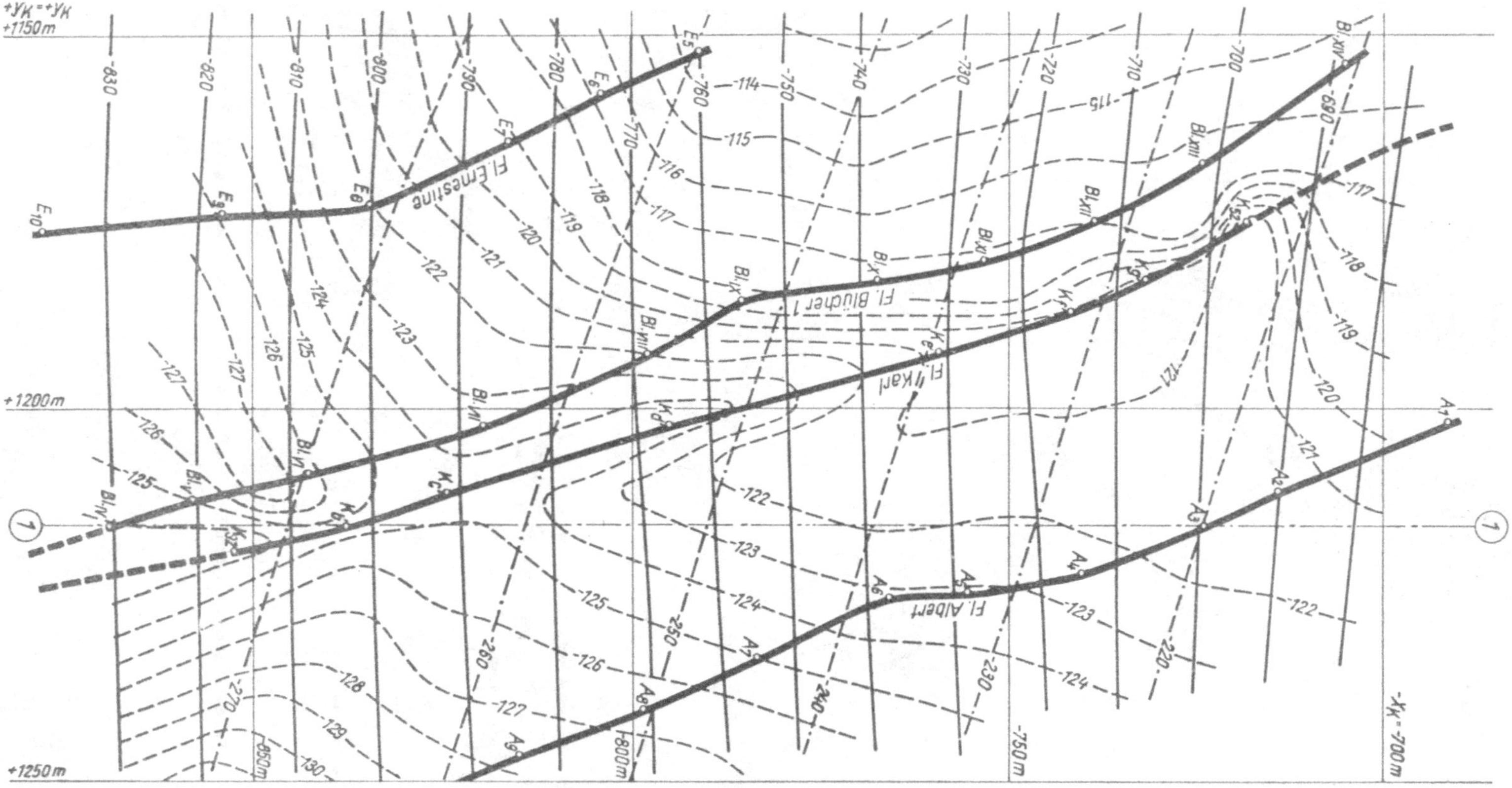

Abb. 78. Störungsflachriß für das hangende Salband. Deckpause zu Abb. 77

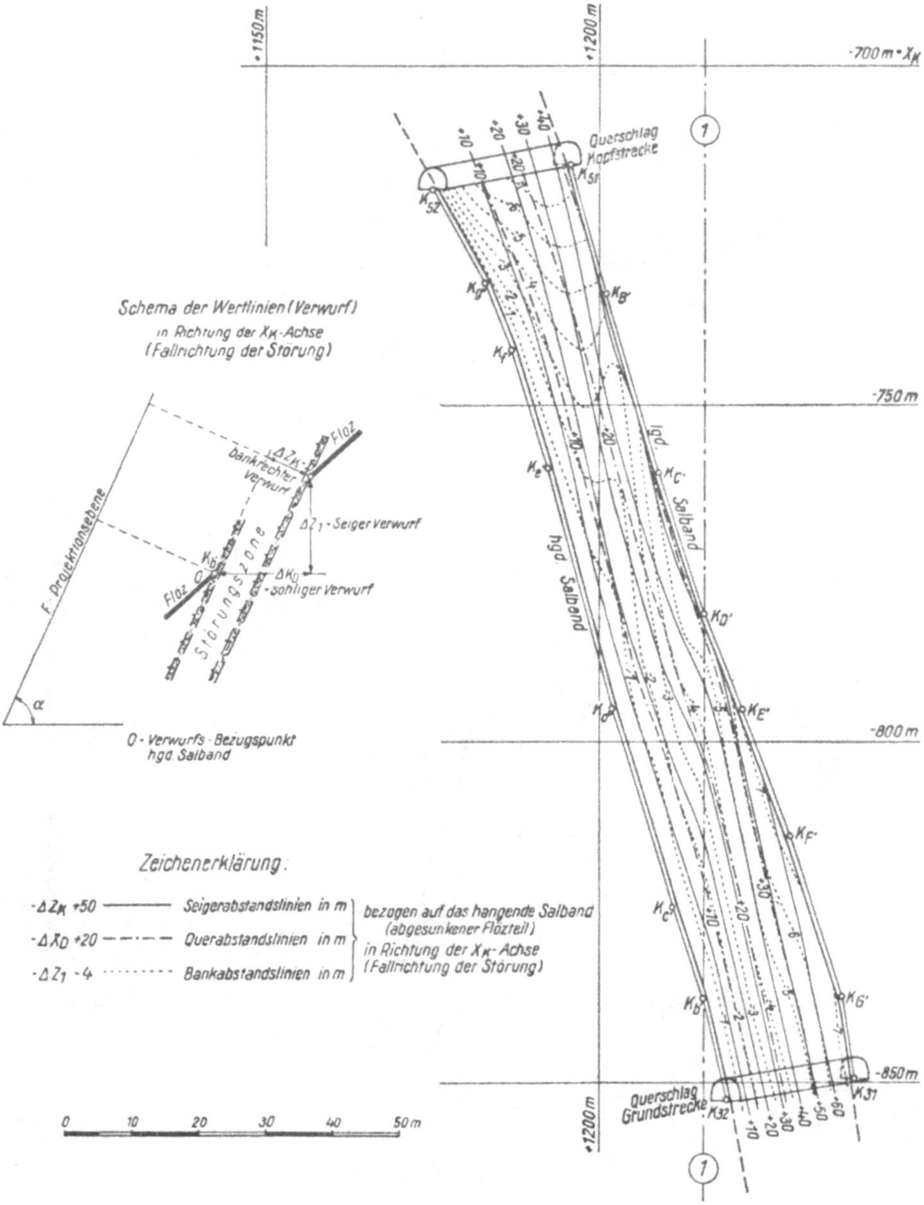

Abb. 79. Störungsflachriß des Flözes Karl, mit Seigerabstands-, Querabstands- und Bankabstandslinien

hervorgehen, zum anderen werden sie durch nachstehende Überlegungen und Erklärungen ergänzt.

Will man die Eigenschaften einer Störungsfläche, d. h. die Ausbildung an ihrer Oberfläche erkennen lernen, so bedarf es hierzu der Anlage von Störungsgrund-, Störungsseiger- oder Störungsflachrissen mit Eintragung der bekannten formbeschreibenden Linien oder Kurven. Dem Störungs*flachriß* kommt hierbei — was bisher wenig beachtet wurde — eine besondere Vorrangstellung zu, da er gegenüber dem Grundriß (mit t-Linien) und dem Seigerriß (mit t- und q-Linien) mit drei formbeschreibenden Linien t, q und f_b die vollkommenste Projektionseigenschaft aufweist.

Wie u. a. aus Abb. 76 hervorgeht, liegt bei dem 25—38 m mächtigen Sprung ein Störungsbündel vor, welches auch in dem Verlauf der Wertlinien innerhalb der Störungsfläche zum Ausdruck kommen muß. Als Anhalt für die Wertlinienkonstruktionen auf dem Störungsflachriß, Abb. 79, ziehen wir die Abbildungen 80 und 81 heran. Abb. 80 zeigt lediglich schaubildlich die verworfenen Flözkörper im Bereich der Störungsfläche mit den hangenden und liegenden Salbändern sowie den zugehörigen Kreuzlinien. Auf der hangenden Kreuzlinie ist Punkt P_1, auf der liegenden P_2 angenommen. Die Flözfläche (Projektion F_D) fällt unter dem Winkel $\alpha = 60°$ gegen die Grundrißfläche (Projektion G_D) ein. Im rechten Bild, Abb. 81, sind sodann für die Punkte P_1 und P_2 in der Verbindungslinie die geometrischen Zusammenhänge zwischen den beiden Projektionsflächen F_D und G_D mit den entsprechenden Teillängen und -koordinaten dargestellt. Der Abbildung 81 sind, wenn P_1 die Raumkoordinaten x_{D_1}, y_{D_1}, z_{D_1} und P_2 die Koordinaten x_{D_2}, y_{D_2} und z_{D_2} aufweisen, ferner η den Höhenwinkel über der Grundrißebene und β den söhligen Richtungswinkel bedeuten, ohne weiteres zu entnehmen

a) im G_D-System

$$l_G^2 = y_D^2 + x_D^2$$

(9)
$$l^2 = l_G^2 + z_D^2, \quad \text{oder}$$

$$l = \pm \sqrt{y_D^2 + x_D^2 + z_D^2}$$

(10)
$$\operatorname{tg} \eta = \frac{z_D}{\sqrt{y_D^2 + x_D^2}}$$

(11)
$$\operatorname{tg} \beta = \frac{x_D}{y_D}$$

b) im F_D-System mit den Koordinaten x_{K_1}, y_{K_1}, z_{K_1} für P_1 und x_{K_2}, y_{K_2}, z_{K_2} für P_2 sowie der Projektionslänge l_F, aus dem Flachriß abgegriffen,

$$z_K = z_{K_2} - z_{K_1}$$

(12)
$$l^2 = l_F^2 + z_K^2$$

$$l = \pm \sqrt{l_F^2 + (z_{K_2} - z_{K_1})^2},$$

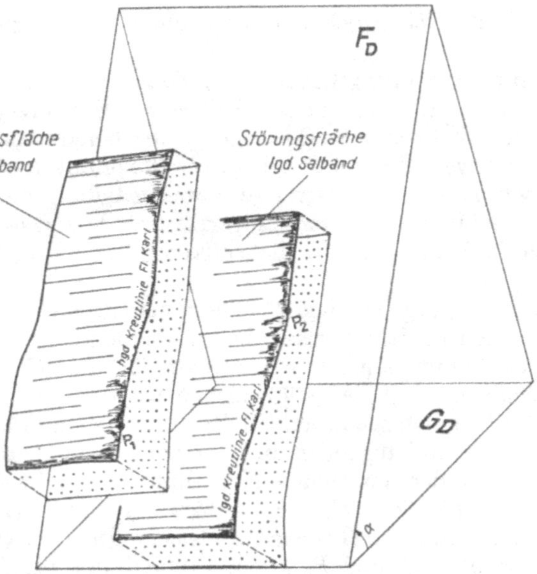

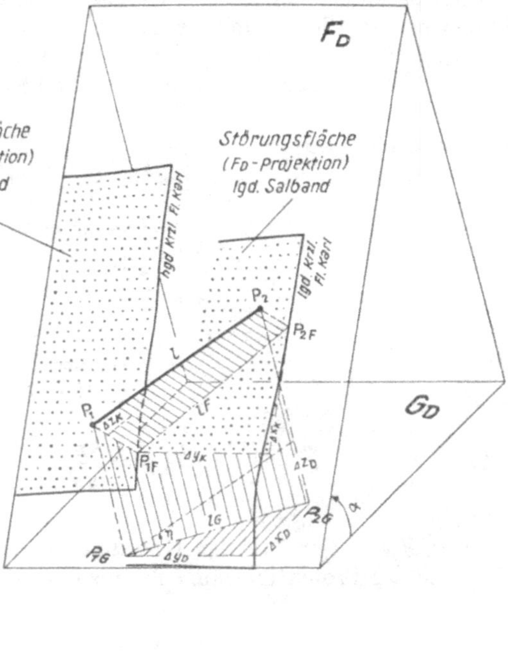

Abb. 80 und 81. Darstellung der Beziehungen F_D/G_D zwecks Konstruktion von Wertlinien

welch letztere Länge auch dem Nomogramm, Abb. 10 in Bd. II, S. 73, entnommen werden kann.

Den Ausdrücken (9) zu a) und (12) zu b) zufolge kann sowohl im G_D- als auch im F_D-System konstruiert werden. Wir lesen zum Beispiel im Abbaugrundriß, Abb. 55, und im Störungsflachriß, Abb. 79, für die Punkte K_B' und K_e' folgende Werte ab:

a) im G_D-System

$$\text{für } K_B' \quad x_{D_2} = -219 \text{ m}, \quad y_{D_2} = +1202 \text{ m}, \quad z_{D_2} = -712 \text{ m}$$

$$\text{für } K_e' \quad x_{D_1} = -236 \text{ m}, \quad y_{D_1} = +1192 \text{ m}, \quad z_{D_1} = -732 \text{ m}$$

$$x_D = -219 + 236 = 17 \text{ m}$$

$$y_D = 1202 - 1192 = 10 \text{ m}$$

$$z_D = -712 + 732 = 20 \text{ m}$$

$$l = \pm \sqrt{17^2 + 10^2 + 20^2} = 28{,}1 \text{ m};$$

b) im F_D-System

$$\text{für } K_B' \quad x_{K_2} = -733 \text{ m}, \quad y_{K_2} = +1202 \text{ m}, \quad z_{K_2} = -128{,}4 \text{ m}$$

$$\text{für } K_e' \quad x_{K_1} = -759 \text{ m}, \quad y_{K_1} = +1192 \text{ m}, \quad z_{K_1} = -120{,}5 \text{ m}$$

$$l_F \text{ abgegriffen} = 27 \text{ m}$$

$$l = \pm \sqrt{27^2 + 7{,}9^2} = 28{,}1 \text{ m}.$$

Trotz graphisch gewonnener Werte ist die Übereinstimmung zwischen den Werten bei a) und b) mit $l = 28{,}1$ m gegeben. Dieses Verfahren ermöglicht für beliebige Punkte auf den liegenden und hangenden Salbändern die Ermittlung der Werte für Δx_D als söhliges, $\Delta z_1 = \Delta z_D$ als seigeres und Δz_K als bankrechtes Verwurfsmaß, wie dies in der Nebenzeichnung zu Abb. 79 zum Ausdruck kommt; man braucht nur den Punkt K_B' oder K_e' so zu verschieben, daß beide Punkte in der Fallrichtung der Störung, d. h. in der x_K-Richtung, die der F-Projektionsebene entspricht (Abb. 75), liegen. Diese Kennwerte sind im Störungsflachriß, Abb. 79, als t-, q- und f_b-Linien, bezogen auf den abgesunkenen Teil des Flözes Karl, eingetragen.

Wohl handelt es sich vorliegend um ein theoretisches Beispiel für die Erstellung eines Störungsflachrisses für Flöz Karl, zumal da, wie auf S. 262 betont wurde, nicht bis an die Störung selbst herangemessen werden konnte. Dennoch ist es hier erstmalig K. Burger gelungen, sowohl rechnungs- als auch konstruktionsmäßig den Flachriß in einer Störungszone, also im *Störungsflachriß*, zu verankern. Es versteht sich von selbst, daß sich ebensowohl ein Störungsflachriß für mehrere Flöze, also zum Beispiel für die Flöze Albert, Blücher 1, Karl und Ernestine erstellen läßt, der eine weit größere Störungsfläche erfaßt.

Wir hoffen, vorstehend wenigstens in großen Zügen an Hand zahlreicher Beispiele die Gesichtspunkte gekennzeichnet zu haben, die den Darstellungen, wie sie heute mathematisch und konstruktiv durchdacht sein sollten, zukommen müssen. Der Markscheider geht stets vom Zulegerißwerk aus. In ihm vermag er dem Einfachen wie dem Schwierigen das formbeschreibende, ansprechende Gesicht zu geben, das bis heute gefehlt hat. Auch im nächsten Abschnitt II D über „*Das Grubenrißwerk*" werden wir in manchen Bergbauzweigen Aufgaben begegnen, die in darstellerischer Hinsicht nicht immer nach den bisher üblich gewesenen Grundsätzen zu beurteilen und zu lösen sind.

D. Das Grubenrißwerk

(Niemczyk)

Im Abschnitt II, A, S. 93ff. wiesen wir auf die gesetzlichen Grundlagen für die Herstellung des Grubenrißwerks in zwei Exemplaren hin; und die MO von 1923 führt in § 48, letzter Absatz aus: „Von jedem Grubenbild müssen außer dem Zulegeriß zwei Ausfertigungen vorhanden sein, die in Form und Inhalt übereinstimmen:

1. das amtliche Grubenbild,
2. das Grubenbild der Werksverwaltung."

Amts- und Werksrisse sollen somit nach Form und Inhalt übereinstimmen, wobei allerdings hier schon bemerkt werden muß, daß es auch Ausnahmen von dieser Vorschrift gibt. Beide Rißwerke gehen aus den Zulegerissen hervor, entweder im gleichen Maßstab oder maßstäblich verändert. Hierfür besteht ein fester Rahmen, der mit Bestimmungen über die zu verwendenden Zeichenpapiere einsetzt und mit den Vorschriften für die zeichnerische Anlage und Durchführung der rißtechnischen Darstellungen (*Richtlinien 1950/51*) endet.

Aber wir erwähnten bereits (Bd. II, S. 2 bis 27), daß der seit dem Jahre 1936 sich vollziehende Durchbruch zu neuen Formen zu der bekannten Dreiteilung (S. 164) der Rißwerke geführt hat, der den früheren Erstarrungszustand des „Grubenbildes" beseitigte. Die einzelnen Bestandteile der Grubenrißwerke, ihr Zweck und Nutzen für Bergbehörde, Betrieb und Wirtschaft sind in diesem Band gesondert zu behandeln:

das Grubenrißwerk in diesem Abschnitt II D sowie im Abschnitt E,
das Geologisch-Lagerstättenkundliche Rißwerk mit den Lagerstättenarchiven in den Abschnitten III und IV, das Betriebsplanwerk im Abschnitt V.

Im Rißmusteratlas 1942 hat O. Haibach (S. 19 bis 42) über die inneren und äußeren Eigenschaften des „Grubenbildes" sowie über dessen Aufgabenbereich in bergpolizeilicher, bergtechnischer und bergwirtschaftlicher Hinsicht Ausführungen gemacht, die auch heute noch von Bedeutung sind. Ergänzend hierzu betont der bereits angezogene Abschnitt I, A, 1 des zweiten Bandes über „Karten-, Riß- und Planwerke als technische Aufgabe" die Zusammenhänge zwischen Zulegerißwerk, Grubenrißwerk, Geologisch-Lagerstättenkundlichem Rißwerk und Betriebsplanwerk sowie die Verbindungen dieser Rißwerke untereinander. Damit ist alles das gesagt worden, was als Grundlage zu den kommenden Abschnitten II, D, E, III, IV und V aufzufassen ist.

Nachdem wir im Abschnitt II, C, Zulegerißwerk, einen großen Teil der für grubenbildliche Darstellungen in Frage kommenden Rißarten an Hand von Beispielen beschrieben haben, wird sich dieser Abschnitt D mit den *in den verschiedenen Bergbauzweigen* in Betracht zu ziehenden rißlichen Darstellungen und betrieblichen Erfordernissen sowie sonstigen Sonderdarstellungen befassen, die die Eigenart eines jeden Bergbauzweiges in den Vordergrund treten lassen.

1. Das neuzeitlich ausgerichtete Grubenrißwerk

a) Der Zuschnitt

Der Leser wird dem Abschnitt II, C, Zulegerißwerk, entnommen haben, daß der Grundaufgabe des dritten Bandes *Darstellungen, Anwendungen* bereits weitgehend Rechnung getragen werden konnte. Schon die Netzpläne und -skizzen zeigen ein neues Gesicht. Es sind sämtliche Bergbauzweige in Wort und Bild zur Sprache gekommen mit Ausnahme des Gebietes der „Steine und Erden", welches, da es sich in der Regel um Tagebaue mit Übergang zu Tiefbauen handelt, vielfach mit den Darstellungen in der Braunkohle in Einklang steht.

Die Ausschnitte aus den verschiedenen Rißarten des Zulegerißwerks sollen zweierlei dartun:

1. das Hineinarbeiten der im zweiten Band entwickelten mathematischen Zusammenhänge und Gedankengänge in das gesamte Gebiet der bergmännischen Darstellungen unter Einbau neuer Anwendungsformen,
2. dem Gesicht des seiner Aufgabe, seiner Form und seinem Inhalt nach seit langem in Gesetzen, Bestimmungen und Verordnungen fest verankerten Grubenrißwerks ist ein lebendiger Ausdruck vermittelt worden. Dieser soll vielgestaltig und formbeschreibend bei aller Sachlichkeit und der unbedingten Richtigkeit der Darstellung den Leser des Grubenrißwerks für die neue Linie gewinnen.

Wir wollen dies im folgenden mit einigen Hinweisen belegen. Wenn wir auch beispielsweise hinsichtlich der in den Abbildungen 32, 33 und 36 gebrachten Titelblätter und der in den Abbildungen 34 und 35 auszugsweise mitgeteilten Blattverzeichnisse im Rißmusteratlas 1942 auf Vorläufer zurückgreifen können, treten doch bei einem Vergleich der früheren mit den jetzigen Darstellungen manche Unterschiede in Erscheinung, die zum Teil auf neuen oberbergamtlichen Bestimmungen beruhen. Neu sind ferner in ihrer Art die Bohrrisse, auf die noch bei Behandlung des Lagerstättenarchivs Braunkohlenbergbau einzugehen sein wird.

Erheblich größere Unterschiede zeigen sich bei den Sohlenrissen gegenüber den früheren Darstellungsmethoden. Hier wurde besonderer Wert darauf gelegt, Beispiele aus verschiedenen Bergbauzweigen, so aus dem Gangbergbau, aus dem Lagerbergbau sowie aus dem Kalisalzbergbau zu zeigen. Im Gang- sowie im Lagerbergbau ist Wert darauf zu legen, die Erzführung mit allen Störungen, Gesteinsklüften und dem Nebengestein darzustellen. Aber für die einzelnen Erzlagerstätten weisen die *Richtlinien* besondere Zeichengebungen nach (Gangbergbau 2.05, Lagerbergbau 3.128). Letztere sind so differenziert gehalten, daß sich farbige Darstellungen gar nicht umgehen lassen, wie die Abbildungen 43b und

44 zeigen. Dabei ist es gleichgültig, ob es sich um Darstellungen im Zulege- oder Grubenrißwerk handelt. In beiden Fällen hat sich volle Farbgebung als notwendig erwiesen. Ganz im Gegensatz hierzu zeigen der Sohlenriß, Abb. 45, und der Sohlenübersichtsriß, Abb. 46, 47, aus dem Kalisalzbergbau, daß hier die schwarzweiße Darstellung anwendbar ist. Dafür zeigt der fortwährende Wechsel im Streichen der Lager, Abb. 45, daß die Lagerstätte höchst ungleichmäßig, vornehmlich auch hinsichtlich der bauwürdigen und unbauwürdigen Lager, ausgebildet ist, wie aus dem noch zu beschreibenden Lagerstättenriß, Abschn. IV, hervorgeht. Vergleicht man mit diesen Abbildungen 43b, 44, 45, 47 und 48 den Riß 7 als Sohlengrundriß aus dem Steinkohlenbergbau im Rißmusteratlas 1942, so dürfte der Vorteil derartiger Rißauszüge aus *verschiedenen* Bergbauzweigen, wie solche den *Richtlinien* allein nicht zu entnehmen sind, unbestreitbar sein.

Für den Abbaugrundriß einer und mehrerer Sohlen (der im bergmännischen Sprachgebrauch früher als „Grubenbild“ bezeichnet wurde) sind mehrere Rißmuster im Atlas 1942 zu finden, so daß hier nur einige besondere Fälle erwähnt werden sollen. So wollen wir mit dem von Herrn Markscheider E. Wagener stammenden Ausschnitt (Abb. 48) aus dem Braunkohlentiefbau dem Leserkreis eine Darstellung bieten, die an Klarheit und Übersichtlichkeit der abbaugrundrißlichen Verhältnisse des Scheibenbaus in sechs Sohlen bzw. Scheiben nichts zu wünschen übrig läßt. Damit stellt Abb. 48 einen Ersatz für den im Rißmusteratlas 1942 enthaltenen Riß 22 dar, der in etwa die gleiche Lagerstättenausbildung aufweist. Etwas anderes bezwecken wir mit dem Betriebspunktriß aus dem Gangbergbau des Siegerlandes, Abb. 49. Der zuständige Fachmann, Herr Obermarkscheider Dr.-Ing. R. Reichenbach, hatte von sich aus erkannt, daß es sich nicht mehr um einen Abbaugrundriß im Sinne der „Firstengrundrisse“ handelte, wie solche beim Riß 27 im Rißmusteratlas 1942 zur Darstellung gelangten; er verwies daher mit Recht den Rißauszug, Abb. 49, als *Betriebspunktriß* in das Lagerstättenarchiv und nahm ihn damit aus dem Grubenrißwerk heraus. Es ist deshalb der Betriebspunktriß dieser Art (Abb. 49) mit der seigerrißlichen Darstellung zu verbinden, schon um damit das Abbauverfahren des Schrägstoßbaus zu beleuchten. Sodann brachten wir aus dem Steinkohlenbergbau als Ursprungsriß einen Abbaugrundriß aus der steilen Lagerung als Zulegeriß mit eingetragenen Seigerabstandslinien (Höhenlinien), der die Grundlage für Abbauseiger- und Flachrißkonstruktionen bildet. Schließlich sind einige Abbaugrundrisse aus dem Braunkohlentagebau sowie aus dem Salzgitterer Lagerbergbau im Tagebaubetrieb zu erwähnen. Bei dieser Gelegenheit verweisen wir auf zwei Abbaugrundrisse aus dem Kalisalzbergbau, die im Band II, V, S. 695 (Abb. 38) und S. 697 (Abb. 39), in flacher und steiler Lagerung zu Vorratsermittlungen herangezogen wurden.

Mit dem Abbaugrundriß des Flözes Karl, Steinkohlenbergbau, Abb. 55, betonten wir die Wiedergabe von Wertlinien. Es gab zwar schon früher mitunter Abbaugrundrisse mit eingetragenen Höhenlinien. Man sollte aber doch in Zukunft darauf bedacht sein, auch in den abbaugrundrißlichen Darstellungen den Seigerabstandslinien mehr Beachtung zu schenken. Dies gilt hinsichtlich der formbeschreibenden Wertlinien in noch ausgeprägterem Maße für die seiger- und flachrißlichen Darstellungen.

Aus diesem Grunde sind drei Abbauseigerrisse bemerkenswert: aus dem Siegerländer Gangbergbau, Abb. 53, ferner aus dem Kalisalzbergbau, Abb. 54, und aus dem Steinkohlenbergbau, Abb. 56. Die drei Seigerrisse weisen Querabstandslinien auf, der Riß Abb. 56 außerdem Seigerabstandslinien. Der Abbauseigerriß aus dem Siegerländer Gangbergbau ist ein Folgeriß aus dem zugehörigen Betriebspunktriß, der Seigerriß aus dem Kalisalzbergbau ist ein Folgeriß aus den (hier nicht beigegebenen) Abbaugrundrissen aus acht Sohlen (400 m bis 800 m), und der Abbauseigerriß des Flözes Karl, Abb. 56, ist *Ursprungsriß*. In diesen Rissen sind somit die im Band II empfohlenen Darstellungen weitgehend zur Anwendung gelangt.

Neuartiges bringen die Abbauflachrißkonstruktionen. Der Abbauflachriß aus dem Steinkohlenbergbau, Abb. 62, ist Ursprungsriß mit den Eintragungen von Seiger-, Quer- und Bankabstandslinien. Riß 64 als Folgeriß des Grundrisses, Abb. 55, bringt in einer Deckpause nur die Bankabstandslinien zur Darstellung zum Vergleich mit den gleichen formbeschreibenden Wertlinien des Ursprungsrisses, Abb. 62. Darüber hinaus hielten wir es für wichtig, die Bedeutung der Transformationsmöglichkeiten für verschiedene Projektionen, wie sie O. HAIBACH aufzeigt (Bd. II, S. 127ff.), an einigen praktischen Beispielen zu erläutern und mittels einzelner neuer Rechnungsgänge Nutzen und Einfachheit der HAIBACHschen Transformierungen und ihrer Umkehrungen unter Beweis zu stellen. Schließlich konnte K. BURGER mit Abb. 79 einen Störungsflachriß zum Abbauflachriß Abb. 62 entwickeln, der die Verwurfsfläche mit den durch Konstruktion gewonnenen formbeschreibenden t-, q- und f_b-Linien darstellt. Es ist dies die erste, auf mathematisch einwandfreier Grundlage fußende Darstellung einer Störungsfläche im Flachriß; sie zeigt gegenüber den bisher bekanntgewordenen grund- und seigerrißlichen Abbildungen von Störungsflächen einen Formenreichtum, der die klare Überlegenheit der Flachrißprojektion gegenüber anderen Projektionen in überzeugender und anschaulicher Weise zum Ausdruck bringt.

So ist — und darauf kommt es uns im wesentlichen an — schon im Grubenrißwerk die von uns angestrebte neue Linie erkennbar, die ihren Ausdruck in der von uns bereits erwähnten Feststellung findet, wonach die von O. HAIBACH erreichte Gleichwertigkeit grund-, seiger- und flachrißlicher Darstellungen nach Raumkoordinaten zu einer lebendigen Ausgestaltung der Bestandteile des Grubenrißwerks führt. Hierbei haben Aufgabe, Form und Inhalt des Grubenrißwerks ihre Richtschnur behalten, wenngleich Form und Inhalt manche Vervollständigungen und Erweiterungen im Rahmen der neuzeitlichen Ausrichtung erfahren sollen. Das auf diese Weise belebtere Züge aufweisende Gesicht des Rißwerks ändert an der Zweckbestimmung und Aufgabe nicht das geringste, wohl aber ermöglicht es der Bergbehörde wie dem Betrieb einen besseren und vollkommeneren Ein- und Überblick; außerdem kommt damit dem Rißwerk eine weit größere Aussagekraft und Auswertbarkeit zu, als dies bislang der Fall war. Jeder Markscheider, ganz gleich welchem Bergbauzweig seine Arbeiten dienen, sollte bestrebt sein, das Grubenrißwerk seines Aufgabenbereiches nach den neuen Gesichtspunkten auszurichten. Das dürfte nicht schwerhalten, wenn der Leser berücksichtigt, daß wir der heutigen Arbeitsmethode der von uns mehrfach in dem vorhergehenden Abschnitt benannten Berufsgenossen einen großen Teil unserer Rißauszüge zu verdanken haben, und wenn diese Fachgenossen neuzeitliche Darstellungswege benutzen, sollten die anderen folgen.

b) Die bleibenden Anforderungen

Es ist schon viel über das Grubenrißwerk in seinen drei Teilen und auch über das Amts- und Werksgrubenbild als eines der Bestandteile des Grubenrißwerks geschrieben worden. Die Zweckbestimmung wird dahingehend umrissen, daß das Grubenrißwerk der Planung, der Führung und Überwachung des Bergwerksbetriebes zu dienen hat (O. HAIBACH, Sammelwerk, Band II, 1956, S. 255). Wichtig erscheint uns für diese Begriffsdarlegung der Hinweis darauf, daß sie für jeden der drei Teile gilt, also sowohl für das „Grubenbild" als amtliches und Werksgrubenbild als auch für das in den Lagerstättenarchiven verankerte Geologisch-Lagerstättenkundliche Rißwerk sowie für das Betriebsplanwerk, wenngleich den beiden letztgenannten Rißwerken nur in gewissen Fällen der urkundliche Charakter beizumessen ist, der dem Grubenrißwerk in allen Teilen vollinhaltlich zukommt.

Schon im Jahre 1942, als die erwähnte Dreiteilung des Grubenrißwerks erst andeutungsweise zur Erörterung stand, ohne jedoch irgendwelche feste Formen anzunehmen, definierte O. NIEMCZYK das *Grubenrißwerk* folgendermaßen (1942, S. 241):

„Das Grubenrißwerk umfaßt die auf vermessungstechnischer, bergbaulicher und geologischer Grundlage beruhenden Darstellungen über und unter Tage. Mit seinen zahlreichen Zubehörteilen für die Erwerbung und Begrenzung des Bergwerkseigentums, vornehmlich aber für eine planmäßige Aufschließung der Lagerstätte sowie für die Fortführung und Überwachung der bergmännischen Gewinnungsbetriebe stellt das Grubenbild den Grundpfeiler aller *Planungsarbeiten* und der *Grubensicherheit* im Bergbau dar. Es ist somit die innere Ausdrucksform der bergmännischen Entwicklung eines Mineralvorkommens und ein Gradmesser für den Entwicklungsstand des Bergbaus irgend eines Landes überhaupt."

Die Anforderungen, die an das Grubenrißwerk gestellt werden, sind mit zunehmender Ausdehnung und steigender Förderziffer, aber auch mit der Vermehrung der Gefahrenfaktoren als Folge von Gebirgsdruckauswirkungen, teufenbedingter Temperatureinflüsse und in der Gefährdung der Tagesoberfläche ständig gewachsen. Das ist ein natürlicher Vorgang, der sich aus den Ansprüchen jeder Zeitepoche ergibt, in der technischer Fortschritt und Forschung unaufhaltsam vordringen; und diese Anforderungen bezeichne ich als „bleibende Anforderungen", die an das Grubenbild zu stellen sind. Es sind die bleibenden Anforderungen, die das Niveau der Darstellungsverfahren bestimmen, die Schritt halten müssen mit den betrieblichen Gegebenheiten und der Entwicklung der sämtlichen Bergbauzweige.

Die MO von 1923 unterscheidet zwischen den „Allgemeinen Erfordernissen" für das Grubenbild und den „Besonderen Erfordernissen", welch letztere die einzelnen Bergbauzweige im Auge haben. Die allgemeinen Erfordernisse erstrecken sich in den Paragraphen 48 bis 56 auf die verschiedenen Rißarten und in den Paragraphen 57 und 58 auf das Äußere und die zeichnerische Ausgestaltung der Grubenbilder. Manche Einzelheiten sind durch die *Richtlinien* überholt. Dennoch wird man in der kommenden, in Ausarbeitung begriffenen Verordnung „über die technische Ausführung der markscheiderischen Arbeiten" an der Einteilung in „allgemeine" und „besondere" Bestimmungen für die rißtechnischen Darstellungen festhalten müssen. Vor allem wäre zu wünschen, daß die Bergbehörde hierbei Überlebtes ausräumt und dem Neuen die Schranken öffnet. So wird sie in später notwendig werdenden Verordnungen oder Erlassen u. a. verlangen müssen, daß die Tagerisse als Transparentpausen, d. h. als Deckrisse für Sohlen- und Abbaugrundrisse, hergestellt werden (S. 277), ferner, daß der durchsichtig wirkenden Darstellung oder dem rascheren Vervielfältigungsverfahren mehr Bedeutung beizumessen ist als bisher u. a. m. Bei der Nachtragung des Grubenrißwerks wird zu berücksichtigen sein, daß einzelne Risse, zum Beispiel Betriebspunktrisse, ständig, mitunter täglich, nachgetragen werden müssen. Uns sind aus eigener Praxis Fälle bekannt, in denen die in der Vormittagsschicht aufgenommenen Baue am Nachmittag zugelegt und auf das Grubenbild gebracht wurden, welches alsbald zur Zeche zurückgelangte. Man wird somit zwischen den dringenden Anforderungen des Betriebes und der zeitlich geregelten Nachtragung unterscheiden müssen.

Nach einer Verfügung des Oberbergamts Dortmund sind im dortigen Bezirk Bewetterungs- und Feuerlöschpläne in Militärperspektive vorgeschrieben. Diese Projektion hat den Vorteil, daß die Streckenlängen maßstabsgerecht dargestellt sind. Wir sind mit der Darstellung derartiger Pläne in der sG-Projektion, $\gamma = 50^g$, durchaus einverstanden, müssen dann aber die Erwartung aussprechen, daß auch auf anderen Gebieten neuzeitliche Grubenbilder *behördlich* gefordert werden. Wenn immer nur von den bisher üblich gewesenen zweidimensionalen Grund- und Seigerrissen die Rede ist, wenn der heutigen Konstruktionsmöglichkeiten von Seiger- und Flachrissen als *Ursprungsrissen* oder der Eintragung der so belebend wirkenden und betrieblich erwünschten Wertlinien nicht Erwähnung getan wird, die in das Grubenbild hineingehören, dürften unsere Bemühungen, das gesamte Rißwesen auf eine neue Grundlage zu stellen, erfolglos bleiben.

Zu den Anforderungen, die zum Aufgabenbereich der Bergbehörde in bezug auf das Grubenrißwerk zählen, gehören deshalb:

die Zweckmäßigkeit der Darstellungen nach den neuesten Erkenntnissen der Wissenschaft und Praxis, damit verbunden die Richtigkeit und Zuverlässigkeit der Darstellungen, Einfachheit, Klarheit und Allgemeinverständlichkeit;
die Vollständigkeit im Einklang mit zeitgemäßen Nachtragungsfristen;
die Wahl der Maßstabsverhältnisse;
die Wahl der Projektionsart im dreidimensionalen Raum.

Diese und weitere an das Grubenrißwerk zu stellende Forderungen, auf die wir im Abschnitt II A hingewiesen haben, sind von O. Haibach (1942[2] und 1956, ferner im Band II, S. 255—258) ausführlich behandelt worden, so daß wir Wiederholungen vermeiden wollen. In dem gleichen Abschnitt II A sprachen wir auch über die Rechtsgrundlage des Grubenrißwerks. Hierzu nahm O. Haibach ebenfalls früher schon Stellung (Bd. II, S. 259/260).

2. Die Rißarten der einzelnen Bergbauzweige. Besonderheiten in der Darstellung

Bei Betrachtung der in den *Richtlinien* gegebenen Zusammenstellung der Bestandteile des Grubenrißwerks allgemein wird man sich die Frage stellen, ob hier nicht des Guten zuviel getan wurde. Man ist ja früher, und zwar bis ins 19. Jahrhundert hinein (siehe Abschnitt I) mit einem einzigen Grubenriß, dem Grundriß, und als Folgeriß davon, dem Seigerriß — beide auf einem einzigen Blatt kombiniert —, dem damaligen „Abriß“, ausgekommen. Aber man spürt, wenn man die Geschichte der Darstellungen verfolgt, auf Schritt und Tritt das Suchen der damaligen Markscheider nach Wegen, den dreidimensionalen Zustand des Gebirgskörpers in Wort und Bild gründlicher zu erfassen. Als dann Ende des 19. und zu Beginn des 20. Jahrhunderts eine stürmische Entwicklung der Bergbautechnik einsetzte, der Markscheider jedoch seiner mangelhaften Ausbildung wegen weder die Analytische noch die Darstellende Geometrie dem Rißwesen nutzbar zu machen vermochte, traten die Mängel auf dem Gebiet der Darstellungen offen zutage. Und erst später, im zweiten Viertel des 20. Jahrhunderts, setzte sich in der Wissenschaft, bei der Bergbehörde und in der Praxis allmählich die Erkenntnis durch, daß die Darstellungen des Grubengebäudes nicht mehr auf die orthogonalen Grund- und bei steilem Einfallen auf Seigerrißprojektionen beschränkt bleiben durften. Sie bildeten, da man zuvor die technisch vollwertige Leistungsfähigkeit anderer Projektionen nicht in genügendem Maße erkannt hatte, damals das ausschließliche Schwergewicht der Projektionen (Bd. II; S. 262).

Im Grunde genommen ist zu den Bestandteilen des Grubenbildes nur der orthogonale Abbauflachriß hinzugekommen, der Ende des vorigen Jahrhunderts außer Kurs kam und von Haibach im Jahre 1949 mit mathematisch einwandfreien Konstruktionsgrundlagen ausgestattet wurde. Es kann daher niemals von einem großen Aufwand an Rißarten die Rede sein, wenn im Grubengebäude unter Tage zu den die Aus- und Vorrichtungsarbeiten wiedergebenden Sohlengrundrissen, die Abbaugrundrisse und in der steilen Lagerung die Abbauseigerrisse und oder gegebenenfalls Abbauflachrisse treten. Ebenso bleiben Schnitte und Schnittrisse zur Vervollständigung des Lagerstättencharakters unerläßlich.

Dazwischen liegen weitere Rißarten, die immer nur für einen bestimmten Bergbauzweig in Betracht zu ziehen sind. Wir müssen deshalb im folgenden für jede Bergbauart mit entsprechender Begründung die in Frage kommenden Bestandteile des Grubenrißwerks aufführen sowie auf die Gestaltung, Durchbildung und Besonderheiten in der Darstellung eingehen.

a) Steinkohlenbergbau

α) Flache Lagerung

Für ein Steinkohlenbergwerk in flacher, nahezu söhliger Lagerung kommen folgende Bestandteile für die Amts- und Werksrisse in Frage:

1. *Haupttitelblatt*,
   weitere Titelblätter, wie zum Beispiel Blattverzeichnisse, Berechtsamsdarstellungen als Stammbäume, Grenzriß,
2. *Tagerisse*,
3. *Abbaugrundrisse* oder *Flözgrundrisse*,
4. *Schnittrisse* als
   Querschnittrisse,
   Längsschnittrisse,
   Längenschnittrisse,
   Schichtenschnittrisse.

β) Flache und steile Lagerung

Für ein Steinkohlenbergwerk in flacher *und* steiler Lagerung:

1. wie oben,
2. wie oben,
3. *Sohlengrundrisse*,
4. *Abbaugrundrisse*,
5. *Abbauseigerrisse*, *Abbauflachrisse*,
6. wie oben bei Ziffer 4.

Bei α) wird es in flacher Lagerung, 0 bis 2ᵍ, keine Bausohlen, sondern nur Flöz- oder Fördersohlen geben, besonders dann, wenn keine Störungen größeren Verwurfsausmaßes vorliegen, so daß Ausrichtungen bemerkenswerten Stils entfallen. Alsdann sind auch keine Sohlengrundrisse erforderlich. Derartige Lagerstätten gibt es zum Beispiel in der nördlichen Rand- und in der Binnenmulde des oberschlesischen Steinkohlenbeckens in großer Zahl, es gibt sie ferner im Oelsnitzer Steinkohlenrevier Sachsens. Hierzu schlägt Professor Dr. NEUBERT, Freiberg (Sa.), vor, zwischen *Sohlenrißwerk* und *Flözrißwerk* zu unterscheiden und die *Richtlinien 1950/51* entsprechend zu ergänzen.[1]) Im Flözrißwerk soll jedes Flöz eine andere Farbe erhalten, wobei die Farben der ersten fünf Flöze der Farbenfolge der Tiefbausohlen (*Richtlinien* 1.13, erstes Blatt) zu entsprechen hätten. Für die Flöze 6 bis 10 sollen nach den Angaben des Farbtondreiecks (*Richtlinien*, 1.13, zweites Blatt) die Abstufung in *e a*, für die Flöze 11 bis 15 die Abstufung in *e* usw. gewählt werden. Dieser Vorschlag hätte für die Grubenbaue und Streckenbetriebe in der Lagerstätte andere Darstellungsfarben zur Folge, als sie für das *Sohlenrißwerk* gelten. Wir können uns mit dem Gedanken der von K. NEUBERT vorgeschlagenen Aufteilung in Sohlenrißwerk und Flözrißwerk nicht befreunden, gehen jedoch nicht auf Einzelheiten ein, sondern müssen es den kommenden Aussprachen im Normenausschuß (Faberg) überlassen, die Vorschläge von Professor K. NEUBERT zu erörtern. In diesem Zusammenhang verweisen wir auf das im Teilabschnitt II, C Gesagte.

Im Fall β), der u. a. für die Lagerungsverhältnisse im Ruhrgebiet zutrifft, werden Sohlenübersichtsrisse kaum in Frage kommen, es sei denn, daß nur sehr wenige Flöze gebaut werden und die Darstellung mit Hilfe von Deckpausen erfolgt. Über Sohlenseigerrisse ist auf S. 275 das Notwendige gesagt worden. Abbaugrundrisse der Bausohle bzw. der Bausohlen sind vom Einfallen der Flöze abhängig. Für Abbauseigerrisse und Abbauflachrisse bei steiler Lagerung liegen Beispiele aus dem Abschnitt II, C, Abb. 27, 33 und 35, vor. Auch zu den Schnittrissen, die in der Steinkohle in allen Schnittarten eine Rolle spielen, ist zusätzlich nichts zu bemerken.

Zu diesen unter α) und β) genannten Rissen kommen noch weitere Bestandteile hinzu, die größtenteils ausdrücklich von der Bergbehörde verlangt werden, und

---

[1]) Herr Professor Dr.-Ing. habil. K. NEUBERT, Freiberg (Sa.), hat eine ganze Reihe von Abschnitten der „Richtlinien zur Herstellung und Ausgestaltung des bergmännischen Rißwerks", u. a. 2.026, 2.027, 4.08, 4.09 und andere abgeändert bzw. erweitert. Diese unter Nr. TGL 6429 entwickelten Abänderungen sollen beim Amt für Standardisierung der DDR in einem Sammelband herausgebracht werden.

zwar: Brandfelder-, Standwasser-Listen und -Pläne, Wetterpläne, Feuerlöschpläne, ferner Pläne der Schächte und Blindschächte, der Füllörter, der Rohrleitungen sowie der elektrischen Kraftleitungen. Diese Pläne oder Risse sind in den *Richtlinien*, 1.01331 und 1.01333, als „Betriebliche Pläne" angeführt, doch gehören sie vielfach, wie oben bemerkt, zu den Bestandteilen des Grubenrißwerks, wobei wir betonen, daß hier — und das wird öfter der Fall sein — Grubenrißwerk und Betriebsplanwerk ineinandergreifen.

Hierzu findet der Leser einige Beispiele im Rißmusteratlas 1942 unter „Sonderrisse", zum Beispiel einen vollständigen Schachtschnitt mit Gliederungen der Makro- und Mikro-Fauna des Deckgebirges im Riß 42, ferner einen Ausschnitt aus einem Wetterriß in isometrischer Projektion mit Riß 50, sodann als Anaglyphen-Raumbild das Muster eines Übersichtswetterrisses im Riß 51, außerdem einen Rohrleitungsplan, Riß 53, des Netzes der Druckluftleitungen, sämtlich Musterrisse aus dem Steinkohlenbergbau, und schließlich als Riß 58 aus einem Braunkohlentagebau einen Plan der elektrischen Kraftleitungen (Stromversorgungsplan).

Schon H. Müller entwickelte für Bewetterungspläne die schiefe Projektion (Militärperspektive, 1938, 1940) und wies in seinem Beitrag zum Rißmusteratlas 1942, S. 106, auf die Bedeutung dieser schiefen Parallelprojektion hin, die O. Haibach im Band II als plagiogonale Grundrißprojektion (sG) mit $\gamma = 50^g$ (S. 123, Abb. 12 nebst den Formeln (79), (80), S. 125 und im Text auf S. 161) behandelt. Inzwischen hat diese als Militärperspektive von der Bergbehörde im Bereich des Oberbergamtsbezirkes Dortmund für Bewetterungspläne vorgeschriebene Projektion weitgehend Eingang im markscheiderischen Rißwesen gefunden. Zur sG-Projektion mit $\gamma = 50^g$ bringen wir einen Rißausschnitt aus einem Steinkohlenbergwerk, den wir Herrn Professor Dr. O. Haibach verdanken. Abb. 82 stellt den Bewetterungsplan, Abb. 83 den Feuerlöschplan dar. Man erkennt bei einem Vergleich der nebeneinander befindlichen Rißauszüge die in der Zeichengebung zum Ausdruck kommenden Unterschiede; es zeigt sich, daß die Wiedergaben recht anschaulich wirken. Weitere Angaben über bergbehördlich vorgeschriebene, betriebliche Pläne werden im Abschnitt V „Das Betriebsplanwerk" behandelt.

Zwecks Vervollständigung der Musterbeispiele für bergbehördlich geforderte Sonderdarstellungen von Bestandteilen des Grubenbildes gelangt mit Abb. 84 nochmals eine sG-Projektion mit $\alpha = 0^g$, $\beta = 80^g$ und $\gamma = 30^g$ zur Darstellung, die ein Bild der Füllortanlagen in der tiefsten Sohle eines Steinkohlenbergwerks liefert. Herr Professor Dr. O. Haibach hat uns diese Unterlagen ebenfalls zur Verfügung gestellt, die Herr Vermessungssteiger Herbert Machmüller nach den Angaben von Professor Haibach konstruktiv und beschreibend erarbeitet hat.

Für die schiefe Grundrißprojektion, sG, hat O. Haibach in Band II, S. 125, mit den Formeln

$$x_2 = x_p + z_p \cos\beta \operatorname{ctg}\gamma \text{ und} \tag{75}$$

$$y_2 = y_p + z_p \cos\alpha \operatorname{ctg}\gamma \tag{76}$$

die (räumlichen) Berechnungsgrundlagen gegeben. Hierin sind x_p und y_p die Teilabszissen und Teilordinaten, z_p die Teilhöhen, bezogen auf NN. Winkel β entspricht dem Horizontalwinkel zwischen Gitternord und Blattrand. Mit γ be-

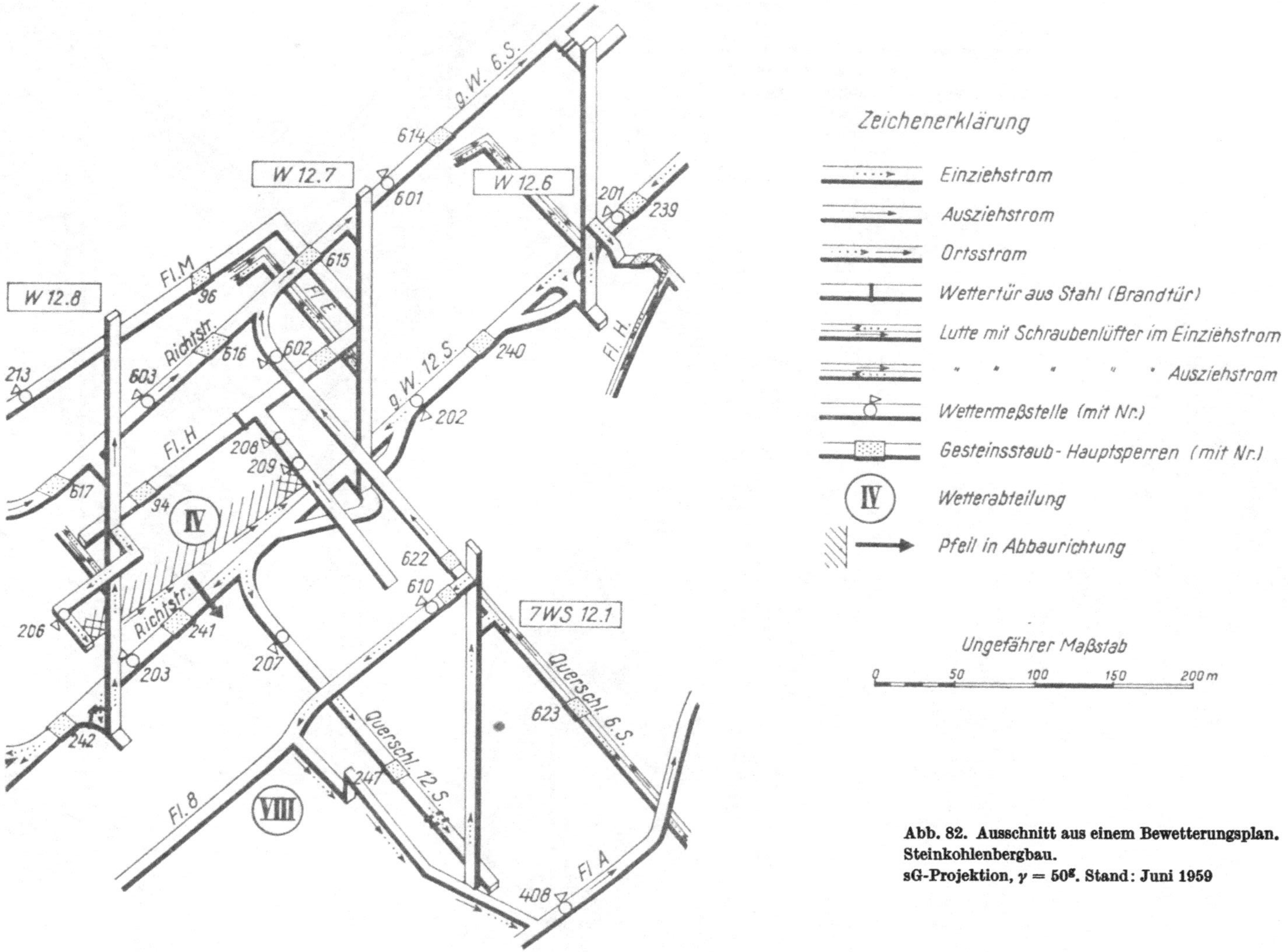

Abb. 82. Ausschnitt aus einem Bewetterungsplan. Steinkohlenbergbau.
sG-Projektion, $\gamma = 50^g$. Stand: Juni 1959

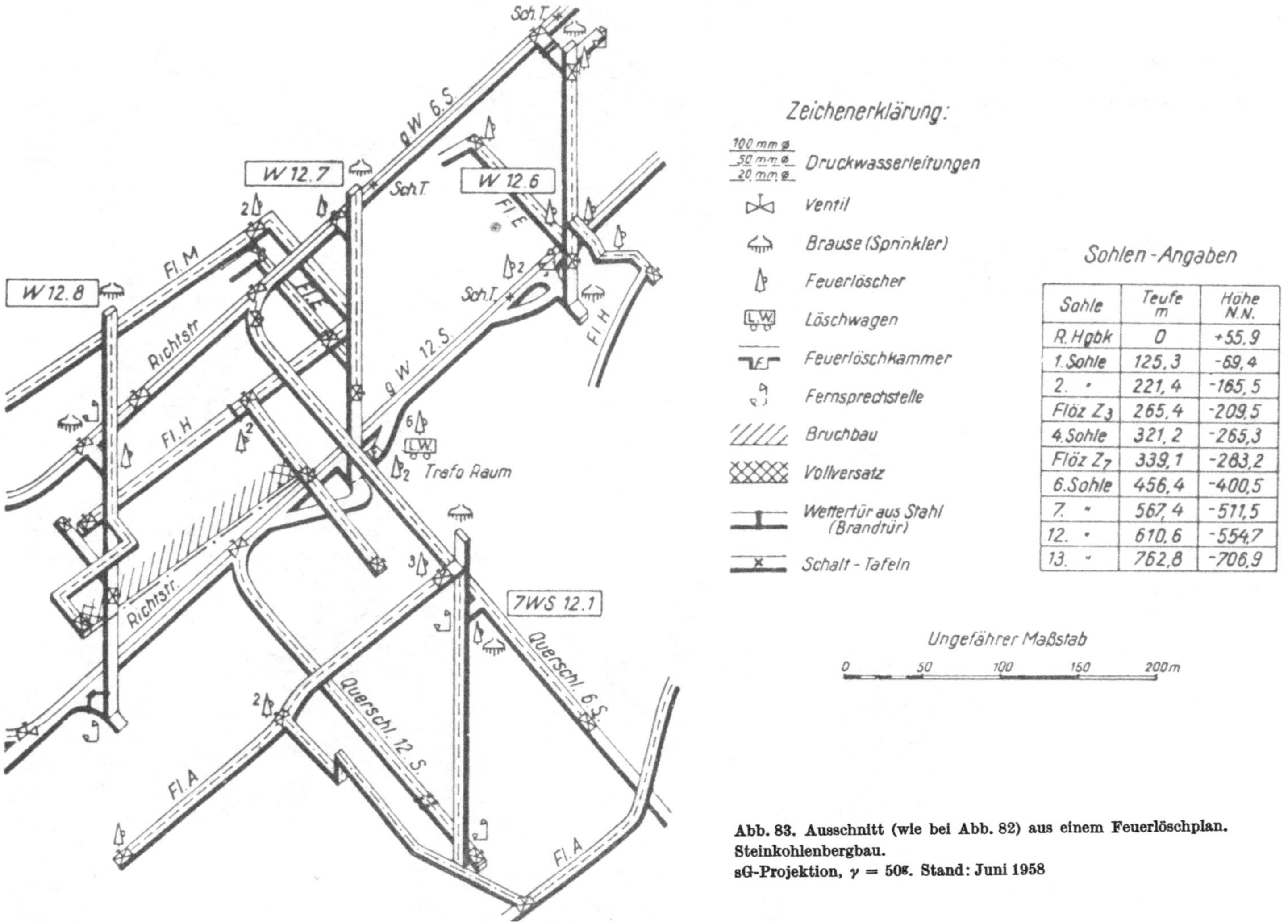

Sohlen-Angaben

Sohle	Teufe m	Höhe N.N.
R. Hgbk	0	+55,9
1. Sohle	125,3	-69,4
2. "	221,4	-165,5
Flöz Z_3	265,4	-209,5
4. Sohle	321,2	-265,3
Flöz Z_7	339,1	-283,2
6. Sohle	456,4	-400,5
7. "	567,4	-511,5
12. "	610,6	-554,7
13. "	762,8	-706,9

Abb. 83. Ausschnitt (wie bei Abb. 82) aus einem Feuerlöschplan. Steinkohlenbergbau. sG-Projektion, $\gamma = 50^g$. Stand: Juni 1958

zeichnen wir den Höhenwinkel zwischen Projektionsstrahl und Horizontalebene. Bei $\alpha = 0^g$ sind die Winkelgrößen β und γ für die räumliche Bildwirkung bedeutungsvoll insofern, als sich über- und untereinanderliegende Grubenbaue und Schächte nach Möglichkeit nicht miteinander decken sollen.

Solange für die sG-Darstellung noch keine oder nur wenige Erfahrungen vorliegen, wird man unter Verwendung verschieden großer β- und γ-Werte den günstigsten Projektionsstrahl zu finden suchen. In Abb. 84 dürfte mit dem Ausschnitt eines in der Praxis gefertigten sG-Risses eine zufriedenstellende Bildwirkung für die Darstellung einer Beschickungsanlage erzielt worden sein. Man wird diese Projektionsart heranziehen, sobald man die Unzulänglichkeit einer G- oder S-Projektion für das darzustellende Objekt erkannt hat. Der Konstruktionsgang wird im folgenden beschrieben.

Man trägt die errechneten Raumkoordinaten der Polygonpunkte (PM) in das in NN befindliche Koordinatennetz ein. Höhenunterschiede der Polygonpunkte zur Sohle und Firste oder andere Höhenwerte lassen sich mit dem für die sG-, $\gamma = 30^g$-Darstellung gültigen Maßstab 1:500, $\operatorname{tg} \gamma = 1:500 \cdot 0{,}5095 = 1:254{,}75$ ($\sim$ 1:255) verwerten (s. Strichmaßstäbe für söhlige und seigere Längen rechts unten im Rißausschnitt). Die einfach zu bestimmenden Rechnungsgrößen werden zweckmäßig in einer Zahlentafel erfaßt. Das Koordinatennetz ist gegen den Blattrand bzw. gegen die lotrechte Schachtachse um $\beta = 80^g$ ($100^g - \beta = 20^g$) gedreht.

Die in Abb. 84 vorliegende sG-Darstellung ist absichtlich nicht einheitlich gestaltet, denn wir wollen ihre vielseitige Verwendbarkeit kennzeichnen; dies geschieht mit Hilfe der folgenden näher beschriebenen Bearbeitungsformen:

1.[1] Bei genügend groß gewähltem Maßstab kann, wie bei Stelle ① der Darstellung geschehen, die Kurvenauffahrung nach einem entsprechenden Arbeitsplan verfolgt werden. Alle Maße sind auf Grund der Projektionseigentümlichkeit unmittelbar verwendbar.
2. Dieser Teil des Risses, Stelle ②, zeigt den Anschlag der 13. Sohle, die füllortähnliche Streckengestaltung und die Durchdringung mit dem Hauptschacht. Die Darstellung beschränkt sich auf die Wiedergabe der Hohlräume. Selbstverständlich lassen sich weitere Eintragungen, wie Schachtscheibe, Spurlatten, Fahrung, Leitungen u. dgl. maßgerecht bewirken.
3. Der Rißausschnitt zeigt an der Stelle ③ den Anschlag des Blindschachtes 1 WN 14.2 mit der 13. Sohle in dem Bearbeitungsstadium wie bei ②. Streckenverbreiterung und Haspelkammer sind gut zu erkennen.
4. Es wird die Verbindung der blau dargestellten Füllsohle (30 m tiefer als die 13. Sohle, — 708 m) mit dem Blindschacht gezeigt. Die Füllsohle dient zur Fahrung, ferner dem Transport der gebunkerten Kohle zur Fülltasche ⑤.
5. Die Fülltasche ist eine kompliziert gestaltete Erweiterung des Hauptschachtes und dient zur Aufnahme der Fülltascheneinrichtung der Skipförderung. Da die Form nicht leicht (in G und Sch) zu verstehen ist, geht hier die darstellungstechnische Behandlung einen Schritt weiter, indem sie die Fülltaschenwandungen besonders anschaulich heraushebt. Der vordere, obere Teil der Füll-

[1] Die Ziffern 1 bis 8 des Textes stimmen mit den in Abb. 84 eingekreisten Ziffern ① bis ⑧ überein.

Zahlentafel zu Abb. 84

$\alpha = 0^g$, $\beta = 80^g$, $\gamma = 30^g$			Umrechnungsformel		$x_{sG} = x_G + z_p \cdot \cos\beta \cdot \mathrm{ctg}\,\gamma$ $y_{sG} = y_G + z_p \cdot \sin\beta \cdot \mathrm{ctg}\,\gamma$			
Punkt Nr.	Punkthöhe NN z_p	$\cos\beta \cdot \mathrm{ctg}\,\gamma$	$z_p \cdot \cos\beta \cdot \mathrm{ctg}\,\gamma$ x_G x_{sG}	$\sin\beta \cdot \mathrm{ctg}\,\gamma$	$z_p \cdot \sin\beta\,\mathrm{ctg}\,\gamma$ y_G y_{sG}	Höhe Sohle NN	Abstand Punkt bis Sohle m	Abstand $\cdot\,\mathrm{ctg}\,\gamma$
585	−705,06	0,59489	−419,43 +477,98 + 58,55	1,83087	− 1290,87 −12264,55 −13555,42	−708,45	3,39	6,53
639	−736,25	0,59489	−437,99 +476,06 + 38,07	1,83087	− 1347,98 −12283,44 −13631,42	−738,45	2,20	4,24
641	−705,17	0,59489	−419,50 +469,05 + 49,55	1,83087	− 1291,07 −12213,29 −13504,36	−708,45	3,28	6,31
655	−710,58	0,59489	−422,72 +458,42 + 35,70	1,83087	− 1300,98 −12250,94 −13551,92	−712,70	2,12	4,08
657	−710,70	0,59489	−422,79 +410,57 − 12,22	1,83087	− 1301,20 −12259,70 −13560,90	−712,82	2,12	4,08
685	−704,40	0,59489	−419,04 +418,05 − 0,99	1,83087	− 1289,66 −12325,52 −13615,18	−707,21	2,81	5,41
686	−710,60	0,59489	−422,73 +410,74 − 11,99	1,83087	− 1301,02 −12292,00 −13593,02	−713,65	3,05	5,87
688	−710,51	0,59489	−422,68 +411,00 − 11,68	1,83087	− 1300,85 −12282,25 −13583,10	−713,51	3,00	5,78
714	−710,33	0,59489	−422,57 +410,33 − 12,24	1,83087	− 1300,52 −12260,37 −13560,89	−713,30	2,97	5,72

taschenwandung ist offen gezeichnet, um den Einblick zum Schacht zu ermöglichen. In einem noch größeren Maßstabsverhältnis lassen sich alle Einzelheiten ohne weiteres wiedergeben.

6. Von den beiden Kohlenbunkern, Stellen ⑥, sind im wesentlichen die lichten Hohlräume dargestellt in ihrer Verbindung mit dem Wipperfüllort ⑦ und der blauangelegten Füllsohle. Lediglich beim östlichen Bunker ist mit der Darstellung technischer Einbauten ein Anfang gemacht (s. Wendel).
7. Bei Stelle ⑦ ist die Bearbeitungsweise nach der maschinen- bzw. aufbereitungstechnischen Seite (Wipper, Transportbänder, Brechanlage, Siebanlage, Einmündung in die Bunker) schon erheblich weitergediehen. Der Rißausschnitt zeigt das auf der 13. Sohle liegende Wipperfüllort, das einen elliptischen Querschnitt besitzt und das nach der Höhe in drei Etagen aufgeteilt ist: 13. Sohle, Wipperbühne, Aufbereitungsbühne und Sohle des Wipperfüllortes. Sofern weitere technische Einzelheiten (z. B. elektrische Aggregate) genauer herausgehoben werden sollen, ist der Maßstab zu vergrößern. Einer weiteren Differenzierung der Darstellungsaufgabe steht bei der sG-Projektion nichts im Wege.
8. Es wird in einfacher Form die Verbindung, Stelle ⑧, zwischen der 13. Sohle (Schachtnähe) und der Aufbereitungsbühne im Wipperfüllort gezeigt.

Wir dürfen hervorheben, daß für die darstellerische Bearbeitungsweise allein der Zweck ausschlaggebend ist. Deshalb wurde im sG-Riß der Abbildung 84 verschiedenen (also nicht allen) Zweckbestimmungen entsprochen und damit seine Leistungsfähigkeit zur Genüge unter Beweis gestellt. Im übrigen befindet sich die Füllanlage im Bau, so daß eine vollständige *einheitliche* Bearbeitungsweise für alle Teile des Risses noch nicht besteht; dennoch würde der Riß nach Fertigstellung der Beschickungsanlage hinsichtlich der darstellungstechnischen Aufgabe nichts Neues erbringen.

Über die besonderen Anforderungen, die an die Darstellungen im Steinkohlenbergbau zu stellen sind, gibt § 59 der MO in sechs Ziffern Auskunft. Im wesentlichen wird man diese Bestimmungen in neuen Verordnungen beibehalten können. Es empfiehlt sich jedoch, bei Behandlung der steilen Lagerung darauf hinzuweisen, daß bei Bedarf sowohl zur Darstellung Flach- als auch Seigerrisse heranzuziehen sind, erstere unter Eintragung von Seiger-, Quer- und Flachabstandslinien, letztere von Seiger- und Querabstandslinien; auch die Abbaugrundrisse sind mit Seigerabstandslinien (Höhenlinien), je nach dem Maßstab in angemessenen Abständen von 5 zu 5 m oder von 10 zu 10 m auszustatten. Während für den Abbauflachriß keine Grenzen hinsichtlich des Einfallens der Lagerstätte gegeben sein dürften, wird man bei Abbaugrundrissen und Abbauseigerrissen[1]) andere Gesichtspunkte, als solche für bestimmte Winkelgrößen bisher galten, hinsichtlich der Begrenzungen von grund- und seigerrißlichen Darstellungen heranziehen (vgl. Abschnitt IV).

Bedeutungsvoll erscheint uns sodann ein klarer Übergang vom Sohlengrundriß zu den Abbaugrund- und Seigerrissen zu sein, worauf auch O. Haibach (Bd. II, S. 262) hinweist. Der Abbauriß muß demnach die im Sohlenriß dargestellte Ausrichtung von den Schächten oder Hauptquerschlägen bis zum Betriebspunkt in der Lagerstätte erkennen lassen.

[1]) Bisher war es üblich, bis zu einem Einfallen der Lagerstätte von 60^g (55°) die grundrißliche, von $60^g—100^g$ die seigerrißliche Darstellung zu wählen; vgl. auch Abschnitt I.

Ebenso empfehlenswert erscheint uns neben der Erfassung der vom Betrieb gemeldeten Gefahrenzonen in Listen die Darstellung derartiger Flächen (*Richtlinien*, 2.111 bis 2.114) als besonderer Deckblätter zu den Zulegerissen.

b) Braunkohlenbergbau

α) Tagebau

Bei den Tagebaubetrieben im Braunkohlenbergbau bestehen einige Unterschiede zwischen den Darstellungen im Zulegerißwerk gegenüber denen im Grubenrißwerk. Die Unterschiede erstrecken sich nicht nur auf die Maßstabsverhältnisse, sondern auch auf den Aufbau und die Gestaltung der Darstellungen. Für das Zulegerißwerk und die beiden Grubenrißwerke sind erforderlich

1. *Haupttitelblatt*,
   weitere Titelblätter, wie z. B. Blattverzeichnisse, Berechtsamsdarstellungen,
2. *Tagerisse* bzw. Risse der Grundeigentumsverhältnisse,
3. *Bohrgrund- und Schnittrisse*,
4. *Abbaugrundrisse* mit den Abbauständen für Abraum und Kohle, für Zulegeriß, Werksgrubenbild und Amtsgrubenbild unterschiedlich,
5. *Abbaugrund- und Seigerrisse* bei steilstehenden Braunkohlenlagerstätten,
6. *Schnittrisse* für Massenberechnungen,
   Quer- und Längsschnitte,
   Schichtenschnitte oder Bohrschnittrisse,
7. *Rekultivierungsrisse*.

Schon die Zusammenstellung der Bestandteile des Grubenbildes zeigt gegenüber der Steinkohle ein verändertes Bild. Für ein *Haupttitelblatt* im Braunkohlenbergbau besteht Riß 17 als Musterriß im Atlas 1942. Man wird gut tun, gemäß dem von uns in Abb. 32 (s. Anh.) gegebenen Beispiel die Chronik in eine rechtliche und technische Entwicklung zu unterteilen und anstatt des Tagebaufotos die geologischen Verhältnisse in mehreren Schnitten zur Darstellung zu bringen.

Risse der *Grundeigentumsverhältnisse* werden in jedem Falle in Frage kommen, besonders dann, wenn das Bergwerksfeld bebaut ist, so daß *Tagerisse* anzulegen sind. Zumeist werden die Tagerisse aus eigenen Aufnahmen entstehen; sie weisen den Maßstab 1:1000 auf und sind mit Höhenlinien ausgestattet. Letztere bilden die Grundlagen für die Herstellung von Schnitten. Zu diesen Tagerissen, auf denen sämtliche Tagesgegenstände sowie die Höhenlinien aufgetragen sind, bestehen Deckpausen mit Wiedergabe der Eigentumsgrenzen. Es wird viel von Fotokopien in kleineren Maßstäben für Planungs- oder Übersichtszwecke Gebrauch gemacht.

Im Braunkohlentagebau sind sehr unterschiedliche Verhältnisse zu berücksichtigen. So werden beim Abbau einer mächtigen Lagerstätte unter geringmächtiger Decke die Räumung von Gebäuden oder ganzen Ortschaften und deren Verlegung in eine andere Gegend ins Auge zu fassen sein. Dabei ist nach Verkippung der ausgekohlten Räume und Wiederurbarmachung des Kippengeländes unter Umständen die Rücksiedlung verlegter Orte, mitunter ganzer Gemeinden in die früheren Wohngegenden zu veranlassen. Besteht Grundeigentümerbergbau, so sind auf dem Tageriß die katasteramtlichen Verhältnisse, wie Eigentumsgrenzen,

Flurstücksgrenzen und -nummern usw., aufzutragen. Der Markscheider hat sich alsdann mit den Einrichtungen des preußischen Liegenschaftskatasters, des Reichskatasters, des Grundbuchwesens und der Bodenschätzung vertraut zu machen und gegebenenfalls entsprechende Listen, Karten und Bücher zu führen. In diesem Falle sind auf Tagerissen oder Grundbesitzkarten die Vertragsverhältnisse darzustellen und die *Richtlinien* 2.014 zu beachten.

Zu den *Bohrgrundrissen* (Abb. 39, S. 195) und *Bohrschnittrissen* (Abb. 41, Anhang) ist bereits einiges gesagt worden, und es wird sich auch noch Gelegenheit bieten, hierzu im Abschnitt IV dieses Bandes weitere Ausführungen zu bringen. Zur Erläuterung des Abbohrens umfangreicher Bergwerksfelder verweisen wir auf das im Anhang beigegebene Anaglyphenbild (Bd. II, S. 179ff.). Das Bild wurde im Institut für Markscheidewesen und Bergschadenkunde der Bergakademie Freiberg (Professor Dr.-Ing. habil. K. Neubert) von Herrn Dipl.-Ing. Schulze angefertigt. Es stellt einen Ausschnitt aus einem großen, systematisch angelegten Bohrfeld dar und läßt die erbohrten Flözmächtigkeiten sowie die wechselvolle Ausbildung der Deckschichten erkennen. Die plastische Wirkung wird durch die Darstellung von Höhenlinien gesteigert, so daß sich das Bild eines Braunkohlentagebaus deutlich abzeichnet.

Die Abbaugrundrisse. Hierzu bringt die MO im § 65 nur wenige und unzureichende Ausführungen. Dies hängt damit zusammen, daß Großraumtagebaue im Braunkohlenbergbau erst längere Zeit nach dem ersten Weltkrieg zur Entwicklung gelangten. Heute sind wegen der unterschiedlichen Abbauverhältnisse in Braunkohlentagebauen allein schon für den Zulegeriß größere Maßstäbe und von den genormten Blattgrößen abweichende Formate zugelassen. Dafür sind in das Grubenbild nur einzelne Ausschnitte aus dem Zulegeriß zu übernehmen, die als *Betriebszustandsrisse* in kleinerem Maßstab gehalten sind und auf folgende Weise entstehen, wobei wir auf ein Beispiel zurückgreifen, das wir von Herrn Markscheider E. Wagener, Helmstedt, freundlicherweise zur Verfügung gestellt erhielten.

Da der Zulegeriß, in der Regel im Maßstab 1:1000, in vierteljährlichen Nachtragungen den Stand des Abraums und der Kohle mit allen Schnitten (mitunter 12 Schnitten) für zwei Flöze zeigt, sind Ausschnitte aus dem Zulegeriß in dieser Form für den Betrieb ungeeignet. Es wird daher im Maßstab 1:2000 vom Zulegeriß eine Fotokopie angefertigt und von dieser eine Transparentpause mit den notwendigen zusätzlichen Eintragungen gezeichnet. Eine Lichtpause hiervon gilt sodann als „Betriebskarte" oder „Betriebszustandsriß" und stellt gewissermaßen das Werksgrubenbild dar. Einen derartigen Auszug aus einem Betriebszustandsriß zeigt Abb. 85 für den jeweiligen Zustand des Tagebaues mit den in Betracht kommenden Tagesgegenständen, dem Abraum in vier Schnitten, zwei Kohlenschnitten und den Kippen. Soweit vorhanden, sind auch Tagesgegenstände, zum Beispiel Wege, dargestellt. Man erkennt ferner zwischen dem 4. Abraum- und 1. Kohlenschnitt Höhenlinien in Meterabständen, welche die Höhenlage der freigelegten Kohlenoberfläche angeben. Sodann sind im Riß Entwässerungs- und Filterstrecken sowie Sumpfstrecken eingetragen, die der Entwässerung der Tagebaue dienen.

Der dem Ausschnitt Abb. 85 entsprechende Rißauszug, der ebenfalls im Maßstab 1:2000 zu halten ist, gilt gemäß Abb. 86 als amtliches Grubenbild. Man stellt die Übereinstimmung zwischen Abb. 85 und 86 an den bereits erwähnten Ein-

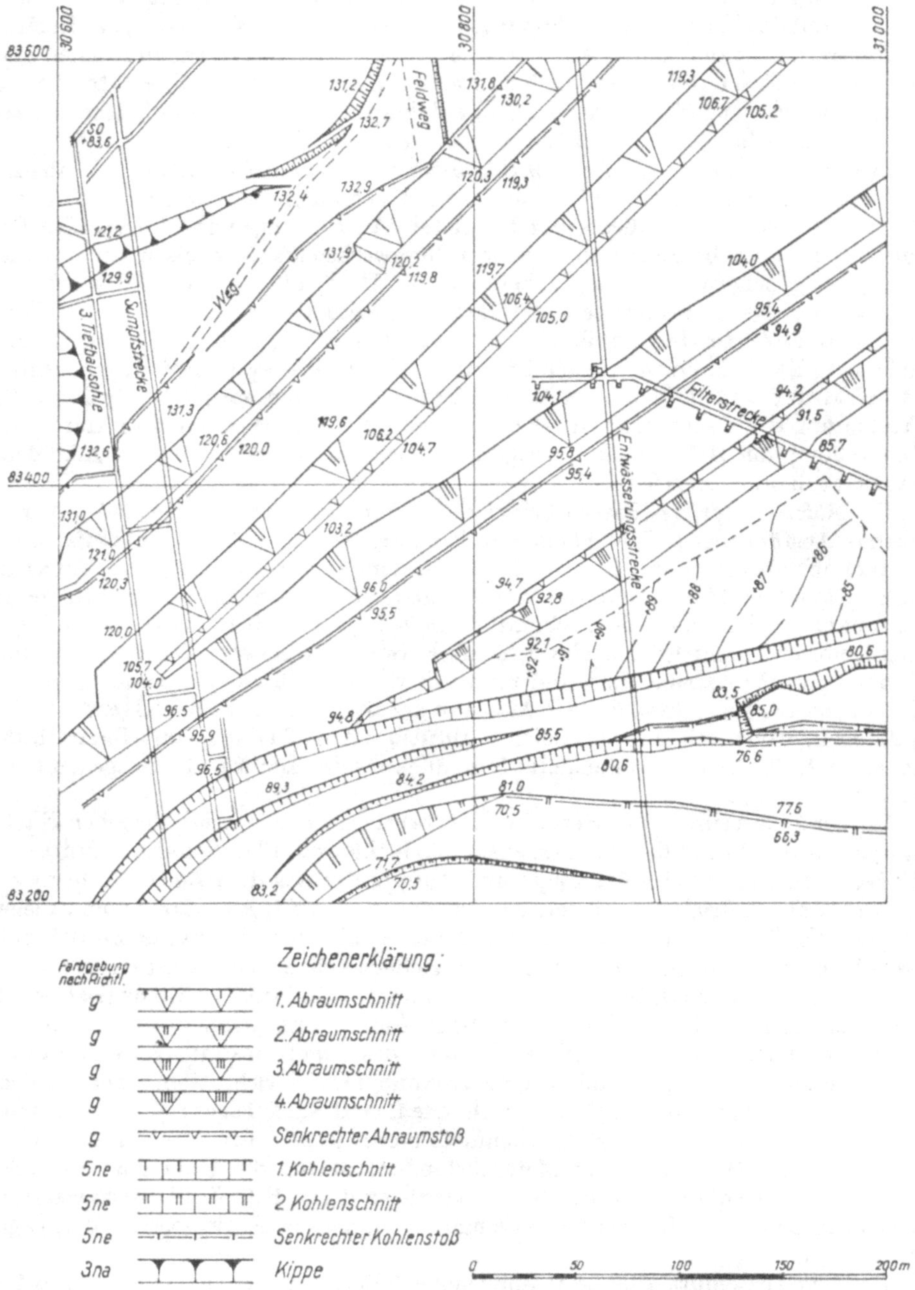

Abb. 85. Braunkohlentagebau. Werksgrubenbild.
Betriebszustandsriß, Auszug. Stand: April 1958. Vierteljährl. Nachtragung

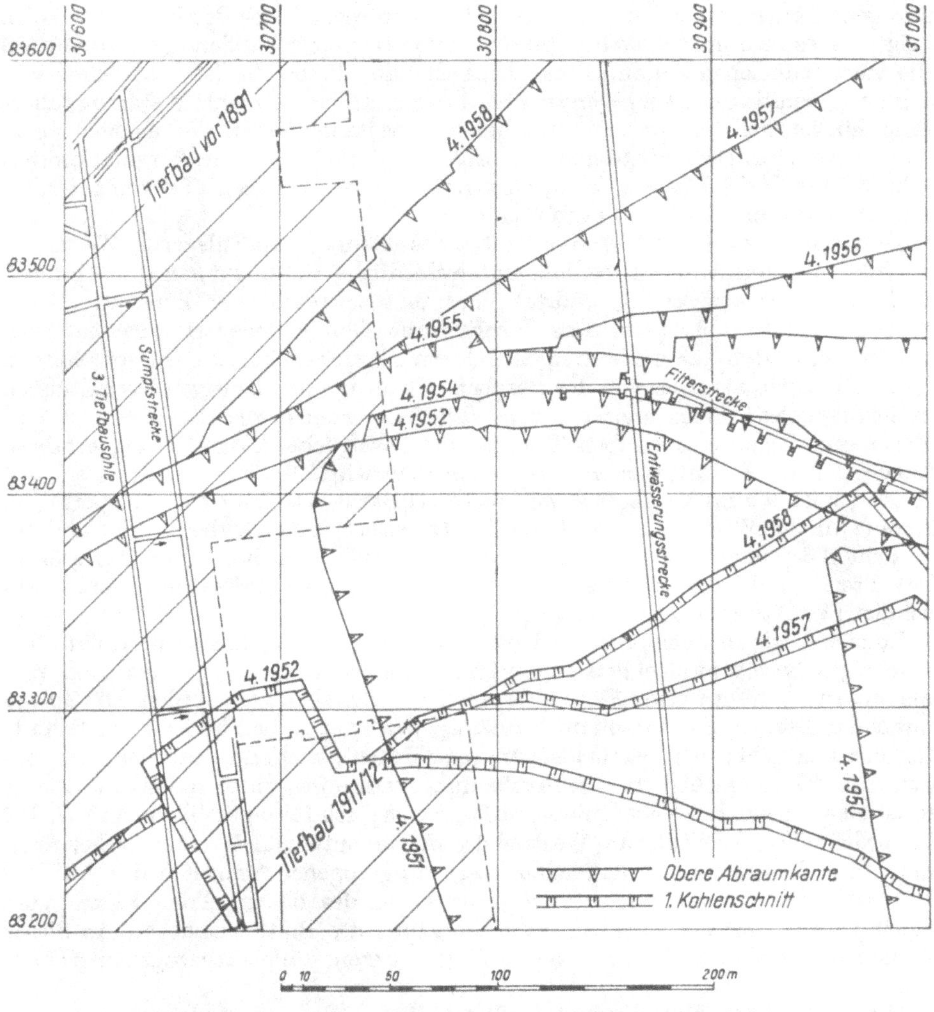

Abb. 86. Braunkohlentagebau. Amtlicher Riß, Auszug wie bei Abb. 85. Jährliche Nachtragung

tragungen der Entwässerungs-, Filter- und Sumpfstrecken fest. Darüber hinaus zeigt jedoch das amtliche Grubenbild, Abb. 86, andere Darstellungen, als solche im Betriebszustandsriß vorliegen. So finden sich im bergamtlichen Riß auf der westlichen Blattseite die Abbaue und Abbaugrenzen der Tiefbaue, die vor dem Jahre 1891 und 1911/12 (südlicher Teil) betrieben wurden. Die entsprechenden Rißunterlagen sind auch im Zulegerißwerk vorhanden, doch sind diese Rißblätter abgelegt. Außerdem sind im amtlichen Grubenbild Abraum- und Kohleschnitte nach dem *jährlichen* Abbaustand eingetragen. Die Abbaustände der Abraumschnitte vom April 1958 sind mit einem grauen Farbstrich versehen. Die Grenzen der Kohleschnitte für 4.1952, 4.1957 und 4.1958 sind als dünn ausgezogene Linien gezeichnet. Das betriebliche Grubenbild, der Betriebszustandsriß, zeigt, da es sich um Darstellungen auf Lichtpauspapier handelt, gemäß Abb. 85 die vierteljährlichen Abraum- und Abbaustände; dieser Riß ist daher stets von kurzer Lebensdauer. Demgegenüber wird das amtliche Grubenbild ständig, allerdings hinsichtlich der Abraum- und Abbaustände immer nur *jährlich* nachgetragen. Eine vierteljährliche Nachtragung erübrigt sich deshalb, weil das Bergamt vierteljährlich eine Betriebsstatistik mit allen notwendigen Angaben über die geförderten Abraum- und Kohlenmengen erhält.

Damit steht zunächst fest, daß im Braunkohlentagebau Zulegeriß, Werksgrubenbild und amtliches Grubenbild unterschiedliche Darstellungen der Abraum- und Abbauverhältnisse in maßstäblicher und zeiträumlicher Hinsicht (Nachtragungsfristen) aufweisen. Das beschriebene Darstellungsverfahren hat sich erst in den letzten Jahrzehnten in einer Form entwickeln können, die sowohl vom Bergbaubetrieb als auch von der Bergbehörde als die den heutigen Verhältnissen zweckdienlichste Form angesprochen wird. Wir ersehen aber auch daraus, daß Form und Inhalt des Grubenrißwerks eine bewegliche Ausgestaltung erfahren haben, die den Zeitumständen durchaus gerecht wird.

Ist der Abbau im Tagebau so weit fortgeschritten, daß die Ankippung erfolgen konnte und die Wiederurbarmachung einsetzt, so erhält das Grubenbild ein anderes Gesicht. Die hierzu gehörende Abbildung 87 betrifft den Abbau von zwei Flözen, des Treue- und Viktoriaflözes. Über die Lagerungsverhältnisse unterrichtet Abschnitt IV. Der Abbaugrundriß zeigt folgendes.

Zunächst ist zu bemerken, daß beim Abbau von zwei nicht durch ein allzu mächtiges Zwischenmittel getrennten Flözen die Darstellung auf einem Blatt vorzunehmen ist, sofern beide Flöze in je einem Schnitt abgebaut werden. Die Zulage auf einem Blatt ist auch dann noch zulässig, wenn der Abbau in mehreren Schnitten vor sich geht; man wählt alsdann verschieden gerichtete Schraffen, wie dies aus Abb. 87 zu ersehen ist. Die Auskohlungsgrenze des unteren Viktoria-Flözes weist eine besondere Zeichengebung auf und zieht sich für den Abbaustand 4/1945 in nordsüdlicher Richtung am Westteil des Blattes entlang. Bis dahin reichen auch die von NO nach SW verlaufenden, stark ausgezogenen Schraffen des Abbaus. Der am weitesten fortgeschrittene Abbaustand des oberen Treue-Flözes vom April 1944 ist nur noch im südwestlichen Zipfel des Blattes sichtbar. An dieser Stelle enden auch die ebenfalls NO—SW gerichteten, dünn ausgezogenen Abbauschraffen.

Hinter der Auskohlungsgrenze des Treue-Flözes, also östlich davon, laufen die entgegengesetzt, d. h. von NW nach SO gerichteten, mit einem grauen Farbstreifen versehenen Schraffen der Auf- oder Überkippung aus, die an der gestrichelt gezeichneten Unterkante der Ankippung vom April 1951 enden. Die engere Schraffierung reicht von NO her bis zu der im Nordostteil des Blattes krummlinig, dünn ausgezogenen Oberkante der obersten Ankippung vom April 1952. Parallel zu dieser obersten Ankippungslinie ist die Linie der Wiederurbarmachung gerichtet, die kurzschraffiert (gefiedert) gekennzeichnet ist.

Auf die Zeichenerklärung in Abb. 87 bitten wir ebenso zu achten wie auf die Höhenangaben, die in bestimmter Reihenfolge Gelände- und Kippenhöhen sowie das Hangende und Liegende der beiden Flöze angeben. Bei sehr mächtigen Kohlenflözen, die in mehreren Scheiben abgebaut werden, sind die *Richtlinien*, 2.093, allgemein die Zeichen bei 2.09 zu beachten. Bei den Darstellungen, bei denen

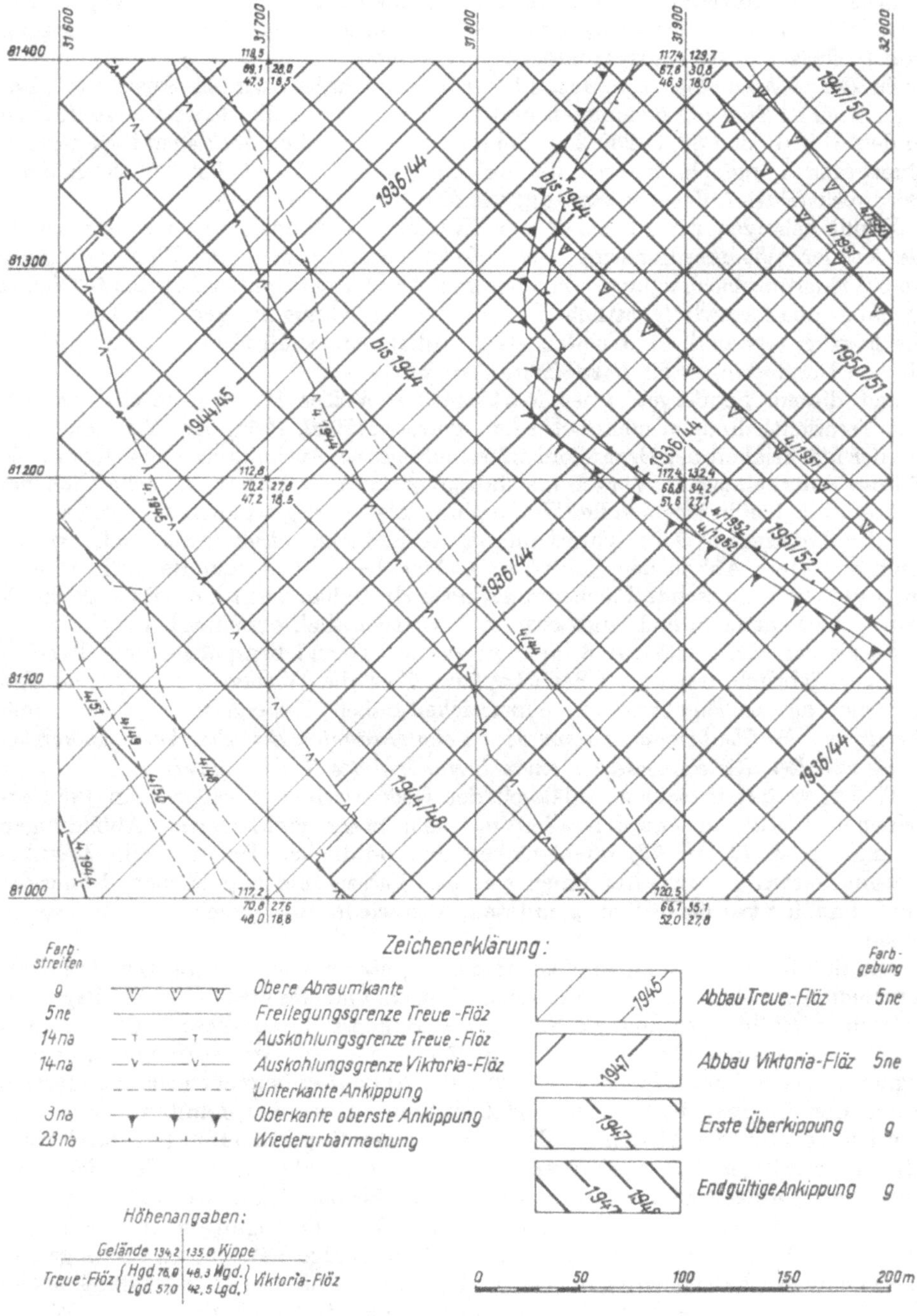

Abb. 87. Braunkohlentagebau. Abbau von zwei Flözen mit Wiederurbarmachungsgrenze

Klarheit und Übersichtlichkeit infolge verwickelter oder schwieriger Lagerungs- oder Abbauverhältnisse verlorenzugehen drohen, empfiehlt sich die Verwendung von Deckrissen oder transparenten Zeichenstoffen.

Zu den *Schnittrissen* für Massenberechnungen haben wir im Abschnitt „Zulegerißwerk" Stellung genommen und beziehen uns auf die Schnittdarstellungen in den Abb. 65 und 66, S. 239/240. Bei stärkerem Einfallen der Lagerstätte werden Quer- und Längsschnitte erforderlich, oder man fertigt beim Abbohren eines Bergwerksfeldes *Bohrschnittrisse* an, wie dies Abb. 41 (Anhang) zeigt.

Damit gelangen wir zu den Rissen, Karten und Plänen, die das umfassende Gebiet der Wiederaufforstung, der Wiederurbarmachung, der Flurbereinigung und Wiedernutzbarmachung von ausgekohlten und verkippten Tagebaubetrieben für land- und forstwirtschaftliche Zwecke zur Darstellung bringen. Man bezeichnet die hierfür notwendigen Arbeiten als Rekultivierungsaufgaben und die zeichnerischen Darstellungen als *Rekultivierungsrisse.*

Auf diesem Sondergebiet ist Markscheider Walter PELTZ † durch Vorträge und Veröffentlichungen mehrfach hervorgetreten (1950, 1954). Er führte aus, daß bei der Mächtigkeit der Braunkohlenflöze infolge der Auskohlung ungeheuer große Räume im rheinischen Vorgebirge die zuvor land- oder forstwirtschaftlich genutzten Flächen in ihrem vollen Umfang niemals wiedergewonnen werden können. Da der Abraum im Durchschnitt nur $^1/_3$ der Kohlemächtigkeit ausmacht, würde nach erfolgtem Abbau der Kohlen im Gebiet der „Ville" zum Beispiel auf eine rd. 10000 ha umfassende Fläche immer noch ein Gebiet von rd. 6600 ha als Hohlraumgebiet entfallen und land- bzw. forstwirtschaftlich unbenutzbar bleiben.

Es ist von Bedeutung, daß die Betriebe auf Grund bergpolizeilicher Bestimmungen jährlich besondere Betriebspläne über die Wiedereinebnung und Rekultivierung der Tagebauräume einzureichen haben. *Außerdem bilden nach einer Verfügung des Oberbergamtes Bonn die zu den erwähnten Betriebsplänen gehörenden Risse und Rekultivierungskarten einen Bestandteil des Grubenrißwerks.*

W. PELTZ hat in seinem anläßlich der Geodätischen Woche Köln 1950 erschienenen Aufsatz mit den allerdings sehr stark verkleinerten Abbildungen 11 und 12, S. 72 und 73, im südlichen und nördlichen Teil der Ville Rekultivierungskarten gezeigt. Auf ihnen sind die Wasser- und Kippflächen, ferner die land- und forstwirtschaftlich genutzten, also wieder urbargemachten Gebiete zu sehen.

Mit der Rekultivierung in Zusammenhang stehen die Verlegungen und Umlegungen von Ortschaften, Chausseen, Wegen und Bahnen, um die Tagebaubetriebe fortführen zu können. Sind in der Bundesrepublik diese Tagebaue nach der Verlegung in andere Gegenden, in denen die gewissermaßen vorläufig enteigneten Grund- und Hauseigentümer nach Ankauf entsprechender Ländereien durch den Bergbau in Haus und Hof eingewiesen werden konnten, ausgekohlt worden, so muß die Einebnung der entstandenen Tagebauöffnungen durch Einkippen gewaltiger Abraummengen erfolgen. Der Einebnung schließen sich Aufforstungen, Mutterbodenauftragungen usw. an. Ist das Gelände schließlich wieder landwirtschaftlich nutzbar geworden, so sind Flurbereinigungen an der Tagesordnung. Vielfach lagen die Flurstücke früher infolge häufiger Erbteilungen in einem unwirtschaftlichen Gemenge, und so bringt manche Rücksiedlung neben den Vorteilen neuzeitlich eingerichteter Landwirtschaftsbetriebe und Wohngebäude sowie der Anschlüsse an das Versorgungs- und Verkehrsnetz Flurstückszusammenlegungen und Flurbereinigungen mit sich, die der getroffenen Neuordnung erst Sinn und Bedeutung geben.

In allen solchen oder ähnlich gelagerten Fällen sind Risse, Karten und Pläne zu erstellen, aus denen der ursprüngliche, vor Eröffnung der Tagebaubetriebe vorhanden gewesene Geländezustand und die späteren Entwicklungsstufen oder -abschnitte zu ersehen sein müssen.

Heute bewegen den Braunkohlenbergmann die Probleme, die ihm die Tieftagebaue im Braunkohlenbergbau aufgeben. Die Großtagebaue stellen auch den Markscheider vor neue Aufgaben insofern, als Reformen im amtlichen Kartenwesen erforderlich werden. Hierzu hat W. Peltz in einer späteren Arbeit Stellung genommen (1954, S. 17 ff.). Grunderwerb, Austausch und Pachtverträge sowie Abkommen und Vereinbarungen machen eine Fülle von Darstellungen groß- und kleinmaßstäblicher Art notwendig, wie sie in keinem anderen Bergbauzweig anzutreffen sind.

Um in größerem Maßstab das zeigen zu können, was W. Peltz (1950, S. 72, Abb. 11) kleinmaßstäblich über den Stand der Wiedernutzbarmachung im südlichen Teil des Kölner Beckens dargestellt hat, bringen wir in Abb. 88 einen Rekultivierungsriß des Braunkohlenbergwerks Saturn, den uns Herr Markscheider Dr.-Ing. W. Wilke von der Rheinischen Aktiengesellschaft für Braunkohlenbergbau und Brikettfabrikation, Köln, zur Verfügung stellte. Im Original werden Rekultivierungsrisse im Maßstab 1:5000 angefertigt. Der vorliegende verkleinerte Riß, Abb. 88, läßt im Grundriß die wieder urbar gemachten Flächen erkennen, deren Zweckbestimmung aus der Zeichenerklärung hervorgeht. Der zugehörige Schnitt A—B, Abb. 89, weist den früheren Zustand der Deckschichten (Kies), des etwa 40 m mächtigen, abgebauten Braunkohlenflözes nach, ferner die Ankippungen, die im Nordwesten und Südosten noch als Betriebsgelände benötigt werden. Im Inneren des ausgekohlten Tagebaues sind die Ankippungen aufgeforstet. Das neue Waldgelände wird durch einen Teich von 600 m Breite und 1 km Länge unterbrochen, der aus den Grundwasseransammlungen über dem Liegenden des Hauptflözes stammt. Auf dem angekippten, land- und forstwirtschaftlich urbar gemachten Gelände sind eine breite Straße und Eisenbahnlinie neu angelegt worden. Südöstlich der Straße und Eisenbahn liegt die Ortschaft Georgsthal; an letztere schließt südlich eine Neusiedlung mit landwirtschaftlich (urbar gemachten) genutzten Flurstücken an. Offenbar handelt es sich um die Wiederansiedlung der durch den Tagebaubetrieb ausgesiedelten Bewohner, deren Häuser und Grundstücke dem Abbau zum Opfer fielen. Es braucht nicht betont zu werden, daß außer der Rekultivierungskarte weitere Risse und Karten im Zuge der Wiedernutzbarmachung für diesen Geländeabschnitt zu erstellen waren, zum Beispiel Katasterpläne mit Eintragung der neuen Flurstücke, Karten der Forstverwaltung u. a. m.

β) Tiefbau

In Deutschland hat der Tiefbau im Braunkohlenbergbau gegenüber der Tagebaugewinnung stets eine untergeordnete Rolle gespielt.

Zu den bei α) *Tagebau* angegebenen Bestandteilen des Grubenbildes kommen im Tiefbau noch *Sohlenrisse* hinzu, sofern zur Erschließung der Lagerstätte die Auffahrung von Aus- und Vorrichtungsbauen erforderlich ist. Häufig wird die Anfertigung von Sohlengrundrissen dann notwendig, wenn unter einer mächtigen

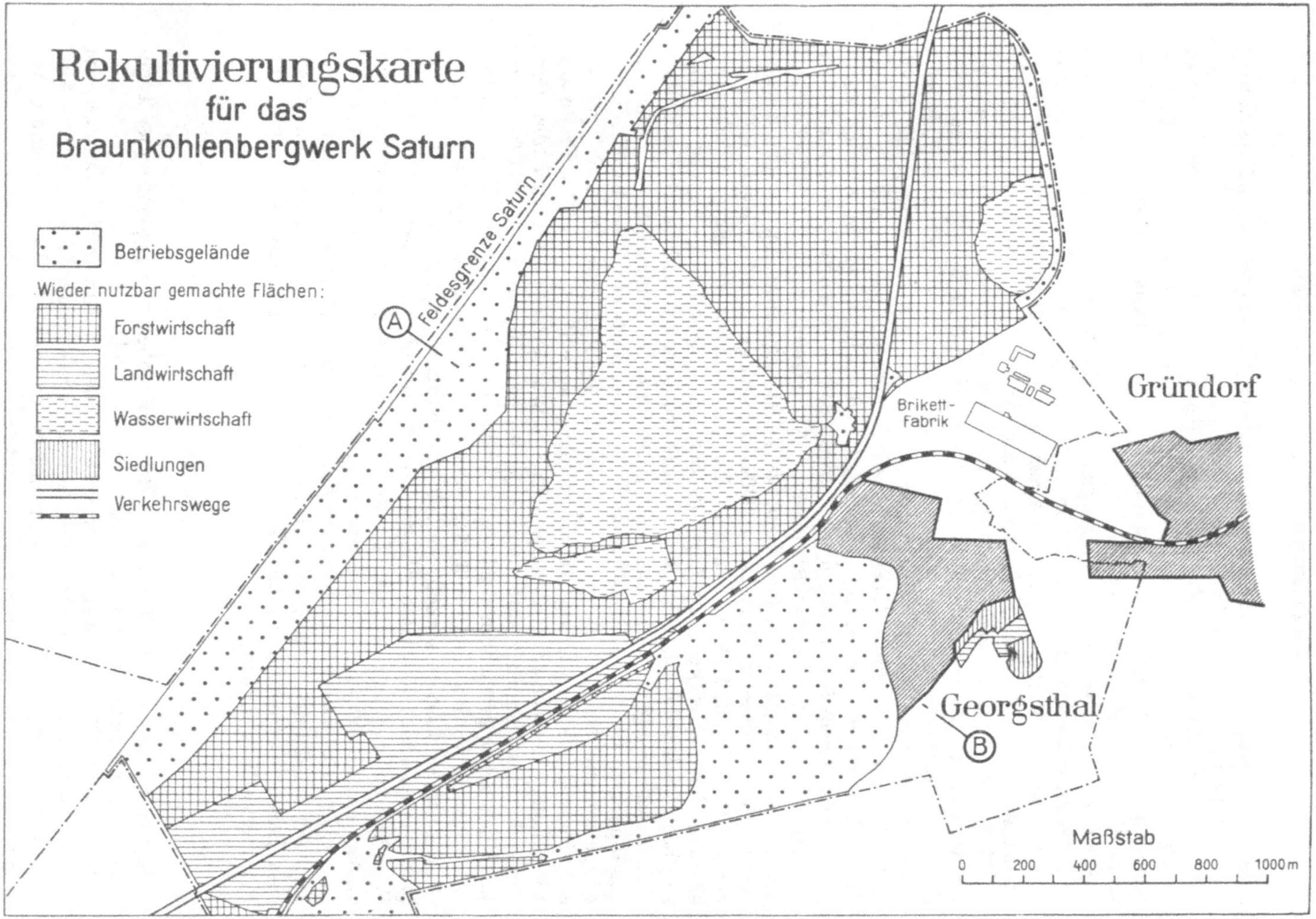

Abb. 88. Braunkohlentagebau. Rekultivierungsriß

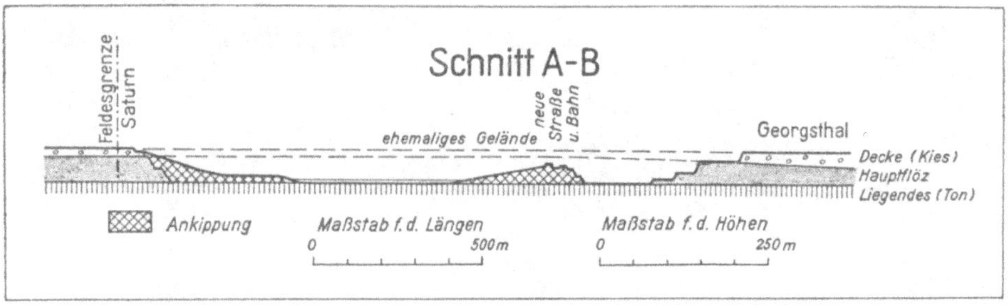

Abb. 89. Schnitt durch den ehemaligen Braunkohlentagebau zu Abb. 88

Deckgebirgsschicht mehrere gut bauwürdige, durch Zwischenmittel voneinander getrennte Flöze bei flachem bis steilem Einfallen abzubauen sind.

Zu den übrigen Bestandteilen des Grubenbildes im Braunkohlentiefbau ist folgendes zu sagen.

Haupttitelblatt und Nebentitelblätter sind gemäß Abb. 32—36, S. 180/187 sinngemäß anzulegen.

Der *Tageriß* wird ähnlich wie Abb. 38, S. 192, sämtliche Tagesgegenstände enthalten und zweckmäßig als Transparent- (Deck-) Pause auszugestalten sein.

Als Beispiel für einen *Bohrriß* im Braunkohlentiefbau entlehnen wir dem Lagerstättenarchiv Braunkohlenbergbau einen Ausschnitt aus Darstellung 4, hier als Abb. 90 wiedergegeben. Die Abbildung zeigt ein Streckennetz, in dem eine große Anzahl von Hangend- und Liegendbohrlöchern gestoßen wurde, um die Flözmächtigkeiten zu ermitteln. Nimmt man die Streckenhöhe zu 2 m an, so lassen sich Mächtigkeiten von 10 bis 12 m ablesen. Aus zwei Trockenbohrlöchern ergeben sich Deckgebirgsmächtigkeiten von 97—98 m und Flözstärken von 8,4 bis 10,9 m. Außer den Bohrlochsangaben sind an Polygonpunkten (mit hohen Nummern) die Höhen der Streckensohlen, bezogen auf NN, eingetragen.

Wir zeigten unter den Zulegerissen mit Abb. 48 (Anhang) den *Abbaugrundriß* eines mit 2^g bis 10^g einfallenden 17—20 m mächtigen Braunkohlenflözes, das im Tiefbau gewonnen wird. Für dieses im *Scheibenbau* abgebaute Flöz wird zum Beispiel kein Sohlengrundriß benötigt. Man erkennt die Lage einiger Förderstrecken (3., 5., 6. und 7. Sohle), die zur Hauptförderstrecke am nordwestlichen Blattrand führen. Wie wir bereits ausgeführt haben, liefert Abb. 48 eine recht anschauliche Darstellung der zwischen den einzelnen Sohlen liegenden Bauabschnitte. Hierbei sind die *Richtlinien*, 2.093, hinsichtlich der Zeichengebung beim Abbau einer flach ausgebildeten Lagerstätte in mehreren Scheiben und in einem Riß (dritte Darstellungsmöglichkeit) herangezogen worden.

Bei steilstehenden Braunkohlenflözen werden ähnlich wie bei den anderen Bergbauzweigen, zum Beispiel im Steinkohlen- oder Kalisalzbergbau, Abbaugrund- und Seigerrisse, gegebenenfalls auch Flachrisse, anzufertigen sein, etwa wie bei den Abbildungen 54 oder 55, 56, 62 bzw. 64. In diesen Fällen ist, worauf wir mehrfach hinwiesen, die Konstruktion von Ursprungsrissen und Wertlinien als Seiger- oder Querabstandslinien usw. ins Auge zu fassen.

Da in der Braunkohle häufig erheblich größere Flözmächtigkeiten vorliegen als in der Steinkohle, treten an die Stelle der Seigerabstandslinien (Höhenlinien) die

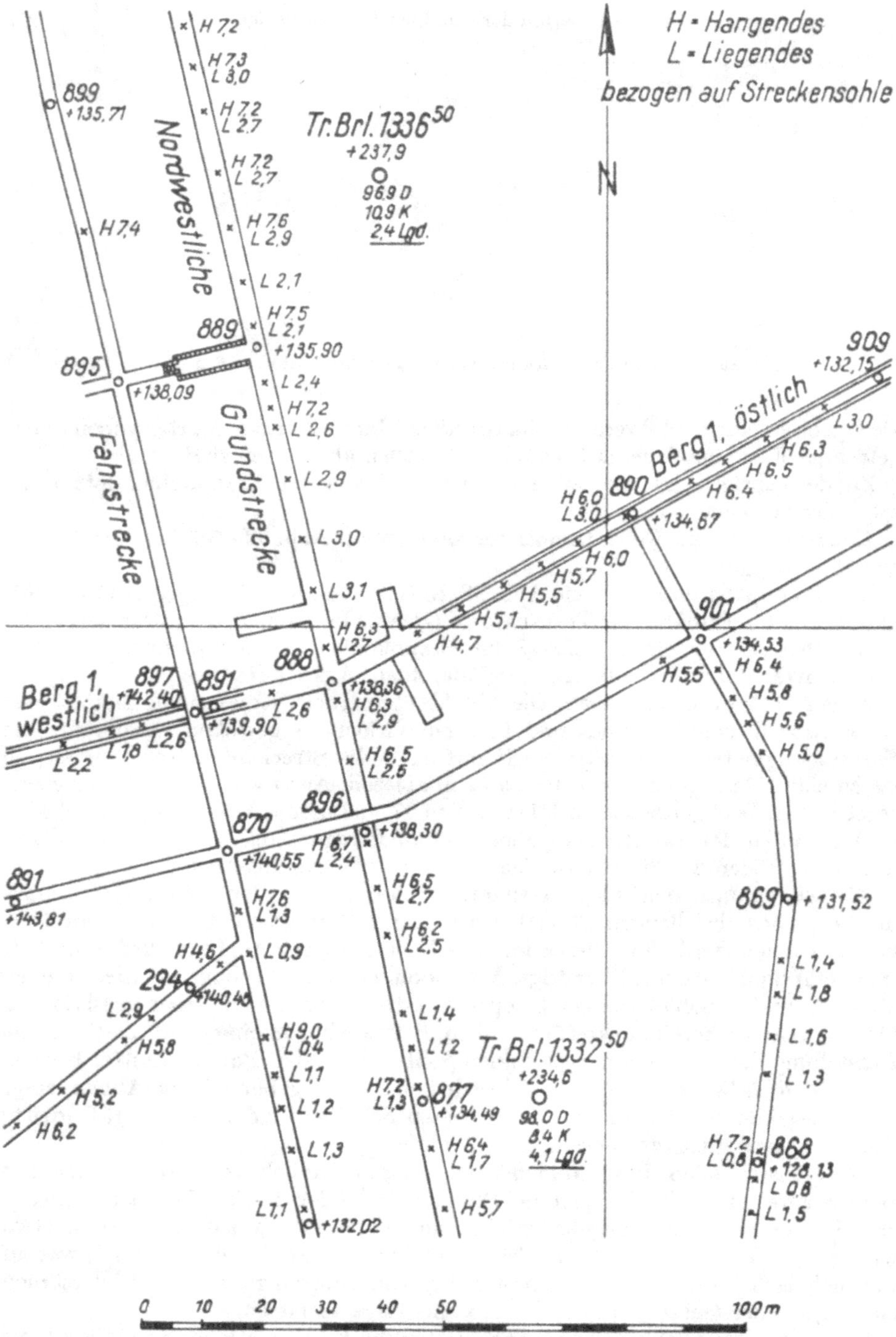

Abb. 90. Bohrriß aus dem Braunkohlentiefbau (Ausschnitt)

Höhenkurven des Flözhangenden und Flözliegenden. Wir haben im Band II an Hand der Abbildungen 20, 21 und 22, S. 656/657 dargetan, wie aus den Höhenlinien des Hangenden und des Liegenden das Höhenlinienbild der gesamten Flözmächtigkeit (Wertlinien) gewonnen wird. Es sind deshalb im Unterschied zu den Verhältnissen im Steinkohlenbergbau sowohl in den Sohlen- als auch in den Abbaugrundrissen nicht nur im Braunkohlentagebau, sondern auch im Braunkohlentiefbau die Begrenzungsflächen jedes Flözes, also das Hangende und das Liegende kenntlich zu machen (*Richtlinien*, 2.041).

Zu den Schnittrissen ist nichts Besonderes zu bemerken. Bereits bei Abb. 48 ist ein Schnitt der zum Abbaugrundriß gehörenden Abbauscheiben bzw. Sohlen gebracht worden. Natürlich wird es im Braunkohlentiefbau Quer-, Längs- und Längenschnitte geben. An die Stelle von Schichtenschnitten werden vielfach Bohrschnitte treten, es sei denn, daß — ähnlich wie im Steinkohlenbergbau — mächtige Deckgebirgsschichten die in großen Tiefen angetroffene Lagerstätte überlagern (2 m mächtiges Braunkohlenflöz in 800—900 m Teufe in Fohnsdorf, Österreich). Die im hessischen Braunkohlentiefbau (Kasseler Bezirk) vorherrschenden Lagerungsverhältnisse ähneln zum Teil der Flözausbildung, wie sie bei wenig mächtigem Deckgebirge aus dem Helmstedter Braunkohlenrevier in den dortigen Tagebaubetrieben bekannt ist. Nur ist im Braunkohlentiefbau des Kasseler Bezirkes die Gewinnung mitunter sehr erschwert und bei Teufen von 100—200 m nicht immer lohnend.

c) Erzlagerstätten

Im Erzbergbau wird man zwischen dem Bergbau auf Lagern sowie auf Gängen zu unterscheiden haben, wobei im Lagerbergbau, ähnlich wie in der Braunkohle, Tagebau und Tiefbau in Betracht zu ziehen sind.

α) Lagerbergbau. Tagebau und Tiefbau

Ein ausgezeichnetes Beispiel für den Lagerbergbau bieten die mächtigen Eisenerzlagerstätten des Salzgitterer Typus. In der Gegend von Salzgitter werden die Erze sowohl im Tage- als auch im Tiefbau gewonnen. Man wird deshalb die im Abschnitt „Zulegerißwerk" gebrachten Rißauszüge, zum Beispiel die Abb. 44, 67, 68 und 69, S. 242 und 244, auf den gesamten Lagerbergbau beziehen dürfen, zumal da Übergänge aus den Tagebau- in die Tiefbaubetriebe bestehen (z. B. bei Abb. 68 und 69). Als Bestandteile des Grubenrißwerks sind zu benennen:

1. *Haupttitelblatt*
   nebst weiteren Titelblättern, wie bei b), α);
2. Vereinigte *Tage- und Abbaugrundrisse* für reine Tagebaubetriebe,
   Tagerisse für Tiefbaue im Lagerbergbau;
3. *Sohlengrundrisse* für Tiefbaubetriebe;
4. *Abbaugrundrisse* für Tiefbaue,
   Abbauseiger- bzw. *Abbauflachrisse* für Tage- *und* Tiefbaubetriebe;
5. *Abbauschnittrisse* als Quer-, Längs- und Längenschnitte.

Der Rißmusteratlas 1942 enthält als Riß 23 das *Haupttitelblatt* des Eisensteinbergwerks Georg und Sonne. Es bringt eine geologische und eine topographische Übersichtskarte. An Stelle der letzteren wäre eine Berechtsamskarte angezeigt gewesen. Die Fotos in der Blattmitte sind überflüssig. Das Titelblatt behandelt zwar ein Gangvorkommen, doch läßt sich für den Lagererzbergbau ähnlich verfahren.

Einen *Tage- und Abbaugrundriß* hatten wir in Abb. 67 (Anhang) zur Darstellung gebracht. Der Riß gilt für einen bestimmten Abraum- und Abbaustand (31.8.1955), und es ist selbstverständlich, daß, ähnlich wie im Braunkohlentagebau, dieser Riß nach Maßgabe der bergbehördlich festgesetzten Fristen regelmäßig nachzutragen ist. Ebenso sind die Verkippungen des Tagebaues und die Kippenstände zu kennzeichnen. Wir erkennen somit weitgehend Übereinstimmungen der Tagebaue im Lagerbergbau mit denen im Braunkohlentagebau. Inwieweit auch hier *Betriebszustandsrisse* für das Werksgrubenbild (s. S. 290) in vierteljährlicher Nachtragungsfolge erforderlich werden, hängt von den Geländeverhältnissen sowie vom Einsatz an Fördermitteln ab, die den Abbaufortschritt, die Abraum- und Verkippungsverhältnisse bestimmen. Man darf nicht vergessen, daß die Abbaubedingungen für ein wechselvoll ausgebildetes Lagererzvorkommen andere sind als für eine Braunkohlenlagerstätte. Auch hier, wie in der Braunkohle, müssen aus den Darstellungen die Höhenverhältnisse des Geländes, bezogen auf NN, des Hangenden und Liegenden des Lagers, sowie der Kippenstände ersichtlich sein.

In der steilen Lagerung sind für Tagebaubetriebe *Abbauseigerrisse* zu führen, wie dies im Abschnitt „Zulegerißwerk" bei Abb. 69, S. 244, gezeigt wird. Wie aus den Eintragungen hervorgeht, müssen jeweils die unteren Grenzen der Abbaue sowie des Abraums bzw. der Verkippung dargestellt werden. Mit dem Abbau des Erzlagers, Eisenerzbergwerk H, wurde im Jahre 1939 begonnen. Im Jahre 1955/56 war der Abbau im Tagebau beendet, und zwar bis zur Grenzlinie im Horizont +110, unterhalb dessen der Tiefabbau einsetzt; und zwei Jahre später, 1957/58, war die Tagebauöffnung bis zum Niveau +166 m bis +175 m verkippt, wie die Doppelschraffur (s. Zeichenerklärung) erkennen läßt. Im Jahre 1960, wenn mit der Verkippung die Höhe der Tagesoberfläche erreicht sein wird, kann die Wiederurbarmachung einsetzen.

Erheblich aufschlußreicher als die die Abbau- und Abraumverhältnisse im Tagebaubetrieb darstellenden Abbauseigerrisse sind die Schnitte, von denen im kleinen Ausschnitt des Abbaugrundrisses, Abb. 67 (Anhang), allein fünf Schnittlinien eingetragen wurden. So zeigt Hauptschnitt (15) in Abb. 68 Einzelheiten und Zeitstände der Abbauführung und der Verkippung mit den erforderlichen Höheneintragungen. Man erkennt aber auch aus dem Schnitt, daß für eine Abbauteufe von rd. 90 m eine Oberflächenausdehnung des Tagebaubetriebes von rd. 300 m für eine Erzlagermächtigkeit von etwa 25 m erforderlich wird. Mengenmäßig ausgedrückt ist die *sechs*fache Abraummenge des vom Erzkörper eingenommenen Rauminhalts erforderlich, um nach erfolgtem Abbau die entstandene Tagebauöffnung einzuebnen und der Landwirtschaft wieder nutzbar zu machen. Obwohl in bezug auf die zu bewegenden Abraummassen ein Vergleich mit Braunkohlentagebauen nicht angezeigt sein dürfte, ist im Salzgitterer Lagerbergbau das Verhältnis Abraum zu Erzlagermächtigkeit doppelt so ungünstig wie das Verhältnis Abraum zu Kohle im Bereich der Braunkohlentagebaue in der „Ville" im Kölner Revier mit dem *drei*fachen Bedarf an kippfähigem Material.

Die *Tagerisse* im *Tiefbau* unterscheiden sich im Erzlagerbergbau nicht von denen des Steinkohlenbergbaus. Es kann also auch hier Abb. 38, S. 192, aus dem Zulegerißwerk als Tagerißmuster gelten.

Einen *Sohlengrundriß* für die Salzgitterer Erzlager zeigten wir in Abb. 44 (Anhang). Bei mächtigen Erzlagern wird man nicht nur für jede Sohle, sondern auch für jede Teilsohle einen Sohlengrundriß anfertigen mit allen in den einzelnen Lagern oder Erzhorizonten getriebenen Strecken nebst den Verbindungen zur nächsthöheren, in den Teilsohlengrundrissen auch bis zur nächsttieferen Sohle. Bezüglich der Ausführung und Darstellung sind die *Richtlinien*, 2.051, zu beachten. Im Erzbergbau kommt es aber nicht nur auf die Streckenführung und Auftragung der Grubenbaue an; vielmehr ist die Darstellung des Erzvorkommens selbst sowie des Nebengesteins von großer Wichtigkeit. Hierfür wählt man, wie die *Richtlinien* bei 3.127 angeben, für die zeichnerische Wiedergabe des Mineralgehalts an Hand von Analysenergebnissen entweder die Farbband- oder die Schraffendarstellung, worauf wir bereits einmal hinwiesen. Dazu werden fünf Ausführungsbeispiele gegeben, die auf zwei Blättern in schwarzweißer und farbiger Weise bei 3.128 beschrieben sind, woran sich die Erläuterungen zu 3.12 schließen; diese sind ebenfalls auf zwei Blättern enthalten und beschreiben in sehr ausführlicher Form die Schraffen- und Farbbanddarstellungen. Für diesen Zweck sind die Sohlengrundrisse besonders geeignet, da es keine Rißart sonst gibt, die Platz genug enthält, um den Mineralgehalt in derart übersichtlicher und vollständiger Form wiederzugeben.

Abb. 91 zeigt einen Ausschnitt aus einem *Abbaugrundriß* des Eisenerzbergwerks T in Salzgitter. Zu diesem Abbaugrundriß gehört ein *Schnitt*, von dem Abb. 92 einen Ausschnitt bringt. Beide Abbildungen gehören insofern zusammen, als der im Grundriß, Abb. 91, eingetragene Querschnitt ② durch den Schacht 1, Wetterschacht, verläuft und in Abb. 92 das Erzlager im Schnitt bis zur zweiten Teilsohle darstellt.

Im Grundriß sieht man die vom Schacht ausgehenden, in den einzelnen Sohlen übereinander liegenden, in gestrichelter Linienführung dargestellten Querschläge, die nach Osten führen. Es ist sodann die Oberkante des Tagebaues eingezeichnet. Der Abbau setzt 85 m von Schachtmitte aus entfernt ein und geht über die erste und zweite Sohle zur dritten Sohle über. Zum Abbauverfahren selbst, dem in diesem Erzlager angewandten Weitungsbruchbau, haben wir im Band II, S. 685 bis 689, zwecks Erläuterung der in Betracht kommenden Erzvorratsberechnung Stellung genommen und auf die grundlegenden Arbeiten von O. Schleier (1949; 1954, 1 und 2) verwiesen.

Der zugehörige Querschnittriß, Abb. 92, weist ein durchschnittliches Einfallen des Erzlagers von 55^g bis 60^g nach. In größeren Teufen, von 300 m Teufe an, verflacht sich das Einfallen auf 40^g und 30^g. Der Schnittriß zeigt einen an der Tagesoberfläche bis zu rd. 30 m Teufe abgebauten und verkippten Tagebau von geringer Ausdehnung. Schachtsäule und Querschläge geben das durchteufte bzw. durchfahrene Nebengestein an. Außer den Abbauzeiten und den Höhen der Abbaustrecken sind Analysenergebnisse über die Fe-, SiO_2- und CaO-Gehalte im Erzkörper eingetragen.

Erfolgen Abbau und Versatz mächtiger steil einfallender Lagerstätten in mehreren Scheiben, so hat sich die Darstellung auf *Abbauhauptgrundrisse*, die nur die wichtigsten Grubenbaue enthalten, ferner auf *Abbaugrundrisse* und *Abschiebe-*

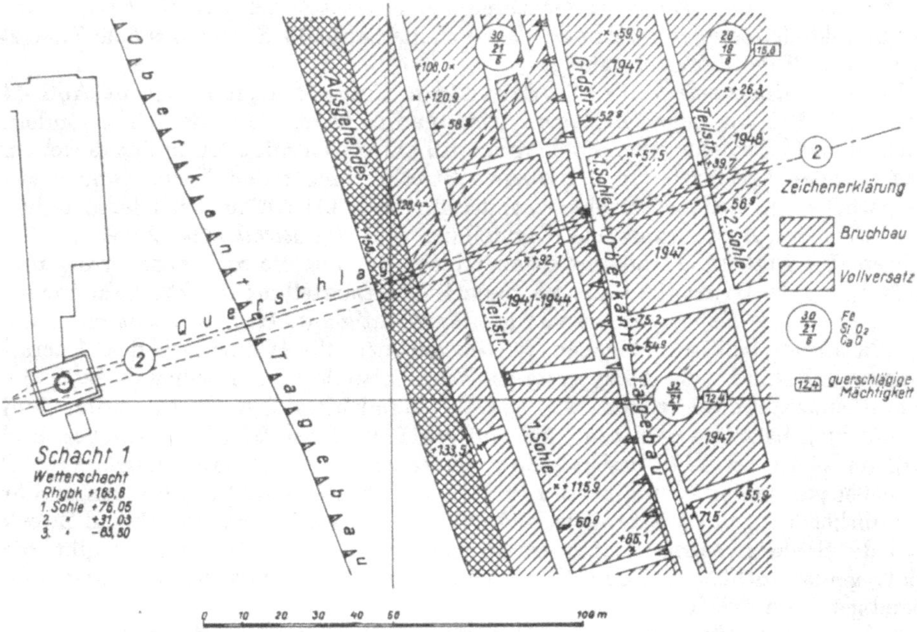

Abb. 91. Abbaugrundriß aus dem Lagererzbergbau Salzgitter

Abb. 92. Querschnitt ② zum Abbaugrundriß Abb. 91

grundrisse zu erstrecken, wie dies in den *Richtlinien*, 2.094, angegeben ist. Aus Gründen der Übersichtlichkeit können zur Darstellung der einzelnen Scheiben Deck- oder Transparentrisse verwendet werden.

Das Muster eines *Abschiebegrundrisses* im Ausschnitt, das uns Herr Markscheider Direktor O. Schleier aus dem Lagererzbergbau von Salzgitter zur Verfügung stellte, legen wir in Abb. 93 (a, b) vor (s. Anh.). Da es sich bei diesem Beispiel um die Darstellung von sieben Scheiben auf 52 m Teufenabschnitt (2. Sohle bis 3. Teilsohle) sowie um die Wiedergabe der Erzlagerstrukturen in zwei weiteren Schrapperscheiben, insgesamt somit um neun Scheiben handelt, werden die vier oberen Scheiben auf der linken Blattseite . . ., die fünf tieferen Scheiben auf der rechten Blattseite . . . wiedergegeben. Die strichpunktiert gezeichnete Abschiebelinie bildet für beide Blätter den Anschluß. Netzlinien und Nordpfeile dienen der weiteren Orientierung. Ein Blick auf die Darstellung genügt, um das Verfahren des Abschiebens zu kennzeichnen. Obwohl eine farbig angelegte Zeichnung vollkommener wirkt, dürfte die vorliegende Schwarzweiß-Ausführung deutlich genug sein, um an Hand der Zeichenerklärung den erforderlichen Einblick in das Abschiebeverfahren zu gewinnen. Auf eine Beigabe des zugehörigen Abbauhauptgrundrisses konnte verzichtet werden, da es hier lediglich darauf ankommt zu zeigen, welche Art der Darstellung bei mächtigen, in mehreren Scheiben abgebauten Lagerstätten zweckmäßig in Betracht zu ziehen ist. Diese Verfahren sind von uns laut Preisausschreiben vom Oktober 1943 (Mitt. a. d. Markscheidewesen 1943) bekanntgegeben worden.

Bei sehr unregelmäßig ausgebildeten Lagerstätten mit stark wechselnden Mächtigkeiten und Mineralgehalten, besonders bei steilem Einfallen und verwickelter Tektonik, lassen sich die Bestandteile des Grubenbildes nicht ohne weiteres in die Gliederung einreihen, die in den *Richtlinien* 1.0131 gegeben ist. Hier kann neben dem Seigerriß der *Querriß*, den man bisher als Abbauschnittriß bezeichnete, eine Rolle spielen. Inwieweit bei mächtigen, jedoch in der Mächtigkeit schwankenden Lagerstätten die Aufgliederung des Erzkörpers in Scheiben zweckmäßig ist, wird auch von der Ausbildung des Vorkommens abhängen. Wir kommen im Unterabschnitt II, D, 2d bei Behandlung des Grubenbildes im Kali- und Steinsalzbergbau hierauf zurück.

β) Gangbergbau

Im Gangbergbau wird man an den bei c), α) aufgezählten Bestandteilen des Grubenbildes: *Titelblätter*, *Tagerisse*, *Sohlengrundrisse*, *Abbaugrund-*, *Abbauseiger-* bzw. *Abbauflachrisse* und *Abbauschnittrisse* festhalten.

Die *Sohlengrundrisse* sind im Gangbergbau von besonderer Bedeutung, denn auch hier erweist sich, ebenso wie im Lagerbergbau, neben der Darstellung der Aus- und Vorrichtungsbaue die Mineralführung, Tektonik und Ausbildung des Nebengesteins als so wichtig und, wie Abb. 43b zeigt, als so mannigfaltig, daß stets nur eine einzige Sohle mit Andeutung der Baue in der nächsthöheren Sohle (in gerissenen Linien) abgebildet werden kann. Dabei kommt es auf das Einfallen des Ganges oder der Gänge an. Liegt Steilstellung bis zu 90—100^g vor, so entfällt ein Abbaugrundriß, so daß nur Sohlen-, Seiger- oder Schnittriß (Querschnitt) die Ausbildung der Lagerstätte wiederzugeben vermögen. So hatten wir im Abschnitt „Zulegerißwerk“ zu den Sohlengrundrissen des Eisenerzbergwerks Füsseberg-

Friedrich Wilhelm, Abb. 50—52, den *Abbauseigerriß*, Abb. 53, S. 216/217, mit eingetragenen Querabstandslinien gebracht, wobei letztere die seigere Stellung des Spateisensteinganges dargetan haben.

Wir zeigten außerdem in Abb. 43b (Anhang) einen Ausschnitt aus dem Sohlengrundriß des Eisenerzbergwerks Georg, auf dem die Erzführung der 680-m-Sohle (rot) sowie der 640-m-Sohle (gelb) dargestellt ist (Anhang). Zu diesem Grundriß hat Herr Markscheider RACK von der Erzbergbau Siegerland AG. einen Querschnittriß angefertigt, den wir in Abb. 94 wiedergeben. Dieser Schnitt ist nordsüdlich in der mittleren Abszisse der Abbildung 43b, also zwischen Schacht 1 und dem rechten Blattrand angelegt. Er stellt den Erzgang von der 600-m- über die 640-m- und 680-m-Sohle zur 720-m-Sohle dar. Der Gang, der rd. 10—14 m mächtig ist, erweist sich als steilstehend (85—90^g) und stark gestört. Aber aus beiden Beispielen, die zwei verschiedene Lagerstätten aus dem Siegerländer Gangbergbau betreffen, geht hervor, daß in diesen Fällen Abbaugrundrisse durch Seigerrisse zu ersetzen sind und daß zweckmäßig die Sohlengrundrisse durch Abbauseigerrisse *und* Abbauschnittrisse ergänzt werden müssen, wenn ein möglichst vollständiges Bild der Lagerstätte geliefert werden soll.

Man erkennt aus sämtlichen Abbildungen, ob Grundriß, Seigerriß oder Schnittriß, daß die Gangvorkommen außerordentlich stark gestört sind. Aus diesem Grunde werden diese Darstellungen nicht immer ausreichen, zumal da Schnittrisse nicht in beliebiger Menge, sondern nur in bestimmten Abständen voneinander anzufertigen sind, um größere Unterschiede in der Ausbildung des Vorkommens zu zeigen. Wie unregelmäßig ein in mehrere Trümer aufgesplitterter Gang gestaltet sein kann, läßt Abb. 95 schon in einem Sohlengrundriß erkennen. Die Erzführung ist in der schwarzweißen Ausführung durch Strichelung hervorgehoben. Die weiß gebliebenen Streckenteile weisen demnach keine Erzführung nach. Die Darstellung im Grundriß bezieht sich aber nur auf die Streckensohle.

Der Sohlengrundriß, Abb. 95, ist ein Grundriß der 230-m-Sohle im Maßstab 1 : 500 der Grube Anxbach der Erzbergbau Siegerland AG. Die Unzahl kleiner und größerer Störungen deutet auf eine höchst unregelmäßige Lagerstättenausbildung hin. Im oberen Teil der Abbildung sind drei Querschnitte durch den Streckenkörper gelegt, die Schnitte ①, ③ und ⑤. Rechts neben dieser Strecke sind die Streckenquerschnitte ①, ③ und ⑤ dargestellt, und man stellt auf den relativ kurzen Abständen von 5—10 m zwischen diesen Profilen große Unregelmäßigkeiten in der Erzführung fest. Noch anschaulicher als in Streckenquerschnitten kommen in *Klapprissen*[1]) derartige Abweichungen im Verhalten der Lagerstätte zum Ausdruck. So zeigt die Darstellung derselben Grube bei Polygonpunkt 391 das Bild der Sohle im Grundriß (Mitte), des linken, also westlichen Streckenstoßes unterhalb und des rechten, östlichen Streckenstoßes oberhalb der grundrißlichen Darstellung. Der Grundrißausschnitt gibt bei C wiederum einen Streckenquerschnitt an. Ein weiteres Beispiel, das in den Streckenstößen zwischen den P. P. 428 und 430 die charakteristische Deckeltektonik erkennen läßt, ist in Abb. 96 wiedergegeben. Dabei handelt es sich um die südliche Fortsetzung des Haupt-

---

[1]) Der Ausdruck „Klappriß" ist von Herrn Dr. R. REICHENBACH gewählt worden. Er entspricht in dieser Form nicht der Begriffsauslegung im Band II, S. 31 (Fachsprachliche Bemerkungen). Deshalb wird man zutreffender von grundrißlichen und Stoßaufnahmen sprechen.

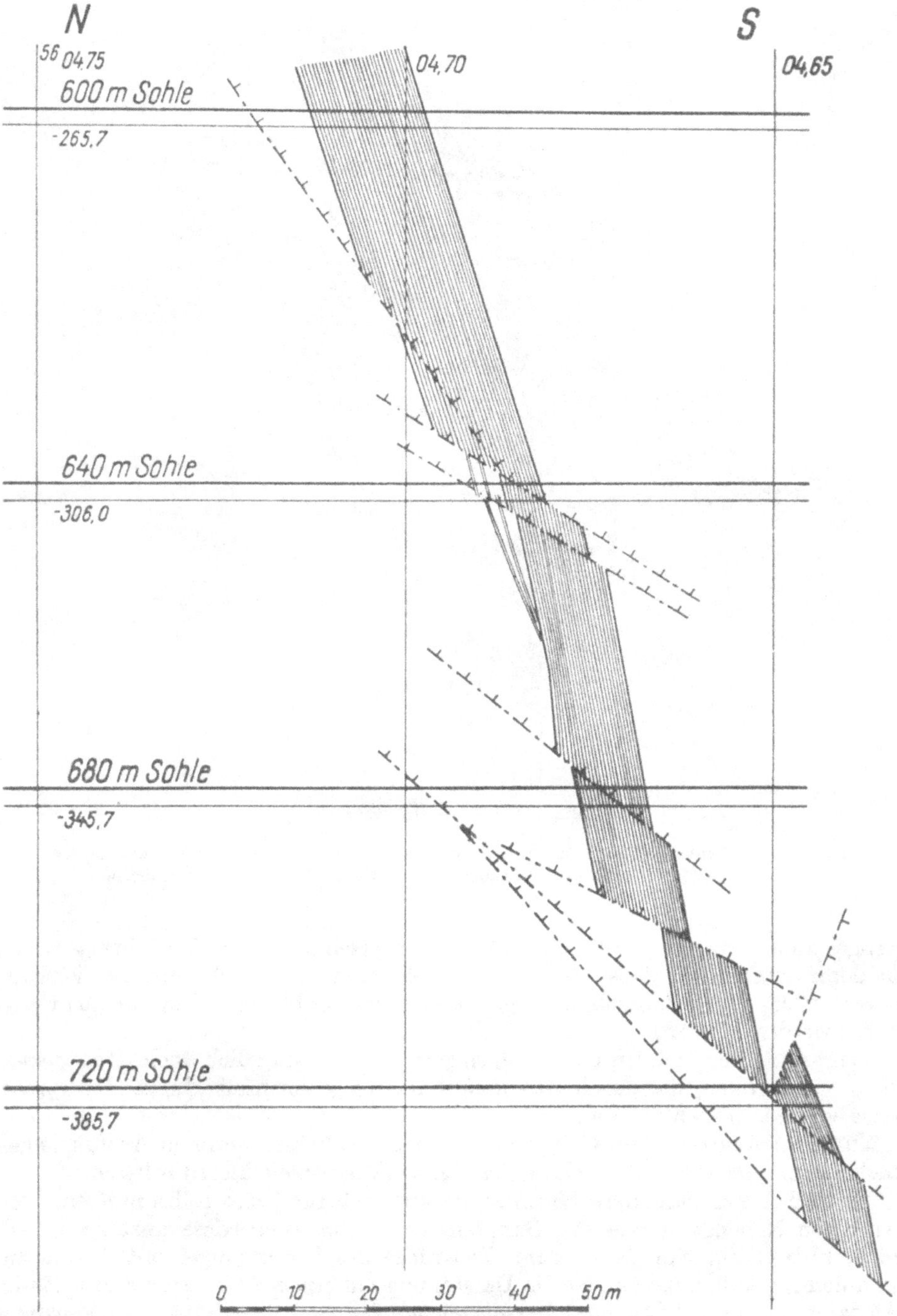

Abb. 94. Querschnitt Grube Georg, Gangerzbergbau, zu Abb. 43 b, Abschnitt II c, gehörig

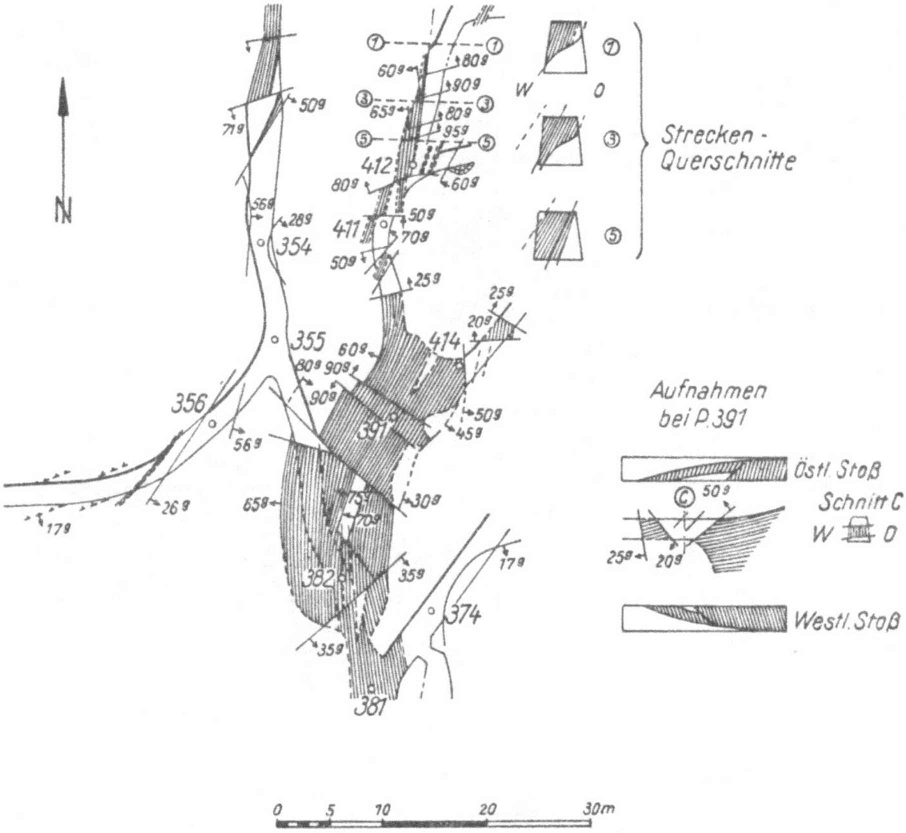

Abb. 95. Ausschnitt aus einem Sohlengrundriß der Grube Anxbach im Siegerländer Gangerzbergbau in stark gestörter Lagerung. Streckenquerschnitte, grundrißliche und Stoßaufnahmen

ganges zum Sohlengrundriß, Abb. 95. Die Unterschiede in der Erzführung treten in derart auffälliger Weise hervor, daß bei verwickelten tektonischen Verhältnissen solche Darstellungen als Ergänzungen zum Sohlengrundriß gar nicht entbehrt werden können.

Liegt das Gangeinfallen unter 80^g, so sind selbstverständlich auch *Abbaugrundrisse* anzufertigen, die durch *Abbauseigerrisse*, gegebenenfalls durch *Abbauflachrisse* ergänzt werden müssen.

Zu den *Schnittrissen* im Gangbergbau bedarf es keiner weiteren Ausführungen mehr, zumal da wir auch noch im Abschnitt IV Beispiele hierzu bringen.

Es sind ferner besondere Hinweise darauf, daß für jeden selbständigen, bauwürdigen Nebengang oder für Gangteilstücke Abbauseigerrisse anzulegen sind, nicht notwendig. Nur dann, wenn Teilstücke des Hauptganges mit diesem zusammen im Abbau stehen, ist die Darstellung auf *einem* Abbauseigerriß zulässig. Alsdann sind die Abbau- und Versatzzeichen für zwei über- oder nebeneinander liegende Lagerstätten in *einem* Riß (*Richtlinien*, 2.092), anzuwenden.

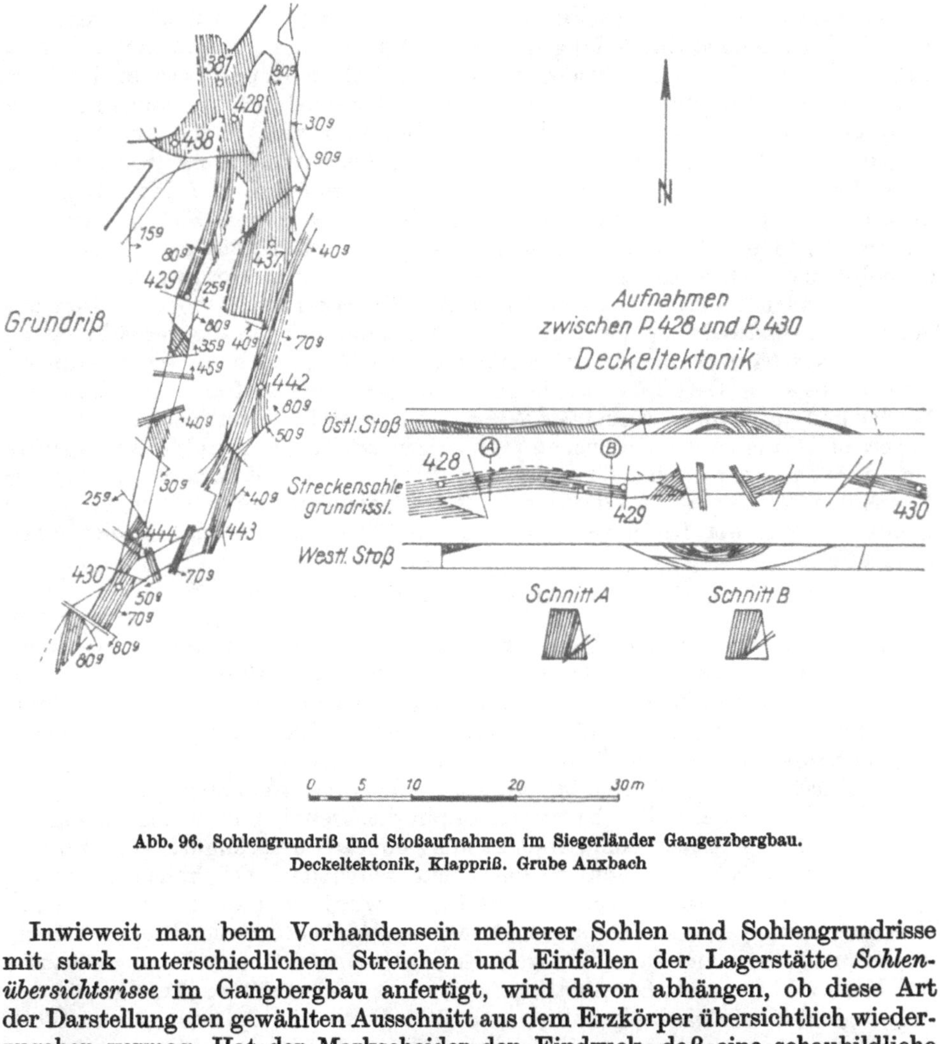

Abb. 96. Sohlengrundriß und Stoßaufnahmen im Siegerländer Gangerzbergbau. Deckeltektonik, Klappriß. Grube Anxbach

Inwieweit man beim Vorhandensein mehrerer Sohlen und Sohlengrundrisse mit stark unterschiedlichem Streichen und Einfallen der Lagerstätte *Sohlenübersichtsrisse* im Gangbergbau anfertigt, wird davon abhängen, ob diese Art der Darstellung den gewählten Ausschnitt aus dem Erzkörper übersichtlich wiederzugeben vermag. Hat der Markscheider den Eindruck, daß eine schaubildliche Darstellung oder ein Modell dieses Ausschnittes aus dem Erzkörper besser am Platze ist, sollte man diese Art der Wiedergabe vorziehen. Erwähnenswert ist in dieser Hinsicht die von O. Haibach als erste auf diesem Gebiete veröffentlichte Darstellung, ein Schaubild des Eisensteinbergwerks Georg und Sonne, das im Rißmusteratlas 1942 als Riß 28 zu finden ist (dort als Raumbild bezeichnet), ferner ein von Hans Müller gefertigtes Schaubild des Blei- und Zinkerzbergwerks Gottessegen als Riß 34 im Atlas 1942. Diese Schaubilder haben später — sie stammen aus den Jahren 1925 (O. Haibach) und 1933 (H. Müller) — Schule gemacht.

Gerade im Gangbergbau erkennt man bei Betrachtung der Abb. 43b, 49, 50—53, 94, 95 und 96 aus Abschnitt IIC und D die Schwierigkeiten, die sich infolge verwickelter tektonischer Verhältnisse für die Auswahl klarer und erschöpfend wirkender Darstellungen ergeben. Man kann sich nunmehr auch vorstellen, weshalb der Markscheider bei dem Mangel an Kenntnissen in der Darstellenden und Analytischen Geometrie in den früheren Jahrhunderten vergeblich nach geeigneten Darstellungsverfahren suchte und vom falsch konstruierten Seigerriß zum Flachriß überging, der bei fehlerhafter Ausführung ebenso falsche Vorstellungen nährte und zum Scheitern aller Bemühungen führte. Dennoch müssen wir zugeben, daß man vielfach gar nicht so weit vom Ziel entfernt war und im 17., 18. und 19. Jahrhundert so manche beachtliche Leistung auf die Beine zu stellen vermochte. Heute sind wir dank der von O. Haibach gewiesenen Wege für eine geeignete Projektionswahl und von Transformationsmöglichkeiten aus der einen in jedwede andere Projektionsart imstande, auch die verwickeltesten Lagerungsverhältnisse so darzustellen, daß ihre Verbildlichung die dreidimensionale Lage im Gebirgskörper in mathematisch einwandfreier, formbeschreibender und anschaulich wirkender Weise gewährleistet. Beschreitet man auch im Lager- und Gangbergbau den neuen Weg, Seiger- oder Flachrisse als *Ursprungsrisse* auf raumkoordinatorischer Grundlage zu erstellen und mit formbeschreibenden Wertlinien als Seiger-, Bank- oder Querabstandslinien auszustatten, so dürfte damit das Ziel der Gleichwertigkeit aller in Frage kommenden Projektionen erreicht sein.

d) Kali- und Steinsalzbergbau

Im Kali- und Steinsalzbergbau hat man zwischen der Gewinnung von Steinsalz aus Salinen sowie dem Bergbau als Tiefbau auf Steinsalz und ferner auf Kalisalze zu unterscheiden. In darstellender Hinsicht spielen die Salinen eine untergeordnete Rolle. Man zählt sie zumeist zum Gebiet der „Steine und Erden", und dort sollen sie auch im Teilabschnitt f) erwähnt werden.

Geologisch und rißtechnisch betrachtet, nehmen die Kalisalzlagerstätten innerhalb der verschiedenen Bergbauzweige durch die Vielfalt und Unregelmäßigkeit ihrer Ausbildungsformen eine Sonderstellung ein. Die ursprünglich vorhandenen Elastizitätseigenschaften von Salzgesteinen schwinden bei hohen Druckbelastungen. Die plastische Verformbarkeit überwiegt, und es kommt zu Stauchungen, Zerrungen und Auswalzungen sowie infolge tektonischer Beanspruchung zu Aufpressungen und Dombildungen (Erdöl, Gasaustritt). Der Formenreichtum der Kali- und Steinsalz-Lagerstätten äußert sich demgemäß im Einfallen, in den Mächtigkeiten und Mineralgehalten, so daß flache bis steilstehende (bis zu 100^g), arme und reiche, in ihrer Ausbildung und Mineralzusammensetzung meist unregelmäßige Lager zur Gewinnung anstehen.

Schon die Risse 35 und 36 im Rißmusteratlas 1942 lassen im Grundriß sowie in den Schnitten die völlig ungleichmäßige Ausbildung der Carnallit-, der Hartsalz- und jüngeren wie älteren Steinsalzschichten, ferner bauwürdige Lagermächtigkeiten bis zu 40 m und darüber erkennen. Die Unregelmäßigkeit drückt sich in fortwährenden Änderungen der Schichtenfolge, ihrer Mächtigkeiten und Mineralgehalte sowie der Streich- und Einfallsrichtungen aus, und zwar in derart krassem Ausmaß, daß oftmals keine Vergleichsmöglichkeiten mit den Lagerungsverhältnissen der übrigen Bergbausparten, zum Beispiel mit Steinkohlen-, Braunkohlen-, Gang- oder Lagererzvorkommen bestehen. Hinzukommt, daß im Salz in der Regel weder Klüfte noch Schlechten auftreten, weil die Salzgesteine unter

Druck Umkristallisationen erfahren, zusammenwachsen oder sich umbilden. Störungszonen äußern sich daher mitunter in Verdrückungen und Vertaubungen.

Da die deutschen Salzgebiete einen ungewöhnlich großen Umfang aufweisen, wobei dem Hauptbecken eine Breite von 150—400 km und eine Längsausdehnung von 700 km zukommt [G. Spackeler (Lehrbuch des Kali- und Steinsalzbergbaus, 1957, Halle/Saale, S. 14, Abb. 7)], unterscheidet man bestimmte Bezirke, wie zum Beispiel den Magdeburg-Halberstädter Bezirk, das Unstrut-Mansfeld-Saale-Gebiet, den Südharz-, Südhannoverbezirk, das norddeutsche Flachland, den Werrabezirk und das Steinsalzvorkommen von Borth am Niederrhein [G. Spakkeler (1957, S. 16)]. Die verschiedenen geologischen Formationen angehörenden Kali- und Steinsalzlagerstätten sind, wie dies u. a. Spackeler in seinem Buch beschreibt (S. 14—24), sehr unterschiedlich beschaffen, so daß auch flözartig ausgebildete, steilstehende Lager [G. Spackeler (1957, Abb. 10)] oder flache flözartige Lagerungen auftreten (Abb. 12 u. 14 bei G. Spackeler). Alsdann sind, wie zum Beispiel im Saale-Unstrut-, im Südharz- und Hannoverschen Gebiet, größere Störungen nebst einer ausgeprägten Kleintektonik zu verzeichnen.

Aus diesen kurzen Hinweisen über einige Wesenszüge der deutschen Kali- und Steinsalzlagerstätten geht hervor, daß auch die Art und Weise der Darstellungsmöglichkeiten recht vielgestaltig sein muß. Daher werden an Rißarten erforderlich:

1. *Haupttitelblatt*
   nebst allen weiteren Titelblättern, wie Blattverzeichnisse, Berechtsamsriß in übersichtlicher oder Stammbaumform, gegebenenfalls Grenzriß;
2. *Tagerisse*;
3. *Bohrrisse*;
4. *Sohlenrisse* mit Sohlengrund- und Sohlenübersichtsrissen;
5. *Abbaurisse* mit Abbaugrundrissen;
6. *Abbauseigerrisse*,
   Abbauflachrisse,
   Abbauschnittrisse;
7. *Schnittrisse* als
   Quer-, Längs- und Längenschnitte, Schichtenschnittrisse.

Diese Aufstellung der Rißarten wird nicht auf jede Kali- oder Steinsalzlagerstätte anzuwenden sein. Dennoch sind Abwandlungen nur dann vonnöten, wenn flözartig und flach gelagerte Kali- oder Steinsalzlager von annähernd gleichbleibender Mächtigkeit und relativ geringfügiger Änderung der Mineralgehalte im Abbau stehen. Ein Beispiel für flache, ungestörte Lagerung brachten wir bei der Ermittlung von Vorratsberechnungen im Kalibergbau in unserem Band II, S. 695, Abb. 38, und für flache, gestörte Lagerung auf S. 697, Abb. 39.

Das *Haupttitelblatt* einer steilgestellten, unregelmäßig ausgebildeten Kalilagerstätte ist in Abb. 32 mit entsprechenden Ausführungen (S. 180) wiedergegeben. Die Anfertigung weiterer Titelblätter hängt von der Bedarfsfrage ab. Im Kali- und Steinsalzbergbau bestehen nicht immer die Zusammenhänge zwischen benachbarten Bergwerksfeldern, wie solche im Steinkohlenbergbau, besonders des Ruhrgebietes gegeben sind. Aber selbst dann, wenn solche Verhältnisse vorliegen, ist unbedingt zu beachten, daß Schächte, Tiefbohrlöcher und Markscheiden sowie das Deckgebirge durch Sicherheitspfeiler geschützt werden müssen. Während man sich also in anderen Bergbauzweigen, wie etwa in der Steinkohle, Braunkohle und im Erz über eine Schwächung oder Aufhebung von Markscheidesicherheitspfeilern im Benehmen mit der Nachbarzeche und der Bergbehörde einigen kann, scheidet im Salz- und Kalibergbau der Abbau von Markscheidesicherheitspfeilern wegen der Wassergefahr aus, d. h. wegen der Gefahr des Ersaufens eines oder beider Werke im Falle einer Schwächung oder Beseitigung des Markscheidesicherheitspfeilers.

Hieraus geht die Bedeutung nicht nur der Markscheide-, sondern auch der Sicherheitspfeiler für Schächte und Tiefbohrlöcher hervor. Deshalb sind auch auf die unter Ziffer 2 dieses Unterabschnitts d) erwähnten *Tagerisse* gemäß bergbehördlicher Vorschrift (Richtlinien für die Durchführung der markscheiderischen Messungen usw.) sämtliche Bohrlöcher, die das Hangende des Salzgebirges durchteuft haben, mit den amtlich festgesetzten Sicherheitspfeiler- und den oberen Abbaugrenzen gemäß den *Richtlinien*, 2.08 und 2.012, aufzutragen. Im übrigen fallen dem Markscheider bei Anfertigung der Tagerisse im Kalisalzbergbau dieselben Aufgaben zu wie in allen anderen Bergbauzweigen.

Auch *Bohrrisse* als Bohrgrund- und Bohrschnittrisse spielen im Kalibergbau eine Rolle, besonders unter Tage. Schon die Ungleichmäßigkeit der K_2O-Gehalte in den Sohlenstrecken der Karnallit- und Hartsalzlager zwingt zur Anlage einer möglichst dichten Aufeinanderfolge von Horizontalbohrungen, um aus einer Großzahl von Analysen die abbauwürdigen Bauabschnitte zu kennzeichnen. Hierauf soll im Abschnitt IV näher eingegangen werden.

Einen *Sohlengrundriß* aus dem Kalibergbau in steiler Lagerung brachten wir in Abb. 45, S. 202, einen *Sohlenübersichtsriß* nebst *Schnittrissen* der gleichen Lagerstätte in Abb. 46 und 47, S. 204/205. Dieser Sohlenübersichtsriß zeigt stark unterschiedliche Verhältnisse in der Streich- und Einfallsrichtung des Lagers mit Überkippungen und scharfen Umbiegungen der Grundstrecken, so daß auf dem Zeichenblatt drei nahezu rechtwinklig aufeinander stehende Seigerrißebenen angelegt werden mußten. Schon auf diesen drei Abbildungen 45, 46 und 47 zeigt sich eine Unregelmäßigkeit in der Darstellung der Grubenbaue, wie sie in anderen Bergbauzweigen, zum Beispiel im Steinkohlen-, Braunkohlen- oder Erzbergbau nicht anzutreffen ist. Die Streckenbreiten schwanken zwischen 2 m und 30 m. Der große Wechsel in den Auffahrungsbreiten hängt, wie sich im Abschnitt IV ergeben wird, mit dem K_2O-Gehalt der Lager zusammen.

Abbaugrundrisse und *Abbauseigerrisse* sind im Kalisalzbergbau mannigfachen Abwandlungen unterworfen je nach dem Einfallen, dem Streichen und der Ausbildung der Lagerstätte. Wir zeigen in Abb. 97 einen Auszug aus einem Abbaugrundriß des Kalisalzbergwerks Wilhelmshall, den wir wiederum Herrn Markscheider Dr.-Ing. Neuwirth von der Wintershall AG. Kassel verdanken. Der Rißauszug ist in vielfacher Beziehung bemerkenswert. Er stellt die Abbauverhältnisse zwischen der 784-m- und der 750-m-Sohle dar; auch die Grundstrecken in den beiden höheren Sohlen, der 700-m- und 624-m-Sohle, sind dargestellt mit den Blindschächten 3 und 4 zwischen 784-m- und 624-m-Sohle. Die Seigerabstands- oder Höhenlinien des Liegenden sind in Abständen von 10 zu 10 m eingetragen; sie lassen im nördlichen Teil des Rißauszuges flache, dagegen im südlichen Blatteil steilere Lagerung erkennen, die östlich des Blindschachtes 3 bis zu 45^g und westlich davon sogar bis zu 74^g beträgt. Wie das umlaufende Streichen der Grundstrecke 700-m-Sohle zeigt, bildet das Kalisalzlager auf der rechten unteren Blattseite einen Sattel, der nach allen Seiten hin zunächst steil, später flach abfällt. Man wird zugeben müssen, daß die Konstruktion der Seigerabstands-(= Höhen-)linien die Ausbildung des Lagers fast plastisch betont, ohne das Grundsätzliche an der Darstellung im geringsten zu stören.

Wir sehen ferner, daß der Abbaugrundriß streng nach den Weisungen der *Richtlinien* angelegt worden ist. Auf die Eintragung der Sicherheitspfeilergrenzen zum Schutz gegen Wassereinbrüche, worauf wir bereits hinwiesen (S. 310), bitten wir ebenfalls zu achten. Die abgebauten Kammern tragen nur dann Jahreszahlen, wenn der Abbau beendet worden ist (Kammern B 9, B 4, A 3). Im übrigen weist auch dieser Riß unregelmäßige Strecken- und Kammerbreiten nach, womit die Sorgfalt der Messungen, Beobachtungen und Aufnahmen ausdrücklich betont sei. Es soll nicht unerwähnt bleiben, daß sich Herr Dr. NEUWIRTH die Mühe gemacht hat, den Riß Abb. 65 auch in schwarzweißer Darstellung zu bringen. Solche Versuche verdienen schon deshalb Beachtung und Interesse, weil sie erkennen lassen, wie weit man mit Schwarzweiß-Darstellungen gehen kann. Nur wird häufig der damit verbundene Arbeitsaufwand so groß ausfallen, daß farbige Darstellungen den Vorzug verdienen.

Einen *Abbauseigerriß*auszug, gehörend zu Abb. 45, hatten wir bereits in Abb. 54 (S. 219) gebracht; er entspricht, wenn man bei den vielen, nahe beieinander liegenden Sohlen von Seigerabstandslinien absieht, mit den eingetragenen Querabstandslinien q sowie den sonstigen Angaben über Einfallen, Mächtigkeiten des Lagers und Bauwürdigkeit den neuen Vorstellungen über die Anfertigung von Seiger-Ursprungsrissen. Inwieweit bei steil gelagerten Kalisalzvorkommen die Anfertigung von *Abbauflachrissen* ins Auge gefaßt werden kann, dürfte von der Ausbildung der Lagerstätte abhängen. Abb. 54 zeigt eine sehr unregelmäßige Beschaffenheit des Lagers an, wenngleich das Einfallen zwischen der 400-m- und 800-m-Sohle relativ gleichbleibend zwischen 85^g und 70^g schwankt. Versuche zur Herstellung von Flachrissen im Kalisalzbergbau dürften beim Vorliegen nicht zu unregelmäßig gestalteter Lagerstätten von Erfolg begleitet sein, wenn die exakte dreidimensionale Arbeitsweise an Boden gewinnt. Ist dies der Fall, dann erübrigen sich die *Abbauschnittrisse* (S. 309), weil Abbauflachrisse mit t-, q- und f_b-Linien eine so vollkommene Formbeschreibung der Lagerstätte ermöglichen, wie sie von keiner anderen Rißart erreicht werden kann. Hierzu verweisen wir auch auf den Schlußsatz zu diesem Abschnitt, S. 312.

Damit wäre nur noch wenig zu den *Schnitten* und *Schnittrissen* zu sagen. Wir brachten Schnitte im Haupttitelblatt, Abb. 32, sodann in Querschnitten zur Abb. 47, wozu auch die notwendigen Erklärungen abgegeben wurden. Außer Querschnitten, in denen vornehmlich die Mächtigkeitsänderungen der Lager von Bedeutung sind, kommt den *Längsschnitten* Beachtung zu, weil auch sie die Veränderlichkeit einer Kalisalzlagerstätte anschaulich darzustellen vermögen. Obwohl die im Riß 36 des Rißmusteratlas 1942 enthaltenen Schnitte nicht als Vorbilder im heutigen Sinne anzusprechen sind, zeigt dennoch der Längsschnitt ③ in fast gleicher Weise die Salztektonik des Lagers ebenso wie die beiden Querschnitte ④ und ⑥. Es wäre aber auch hier zweckdienlich gewesen, Schnitt ③, dem Streichen des Lagers folgend, als *Längenschnitt* anzulegen, damit dieser dem Charakter des Schnittes an sich besser entspricht.

Wir sind natürlich nicht imstande, im Rahmen der Behandlung des Rißwesens im Kalisalzbergbau auf die Großzahl von Lagerstättenformen einzugehen, wie solche gerade in diesem Bergbauzweig in Erscheinung treten. So gibt es in ihrer

Streichrichtung nahezu kreisförmig gestaltete Lager, die nach der Teufe zu kesselförmig, kegelförmig oder auch zylindrisch ausgebildet sind und deren Darstellung in Seigerrissen besonderen Schwierigkeiten begegnet. Ebenso kann es vorkommen, daß infolge von Kippungen des Lagers ein plötzlicher Übergang aus der steilen in die mäßig geneigte oder flache Lagerung erfolgt. Es ist alsdann zu berücksichtigen, daß ein Abbaugrundriß an einer solchen Übergangsstelle die Seigerrißspur enden läßt; der Seigerriß verweist an dieser Knickstelle auf den Anschluß im Abbaugrundriß. Auch wurden uns Sohlengrundrisse gezeigt, bei denen in den oberen Sohlen eines Lagers auf engem Raum mäanderartig gewundene Grundstrecken mit wechselndem Einfallen aufgefahren werden mußten, deren Schlingen in den tieferen Sohlen mitunter geglättet und durch normales Streichen und Einfallen abgelöst wurden. Ebenso sind umgekehrte Lagerungsverhältnisse anzutreffen.

Seigerrißkonstruktionen sind in solchen Fällen oft als Notlösungen zu bezeichnen. Durch das Projizieren eines Teiles der Sohlen entstehen nämlich ebenso wie durch Abwickeln gekrümmter Strecken Verzerrungen, die der Wirklichkeit nicht entsprechen, so daß für den Betrieb Sonderdarstellungen angefertigt werden müssen. Man wird in diesen Fällen auch keine Projektionsart ausfindig machen, die den abnormen Lagerungsverhältnissen völlig gerecht wird. Es bleibt dann nur übrig, zum Modell zu greifen, obwohl auch die körperlichen Darstellungen ihre Schattenseiten aufweisen und mit großem Zeitaufwand, hohen Kosten sowie mit den Schwierigkeiten, auseinandernehmbare und nachtragungsfähige Modelle zu schaffen, verbunden sind (Bd. II, S. 327—339). Immer aber werden solche Abnormitäten Ausnahmen bilden, so daß der Markscheider auch im Kalisalzbergbau allgemein mit den gegebenen Projektionsmöglichkeiten auskommen dürfte. Das zeigen auch die Ausführungen im Band II, S. 307, zum Seigerplan mit krummer Spur, Abb. 6, sowie von W. Wilkening (Mitt. a. d. Markscheidew., 1956, Heft 3, S. 85—96), in denen der letztgenannte Verfasser vorschlägt (S. 96), die Abbaurisse derart zu gestalten, daß die Rißebenen für die jeweilige betriebstechnische Einheit zusammen abgebildet werden.

e) Erdölbergbau

Mit den deutschen Erdöllagerstätten haben wir uns in dem Kapitel „Lagerstätten-Substanzermittlungen im Tiefbau“ (Bd. II, 1956, S. 670—680) bereits ausführlich beschäftigt. Grundsätzlich ist danach zwischen Ölschachtbetrieben und Erdölgewinnungs- oder Erdölbohrbetrieben zu unterscheiden.

α) Ölschachtbetriebe

Das einzige deutsche Vorkommen dieser Art ist der Ölschachtbetrieb in Wietze bei Hannover, Kreis Celle. Auch über diese Lagerstätte berichteten wir kurz an Hand eines Grundrisses und Schnittes (Bd. II, S. 677ff., Abb. 29, S. 678). Die mit 30^g bis 35^g nach Norden einfallenden ölhaltigen Lager werden in ihrem Hangenden und Liegenden durch ein Streckennetz aufgeschlossen, welches dazu dient, die ölspeichernden Schichten mit Hilfe von Bohrungen oder Gesenken anzuzapfen. Die Vorrichtung der Lagerstätte selbst erfolgt ebenfalls durch ein ausgedehntes Streckennetz, welches mittels Sickerschlitzen oder Bohrungen die Schichten entölt. Das Öl tropft in besondere, im Liegenden eingebaute Behälter oder Speicher ab;

es wird sodann in bestimmten Zeitabständen abgeschöpft und zu Tage gefördert. Man gewinnt auch einen Teil der Ölsande im Strebbau und bereitet diese in einer besonderen Wäsche über Tage auf. Es wird somit Sicker- und Waschöl gewonnen (Bd. II, S. 678—680).

Hiernach unterscheidet sich der bergmännische Betrieb im Ölbergbau von den üblichen Untertagebetrieben im wesentlichen durch ein erheblich umfangreicheres und dichteres Streckennetz, das in bezug auf die Darstellung in Grundrissen und Schnitten im Laufe der Zeit den notwendigen klaren Überblick vermissen läßt. Dies hängt damit zusammen, daß die Strecken in den erwähnten *Sickerbetrieben* immer nur eine begrenzte Lebensdauer aufweisen, mit der Zeit unbefahrbar werden und durch Neuauffahrungen ersetzt werden müssen. Es liegt auf der Hand, daß die Streckenstöße für den Durchtritt des Sickeröles keine geschlossene Ausbauweise vertragen und leicht unter Druck geraten. Ob der Markscheider in diesem Falle mit der Heranziehung von Deckpausen oder mit Hilfe einer anderen Darstellungsart Abhilfe zu schaffen vermag, steht noch nicht fest; doch sind Bestrebungen im Gang, das Grubenrißwerk nach neuzeitlichen Gesichtspunkten auszurichten.

Die oben erwähnten *Ölsand-Gewinnungsbetriebe* unterliegen hinsichtlich der Darstellung in den Grundrissen nicht in so starkem Maße diesen Schwierigkeiten. Dennoch ist in dieser Erdöl-Lagerstätte Wietze, deren Streckennetz in der Längsrichtung eine Ausdehnung von rd. 4 km aufweist, noch manche Aufgabe in darstellender Hinsicht zu lösen. Zu beachten sind die *Richtlinien*, 2.07, die für Ölschachtbetriebe unter Hinweis auf die Zeichengebungen bei 2.02, 2.06 und 3.11 Geltung haben.

β) Erdölbohrbetriebe

Für die Erdölgewinnungsbetriebe liefert die MO im § 66 nur sehr wenige Anhaltspunkte, da zur Zeit des Erlasses dieser MO die Erdölgewinnung in Deutschland noch in den Kinderschuhen steckte. Wie bereits erwähnt wurde, ist der Entwurf einer neuen Verordnung über die technische Ausführung der markscheiderischen Arbeiten geplant und soll wesentlich umfassender gehalten sein.

So wäre hervorzuheben, daß der Tageriß nur für Ölschachtbetriebe gilt und daß an seine Stelle im Erdölbohrbetrieb der *Lageriß* oder *Lageplan* tritt, dem insofern ein erweiterter Aufgabenbereich zufällt, als es in der vorgesehenen technischen Anweisung heißen soll, daß für den Erdölbetrieb *ein amtlicher und ein betrieblicher Lageriß* auf der Grundlage eines Zulegerißwerks anzufertigen ist, dergestalt, daß dieser Riß, ähnlich dem Grubenrißwerk in den hier zuvor behandelten Bergbauzweigen, aus mehreren Teilen besteht, wie wir noch feststellen werden.

Einen solchen Lageriß als Lageplan brachten wir in Abb. 42, S. 197. Darüber hinaus sieht der Entwurf der oben angezogenen Verordnung zahlreiche Tagesgegenstände und sonstige Objekte vor, die außer den auf Tagerissen üblicherweise (S. 310) aufzutragenden Gegenständen für den *Lageriß* von Bedeutung sind, zum Beispiel sämtliche Bauwerke, Anlagen des öffentlichen Interesses und Kulturgrenzen, von denen Bohrungen und zugehörige Betriebsanlagen behördlich vorgeschriebene Mindestabstände einhalten müssen, ferner Erdölgewinnungs-, Sammel- und Pumpstationen, Tank-, Gasverwertungs- und Verladeanlagen, Betriebseinrichtungen für Sekundärverfahren [W. Rühl (Entölung von Erdöllagerstätten durch Sekundärverfahren. Amt für Bodenforschung, Hannover 1952)], Grundwasserentnahmestellen, Versickerungsanlagen, Schlammgruben u. a. m.

Darüber hinaus werden zur Vervollständigung des Lagerisses verlangt: Schichtenschnitte, wie ein solcher zum Beispiel im Haupttitelblatt der Erdölwerke H, Abb. 33, S. 182, im Schnitt ①—① in allerdings sehr kleinem Maßstab zu sehen ist mit daneben befindlichem Grundriß, der die Höhenlinien der Unterkreidebasis sowie des Liegenden der Doggersande nebst der Salzstockbegrenzung zeigt.

Außerdem gehören zur Vervollständigung des Rißwerks, besonders im Sinne einer Vertiefung der im Lageriß geforderten bergmännischen Darlegungen mehrere Pläne, Risse und Karten. Die in ihnen vorzusehenden Darstellungen sollen vorwiegend geologische, lagerstättenkundliche, betriebliche und förderstatistische Angaben enthalten; diese geben die Grundlagen für die primären und sekundären Fördermaßnahmen, für Vorratsermittlungen und für die Dokumentation, also für die Sammlung, Ordnung und Erschließung beweisfähiger und urkundlicher Unterlagen ab. Nachstehende Plan-, Riß- und Kartenauszüge und Unterlagen zu den Abb. 98 bis 103 verdanken wir Herrn Markscheider Dipl.-Ing. A. Weissner, Wietze, von der Deutschen Erdöl A.G., Hamburg.

Vorweg sei bemerkt, daß die Bohrungen auf Erdöl mit ihren geophysikalischen Vorarbeiten und dem damit verknüpften, geophysikalisch überwachten Tiefbohrnetz andere geodätische Bilder hervorbringen, als wir solche aus den übrigen Bergbauzweigen her kennen. Wie uns Herr Weissner, Wietze, mitteilte, werden sämtliche das Rißwerk der Erdölgewinnungsbetriebe angehenden Unterlagen aus der geologischen Abteilung, der Produktionsabteilung sowie der Abteilung für Bohrlochsvermessungen zusammengetragen und nach Überprüfung ihrer Verwendbarkeit als Dokumentationsmaterial in das Rißwerk aufgenommen. *Dieses gewinnt nicht nur für den Betrieb, sondern auch als amtliches Rißwerk Bedeutung und wird ebenso wie das zugehörige Aufnahme- und Berechnungsbuch aufbewahrt.*

So dienen zur Ergänzung des Lagerisses als Sonderdarstellungen, die zum Zulegeriß- und zum amtlichen Rißwerk gehören, u. a. folgende Pläne, Risse und Karten:

1. der *Tiefenlinienplan* mit Förderdiagrammen und Blockdiagrammen,
2. der *Produktionsriß*,
3. der *Übersichtsplan der Lagerstättenüberwachung* mit Förderablauf-Diagrammen und
4. als Bohrschnittriß das *Bohrlochsbild*.

Zu 1. *Tiefenlinienplan*, Abb. 98

Aus der Zeichenerklärung zu Abb. 98 geht der Aufbau des Höhenlinien(Isohypsen)-Tiefenlinienplanes hervor. Er fußt auf den Ergebnissen reflexionsseismischer Messungen, den Bohrergebnissen und auf der Auswertung der Schlumberger Diagramme; er gibt die in Schuttrinnen, wie solche für Westholstein im Raum von Heide kennzeichnend sind, auf der Unterkreidebasis lagernde Erdölschicht im nordsüdlich verlaufenden Streichen mit den verschiedenen Störungen an, die zugleich als Begrenzungen von Teilfeldern anzusprechen sind. Hierzu gehören Ergänzungen, die zumeist auf den Blatträndern dargestellt werden, und zwar als *Förderdiagramme*, Abb. 98a, die für jede Bohrung die Schwankungen der Förderung über Zeiträume von 1—12 Jahren mit den Einsätzen, dem Nachlassen oder auch Ansteigen, d. h. den für die förderbare Menge so bemerkenswerten Produktionsabfall angeben, ferner

als *Blockdiagramme*, Abb. 98b, die (oberes Bild) den Produktionsverlauf besonders wichtiger, einen bestimmten Feldesteil kennzeichnender Sonden wieder-

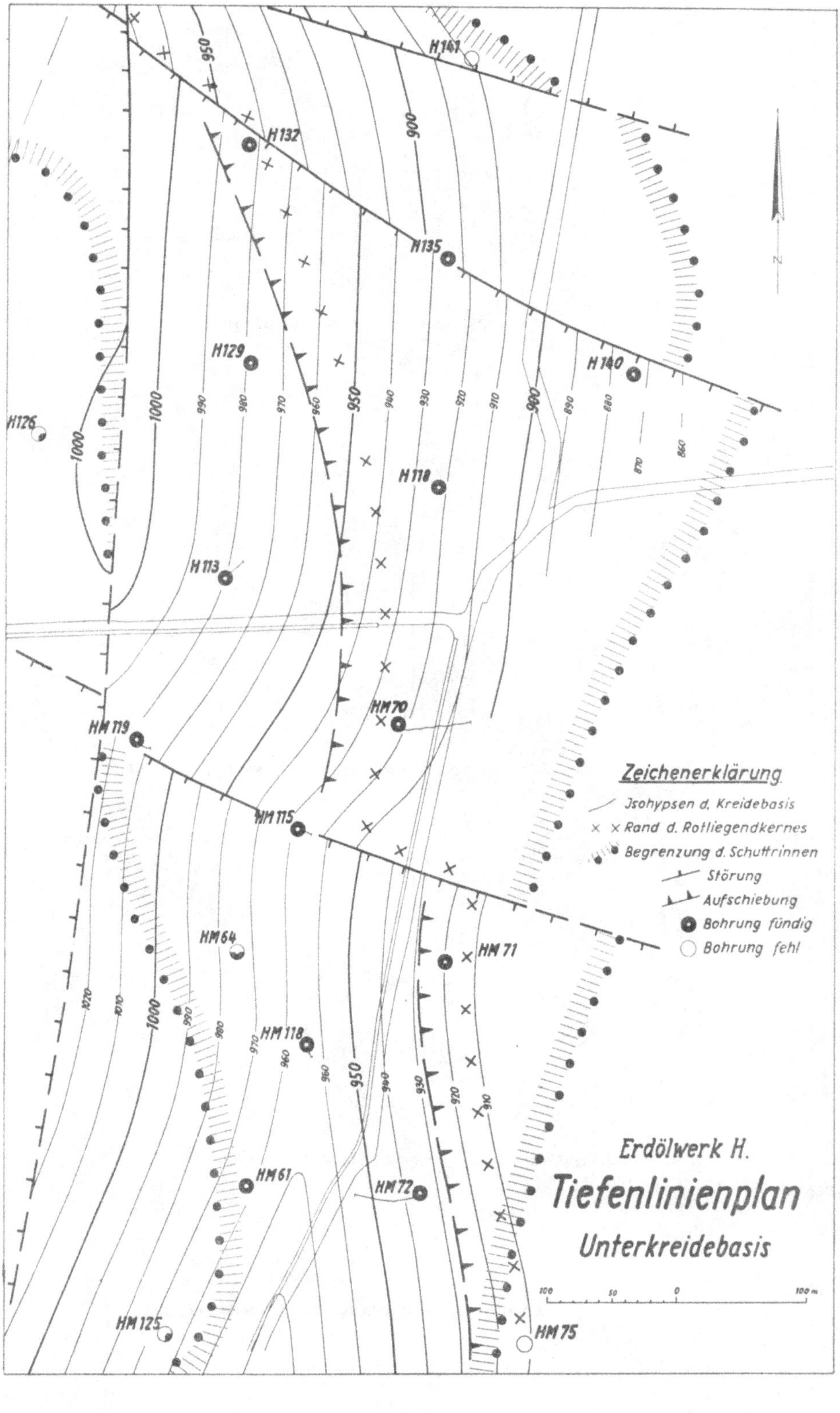

Abb. 98. *Tiefenlinienplan* der Unterkreidebasis, Erdölbohrbetrieb

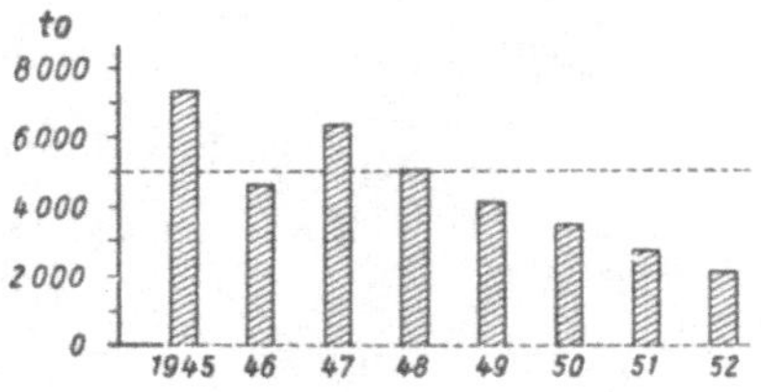

Jahresförderung der Bohrung H. 129

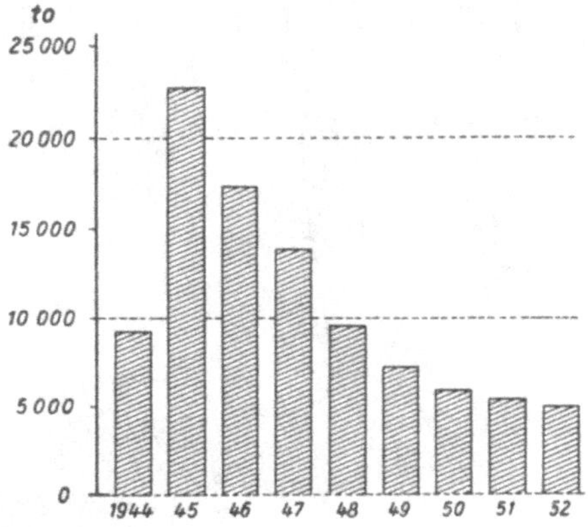

Jahresförderung der zur Gew. 5 gehörenden Bohrungen

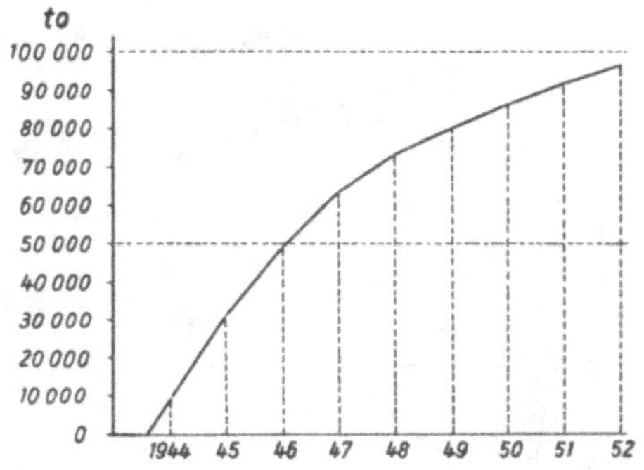

Gesamtförderung der zur Gew. 5 gehörenden Bohrungen

Bohrung	Gesamtförderung bis 31. 7. 1953	
H. 113	18 641,0	to
H. 118	15 176,9	"
H. 129	37 953,2	"
H. 132	7 417,0	"
H. 135	1 038,3	"
H. M. 61	2 597,5	"
H. M. 70	4 153,3	"
H. M. 71	6 798,0	"
H. M. 72	2 512,9	"
H. M. 115	1 001,1	"
H. M. 118	1 936,4	"
H. M. 119	114,6	"

Abb. 98 a. Produktionsriß zu Abb. 98. Jahresförderungen

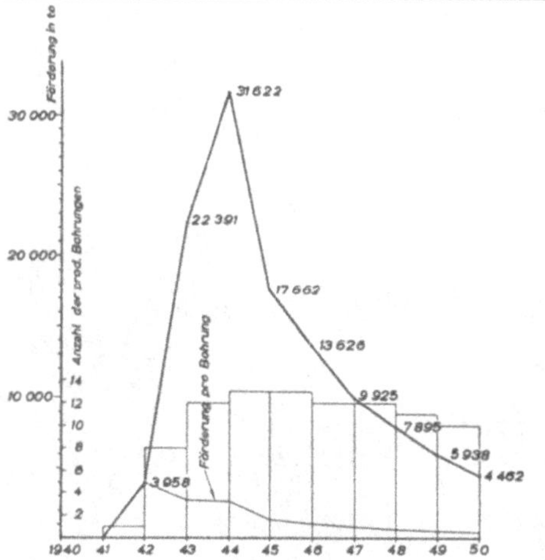

Bohrung	Gesamtförderung bis 31. XII. 1950	Förderung Dezember 1950
Me 15	18 196,966 to	
20	9 271,673 "	
21	5 259,883 "	
28	8 481,430 "	
29	569,032 "	
33	1 678,446 "	
38	3 675,813 "	
41	25 540,100 "	137,456 to
44	16 115,377 "	64,309 "
45	3 669,785 "	16,403 "
46	7 359,498 "	33,453 "
59	598,509 "	0,884 "
62	1 822,488 "	13,934 "
68	12 041,824 "	130 545 "
Gesamt:	114 430,824 to 14 Bohrungen	434,602 to 8 Bohrungen
Durchschnitt pro Bohrung	8 173,630 to	54 325 to

Förderablauf des Teilfeldes MEDORF-Hafen

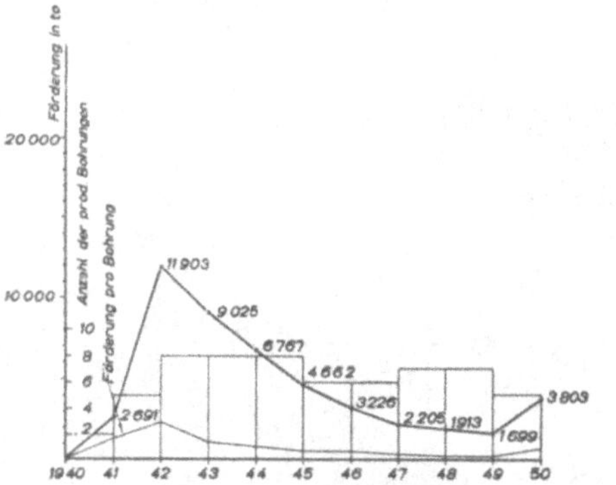

Bohrung	Gesamtförderung bis 31. XII. 1950	Förderung Dezember 1950
Me 2	9 144,665 to	8,419 to
4	2 762,259 "	5,147 "
6	4 280,948 "	15,261 "
9	13 206,771 "	
18	14 266,164 "	71,182 to
19	46,153 "	
26	10,981 "	
35	1 446,201 "	
57	239,268 "	
97	2 499,191 "	475,128 to
Gesamt:	47 902,701 to 9 Bohrungen	575,137 to 5 Bohrungen
Durchschnitt pro Bohrung	5 332,522 to	115,027 to

Förderablauf des Teilfeldes EDORF (Leichtöl)

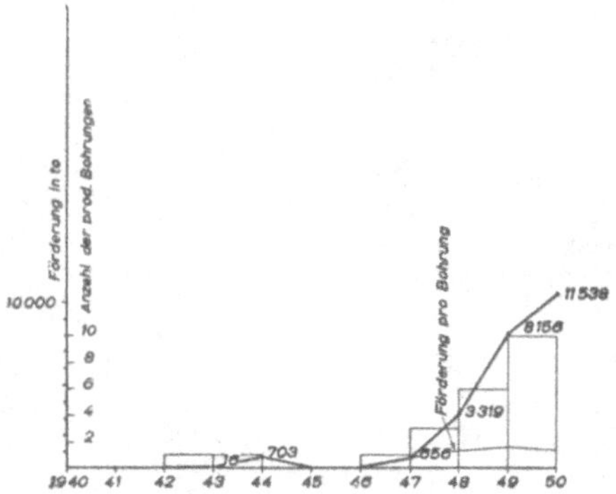

Bohrung:	Gesamtförderung bis 31. XII. 1950	Förderung Dezember 1950
Me 42	10 232,970 to	88,087 to
50	9,500 "	
77	8 265,034 "	211,364 to
79	965,143 "	27,401 "
82	1 022,269 "	98,882 "
84	691,607 "	27,351 "
87	534,627 "	27,220 "
89	929,731 "	89,287 "
94	1 595,011 "	166,261 "
95	205,940 "	28,532 "
103	80,760 "	80,760 "
Gesamt:	24 532,592 to 11 Bohrungen	845,145 to 10 Bohrungen
Durchschnitt pro Bohrung	2 230,235 to	84,515 to

Förderablauf des Teilfeldes MEDORF (Schweröl)

Abb. 98 b. Produktionsriß zu Abb. 98. Förderdiagramme

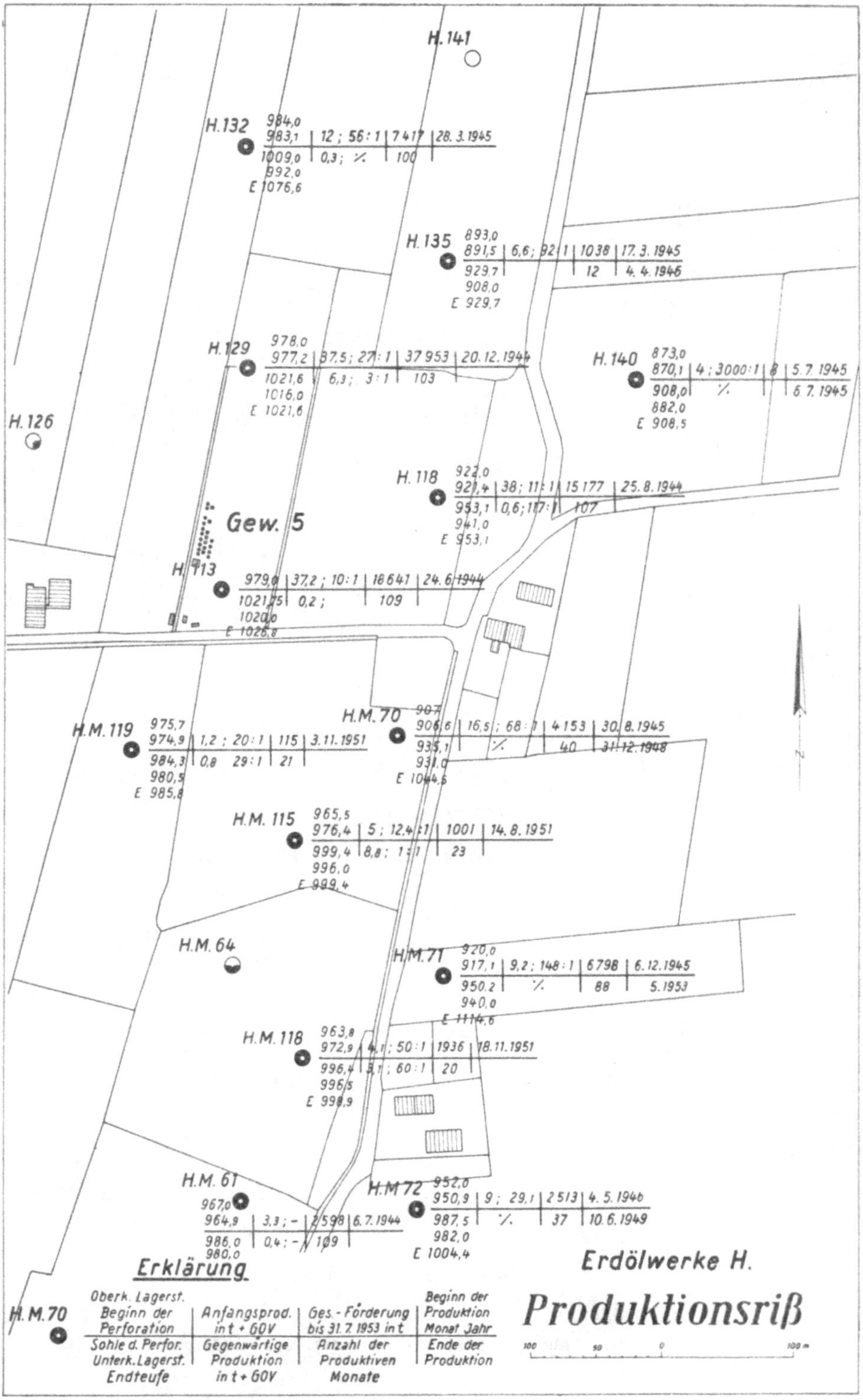

Abb. 99. Produktionsriß aus dem Erdölbohrbetrieb. Bohrgrundriß

geben oder Förderung und Förderdiagramme (mittleres und unteres Bild) einer Gruppe von Bohrungen, die derselben Gewinnungsstation angehören.

Zu 2. Der *Produktionsriß*, Abb. 99, zeigt für jede fündige Bohrung die international üblichen Bruchstrichangaben mit den wichtigen Produktionsdaten des gesamten Lebenslaufs der Sonde, die auf diese Weise dokumentarisch erfaßt werden. Hierüber ist das Notwendige bereits in den *Richtlinien* bei 2.06 nachzulesen, im besonderen bei 2.061—2.064.

Im übrigen enthält der Produktionsriß die Darstellung der Tagesgegenstände, wie zum Beispiel Wege, Wirtschaftsgebäude fremder Eigentümer, sowie die Grenzen der Flurstücke, deren Flurnummern im zugehörigen Lageriß eingetragen sind. Aus den Höhenzahlen für die Erdöllagerstätte kann man auf ein etwa nordsüdlich streichendes, gegen Westen einfallendes Öllager schließen, das stark verworfen ist. Die Richtigkeit dieser Angaben wird durch den Tiefenlinienplan, Abb. 98, bestätigt.

Zu 3. Aus dem *Übersichtsplan der Lagerstättenüberwachung*, Abb. 100, ergeben sich in sehr übersichtlicher Form prozentual

die zu erwartende Menge der Förderung je Sonde,
die Art der Förderung,
der Wassergehalt des geförderten Rohöls.

Auch hier ist auf die Zeichenerklärung zu achten. Der Leser erkennt drei Förderbezirke: Medorf-Hafen, Edorf-Südfeld (Leichtöl) und Medorf-Schweröl. Die Größe der kreisförmig dargestellten Sonden entspricht der Fördermenge. Der äußere Kreis bezeichnet die Höhe der zu erwartenden Produktion im Maßstab des Kreishalbmessers. Entsprechen beispielsweise 0,5 mm der Halbmesserlänge einer Förderung von 3000 t, so gibt der innere Kreisring danach die im Zeitpunkt der Planherstellung (Jahr 1950) erreichte Fördermenge an. Mit dem nach außen zu folgenden Kreisring wird die Gewinnungsart — ob Eruptivöl, Pumpöl oder Sekundäröl gefördert wird — ebenfalls in Prozenten des Vollkreises angezeigt. Schließlich läßt sich aus dem äußeren Kreisring der Wassergehalt oder das Gas-Öl-Verhältnis ablesen. Diese Angaben über den Entölungsgrad des Bohrbetriebes sind insofern von Bedeutung, als man hieraus Schlußfolgerungen darüber zu ziehen vermag, ob der Abstand der Sonden ausreichend bemessen wurde oder ob weitere Zwischenbohrungen anzusetzen sind. Hiermit ist auch der Ausdruck „Lagerstättenüberwachung" für diese Art von Darstellungen begründet.

Noch eindringlicher als Abb. 100 deutet Abb. 101 den langsam fortschreitenden *Entölungsgrad* an. Auch in dieser Abbildung treten die zuvor erwähnten drei Förderbezirke in Erscheinung, die den Förderablauf in den drei Teilfeldern über einen Zeitraum von 10 Jahren darstellen. Die Angaben in den Zahlentafeln und Diagrammen ergänzen sich, sie zeigen aber sowohl durch den Kurvenverlauf je Bohrung als auch in der Gesamtfördermenge den allmählichen Abfall der Förderung mit Ausnahme des Schweröl fördernden Teilfeldes Medorf (unteres Bild); die Förderung dieses Teilfeldes hat erst im Jahre 1942 eingesetzt, sie ging 1945/46 zurück und ist von diesem Zeitpunkt ab im ständigen Ansteigen begriffen.

Zu 4. Das *Bohrlochsbild.* Als Beiblatt zum Förderbetriebsplan gehört im Erdölgewinnungsbetrieb zu jedem Bohrloch ein *Bohrlochsbild sowie ein Verfüllungs-*

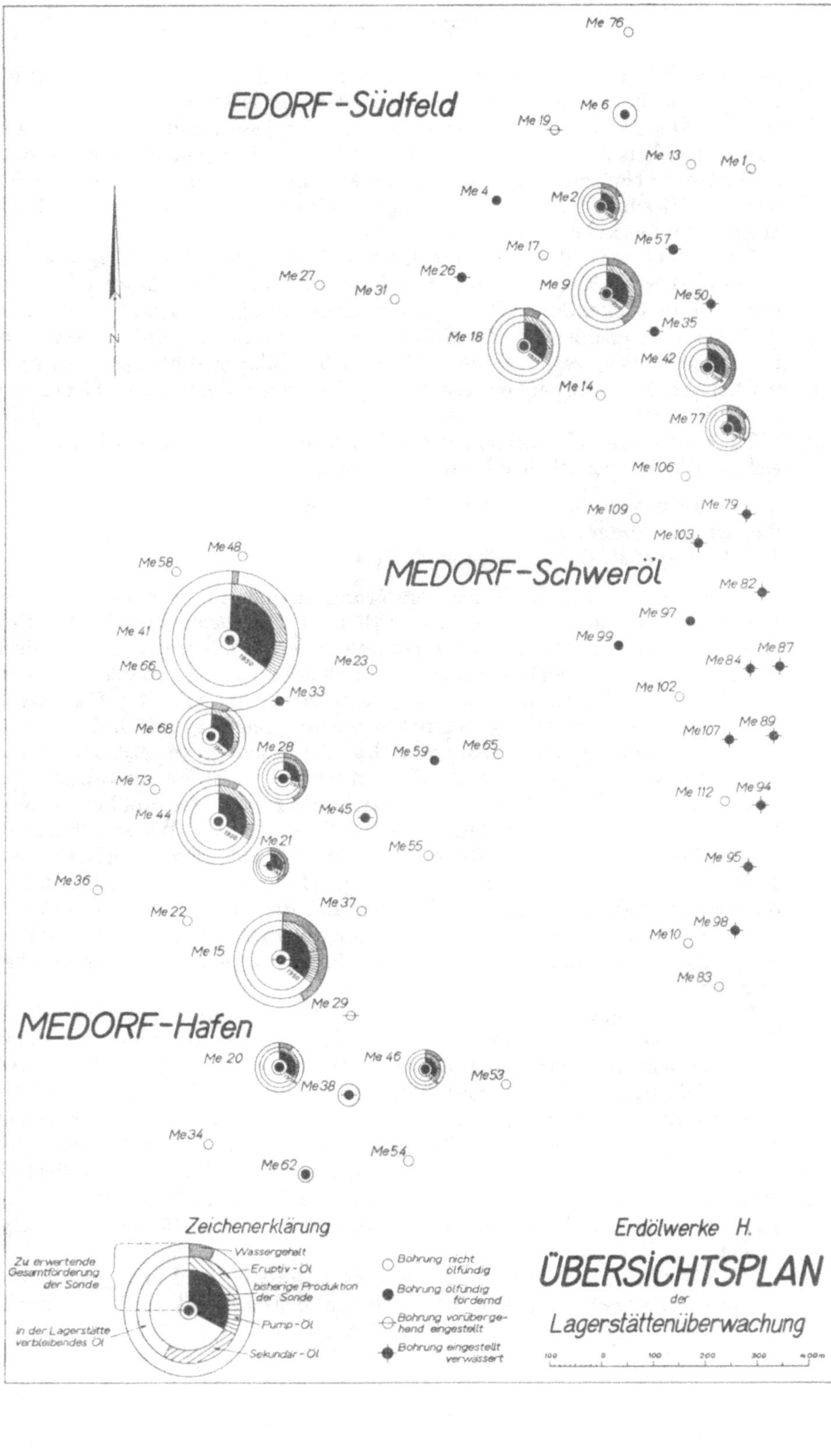

Abb. 100. Übersichtsplan der Lagerstättenüberwachung

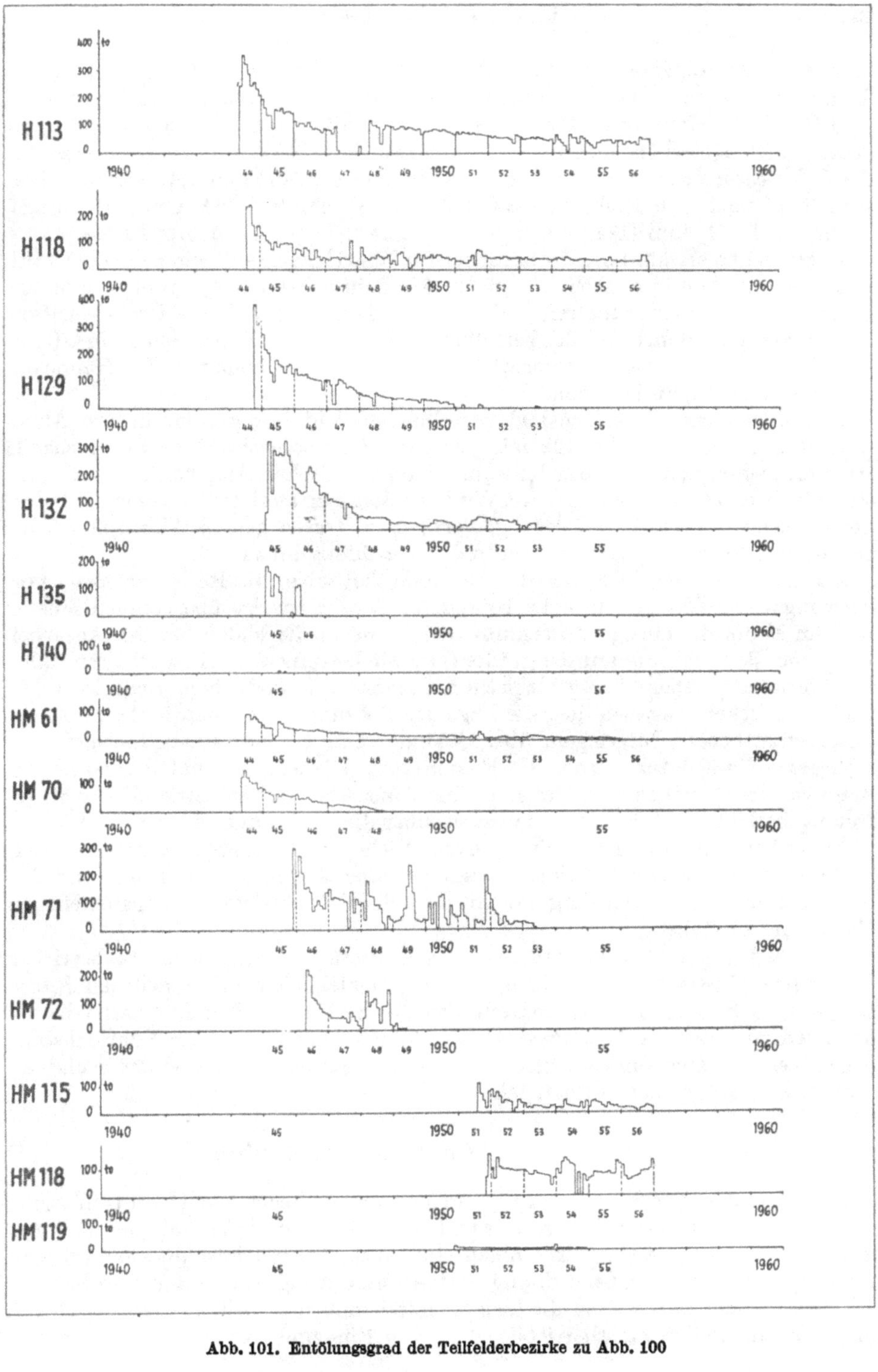

Abb. 101. Entölungsgrad der Teilfelderbezirke zu Abb. 100

bericht nebst zugehörigem Formblatt. Die Vordrucke und Beispiele nebst Erläuterungen sind herausgegeben vom Wirtschaftsverband Erdölgewinnung (WEG) E. V., Hannover, durch dessen Ausschuß „Bohrlochsbild", 16. 9. 1959, -H/K.- 030. Es gehört ferner dazu ein Druckblatt (3 Seiten) über *Normzeichen für Bohrlochsbilder*, zusammengestellt im Rahmen des WEG vom Ausschuß „Bohrlochsbild" nach den Richtlinien DIN 21900, Abschnitt 2.061, und mit Zustimmung der BPM, Den Haag, nach deren Standard Legend vom April 1958.

Es sei zu den erwähnten „Normzeichen für Bohrlochsbilder" ergänzend bemerkt, daß diese Zeichen in den *Richtlinien*, 2.061, Bohrlochsymbole, Erdölgewinnungsbetriebe, noch nicht enthalten und somit völlig neu sind. Beide Druckschriften, Formblatt mit Bohrlochsbild/Verfüllungsbericht sowie Normzeichen für Bohrlochsbilder, sind vom Wirtschaftsverband Erdölgewinnung e. V. Hannover, Theaterstraße 15, zu beziehen.

Ein Muster zum Bohrlochsbild/Verfüllungsbericht bringen wir in den Abbildungen 102 und 103. Abb. 102 zeigt lediglich das vorgeschriebene Bohrlochsbild mit den technischen Angaben links und den geologischen Angaben nebst Teufenverhältnissen auf der rechten Seite. Wird das Bohrloch aus irgendwelchen Gründen, zum Beispiel wegen Verwässerung, verfüllt, so treten gemäß Abb. 103 zu den technischen Angaben noch diejenigen der Verfüllung hinzu.

Da die Bohrungen in den Erdölgewinnungsbetrieben die Rolle der Aus-, Vorrichtungs- und Gewinnungsbetriebe anderer Bergbauzweige übernehmen müssen und im Erdöl die einzige Aufschluß- und Förderquelle bilden, ist der Ausarbeitung von Bohrlochsbildern die größte Sorgfalt beizumessen. Sie enthalten daher im Formblatt neben den geologischen, lagerstättenkundlichen, hydrologischen und technischen Angaben über die Lage der Bohrung nach Koordinaten, über die katasteramtlichen Unterlagen, über Gelände- und Berechtsamsverhältnisse, die Bohrarten- und daten, ferner die Förderdaten, Förderarten und -horizonte, sodann weitere Angaben über Betriebs- und Aufsichtspersonen sowie über den Verfüllungsbericht, Verfüllungsbetriebsplan, über die Verfüllung selbst u. a. m.

Außerdem sind die Ergebnisse physikalischer und geophysikalischer Untersuchungen, ferner von Bohrlochsmessungen aller Art festzuhalten und auf Anfordern dem zuständigen Bergamt mit dem Bohrlochsbild/Verfüllungsbericht zur Verfügung zu stellen.

Aus alledem geht hervor, daß zwar das Rißwerk in Erdölgewinnungsbetrieben die übliche Gliederung nach Zulegerißwerk, betrieblichen und amtlichen Rissen aufweist, daß aber die Bestandteile des Rißwerkes im Erdölbohrbetrieb, angefangen vom Lageriß über Produktionsrisse und -karten bis zum Bohrlochsbild, gegenüber den Grubenrißwerken der sonstigen Bergbauzweige einen grundverschiedenen und eigenen Aufbau zeigen.

f) Bergbau auf Steine und Erden

Die Mineralien der Steine und Erden sind in einer Verbreitung anzutreffen, die sich über alle Länder der Erde erstreckt. Im Hinblick auf die Vielzahl der über und unter Tage gewinnbaren Vorkommen sind auch die Betriebe und Betriebseinrichtungen in ihrer Größenordnung und Ausgestaltung sehr unterschiedlich beschaffen. Demgemäß weisen die Belegschaften mitunter mehrere tausend Mann bis zu Klein- und Kleinstbetrieben, d. h. von Ein- und Zweimannbetrieben auf.

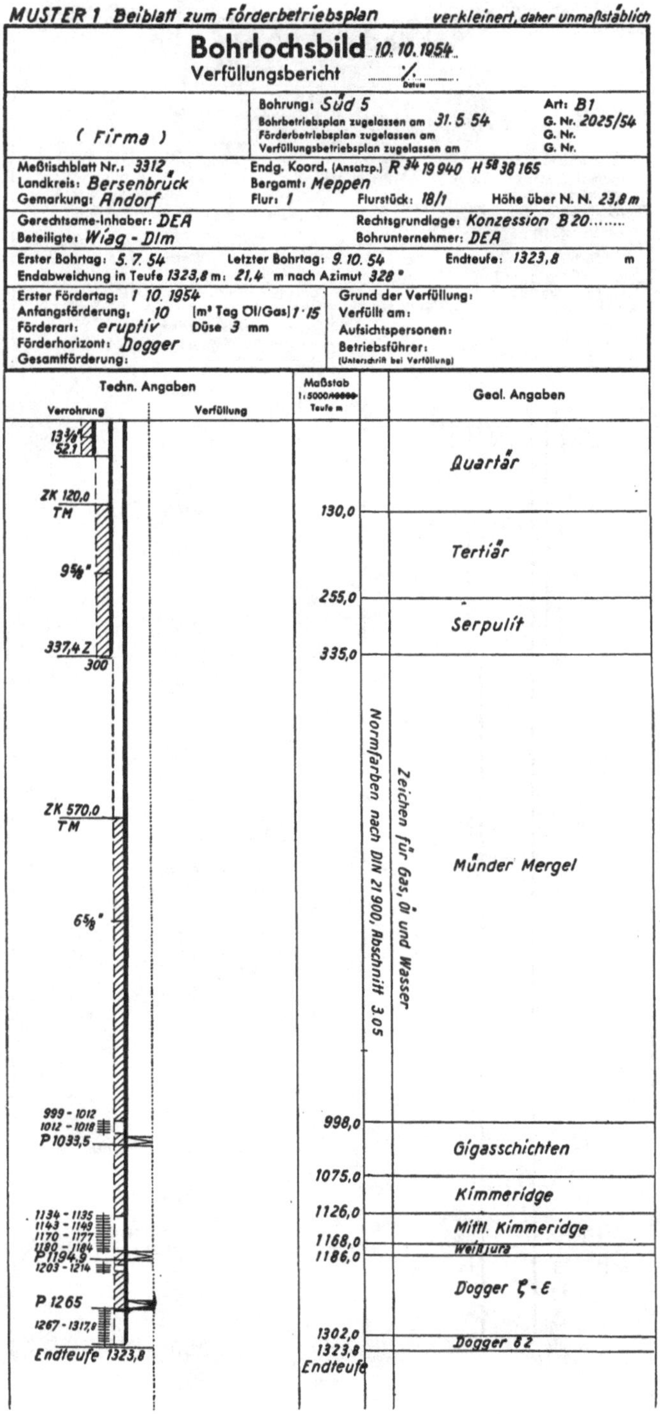

Abb. 102. Bohrlochsbild mit Verfüllungsbericht

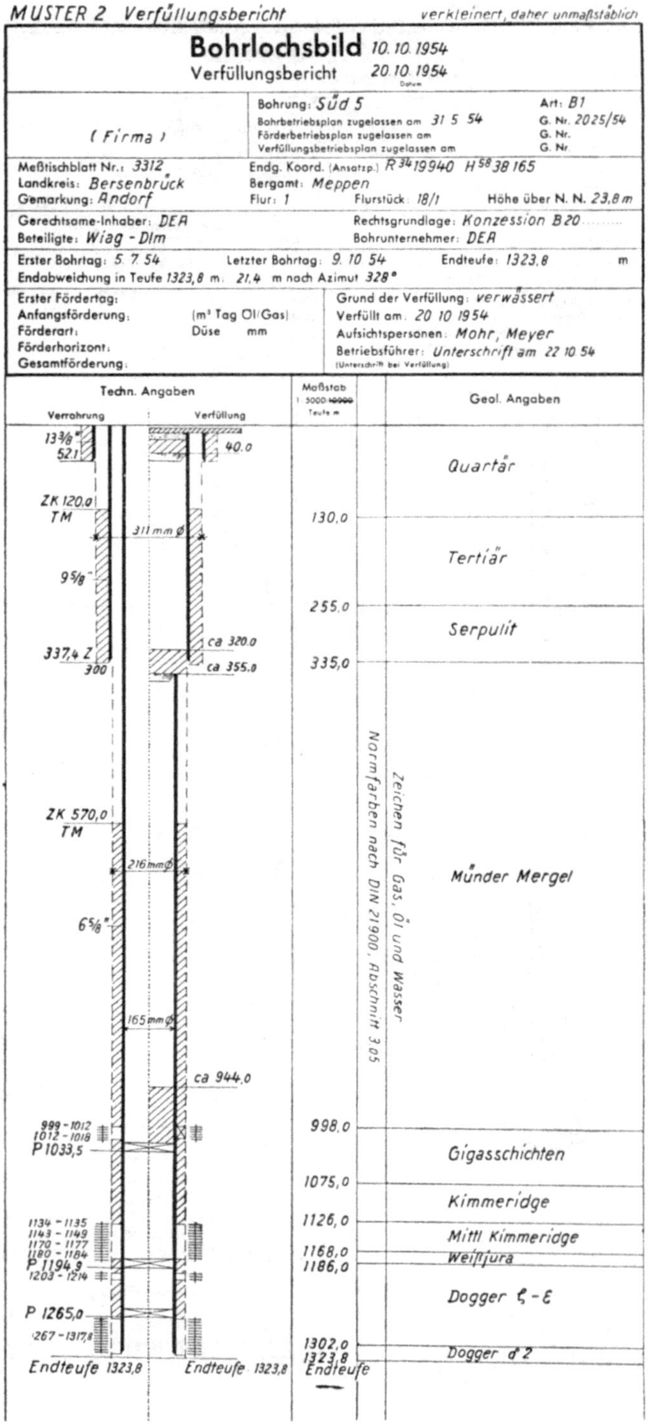

Abb. 103.
Bohrlochsbild mit Verfüllungsbericht

Zu den Steinen und Erden rechnet man:

α) gemäß Gesetz vom 18. 12. 1933 über die Beaufsichtigung von *unterirdischen* Mineralgewinnungsbetrieben und Tiefbohrungen in der Fassung des Gesetzes vom 24. 9. 1937 [Reuss-Grotefend-Dapprich (10. Aufl., 1953, S. 183–186)] *alle Steine und Erden*, die dem Verfügungsrechte des Grundeigentümers unterliegen . . .,

β) gemäß Verordnung über die Aufsuchung und Gewinnung mineralischer Bodenschätze vom 31. 12. 1942 [Reuss-Grotefend-Dapprich (1953, S. 394 bis 409, Abschnitt „Bundesrecht")]

1. Ton, soweit er sich eignet zur Herstellung von feuer- und säurefesten Erzeugnissen,
   keramischen Erzeugnissen mit Ausnahme von Ziegeleierzeugnissen,
   Tonerde,
   Emaille als Emaillierton;
2. Bleicherde und Bentonit;
3. Kaolin;
4. Feldspat und Pegmatitsand;
5. Glimmer;
6. Quarzit und Quarz, soweit sie sich zur Herstellung von feuerfesten Erzeugnissen oder Ferrosilizium eignen;
7. Magnesit;
8. Bauxit;
9. Flußspat;
10. Schwerspat;
11. Talkum, Speckstein;
12. Kieselgur (Tripel).

Im Kommentar zu β) geben die Autoren an, daß die unter Ziffer 1 –12 bezeichneten mineralischen Bodenschätze unter den heutigen Verhältnissen die wichtigsten Vorkommen aus dem Bereich der volkswirtschaftlich bedeutsamen Steine und Erden darstellen; es wird ferner betont, daß „insbesondere solche Vorkommen nicht erfaßt würden, die als Baustoffe Verwendung finden, wie Dachschiefer, Gips usw."

γ) Außer den unter α) und β) genannten Mineralien gibt es aber noch eine große Zahl von Steinen und Erden, die wir nachstehend aufführen:

Alaun- und Vitriolerze, Gips und Anhydrit, Farberz, Farberde, Ocker, Dachschiefer, Tafelschiefer, Phosphorite, Kalksteine und Dolomite, Klebsande, Quarzsande, Basaltlava, Tuffstein, Traß, Glaukonitsande, Kreide, Marmor, Kalktuffe, Kalksande, Feuerstein, Bernstein, Graphit, Phonolit-, Diabas-, Keratophyr-, Porphyr- und Trachyttuffe, Bimsstein, Pechstein, Asbest, Schmirgel u. a. Mitunter zählt man auch die Salinenbetriebe zum Gebiet der Steine und Erden.

Dem Gesetz zu α) und der Verordnung zu β) zufolge ist man geneigt anzunehmen, daß sämtliche zu α), β) und γ) genannten Steine und Erden, soweit sie unterirdisch abgebaut werden, der bergbehördlichen Aufsicht unterstehen; dies trifft auch zu, soweit es sich um das ehemalige Preußen (Grenzen von 1945), Saarland, um Hamburg, Bremen sowie Teile des ehemaligen Landes Braunschweig und des jetzigen Landes Hessen handelt. Darüber hinaus gehören in einzelnen Teilen des Bundesgebietes und der DDR seit langem Ton, Bauxit und Schwerspat nicht zu den Grundeigentümermineralien, sondern unterliegen den berggesetzlichen Vorschriften. So wurden u. a. in Thüringen, im Sauerland und im Harz für verschiedene Steine-und-Erden-Betriebe bereits längere Zeit vor dem Gesetzeserlaß zu α) Grubenbilder geführt. Feststeht jedenfalls, daß die untertägige Gewinnung von Steinen und Erden die Anfertigung von Grubenrißwerken erfordert, die der Markscheider herzustellen hat.

Anders liegt der Fall bei den übertägigen Betrieben der Steine und Erden. Hier unterstehen nur die zu β) genannten Vorkommen der bergbehördlichen Aufsicht, die übrigen unter γ) bezeichneten Vorkommen, soweit sie im Tagebau abgebaut werden, der *Gewerbeaufsicht*. Hinzukommt, daß die Verordnung von 1942 zu β) hinsichtlich der Anfertigung von „Grubenbildern" Erleichterungen gewährt, die gemäß § 6, (2), b) folgendes bestimmt: „Betriebe von geringer Gefährlichkeit und Bedeutung können durch Verfügung der unteren Bergbehörde (Bergamt) unter Vorbehalt des jederzeit zulässigen Widerrufs von der Verpflichtung befreit werden, ... oder ein Grubenbild (Grubenkarten) anfertigen und nachtragen zu lassen." Dieses Zugeständnis kann natürlich u. U. zu einer lässigen Handhabung der Verfügung führen. Deshalb gilt diese, wie uns Herr Oberbergrat Dr. Kolb mitteilte, im Bereich des Oberbergamtsbezirkes Rheinland-Pfalz ausschließlich für kleinflächige Tagebaue, also zum Beispiel für Steinbruchbetriebe, Kalksteinbrüche, Sand- und Kiesgewinnungen. Das genannte Oberbergamt fordert in solchen Fällen lediglich die Vorlage eines Katasterauszuges mit Eintragung der Flurstücke und Flurstücksgrenzen nebst Kenntlichmachung des Abbaustandes. Es genügt die Anfertigung des Kärtchens oder Auszuges durch irgend einen Vermessungskundigen. Die Vorlage einer vom Markscheider unterschriftlich vollzogenen Rißunterlage ist nicht erforderlich.

Wiederum verschieden liegt der Fall bei sämtlichen *Tiefbaubetrieben* der Steine und Erden. Hier haben die Oberbergämter durchgegriffen und bei allen unterirdischen Betrieben, mochten sie eine noch so geringe Förderziffer aufweisen, die Anfertigung von Grubenbildern verfügt und durchgesetzt. Zu derartigen Kleinstbetrieben gehört u. a. der Bergbau auf *Basaltlava* in der West- und Voreifel (W. Rosenberger und C. Janke, 1959, in dem „Oberbergamt Rheinland-Pfalz". Länderdienst-Verlag Brilon-Basel). Dieser Abbau wird sowohl im Tage- als auch im Tiefbau betrieben. Interessant sind die Ausführungen der beiden Verfasser Rosenberger und Janke über die geschichtliche Entwicklung dieses Bergbaus, der schon in der jüngeren Steinzeit (3000—1800 v. Chr.) und in der Römerzeit bis zum Einbruch der Franken um 500 n. Chr. eine Rolle spielte. Auch die rechtliche Entwicklung der Basaltlava-Bergwerke, -Gräbereien und -Steinbrüche (S. 44 bis 45) im Grundeigentümerbergbau vermittelt dem Leser die Kenntnis der Tiefbauverfahren, die bis in jüngere Zeiten schnurartig aneinandergereihte Schächte erkennen lassen, deren Abbau sich immer eng an die Flurstücksgrenzen gehalten hat. Das ist auch heute nicht viel anders, wenn man Abb. 104 betrachtet.

In Abb. 104 handelt es sich in Niedermendig im Bergamtsbezirk Koblenz um den Abbau eines etwa 35 m breiten Grundstücks von mehr als 100 m Längsausdehnung, Flurstück 319/169. Der Tiefbau auf Basaltlava ist durch einen Schacht von 4 m Durchmesser erschlossen. Der Schnitt ② — ② zeigt die Teufe des Schachtes mit 32 m und die Höhe des Abbauraumes mit 17 m an. Der Abbau ist im Grundriß zwar durch Schraffur gekennzeichnet, doch ist zu bemerken, daß die Hohlräume offen bleiben, also nicht versetzt werden. Das Einhalten der mit den Flurstücksgrenzen übereinstimmenden „Markscheide" wird streng beachtet. Der

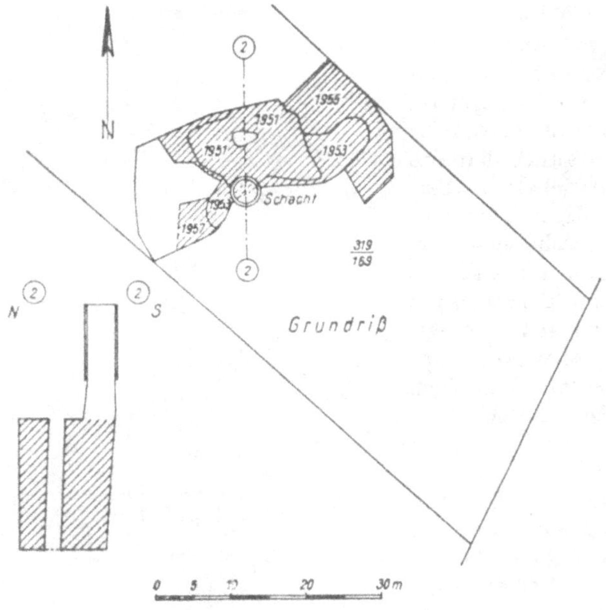

Abb. 104. Steine und Erden. Abbau eines Basaltlava-Vorkommens. Grundriß und Schnitt

Abbau schreitet äußerst langsam voran. In Abb. 104 sind etwa 30 × 12 × 17 = rd. 6100 m³ Basaltlava in einem Zeitraum von sieben Jahren (1951—1957) gewonnen worden; dies entspricht einer Tagesleistung von rd. 3 m³ täglich oder bei dem vorliegenden Zweimannbetrieb einer Leistung von 1,5 m³ je Mann und Schicht. In dem Aufsatz von Rosenberger und Janke sind anschauliche Lichtbilder von Basaltlava-Abbau unter Tage in den Abbildungen 5 und 6, S. 45/46, zu finden. Das, was sich in Abb. 104 als „Grubenbild" darstellt, kann keinen Anspruch auf Vollständigkeit erheben, denn es fehlt an geologischen Angaben, ferner an Höhenzahlen, sowohl über wie unter Tage. Es ist nur fraglich, ob das Unternehmen gewillt ist, die Kosten für Höhen- und Lage-Anschlußmessungen zu übernehmen.

Damit haben wir eine der Schwierigkeiten angeschnitten, die der Anfertigung neuzeitlicher Grubenrißwerke in den Klein- und Kleinstbetrieben der Steine und Erden entgegenstehen. Diese Arbeiten werden von freiberuflichen Markscheidern ausgeführt, die auf eine Bezahlung ihrer Messungen und Darstellungen angewiesen sind. Die entstehenden Kosten können beim Eintreten von Konjunkturrückschlägen von wirtschaftlich schwachen Kleinunternehmern mitunter nicht getragen werden. Zu den Darstellungen bei solchen Kleinbetrieben unter Tage braucht daher nichts weiter ausgeführt zu werden. Das zuständige Oberbergamt hat in Zweifelsfällen die Entscheidung darüber zu treffen, welcher Umfang und welche Art der Ausführung gegebenenfalls in vermessungstechnischer und darstellender Beziehung im Interesse der Grubensicherheit durch den zuständigen Markscheider eingehalten werden kann oder muß.

Es gibt aber auch eine beachtliche Anzahl mittelgroßer untertägiger Steine-und-Erden-Betriebe, wie Ton-, Kalkstein-, Schwerspat- oder Dachschiefer-Vorkommen, bei denen es zweckmäßig ist, neuzeitliche Darstellungsverfahren anzuwenden. Von besonderer Bedeutung sind in dieser Beziehung einige größere *Tonbezirke*, die teils im Tagebau, vielfach jedoch im Tiefbau gewonnen werden und dabei nach Art der Braunkohlenflöze Mächtigkeiten bis zu 40 m entwickeln. Außerdem zeichnen sich diese mächtigen Tonlagerstätten im Schichtenschnitt durch Lagen verschiedener Beschaffenheit und unterschiedlicher Güte aus, so daß einzelne Tonschichten wegen ihrer hohen Feuerfestigkeit bevorzugt, andere nur in geringem Maße oder überhaupt nicht gebaut werden. Von einem derartigen Tonvorkommen, das eine bisher aufgeschlossene Fläche von mehreren Quadratkilometern einnimmt, jedoch nicht in einer Hand vereinigt ist, sondern von mehreren kleinen und großen Werken und Gesellschaften aufgeschlossen und abgebaut wird, soll nachstehend die Rede sein.

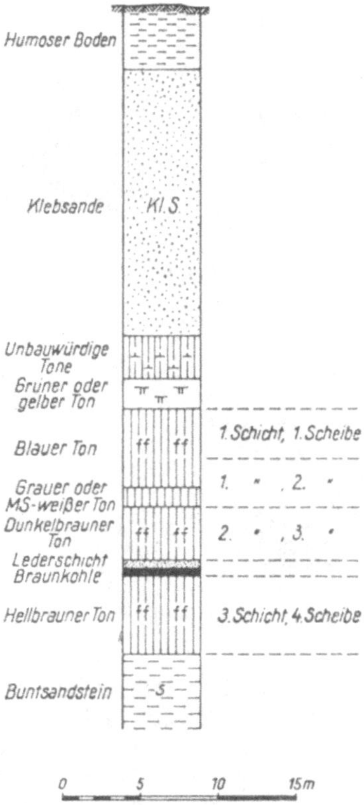

Abb. 105. Steine und Erden. Schichtenschnitt einer mächtigen Tonlagerstätte

Die Tonschichten streichen bei einem generell südnördlichen Einfallen von 6^g bis 10^g etwa westöstlich; sie weisen eine Überlagerung von einigen Metern Diluvium und 5—60 m Klebsanden auf, deren Mächtigkeit nach Norden hin zunimmt. Diese aus einem Gemisch von feinen Quarzsanden und etwa 15% hochfeuerfestem Ton tertiären Ursprungs bestehenden Klebsande werden stellenweise im Tagebau gewonnen und aufbereitet [W. Kolb („Das Oberbergamt Rheinland-Pfalz“, 1959, S. 15/16)]; sie lassen sich als Schweißsande, Form- oder Stampfmasse und als Silikamörtel in der feuerfesten Industrie verwenden. Die Tongewinnung findet ausschließlich im Tiefbau statt.

Abb. 105 stellt einen Normalschnitt der Schichtenfolge des Tonvorkommens dar. Danach stehen unter einer Humus- und diluvialen Decke von rd. 4 m etwa 16 bis 60 m Klebsande an, unterhalb derer zunächst 2—3 m mächtige unbauwürdige Tone folgen. Die dann in etwa 17—25 m Stärke entwickelten Schichten setzen mit 2 m mächtigen grünen oder gelben Tonen ein, von denen erstere als Zusatztone in der Ziegelindustrie, letztere als Zusätze zu keramischen Erzeugnissen oder als Isoliertone Verwendung finden und nur konjunkturbedingt mitgebaut werden. Die tieferliegenden etwa 15—23 m starken Schichten sind durchweg hochfeuerfeste Tone mit Feuerfestigkeiten von 32—34 Segerkegeln, jedoch mit Schwankungen in bezug auf Feuerfestigkeiten und Färbungen. Allgemein unterscheidet man drei Schichten, den *blauen* Ton, den *dunkelbraunen* und *hellbraunen* Ton. Der blaue, dem Werte nach beste Ton wird in zwei Schichten gebaut, von denen die untere Scheibe an der Basis einen weißen, den sogenannten MS-Ton führt, der 1,3 m mächtig ist und infolge seines geringeren Tonerdegehaltes der Erzeugung von feuer- und säurefesten Steinen und Steinzeugröhren dient. Die braunen Tone sind wiederum, ähnlich den blauen Tonen, hochfeuerfeste Tone; die dunkelbraunen Tone werden durch eine 1 m starke Schicht (die 0,5 m starke sogenannte Lederschicht und eine 0,5 m mächtige Braunkohlenschicht) von den hellbraunen Tonschichten getrennt. Das Liegende der Tone bilden Buntsandsteinschichten.

In Abb. 105 sind im Normalschnitt einige Zeichengebungen verwendet worden, die in den *Richtlinien*, 3.14, nicht aufgeführt sind. Diese besagen in den Erläuterungen zu den geologischen Zeichen des dritten Blattes „Steine und Erden", daß „der Abschnitt infolge der Vielzahl der nutzbaren Gesteinsvorkommen keinen Anspruch auf Vollständigkeit erheben kann. Es müsse dem Bearbeiter überlassen bleiben, Sonderzeichen und Zusätze zur Kennzeichnung petrographischer Feinheiten und Eigentümlichkeiten von Fall zu Fall zu entwickeln."

Sowohl aus dem Schichtenschnitt, Abb. 105, als auch aus den obigen Ausführungen über die Eigenschaften der Tone geht hervor, daß das Problem eines befriedigenden Überblicks über die Abbauverhältnisse von zumindest sechs verschiedenartigen Tonlagen in drei Schichten und vier Scheiben einzig und allein in einer zutreffenden Darstellung wurzelt. Die bisherigen Abbaudarstellungen dieser flach gestalteten Lagerstätte mit verschiedenfarbigen Kreuz- und Querschraffuren stifteten Verwirrung, erbrachten aber keine Klarheit. Herr Markscheider Dr.-Ing. Rom, dem die Bearbeitung mehrerer Betriebe vor kurzem übertragen wurde, und sein Mitarbeiter, Herr Dipl.-Ing. Wielath, haben daher eine vollständige Umstellung der Zeichengebung für Abbaue in Anlehnung an die *Richtlinien*, 2.093, vorgenommen. Hierbei kamen ihnen die Farben der Tone zu Hilfe insofern, als die in Abb. 106 gegebene farbige Darstellung alle Unklarheiten beseitigt. Wird danach mit dem Abbau des blauen wertvollen Tones begonnen, so gelten in Darstellung 1 die Anfangs- und parallelen blauen Schraffen für die 1. Schicht und 1. Scheibe, in der Darstellung 2 die beiden blauen und die 3. rote Schraffe für den Abbau der 1. Schicht und 2. Scheibe, wobei die rote Schraffe den Mittelschicht = MS-Abbau des grauen oder weißen Tones bezeichnet. Die Darstellung 3 kennzeichnet dementsprechend den Abbau der 1. Schicht, 1. und 2. Scheibe sowie der 2. Schicht einschließlich des dunkelbraunen Tones usw. In Darstellung 5 wird schließlich zum Ausdruck gebracht, daß sämtliche sechs Tonlager des grünen oder gelben Tones einschließlich gewonnen wurden, worauf der grüne oder gelbe Endstrich der Schraffengruppe hindeutet.

Ein Beispiel für einen derartigen Mehrscheibenabbau in der neuen Darstellungsweise bringen wir in Abb. 107. Der Rißauszug zeigt im Grundriß die etwa südnördlich verlaufenden Flurstücksgrenzen und Flurnummern. Im oberen Bildteil sind zwei Tonschichten (gelber und blauer Ton), in der südlichen Bildhälfte sind vier Tonschichten (gelber, blauer, dunkelbrauner und hellbrauner Ton) abgebaut. Der Abstand zwischen der zweiten, der Ausgangsschraffe parallel gerichteten gelben Schraffe und der blauen Schraffe ist etwas größer gehalten für den Fall, daß auch die grüne Tonschicht (zwischen gelbem und blauem Ton) abgebaut werden soll. Höhenzahlen, Abbaudaten und Mächtigkeiten der Tonschichten vom Hangenden (oberste Zahl) zum Liegenden (unterste Zahl) sind eingetragen. Ebenfalls ist das Ausgehende des Tonvorkommens gekennzeichnet, über dem die Klebsande anstehen. Es liegt auf der Hand, daß eine farbige Ausgestaltung der Abbauschraffen einen besseren Überblick über die Gewinnung des Tonvorkommens liefert, als dies eine schwarzweiße Schraffendarstellung zum Ausdruck bringen könnte. Man wird auch, wenn mehr Messungszahlen für die auf NN bezogenen Höhen vorliegen, den Abbaugrundriß mit Höhenlinien (Seigerabstandslinien) ausstatten können. Man erkennt, worauf wir schon an anderer Stelle hingewiesen haben, eine gewisse Übereinstimmung mit den Verhältnissen im Braunkohlentiefbau, wobei wir auf Abb. 48 (Anhang) Bezug nehmen. Nur liegt dort ein wesentlich ruhigeres Bild vor, während bei dem vorliegenden Tonvorkommen die einzelnen Tonschichten und Scheiben größeren Mächtigkeitsschwankungen, verbunden mit einem oftmaligen Auskeilen einzelner Tonlagen, ausgesetzt sind. Die Darstellung der abgebauten Tonschichten in Abb. 107 bringt deutlich zum Ausdruck, daß beim Abbau mehrerer, der Qualität und dem Verwendungszweck nach verschiedenartigen Tonlager Unklarheiten vermieden werden. Selbst wenn, was für das vorliegende Beispiel nicht zutrifft, die Tonlager mit Versatz abgebaut würden, ließen sich eindeutige Darstellungsverfahren finden, die die Klarheit der Zeichengebung keinesfalls beeinträchtigen.

Im Lande Rheinland-Pfalz spielt sodann der *Dachschieferbergbau* eine besondere Rolle. In der Eifel und im Hunsrück, aber auch rechtsrheinisch sind im Bereich der varistischen Faltenzüge des Devons in der Streichrichtung Südwest-Nordost zahlreiche Dachschiefervorkommen von wirtschaftlicher Bedeutung seit langem bekannt und in Betrieb (G. W. Peter John, 1959, Der Dachschieferbergbau. „Das Oberbergamt Rheinland-Pfalz", S. 35—39).

Besonders ergiebig ist der Eifeler Zug bei Mayen im Bergamtsbezirk Koblenz mit den Gruben Bausberg, Mosellaschacht, Katzenberg usw., die Herr Markscheider Dr.-Ing. H. Rom bearbeitet. Die Lagerstätten fallen steil ein, so daß Grund- und Seigerrisse sowie Querschnitte die wesentlichsten Bestandteile der Grubenrißwerke bilden.

Aber die Grubenbilder zeigen außer den einzelnen Sohlenstrecken, den Abbaudaten und den Tagesgegenständen (im Abbaugrundriß) nicht allzuviel. Wie H. W. Peter John hervorhebt, ist die Tektonik bisher vielfach vernachlässigt oder falsch gedeutet worden. An anderer Stelle führt derselbe Autor aus: „In diesem Zusammenhang muß auch auf die Wichtigkeit der Markscheiderarbeit hingewiesen werden. In den meisten Fällen begnügte man sich aus Scheu vor den Kosten mit der notwendigsten grundrißlichen Darstellung des untertägigen Grubengebäudes, so daß man heute nur wenige zuverlässige Angaben über die Lagerungsverhältnisse auf den Grubenbildern findet. Es liegt in den Händen der Betriebsleitungen, dafür zu sorgen, möglichst viele geologische Einzelheiten aufzuzeichnen . . ." (S. 37/38).

Wie uns Herr Dr. Rom mitteilte, krankt die Darstellungsweise im Dachschieferbergbau daran, daß sich bei der sehr steilen Lagerung (80^g — 100^g) die Abbaue grundrißlich häufig überdecken. Es liegen somit ähnliche Verhältnisse vor wie im Siegerländer Spateisensteinbergbau. Alsdann wäre zu überlegen, ob man nicht Sohlengrundrisse und Abbauseigerrisse (Abb. 50, 51, 52, S. 215—217) herstellt, zumal da mitunter zwei oder drei steilgestellte Lager dicht aufeinander folgen, so daß Abbaugrundrisse diesen Schwierigkeiten nicht abhelfen werden. Vor allem wird man auf die Aufnahme tektonischer Störungen, auf die Eintragung von Schieferung, Schichtung und von Kluftsystemen, also auf eine spezifizierte Kleintektonik und Feinstratigraphie Bedacht zu nehmen haben. Mit dieser wichtigen Kleinarbeit hat Herr Dr. Rom bereits begonnen.

Auch die unterirdisch betriebenen *Kalksteinabbaue* in Auerbach/Bensheim im Bereich des Oberbergamtes Wiesbaden werden von Herrn Markscheider Dr.-Ing. H. Rom betreut. Diese 6—20 m mächtige Lagerstätte ist ebenfalls mit nahezu 100g steilgestellt. Die Verhältnisse liegen tektonisch und stratigraphisch verhältnismäßig einfach. Es werden Sohlengrundrisse, Seigerrisse und Querschnitte unter Berücksichtigung neuzeitlicher Gesichtspunkte auf dem Gebiete der Darstellungen hergestellt.

Unsere weiteren Umfragen in anderen Oberbergamtsbezirken, zum Beispiel München oder im Lande Baden-Württemberg haben keine Anhaltspunkte für Darstellungsschwierigkeiten auf dem Gebiete der Steine und Erden erbracht. Im Oberbergamtsbezirk Freiburg i. Br. wird *Gips* unterirdisch im Kammerbau gewonnen, wobei, wie im Kali- und Steinsalzbergbau, ausreichend starke Bergfesten stehenbleiben. Der Abbau vollzieht sich hier somit in der gleichen Weise wie im Salzbergbau, so daß in darstellerischer Hinsicht keine Besonderheiten zu berücksichtigen sind. Auch die im Lande Baden-Württemberg auftretenden Gänge der *Fluß-* und *Schwerspat*-Vorkommen ähneln im kleinen den Verhältnissen im Gangerzbergbau. Es liegen daher in darstellender Hinsicht keine bemerkenswerten Aufgaben vor.

Zu erwähnen sind schließlich noch die *Solegewinnungsbetriebe*. Hier ist wiederum zwischen Betrieben, die das Salz durch Bohrlöcher über Tage, in bestimmten Tiefen erbohren und aussolen, und der Solegewinnung in Grubenbauen zu unterscheiden [G. Spackeler (Lehrbuch des Kali- und Steinsalzbergbaues, 1957, S. 238 bis 268)]. Auch in diesen Fällen sind Darstellungen vonnöten. Bei übertägigen Solegewinnungsbetrieben werden für das Grubenrißwerk Titelblatt, Tageriß und Bohrrisse ausreichen. Bei untertägigen Betrieben wird es darauf ankommen, ob die Gewinnung von Sole im Zusammenhang mit der Gewinnung von Steinsalz erfolgt, d. h., ob in dem für den Steinsalzbergbau aus- und vorgerichteten Grubenfeld vereinzelt in Streckenbetrieben mittels des Spritzverfahrens Sole erzeugt wird oder ob der Bergbau lediglich auf Solegewinnung abgestellt ist ähnlich den Staßfurter Verhältnissen oder dem alpinen Salzsolebergbau. Der Markscheider wird alsdann bei Anfertigung des Grubenrißwerks auf die Lagerungsverhältnisse und Gewinnungsverfahren Bedacht nehmen.

Von größter Bedeutung sind in der näheren und weiteren Umgebung der übertägigen Solegewinnungsbetriebe die an der Tagesoberfläche infolge von Auslaugungsvorgängen sich vollziehenden Bodenbewegungen, besonders dann, wenn der Salzspiegel der Lagerstätte in verhältnismäßig geringer Tiefe liegt. Die Verordnung über die technische Ausführung der markscheiderischen Arbeiten sieht deshalb in ihrem Entwurf vor, daß entweder auf dem Tageriß oder auf dem dazugehörigen Deckriß die Salzlageroberfläche durch Streichlinien, ferner daß die durch das Auslaugen der Lagerstätte hervorgerufenen Veränderungen der Tagesoberfläche im Deckriß zum Tageriß darzustellen sind. Mit dieser Verordnung wird ein bergschadenkundlicher Riß, *Richtlinien*, 1.0141, zum Bestandteil des Grubenrißwerks im Solegewinnungsbetrieb. Wie wichtig derartige Darstellungen sind, mögen die beiden nachfolgenden Abbildungen veranschaulichen.

Am Rand der Innenstadt Lüneburg wird seit über 1000 Jahren eine Saline betrieben, die in den letzten 100 Jahren (1856—1959) jährlich zwischen 4000 t und 38000 t Sole aus mehreren Solschächten förderte; der Salzspiegel liegt im Durchschnitt bei 40 m Tiefe. Der Pumpbetrieb hat seit jeher Auslaugungen zur Folge gehabt, die im Laufe der vielen Jahrhunderte Senkungen im Stadtkern von insgesamt 7—8 m hervorriefen, die infolge ihrer Unregelmäßigkeit bei geringen Tiefen zu den schwersten Katastrophen führten und, wie geschichtlich nachgewiesen wird, ganze Häuserreihen und Straßenviertel mit der Zeit abbruchsreif machten und noch machen.

Wir legen mit den Abbildungen 108 und 109 zwei von zahlreichen Senkungsplänen vor, die wir aus jährlichen Feinnivellements der Stadtvermessung Lüneburg ausgewertet haben. Von einer Wiedergabe der gesamten Tagessituation haben wir abgesehen, da die im Senkungsplan eingetragenen vier Bauwerke einschließlich des Hauptsolschachtes nebst der gerissen dargestellten Kalkbergumrandung (Abb. 109) zum Auflegen der Deckpausen auf den Rißauszug der Tagesgegenstände ausreichen. Abb. 108 zeigt für das Jahr 1957/58 allein schon 5,5 cm Senkung in unmittelbarer Nähe des Solschachtes. Von dort aus nehmen die Senkungen nach Norden zu ab und bilden nur noch ein jährliches Senkungstief von 3,5 cm in der Nähe der Kirche und von 2,5 cm in der Umgebung der Mittelschule. Auffällig ist die große Unregelmäßigkeit im Verlauf der Senkungskurven, die mit der Ansammlung der Rückstände von ungelöstem Anhydrit und Gipsbildungen zusammenhängt. Die starken Senkungsunterschiede haben dementsprechende Schieflagen zur Folge, die teilweise erheblich anwachsen.

Wesentlich eindrucksvoller wirkt Abb. 109. Das Senkungsbild umfaßt hier einen Zeitabschnitt von 14 Jahren. Legt man das Senkungstief des Jahres 1957/58 dem Gesamtbild zugrunde, so müßte das Senkungstief nördlich des Solschachtes 77 cm in 14 Jahren betragen. Das geringere Senkungsmaß von 28 cm beruht auf den großen Förderschwankungen; dennoch bestätigen sich auch in Abb. 109 die abnehmenden Werte der Senkungstiefs bei der Michaeliskirche mit 22 cm und nahe der Mittelschule mit 18 cm. Es bedarf keiner weiteren Begründungen für das Auftreten schwerster Bauwerksschäden. Bemerkenswert ist, daß der bei weitem 90% übersteigende Absenkungsanteil auf künstlich durch die Saline bewirkte Auslaugungsvorgänge zurückzuführen ist, während nur wenige Anteilsprozente nachweisbar einer natürlichen Auslaugung zuzuschreiben sind.

Das Gebiet „Steine und Erden“ ist außerordentlich umfangreich, nicht nur hinsichtlich seiner Verbreitung, sondern auch in bezug auf die Rohstoffarten und die Differenzierung seiner Mineralien. Dabei kann die Lagerstätte ebensowohl in horizontaler als auch in vertikaler Richtung, qualitativ und quantitativ, ferner in ihren chemischen und physikalischen bzw. mechanischen Bestandteilen Gliederungen aufweisen, die sehr verschiedenartige Verwendungszwecke und Bauwürdigkeiten bedingen. So treten mitunter nebeneinander feuerfeste, säurefeste, keramische, Binde- und Schamotte-, Email-, Glashafen- und Gieß-Tone in unterschiedlichen Reinheits- und Brennfarben-Graden auf, und zwar sowohl in übertägigen als untertägig betriebenen Tonvorkommen. Die Aufsicht der Bergbehörde beim Abbau dieser Vorkommen besteht noch nicht lange. Aber es zeigt sich, daß — wie wir gesehen haben — die Steine-und-Erden-Betriebe infolge der unterschiedlichen Ausbildung und Verwendbarkeit der geförderten Rohstoffe mitunter Darstellungsverfahren erfordern, die anderen Bergbauzweigen fremd sind. Ob es sich dabei um Tone, Quarzite, Basaltlava, Klebsande, Bimsbaustoffe oder Schaumlava-Abbau u. a. m. handelt, ist immer wegen der verschiedenartigen Lagerungsverhältnisse und der graduellen Unterschiede in der Verwendung, Gewinnung, Aufbereitung und Verarbeitung solcher Rohstoffe von Einfluß auf die Darstellung in Rissen, Karten und Plänen.

Abb. 108. Bodensenkungen in mm über einem Solegewinnungsbetrieb durch Bohrlöcher von über Tage (Kennzeichnungen wie „Kirche" usw. in Abb. 109, S. 334)

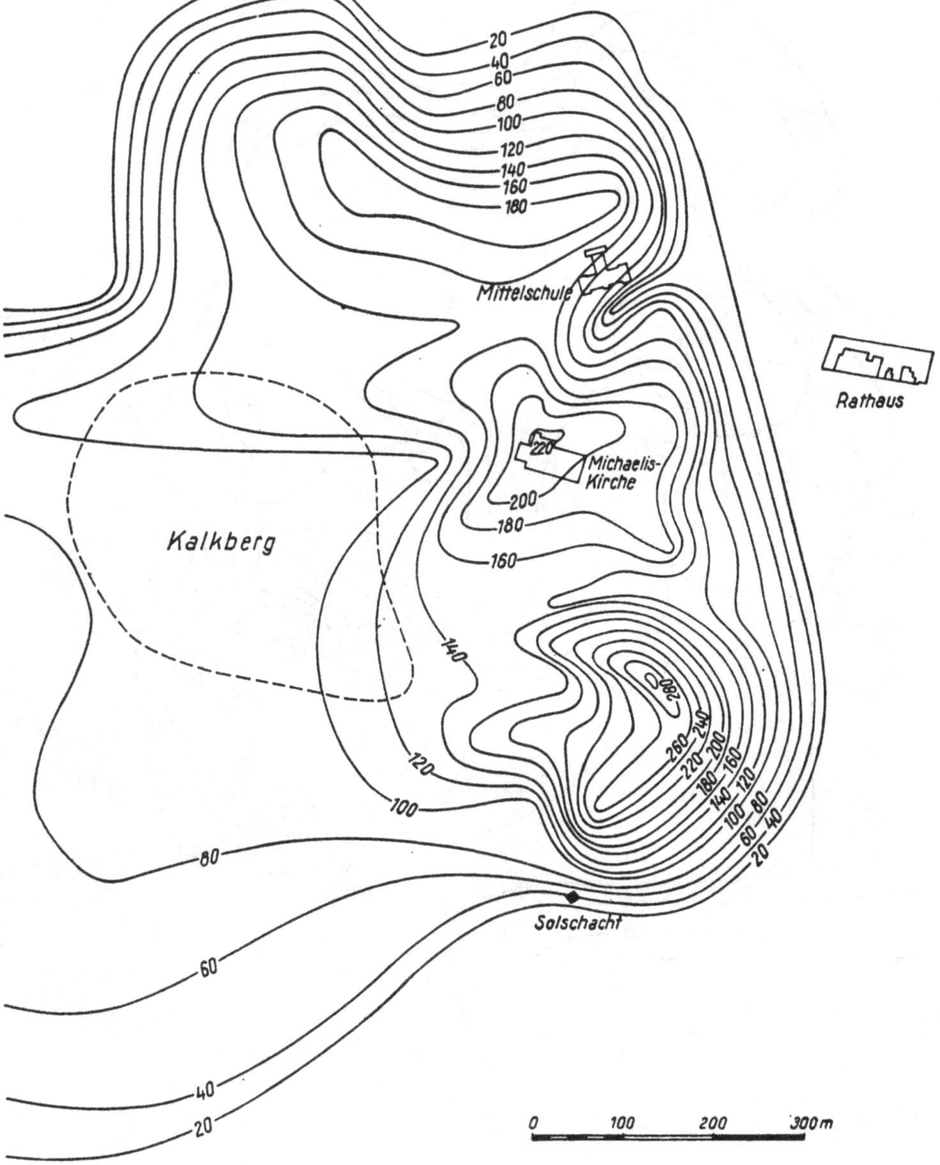

Abb. 109. Bodensenkungen über demselben Solegewinnungsbetrieb zu Abb. 108 innerhalb eines Zeitraumes von 14 Jahren

Es wird daher ebenso nützlich wie notwendig sein, die mittelgroßen und großen Steine-und-Erden-Betriebe auf die verschiedenen Darstellungsmöglichkeiten hin zu untersuchen und Verordnungen sowie *Richtlinien* hierauf abzustellen. Bei den untertägigen Steine-und-Erden-Betrieben wird es hinsichtlich der Anlage des Grubenrißwerks auf die Lagerungsverhältnisse ankommen. Danach können ebensowohl Titelblätter, wie Tagerisse, Sohlen- und Abbaugrundrisse sowie Seiger- oder Flachrisse, wie solche im Steinkohlen- oder Braunkohlenbergbau in Frage kommen, vornehmlich unter Heranziehung der dreidimensionalen Aufnahme- und Darstellungsverfahren notwendig werden. In jedem Falle verdienen die Darstellungen auf dem Gebiet der Steine und Erden in Zukunft die gleiche Beachtung und Beurteilung, wie sie dem Rißwesen in den anderen Bergbauzweigen zukommen.

3. Schlußausführungen

Dieser Abschnitt II, D steht umfangmäßig hinter dem Abschnitt „Das Zulegerißwerk" zurück, weil wir Wert darauf legten, im Kapitel II, C sämtliche Zubehörteile des Grubenrißwerks mit den verschiedenen Rißarten auf der Grundlage neuzeitlicher Rißtechnik zu behandeln. Demgegenüber beschäftigt sich der Abschnitt „Das Grubenrißwerk" mit den *Besonderheiten* der Darstellungen in den verschiedenen Bergbauzweigen a) bis f). Aber bei diesen Besonderheiten konnte auch immer nur auf Beispiele zurückgegriffen werden, die in begrenzter Zahl zur Verfügung standen, niemals jedoch irgend einen oder gar mehrere Bergbauzweige erschöpfend in ihren unzähligen Darstellungsmöglichkeiten zu erfassen vermochten oder gar durften, um Ausweitungen zu vermeiden. Berücksichtigt man, daß die *Richtlinien* allein über 120 Rißarten aufzählen, ohne daß hierbei auf die einzelnen Bergbauzweige eingegangen wird, so ist wohl zu verstehen, daß die Autoren dieses Bandes nicht *alles* Interessante und Bemerkenswerte an Darstellungen bringen können, sondern eben immer nur „einiges", das sie für wichtig und geeignet halten.

So brachten wir im Steinkohlenbergbau drei Darstellungen in der sG-Projektion unter verschiedenen Blickwinkeln als bergbehördlich geforderte Bestandteile des Grubenbildes. Derartige Risse werden, zumeist aus Gründen der Grubensicherheit, für jeden Bergbauzweig, nur unter anderen Voraussetzungen oder Gegebenheiten betrieblicher Art, erforderlich, wovon auch noch im Abschnitt V „Das Betriebsplanwerk" die Rede sein wird.

Im Braunkohlentagebau gingen wir an Hand einiger Beispiele auf die Betriebszustandsrisse und die damit verbundenen Abweichungen in den Darstellungen des amtlichen und Werksgrubenbildes ein. Es war ferner geboten, das große Gebiet der Wiederurbarmachung ausgekohlter Tagebaue hinsichtlich der Darstellungsweise in Verbindung mit dem Liegenschafts- und Katasterwesen zu behandeln. Solche Rekultivierungsrisse kommen für sämtliche Bergbauzweige in Betracht, in denen Tagebaubetriebe eine Rolle spielen, zum Beispiel im Lagererzbergbau der Salzgitterer Lagerstätten. Auch im Erdölbergbau sind Rekultivierungsarbeiten, wenn auch in bescheidenerem Ausmaß, erforderlich. Jeder in geringen Teufen umgehende Bergbau, soweit er großräumige Gebiete erfaßt, wird von Fragen der Wiederurbarmachung im Interesse der Erhaltung land- und forstwirtschaftlich genutzter Bodenflächen berührt. Beim Braunkohlentiefbau verwiesen wir auf die

Bedeutung der Anlage von Bohrnetzen unter Tage zur Ermittlung der Flözmächtigkeitsschwankungen. Sodann befaßten wir uns mit dem Scheibenabbau in flacher Lagerung, der auch noch in anderen Bergbauzweigen weitgehend zur Anwendung gelangt.

Nachdem im Abschnitt über das „Zulegerißwerk" der Lagererzbergbau im Tagebaubetrieb zur Darstellung gelangte, wurde im Tiefbau ein mäßig bis stark geneigtes, mächtiges Erzlager im Abbaugrundriß und Querschnitt gezeigt, das nach dem Weitungsbruchbau-Verfahren abgebaut worden ist. Ferner konnte an einem mit 50g einfallenden Lager mit neun Abbauscheiben an Hand der Scheibengrundrisse das Abschiebeverfahren erläutert werden (*Richtlinien*, 2.094). In bezug auf den Gangerzbergbau beschränkten wir uns auf Darstellungen von grund- und schnittrißlichen Aufnahmen verwickelter tektonischer Lagerungsverhältnisse, d. h. der gerade im Gangerzbergbau so wichtigen Kleintektonik.

Aus dem Kali- und Steinsalzbergbau beschrieben wir in Ergänzung der im Abschnitt II C ausschnittsweise gegebenen Darstellungen einen Abbaugrundriß über mehrere Sohlen eines teils flach, teils steil (bis zu 74g) ausgebildeten Kalilagers in farbiger und schwarzweißer Manier. Auf die Schwierigkeit der Wiedergabe tektonisch stark beanspruchter, ihr Streichen und Einfallen ständig ändernder Kalisalzlagerstätten wiesen wir außerdem hin. Gerade im Kalibergbau sind noch mannigfache Darstellungsmängel zu überwinden.

Die Darstellungen in den Erdölschachtbetrieben sind auf die Auftragung von Streckennetzen abgestellt. Bei Erdölbohrbetrieben sind bis auf Titelblätter und Tagerisse kaum Analogien zum Rißwesen der übrigen Bergbauzweige gegeben. Es ist hier somit alles neu. Den Hauptbestandteil des Erdölrißwerks bildet der Lageriß, den man wiederum in einzelne Bestandteile zu gliedern hat. So wird die Darstellung der Bauwerke, Kultureinrichtungen, Betriebsanlagen und Bohrungen etwa dem Tageriß entsprechen. Nicht minder wichtig sind der Produktionsriß mit Bohrnetz, Förder- und Blockdiagrammen sowie die Tiefenlinienpläne. Inwieweit hier Einzeldarstellungen oder Deckblätter zu bevorzugen sind, hängt von der Struktur des Bohrfeldes ab. Eine Sonderstellung nehmen die Bohrlochsbilder mit ihren lagerstättenkundlichen, geologischen und hydrologischen Angaben im Bild und Text ein. Es wäre in diesem Falle verfrüht, jetzt schon den Bestandteilen des Erdölrißwerks eine feste Form und Gliederung geben zu wollen, denn dazu ist alles noch viel zu sehr im Fluß.

Ähnlicher Art sind die Verhältnisse bei den Steine-und-Erden-Betrieben. Wenn hier auch starke Anklänge an die Darstellungen von Tage- und Tiefbauen anderer Bergbauzweige gegeben sind, liegen Differenzierungen in der Schichtenfolge und -zusammensetzung einzelner Lagerstätten vor, die es nahelegen, neue Wege der Darstellung zu beschreiten. Aber auch hier stehen wir erst am Anfang und müssen versuchen, Kleinst-, Klein-, mittlere und große Betriebe qualitativ und quantitativ zu ordnen, um das Notwendige im Interesse der Grubensicherheit voranstellen zu können und das Nützliche hernach nicht aus den Augen zu verlieren.

E. Besonderheiten bei der Bearbeitung von Rißwerken

(Haibach)

1. Bemerkungen zur Erst- und Neuausfertigung von Grubenrißwerken

Zwischen der Erstausfertigung und der Neuausfertigung von Grubenrißwerken bestehen grundsätzliche Unterschiede. Erstausfertigungen entstehen bei der Eröffnung eines Bergwerksbetriebes, Neuausfertigungen dagegen lösen ältere Grubenrißwerke ab. Von Neuausfertigungen kann man auch sprechen, wenn eine nur teilweise Erneuerung stattfindet und die alte Linie dabei verlassen wird. Beide Aufgaben haben ihre besonderen fachlichen Reize.

Vorbereitung, Planung und Durchführung eines ersten Grubenrißwerkes für einen im Entstehen begriffenen Bergwerksbetrieb erfordern besondere Umsicht und Vorausschau, da die Rißwerke immer für lange Zeit Gültigkeit behalten sollen. Hier muß in der Regel ganze Arbeit geleistet werden; alle Halbheiten machen sich bei der Bearbeitung wie auch in den Kosten nachteilig bemerkbar. Nicht richtig erfaßte Aufgabenstellung führt unweigerlich zu Umstellungen, die eine teilweise Erneuerung schon gefertigter Bestandteile notwendig machen. Bei Erstausfertigungen — das gilt also für die Darstellungen zu einem neu eröffneten (nicht wieder in Betrieb genommenen) Bergwerk — muß sich die Ausrichtung auf die gesamte darstellende Aufgabe beziehen, wie dies in Bd. II, Tafel 2, S. 8 und 9, in den Spalten 1, 2 und 3 für das Grubenrißwerk, das Betriebsplanwerk und das geologische und lagerstättenkundliche Kartenwerk angegeben ist. Die Lage gegenüber der allgemeinen Fortführung bestehender Rißwerke und deren Ausbau ist also eine gänzlich andere. Alle Maßnahmen, insbesondere die der zeichnerischen Gestaltung und der Vervielfältigungsfähigkeit im Rahmen der Maßstabsforderungen, sollten so abgestellt sein, daß sich ohne Überhandnehmen zeichnerischer Arbeit aus dem (urkundlichen) Zulegerißwerk alle weiteren Bestandteile als Abkömmlinge oder Folgerisse zügig entwickeln lassen.

Neuausfertigungen von Rißwerken dagegen müssen auf Gegebenes und Gewachsenes Rücksicht nehmen. Während für Bergwerksbetriebe kleineren Umfanges die Neufertigung mehr eine Frage der Zeit darstellt, ist die Neufertigung für große Bergwerksbetriebe — wir wollen hier an Bergwerksanlagen mit einem Zulegerißwerk 1:1000 von mehr als 1000 Rißblättern denken — ohne außergewöhnliche Maßnahmen und Hilfsmittel nicht durchführbar. Nicht nur Rißwerke, die ein engmaschiges Streckennetz und dicht aufeinander folgende Abbauflächen (intensiv beaufschlagtes Grubenfeld) wiederzugeben haben, sondern auch Rißwerke, die auf große Entfernungen flächenhaft betriebenen Bergbau darstellen müssen, verlangen bei der Neuanfertigung Maßnahmen, die in erster Linie in der Wahl der Maßstabsverhältnisse liegen. Hier handelt es sich jedoch für die Darstellungen im Rahmen des laufenden Betriebes nicht um die Festsetzung des Maßstabsverhältnisses, das behördlich vorgeschrieben ist, sondern um das Maßstabsverhältnis für diejenigen Teile des Grubengebäudes, für die die Notwendigkeit einer Großmaßstäblichkeit nicht mehr vorliegt. Längst verlassene Sohlen, alte Abbaue auf Lagerstättenteilen in Teufen, die in keiner betrieblichen Beziehung zu dem heutigen Grubengebäude stehen, brauchen nicht in einem einheitlichen Maßstab dargestellt zu werden, sondern können im gegenwärtigen Rißwerk in einem kleineren Maßstabsverhältnis erscheinen.

Gleichzeitig ist mit letzterem eine Generalisierung, d. h. eine Vereinfachung der Darstellung unter möglichster Wahrung des Inhalts und der Aussagefähigkeit herbeizuführen. Es ist also durchaus zu vertreten, daß in einem Grubenrißwerk verschiedene Maßstabsverhältnisse angewandt werden. Das hat den Vorteil, daß die Forderung der Vollständigkeit erfüllt ist und zugleich der Umfang des Rißwerkes verringert wird. Glücklicherweise finden wir in den *Richtlinien* 1951, DIN 21900, eine sehr zweckmäßige Regelung bezüglich der Maßstabsverhältnisse unter sich und der Blatteinteilung, also der Zuordnung der Blattbereiche bei verschiedenem Maßstabsverhältnis. Im DIN-Blatt unter 1.07, Zeichnerische Grundlagen, Begriffsbestimmungen, sind die Maßstabsfolgen angegeben, die für ein geschlossenes Rißwerk gelegentlich einer Neuausfertigung auszuwählen wären. Im Rißwerk kann demnach für die laufenden Betriebe der Maßstab 1:500 oder 1:1000 und bei den nicht mehr betrieblich notwendigen Grubenbauen der Maßstab 1:5000 oder gar bei sehr großer Ausdehnung des Bergwerksbetriebes der Maßstab 1:10000 gewählt werden. Über die Zuordnung der Blätter, ihre Einteilung und Benennung findet man im DIN-Blatt 1.10 Anweisungen.

Wir haben diese Frage deswegen anschneiden müssen, weil die geltenden Bestimmungen eine solche Behandlung nicht vorschreiben, aber auch nicht verbieten. In der Maßstabsuneinheitlichkeit sehen wir keinerlei Nachteile, wohl aber wesentliche Vorteile, die in der Übersichtlichkeit im Rißwerk, in der Herabsetzung des Umfanges und schließlich in der Verringerung des Arbeitsaufwandes bei der Neuanfertigung bestehen. Dem Verfasser ist bekannt, daß in begründeten Fällen der beschriebene Weg von der Behörde gebilligt worden ist. Nur dadurch war es möglich, die anfallende Zeichenarbeit bei der Neuanfertigung zu verringern und damit zu bewältigen.

a) Gemeinsame geodätische und mathematische Grundlage

Beide Aufgaben, die Erstanfertigung und die Neuerstellung eines Rißwerkes, verlangen eine einheitliche geodätische und rißtechnische Grundlage, wobei hier unter den rißtechnischen Forderungen die mathematische Seite den Vorrang haben soll.

Schon die Vorarbeiten, die Planungen und die Lagerstättenuntersuchungen gründen sich auf Vermessungen des Markscheiders. Diese geodätischen Grundlagen haben Allgemeingültigkeit für den entstehenden Grubenbetrieb. Ein ebenso großangelegter wie gründlicher Aufbau sichert am besten eine gute Lösung der auftretenden Aufgaben. Von diesen wollen wir wiederum die darstellerischen in unser Blickfeld rücken und nennen hierbei die Tagerisse. Sie entstehen zugleich mit den ersten grundstücksmäßigen Aufgaben, mit den Bauarbeiten für die Bohrbetriebe, die Schacht- und Betriebsgebäude und nicht zuletzt für die Verkehrs- und Transporteinrichtungen. Sämtliche Absteckungen und Aufmessungen beruhen auf einem einheitlichen Netz. Eine unmittelbare Verwendung kann daher in den Tagerissen schon stattfinden. Die ersten aufrißlichen Darstellungen bilden die Schnitte der Bohrlöcher. Schon diese für jede Bohrung gefertigten Risse sind Bestandteile, die auf Grund der Vermessung in den mathematischen Rahmen der Rißwerke eingefügt werden können. Bei Gelegenheit der Aufschlußarbeiten für ein Steinkohlenfeld mit einer Größe von 25 km² durch 5 Bohrungen wurden beispielsweise im Laufe von 6 Jahren 50 Blätter im Rißwerk nötig. Dieser Rißbestand, der später einmal, wenn es gemeinsam mit den Grubenaufschlüssen an die Projektierung der Lagerstätte herangeht, entsteht, setzt sich (bevor überhaupt das Abteufen und die söhlige Ausrichtung begonnen hat) aus Teilen zusammen, die wir in Abschnitt IV noch einer näheren Betrachtung unterziehen.

In einem solchen Entstehungszustand der Rißwerke kann noch nichts über die Lage der Schnitte, d. h. der koordinatenmäßigen Festlegung der Spuren zu den Schnitten, gesagt werden. Das ist erst später möglich, wenn das Streichen der Lagerstätte und die Richtung der Aus- und Vorrichtungsstrecken bekannt sind.

Bei einer *Neu*anfertigung von Grubenrißwerken sind die Voraussetzungen für den mathematischen Rahmen der Rißwerke weit günstiger. Wir wollen aber bei diesen Aufgaben folgenden Hauptgesichtspunkt gelten lassen: Eine Neuanfertigung ist keinesfalls eine bloße Wiedergabe des alten Grubenbildes in einem neuen Gewande. Hauptforderung muß sein, das alte Rißwerk durch ein hochwertiges neues zu ersetzen. Alle Mängel des alten müssen ausgemerzt werden, vor allem solche, die sich seinerzeit aus mangelnder Kenntnis der Lagerstätte und der sich daraus ergebenden Entwicklung des Grubengebäudes nicht voraussehen ließen. Es kann also notwendig werden, der Übersichtlichkeit wegen die Sohlenrisse in Einzelsohlenrisse aufzutrennen, Schnittrisse mittels neuer Spuren anders zu legen oder zu gruppieren. Notwendigenfalls sind die Schnitte auf Grund stratigraphischer und tektonischer zusammenhängender Durcharbeitung neu zu gestalten.

Da wir uns heute nicht selten auf die grundrißliche (G) und seigerrißliche (S) Projektion sowie auf schnittrißliche (Sch) Darstellungen beschränken, ergibt sich ganz von selbst der zusammenfassende mathematische Rahmen, den die analytische Geometrie für das Rißwesen bietet. Der Neubearbeitung des Rißwerkes wird daher die Schaffung dieses unentbehrlichen Gerüstes, wie wir es in den Grundlagen des Bandes II geschaffen haben, vorausgehen.

Häufig ist mit der Neubearbeitung eines Rißwerkes auch die Einführung eines neuen Koordinatensystems notwendig, zum Beispiel der Umformung Soldnerscher oder Gauß- konformer in Gauß-Krügersche Koordinaten. Diese Umformung ruft heute, wenn eine Programmierung für eine Großrechenanlage vorliegt, keinen Zeitverlust mehr hervor. Es kann also unmittelbar mit der Auftragung der Koordinatenwerte begonnen werden. Bei Verwendung weiterer Projektionen (als die der Spitzengruppe, Bd. II, S. 160ff., sowie Bd. III, Abschnitt II, C, 5) empfiehlt sich gleichfalls die massenweise elektronische Umformung (Bd. II, V, S. 528). Auch hier kann unmittelbar die Auftragung der Punkte in den verschiedensten Projektionen erfolgen. Wir erinnern jedoch daran, daß für diesen Fall Raumkoordinaten vorliegen müssen; zu jedem x- und y-Wert oder R- und H-Wert müssen die Höhen-, Teufen- = z-Werte gegeben sein oder beschafft werden. Da in früheren Zeiten weniger oft und in neueren Zeiten nicht immer Höhenwerte für Vermessungspunkte mit errechnet worden sind, wird man sich mit aus den alten Rissen entnommenen, also abgegriffenen z-Werten notfalls begnügen müssen.

Zusammenfassend können wir feststellen, daß es mit Hilfe der in Band II gegebenen Grundlagen möglich geworden ist, Erstausfertigungen und Neuausfertigungen von Grubenrißwerken, denen ein einheitliches Vermessungsnetz zugrunde liegt, durch die analytische Geometrie den festen Rahmen zu geben. Dieser für das Rißwesen bedeutsamen Tatsache hat P. Hilbig 1957 in der Buchbesprechung des II. Bandes[1]) folgendermaßen Ausdruck gegeben:

[1]) Allgemeine Vermessungsnachrichten 1957, Nr. 5, S. 153—154.

„Dem gesamten Rißwesen wird auf analytischem Wege ein in sich geschlossenes, einheitliches mathematisches Fundament gegeben. Ausgehend von der Feststellung, daß bisher, soweit die Darstellende Geometrie die Grundlage der bergmännischen Darstellungen bildete, lediglich die konstruktiven, jedoch nicht die analytischen Beziehungen ausgenützt wurden, wird es mit Erfolg unternommen, die analytischen Zusammenhänge zu klären, und indem es gelingt, für eine allgemein formulierte Tatsache (Projektionsart) auch eine allgemeingültige Formel zu finden, werden die gesamten Projektionsverfahren, die bisher jede für sich allein behandelt werden mußten, auf ein- und denselben Ausgang zurückgeführt."

b) Weitere Gesichtspunkte

α) Erfahrungen, Ausbaufähigkeit, Hinweis auf Band II, Abschnitt I

Nicht nur die Bergbauarten, auch jeder einzelne Bergbaubetrieb für sich fordern vom Bearbeiter der Rißwerke, daß er den Eigenarten voll und ganz Rechnung trägt. Eine schematische Nachbildung führt kaum zum Ziel, und von Rißwerken ähnlicher Art ist nur das zu erwarten, was dem Zweck der Sache dienen kann. Rißmuster, in denen eine Menge Erfahrungen ruhen, sind nur bis zu einem gewissen Grade Richtschnur, nie aber in dem Sinne Muster, daß danach verfahren werden müßte. Im Jahre 1942, vor bald 20 Jahren also, erschien der Rißmusteratlas als Ergänzung zu den „Normen für Markscheidewesen" 1936. Von einigen Fachgenossen ist erwogen worden, ob man nun nicht unter Anwendung der *Richtlinien* neue Rißmuster entwerfen sollte. Die Verfasser dieses Bandes vermögen dieser Ansicht nicht zuzustimmen. In den letzten 20 Jahren hat die Entwicklung im Bergbau und somit auch im Rißwesen erhebliche Fortschritte gemacht, und zwar fast auf allen Gebieten der Darstellung, so daß es kaum möglich sein wird, für ein so breites Darstellungsgebiet mit ausführlichen Mustern Schritt zu halten, ganz zu schweigen von den Kosten, die ein neuzeitlicher Rißmusteratlas verursachen würde (s. Abschnitt II, A, 3, S. 112). Während mit der Veröffentlichung des Rißmusteratlas (1942) eine Zeit völliger Erstarrung im Rißwesen glücklicherweise abgelöst wurde, wird deutlich eine Beweglichkeit offenbar. An die Stelle oder neben ein statisches Verhalten tritt im Rißwesen die Auffassung der dynamischen Eigenschaft. Wenn das Vordringen dieser Entwicklung einstweilen zu langsam erscheint, so ist in der Hauptsache der Grund im Umfang und in der Vielgestaltigkeit der Rißwerke und der damit zusammenhängenden Arbeiten zu suchen. Die Bearbeiter der vorliegenden Bände II und III haben es daher vermieden, irgendwelche Regeln oder Anweisungen zu geben, ja sie warnen davor, das Rißwesen in Vorschriften zu zwängen, und wenn es auch durch Muster geschähe. Im Handbuch soll vielmehr nachgeschlagen werden können, um Aufklärung zu finden über das, was bisher versucht worden ist, und welche weiteren Wege und Möglichkeiten bestehen.

Es sind in den letzten Jahrzehnten viele neue Rißwerke entstanden. Das erste (Bearbeiter K. Lehmann und W. Nehm), für das Anfang der zwanziger Jahre eine Ausnahmegenehmigung beim Oberbergamt Dortmund erwirkt wurde, ferner manche spätere Neubearbeitung von Grubenbildern können heute nicht mehr als Vorbilder gelten. Seinerzeit wurde zwar schon der Druck angewendet, aber neuzeitliche, hochwertige Zeichenfolien gab es noch nicht, und die Forderung für ein gleichzeitiges Mitentstehen von einem geologischen und lagerstättenkundlichen Kartenwerk und einem Betriebsplanwerk deuteten sich erst an. Die Frage der Ausbaufähigkeit dieser Rißwerke ist erst viel später erörtert worden. In Abschnitt I des Bandes II haben erst wir diesen neuen Aufgaben ein ausführliches Kapitel gewidmet; wir verweisen darauf und ergänzen die Ausführungen weiter unten durch einen Abschnitt mit Überlegungen rationeller Art.

β) Einfluß der Normen und Richtlinien

Mit den Normen (1936) und den *Richtlinien* (1951) sind die alten Zöpfe nicht ausgerottet worden dank der Langlebigkeit der Rißwerke, wohl aber ist erreicht, daß keine neuen geflochten werden. Man kann sich kaum noch vorstellen, daß übertriebener Sparsinn der Industrie eine Blattordnung verhinderte, Blätter der Kosten wegen teilte, Netze schräg wählte und dann noch nicht einmal beibehielt, und daß es am Verständnis für Arbeiten in einem gemeinschaftlichen Rahmen fehlte. Mit DIN 21900 ist der Weg für die Bearbeitung von Erst- und Neuausfertigungen vorgezeichnet, und es sind die Rißwerke so gewählt, daß ein Höchstmaß an Beweglichkeit gewahrt bleibt.

Was die Zeichengebung in den Rissen anbelangt, mag hier auf die besondere Eigenschaft der *Richtlinien* (1951) hingewiesen werden. Sie sind keine starren Muß-Vorschriften und wollen es auch nicht sein. Der Bearbeiter — in diesem Falle der für seine Berufsaufgaben genügend geschulte Markscheider — muß selbst entscheiden, wie er die Aufgaben am besten löst. Da wir in unseren vielen Beispielen und Abbildungen nach vorheriger kritischer Beurteilung die zweckmäßigste Zeichengebung anwenden, können wir auf längere Erklärungen verzichten.

γ) Überlegungen rationeller Art, Vervielfältigungsmöglichkeit

Es ist oben schon einmal gesagt worden, daß Erneuerungen von Rißwerken großen Umfanges besonders schwierig und zeitraubend sind. Man sucht deshalb mit Nachdruck nach Lösungen, die leicht möglich und zugleich auch rationell sind. In der *arbeitsmäßigen Auftrennung der Rißwerke* besteht ein gangbarer Weg. Wir wollen das etwas weiter erläutern.

Für ein Grubenfeld von 14 km² Größe, wozu als Grenzgebiet noch 8 km² hinzukommen, werden — wenn den Normen gefolgt wird — im Maßstab 1:2000 etwa 27 Rißblätter benötigt. Ist — wie es für das engere Ruhrgebiet zutrifft — die Bebauung dicht, so läßt sich übersehen, welche Arbeit bei der Vermessung und Darstellung der Tagesgegenstände in den Tagerissen zu leisten ist. Man kann diesen Komplex gänzlich von den untertägigen Darstellungen abtrennen, wenn man folgendermaßen vorgeht und dabei den berechtigten Grundsatz verfolgt, daß bei Verwendung von Deckrissen die Sohlen- und Abbaurisse keinerlei Tagesgegenstände zu zeigen brauchen: Blatteinteilung, Blattgröße entsprechend DIN 21900 im Meridianstreifensystem, Übernahme der Tagesgegenstände aus dem alten Zulegerißwerk, das die beteiligten Koordinatenquadratnetze enthält, oder Neuvermessung oder Übernahme von anderen Vermessungsdienststellen, Durchführung der Reinzeichnungen unter Anwendung möglichst großer Beschriftung (zum Zwecke des Übergangs auf Risse, Karten und Pläne kleineren Maßstabsverhältnisses) auf Astralon (als Urrisse und zur Sicherung) mit Eggentusche, schwarz, als Zeichenmittel. Auf den Urrissen wird das Gauß-Krüger-Netz ausgezogen, alle anderen Quadratnetze werden angerissen. Ebenso sind die Blattecken des alten Rißwerkes zu kennzeichnen. Die Herstellung von Drucken für das Zulegerißwerk in Papier und Astralon (für weitere Vervielfältigung), von weiteren Drucken für Zwischenpausen und zum Verbrauch, von Deckrissen (Astralon) für Grubenrißwerke entsprechend alter Blatteinteilung auf dem Wege des Zusammendrucks empfehlen sich gleichfalls. Gegebenenfalls ist der Druck auf Papier zu bewirken, was aber entbehrt werden kann. Durch diese Handhabung wird erreicht, daß das Zusammenspiel zwischen Alt und Neu solange gegeben ist, wie die alten Bestandteile der Rißwerke noch im Gebrauch sind. Gleichzeitig ist durch das Deckpausenverfahren für Alt und Neu ermöglicht, daß die Grubenrißplatten freiwerden von den Tagesgegenständen (Überladung). Die Kosten werden zum Teil auf Druckkosten verlagert, was aus Gründen des Zeitgewinns im Arbeitsablauf der markscheiderischen Abteilungen und der Sicherheit gegen Übertragungsfehler durchaus anzustreben ist.

Weitere wirtschaftliche Vorteile scheinen uns durch die *Einschränkung der Farbe auf den Rissen* möglich. Die Farbgebung erfolgt heute zum weitaus größten Teil von Hand. Es ist eine Eigenart der Rißwerke, daß die Farbe als Darstellungsmittel (Bd. II, S. 344/46) eine so große Rolle spielt und daß sie leider auch die Rißwerkbearbeitung zeitlich und kostenmäßig belastet. Wenn Farben eingespart werden, so kann das im Rahmen einer Neuanfertigung keinesfalls auf Kosten der Deutlichkeit und des Aussagevermögens der Darstellung geschehen. So dankbar es begrüßt worden ist, daß die *Richtlinien* (1951) viele Beispiele in schwarz als Ersatz für die Farbe bieten, so notwendig erscheint uns aber auch die Prüfung auf eine Zweckmäßigkeit in der Anwendung[1]). Ohne das photomechanische Schwarz-Weiß-Ablichtungs- und das Schwarz-Weiß-Lichtpausverfahren ist ein wirtschaftliches Arbeiten in den markscheiderischen Abteilungen heute nicht mehr oder kaum noch denkbar. Da bei uns — wie oben ausgeführt — wohl eine Einschränkung in der Verwendung der bunten Farbe tragbar, nicht aber ein Verzicht auf diese Farben möglich ist, geht man seit einiger Zeit dem Gedanken nach, wie eine Reproduktion *mit* Farben bei diesen beiden Verfahren verwirklicht werden könnte und welche Auswirkungen dies in der Darstellung, insbesondere bei Neubearbeitungen, haben würde. Zwar sind die bunten Farben bei der Schwarz-Weiß-Ablichtung bis zu einem gewissen Grade noch deutbar; wiederzuerkennen sind sie aber mit Sicherheit nicht. Brauchbar sind Farbwerte der Grauleiter, doch müssen die Stufen so groß sein, daß sie ihrer Bedeutung nach richtig angesprochen werden. Indessen kennen wir im Rißwesen nur ein Grau für die seigeren und schwebenden Baue, und es wird sich kaum lohnen, hier weitere Unterscheidungen vorzunehmen.

Stellt man sich vor, daß eine Farbenphotographie von einem Urstück maßstabsgetreu, auf schnellem Wege und bei mäßigen Kosten hergestellt werden könnte, so würde das eine völlige Umwälzung bedeuten. Man könnte sich dann darauf beschränken, im wesentlichen nur noch ein Zulegerißwerk zu führen, für das die sonst verschwendete große Arbeit des Zeichnens an den Doppelstücken zur besseren Gestaltung, gründlicheren Durcharbeitung und größeren Wertsteigerung verwendet würde.

---

[1]) Zur Frage der schwarzweißen und farbigen Darstellung haben wir in den Abschnitten II, C und II, D Stellung genommen.

Diesen Gedanken auf das Lichtpausverfahren zu übertragen, scheint wirklichkeitsnäher und auch in der Auswirkung fruchtbar zu sein. Schon heute sind die Schwarz-Weiß-Lichtpausen (bei pneumatischem Kopieren in DIN-A-0-Formaten) von solcher Feinheit und Maßhaltigkeit, daß bei genügendem Papiergewicht ein in jeder Hinsicht gebrauchsfertiger Riß entsteht — allerdings ohne bunte Farbe. Die Technik beschäftigt sich seit einigen Jahren mit der Entwicklung des bunten Lichtpausens, für das offensichtlich ein allgemeines Interesse bestehen mag. Im gegenwärtigen Entwicklungsstand sind für das angewandte Filterverfahren zwei transparente Vorlagen notwendig. Das Zweifarben „Ozalid"-Papier (Kalle & Co AG, Wiesbaden-Biebrich) liefert zwei Farben, Rot und Blau, da das Papier nur für zwei verschiedene Spektralbereiche lichtempfindlich ist. Die Belichtung erfolgt getrennt, einmal für Blau und einmal für den roten Teil der Zeichnung. Die notwendige Paßgenauigkeit in beiden Pausgängen und nach der Entwicklung *soll* den Forderungen, wie sie im Karten- und Vermessungswesen gestellt werden, entsprechen. Wir sehen, daß wir hier noch nicht über zwei Farben hinausgekommen sind und eine Verwendung im Grubenrißwerk deshalb noch nicht in Frage kommen kann. Wohl aber ist eine Anwendung für selbständige technische Aufgaben schon ermöglicht worden.

2. Nachtragung, Änderung und Übernahme von Rißteilen, Sicherung von Rißwerken

a) Nachtragung und Änderung

α) Hinweis auf Band II. Statische Eigenschaft und dynamische Wirkungsweise der Rißwerke

Wie wir bereits in Bd. II, I, A, S. 1ff. dargelegt haben, wird das bergmännische Darstellungswesen nicht durch einen einzigen Zweck bestimmt. Sein hervorstechendes Merkmal ist vielmehr die ungewöhnliche Vielseitigkeit der Aufgabe. Denn, nachdem der konstitutionelle Aufgabenbereich, festgesetzt durch Gesetze, Verordnungen, Anweisungen, Erlasse und Verfügungen, zugunsten konventioneller Zweckbestimmungen weit überschritten worden ist, verbreiterte sich das bergmännische Darstellungswesen in einer unvorhergesehenen Weise, so wie wir es in Tafel 2, Bd. II, S. 8 und 9, veranschaulicht haben. Dieser ganze Darstellungskomplex wird durch die „Nachtragung" und durch die „Änderung" in Bewegung gehalten. Der Begriff Nachtragung im engeren Sinne bezieht sich zunächst auf den konstitutionellen Bereich und wird auch heute noch dafür angewandt, obgleich das nicht mehr zutrifft.

Tatsächlich ist es so, daß mit und neben der Nachtragung eine dauernde Laufendhaltung hinsichtlich betrieblicher Aufgaben eingetreten ist. Der Begriff der „Änderung" ist nicht im Sinne der Nachtragung zu gebrauchen. Er besagt, daß eine bereits vermittelte Darstellung abgelöst wird durch eine zeitgemäßere, zutreffendere und klarere Darstellung. Eine „Änderung" des konstitutionellen Inhalts kann durch Auswählen, Spezialisierung, Hervorhebung, Verallgemeinerung (Generalisierung) usw. erfolgen, sie kann aber auch ganz oder teilweise den Inhalt benutzen, in dem sie eine Trennung, ein Zusammenfügen und ein Ergänzen vornimmt. Es wird also nicht die alternative Frage gestellt werden können, ob eine Darstellung und insbesondere ob ein Grubenrißwerk etwa statische Eigenschaft besitzt oder ob eine dynamische Wirkungsweise vorhanden ist. Eine Ausschließlichkeit der einen oder anderen Eigenschaft dürfte nur für kleinere Teile der Rißwerke vorliegen; für die Gesamtheit aber sind beide Eigenschaften im Rißwerk „von Natur aus“ vorhanden und miteinander zu einer besonderen Wirksamkeit verbunden. Insofern erweist sich die Durchbildung von „Änderungs-“Verfahren als der fruchtbarste Bereich der Rißbearbeitung. Die Verfasser des Bandes III sind diesen Zusammenhängen, die bei der Aufstellung und Bearbeitung der geologischen und lagerstättenkundlichen Kartenwerke und des Betriebsplanwerks auftreten, nachgegangen und beweisen auf Schritt und Tritt, daß es eine Ausschließlichkeit in der Zweckbestimmung für das Rißwesen nicht gibt. Eine solche Ausschließlichkeit würde, wenn sie zum Grundsatz erhoben wird, Beziehungslosigkeit und Loslösung vom Betrieb bedeuten. Insoweit erblicken wir in der Nachtragung, im ständigen Ändern und im Zuschnitt auf die Aufgaben das entscheidende Mittel zur Verbesserung des Inhaltes.

Der Bedeutung nach ist die „Übernahme“ fremden Rißinhaltes in das eigene Rißwerk nicht geringer zu bewerten. Sie kann in der Form der Nachtragung erfolgen, aber auch in der Form eines bereits geförderten Bearbeitungsstandes. So können einerseits die nackten Beobachtungsergebnisse einer Gebirgsaufnahme Stück für Stück das Nachtragungsgut darstellen, andererseits kann ein bereits in allen Einzelheiten durchgearbeiteter Schnitt aus dem benachbarten Grubenfeld gewissermaßen mit einem Schlage Erkenntnisse vermitteln, die für sich allein und darüber hinaus in mancherlei Hinsicht ausgewertet werden können.

β) Organisatorische Maßnahmen bei Änderungen, Fehlern und Umbenennungen

Änderungen infolge von Fehlern in den Rißwerken sind bei der Bearbeitung von Nachteil. Im Zulegerißwerk werden Durchkreuzungen und Durchstreichungen in Rot erforderlich und in den Grubenrißwerken (Grubenbildern) müssen Überholtes und Falsches durch Rasuren entfernt werden, um Platz für das Neue zu schaffen.

Wird zum Beispiel auf mehreren Flözen gebaut und müssen auf Grund einer Umbenennung der Flöze ihre Namen geändert werden, so sind auf den Abbaurissen lediglich die Aufschriften in den Titeln zu ändern; in den Sohlengrundrissen und Schnitten aber können die Änderungen sehr unangenehm werden und im ärgsten Falle zu Neuanfertigungen von Rissen führen. Bei der Änderung ist wichtig, daß sie durchgreifend erfolgt, und zwar schlagartig zusammen mit der Einführung der neuen Namen im Betrieb. Ein weiterer Nachteil ergibt sich dadurch, daß die nicht unmittelbar im Gebrauch stehenden Stücke den alten Namen behalten. Es ist daher zweckentsprechend, wenn — zumindest für die Übergangszeit — aus einer Gegenüberstellung die alte und neue Bezeichnung zu ersehen ist (vgl. Bd. II, S. 291ff. und Bd. III).

Liegen Gründe vor, Betriebsbezeichnungen zu ändern, so hat die Darstellung darin zu folgen. Hierzu mag ein Beispiel dienen, das die besonders großen Auswirkungen in den Karten, Rissen und Plänen vor Augen führt. Mehrere, bisher selbständige Schachtanlagen haben ihre eigene Teufen-Ausrichtung betrieben und werden nun zu *einer* Anlage zusammengefaßt. Durch eine erste gemeinsame Sohle ergibt sich die Notwendigkeit, ihr die Sohlen-Nummer zu geben, die bisher noch nicht gebraucht wurde. Damit erhält sie die ihr zuständige Farbe im Riß. Die Folge der Farben für die Sohlen ist indessen gestört. Aber auch die gesamte Farbengliederung der zusammengeschlossenen Anlagen ist uneinheitlich geworden, was besonders deutlich in den Abbaugrundrissen in Erscheinung tritt. Mit der Farbe ist also nicht mehr die Vorstellung der Teufenlage verknüpft, und sie ist damit bis zu einem gewissen Grade wertlos. Die bunten Farben sind in den Rissen indessen so stark verbreitet, daß sie nicht mehr getilgt werden können. Es bleibt nichts anderes übrig, als den Zustand zu belassen oder mit einer teilweisen Neubearbeitung nach neuer Sohlenordnung zu beginnen. Die Auswirkungen bei einer solchen Handhabung lassen sich an Hand der Sohlentafel in Abb. 110 übersehen, worin der Versuch gemacht wird, in das Durcheinander Übersicht und Klarheit hineinzutragen. Es liegt in der Natur der Sache, daß die Forderung „gleiche Teufen, gleiche Farben" nicht mehr ganz erfüllt werden kann. In diesem Zusammenhang haben andere betriebliche Umbenennungen weit weniger nachteilige Folgen. Erinnert sei an die Umbenennung der Ausrichtungsstrecken und der Blindschächte. Das Eintragen der neuen Normbezeichnungen (*Richtlinien*, 1951) hat in allen Rißarten gleichzeitig, gleichartig und zum gleichen Termin mit der betrieblichen Umbenennung zu erfolgen.

b) Übernahme von Rißteilen und Auszügen[1])

Das Übernehmen von Rißteilen fremder Herkunft in das eigene Rißwerk ist durchaus statthaft. Diese wirtschaftlich berechtigte Handhabung ist lediglich an eine Bedingung geknüpft: Der Bearbeiter hat sich von der Richtigkeit der übernommenen Rißteile zu überzeugen. Für gewisse Darstellungen im Rißwerk ist der Markscheider auf die Übernahme angewiesen, da er selbst gar nicht in der Lage ist, dafür die erforderlichen Beobachtungen durchzuführen. Das gilt sowohl für über Tage wie unter Tage.

α) Übernahme fremder Bestandteile in die Tagerisse

Die Tagerisse der Grubenrißwerke sollen nach dem jeweiligen Stand die Tagesgegenstände vollständig ausweisen. Darüber hinaus kann die Darstellung der Geländeformen erforderlich werden. Das gilt mehr für Tagesoberflächen mit deutlichen Geländeneigungen und für gebirgige Landschaften, weniger für das Flachland, wenn das Gelände Abbauwirkungen ausgesetzt ist. Eine Darstellung mit Höhenlinien ist im letzten Falle sehr bald wertlos.

Da nun jegliche Doppelarbeit als unwirtschaftlich abzulehnen ist, wird man fremde Vermessungen und Auszüge aus anderen Karten, Rissen und Plänen mitbenutzen. Das ist ohne weiteres möglich, wenn von den Markscheidern der Nachbarwerke in den Anschlußgebieten auf gleicher Vermessungsgrundlage und unter gleichartigen Gesichtspunkten die Aufmessung der Tagesgegenstände und ihrer Darstellung erfolgt.

---

[1]) Vgl. hierzu auch die Ausführungen zu Abschnitt II, C, S. 176.

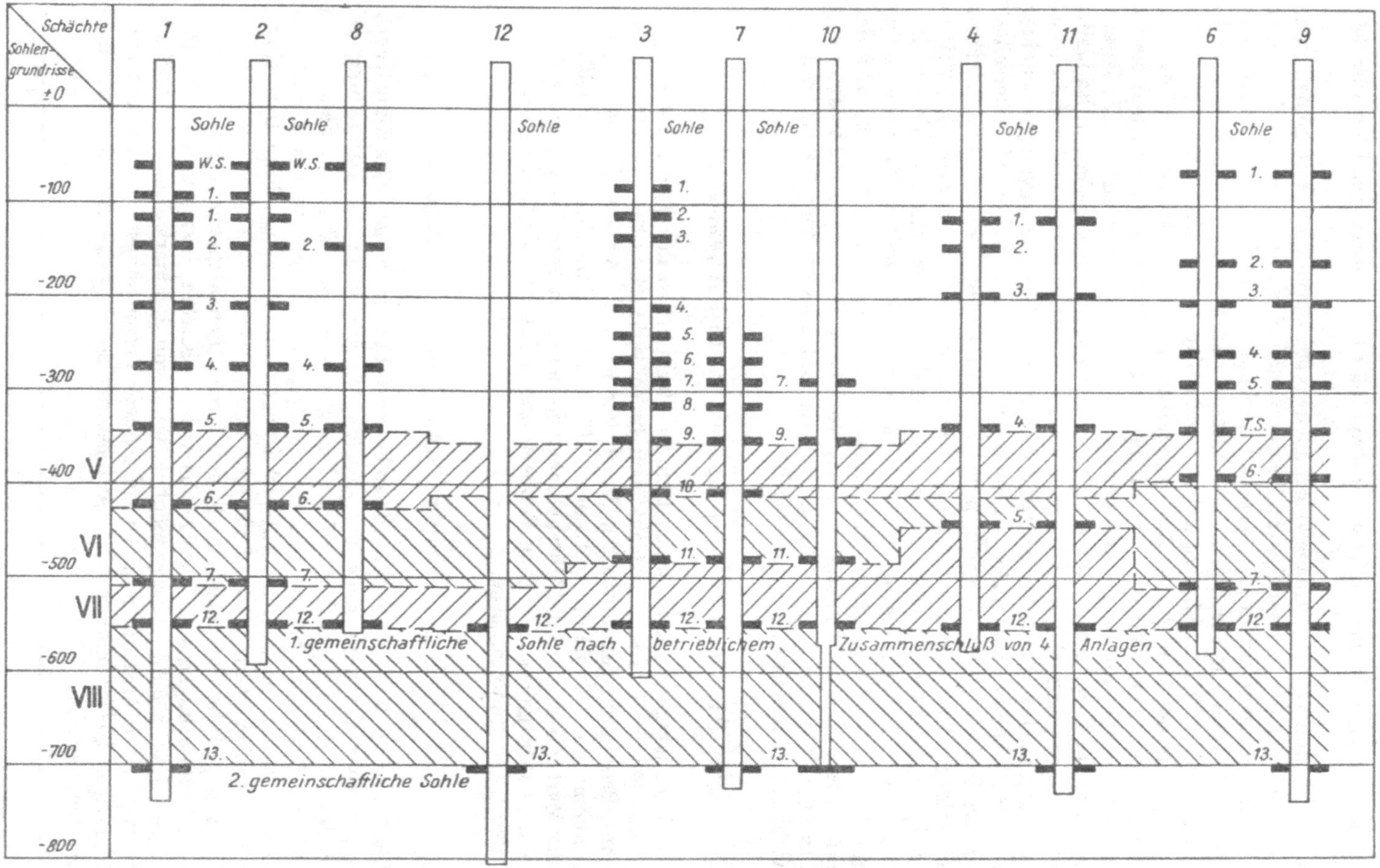

Abb. 110. Versuch einer Sohlenneuordnung und seine Auswirkung auf die Grubenrißwerke. Schematischer Sohlenseigerplan

Dasselbe gilt auch für Arbeiten anderer Vermessungsdienststellen, wie die der Länder, der Städte, der Körperschaften des öffentlichen Rechts. Es steht dem nichts entgegen, Unterlagen anderer industrieller Unternehmen zu verwerten, wenn eine Prüfung die Mitbenutzung erlaubt. Soweit großmaßstäbliche Kartenwerke greifbar sind, lassen sich diese nach vorheriger Überprüfung und mit Einverständnis des Urhebers auswerten. Auch private Vermessungsinstitute können mit herangezogen werden, um im Auftragswege die Unterlagen für die Tagerißherstellung und für ihre Ergänzung zu erhalten.

Für den Weg über das Luftbild sind folgende Forderungen zu erfüllen: Es müssen bei genügender Streuung die erforderlichen Paßpunkte festgelegt werden. Die Paßpunkte sind an das Dreiecks- und Polygonmessungsnetz anzuschließen. Die Luftbildkarte muß auf ihre Richtigkeit hin geprüft werden (etwaige Verzerrung). Das gilt auch für die Ergänzungsaufnahmen. Zum Schluß hat ein Feldvergleich stattzufinden.

Für den Braunkohlentagebau, für den aus betrieblichen Gründen eine häufigere Zustandsvermessung erwünscht ist, ist bezüglich der Übernahme fremder Unterlagen keine Sonderregelung notwendig. Mit diesen besonderen Verhältnissen beschäftigen sich die Abschnitte II, C, D.

β) Übernahme fremder Bestandteile in die Untertagerisse

Über die Grenzbaudarstellung werden wir in Abschnitt II, E, 4, Näheres ausführen. Es bleibt noch zu erläutern, wie zu verfahren ist, wenn Abbaue ganzer Feldesteile oder Pachtfelder und eingreifende fremde Längenfelder vorliegen. Für diese Grubenbaudarstellungen gelten im wesentlichen die gleichen Gesichtspunkte wie für Grenzbaue: die Beurteilungsmöglichkeit der Lagerstätte, der Sicherheit der beteiligten Betriebe und des Einflusses auf die eigenen Baue sowie auf die Tagesoberfläche. Handelt es sich zum Beispiel um die Zusammenfassung zweier oder mehrerer Anlagen zu einer einzigen, so wird man zu prüfen haben, worauf sich die Übernahme der einzelnen Rißteile (in allen Rißarten) zu erstrecken hat. Da sich das Gesamtbild mit fortschreitendem Betrieb ändert, ist von Zeit zu Zeit eine Überprüfung angebracht. Hierfür sind Schnitte heranzuziehen, die sich an den Stellen befinden, an denen sich die Baue berühren oder wohin sie ohne Bedenken projektiert werden können. Es besteht somit der Vergleich auf konstruktivem Wege, wie er sich besonders gut auf Schnitten erweist, die über die Markscheiden verlaufen.

Eine Prüfung ist dann wichtig, wenn die Nachbarn in verschiedenen Koordinatensystemen arbeiten. Hier wird der Vergleich einmal graphisch und zum anderen nach der Umrechnung in die Systeme möglich. Je größer der Umfang der benachbarten Baue ist und je länger die Lebensdauer der Bergwerke wird, um so mehr wachsen auch diese Sonderaufgaben im Rißwesen. Sie setzen eine verständnisvolle Zusammenarbeit mit dem Nachbarn voraus, bei der die Widersprüche zu klären sind und Abstimmungen zu erfolgen haben.

Wir müssen uns noch kurz zur Zeichengebung für übernommene Baue äußern. Für Baue, die nach den geltenden Verfahren nicht durch Vermessung aufgenommen sind und „nach Angabe des Betriebes“ (aus irgendwelchen nicht zu verhindernden Umständen) mit Strichlinien (Stöße) dargestellt werden müssen, steht uns kein brauchbares Unterscheidungsmerkmal mehr zur Verfügung. Während im Zulegerißwerk eine ähnlich aussehende Darstellung mit Strichlinien noch erfolgen kann — denn in diesem Rißwerk ist den Bearbeitern, die allein damit zu tun haben, die Bedeutung ohnehin klar — sind im Grubenrißwerk (den Grubenbildern) die übernommenen Rißteile nicht durch Zeichengebung zu unterscheiden, sondern durch Beschriften kenntlich zu machen, da es für den Rißbenutzer unerheblich ist, woher die Kenntnis der Baue stammt. In Zweifelsfällen ist es angebracht, den fremden Bauen (Pachtabbaue, Grenzbaue, Hilfsbaue) den Namen der Betriebe hinzuzufügen, von denen sie geführt worden sind.

c) Sicherungsmaßnahmen für Rißwerke

Gegen Verlust und unbefugte Benutzung der Rißwerke sowie gegen unerlaubte Änderungen seines Inhalts und schließlich gegen vorzeitige Abnutzung hat man in der Praxis Sicherungsmaßnahmen ergriffen. Wir halten das für so bedeutungsvoll, daß wir auf diese verschiedenen Maßnahmen eingehen.

α) Sicherung gegen unerlaubte Änderung des Inhaltes

Das Zulegerißwerk hat urkundlichen Charakter. Für die Richtigkeit und Vollständigkeit ist der Markscheider verantwortlich, auch wenn die Führung, d. h. die praktische Durchführung, notwendigerweise durch geschulte Kräfte in vertrauensvoller Mitarbeit geschehen muß. In der Regel sind genügend Sicherungen durch Messungsabschlüsse, durch Wiederholungsmessung und durch Abschlüsse in der Zulage vorhanden. Neben der Darstellung der Vermessung und der Aufmessung findet aber zum Beispiel auch noch eine große Anzahl anderer Festsetzungen (Grenzen), Feststellungen und Beobachtungen (geologischer, lagerstättenkundlicher, betriebstechnischer, wirtschaftlicher Art) in dem Rißwerk Aufnahme. Unerlaubte sowie unbeabsichtigte Änderungen am Inhalt, d. h. an den Tatbeständen, die sowohl in den Zeichengebungen wie im Text (Beischriften und Zahlenangaben) ihren Ausdruck finden, müssen ausgeschlossen sein. Die Sicherung besteht einmal in einer „Abschriftnahme“, d. h. einer Ablichtung, oder sie wird durch einen Film erreicht, der jederzeit den Vergleich mit der Urschrift ermöglicht, und schließlich kann man sich dadurch sichern, daß man anderen Personen die Urkunden nicht zugänglich macht oder sie nicht unbeaufsichtigt läßt.

β) Sicherung gegen Verlust

Die Sicherung des Zulegerißwerkes gegen Verlust kann durch feuersichere and wasserdichte Panzerschränke geschehen, die bei Brand kühl gehalten werden müssen, oder durch Aufbewahrung in Stahlschränken, die im Gefahrenfalle leicht abtransportiert werden können.

Der Inhalt der Risse läßt sich durch Filmaufnahmen sichern. Für Risse mit einem Format DIN A 1 oder 60 × 90 cm eignet sich gut der 6-mal-9-Film. Die Kosten betragen bei 1000 Rißplatten zwischen 400 und 500 DM. Um auf dem Filmband schnell eine gesuchte Blattaufnahme auffinden zu können, legt man vorher listenmäßig die Reihenfolge fest. Die Filmrollen werden zweckmäßigerweise, da sie wenig Platz beanspruchen, bei einer Bank im Tresor untergebracht.

Der Film erlaubt im Verlustfalle des Rißwerkes die Herstellung von Behelfsrissen oder dient als Anhalt im Bedarfsfalle. Nach Jahren, wenn sich der Rißblattinhalt geändert hat, wiederholt sich der Vorgang (s. a. Bd. II, IV, A, S. 396/397).

γ) Maßnahmen gegen vorzeitige Abnutzung

Die Rißblätter der betriebenen Sohlen, der laufenden Abbaubetriebe und vielfach auch die Blätter der Rißschnitte werden dauernd gebraucht. Sie sind daher, auch wenn sie noch so schonend behandelt werden, einer Abnutzung ausgesetzt. Man muß sie also vor Beschädigung schützen und vor allem den Staub fernhalten, denn häufiges Radieren nimmt dem Papier die Zeichenfähigkeit. Es ist schließlich dafür zu sorgen, daß die Ränder der Rißblätter gut erhalten bleiben und daß Schäden schon im Anfang ausgebessert werden. Falten und Rollen ist selbstverständlich zu unterlassen. Aber auch das Versenden oder das Hin- und Hertransportieren von einzelnen Rißblättern außerhalb des Arbeitsraumes ist auf unumgängliche Fälle zu beschränken. Das Oberbergamt Dortmund (Verf. 702s 23/7 vom 10. 11. 1959) hält das *Versenden* von Zulegerißbestandteilen nur für statthaft beim Wechsel der Geschäftsräume des Markscheiders, bei Übergabe der markscheiderischen Arbeiten an einen anderen Markscheider mit anderem Niederlassungsort, bei vorübergehender Einsichtnahme durch ein Gericht, bei vorübergehender Anforderung durch das zuständige Oberbergamt, im Falle dringender Gefahr auf Verlangen des Bergamtes, bei Verlagerung wegen höherer Gewalt und schließlich bei Abgabe des Zulegerißwerkes an das Oberbergamt bei Stillegung des Betriebes. Das Versenden geschieht am besten in hierfür besonders gefertigten Kisten (vgl. a. Bd. II, IV, Pflege der Zeichenstoffe, S. 393—397).

3. Besonderheiten der Rißführung

Die Rißführung ist bestimmten Forderungen unterworfen und wird nach Regeln gehandhabt, wie sie in Abschnitt II, A, C und D erläutert werden. Aber nicht immer liegen die Dinge so, daß danach verfahren werden kann. Der Ablauf der Bearbeitung ist meistens unterschiedlich, so daß es unmöglich ist, auf alle Verschiedenheiten und Besonderheiten einzugehen. Gewisse Besonderheiten verdienen jedoch im folgenden behandelt zu werden, da sie nicht selten vorkommen und dann von Bedeutung sind.

a) Grenzen der Darstellbarkeit

Es gibt — das haben wir schon verschiedentlich in Band II betont — keinen Riß bestimmter Projektionsart, der den Darstellungsstoff völlig befriedigend behandeln kann. In vielen Fällen ist ein Zusammenwirken verschiedener Projektionen und Schnitte notwendig. Dieses Zusammenwirken von Rissen soll jedoch so gut sein, daß das Lesen — also das geistige Aufnehmen des Inhaltes — keinesfalls eine besondere Mühe verursacht. Nimmt diese überhand, so wird die schnelle Aufnahmefähigkeit eingeschränkt. Der Inhalt gelangt nicht völlig zum Bewußtsein, und die Vorstellung und Beurteilung des Themas wird unvollständig bleiben. Bei solcher Mangelhaftigkeit gibt es nur noch eine Neubearbeitung des

Rißwerkes. Dabei kann nunmehr Unerhebliches in Wegfall kommen, unwichtig gewordenes zurückgedrängt werden und Aktuelles den Vorrang erhalten.

Die Grenzen der Darstellbarkeit werden in den üblichen Projektionen und Schnitten u. a. dann überschritten, wenn die Grubenbaue zu dicht beieinander liegen. Zwar wird dies häufig vermieden, zum Beispiel dadurch, daß die Grubenbaue in den Sohlengrundrissen zur Darstellung gelangen, die Abbaue dagegen in den Abbaurissen. Dennoch läßt sich mitunter eine Häufung von Grubenbauen in der Darstellung nicht vermeiden. So führen in Schachtnähe nicht selten Füllörter mit tiefer liegenden Etagen (Keller), Strecken, Umtriebe, Sumpf- und Pumpanlagen, Hilfsschächte, Beschickungsanlagen, Entstaubungsanlagen, Aufbereitungsanlagen, Fülltaschen, Bunker für Kohle und Berge, Werkstätten, Lokomotivschuppen, Transformatoren- und Schalträume, Wetterkanäle und dergleichen zu unerwünschten Überdeckungen der Darstellungsgegenstände. Mehrfach hintereinander gelegte Schnitte führen ebenfalls nicht zum besseren Verständnis. Ein Beispiel für die Darstellung eines dichten Streckennetzes nebst großräumigen Grubenbauen wird in Abb. 84 in Abschnitt II, D (Anhang) gegeben. Dort finden sich die notwendigen Erläuterungen für die angewandte sG-Projektion $\beta = 50^g$ und $\gamma = 30^g$. Wir haben aber auch an anderen Stellen durch Anwendung geeigneter Projektionen Schwierigkeiten in der Darstellung gelöst. Der Leser wird an den Beispielen selbst prüfen können, wo die Grenzen der üblichen Darstellungsmittel liegen und wo geeignetere Wege beschritten werden müssen.

b) Ausmerzen von Fehlern, Einfluß der Abbauwirkungen in den Darstellungen

Im Zusammenhang mit der kritischen Beurteilung des Rißwerkes muß auch das *Fehlerhafte* ausgeschaltet werden. Dieses kann

1. auf echten Mängeln der Vermessung, Beobachtung und Kartierung oder Zulage beruhen,
2. verschiedentlich erst später, ohne daß es abgewendet werden konnte, verursacht worden sein.

Im ersten Fall muß das Fehlerhafte ausgemerzt oder unschädlich gemacht werden, im zweiten Falle wird man sich mit Behelfen begnügen, die Mängel aber so kennzeichnen müssen, daß sie keinen Schaden hervorrufen können. Im folgenden soll das an zwei Beispielen näher erläutert werden:

1. Beispiel.

Bei manchen Bergbauarten erreichen die Bodenbewegungen durch Abbau solche Ausmaße, daß die Vermessung und Darstellung kurz nach erfolgter Auffahrung der Grubenbaue nicht mehr zutrifft. Teile des Gebirgskörpers, vornehmlich solche geringer Teufe, sind mit allen Bauen mehr oder weniger gesunken und seitlich verschoben. Abgesehen von den Lageveränderungen an der Tagesoberfläche sind die Widersprüche dann belanglos, wenn alte Baue nicht mehr angefahren werden. Wenn jedoch längere Zeit nach dem damaligen Bergbau in den oberen Teufen noch einmal Strecken und Abbaue in Betrieb genommen werden, so erscheinen auf dem Riß auf Grund der neuen Vermessung und Zulage die aufgenommenen, wieder befahrbaren oder aufgewältigten Grubenbaue an einer anderen Stelle, meist tiefer und mehr oder weniger seitlich versetzt gegen die alte Darstellung, auf jeden Fall aber doppelt. Es erhebt sich die Frage, wie die Bearbeitung in den Rißwerken dann zu erfolgen hat.

Benachbarte Abbaue beeinflussen sich gegenseitig. Welcher Art solche Einwirkungen sind, darüber gibt die Bodenbewegungs-(Bergschaden)kunde Auskunft.[1] Nun werden die Abbaubetriebe in der Regel an das gültige Höhennetz der Bergwerksbetriebe angeschlossen, und zwar an standsichere Punkte. Wird aber eine bereits dargestellte Abbaufläche unterbaut, so erfährt die darüber liegende ältere Abbaufläche Senkungen. Je mehr der Abbau unterhalb der oberen alten Abbaufläche fortschreitet, um so größer wird das Senkungsmaß; der im Riß dargestellte Zustand weicht alsdann immer mehr von der Wirklichkeit ab. Solche „Fehler" können Meterbeträge, ja nach dem Umfang des neueren Abbaus sogar 10—20 m betragen. Wenn die alten Grubenbaue nicht mehr zugänglich sind, wird die Ermittlung ihrer heutigen Lage nur auf dem Wege der Senkungsberechnung, wie sie die Bergschadenkunde lehrt, erfolgen. Die Berechnungsergebnisse lassen sich im Riß- oder Planwerk aber nur dann verwenden, wenn ihre Richtigkeit durch ausreichende Messungsunterlagen bestätigt wird.

Gelangt man mit der Aufmessung der Grubenbaue auf der gleichen Lagerstätte (Flöz A im Jahre 1940 der Abb. 111) an den Alten Mann des Nachbarfeldes, so bietet sich im Riß ein unmögliches Bild dar. Man liegt mit dem eigenen Abbau weit unterhalb der Abbaue des Flözes A im Nachbarfeld (vgl. Punkt a links und rechts der Markscheide). Im Schnitt ist der Einfluß ungleichmäßigen Abbaus in beiden Feldern noch verständlich. Weniger klar bleiben aber dem Leser des Risses, der im allgemeinen von der Richtigkeit der Darstellung ausgeht, die Dinge, wenn er nur den Abbau-*Grundriß* des Flözes A vorliegen hat und ohne den Hinweis auf die Senkungsvorgänge versucht, den scheinbar widerspruchsvollen Riß zu lesen. Erst durch das Studium der Höhenzahlen auf den Abbauflächen der Flöze A bis J wird er auf die eigentlichen Ursachen hingelenkt.

Dem Rißbearbeiter selbst erwachsen durch die Bodenbewegungsvorgänge nicht geringe Erschwernisse. Während man im Schnittriß an der Markscheide dort, wo sich die Abbauflächen berühren, zusammenhängende Punkte der Flächen durch Buchstaben einander zuordnen kann (wie in Abb. 111 durch *a* und *a*, *e* und *e*, *i* und *i* rechts und links der Markscheide angedeutet ist und in Abb. 112 durch die 2. Sohle — 1900 — und 2. Sohle — 1950 — deutlich zum Ausdruck kommt), kann im Grundriß (Abb. 113[2])) die fälschlicherweise als richtig angesehene Höhendarstellung nicht so benutzt werden, als entspräche sie der Wirklichkeit. Dem Leser des Grundrisses muß auffallen, daß an der Markscheide keine zusammenhängenden Flözflächen mehr bestehen. Der Knick oder Abbruch an dieser Stelle im Schnitt der Abbildung ist überhaupt nicht vorhanden und erklärt sich nur aus der Darstellung von Abbauen, die zu verschiedenen Zeiten betrieben wurden oder betrieben werden.

Im *Zulegerißwerk* muß, wie es den Vorschriften entspricht, jeder Tatbestand festgehalten werden, und man nimmt diese scheinbaren Widersprüche hin. Bestimmungsgemäß dürfen wohl Änderungen, nicht aber Tilgungen vorgenommen werden. Die alte Darstellung wird daher rot durchkreuzt und die Wiedergabe des

---

[1]) O. Niemczyk, Bergschadenkunde, 1949.

[2]) Zur Vermeidung von Irrtümern sei bemerkt, daß Abb. 111, 112 und 113 verschiedene Abbauverhältnisse wiedergeben und in keinem Zusammenhang miteinander stehen.

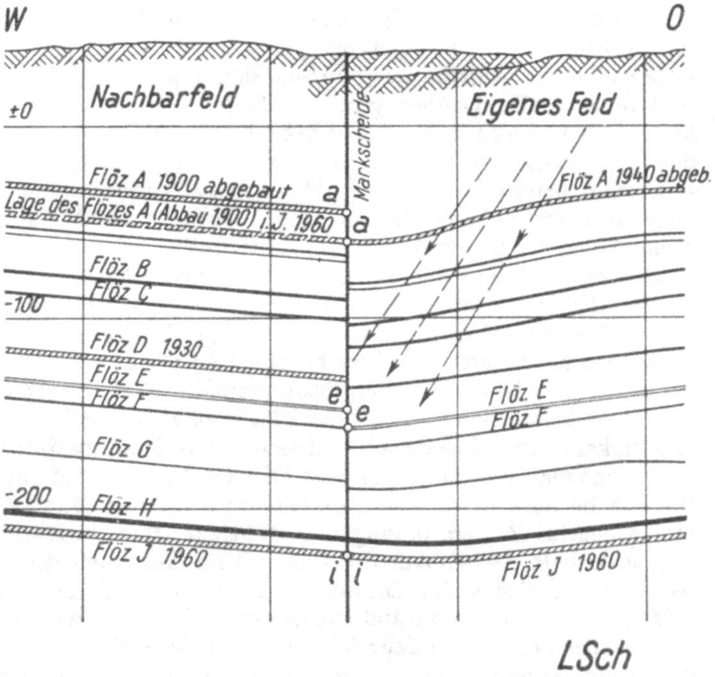

Abb. 111. Schematische Darstellung des Einflusses nicht gleichzeitig geführten Abbaus beiderseits der Markscheide. Rißliche Bearbeitung der Schnitte (LSch)

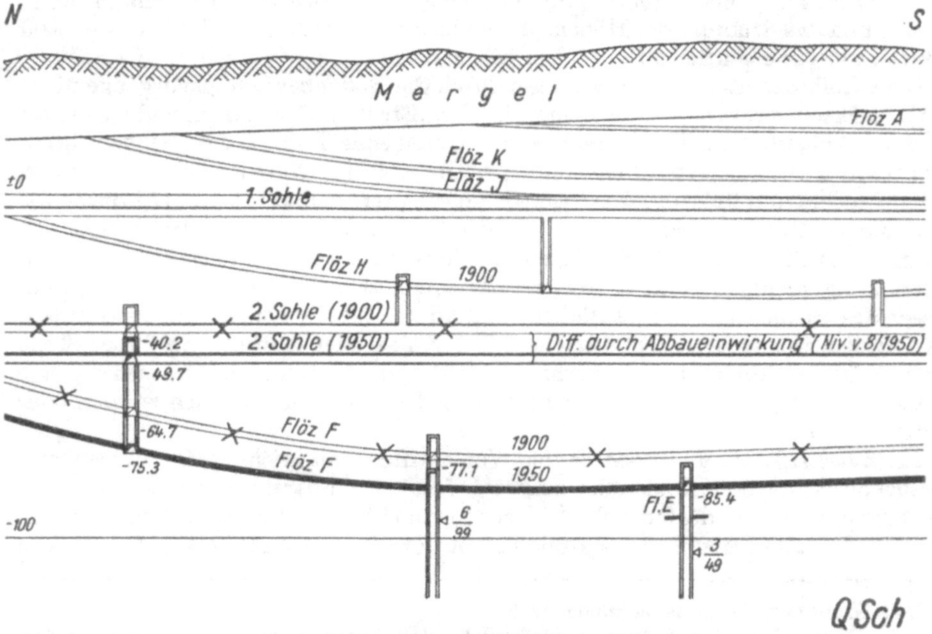

Abb. 112. Höhenlageveränderung der 2. Sohle in der Vermessung und Darstellung von 1900 und 1950 im Querschnitt (QSch)

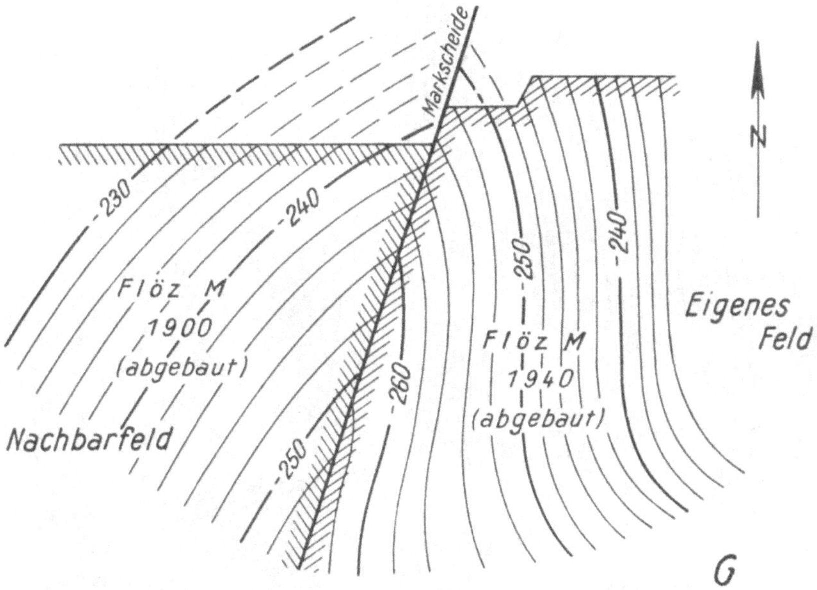

Abb. 113. Einfluß nicht gleichzeitig geführten Abbaus beiderseits der Markscheide in der rißlichen Bearbeitung des Grundrisses G, durch Seigerabstandslinien dargestellt, unter Benutzung der nicht berichtigten Unterlagen von 1900. Unrichtige Darstellung, schematisch

heutigen Zustandes wie gewöhnlich behandelt. Weitere Abbaue im Liegenden oder Hangenden der Flöze des gesunkenen Gebirgskörpers können in den Schnittrissen, da sie in der Regel von den jetzigen Grubenräumen aus nicht aufgemessen werden können, keineswegs in Vollinien, sondern sie müssen ihrer Lage nach als vermutet oder unerwiesen in Strichlinien dargestellt werden.

Im *Grubenrißwerk* wird die Wiedergabe beider Zustände zu Irrtümern führen. Da die Tilgung gestattet ist, entfernt man *bei geringem Flächenumfang* die alte Wiedergabe und stellt nur den neuen Zustand dar. Bei *größerem Umfang* der Abbauflächen wird man die Rißblätter neu anfertigen müssen.

Während im Zulegerißwerk sowie in den Grubenrißwerken das Zustandsbild gefordert wird, verlangt man sowohl im geologischen und lagerstättenkundlichen Karten- und Planwerk als auch im Betriebsplanwerk die Darstellung der Abbaufläche in einer für die Beurteilung der betrieblichen Fragen geeigneten Form. Die Zuordnung der Grubenbaue muß nach Lage und Höhe in jedem Falle richtig sein.

Bei kleinmaßstäblichen Karten wird man zu entscheiden haben, ob die Abweichungen an sich geringfügig sind oder ob sie Berücksichtigung finden müssen. Da man immer über die Höhenlagen im klaren sein muß, sind die Höhenzahlen als alt und neu zu kennzeichnen. Es empfiehlt sich in solchen Fällen, hinter die Höhenzahl die Aufnahmezeit nach Monat und Jahr zu setzen (Verbindung Niederschrift der Aufnahme und Rißführung).

2. Beispiel (hierzu Abb. 114a).

Die Lageveränderung durch Abbaue ist auch beim Entwurf von tektonischen Plänen, besonders bei grundrißlichen Darstellungen mit Seigerabstandslinien, zu

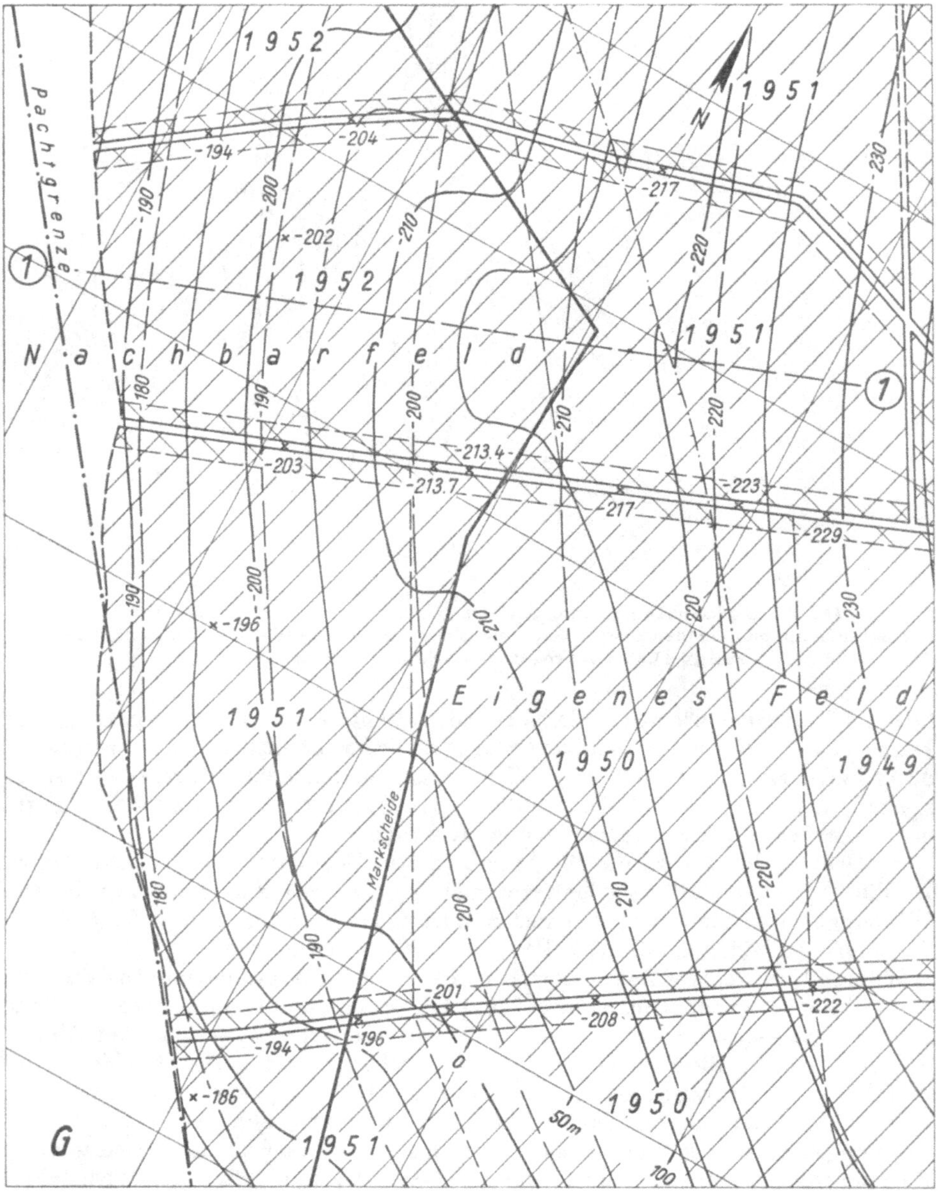

Abb. 114a und b. Einfluß nicht gleichzeitig geführten Abbaus beiderseits der Markscheide in der rißlichen Bearbeitung des Grundrisses. Ausschnitt. Unnatürliche, aber richtige Seigerabstandsliniendarstellung.

– – – – – – – Seigerabstandslinien, vor der Absenkung des Flözes

——— Seigerabstandslinien, gegenwärtig, also zur Zeit des Abbaus des dargestellten Flözes

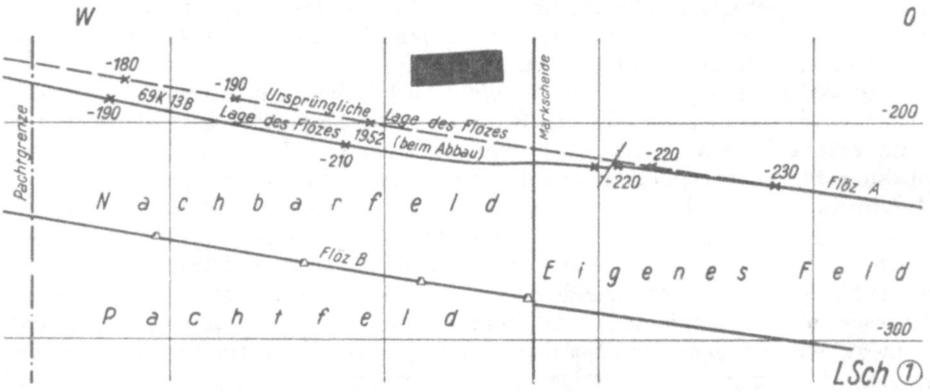

beachten. In Abbauplänen oberer Teufen muß vornehmlich bei flacher Lagerung das Senkungsmaß berücksichtigt werden, da sonst falsche Planungsunterlagen entstehen, die keinen richtigen Anschluß an die Aus- und Vorrichtungsbaue besitzen. Es empfiehlt sich in solchen Fällen, Durchschnittssenkungswerte zu ermitteln. Diese werden, wenn sie Beträge über einige Meter annehmen, bei der Konstruktion der Seigerabstandslinien angesetzt. Für nachträglichen Abbau in oberen Teufenbereichen und bei der Gewinnung von größeren Restflächen haben diese Überlegungen betriebliche und sicherheitliche Bedeutung. Beim Nachholbergbau in geringen Teufen sind die Abbaueinwirkungen tieferliegender Flöze, besonders dann, wenn mehrere mächtige Flöze gebaut worden sind, ungewöhnlich groß. Die Senkungsmaße können dann leicht 10 m und mehr betragen; wir haben daher in einigen Fällen die Senkungen der tieferen Abbaue berechnet und in Abb. 114b mit Linien gleicher Senkungen das Maß der Absenkung verwandt. Hierbei bedienten wir uns der Wertlinienrechnung (Bd. II, S. 367ff.). Zweckmäßigerweise verfährt man so, daß zunächst der tektonische Plan unter Auswertung der alten Darstellung des Abbaus (alte Höhenwerte) mit Seigerabstandslinien entsprechend dem tektonischen Plan ergänzt wurde. Alsdann wurde dieser Plan mit dem Senkungsplan gekoppelt und die Seigerabstandslinien um das jeweilige Senkungsmaß vertieft. Auf diese Weise wird diejenige Lage der Abbaufläche dargestellt, die gegenwärtig für die Abbauführung zusammen mit dem heutigen Streckennetz maßgebend ist.

c) Darstellungsgrundsätze bei Nachlesebergbau und Wiederholungsbergbau

Soweit es sich um einen Nachlesebergbau *geringeren* Umfanges handelt, werden die aufzunehmenden Grubenbaue und Abbaue in das Rißwerk übernommen und an das vorhandene Messungsnetz angeschlossen. Die Lagemessung wird also mit voller Absicht nicht mit dem heute gültigen Lage- und Höhennetz in Verbindung gebracht, sondern dem Zweck entsprechend werden die jüngeren Grubenbaue in richtige Lagebeziehung zu den alten Bauen gesetzt. Es kommt daher also nicht mehr auf eine Darstellung mit richtigen Absolutwerten an, sondern auf eine Darstellung, die den bergbaulichen und sicherheitlichen Forderungen Rechnung trägt. Die Bearbeitung solcher Rißteile oder Ausschnitte, denen eine engbegrenzte Betriebssicherheit zukommt, muß den betrieblichen Erfordernissen gerecht und ständig sorgfältig überprüft werden.

Ergeben sich Schwierigkeiten, die nicht zu beheben sind, so müssen die fraglichen Grubenbaue innerhalb des Rißwerkes neu bearbeitet werden. In diesem Falle empfiehlt es sich, die neuen Baue an das zur Zeit allgemein gültige Vermessungsnetz anzuschließen und die Kartierung und Zulage dementsprechend durchzuführen. Die Lage der alten Baue wird aus den alten Rissen übertragen und mit Hilfe gemeinsamer Punkte in die neue Darstellung eingepaßt, und zwar in einem solchen Umfange, als es die Aufnahme der Strecken und des neuen Abbaues sowie die sicherheitlichen Gründe notwendig machen. Auch hier erscheint uns ein Hinweis auf die besonderen Betriebsverhältnisse und ihre Darstellung angebracht.

Liegt zwischen dem alten Bergbau und dem neuen Wiederholungsbergbau eine größere Zeitspanne und überwiegt der neue in seinem Umfange, so liegt es wohl nahe, das alte Grubenbild nicht mehr zu bearbeiten und den gesamten Darstellungsstoff nun für sich neu zu gestalten. Man ist damit vor die Aufgabe gestellt, das Grubenrißwerk nach neuzeitlichen Gesichtspunkten und Vorschriften neu anzufassen. Alles was das alte Grubenrißwerk enthält, wird jetzt im notwendigen Umfange in das neue übernommen. Man wird versuchen, sämtliche noch vorhandenen Grubenbaue in das neue Vermessungsnetz einzuschließen, um alsdann mit Hilfe von Paßpunkten die graphische Übernahme alter Darstellungen zu bewerkstelligen. Die Frage des notwendigen Umfanges muß wohl von praktischen und sicherheitlichen Gesichtspunkten aus beurteilt werden. Weitläufige alte Grubenbaue, die mit den neuen in keinem Zusammenhang stehen, sollten bedenkenlos fortgelassen oder nur in Karten kleinen Maßstabsverhältnisses übersichtlich wiedergegeben werden. Liegen nur wenige alte Baue vor, so ergibt sich von selbst deren Vervollständigung im Bereich der Neuauffahrung und der neueren Abbaubetriebe.

d) Aufnahme der Grenzbaue und des Alten Mannes

Die Lage der Nachbarbaue ergibt sich aus den „Grenzbauen", oder sie wird durch Anfahren des Alten Mannes im Nachbarfeld ermittelt. „Grenzbaue" sind Darstellungen der Grubenbaue im Bereich von Markscheiden oder Betriebsgrenzen.

Das Anfahren des Alten Mannes ist in bergtechnischer, sicherheitlicher und rißtechnischer Hinsicht von Bedeutung. Hier interessieren die beiden letzten Punkte, da die rißliche Seite in einem sehr hohen Grade der Grubensicherheit dient. Bei der neuzeitlichen bergvermessungstechnischen Bearbeitung wird das Messungsnetz möglichst bis vor Ort herangeführt. Als selbstverständlich gilt, daß die angetroffenen benachbarten Grubenbaue in das eigene Vermessungsnetz einbezogen werden. In einem Gebirge, das keinerlei Bodenbewegungen unterworfen gewesen ist, dürfen beide Vermessungsnetze, das eigene wie das des Nachbars, keine größeren Widersprüche zeigen, als solche durch die Technische Anweisung für Markscheider zugelassen sind. Nur selten wird es möglich sein, unmittelbar einen Richtungs- und Koordinatenabschluß zu erzielen. In den meisten Fällen ist die Lage der Grubenbaue in beiden Netzen entscheidend. Der Markscheider wird aus diesem Grunde immer bemüht bleiben, für Vergleichszwecke die Nachbarbaue oder den Alten Mann aufzumessen. Diese Vergleiche geben ihm die Möglichkeit zu beurteilen, ob die Messungsnetze der benachbarten Bergwerke den Genauigkeitsanforderungen entsprechen. Es braucht nicht besonders betont zu werden, daß diese Feststellungen im Interesse der Grubensicherheit notwendig sind (vgl. Abschnitt II, A, 1, c, S. 109).

Wir dürfen uns bei derartigen Vergleichen aber nicht allein auf die rißliche Lage der Baue verlassen, sondern müssen diese kritisch werten, falls in den fraglichen Feldesteilen Abbauwirkungen auf den Gebirgskörper stattgefunden haben. Massierter Abbau ruft neben Senkungen auch erhebliche seitliche Lageveränderungen hervor. Zum Beispiel bewirkt intensiver Abbau im Nachbarfeld für Gebirgsteile des eigenen Feldes in oberen Teufen ein starkes Wandern des Gebirges über die Markscheide hinaus ins Nachbarfeld. Es kann daher vorkommen, daß der nachträglich an ein abgebautes Nachbarfeld herankommende Markscheider entweder einen mehr oder weniger breiten Streifen unabgebaut an der Markscheide vorfindet oder feststellt, daß ein solcher abgebauter Streifen in sein Feld hineinreicht. Es liegt also hier ein Fall vor, der einer sachkundigen Klärung bedarf. Gegebenenfalls ist es nützlich, durch einen Vermerk auf die nicht darstellbare Sachlage hinzuweisen, etwa derart, daß die Markscheide als Berechtsamsgrenze im Koordinatennetz ihre Lage natürlicherweise beibehält, daß sie sich aber als Abbaugrenze im Laufe der Zeit zum Abbauschwerpunkt des Feldes hin verschoben hat. Dem Abbau des „abgewanderten" Minerals dürfte aus privatrechtlichen Gründen nichts entgegenstehen.

4. Behandlung der Grenzbaue

Man kann den Begriff der „Grenzbaue" über die von uns im vorhergehenden Teilabschnitt 3d gegebene Definition auch erweitern, indem man darunter Nachbarbaue versteht, die in keinem betrieblichen Zusammenhang mit den Bauen stehen, für die das Grubenrißwerk gilt. Würden die benachbarten Grubenbaue nur bis zu den Markscheiden oder Betriebsgrenzen reichen, so wären Grenzbaue solche Baue, die außerhalb der Berechtsame oder des Betriebsfeldes liegen. Künstliche Grenzen werden aber heute fast allgemein als betriebliches Hindernis empfunden. Die Grubenbaue der verschiedenen Bergwerksbetriebe berühren sich daher häufig und greifen zuweilen auch ineinander. Aus diesem Grunde muß in den rißlichen Darstellungen die Lage fremder und eigener Baue einwandfrei erkennbar sein.

In Abschnitt II, C, 4, in dem wir den Grenzriß behandelten, ist gezeigt worden, wie an die Stelle der Berechtsamsgrenze die Betriebsgrenze treten kann. Eben diese Betriebsgrenzen, die in den Lagerungsformen, insbesondere der Tektonik, begründet sind und sich aus abbautechnischen und wirtschaftlichen Überlegungen ergeben und die selbstverständlich eindeutig in den Rissen erscheinen müssen, trennen die fremden von den eigenen Bauen. Soweit fremde Baue in die eigene Berechtsame hineinreichen, dürfte kein Zweifel an der Notwendigkeit ihrer Darstellung bestehen. Wohl aber ist die Frage berechtigt, ob Grenzbaue außerhalb der eigenen Berechtsame dargestellt werden sollen, besonders dann, wenn größere Markscheidesicherheitspfeiler nicht durchörtert worden sind.

Nun hat sich aber herausgestellt, daß Sicherheitspfeiler nicht in jedem Falle einen Schutz darstellen und daß sie zuweilen gar nicht eingehalten werden können.

Außerdem entstehen durch das Stehenlassen von Sicherheitspfeilern Verluste an Mineralvorräten, so daß in manchen Bergbaubezirken der Abbau im Sicherheitspfeiler die Regel bildet und mit Rücksicht auf die tektonischen Lagerungsformen und Betriebsbedingungen wechselseitig in den Grubenfeldern stattfindet. Die Notwendigkeit der Grenzbaudarstellung steht daher sowohl aus betrieblichen wie aus sicherheitlichen Gründen außer Zweifel.

Man muß sich jedoch fragen, in welchem Umfange der Grenzbau in den jeweiligen Grubenrißteilen dargestellt werden muß. Hier sollten keine starren Bestimmungen oder Vorschriften[1]) gelten; maßgebend sind ausschließlich die betrieblichen und sicherheitlichen Belange. Zu den betrieblichen gehören nicht zuletzt die gegenseitigen Abbaueinwirkungen. Wenn der von den tiefsten fremden Bauen ausgehende Einwirkungsbereich noch eigene Baue einschließt, so ist es auf jeden Fall zweckmäßig, die einwirkenden fremden Baue sämtlich darzustellen. Sie dienen zur Beurteilung des Abbaueinflusses auf die eigenen Schächte, auf das Streckennetz und die Abbaubetriebe, und ihre Kenntnis ist unbedingt notwendig für die Beurteilung der Abbauwirkungen am Tage. Selbstverständlich gilt das auch für die Planung. Je größer die Teufen der Abbaubetriebe sind, um so breiter werden die Flächen an den Markscheiden oder Betriebsgrenzen, auf denen die Grubenbaue darzustellen sind. Es ist vielleicht viel zu wenig bekannt, welcher Umfang den Grenzbauen zukommt. Macht doch allein schon bei kleinen Feldern die Nachtragung der Grenzbaue einen erheblichen Teil der Rißbearbeitung aus, zumal da die Einbeziehung der fremden Baue ins Rißwerk aus betrieblichen und bergschadenkundlichen Gründen meist weitgehender ist, als durch die Bestimmungen der in der Fußnote angeführten Bergpolizeiverordnung gefordert wird.

Für die glatte Abwicklung dieser Rißbearbeitung sind gewisse Vereinbarungen notwendig, und zwar zunächst eine solche über die Zeitabstände der Nachtragung. Zu lange Fristen stellen deren eigentlichen Zweck in Frage, zu kurze vermehren den Arbeitsaufwand und wirken störend. Neben der zeitlich regelmäßigen Nachtragung werden in den Fällen, in denen die Annäherung der beiderseitigen Baue gefahrdrohend ist, besondere Maßnahmen zu ergreifen sein. Auf jeden Fall muß erreicht werden, daß die Darstellung aller Grenzbaue für einen bestimmten Zeitpunkt vollständig zur Weiterbearbeitung an das eigene Rißwerk gelangt. Wünschenswert ist ferner, daß die Grenzbaue aller Nachbarn möglichst zu einem bestimmten Zeitpunkt vorliegen, damit ein gemeinsamer Abschluß der Grenzbaunachtragung erfolgt. Um das zu erreichen, empfiehlt sich die Abstimmung mit allen Nachbarn auf gleichzeitige und gleichlange Nachtragungsfristen.

Die Forderung für die Richtigkeit der Grenzbaudarstellung ist allein schon dadurch erfüllt, daß auch der Bearbeiter der Nachbaranlage die Verantwortung trägt. Für die richtige Übernahme ins eigene Rißwerk bleibt der zuständige Markscheider verantwortlich. Seine Aufmerksamkeit gilt der Vollständigkeit und lückenlosen Übernahme der Grenzbaue in alle Rißarten, die zum Rißwerk gehören.

Zur Übertragung von Grenzbauen dienen die *Grenzbaurisse*, die jeder Markscheider für sich führt. Sie weisen die Maßstabsverhältnisse des Zulegerißwerkes

---

[1]) In Bergpolizeiverordnungen wird z. B. gefordert, daß in einem Bereich von mindestens 200 m, rechtwinklig zur Markscheide oder Betriebsgrenze (Pachtfeldgrenze) gemessen, die Baue des Nachbarbergwerks aufgetragen werden und daß zu diesem Zweck der Besitzer des Nachbarbergwerks die Abzeichnung der Grenzbaue zu gestatten hat.

oder des Grubenrißwerkes auf und entstehen auf zeichnerischem Wege durch Pausen. Eine photomechanische Herstellung von Grenzbaurissen erscheint besonders vorteilhaft, um Zeichenfehler und Unvollständigkeiten auszuschalten. An Rißarten sind in der Hauptsache Abbaurisse beteiligt; Sohlengrundrisse treten demgegenüber in den Hintergrund. Häufig werden aber auch Schnitte mitgeführt.

Nach Ansicht der Verfasser dürften hinsichtlich der Organisation mancherlei Verbesserungen zu verzeichnen sein, wenn bei einer gleichartigen Rißblattordnung auf photomechanischem oder lichtpaustechnischem Wege, ausgehend von transparenten Urrissen, die Grenzzonen kurzfristig im Pendelverkehr ausgetauscht werden. Gegenseitige Prüfung und volle Auswertung wären damit eher gewährleistet.

Es kommt heute übrigens nicht mehr allein auf die Lage der Nachbarbaue an. Das Interesse gilt auch der Lagerstättenausbildung, die sich aus den Aufschlüssen der benachbarten Bergwerksbetriebe ergeben. Beschränkte man sich früher aus Gründen der Zeit- und Kostenersparnis auf die bloße Wiedergabe der Grenzbaue, so bezweckt man heute eine sinnvolle Beurteilung geologischer und lagerstättenkundlicher Aufgaben in den Riß- und Kartenwerken im Zusammenhang mit einer möglichst weitgehenden Ausschöpfung der benachbarten Aufschlüsse. Befürchtungen eines zu tiefgehenden Einblickes in die nachbarlichen Verhältnisse dürften heute längst überwunden sein, denn durch eigene intensivere Forschung kann das Wissen um die Kenntnis auf anderen, nicht unmittelbar zugänglichen Lagerstättenteilen nicht aufgewogen werden.

Wenn wir uns in diesem Abschnitt mit dem Zweck des Grenzbauaustausches und seiner Handhabung eingehender beschäftigt haben, so sollte daraus zugleich erkannt werden, daß auch für andere Fragen wie die der Stratigraphie, der Tektonik und der Lagerstättenausbildung ein Austausch von besonderem Nutzen ist. Da bestimmungsgemäß im Zulegerißwerk die vermessungstechnischen Aufnahmen, die Beobachtungen und Feststellungen, die sich auf bergtechnische, geologische und lagerstättenkundliche Dinge beziehen, zur Darstellung gelangen, wäre ein vollgültiger Austausch vorhanden. Wir könnten zum Beispiel über die aus den Grenzbaurissen erhaltenen Mächtigkeitsmessungen der benachbarten Anlagen ein abgerundetes Bild des Mächtigkeitsverhaltens der Lagerstätte in größerem Rahmen erhalten. Das gilt nicht nur für die Mächtigkeit, auch viele andere Erkenntnisse werden uns durch die Grenzbaurisse übermittelt. Denken wir an den Anschluß der Formbeschreibung mit Seigerabstandslinien auf unseren tektonischen Plänen der Flöze, an die Verteilung der Bergegehalte u. a. m.

Kehren wir noch einmal zurück zur Art der Darstellung von Grenzbauen. Im Zulegerißwerk müssen mit vollem Recht bestimmungsgemäß eigene erwiesene Feststellungen von solchen darstellungsmäßig unterschieden werden, die nicht auf eigenen Wahrnehmungen beruhen. Das geschieht in einfacher Weise durch die Auftragung der fremden Baue in Strichlinienform. Ebenso sinnvoll wäre eine solche augenfällige Kenntlichmachung in den Grubenrißwerken oder auch Plänen. Denn oftmals ist es bei einer innigen Verzahnung der fremden und eigenen Baue schwierig, diese auseinanderzuhalten. Wie häufig solche An- und Verpachtungen, Feldesteilabtretungen und Feldesregulierungen an den Markscheiden auftreten, das mag aus dem Grenzriß zu ersehen sein, den wir im Abschnitt II, C, 4, S. 189, als Beispiel vorführten.

Größere Bergwerke, auch wenn sie nur eine einzige zentrale Förderanlage besitzen, werden aus betrieblichen und organisatorischen Gründen in Betriebseinheiten aufgeteilt und unterstehen dann einer Betriebsführung. Einer solchen Betriebsführung ist ein Grubenbild zur Benutzung zu geben, d. h. genauer, derjenige Teil des Grubenrißwerkes des gesamten Bergwerksbetriebes, der für die Betriebsführung in Frage kommt und den Aufsichtsbereich umfaßt. Das so aufgetrennte Grubenrißwerk — für das Grubenrißwerk, das für die Bergbehörde gefertigt und nachgetragen wird, ist das natürlich nicht nötig — muß an den Nahtstellen auch die Grenzbaue der anschließenden Aufsichtsbereiche (oder Schachtanlagen) enthalten. Berühren sich nur zwei solche Anlagen, so müssen die Grenzbaue doppelt geführt werden, also in den beiden Grubenbildteilen. Bei mehr als zwei Aufsichtsbereichen oder Betriebsführungen kann der Fall eintreten, daß die markscheiderische Abteilung auf drei Teilgrubenbildern die Grenzbaue darzustellen hat. Gäbe es heute für eine solch kleine Auflage (drei Grubenbildteile, ein amtliches Grubenrißwerk und weitere Verwendungsmöglichkeiten) eine wirtschaftlich vertretbare Vervielfältigung, so könnten die notwendigen Rißblätter in ihrer ganzen Ausdehnung nach Form und Inhalt gleichartig zur Verfügung gestellt werden. Einstweilen ist jedoch in solchen Fällen noch eine erhebliche Zeichenarbeit für die Anfertigung und Laufendhaltung der Sohlengrundrisse, Abbaurisse und Schnittrisse zu leisten.

5. Die Darstellung in Grubenrißwerken für Betriebe, die auf mehreren Mineralien bauen

Das Auftreten zweier Lagerstätten mit verschiedenen Mineralien innerhalb eines Bergwerksbetriebes macht in rißtechnischer Hinsicht einige Überlegungen erforderlich, die wir anschließend mit einem Beispiel belegen wollen.

Auf Störungsflächen, die das Karbon durchsetzen, treten abbauwürdige Blei- und Zinkerze auf, die mit der Steinkohle gleichzeitig auf einer Anlage gewonnen und gefördert werden. Die Abbauflächen der Steinkohle reichen bis dicht an die gangförmige Lagerstätte, also bis an die Salbänder, heran. Wenn auch der Gang für sich ausgerichtet werden muß, so bestehen für ihn *und* für die Steinkohle gemeinsame Ausrichtungsbedingungen, die auf den Hauptsohlen erfüllt sind; für die Teilsohlen ist das nicht unbedingt erforderlich; man wählt etwa nachstehende Aufeinanderfolge.

3. Sohle (für Steinkohle und Erz), 3-a- und 3-b-Teilsohle (für Erz), 4. Sohle (für Steinkohle und Erz). In den Sohlengrundrissen der 3. und 4. Sohle usw. lassen sich die rißtechnischen Aufgaben für beide Mineralarten behandeln. Denn die Vermessungen haben ihre gleiche Grundlage, und die Doppelausfertigung der Rißblätter für beide Betriebe stößt bei gleicher Blattordnung auf keinerlei Schwierigkeiten. Die Zwischensohlen sind indessen nur für den Erzbergbau vonnöten. Eine Verbindung zur Steinkohle besteht nur dort, wo in den Abbaurissen Baue und Abbaue beider Betriebe sich berühren oder einander nähern. Die meist sehr dicht gelegten und auf den Gang bezogenen Querschnitte werden unabhängig von der Darstellung für die Steinkohle angelegt. Das gleiche gilt für die dichte Folge von Grundrissen, die etwa durch die Art des Abbaues auf dem Gang notwendig werden (Scheibenabbau, — Abschiebe—Grundrisse, Bd. II, S. 302/305, Firstenbau).

Gleichfalls selbständig, jedoch vermessungs- und rißtechnisch mit der Bearbeitung des Rißwerkes für die Steinkohle verbunden, sind die Grundschnitte oder Grundrisse für die eingehendere Aufnahme und Darstellung der Gangausfüllung zu fertigen und laufend zu ergänzen. Sofern im Rißwerk schon dem Grundsatz der gemeinsamen analytischen Grundlage für die Anfertigung und Rißfortführung gefolgt wird, bieten sich für die Zukunft klare Wege an für die Seigerriß- und Flachrißführung oder für sonstwie noch notwendig werdende Projektionen.

Zusammenfassend ist festzustellen: Für die Vermessung und Anfertigung der Zulegerißwerke und Grubenrißwerke muß eine gemeinsame Grundlage gefordert werden; eine gemeinschaftliche Bearbeitung der Risse wird als Vorteil erkannt. Das geologische und lagerstättenkundliche Kartenwerk wird, soweit es sich auf einen Gang oder mehrere Gänge oder Lager bezieht, für sich allein hergestellt. Das Betriebsplanwerk kann man sich in einigen Teilen mit dem Grubenrißwerk und geologisch-lagerstättenkundlichen Rißwerk gemeinsam und in gewissen anderen Teilen wiederum getrennt davon vorstellen.

SCHRIFTTUMSVERZEICHNIS

Allgemeine Bergpolizeiverordnung vom 26. 8. 1928 (für Österreich)

Allgemeines österreichisches Berggesetz vom 23. 5. 1854

Ausbildungsvorschriften für höhere Schulbildung in der UdSSR, Ministerium für höhere Schulbildung Leningrad, 1954

Brück, K., Über Längenfelder breiter Vierung, Mitt. a. d. Marksch.-Wes. (1921)

Bundesgesetz vom 10. 3. 1954 über das Bergwesen (Berggesetz) in Österreich

Burger, K., Der Flachriß am Wendepunkt der rißtechnischen Entwicklung, Festschrift aus Anlaß des 25jährigen Bestehens der Vermessungssteiger-Lehrgänge an der Bergschule zu Bochum, Bochum 1951, S. 23—49

Das Preußische Berggesetz in der gegenwärtig geltenden Fassung, Herausg. Reuss-Grotefend, Carl Heymanns Verlag Berlin, 1943

Der deutsche Steinkohlenbergbau, Sammelwerk, Verlag Glückauf Essen 1. Bd. 1942, 2. Bd. 1956

Die dienstliche Stellung und die Aufgaben der Berg- und Vermessungsräte als Dezernenten bei den Oberbergämtern. Erl. d. Min. f. Handel u. Gew., Berlin, vom 23. 3. 1920

Dienstinstruktion für die Markscheider des Oberbergamtsbezirkes Breslau vom 18. 7. 1867, Z. f. d. Berg-, Hütten- u. Sal.-Wes. (1867)

Die Untersuchungen der Forschungsgemeinschaft Neumühl in dem gebirgsschlaggefährdeten Flöz Girondelle, Verlag Glückauf Essen 1956 Heft 13/14

Fuhrmann, K., Über die Führung der Längenfelder, Mitt. a. d. Marksch.-Wes. (1921)

Haibach, O., Stratigraphie und Tektonik des Gebietes zwischen Morsbach und Wissen a. d. Sieg, insbesondere der Grube Georg und Sonne bei Volpershausen unter gleichzeitiger Berücksichtigung der Gangverhältnisse. Diss. 1925

—, Die Ausgestaltung des Grenzrisses, Verlag Glückauf Essen 1936[1]

—, Zur Normung des bergmännischen Rißwesens aus Anlaß der Veröffentlichung der Normblätter DIN Berg 1900 bis 1938, Mitt. a. d. Marksch.-Wes. (1936[2]) Heft 1

—, Die Gestaltung der Vermessungsnetzskizzen, Mitt. a. d. Marksch.-Wes. (1942[1])

—, Das behördliche Grubenbild, Rißmuster für Markscheidewesen, Verlag Glückauf Essen 1942[2]

—, Zum Abriß über die Entwicklung des Grubenbildes, Mitt. a. d. Marksch.-Wes. (1943[1])

HAIBACH, O., Begriffsbestimmungen für die bergmännischen Riß-, Karten- und Plandarstellungen, Mitt. a. d. Marksch.-Wes. (1943[2])
—, Grubensicherheitliche Aufgaben bei der geologischen Bearbeitung des Grubenbildes, Z. f. d. Berg-, Hütten- und Sal.-Wes. (1944)
—, Neue Wege zur Flachrißherstellung, Mitt. a. d. Marksch.-Wes. (1948[1])
—, Betrachtungen zum Schichtenschnitt, Mitt. a. d. Marksch.-Wes. (1948[2])
—, Der Seigerplan mit krummer Spur, Mitt. a. d. Marksch.-Wes. (1948[3])
—, Die Zulage in Flach- und Seigerrissen, Mitt. a. d. Marksch.-Wes. (1949[1])
—, Die Zulage in axonometrischen Rissen, Mitt. a. d. Marksch.-Wes. (1949[2])
—, Die Formbeschreibung von Lagerstätten durch Wertlinien unter Anwendung von Raum- und Polarkoordinaten-Umformungsverfahren, Mitt. a. d. Marksch.-Wes. (1949[3])
—, Die Wertlinie als Ausdruck- und Rechenmittel in der Darstellenden Geometrie der Lagerstätte, Mitt. a. d. Marksch.-Wes. (1951[1])
—, Wertlinien gleichen Einfallens, zugleich ein Weg zur Oberflächenbestimmung, Mitt. a. d. Marksch.-Wes. (1951[2])
—, Eine einfache Konstruktionshilfe beim Entwurf axonometrischer Anschauungsbilder, Mitt. a. d. Marksch.-Wes. (1952[1])
—, Entwurf von zentralperspektivischen Anschauungsbildern mit Gradscheibe. Projektion auf senkrechte und geneigte Ebenen, Mitt. a. d. Marksch. Wes. (1952[2])
HILBIG, P., Besprechung des Bandes II „Bergmännisches Vermessungswesen", Allg. Vermessungsnachr. 153—154 (1957) Nr. 5
JOHN, G. W. P., Der Dachschieferbergbau. Das Oberbergamt Rheinland-Pfalz in Bad Ems, Länderdienst-Verlag Brilon-Basel 1959
KESSLER, G., Die Rechtsgrundlagen der Längenfelder, Verlag Glückauf Essen 1955
KLIVER, C., Über Längenfelder im rechtsrheinischen Industriegebiet und deren Vermessung, Mitt. a. d. Marksch.-Wes. (1921) Sonderdruck
—, Die bergrechtlichen Verhältnisse der Längenfelder im rheinisch-westfälischen Kohlengebiet, Mitt. a. d. Marksch.-Wes. (1936)
KOLB, W., Bodenschätze und Bergbau. Das Oberbergamt Rheinland-Pfalz in Bad Ems. Länderdienst-Verlag Brilon-Basel 1959
KUKUK, P., Geologie des Niederrheinisch-Westfälischen Steinkohlengebietes, Berlin 1938
Lagerstättenarchiv Steinkohlenbergbau, DIN 21941. Flözarchiv, Markscheiderische Arbeiten, Fachnormenausschuß Bergbau im Deutschen Normenausschuß, Beuth-Vertrieb GmbH. Berlin W 15 und Köln 1953
Lagerstättenarchiv Braunkohlenbergbau, DIN 21942
„ „ Erzbergbau, in Bearbeitung begriffen
„ „ Kali- und Steinsalzbergbau, noch nicht bearbeitet
„ „ Erdölbergbau } bestehen zur Zeit nicht
„ „ Steine und Erden }
LEHMANN, K., Vorwort zu den Normen für Markscheidewesen, DIN Berg 1900 bis 1938; 1936
Markscheiderordnung der Deutschen Demokratischen Republik (DDR) s. Anhang
MIDDLETON, CHADWICK, Eine Abhandlung über das Vermessen, 6. Aufl,, 2 Bde., London 1955
Ministerium für höhere Schulbildung der UdSSR. Hauptverwaltung der Bergbau-metallurgischen und Bau-Hochschulen. Fachrichtung Markscheidewesen. Leningrad 1955
MÜLLER, H., Die Verwendung von Raumbildern im Bergbau. Mitt. a. d. Marksch.-Wes. (1933)
—, Das Betriebsgrubenbild, Mitt. a. d. Marksch.-Wes. (1938[1])
—, Betriebstechnische und betriebswirtschaftliche Grundlagen zur Anfertigung des Betriebsgrubenbildes unter besonderer Berücksichtigung des Steinkohlenbergbaus, Mitt. a. d. Marksch.-Wes. (1938[2])
—, Zur Konstruktion des Flachrisses, Mitt. a. d. Marksch.-Wes. (1938[3])
—, Der Flachriß als ergänzende Konstruktionsgrundlage bergbaulicher Sonderrisse, Verlag Glückauf Essen 1938[4]

MÜLLER, H., Bedeutung und Anwendung der schrägen Parallelprojektion im bergbaulichen Rißwesen unter besonderer Berücksichtigung der Militärperspektive, Verlag Glückauf Essen 1938[5]
—, Eine erweiterte Anwendungsmöglichkeit der Militärperspektive im bergbaulichen Rißwesen, Verlag Glückauf Essen 1940
—, Die Sonderrisse. Rißmuster für Markscheidewesen, 1942
NEHM, W., Markscheiderische Erwägungen zum Störungsproblem, Mitt. a. d. Marksch.-Wes. (1939) Heft 1
—, Die Geologie im Grubenbild. Rißmuster für Markscheidewesen, 1942
—, Besprechung zu „Richtlinien für Herstellung und Ausgestaltung des bergmännischen Rißwerks“, Mitt. a. d. Marksch.-Wes. (1951)
NEUMANN, W., Die geschichtliche Entwicklung der Längenfelder. Diss. TH Berlin, Mitt. a. d. Marksch.-Wes. (1940) Heft 1
NEUWIRTH, G., Bewegungsvorgänge im Kalibergbau des Werra-Fulda-Gebietes. Diss. TU Berlin 1959
NIEMCZYK, O., Die Sonderaufgaben des Markscheiders in der Braunkohle, Zeitschr. Braunkohle (1938) Heft 5 und 6
—, Das Markscheidewesen in der Ostmark, Berg- und Hüttenm. Monatsh. d. Mont. Hochschule Leoben (1939) Heft 7
—, Die markscheiderische Forschung im Dienste des deutschen Bergbaus, Forschungen und Fortschritte (1942) Hefte 25/26; (1954) Heft 6
—, Lexikon der Vermessungskunde, Herbert Wichmann Verlag Berlin-Grunewald 1943. Betr. Längenfelder S. 218, 243, 421, 468/469
—, Bergschadenkunde, Verlag Glückauf Essen 1949
—, Bergmännisches Vermessungswesen, Bd. I, Akademie-Verlag Berlin 1951
NIEMCZYK, O., HAIBACH, O., Bergmännisches Vermessungswesen, zweiter Band, Akademie-Verlag Berlin 1956
NIEMCZYK, O., HOFFMANN, H., Die Weiterentwicklung der Gebirgsdruckforschung durch die Forschungsgemeinschaft Neumühl, Verlag Glückauf Essen 1956[2], Heft 13, 14
NIEMCZYK, O., Die Bedeutung der Forschungsarbeiten auf Neumühl. Internationale Tagung über Gebirgsdruckforschung, Essen, 1956[3]
Normen für Markscheidewesen, DIN-Berg 1900 bis 1938
Normzeichen für Bohrlochsbilder, zusammengestellt im Rahmen des W E G vom Ausschuß Bohrlochsbild nach den *Richtlinien* DIN 21900, mit Zustimmung der BPM, Den Haag, nach deren Standard Legenden, 1958
OBERSTE-BRINK, K., Die Streckung der Längenfelder, Mitt. a. d. Marksch.-Wes. (1954)
—, Die Entwicklung der das Berechtsamswesen betreffenden Berggesetzgebung in Preußen nach Erlaß des ABG vom 24. 6. 1865, Mitt. a. d. Marksch.-Wes. (1937)
OERTGEN, J., Beitrag zur Durchführung des Gesetzes zur Bereinigung der Längenfelder vom 1. 6. 1954, Mitt. a. d. Marksch.-Wes. 197 ff. (1954)
PELTZ, W., Der Braunkohlenbergbau im Vorgebirge bei Köln und die Veränderungen der Erdoberfläche. Geodätische Woche Köln 1950, Verlag Konrad Wittwer Stuttgart 1951
—, Vierte geophysikalische Arbeitstagung der deutschen Kohlenbergbauleitung, Gruppe Braunkohle, Braunkohle, Wärme und Energie (1952)
—, Probleme bei den tiefen Braunkohlentagebauen, Mitt. a. d. Marksch.-Wes. (1954) Heft 1
Preußische Markscheiderordnung vom 23. 3. 1923
REUSS-GROTEFEND-DAPPRICH, Gesetz vom 18. 12. 1933 sowie vom 24. 9. 1937 betr. Steine und Erden, 10. Aufl. C. Heymanns Verlag Berlin 1953
Richtlinien für Herstellung und Ausgestaltung des bergmännischen Rißwerks 1951, Rhein. Lichtpaus- und Druckanstalt Josef Schäfer, Düsseldorf
Richtlinien und Vorschläge zur Anlegung des Flözarchivs für den Steinkohlenbergbau, Verlag Glückauf Essen 1953
Rißmuster für Markscheidewesen. Zu DIN Berg 1901—1940. Herausgegeben vom Fachnormenausschuß für Bergbau, Verlag Glückauf Essen 1942

ROSENBERGER, W., JANKE, C., Der Bergbau auf Basaltlava in der West- und Voreifel. Das Oberbergamt Rheinland-Pfalz in Bad Ems. Länderdienst-Verlag Brilon-Basel 1959

RÜHL, W., Entölung von Erdöllagerstätten durch Sekundärverfahren, Geologisches Landesamt Hannover 1953

SCHAEFFER, Bericht über die Tätigkeit der technisch-wissenschaftlichen Ausschüsse der deutschen Kohlenbergbauleitung, Gruppe Braunkohle, Braunkohle, Wärme und Energie (1952/53)

SCHARF, H., Die historische Entwicklung der Sicherheitspfeiler gegen Feldesbegrenzungen, Stollen und überlagernde Schichten als erläuternde Sammlung bergaufsichtlicher Verordnungen für den Oberbergamtsbezirk Dortmund, Bergbauwissenschaften 335—341 (1959)

SCHLEIER, O., Über Bodenbewegungen beim Abbau der Salzgitterer Erzlagerstätte, Mitt. a. d. Marksch.-Wes. 103—122 (1949)

—, Fragen des Lagererzbergbaus unter besonderer Berücksichtigung markscheiderischer Aufgaben, Mitt. a. d. Marksch.-Wes. (1954) Teil I S. 137—161, Teil II S. 179—190

SCHULTE, G., LÖHR, W., Markscheidekunde für Bergschulen und für den praktischen Gebrauch, 3. Aufl., Verlag Springer Berlin 1958

SPACKELER, G., Lehrbuch des Kali- und Steinsalzbergbaus, 2. Aufl., Wilhelm Knapp Verlag Halle/Saale 1957

STALEY, W. W., Introduction to mine surveying, Univers. Idaho USA 1939

Surveying practice and statutory plans, London 1951

The Royal Institution of chartered surveyors, London 1953

WEISSNER, A., Die Erdöllagerstätten in Niedersachsen, Mitt. a. d. Marksch.-Wes. (1959)

WILKENING, W., Zweckmäßige Seigerrißführung bei unregelmäßigen Lagerungsverhältnissen, Mitt. a. d. Marksch.-Wes. (1956) Heft 3

—, Die Entnahme von Streichen und Einfallen aus Seiger- und Flachrissen mittels Nomogrammen, Mitt. a. d. Marksch.-Wes. (1955) Heft 2

Zeichen für Vermessungsrisse, großmaßstäbliche Karten und Pläne. Din 18702, 1959, Beuth-Vertrieb GmbH. Berlin W 15 und Köln

ZIMMERMANN, L., Die Berechnung und Teilung der Grundstücke, 3. Aufl., Liebenwerda 1925

Ziviltechnikergesetz vom Jahre 1957 für Österreich, Österr. Bundesgesetzblatt Nr. 146/1957

III. MARKSCHEIDERISCHE BEHANDLUNG TEKTONISCHER FORMEN UND VORGÄNGE

(Haibach)

A. Vorbemerkungen

In Band II haben wir in den einleitenden Ausführungen das Wesen der neueren bergmännischen Karten-, Riß- und Planwerke in Wissenschaft und Technik herausgestellt und versucht, die aus der jüngsten Entwicklung sich ergebenden Forderungen klarzulegen. Wenn wir gezeigt haben, daß fast auf allen Gebieten der markscheiderischen Tätigkeit die alten Schranken durchbrochen worden sind, so gilt das nicht zuletzt für die Bestandteile des Geologischen und Lagerstättenkundlichen Kartenwerkes, die wir in einer dritten Gruppe der Übersicht über die bergmännischen Darstellungen zusammengefaßt haben (Bd. II, Tafel 2, S. 8/9). In dem geologischen und lagerstättenkundlichen Kartenwerk[1]) liegt der Schwerpunkt aller geologischen und lagerstättenkundlichen Arbeiten des Markscheiders; zugleich stellt es zusammen mit den Ergebnissen aus einer Vielzahl weiterer Fachgebiete und Arbeiten anderer Fachvertreter das „Lagerstättenarchiv" eines oder mehrerer Bergwerksbetriebe dar. Es liegt uns fern, Zweige anderer selbständiger Wissensgebiete etwa für sich, sei es in den Grundzügen oder auch nur auszugsweise, zu behandeln. Aber es ist notwendig, zuweilen in andere und verwandte Wissensgebiete mehr oder weniger tief einzudringen, um anzuknüpfen und alsdann fortentwickeln zu können.

Ehe die rißlichen und kartographischen Darstellungen oder auch solche in der Form von Plänen, Anschauungsbildern, Schaubildern oder von Tafeln hergestellt werden können, sind Vermessungen, Beobachtungen, Berechnungen, Konstruktionen, Untersuchungen und viele andere Arbeiten vorangegangen. Unter diesen Arbeiten im geologischen und lagerstättenkundlichen Kartenwerk hat die Behandlungsweise der tektonischen Formen und Vorgänge seit je eine sehr beachtliche Rolle gespielt. Verdankt doch die Geologie dem Bergbau nicht nur die Möglichkeit des Einblickes in die Teufen, sondern auch die richtige räumliche Zuordnung geologischer und lagerstättenkundlicher Feststellungen und Erkenntnisse. Da diese aber in erster Linie von ausschlaggebender wirtschaftlicher Bedeutung für den Bergbau selbst sind, widmen wir der *markscheiderischen Behandlung tektonischer Formen und Vorgänge*, die in mannigfaltigster Form in den Darstellungen wiederkehren, breiten Raum. Wir können dabei einerseits auf

---

[1]) Auch der Ausdruck „Geologisches Grubenbild" ist vereinzelt gebraucht worden; er sollte aber vermieden werden, weil das Sachgebiet damit nicht getroffen wird.

seit langem bewährte Methoden zurückgreifen, andererseits sehen wir in einer nützlichen Vereinigung heute sich bietender Erkenntnisse Mittel und Wege, eine fortschrittliche Entwicklung, um die wir uns bemühen, der Fachwelt näherzubringen.

B. Geologische Kennzeichnung und bergmännische Aufgabenstellung

1. Kennzeichnung

Unter *Tektonik* sollen im folgenden verstanden werden:

die *Form der Gebilde* und
die *Bewegung der Gebilde.*

Wir gehen davon aus, daß nicht allein die genaue Kenntnis der sich darbietenden heutigen Formen genügt, daß vielmehr ein tiefergehendes Verständnis durch genetische Betrachtungsweise, die die Mechanik, die Dynamik und Kinematik der Tektonik erfaßt, das Ziel sein sollte.

Die Form der Gebilde sucht man durch Flächen zu erfassen. Es handelt sich dabei — allgemein ausgedrückt — um geologische Flächen, durch endogene und exogene Kräfte entstanden, die in vielfältigen und vielgestaltigen Erscheinungsformen sich heute darbieten. Ob Flächen solcher Art durch geodätische oder geophysikalische Vermessung, durch logische oder konstruktive Schlüsse „erfaßt" werden, ist an sich gleichgültig, aber ungemein bedeutungsvoll ist es für die praktischen Folgerungen, die sich ergeben.

In der Regel werden die ersten exakten Feststellungen in der Natur gemacht, und zwar am Objekt selbst, so wie es zur Zeit ausgebildet ist. Es wird also der *rezente Zustand* vermessen. Für die Genetik des Gebildes sind aber geologische und lagerstättenkundliche Beobachtungen und Überlegungen unter Zuhilfenahme noch näher zu erläuternder rißtechnischer Verfahren anzuwenden. Dafür müssen die Bedingungen in den ersten Anfängen der Entstehungsgeschichte geklärt und die Kräfte erkannt werden, die den Werdegang mit seinen Zwischenstufen zu dem heutigen Endzustand gestalten. Die Bewegungen selbst werden mit Richtung, Länge und mit zeitlicher Einordnung beschrieben.

Eine mehr wirtschaftliche Einstellung wird weniger nach der Genetik fragen, als vielmehr das heutige geologische Formenbild für eine vorteilhafte, technische Gewinnung der Lagerstätte dienstbar machen wollen. Nur so ist es verständlich, daß die Tektonik unter dem Gesichtswinkel der bergmännischen Bedürfnisse sich ausrichtete.

Fragen, die mit der Planung des Betriebes und der Ausrichtung verworfener Lagerstättenteile zusammenhängen, stehen im täglichen Leben im Vordergrund. Die tektonische Aufgabe im Bergbau soll sich aber auf keinen Fall nur auf die Lösung nach Analogiefällen beschränken oder gar sich mit sogenannten Ausrichtungsregeln behelfen. Aus dieser Enge heraus würde jeder tiefere Einblick verhindert. Umgekehrt, also von außen her betrachtet, wird uns die Aufgabe klarer, wenn wir die tektonische Bearbeitung unter dem Gesichtspunkt einer *räumlichen* Gliederung werten.

Während die *Großraumtektonik* keine unmittelbar bergmännische Angelegenheit darstellt, umschließt die *regionale Tektonik* das Bergbaugebiet, womit ein Steinkohlenbecken oder ein Gangdistrikt erfaßt wird, das auch eine wirtschaftliche oder politische Abgrenzung besitzen kann.

Von der *lokalen Tektonik* wird man sprechen wollen, wenn sie für einen mehr oder weniger großen *Bergwerksbetrieb* beschrieben werden soll. Der notwendige Anschluß zu den benachbarten Bergwerksbetrieben ist eine Selbstverständlichkeit; er ist im übrigen in den Grundzügen durch die regionale Tektonik gegeben.

Der engere *Abbaubetrieb* wird in empfindlicher Weise durch die *Kleintektonik* beeinflußt. Sie ist also für den Bergmann in gleichem Maße bedeutend wie die lokale und regionale Tektonik.

Die *Mikrotektonik* folgt der Bedeutung nach mit weitem Abstand und hat für die Fragen der Gebirgsbildung keinen *unmittelbaren* praktischen Wert, wenn sich auch zwischen dem Bild der mikrotektonischen Erscheinungsformen und den Faltungs- und Störungsbildern Vergleiche ziehen lassen. Die Hauptbedeutung der Mikrotektonik (einschließlich des Gefüges) liegt mehr auf petrographischem und aufbereitungstechnischem Gebiet.

Die Bearbeitung und Darstellung der regionalen Tektonik geschieht in der Hauptsache in Kartenwerken und dort in Grundrissen, Grundschnitten, Quer- und Längsschnitten und in Anschauungsbildern.

Die lokale Tektonik wird in Karten 1 : 5000 und 1 : 10000 und in Rissen verschiedenster Maßstabsverhältnisse bearbeitet und zusammengefaßt. Die Mittel sind vielfältiger Art. Sie werden an anderen Stellen in Bd. II und III eingehend behandelt. Die Kleintektonik findet im allgemeinen in den großmaßstäblichen Abbaurissen und Betriebspunktplänen ihren Ausdruck.

2. *Aufgabenstellung*

Zur Bedeutung der geologischen Aufgabe in den bergmännischen Darstellungen und somit auch der tektonischen Arbeiten haben sich W. Nehm (1933, 1942), O. Haibach (1944) und H. Schulte (1956) eingehend geäußert. Der erste Verfasser geht — obgleich nach allgemeiner Auffassung doch die Aufgabe privatwirtschaftlicher, öffentlich-rechtlicher und wissenschaftlicher Natur ist — bezeichnenderweise von den begründeten Bestimmungen aus, die für die Markscheider erlassen sind, und wir vermerken an dieser Stelle lediglich, daß die knappe Verordnungssprache keinen Zweifel an der Forderung nach Richtigkeit der in den Darstellungen bezeugten Tatsachen läßt. Soweit es sich demnach um den öffentlich-rechtlichen Bezirk handelt, hat jegliche unerwiesene Meinungsäußerung zu unterbleiben, und es unterliegt daher oftmals einer ernsthaften Befragung, ob bei den zu treffenden tektonischen Feststellungen die Unumstößlichkeit einer Tatsache gegeben ist. Es ist deshalb nur zu verständlich, daß der Markscheider seine Feststellungen durch die exakte Vermessung stärkstens untermauert und die Deutung zunächst zurückstellt. Dieses Zurückstellen hat aber für das gesetzlich geforderte Grubenrißwerk nur eine vorübergehende Bedeutung; im geologischen und lagerstättenkundlichen Karten-, Riß- und Planwerk wirken sich — wie H. Schulte nachweist — Vermessung, Beobachtung, Auswertung und Deutung nach jeder verlangten oder gebotenen Richtung aus, mag sie aus privatwirtschaftlichem Zwang oder aus wissenschaftlichem Forschungsdrang bestimmt sein. Die überdies in den einzelnen Sonderzweigen betriebene fachwissenschaftliche Arbeit ist zuweilen soweit fortgeschritten, daß Spezialkenntnisse notwendig sind. Dieser Kenntnisse hat sich der Bergbau zu bedienen, und zwar vorteilhaft zusammengefaßt in einer solchen Stelle, die sich mit dem Betrieb und der Leitung in laufender Zusammenarbeit befindet.

Tektonische Formen und Vorgänge sind nicht aus sich selbst heraus zu klären. Es bedarf dazu wohl stets einer Verbindung und gegenseitigen Auswertung von Kenntnissen sich berührender Wissenszweige, wie es wohl am deutlichsten dadurch klar wird, daß es im allgemeinen ohne Stratigraphie keine Tektonik geben kann.

Es erscheint angebracht, an den wesentlichen Unterschied der markscheiderischen Behandlung der Tektonik gegenüber der geologischen Aufgabe zu erinnern.

Die markscheiderischen Arbeiten setzen die Kenntnis des tektonischen Sonderzweiges der geologischen Wissensgebiete voraus, sowohl die der Tektonik als Lehrgebiet als auch der regional gültigen Tektonik. Darauf fußend setzen in der Regel Methoden ein, wie sie vom Markscheider zur Lösung der bergmännischen Aufgaben angewandt werden. Mit trigonometrischer Rechenarbeit zum Beispiel bei der Ausrichtung an die Lösung heranzugehen, mag vielen, die sich mit tektonischen Aufgaben — besonders Geologen, denen die bergmännische Aufgabenstellung in ganzer Tragweite weniger geläufig ist — zu beschäftigen haben, übertrieben dünken. In der Tat soll eine trigonometrische Behandlung nur solange als notwendig erachtet werden, bis das Störungsproblem als solches allgemein geklärt ist und bis schließlich einfachere Wege für die Praxis gefunden sind. Nachdem diese Grundlagen gegeben sind, treten die nomographischen und rißlich-konstruktiven Wege stärker in den Vordergrund der praktischen Arbeit. Sie dienen als Fühlhebel und sind in vielen Fällen zugleich die Lösung.

Dieser entwicklungsmäßige Gang ist in der Praxis und im Schrifttum nicht deutlich erkennbar.

Das stark mathematisch beeinflußte Denken des Markscheiders wechselt ab mit einer mehr operativen geologischen Denkweise und wird in einer dritten Lösungsart miteinander eng verbunden. So sehen wir in zeitlicher Folge und auch nebeneinander herlaufend die *richtigen und unrichtigen Erfahrungssätze* erstarrt bis zur (Ausrichtungs-) „Regel" [J. Ch. L. Schmidt (1810), Ch. Zimmermann (1828)], die bis in die „Bergbaukunden" und „Bergmännischen Kalender" vordringen und sich bis heute — allerdings stark umstritten — gehalten haben, ferner die *rein mathematische Auffassung*, wie bei A. H. Beer (1856), A. Tarezy-Hornoch (1927), (1929[1])), P. Wilski (1932); die *geometrisch-konstruktive Arbeits-*

---

[1]) Keinesfalls kann sich der Verfasser damit einverstanden erklären, daß, wie Hornoch in seinem Vorwort zu seinem Buch „Das Verwerferproblem im Lichte des Markscheiders" (1927) angibt, „genetische Fragen dem Markscheider fernstehen sollen". Auch die Auffassung, daß mathematische Gesichtspunkte von geologischen Überlegungen zu trennen seien, muß abgelehnt werden. Und endlich wird die ausschließliche Anwendung der analytischen Geometrie deshalb als weniger wirksam angesehen, weil eine räumliche Vorstellung den Ausgang fast jeder tektonischen Arbeit im gesamten bergmännischen Karten-, Riß- und Planwesen darstellt. Wie sehr das mathematische Denken des Markscheiders zur Lösung geologischer Fragen sich auswirken möchte, zeigt eine Arbeit von M. Oppenheim (1917), in der an mehreren

weise, die weitverbreitet (vielfach aus didaktischen Gründen) in den Lehrbüchern anzutreffen ist, wie bei P. Uhlich (1901), O. Brathuhn (1908), L. Mintrop (1916), G. Schulte und W. Löhr (1941), K. Fuhrmann (1922), letzterer wieder stark zur „Regel" zurückfallend. Dann tritt W. Nehm auf den Plan und umfaßt in analytischer Weise das Störungsproblem.

Keineswegs die „operative" Seite des Störungsproblems als zweitrangig hinstellend, sieht er zunächst die Aufgabe in einer Erfassung der tektonischen Erscheinungen in den bergmännischen Karten-, Riß- und Planwerken, in einer Systematik der Störungen, in einer Beantwortung der Frage, ob aus der Form der Störung auf die Bewegungsrichtung und Bewegungsgröße zu schließen ist, und schließlich in einer Aufstellung von Untersuchungsmethoden.

Nehm möchte dies durch eine Systematik kleintektonischer Bruchformen erreichen und in der Bruchform einen Ausdruck für die Bewegungsrichtung erkennen sowie durch nomographische Hilfsmittel vorwärtsdringen.

Wir werden diese Dinge in Abschnitt III, C, 3 streifen, müssen aber schon jetzt unsere Auffassung dahin zu erkennen geben, daß die mathematische Analyse nicht *allein* entscheidend sein kann und darf. Mit Nachdruck haben wir uns deshalb u. a. den Arbeitsweisen im Flachriß unter Zuhilfenahme von Wertlinien zugewandt, weil wir neben anderen in diesem weiteren Mittel die verschiedenen analytischen Methoden zu einer sinnvollen Synthese vereinigen wollen.

Wir glauben, das Kapitel nicht abschließen zu können, ohne auf die weitläufige Verzweigung dieses Gebietes bergmännischer Praxis und ihre Verbindung mit den verschiedenen Wissensgebieten aufmerksam zu machen.

Die räumliche Zuordnung der Beobachtungen vermittelt die Aufmessung; insofern gibt die Vermessung die Grundlage und damit die Möglichkeit der Darstellung in technischer Brauchbarkeit. Die Vermessung bedient sich daher der geodätischen und — auf diese wiederum sich stützend — der geophysikalischen Methoden. An erster Stelle stehen solche Verfahren, die es ermöglichen, durch Maße den Gebirgsbau zu erfassen. Die Verbindung beider Geo-Methoden, sei es durch Vermessung über oder unter Tage oder durch die Vermessung der Bohrlöcher, findet in der Regel unmittelbar statt. Neben die geometrischen Feststellungen treten nun die geologischen. Hierher gehören Stratigraphie, Petrographie und Hydrologie einschließlich der Spezialgebiete sowie besonderer physikalischer und chemischer Feststellungen. Alsdann setzt die Auswertung ein. Für sie ist eigentümlich, daß das Zusammenschließen verschiedenster Erkenntnisse im Vordergrund der Arbeitsweise steht und daß im Bergbau mit dem Fortschreiten der Aufschluß- und Gewinnungsarten ein ständiger Wandel besteht.

Es liegt also in der Natur der markscheiderischen Aufgabe, nicht nur gestellte Aufgaben zu lösen. Vielmehr läuft daneben die ständige Bearbeitung der Grubenrißwerke, überhaupt aller Karten, Risse und Pläne mit geologischem und lager-

---

Basaltvorkommen in der Umgebung von Annaberg im Erzgebirge die Ausgleichungsrechnung nach der Methode der kleinsten Quadrate angewendet wird, um auf Grund der lage- und höhenmäßig bestimmten Punkte eine möglichst genaue gegenseitige Lage der Kontaktflächen zu ermitteln, die es ermöglichen sollen, Schlüsse über die geologischen Entstehungsmöglichkeiten zu ziehen. Mag die Mathematik sehr im Vordergrund stehen, die Untersuchung würde aber sinnlos sein, wenn sie nicht mit bestem geologischen Verständnis angefaßt worden wäre.

stättenkundlichem Inhalt. Daß heute schon Feststellungen getroffen werden, die erst zu viel späterer Zeit zu wirtschaftlichen Überlegungen und Entscheidungen herangezogen werden, entspricht einer klugen, vorausschauenden Arbeitsweise. Nicht umsonst spricht man auch von einem Archiv der Lagerstätte. Gerade diese Sammlung stellt eine reiche Fundgrube dar, die darüber hinaus Leitlinien gibt für die markscheiderische Behandlung tektonischer Formen und Bewegungen.

C. Beobachtungs- und Messungsverfahren

1. Forderung der geodätischen Richtigkeit

Obwohl es bei oberflächlicher Betrachtungsweise als selbstverständlich gilt, daß die Beobachtungen und Aufmessungen tektonischer Erscheinungen den geodätischen Erfordernissen und damit in ihrer Gesamtheit der Richtigkeit entsprechen, wird dennoch die geodätisch richtige Aufnahme in einschlägigen Erlassen und Bestimmungen (Ordnungen, Normvorschriften und Richtlinien) gefordert. Es ist daraus ersichtlich, daß es sich im Bergbau nicht um eine geologische Feststellung allein handelt, sondern daß mit dieser Feststellung betriebstechnische, sicherheitliche und wirtschaftliche Interessen verknüpft sind. Es gehört daher zur markscheiderischen Aufnahmetechnik, dasjenige Maß an Genauigkeit oder Sicherheit zu erreichen, das den drei genannten Notwendigkeiten gerecht wird. Sie sind in der Regel durch nach Gütestufen gestaffelte Aufnahmenetze verbürgt. Diese sind so weit bis zu den Aufschlußpunkten vorgetragen, daß die Aufmessung nach Lage und Höhe in großmaßstäblichen Rissen und Plänen mit allen Einzelheiten richtig und deutlich genug niedergelegt werden kann.

Im allgemeinen wird die tektonische Aufnahme gleichzeitig mit der stratigraphischen durchgeführt, meistens unmittelbar nach der Auffahrung und dem Abteufen oder Aufbrechen folgend am frischen Stoß, da der Aufschluß oft des Ausbaues wegen nur einmal in genügend großer Breite zugänglich ist. Diese sofortige, unmittelbar mit der Auffahrung nachgeführte Aufnahme hat zudem für den Betrieb und für die sicherheitlichen Fragen fast immer gegenüber späteren Feststellungen erhöhtes Interesse. Ferner ist dafür Sorge zu tragen, daß für nachträgliche Feststellungen und Ergänzungsaufnahmen auf Grund älterer bzw. angeschlossener Messungen ein sicheres Einfügen verbürgt ist.

Es unterliegt keinem Zweifel, daß erst durch die markscheiderisch einwandfreie Zusammenfügung des Mosaiks aus nach Tausenden zählenden exakten Einzelfeststellungen, zeitlich auseinander liegenden und räumlich getrennten Tatsachen das Gesamtbild heranreifen muß, und daß erst hierdurch die praktische Bedeutung gewährleistet wird. Gerade diese Tatsache verbietet jedes zusammenhanglose Stückwerk.

2. Voraussetzung der kartographischen Richtigkeit

Sobald die Rißwerke und die daraus abgeleiteten Kartenwerke den geforderten koordinatographischen und konstruktiven Zusammenhang besitzen, sind bei fachgerechter Zulage und Auftragung im Riß die Forderungen der kartographischen

Richtigkeit in der Regel bereits gegeben. Der an die Zulage anschließenden konstruktiven Verwertung haben wir in Bd. II, II, A, 1 und III, A, 1 besondere Sorgfalt geschenkt. Aber auch diese Bearbeitung stellt lediglich eine Zwischenstufe auf dem Wege zur kartographischen Gestaltung und Auswertung dar.

3. *Identität geologischer Flächen (Schicht, Lagerstätte, Störung)*

Geologische Flächen in dem Sinne, wie wir sie in Bd. II, I, B, 5, S. 61, gekennzeichnet haben, werden punktweise oder mit kleinen Aufschlußflächen nach Lage und Höhe, nach Streichen und Einfallen und zusammen mit einer Reihe anderer wichtiger Feststellungen beobachtet. Neben der geologischen besteht nun die *kartographische* Aufgabe zunächst darin, die Punkte, die einer bestimmten Fläche angehören, als solche ausfindig zu machen, d. h., es muß die Identität der geologischen Fläche erwiesen sein. Diese Aufgabe ist — abgesehen von den völlig klaren Fällen laufender Bearbeitung — oftmals von weittragender Bedeutung. Wir erinnern daran, daß nach der „Anschlußmethode"[1]) für die Gleichstellung (Identität) von Schichten oder Flözen innerhalb eines Bergwerksfeldes oder zusammen mit Nachbarfeldern erst dann der Beweis erbracht ist, wenn der Riß dies bezeugt. Nicht nur für die Lagerstätte trifft dies zu, auch für andere geologische Flächen; besonders für die Störungsflächen ist die Beweisführung beim Vorliegen ein und derselben Fläche, die an verschiedenen Stellen aufgeschlossen ist, unerläßlich. Häufig spielen diese Fragen für die Sicherheit im Bergbau bei unerwartetem Durchschlag, bei Wasser-, Brand- und Gasgefahr eine bedeutsame Rolle.

Der Nachweis für das Vorhandensein *einer Ebene*, von der mehrere Punkte bekannt sind, ist leicht erbracht. Schwieriger ist das für *eine Fläche*, zum Beispiel wie bei einer Lagerstätte. Und doch muß hier gerade die Frage der „Identität" und „Kontinuität" mit größter Sicherheit beantwortet werden. An Mitteln stehen uns hierzu der Vergleich des Streichens, des Fallens und der Höhenlagen an den verschiedenen Aufschlußstellen zur Verfügung, ferner die Mittel der Konstruktion, insbesondere die Schnitte, und schließlich bietet das Arbeiten mit Abstandslinien ein Mittel, die „Kontinuität" der Fläche, die erst später durch den Durchschlag, durch das Anfahren des Alten Mannes oder durch die Messung voll bestätigt wird, zu untersuchen.

4. *Aufnahme (Verbindung von Messung und Darstellung)*

a) Hilfsmittel

Instrumentelle Hilfsmittel zur Aufmessung sind der Geologenkompaß, das Hängezeug, Gradscheibe, Meßkette usw.[2]) Mit dem handlichen Geologenkompaß,

[1]) Methode des sich Vorwärtstastens unter Ausnutzen der Kenntnisse vorhergehender Aufschlüsse.

[2]) Instrumente und Geräte, deren Bau, Fehler und Berichtigung sowie Deklination, Nadelabweichung, Ausschaltung von Fehlereinflüssen durch Eisen und elektrischen Strom, Meßverfahren und -technik werden in Bd. IV behandelt. Teilung und Schreibweise s. Bd. II, S. 47, und obige Abb. 1, soweit eine grobe Umrechnung von Alt- und Neugrad und umgekehrt in

dessen Kompaßbüchse mit Anlegekante und Aufhängevorrichtung versehen ist, beobachtet man das (magnetische) Streichen und das Einfallen unmittelbar an der oder auf der geologischen Fläche (Schicht, Klüfte, Schieferungs- oder Schlechtenfläche usw.). Der abgelesene Streichwinkelwert ist um die Nadelabweichung (= Winkel zwischen örtlichem magnetischen Meridian und Kartennord[1])) zu verbessern. Der Einfallwinkel bedeutet den größten Vertikalwinkel zwischen der Waagerechten und der geologischen Fläche. Für das Hängezeug gilt das gleiche, jedoch fehlt die Möglichkeit des Anlegens an die Fläche.

Die Verbindung zwischen Messung und Darstellung in dieser einfachsten Form für die Winkel machen wir mit Abb. 2 klar. Die tektonische Fläche ist in den Riß, in die Karte oder den Plan hineingestellt, und der Kompaß und der Gradbogen sind an die tektonische Fläche angelegt (aus Gründen der Übersichtlichkeit ist die Anlegekante des Kompasses mit kleinem Abstand parallel zur Streichlinie gezeichnet). Als Messungsrichtung ist hier der Weg von rechts nach links gewählt. „Norden voraus" zeigt also in diesem Falle nach links. Für Einzelaufnahmen mit Maßen vergleiche folgenden Abschnitt b, S. 375ff. und *DIN 21900*, 3.02. O (Osten auf der Kompaßteilung) zeigt in die Fallrichtung. Für die Winkel und Richtungen gelten die genormten Grundbegriffe, nachzulesen in der Einführung zu Bd. I, S. XVII. Die Begriffe „Streichen" sind in Bd. II, S. 59ff. erläutert.

Zur Vermeidung fehlerhafter Verschwenkungen in der Waagerechten und falscher Neigungen gegen die Waagerechte überzeuge man sich von der instrumentellen Richtigkeit. Prüfung und Ermittlung der Nadelabweichung wird in Bd. IV behandelt. Bei Gegenwart von Eisen und elektrischem Strom sind mehrere Ablesungen zu tätigen oder die Messungen sind in den freien Raum hineinzuverlegen durch Verlängerung der Schnur (Kette) oder durch Visieren.

Die Kartierung über Tage, die häufig zur untertägigen in Beziehung gebracht werden soll, bedarf gleicherweise der geodätischen Grundlagen, entweder in der Form einer Vermessung oder großmaßstäblicher Darstellungen. Wir können an dieser Stelle auf eine Erläuterung der behelfsmäßigen oder exakten Vermessung verzichten, dafür steht der Band IV zur Verfügung. Ferner wird in Abschnitt IV dieses Bandes noch das Erforderliche über den grundsätzlichen Zusammenhang und das Zusammenspiel von Vermessung und der gesamten geologischen und lagerstättenkundlichen Karten-, Riß- und Plandarstellung zu sagen sein. Zudem lassen sich die weiter unten angegebenen Aufnahmeverfahren unter Tage gänzlich oder zum Teil auf die übertägigen Verhältnisse übertragen. Nichts hindert daran,

---

Frage kommt. Umrechnung auf $^1/_{10}{}^\circ$ oder ^{g} können mit einer Leiter geschehen, wenn links der Leiter Altgradteilung auf 1° oder $^1/_2{}^\circ$ und rechts Neugrad auf 1^g oder $0{,}5^g$ aufgetragen werden. Die Gradzahlen in den vier Quadraten sind links und rechts (in gleichen Farben) hinzuzuschreiben.

Statt Neugrad kann auch gon gelesen werden.

An Kompassen sind die Kreisteilungen und Rosen gegenläufig (links herum = entgegengesetzt im Sinne der Uhrzeigerbewegung) aufgetragen, weil die Richtung durch die Magnetnadel feststeht und die Teilung auf der Büchse gedreht wird. E (East) = O (Osten).

Neigungswinkel (Fallen) werden auf die Waagerechte bezogen.

$\left.\begin{array}{l}\text{Höhenwinkel erhalten } +\\ \text{Tiefenwinkel erhalten } -\end{array}\right\}$ Vorzeichen.

[1]) Bd. I, Einführung, S. XVII.

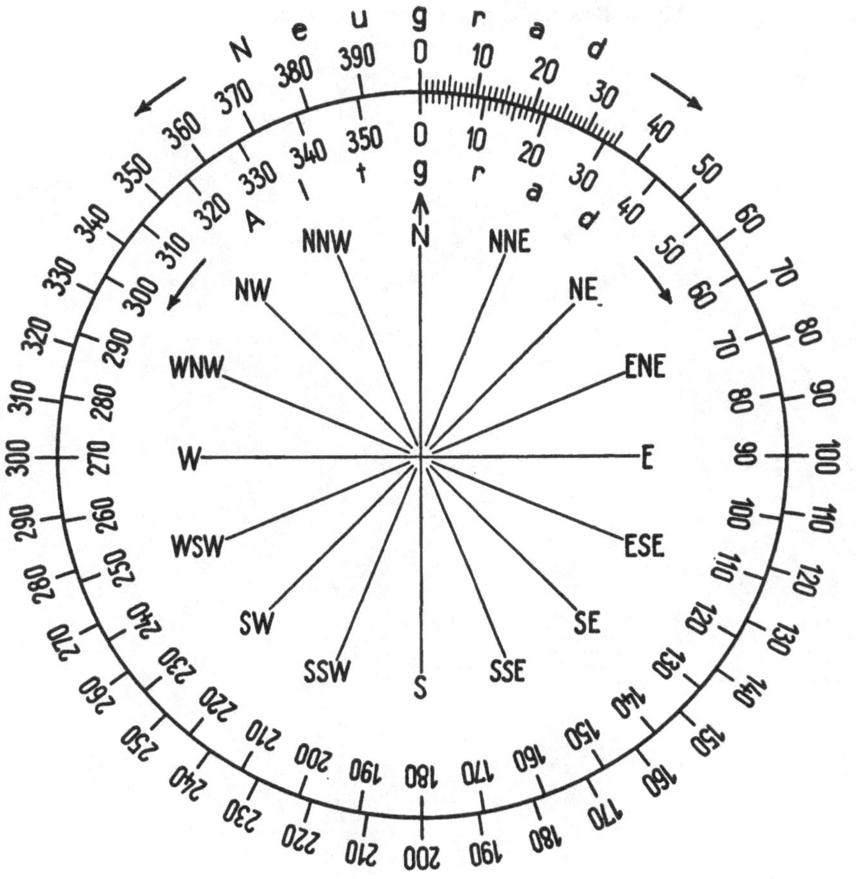

Die Einerstelle der umgerechneten Winkelgrösse ist gleich der Zehnerstelle des umzurechnenden Winkels und von 50° ab um 1 größer als die Zehnerstelle.

Unterteilung (gewöhnlich 1/10 Grad) Altgrad 360°; 1° = 60'; 1' = 60"	Neugrad 400g; 1g = 100c; 1c = 100cc
Umrechnung (grob) in Neugrad	in Altgrad
10° ≈ 11g	10g = 9°
20° ≈ 22g	20g = 18°
30° ≈ 33g	30g = 27°
40° ≈ 44g	40g = 36°
50° ≈ 56g	50g = 45°
60° ≈ 67g	60g = 54°
70° ≈ 78g	70g = 63°
80° ≈ 89g	80g = 72°
90° = 100g	90g = 81°
	100g = 90°

Die Einerstelle der umgerechneten Winkelgröße ist um die Zahl der Zehnerstelle zu verkleinern.

Abb. 1. Kreisteilungen und Himmelsrichtungen. Umrechnung von Alt- und Neugradteilungen

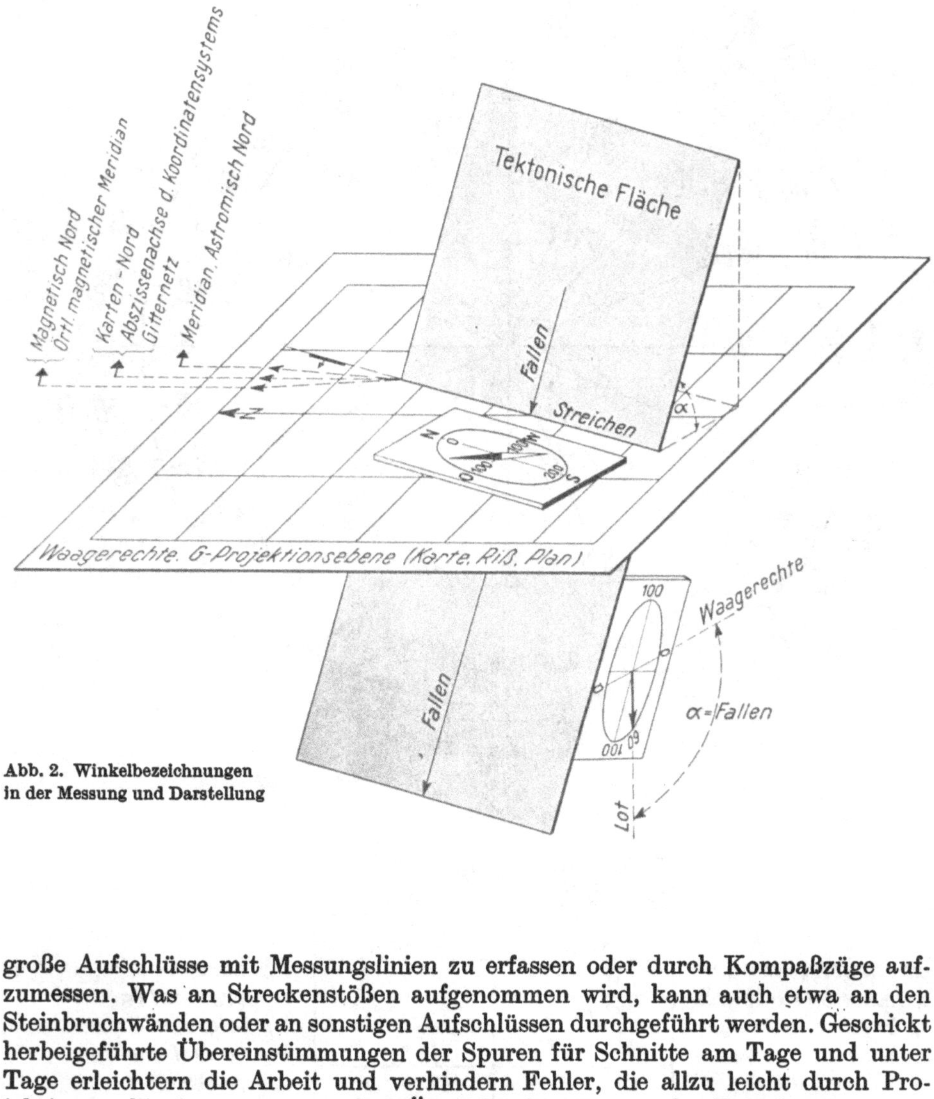

Abb. 2. Winkelbezeichnungen in der Messung und Darstellung

große Aufschlüsse mit Messungslinien zu erfassen oder durch Kompaßzüge aufzumessen. Was an Streckenstößen aufgenommen wird, kann auch etwa an den Steinbruchwänden oder an sonstigen Aufschlüssen durchgeführt werden. Geschickt herbeigeführte Übereinstimmungen der Spuren für Schnitte am Tage und unter Tage erleichtern die Arbeit und verhindern Fehler, die allzu leicht durch Projektierung hineingetragen werden. Über die Auswertung der Tageskartierung in topographisch erfaßtem Gelände nach der tektonischen Seite hin haben wir in Bd. II, II, A, 1, r, S. 256ff., die erforderlichen Erläuterungen gegeben.

Neuerdings (Englische Rundschau, Bonn, 30. 1. 1959) laufen in England Versuche, mit *Geigerzähler* Lagebestimmungen von Kohlenflözen vorzunehmen. Es wird dabei die Unterschiedlichkeit der Radioaktivität der verschiedenen am Aufbau beteiligten Schichten ausgenutzt. Damit wird eine Lenkung der Bohrung möglich, da die Steinkohle geringere Radioaktivität als andere Gesteine hat.

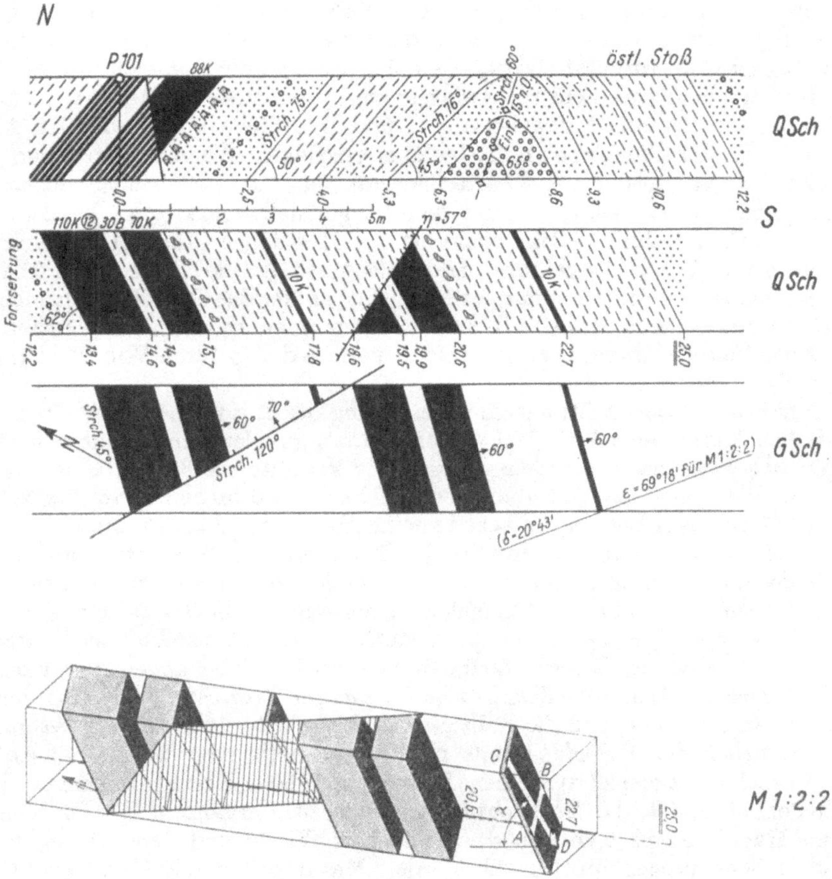

Abb. 3. Aufnahme tektonischer Flächen in Verbindung mit der stratigraphischen Aufnahme
Oben: Aufnahme am östlichen Stoß in QSch
Mitte: Aufnahme am östlichen Stoß und auf der Sohle in QSch und G
Unten: Darstellung der Aufnahme in $M_{1:2:2}$

b) Aufnahme in einer querschlägigen Strecke

Wir zeigen mit Abb. 3 eine Aufnahme in einer querschlägigen Strecke. Der Nullpunkt der Aufmessungslinie liegt bei Punkt 101. Die Messungslinie selbst wird parallel zum Stoß verschoben. Kann zwischen zwei Stößen gewählt werden, so wird der östliche Stoß in der Regel wegen der Schnittorientierung, Norden links und Süden rechts, bevorzugt. Der Aufbau von 0,0 bis 12,2 m ist so einfach, daß der östliche Stoß mit einem Querschnitt genügend erläutert werden kann. Der Einfachheit halber wird der Stoß als lotrechte Ebene aufgefaßt. Bei querschlägigem Verlauf erübrigt sich das Messen des Streichens, sonst wird es bestimmt und an die betreffende Schicht- oder Störungsfläche angeschrieben. Nur wenn das

Einfallen nicht unmittelbar festgestellt werden kann, wird der Schnittwinkel η am Stoß gemessen. Auch das Eintauchen der Falte (am Sattel in Abb. 3) wird nach Möglichkeit bestimmt. Die Längen sind stets an der Sohle zu messen. Läßt sich das Streichen von nicht rechtwinklig zum Querschlag verlaufenden Flächen nicht ermitteln, so muß hilfsweise zum Grundschnitt gegriffen werden. In Abb. 3 ist das für die Streckenlänge von 12 bis 23 m geschehen. Wenn das Streichen (zum Beispiel des Sprunges) nicht unmittelbar mit dem Kompaß beobachtet werden kann, geschieht die Festlegung mit den Längenmeßwerten (etwa bei 14,1 und 18,6 m im Grundschnitt). Sehr exakt ist die Messung an der 0,1 m mächtigen Schicht bei 22,7 m durchgeführt, indem zwischen A und B (in M 1 : 2 : 2 der Abb. 3) eine waagerechte Schnur gezogen wird, an der das Streichen abzunehmen ist. Das Einfallen mit dem Gradbogen bestimmt man an der Schnur zwischen C und D der Fallinie, wobei D erreicht wird, wenn α den größten Winkel, den Fallwinkel eben, anzeigt.

Wir haben die Beobachtungs-Handzeichnung der Aufnahme durch ein axonometrisches Anschauungsbild (M 1 : 2 : 2) ergänzt, aus dem ohne weitere Erläuterungen das Wichtigste zu erkennen ist. Das verhältnismäßig einfache Beispiel lehrt, daß bereits bei der Aufnahme in der Nähe der Störung eine gute Vorstellung von der räumlichen Lage der Flächen zueinander vorhanden sein muß.

Liegt die Aufgabe vor, massenweise das Streichen und Fallen, wie zum Beispiel bei Schlechtenaufnahmen, zu bestimmen, so ist eine besondere Regelung zu treffen (*Richtlinien*, 1951, DIN 21900, 3.02 mit einem Hinweis auf ein Merkblatt über Klüfte und Schlechtenmessungen vom Geologischen Ausschuß der Deutschen Kohlenbergbauleitung, Essen). Nach den Richtlinien soll bei angelegtem Kompaß die W-O-Richtung[1]) auf der Kompaßteilung mit der Fall*richtung* übereinstimmen. Dadurch wird erreicht, daß die Fall*richtung* sich selbst ergibt und ein besonderer Vermerk neben der Fall*winkelgröße* nicht mehr notwendig wird (Abb. 4). Mit Abb. 6 wird ein Beispiel für einen Erzgang gegeben. Das Streckennetz ist so beschaffen, daß sich die Beobachtungen gegenseitig ergänzen. Der Beobachter hat im Handbuch Skizzen von der Sohle bzw. Firste und den Stößen (in die Grundrißebene umgeklappt) geführt. Als „Messungsgrundlage" für diese verhältnismäßig kleinen Räume hat ein hierzu vorbereiteter großmaßstäblicher Grundriß gedient. Das Auslegen eines Meßbandes genügt dann, gegebenenfalls können bei regelrechtem und gleichabständigem Streckenausbau die durchgezählten Stempel zur Lagebestimmung dienen.

c) Aufnahme von Rutschstreifen

Zur Aufnahme von Rutschstreifen auf tektonischen Flächen benutzt man eine gewöhnliche (durchsichtige) Gradscheibe. Die Vollkreisscheibe wird unmittelbar auf die Fläche aufgelegt. Dabei ist einheitlich die 0°—180°- oder 0^g—200^g-Linie auf die Fallinie — das Streichen ist vorher bestimmt — aufzulegen, damit, auf diese bezogen, die Winkelwerte für die Rutschstreifen abgelesen werden können. Bei dieser Bestimmung handelt es sich wohlgemerkt um einen Raumwinkel (s. Abb. 5).

---

[1]) Das ist die auf der Kompaßbüchsenteilung (vertauscht!) angeschriebene O—W-Richtung.

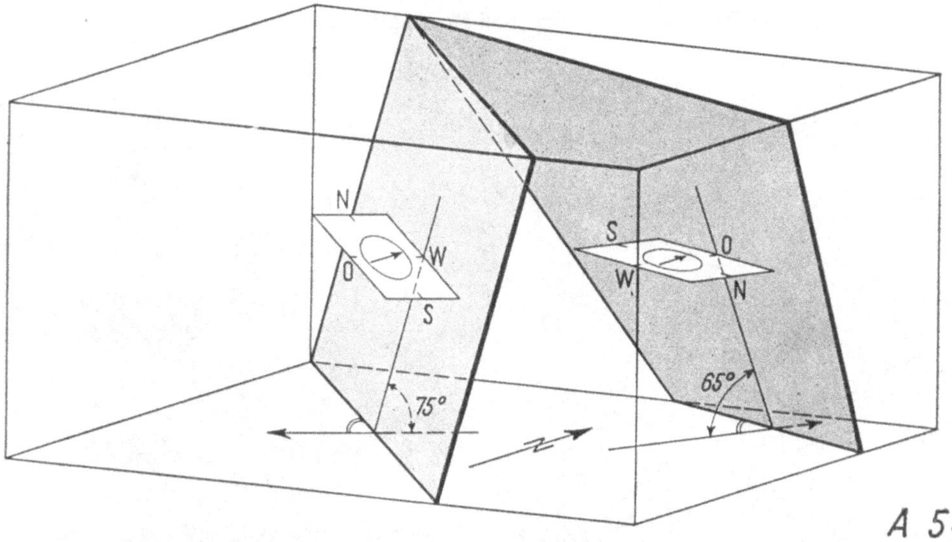

A 5:9:10

Abb. 4. Aufnahme tektonischer Flächen (Klüfte, Schlechten, Schieferung usw.)
Darstellung des Aufnahmeverfahrens

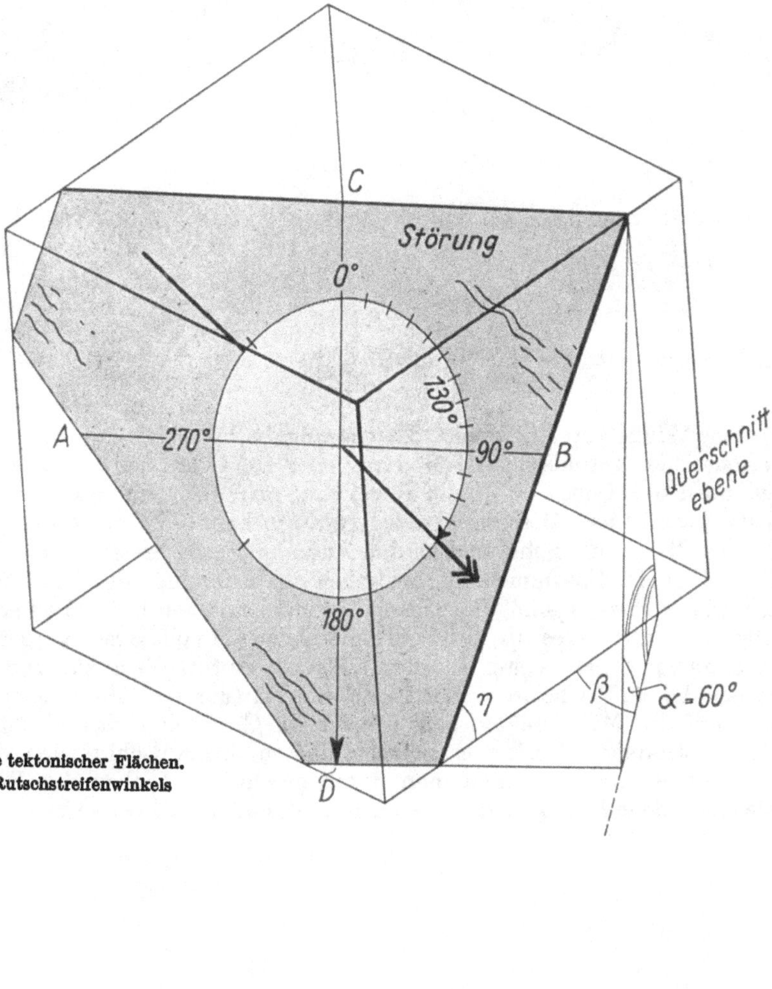

J

Abb. 5. Aufnahme tektonischer Flächen.
Bestimmung des Rutschstreifenwinkels

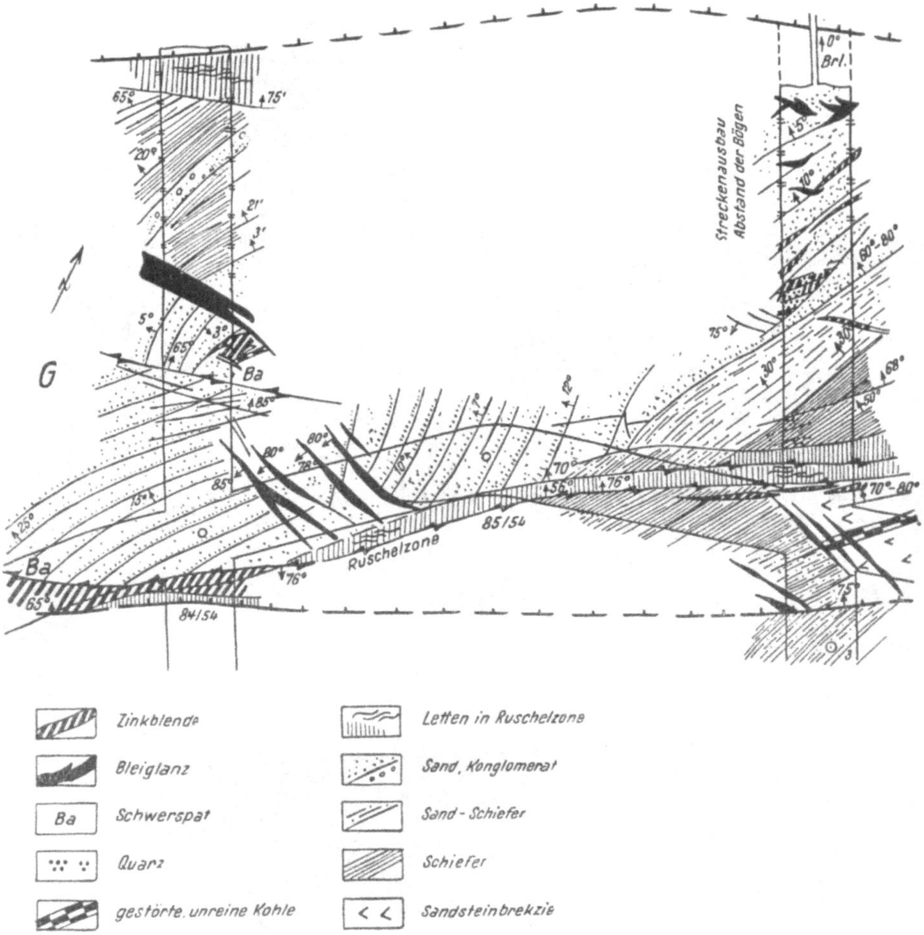

Zu jedem Winkelvorgang gehört die Ortsangabe, also die Lage- und Höhenangabe, entweder graphisch im Rißauszug oder auf Grund einer Messung, auch wenn sie noch so primitiv ist. In der Regel baut man auf Messungslinien auf. Die einfachste Form ist eine Messungsgerade, die von bekannten Vermessungspunkten ausgeht und die auf die Sohle und an den Aufnahmestoß verlegt wird.

In Abb. 3 ist der Zusammenhang zwischen der Aufnahme des Streichens und Fallens und der Messungslinie (hier des polygonometrischen Netzes) zu erkennen.

Im allgemeinen reicht es aus, wenn die Ablesungen auf volle Grade vorgenommen werden, denn wir haben es ganz selten mit Flächen zu tun, die annähernd Ebenen entsprechen. Ist die Fläche unregelmäßig, so wird man mehrere Ablesungen machen und im Kopf das Mittel bilden oder sonst nach Gutdünken das Einfallen und Streichen bestimmen. Bereitet es Schwierigkeiten, im Aufschluß den richtigen Mittelwert zu erfassen, so kann man durch geschicktes Ziehen der Kette der Meßlinie eine solche Lage geben (s. weiter unten), daß sie die Gesamtform und die

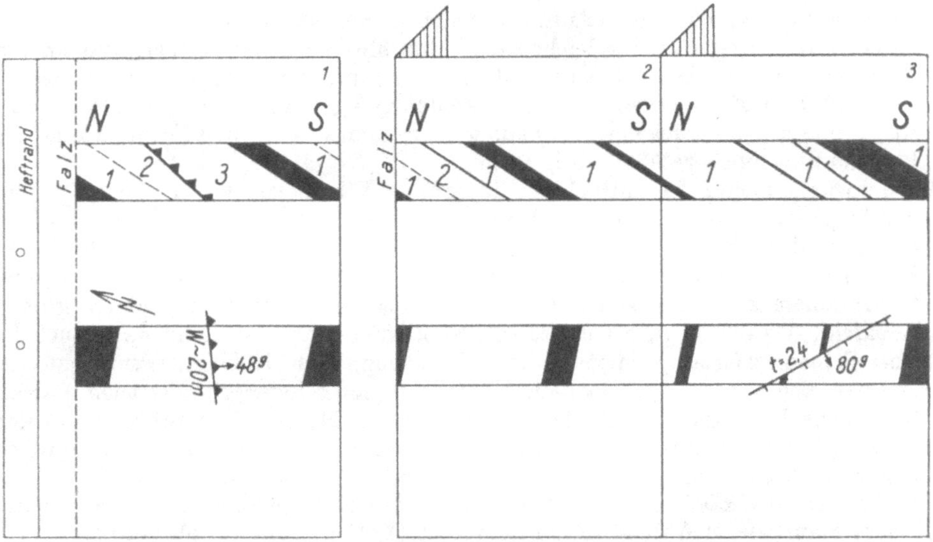

Abb. 7. Anordnung von Gebirgsaufschlüssen auf umklappbarem DIN A 4-Bogen

Lage der Fläche im Raum wiedergibt. In jedem Falle ist der Grundsatz richtig, eher mehrere Beobachtungen zu machen als wenige mit übertriebenem Genauigkeitsbestreben.

Die laufende geologische Aufnahme der Strecken wird entweder in den Grubenrißwerken kartiert oder in den geologischen Karten, Rissen und Plänen festgehalten. In Riß Nr. 39 des *Rißmusteratlasses* (1942) ist ein Beispiel für die Wiedergabe der Streckenaufschlüsse gegeben. Die Anordnung ist so getroffen, daß der Riß entsprechend den Auffahrungen fortgeführt werden kann. Anstelle der Nachtragung auf Rißblättern kann man auch die Gebirgsaufschlüsse auf DIN A 4-Blättern nachführen, indem man die Blätter in Breitformat so aneinanderlegt, daß die Strecke in ganzer Länge erscheinen kann (Abb. 7). Der linke Blattrand ist dann jeweils umklappbar, damit das Bild in ganzer Streckenlänge ununterbrochen erscheint. In ähnlicher Weise kann man bei der Darstellung der Aufnahme in Blindschächten verfahren.

§ 17, 1a der MO vom 23. 3. 1923 sieht vor, daß zu jedem Grubenbild ein Aktenheft über die Gebirgsaufschlüsse in Bohrlöchern, Schächten, Gesenken und dgl. zu führen ist. Diese Bestimmung hat den Zweck, alle die Beobachtungen festzuhalten, die im Grubenrißwerk eine unmittelbare Verwendung nicht finden können, weil die entsprechenden Projektionen und Schnitte nicht vorhanden sind. Solche Aufnahmen werden zweckmäßigerweise auf den oben bereits erwähnten DIN A 4-Blättern geführt. Ein Beispiel, wie solche Aktenhefte zu führen sind, wird durch die Abb. 7 gegeben.

d) Aufnahme in großen Räumen

Bewegt man sich nicht in verhältnismäßig engen Strecken, sondern in größeren Grubenräumen oder Kammern, so müssen nach Art der übertägigen Kleinaufnahmen eine oder mehrere Aufmessungslinien verlegt werden. Wenn die Stöße unregelmäßig und das Vergleichen der Aufschlüsse an den Stößen und an der Firste schwieriger zu werden beginnt, geht man mehr und mehr zu ausschließlich grundrißlichen Aufnahmen über. Die Abbildung 8 gibt für diese Verhältnisse eine Aufnahme aus dem Lagererzbergbau wieder, und zwar in der Form, wie sie im Beobachtungsbuch geführt wird.

Schwieriger sind die Aufnahmen in großen Kammern, wie sie im Salz- und Kalibergbau entstehen. Sie erreichen Höhen von 10—30 m und Längen von 100 m und mehr. Die Lageverhältnisse lassen sich aber bei leergeförderten Kammern schwer erfassen. Der Beobachter muß sich dann zu helfen wissen. Neben einem Fernglas (oder auch Fernrohr des Theodoliten) mit seinem großen Blickfeld, das damit gute Dienste tut, muß eine Fahrt zur Hand sein; auch ist eine Scheinwerferlampe notwendiges Rüstzeug. Zur Höhenmessung hat ein findiger Beobachter den Gasballon (wie ihn die Kinder zum Spielen haben) benutzt nach Art des Fesselballons, wobei das Seil (Nylonfaden) mit Metermarken versehen ist (Abb. 9 rechts im Bild). Jeder Punkt in den meist quaderförmigen Kammern kann dann leicht nach x-, y- und z-Wert bestimmt werden.[1]

Eine andere Möglichkeit besteht in der Anwendung einer Lichtbildkamera, indem man (wie in Abb. 9) in Objektivhöhe (1,50 m) am (fast ebenen) Stoß eine 4-m-Latte $\overline{AD}$ und lotrecht dazu eine 3-m-Latte $\overline{AB}$ auslegt (Probe $3^2 + 4^2 = 5^2$). Das auf der Mattscheibe (bei guter Auslichtung) oder auf dem Film (bei Blitzlicht) entstehende Bild kann leicht ausgewertet werden. Man braucht, da die Maßeinheiten mit aufgenommen werden, lediglich den Höhenmaßstab $\overline{A_P B_P}$ in -zRichtung und den Maßstab $\overline{A_P D_P}$ in der x-Richtung anzuwenden, um beliebige Punkte auf dem Stoß in das Achsennetz x, z zu legen, zum Beispiel P_P für $x = +8$, $z = 1{,}5 + 1{,}0 = 2{,}5$ über Sohle oder Standpunkt.

Bei Aufnahmen in großen, sehr unregelmäßigen Grubenräumen muß man versuchen, die geologischen Flächen auf die Sohle, als die einzige der Ebene nahekommende Fläche, zu projizieren (Durchdringungen der Flächen im Grundschnitt), um dann mit einer einfachen Vermessung die Lage zu fixieren.

e) Aufnahme in Schächten

Ebenso schwierig gestaltet sich die Aufnahme von Schichten und Störungen in Schächten, da man von den Schnittfiguren an der zylindrischen Schachtwandung ausgehen muß und nur gelegentlich von den Aufschlüssen in der Schachtsohle unterstützt wird; vgl. Abb. 10.

Die Aufmessung geschieht in der Regel im Anschluß an das Schachtlot (meistens Mittelpunktlot) und in bezug auf einen Teufenpunkt. In geeignet erscheinenden Teufenlagen mißt man in hinreichender Anzahl Grundschnitte auf und orientiert sie später zueinander. Die Vorstellung von den Verhältnissen muß sich gewöhnlich dabei so weit herausgebildet haben, daß im Handbuch Schnitte entstehen können, um an Hand dieser zu entscheiden, ob allen wichtigen Erscheinungen volle Be-

---

[1]) Diese Methode eignet sich im Bedarfsfalle zu Massen- und Gedingeberechnung auch in unregelmäßig geformten Kammern.

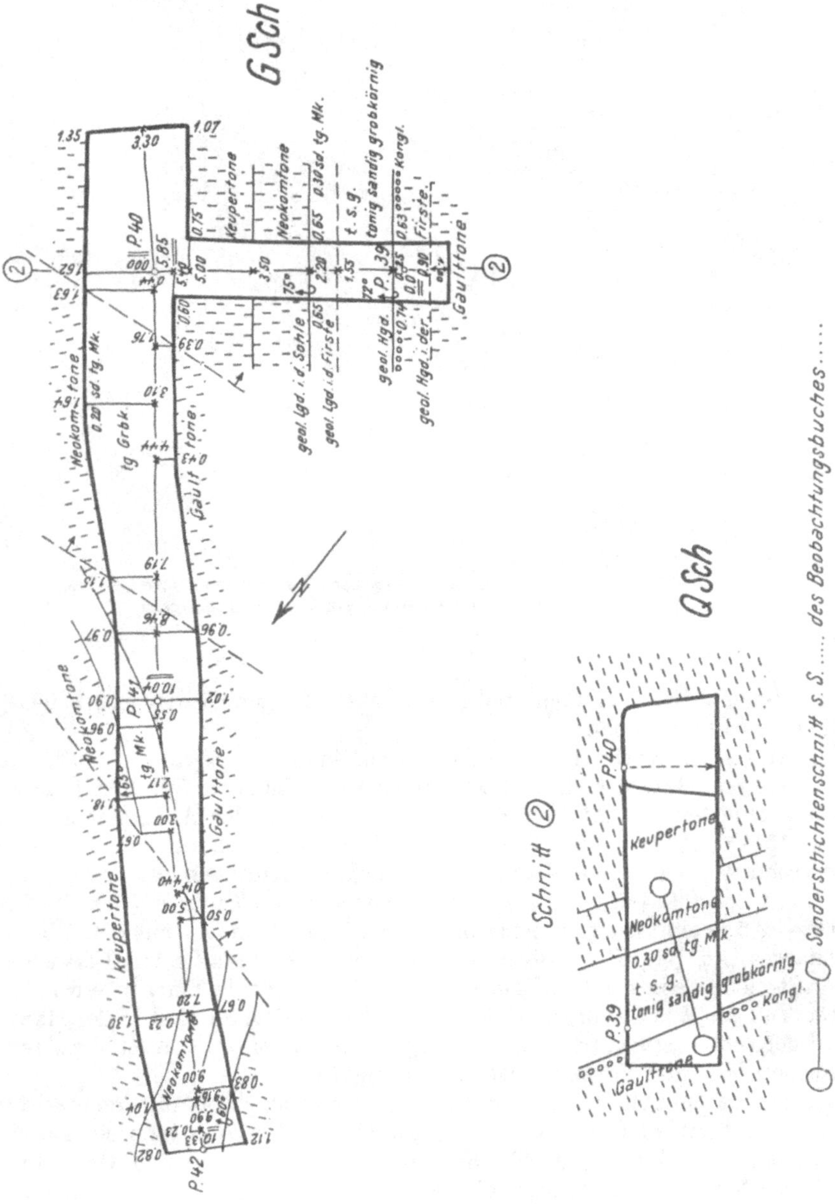

Abb. 8. Strecken- und Gebirgsschichten-Aufnahme.
GSch- und QSch-Handzeichnung

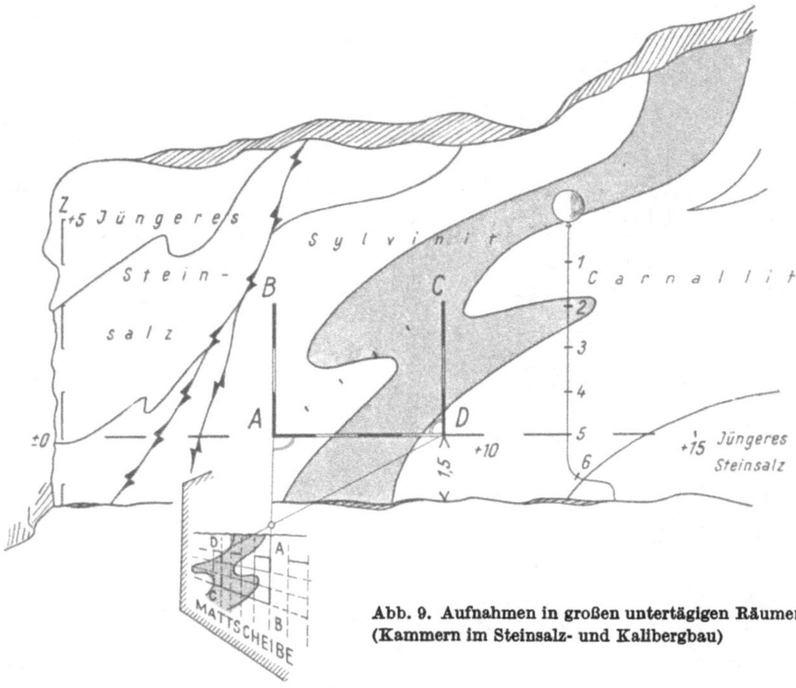

Abb. 9. Aufnahmen in großen untertägigen Räumen (Kammern im Steinsalz- und Kalibergbau)

achtung geschenkt ist und nicht nebensächlichen Dingen Bedeutung beigelegt wird, die sie nicht verdienen.

In Abb. 10 zeigen wir einen Ausschnitt aus der Aufnahme tektonischer Flächen in einem seigeren Schnitt mit kreisrunder Schachtscheibe unter Zuhilfenahme von zwei Grundschnitten, die 2,5 und 8,4 m tiefer liegen als der Anfangspunkt ± 0 ($= -340{,}15$) der Aufmessung. In dem isometrischen Anschauungsbild, das wir dem Querschnitt des besseren Verständnisses wegen hinzufügen, erkennen wir zu unterst den GSch 0,0 + 8,4 m und darauf stehend einen Teil des QSch ②. Vom GSch 0,0 + 2,5 m sind lediglich noch die Streich- und Fallinien mit den Winkelwerten dargestellt, ($A-B$ = Streichen eines mit 60° einfallenden Verwerfers, $E-F$ = Streichen eines mit 32° einfallenden Flözes). Beide Flächen erscheinen im oberen Teil des Anschauungsbildes als Zylinderschnitte. Sie sind in der Hauptsache auf der rückwärtigen Schachtwandung kenntlich gemacht. Auch die Kreuzlinie zwischen Flöz und Verwerfer ist nur angedeutet.

Die Aufnahme in zylindrischen Schächten und Schächten mit rechteckiger Schachtscheibe kann dadurch einfacher gestaltet werden, daß man sie auf den Schachtstößen (-wandungen) durchführt. Für die Aufmessung und Darstellung runder Schächte wird die Zylinderfläche an einer Mantellinie (z. B. der lotrechten Mantellinie, die in der Nordrichtung liegt) aufgetrennt und der Schachtstoß in die Ebene abgewickelt. In der Darstellung fällt die x-Achse mit der Mantellinie (0^g = N-Richtung) zusammen, und die Parallelen zur y-Achse fallen mit der abgewickelten Schachtscheibe zusammen. Der Beobachter markiert am Schachtstoß die x-Achse = 0^g-Gerade, vermerkt die Teufenlage (z. B. $-340{,}15$ $-2{,}5$ m

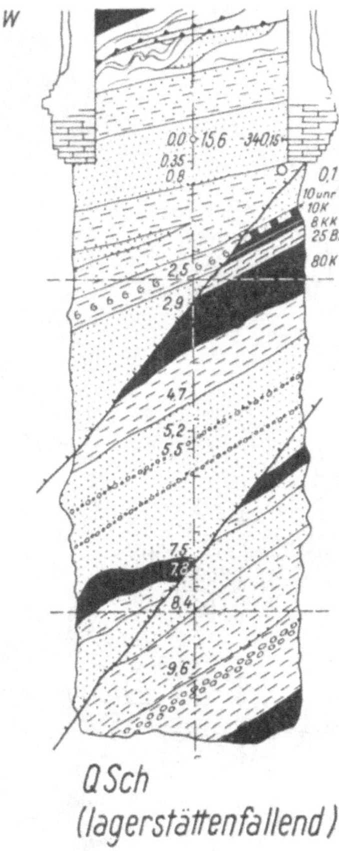

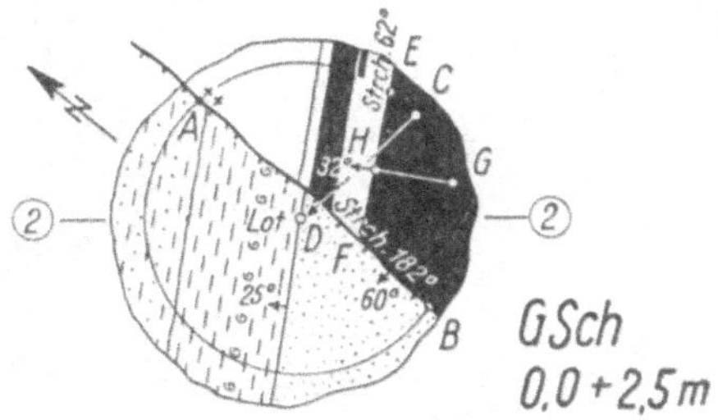

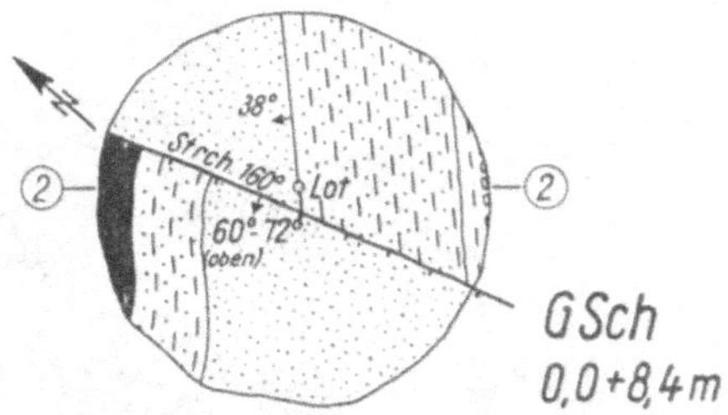

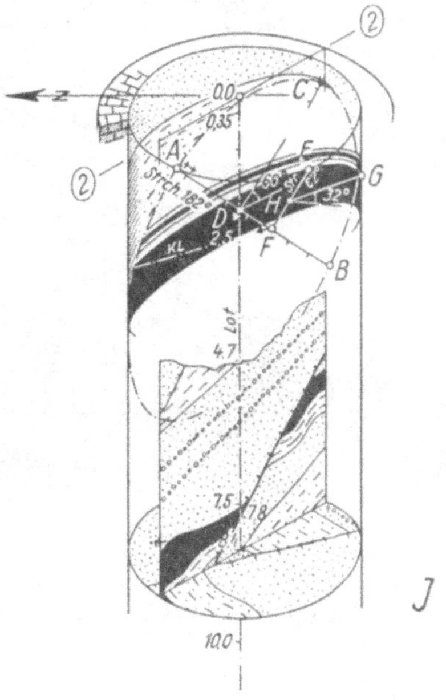

Abb. 10a. Aufnahme tektonischer Flächen in Verbindung mit der stratigraphischen Aufnahme im seigeren Schacht mit kreisrunder Schachtscheibe. Handskizzenmäßig dargestellt in Grundschnitten, im Querschnitt, ferner gezeigt im isometrischen Anschauungsbild und auf verebneter Zylinderfläche

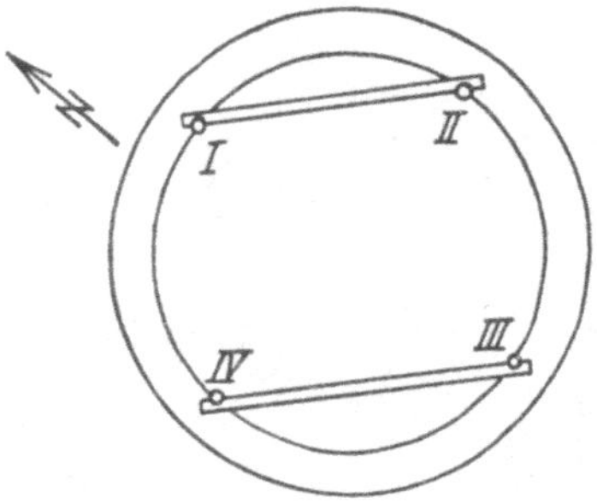

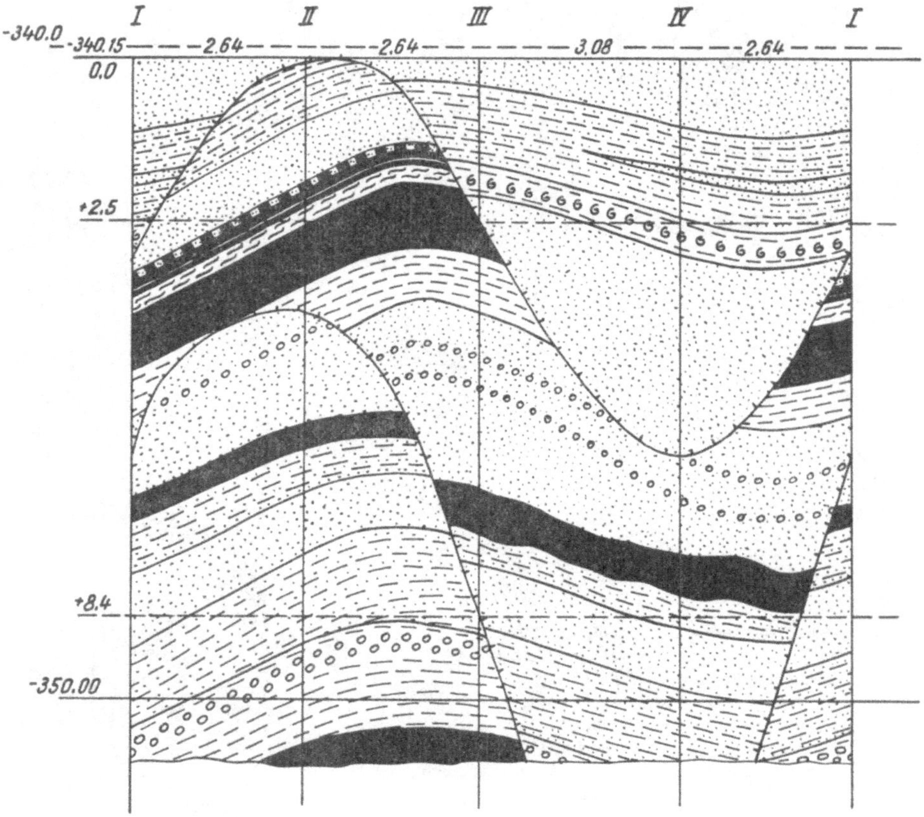

Abb. 10 b. Zylinderabwicklung.
x-Achse deckt sich mit Nord, y-Achse mit abgewickeltem Kreis der lichten Schachtscheibe

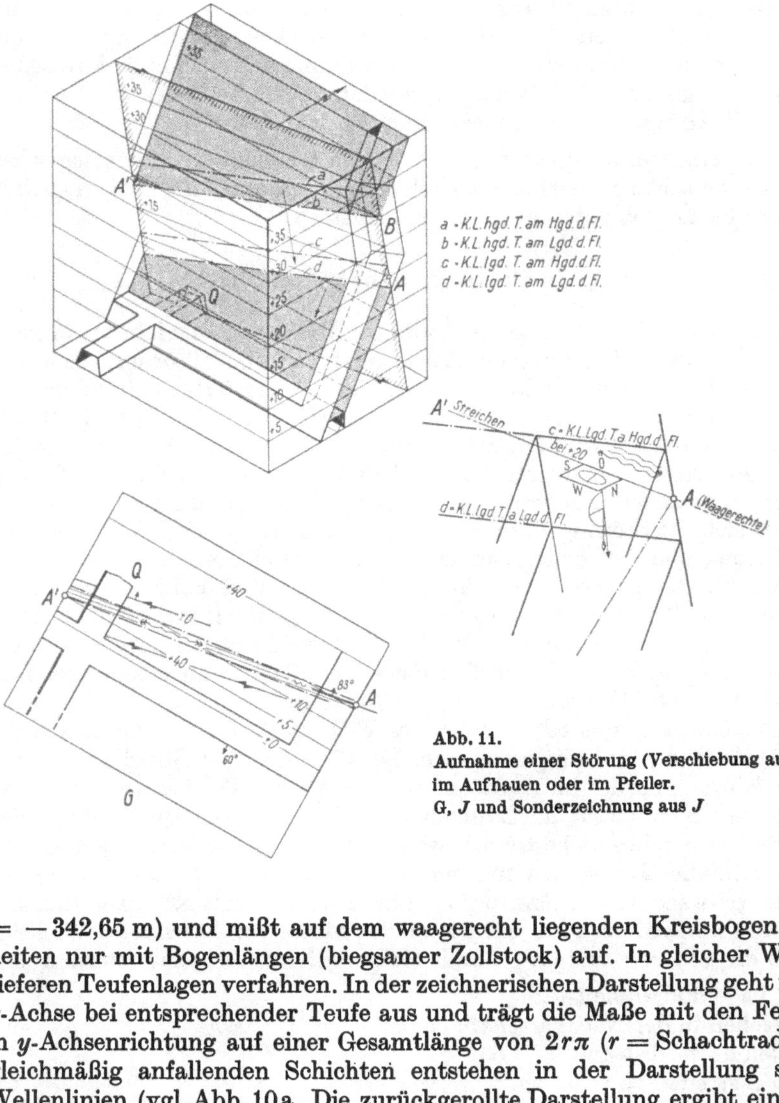

Abb. 11.
Aufnahme einer Störung (Verschiebung auf einem Blatt) im Aufhauen oder im Pfeiler.
G, J und Sonderzeichnung aus J

$= -342{,}65$ m) und mißt auf dem waagerecht liegenden Kreisbogen alle Einzelheiten nur mit Bogenlängen (biegsamer Zollstock) auf. In gleicher Weise wird in tieferen Teufenlagen verfahren. In der zeichnerischen Darstellung geht man von der x-Achse bei entsprechender Teufe aus und trägt die Maße mit den Feststellungen in y-Achsenrichtung auf einer Gesamtlänge von $2r\pi$ ($r =$ Schachtradius) ab. Bei gleichmäßig anfallenden Schichten entstehen in der Darstellung sinusförmige Wellenlinien (vgl. Abb. 10a. Die zurückgerollte Darstellung ergibt ein Modell von den Schachtaufschlüssen). Die Zylinderabwicklung und ebenso die Abwicklungen bei Schächten mit rechteckiger Schachtscheibe eignen sich gut für die Herstellung von Schnitten aller Art in verschiedenen Richtungen und Teufenlagen.

An Beispielen für die Feinaufnahme in Schächten mögen genannt werden:

1. Riß 42 im *Rißmusteratlas* (*1942*) mit eingehenden Angaben über die Makro- und Mikrofauna der Kreide. Die Aufmessung tektonischer Größen ist in kleinen Grundschnitten wiedergegeben. Sie sind mit dem Schachtschnitt in Verbindung gebracht unter Angabe ihrer Teufenlage.

2. H. F. Schulte (1952). Stratigraphische Feinaufnahme im Steinkohlenbergbau beim Abteufen eines Gefrierschachtes. Die Darstellungen in der Veröffentlichung zeigen nicht nur die Verbindung meßtechnischer Arbeiten mit den geologischen Feststellungen, sondern auch die klare Veranschaulichung und Auswertung der betrieblichen Maßnahmen.

Für die Praxis erscheint es vorteilhaft, die betriebstechnischen und geologischen Tatsachen, also sämtliche Feststellungen nach Zeit, Lage und Teufe, kartographisch in Plänen nach Schächten getrennt zusammenzufassen.

f) Aufnahme im Aufhauen

Sofern in geringen Teufenabständen söhlige Strecken aufgefahren werden, bereitet im allgemeinen die Aufnahme des Lagerstätten- und Störungsstreichens keine nennenswerten Schwierigkeiten. Indessen ist mit der fortschreitenden Entwicklung des Bergbaus der Teufenabstand immer größer geworden, und oftmals erreicht der Abstand der Ober- und Unterstrecken Längen bis zu 300 m und mehr. Man ist also gezwungen, immer öfter im Abbauraum selbst die Störungsflächen zu bestimmen. Hier treten nun besonders bei steiler Lagerung insofern Schwierigkeiten auf, als sich die Störungsflächen anfänglich schwer in das System der auftretenden Flächen und der Bezugsflächen des Raumes einordnen lassen, da das sichere Gefühl für die seigere Lage, für das Streichen und Fallen nicht gleich vorhanden ist, eine Tatsache, die man bei einer Nachprüfung wahrnimmt, wenn man zum Beispiel in einem nicht in der Fallrichtung liegenden *Aufhauen* eine unbekannte Störung anfährt. Wir wollen diese Verhältnisse an einem anschaulichen Bild klarmachen (Abb. 11).

Ein WO streichendes, mit 60° einfallendes Flöz ist durch eine Grundstrecke und durch ein Aufhauen gut aufgeschlossen. Bei 17 m über der Strecke wird eine Störung angefahren, von der im Aufhauen nur ein kleines Flächenstück sichtbar wird. Im Gegensatz zum Flöz im Liegenden der Störung wäre diese infolge des kleinen Aufschlusses schlecht bestimmt, wenn nicht an dieser Stelle eine exakte Aufnahme stattfände. Da es sich um ein steilstehendes Blatt handelt, das im Streichen nur schwach vom Flözstreichen abweicht und mit 83° nach Norden einfällt, und das infolgedessen für den Abbau des Flözes von besonderer Wichtigkeit ist, muß die Störung eindeutig durch Messungswerte festgelegt werden, um

1. A nach Lage und Höhe (+ 20),
2. das Streichen in der Nachbarschaft von A,
3. das Fallen dortselbst und
4. die Rutschstreifen zu erhalten.

Beobachtet wird ferner die Kreuzlinie der Störung auf dem Liegenden und dem Hangenden des Flözes. An dieser Aufschlußstelle, die in der Natur nicht so idealisiert, wie in Abb. 11 dargestellt, angetroffen wird, häufen sich auf kleinem Raum wichtige Störungselemente, die ohne Zuhilfenahme von Instrumenten oder Geräten nicht einwandfrei erkannt werden können. Die im Aufhauen überhängende Störungswand ist deshalb besonders zur Veranschaulichung der Messung herausgezeichnet. Die gewohnten Werte reichen vorerst aus, um die Störung im Raum auf dem Riß oder Plan projektieren zu können. Die Richtigkeit des Entwurfs wird erst bei Q durch einen kleinen Untersuchungsquerschlag von wenigen Metern Länge bestätigt.

Im Anschauungsbild ist erkennbar, daß durch das gegenfallende Gesteinsaufhauen der hangende Flözteil wiedergefunden werden konnte. Solange aber die Bewegungsrichtung auf der Störung unbekannt ist, ist jede Art Untersuchungsbau (wenn er sich nicht sogleich abbautechnisch als nützlich erweist) berechtigt, um das verworfene Flözstück aufzufinden. Durch das Gesteinsaufhauen werden jedoch

1. die Störung besser erkannt und
2. die Gebirgsschichten
   a) im Hangenden der Störung und
   b) im Hangenden oder Liegenden des Flözes aufgeschlossen.

Nachdem erst bei B das gleiche Flöz angetroffen worden ist, kann das Kreuzlinienpaar für den hangenden Teil gezeichnet werden. Zusammen mit den Rutschstreifen, die sich in unserem Beispiel zufällig mit den Streichlinien der Störung decken, besteht die Möglichkeit, die hangenden und liegenden Kreuzlinienpaare miteinander in Beziehung zu bringen. Danach müssen vor dem Einsetzen der Bewegung auf dem Blatt die Flözpunkte A und A' zusammengelegen haben. Ob die Bewegung von A nach A' oder von A' nach A erfolgt ist, bleibt noch offen.

g) Aufnahme beim Bohren

Die mathematischen Grundlagen haben wir in Band II mit der Formeltafel 2, S. 96, in den Unterabschnitten zur Mächtigkeitsermittlung auf einer (planparallelen) Lagerstätte bei beliebiger gradliniger Durchdringung und auf einer (planparallelen) Lagerstätte bei beliebiger linienförmiger Durchdringung gegeben.

Die Bestimmung des Streichens und Fallens einer Ebene im Raum, wenn von ihr drei (Bohr-) Punkte bekannt sind, ist ebenfalls in Band II auf S. 81ff. behandelt worden.

Die Beziehungen zwischen Lage des Bohrloches, Lage des Kerns und seiner Orientierung und Lage der Schicht sind in Abb. 12 zusammengefaßt in Anlehnung an Abb. 29, Band II, S. 95.

Beim Erbohren einer Schicht (Ebene) mit drei Bohrungen (Abb. 13) durch Bohrlöcher mit verschiedener grundrißlicher Lage und Höhe (Ansatzpunkte A^1 — 500 m, A^2 — 480, A^3 — 470, verschiedener Richtungen R^1, R^2, R^3, Längen l_1, l_2, l_3, Neigungswinkel α_1, α_2, α_3) geht man von einer Teufenlage (—500) aus, bezieht darauf die Teufenlage von A^2 und A^3, legt die Falldreiecke zu und gewinnt die Schichtpunkte $E_G{}^1$, $E_G{}^2$ und $E_G{}^3$. Alsdann trägt man die Höhenwerte für die E-Punkte im Grundriß ein und führt die bekannte Konstruktion für Streichen und Fallen der Schicht durch.

Seitdem es leichte, gut transportable und schnell bohrende Bohrgeräte gibt, mit denen man ohne oder mit Kern selbst in engen Grubenräumen überall bohren kann, wird das Bohren im Rahmen der laufenden Gebirgsschichtenaufnahme ebenso häufig angewandt wie zu Zwecken besonderer Aufschlußarbeiten. Auf größeren Bergwerksbetrieben stellt man hierzu Bohrprogramme auf. Es ist eine Frage des Zeitbedarfs und der Kosten, wieviele Bohrungen in einem engeren Untersuchungsbereich angesetzt werden oder ob man sich mit *einer* Bohrung begnügen muß.

Eine einzige Bohrung (oder eine Bohrung, die wiederum für eine zweite in der Nachbarschaft Anhaltspunkte geben soll) macht eine Kernorientierung not-

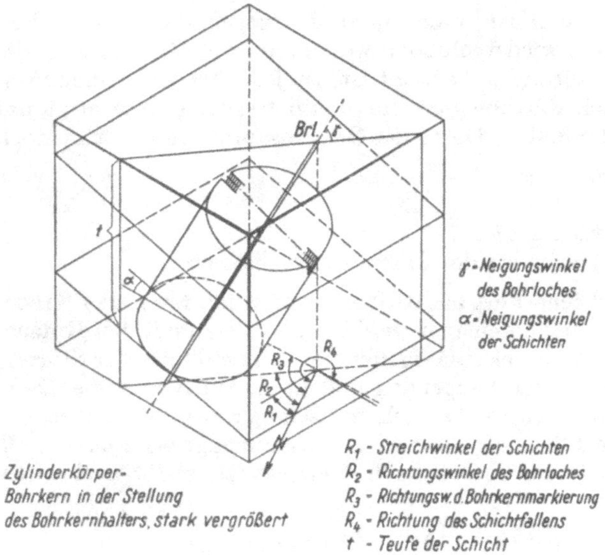

Abb. 12. Räumliche Lage eines Bohrlochs, Stellung des Bohrkernhalters, Messungsgrößen und Orientierung im Grundriß

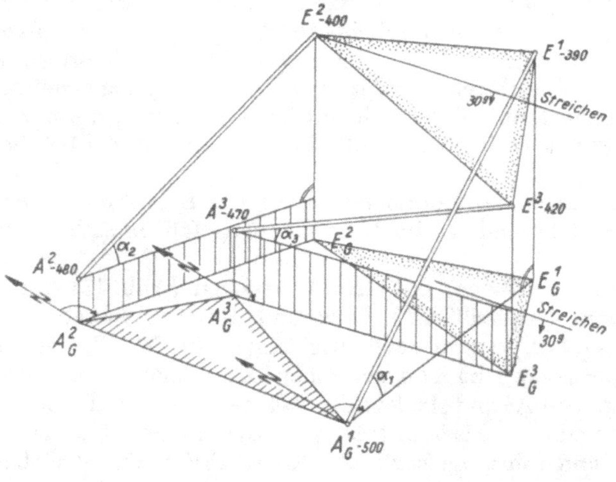

Abb. 13. Erbohren einer Schicht mit drei Bohrungen. Bohrlöcher verschiedener Lage, Richtung, Länge und Neigung

wendig, um Fallen und Streichen der durchbohrten Schichten angeben zu können. Zur Kernorientierung kann man so verfahren, daß dem Kern, der sich noch in ursprünglicher Lage im Bohrloch befindet, ein Zeichen aufgedrückt wird. Diese Markierung in Form einer Nute läßt sich mit einem sägeartigen Werkzeug herstellen und wird mit dem Meßinstrument, das den Kern orientieren soll, dadurch richtungsmäßig in Beziehung gebracht, daß das Instrument (z. B. ein Kompaß mit Gradeinteilung und photographischer Registrierung) auf die Markierung gewissermaßen einrastet. Die photographische Richtungsregistrierung erlaubt die Markierung und somit die Orientierung des Kerns. Mit Hilfe des Kernhalters kann man, nachdem die Richtung der Markierung des Kerns auf die waagerechte

Gradscheibe (Gradkreis mit N) eingestellt ist, das Streichen ablesen und zugleich auf der lotrechten Gradscheibe (Höhenkreis mit 0^g in der Waagerechten) das Einfallen bestimmen. Der Kern selbst, d. h. die Schichten mit Streichen und Fallen, wird nunmehr nach Länge und Teufe mit dem übrigen Riß- bzw. Planinhalt in Zusammenhang gebracht werden, nachdem der Bohransatzpunkt raumkoordinatenmäßig eingetragen ist. Sofern das Bohrloch als eine lotrechte Gerade aufgefaßt werden kann, sind die gemessenen Längen (nach etwaigen durch Kernverlust bedingten Korrekturen) als Teufenmaße zu verwerten.

Weicht das Bohrloch von der mathematischen lotrechten Geraden ab, so bedarf es eines Instrumentes, um im Bohrloch die Neigung und Richtung zu messen. In einem druckfesten Gehäuse eingebaut, wird das Instrument bis zu dem Teufenpunkt des Bohrloches eingehängt, in dem Richtung und Neigung registriert werden sollen. Je nach der Form des Bohrloches sind in mehr oder weniger dichter Folge (10—50 m) derartige Beobachtungen durchzuführen. Aus den gemessenen Teufen, Richtungen und Neigungen läßt sich die Form des Bohrloches errechnen und im Grundriß konstruieren, etwa nach Art einer graduierten Linie (Bd. II, S. 245ff.), womit sich wiederum leicht seigerrißliche Darstellungen (notwendigenfalls zweimaßstäblich) oder Abwicklungen zeichnen lassen. Hinsichtlich der Arbeitsweise folgen wir — um sie erläutern zu können — dem Single-Shot-Verfahren der Eastman International Company GmbH., die Messungen mit Instrumenten bis zu Bohrlochdurchmessern von 44 mm durchführt. Je nach Bohrlochneigungen sind besondere Kompaßpendelteile für 0—12°, 0—20° und 0—90° anzuwenden. Die Meßgenauigkeit wird bei 20°—Kompaßpendelteil für Neigungen mit $\pm {}^1/_{10}{}^\circ$ und für die Richtung der Neigung mit $\pm {}^1/_2{}^\circ$ angegeben. Durch photographische Aufnahmen, die eine Schaltuhr auslöst, werden die Meßwerte festgehalten und dann am Tage entwickelt. Die Meßwerte kommen folgendermaßen zustande: Die Teufe wird am Gestänge unmittelbar, die Richtung über das magnetische Erdfeld mit einem Kompaß, die Neigung mit einem Pendel gemessen. Das eigentliche Instrument, der Kompaßpendelteil, befindet sich am unteren Ende des Gehäuses. Der Kompaß wird von einer Flüssigkeit getragen. Nadel- und Pendelstellung werden an einer Kreisteilung und an einer konzentrischen Gradteilung bzw. an einer Skala angezeigt, beleuchtet und durch eine Kleinkamera aufgenommen. In Abb. 14 ist ein solches Photoblättchen wiedergegeben.

Die vermessungstechnische Auswertung geschieht nach der Polarkoordinaten-Methode. Sie kann konstruktiv durch Zulage erfolgen oder in einer scharfen Durchrechnung bestehen mit Raumkoordinaten als Ergebnis.

Mit der richtigen räumlichen Lage des Bohrloches sind die Voraussetzungen für die Lage der durchbohrten Gebirgsschichten gegeben. Indessen ist es noch notwendig, da der Kern beim Ziehen verdreht wird, seine ursprüngliche Lage zu fixieren, wie wir weiter oben schon beschrieben haben.

Genau querschlägige (also auch söhlige) Bohrungen bieten hinsichtlich der Ausnutzung der Kerne (bzw. der überbohrten Lagerstätte) keine Besonderheiten, wenn man von der Annahme ausgeht, daß sich für einen engen Gebirgsbereich das Streichen der Schichten nicht geändert hat. Das Kernstück muß, nachdem es (im Kernhalter oder auch ohne diese Einrichtung) gleichzeitig um die Kernachse gedreht wurde, in die gleiche räumliche Lage gebracht werden, wie es in der Natur war. Damit stimmt das Streichen der Schichten des Kerns mit dem Streichen an

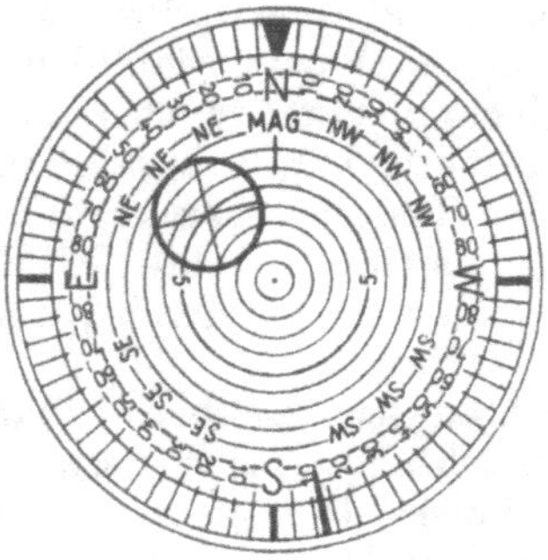

Abb. 14.
Photoblättchen einer Richtungs- und Neigungsregistrierung
(Pendelneigungen von 0° bis 12°)

seiner ursprünglichen Stelle überein. Dann kann auch das Fallen am Kern näherungsweise bestimmt werden.

Der Einsatz von kleineren Bohrgeräten bei Aufschlußarbeiten unter Tage hat in überwiegendem Maße die Klärung des Gebirgsbaues sowie die Zusammensetzung der Lagerstätte und des Nebengesteins zum Ziel. Nicht selten aber wird nur die Bestätigung einer Ansicht oder der Beweis des Vorhandenseins angestrebt. Dazu kann unter Umständen auf das Ziehen des Kerns verzichtet werden, und die Bohrung liefert nur einen gesuchten geometrischen Ort, der notwendig ist, die Projektierung der Lagerstätte oder der Störung zu erleichtern oder zu sichern. Insbesondere macht sich in zwei Fällen unmittelbar das Bohren bezahlt: einmal, wenn durch den Markscheider für mechanisierte Betriebe Abbauflächen gleichförmiger Art in genügender Ausdehnung angegeben werden, oder wenn solche laufenden Gewinnungsbetriebe auf ihre durch Störungen beeinflußte zukünftige Zeitdauer hin beurteilt werden müssen. Zum anderen wird, gleichfalls aus wirtschaftlichen Gründen, lediglich nach der Mächtigkeit der Lagerstätte gefragt. An die Stelle vieler exakter und aufschlußreicher Bohrergebnisse tritt die Vielzahl der Bohrungen selbst mit nur wenigen Bohrdaten. Hier liegt der Wert auf der räumlichen Verteilung der Aufschlüsse. Für die rißlichen Arbeiten in den geologischen und lagerstättenkundlichen Karten und Plänen bedeuten die Vielzahl und die Streuung dieser Daten eine besonders wichtige Voraussetzung für die gesamte Planung. Der konstruktiven Verwertung der Aufschlüsse haben wir im Band II genügend Raum gewidmet, insbesondere glauben wir bei der Behandlung der kotierten Projektion die zu beschreitenden Wege gewiesen zu haben.

D. Die analytischen Mittel

Im Hinblick auf die geologische Kennzeichnung und bergmännische Aufgabenstellung im Abschnitt III, A, S. 365f., erlangt die analytische Tektonik für die Praxis ihre ganz besondere Bedeutung. Sie stellt das Untersuchungsmittel, den Fühlhebel dar. Sie ist also Mittel zum Zweck.

Das ist im Wesen der „Tektonik" begründet. Denn als ein wissenschaftliches Teilgebiet, das sich mit dem Bau des Gebirges beschäftigt, ist es mit anderen Teilgebieten aufs engste verbunden. Tektonik ist ohne Stratigraphie kaum denkbar. Man muß deshalb bestrebt sein, alle Mittel heranzuziehen, die irgendwie einen Erfolg oder Fortschritt versprechen. Es besteht in der Arbeitsweise ein Vergleich mit der Algebra. Eine einfache Feststellung käme einer Gleichung mit einer Unbekannten gleich. Mehrere Unbekannte liegen zumeist aber bei tektonischen Aufgaben vor. Wenn es nicht auf die „Versuchslösung" hinauslaufen soll, bei der man Geschicklichkeit besitzen und Glück haben muß, so kann nur eine zweite und dritte Gleichung helfen. In der analytischen Tektonik ist also derjenige gewiß erfolgreicher, der in der Lage ist, die „Gleichungen“ aufzustellen. Sodann ist gewiß, daß wir es in der Natur nicht mit mathematisch genau erfaßbaren Größen zu tun haben. Aber wir müssen uns bemühen, alle die Größen so sicher zu erfassen, wie es für die Lösung der Aufgabe vorteilhaft ist. Insoweit gehen wir in unserer Betrachtung Schritt für Schritt auf scheinbar verschiedenen Gebieten vorwärts und führen dasjenige in diesem Abschnitt an, was uns als „analytisches Mittel“ unterstützen kann. Nicht zuletzt bedarf es des Hinweises, daß sich das Bild der Tektonik, soweit es für den Bergbau wichtig ist, nur im Rahmen des Karten-, Riß- und Planwerks entwickeln und instruktiv auswirken kann. Wir müssen deshalb das, was wir im Abschnitt E (Die Tektonik in den Karten, Rissen, Plänen und Bildern) als eine spezifisch markscheiderische Aufgabe behandeln, mit zu den wesentlichsten analytischen Mitteln rechnen, auch wenn das bei der Art der vorgenommenen Gliederung weniger zum Ausdruck kommt.

1. Schichtung, Trennflächen oder Klüfte, Schieferung der Gesteine

a) Vorbemerkung zum Wesen der Schichtung und Klüftung

Zu den wichtigsten Merkmalen der Gesteine gehören ihre Zusammensetzung, ihre Bestandteile, die Struktur (Verbandsart) und die Textur (Anordnung im Raum). Hinsichtlich der texturellen Beschaffenheit kennt man massige Gesteine, Schichtgesteine und schiefrige Gesteine. (Die schiefrige Textur ist nicht zu verwechseln mit der sekundären, transversalen Schieferung.) Die Feststellung der genannten Merkmale gehört zu den Aufgaben der Stratigraphie, Petrographie und Lagerstättenforschung.

Die tektonische Aufnahme für massige Gesteine besteht zunächst in der vermessungstechnischen Erfassung der räumlichen Verbreitung, für geschichtete Gesteine in der Ermittlung von Streichen und Fallen. Dasselbe gilt für die Trennflächen und die Schieferung.

Die Ablagerung der Sedimente ruft eine *Schichtung* hervor. Die Schichtfläche selbst trennt in der Regel Material unterschiedlicher Zusammensetzung, wie zum Beispiel Korngröße, Struktur, Dichte, Färbung usw. Oft ist sie auf den ersten Blick deutlich zu erkennen, zuweilen geben erst genauere Beobachtungen oder Untersuchungen Aufschluß über die Anlagerung. Sie kann in parallel zueinander liegenden Flächen erfolgen. Man nennt sie *Parallelschichtung*. Dieser Parallelismus stellt einen Idealfall dar. Abweichungen bilden die Regel.

Von der Parallelstruktur unterscheidet sich die *Diagonal-* oder *Schrägschichtung*. Sie äußert sich darin, daß innerhalb einer Bank eine schräge Schichtung vorhanden ist. Sie wird bei lockeren oder ehemals lockeren Sanden angetroffen. Wechselt die Richtung des Windes oder des Wassers als Träger der Sedimente, so kann es zur Ausbildung einer Kreuzschichtung kommen. Die Schrägschichtung kann primär auch leicht geschwungen sein; die Schichtflächen sind eben oder gefurcht (Rippeln), glatt oder rauh. Zu unterscheiden sind sie in ihrer ursprünglichen Beschaffenheit und in ihrer Gestaltung nach der Verformung durch Faltung. Aus „Ebenen“, gefurcht, glatt oder rauh, werden mehr oder weniger verbogene Flächen (graphische Flächen).

Daneben besteht die Lageveränderung ohne Verformung. Im gewissen Sinne treffen auch Verformungen und Lageveränderungen für die Schieferungs- und sonstigen Trennungsflächen zu, so daß eine ursprüngliche „Ebene" verformt auftreten und weiterhin eine solche Fläche in einer anderen Lage angetroffen werden kann, als sie sich bei ihrer Entstehung befand. Weniger von Schichtflächen als von *Trennflächen* spricht man bei magmatischen Lagerstätten oder bei gewinnbaren eruptiven Gesteinen. Hinsichtlich des Aufnahmeverfahrens und der Kartierung bestehen aber keine Unterschiede grundlegender Art.

Die Ablösungsflächen oder Trennflächen der Gesteine (Schichtablösung, Schieferung, Schlechten, Klüfte, Risse, Absonderungs- und Spaltbarkeitsflächen[1])) sind u. a. für die Gesteinsarbeiten beim Streckenvortrieb im Bergbau, bei der Gewinnung geschieferter Bausteine, besonders für den Dachschieferbergbau, beim Abbau von Kohlenflözen infolge der Schlechten- und Klüftebeschaffenheit von beachtlicher Bedeutung [Becker (1932), W. Gräbsch (1956)], da neben Nachteilen auch günstige Beeinflussungen auf die Gewinnungsarbeiten eintreten.

Die in der Kohle auftretenden *Schlechten*, mit den verschiedensten Namen belegt, werden bei P. und H. R. Kukuk (1949) vereinheitlicht mit *a*-, *b*-, *c*-, *d*- und *n*-Schlechten benannt. Man kann sich aus praktischen Gründen, wie G. Seidel (1951) vorschlägt, auf zwei Gruppen beschränken: auf bankrechte (*a*-Schlechten) und bankschräge (*b*-, *c*-, *d*- und *n*-) Schlechten. Bankrechte Schlechten sind solche Flächen, deren Einfallslinie senkrecht auf der Flözfläche steht. Bankschräge Schlechten sind Flächen, die schräg zur Flözfläche einfallen. Um innerhalb eines Feldes Klarheit über die Schlechten zu erhalten, sind Beobachtungen in sehr hoher Anzahl durchzuführen. Nicht die Genauigkeit der Einzelbestimmung ist ausschlaggebend, sondern die Anzahl, d. h. die genügende Dichte und ausreichende Streuung der Beobachtungspunkte. Eine reine Statistik, die sich nur auf eine Sammlung der Werte gründet, führt, wenn ohne Anschauungsmittel gearbeitet wird, zu keiner brauchbaren Übersicht. Denn eine Aussage muß erkennen lassen, wofür sie gilt, d. h. für welchen geographischen Bereich; außerdem muß sie Auskunft geben über ihre Sicherheit oder den Unsicherheitsgrad. Das Genauigkeitsmaß selbst ist in seiner Eigentümlichkeit meistens bekannt. Die Unsicherheit darf u. a. bei Schlechtenaufnahmen ohne Bedenken bis zu 5^g betragen. Da wir hierbei vornehmlich betriebliche Interessen verfolgen, ist sowohl der örtliche Befund als auch der Vergleich der Befunde und deren Auswertung untereinander aus engerer und weiterer Nachbarschaft gleich wichtig. Dazu verhelfen schaubildliche Zusammenfassungen, wie wir sie auf S. 408ff. beschrieben haben; vgl. auch Bd. II, III, C, 4, S. 319.

In *DIN 21941*, Lagerstättenarchiv, Steinkohlenbergbau (1953), ist in den beigefügten Musterrissen 3 und 4 die Darstellung der Klüfte und Schlechten vorgeführt, wobei zeichnerisch in „beobachtet" und „geplant", in Schlechten und Klüfte unterschieden ist. Einfallswinkel können an Hand einer kleinen Leiter abgegriffen werden.

Zu den texturellen Umbildungen rechnen neben vielen anderen Erscheinungen die Fältelung der Gesteine (Klein- und Engfaltung etwa in der Form des Faltengebirges, jedoch in sehr kleinem Maßstabsverhältnis) und die weitverbreitete Schieferung. Beide Erscheinungsformen sind auf Druck zurückzuführen. Wenn

---

[1]) Die durch Abbau entstehenden „künstlichen" Trennflächen bleiben außer Betracht.

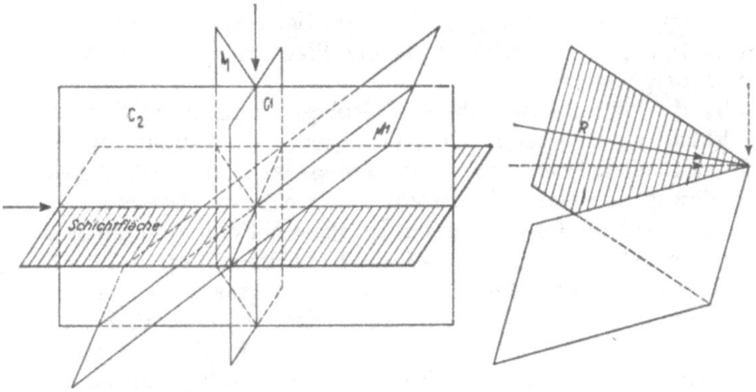

Abb. 15. Cloossche und Mohrsche Druckflächen nach O. Schleier (1932)

Schieferungsflächen unabhängig vom wechselnden Streichen und Fallen gleichmäßig verlaufen, so ist die Schieferung eindeutig nachträglich aufgeprägt. Die Frage der Entstehungszeit der Schieferung — überhaupt der texturellen Umbildung — hat für den Bergbau aber praktische Bedeutung, weswegen wir uns im folgenden näher mit diesen Dingen befassen.

Die theoretische Seite der Entstehung von Klüften und Schlechten und der dabei auftretenden Kluftsysteme, wie sie von A. Föppl (1903), K. Stieler (1922), H. Ebert (1923) u. a. behandelt wurde, soll nur kurz angeschnitten werden. Das Experiment am Würfel lehrt, daß bei waagerecht wirkendem Seitendruck das Gestein in Klüfte nach vier verschiedenen Richtungen zerlegt wird. Die Klüfte verlaufen je nach Beanspruchung senkrecht, parallel oder diagonal zum Druck. Mit Cloosschem Kraftsystem wird ein solches bezeichnet, das zum Druck parallele und senkrechte Flächen und damit stets rechte Winkel erzeugt. Die mit Mohrschem System benannte Anordnung von Klüften diagonal zum Druck kann Winkel von 0° bis 90° aufweisen. Unter Beibehaltung dieser Systeme gelangt O. Schleier (1932) in seiner Arbeit „Gesteinsklüfte und Schlechten . . ., ihre Beziehung zur Faltung und zu den Verwerfungen" zu Folgerungen, die für analytische Betrachtungen wichtig sind. Hinsichtlich der Druckbeanspruchung lassen sich folgende Fälle zusammenstellen: Cloossche Flächen (C_1, C_2 in Abb. 15) entstehen, wenn (waagerechter) Druck auf vier Flächen des Würfels stattfindet, desgleichen, wenn auf zwei gegenüberliegenden Flächen Druck ausgeübt wird, jedoch „ein Schmiermittel zur Verhütung der Reibung zwischen Druckplatte und Versuchskörper eingeführt wird". Die Fallwinkel betragen 90°, die Klüfte bilden Winkel von 90°. Beim würfelförmigen Schichtenpaket bilden sich Klüfte parallel den Schichten und Klüfte senkrecht zum Druck. Auch durch lotrechten Belastungsdruck entstehen Cloossche Flächen. Diese können mit den durch waagerechten Druck entstehenden Flächen übereinstimmen.

Bei gleichem Versuch *ohne* Schmiermittel entstehen (diagonale) Mohrsche Flächen (M in Abb. 15), die bei horizontalem Druck ebenfalls senkrecht auf den Schichtflächen stehen, bei senkrechtem Belastungsdruck Fallwinkel zwischen 45° und 90° annehmen (M_1 in Abb. 15).

„Der von den Mohrschen Flächen eingeschlossene Winkel wird von der Richtung des wirksamen Druckes halbiert. Seine Größe ist von der Plastizität des Versuchskörpers abhängig" (O. SCHLEIER). Wirken Seitendruck und Belastungsdruck zusammen (Abb. 15), so sind die MOHRschen Flächen mehr oder weniger gegen die Horizontale geneigt.

Entsprechend der experimentellen Geologie nimmt O. SCHLEIER an, daß CLOOSsche Flächen durch reine oder vorwiegend Druckspannung, MOHRsche Flächen durch zusätzliche Schubspannung erzeugt werden. Die Schubspannung wird durch die Reibung verursacht und steht senkrecht zum Druck.

Setzt nun die Faltung der waagerecht gelagerten Schichten ein, so wird auch die Lage der Druckflächen im Raum geändert. Es ist daher, wenn etwas über die Klüfte, Schieferung, Schlechten und dergleichen gesagt werden soll, zu prüfen, zu welcher gebirgsbildenden Phase die Druckflächen gehören. Praktisch läuft das auf die Bestimmung des Streichens und Fallens von Flächen hinaus, welche — da wir den heutigen Zustand aufnehmen — vor der Faltung oder vor einer bestimmten Faltungsphase bestanden haben. Diese Transformation als ein wichtiges analytisches Mittel behandeln wir in einem der nächsten Unterabschnitte.

O. SCHLEIER hat seinerzeit auf Grund umfangreicher Messungen im Ruhrkarbon (Essener Raum) und ihrer im obigen Sinne vorgenommenen Auswertungen die begründete Annahme aussprechen können, daß es sich bei den heute festgestellten CLOOSschen Flächensystemen um Flächen handelt, die schon vor der Faltung bestanden haben müssen. Er gelangt darüber hinaus zu dem Ergebnis, daß die Faltung nicht nur einem Druck, sondern Drücken aus verschiedenen Richtungen ihre Entstehung verdanke.

Auf gleichem Gebiet sind K. OBERSTE-BRINK und F. HEINE (1934) tätig gewesen. Die Autoren untersuchen die Entstehung der Klüfte im Zusammenhang mit der Ruhrkarbon-Tektonik; sie stellen — auf Grund vieler Messungen — acht Kluftrichtungen auf, die als CLOOSsche Flächen paarweise zusammengehören.

G. SEIDEL (1951) geht den in der analytischen Tektonik beschreitbaren Weg der Transformation (vgl. H. EBERT, O. SEITZ, O. SCHLEIER, M. S. ZÖLLICH u. a. sowie Abschnitt III, C, S. 395ff.), und es gelang, ausgehend von einem Aufschlußgebiet, für ein noch unerschlossenes Gebiet die Schlechten und Klüfte vorauszubestimmen. Das wird auch im allgemeinen möglich sein, sofern das neue Gebiet wenigstens in groben Zügen in seinen Faltenformen bekannt ist, was in der Regel auf Grund markscheiderischer Vorarbeiten angenommen werden kann.

b) Darstellung

Die Schieferungsflächen, Kluft- und Schlechtenflächen, überhaupt jegliche Trennflächen können hinsichtlich ihrer Aufnahme genauso wie andere tektonische Flächen behandelt werden. Da die Flächen den ganzen Gebirgskörper durchziehen, gibt es für ihre Darstellung verschiedene Möglichkeiten: Punktförmige Darstellung, zum Beispiel an den Aufschlußpunkten in den Strecken auf den Sohlen, ist in den Sohlengrundrissen gegeben. Eine Darstellung in den Schnitten ist — abgesehen von groben Übersichtszwecken — kaum zu empfehlen, da die (Schieferungs-) Flächen die Schnittebene beliebig durchsetzen und dadurch keine wahren Fallwinkel, sondern Schnittwinkel entstehen, die täuschen. Außerdem liegt meistens ein System von Flächen vor, die miteinander ein rhomboedrisches Geflecht hervorrufen. Eine klare Darstellung ist wohl am besten in den Grundrissen gegeben; entweder findet ein Zusammentragen von Einzelbeobachtungen in einer Sohlenebene, also teufenmäßig, oder auf einer Schicht, also schicht- oder lagerstättenweise in Abbaugrundrissen, statt. Will man den ganzen Gebirgskörper erfassen, so bleibt noch der Weg übrig, für Teufenstufen Farben einzuführen, wie sie für die Sohlendarstellung in zusammengefaßten Sohlengrundrissen üblich sind.

Anwendungen finden wir in den Rißauszügen und Beispielen der Anlagemappe zu *DIN 21941* DK 662.1:526.8 Lagerstättenarchiv Steinkohlenbergbau, Flözarchiv, Markscheiderische Arbeiten. Ferner verweisen wir auf den Abschnitt III, E, 6, in dem die Verbindung mit der kotierten Projektion hergestellt wird, und auf den Abschnitt III, F, 4, in dem wir auf die Darstellungsmittel aufmerksam machen, die in Schaubildern bestehen und die die Aufgabe haben, Lage, Eigenschaft und Häufigkeit von Erscheinungen festzuhalten.

c) Transformation

In Band II, Abschnitt I, B, 5, d haben wir einführend zur Darstellenden Geometrie der Lagerstätte zur Frage der Beschreibung der Ursprungs- und Zwischenformen tektonischer Flächen Stellung genommen und den wichtigen Begriff des Streichens in der analytischen Tektonik herausgearbeitet. Die mathematischen Grundlagen dafür sind im Abschnitt II, A, 1, f mit Hinweisen auf die transformatorischen Aufgaben in der Tektonik gegeben. Wir brauchen daher nur noch einiges zu ergänzen und Beispiele vorzuführen.

Recht einfach sind die Vorgänge zu überblicken, wenn man von der Abbildung 16 (nach Börger, 1928, und O. Schleier, 1932) ausgeht. Klappt man die Schicht um die untere Streichlinie in die waagerechte Ebene und ist dem Betrachter dabei der Winkel β zugekehrt, so dreht sich die Kluft einmal (bei „rechtsdrehenden Klüften") rechts, im anderen Falle (bei „linksdrehenden Klüften") links. Den bisherigen Zeichengebungen entsprechend ist:

β = Winkel zwischen Streichen von Schicht und Kluft (Störung),

α_1 = Einfallswinkel der Schicht,

$\varkappa$ = Einfallswinkel der transformierten Kluft (Winkel zwischen Schicht und Kluft in der Ebene, die auf Schicht und Kluft senkrecht steht),

ζ = Winkel zwischen Streichen der transformierten Kluft und altem Schichtstreichen,

α_2 = Einfallswinkel der Kluft (Störung),

$$\cos\varkappa = \cos\alpha_2 \cdot \cos\alpha_1 \pm \sin\alpha_2 \cdot \sin\alpha_1 \cdot \cos\beta$$

$$(- = \text{Rechtsdrehung}, \; + = \text{Linksdrehung}),$$

$$\cos\zeta = \frac{\cos\alpha_2 - \cos\alpha_1 \cdot \cos\varkappa}{\sin\alpha_1 \cdot \sin\varkappa} \; (\text{Rechtsdrehung}),$$

$$\cos\zeta = \frac{\cos\alpha_1 \cdot \cos\varkappa - \cos\alpha_2}{\sin\alpha_1 \cdot \sin\varkappa} \; (\text{Linksdrehung}).$$

Mit dem Rechenschieber wird die genügende Genauigkeit erhalten. O. Schleier (1932) gibt $m_\varkappa$ mit $\pm 6°$ an, wenn die Aufmessung von β, α_1 und α_2 mit $\pm 5°$ an-

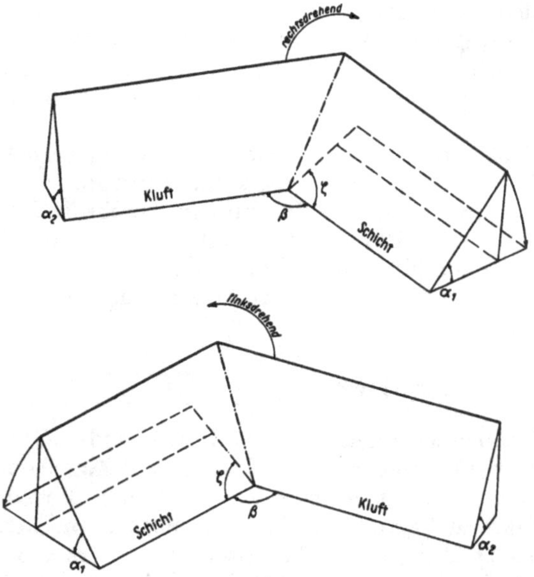

Abb. 16. Rechts- und linksdrehende Kluft bei der Transformation

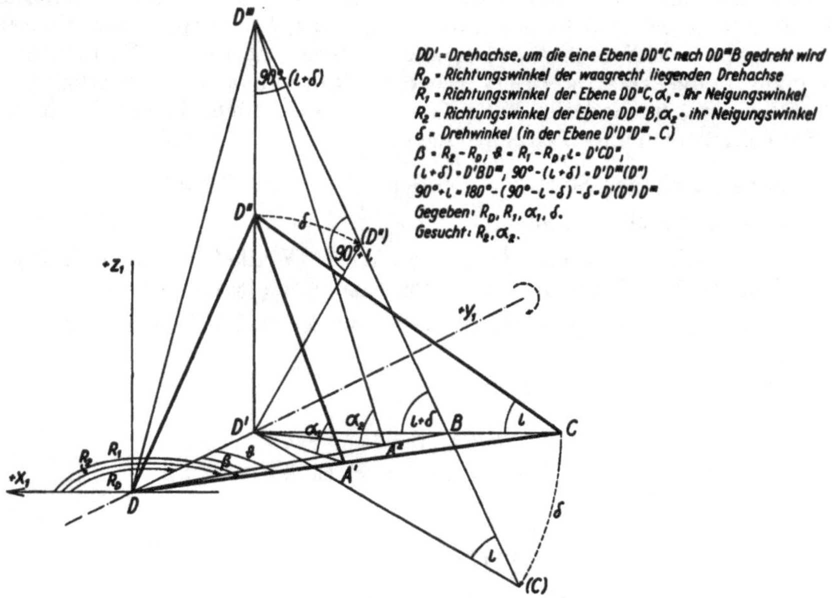

Abb. 17. Drehen einer Ebene um eine waagerechte Drehachse

genommen wird. Das ist auch unserer Ansicht nach bei massenweisen Beobachtungen ausreichend.

Natürlich sind Lösungen mit Nomogrammen möglich und dann ratsam, wenn sie rationell sind.

Drehen einer Ebene um eine waagerechte Drehachse.

Die Drehachse ist DD'. Um sie wird eine mit DC streichende und mit α_1 einfallende tektonische Fläche $DD''C$ um δ (meist kleiner Winkel) im Sinne der Pfeilrichtung gedreht, wodurch man eine neue Lage mit dem Streichen DB und dem Einfallen α_2 erhält. Bei gegebenen R_D, R_1, α_1, δ wird also R_2 und α_2 gesucht. Mit Hilfe der Abb. 17, deren Legende auch die Hilfsgrößen angibt, lassen sich folgende Formeln ableiten:

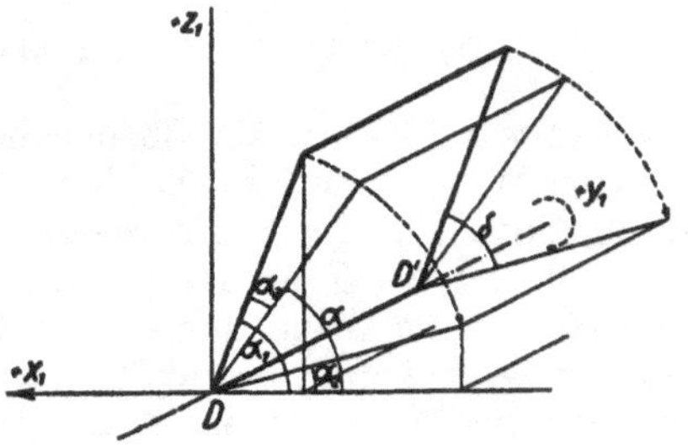

DD' = Drehachse, um die eine DD'-streichende mit α_1 einfallende Ebene in die mit α_2 einfallende Ebene gedreht wird
δ = Drehwinkel in der Ebene des Falldreiecks
$\alpha_1 - \alpha_2 = \delta = \alpha$ = Neigungswinkel der Projektionsebene

Abb. 18.
Zurückklappen in eine geneigte Ebene.
Anschauungsbild

$$\text{(1)} \qquad \operatorname{tg} \iota = \operatorname{tg} \alpha_1 \cdot \cos \vartheta$$

$$\text{(2)} \qquad \operatorname{tg} \beta = \frac{\sin \iota \cdot \operatorname{tg} \vartheta}{\sin (\iota + \delta)}$$

$$\text{(3)} \qquad R_2 = R_D + \beta$$

$$\text{(4)} \qquad \operatorname{tg} \alpha_2 = \frac{\operatorname{tg} (\iota + \delta)}{\cos \beta}.$$

Wird $\underline{\vartheta} = 0°$, d. h. die Drehachse liegt in der Streichlinie, so wird nach (1)

$$\iota = \alpha_1,$$

nach (2)

$$\beta = 0°$$

und nach (4)

$$\alpha_2 = \iota + \delta$$
$$= \alpha_1 + \delta.$$

Damit liegen die Verhältnisse vor, wie sie die Abb. 18 veranschaulicht.

Falls der Rechenweg mit Formeln nicht gewünscht wird, kann die Aufgabe durch Konstruktion gelöst werden, indem man von dem Dreieck $DD'C$ und dem Falldreieck $D'D''A'$ ausgeht, das Dreieck $D'D''C$ durch Klappen erhält, an diesem die Drehung mit δ um D' vornimmt und B sowie D''' erhält, um β zu bestimmen und α_2 wiederum durch Klappen zu gewinnen.

d) Ermittlungen mit dem WULFFschen Netz

Soweit wir Flächen als Ebenen bei tektonischen Arbeiten auffassen können, zählt das WULFFsche Netz zu den Hilfsmitteln, die schnell und bequem zum Ziel führen. Zunächst in der Mineralogie bei kristallographischen Ermittlungen in der Form „stereographischer Netze" angewandt, erweist sich diese graphische Rechenmethode auf der Grundlage einer polygonalen Projektion vom Zenit aus auf die Äquatorebene einer Kugel als ein im Netz winkeltreues Untersuchungsmittel, das auf vornehmlich zeichnerischem Wege eine Reihe tektonischer Aufgaben zu lösen imstande ist.

O. SEITZ[1]) hat das Verfahren der Winkelbestimmung und die Auswertung auf geologischen Flächen und Linien seinem Wesen nach beschrieben und mit Anwendungsmöglichkeiten[2]) praktisch erläutert. Wir entnehmen der Arbeit unter teilweiser Verwendung der Abbildungen das uns besonders wichtig Erscheinende, auf dem leicht aufgebaut werden kann.

An Stelle von Modellierbögen oder von Apparaten (Winkelmeßgeräten, zum Beispiel dem von B. KÜHN (1909)[3])) wird ein Kurvennetz angewandt. Es setzt sich aus Kurven zusammen, die Ebenen darstellen, die von 0° bis 90° einfallen; außerdem enthält es die Raumwinkel auf diesen Ebenen und die Streichrichtungen. Die Entstehung des in Abb. 19 in vereinfachter Form dargestellten WULFFschen Netzes wird mit Abb. 20 erklärt. Durch den Mittelpunkt einer Kugel gehende Ebenen können, wenn sie um eine waagerechte NS-Achse gekippt werden, durch vom Zenit ausgehende Strahlen auf die waagerechte Äquatorebene sämtlich projiziert werden. Eine solche Teilfläche (die unter dem Äquator liegt) ist mit ihrer Kurve $NA'S$ auf der Äquatorebene durch den Projektionsvorgang festgelegt. Damit liegen für alle NS streichenden und mit 0° bis 90° einfallenden Ebenen die Kurven vor. Man kann den Ebenen durch Drehen um M jede gewünschte Streichrichtung geben. Zweckmäßigerweise geschieht das mit Hilfe einer Pause.

Will man nun auch Raumgeraden festlegen, so muß auf den Großkreisen der Ebenen (z. B. der Ebene $NSPAN$) eine Kreisteilung (etwa von 2° zu 2°, in den

---

[1]) Seinen Veröffentlichungen ist zu entnehmen, daß durch ihn zum ersten Male das WULFFsche Netz bei tektonischen Untersuchungen der Luganer Alpen [O. SEITZ (1917)] angewandt worden ist. Die Versuche liegen indessen weiter zurück; J. BLASS soll sich schon 1896 mit Lagekonstruktionen von Gelände- und geologischen Flächen befaßt haben. W. H. BUCHER (1920) wird ferner als Benutzer des Netzes zu tektonischen Berechnungen genannt. Eigentümlicherweise scheint das Netz, das zweifellos als ein sehr elegantes Konstruktionsmittel zu werten ist, nicht sehr bekannt zu sein. Doch sollten es der Markscheider und seine Hilfskräfte kennen. Hierauf hat auch H. MÜLLER (1935) gelegentlich seiner Besprechung der Veröffentlichung eindringlichst hingewiesen.

[2]) Dort werden vorgeführt: Lageberechnung von Rutschstreifen und ihre Konstruktion im Würfeldiagramm, Lageberechnung an Kreuzlinien, Konstruktion eines Verwerferbildes, Konstruktion von Profillinien, Berechnung der Lage einer Schicht aus drei gegebenen Punkten, Transformationen, Auswertung von Klüften und Rutschstreifen, Entfernungen, Teufen und Mächtigkeiten.

[3]) Das Gerät ermöglicht die Klarlegung geologischer Schichten im Raum, ferner die Ermittlung gesuchter Winkel. Es dient in der Hauptsache zu schulischen Zwecken (vgl. ferner J. BLASS, Der Klinokompaß. 1903).

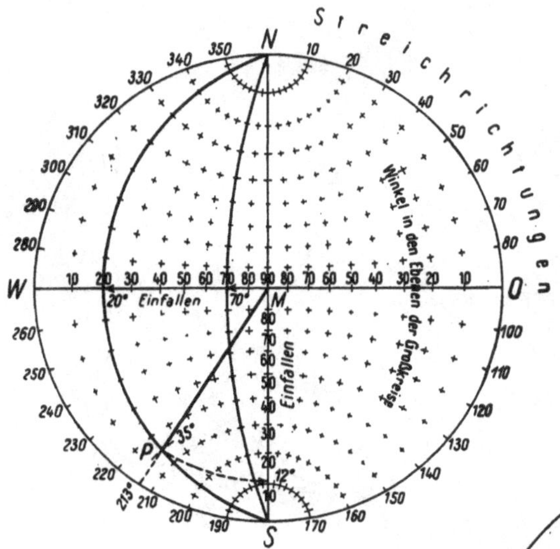

Abb. 19. Ebenen und Geraden im Raum am Wulffschen Netz.
Ebenen streichend und einfallend wie in Abb. 20
1. Ebene: NS streichend, $\alpha_1 = 20°$ nach W
2. Ebene: NW streichend, $\alpha_2 = 70°$ nach W
$\overline{MP}$ liegt in der 1. Ebene: Streichen $R = 213°$, Raumwinkel $SMP = \varrho = 35°$, Neigungswinkel gegen Waagerechte $\eta = 12°$

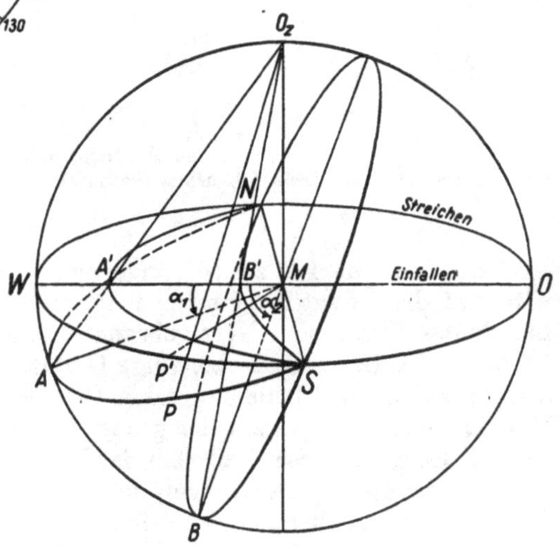

Abb. 20. Das Projektionsverfahren, erläutert an NS streichender, nach W mit $\alpha_1 = 20°$ einfallender, durch den Kugelmittelpunkt gehender Ebene. Eine 2. Ebene NBS bzw. ihre Projektion $NB'S$ fällt mit $\alpha_2 = 70°$ ein

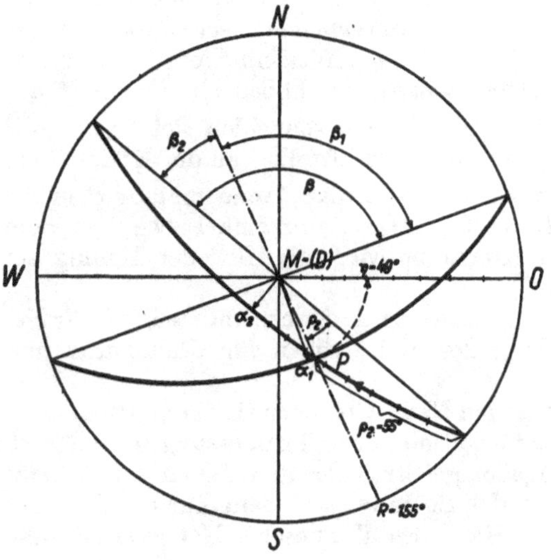

Abb. 21.
Die Kreuzlinie $\overline{MP}$ in Anlehnung an Abb. 19.
Schichteinfallen $\alpha_1 = 50°$,
Störungseinfallen $\alpha_2 = 70°$, $\beta = 120°$,
Streichen $\overline{MP} = R = 155°$,
Neigungswinkel für $\overline{MP} = 49° = \eta$,
Raumwinkel zwischen dem Streichen der Störung und Kreuzlinie $\varrho_2 = 55°$

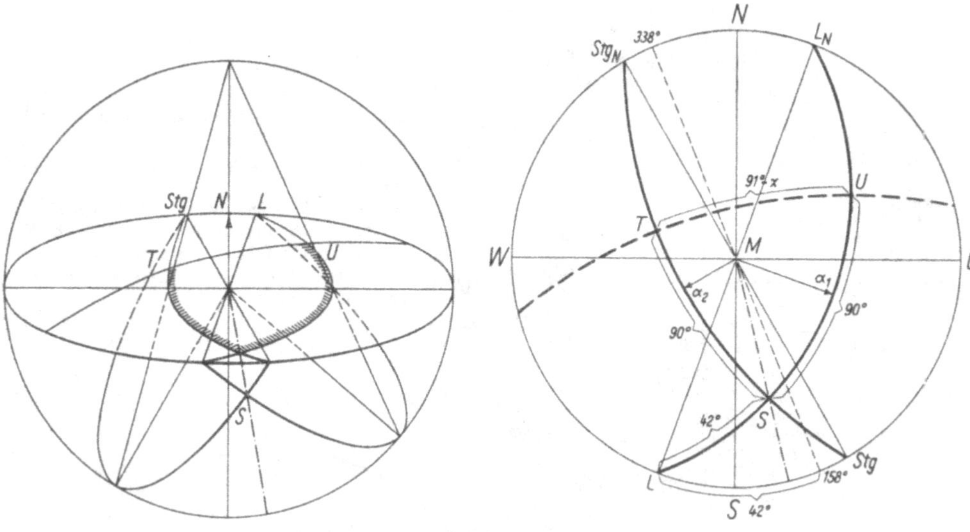

Abb. 22. Transformation einer Kluft
Links: Anschauungsbild. Die mit Fiederung gekennzeichneten Bögen betragen je 90°. Rechts: Wulffsches Netz

Abbildungen mit 10° zu 10° angedeutet) vorhanden sein. Eine solche Teilung wird auf die Äquatorebene für jede einfallende Ebene mitprojiziert. Damit ist bereits das Wulffsche Netz gebrauchsfähig entstanden.

In dem Netz hat jede beliebige Gerade im Raum eine definierte Lage. Zwei solcher auf einer Ebene liegenden Geraden schließen einen Winkel ein. Dieser Winkel — und darin liegt der große Vorteil des Netzes — kann an der Gradeinteilung des Großkreises, auf dem der Winkel liegt, unmittelbar abgelesen werden.

Nach diesen Vorbereitungen können wir schon zur Lagebestimmung einer Kreuzlinie übergehen, einer Aufgabe, die die weitgehende Verwendbarkeit des Netzes vor Augen führt. In Abb. 21 sind zwei Ebenen mit dem Einfallen α_1 und α_2 projiziert. Durch Drehen mit Hilfe eines Pauspapiers haben sie die um β abweichende Lage des Streichens erhalten. Die Kurven schneiden sich in P. $\overline{MP}$ stellt die Kreuzlinie dar. Ihr Richtungswinkel ist unmittelbar an der Kreisteilung abzulesen ($R = 155°$), ihren Neigungswinkel findet man, wenn man $\overline{MP}$ in die NS- oder OW-Achse einschwenkt ($\eta = 49°$). Der Raumwinkel zwischen dem Streichen der zweiten Ebene und der Kreuzlinie wird mit Hilfe der Teilung auf der zweiten Ebene gemessen ($\varrho_2 = 55°$).

Dem Grunde nach trifft diese Lösung auch auf Aufgaben mit anderer Fragestellung zu, wie sie bei der Ermittlung der drei Größen für Gleitspuren und Bewegungsbahnen in Frage kommt.

Die Transformation mit dem Wulffschen Netz wird nach O. Seitz (1924) einer Arbeit H. Eberts (1923) zur „Transformation der Kluftmessungen" folgend, nachstehend kurz angedeutet: Bei gegebenem Streichen und Fallen von Schicht und Störung wird die räumliche Lage der Störung *nach* dem Zurückfallen der Schicht in die Waagerechte gesucht. An Hand des Wulffschen Netzes erhält man in Abb. 22 zunächst (wie bereits oben gezeigt) die Werte für die Kreuzlinie $\overline{MS}$. Durch Verlegen des Bogenstückes $LS = 42°$ auf die waagerechte Äquatorkreisteilung gewinnt man als Wert 158° bzw. 338° für das Streichen der transformierten Kreuzlinie. Es wird nun noch das neue Einfallen der Störung gesucht, und zwar der $\varkappa$-Winkel (vgl. Abschnitt III, D, c, S. 395). Die Ebene, in welcher der $\varkappa$-Winkel liegt, steht lotrecht auf $\overline{MS}$, so daß man von S aus in Richtung auf L_N und Stg_N jeweils 90° abzählen kann und die Punkte T und U erhält, für die man annimmt, sie lägen auf der Äquatorebene. Die Winkelausmessung zwischen T und U im Netz geschieht nun so, daß man das auf Pauspapier gezeichnete Netz so lange dreht, bis T und U von ein und demselben (passenden) Großkreis überdreht werden. Der zwischen T und U gefaßte Winkel ist $91° = \varkappa$.

e) Poldiagramm kleintektonischer Elemente W. Schmidtsches Netz

In Abschnitt III, D, 1, a, haben wir uns mit kleintektonischen Erscheinungen, deren Beobachtung, Darstellung und Auswertung, insbesondere hinsichtlich unmittelbarer bergmännischer Gegebenheiten beschäftigt. Gleich wichtig, wenn auch nicht immer eine sofort tragende Verwertung der Untersuchungsergebnisse für den Bergwerksbetrieb einsetzt, ist die Verfolgung der kleintektonischen Feststellungen für die Ermittlung der Kräftewirkungen. Wissenswert vor allem für die markscheiderische Projektierung oder planende Voraussage der Lagerstättenausbildung ist sowohl das allgemeine Bewegungsbild als auch das tektonische Gefüge im einzelnen. Wenn es auch nur in wenigen günstig gelagerten Fällen gelingt, den Ansatzpunkt der Kräfte, ihre Richtung und die Gründe für die vorliegende Gestaltung eines begrenzten Gebirgskörpers herauszuarbeiten, so vermögen doch systematisch und umfassend angestellte kleintektonische Beobachtungen, die sich auf ein bestimmtes Untersuchungsgebiet beziehen und auf einer Vielzahl von Messungen beruhen, das Bild größerer tektonischer Einzelheiten zu erhellen. Wir möchten jedoch bereits an dieser Stelle darauf hinweisen, daß erhebliche Fehlermöglichkeiten dann vorliegen, wenn die notwendige Streuung der Messungen und eine wohlbedachte und sinnvolle Auswahl der Beobachtung nicht vorliegt. Es empfiehlt sich, für jeden Fall der vielseitigen Untersuchungen im Poldiagramm die Brauchbarkeit der Folgerungen abzuschätzen. Vor allem ist zu prüfen, ob die Anzahl der Beobachtungen und ihre regionale Zusammenfassung berechtigte Schlüsse aus dieser besonders anschaulichen Statistik zulassen. Das Verfahren ist in der Hauptsache Mittel zum Zweck und bildet in nicht geringem Umfange die Voraussetzung für das Erkennen des tektonischen Kräfteumsatzes.

Zur Lösung unserer Aufgabe bedarf es allerdings noch genauer zu erläuternder Arbeitsmethoden. Sie sind verhältnismäßig jung, reichen drei Jahrzehnte zurück und sind in ihren Anfängen im wesentlichen auf W. Schmidt (1925, 1932) zurückzuführen. Seitdem bedient sich die analytische Tektonik mit gutem Erfolg ihrer mittlerweile noch ausgebauten Hilfsmittel. Wir gehen daher im folgenden auf das Schmidtsche Netz und auf die sich daraus ergebenden Poldiagramme ein und erläutern sie nach zwei Verwertungsmöglichkeiten:

1. Geometrische Erfassung kleintektonischer Elemente unter gleichzeitiger Anwendung statistischer Methoden und
2. die Erfassung der Faltungsachsen und damit der Faltungskräfte und ihrer Richtungen.

Die Hilfsmittel haben ihren Ausgang von der Kristallographie bzw. der Gefügekunde genommen und stehen als Untersuchungsmittel der Gefüge [W. Schmidt (1925, 1932), B. Sander (1948)] in Anwendung. Es gibt zwischen den gebräuchlichen Achsenkreuzen *a*, *b* und *c* und dem tektonischen Bau eines Gebirgsausschnittes (Faltung, Klüftung, Störung) eine unmittelbare Beziehung, wenn die Achse *a* die Richtung darstellt, in der Druck (oder der Transport) erfolgt ist und die Fallrichtung der Faltenachsen (Vergenz, s. S. 417), ferner wenn *b* die Richtung verkörpert, in der die Sattel- und Muldenlinien streichen; *c* stellt die Vertikale und Rechtwinklige zu *a* und *b* dar. Dieses Achsenkreuz wird mit *b* räumlich in die *allgemeine* Streichrichtung der Falten orientiert (Abb. 23) und erlaubt durch Zusammenfassen der linearen Elemente *a*, *b* und *c* ein Flächensystem, dem wir uns später in Abschnitt D, 1, *f* noch zuwenden. Diesem Flächensystem gehören die tektonischen Flächen an, die wir im Schmidtschen Netz anschließend behandeln. Zum besseren Verständnis der Bedeutung des Polpunktes mag noch folgendes dienen: Eine sehr regelmäßige söhlige Faltung wird mit einem waagerechten Wellblech (Abb. 23) verglichen, das durch tangentialen Druck geformt worden ist. Die Polpunkte liegen sämtlich in einer Ebene und weisen durch ihre gerichtete Anordnung auf eben diese Druckrichtung hin. Bei Neigung des Wellblechs in Längsrichtung (in Mulden- und Sattellinienrichtung) um einen bestimmten (bereits bei kleinem) Winkel ändern sich überall Streichen und Fallen (vgl. die Seigerabstandslinien in Abb. 24). Die Normalen auf jedem Flächenstückchen indessen liegen in einer Ebene. Das würde man in diesem theoretischen Fall in allen Teufen feststellen.

Über die Grundlagen der Darstellung mögen einige Erläuterungen an Beispielen gegeben werden. Zur exakten geometrischen Darstellung tektonischer Elemente eignen sich in besonderer Weise die üblichen Kugelprojektionen. 1896 wurde von J. Blaas erstmalig eine stereographische Projektion für tektonische Zwecke verwandt. Der etwas umständlichen Berechnung wegen fand jedoch diese erst nach Einführung des Wulffschen Netzes Beachtung [O. Seitz (1924)]. Wie eingangs erwähnt worden ist, ist es wünschenswert, in der angewandten Projektionsart zugleich eine Ausdrucksmöglichkeit für die Häufigkeit der Erscheinungen zu besitzen, welche nicht nur relativ, sondern auch in bestimmten Grenzen absolut richtige Angaben ermöglicht. Für die statistische Auswertung einer großen Anzahl von Messungen ist die winkeltreue azimutale Projektion (Wulffsches Netz) wenig geeignet. Deshalb wurde von W. Schmidt (1925) die die Häufigkeit und Verteilung besser wiedergebende flächentreue azimutale Projektion in die Gefügekunde eingeführt. Die darzustellenden Flächen, die überall im Raum auftreten, werden dabei in *einen* Mittelpunkt der nach oben offenen Halbkugel gelegt und durch ihre Pole im Gradnetz (Schmidtsches Netz) dargestellt (Abb. 25 und 26). Dabei ist zu beachten, daß der Projektionspunkt der Flächennormalen, d. h. der Pol, entgegengesetzt dem Einfallen liegt. Eine ausführliche instruktive Beschreibung und Anwendung des W. Schmidtschen Netzes zur Darstellung tektonischer Elemente hat L. Rüger (1928) gegeben.

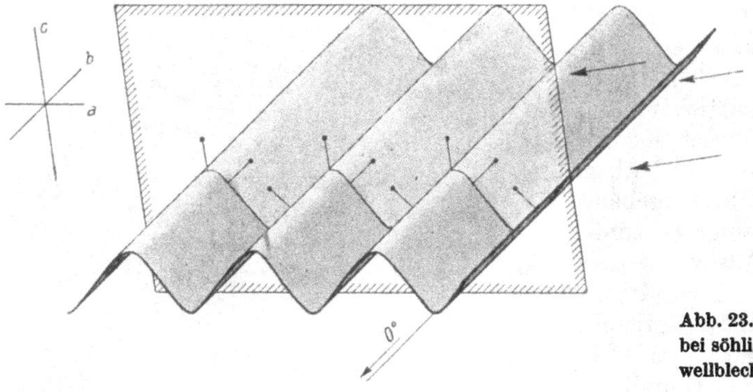

Abb. 23. Anordnung der Polpunkte bei söhligen, wellblechartigen Faltenformen

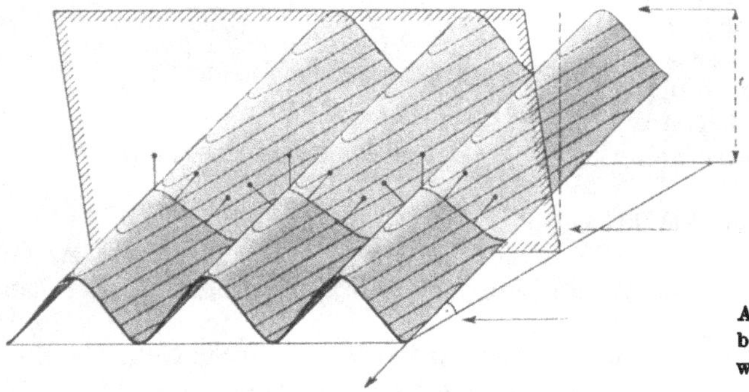

Abb. 24. Anordnung der Polpunkte bei geneigten, wellblechartigen Faltenformen

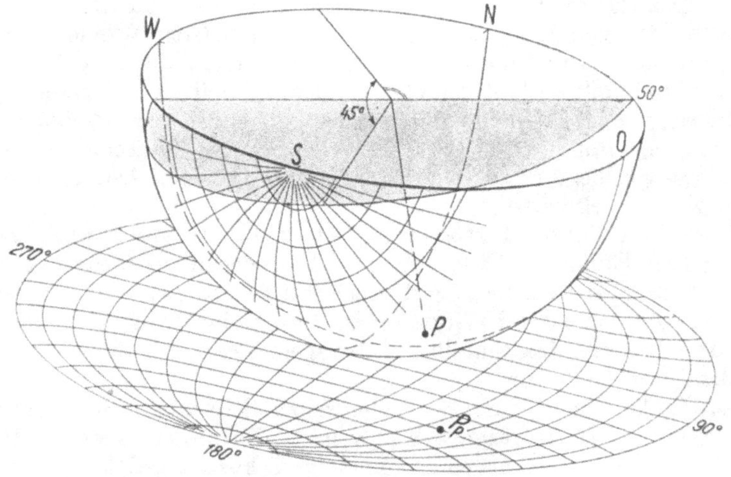

Abb. 25. Projektionsvorgang des Polpunktes einer tektonischen Fläche im W. SCHMIDTschen Netz.
P = Polpunkt der 50° streichenden, mit 45° nach *NW* einfallenden Fläche
P_P = projizierter Polpunkt

Das SCHMIDTsche Netz wird danach wie folgt gekennzeichnet: S (0°) – E (90°) – N (180°), wobei die Lage der Himmelsrichtungen die übliche ist. Das Streichen wird wie gewöhnlich von N (0°) über E (90°) nach S (180°) angegeben. Der Einfallwinkel einer tektonischen Fläche (Kluft) wird von der EW-Linie des Netzes eingetragen: (W) 90° — 80° . . . 10° — (Mittelpunkt) 0° — 10° . . . 80° — 90° (E).

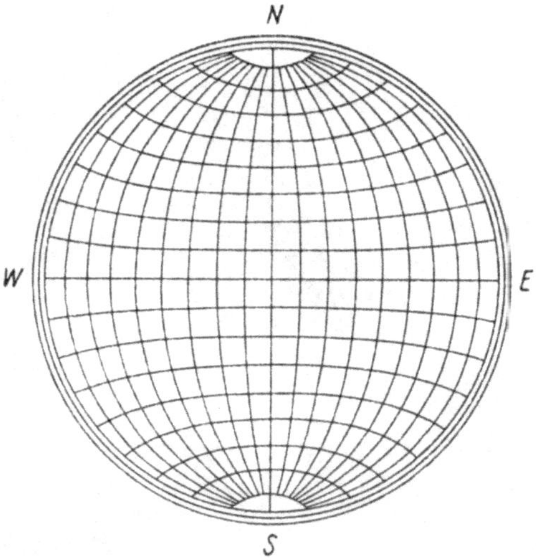

Abb. 26. W. SCHMIDTsches Netz

Zur Darstellung des Einfallens linearer Elemente (Harnischstreifen) kann man sowohl den NS-als auch den EW-Durchmesser verwenden. Die Teilung erfolgt jedoch umgekehrt wie bei der Darstellung des Einfallens von Flächen:
(W) 0° — 10° . . . (Mittelpunkt) 90° — 80° . . . 10° — 0° (E) bzw.
(N) — 0° — 10° . . . (Mittelpunkt) 90° — 80° . . . 10° — 0° (S). Dabei ist zu beachten, daß der Projektionsort der linearen tektonischen Elemente in der Einfallsrichtung liegt.

Zum Zeichnen benutzt man nicht unmittelbar das SCHMIDTsche Netz. Die Darstellung der tektonischen Elemente erfolgt vielmehr auf einem Deckblatt, das über dem festliegenden Gradnetz konzentrisch gedreht werden kann. Auf diesem Deckblatt sind die vier Himmelsrichtungen markiert, von denen die südliche durch einen Pfeil gekennzeichnet ist. Soll nun zum Beispiel eine Kluft, die ein Streichen von 45° hat und mit 60° nach Nordwesten einfällt, aufgetragen werden, so wird das Deckblatt so weit gedreht, bis der Südpfeil auf 45° steht. Dann wird das Einfallen, vom Mittelpunkt des Kreises ausgehend, nach rechts abgetragen. Der so erhaltene Punkt P ist der Projektionsort der Kluftnormalen (Abb. 27). Wie oben gesagt, liegt dieser der Einfallsrichtung gegenüber, also im Südost-Quadranten des Deckblattes.

Die Darstellung *linearer* tektonischer Elemente (z. B. von Rutschstreifen), die ebenfalls durch Einfallen, Fallrichtung und Streichen gegeben sind, erfolgt in analoger Weise. Das Deckblatt wird wiederum gedreht, bis der Südpfeil auf die dem Streichen entsprechende Normierung des Gradnetzes zeigt. Dann wird auf dem NS-Durchmesser das Einfallen abgetragen. Der so erhaltene Projektionsort liegt in der Einfallsrichtung.

Beispiel: In Abb. 28 wird ein Harnischstreifen, Streichen 150°, Fallen 0°, durch den Punkt a bzw. a' dargestellt. Ein weiterer Harnischstreifen, Streichen 60°, Fallen 30° SW, wird durch den Punkt b bezeichnet. Die Richtigkeit der Auftragung kann jeweils durch Zurückdrehen des Deckblattes in die Normalstellung überprüft werden. Die Harnischpunkte a und b liegen auf einem Großkreis mit dem Mittel- (Pol-) Punkt P wie alle Projektionsorte sämtlicher auf der Störungsfläche befindlichen Rutschstreifen.

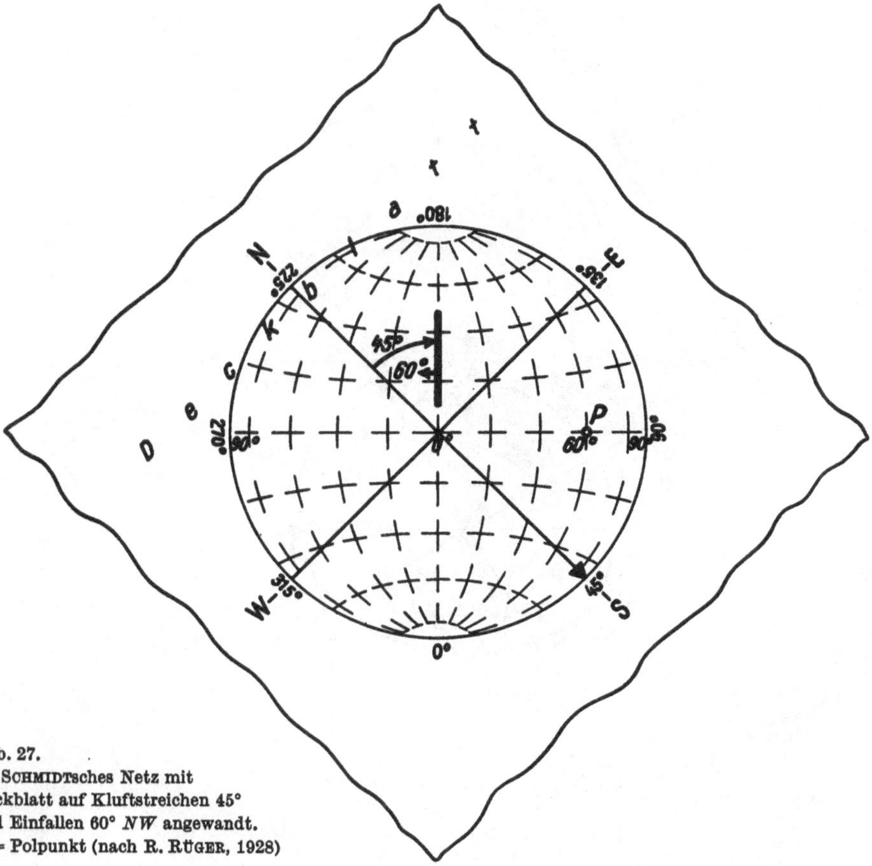

Abb. 27.
W. SCHMIDTsches Netz mit Deckblatt auf Kluftstreichen 45° und Einfallen 60° *NW* angewandt. *P* = Polpunkt (nach R. RÜGER, 1928)

Die *statistische* Auswertung der Poldiagramme erfolgt folgendermaßen: Bei einer Bezugskugel von 10 cm Radius und einem zugehörigen transversalen Gradnetz von ebenfalls 10 cm Radius beträgt die Oberfläche der Halbkugel 628 cm², die Fläche des Netzes 314 cm². Ein Prozent dieser Fläche beträgt also 3,14 cm², was einem Kreis von dem Radius 1 cm entspricht. Liegen auf der Halbkugeloberfläche zum Beispiel 78 Durchstichpunkte von Flächennormalen, also ebenfalls 78 Pole auf dem Gradnetz, so entsprechen einer Belegungsdichte von

0%		0 Pole / 3,14 cm²
1— 5%	5 · 0,78	4 Pole / 3,14 cm²
6—10%		8 Pole / 3,14 cm²
11—15%		12 Pole / 3,14 cm²
15—20%		14 Pole / 3,14 cm².

Zweckmäßigerweise wird das Poldiagramm auf einen Bogen Millimeterpapier gelegt und alsdann die Belegungsdichte in den einzelnen Punkten mit dem Zählkreis festgestellt. Wird der Zählkreis auf der Peripherie des Diagramms aufgelegt,

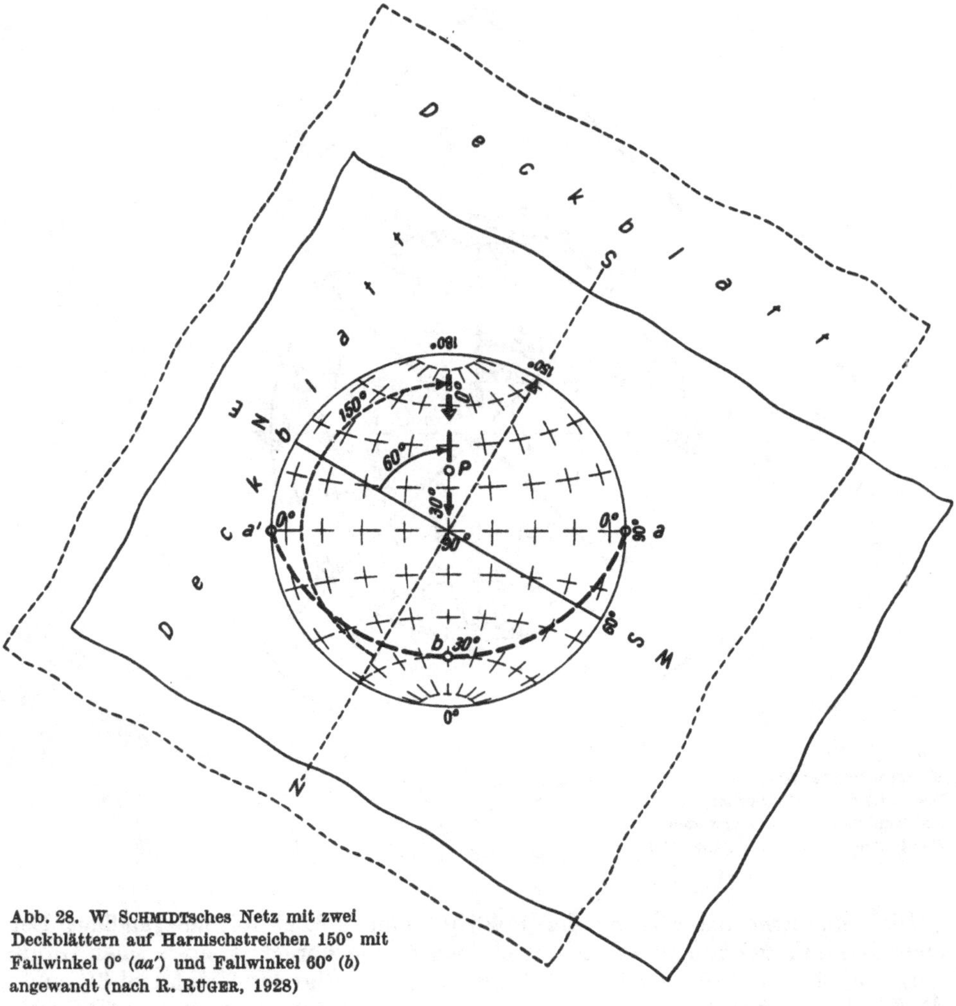

Abb. 28. W. SCHMIDTsches Netz mit zwei Deckblättern auf Harnischstreichen 150° mit Fallwinkel 0° (*aa'*) und Fallwinkel 60° (*b*) angewandt (nach R. RÜGER, 1928)

so ist er nochmals diametral gegenüber aufzulegen, so daß ebenfalls eine Fläche von 3,14 cm² ausgezählt wird. Die Punkte gleicher Belegungsdichte werden zu Kurven gleicher Belegungsdichte zusammengefaßt und die dadurch abgegrenzten Flächen durch Signaturen hervorgehoben. Die Abbildungen 29 (Abb. 8 bei M. S. ZÖLLICH) und 30 zeigen einige Beispiele für die Darstellung tektonischer Elemente durch Poldiagramme [M. S. ZÖLLICH (1938)]. Abb. 29 bringt eine Darstellung von Schichtungspolen. Der eingezeichnete Zonenkreis mit zugehöriger Achse *P* gibt gleichzeitig die Richtung der „Faltenachse" (Faltenachse = Drehachse, um die die Faltung erfolgt ist) an, die mit etwa 30° nach *OSO* eintaucht. Abb. 30 stellt die Schieferung dar. Das Maximum liegt auf dem Zonenkreis der Schichtung (Abb. 8 bei M. S. ZÖLLICH). Faltung und Schieferung sind also parallel.

Die Abbildung 31 zeigt die Schnittlinien zwischen Schichtung und Schieferung sowie einige gemessene Faltenachsen. Das Maximum stimmt ziemlich gut mit der in Abb. 29 eingezeichneten Zonenachse überein. Faltung und Schieferung sind also parallel. Abb. 32 stellt ein Verteilungsdiagramm der Klüftung dar. Das mittlere Streichen der Klüftung steht ungefähr senkrecht zum Streichen der Faltenachsen.

f) Verformungsellipsoid und Beanspruchungspläne

Oft wird es richtig sein, das Erscheinungsbild der Tektonik als Ausdruck der wirkenden Kräfte zu begründen, was ebensoviel heißt wie das Kräftebild zu deuten. Da wir die Kräfte einer „tektonischen Landschaft" nicht messen können, versucht man, sie aus den Verformungen herauszulesen. Die Absicht, die Lagerungsformen als Ergebnis der Bewegungen in der Erdrinde zu erklären, hat — abgesehen von früheren Ansätzen — Anfang der dreißiger Jahre eingesetzt. Unter anderem haben die Arbeiten gefügekundlicher Art von B. Sander[1]) und die Lehren der Verformung von W. Schmidt[2]) hierzu vielerlei Grundlagen geliefert. Wie in den allgemein gehaltenen Arbeiten und Lehrbüchern [u. a. H. Cloos, R. Brinkmann], so wird auch in Sonderuntersuchungen [u. a. M. S. Zöllich, G. Seidel, A. Pilger] das Problem als ein wichtiges geologisches Anliegen aufgefaßt.

Durch das Einbeziehen verschiedenster Wissensgebiete wird die Aufgabe aber keineswegs erleichtert. U. a. kommt dem Festigkeitsverhalten der Gesteine besondere Bedeutung zu, wobei es fraglich erscheint, in welchem Umfange die Physik der Festkörper in der tektonischen Geologie anwendbar ist. Physikalisch wird ein Körper elastisch genannt, der sein durch Druck oder Zug verändertes Volumen oder Äußeres nach Nachlassen der Kräfte zurückgewinnt. Zwischen der Volumelastizität und der Gestaltelastizität, die auch für sich allein auftreten können, gibt es in der Regel Zusammenwirkungen. Volumelastische Verformungen werden durch die Kompressibilität (Kompressionsmodul) definiert, seine gestaltelastischen Verformungen müssen gemessen werden. Die Art der gestaltelastischen Verformung durch Drehung um einen zu messenden Winkel (Torsion) mag nur der Vollständigkeit wegen genannt sein. Bei gleichzeitiger volum- und gestaltelastischer Verformung spricht man von Dehnung und Stauchung und meint die Längenänderung in Richtung des Zuges und Druckes. Die Dehnung ruft eine Querkontraktion hervor, die Stauchung eine Querschnittsvergrößerung.

Die überelastischen Beanspruchungen von Festkörpern sind gänzlich anderer Natur. Während zum Beispiel bei einer anfänglichen Beanspruchung eines eingespannten Drahtes zwischen der Kraft und der durch sie hervorgerufenen Dehnung eine Proportionalität besteht (und der Draht seine ursprüngliche Länge wieder annehmen kann), wird bei zunehmender Kraft die „Proportionalitätsgrenze" überschritten, und das Dehnungsmaß nimmt mit wachsender Kraft ungleichmäßig zu. Von einer bestimmten Beanspruchung an wird aber die Verformung nicht mehr ganz zurückgebildet; die Elastizitätsgrenze ist erreicht. Geht man noch weiter mit den Zugkräften, so verhält sich der Draht wie eine zähe Flüssigkeit, womit die Fließ- oder Streckgrenze erlangt ist. Schließlich tritt der Augenblick ein, in dem der Draht zerreißt (Zerreiß- oder Bruchgrenze). Als spröde bezeichnet man dann einen Körper, wenn die Elastizitäts- und Bruchgrenzen dicht aufeinander folgen, als plastisch, wenn die Spanne zwischen beiden Grenzen groß ist.

---

[1]) In seiner Einführung in die Gefügekunde der geologischen Körper (1950) wird das umfangreiche Schrifttum in aller Ausführlichkeit angegeben.

[2]) Vgl. mehrere Angaben hierzu im Schrifttumsverzeichnis des Bandes.

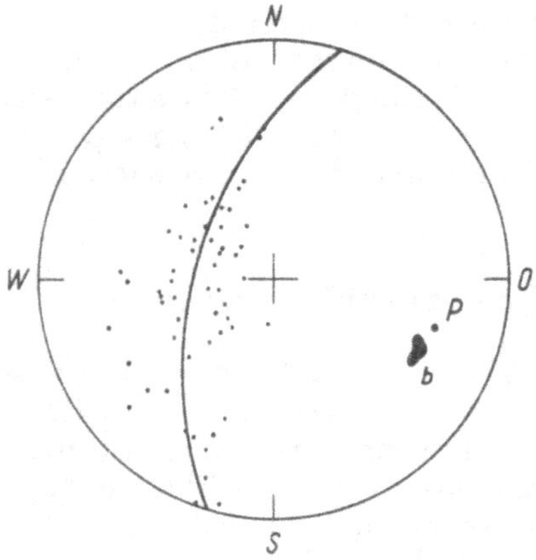

Abb. 29. Beispiel für ein Poldiagramm (nach M. S. Zöllich, 1938). Pole der s_1-Werte (= Schichtung) im Gebiet des Holzberger Reviers bei Hüttenrode Der Bogen gibt den zugehörigen Zonenkreis, der Punkt P dessen Achse, der dunkle Fleck den Raum des Maximums für b (= Schnittkante zwischen Schieferung und Schichtung) an

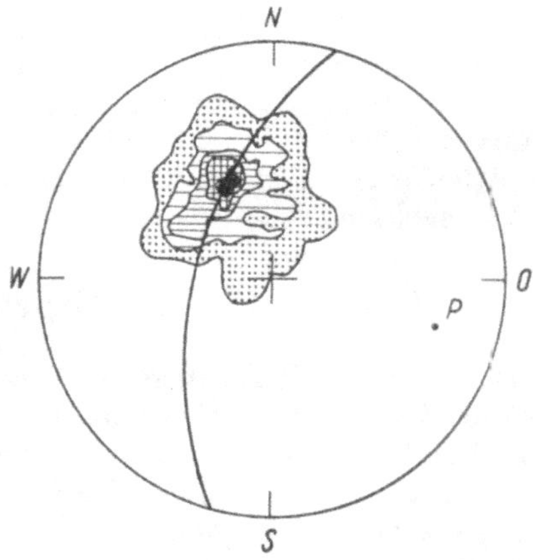

Abb. 30. Beispiel für ein Poldiagramm (nach M. S. Zöllich, 1938). Verteilungsdiagramm der Schieferung (59 Messungen) mit Schichtung s_1-Großkreis und s_1-Zonenachse P

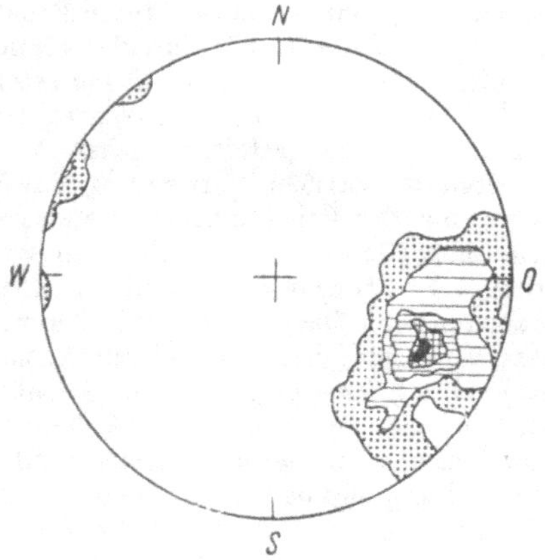

Abb. 31. Beispiel für ein Poldiagramm (nach M. S. Zöllich, 1938). Verteilungsdiagramm für b (= Schnittkante zwischen Schieferung und Schichtung) und Faltenachsen (67 Messungen)

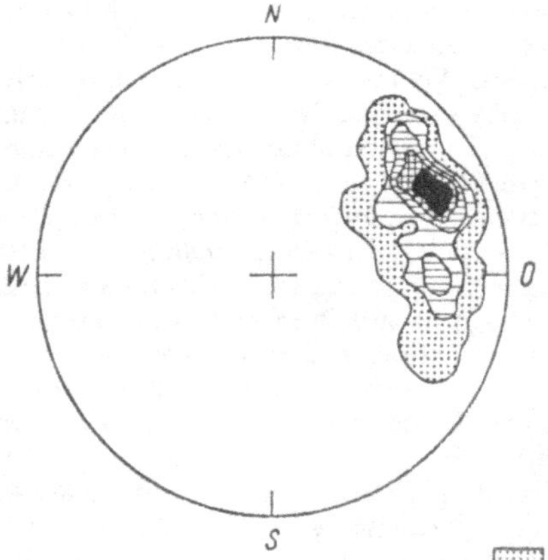

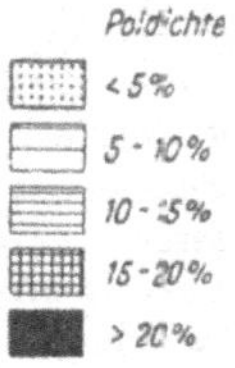

Abb. 32. Beispiel für ein Poldiagramm (nach M. S. Zöllich, 1938). Verteilungsdiagramm der Klüftung (74 Messungen)

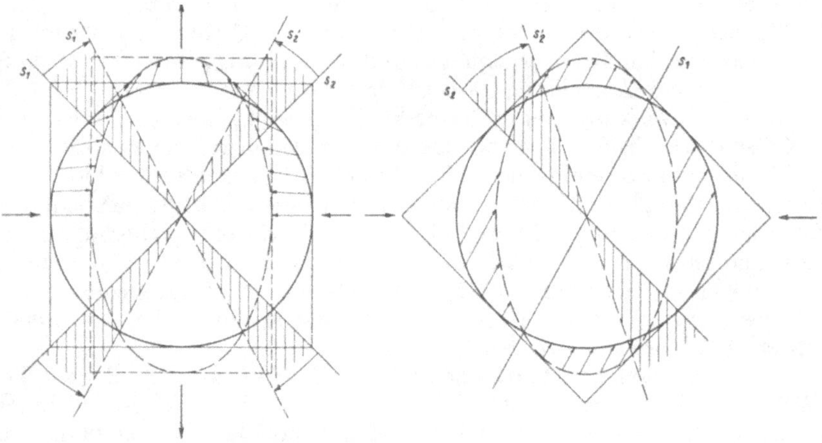

Abb. 33. Zweiachsige Scherung
S_1- und S_2-Scherflächen bei der Verformung in Pfeilrichtung nach S'_1 und S'_2 wandernd
Einachsige Scherung,
da S_2-Scherfläche bewegungsmäßig gegenüber S_1-Scherfläche als Hauptfläche lagemäßig erhalten bleibt

Nach dem Vorausgegangenen muß man unterscheiden zwischen einem elastischen Verhalten und einem plastischen, bei dem unter Druckkräften die frühere Form (Verformung des Tons) nicht wieder zurückgewonnen wird, im Gegensatz zum elastischen, federnden Verhalten. Aber auch feste Gesteine werden verformt, wenn sie hohem allseitigem Druck ausgesetzt sind, ohne selbst zu zertrümmern. Dieses anders zu wertende Verhalten, das mit Übertritt der Fließgrenze einsetzt, hat eine plastische Verformung zur Folge, die bleibender Art ist.

Das anstehende Gebirge wird durch Kräfte — zum Beispiel durch Faltungsdruck (Trog) von der Seite oder von unten her wie beim Aufdringen des Salzhorstes (Diapir) oder eines Plutons — beansprucht. Im Gestein werden hierdurch Spannungen hervorgerufen; um sie zu definieren stellt man sich den Gebirgsteil kugelförmig vor, wie man es auch bei Modellversuchen tatsächlich durchführen kann. Bei allseitigem Druck oder Zug sind die Spannungen, die man durch die Hauptspannungen erklärt, gleich groß. Bei verschieden großen Druck- bzw. Zugkräften entstehen Scherspannungen. Während im ersten Falle nur das Volumen geändert wird, tritt im zweiten Falle Volum- und Formänderung ein. Die Kugel nimmt bei der Verformung die Gestalt eines Ellipsoides an (Abb. 33). Zwischen der nun größten und kleinsten Achse der Hauptspannungen liegen als Zonen ausgebildet die Scherflächen, jene Flächen, auf denen Zug und Druck ihren Ausgleich finden. Das linke, zur Hälfte dargestellte Ellipsoid zeigt auf der Querschnittseite die Scherflächen im Schnitt auf dem Weg von der Anfangsstellung zur Endstellung bei fortschreitender Deformation (Pfeile an schraffierten Winkeln). Mit dieser Abbildung ist zugleich die zweischerige oder, wenn man vom Bewegungssinn ausgeht, die irrotationale Scherung veranschaulicht.

Dieser Scherung steht die wichtigere, einscharige oder rotationale Scherung (Abb. 33) gegenüber, bei der (verursacht durch die Nichtübereinstimmung der Achsen zwischen den Beanspruchungs- und Verformungsellipsoiden) eine Scherfläche so stark zur Ausbildung gelangt, daß die zweite Scherzone infolge ihrer größeren Verschwenkung (schraffierter Winkelbereich) weniger in Erscheinung tritt. Neben diesen beiden Formen treten Mischformen auf, da sich die Vorgänge in der Natur selten in einfacher Weise abspielen. Ungeachtet der hierdurch auftretenden Schwierigkeiten ist in jüngster Zeit mehr und mehr versucht worden, die Lagerungsformen unter Zugrundelegung der Verformungsvorgänge am Ellipsoid als Ausdruck der Bewegung in der Erdrinde zu erklären. Unter den Lehrbüchern mögen Ch. M. Nevin (1947) (Principles of Structural Geology) und von den neueren Arbeiten auf diesem Gebiet diejenigen von A. Pilger (1956) und G. Seidel (1957) erwähnt werden.

Die durch die laufende markscheiderische Bearbeitung der Bergwerke aufs sorgfältigste aufgenommene und kartierte Karbontektonik des Ruhrgebietes wird von A. Pilger unter Anwendung gefügekundlicher Gesichtspunkte untersucht, und das Faltenbild und die Zerblockung zum Achsensystem des Ellipsoides in Beziehung gebracht. Das Achsensystem — die Achsen *a* und *b* stehen aufeinander senkrecht und liegen waagerecht im Raum, die dritte Achse *c* steht senkrecht auf *a* und *b* und damit lotrecht im Raum — wird durch die *b*-Achse mit dem Gebirgskörper nach der allgemeinen Streichrichtung orientiert. Wählt man Ebenen aus, die jeweils zwei Achsen enthalten, so lassen sich die Ebenen den Flächen des Gebirges zuordnen.

Man kommt überein, wie man die Ebenen mit den Achsenkombinationen *ab* *ac* und *bc* bezeichnet. Wesentlich ist, daß die mit den Verformungsellipsoiden in Verbindung gebrachten Achsenebenen den tektonischen Flächen von Faltung und Störung gegenübergestellt werden, deren Gesetzmäßigkeiten sich wiederum aus dem Beanspruchungsplan ableiten lassen. Um ihn zu erhalten, zerlegt man die Beanspruchungskraft in die drei Achsenrichtungen, durch deren Kraftanteile die Lage der tektonischen Flächen bestimmt wird.

Wie aus zahlreichen Untersuchungen hervorgeht, werden im Ruhrkarbon die einzelnen tektonischen Flächen im Ablauf der Deformation in einer ganz bestimmten Reihenfolge gebildet. Die zeitliche Folge der Beanspruchungspläne, die diese Flächenbildung verursacht haben müssen, stellt R. Adler (1959) zur Erörterung.

Um bei der Vielzahl der tektonischen Flächen eines meist größeren Gebietes Klarheit zu gewinnen, bedient man sich der Schaubilder (der Häufigkeitserscheinungen usw.), wie wir sie oben gezeigt haben.

Die Störungsrosen, konstruiert für ausgewählte Untersuchungsgebiete, basieren auf den Störungsaufschlüssen, deren Anzahl möglichst groß sein soll. Es muß dem Ermessen des Bearbeiters in der Regel überlassen bleiben, den Einzelaufschlüssen die berechtigte Bedeutung zuzusprechen, d. h., er muß Wichtiges und Unwesentliches voneinander trennen.

Je größer die Anzahl der zum Beispiel in den Störungsschaubildern verwerteten Beobachtungen, Messungen oder Entnahmen aus den Kartierungen in den Zulegerißwerken ist, um so geringer ist — was jeder bei statistischen Arbeiten weiß — der Einfluß von „Ausreißern". Bei der vergleichenden Betrachtung zwischen dem gegenwärtigen tektonischen Erscheinungsbild und dem Beanspruchungsplan des

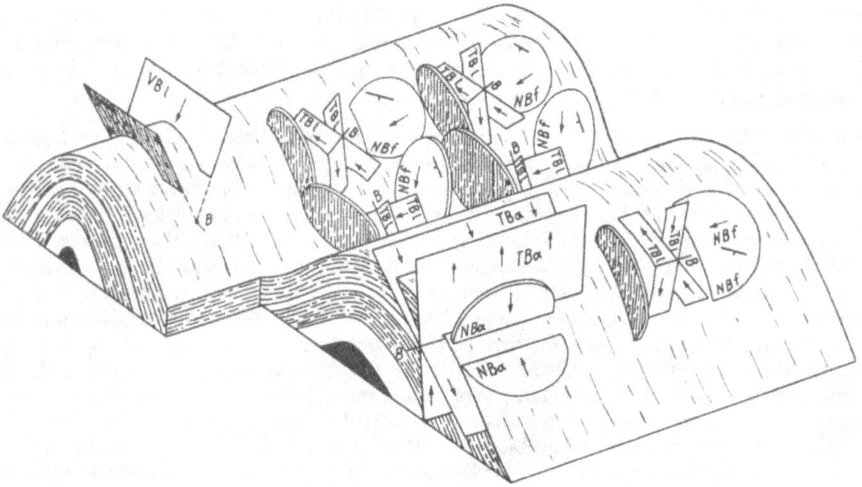

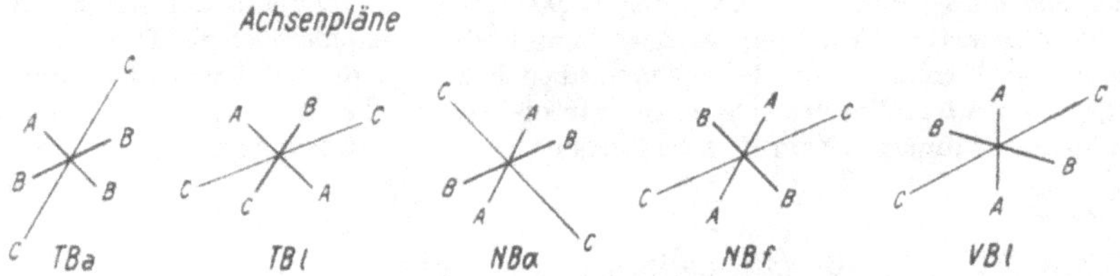

Abb. 34. **Schema zur Veranschaulichung der durch Beanspruchung (nach Tangential-, Normal- und Vertikalkomponenten) entstehenden Scherflächen nach G. SEIDEL.**
B = Scherflächenschnittgerade

tektonischen Gebietes sind also Schaubilder für Störungselemente und Häufigkeit Voraussetzung. In welcher Weise das tektonische Gebiet nach Lage, Teufe und Ausdehnung, d. h. der jeweiligen Begrenzung von Einzelgebieten, untersucht wird, ergibt sich meistens erst im Laufe der Bearbeitung, und man ist an Versuche gebunden, indem man erst für kleine Beanspruchungsteilgebiete — zum Beispiel auf Schollen oder Schuppen oder Faltungstiefenstufen bzw. -stockwerken — die Werte für die Statistik zusammenstellt, um sie gegebenenfalls später zu mehr summarischer Zusammenfassung (Gesamtbeanspruchung) zu vereinigen.

Die markscheiderische Praxis hat sich — auf die Bedürfnisse des Bergbaues ausgerichtet und weniger auf die Lösung der Dynamik-Frage bedacht — mehr mit der Kinematik befassen müssen und ist in Deutschland[1]) zu einer denkbar einfachen (auf Zerr- und Druckkräfte aufbauenden) Gliederung tektonischer Formen gelangt (S. 366ff.). Die Normung hat damit, ihrer Aufgabe entsprechend, ordnend

[1]) Vgl. hierzu die in Ausschüssen erarbeiteten und in den *Richtlinien* für Herstellung und Ausgestaltung des bergmännischen Rißwerkes zusammengefaßten „tektonischen Normen".

eingegriffen und die notwendige Klarheit geschaffen, von der weiter ausgegangen wird. Diese Normbezeichnungen werden in neuerer Zeit bei den speziellen tektonischen Arbeiten angewandt, gleicherweise, ob sie Zwecken der Analyse, der Systematik oder der Beschreibung dienen.

Sehr weit dringt G. SEIDEL (1957) beim Entwurf einer genetischen und morphologischen Systematik an Hand der großtektonischen Störungen des Ruhrkarbons vor, und es dient den Aufgaben unseres vorliegenden Abschnittes, wenn wir in gedrängter Form seine Gedankengänge skizzieren: Unter der Voraussetzung einer Faltung mit schichtparalleler Gleitung waagerecht und senkrecht zu den Faltenachsen ist die Kraft in Tangential- (etwa parallel zu den Schichten und senkrecht zu den Faltenachsen), in Normal- (senkrecht zu den Schichtflächen) und in Vertikalkomponenten (*lot*recht zu den Faltenachsen) zerlegt zu denken. Jede der Komponenten rufen Einzelbeanspruchungen hervor, wobei entsprechend den Erkenntnissen am Verformungsellipsoid die sich ergebenden Scherflächen mit den tatsächlich beobachteten Störungsflächen des Gebirges verglichen werden. In der Abb. 34 werden schemaartig die drei Beanspruchungen, in einer Darstellung vereinigt, veranschaulicht. Die Scherflächen tragen Bezeichnungen, wie sie sich aus den Achsenplänen ergeben. (Es handelt sich dabei um T, N, V, die Komponenten, B die jeweilige Lage der Scherflächenschnittgerade, a, l und f die Richtungen; die Pfeile geben die Richtung der Bewegung an.) Mit dieser eindeutigen analytischen Aufgliederung ist eine auf der Verformungshypothese beruhende Systematik gegeben, die es nunmehr erlaubt, die tektonischen Störungen (bei SEIDEL die des Ruhrkarbons) zu deuten. Selbstverständlich muß bei den Untersuchungen das Moment der Zufälligkeit, die Möglichkeit der Addition bzw. die Rückläufigkeit Beachtung finden; besonders ist die Tatsache, daß die Gebirgsbildung als Summe von Bewegungen über festzulegende Zeiträume zu werten ist, stets im Auge zu behalten. Bemerkenswert ist, daß die SEIDELsche Arbeitshypothese in ihren Ergebnissen übereinstimmt mit dem Bild, das wir uns heute vom Ruhrkarbon im wesentlichen machen.

2. *Betrachtungen zur Falte*

a) Faltenformen, tektonische Linien einer Falte, Bestimmungsstücke, Gliederungsmöglichkeiten, aufrechte, schiefe, überkippte Falten, Tauchfalten, Zickzackfalten, schlierenförmige Falten u. a. Einteilung nach dem Einfallen

Faltenbilder lassen sich besonders gut in lotrechten Anschnitten, in Einschnitten, Fenstern oder in vegetationslosem Hochgebirge verfolgen. Für den Bergmann ist die Lage aber eine gänzlich andere. Seine Vorstellung von der Lagerung formt sich aus einer Unzahl von Einzelbeobachtungen, die er seit Eröffnung des Bohrbetriebes oder des Bergwerks sammelt und registriert, und zwar raumkoordinatographisch auf Grund von Vermessungen und unter Auswertung der Befunde. Zehntausende von Feststellungen müssen sich zu einer Darstellung vereinigen, wie sie in Abb. 35a und 35b (s. Anh.) einer J-Projektion zusammengefaßt sind, die in ausgezeichneter Weise eine ebenso genaue wie anschauliche Vorstellung vom Faltenbau des Ruhrkarbons in einem Raum geben. Für ein Grubenfeld bringen wir mit Abb. 36 ein weiteres Faltenbild in einer zF-Projektion. Alle Bilder lassen erkennen, wie notwendig es ist, daß wir uns mit den Faltenformen so eingehend befassen.

Unserer Absicht folgend, die tektonischen Formen und Vorgänge für das bergmännische Karten-, Riß- und Planwesen in gedrängter Form zusammenfassend zu behandeln, soll die Eigenart der Faltentektonik nur insoweit beleuchtet werden, als es für bergmännische Aufgaben notwendig ist. Im allgemeinen haben wir es mit

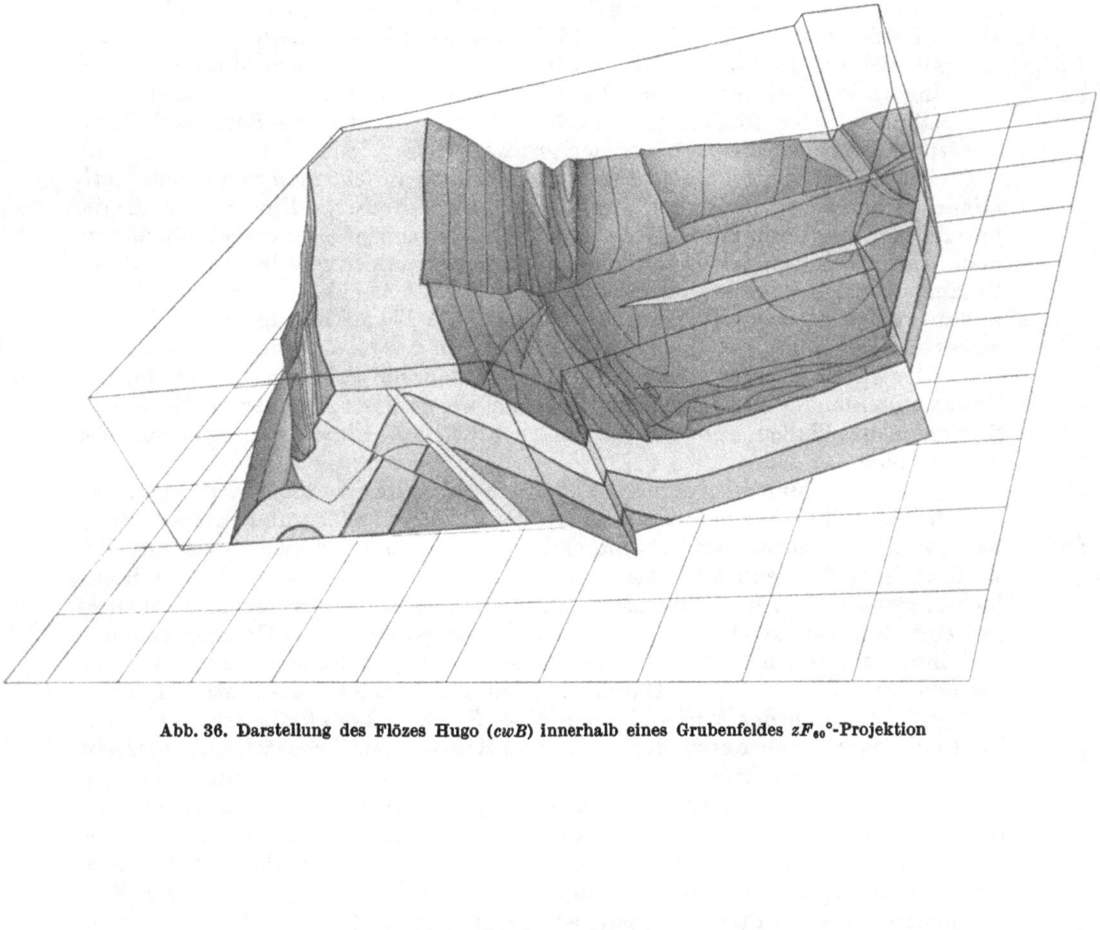

Abb. 36. Darstellung des Flözes Hugo (cwB) innerhalb eines Grubenfeldes zF_{60}°-Projektion

kleinen und sehr häufig mit kleinsten Ausschnitten eines großen tektonischen Gebildes zu tun, und es interessiert hier lediglich, welche Erkenntnisse oder Auffassungen der Epirogenese und Orogenese für die bergmännische Aufgabe noch mitbestimmend sind.

Wie bei geologischen Kartierungen (an der Tagesoberfläche) für unsere Zwecke die Aufnahme und Beobachtung aus dem Großen ins Kleine, also aus dem weiteren in das eigentliche Gebiet des über- oder untertägigen Grubenbetriebes vor sich geht, so hat auch eine Sonderaufgabe, wie die Untersuchung des Faltenbaues in allen Einzelheiten aus dem Gesamtbild der Faltentektonik zu erfolgen. Als erstes drängen sich die *Dimensionen* der Falten auf, denn sie kommen in allen Größen vor, angefangen bei den kleinen Fältelungen (nach Dekametern), über Neben- (Spezialfalten) oder Sonderfalten (nach Hektometern), Hauptfalten (nach Kilometern und mehr messend) bis zu den großangelegten Deckfalten.

Bilden mehrere Sättel ein gemeinsames Hoch, so spricht man von einem *Antiklinorium* und bei mehreren Mulden von einem *Synklinorium*. Eine Fläche, die die jeweiligen Sattelhochpunkte einer ausgewählten Schicht tangierend überdeckt, nennt man *Faltenspiegel*. Das ist eine mehr oder weniger gewellte Fläche, deren Gesamtverhalten in einer kotierten Projektion gut erkannt wird. Für das hierzu bestens aufgeschlossene Ruhrkarbon besitzt diese Fläche ein im Süden des Revieres steileres Einfallen, das nach Norden in ein nur noch wenige Winkelgrade zählendes Fallen übergeht. Es dürfte lehrreich sein, die Faltenspiegel für einzelne Stufen miteinander zu vergleichen, nicht nur wegen ihres Gesamtverhaltens nach Streichen und Fallen, sondern auch hinsichtlich der Einzelformung, also ihrer Topographie.

Eine weitere, für den Bergbau wichtige Erscheinung verdient hervorgehoben zu werden, weil sie besonders für den größere Teufenbereiche umfassenden Bergbau zur Projektierung der Faltenformen von Bedeutung ist (vgl. Abschnitt III, D, 2, g, S. 438). Wenn auch die Teufen des Bergbaues und auch die der Bohrlöcher, gemessen an der Erdkruste, gering sind, so interessiert doch, ob man es mit einer Stockwerkstektonik zu tun hat, ferner wo sich deren Grenzen befinden und innerhalb welcher Grenzen Faltungserscheinungen harmonischer oder disharmonischer Art vorliegen. Durch physikalische Gesetze (Abschnitt III, D, 1, f, S. 407) läßt sich das Vorhandensein einer Stockwerkstektonik erklären, einer Tektonik, nach welcher etwa in einer oberen Krustenzone Bruchtektonik herrscht und in einer darunterliegenden Zone, auf der erhebliche Auflasten ruhen oder geruht haben, gänzlich andere Verhältnisse angetroffen werden. Diese Zone kann dann noch von einer Zone unterlagert sein, in der sich die Gesteinsmetamorphose vornehmlich auswirken konnte. Das mittlere Stockwerk dürfte dann als das Feld der Faltenformen angesehen werden, in dem im Idealfall eine ausschließlich *harmonische Faltung* Platz gegriffen hat oder in dem ein Bild der *disharmonischen Faltung* vorherrscht. Während bei einer harmonischen Faltung die Projektierung der Lagerstätten noch verhältnismäßig gut zu bewerkstelligen ist, treten für den Bereich der disharmonischen Faltung, bei der die Faltenachsen also nicht mehr überall einander zugeordnet werden können, in zunehmendem Maße Schwierigkeiten auf, die schließlich dazu führen, Teufenabschnitte als disharmonisch gefaltet anzusprechen.

Die Falte setzt sich aus mindestens drei mehr oder weniger gekrümmten, abwechselnd entgegengesetzt einfallenden Schichtflächen zusammen. Sie ist durch den Faltungsvorgang entstanden und stellt einen Teil des Faltenbaues (Falten, Schichtenverbiegung) dar.

Die Terminologie der Falte ist nicht einheitlich. Als zweckmäßig erscheint uns eine solche, die dem mathematischen Denken gerecht wird, ohne eine scharfe, geologische Kennzeichnung einzuschränken. Während die Darstellungstechnik die Formen ausreichend zu beschreiben vermag, besitzt die Sprache für die unerschöpfliche Vielzahl der Formen zuweilen keine Ausdrücke, die treffend und aufschlußreich genug sind. Man behilft sich dann mit Bildern oder mit Vergleichen, wie es schon bei einer so grundlegenden Form wie der des „Sattels" geschieht. Die Behandlung der Falten ist Sache der Geologie.[1]) Sie geht in erster Linie von der querschnittlichen Betrachtung aus und legt zunächst die *Bestimmungsstücke* der Falte fest, die in Abb. 37 eingeschrieben sind. Die Frage, wonach der Mittelschenkel einer Falte seine Bezeichnung erhält, wird im allgemeinen nach der bergmännischen Bedeutung der Mulde und des Sattels beantwortet. Liegen hier keine anderen wichtigeren Gründe vor, so wird man der Mulde den Vorrang geben und von Muldenflügeln sprechen, die nach den Himmelsrichtungen näher bezeichnet werden. Sind obere Teile eines Sattels nicht mehr erhalten, so spricht man von einem Luftsattel.

Während die Falte der Abb. 37 vollsymmetrisch ist, zeigt Abb. 38 eine unsymmetrische Falte; die folgenden Bilder bringen immer unregelmäßiger werdende Formen. Die Falten können nach der *Lage der Achse im Raum*, nach der *Gleich- und Unregelmäßigkeit* der Flügel oder schließlich nach der *Form der Flügel* unterschieden werden.

Nach der Lage der Achse ergeben sich verschiedene Formen (s. Abb. 39)

a) für eine *schiefe* Falte mit steilstehender Achse. Bei
b) sind die Achsen steil einfallend. Der *überkippte* Flügel gibt der Falte den Namen.[2])
c) Die Achsen sind söhlig gelagert, womit sich eine *liegende* Falte ergibt.
d) Die Achsen besitzen selbst eine überkippte Lage, wodurch die Falte als *Tauchfalte* nach unten eingequetscht oder gestoßen ist.

Es folgen weitere Faltenformen in querschlägiger Betrachtung. Wenn Besonderheiten gezeigt werden müssen, ergänzen wir den Querschnitt mit Grundrissen.

Isokline Falten sind Falten, bei denen Achsen und Flügel parallel verlaufen (s. Abb. 40). Aus dem westdeutschen Steinkohlenbergbau (Wurmrevier) bekannte *Zickzackfalten* sind zusammengesetzte Falten mit scharfem, unvermitteltem Aneinanderstoßen der Flügel (Platten und Rechte) und fast ebenen Flächen an den

---

[1]) Im geologischen Schrifttum kommt die Tektonische Geologie von B. STOČES den bergmännischen Bedürfnissen sehr entgegen. Wir folgen daher zum Teil den dort eingeschlagenen Wegen und benutzen einige seiner Abbildungen in den Grundzügen. Auf das dort gegebene, sehr sorgfältig zusammengetragene Schrifttumsverzeichnis sei aufmerksam gemacht.

Eine gute kurzgefaßte Einführung für Bergleute findet man bei P. KUKUK (1955) im Abschnitt „Die Lagerungsformen der Gesteine"; vgl. ferner *Richtlinien* (1951), 3. Geologische Zeichen.

[2]) Hier wie bei den Deckfalten (s. weiter unten) ist zwischen geologischem und bergmännischem Hangenden und Liegenden zu unterscheiden. Das bergmännische Hangende bezeichnet man in diesem Falle auch mit „Dach".

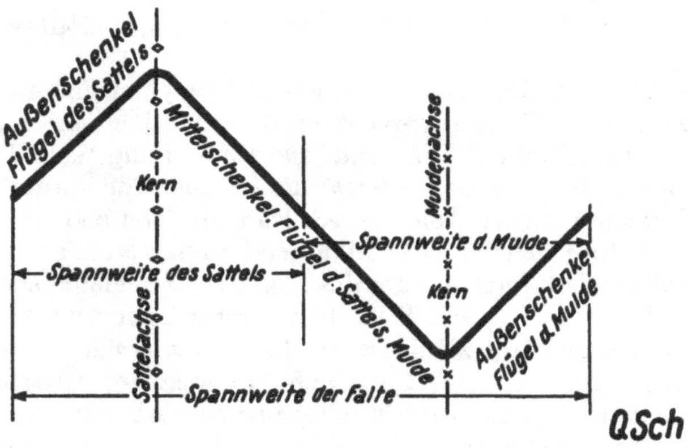

Abb. 37.
Querschnitt einer aufrechten oder stehenden symmetrischen Falte (nach B. STOČES).
Links Antiklinale, Sattel, Gewölbe, rechts Synklinale, Mulde, Rinne, Becken, Symmetrale, seigere Sattelachse, Muldenachse (Normalachse)

Abb. 38.
Querschnitt einer aufrechten oder stehenden unsymmetrischen Falte. Seigere Sattel- und Muldenachsen, ungleichlange Schenkel oder Flügel

Abb. 39. Querschnitt einer
a) schiefen Falte, symmetrisch
b) überkippten Falte
c) liegenden Falte
d) Tauchfalte

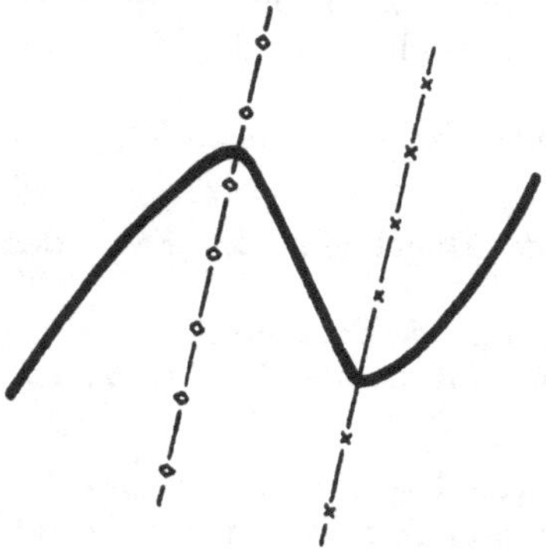

Abb. 39 a

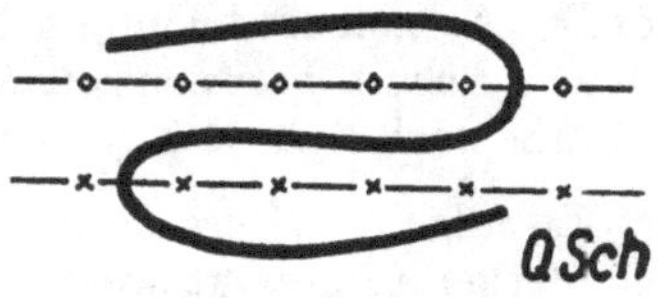

Abb. 39 c

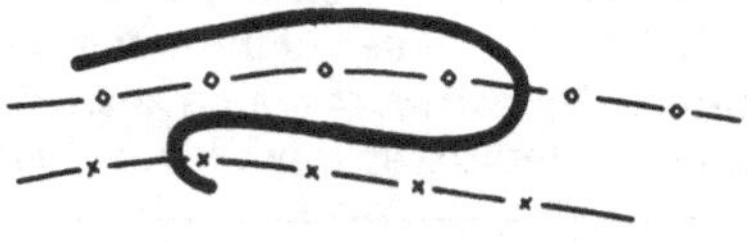

Abb. 39 d

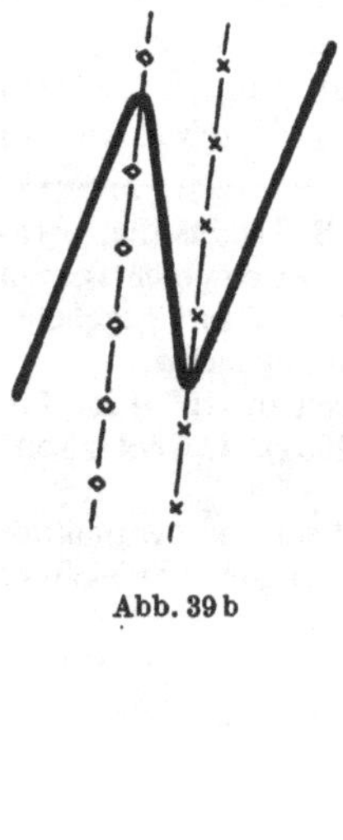

Abb. 39 b

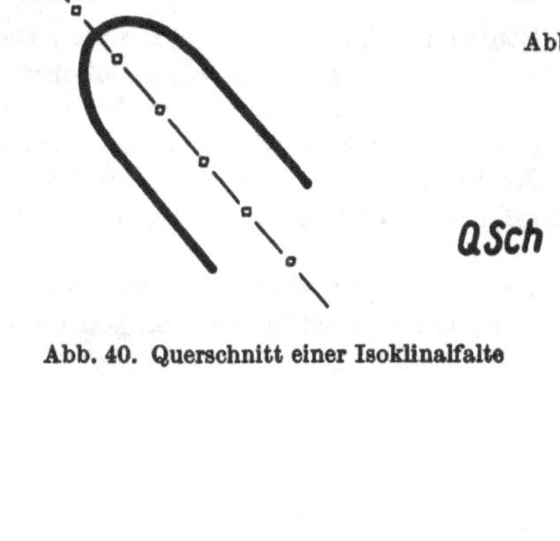

Abb. 40. Querschnitt einer Isoklinalfalte

Knickstellen. Nicht nur das Fallen ändert sich sprunghaft, auch in der Streichrichtung sind die Falten unbeständig. Abb. 41 zeigt einen Querschnitt und den zugehörigen Grundriß. Die zeitraubende Ermittlung der Feinformen und ihre Darstellung steht meistens nicht im richtigen Verhältnis zum Nutzen. Außerdem läßt sich — wie aus G ersichtlich — nur ein gut lesbares Bild bringen, wenn die überkippten Flügel, die stets zu Überdeckungen führen, gesondert dargestellt oder durch Farbe hervorgehoben werden. Die Flügel der Falten werden deutlicher, wenn man die Linien des jeweiligen Muldentiefsten und Sattelhöchsten als Umrandungen der Flügelflächen auffaßt.

Bei wellenförmiger Faltung oder *gewellten Falten* (s. Abb. 42) treten nicht selten ähnliche Schwierigkeiten in der Darstellung wie bei der Zickzackfaltung auf, sofern Überkippungen vorliegen. Wie bei jenen spricht man auch hier von Haupt-, größeren, kleineren, Neben- und Sonderfalten.

Fächerfalten (s. *Abb. 43*) und *Kofferfalten* (s. *Abb. 44*) erklären sich selbst. Bezüglich des Auftretens von Kofferfalten vgl. O. Niemczyk, 1929, Die Ostrauer Schichten in der Gleiwitzer Sattelzone, S. 56ff.

Schlierenförmige Falten, Fließfalten, wie sie in den Salzhorsten des Stein- und Kalisalzbergbaus (s. Abb. 45) auftreten, erinnern an die Holzmaserung. In der G-Projektion findet man infolge der Überschneidung der Abstandslinien die seltsamsten Bilder. Der Übergang des Einfallens in das entgegengesetzt gerichtete Einfallen der gleichen Schicht erfolgt auf einer im Raum meist steilstehenden Linie. Die Kreuzungspunkte aufeinanderfolgender Abstandslinien leiten über zur grundrißlichen Konturlinie an der Wende des Einfallens; vgl. Abb. 46. Die Kleinformen sind in der Regel nicht so sehr von Interesse wie die Ausbildung der Faltenformen über mehrere Sohlen hinweg.

Mehr nach dem Gesamtbild des Faltenbaues beurteilte Formen sind Falten, die allmählich in einer Richtung verflachen. Man nennt sie *austönende* (Relais-) *Falten*, vgl. Abb. 47. Mit der Faltungsintensität, wie sie beim bloßen Anblick der austönenden Falte vorzuliegen scheint, befassen wir uns noch weiter unten.

Deckfalten (Überfaltungsdecken oder einfach Decken) sind tektonische Gebilde großen und größten Ausmaßes. Falls sie als Kleinformen lokale und wirtschaftliche Bedeutung haben, empfiehlt es sich, die allgemein üblichen Bezeichnungen bei Decken anzuwenden, wie sie die Erläuterung der Abbildung 48 angibt.

Für die Entstehung einer echten Falte (also keine nachträgliche Verkippung der ganzen Scholle) kann verantwortlich gemacht werden:

1. ein nicht waagerecht angesetzter Druck und
2. ein wohl waagerecht angesetzter Druck; in den unterschiedlichen Teufen herrschen jedoch zusätzlich noch entgegengesetzte Drücke.

Vergleicht man die im Querschnitt erkennbaren Schrägstellungen der Achsen von Falten, d. h. ihre Abweichungen von der Lotrechten und die Anordnungen dieser Neigungen zueinander, so liegt entweder eine gleichmäßige Vergenz vor (Abb. 50) oder eine uneinheitliche. Im Faltenwurf, bei dem die Achsen nach oben auseinanderstehen, liegt eine Divergenzzone (Abb. 51), bei einem scheinbaren Zusammenschließen der Achsen eine Konvergenzzone (Abb. 52) vor. Das Nebeneinanderauftreten von Divergenz und Konvergenz im großräumigen Faltengebirge, also in querschlägiger Richtung gesehen eine Folge von steileinfallender Divergenzzone, einer Vergenzzone, einer steilfallenden Konvergenzzone und

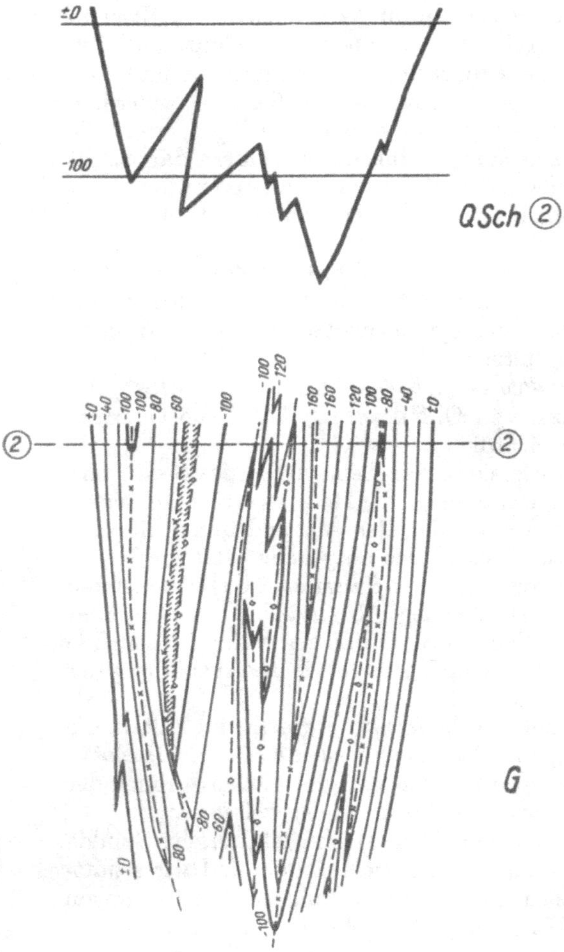

Abb. 41. Querschnitt und Grundriß einer Zickzackfalte. Gewisse Faltenteile sind mit gefiederten Linien eingefaßt und nicht durch Seigerabstandslinien gekennzeichnet. (Flachere Flügel werden im Wurmrevier mit „Platten", die steileren mit „Rechte" bezeichnet)

schließlich noch einer flach angelagerten Vergenz, hat im Gegensatz zu den einfacher zu erklärenden Vergenzen, den Divergenzen und Konvergenzen, verwickeltere Ursachen. Während die Divergenz- und Konvergenzzonen gegebenenfalls mit Ein- und Ausbiegungen großen Stils durch postume Vorgänge zu erklären sind, erscheint es richtiger, wie es H. Quiring (1939, S. 421ff.) für Faltenzonen im Rheinischen Gebirge getan hat, durch Postvergenz, einer späteren Transformation, das vorliegende Gesamtfaltenbild zu begründen. Er spricht von einer kontravergenten Transformation und erläutert sie mit Abb. 53, die wir in vereinfachter Form übernommen haben. Auf den ersten Blick fällt das wechselnde Einfallen der Faltenebenen und der Schieferung auf. Die Tektonik (Faltung wie Schieferung) wird durch Pressungsdruck erklärt, der seinerseits durch zwei schräggestellte Regionalschollen verursacht wird. Quiring erläutert weiter: „Vor der Transformation muß das Einfallen der Fallebenen und der Schieferung einheitlich gewesen sein. Setzt man ein einheitliches Einfallen (60—80° *SO*) voraus, so hat die nachträgliche Transformation darin bestanden, daß sich dort, wo heute die Konvergenzzone liegt, . . . eine Großmulde eingebogen hat. Eine Einbiegungsform der Mulde läßt sich dadurch rekonstruieren, daß in einem Winkel von 70° zu den Achsenebenen und Schieferungsflächen eine isogonale Trajektorie gezogen wird. Ihre Krümmung ist identisch der Krümmung der theoretischen Einbiegungsfläche des Koblenzer Pressungsgelenks. Diese Isogone hat hyperbolische Form."

Wir ergänzen für die Beschreibung der Falte noch einige Begriffe, die im amerikanischen Schrifttum [Ch. M. Nevin (1947)] gebräuchlich sind. Verbindet man im schichtfallenden Schnitt die Orte der stärksten Krümmung, so erhält man (genähert) eine Achse (trace of axial plane); eine weitere Achse wird dann gewonnen, wenn man die höchsten (tiefsten) Punkte eines Sattels (Mulde) miteinander ver-

Abb. 42. Zusammengesetzte gewellte Falten

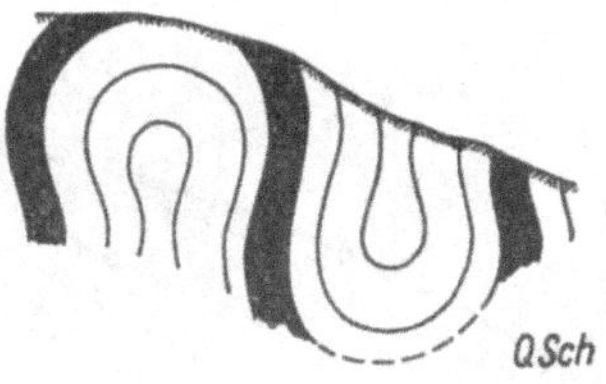

Abb. 43. Fächerfalte

Abb. 44. Kofferfalte (asymmetrische Form)

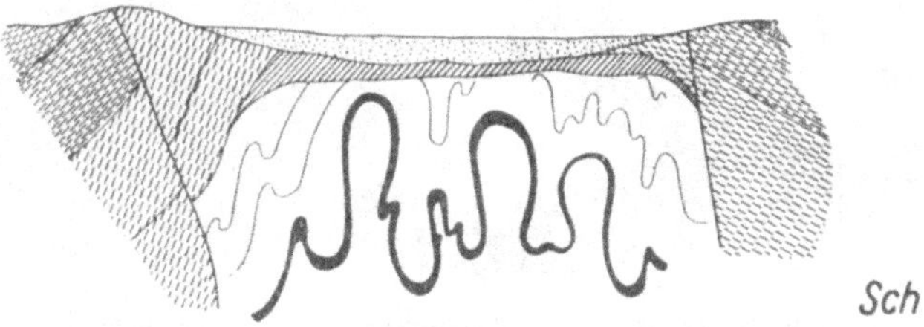

Abb. 45. Schnitt durch einen norddeutschen Salzhorst

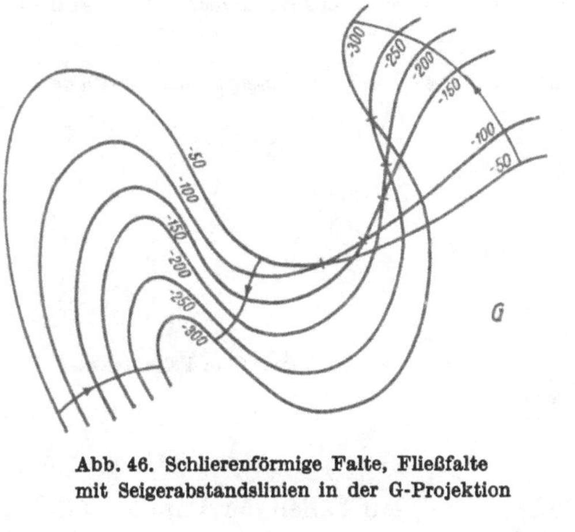

Abb. 46. Schlierenförmige Falte, Fließfalte mit Seigerabstandslinien in der G-Projektion

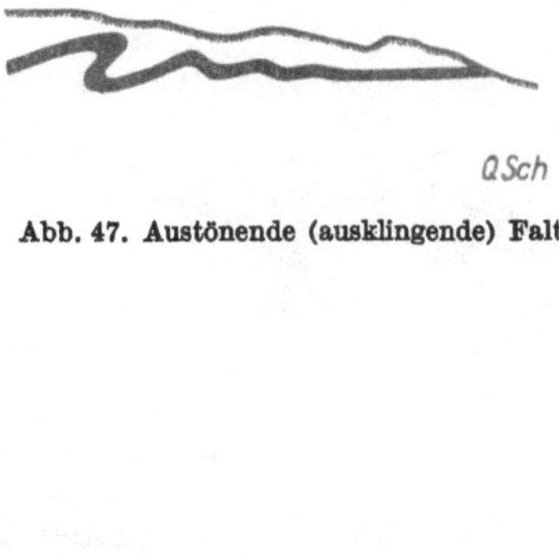

Abb. 47. Austönende (ausklingende) Falte

Abb. 48. Deckfalte (nach Heim).
a) Wurzel der Falte
b) Erhebungszone
c) Kulminationszone
d) Absenkungszone
e) Senkungszone
f) Aufbrandungszone
g) Faltenstirn

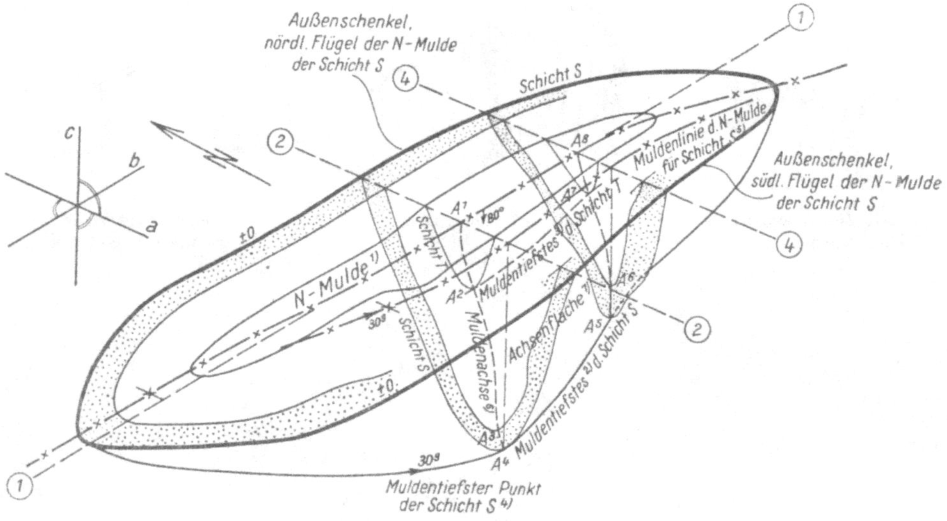

Abb. 49. Tektonische Linien an einer Falte. Anschauungsbild.

1. **Verlauf der *N*-Mulde im Grundschnitt oder (genähert) im Sohlengrundriß**
2. **Muldentiefstes (Raumlinie) von Schicht *S***
3. **Muldentiefstes (Raumlinie) von Schicht *T***
4. **Tiefster Punkt auf dem Muldentiefsten der Schicht *S***
5. **Verlauf der Muldenlinie in der *N*-Mulde für Schicht *S* im Abbaugrundriß (*G*-Projektion des Muldentiefsten)**
6. **Muldenachse im QSch 2, $A^1A^2A^3A^4$**
7. **Achsenfläche, südlich einfallend, $A^1\ A^2 \dots A^8A^1$ = Teil der Achsenfläche der *N*-Mulde**

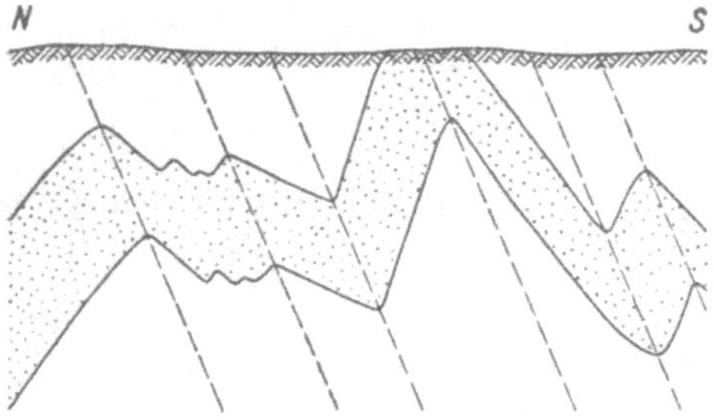

Abb. 50
Gleichmäßige Vergenz der Faltenachsen

bindet (trace of crestal plane). Diese Achsen sind den Fällen der Parallel-Faltung (parallel folding), der similar folding und supratenuous folding (am Sattel nach oben sich verdünnende Schichten) parallel oder sie divergieren. Abgesehen von der beschreibenden Eigenschaft dieser Achsen und ihrer Bedeutung als konstruktive Elemente haben sie besondere Bedeutung für die Erdölgewinnung.

Zu den Faltenformen ist noch einiges zu ergänzen. Je schärfer die Schichten an den lotrechten Achsenflächen der Falten geknickt sind, um so leichter können unter Beibehaltung gleicher Schichtmächtigkeit *kongruente* Faltenformen entstehen, d. h., schiebt man im Querschnitt die Schichten (hilfsweise mit einer Schablone) in Richtung der Sattelachse aufeinander, so würden sie sich decken.

Dasselbe geschieht bei runder Sattelausbildung; wir sprechen deshalb immer noch von kongruenter Falte, doch werden (was wiederum die Schablone zeigt) die Schichten an den Schenkeln dünner, und im Sattelkern, also in der Höhe der Sattelachsenfläche, tritt eine Massenanreicherung ein, die man mit einer Zuwanderung mobiler Massen eben aus den verdünnten Schenkeln erklären kann. Bleibt dieses Bild in großen Räumen erhalten, so ist die Faltung *harmonisch* zu nennen, eine Formenbildung, die auch eine gewisse Gleichartigkeit der Gebirgszusammensetzungen voraussetzt. Ungleichartigkeit begünstigt auch die Ungleichförmigkeit in der Faltenbildung. Es entstehen dann die *disharmonisch* zu nennenden Faltengebilde.

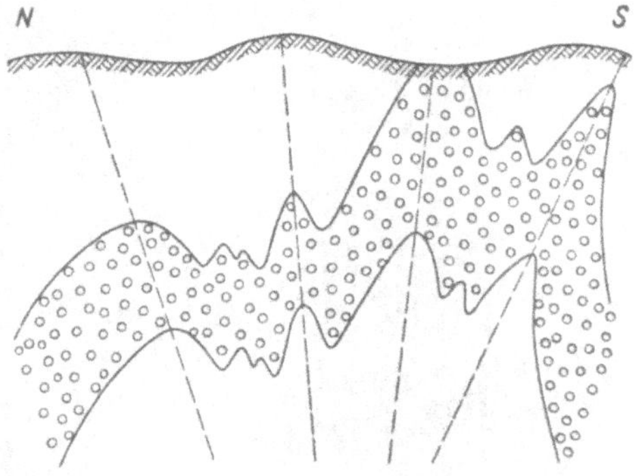

Abb. 51. Divergenz der Faltenachsen

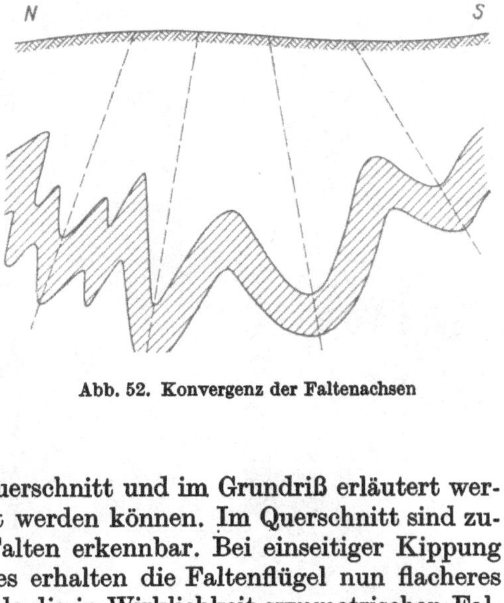

Abb. 52. Konvergenz der Faltenachsen

Bevor zur Systematik der Falte etwas ausgesagt wird, ist zu prüfen, ob das Gebirge regionalen Änderungen unterworfen gewesen ist. Das regionale Fallen ganzer Schichtenfolgen, d. h. das Kippen eines ausgedehnten Gebirgskörpers, verursacht eine andere Stellung der Falten im Raum. Das mag für die übliche Darstellung im Querschnitt und im Grundriß erläutert werden, damit die Auswirkungen beurteilt werden können. Im Querschnitt sind zunächst nicht gekippte symmetrische Falten erkennbar. Bei einseitiger Kippung in Richtung der Spur des Querschnittes erhalten die Faltenflügel nun flacheres und stärkeres Einfallen, und man würde die in Wirklichkeit symmetrischen Falten als unsymmetrisch bezeichnen. Legt man Höhenlinien über die gekippten Falten (im Querschnitt ist das leicht einzusehen), dann entsteht nicht mehr die gewohnte Anordnung der Höhenlinien um einen symmetrischen Sattel oder eine Mulde, sondern der Höhenlinienzwischenraum im Grundriß vergrößert sich in Richtung der Kippung und verringert sich in Richtung der Hebung.

Rißtechnisch handelt es sich hierbei um einen echten Vorgang der Transformation, die wir in aller Ausführlichkeit im Band II behandelt haben. In Abschnitt III, D, 6 dieses Bandes geben wir auf S. 480 ein Beispiel, so daß weitere Erläuterungen nicht mehr nötig sind.

Wir wenden uns nun der Anatomie einer Falte zu und kennzeichnen ihre Elemente. Die *tektonischen Linien einer Falte* sollen am Beispiel der Mulde mit

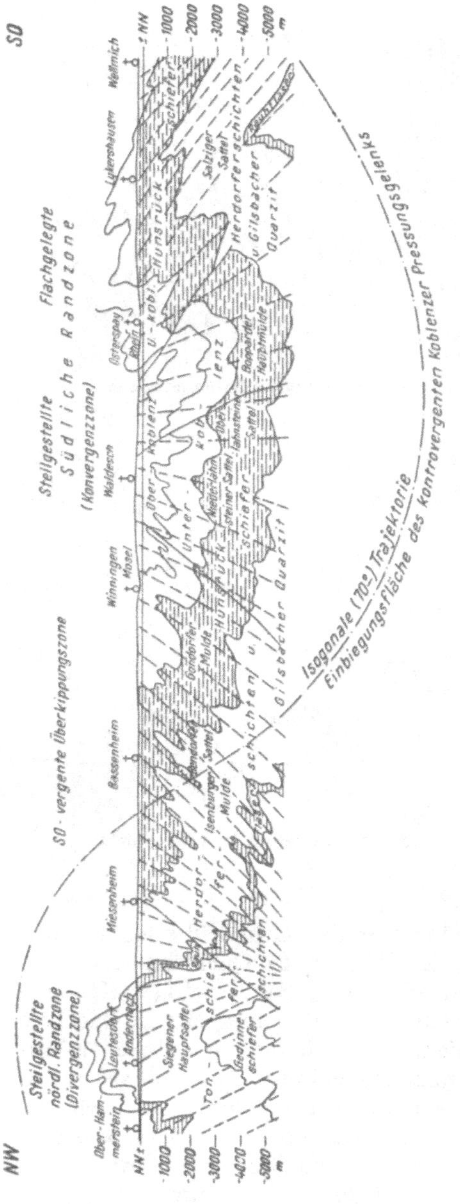

Abb. 53. Querschnitt durch das Koblenzer Pressungsgelenk (nach H. QUIRING, 1939; ursprünglich SO-fallende Faltenebenen und Schieferung durch nachträglich eingebogene Stufenfalte transformiert)

Abb. 49 klargemacht werden. Es wird dabei den Begriffsbestimmungen *DIN 21900*, 3.02, gefolgt. Zu Abb. 49 und deren textlichen Erläuterungen ist noch zu ergänzen: Vertauscht man oben und unten in der Abbildung, so gelten die Beischriften sinngemäß für einen Sattel. Wir sprechen also von Sattellinie, Sattelhöchstem[1]), dem sattelhöchsten Punkt, Sattelachse, Sattelachsenfläche usw. Zwischen den Erläuterungen zu 1. und 5. der Abbildung 49 wird oft nicht genau genug verfahren.[2]) Geht man von dem Grundschnitt (lfd. Nr. 1b in Tafel 3, Bd. II, II, B, 2, S. 148—155, Versuch einer Systematik) aus, oder liegt ein Sohlengrundriß (lfd. Nr. 1a) einer Sohle mit fast gleichen Höhenwerten (also ein dem Grundschnitt nahekommender Riß) vor, so ist die in der Längsrichtung der Mulde oder des Sattels auftretende Linie eine Streichlinie, man nennt sie *Muldenstreichlinie* der *N*-Mulde oder die *Sattelstreichlinie* des *N*-Sattels; sie haben nichts mit den Mulden- oder Sattellinien zu tun.

Für die *Muldenachse* bzw. Sattelachse zu 6. der Erläuterungen zu Abb. 49 gilt das gleiche; als Linie entsteht sie auf der Schnittebene, die rechtwinklig zur Mulden- oder Sattelachsenfläche steht.

Muldenachsenflächen zu 7. der Legende zu Abb. 49 und *Sattelachsenflächen* sind „graphische Flächen", also krumme (listrische, schaufelförmige) Flächen unterschiedlicher Vergenz innerhalb eines Faltenbaues.

[1]) Sprachlich ist „Sattelhöchstes" bzw. „Muldentiefstes" nicht einwandfrei, da beides nicht Punkte, sondern waagerechte oder geneigte Linien im Raum sind.

[2]) Die Bezeichnung „Achse" ist uneinheitlich und wird oft falsch angewandt. Man braucht nur im Schrifttum der diesbezüglichen Frage nachzugehen. Vgl. C. BERINGER (1951), R. BRINKMANN (1956), VEB Brockhaus-Verlag (1955), P. KUKUK (1955), METZ (1957), SCHULTE-LÖHR (1958), H. SÄRCHINGER (1958), B. STOČES (1925). Man begegnet Widersprüchen, die sich u. E. aus der mangelnden Klarheit über das Wesen von Schnitt und Projektion ergeben.

Die einzelne Achsenfläche kann nach oben konkav oder konvex ausgebildet sein. Als „Regelflächen" (Bd. II, S. 237) erzeugen sie im Schnitt das Bild von Kurven.

Das richtige Erkennen der Achsenflächen spielt in der markscheiderischen Praxis eine besondere Rolle bei Berechtsamsarbeiten, wenn die „ewige Teufe"[1]) projektiert oder festgelegt werden muß. Die exakte Darstellung der Fläche kann bei steiler Vergenz in der *S*-Projektion, bei weniger steiler Aufrichtung in *F* oder G erfolgen, und zwar mit *q*-, *b*- oder *t-Abstandslinien* (Bd. II, S. 155ff.).

Beim *Muldentiefsten* (aus dem Berechtsamswesen her bekannter Begriff) handelt es sich nicht um einen Punkt — etwa den *muldentiefsten Punkt* — (vgl. Erläuterung 4 zu Abb. 49), sondern um eine Raumlinie, die bei der Durchdringung der Muldenachsenfläche mit der betreffenden Schicht (z. B. Flöz) entsteht. (Tallinie, orthogonale Trajektorie zu *t*-Abstandslinien mit geringster Steigung). Ihre G- und *S*-Projektionen heißen *Muldenlinien.*

Die in Abb. 49 angewandten Schnitte ①, ② und ④ sind Längs- und Querschnitte (ungeknickte Ebenen). Bei den im Anschauungsbild dargestellten Verhältnissen ist ein Längenschnitt (seigere Schnittfläche mit gekrümmter Spur) nicht angebracht, da die Schnittfiguren irreführend sind. In solchen Fällen eignet sich besser eine *S*-Projektion mit einer Spur, die sich möglichst mit den Muldenlinien der verschiedenen Schichten deckt. Die scheinbaren Widersprüche, die hierbei noch zutage treten, lassen sich dann auf ein Minimum begrenzen.

Die Achsen können — wie die Abbildungen zeigen — verschiedene Neigungen haben; außerdem ändern sie sich noch in den Streichrichtungen. Annähernd gradlinige Achsen sind ebenso häufig wie die krummlinigen, und unter diesen können die Mulden und Sattelachsen mehr oder weniger zutage als nach der Teufe zu konvergieren oder divergieren. Jeglicher Schematisierung, wie sie sich bei einer mechanischen Konstruktion von Faltenformen einzuschleichen versucht, ist entgegenzutreten. Ein Beispiel für nach der Teufe zu konvergierende Mulden- und Sattelflächen zeigt Abb. 54. Außerdem liegt hier der nicht seltene Fall vor, daß eine in größerer Teufe vorhandene volle Falte in geringer Teufe ausfällt (= Ausfallen einer Falte).

Die Darstellung von Falten in Querschnitten reicht zur Erläuterung des Faltenbildes nicht aus. Sie vermittelt wohl eine Vorstellung, keineswegs gibt sie eine technisch befriedigende Auskunft. Wir lassen deshalb weiter unten eine eingehendere Betrachtung über das Verhalten der Faltenformen in der Streichrichtung folgen.

Eine *Einteilung nach dem Einfallen* ist im Bergbau für technische, wirtschaftliche und statistische Zwecke notwendig. Es ergeben sich *Lagerstättenbereiche* und *Lagerungsgruppen* für die Lagerstätte, wie sie in umstehender *Zahlentafel 1* zusammengestellt sind. Damit entfällt die bisherige „halbsteile Lagerung" für Einfallwinkel von 25° bis 35°; unter Anwendung der Neugradteilung kann für die Lagerungsbereiche in einen „flachen Bereich"[2]) (schwaches Einfallen) von 0^g bis 40^g und in einen „steilen Bereich" (starkes Einfallen) von 40^g bis 100^g unterschieden werden. An Lagerungsgruppen (Tafel 1) ergeben sich gemäß DIN 21952 die umstehenden vier Gruppen.

---

[1]) Die „ewige Teufe" stellt bergrechtlich die Begrenzung des Gewinnungsrechtes nach der Teufe auf der Lagerstätte bei gestreckten Feldern dar (s. Abschnitt II).

[2]) „Flach" im bergmännischen Sinne im Gegensatz zu seiger und söhlig.

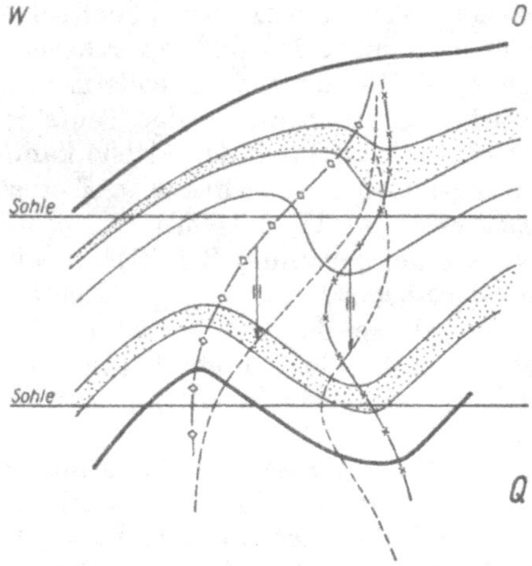

Abb. 54. Formen von Mulden- und Sattelachsen in Q. Krumme Mulden- und Sattelachsen.
Vollinien = liegende Scholle der nördlich einfallenden Störung. Strichlinien = hangende Scholle der Störung. In Grundschnitten (und in Sohlengrundrissen) sind die Linien des Mulden- und Sattelverlaufs gegeneinander verstellt, außerdem noch beiderseits der Störung

Einteilung: Neugrad	Einteilung: Altgrad	Lagerungsbereiche	Lagerungsgruppen[1] Benennung
0g - 20g	0° - 18°	flacher Bereich	flach
über 20 - 40	über 18 - 36	schwaches Einfallen	mäßig geneigt
über 40 - 60	über 36 - 54	steiler Bereich steiles Einfallen	stark geneigt
über 60 - 100	über 54 - 90		steil

[1] Deutsche Normen DIN 21952 DK 622 1.035

Tafel 1
Einteilung der bergbaulichen Lagerstätten nach dem Einfallen

b) Das Bild der flachen (schwachen) Faltung

Das Bild der flachen Falten erkennt man wenig und meistens schlecht in den Querschnitten. Man kann den Eindruck steigern, wenn man die Ordinaten des Schnittes überhöht.[1]) Diese Maßnahme läßt sich zwar bis zu einem gewissen Grade technisch nützlich verwerten, sie macht sich aber im Rahmen eines Rißwerkes, also beim Zusammenwirken mehrerer Rißarten, nachteilig bemerkbar. Günstiger ist die Anwendung von Höhenlinien oder Seigerabstandslinien in der G-Projektion, besonders wenn die Höhenunterschiede gering sind. Wie sehr allerdings gerade bei geringer Andeutung der Faltung das Bild auf Grund der wenigen Aufschlüsse schwanken kann, wird offensichtlich, wenn man versucht, systema-

[1]) Zum Beispiel: 1:2000/1:200, d. h., die Höhen sind gegenüber der Darstellung in der G-Projektion in einer Sonderform des Sch um das Zehnfache überhöht.

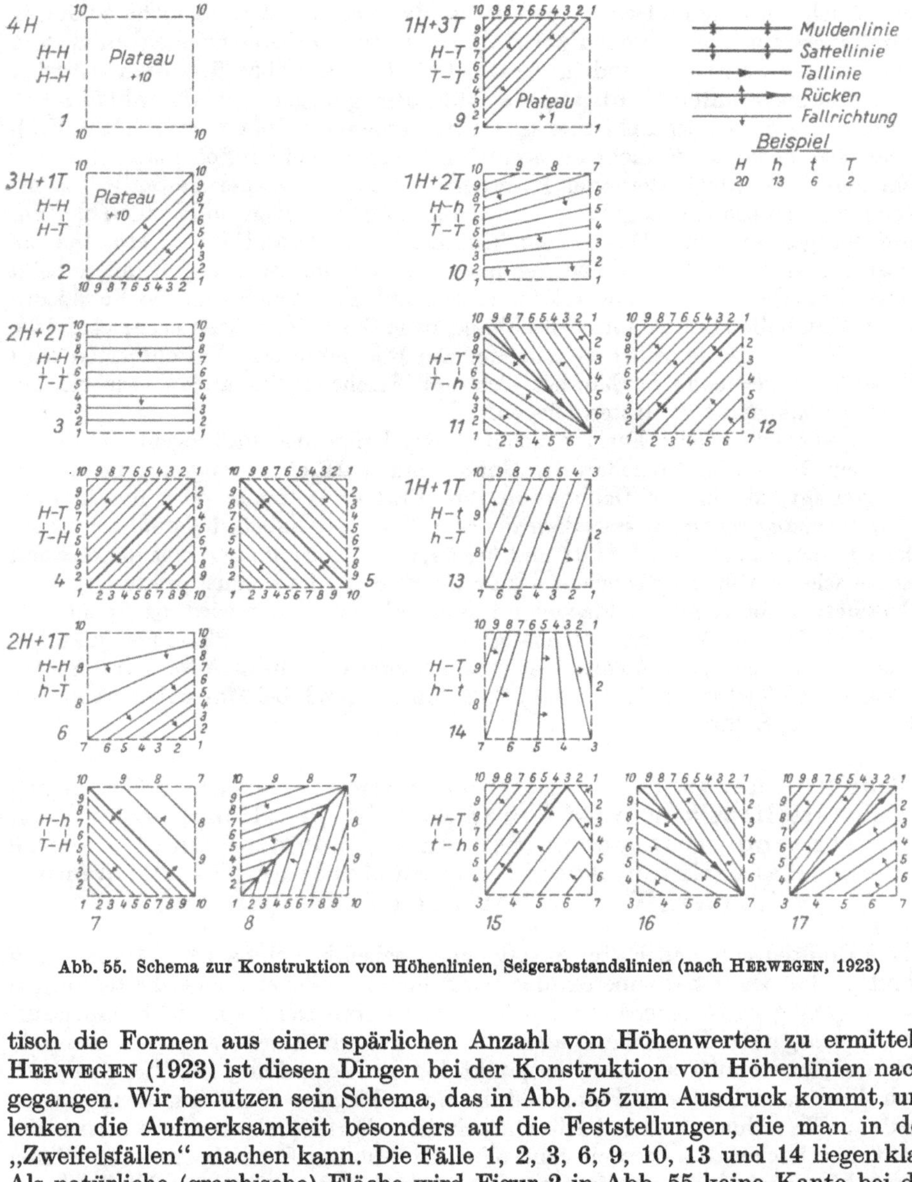

Abb. 55. Schema zur Konstruktion von Höhenlinien, Seigerabstandslinien (nach HERWEGEN, 1923)

tisch die Formen aus einer spärlichen Anzahl von Höhenwerten zu ermitteln. HERWEGEN (1923) ist diesen Dingen bei der Konstruktion von Höhenlinien nachgegangen. Wir benutzen sein Schema, das in Abb. 55 zum Ausdruck kommt, und lenken die Aufmerksamkeit besonders auf die Feststellungen, die man in den „Zweifelsfällen" machen kann. Die Fälle 1, 2, 3, 6, 9, 10, 13 und 14 liegen klar. Als natürliche (graphische) Fläche wird Figur 2 in Abb. 55 keine Kante bei der Höhenlinie 10 bilden. Figur 6 kommt einer natürlichen Fläche nahe. Bild 9 ist eine Umkehrung des Bildes 2, und Figur 10 entspricht im Grunde dem Bild 6, ebenso auch dem Bild 14; die Figuren 3 und 13 sind Ebenen. Die anderen Fälle bieten merkliche Schwierigkeiten, weil sie zwei oder drei „richtige" Lösungen und damit in der Natur nicht zugleich vorkommende Formen liefern. Beispielsweise kann *nur* durch weitere Aufschlüsse entschieden werden, ob Figur 4 oder 5 zutrifft. Auch bei den Bildern 11 und 12 ist das Faltenbild noch nicht eindeutig bestimmt; schließlich bestehen bei Abb. 15, 16 und 17 drei Möglichkeiten, von denen nur eine auftreten und im Gesamtbild der Falte ihre Bestätigung finden kann, und zwar unter Würdigung der allgemein gültigen „Landschaftsformen" der Falte, also der stratigraphischen und tektonischen Gegebenheiten (Bd. II, I, B, 5).

Die systematische Betrachtungsweise lehrt ferner, daß ein Schematisieren hier nicht zum Ziele führt. Bei einer Formbeschreibung schwacher Falten — Lagerstätten mit fast söhliger Lagerung — wird man zunächst im engen Rahmen bleiben, um sozusagen mit dem Mosaikstein beginnend das Gesamtbild zu erhalten. Je weiter die sicheren Aufschlüsse verlassen werden, um so mehr nehmen beim (planenden) Entwurf der Lagerstätte in den unbekannten Raum die Fehllösungen zu. Hier helfen nur weitere Aufschlüsse, nach Gesichtspunkten ausgewählt, die bisher die Lagerstätte selbst vermittelte. Ein Bild schwacher Faltenformen wird mit Abb. 56 gegeben. Es handelt sich um Flächenausbildungen, wie sie bei Braunkohlenflözen aufzutreten pflegen.

Inwieweit nun solche Formen „echte" Ergebnisse des Faltungsmechanismus darstellen, bedarf im Einzelfall der Untersuchung. Häufig genug sind noch Formen geprägt, die in der Denudation ihre Erklärung finden oder die in dem *Setzungsvorgang inhomogener Sedimente* ihren Ursprung haben. Erkennbar werden solche Erscheinungen im Schnitt und bei flacher Lagerung auch erst dann, wenn man — wie in Abb. 56 geschehen — zur Überhöhung im Schnitt greift.

Die Beschreibung solcher Flächen mit Seigerabstandslinien wird regelmäßig aus abbautechnischen Gründen notwendig. Erinnert sei an die Planungs- und Betriebsaufgaben bei der Bohrtätigkeit (vgl. Abschnitt V), beim Ansatz von Sohlen im Tage- und Tiefbau (Abschnitt V, 2. Halbband) und bei Massenberechnungen (Bd. II, V, B, S. 606).

c) Das Bild der stärkeren Faltung im Querschnitt und Grundriß bei Parallelität von Mulden und Sätteln, bei Nichtparallelität, Tauchen und Auftauchen der Falte, konvexe und konkave Seigerabstandslinien, Austausch von Mulde und Sattel, Wendeflächen, Verlust von Falten, Verspringen

Das Bild der steileren Falten bietet sich in scheinbar einfachster Art in Querschnitten dar. Diese bequeme Art der Darstellung, die bei einfachen Faltenformen noch angängig ist, ist jedoch mit zunehmendem Formenreichtum nicht immer aufschlußreich genug. Der Schnitt allein kann sogar irreführend sein. Da aber fast stets der Querschnitt als Ausgangspunkt für die Vorstellung gewählt wird, soll auch hier zunächst vom Faltenbild in querschlägiger Richtung ausgegangen werden. Wir wählen dazu mit Absicht primitive Formen, denn solche lassen sich leicht überblicken; es werden hintereinandergestellte Schnitte benutzt. Einen davon lassen wir in Streichrichtung sich ändern und fertigen anschließend den Grundriß für die gefaltete Schicht an. Damit wird eine Beurteilung aus den Querschnitten und eine weitere aus dem Grundriß möglich. Gruppierungshalber unterscheiden wir noch Faltenformen mit einer Parallelität von Mulden und Sätteln (Fälle I, 1—13) und solche mit Nichtparallelität (Fälle II, 1—9). An Hand der Schnitte und Grundrisse lassen sich nun die Faltung (Vorgang, Bewegung) und die Falte, Flächenform des Flügels (Fläche, Einfallen), kennzeichnen. Selbst-

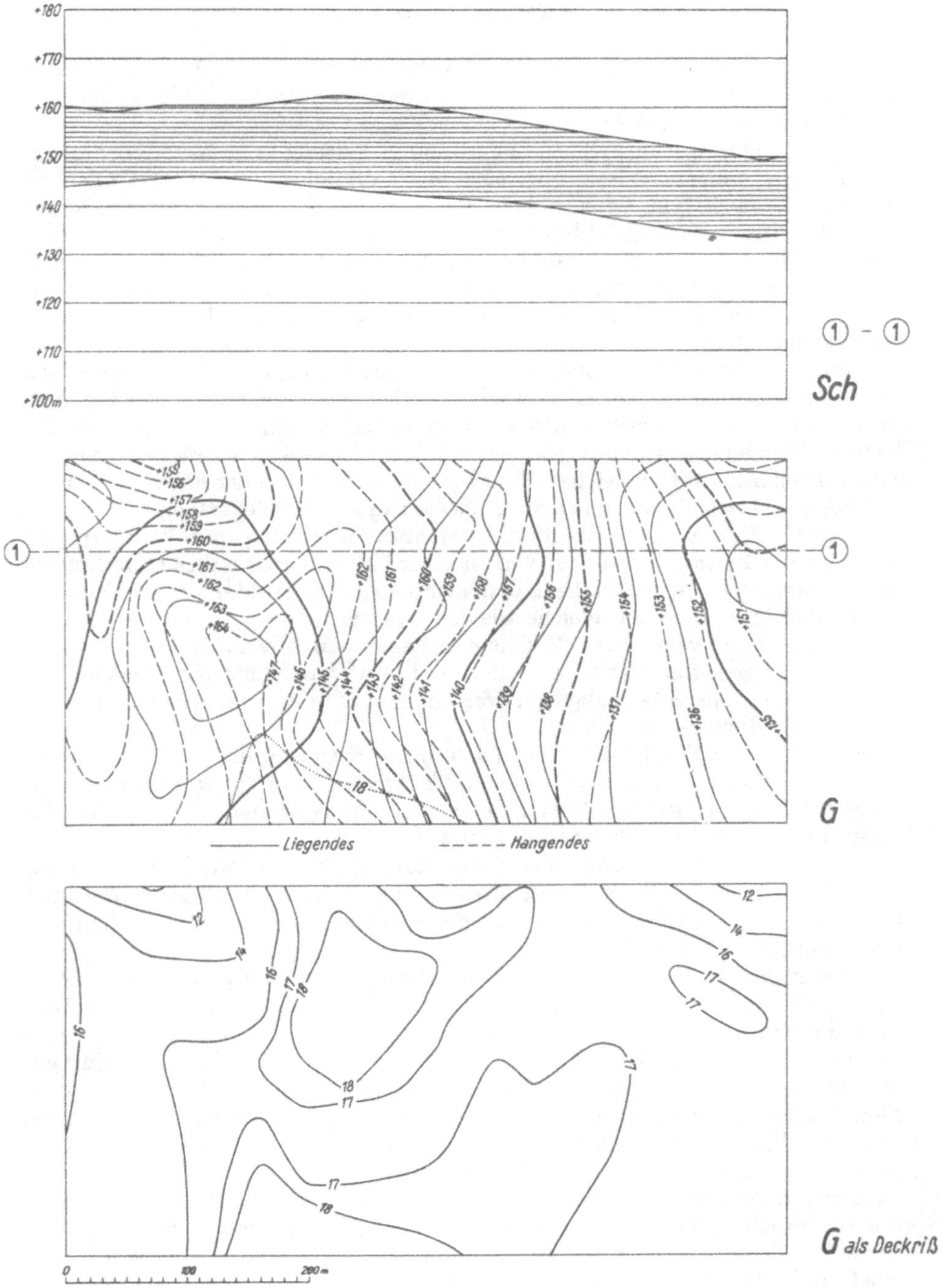

Abb. 56. Schwache Faltenformen (Braunkohlenflöz).
Oben: Überhöhter Schnitt ①.
Mitte: Seigerabstandslinien vom Liegenden (Vollinien) und vom Hangenden des Flözes (Strichlinien)
Unten: Linien gleicher Mächtigkeit im Grundriß

verständlich können wir mit Abb. 57 (s. Anh.) nur eine kleine Auswahl aus den vielfältigen Formen geben, und aus diesen greifen wir wenige Fälle heraus, die näher beschrieben werden sollen.

Gruppe I, Figur 8, schnittrißliche Beurteilung: Faltung progressiv abnehmend, Falte flacher, unsymmetrisch. Kenzeichnung: Vertiefen der Falte, Verflachen von Mulden und Sätteln. Grundrißliche Beurteilung: Faltung mit progressiv abnehmender Intensität, gleichsinniges Fallen des Muldentiefsten und Sattelhöchsten. Fläche setzt sich zusammen aus Ebenen mit gleichem Streichen und Fallen und aus gekrümmten Flächen. Kennzeichnung: unsymmetrischer Bau, teilweises gleichmäßiges Tauchen der Falte, starke Zunahme der Vertiefung in querschlägiger Richtung.

Gruppe I, Figuren 10, 11 und 12 sind unwahrscheinlich. Trotzdem lassen sie sich in der kotierten Projektion und auch textlich gut beschreiben. Bei Figur 12 würden, aus dem Grundriß beurteilt, unsymmetrisch angeordnete gekrümmte Flächen (Wendeflächen) vorliegen, sie würden mit unsymmetrischem Bau zu kennzeichnen sein, mit ungleichem Tauchen und Auftauchen der Falte, Austausch von Mulde und Sattel, mit abgesetzter querschlägiger Wendegeraden.

Gruppe II, Figur 6: Der Schnitt kennzeichnet die Faltung mit Wandern und Verflachen der Falte und mit dem Verlust einer Falte. Der Grundriß zeigt Ebenen mit gleichem Streichen und Fallen und unsymmetrisch angeordneten, gekrümmten Flächen und im übrigen das gleiche wie der Schnitt.

Die mit Abb. 57 gebrachten 22 Beispiele haben den Zweck, die Aufmerksamkeit auf die Eigentümlichkeit der Falten und ihre Darstellung hinzulenken. Obgleich sie keinesfalls vollständig sein können, sind diese theoretischen Fälle doch geeignet, den Blick zu schulen.

Übergehend zur Praxis soll an Hand weniger Beispiele, die der tektonischen Karte des rheinisch-westfälischen Steinkohlenbezirks 1:10000 entnommen sind, gezeigt werden, wie gewisse Merkmale sowohl für das Lesen als auch für das Planen und Entwerfen von Bedeutung sind.

Abb. 58 gibt eine Lagerung wieder, die durch genäherte Parallelität und unregelmäßiges Einfallen des Muldentiefsten und des Sattelhöchsten gekennzeichnet ist. Es treten Verhältnisse auf, die mit der schematischen Gruppe I, Figuren 2 bis 9, verglichen werden können.

So ähnelt das Gebiet zwischen den nördlichen Sätteln ($S_1M_1S_2$) in seiner nördlichen Hälfte der Gruppe I, Figuren 2 bis 5. Wie bei den schematischen Darstellungen ist für einen stärker einfallenden Faltenteil eine bestimmte Kurvenform der Seigerabstandslinien kennzeichnend, und zwar ist die konkave Kurvenseite stets zu diesem Faltenteil orientiert, vorliegend also zur Mulde. Im westlichen Teil dieses Bereiches fällt das Muldentiefste dagegen gegenüber den Sätteln flacher ein. Hier ist die konkave Seite der Kurven im wesentlichen auf die Sättel gerichtet (der Gruppe I, Figur 6 entsprechend).

Aus dem folgenden Flügel fällt eindeutig das Sattelhöchste stärker ein (Figur 6), während der nächstfolgende Flügel der Figur 4 nahekommt, wenngleich auch keine exakte Parallelität vorliegt. An das stärkere Einfallen des Sattelhöchsten (S_3M_3) schließt sich dann wieder genähert Figur 4 an.

Zwischen M_3 und M_1 ist — insgesamt gesehen — eine Zunahme der Kurvenkrümmung mit nach Norden gerichteter Konkavität festzustellen, was einer fortschreitenden Vergrößerung des Einfallens (Fig. 8 bzw. 9) gleichkommt.

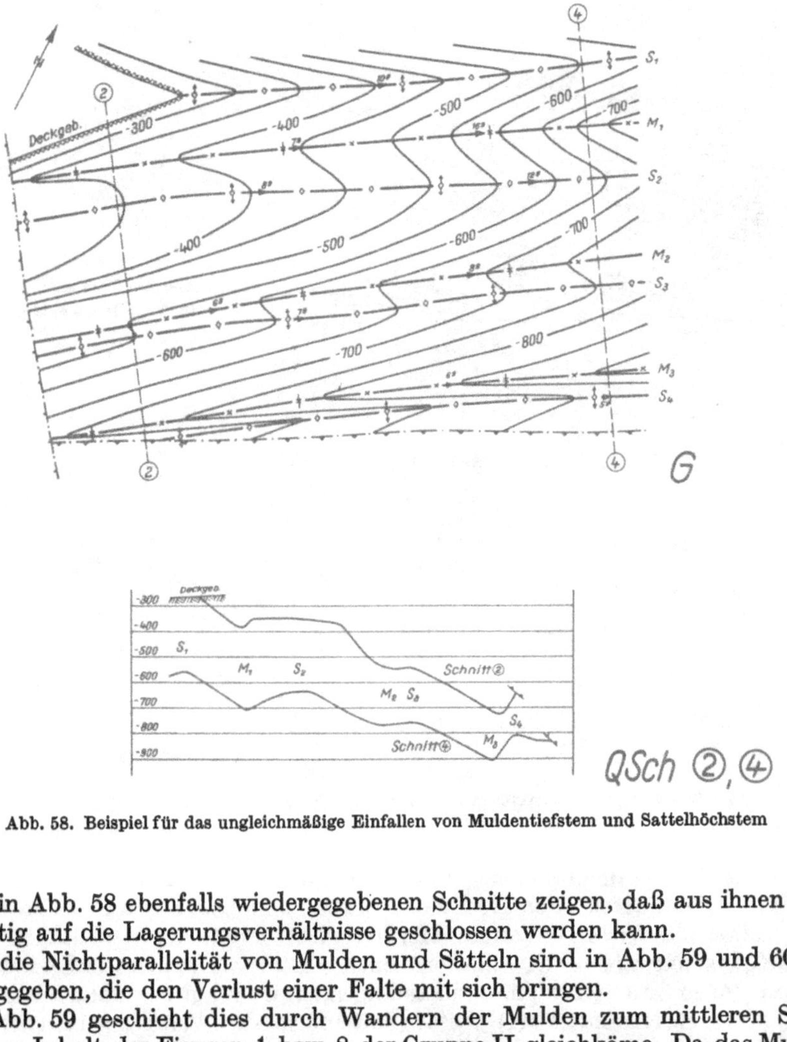

Abb. 58. Beispiel für das ungleichmäßige Einfallen von Muldentiefstem und Sattelhöchstem

Die in Abb. 58 ebenfalls wiedergegebenen Schnitte zeigen, daß aus ihnen nicht eindeutig auf die Lagerungsverhältnisse geschlossen werden kann.

Für die Nichtparallelität von Mulden und Sätteln sind in Abb. 59 und 60 Beispiele gegeben, die den Verlust einer Falte mit sich bringen.

In Abb. 59 geschieht dies durch Wandern der Mulden zum mittleren Sattel, was dem Inhalt der Figuren 1 bzw. 8 der Gruppe II gleichkäme. Da das Muldentiefste gegenüber dem Sattelhöchsten der Außensättel im Osten einen geringeren Höhenunterschied — aber mehr als die Hälfte (Anzahl der Abstandslinien) — als im Westen aufweist, handelt es sich praktisch um eine Kombination der oben angegebenen Fälle. Das Sattelhöchste weist stärkeres Einfallen auf als die Mulden; infolgedessen senkt sich der Sattel symmetrisch zwischen den auf ihn zulaufenden Mulden, deren Tiefstes sich auch ständig vergrößert bis zu seinem Verschwinden und der Vereinigung der Mulden. Der gesamte Vorgang wird gegenüber den schematischen Fällen durch ein zusätzliches Fallen nach Westen, das aus den äußeren Sätteln zu ersehen ist, überlagert.

Aus dem gut aufgeschlossenen Ruhrkarbon ist seit langem das Verspringen von Falten bekannt. K. Oberste-Brink (1938) zeigt solche scheinbaren Unterbre-

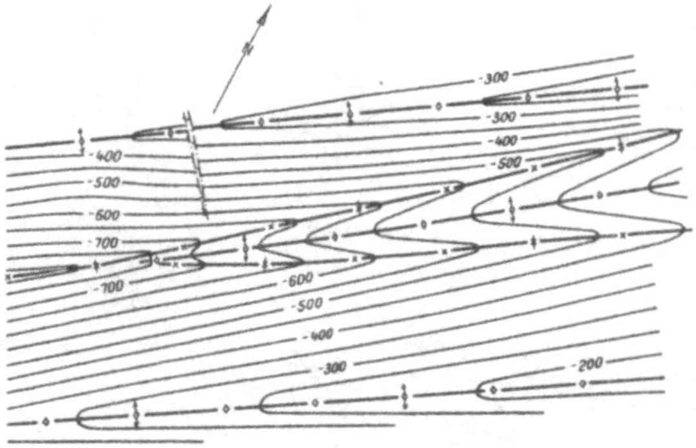

Abb. 59. Vereinigung von Falten zu einer Hauptmulde

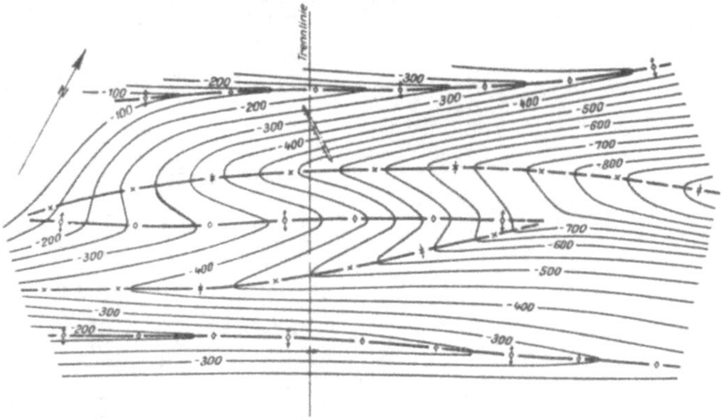

Abb. 60. Beispiel für das Verspringen von Falten bzw. für beiderseitigen Verlust einer Falte

chungen der Falten im großangelegten Faltenbau des Gelsenkirchener Sattels, des Wattenscheider Sattels, der Bochumer Mulde und des Stockumer Sattels im Raume zwischen Witten—Wanne—Herne (vgl. Abb. 61). Es handelt sich jedoch um ein ganz natürliches Überklettern einer Falte, wie man es sich in der einfachsten Form mit Hilfe hintereinandergestellter Schnitte klarmachen kann (Abb. 62, H. Böttcher, 1944). Diese Faltenform des Verspringens tritt nicht nur an den großen Sätteln und Mulden auf; man trifft sie häufiger an als man annimmt.

Daneben ist es durchaus möglich, daß eine Nebenfalte nur vorübergehend auf einem der Flügel des Sattels oder der Mulde mitläuft (Abb. 63). Das eingefügte Faltenfragment kommt seltener vor und nimmt einen teufenmäßig engbegrenzten Raum in Anspruch, oder es bleibt nur auf eine kleine stratigraphische Mächtigkeit beschränkt. Wir haben bei der Bearbeitung von tektonischen Blättern, die im Rahmen des geologisch-lagerstättenkundlichen Kartenwerks von Steinkohlenbergwerken des Ruhrreviers entstehen (s. Abschnitt V, 2. Halbband) und die mit außerordentlicher Sorgfalt Flöz für Flöz durch Seigerabstandslinien in dichter Folge beschreiben, durch Vergleich eben dieser Pläne feststellen können, daß gewisse Schichten, also in diesem Falle Flöze (und natürlich auch benachbartes Neben-

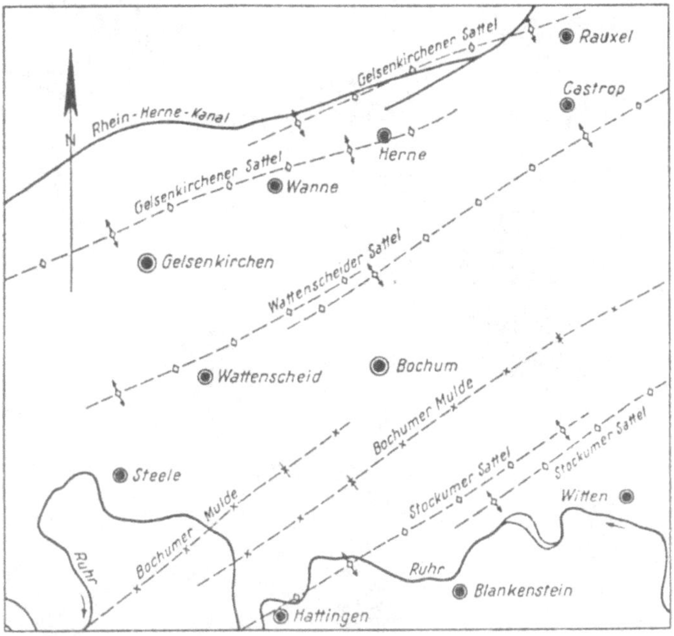

Abb. 61. Faltenverspringen im Ruhrkarbon (nach K. OBERSTE-BRINK, 1938

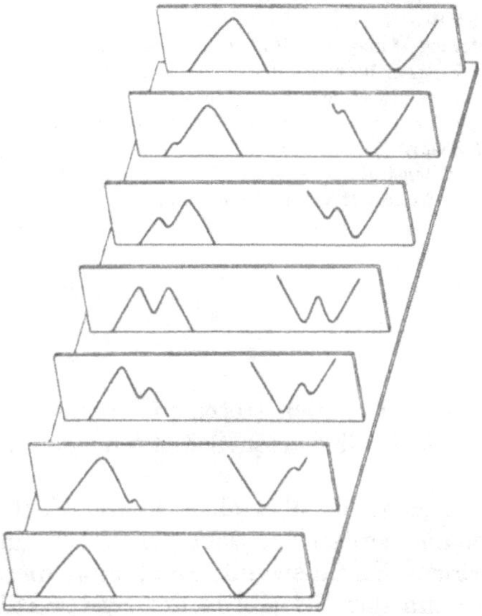

Abb. 62. Anschauungsbild für das Faltenverspringen (nach H. BÖTTCHER, 1944)

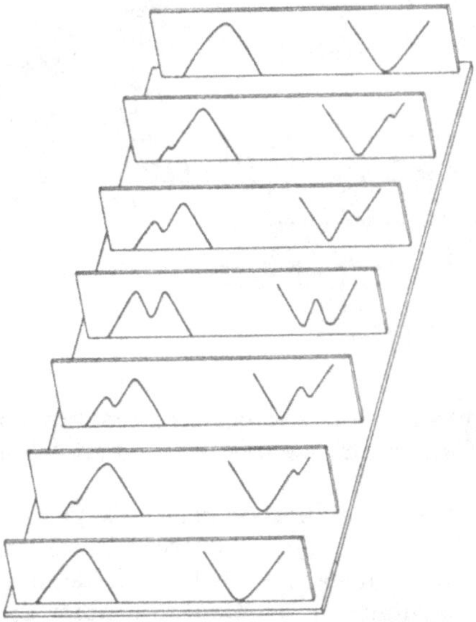

Abb. 63. Anschauungsbild für das Mitlaufen einer Nebenfalte

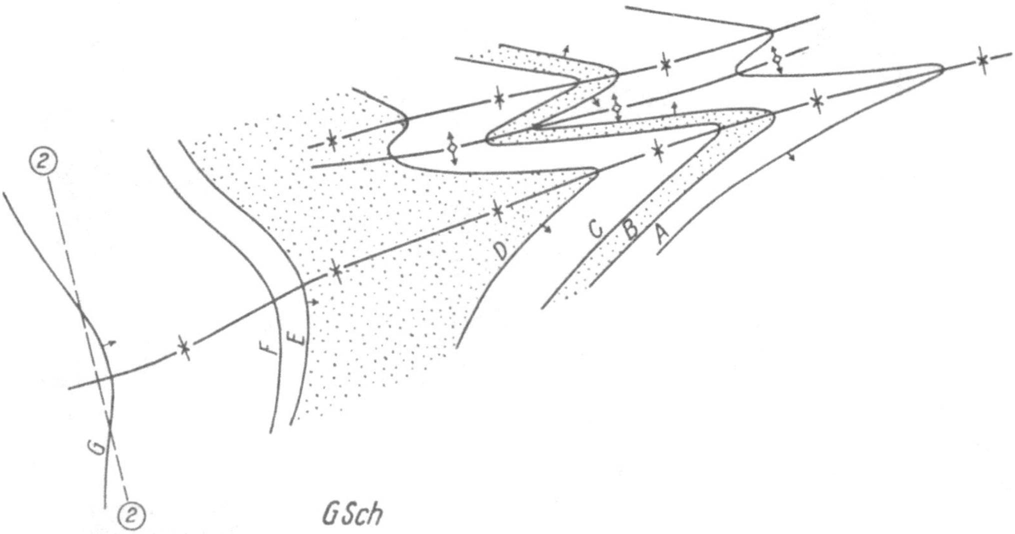

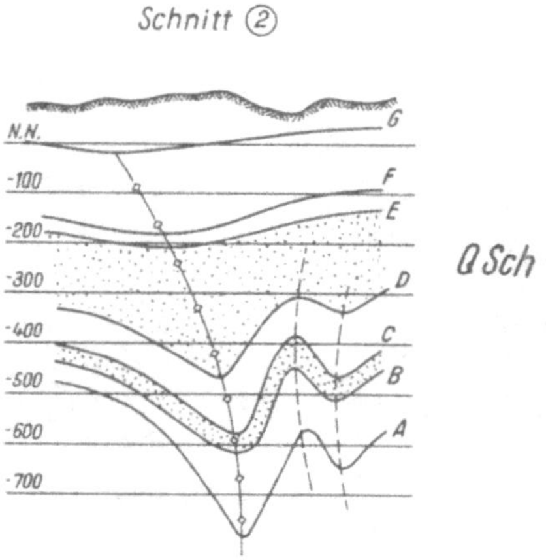

Abb. 64. Faltenbau im Grundschnitt bei ± 0 und im Querschnitt.
Erläuterung: Links scheinbar ruhige, rechts scheinbar starke Faltung, hervorgerufen durch Auftauchen einer kaum in der Streichrichtung und in den stratigraphischen Horizonten sich ändernden Falte, die gemäß Schnitt ② nach der Teufe zunehmende Faltungsintensität aufweist. Das Faltengebilde hebt sich nach Osten mit 18° Ansteigen heraus

gestein), ihren eigenen Faltenausdruck besitzen. Zuweilen treten viel bewegtere Formen auf, als das in den weiter höher oder tiefer liegenden Schichten der Fall ist.

Die Abbildung 60 zeigt das Verspringen einer Mulde über einen kurzen Sattel (Z-Form in G); dabei weist die Hauptfalte im Westen auf dem nördlichen, im Osten auf dem südlichen Muldenflügel geringes Einfallen auf. Läßt man diese Unsymmetrie der Endform außer acht, so kann das Beispiel in der Systematik unter II, 5 (s. Anh.) eingegliedert werden, wenn das Faltenbild von der eingezeichneten Trennlinie aus in zwei verschiedenen Formen (Ost- und Westseite) betrachtet wird.

Während sich im südlichen Teil der Abbildung ein Sattel und eine Mulde auf einem gemeinsamen Flügel aufheben, bleibt die zweite, nördlicher gelegene Mulde unter Einbiegen nach Süden erhalten. Das Faltenbild wird durch allgemeines Tauchen (nach Osten) überlagert. Der Nordflügel der Mulde ist steiler als der Südflügel ausgebildet.

Mit Abb. 64, Schnitt, wird zugleich das Bild der disharmonischen Faltung gezeigt. Sie stellt das Gegenstück zur harmonischen Faltung dar. Während man beim planenden Entwurf der Faltenformen geneigt ist, den (spärlichen) Aufschlüssen folgend die Falten „kongruent" anzugleichen, fehlen oftmals die zwingenden Hinweise für den Entwurf disharmonischer Faltenformen. Auch hier wird wieder sichtbar, daß die technische Verwendbarkeit des Entwurfs von der Sicherheit der Erkenntnis abhängt, also von der aus regionalem Raum gewonnenen Anschauung. (Als lehrreiches Beispiel mag die Tektonik des Ruhrkarbons dienen, die in erschließbaren Teufen die Wechselbeziehung zwischen Belastungsdruck und Faltungsdruck vor Augen führt.)

d) Die Faltenformänderung in der Teufe

Die Faltungsstärke, die alle Grade besitzen kann — von der söhligen bis zur Knitterfaltung mit überkippten Faltenflügeln —, muß unter dem Gesichtspunkt der stratigraphischen und räumlichen Lage betrachtet werden. Hinsichtlich des räumlichen Auftretens hat man nach Lage und Teufe zu unterscheiden, wobei man nach geographischer Lage, tektonischer Lage (z. B. im Schollengebirge) und nach der Tiefenstufe fragt. Für den jeweiligen stratigraphischen Horizont kann die Faltungsstärke unterschiedlich sein. Anlage und gebirgsbildende Kräfte sowie der Grad der Bildsamkeit sind für das Schlußbild bestimmend. Dieses zu ermitteln ist wohl meistens ohne Schwierigkeiten möglich, womit über die Faltungsintensität im *gegenwärtigen* Zustand genug ausgesagt werden kann. Schwieriger aber ist es, für die Phasen der Gebirgsbildung Vorstellungen herauszuarbeiten.

Darstellungstechnisch nicht leicht und somit auch meistens wenig gut verständlich sind Wiedergaben grundrißlicher und grundschnittlicher Art, wenn Faltenformen verschiedener Intensität räumlich gebunden sind und sowohl mit der Teufe stärker oder schwächer werden. Ein Beispiel für eine Faltung, deren Intensität nach der Teufe zunimmt und die in der Streichrichtung taucht oder auftaucht, wird mit Abb. 64 gezeigt, der ein Querschnitt beigegeben ist. Solche Faltenformen sind in QSch oder GSch weniger gut als in Anschauungsbildern zu erkennen. Der einfache Grundriß kann keine Auskunft über das gesamte Faltenbild geben, da nur *eine* Schicht zu Gesicht gebracht wird und nicht verschiedene stratigraphische Horizonte, deren Falten wir vergleichen wollen. Die Abbildung 64 würde, wenn ihre Erläuterung fehlte, zu irriger Auffassung führen, nämlich zur Ansicht von einer Intensität, die nur geographisch bedingt ist. Die drei Mulden- und Sattellinien nehmen im linken Teil der Abbildung ihren Anfang; sie gelten also im wesentlichen für die liegenden Schichten, die im rechten Teil nach oben gehoben sind. Das Ansteigen des Muldentiefsten und Sattelhöchsten beträgt nur etwa 18°.

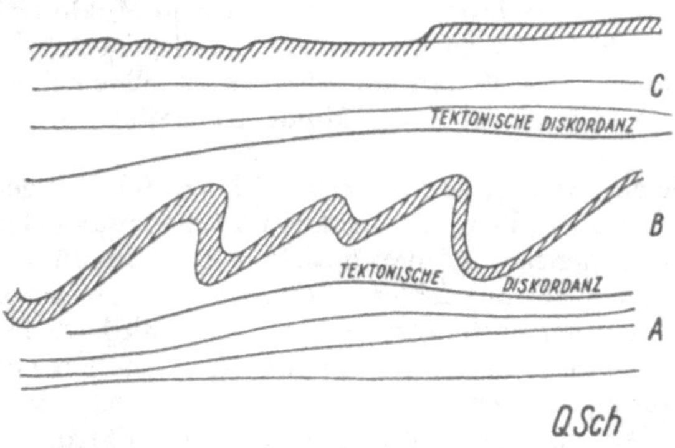

Abb. 65. Tektonische Diskordanz. Stockwerkstektonik

e) Tektonische Diskordanz, Stockwerkstektonik

Bezüglich der Arten der *Diskordanzen* beschränken wir uns auf knappe Hinweise:

1. Schichtungsdiskordanzen sind primären Ursprungs, ohne tektonische Störungen.
2. Denudationsdiskordanzen treten sekundär und ohne tektonische Störungen auf.
3. Tektonische Diskordanzen sind sekundär entstanden mit tektonischen Störungen.
4. Ablaugungsdiskordanzen treten sekundär und ohne tektonische Störungen in Erscheinung.
5. Faltungsdiskordanzen beruhen auf sekundärer Entstehung; sie weisen tektonische Störungen nach ohne Denudationserscheinungen im Gegensatz zu den ersten Arten.

Tektonische Diskordanzen rufen den *Stockwerksbau* hervor, wie er schematisch in Abb. 65 veranschaulicht wird. Auf *A*-Lagerung folgt oberhalb einer Fläche der tektonischen Diskordanz die Faltung einer Schichtfolge *B* (= Zone der Faltengebirgsbildung). Zwischen *B* und *C* ist ein Ausfall von Schichten (entsprechend obigem Hinweis unter 3) mit Denudationsvorgängen festzustellen, wobei teilweise die Schichten, die am Ausbau von *B* beteiligt waren, abgetragen sind. In *C* liegt die ungestörte Ablagerung weiterer Schichten vor.

f) Das Bild der Querfaltung

Bei der Behandlung der Bewegungsvorgänge und Ausdrucksformen an Falten des rheinisch-westfälischen Steinkohlengebirges sagt W. Nehm (1930), daß bei der heutigen (1930) Beobachtungsweise wenig kennzeichnende Merkmale vorlägen und daß es notwendig sei, nachzuprüfen, ob die Mulden und Sättel tatsächlich zusammenhängende Einheiten auf große Entfernungen hin darstellen, womit die Aufmerksamkeit auch auf Formen gelenkt wird, die man als Querfaltung bezeichnet. Bei darstellenden Aufgaben wird man sich fragen müssen, wie die Querfaltung augenfällig gemacht werden kann. An einfach gebauten Falteneinheiten drückt sie sich im Grundriß durch mehr oder weniger symmetrisches Nähern oder Entfernen der Seigerabstandslinien von der zugehörigen Sattel- oder Muldenlinie aus. Bei einem Sattel, der querschlägig gemuldet wird, nähern sich die gleichwertigen Abstandslinien; bei einer Mulde, die querschlägig gesattelt wird, tritt ein ähnliches Bild auf, jedoch mit entgegengesetzten Fallzeichen. Es ist empfehlenswert, sich diese etwas ungewohnten Formen am hyperbolischen Paraboloid klarzumachen, weswegen wir im Bd. II, III, A, 1, S. 237, eine solche Regelfläche (Sattelfläche auch in der Darstellenden

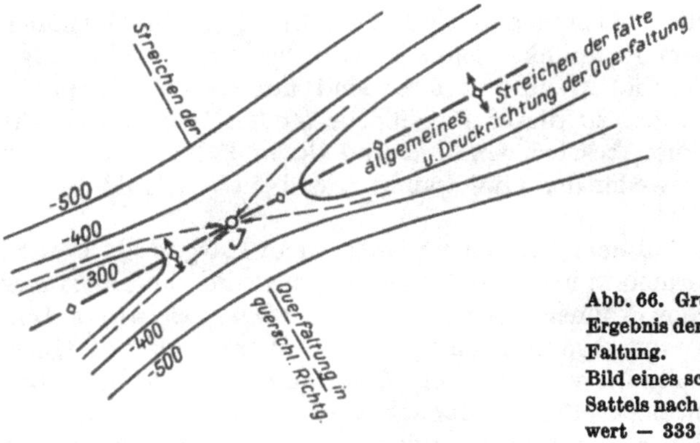

Abb. 66. Grundriß eines querschlägigen Sattels als Ergebnis der Querfaltung einer bereits vorhandenen Faltung.
Bild eines scheinbaren Tauchens des Sattels nach *J* zu. *J* = Jochpunkt mit dem Teufenwert − 333 m

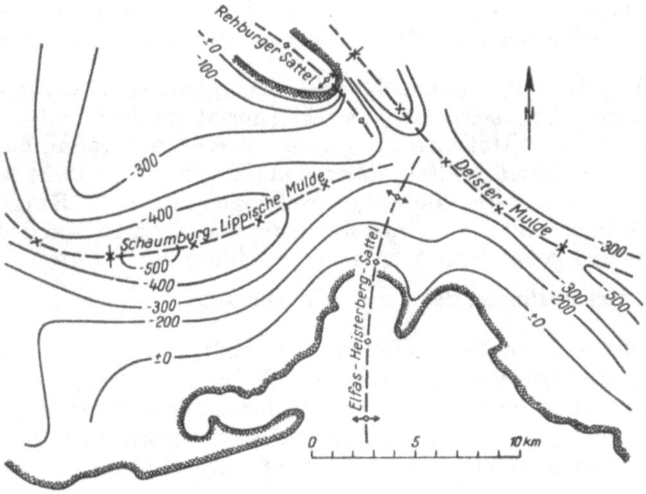

Abb. 67. Querwellung im Gebiet Obernkirchen-Barsinghausen

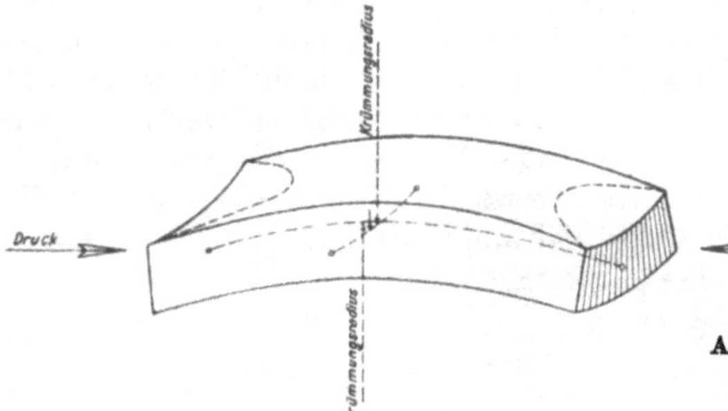

Abb. 68. Querwellung (nach E. Hungerer, 1922)

Geometrie genannt) absichtlich näher behandelt haben. Die $\pm$ 0-Abstandslinien (Abb. 22) kreuzen sich in einem Jochpunkt (dem höchsten Punkt der Paßbildung). Alle anderen Abstandslinien, höhere und tiefere, sind um diesen Jochpunkt herum gelagert. Das Gegenstück zu dieser Regelfläche stellen Körper dar, die durch elliptische Abstandslinien beschrieben sind und deren Fallinien sämtlich durch einen Punkt gehen, entweder den Gipfelpunkt oder bei einer Mulde durch den Muldenpunkt.

Es bedarf eingehender tektonischer Untersuchungen, wenn klargestellt werden soll, ob die angetroffenen Formen in ihrer Anlage zufällig auftreten und mit einer Querfaltung begründet werden können oder ob sie sich zwanglos in das Bild eines relativ einfachen Faltungsvorganges einfügen. Das Wesen der mit Querwellung bezeichneten Faltenbildung wird mit dem Anschauungsbild Abb. 68 verständlich gemacht [E. Hungerer (1922)]. Danach wird die aus dem Gebirgskörper herausgetrennte und für sich veranschaulichte Bank in ihrer Form auf örtlich eng begrenzten Druck zurückgeführt. Bergmännisch bedeutet diese Faltenformerscheinung die Annäherung söhliger Strecken auf einer Schicht in querschlägiger Richtung (vgl. Strichlinien). Das orogenetische Kräftespiel läßt jedoch häufig neben den klaren auch verwickelte Formen entstehen. Sie können

1. in *einer* Phase der Gebirgsbildung gleichmäßig oder auch mehr oder weniger stark ungleichmäßig durch den (seitlichen) Druck geformt werden und — nach der Vertikalen beurteilt — Höhenstufen gegeneinander hervorrufen, die aus einer fast waagerechten Sattellinie Satteltäler und Sattelberge und hierzu Quermulden und Quersättel entstehen lassen. Querwellungen, wie sie F. Hellwig (1952) bei seinen Betrachtungen zur Entstehung der Quersprünge und der Querwellung untersucht und kennzeichnet, sind das Ergebnis;
2. in ihren Formen *verschiedenen* Phasen des Orogens angehören.

Die Gefahr der Verwechslung von Faltenbildern im Grundriß, hervorgerufen durch das Tauchen und Auftauchen von Falten und durch die Querfaltung, liegt besonders im kleinen Raum nahe, im Gegensatz zu den weitläufigen Formen im regionalen Gebiet oder in der Großtektonik. Als regionales tektonisches Beispiel sei hier das Bild der Querwellung im Oberkirchener-Barsinghäuser Gebiet [F. Hellwig (a. a. O., S. 81)] wiedergegeben (s. Abb. 67).

Ein Beispiel für zwei aufeinanderfolgende und damit sich überdeckende Faltungen gibt K. Oberste-Brink (1921) durch seine Untersuchungen auf dem Steinkohlenbergwerk Plötz bei Löbejün (Mitteldeutsche Steinkohle), Abb. 69. Das auf den ersten Blick verwirrend erscheinende Faltenbild wird durch eine etwa NS-gerichtete, sehr flachwellige Faltung (quer zur Achse der Halleschen Mulde, vgl. den NS-Schnitt mit Einfallen, die 20—30° nicht überschreiten) und durch eine zweite Faltung verursacht, die zur ersten senkrecht verläuft (quer zur Achse der herzynisch verlaufenden Mansfelder Mulde, vgl. den OW-Schnitt). Das Gesamtbild, das zudem durch Störungen verwischt wird, würde die durch die herzynische Faltung überdeckte variszische Faltung noch klarer erkennen lassen, wenn das Flöz mit Seigerabstandslinien dargestellt wäre.

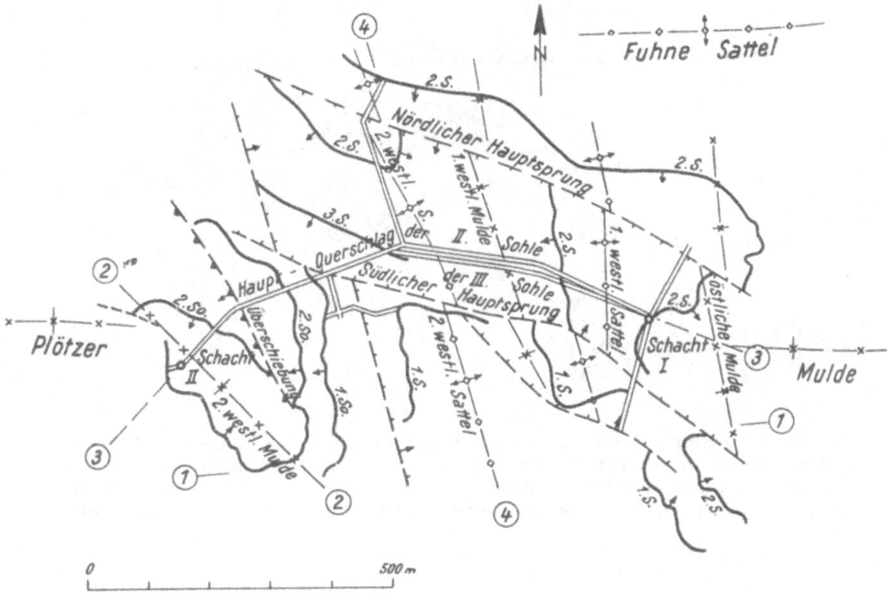

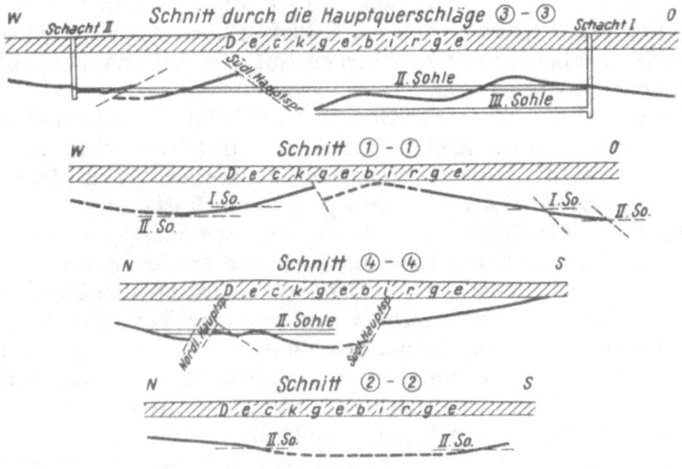

Abb. 69. Sich überdeckende Faltungen (nach K. OBERSTE-BRINK, 1921).
Oben: Sohlengrundriß des Steinkohlenbergwerks Plötz
Unten: Schnitte

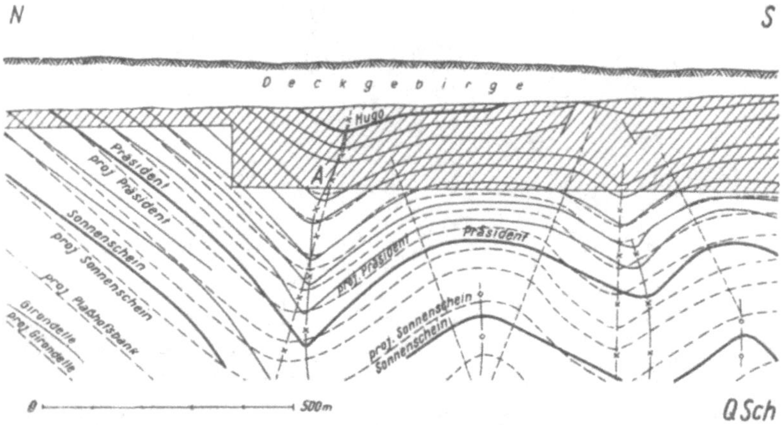

Abb. 70. Unzutreffende, durch ausschließlich geometrische Behandlung sich ergebende Faltenformen. Geschraffter Teil mit eingezeichneten Flözen (Vollinien) zeigt Aufschlüsse, die beim zeichnerischen Entwurf der Flöze (Strichlinien) in größeren Teufen als Anhalt gedient haben. Vollinien im nicht geschrafften Teil entsprechen den Flözen, die später aufgeschlossen worden sind

g) Die mechanischen Faltentypen und das Zeichnen der Falten beim Entwurf der Lagerstätte

Die Aufschlüsse und ihre Darstellung in den Rissen stellen den Ausgang für die Projektierung (das weitere zeichnerische Planen) der Falten dar. Oftmals steht der Markscheider hierbei vor der schwierigen Aufgabe, bei knappen Aufschlüssen wichtige Planungen vorzunehmen.

Es bedarf keiner besonderen Erwähnung, daß beim Entwurf alle erwiesenen und zu Recht bestehenden stratigraphischen und tektonischen Auffassungen über das Gebirge, das die Lagerstätte einschließt, restlose Auswertung und Verarbeitung finden müssen. Darüber hinaus gibt es ein Verfahren, das — meistens für ein Grubenfeld oder für einen noch engeren Ausschnitt — in einem wohlbedachten Zusammenschluß von Erkenntnissen und erfahrungsreicher konstruktiver Tätigkeit besteht. Die in Quer- und Längenschnitten sich bildende, vorerst noch grobe Auffassung der Faltenformen wird von dem Vorliegen ursprünglicher Faltendiskordanzen, von dem Vorhandensein einer Gleichzeitigkeit von Sedimentation und Faltung oder von einer ausschließlich nachträglichen Faltung bestimmt. Nicht zuletzt wird die sich durchsetzende Auffassung von den Eigenschaften der mechanischen Faltentypen beeinflußt.

Zu welchen Fehlprojektierungen eine *ausschließlich geometrische* Handhabung des Entwurfs von Faltenformen führen kann, soll mit Abb. 70 und 71 gezeigt werden. Dazu ziehen wir Querschnitte aus dem Ruhrkarbon heran, die in ihrer ganzen Ausdehnung auf Grund von Aufschlüssen gefertigt vorliegen. Wir benutzen jedoch für die (an sich abzulehnende) rein geometrische Behandlung im Querschnitt nur die Lagerungsformen, wie sie in den oberen Teufen des Schnittes (im geschrafften Teil) dargestellt sind, ferner zeichnen wir unter Anwendung gleicher Flözabstände und unter Benutzung der aus den Aufschlüssen sich er-

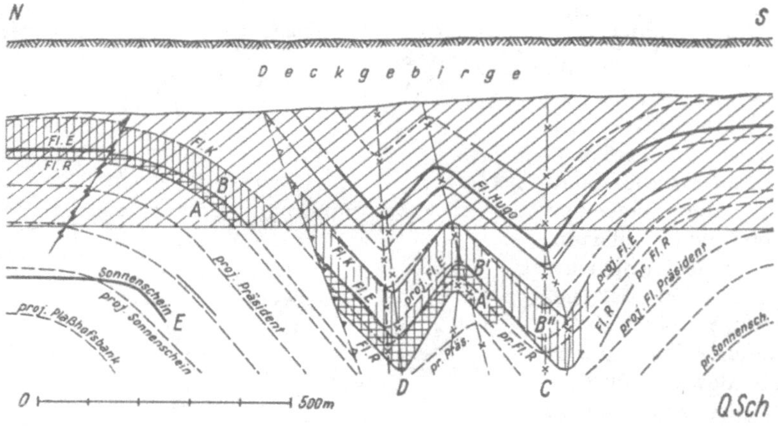

Abb. 71. Unzutreffende, durch ausschließlich geometrische Konstruktion sich ergebende Faltenformen. Erläuterungen s. Abb. 70

gebenden Sattel- und Muldenachsen sowie gewisser Normalen, die aus den Schichtenverbiegungen in den oberen Teufen abzulesen sind, die Flöze in den größeren Teufen, und zwar in Strichlinien. Es lassen sich nun Projektierung und tatsächlicher Aufschluß miteinander vergleichen (Abb. 70). Wir stellen fest, daß die Achsen nach der Teufe zu in NS-Richtung um 80 m und mehr falsch vorausgesagt sind und die Teufenlage der Muldung und Sattelung infolge der Mächtigkeitsunterschiede, an Flöz Präsident beurteilt, um mehr als 70 m und 50 m voneinander abweichen. Die in der Mulde bei *A* sich andeutende Mächtigkeitszunahme ist nicht als örtliche Schwankung zu deuten, sondern kann als das Ergebnis der Gleichzeitigkeit von Sedimentation und Faltung erkannt werden. Eine solche Erkenntnis würde Veranlassung gegeben haben, die Mulde tiefer einzuzeichnen, als eine „bloße Geometrie“ es erscheinen läßt.

Im zweiten Fall (Abb. 71) haben wir im Norden eine große und ruhige, im Süden eine lebhaftere Faltung vorliegen und wollen nun unter Anwendung des gleichen geometrischen Verfahrens und unter Benutzung derselben Zeichengebung wie in Abb. 70 die offensichtlichen Mängel aufzeigen. Dazu vergleichen wir wiederum die Vollinien und Strichlinien und stellen fest, daß die Vergenz der Faltenachsen hätte besser erfaßt werden können, die Faltungstiefenstufe über *D* und *C* hätte Berücksichtigung finden müssen, und daß außerdem noch Mächtigkeitsschwankungen in die Projektierung hätten hineinverarbeitet werden sollen. Besonders gut erkennbar sind diese Schwankungen einer nach Süden zunehmenden Mächtigkeit, und zwar an den Stellen *A* und *A'* sowie an den Stellen *B*, *B'* und *B''*. Bei *E* liegt ein unmotiviertes Verhalten von Flöz Sonnenschein vor.

Die Bildung der Falten ist mit der Vorstellung eines Druckes, vornehmlich eines solchen in Tangentialrichtung verbunden. Daneben bestehen die Möglichkeiten des Gleitschubes und der Faltung im Trog (Abb. 72) [K. LEHMANN (1919, 1920)]. Mit der Genetik verknüpft bleibt stets die Frage nach der Mechanik, wobei wiederum der Verfestigungsgrad (mobil, plastisch, fest) eine bedeutsame Rolle spielt.

Neben blattparallelen Falten unterscheidet man noch Hohldruckfalten. W. Nehm (1942), S. 65, setzt für die blattparallele Faltung voraus, „daß im Verlauf der Faltung die Mächtigkeiten der einzelnen Schichten gleich bleiben, so daß jede einzelne Schichtfläche gegenüber der benachbarten zu einer Bewegungs- oder Gleitfläche werden muß. Beweise für diese Bewegungen sind die in Faltengebirgen häufigen Harnisch- und Rutschflächen". Bei der Hohlformdruckfaltung, wie sie E. Seidl (1933) darstellt, bleibt dagegen eine Gleitbewegung von Schichtflächen durch eine — wie man sich vorstellen kann — randliche Blockierung ausgeschlossen. Keilförmiges Ausweichen (Störungen nach der Art der Wechsel) und Aufblättern von Schichten (mit der Möglichkeit der Massenwanderung), besonders in den Faltenwendungen, sind Erscheinungen, die dem Faltenbild das grundlegende Gepräge geben.

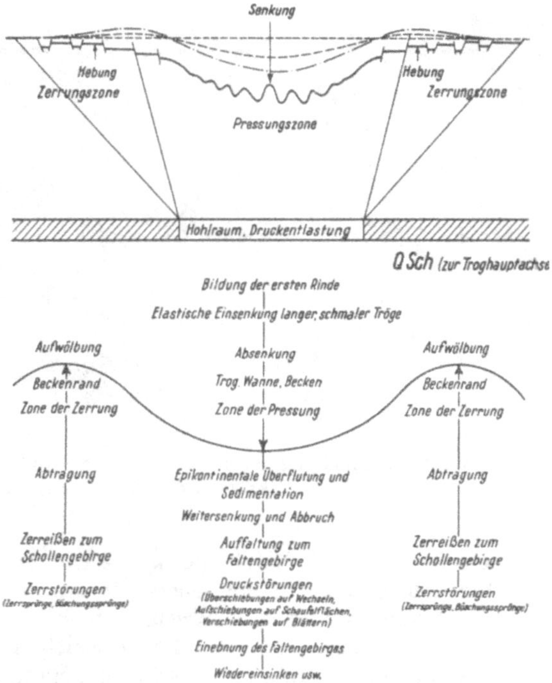

Abb. 72. Bewegungsvorgänge bei der Trogbildung (nach K. Lehmann, 1919/20)

An Hypothesen für Ursache und Kräfteumsatz in großräumigen tektonischen Gebilden hat es nicht gefehlt; diese auf ihren Wert zu prüfen, ist nicht unsere Aufgabe. Dagegen erscheint es angebracht, zwei Erklärungsversuche, die wir oben schon im Zusammenhang mit K. Lehmann (tektonische Vorgänge an geologischen Trögen) und E. Seidl (Hohlformdruck-Tektonik) erwähnt haben, kurz zu skizzieren.

Ausgehend von rezenten Trogbildungen vergleicht K. Lehmann (1919, 1920) die genau erfaßbaren Bewegungsvorgänge über den Abbauflächen, die sich im Senkungsfeld — dem Trog — abspielen. Unter der Annahme der dem Abbauhohlraum entsprechenden Druckentlastung (gleichbedeutend einer elastischen Einsenkung oder einer Absenkung) entstehen Tröge (Geosynklinalen), die an den Rändern von Hebungen begleitet sein können. Der mittlere Bereich des Troges wird zur Druckzone, in der es zur Faltung der Schichten und zu typischen Druckstörungen (Wechsel, Auf- und Verschiebungen) kommt. Dabei passen sich Faltungsstreichen und Wechselstreichen dem gestreckt verlaufenden Troggrund an. Die Trogränder sind das Feld der Zerrkräfte. Sie erzeugen Brüche. Das tektonische Erscheinungsbild ist, hervorgerufen durch Zerr- und Böschungssprünge, das Schollenbruchfeld.

Unter Benutzung der K. LEHMANNschen Abbildungen ist das Grundsätzliche der Trogtheorie in Abb. 72 zusammengefaßt. In der „Hohlformdruck-Tektonik" [E. SEIDL (1933[1,2])] bilden weniger die Kräfteursachen (die Anlage) das Thema als die „technisch-mechanisch-tektonische Grundlage" (für die Gestaltung) der Formen. Die Auffassungen werden nicht in geringem Maße von den Bruch- und Fließformen der tektonischen Mechanik (1933) gelenkt und spiegeln Versuchsergebnisse wider, wie sie in Anlehnung an sehr frühe amerikanische Arbeiten [B. WILLIS (1891/92)], an andere geologische Experimentatoren, an die K. LEHMANNschen selbst und an die Technische Mechanik [C. BACH und O. GRAF (1912)] gewonnen werden.

Hohlformdruck, der an der konkaven Seite auftreten kann, wird für die „Blockkrümmung" und „Blockfaltung" erörtert, und zwar unter gewissen Voraussetzungen, wie für „Einschichtkörper (Blöcke)", verschiedenartige Belastungen und Drucke, Blockierungen usw. Beide Formen verknüpfen sich häufig zu Mischformen.

Blockkrümmung wird durch Abb. 73 erklärt. Die konvexe Seite wird gedehnt und reißt, die konkave Seite wird gepreßt und drängt keil- oder halbkeilförmige Teile (auf Überschiebungsflächen) heraus.

Blockfaltung wird durch Abb. 74 erläutert. An der konkaven Seite bildet sich in der Hohlformdruckzone eine Aufblätterungsfalte. Beispiele (im QSch) aus Faltengebirgsaufschlüssen (Appalachen, Ruhrkarbon) zeigen auffallende Ähnlichkeit mit beiden Formen oder deren Mischung. So sind jüngere Schichten in der fraglichen Zone durch Blockfaltung stärker gefaltet als die übrigen gefalteten älteren Schichten. Aus der einfachen Faltung blattparalleler Schichten entsteht in einer zweiten Phase die Mischform einer Hohlformdruckfaltung (Abb. 75), bei der ein Halbkeil auf eine Überschiebungsfläche herausgestoßen wird und Knitterung sowie Faltung des Wechsels eintritt (Ruhrtyp). In weiteren Beispielen werden Fälle an Mulden- und Sattelflanken gekennzeichnet und im Vergleich (insbesondere mit Aufschlüssen am Gelsenkirchener Sattel, Ruhrkarbon) als Folge des Hohlformdruckes erklärt. Das am Ende des Faltungsvorganges vorliegende *Faltenbild* als Summe der Erscheinungen kann von verschiedenen Faktoren bestimmt werden. Es wird von der *Art*, *Zusammensetzung* und vom *Aufbau der Gebirgsmasse* beeinflußt, ferner von den Kräften, die die Gebirgsmasse formen. Indessen dürfen, obgleich das selten in dieser Ausschließlichkeit zutrifft, nur diejenigen Kräfte in Ansatz kommen, die eine Faltung im freien Spiel hervorrufen. Anders als in dieser getrennten Beobachtungsweise lassen sich die Erscheinungen in ihren Grundformen nicht erläutern.

Hinsichtlich der Art und Zusammensetzung ist daran zu denken, daß alle Arten der Gesteinsmasse zur Zeit der Faltung auch alle Grade der Verfestigung besessen haben konnten, angefangen von der fließenden über die plastische bis zur festen Beschaffenheit, und daß ferner die Anordnung dieser so qualifizierten Massen ebenso verschiedenartig ist. Hier können die Schichten oder Lagen innerhalb des Raumes, dem die Beobachtung gilt, sowohl gleichförmig wie uneinheitlich gelagert sein. Bei einer Gleichförmigkeit, also zum Beispiel bei Parallelschichtung sich gleichartig verhaltender Sedimente ist die Verfolgung des Faltungsvorganges wohl am leichtesten, denn das Bild kann schon *vor* einer sonst notwendig werdenden Entschleierung richtig erkannt werden. Liegen aber nach dem Grad ihrer Verformbarkeit sehr unterschiedliche Gesteine vor, so wird das Faltenbild selbst beim einfachsten Kräfteplan unregelmäßig ausfallen. Man braucht sich nur vorzustellen, daß Gesteine mit hoher Festigkeit in solche geringerer Festigkeit ausweichen oder diese bis zu einem gewissen Grade verdrängen. Während zum Beispiel bei völlig gleichmäßigem, waagerechtem Seitendruck parallele Schichten zu einer symmetrischen Falte aufgerichtet werden müßten, wird durch die Anwesenheit einer ungleich festeren Gesteinsschicht die Idealform gestört. Übersieht man eine solche Tatsache, so müssen auch die Folgerungen unrichtig werden. Ähnlich liegen die Dinge, wenn eine Schicht, sei es im Liegenden oder im Hangenden, bereits vor der Faltung eine Veränderung erfahren hat. Unterschiedliche Setzungsmaße in den Sedimenten und Denudationsvorgängen kurz nach erfolgter Bildung der Schicht bringen Formen hervor, die von den erwarteten Faltenbildern abweichen. Schließlich muß darauf hingewiesen werden, daß der Faktor Zeit ausschlaggebend mitwirkt, wenn sich Faltung und Sedimentation im gleichen Zeitraum abspielen.

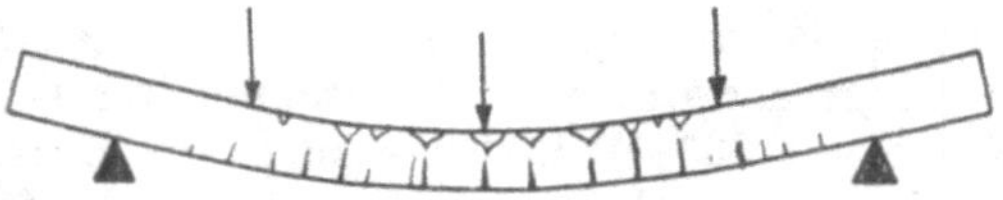

Abb. 73. Blockkrümmung zufolge Biegung. Versuch C. Bach und O. Graf, nach E. Seidl, 1933. Belastung eines Stahlbetonbalkens (= Einschichtkörper oder geschichteter Körper, der sich wie ein Einschichtkörper verhält), unversehrte Schenkelstücke, im Krümmungsstück an der konvexen Seite Querrisse, an der konkaven Seite Druckkeile infolge Hohlformdrucks

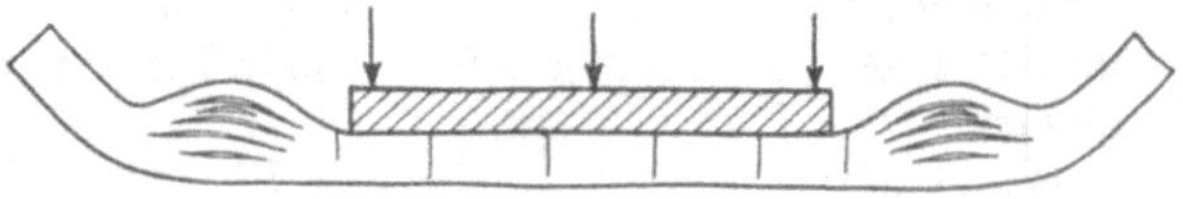

Abb. 74. Blockfaltung zufolge Krümmung. Versuch E. Seidl, 1933. Papierstoß (= geschichteter Körper) mit blockierten Schenkelenden und belastetem flachen Mittelstück, Aufblätterungsfaltung infolge Hohlformdruck

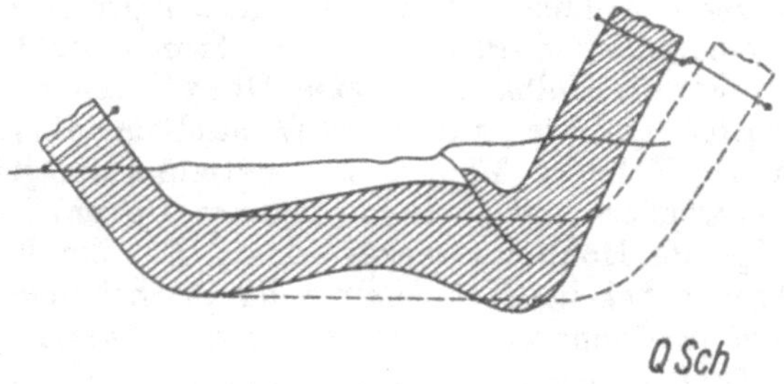

Abb. 75. Mischform der Blockfaltung und Blockkrümmung in Steinkohlenmulden (nach E. Seidl, 1933)

Zur Klärung einer solchen Frage ist der Raum auf seine Mächtigkeitsschwankungen von Schicht zu Schicht und von Stufe zu Stufe zu untersuchen, und zwar notwendigerweise so, daß die Mächtigkeiten, dargestellt in Wertlinien (Bd. II, S. 366), die Falten flächenhaft nach allen Seiten überdecken. Seinerzeit sind im Streit um die Sedimentation und Faltung und um das hypothetische variszische Hochgebirge im Ruhrbezirk [H. Böttcher (1942), K. Oberste-Brink (1933, 1943)] vom zweiten Autor Flözlagerung und Zwischenmittel (Flöz Sonnenschein — Dünnebank, Flöz Dünnebank — Dickebank, Flöz Mausegatt — Plaßhofsbank und bei M. und R. Teichmüller (1950) für Flöz Sonnenschein bis Katharina), allerdings in sehr kleinem Maßstab mit Linien gleicher Mächtigkeit für den Karbontrog dargestellt worden.

Mit Hilfe solcher, jedoch großmaßstäblicher tektonischer Pläne (vgl. Abschnitt IV, B, 8) hat man zunächst einmal aus dem bekannten Raum heraus die Tendenzen festzustellen, gegebenenfalls unter vorherigem Ausglätten die Wertgefälle (vgl. Bd. II, 3, S. 366) zu ermitteln. Diese Erkenntnisse sollen zuvor erarbeitet sein, um mit dem Zeichnen der Falten beim Entwurf (bei der Projektierung) der Lagerstätten zu beginnen. Erst dann, wenn keinerlei Hinweise gegeben sind, muß die geometrische Handhabung Platz greifen.

Es ist Aufgabe der Großraumtektonik, die Voraussetzungen zu klären und die Gesamtanlage des Kräfteplanes zu deuten oder zu ermitteln. Für den regionalen Raum, also innerhalb der Grenzen, in denen für die Gewinnung der Lagerstätte eine exakte Bearbeitung erfolgen muß, sind vornehmlich analytische Wege zu beschreiten.

Obgleich man von der Tatsache ausgehen muß, daß die Kräfte, gleich welche Ursache sie besitzen, verschiedenartig gerichtet sind und damit die Falten auch jede nur denkbare Form annehmen können, empfiehlt es sich, einer systematischen Betrachtung wegen von einfach gelagerten Fällen auszugehen.

Zur Veranschaulichung der „blattparallelen Faltung“ kann man sich einen Stoß Papierblätter vorstellen. Wird ein solcher waagerecht liegender Stoß lotrecht von unten her punkt- oder linienförmig (in Richtung der Sattellinie) nach oben gedrückt, so wird über dem Punkt oder der Linie keine Lageveränderung der einzelnen Blätter gegeneinander eintreten, jedoch seitlich davon müssen sich die Blätter untereinander verschieben; theoretisch müßte das soweit eintreten, wie die Blätter sich waagerecht ausdehnen. Ein solches blattparalleles Verschieben findet aber sehr bald seine Grenzen, wenn die Reibung zwischen den Blättern die Bewegung aufgezehrt hat oder wenn bereits andere Falten vorhanden sind. Insoweit muß daraus abgeleitet werden, daß eine blattparallele Faltung nur innerhalb begrenzter Räume Geltung hat. Ihre Charakteristik kann deshalb nur in einer Form festgehalten werden, wie es mit Abb. 76, Fig. b, [H. Cloos (1936)] für eine konkordante Lagerung geschehen ist. Interessant ist hierbei die Verstellung der Normalen, der Senkrechten auf den vormals söhligen Schichtflächen. Sie erhalten bei paralleler Schichtung ohne irgendwelche Blockierung Faltenformen, wie sie in Abb. 77 gezeigt werden. Der geographische Ort eines Lotpunktes, der für die ursprüngliche Mächtigkeit maßgebend ist, wird in den Schichten *nach* der blattparallelen Faltung verschieden verlagert, was wiederum für die Ermittlung der stratigraphischen Mächtigkeit von nicht geringer Bedeutung sein kann [O. Haibach (1948²), S. 25ff,; Bd. II, S. 291ff; „Der Deutsche Steinkohlenbergbau“, 2. Band (1956), S. 227ff.)]. Zur blattparallelen Faltung äußert sich u. a. W. Nehm (1930; 1942, S. 65) und kennzeichnet den Vorgang so, daß jede einzelne Schichtfläche gegenüber der benachbarten zu einer Gleitfläche werden muß. Die häufigen Harnisch- und Rutschflächen seien die Beweise dafür.

Weitere Formen der mechanischen Faltentypen werden in Abb. 76 Fig. *c* und *d* [H. Cloos (1936)] gegeben, die einerseits eine *Beulung*, andererseits eine *Scherfaltung* hervorrufen. Es wird jedoch die Regel sein, daß, abgesehen von reinen Formen, auf kleinem und kleinstem Gebirgsraum immer Mischungen auftreten.

Wir knüpfen an den Fall der parallelen Schichtung, ohne Blockierung (Abb. 77), an und lassen nun eine ganze Falte (Sattel und Mulde) entstehen. Schon bei etwas stärkerer Verbiegung tritt für die blattparallele Faltung eine Blockierung ein, und die Möglichkeit für das Verschieben der Schichtflächen gegeneinander wird immer mehr eingeschränkt (Abb. 78).

Unter der Vielzahl der Möglichkeiten mag noch ein Fall herangezogen werden, der mit Abb.79 erläutert wird. Die Schichten sind im Falle der Figur *a* auf der linken Seite blockiert; das soll heißen, daß in diesem Bereich eine blattparallele Faltung nicht mehr möglich ist. Der Punkt P wandert infolge waagerecht wirkenden Druckes nach P'.

Neben einer Aufwölbung stellt man auf dem linken Flügel des Sattels bei A bis D zunächst keine blattparallelen Verschiebungen fest, bei A' bis D' erreicht sie ein Höchstmaß, wie aus dem Vergleich der Normalen zu erkennen ist. Hinzu tritt in diesem Bereich eine scheinbare Mächtigkeitszunahme durch „Schichtverformung“ des Gefüges zwischen den blattförmigen

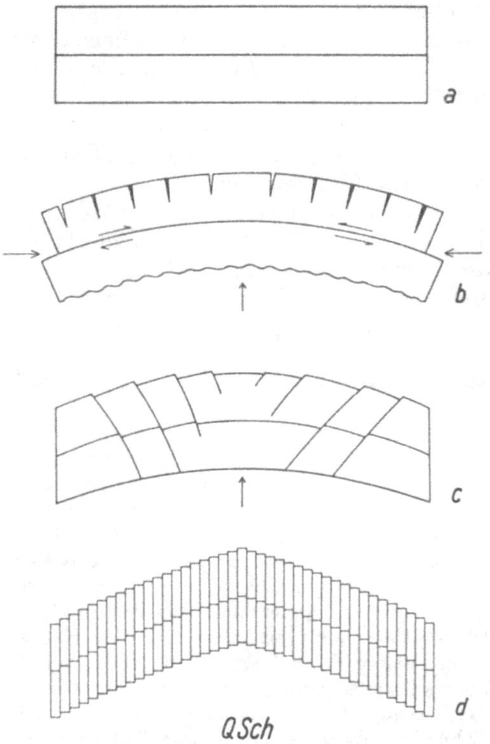

Abb. 76. Die mechanischen Faltentypen (nach H. CLOOS, 1936)
a) Söhlige, parallele Schichtung
b) Blattparallele Faltung der Lagerung von a
c) Beulung
d) Scherung

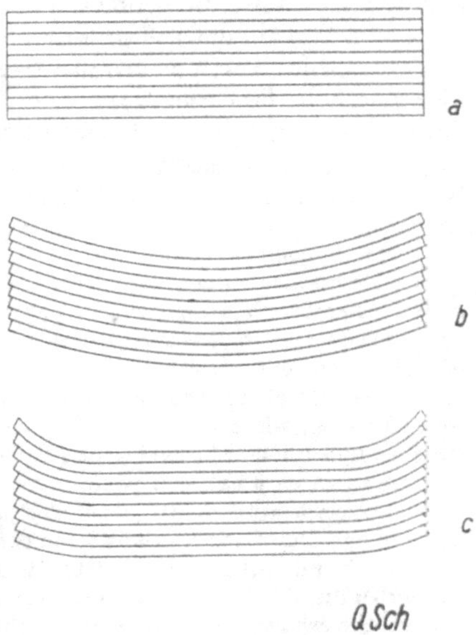

Abb. 77. Blattparallele Faltung paralleler Schichtung ohne Blockierung in QSch

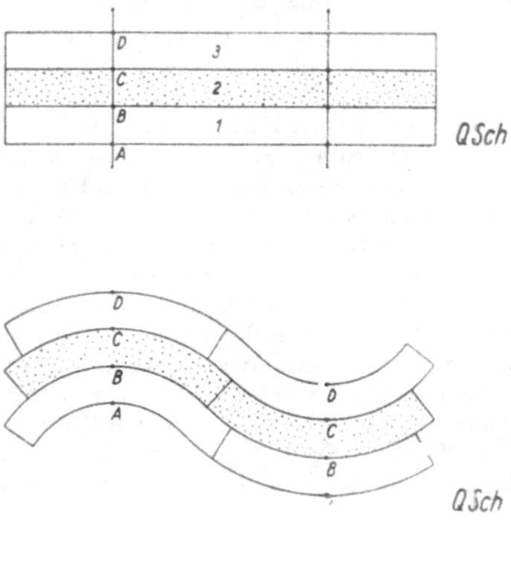

Abb. 78. Konkordante Lagerung bei blattparalleler Faltung (ohne irgendeine Scheitelverlagerung). Blockierung im Augenblick der beginnenden Faltung. Punkte *A* bis *D* behalten ihre Lage im Raum

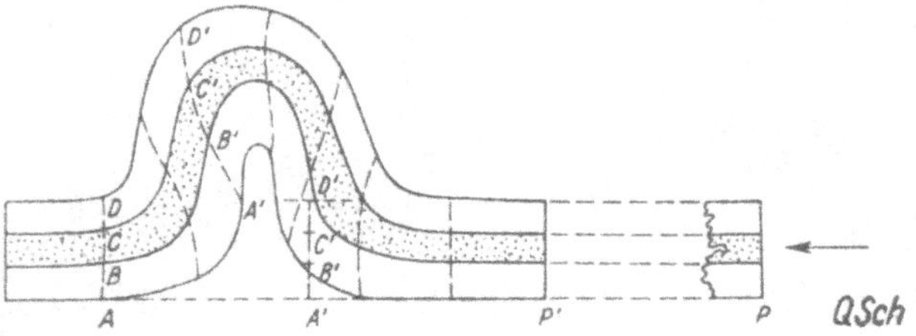

Abb. 79 a. Konkordante Lagerung. Völlige Blockierung links. Blattparallele Faltung nur zum Teil möglich

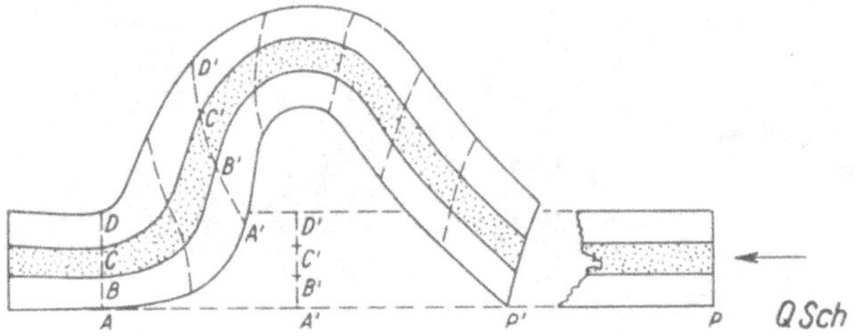

Abb. 79 b. Konkordante Lagerung. Völlige Blockierung links, Blockierung rechts. Blattparallele Faltung nur zum Teil möglich

Schichten, die etwa 20 v. H. beträgt. So lehrt es der Versuch, der allerdings unvollkommen ist, weil er nur mit einer schmalen Schichtenfolge ausgeführt werden kann.

In Figur *b* der Abb. 79 gehen wir von dem gleichen Schichtenpaket aus, jedoch mit dem Unterschied, daß durch irgendwelche Gründe auch auf der rechten Seite eine blattparallele Verschiebung verhindert ist. Auf dem linken Flügel des Sattels gleicht das erzeugte Bild fast ganz dem Bild der Figur *a*; nur ist die Verbiegung noch stärker und ähnelt der auf dem rechten Flügel des Sattels. Auch die Normalen auf dem linken Sattelflügel zeigen annähernd gleichen Verlauf. Im Kern des Sattels liegt im Fall der Figur *a* geringerer und im Fall der Figur *b* kaum noch Platz vor, so daß angenommen werden kann, daß die Masse, die im Kern nicht ausweichen kann, die im Versuch sich zeigende „Schichtverformung" auf dem Flügel wenigstens zum Teil wieder zusammendrückt. Damit treten voraussichtlich die in den Abbildungen gezeigten Faltenbilder in so krassen Formen doch wohl nicht auf. Immerhin sind die Versuche, wie wir sie mit einem Stoß Papier angestellt haben, geeignet, die Vorstellung zu erleichtern, genauso wie es nützlich ist, mit knetbaren, verschieden gefärbten Massen („Schlammkuchen") den Faltungsvorgang [W. PAULKE (1912), H. CLOOS (1929)] zu veranschaulichen, wobei wiederum zu beachten ist, daß ein blattparalleles Gleiten nur in ganz beschränktem Umfang erfolgen kann.

Bisher behandelten wir einige Faltenbilder, bei denen konkordante Lagerung und Parallelschichtung vorlagen. Es liegt nahe, nun auch nichtparallele Schichtung zu verfolgen. Dabei wird eine neue Erscheinung festgestellt, die man mit *Scheitelverlagerung* zu bezeichnen pflegt. Hierzu mag Abb. 80 dienen. Sie stellt im QSch eine Schichtenfolge dar, deren Schichten 1, 2 und 3 zwar konkordant gelagert sind, die Schichtung verläuft aber nicht parallel. Wird das Schichtenpaket gefaltet — wir nehmen gleichfalls eine blattparallel-ähnliche Faltung wie in Abb. 78 an —, so werden die Schichtflächen verschieden stark gekrümmt. An der gegenseitigen Lage der Punkte A bis D wird eine Erscheinung erkennbar, die besonderes Augenmerk verdient: Die Scheitel erscheinen bei nichtparalleler Schichtung erheblich verlagert. Demzufolge können die Sattelhöchsten und Muldentiefsten der Schichten nicht mehr gemeinsamen Achsenflächen angehören. Sehr augenfällig wird das in der Mulde bei den Punkten B' und C'. Leicht einzu-

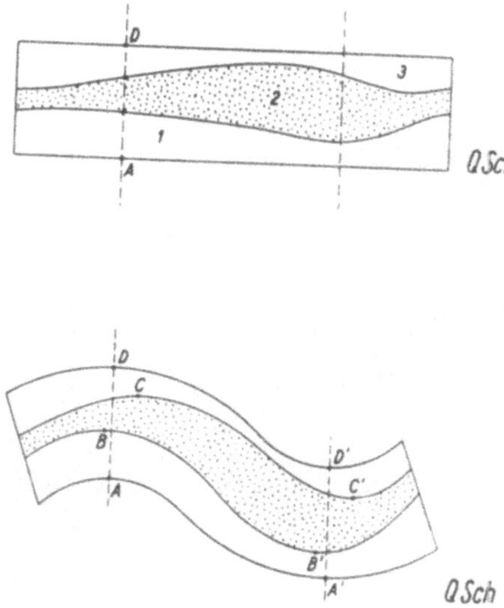

Abb. 80. Konkordante Lagerung bei blattparalleler Faltung mit Scheitelverlagerung infolge nichtparalleler Schichtung.
Oben: ursprünglich söhlige Lagerung
Unten: gefaltete Schichten

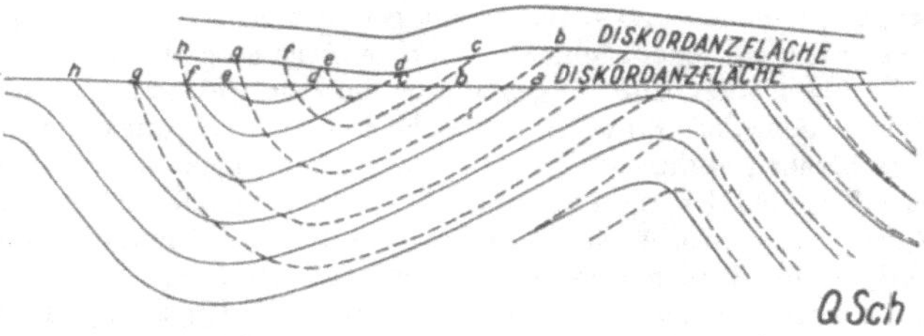

Abb. 81. Weiterfaltung eines diskordant überlagerten Rumpfes (nach K. Krejci-Graf, 1956)

sehen ist, daß auch infolge etwaiger Mächtigkeitsschwankungen der Schicht 2 die Sattel- und Muldenlinien in der Streichrichtung abweichende Lagen aufweisen werden. Gegebenenfalls dürfte es möglich sein, diese Tatsache zur Analysierung des Faltenvorganges zu benutzen.

Wir führen noch eine weitere Möglichkeit der Scheitelverlagerung an, wie sie bei Weiterfaltung eines diskordant überlagerten Rumpfes in Erscheinung tritt. Sie wird mit Abb. 81 erläutert. K. Krejci-Graf (1956, S. 142) kennzeichnet diesen Vorgang folgendermaßen: „Charakteristisch ist ..., daß in dem diskordant überlagerten Untergrund die ältesten Schichten nicht mehr der höchsten Aufwölbung der Diskordanzfläche, sondern unter der vorlandwärtigen Flanke dieser Diskordanzfläche auftreten.“

Wir wollen das Kapitel nicht abschließen, ohne auf die Bedeutung der richtigen Erfassung der Faltenformen nochmals hinzuweisen. Betriebliche und wirtschaftliche Überlegungen fußen auf einer exakten Wiedergabe der Lagerungsverhältnisse. Die betrieblichen Maßnahmen müssen sich daher als um so sicherer erweisen, je mehr Sorgfalt auf die Grundlagen verwandt ist.

In rechtlicher und wirtschaftlicher Hinsicht ist die Erfassung der Faltenformen dann wichtig, wenn die Gewinnung der Mineralien mit der Berechtsame und diese wiederum mit der Form der Lagerstätte aufs engste verbunden ist, wie das bei den gestreckten Feldern (Längenfelder, Abschnitt II, B, S. 140ff.) die Regel ist.

Mit Ausnahme des Begriffes des „Feldpunktes“ hängen alle anderen Begriffe, wie Vermessungslinie, Maaßen (Längenerstreckung des Feldes in der Streichrichtung), Vierung, Kopfmarkscheide, ewige Teufe (Begrenzung des Feldes nach der Teufe, die Mulde) u. a. mit der Form der Lagerstätte zusammen. Diese ist aber, wohlgemerkt, meistens nur zu einem Teil aufgeschlossen und in ihrem größten Teil der Form nach nur „geplant“. Die rechtliche und wirtschaftliche Bedeutung dieser „tektonischen Planung“ dürfte dafür besonders einleuchtend sein. Ähnliches gilt auch für die Geviertfelder.

Sofern das Auftreten und die Anreicherung des Minerals an bestimmte Faltenformen gebunden sind, wie das in ausgeprägtester Form bei den Erdöllagerstätten der Fall ist, wird sich die tektonische Bearbeitung auf die Erfassung, Wiedergabe und Projektierung der Formen zu konzentrieren haben. Wir müssen auch an dieser Stelle noch hervorheben, daß keine lagerstättenkundliche Frage aus einer einzigen Fachrichtung heraus für sich allein beantwortet werden kann, sondern daß es stets eines Zusammenschlusses möglichst vieler Erkenntnisse und Erfahrungen bedarf.

h) Ermittlung der Faltungsintensität

Die Faltungsintensität, eine Größe für den Grad der Verformung, die eine Schicht oder eine Schichtenfolge durch den Faltungsvorgang erfährt, ist selbst in einem engbegrenzten Raum nicht gleichbleibend; sie ist unterschiedlich in den Streichrichtungen und in den Teufenlagen, und sie kann auch für einen bestimmten stratigraphischen Horizont Geltung haben. Für die Bestimmung ist zuweilen eine tektonische Aufgliederung des Gebirges nötig, wenn beiderseits von Störungsflächen unterschiedliche Faltungsstärken zu erkennen sind. Schub- und Sprungweiten werden in Ansatz gebracht.

Es kann sich überdies um genaue oder um grobe Ermittlungen handeln, bei letzteren um Durchschnittswerte für größere Gebirgsausschnitte. Für die Ermittlung gibt es zwei Wege:

a) Die Intensität läßt sich im *Schnitt* durch Gegenüberstellung der Länge der ungefalteten, waagerechten Schicht mit der wiederum waagerecht gemessenen Länge der gefalteten Schicht ausdrücken oder besser noch zu Vergleichszwecken durch Prozentzahlen.

In Abb. 82, die einem Schnitt gleichkommt, liegt eine söhlige Schicht AB vor; sie ist 100 Einheiten lang. Ihre Faltungsintensität ist 0%. Schon bei einer Längenverminderung von fünf Einheiten liegt eine deutliche wellenförmige Faltung vor. Für $A'B'$ wird eine Faltungsintensität von 5% anzugeben sein. $A''B''$ veranschaulicht das Bild für eine Faltungsintensität von 40% und $A'''B'''$ eine solche von 75%. Zu den mit Zirkel und Maßstab aus Schnittrissen ermittelten Größen, die man rechnerisch mit

$$x\% = \frac{(l - l')\,100}{l}$$

erhält, gehören noch verschiedene Angaben:

1. die Streichrichtung, für welche die Intensität gilt,
2. der örtliche oder regionale und
3. der teufenmäßige Gültigkeitsbereich.

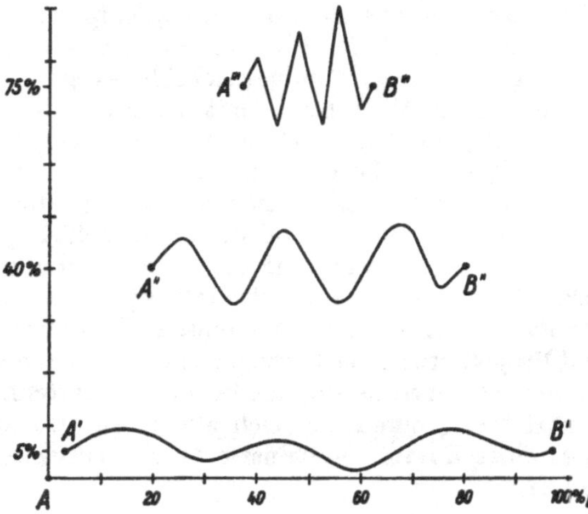

Abb. 82.
Erläuterung der Faltungsintensität

Bei 1. kann es sich um die Längen- oder Querfaltung handeln, bei 3. um die Faltungsintensität nach der absoluten Teufe, nach der stratigraphischen Stellung, nach der Faltungstiefenstufe oder für die etwa vorliegende Stockwerksfaltung. Liegen im Schollengebirge erhebliche Verkippungen vor, so können bei der Ermittlung der ursprünglichen Faltungsintensität leicht Fehler auftreten. In lotrechten Schnitten wird die ursprüngliche Faltung erst dann richtig erkannt, wenn die Schicht vorher transformiert wird. Gerade bei der Ermittlung schwacher Faltung verdient diese Tatsache nicht übersehen zu werden.

Die Faltungsintensität ist mit Vorteil bei der Untersuchung des Störungscharakters heranzuziehen. Bestimmt man den Grad oder auch die Grade der Schichtenverformungen beiderseits einer Querverwerfung, also im Hangenden und Liegenden der Störung, so besitzt man vergleichbare Werte, die gegebenenfalls darauf hinweisen, daß der Verwerfer eine Abscherungsfläche darstellt. Wir nehmen an, in Abb. 82 gäbe $A''B''$ das Bild der Faltung im Liegenden und $A'''B'''$ das Faltenbild im Hangenden der Störung an. Es besteht dann das Verhältnis von 40 : 75. Abgesehen davon, wie wichtig diese Feststellung für die Störungsdeutung ist, mag auch das Verhältnis $\frac{40}{75} = 0{,}533$ von besonderer Bedeutung sein, wenn der Mineralreichtum beiderseits der Störungsfläche erörtert werden soll.

b) Das erste Bestimmungsverfahren mit Hilfe von Schnitten genügt in den meisten Fällen für die geologisch-lagerstättenkundlichen Zwecke und technischen Bedürfnisse. Benötigt man genauere Werte für die Faltungsintensität, die nunmehr für die Fläche, zum Beispiel für eine Flözfläche gilt, so muß man zum Grundriß greifen.

Die Bergbaukunde begnügte sich früher[1]) im allgemeinen bei der Einteilung der Lagerungsformen bezüglich des Einfallens mit den Lagerungsgruppen steil, mittelsteil und flach und legt diese mit Gradzahlen fest. Das sagt aber noch nichts über den Wechsel des Einfallens und noch weniger über die Häufigkeit der Ände-

[1]) Heutige genormte Einteilung der Lagerung nach dem Einfallen s. S. 424.

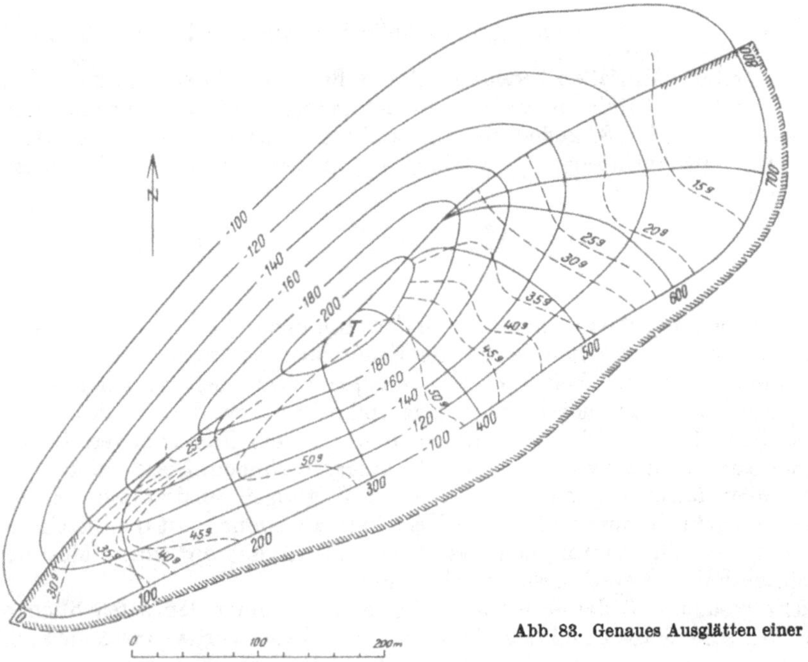

Abb. 83. Genaues Ausglätten einer Teilfalte

rungen aus. Eine Vergleichsmöglichkeit und einwandfrei gute Charakterisierung der Flözflächen erhält man, wenn man die Oberfläche des Lagers, das Liegende beispielsweise zur grundrißlichen Projektion des Lagerausschnittes in Beziehung setzt. Die Oberfläche (F_o) entspricht dabei dem ursprünglichen, ungefalteten Flöz, die grundrißliche Ausdehnung (F_G) dem Flöz im Faltungszustand. Wenn man die Größe einer Fläche *nach* erfolgter Ausglättung (Zurückfaltung) genauer bestimmen will, muß zunächst eine Begrenzung der Fläche vorgenommen werden. Das kommt praktisch einer Oberflächenbestimmung graphischer Flächen gleich, die wir im Bd. II, S. 375, behandelt haben. Beim Ausglätten handelt es sich aber weniger um die Oberfläche, die wir vorher umgrenzt hatten. Man vergleicht gern zur besseren Veranschaulichung eine auf dem Tisch zusammengeschobene Decke, die in der Gestalt des Faltengebirges aufgemessen ist und die alsdann wieder zur Ebene auf den Tisch ausgebügelt wird. Zur Erklärung ist es aber zweckmäßiger, von der Geländeform oder noch anschaulicher, von einem Teich auszugehen, der bis ± 0 etwa angefüllt ist. Eben jene mit Wasser überdeckten Formen (Falten) sind auszuglätten. Das Bett ist durch Seigerabstandslinien dargestellt, ferner mit Wertlinien gleichen Einfallens, wie in Abb. 83 geschehen. Wir suchen den tiefsten Punkt T auf und zeichnen in angemessener Dichte von den Randpunkten in -100 Höhe die Fallinien (Tropfenlinien, Trajektorien zu den Seigerabstandslinien), die in T sämtlich zusammenlaufen. Diese Fallinien sind gemäß den Wertlinien gleichen Einfallens in ihren Neigungen bestimmt. Die Gesamtlänge $[l]$ einer *einzigen* Fallinie setzt sich aus den Teillängen l zwischen den Seigerabstandslinien zusammen $[l] = \frac{S_0}{\cos \alpha}$, wenn S_0 den söhligen Abstand der Seigerabstandslinien und das örtliche Einfallen bedeuten. Die Maße sind auf den Fallinien über die —100-Seigerabstandslinie hinaus bis zu der geforderten Linie abzutragen. Diese geschlossene (in Abb. 83 gefiederte) Umrandungslinie stellt die ausgeglättete Fläche dar. Den Faltungsintensitätswert für die Lagerstättenfläche in Prozenten erhält man nach

$$x\% = \frac{(F_o - F_G)\,100}{F_o}.$$

Da es sich nicht um Regelflächen handelt, sondern um in der Natur vorkommende vielgestaltige graphische Flächen, so ist die Ermittlung mit mehr oder weniger großer Unsicherheit behaftet. Das Verfahren, das jeden Vergleich mit der Ermittlung über Schnittkonstruktionen aushält, mag voll ausreichen, denn man muß in Rechnung stellen, daß sich die Schichtflächen unter dem herrschenden Druck nach Art eines Gummituches auch längen und verkürzen können. Diese Längungen und Verkürzungen fälschen genaugenommen den Faltungsintensitätswert. Es ist noch nicht untersucht, ob mit Hilfe dieser Verfahren zusammen mit den Mächtigkeitsschwankungen (bei ursprünglich paralleler Schichtung) auf einen Massenverschub infolge Faltung geschlossen werden kann.

Es ist nicht gesagt, daß die errechneten Werte nun immer den tatsächlichen Wertmesser für die Faltungsintensität darstellen. Das würde ausschließlich Faltungsvorgänge voraussetzen und sonstige Deformationsvorgänge als nicht vorhanden annehmen.

In neuerer Zeit glaubt man [H. Breddin], „Faltung“ und „Regionaldeformation“ als zwei wesensverschiedene Vorgänge voneinander trennen zu müssen, nachdem man erkannt hat, daß weichere Tongesteine gegenüber härteren Gesteinen sich tektonisch anders verhalten (Gesteinsdeformation). Das Ausmaß der „Regionaldeformation“ läßt sich aus der Verformung von Fossilien errechnen, wobei natürlich die unverformte Gestalt des Fossils und die Lage des Fossils zum Schichtenverband bekannt sein müssen[1]). Wenn nun das aus den Schichtenneigungen errechnete Maß der Verkürzung (z. B. bei geringer, also flacher Faltung von 5°) kleiner ist als das über die Verformung der Fossilien errechnete Maß, so liegt eine Regionaldeformation vor, die ein Vielfaches der Verformung durch Faltung ausmachen kann.

Damit werden zugleich weitere Fragen aufgeworfen: Volumverlust durch Wasserabgabe, Längenveränderung in verschiedenen Richtungen und Teufenlagen, Schieferung u. a.

---

[1]) H. Breddin errechnete im Mittel etwa 20% Verringerung der Länge quer zur Faltung, 2—8% in Streichrichtung.

3. Betrachtungen zur Störung

a) Tektonische Bezeichnungen an der körperlichen Ecke, Hilfsmittel

Gelegentlich der Aufstellung des Normblattes DIN 21900, 3.01, Störungen, in den *Richtlinien* (1951) sind Vorschläge gemacht worden, die Bezeichnungen für die an der körperlichen Ecke auftretenden Winkel und Längen möglichst vollständig zu normen. Einem gesunden Grundsatz entsprechend, daß für den praktischen Bergmann das Einfachste nur das Beste ist, liegt hier aber eine Beschränkung vor, der wir nun im Hinblick auf die Behandlung des Störungsproblems in den folgenden Abschnitten nicht mehr gut folgen können.

Wir zeigen daher zu Beginn die Abb. 84 (s. Anh.), aus der (einem Vorschlag des Verfassers aus dem Jahre 1942 folgend) die tektonischen Größen nebst ihren Benennungen ohne weitläufige Erklärungen und Erläuterungen aus der Legende zu entnehmen sind. Wir haben dabei darauf Bedacht genommen, nach Möglichkeit eine Einheitlichkeit der Benennungen bei den Autoren in diesem Handbuch nach den *Richtlinien* (1951) und in der Praxis zu wahren[1]).

Die körperliche Ecke ist mit vier Schnitten ausgebaut, jenen Schnitten, deren Spuren lagerstätten- (schicht-) und störungsfallend sowie lagerstätten- (schicht-) und störungsstreichend verlaufen. Sie sind (der besseren Deutlichkeit wegen) im Raum auf ihren Spuren seitlich verschoben und räumlich vertieft, so daß in der Abbildung die scheinbar einander widersprechenden Schnittfiguren klar erkennbar sind.

In Abb. 84 sind Teile der Lagerstätten- und Störungsfläche nach oben verschoben noch einmal dargestellt, um weitere Raumwinkel sichtbar zu machen, die auf einer dreieckigen Ebene liegen. Diese Ebene ($\varkappa$-Ebene, Kantenwinkelebene) steht senkrecht auf der Lagerstätte und der Störung und enthält die Winkel $\varkappa$, $\varkappa_1$, $\varkappa_2$, . . . und ϱ_1, ϱ_2, deren Größen wir in Abhängigkeit von β, β_2, α_1 und α_2 in Bd. II, S. 84, Abb. 22, und S. 87, bestimmt haben.

Nach diesen orientierenden Vorbereitungen können wir unmittelbar zu den *Arbeitsmitteln* übergehen.

Die *Gleitspur* ist in Abb. 84, mittlere Figur, mit einem Doppelpfeil gekennzeichnet. Ihre Aufmessung wird im Abschnitt III, C, 4, c, S. 377, Abb. 5, dieses Bandes gezeigt, und die Formeln dazu sind in Bd. II, II, A, S. 75ff., und in der Formeltafel dortselbst angegeben.

Das gleiche gilt für die *Kreuzlinien*, in oben angegebener Abbildung als Strichpunktlinien gezeichnet. In nur wenigen Fällen und am häufigsten davon noch in den Abbaubetrieben werden sie selbst durch Messung aufgenommen[2]). Formeln befinden sich in Bd. II wie oben angegeben.

---

[1]) Abb. 12, Bd. II, S. 75, sowie Formeltafel 1, S. 76 und Abb. 84, Tektonische Bezeichnungen an der körperlichen Ecke, Bd. III (s. Anh.), sind miteinander zu vergleichen, und es entspricht η_B = Vertikalwinkel der Bewegungsbahn (Gleitspur) in Abb. 84 dem Winkel η der Abb. 12; ebenso η_K = Vertikalwinkel der Kreuzlinie in Abb. 84 dem Winkel η der Abb. 12, und α_2 entspricht $\alpha \cdot \zeta$, β und η_S sind in Abb. 84 nicht eingetragen. Die Ergänzung läßt sich mühelos vornehmen.

[2]) Als ein „Hilfsmittel" zur grundrißlichen Darstellung von Störungen ist der „Kreuzliniensucher" [P. Michelau (1951)] bekannt geworden. Er erlaubt zu überprüfen, ob auf-

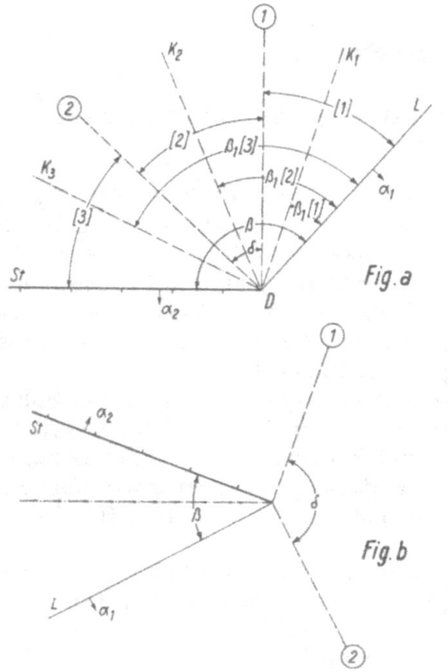

Abb. 85. Die wandernde Kreuzlinie und die Sektoren der Bruchformen (nach W. Nehm, 1939, 1942)

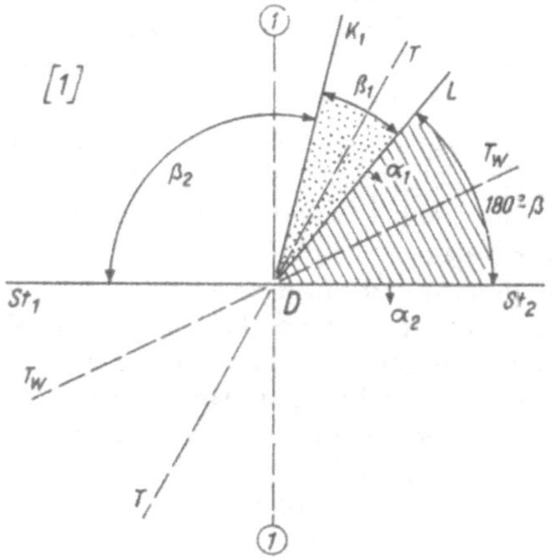

Abb. 86. Die Störungsgruppe [1] mit ihren Trug- und Trugwechselsektoren (nach W. Nehm, 1939, 1942)
β_2 = wahrer Schnittsektor
β_1 = Trugsektor
$180° - \beta$ = Trugwechselsektor

Der Kantenwinkel $\varkappa = \varkappa_1 + \varkappa_2$, in Abbildung 84, obere Figur, ist der Winkel, der auftritt, wenn eine Ebene senkrecht zur Lagerstätte *und* Störungsfläche gelegt wird. Er wird vornehmlich durch Berechnung oder Konstruktion bestimmt (Bd. II, II, A, 1, f, S. 83ff.).[1])

b) Die W. Nehmsche Systematik

Da α_1 und α_2 Werte zwischen 0° und 90° und β Werte zwischen 0° und 180° annehmen und außerdem Lagerstätte und Störung gleichfallend (in der Richtung) oder gegenfallend (= aufeinander zufallend) sein können, muß es zahllose Bruchformen geben. Seit langem ist man um ihre Systematik bemüht. Eine

geschlossene und im Riß eingetragene geologische Flächenteile einander entsprechen. Einfallsermittlung in Plänen mit Seigerabstandslinien und Kluftmessungen sind möglich.

[1]) W. Nehm hat zum praktischen Gebrauch mehrere Nomogramme, vornehmlich solche mit geknickten Leitern, für die drei tektonischen Elemente entworfen. Diese einfachen Hilfsmittel, die er in seinen Vorlesungen und Übungen an der Technischen Hochschule Aachen brachte, sind hinsichlich der Rechenschärfe völlig ausreichend und enthalten die erforderlichen Proben. Da sie leider nicht veröffentlicht worden sind, müssen wir uns die Wiedergabe versagen.

erschöpfende wird von W. Nehm (1939, 1942) gegeben. Er unterscheidet vier Gruppen und gibt für sie zugleich Zahlensymbole, die weiter unten noch ergänzt werden:

$$\begin{aligned}
&\text{Gruppe [1]} = \beta > 90°; \quad \beta_1 < 90°; \quad \beta_2 > 90°; \quad \alpha_1 > \alpha_2\\
&\text{Gruppe [2]} = \beta > 90°; \quad \beta_1 < 90°; \quad \beta_2 < 90°; \quad \alpha_1 \lesseqgtr \alpha_2\\
&\text{Gruppe [3]} = \beta > 90°; \quad \beta_1 > 90°; \quad \beta_2 < 90°; \quad \alpha_1 < \alpha_2\\
&\text{Gruppe [4]} = \beta < 90°; \quad \beta_1 > 90°; \quad \beta_2 < 90°; \quad \alpha_1 \lesseqgtr \alpha_2
\end{aligned}$$

Zur Festlegung dieser Gruppen wird ein Achsenkreuz benötigt. Dazu bieten sich die Spuren der lagerstätten- und störungsfallenden Schnitte ② und ① in G an. Die Abbildung 85 zeigt dieses durch D gehende Kreuz an einer gleichfallenden Störung und damit das Wandern der Kreuzlinie, wobei in der Abbildung β konstant gehalten wird und α_1 und α_2 alle Werte durchlaufen. Die Kreuzlinie wandert (in Figur *a*) jeweils in mit [1], [2] und [3] gekennzeichneten Sektorenbereichen, die von dem Streichen der Lagerstätte, der Spur ①, der Spur ② und dem Streichen der Störung gebildet werden, wobei ① und ② die Übergangsgrenzen von einer zur anderen Bruchform bedeuten. Legt man für Figur *b* die gleichen Definitionen und Gesichtspunkte zugrunde, so stellt man fest, daß die Kreuzlinie nur im Bereich des Winkels β wandern kann.

Die Gruppe [4] ist damit eindeutig. Gehen wir nun an der körperlichen Ecke zur Bewegung über — liegt also in bergmännischem Sinne eine Störung vor —, so gibt es neben der winkelmäßig festliegenden Linie der Bewegung auf der Störung die beiden Möglichkeiten der entgegengesetzten Richtung. Diese Richtung bedingt Überschiebung oder Verwerfung (Sprung), und bei vier Bruchformen müssen daher acht Störungsarten entstehen. Um eine Einordnung zu erreichen, bedarf es eines Kriteriums. Wir sehen uns daraufhin die möglichen Überschiebungs- und Verwurfsformen in Abb. 88 an, insbesondere die Spalte Flachriß[1]) und vergleichen die Lage der Kreuzlinien. Nehm bezeichnet sie mit Dachkante (= Kreuzlinie mit dem Punkt D) und mit Rinnenkante (= Kreuzlinie mit dem Punkt R) und sagt wörtlich: „Liegt die Rinnenkante höher, so handelt es sich um eine Überschiebung, liegt sie tiefer, um eine Verwerfung. Andere Kriterien führen zu Widersprüchen." In Abb. 88[2]) sind dementsprechend die Symbole in der ersten Spalte über- oder unterstrichen, je nachdem, ob Überschiebung oder Verwerfung vorliegt. Wird bei Schichtverdoppelung ein Punkt vor, bei einer Schichtlücke ein Punkt hinter die Ziffer des Symbols gesetzt, so erhält man folgende Ordnung:

$$\overline{[1.]} \quad \overline{[.2]} \quad \overline{[.3]} \quad \overline{[.4]}$$
$$\underline{[.1]} \quad \underline{[.2]} \quad \underline{[3.]} \quad \underline{[4.]}$$

Bei der Prüfung dieser Systematik auf ihre Zuverlässigkeit, insbesondere auf das vermeintliche Ausfallen von acht weiteren Permutationsmöglichkeiten, trifft Nehm Feststellungen, zu denen zwar der aufmerksame Bearbeiter von Störungen

[1]) Dieser Flachriß ist durch F α_2 gekennzeichnet. Im Idealfall gehören die Streichlinie der Störung (Kluftfläche), der Punkt D und die Kreuzlinie der Flachrißebene an.

[2]) Die Zusammenstellung der Störungsbilder erweist sich außerdem als nützlicher Führer im Labyrinth der Erscheinungsformen.

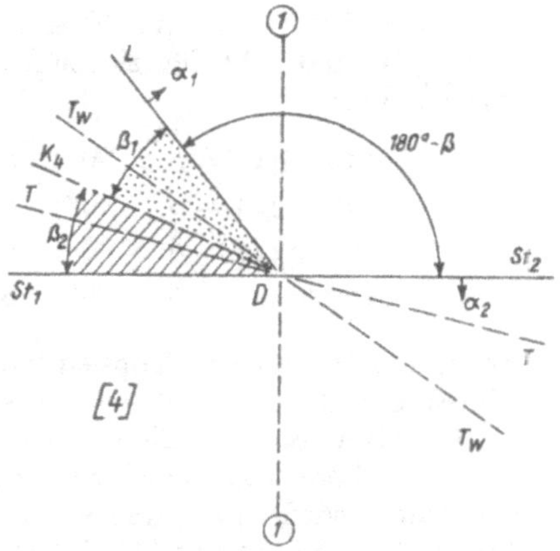

Abb. 87. Die Störungsgruppe [4] mit ihren Trug- und Trugwechselsektoren (nach W. NEHM, 1939, 1942)
β_1 = Trugwechselsektor
β_2 = Trugsektor
$180° - \beta$ = wahrer Schnittsektor

häufiger gelangt sein mag, denen er jedoch selten genügende Kritik hat angedeihen lassen.

Gewisse Sektoren (Abb. 86, 87) nämlich erweisen sich als „Trugsektoren" und „Trugwechselsektoren", so genannt, weil sie einmal irreführende Schnitte, zum anderen die obenerwähnten Permutationsfälle enthalten. Als ein Ergebnis wird herausgestellt: „Zu den acht Störungsarten gehören somit acht wahre Schnitte, acht Trugwechselschnitte. Zuverlässig ist nur der wahre Schnitt; die sechzehn irreführenden Formen können aber in großen, das ganze Grubenbild durchsetzenden Schnitten jederzeit unvermittelt auftreten und das richtige Erfassen des Bewegungsvorganges unmöglich machen."

c) Die Störung im Verband

Zur Einführung geben wir — wie es auch zur Schulung und in Lehrbüchern meistens geschieht — einige Beispiele für Störungen und wählen dazu Fälle, die leicht verständlich sind und vor allem sich gut *einprägen*. Denn jeder, der sich mit Störungen beschäftigen muß, wird gern einige „Standardfälle" bereit haben wollen, um vergleichen zu können. Besonders geeignet dafür sind Störungen an Sätteln und Mulden. Abb. 89 (Sattel und Sprung) veranschaulicht eine sattelnde Schicht. Ein quer zum Sattel-Streichen verlaufender Sprung teilt den Sattel in einen hangenden und einen liegenden Teil. Von der Störung ist nicht nur die Fläche zwischen der 1. und 2. Sohle gezeichnet, auch die zwischen den Kreuzlinien liegende Störungsfläche über der 1. Sohle ist in Abb. 89 gezeigt. Stellt man die Aufgabe so, daß nach der Störung und den Flözteilen im Liegenden des Sprunges auf der 2. Sohle gefragt wird, dann muß zunächst mit Hilfe des Falldreiecks die Streichlinie der Störung auf der 2. Sohle gezeichnet werden. Sie liefert zusammen mit dem mutmaßlichen Streichen des Flözes auf der 2. Sohle zwei Punkte der hangenden Kreuzlinie, wodurch diese mit den Aufschlüssen auf der 1. Sohle zunächst zwischen den Sohlen ausgezogen werden kann. Unter der Annahme gleichen Störungsfallwinkels und einer mehr oder weniger flachen Sattelkuppe kann man auch die hangende Kreuzlinie bis zum Sattelhöchsten entwerfen. Von

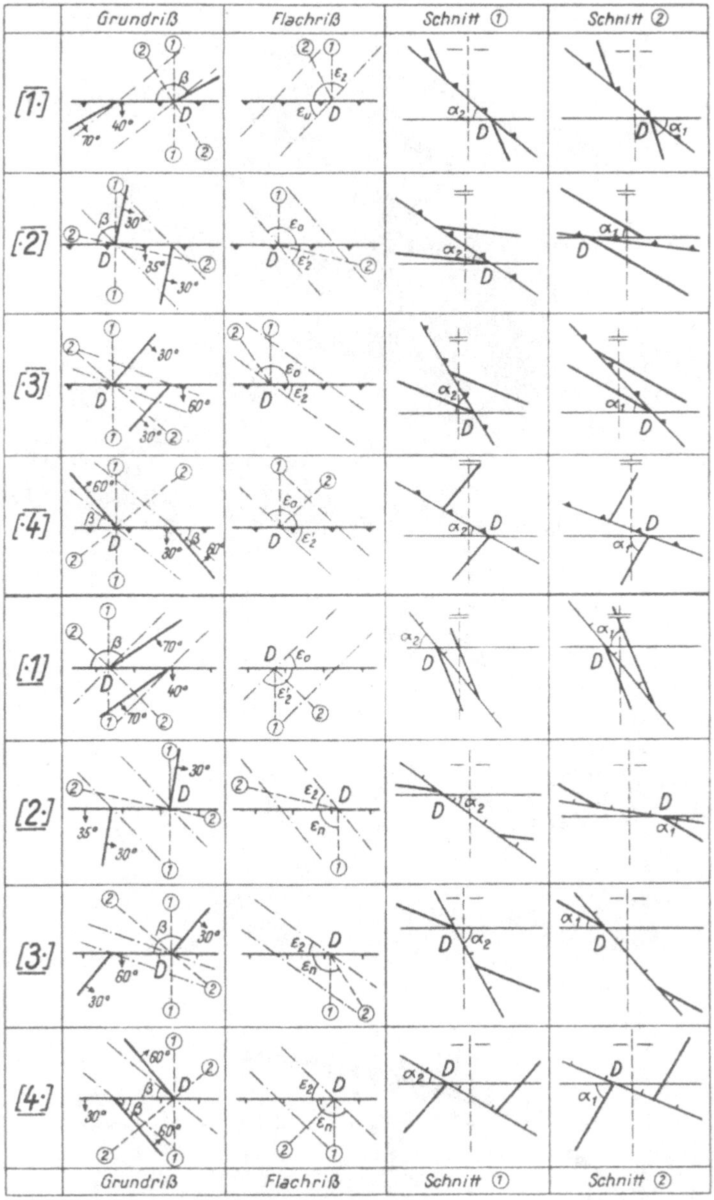

Abb. 88. Die möglichen Überschiebungs- und Verwurfsformen (nach W. Nehm, 1942)

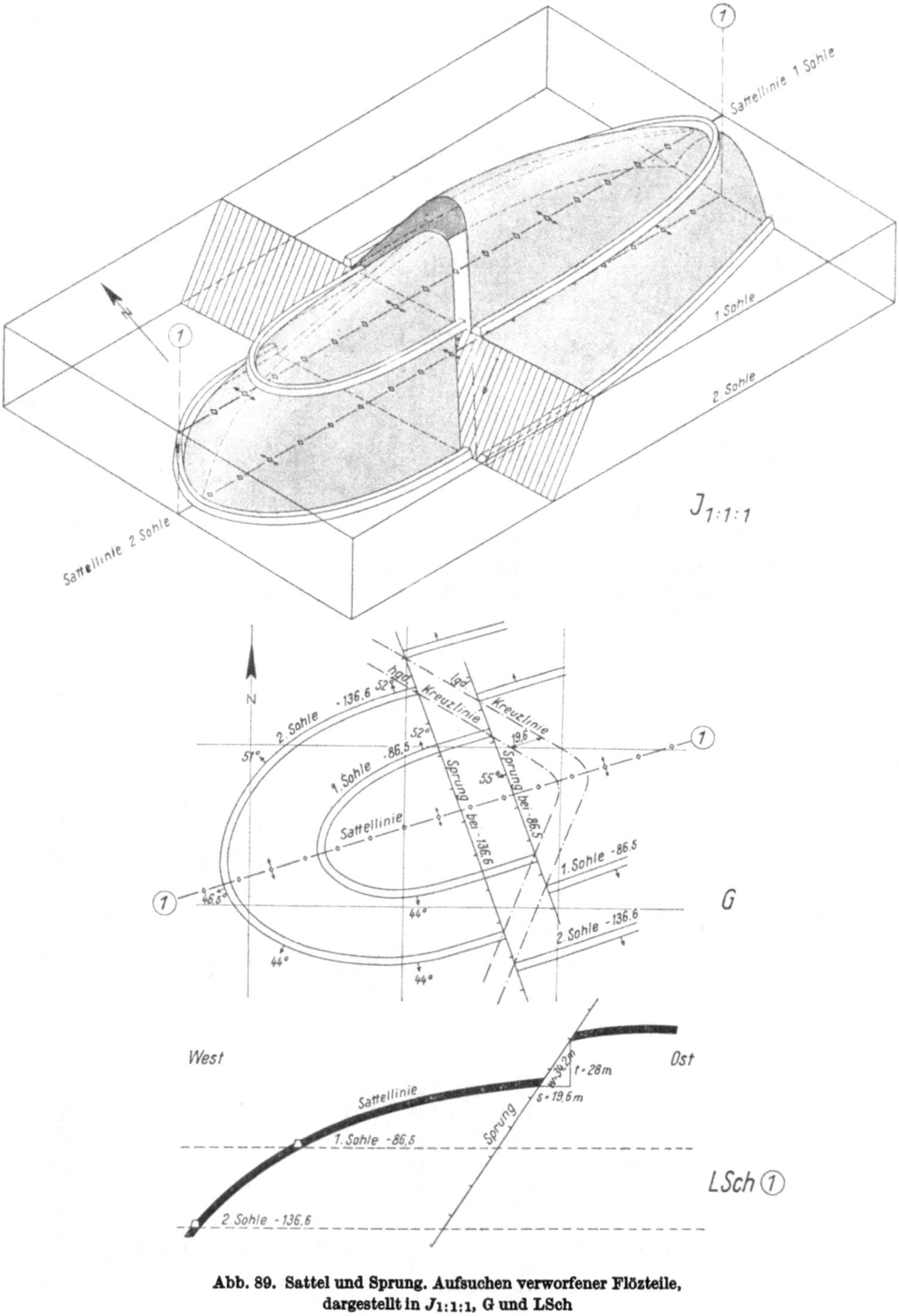

Abb. 89. Sattel und Sprung. Aufsuchen verworfener Flözteile, dargestellt in $J_{1:1:1}$, G und LSch

der liegenden Kreuzlinie liegen zwei Punkte auf der 1. Sohle vor. Durch diese zeichnen wir parallel zur hangenden Kreuzlinie die liegende Kreuzlinie und stellen fest, daß bei einer Abwärtsbewegung des hangenden Gebirgskörpers in Richtung des Fallens $w = 34$ m, $t = 28$ m und $s = 20$ m ist (vgl. den LSch in Abb. 89). Die in Richtung der Fallinie gegenüber der hangenden Kreuzlinie parallel verschobene liegende Kreuzlinie schneidet die Streichlinie des Sprunges auf der 2. Sohle in zwei Punkten, wo auch die auszurichtenden Teile des Flözes (im Liegenden des Sprunges) zu suchen sind. Die Konstruktion wird bei geringmächtigen Lagerstätten stets für das Liegende vorgenommen. Bei sehr mächtigen Lagerstätten hat man es mit vier Kreuzlinien[1]) zu tun.

Im Grundriß wird zwischen den beiden Kreuzlinien eine Fläche sichtbar, auf der sich, wenn eine Lagerstätte verworfen wird, kein Mineral befindet. Die söhlige Lage des rechtwinkligen Abstandes zwischen der hangenden und liegenden Kreuzlinie bezeichnet man mit söhligem Kreuzlinienabstand. Ihre formelmäßige und nomographische Bestimmung kann bei genauen Vorratsberechnungen der Lagerstätte bei der Verrechnung des Flächenverlustes notwendig sein (vgl. H. Fläschenträger, 1937).

Wir sparen uns die Schilderung des ähnlich ablaufenden Konstruktionsvorganges für das Beispiel *Mulde und Sprung* und zeigen lediglich in Abb. 90 das Ergebnis in einem Anschauungsbild, einem Längenschnitt und einem Störungsflachriß.

Flöz und Wechsel heißt das nächste Beispiel, das mit Abb. 91 erläutert wird. Das Streichen von Flöz und Wechsel weicht nur wenig voneinander ab. Die auf der mit 50° nach Süden einfallenden Überschiebungsfläche (durch Druck) stattgefundene Bewegung hat eine Doppellagerung des Flözes verursacht. Sie ist in G innerhalb der Kreuzlinien, im störungsfallenden QSch ② auf der Strecke $w =$ Schubweite und im störungsstreichenden LSch ① sichtbar.

Die söhlige und seigere Ausrichtung ist aus G und Sch abzulesen. Die „Ausrichtung“ auf der Abbaufläche muß, wenn der Abbau ohne zeitliche Unterbrechung zum Beispiel nach Westen fortschreiten soll (s. Abb. 91, $J_{1:1:1}$, rechte Würfelfläche) so erfolgen, daß aus dem liegenden Teil des Flözes in der Nachbarschaft der liegenden Kreuzlinie in den hangenden Teil des Flözes umgesprungen wird. Die Durchhiebe wandern beim Fortschreiten des Stoßes mit der Kreuzlinie nach oben.

Mit *Sattel* und (sattelstreichendem) *Blatt* (Schaufelfläche) wird der Fall der Aufschiebung infolge von Druckkräften behandelt. Hierzu mag die Abbildung 92 dienen, die wiederum mit $J_{1:1:1}$, G und störungsfallendem QSch die tektonischen Verhältnisse zeigt, und zwar an einem O-W streichenden Sattel, der spießwinklig von einer schwach gewellten, ziemlich steil stehenden Störungsfläche geschnitten wird. Jeder weitere Schnitt wird neue, andersgeartete Bilder liefern, die nur im Zusammenwirken mit anderen Rissen voll verständlich sind. Werden von einer stark gewellten Störungsfläche mehrere Falten durchschnitten, so entstehen Kreuzlinienbilder, die zweckmäßigerweise in der F-Projektion erläutert werden.

Die tektonischen Verhältnisse an einem Sattel und (querschlägigen) Blatt werden mit Abb. 93 erläutert. Durch den Schub-Bewegungsvorgang der „Ver-

---

[1]) Die Unterscheidung geschieht z. B. dann durch die Bezeichnung „liegende Kreuzlinie vom Hangenden des Lagers“.

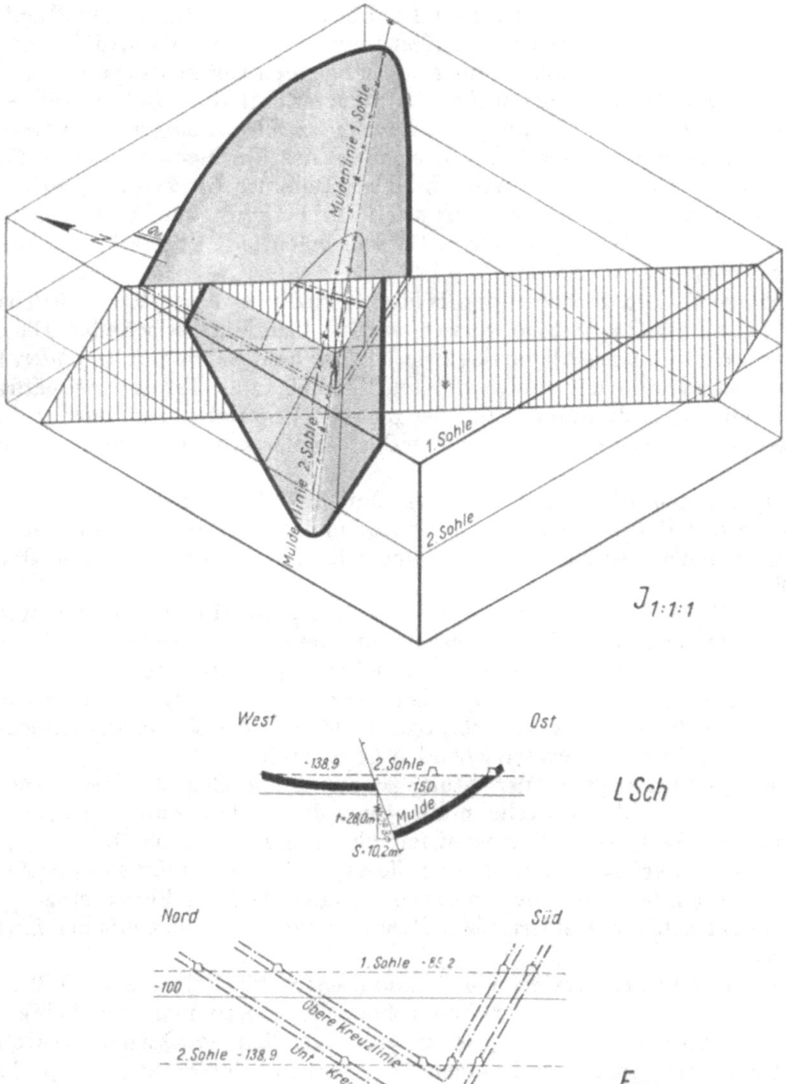

Abb. 90. Mulde und Sprung. Aufsuchen verworfener Flözteile, dargestellt in $J_{1:1:1}$, LSch und $F_{70°}$

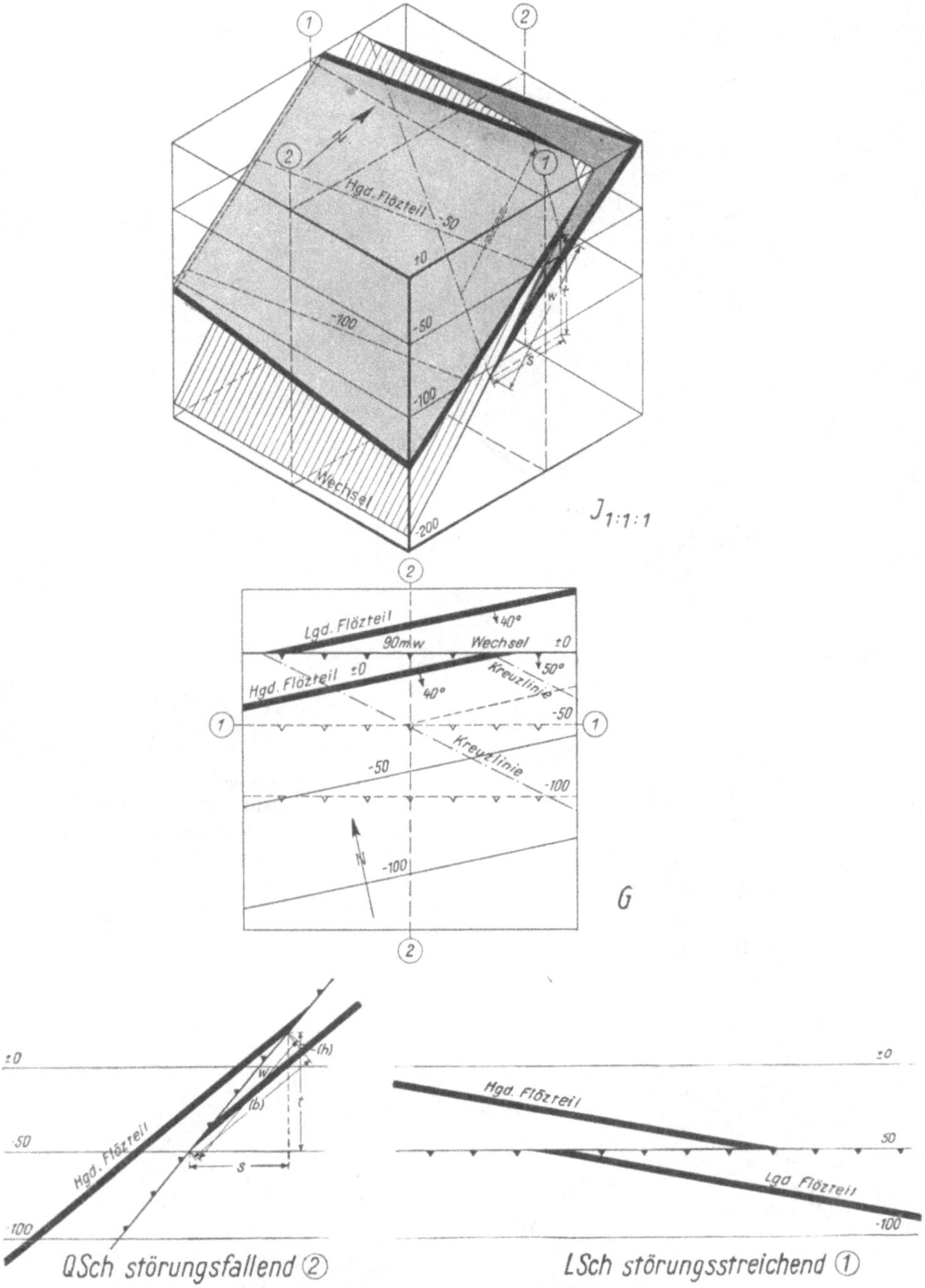

Abb. 91. Flöz und Wechsel, dargestellt in $J_{1:1:1}$, G und QSch sowie LSch

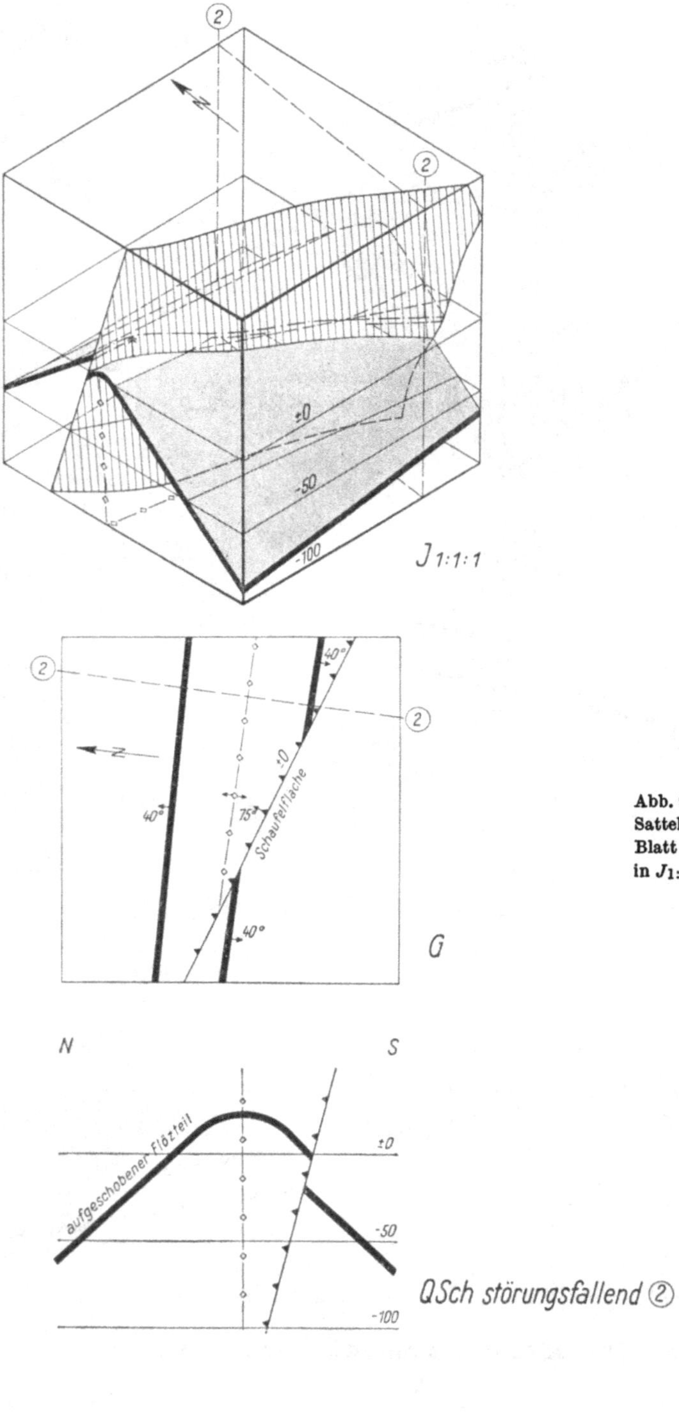

Abb. 92.
Sattel und (sattelstreichendes) Blatt (Schaufelfläche), dargestellt in $J_{1:1:1}$, G und QSch

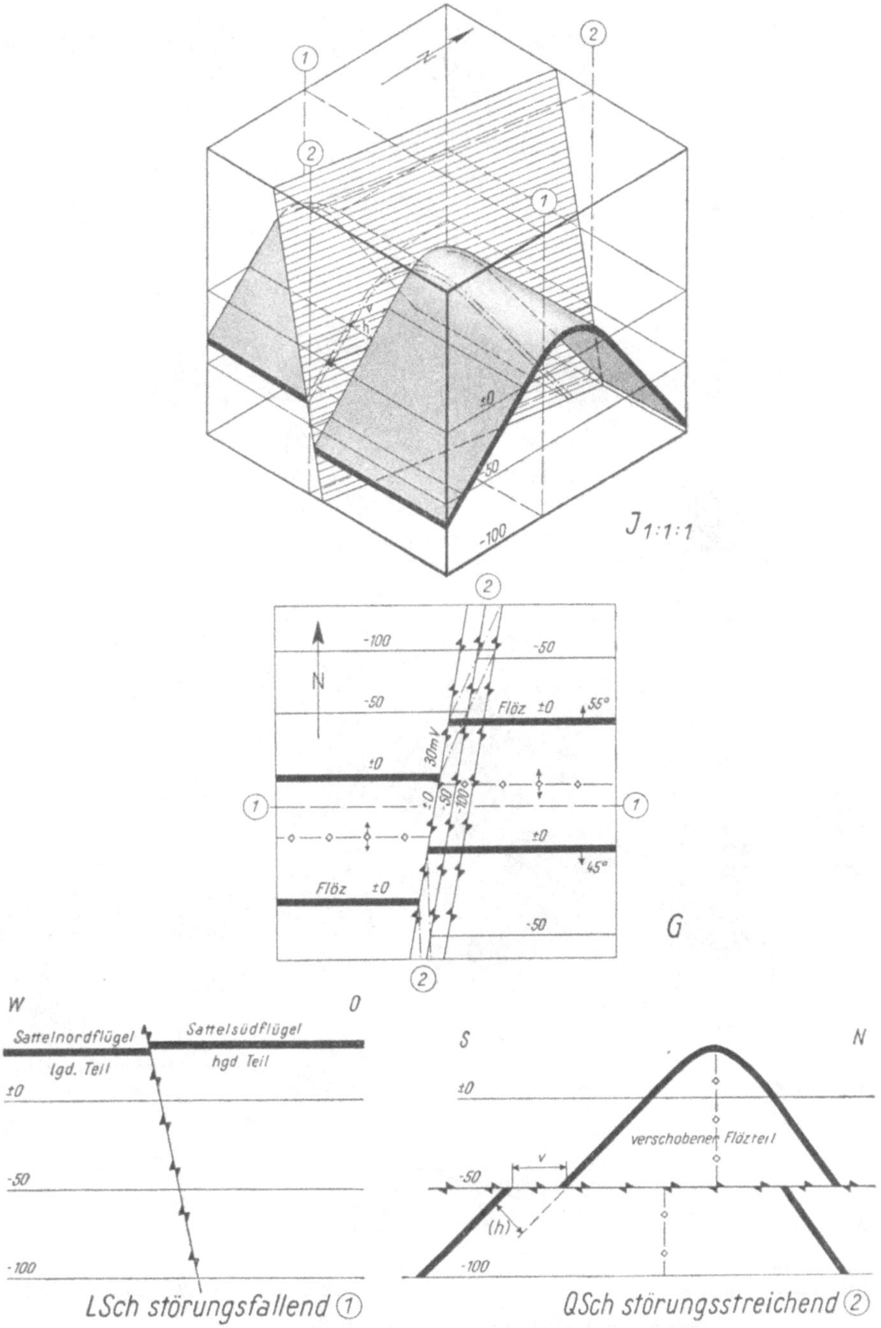

Abb. 93. Sattel und (querschlägiges) Blatt, dargestellt in $J_{1:1:1}$, G, LSch und QSch

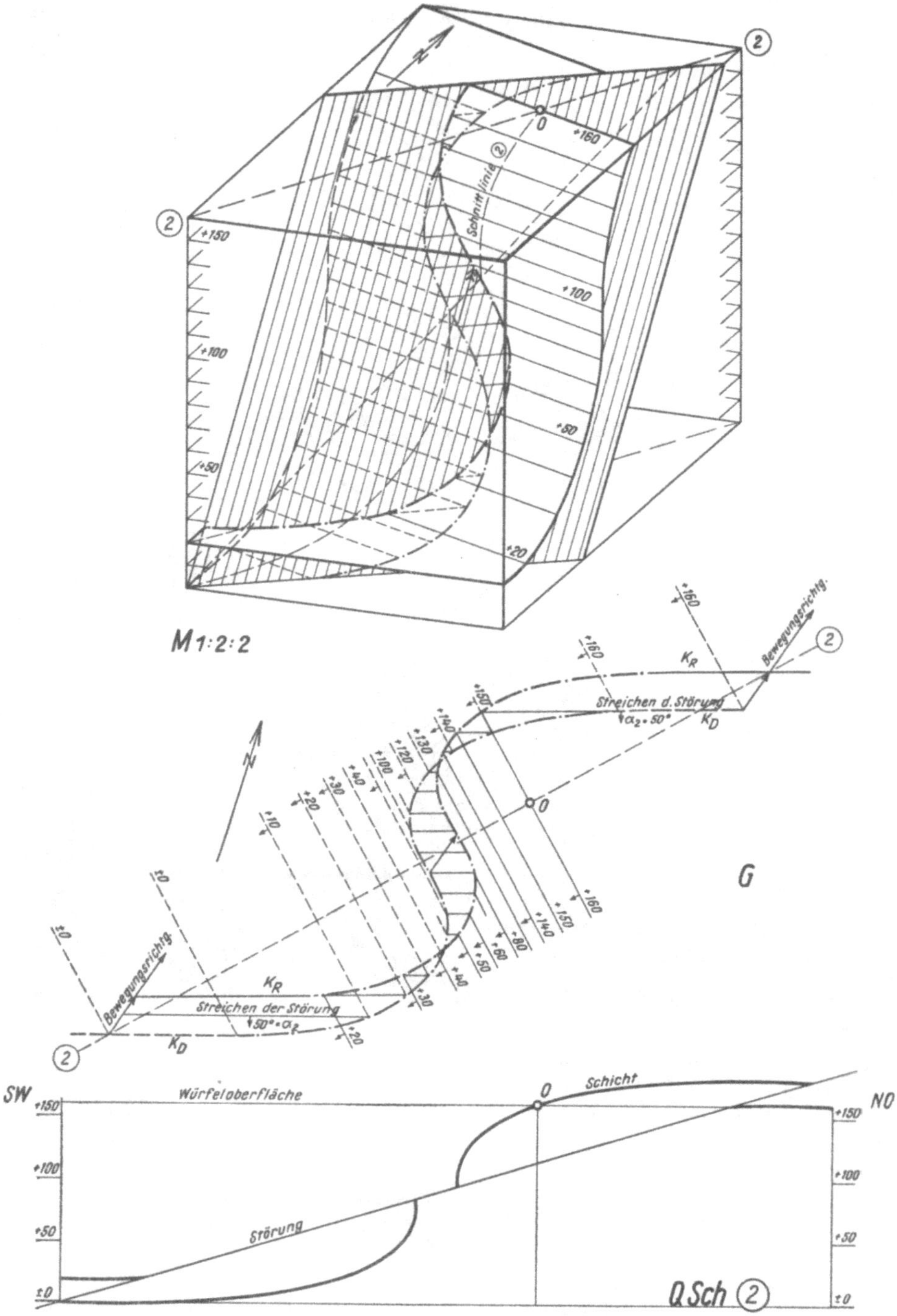

Abb. 94. Hysteresisschleife, dargestellt in $M_{1:2:2}$, G und QSch

Durch Aufschiebung entstehende Mischform von Wechsel, Verwerfung, Wechsel. $\alpha_2 = 50°$ (nach W. Nehm, 1942).

Vermerk: Die Spur des schichtfallenden Schnittes ② deckt sich nicht mit der G-Projektion der Bewegungsbahn

schiebung" ist ein Sattel auf der Bewegungsfläche des „Blattes" in N-S- bzw. S-N-Richtung söhlig um das Maß v = söhlige Schubweite verschoben worden. Die Lage der Kreuzlinien läßt nur die Deutung vorwiegend waagerechter Gebirgsbewegungen zu. Im störungsfallenden QSch nach der absichtlich so ausgewählten Linie 1 wird in der Teufe +30 m die Störung durchfahren, ohne das Flöz zu verlieren.

Die Störungsbeispiele, die wir in diesem Abschnitt mehr zur Einführung und zur Festigung einer guten Anschauung vorausschickten, haben alle gemeinsam, daß eine verhältnismäßig *ebenflächige* Störung *gefaltete* Schichten (oder Lagerstätten) schneidet.

Mit einer zweiten Gruppe von Störungsformen hat man es zu tun, wenn die *Störung selbst gefaltet* ist. Wir werden diese Form noch (weiter unten) betrachten.

In der Tat stellen die Aufschlüsse an zusammengehörigen Faltenflügeln *die* Lösung überhaupt dar. Denn der Weg zum Arbeiten mit der Kreuzlinie ist nun offen. Zwei Fälle treten in Erscheinung: Die beiden Kreuzlinien verlaufen mehr oder weniger parallel, oder sie schneiden sich (Form der Hysteresisschleife nach Nehm). Mit dem zweiten Fall — der erste bringt nichts Neues mehr — beschäftigen wir uns an Hand der Abbildung 94. Wir haben es, wenn wir an den bisherigen Definitionen noch festhalten[1]), mit „Mischformen" zu tun. In der grundrißlichen Abbildung sind eine Schicht und eine Störung mit t-Abstandslinien dargestellt.

Während die Störung idealisiert als Ebene mit 50° nach Süden einfallend vorliegt, gleicht die Schicht im SW-NO-Schnitt einem *S*. Bei ±0 im Südwesten beginnend ist das Einfallen zunächst schwach, es erreicht bei +90 eine seigere Stellung (Wendepunkt der Linie) und wird dann wieder flacher, um im Nordosten über +160 nach 0° zurückzustreben. Die Bewegung erfolgt in Nordost-Richtung aufwärts mit $\eta = \sim +44°$, und zwar in diesem künstlichen Beispiel überall gleichmäßig. Es entsteht durch *Aufschiebung* die „Mischform" für W*echsel* (-Schaufelfläche) und *Sprung*. Wir können uns durch Verschieben einer der Kreuzlinien weiter vorstellen, welche Formen von Schleifen entstehen, wenn wir R, η und w der Bewegung ändern. Unter Beibehaltung der Schichtformen und des Störungsstreichens und -fallens der Abbildung 94 und unter Festsetzung der Bewegungsbahn R nach WNW, $\eta = \sim +34°$ und einer bestimmten Schublänge w_G entsteht (vgl. Abb. 50, unten, bei W. Nehm, 1942, S. 78), ohne daß ein Überschneiden der Kreuzlinien erfolgt, das Bild des Wechsels.

---

[1]) An dieser Stelle wird deutlich, warum das Störungsproblem so sehr mit mathematischen Mitteln zu lösen versucht wird. Denn beim *Einzelaufschluß* oder bei vereinzelten Aufschlüssen — und damit haben wir es in der Regel zunächst zu tun — ist jede andere als die mathematische Betrachtungsweise ein ebensolcher, meist gewagter Versuch. Man steht nun aber, wenn der Störungscharakter erkannt ist, vor der Entscheidung, ob die auf mathematischem Denken beruhende Störungsanalyse fortleben soll oder ob nun das Ansprechen und das Kennzeichen der Störung im Rahmen tektonischen Denkens erfolgen muß. Unseres Erachtens vollzieht sich hier der Übergang von der Geometrie zur Mechanik.

4. *Flexur-, Schollen-, Schuppen- und Blockbildungen, Zonen gestörten Gebirges*

Im Anschluß an die Störungen im Verband behandeln wir noch einige Sonderformen und das Zusammenwirken bestimmter Störungstypen.

Flexuren: Mit Flexuren (Abbiegungen) werden sichtbare Erscheinungen bezeichnet, die in vielen Fällen eine Störung einleiten. Eine ungestört gelagerte Schichtfläche erfährt zunächst eine flächenmäßige Dehnung, eine Verringerung der Masse in diesem Raum (der Schleppungszone); alsdann schließt sich an die Verdünnung und relative Verlagerung der Schichtfläche eine Zerreißung an, womit der Nullwert der Bewegungsbahnlänge überschritten ist (Randzone der Störung).

Das Bild der Flexur in QSch bedarf keiner Erläuterung (Abb. 98). In G zeigt sich ein scheinbar unmotiviertes Zusammenziehen bzw. Abbiegen der Seigerabstandslinien in einer Achsrichtung, und zwar an der Stelle, an der bei fortschreitender Bewegung an der Flexur die Störung mit ihren Seigerabstandslinien auftreten würde.

Entsprechendes gilt für Flexuren, die auf Druck (Pressung, Stauchung) zurückzuführen sind. Vergleichbar, aber nicht zu verwechseln, sind Flexuren mit den Erscheinungen auf Flözflächen, die durch einseitige Einwirkung ungleichmäßigen Abbaues entstehen (Abschnitt II, E).

Schollenbildung: Durch Verwerfungen (Bewegungsfläche Sprung) wird das Gebirge in Schollen zerlegt. Je nach der Einfallsrichtung der paarweise mehr oder weniger parallel auftretenden Sprungflächen entstehen Gebilde, die man als Horst, Graben, Bruchfelder und Bruchzonen bezeichnet. Mehrere gleichförmige Sprungflächen lassen das Bild von Staffelbrüchen entstehen.

Unter diesen Gesichtspunkten gelangt man zu folgenden schematischen Schnittbildern, Abb. 95, 96 und 97. Zur Grundform des Grabens (Abb. 95) treten in der Regel weitere Sprungflächen hinzu, deren Streichen sich ändert. Dadurch entstehen verwickelte Formen, besonders dann, wenn die Sprünge verschiedene Verwurfsmaße aufweisen.

Mit dem Horst verbindet sich im allgemeinen die Vorstellung, daß das Mittelstück stehengeblieben ist. Jedoch betrachtet man in der Regel die Lage der Schollen relativ zueinander.

Sobald sich Störungen auf engem Raum (Abbauflächen, kleinere Grubenausschnitte) anhäufen, spricht man von Störungszonen, die von einzelnen Störungen verschiedener tektonischer Merkmale gebildet werden. Hierzu gehören die Verwurfszonen, denen vornehmlich gleichstreichende Verwerfungen das Gepräge geben, und die Bruchfelder, wenn statt einheitlichen Streichens scheinbar regelloses Streichen und Einfallen herrscht. Eine Vorstellung hiervon gibt die Abbildung 97, die sich aus sG, G und Sch zusammensetzt. Abbildung 99 zeigt die Grundform des Staffelbruches, ergänzt um einen Gegensprung, der sich bei starken Zerrkräften einzustellen pflegt.

Beim Entwurf tektonischer Pläne nach der Teufe zu steht fast immer die Frage über das Verhalten oder das Beibehalten der Störungseigenschaft im Vordergrund. An den Abbildungen der Grundformen ist aber schon erkennbar, daß sich die Verlängerungen der Störungen oben oder nach der Teufe zu schneiden, was tektonisch nicht möglich ist. Damit wird deutlich, wie wichtig außer den stereometrischen Größen weitere Kenntnisse über die Bewegungsvorgänge und -maße sind.

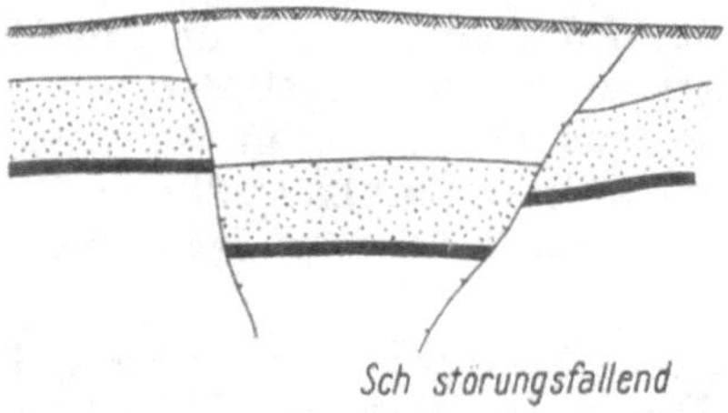

Abb. 95. Grundform eines Grabens

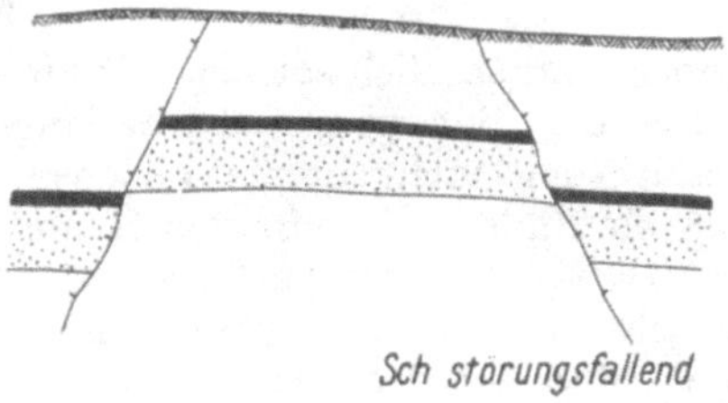

Abb. 96. Grundform eines Horstes

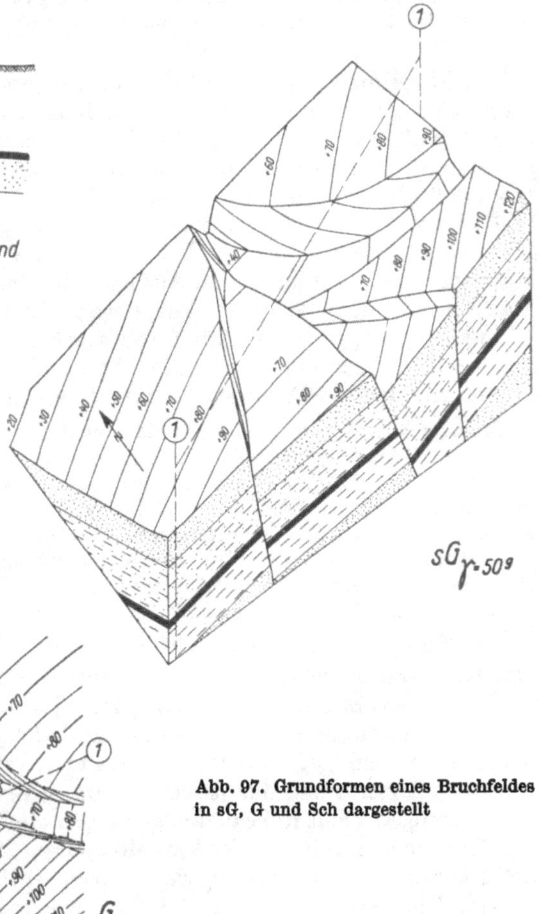

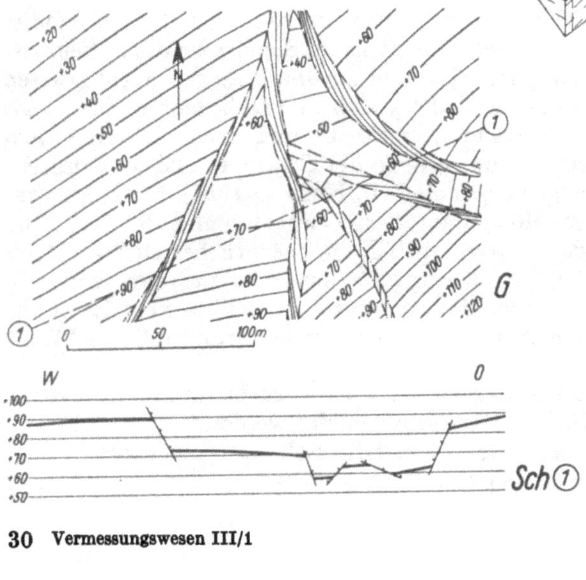

Abb. 97. Grundformen eines Bruchfeldes in sG, G und Sch dargestellt

Es gibt selten Fälle, in denen man den Ablauf der Bewegungen im einzelnen abschnittsweise kennzeichnen kann. Selbst dort, wo in Bergbaugebieten reichlich Aufschlüsse vorliegen, deuten sich nicht gleich richtige Lösungen an. Am Beispiel der Tektonik des Wurmgebietes [H. Breddin (1933), G. Seidel (1938), H. Paus (1932)] gelang es, allerdings nur in großen Zügen, die Permanenz der Bewegung vom Karbon ab bis heute nachzuweisen.

Der Anlage der varistischen Schollenstruktur folgt im Mesozoikum ihre Vertiefung. Das kinetische Bild der Dehnung endet mit dem Senon. Es wird abgelöst von einer Phase der Einengung. Eine neuerliche Zerrungsbeanspruchung setzt zu Beginn des Oligozäns ein und nimmt bis zum Miozän zu. Daß die Bewegungen nicht abgeschlossen sind, zeigen die Feinhöhenmessungen.

Gleichfalls an Verwerfungen des Ruhrkarbons, vornehmlich solchen mit großer räumlicher Ausdehnung und zeitlich langdauernder Bewegung, ist seit langem [Pilz (1906)] bekannt, daß die Bewegungsrichtung nicht immer gleichsinnig gewesen ist. Es treten scheinbar widerspruchsvolle Bilder auf, so im von H. Breddin (1929) beschriebenen und bei P. Kukuk (1938), K. Oberste-Brink (S. 343) erläuterten Beispiel der „Überschiebung am Thyssen-Westend-Sprung im Felde Friedrich-Thyssen, Duisburg-Hamborn" (Abb. 100). Mit der Bezeichnung „*Umkehrverwerfung*" will man zum Ausdruck bringen, daß sich eine einmal eingeleitete Hauptbewegung in eine rückläufige wandelt. Während sich im Fall des Thyssen-Westend-Sprunges im Schnitt (grob gesehen) ein stratigraphischer Abstand von 260 m als seigerer Verwurf im Karbon abzeichnet, beträgt der Höhenunterschied an der Kreideunterfläche als Schubmaß, also in umgekehrter Richtung, 60 m.

Tektonisch wird dieses Phänomen dadurch erklärt, daß nach der asturischen Faltung eine neuerliche Beanspruchung aus saxonischer Orogenese durch tangentialen Seitendruck eingetreten ist. In einem weiteren Beispiel des Quintus-Sprunges im Felde des Steinkohlenbergwerks Adolf von Hansemann in Dortmund (Ruhrkarbon) ist eine söhlige Strecke im Horizont des Cenomans (rund 5 m über der Unterkante der Kreide) aufgefahren worden. Nach Durchörterung einer 15 m mächtigen Störungszone wird das mittlere Oberkarbon (Westfal B, mittlere Essener Schichten) angetroffen. Die Unterkante befindet sich um 18 m (ähnlich wie am Thyssen-Westend-Sprung) höher als auf der liegenden Scholle des Quintus.

Das *Zerrungsmaß* bei einer Schollenstruktur wird im störungsfallenden Schnitt ermittelt. Dafür bietet sich die Horizontale oder die im Schnitt sichtbare Schichtfläche an. Das Maß für die Zerrung ist $[s]$ = Summe aller söhligen Sprungweiten und wird gewöhnlich in Prozenten ausgedrückt. Dabei ist zu beachten, daß dieser Wert nach dem gegenwärtigen Zustand „errechnet" und noch nicht mit dem wahren Zerrungsmaß identisch ist, da genetische Ursachen und dynamische Einwirkungen noch unbeachtet geblieben sind. P. Kukuk (1955), S. 47, gibt für das Ruhrkarbon mit obigem Verhalten einen Wert zwischen 5 und 10% an, d. h., auf 100 km Längserstreckung des Beckens entfällt ein beachtliches Maß von 5 bis 10 km. Die Zerrungsmaße gelten in der Regel für eine oder mehrere Himmelsrichtungen, womit der Minimal- und Maximalwert ermittelt werden kann. Es steht dem nichts entgegen, das Zerrungsmaß auch für die (grundrißliche) Fläche anzugeben.

Schuppenbildungen: Vornehmlich auf Druckkräfte zurückzuführende tektonische Formen sind Schuppen, die von Wechseln gebildet werden.

Abgesehen von dem Fall des Auswalzens des Mittelschenkels einer Falte in der Form des liegenden *S*, eben in der Weise, daß der Mittelschenkel mehr und mehr

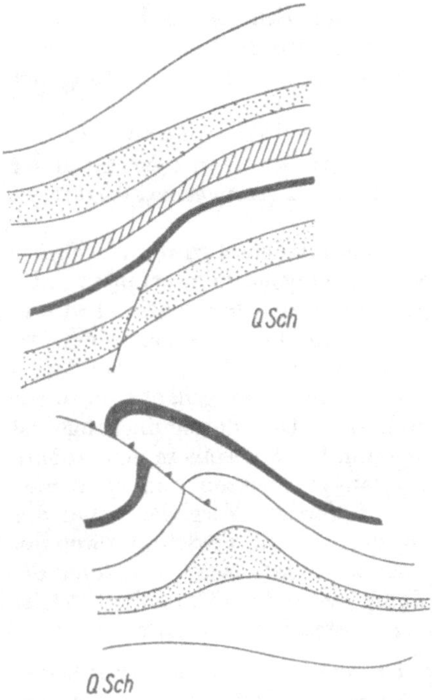

Abb. 98. Flexuren, übergehend in Sprung und Wechsel (mit Hakenschlag in unterer Figur)

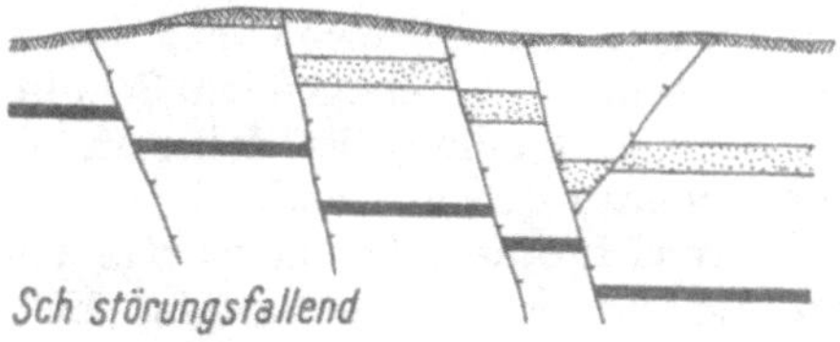

Abb. 99. Grundformen eines Staffelbruches mit Gegensprung, Keilgraben

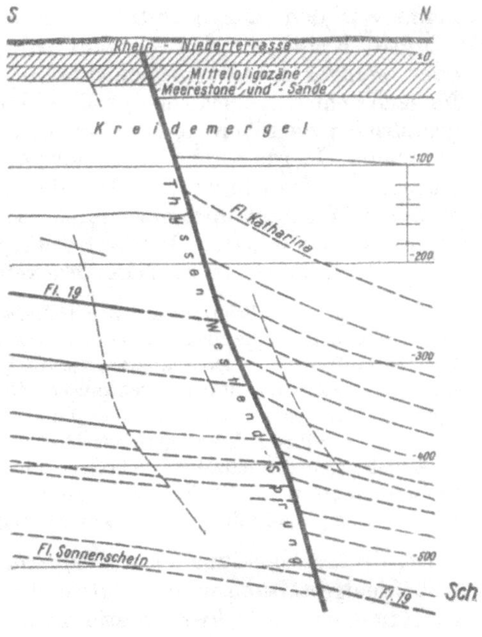

Abb. 100. Überschiebung am Thyssen-Westend-Sprung im Felde Friedrich Thyssen; Ruhrkarbon, Duisburg-Hamborn (nach H. Breddin, s. P. Kukuk, 1938)

zur Überschiebungsfläche wird, geht der Wechsel aus der Flexur (Abb. 98) hervor. Eine besondere Begleiterscheinung stellt der Hakenschlag dar, jene Einkrümmungen der Schichten im Liegenden und Hangenden des Wechsels, die wertvolle Fingerzeige für den Bewegungsvorgang geben.

Die Bewegung erfolgt auf Überschiebungsflächen. Die Grundform einer Schuppenstruktur wird mit Abb. 101a und b vermittelt durch störungsfallende Schnitte, die den Fall *a* des steiler als die Schichten einfallenden Wechsels und den Fall *b* des flacher als die Schichten einfallenden Wechsels zeigen. Verschieden steil einfallende Wechsel können ein Schuppenbild erzeugen, wie es mit Abb. 101c wiedergegeben ist. Die Wechsel haben zum Teil eine gemeinsame Wurzelzone. Es entstehen dadurch *keilförmige Gebilde*, die man sich gewissermaßen als herausgequetscht vorstellen mag. Während gegenüber der liegenden Schuppe das gewohnte Bild der Überschiebung im störungsfallenden Schnitt erscheint, stellt sich gegenüber der hangenden Schuppe das umgekehrte Bild ein. Die stereometrische Feststellung ist daher in diesem Fall nicht für die Beurteilung der Störungsnatur entscheidend.

Während für die Schollenstruktur Verbreiterung in der Waagerechten (Massen- und Mineralverlust) eintritt, führt die Schuppenstruktur zur Verringerung in der Waagerechten (also Massen- und Mineralgewinn). Das *Pressungsmaß* berechnet man ebenso wie das Zerrungsmaß.

Ein beachtenswertes Beispiel für mehrere streichende Wechsel wird mit Abb.102 gegeben. Die Aufschuppung auf mehreren Überschiebungsflächen, gruppen- oder fächerartig angeordnet mit verhältnismäßig gering abweichendem Streichen und Fallen, ist innerhalb einer bestimmten Zone des Faltenflügels erfolgt. Man erkennt aus dem Querschnitt — die Abbaugrundrisse und die weiteren Querschnitte bestätigen das —, daß jede *einzelne* Überschiebungsfläche in mehr oder weniger mächtigen Schichtenfolgen durchsetzt. Die Bewegungslänge ist für jede Schicht verschieden groß, und das Maximum kann jeweils in den Abbaugrundrissen zwischen den Kreuzlinien auf den langgestreckten und spitz auslaufenden Überdeckungsflächen ausfindig gemacht werden. Vergleicht man das Ausmaß für das Durchsetzen der Überschiebungsflächen und die Schubweiten der einzelnen Wechsel miteinander, so möchte man zunächst sagen, daß das Bewegungsbild auf jedem Wechsel etwa gleichsinnig ist und daß auf diese Weise eine zeitlich länger andauernde Druckentlastung entstanden sein kann.

Eine solche Lokalisierung auf den Gebirgsteil der Südflanke des Gelsenkirchener Sattels und auf den stratigraphischen Bereich zwischen Flöz Karl und Flöz Katharina (fast alle Wechsel laufen sich in den Schichten um Katharina tot und biegen zum Teil in die Schichtung ein) ist unbestritten, und das tektonische Geschehen spielt sich fast ganz in einer Faltendiskordanz zwischen flacher, söhliger und steiler, bewegter Lagerung ab.

Dieser verfrühte Erklärungsversuch berücksichtigt aber nicht die noch möglichen relativen Verschiebungen der einzelnen Schuppen untereinander. Die Wechsel sind also nur in ihrer Gesamtheit zu werten als Zone des Druckausgleichs über eine längere Zeit, die man für den Hauptwirkungsabschnitt an das Ende der Faltung zu verlegen geneigt ist.

Für die Entscheidung der Abbauverfahren (Einsatz der Gewinnungsmittel) und Abbaufeldgestaltung wird es notwendig sein, die Aufschlußarbeiten möglichst zu steigern, um die schwer bestimmbaren Kreuzlinien auf große Entfernungen wenigstens einigermaßen sicher auszugrenzen.

Alte Störungen können durch nachfolgende Gebirgsdynamik verändert werden. Besonders interessant, aber recht schwer zu erfassen und zu deuten sind früh angelegte Wechsel, wenn sie weiteren Faltungsvorgängen ausgesetzt waren. Man spricht dann von *mitgefalteten Wechseln*[1]).

In den Projektionen und Schnitten der Riß- und Kartenwerke treten die mitgefalteten Wechsel durch die Projektionsart bestimmt und je nach Lage der Schnitte mit verschiedenartigem Gesicht auf. Wesen und Bedeutung der mitgefalteten Wechsel sind daher nicht mit wenigen Worten erklärt. Man ist gewohnt, die erste (und oft unzureichend bleibende) Anschauung über die Wechsel

---

[1]) Solche mitgefalteten Wechsel sind im Ruhrkarbon gut aufgeschlossen und haben im Rahmen der Grubenrißwerke eingehende geologische und lagerstättenkundliche Bearbeitung gefunden.

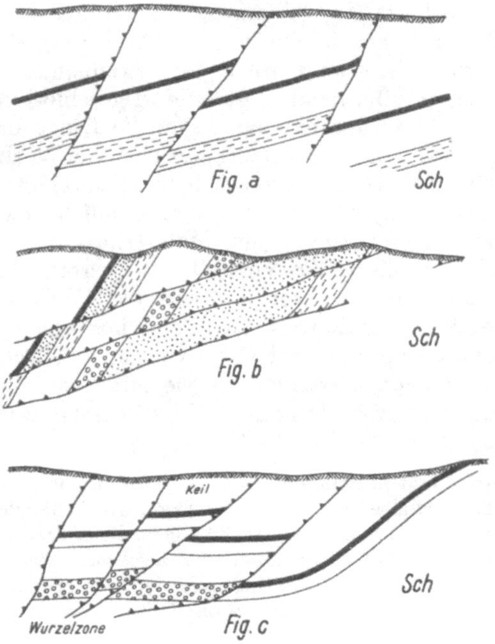

Abb. 101. Grundformen von Schuppenbildungen in störungs- und schichtfallenden Schnitten
a) Störung steiler einfallend als Schicht
b) Störung flacher einfallend als Schicht
c) Herauspressen eines Keiles auf Überschiebungsflächen bei Schuppenstruktur

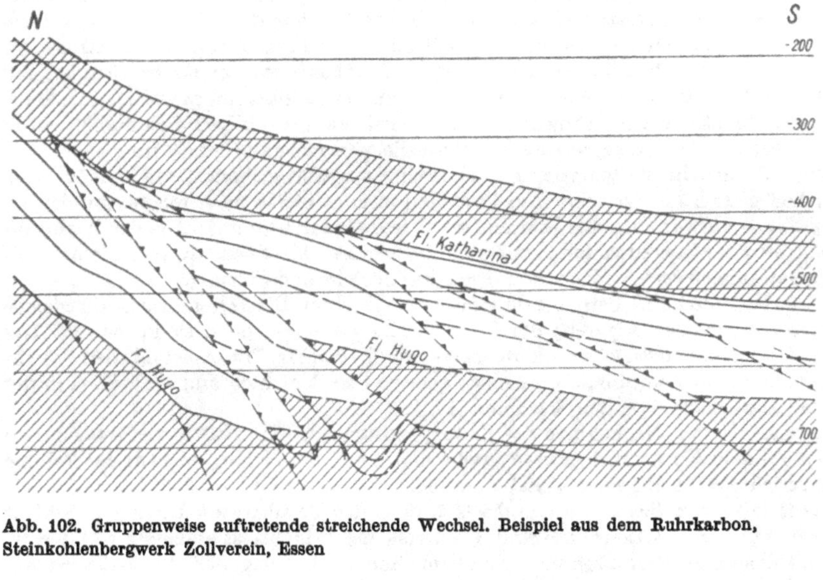

Abb. 102. Gruppenweise auftretende streichende Wechsel. Beispiel aus dem Ruhrkarbon, Steinkohlenbergwerk Zollverein, Essen

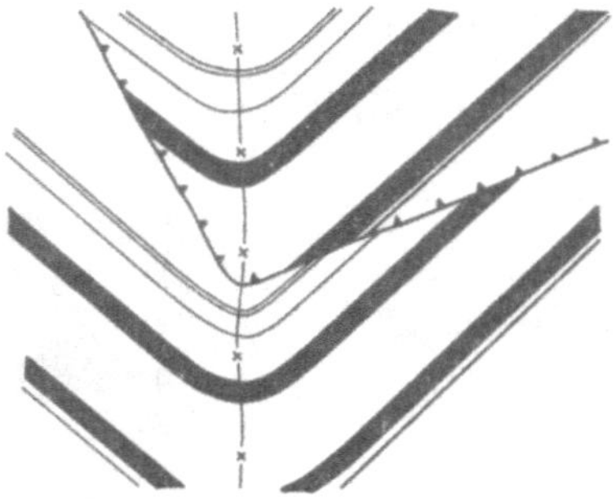

Abb. 103.
Idealform eines mitgefalteten Wechsels

im Schnitt zu gewinnen, bei streichenden Wechseln also im Querschnitt (Abb. 103). Die Verhältnisse sind leicht zu erkennen, ein Trugschluß scheint so gut wie ausgeschlossen.

Nicht so anschaulich liegen die Dinge bei querschlägig und beliebig streichenden Wechseln. Zunächst erweist sich in diesen Fällen der störungsfallende Schnitt als dienlich; man sieht aber alsbald ein, daß Schnitte nur sehr unvollständige Vorstellungen vermitteln. Stellt man sich vor, daß die vom Wechsel gebildete Mulde nach Westen steiler ansteigt als die gemuldete Schicht, so kommen Durchdringungen zustande, wie sie mit dem Beispiel der Abbildung 104, Fig. 9, gezeigt werden (Abb. 104, Fig. 1—9, s. Anh.).

Das Analysieren mitgefalteter Wechsel geschieht in heutiger Praxis im wesentlichen mit Schnitten und in der kotierten Projektion des Grundrisses (Abbaugrundrisse). Abwicklungen im Flachriß sind u. W. noch nicht versucht worden. Die Bewegungsbahnlängen, die allein (mit Ausnahme des Falles in Abb. 103) nur aus dem Grundriß entnommen werden sollten, weichen zuweilen stark voneinander ab. Das ist nur z. T. auf anfängliche Unterschiede der Transportlängen, im übrigen wohl auf nicht erfaßbare Verformungen während des Faltungsvorganges zurückzuführen.

Wir haben (schulmäßig vorgehend) in Abb. 104, Fig. 1 bis 9, vorerst drei einfache Fälle mit söhligen Schichten und ebenen Überschiebungsflächen dargestellt und diese um Fälle ergänzt, die gefaltete Schichten und nahezu ebene, also *nicht mitgefaltete* Überschiebungen zeigen. Während Fig. 1 bis 4 (bei 4 und folgenden Figuren symmetrische, nicht tauchende Falte) auf den ersten Blick verstanden werden, verlangen Fig. 5 und 6 bereits Konstruktionshilfen, um die Lagebeziehungen zu veranschaulichen. Der Figur 5 ($J_{1:1:1}$-Würfel) ist der Grundriß (G) und Schnitt (Sch linksrechts) beigefügt. In J sind die störungsstreichenden und störungsfallenden Schnitte zu erkennen, in der Störungsebene die kongruenten Kreuzlinien mit wahrem Schubmaß, in G die Projektion der Kreuzlinien mit söhligem Schubmaß und in Sch die verschieden großen Abstände der Schicht-Teile, gemessen auf der Störung.

Fig. 6 zeigt die gleiche Faltenform. Die Überschiebungsfläche besitzt ein um 50^g vom Schichtstreichen gedrehtes Streichen. Die Bewegung erfolgt etwas nach rechts abweichend vom Störungsfallen aufwärts (in das Bild hinein). J und G lehren (mit Schablonen nachprüfbar) die Kongruenz der liegenden und hangenden Kreuzlinien. Alle Schnitte, auch die parallelgestellten, zeigen immer verschiedene Stellungen von Schicht und Störung.

Es folgen mit Fig. 7, 8 und 9 Beispiele für *mitgefaltete* Wechsel. Die Faltenform ist die gleiche wie bei den vorangehenden Figuren; die Falte taucht weder ein noch steigt sie auf. Das Streichen der Überschiebungsfläche verläuft im ersteren Falle (Fig. 7) parallel mit den Schichten, dann in (Fig. 8) der ursprünglichen Anlage quer zu den Schichten und schließlich in der Anlage um 50^g abweichend von den Schichten (Fig. 9).

Die Formen sind durch Nachahmen der Faltung aus den in Fig. 1 bis 3 wiedergegebenen Verhältnissen auf dem Konstruktionswege entstanden. Der Schub ist aufwärts in der Fallinie der Störung gerichtet. Die Ergebnisse sind lehrreich.

Fig. 7 (aus 1) zeigt, daß die störungs- und schichtfallenden Vertikalwinkel zwischen Schicht und Überschiebung allerorts gleichgroß sind. Die Größe des Winkels ist abhängig von der ursprünglichen Anlage und theoretisch nicht von dem Grad der Faltung. Jede Schicht wird von der Überschiebungsfläche nur einmal durchschnitten. Der Wechsel steigt fortlaufend in jüngere Schichten (stratigraphisch aufsteigender Wechsel).

Fig. 8 (aus 2). Im störungsstreichenden (allgemeines Streichen!) und schichtfallenden Schnitt treten keine Vertikalwinkel zwischen Schicht und Überschiebung auf, also ist Parallelverlauf gegeben. Doppellagerung ist nur zwischen den Kreuzlinien (s. auch G) erkennbar. In schichtstreichenden und störungsfallenden Schnitten erkennt man überall das gleiche (echte) Bild des Wechsels.

Fig. 9 behandelt den aus Fig. 3 hervorgehenden Fall. Er lehrt, daß nach geometrischer Konstruktion in querschlägiger Richtung die Vertikalwinkel zwischen Schicht und Wechsel gleichgroß sind. Dasselbe gilt für die schichtstreichende Richtung und überraschenderweise auch für den Schnitt von links nach rechts über die Würfeldiagonale, wo der Winkel = 0° ist, also Parallelverlauf wie im Fall der Figur 8 besteht. Es darf erwartet werden, daß bei eintauchenden und steigenden Sätteln und Mulden mitgefaltete Wechsel das Tauchen und Steigen mitmachen. In welchem Maße das eintreten kann, ist in einem sorgfältig durchgeführten tektonischen Plan (mit Seigerabstandskurven) für einen Hauptwechsel festzustellen, der in der G-Projektion die Form des Wechsels und die Faltung der Schichten an Hand der Flözkreuzlinien erkennen läßt (Rißmuster für Markscheidewesen 1942, Riß 40).

Erst dann, wenn in der Anlage der Störung ihr Einfallen unterschiedlich hervortritt, ist auch (theoretisch) der besagte Winkel unterschiedlich, und er wird auch noch unterschiedlich sein, wenn die Störung in der Anlage keine Ebene darstellt, und die Schicht schon gefaltet war. Damit ist auch wohl eine der schwierigsten Aufgaben der tektonischen Analyse gegeben.

Wir stellen fest, daß mitgefaltete Wechsel im Grunde genommen eine Transformationsaufgabe darstellen, womit wiederum nicht generell gesagt sein soll, daß nach durchgeführter Transformation die tektonische Eigenschaft des Wechsels völlig geklärt werden könnte. Zunächst dürfte interessieren, wie die Überschiebungsfläche nach Rückfaltung des Gebirges aussieht. Dazu geben die oben behandelten Beispiele wenigstens eine Vorstellung, die bestenfalls nur sehr angenähert besteht. Wir wissen, daß unter den obigen Voraussetzungen *konform gefaltete Wechsel* entstehen können. Für die zweite Form, für die *inkonform gefalteten Wechsel*, können verschiedenartige Voraussetzungen gelten:

1. die bereits oben angedeutete verwickeltere Anlage der Störung,
2. die Fortdauer der Störungsbewegung auch während der Faltung,
3. die Ungleichförmigkeit der Bewegung und
4. Vorgänge der Regionaldeformation, die mit der Faltung nichts oder nur mittelbar etwas zu tun haben.

Als Beispiel eines konform gefalteten Wechsels wird in Abb. 105 der Sutan-Wechsel im Felde des Steinkohlenbergwerkes Centrum-Morgensonne in Wattenscheid (Ruhrkarbon) gezeigt. Der Wechsel sattelt und muldet mit den Schichten. Der gleiche Wechsel im Felde Graf Schwerin, Castrop-Rauxel, bietet das Bild des inkonform gefalteten Wechsels, Abb. 106.

Zur tektonischen Analyse der mitgefalteten Überschiebungen hat J. SCHOLZ (1956) ebenso gründliche wie wertvolle Beiträge geliefert, in denen er von Aufschlüssen des Ruhrkarbons ausgeht und durch Untersuchungen zur Faltungsmechanik von Wechseln mit vielfältigen Versuchen der Abwicklung (oder Rückführung auf frühere Stadien und auch schrittweisen Auffaltung) die auftretenden Formen als Ergebnis der Knickfaltung erklärt, wobei Überschiebungsbahnen, die schon vor der Faltung bestanden haben und die Schichtenfolge unter einem Winkel durchsetzen, die Bewegungen mitmachen. Für das Ruhrgebiet stellt er fest: „Die ‚konformen' Faltenbilder in den mehr westlich gelegenen Aufschlüssen (des Ruhrkarbons) sind aus primär flach einfallenden Überschiebungen hervorgegangen. Die im Osten vorwiegenden ‚inkonformen' Faltenbilder sind durch primär steiler fallende Überschiebungsbahnen zu erklären."

Blockbildungen: *Verschiebungen auf Blättern* führen, wenn sie häufiger nebeneinander auftreten, zur Bildung von einzelnen Gebirgskörpern. Diesen Block-

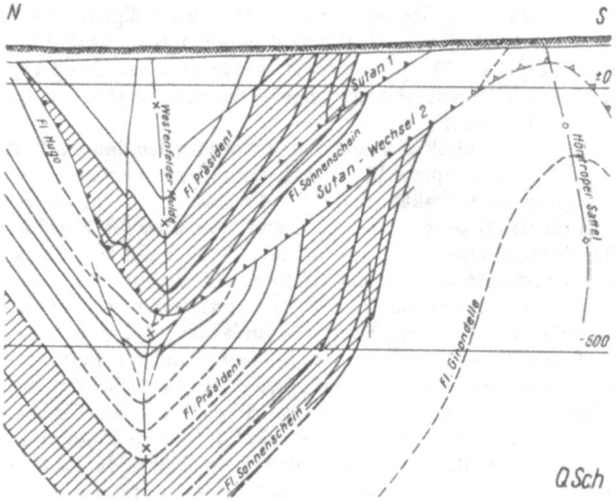

Abb. 105. Sutan-Wechsel im Felde Zentrum-Morgensonne, Wattenscheid; Ruhrkarbon, konform gefaltet (nach W. NEHM, 1930)

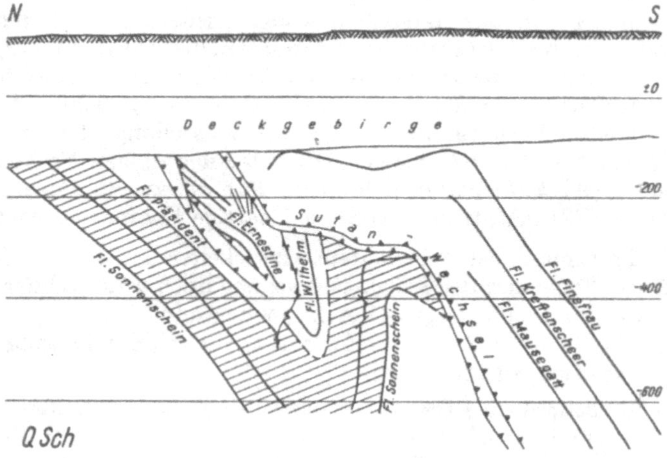

Abb. 106. Sutan-Wechsel im Felde Graf Schwerin, Castrop-Rauxel; Ruhrkarbon, inkonform gefaltet (nach J. SCHOLZ, 1955)

bildungen, die am deutlichsten durch den Abbau erkannt werden, ist im allgemeinen im Bergbau erst spät größere Beachtung geschenkt worden, da die Formen der Schollen- und Schuppenstruktur leichter verständlich sind und sich besser verfolgen lassen.

Man muß in der Bewegungsfläche des Blattes eine Scherfläche erblicken, auf der eine Verschiebung stattgefunden hat, die mehr oder weniger söhlig gerichtet ist. Die Deutung bei Einzelaufschlüssen ist meistens sehr schwierig. Im allgemeinen lassen erst eine größere Anzahl von Aufschlüssen in einem gefalteten Schichtenverband ein richtiges Erfassen der tektonischen Größen zu, um mit diesen eine stichhaltige Projektierung in den unaufgeschlossenen Bereich vornehmen zu können, vgl. Abb. 93, ferner M. SCHMIDT (1955), Verschiebungen auf Blättern . . ., daselbst weiteres Schrifttum.

Selbstverständlich treten auch *Mischungen der Störungsarten* auf. Es ist in der bergmännischen Praxis eher so, daß weniger reine Störungstypen angetroffen werden als Dislokationen von Gebirgsteilen, für die verschieden große und verschieden gerichtete dynamische Kräfte angenommen werden müssen. So erscheint es fragwürdig, noch von einer Schollenstruktur zu sprechen, wenn zwischen Querverwerfungen (die stellenweise durchaus die Natur von Sprüngen haben) im Liegenden und Hangenden eine gegeneinander verschieden große Faltungsintensität herrscht. Hier scheint es ratsam zu sein, in einer Blockbildung das Wesentlichere zu sehen.

Bei der tektonischen Bearbeitung bergmännischer Risse, Karten und Pläne wird man immer wieder feststellen, daß die reinen Formen, mit denen wir uns in diesem Abschnitt zum Teil mehr lehrhaft haben beschäftigen müssen, seltener vorkommen, ferner daß im Bearbeitungsgang ein hohes Maß der Beherrschung der Arbeitsmittel und -verfahren notwendig ist, verbunden mit reichen Erfahrungen örtlicher Verhältnisse.

Wir geben weiter unten in Abschnitt F, 5 eingehende Hinweise zur Aufklärung verwickelter tektonischer Vorgänge in bezug auf Störungen. Wohl hängt eine erschöpfende Klärung, wie oft betont, von den Aufschlüssen ab; es sollte aber mehr als bisher versucht werden, mit neuzeitlichen Mitteln, wie sie durch die erweiterte kotierte Projektion unter Mitverwendung von Wertlinien gegeben sind, an die für den Bergbau so wichtigen Aufgaben heranzugehen. Die Krönung einer solchen tektonischen Beschreibung kann neben den Störungsrissen darin bestehen, in einem Schaubild (Diagramm) mit rechtwinkligem Achsenkreuz für die Zeit (oder für die stratigraphischen Abstände) und für das Bewegungsmaß den Gesamtablauf der Bewegung auf der Störung darzustellen (Einzelbewegung und additive Form, Bd. II, III, C, 4, b, S. 315/16).

Zonen gestörten Gebirges: Innerhalb eines Feldes auftretende Gebirgsteile, die vollkommen gestört sind und denen eine klärende tektonische Bearbeitung entgegensteht, werden als „gestörtes Gebirge“ bezeichnet. Man tut gut, solche Gebirgsteile abzugrenzen. In diesen Fällen können die Störungsflächen nicht mehr herausgeschält werden; die einzelnen Gebirgsteile sind so klein und zerrüttet, daß jegliche Beziehung der Teile zueinander fehlt. Auch das dynamische Kräftespiel dürfte kaum zu deuten sein, und man wird sich damit begnügen, in diesem Gebirgsteil eine Zone mehr oder weniger lang andauernden Kräfteausgleichs zu sehen. Bergmännisch ist das gestörte Gebirge bei syngenetischen Lagerstätten wertlos und stellt meistens eine erhebliche Behinderung der planvollen Abbaugestaltung dar.

5. *Ermittlungen an Harnischen, Gleitspuren. Das Kreuzen und Scharen*

Fast auf allen Störungsflächen sind Spuren der Bewegung zu erkennen. Besteht die Störung nur aus einer einzigen Störungsfläche — sie besitzt also keine Mächtigkeit — und ist sie nicht transformiert oder verformt, so zeigt sie die letzte *Bewegungsbahn* unverfälscht. Nur in einem solchen Falle sagt die Form der Störungsfläche uneingeschränkt Richtiges über die Bewegungsbahn aus.

Die auf der Störungsfläche anzutreffenden *Krümmungen* und *Wülste* müssen senkrecht zur Bewegungsbahn verlaufen, da sie sonst die Bewegung auf einer

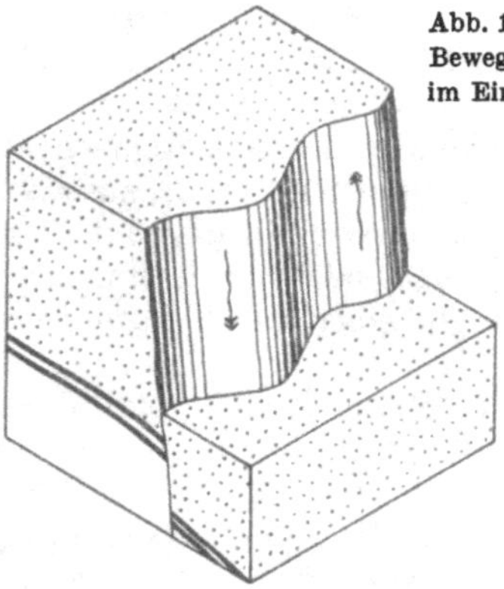

Abb. 107.
Bewegungsmöglichkeit
im Einfallen

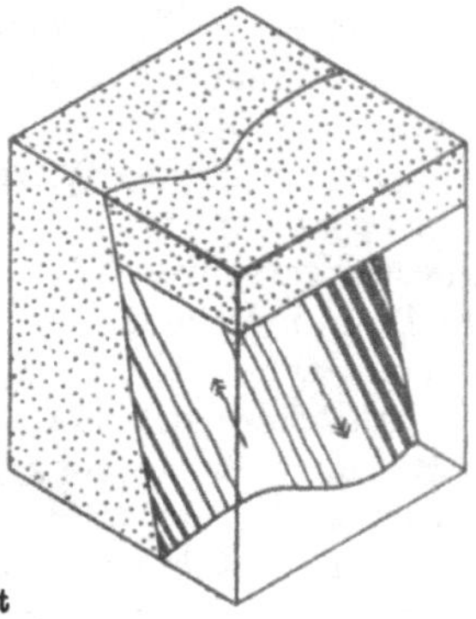

Abb. 108.
Bewegungsmöglichkeit
schräg auf- oder abwärts

(dünnen) Störungsfläche nicht zulassen würden. In Abb. 107 ist die Bewegung im Einfallen erfolgt und in Abb. 108 schräg aufwärts oder abwärts, keinesfalls im Einfallen, da die Bewegung infolge der Wülste und Krümmungen gewissermaßen nur auf diesen Gleisen, den Harnischen und Spiegeln vor sich gehen kann.

Neben diesen idealen Fällen der Bewegungsbahn auf größere Erstreckungen hin gibt es zahlreiche Variationen, unter denen sowohl Anzeichen für zusammenhanglose Richtungsänderungen als auch einheitliche Bewegungen beobachtet werden können, die auf kurze Entfernung auf Wülsten oder Rillen erfolgten.

Die markscheiderische *Vermessung der Gleitspur* ist in Abschnitt III, C, 4, c, S. 376ff. beschrieben.

Unmittelbare Beobachtungen über die (relative) *Bewegungsrichtung* können verhältnismäßig selten gemacht werden. Zuweilen und nur dann, wenn die Anzeichen genauestens verfolgt werden, läßt sich der „Richtungspfeil" erkennen. Mineralien, die besonders auf Störungen aufzutreten pflegen, werden durch die Bewegung zerrieben. Der *Schweif* (ein Ausdruck aus dem Gangbergbau für verschleppte Erzmasse), der auf dem Harnisch liegt und vom Mineral ausgeht, zeigt in die Bewegungsrichtung.

Manchmal trifft man auf den Gleitspuren einen zweiten „Richtungspfeil" an, der oft so klein ist, daß man ihn nur mit der Lupe erkennen kann. In der weicheren Gleitmasse und auf den Harnisch-„Gleisen" lassen sich kleinere, harte, meist abgerundete *Mineralkörner* oder -körnchen entdecken, die sich am Ende der Gleitspur, also an der Pfeilspitze befinden. Für beide Beobachtungen gilt der Vorbehalt, daß die Anzeichen nur den zeitlich letzten Vorgang vermitteln.

Zur Bestimmung der *Bewegungsgröße* (= Länge der Bewegungsbahn) müssen vergleichbare Stücke im Liegenden und Hangenden der Störung vorhanden sein. Dieser Frage gehen wir an anderer Stelle nach.

Neben einzelnen einfachen, fast ebenmäßigen Störungsflächen treten uns mehrere Störungen zugleich oder Ansammlungen solcher Flächen entgegen, deren Streichen und Fallen recht unterschiedlich sein kann. Diese Störungszonen erlangen erhebliche Breiten oder Mächtigkeiten und können bei Zerrstörungen 100 m und mehr erreichen. Hier nach einzelnen Flächen zu suchen, ist meistens nutzlos, da eine zufällig herausgegriffene Fläche keine sicheren und daher brauchbaren stereometrischen Elemente liefert. In derartigen Fällen wird man nach

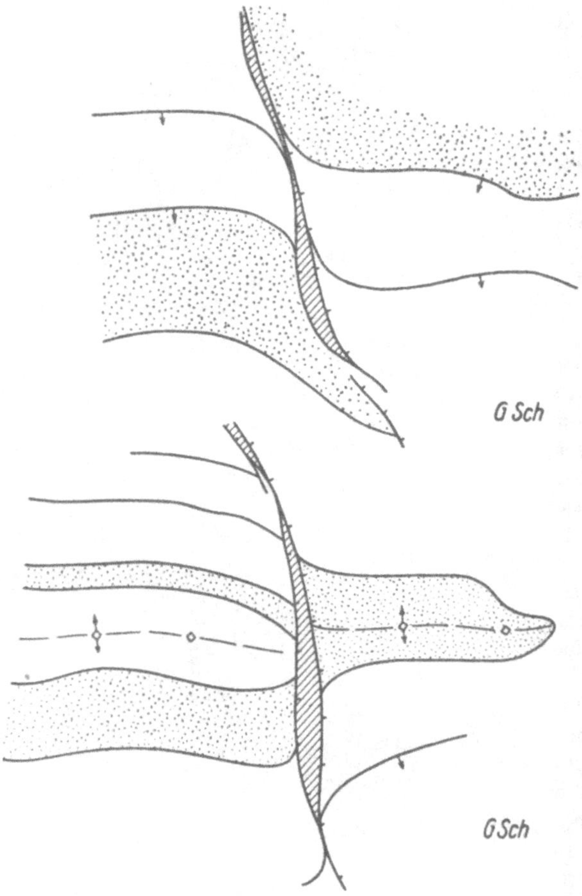

Abb. 109. Änderung des Streichens und Fallens durch Mitziehen der Schichten am Liegenden und Hangenden einer Störung oder Spalte

Möglichkeit die Grenzflächen nach den Angaben in den Rissen als *Salbänder* festzulegen versuchen.

Auch mehrere Störungen verschiedenen Charakters müssen in den Grubenrißwerken in nicht zu klärenden Fällen zu „Störungszonen" oder mit der rißlichen Bezeichnung „gestört" zusammengefaßt werden; denn es entspricht der rechtlichen Stellung und dem Zweck des Grubenrißwerkes, daß keine gewagten Deutungen als „Erwiesenes" Ausdruck finden und womöglich zu falschen Maßnahmen führen. Die Kennzeichnung als „gestörte Zone" oder als „gestört" muß in solchen Fällen — wenn auch tektonisch unbefriedigend — genügen.

Eine gänzlich andere Bedeutung haben die sich *kreuzenden Störungsflächen*; das gilt sowohl für die Aufnahme als auch für die Deutung der Störungen. Bei der rißlichen Verarbeitung der Messungswerte tritt sofort die Frage auf, ob und welche von den Flächen die andere beeinflußt hat, womit sogleich die Altersfrage angeschnitten ist. Bei Gängen — in vielen Fällen sind diese, tektonisch gesehen, Störungsflächen — spricht man von *Gangkreuzen*. Die Durchdringungslinie kann insofern von besonderer wirtschaftlicher Bedeutung sein, als vielfach an diesen eine Erzanreicherung aufzutreten pflegt.

Die Abbildung 110, die sich aus $J_{1:1:1}$, G und Sch ① zusammensetzt, lehrt zunächst, daß man sich ohne eine exakte Konstruktionsarbeit dem möglichen Sachverhalt nicht nähern kann, da er mit nur gedanklicher Vorstellung sehr schwer erfaßbar ist. Zum anderen zeigt Abb. 110, daß bei derartigen (hier schematisierten) Lagerungsformen von Schicht, Gang und Störung schon geringe Änderungen in den Werten der stereometrischen Ausgangsgrößen zu erheblichen Fehlschlüssen führen können. Demzufolge gibt der konstruktive Versuch meist nur einen nützlichen Anfang für den Arbeitsweg. Es empfiehlt sich in diesem Falle, wo Flachrisse für Gang und Störung nicht unterstützend herangezogen wurden, möglichst weit in die grundrißliche Projektion einzudringen. Schnitte können zwar die Richtigkeit einer Ansicht beweisen, doch nützen sie weniger der Anschauung. Beim Vorliegen mehrerer Flächen wird es stets zweckmäßig sein, die Identität und Kontinuität der *jüngsten* Flächen sicherzustellen; alsdann folgt der Versuch für die zweitjüngste Fläche.

Betrachtet man im störungsfallenden Schnitt das *Verhalten der Schichten an der Störung*, so stellt man häufig ein Mitziehen der Schichten in unmittelbarer Nähe der Störungsfläche fest (Abb. 109, obere Figur). Diese ganz natürliche Erscheinung kann kleinste, aber auch recht große Ausmaße haben. Bei söhliger Auffahrung in der Schicht tritt — wie gar nicht anders zu erwarten ist — eine Änderung der Streichrichtung ein, wie das in Abb. 109, untere Figur, Grundschnitt einer Schicht, gezeigt ist. Diese Änderungen des Streichens deuten die Nähe der Störung an, was bei Gängen, die Störungsspalten mit Mineralausfüllungen sein können, von besonderer Wichtigkeit ist. Das für sattelförmige Gebilde sich ergebende Bild erfährt für die Schichten an der Mulde eine Umkehrung.

In mächtigere Spalten geraten Bruchstücke des Nebengesteins in jeder Größe aus oberen Teufenbereichen. So werden Gebirgsteile in Form von Blöcken, Schalen und Schollen zwischen dem Liegenden und Hangenden eingeklemmt vorgefunden. Das Fallen und Streichen kann man ohne weiteres abnehmen, statt des ursprünglichen Schichtenaufbaus mit der nun zufällig eingenommenen Lage der

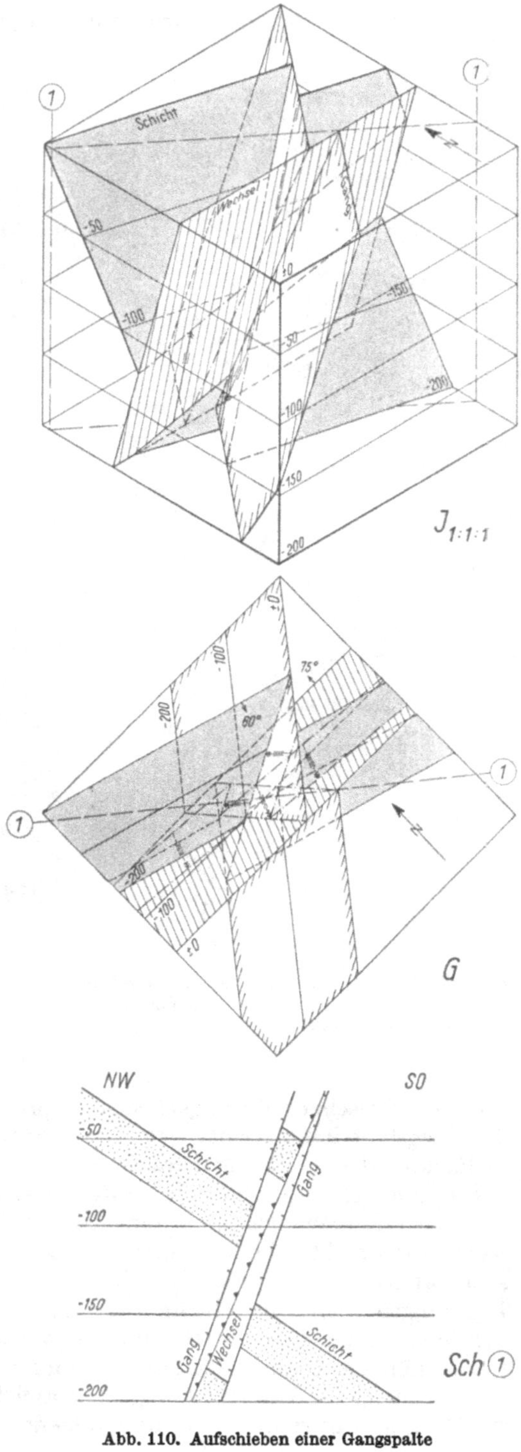

Abb. 110. Aufschieben einer Gangspalte

Scholle in der Spalte. Im äußersten Falle läßt sich, wenn die Störung quer zu den Schichten verläuft, auf den eingebrochenen Schollen ein der Spalte oder dem Gang paralleles Streichen beobachten. Selbst bei kleineren Bruchstücken hat man zuweilen das Glück, das stratigraphische Alter bestimmen zu können. Diese Feststellungen ermöglichen zusammen mit den mineralischen Spaltenausfüllungen wertvolle Hinweise für die Gangspaltentektonik, also für die Form der Spalte im Zyklus der Zuführung der Minerallösungen. Sind die Spalten mit Mineralausfüllungen verschiedener Ganggenerationen auf lange geologische Zeitabschnitte Ausgleichsflächen gewesen und haben auf der Spalte selbst oder auf den die Spalte kreuzenden Störungsflächen Bewegungen stattgefunden, so läßt sich eben auf Grund der Mineralfolge das Alter der Störung bestimmen. Seit alters her ist diesen Erscheinungen durch den Erzbergmann besondere Beachtung geschenkt worden.

Für *mitgefaltete Störungsflächen*, die nachträglich durch andere tektonische Flächen gestört sind, gilt die gleiche Arbeitsweise wie bei Schicht und Störung. Je mehr die erste Störungsfläche gefaltet ist, um so leichter wird der Charakter der zweiten Störung erkannt werden können.

Der Begriff der *Scharung* wird vom Bergmann in zwei Fällen gebraucht:
Erstens, wenn sich die Sedimentmasse zwischen zwei Schichtflächen, zum Beispiel Flözen, so verringert, daß sich die Flächen zu einer einzigen Fläche vereinigen. Die Linie, an der dies erfolgt, heißt Scharungslinie. Sie ist eine Kreuzlinie, Raumlinie (Bd. II, III, A, 1, S. 261, und III, E, 3, Tafel 1, S. 363).
Zweitens bei Gängen, wobei man sagt: Der Gang schart oder die Gänge scharen. Als Erscheinungsbilder treten uns entgegen

die *Auslenkung*, wenn ein Gang durch Annäherung eines zweiten aus seiner primären Lage verdrängt ist, bei Abrücken aber seine primäre Lage wieder beibehält,

die *Schleppung*, wenn sich die Gänge einander nähern, ohne sich ganz zu vereinen, und schließlich

die *Scharung und Gabelung*, wenn zwei Gänge sich zu einem vereinigen oder umgekehrt je nach der Betrachtungsweise aus einem Gang zwei entstehen und auf weitere Erstreckung auch anhalten. Was für zwei Gänge gilt, hat auch für ganze Netze von Gangtrümern (Hauptgänge, Nebengänge, Quer-, Bogen-, Diagonaltrümern), ob edel oder taub, Gültigkeit.

Wir lassen noch zwei beachtenswerte Beispiele zur Scharungsdarstellung folgen:

K. Oberste-Brink (1933) hat eine kartographische Herausarbeitung der Scharungslinie an Hand der Flöze Röttgersbank 1 und 2 gezeigt, Abb. 111. Während hier der geologische Tatbestand seinen klarsten Ausdruck findet, liegt in Abb. 112 der vom Verfasser behandelte Fall einer Scharung unter dem Gesichtswinkel der Abbaufeldgestaltung vor. Aus der geologischen Scharungslinie wird angenähert eine Baufeldbegrenzungslinie für Flözbänke gleichen Namens, aber verschiedenen stratigraphischen Horizontes.

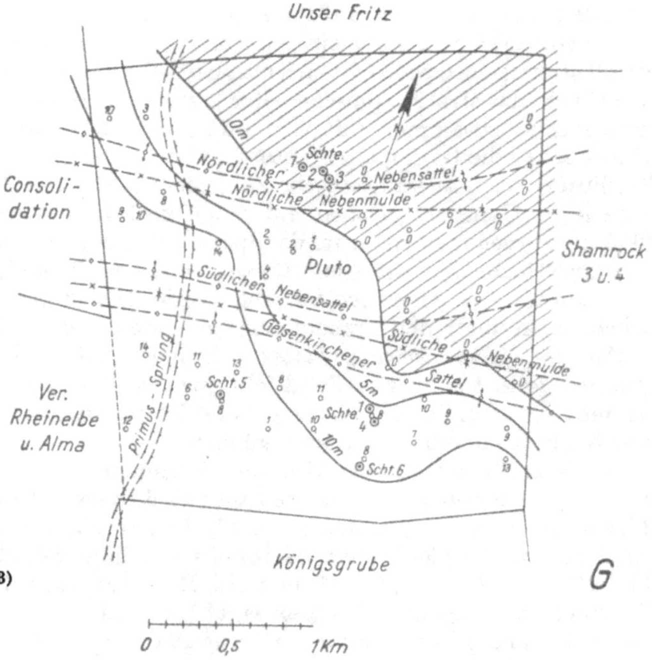

Abb. 111. Scharung der Flöze Röttgersbank 1 und 2 (nach K. Oberste-Brink, 1933)

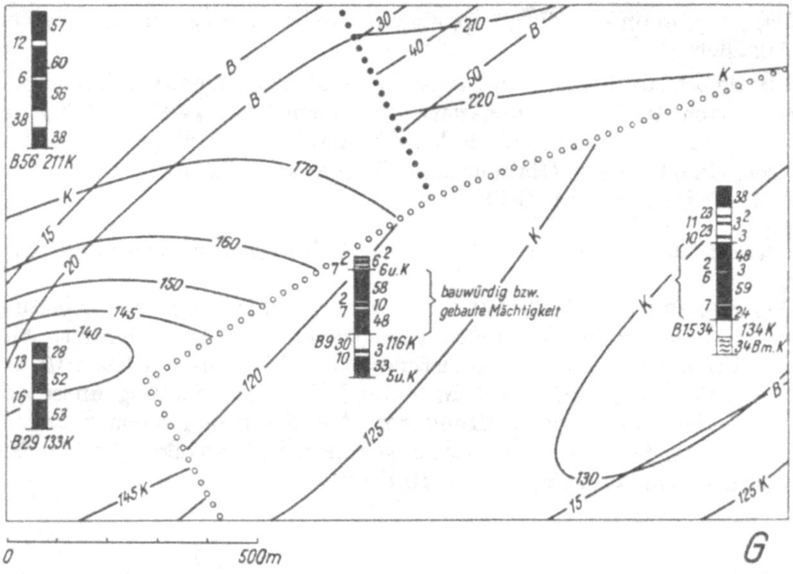

Abb. 112. Bankmächtigkeitsschwankungen, Scharung und Abbaufeldbegrenzung.
Auszug aus einem Strukturplan 1:5000. Die Linie mit kleinen offenen Kreisen stellt die Abbaubegrenzung dar

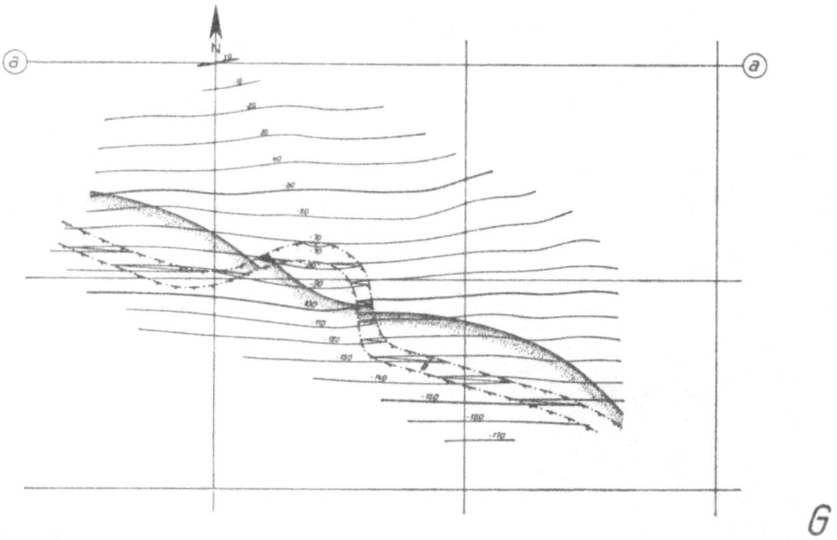

Abb. 113. Grundriß einer Schicht mit Wechsel. Gegenwärtiger Zustand mit Seigerabstandslinien dargestellt

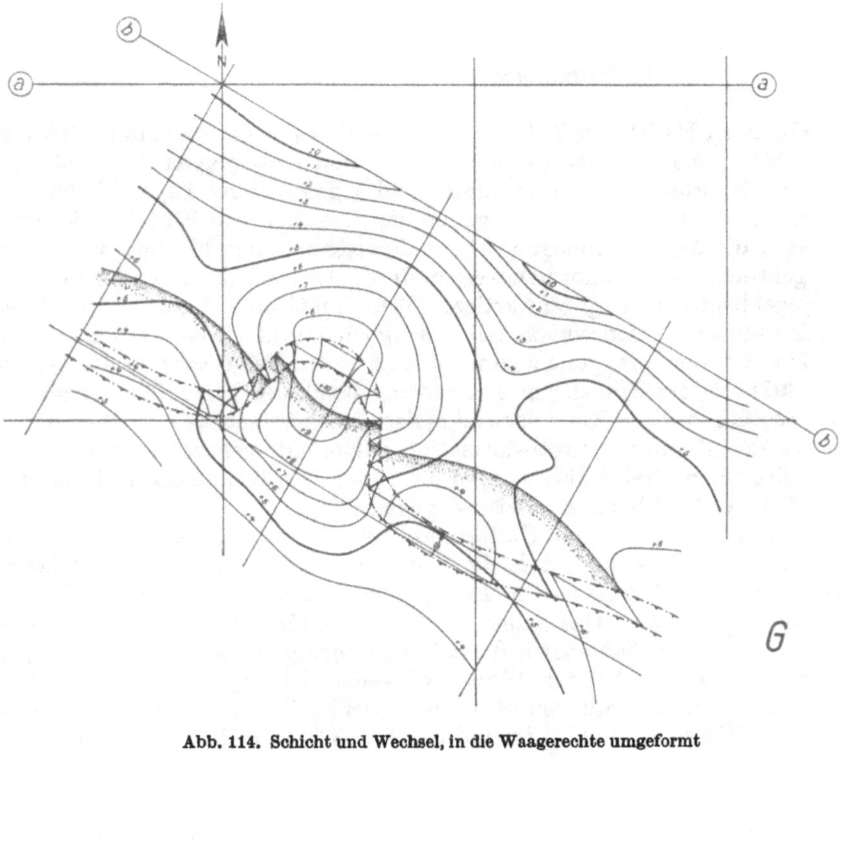

Abb. 114. Schicht und Wechsel, in die Waagerechte umgeformt

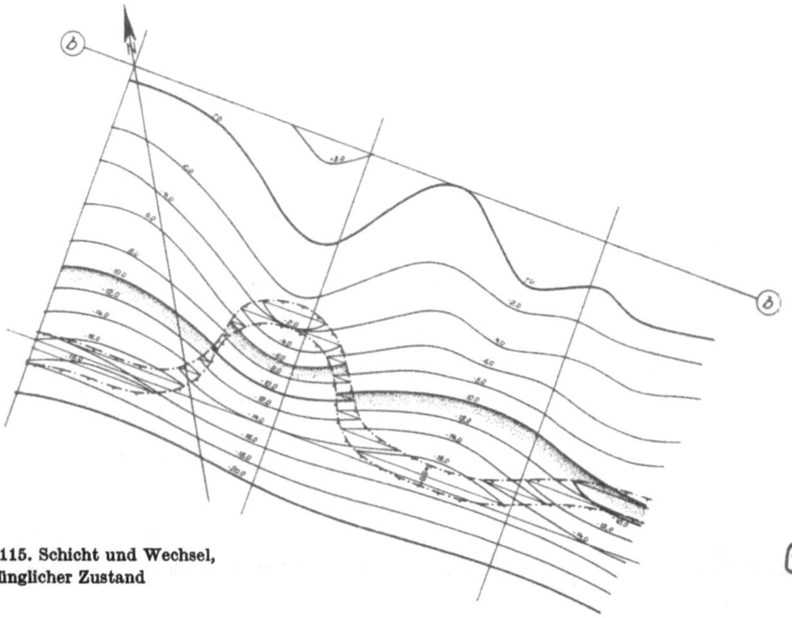

Abb. 115. Schicht und Wechsel, ursprünglicher Zustand

6. *Transformation von Flächen*

Die in Abschnitt III, D, 1, c, S. 395ff., gezeigte Transformation befaßt sich mit den räumlichen Lagen von *Ebenen* vor und nach den Bewegungen. Nun soll eine gleiche *Fläche* in primärer, zeitbestimmter und gegenwärtiger Lage sichtbar gemacht werden. Als Operationsgrößen gelten das Streichen und Einfallen der Projektionsebene, die als Anschmiegungsebene der tektonischen Flächen anzusehen ist. Die eigentlichen Flächenformen werden durch Abstandslinien wiedergegeben.

In der Regel liegt von der gegenwärtigen Fläche ein Grundriß mit formbeschreibenden Seigerabstandslinien vor, so daß es lediglich darauf ankommt, den Grundriß der Fläche vor der Bewegung anzufertigen. Für den Fall $\vartheta = 0°$ (Abb. 17 und 18, S. 396/397) ist die Transformation entsprechend der Flachrißkonstruktion (F/G) durchzuführen. Dem Neigungswinkel der Projektionsebene bzw. dem Kippwinkel α bei der Koordinatentransformation entspricht hier der Drehwinkel δ. Für die vorliegenden Drehwinkel werden die Netztafeln benutzt, von denen wir in Bd. II, II, B, 1, d, Abb. 23, ein Beispiel zeigten.

In Abb. 113, 114, 115 wird die Umformung vorgeführt. Gegeben ist der gegenwärtige Zustand (Aufmessung), d. h. die Form einer Schicht und eines Wechsels, dargestellt mit Seigerabstandslinien. Das Schichtstreichen (R_1) beträgt rd. 90°, das Einfallen (α_1) rd. 50°. Das Streichen des Wechsels, das Einfallen und das Streichen der Bewegungsbahn sowie die Schubbewegung auf der Überschiebungsfläche zeigt der Grundriß. Auf dem Wege geologischer Überlegungen oder des Versuches und der Rechnung mit den oben angegebenen Formeln kennt man unter Benutzung des Winkels β und α_2 (im Beispiel $\beta = 30°$, $\alpha_2 = 10°$) R_2 und α_2, d. h.

die Größen, mit denen die ursprüngliche Lage der Schichtfläche herbeigeführt werden kann. Die im Grundriß (G), Abb. 113, dargestellte Schichtfläche, einschließlich des Wechsels, wird mit einer Netztafel für 50° in die Waagerechte transformiert, wodurch die Abb. 114 entsteht. Das ist der gleiche Vorgang wie bei der Flachrißherstellung als Folgeriß des Grundrisses (G/*F*). Alsdann wird in diesen „Flachriß" das Streichen R_2, also das ursprüngliche, eingetragen und um dieses Streichen die Schichtfläche mit einem Einfallen von α_2 aufgerichtet (*F*/G). Diese Transformation geht mit einer Netztafel für 10° vor sich. Abb. 115 zeigt die Schichtfläche in ursprünglicher Form in grundrißlicher Projektion (G nach der Transformation).

E. Hinweise auf die Aufgaben der Darstellenden Geometrie der Lagerstätte und auf weitere Aufgaben der Formbeschreibung

1. Hinweis auf Bd. II, I, B, 5

Wir haben in Bd. II, S. 50—64, das Grundsätzliche zur Darstellenden Geometrie (im allgemeinsten Sinne) und zu den besonderen Aufgaben einer Darstellenden Geometrie der Lagerstätte mitgeteilt. Daselbst haben wir versucht, die Grundlagen für einen Wissenszweig, der bislang ein zusammenhangloses Dasein fristete, zu schaffen, um einer neuen Entwicklung Raum zu geben. Die in Bd. II angegebene Gliederung umreißt dieses Darstellungsgebiet, und wir führen sie hier an, um Aufgabe und Ziel deutlicher erkennen zu lassen. Entsprechend der zu Beginn dieses Abschnittes gekennzeichneten Aufgabenstellung obliegt es uns, die Vielfalt der Formen zu erfassen; unter diesen Formen beanspruchen diejenigen das größte Interesse, die für die Gewinnungsmöglichkeit und -art von Bedeutung sind. Es erweist sich daher als zweckmäßig, die im Grundlagen-Band II dargelegten Gedanken heranzuziehen, um sie nutzbar zu machen. Das Stoff- und Aufgabengebiet haben wir a. a. O. wie folgt gegliedert:

Formbeschreibung (Morphologie),
Beschreibung der gegenwärtigen Form,
Beschreibung der Ursprungs- und Zwischenformen,
Abhängigkeit der Formen (Morphologie) und deren Deutung nach den gestaltenden Kräften (physiologische Morphologie),
Beschreibung der Eigenschaften und
Abhängigkeit der Eigenschaften von den Formen.

Wir betonen, daß die hiermit verbundenen konstruktiven und darstellenden Aufgaben nicht allein in den gewohnten Grundrissen, Schnitten und axonometrischen Anschauungsbildern gelöst werden müssen. Die erweiterte kotierte Projektion, angewendet auf Projektionsebenen, die sich den tektonischen Flächen anschmiegen, besitzt, wie wir weiter unten zeigen, Vorteile, die genutzt werden sollen.

Wir haben in Bd. II, III, A, 1, S. 221ff., die kotierte Projektion mit Rücksicht auf die markscheiderische tektonische Aufgabe in den bergmännischen Darstellungen so eingehend behandelt und mit zahlreichen Abbildungen zu erklären versucht, daß wir uns zu den hier anstehenden Fragen mit einigen Hinweisen begnügen können.

Neben der Vermessung und Zulage von Punkten, die der Lagerstätte, den Schichten, Störungen usw. angehören, werden auch die Werte für das örtliche Streichen und Fallen benutzt; in der Regel wird beides gemeinsam in geeigneten Projektionen der Karten-, Riß- und Planwerke verarbeitet. Man wird dabei bestrebt sein, nicht nur alle Daten zu verwerten, sondern auch Formen von Flächen mitzubenutzen, die zwar mit der zu behandelnden Schicht nichts zu tun haben, an die man sich jedoch notfalls aus der Kenntnis des Gebirgsbaues heraus anlehnen muß.

Die konstruktive Tätigkeit außerhalb des Aufmessungsbereiches, also außerhalb der verbürgten Lage von Lagerstätte und Störung (Aufschluß), nennt man Planen, Projektieren[1]) oder Entwerfen der Lagerstätte. Für diese ungemein wichtige Aufgabe gibt es keine allgemein gültigen Anweisungen, nach denen man etwa schematisch verfahren könnte. Wenn auch das Arbeiten mit Linien gleichen Abstandes als das anschaulichste, leichteste und schnellste Verfahren und damit als das beste angegeben werden kann, müssen in gewissen Fällen eng hintereinander geschaltete Schnitte die Grundlage bilden und zuweilen bilden müssen, auch dann, wenn das Arbeiten mit Abstandslinien schon in vollem Fluß ist; solche Schnitte sind ergänzend heranzuziehen, wenn die Verfahren der erweiterten kotierten Projektion nicht ausreichen (Schnitte vgl. Bd. II, III, B, S. 279).

Allgemein kann aber wohl gesagt werden, daß das Projektieren mit Schnitten ein Verfahren darstellt, das für große Räume und in kleinmaßstäblichen Karten und Plänen, vor allem zu Beginn des Planens, angebracht ist. Demgegenüber handelt es sich beim Arbeiten mit Abstandslinien um ein Verfahren, das bei großen Räumen im Anschluß an die Schnittmethode angewandt wird. Im engen Raum und auf großmaßstäblichen Rissen und Plänen wirkt es sich sogleich voll aus.

2. *Weitere Fälle der Formbeschreibung*

Wir führen einige Beispiele nachträglicher Formenveränderung an schichtförmigen Lagerstätten an [R. Drumm (1930), P. Kukuk (1938)], die nichts mit den Faltungsvorgängen (Flexuren) oder der Bruchtektonik zu tun haben. Diesen Deformationen und Mächtigkeitsänderungen (Verdickung-Anschwellung, Verdünnung-Verschwächung), die also nicht auf tektonische Vorgänge zurückzuführen sind, stehen Änderungen der Lagerungsformen gegenüber, die meistens hydrologische Ursachen haben. Die erzeugten unregelmäßigen Zonen in Kohlenflözen können nach R. Drumm (1930) das Ergebnis von zwei Auswirkungen sein und rufen

1. Infiltrations- und Imprägnationszonen und
2. Erosionszonen (Auswaschungszonen)

---

[1]) Unzutreffend ist dafür das vielgebrauchte Wort „Projektion", z. B. „Flözprojektion".

hervor. Für letztere wird fälschlicherweise oft der Ausdruck „Verdrückung“[1]) angewandt. Tatsächlich handelt es sich um das Ergebnis der erodierenden Wirkung des Wassers. Die Gebilde können ellipsenförmig sein oder langgestreckte Bahnen darstellen, die in das Flöz in Form von Rinnen und Furchen hineinmodelliert sind. Da diese Erscheinungen betriebliche Nachteile aufweisen, sind die Ursachen und Auswirkungen in bezug auf die Lagerstätte zu untersuchen und in den Abbaurissen festzuhalten. Als Einzelerscheinungen sind sie indessen weniger wichtig. Bedeutsamer ist ihre Anordnung im Raum und ihre Ausdehnung, insbesondere aber ihr mutmaßliches Anhalten. Gerade die Verfolgung dieser letzten Frage läßt es ratsam erscheinen, die ursprünglichen (paläogeographischen) Kleinformen herauszufinden, um die Voraussetzung für Lage und Form des Bettes nebst den Verzweigungen zu erkennen.

Nachträgliche Formänderungen sind für solche Lagerstätten von besonderer Bedeutung, deren Mineralanordnung oder verminderte Güte die Wirtschaftlichkeit der Gewinnung gefährden. Man wird daher die genetische Frage zu klären versuchen. Dazu gehört das genaue Studium der Formen, ferner der petrographischen Zusammensetzung der hangenden Schichten und die Aufnahme des Füllmaterials (Versteinung) in den Auswaschungszonen.

Man kann sich das gut an einem transformierten Abbaugrundriß eines Flözes vorstellen, also an einem Flöz, das in seine ursprüngliche Lage gebracht ist, in der die Fluß-, Bach-, Rinnen- oder Kolkbildungen entstanden sind. Das lokale oder regionale Auftreten solcher Vorflutsysteme wird seinen Grund haben in der Art der Überdeckung des Flözes (toniger Schlamm) und der wechselnden Mächtigkeit der Schichten zwischen Flöz und Flutsystem. Bei der markscheiderischen Aufnahme ist überdies darauf zu achten, ob bereits tektonische Vorgänge mitspielten, die unmittelbar nach der Flözbildung wirksam waren.

F. Die Tektonik in den Karten, Rissen, Plänen und Bildern

1. Anwendung der Richtlinien (1951)

Die geologischen Zeichen für tektonische Erscheinungen in den *Richtlinien* (1951) DIN 21900, 3.01 und 3.02 haben, wie bereits früher (Abschnitt I und II) erwähnt wurde, ihre Vorläufer in den *Normen für Markscheidewesen* (1936) *DIN Berg* 1922, Bl. 1 und 2, 1923, Bl. 1 und 2 gehabt, und diese wiederum greifen zum Teil auf ältere und auf althergebrachte Zeichen zurück.[2]) Die durch die *Richtlinien* eingeführten Zeichen für „Störungen“ und für „Grenzen“, Linien, Schichten, Kleintektonik, zeichnen sich durch Kürze und Klarheit aus.

Statt weitläufiger Untergliederung oder Klassifizierung wird nach genetischer Ursache in Störungen durch Schub und in Störung durch Zug unterschieden. Die

[1]) Die Vorstellung des einfachen Bergmanns, daß das Hangende nachgegeben habe und das Flöz „verdrückt“ (also durch Druck verändert) habe, ist für diesen Ausdruck verantwortlich.

[2]) Vgl. K. Oberste-Brink (1930), O. Haibach (1936[2]), O. Niemczyk (1942, S. 242).

Vielzahl tektonischer Bezeichnungen für Störungen[1]) ist mit Rücksicht auf den bergmännischen Zweck auf wenige Typen beschränkt. Danach ergibt sich folgendes kurzes Schema, das in der Regel allen bergmännischen Bedürfnissen genügen soll.

Ursache	Bewegungsvorgang	Bewegungsfläche
Schub	Überschiebung Aufschiebung	Wechsel Schaufelfläche
	Verschiebung	Blatt
Zug	Verwerfung	Sprung

Deckelklüfte werden wie Überschiebungen, Grenzblätter wie Verschiebungen dargestellt.

Störungen mit unbekannten Eigenschaften erhalten zunächst keine besondere Kennzeichnung.

Flexuren werden durch Wellenlinien kenntlich gemacht. Gestörte Gebirgsteile sind einzugrenzen; sie erhalten Strichelung oder Gesteinsfarbe (kreß).

Rutschstreifen werden mit Pfeil und Doppelspitze angegeben.

Als wichtigste Kennzeichnungen heben wir hervor: Aufgeschlossene Störungen sind im Schnitt, desgleichen die Streichlinien durch Vollinien, nicht aufgeschlossene Störungen durch Strichlinien dargestellt. Streichlinien erhalten Sohlenfarben. Kreuzlinien werden durch Strichpunktlinien und mit kreß (= Gesteinsfarbe) und im Schnitt gleichfalls kreß gekennzeichnet. Kreß ist allgemein die Störungsfarbe; sie gilt daher auch als Flächenfarbe für gestörtes Gebirge und für die Fläche zwischen den Kreuzlinien.

Bei Überschiebungen auf Wechseln und Aufschiebungen auf Schaufelflächen erscheinen im störungsfallenden Schnitt (s. Abb. 84) die Größen

w = Schubweite (flache Schubhöhe),
t = seigere Schubhöhe,
s = söhlige Schubweite;

bei Verschiebungen auf Blättern im Grundriß

v = söhlige Schubweite;

bei Verwerfungen auf Sprüngen im störungsfallenden Schnitt

w = Sprungweite (flache Sprunghöhe),
t = seigere Sprunghöhe (Seigerverwurf),
s = söhlige Sprungweite.

[1]) Es mögen u. a. genannt werden z. B. aus dem Siegerländer Eisenerzbergbau die Geschiebe, Deckel, Rechts- und Linksverwerfer, aus dem Harzer Gangbergbau die (faulen) Ruscheln oder allein aus ihrer Lagebezeichnung zur Lagerstätte (Schichtlagerstätte und Gang) heraus die Längs-, Diagonal-, Querverwerfer oder nach der scheinbar besonderen Eigenschaft der Bewegung auf der Störung die Drehverwerfer oder nach ihrem Auftreten und ihrer Form die Klüfte, Dreh-, Torsionsspalten und die Schaufelflächen. Daneben laufen noch Benennungen wie Seigersprung, Horizontalverwurf, Liegendsprung, schräger Sprung oder Wechsel, diagonaler Liegendsprung [Höfer von Heimhalt (1917), K. Lehmann (1919)]

Die für die Ausrichtung wichtigen Größen werden in die jeweiligen Risse eingetragen. In den Abbaurissen geschieht die Kennzeichnung auch an den Kreuzlinien. Sofern es möglich ist, in den Abbaurissen eine eindeutige Erklärung für die genetische Stellung der Störung abzugeben, soll das durch Zeichen geschehen. Für syngenetisches Auftreten tritt zur Störungszeichengebung noch eine Punktreihe hinzu; postume Störungserscheinungen werden durch doppelte Zeichengebung kenntlich gemacht (s. DIN 21900, 3.01).

Für weitergehende Feststellungen erweist sich der Störungsriß als geeignet, in dem in der Regel die Untersuchung selbst vorgenommen worden ist (vgl. Abschnitt III, F, 5, S. 494).

DIN 21900, 3.02, enthält ferner neben den bekannten Zeichen für das Ausgehende, für die stratigraphischen Grenzen (Transgressionen, Schichtenverzahnungen usw.), für die Mulden-, Sattellinien und Kleinfalten, für die Schichtung, Schieferung und Besonderheiten des Einfallens (überkipptes, seigeres, söhliges) noch nähere Angaben für die Darstellung der Wasserführung (Quellen) und Mineralführung an Bruchspalten. Sodann sind besondere Zeichen für kleintektonische Aufnahmen vereinbart; so für Schlechten, Klüfte, Schlechtenpaare, Rutschstreifen, Riefung und Belag auf Schlechten und Klüften. Alle diese Feststellungen sind, sofern die systematische Untersuchung eines Gebietes erfolgen soll, in Formblättern niederzulegen, um von Anbeginn an eine klare Übersicht zu behalten. Dafür empfiehlt es sich zum Beispiel für den Grad der Deutlichkeit einer Erscheinung Zahlenwerte einzuführen (3 = schlecht ausgebildet gegenüber 1 = gut ausgebildet) oder für das Aussehen bestimmte Begriffe und zugehörige Abkürzungen zu prägen.

2. Zeichengebung der Tektonik in den geologischen Karten auf topographischer Grundlage

Bei der Darstellung der Tektonik in geologischen Karten auf topographischer Grundlage — man kann dazu noch die Karten 1:100000 rechnen — spielt die Geländeform eine wichtige Rolle (Bd. II, I, B, 5, S. 50ff.). In großmaßstäblicher Darstellung (wie bei Abbaugrundrissen und -plänen) treten die Störungen auf der dargestellten *Schicht* auf, in geologischen Karten der Tageskartierung erscheinen dagegen die Formen der Störungen (und auch der Schichten und sonstiger Grenzen) so, wie sie sich an der *Geländeoberfläche* zeigen. Hier stellt man nun die Störung nicht durch Kennzeichnung der Kreuzlinie dar, sondern gibt ihr das Zeichen der Streichlinien, wobei vorausgesetzt wird, daß der Leser sich der Bedeutung der Darstellung als Ausgehendes von Schicht und Störung im klaren ist. Die Fortsetzung der Störung in die Teufe wird gewöhnlich durch Quer- und Längsschnitte veranschaulicht.

3. Die Tektonik in den bergmännisch-geologischen Karten, in tektonischen Plänen und Bildern

Eine besondere Aufgabe haben die tektonischen Karten der bergmännisch-geologischen Kartenwerke und die tektonischen Karten, die im Rahmen der geologisch-lagerstättenkundlichen Darstellungen (oder innerhalb der Aufgaben des

Lagerstättenarchivs) geführt werden, zu erfüllen. Abgesehen von den lotrechten Schnitten treten vier Formen auf:

1. die Darstellung im Grundschnitt,
2. die grundrißliche und
3. flachrißliche Darstellung sowie
4. die Darstellung in Bildern.

Es soll hier nur das Grundsätzliche herausgearbeitet werden.

Zu 1. *Waagerechte Schnitte* durch den Gebirgskörper vermitteln ausschließlich Streichlinien und die Zusammensetzung der Gebirgsmasse. In äußerst seltenen Fällen fußt die Darstellung nur auf Aufschlüssen; in überwiegendem Maße ist das geschlossene Bild auf Projektierung, Planung und Entwurf abgestimmt. Die Kenntlichmachung von Aufschluß und Projektierung bereitet mit den bekannten Zeichen keinerlei Schwierigkeit.

Zu 2. Der *grundrißliche* Weg ist der dankbarste dann, wenn Schicht und Störung nicht zu steil einfallen. In diesen tektonischen Plänen findet die Darstellung der Flöz-, Lager- und Störungsflächen, überhaupt aller geologischen Flächen (Bd. II, I, B, 5, S. 50ff.) statt.

Zum Ausweichen bei steilen Verhältnissen dient der Seigerriß. Als Beispiel mag der seigerrißliche tektonische Plan des Liegenden einer Gangspalte genannt werden. In allen Fällen kommen wir mit den üblichen Mitteln der Zeichengebung aus.

Zu 3. An dritter Stelle stehen die *flachrißlichen Darstellungen* (Bedeutung der Flachrisse für die tektonischen Bearbeitungsverfahren s. S. 494). Darstellungstechnisch bedeutungsvoll ist es, daß auf dem Flachriß sowohl die Streichlinien als auch die Kreuzlinien auftreten. Darüber hinaus ist er Träger aller anderen tektonischen Erscheinungen (und Begleiterscheinungen), die teils mit sinnbildlosen, teils mit sinnbildlichen Zeichen erklärt werden.

Zu 4. Auf den *bildlichen* Darstellungen (Anschauungsbildern verschiedenster Projektionsverfahren) verschwindet die Zeichengebung dann, wenn das Bild an sich Ausdruckskraft genug besitzt. Selbst auf den in den Bildern auftretenden Schnittflächen kann zuweilen auf die tektonischen Zeichen verzichtet werden. Sofern in den Projektionen *J*, *M* und *A* konstruiert und dargestellt wird, ist es zweckmäßig, die Bilder mit den gewohnten Zeichen auszustatten.

Wir wollen es nicht bei der obigen Kennzeichnung der rißlichen und bildlichen Darstellung bewenden lassen. Vielmehr sollen an Hand eines tektonischen Beispiels, das wir einem älteren Zulegerißwerk entnommen haben, Eigentümlichkeiten gezeigt werden, die zum Verständnis der Darstellungen notwendig sind. Wir benutzen dazu einen Abbaugrundriß, Abb. 116, in dem die Flöze *A* (liegendes Flöz in dünnen Linien dargestellt) und *H* (hangendes Flöz in stark ausgezogenen Linien gezeichnet) in vereinfachter Form wiedergegeben sind. Die Flöze werden durch einen Wechsel und durch einen Sprung verworfen. Es wird nach der Altersstellung der beiden Störungen gefragt, und eben diese Frage soll aus den verschiedenartigen Rissen und Bildern beantwortet werden.

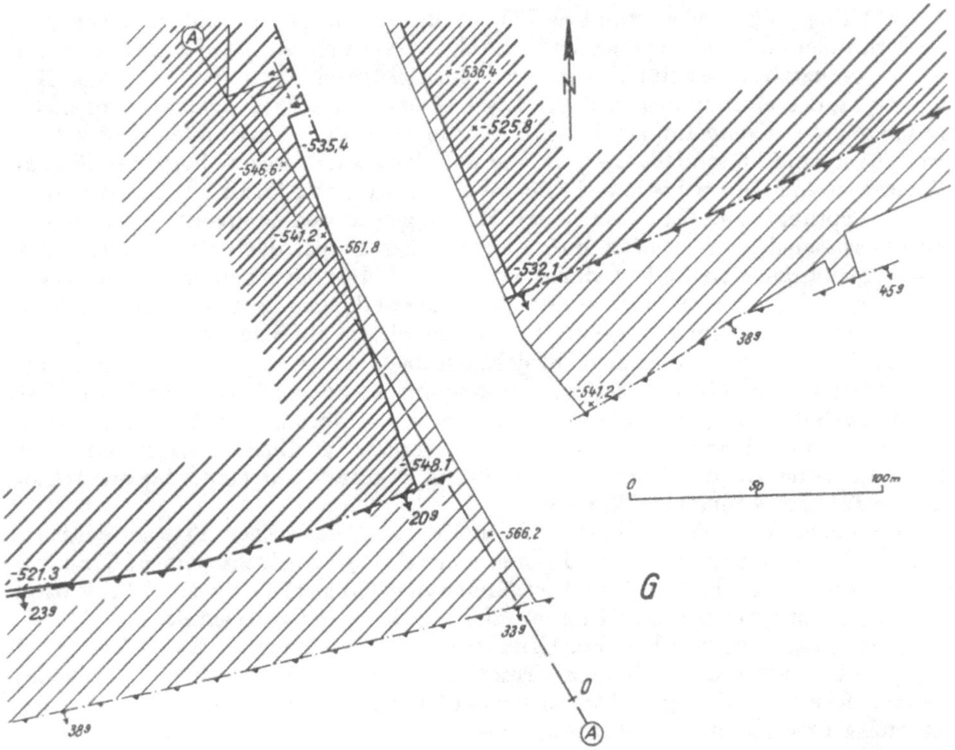

Abb. 116. Auszug aus den Abbaugrundrissen der Flöze *H* (hangendes Flöz, stark ausgezogene Linien) und *A* (liegendes Flöz, dünne Linien)

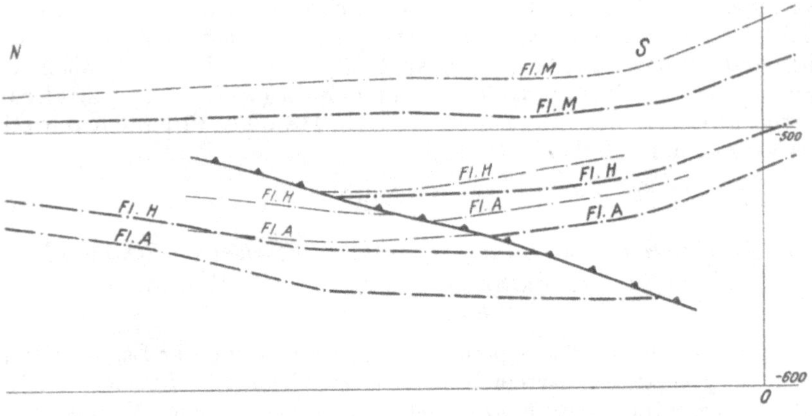

Abb. 117. Seigerrißliche Darstellung. Sie zeigt die Schnittlinie der Überschiebungsfläche mit der Seigerrißprojektionsebene, ferner die Projektion der hangenden Kreuzlinien vom Sprung und den Flözen *H* und *A* sowie die Projektion der liegenden Kreuzlinien vom Sprung und den Flözen (dünne Strichpunktlinien)

Abbildung 116, Abbaugrundriß Flöz *A* und *H*, zeigt die Abbauflächen mit Höhenzahlen und ihre Begrenzungen durch die Kreuzlinien des Wechsels und des Sprunges; letzterer ist nur an einigen Stellen aufgeschlossen. Bei flüchtiger Betrachtung des Grundrisses wird der Leser einem Fehler verfallen, wenn er nicht schon geübter Fachmann ist. Er wird meinen, daß der Wechsel älter als der Verwerfer ist, und er schließt dies voreilig aus der geometrischen Lage der Kreuzlinien zwischen Überschiebungsfläche (Wechsel) und den Flözflächen im Verhältnis zur Sprungfläche. Erst das tiefere Eindringen in den Sachverhalt und in die Risse ermöglicht die richtige Beantwortung der Frage, denn das Studium des Abbaugrundrisses hat allein durch gedankliche Überlegungen bald sein Ende erreicht, d. h., man muß zu zusätzlichen Darstellungen greifen. Um sofort zu einer klaren Vorstellung zu gelangen, wenden wir, da ein Schnitt nur Verwirrung stiften kann, eine seigerrißliche Projektionsebene an (Abb. 117). Ihre Spur verläuft etwa mit dem Streichen des Sprunges; auf die Seigerrißebene sind projiziert die Kreuzlinien von Sprung und Flöz *A* sowie von Sprung und Flöz *H* aus dem Liegenden und Hangenden des Sprunges, ferner die Durchdringungslinie der Seigerrißebene mit der Überschiebungsfläche. Man erkennt eindeutig das tektonische Bild eines jüngeren Wechsels.

Wir wollen diese Feststellung noch an einem schematischen Beispiel verdeutlichen, das sich darstellungsmäßig aus einer $J_{1:1:1}$-Projektion, einem Grundriß und einem Grundschnitt bei -50 zusammensetzt (Abb. 118). Da die *J*-Projektion für sich selbst spricht, braucht nur auf den zugehörigen Grundschnitt und Grundriß eingegangen zu werden. Der Grundschnitt zeigt eindeutig: Der Wechsel ist jünger als der Sprung. Aus dem Grundriß ergibt sich die verstellte Flözebene; es sind ferner die drei geometrisch verstellten Kreuzlinien zu erkennen: Kreuzlinien zwischen Flöz und Wechsel, zwischen Flöz und Verwerfer und zwischen Verwerfer und Wechsel. Im Grundriß würde nur die Formbeschreibung des Wechsels zeigen, daß seine Fläche zusammenhängend, also ungestört ist.

Wir runden die Betrachtungen dadurch ab, daß wir eine vierte Abbildung hinzufügen. In Abb. 119 sind die gleichen Ebenen und Bewegungen angenommen, jedoch haben wir es mit dem Fall „Verwerfer jünger als der Wechsel" zu tun. Da Grundriß und Grundschnitt beigegeben sind, läßt sich ein Vergleich mit Abb. 118 vornehmen. Zur *J*-Projektion und dem Grundschnitt (Wechsel) sind Erklärungen überflüssig. Zwischen den Grundrissen der Abb. 118 und 119 besteht nur scheinbar eine verblüffende Ähnlichkeit.

4. Anschauliche Darstellung tektonischer Flächen im Schaubild, Häufigkeit des Auftretens gleichartiger Erscheinungen

Liegen für einen lokal oder regional abgegrenzten Raum der Lagerstätte Feststellungen über verschiedenartige Objekte (hier tektonische Flächen wie Lagerstättenliegendes, Störungen, Klüfte, Schlechten, Schieferung, Harnische usw.) nach Streichen und Fallen vor, und hat man die Häufigkeit (H) der nach Richtung (R) und Neigung (α) beobachteten Objekte gruppenweise geordnet, so besteht nunmehr die Aufgabe darin, die Verhältnisse an Stelle statistischer Zahlen oder von Schaubildern zusammenfassend und anschaulich darzustellen. Gegeben ist die

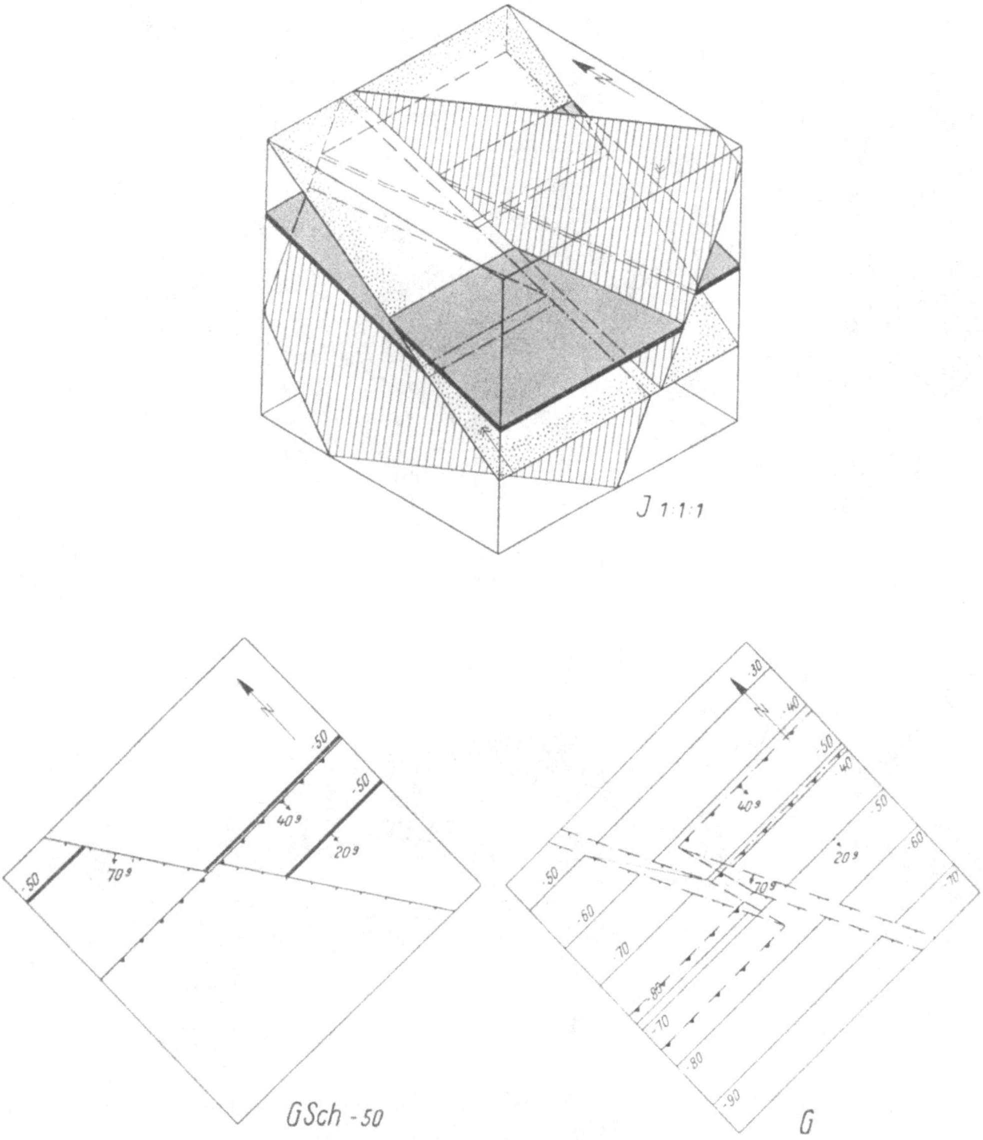

Abb. 118. Darstellung des in Abb. 116 und 117 behandelten Falles „Wechsel jünger als Verwerfer“ in $J_{1:1:1}$, G und GSch (− 50 m)

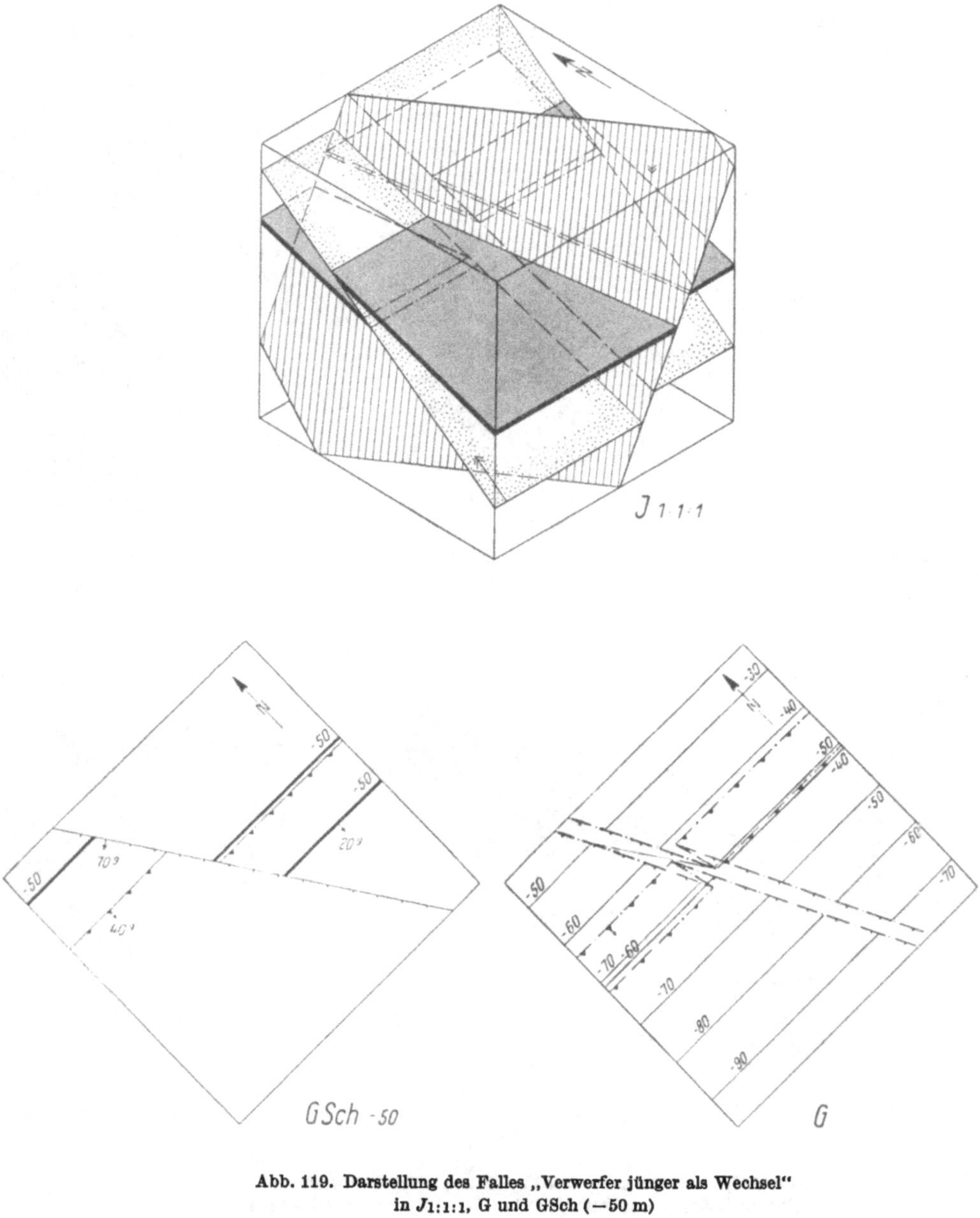

Abb. 119. Darstellung des Falles „Verwerfer jünger als Wechsel" in $J_{1:1:1}$, G und GSch (−50 m)

Anzahl des Auftretens (H) von $\frac{R_1}{n}$, $\frac{R_2}{n}$ ... für Richtungsgruppen und der dazu gehörigen $\frac{\alpha_1}{n}$, $\frac{\alpha_2}{n}$ ... Gruppen etwa gleichgroßen Einfallens.

Unter Zuhilfenahme eines im einzelnen festzulegenden Häufigkeitsmaßstabes kann man durch eine G- und zG-Projektion einer mit Längen- und Breitengradnetz ausgestatteten, oben geöffneten Halbkugel (Radius $= r$) das gesteckte Ziel erreichen, wenn man für zG den Augpunkt in den Mittelpunkt der Kugel legt und für die Projektionsebene einen zweckmäßigen Abstand von 0 wählt (in Abb. 120, oberes Bild, $0{,}0_G = 3\,r$). Wir erkennen im Anschauungsbild das angedeutete Gradnetz, mit dessen Hilfe die E^1 ($R^1 = 130^g$, $\alpha_1 = 80^g$, weit geschrafft) und die Ebene E^2 ($R^2 = 170^g$, $\alpha_2 = 60^g$, eng geschrafft) eingezeichnet ist. Die Ebenen — es sind in der Regel mehrere — treten als Halbkreisflächen auf und schneiden sich. Statt der Halbkreisflächen benutzen wir später der besseren perspektivischen Wirkung wegen Rechtecke, die um so schmaler sind, je steiler die Ebenen einfallen. Durch die zG-Projektion haben die parallelen Fallinien von E^1 ihren Fluchtpunkt in F^1 und die Fallinien von E^2 ihren Fluchtpunkt in F^2. Die Durchdringungslinie (Kreuzlinie) von E^1 und E^2 kann

a) mit *0* und mit dem Punkt *P* auf der Kugeloberfläche (Schnittpunkt der Großkreise von E^1 und E^2) und
b) mit *0* und dem Punkt *P* auf der G-Projektionsebene mit Hilfe der Richtungen (Spuren) von E^1 und E^2 erhalten werden.

Nach diesen Vorbemerkungen soll das Zeichnen eines Schaubildes für tektonische Flächen, das sich möglichst einfach und schnell abwickeln soll, gezeigt werden (s. Abb. 120 oben). Gegeben ist die G-Projektion einer Halbkugel mit dem Radius *r* in zweckentsprechender Größe. Der Äquator trägt eine Vollkreisteilung für das Abtragen der Richtungen. Auch läßt sich das Einfallen zeigen. Das geschieht jetzt noch nicht für eine bestimmte Teufe, sondern für den Radius der Halbkugel, also für die flache Länge im Einfallen. Die Gerade, die parallel zu der durch *0* gehenden Streichrichtung verläuft, hat einen Abstand, den man an einem Maßstab für den Einfallwinkel (s. Abb. 120) ablesen kann. (Wendet man jedoch eine bestimmte Teufe an, zum Beispiel wie in der Abbildung, so erhält man in der Projektionsebene G die Parallelen, deren Schnittpunkt P_G zusammen mit *0* die Durchdringungslinie (Kreuzlinie) für zwei Ebenen ergibt.)

Der Punkt *P* läßt sich auch auf einem zweiten Wege ebenso einfach gewinnen, wenn man eine Pause benutzt. Diese enthält den Kreis mit Durchmesser und Mittelpunkt *0*, ferner die grundrißliche Projektion der Kreisflächen, die um den Durchmesser gekippt (von 10^g zu 10^g) sind. Bringt man jeweils den Durchmesser auf der Pause mit der Streichrichtung von E^1 zur Deckung und zeichnet den zugehörigen Bogen für das Einfallen der Ebene, dreht dann in die Streichrichtung von E^2, zeichnet wiederum den zugehörigen Bogen für das Einfallen der Ebene, so kommen diese Bögen zum Schnitt bei *P*. Die Verbindungslinie des Schnittpunktes *P* mit *0* stellt die Kreuzlinie dar (vgl. hierzu das Wulffsche Netz, S. 399). Dieser Weg muß dann beschritten werden, wenn man es mit sehr flachem Einfallen zu tun hat. Das Wulffsche Netz besitzt — wie O. Seitz (1924) zeigt — eine weitere vorzügliche Eigenschaft, den Bearbeitungsstoff so zu veranschaulichen, daß er kritikübend überblickt werden kann. Die erläuternde Abbildung läßt

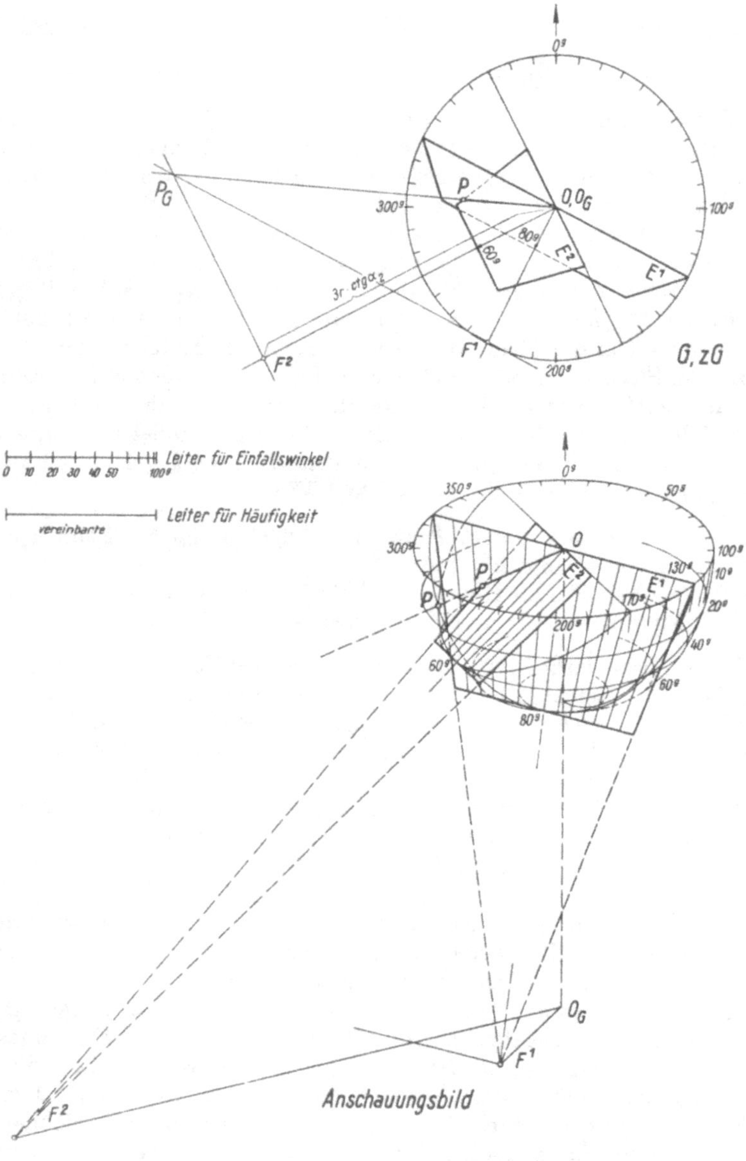

Abb. 120. Veranschaulichung der Häufigkeit des Auftretens gleichartiger Erscheinungen.
Oben: im Grundriß mit einer G, zG-Projektion
Unten: Anschauungsbild zum oberen Grundriß

erkennen, daß Ebenen durch *einen* Punkt, zum Beispiel A oder B, in ihrer Lage festgelegt sind. Es genügt also, bei einer Vielzahl von Flächen für jede einzelne den Punkt in das Netz einzutragen. Damit ist bereits ein Überblick über Lage und Häufigkeit gegeben.

Zwei Anwendungsmöglichkeiten sind gegeben:

1. das Schaubild für das Auftreten und die Verteilung von *Rutschstreifen im Raum* und
2. das Schaubild für die Lage und Verteilung von *Gleitflächen* im Raum. Mehrere solcher Schaubilder (vgl. O. Seitz a. a. O., Abb. 10 und 11), die natürlich jeweils nur für bestimmte Gebiete und Feldesteile gelten können oder für tektonisch ausgegrenzte Gebirgskörper Gültigkeit haben, lassen einen untrüglichen Vergleich auch untereinander zu und erlauben die Beantwortung genetischer oder mechanisch-dynamischer Fragen der regionalen Tektonik.

Der *Häufigkeitsgrad von Störungen* (*„Störungshäufigkeit“*) gibt noch keinen Kennwert für den Betrieb. Man benutzt dafür den „Störungsgrad“. Er gilt für Lagerstättenteile, für Schachtanlagen, für eine bestimmte Zeit usw. und bedarf daher noch einer genaueren Kennzeichnung. Klassifizierungen des Störungsgrades, d. h. die Art der Einflüsse, die die Störungen zum Beispiel auf einen Gewinnungsbetrieb, in einer Abteilung, in einem Feldesteil, auf eine Schachtanlage oder auf einen zusammengefaßten Bergwerksbetrieb ausüben, lassen sich mühelos finden, wenn man sich mit einer *groben* Skala zufriedengibt. In diesem Zusammenhang versteht man unter *ungestörten Lagerungsverhältnissen* Lagerstättenteile, die sich wie Ebenen darbieten und keine Störungen aufweisen. *Schwach gestörte Lagerungsverhältnisse* liegen vor, wenn auf Lagerstättenteilen Störungen verschiedenen Charakters auftreten, die Störungen aber (z. B. im Steinkohlenbergbau an der Ruhr etwa 150 m) breite Lagerstättenteile unbeeinflußt lassen. Für *mittelstark gestörte Lagerungsverhältnisse* verringert sich der Abstand zwischen den Störungen (etwa bei 100 m). *Überdurchschnittlich gestörte Lagerungsverhältnisse* treten auf, wenn mehrere Störungsarten beteiligt sind und die Faltung intensiver ist. Schließlich spricht man von *stark gestörten Lagerungsverhältnissen,* wenn mehrere Störungsarten in dichter Folge (im Ruhr-Steinkohlenbergbau etwa auf 50 m) die Lagerstättenflächen zerschneiden.

Beim Versuch der Einordnung erkennt man, wie unsicher er ist, so daß ein besseres Kriterium für den „Störungsgrad“ gefunden werden müßte. Man könnte daran denken, die Störungen einfach auszuzählen und die Anzahl auf die Einheit der Lagerstättenfläche zu beziehen. Das ist wieder zu grob, und es werden u. a. nicht die Verwurfsmaße, die Neigungsverhältnisse und die vorhandenen Möglichkeiten, die Störungen bei Anwendung bestimmter Abbauverfahren zu überwinden, berücksichtigt. Auch die Mächtigkeit spricht mit. Für die Frage ist wohl das Entscheidendste, wie die Störungen das wirtschaftliche Ergebnis beeinflussen.

O. Treptow (1958) hat den Versuch einer Deutung und Kennzeichnung für den tektonischen Störungsgrad unternommen. Er benutzt zur Erprobung eine größere Anzahl von Gewinnungsbetrieben einer Anlage des Ruhrkohlengebietes und glaubt für den Störungsgrad S_T, der sich auf 1000 t verwertbare Förderung bezieht, die Formel

$$S_T = \frac{w \cdot l}{m} \cdot \frac{1000}{F_v}$$

empfehlen zu können. l ist die Länge der Kreuzlinie im Streb, m die Flözmächtigkeit, F_v die verwertbare Förderung und w die *flache* Verwurfshöhe. Die Gegenüberstellung der S_T-Werte für Betriebseinheiten oder Betriebsgruppen und nach der Zeit (im Minimum nach Monaten) lassen jedenfalls einen besseren Vergleich zu als die groben Verfahren oder die oft sich widersprechenden Ansichten, die im Betrieb herrschen. Eine Schwäche des Verfahrens liegt in dem w-Maß, das wechselt. Außerdem ist der Grad der *betrieblichen Behinderung* doch nicht unerheblich abhängig von der Art der Ausrichtung der Flözebene an der Störung; mitbestimmend sind ferner Störungseinfallen, Streichen, Verhiebsrichtung.

Für die *Vorschau* des Störungsgrades werden nach unserer Überzeugung die sorgfältigst bearbeiteten tektonischen Pläne der Lagerstätte den Einblick gewähren, den man als den sichersten überhaupt ansprechen kann.

5. *Die Tektonik in der F-Projektion. Die Störungsflachrisse*

Tektonische Erscheinungen und Vorgänge sind, nach dem Schrifttum zu urteilen, weniger in der F- als in der G-Projektion untersucht worden; denn in der Praxis wird der einfache Flachriß meistens nur als Zwischen- oder Behelfskonstruktionsmittel angewandt. Bei schwierigen Aufgaben dagegen soll man, um zu vollwertigen Ergebnissen zu gelangen, die F-Projektion voll und ganz ausnutzen (Abschnitt II, C, S. 248ff.).

a) Das Bild der Störung im Flachriß. Sinn der Arbeitsmethode

Zur Einführung wird in Abb. 121 ein Störungsriß, ein orthogonaler Flachriß mit der Neigung $\alpha = 60^g$, gezeigt. Die Projektionsebene fällt etwa mit der Störungsfläche zusammen. Auf der Fläche des Sprunges hat eine schräg abwärts

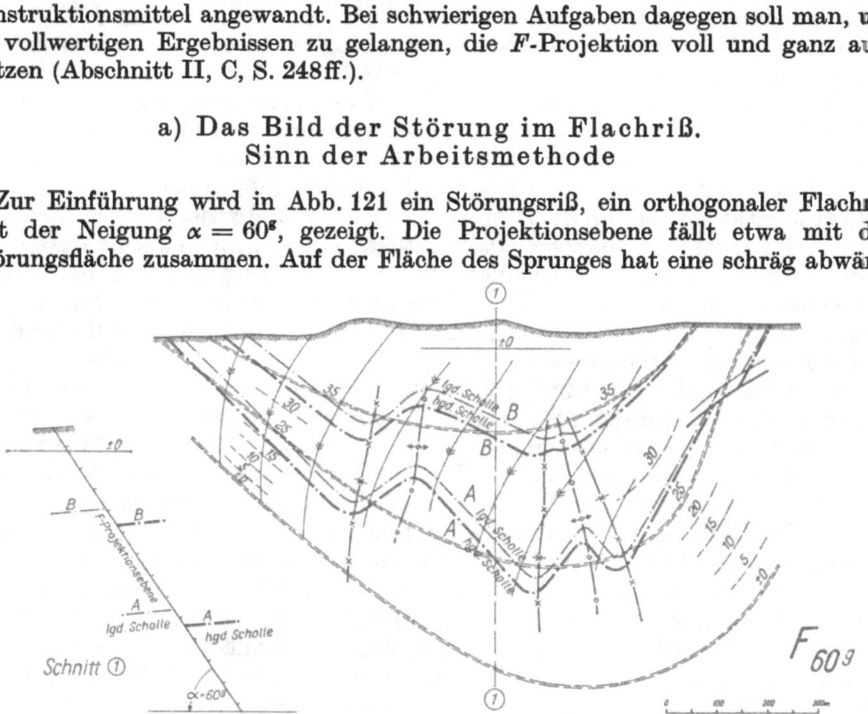

Abb. 121. Störungsflachriß, F_{60^g}, mit liegenden und hangenden Kreuzlinien der Schichten A und B, flachen, gekrümmten Bewegungsbahnen und Wertlinien gleichen (flachen) Bewegungsmaßes

gerichtete Bewegung stattgefunden (vgl. hierzu den Schnitt ① und das in *F* erkennbare Bewegungsbild an Hand der Doppelpfeile). Das Bild ist nicht gleichförmig. Die Richtung wechselt, und das Bewegungsmaß wächst von 0 bis auf etwa 37 m an. Die Bewegungsrichtung und das Bewegungsmaß bestimmen die Lage der Kreuzlinien der beiden Schichten *A* und *B* im Liegenden und Hangenden des Sprunges. Diese Angaben sind das Notwendigste, was über die Störung gesagt werden muß. Die Störungsfläche und zugleich die Wirkung der Störung werden durch den Nullwert abgegrenzt. Die Richtung und die Wertlinien für die Bewegung geben Anhalt für jedes Ausrichtungsmaß. Darüber hinausgehende Feststellungen oder Aussagen bedürfen weitergehender Ableitungen und Untersuchungen.

Im Störungsflachriß werden also gegenüber den Arbeitsverfahren im Grundriß und im Schnitt andere Wege eingeschlagen. Man kann sogar von einem alten und von einem neuen Weg sprechen. Das wird klar, wenn man die Abbildung 121 zunächst einmal nur auf ihre Aussagen mit denen der Schnitte und Grundrisse vergleicht.

Der neuartige, mit form- und eigenschaftsbeschreibenden Linien versehene Flachriß (Abschnitt II, C, 6, e, S. 267, und Abb. 77) hat als Untersuchungsmittel für Störungen erhöhten Wert erhalten. Es ist daher angebracht, die Eigenschaft und die Verwertbarkeit des neuen Flachrisses nach dieser Richtung zu beleuchten, um den praktischen Nutzen für Störungserkundungen zu erkennen. Der einfachste Flachriß besitzt erhebliche Schwächen, weil Bankabstandslinien fehlen. Alle auf der Störungsfläche liegenden Linien (Begrenzungs-, Umrandungs-, Durchdringungslinien usw.) erhalten aber erst durch die Bankabstandslinien eine konstruktiv verwertbare und richtige Lage. Mithin ist der Flachriß für viele tektonische Aufgaben und darüber hinaus für eine Reihe wichtiger lagerstättenkundlicher Aufgaben bestens geeignet, vor allem dann, wenn sich die Untersuchungen nicht auf zu enge Räume beschränken.

Bei den Beispielen, die W. Henke (1923) mit Hilfe des einfachen Flachrisses löst, handelt es sich um Darstellungen, die mit Querschnitten auf konstruktivem Wege entstehen. Henke nennt sie Verwerferbilder und sagt, daß die auf den gewöhnlichen Rissen wiedergegebenen Verwerferbeträge nur selten zur Deutung einer Störung genügen können, daß vielmehr das Verwerferbild gut geeignet sei, die beim Abbau und bei sonstigen Auffahrungen im Nebengestein gemachten Beobachtungen einzutragen. Wir stimmen mit ihm darin überein, daß im Flachriß weit bessere Deutungsmöglichkeiten bestehen als in anderen Projektionen und Schnitten, müssen jedoch betonen, daß im *vollwertigen* Flachriß, so wie wir ihn durchbilden, alle tektonischen Formen, Erscheinungen und Vorgänge Ausdruck finden sollen und können. Alle Mühe läuft praktisch darauf hinaus, die verworfene Lagerstätte wieder aufzufinden und auszurichten.

b) Vergleichsmöglichkeiten nach punktförmigen Kennzeichen und nach Kreuzlinienformen. Die Bewegungsmöglichkeiten auf der Störungsfläche, Symbole für den Störungsablauf nach Richtung, Weg und Zeit, Kennlinien und Wertlinien auf der Störungsfläche, Darlegung einiger Fälle

In dem in Abb. 122 wiedergegebenen Beispiel von Henke wird durch den Bergekeil — eine Nebengesteinslinse in der Gangspalte — eine Lagebeziehung zwischen liegender und hangender Scholle angedeutet. Es liegt hiermit der verhältnismäßig seltene Fall der Vergleichsmöglichkeit nach *punktförmigen* Kennzeichen vor. Sie wird in den weitaus meisten Fällen zufällig entdeckt. Die gegenseitige Lage der Vergleichspunkte genügt nicht zur restlosen Klärung des wahren Verlaufes der Bewegungsbahn und der Bewegungsrichtung. Denn es kann sich um eine gerade oder krummlinige Bahn und um eine Verschiebung sowohl in der einen als auch in der anderen Richtung handeln. Die Ausbuchtungen des hangenden und liegenden Salbandes des Ganges lassen ebenfalls über die mutmaßlich schräg im Raum verlaufende Bewegungsbahn, die mit der eingezeichneten Gleitspur zusammenfallen mag, keine neuen Schlußfolgerungen zu.

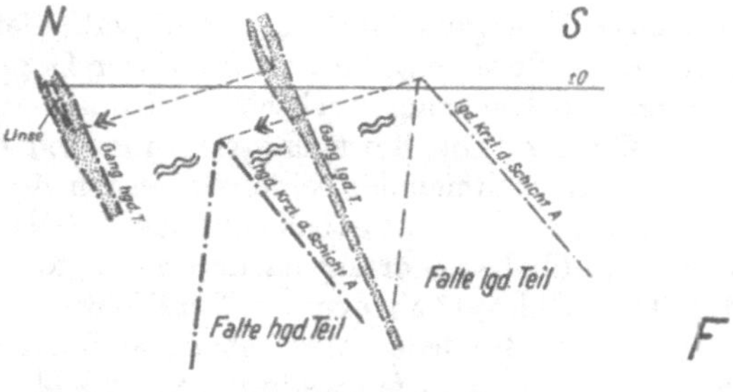

Abb. 122.
Verwerferbild auf der Grundlage des Störungsflachrisses (nach W. HENKE, 1923)

Das Verwerferbild (Abb. 122) zeigt außerdem die Kreuzlinien einer Sattelfalte im Liegenden und Hangenden des Verwerfers; sie stimmen in der Form genau überein. Man kann sie wie *Schablonen* gegeneinander verschieben. Doch muß das in diesem Falle so geschehen, daß die Faltenflügel parallel bleiben. Das Arbeiten mit Schablonen, die nach der Kreuzlinienform aus Papier geschnitten werden, ist einfach und daher beliebt. Es ist jedoch dann *nicht* mehr statthaft, wenn nach Abschluß der Bewegung auf der Störung eine weitere Faltenverformung stattgefunden hat. (Für diesen Satz gibt es theoretisch zwei Ausnahmen: Sofern die Faltung parallel oder rechtwinklig zur ursprünglichen Störungsanlage stattgefunden hat.)

In Abb. 122 ist der Weg der Schablonenbewegung der gleiche wie bei dem Bergekeil (Linse) im Gang. Die Störungsmechanik wird hinsichtlich der Bewegungsrichtung auch durch das Faltengebilde im Hangenden des Ganges noch nicht gelöst. Immerhin kann aber im Verwerferbild das doppelt auftretende Faltenbild als zeitlich vorangehender Aufschluß dazu dienen, die Verschiebung des Ganges vorauszubestimmen; jedoch die Richtung der Bewegung bleibt immer noch unbekannt. Zur Klärung der Dynamik (Zug- und Druckkräfte) ist man auf genetische Merkmale angewiesen. Diese und weitere Feststellungen auf der Störungsfläche selbst (Material der Störungskluft, Wasser, Mineralien, gegebenenfalls genauere Beobachtungen der Rutschstreifenstruktur und der Materialverteilung) ermöglichen es, dem Wesensbild der Störung näherzukommen.

Symbole für den Störungsablauf nach Richtung, Weg und Zeit: Stellt man sich vor, ein kugelförmiger Körper im Gebirge sei durch eine Störungsfläche in zwei Halbkugeln zerschnitten, so befindet sich eine Halbkugel auf der liegenden Schuppe oder Scholle und die andere auf der hangenden Schuppe oder Scholle des Gebirges. Die Wegstrecke zwischen den beiden Halbkugeln, von denen die eine oder die andere durch den Bewegungsvorgang transportiert ist, liegt auf der Störungsfläche selbst. Diese Bewegungsbahn kann alle möglichen Richtungen und Längen aufweisen, also gradlinig, gekrümmt und verschlungen ausgebildet sein. Nimmt man den Faktor Zeit hinzu, so wird sich die Bewegung zeitlich kurz, vorübergehend gleichförmig oder ungleichförmig und schließlich noch andauernd vollziehen, d. h. die transportierte Halbkugel legt bei gleichen Zeiteinheiten gleiche Wegstücke zurück, oder die Wegstücke für die gleichen Zeiteinheiten sind verschieden groß. Eine solche ungleichförmige Bewegung kann eine positive und negative Beschleunigung haben, es kann ein Nullwert erreicht werden und sogar rückläufige Bewegung einsetzen. In umstehender Tafel sind die möglichen Fälle in einfachen Symbolen zusammengestellt (s. Tafel 2).

Zur Erklärung der Symbole sei noch folgendes gesagt: Der Pfeil, hier mit einem Vektor auf der Störungsfläche vergleichbar, gibt die Bewegung an. Er läßt sich mit einer geologischen Zeitskala versehen. Zwischen der absoluten Zeit und der Sedimentationszeit (den Mächtigkeiten) braucht keine verwertbare Beziehung vorzuliegen. Man kann also die Zeitmarkierung auf dem Pfeil, zum Beispiel mit der Flözfolge, vornehmen. Wir benutzen hier die Überlegungen in der Hauptsache, um den Vorgang einer im Raum beliebig stattfindenden Bewegung auch zeitlich relativ richtig zu erfassen und um verständlich zu bleiben. Eine Bewegung kann im Paläozoikum in der Fallrichtung erfolgt sein, am Ende dieses Zeitabschnittes sich umkehren und dann rückläufig sein. Sie wird aber nur an den am Aufbau des Gebirgskörpers beteiligten Schichten offenbar. Diskordanzen sind gegebenenfalls mit einzurechnen. Es ist ferner zu bedenken, daß der Nullpunkt der Zeitskala frühestens mit der Sedimentation der Schicht zusammenfällt und daß die Zeitskala sogar den Wert der Gegenwart besitzen kann. Letztlich sind Senkungsmaße sich verfestigender Schichten und Gebirgsbewegungen infolge Abbaues gegebenenfalls zu berücksichtigen.

Im allgemeinen ist es so, daß man durch die Aufmessungen und Beobachtungen an der Störung, so wie sie vom gegenwärtigen Antlitz abzulesen sind, zunächst nur das Endergebnis feststellt. Für eine verhältnismäßig kurze einmalige orogenetische Phase vermag eine Störungsaufnahme den tektonischen Vorgang richtig zu ermitteln; gänzlich anders liegen die Dinge, wenn die Bewegungen nicht nur mehr oder weniger gleichförmig zugleich mit der Ablagerung der Schichten vor sich gegangen sind und sich bis zur Gegenwart sogar ungleichförmig fortsetzen.

Die Schwierigkeit liegt in der Analyse, welche die Unbekannten ermitteln soll. Mathematisch braucht man für eine Anzahl Unbekannter eine ebenso große Anzahl Gleichungen, oder man muß bei einer nicht ausreichenden Menge von Gleichungen versuchsweise mit der Lösung beginnen, indem man von Annahmen ausgeht; diese bewegen sich im Rahmen bergmännisch-geologischer Erfahrungen, Erwägungen und Möglichkeiten. Regeln bestehen nicht.

Mit sogenannten Ausrichtungsregeln (vgl. die entsprechenden Hinweise in Abschnitt III, B, 2) ist das Verwerferproblem oder die Störungserscheinung und der Vorgang auf der Störung dem Grunde nach nicht zu lösen. Bei diesen Merkregeln werden gewisse Voraussetzungen gemacht, die die Lösung ganz oder zum Teil in sich tragen. Hierbei entbehrt jedoch die Regel ihrer Daseinsberechtigung.

Man muß sich fragen, was beiderseits der Störung in Beziehung zueinander gebracht werden kann, oder in welchen Punkten überhaupt eine *Vergleichsmöglichkeit* besteht.

Ein gradliniges Kreuzlinienstück einer Schicht oder zwei Punkte auf dieser, was das gleiche ist, genügen nicht allein zur Deutung. Es werden *drei* Punkte, die nicht auf einer Geraden liegen, benötigt, etwa nach Lage der Punkte $P^1 P^2 P^3$ in Abb. 123.

	1	2	3	4	5	6	7	8	9	10
Symbol										
Form	geradlinig	gekrümmt	z.T.rückläuf.	geradlinig	gekrümmt	z.T.rückläuf.	geradlinig	gekrümmt	geradlinig	z.T.rückläuf.
Zeit	kurze Bewegung			läng.andauernde gleichm. Beweg.			andau. ungleichm. Bew.		erst pos. beschl., d. neg. b. Bew.	
	Bewegung wirkt sich entsprech. den Symbolen im wesentl. gleichm. über eine beschränkt große Störungsfläche aus. (Parallelverschiebung von Schuppen und Schollen)									

	11	12	13	14	15	16	17	18 ....
Symbol								Kombinationen vorsteh. Fälle
Form	[1] par. versch. w.	[2] n. par. ver. wt.	gekrüm. v. w.	konz. Bahn.	sich selbst erklärend			
Zeit	kurze Bewegung			länger andauernde gleichm. Bewegungen				
	Bewegungen wirken sich entsprech. den Symbolen ungleichm. über beliebig große Störungsfläch. aus.							

[1] in etwa parallel, verschieden weit
[2] nicht parallel, verschieden weit

Tafel 2. Symbole für Bewegungen auf Störungsflächen

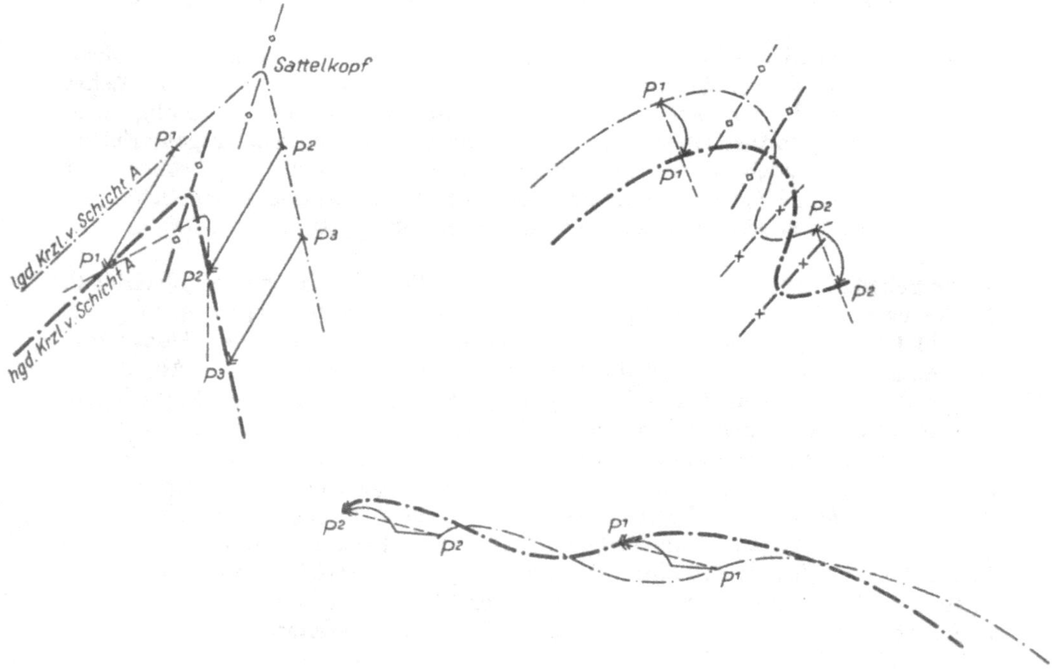

F

Abb. 123. Flachrißliche Darstellungen, zu den Fällen 1 und 2 der Tafel 2 gehörend

Der Beginn der Faltenumbiegung, zum Beispiel im Sattelkopf, ist ebensoviel wert wie ein dritter Punkt oder wie ein zweiter Faltenflügel.

Störungen, die die Kreuzlinien von Schichten durchschneiden, sind gleichfalls für die Erkundung von hohem Wert. Selbstverständlich muß die Störung älter sein als die Störung, für die die Flachrißebene eingeführt worden ist.

Petrographische und mineralogische Eigentümlichkeiten der Lagerstätte, sofern sie örtlich auftreten, haben die gleiche Bedeutung wie die drei geometrischen Punkte. Man kann also unmittelbar den Weg von einer Halbkugel zur anderen ziehen (vgl. hierzu Abb. 122).

Es ist sehr nützlich, alle Hinweise festzuhalten, zum Beispiel größere Einschlüsse in der Lagerstätte, wie Gesteinslinsen im Gang, metasomatische Verdrängungsstellen, Wülste und Auswaschungsrinnen bei sedimentären Lagern, ferner Fältelungen oder andere Störungen auf dem Liegenden und Hangenden der gangförmigen Lagerstätte, sofern die Tektonik des Ganges selbst untersucht werden soll.

Die geometrische Vergleichsmöglichkeit wird erschwert oder hört auf, wenn das Faltenbild beiderseits der Störungsfläche Unterschiede aufweist, d. h. wenn auf den Schollen ungleicher Faltungsdruck geherrscht hat, der bei noch nicht erlangter Steifigkeit andere Faltenformen entstehen ließ. Angaben im Sinne betriebstechnischer Anweisungen erfordern bei einer solchen Sachlage größte Vorsicht. Vielfach helfen hier nur weitere Neuaufschlüsse.

Im folgenden gelangen einige Fälle, wie sie mit den Symbolen der Tafel 2 angedeutet sind, im Störungsflachriß nach Methoden zur Behandlung, die sich aus unserer Praxis ergeben haben.

Im Störungsriß werden sämtliche Feststellungen aus dem Liegenden und Hangenden zusammen projiziert. Dies sind in erster Linie Kreuzlinien oder Teile oder auch Punkte von ihnen, und zwar von Schichten und gegebenenfalls auch von anderen Störungen, oder Einzelheiten der Gesteinsausbildung und andere Merkmale auf den Salbändern. Sobald die Kreuzlinien (gegenüber dem Achsensystem des Flachrisses) ihre Richtung ändern, wie es fast regelmäßig bei querschlägigen Störungen im gefalteten Gebirgskörper der Fall ist, besteht die Möglichkeit des Vergleichs der gleichgeformten Kreuzlinienfiguren. In solchen Fällen arbeitet man zunächst mit der Schablone, der ausgeschnittenen Kreuzlinienfigur oder mit einem Pauspapierbogen, auf dem die Figur aufgezeichnet ist.

Ausgewählte Fälle 1 und 2 der Tafel 2. Abb. 123: Die Schablone ist nichts anderes als die ausgeschnittene oder gezeichnete liegende Kreuzlinie, zum Beispiel liegende Kreuzlinie von Schicht A (natürlich kann auch die hangende Kreuzlinie gewählt werden). Sie wird versuchsweise so lange auf dem Störungsflachriß parallel verschoben, bis sie mit zwei Punkten P^1 und P^2 der hangenden Kreuzlinie zur Deckung kommt. Ob eine geradlinige, gekrümmte oder rückläufige Bewegung tatsächlich vorliegt, wird bei der Parallelverschiebung übergangen. Bei einer ersten Annahme behalten die Faltenflügel ihr Einfallen. Gilt diese Annahme nicht, so sind viele andere Lösungen möglich, beispielsweise des durch P^1 und P^2 mit Strichlinien gezeichneten Sattels. Ähnlich liegen die Dinge bei den beiden Figuren rechts.

Weitere ausgewählte Fälle 4 und 6 der Tafel 2. Abb. 124: Die Lösung mit der Schablone bleibt die gleiche, jedoch darf das Maß der Parallelverschiebung bei den einzelnen Schichten nicht gleichgroß genommen werden, weil die Schicht A

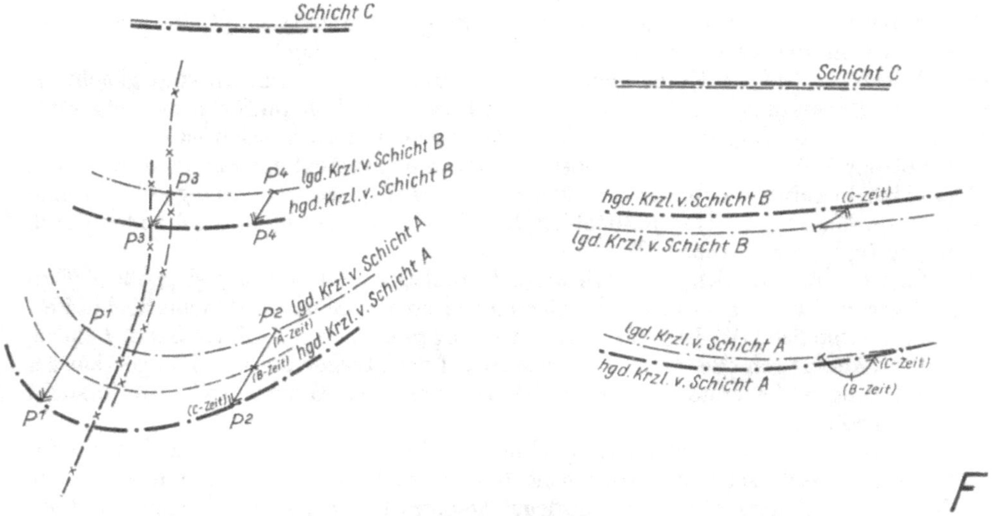

Abb. 124. Flachrißliche Darstellungen, zu den Fällen 4 und 6 der Tafel 2 gehörend

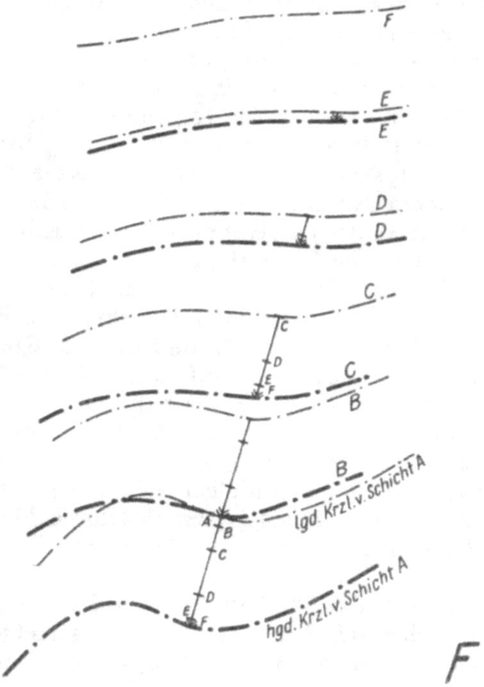

Abb. 125. Flachrißliche Darstellung, zu Fall 9, Tafel 2 gehörend

einer längeren Bewegungsdauer als *B* ausgesetzt gewesen ist. Schicht *C* war keiner Bewegung mehr unterworfen.

Bei rückläufigen Bewegungen, also bei Transporten mit teilweise entgegengesetzter Richtung sind unter der Voraussetzung annähernd kongruenter Kreuzlinien gleichfalls Schablonen anwendbar.

Fall 9 der Tafel 2. Abb. 125: Die Bewegung findet über eine geologisch lange Zeit statt, sie ist gleichgerichtet, aber nicht gleichförmig. Die „Geschwindigkeit" nimmt langsam zu, erreicht ein Höchstmaß und nimmt wieder ab bis zum Stillstand. Die Zeitskala wird der Anschaulichkeit wegen mit Hilfe der Schichten *A* bis *E* gebildet. Die Analyse ist mit den Schablonen der einzelnen Schichten noch möglich, da eine geradlinige, gleichgerichtete Bewegung vorliegt.

Fall 11 der Tafel 2. Abb. 126: Die Bewegung vollzieht sich zeitlich kurz, geradlinig und gleichgerichtet. Würde man versuchen, die Schablone parallel zu verschieben, so kommt keine Deckung zustande. Das ungleiche Bewegungsmaß ist der Grund für das Versagen der Schablone. Für solche Fälle muß man kleine Teile der Kreuzlinie im Sinne der Pfeile verschieben oder eine punktweise Übertragung vornehmen, wie es in der Abbildung geschehen ist. Es ist aber nicht ausgeschlossen, daß das mit nur wenigen Aufschlußpunkten entworfene Störungsbild nicht auch durch andere Vorgänge erklärt werden kann.

Fall 14 der Tafel 2. Abb. 127: Dem in der Abbildung wiedergegebenen Störungsbild liegt eine Schablonendrehung zugrunde. Die einander zugehörigen Punkte auf den Kreuzlinien sind Teile von Kreisbögen, die konzentrisch um *D*, den Drehpunkt, geschlagen sind. Weisen die Kreuzlinien genügend Merkmale auf, so kann der Nachweis des Drehverwerfers leicht erbracht werden.

Fall 17 der Tafel 2. Abb. 128: Der Fall des Symbols 17 unterscheidet sich von dem des Symbols 5 durch die verschiedenen Bewegungsformen. An allen Stellen der Störung ist die Richtung der Bewegungsbahn nicht einheitlich. Wenn auch die Unterschiede nicht groß sind, so können doch die Wirkungen bei flacher Lagerung, besonders dann, wenn die Bewegungen mehr oder weniger söhlig verlaufen, so undurchsichtig werden, daß nichts Brauchbares ausgesagt werden kann. Man ist in solchen Fällen gezwungen, durch punktweises Verschieben das Störungsbild zusammenzusetzen.

Fall 18 der Tafel 2. Abb. 129: Im letzten Schulbeispiel sind 11 Bewegungen angenommen. Sie sind langandauernd, zeitlich festgelegt; die Geschwindigkeit der Bewegung ist zu- und abnehmend, Richtung und Weglänge sind überall verschieden, zum Teil ist die Bewegung rückläufig. Die Einzelbilder sind im Schulbeispiel benutzt worden, um die hangende Kreuzlinie zu zeichnen. Das ist durch punktweises Verschieben oder durch schablonenmäßiges Versetzen von kleinen Teilstücken geschehen. Das gesamte Bild zeigt den gegenwärtigen Zustand, und zwar in großen Teufen die Aufzeichnung einer unmittelbar geradlinigen Bewegung von *A* nach *G*, in geringen Teufen den unmittelbaren geradlinigen Weg von *E* nach *G*. Denn die tatsächlichen (hier vorerst angenommenen) Bewegungen sind noch nicht bekannt und können auch nicht unmittelbar beobachtet werden. Sind genügend Vergleichsmöglichkeiten von Teilen der Kreuzlinien vorhanden, so läßt sich das generelle Bewegungsbild, wie es in etwa am unteren Rand der Abbildung eingezeichnet ist, zusammensetzen, indem man von Schicht zu Schicht die Bewegung ermittelt. Das hier auftretende eigentümliche Bild wird mit Wertlinien gleichen Bewegungsmaßes erläutert, und zwar aus der Beurteilung des

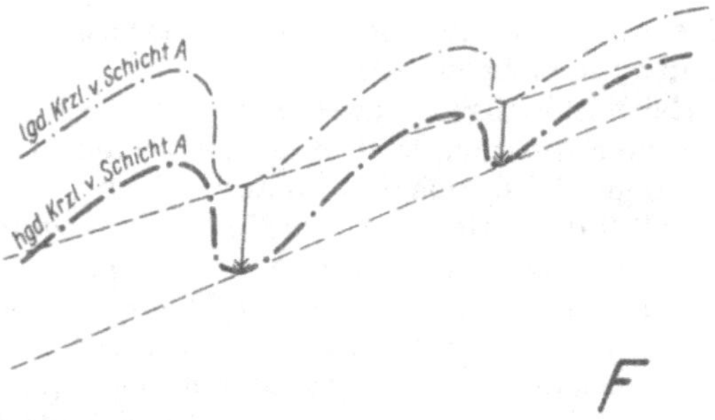

Abb. 126. Flachrißliche Darstellung, zu Fall 11, Tafel 2 gehörend

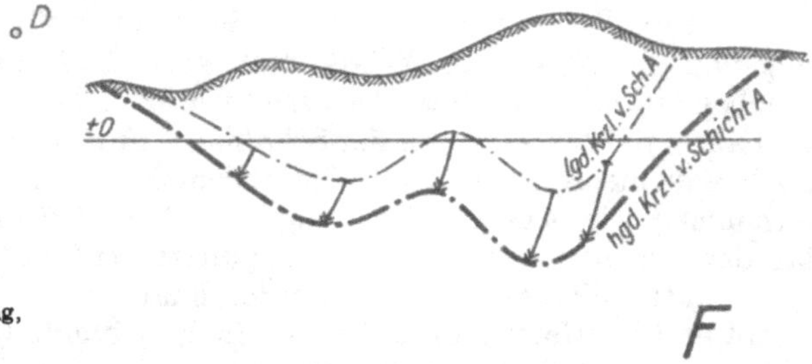

Abb. 127. Flachrißliche Darstellung, zu Fall 14, Tafel 2 gehörend

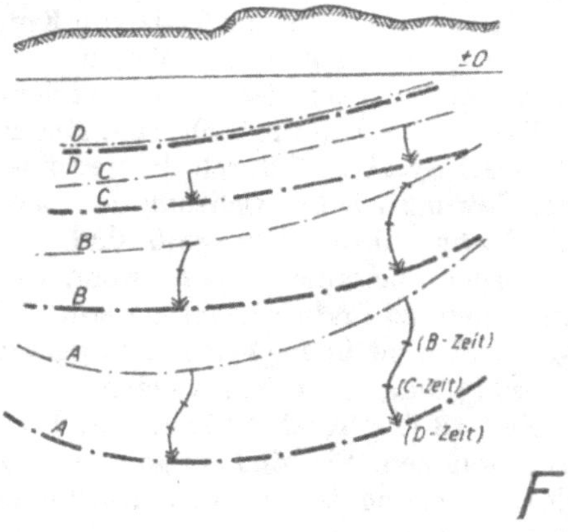

Abb. 128. Flachrißliche Darstellung, zu Fall 17, Tafel 2 gehörend

gegenwärtigen Zustandes heraus. Die Wertlinien nehmen von größerer Teufe zur mittleren Teufe hin ab. Im Teufenbereich der Schicht *E* steigt das Bewegungsmaß noch einmal an, um sich im Horizont von *F* wieder dem Nullwert zu nähern.

c) Hinweise auf tektonisch-lagerstättenkundliche Aufgaben. Salbandbeschreibung, Gangspaltenbeschreibung

Wird die Störung selbst zum Kern der Darstellung, so zwingt sie auch zu einer geeigneten Rißart. Wie die Ausrichtung einer Sohle den Sohlenriß und der Abbau den Grundriß fordert, so wird im Bedarfsfall für eine Störung der Störungsriß das geeignete Mittel sein (II, C, Abb. 77, S. 268). Welche Rißprojektion hierbei angewandt wird, entscheidet die Lage der Störung im Raum. Man wird für eine

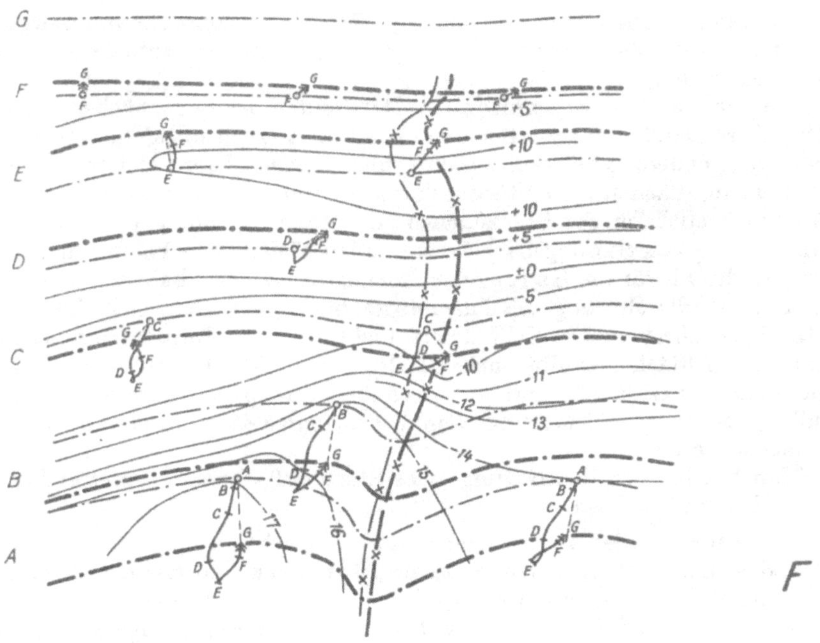

Abb. 129. Flachrißliche Darstellung, zu Fall 18, Tafel 2 gehörend

seigere Störung die S-, für eine söhlige Störung die G- und für eine geneigte Störung die *F*-Projektion (möglicherweise auch eine andere) auswählen. H. Müller (1932) hat sich für den flachen Riß (mit Keilen und Scheibenlinien) entschieden und ihn (als Folgeriß aus G und QSch) für die tektonisch-lagerstättenkundlichen Aufgaben vorbereitet und angewandt. Nachdem seit 1943 der Flachriß mit f_b-Abstandslinien nomographisch aus G gewonnen und nicht viel später zulagefähig gemacht worden ist, ist eine leistungsfähige Rißart vorhanden, in der tektonische und lagerstättenkundliche Aufgaben exakt behandelt und fortgeführt werden können. Hinweise für die geologische und lagerstättenkundliche Fortentwicklung sind bei O. Haibach (1948), S. 18 bis 20 gegeben. Zur diesbezüglichen Anwendung von Wertlinien vgl. O. Haibach (1949) und (1951); Bd. II, Abschnitt III; ferner Band III, Abschnitt II, C, Abb. 80/81, S. 272.

Störungen treten als einfache Flächen auf, oder sie werden von mehreren Flächen gebildet. Besonders die größeren Störungen, die mehr oder weniger parallel zueinander verlaufen, die sich ferner mit der Teufe oder im Streichen nähern, berühren, schneiden und sich wieder voneinander entfernen, bestehen aus mehreren Störungsflächen. Sie können auf eine Zone beschränkt bleiben — auf Störungszonen — und gliedern das Gebirge mehr oder weniger auf; oder die Störungen zertrümmern in dichter Folge den Gebirgskörper oder die Lagerstätte. Vom bergmännischen Standpunkt wird es oft notwendig, ein Geflecht von Störungsflächen als einen Störungskörper aufzufassen, da die Gewinnung von flöz- oder lagerförmig auftretenden Lagerstättenteilen innerhalb der Störungsgrenzflächen unmöglich ist. Andererseits beanspruchen solche gestörte Gebirgsteile das volle bergmännische Interesse, wenn sich in oder an Störungszonen Menge und Güte der zu gewinnenden Mineralien steigern.

Die Aufgabe besteht somit in der Darstellung der Grenzflächen, weil der Weg über diese Darstellung zur Beantwortung der Ausrichtungsfrage für die liegenden und hangenden, größeren zusammenhängenden Lagerstättenteile führt. Die Begrenzungsflächen eines Störungskörpers nennt man *Salbänder*. Wir können den Ausdruck auch für die Grenzflächen einer Störungszone gebrauchen, da bei der Anwendung von Störungsflachrissen in allen Fällen diese Flächen die Kreuzlinien tragen, die wir für die Klärung der Störungsnatur nötig haben. Im anderen Falle, d. h. wenn die Störung die Lagerstätte bildet, erweitert sich die Aufgabe des Störungsflachrisses. Der Riß liefert nicht nur die Formen der liegenden und hangenden Fläche, er gibt auch die Möglichkeit, die Bewegung und die Zeit der Bewegung zu ermitteln, und es müssen auch die Spaltenmächtigkeit, die Spaltenfüllung sowie die Beziehungen und Abhängigkeiten untereinander zu klären versucht werden.

Man hat bei der Bearbeitung eines Störungsflachrisses grundsätzlich folgende Aufgaben zu beachten:

1. das Registrieren von Messungs- und Beobachtungstatsachen,
2. das unmittelbare Ableiten weiterer Tatsachen und deren rißliche Fixierung,
3. die Bearbeitung graphisch wiedergegebener Feststellungen,
4. das Deuten im Zusammenwirken mit geologischen, lagerstättenkundlichen Beweisen und
5. das Herausschälen betrieblicher und wirtschaftlicher Maßnahmen.

Diese vollständige Lösung wird selten erreicht. Sie bleibt oft ganz oder vorübergehend auf halben Wegen stecken, zuweilen wird sie nur teilweise erbracht. Meistens mangelt es an nützlichen Ausgangspunkten, die die Aufgabe vorerst unlösbar gestalten.

Von der darstellungstechnischen Seite ist die Aufgabe vom Verfasser (1925) gelegentlich tektonischer Untersuchungen einer steilstehenden Gangspalte aufgegriffen worden. Damals sind, wie es üblich war, Störungsrisse verwendet worden, da eine exakte Behandlung des Flachrisses, abgesehen von der hilfsweisen Anwendung des Verwerferbildes, noch nicht vorlag. Stattdessen sind — begünstigt durch das Eindringen der Perspektive in das Grubenrißwesen — polygonale und orthogonale Anschauungsbilder, Risse und Achsenrisse benutzt worden. Später hat H. Müller (1932) an Hand eines mit großer Sorgfalt durchgearbeiteten Beispiels aus dem Oberharzer Blei- und Zinkerzbergbau gezeigt, wie durch darstellungstechnische Mittel im Gangbergbau Lagerungs- und Gangverhältnisse innerhalb eines Grubenfeldes erfaßt und geklärt werden können. Dabei spielt die Salbanddarstellung im Flachriß die Hauptrolle. Sie bezweckt, und wie H. Müller u. a. nachgewiesen haben, besitzt auch die Eigenschaft und den Vorzug, folgendes wiederzugeben:

1. Die Faltung mit den Schichtflächen,
2. die Schichten in ihrer petrographischen und faziellen Ausbildung auf Grund geodätischer und geologischer Kartierung,
3. die weiteren Störungen und Gänge mit ihren Kreuzungs- und Scharungslinien,

4. die Störungsnatur entsprechend unseren Ausführungen, Festlegung der Störungsart (Überschiebung, Aufschiebung, Verschiebung, Verwerfung, orogenetische Stellung, Maße, nach Kenn- und Wertlinien),
5. Spaltenform, f_b-Abstandslinien[1]), Mächtigkeitslinien, Gangausweitung und Schließen des Ganges, Aufstiegsschlote der Lösungen, Quellenstämme u. a.,
6. Gangausfüllung nach der Erzkartierung, Erzführung der Mittel, qualitativ, chemisch, mineralogisch (mit Kenn- und Wertlinien), Vertaubung, Material, Grenzen,
7. Wechselwirkungen obiger Erscheinungen, z. B. Petrographie des Nebengesteins, Gangspaltenmächtigkeit und Mineralführung oder Einfluß der den Gang schneidenden gangälteren und gangjüngeren Störungen.

Abb. 130 enthält Auszüge aus einem Flachriß $F_{70°}$. Es sind zu erkennen neben den f_b-Abstandslinien (bei MÜLLER aus den Querschnitten gewonnen):

1. die liegende und hangende Kreuzlinie einer Schicht des Kulms (fw_3). Die Kreuzlinien zeigen verwickeltere Bewegungsvorgänge an, als die gleichmäßige Auffaltung und das seigere Absinken der Hangendscholle oder Torsionsstörungen (Drehverwerfer) es erklären können;
2. die Kleintektonik, im wesentlichen auf die liegende Scholle beschränkt;
3. die teufenmäßige Anordnung der Erzmasse, schräg nach oben gerichtete Lenkung, abnehmende Erzführung mit geringerer Teufe;
4. die Erzführung in flächenmäßiger Verteilung auf der Spalte. Es läßt sich als Schlußfolgerung ablesen: Mächtiger Verwurf und Vertaubung des Ganges; geringmächtiger Verwurf und günstige Erzführung.

d) Beispiel eines Sprunges im Ruhrkarbon

Ausgehend von der Sammlung der Aufschlüsse auf der westlichen Horststörung in einem G-Störungsplan mit t-Abstandslinien, sind als Folgeriß in einen Störungsplan $F_{70°}$ mit Spur in NN parallel dem allgemeinen Streichen der Horststörung unter Anwendung eines Hilfsnetzes und einer Netztafel für $F_{70°}$ (Bd. II, II, B, 1, S. 103—144, und Bd. III, II, C, Abb. 79, S. 270) die interessierenden Punkte nach Lage, Höhe und mit Daten übertragen worden. Dieser Störungsflachriß besitzt t- (± 0 bis -600 m) und f_b- (40 bis 260 m) Abstandslinien. Die t-Linien drücken die Störung als eine verhältnismäßig einfach gebaute Fläche aus, die f_b-Linien, wie z. B. $f_b = 180$ m angibt, bringen eine deutliche, sonst in anderer Weise nicht erkennbare Wellennatur gut zum Ausdruck. Im südlichen Teil der Störung fällt die durch die f_b-Linien ermittelte Einbeulung mit dem Verlauf der Faltenmulde zusammen.

Um ein Kriterium für die Richtigkeit der Darstellung zu finden, sind aus den Abbaugrundrissen insgesamt 96 Aufschlußpunkte unmittelbar in den Flachriß umgeformt. Davon gehören 43 Punkte Aufschlüssen des Hangenden an, deren mittlere Differenz gegen die Bankabstandslinien (einschließlich einiger sehr fehlerhafter Punkte) sich nach $d = \frac{Ld^2}{r}$ zu $d_H = \pm 8$ m ergibt, während aus

[1]) Wegen der Bezeichnung „f_b" für Bankabstandslinien wird auf Abschnitt II, C, S. 271, dieses Bandes verwiesen.

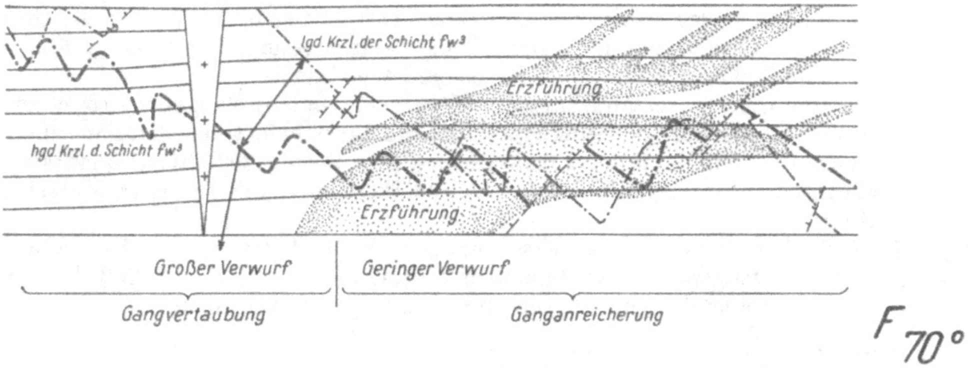

Abb. 130. Flachriß, $F_{70°}$, von Salbändern des Isaaks-Tanner Ganges und seiner Erzführung (nach H. Müller, 1932)

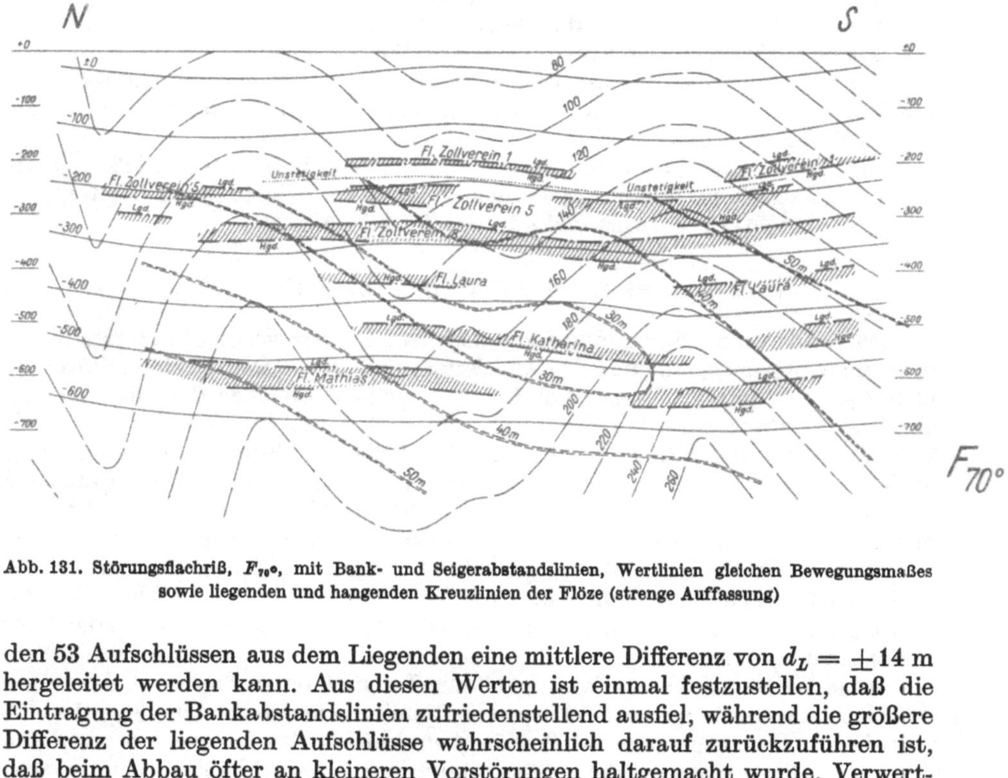

Abb. 131. Störungsflachriß, $F_{70°}$, mit Bank- und Seigerabstandslinien, Wertlinien gleichen Bewegungsmaßes sowie liegenden und hangenden Kreuzlinien der Flöze (strenge Auffassung)

den 53 Aufschlüssen aus dem Liegenden eine mittlere Differenz von $d_L = \pm 14$ m hergeleitet werden kann. Aus diesen Werten ist einmal festzustellen, daß die Eintragung der Bankabstandslinien zufriedenstellend ausfiel, während die größere Differenz der liegenden Aufschlüsse wahrscheinlich darauf zurückzuführen ist, daß beim Abbau öfter an kleineren Vorstörungen haltgemacht wurde. Verwertbare Aufschlüsse reichen von Flöz Hugo bis Flöz Zollverein 1. Die Gegenüberstellung der hangenden und liegenden Flözteile auf der Störungsfläche mit Kreuzlinien, die Ermittlung des Bewegungsmaßes in der Fallinie und ihre Zusammenfassung in Wertlinien gleicher Verwurfsweite ergibt das in Abb. 131 dargestellte Bild des Störungsflachrisses. Man erkennt darin, daß vorerst weder

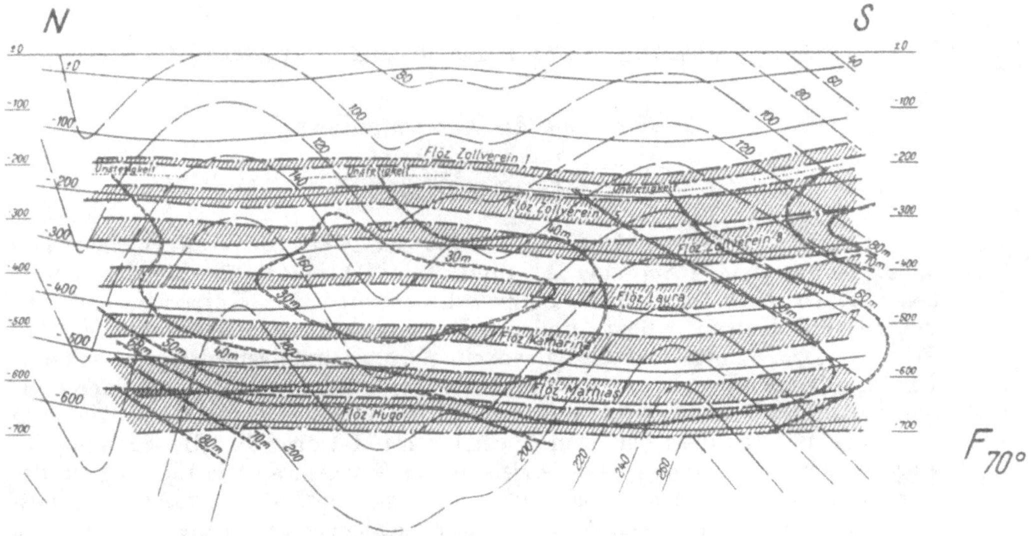

Abb. 132. Störungsflachriß, $F_{70°}$, mit form- und eigenschaftsbeschreibenden Linien, wie in Abb. 131 (freizügige Auffassung)

eine einheitliche Richtung noch ein gleichmäßiges Bewegungsmaß vorliegt.[1]) Weitergehende Untersuchungen erfordern die genaue Kenntnis der zwischenlagernden Sedimente in ihrer örtlichen Ausbildung sowie des sich ändernden Flözverhaltens. Infolge einiger hier noch vorliegender Lücken in der Kenntnis des Gebirgsbaues sind weitere Schlußfolgerungen nicht gezogen.

Es sei jedoch auf die zwischen Flöz Zollverein 5 und 1 auftretende Unstetigkeitszone hingewiesen, in der sich die Verwurfsweite ohne Zusammenhang ändert. Diese Tatsache regt zu der Vermutung an, daß die Störungsbewegung eine lange Zeit angedauert haben kann.

Die Kennlinien für die Bewegungsbahn sind in den Abbildungen 131 und 132 fortgelassen, da sie im allgemeinen in der Fallinie liegen. Die Wertlinien gleichen Bewegungsmaßes schwanken zwischen 30 und 50 m und bestätigen eine längere Lebensdauer des Sprunges. Extrapoliert man die (streng ermittelten) Verwurfswerte der Abbildung 131, so erhält man bei weiterer Bearbeitung das freizügigere Bild der Abbildung 132 mit Wertlinien von 30 bis 80 m.

Die Aussagen wären vielversprechender, wenn nicht die Kreuzlinien infolge der sehr ruhigen Faltung einen einförmigen Verlauf nähmen.

---

[1]) Die Abbauwirkungen auf hangende Gebirgsschichten haben Berücksichtigung gefunden.

G. Bemerkungen zur Ausrichtung von Störungen

1. Zur Frage der Ausrichtungsregeln

a) Im Schrifttum

In einer uns vorliegenden alten Ausgabe der Nicolaus Voigtelschen Geometria subterranea (1686/1714) (Abschnitt I, S. 31), einem für damalige Zeiten beachtlichen Werk, das „Allen Bergwercksliebenden zum Unterricht und versicherlichem Nutzen“ dient, finden wir bereits Auseinandersetzungen über Themen, „wie Klüfte und Gänge voneinander zu unterscheiden und erkannt werden soll, wo ein und ander zu erbrechen sey“. Vor genau hundert Jahren erschien August Heinrich Beers Lehrbuch der Markscheidekunst (1856), das in einem mehr als hundert Seiten umfassenden Kapitel über die „Bestimmung der Lagerstättenebenen durch das Verziehen und Zulegen, so wie die Angabe der Betriebspunkte in und zu denselben“ auch sogenannte *Ausrichtungsregeln* mitteilt. Entsprechend der damals mehr mathematischen Denkweise und des noch verhältnismäßig schwach entwickelten geologischen Wissens kommt eine genetische Betrachtungsweise überhaupt nicht zur Wirkung. Die Aufgabe ist eine ausschließlich bergmännische Angelegenheit, und sie wird entweder rechnerisch oder konstruktiv getrennt vom Grubenbild oder im Grubenrißwerk selbst gelöst.

A. H. Beer bevorzugt mehr den konstruktiven Weg und geht mit einer beachtenswerten Systematik vor. Seine Lehrmethode ist außerordentlich anschaulich, fast schon so, wie wir heute vorgehen, wenn das Anschauungsbild zu Hilfe gerufen wird, um unübersichtliche Konstruktionen in der Projektion noch zu verstehen. Es entspricht daher einer mehr bequemen als sachlich vertretbaren Einstellung, wenn das Störungsproblem — und hier das Problem der *Ausrichtung* einer Störung — mit Regeln bewältigt wird. Auch Beer teilt solche mit, zum Beispiel eine solche für „spitz- und rechtwinklig streichende, recht- oder widersinnig verflächende Verwerfungen“. Es wird hier, wie in vielen anderen Lehrbüchern, Taschenkalendern u. ä. der logische Fehler gemacht, daß es einer Regel ja kaum noch bedarf, wenn die Störung geometrisch und genetisch bekannt ist. Allenfalls dient eben die Regel der Bequemlichkeit, die unter Umständen sogar teuer bezahlt werden muß. Trotzdem halten sich die Regeln, wie schon erwähnt wurde, tapfer über alle Zeiten.

K. Fuhrmann (1922), als besonders praktisch veranlagter Lehrer bekannt, vereinfachte die söhlige Ausrichtung verworfener Lagerstätten zu einer einzigen Regel:

„Fällt ein Sprung (Wechsel) stärker ein als die Lagerstätte, so fahre man nach seiner Durchörterung bei einem zufallenden Sprung (Wechsel) ins Hangende (Liegende), bei einem abfallenden ins Liegende (Hangende).“ Abbildungen, die zu kleinen Modellen zusammengeschoben werden können, veranschaulichen durch Pfeile, nachdem man sie in die richtige Lage und Richtung gebracht hat, die Ausrichtung, die sich nur auf söhlige Strecken bezieht.

Wir sehen, daß auch hier die mathematische Seite des Problems ausschließlich die Oberhand hat.

In einer Ausgabe des Lehrbuches der Bergbaukunde von F. Heise und F. Herbst aus dem Jahre 1930 finden wir ein „sich ergebendes allgemeines Gesetz über die Lage verworfener Gebirgsteile bei echten Sprüngen, das für spitze und stumpfe Sprungwinkel gilt: Bei einem echten Sprung hat man das verlorene Stück einer Schicht, wenn man das Hangende einer Sprungkluft angefahren hat, nach der Seite hin zu suchen, nach der die Kreuzlinie nach unten hin von der Fallinie abweicht. Hat man das Liegende der Sprungkluft angefahren, so ist das verlorene Stück nach der entgegengesetzten Seite zu suchen."

Solche und ähnliche Regeln sind, obgleich es nicht ausgeschlossen ist, daß derartige „Brücken" schon früher bekannt waren, von Schmidt, von von Carnall, E. Treptow (1917), Zimmermann entwickelt und mitgeteilt worden und haben immer wieder zu Ergänzungen oder Vereinfachungen angeregt: Heise-Herbst (s. o.), K. G. Schmidt (in Köglers Taschenbuch für Berg- und Hüttenleute[1])).

K. G. Schmidt (1929) faßt, nachdem auch er Regeln nennt und empfiehlt, in seiner „exakten Behandlung des Verwerferproblems" als Ergebnis zusammen: „Eine vollständige sinngemäße Ausrichtung müßte folgendermaßen vor sich gehen:

1. Feststellung von Streichen und Fallen der Lagerstätte und der Verwerfung,
2. Berechnung der Kreuzlinie,
3. Festlegung der Gleitlinie,
4. Festlegung des abgesunkenen Gebirgsteils,
5. Lage der verworfenen Flügel zueinander,
6. Größe des Kreuzwinkels, zugleich Feststellung, ob absolute Schichtenverdopplung oder -ausfall vorliegt,
7. Berechnung der kürzest möglichen Ausrichtung nach Größe und Richtung,
8. Festlegung der betriebstechnisch günstigen Ausrichtung".

b) Stellungnahme

Im vorausgehenden Abschnitt deuteten wir schon an, daß der Gewinn nach einer Ausrichtungsregel gering zu veranschlagen ist, wenn von der Störung die stereometrischen und bewegungsmäßigen Größen bekannt sind. Sind sie nicht erfaßt, dann gibt es nur die Möglichkeit des Vergleichs mit gleich- oder ähnlich erscheinenden Fällen in der Nachbarschaft der Störung und die Möglichkeit des Versuchs, eine oder mehrere der fehlenden Unbekannten zu entdecken, indem man neue Aufschlüsse anstrebt. Die Aufwendungen hierfür können ebenso geringfügig wie kostspielig sein. Innerhalb dieser Grenzen werden die Mittel und Wege zu suchen sein.

Unsere Auffassung über Regeln wird aber heute durch die neuzeitliche Entwicklung des bergmännischen Karten-, Riß- und Planwesens in ganz anderer Weise bestimmt. Durch die im geologisch-lagerstättenkundlichen Kartenwerk der Bergwerksbetriebe geführten tektonischen Pläne, besonders durch die Störungsrisse, gleich welche Projektion oder welche formbeschreibenden Linien oder Wertlinien wir anwenden, sind wir in der Lage, weit mehr auszusagen, als das früher vor Anwendung der kotierten Projektion der Fall war.

---

[1]) Dortselbst weitere Schrifttumsangaben, die wir in unser Verzeichnis am Schluß des Bandes übernommen haben.

Als Zwischenglieder zwischen der Aufnahme und der Bearbeitung im tektonischen Plan haben kleinere versuchsweise Konstruktionen ihre Berechtigung. Gern werden dazu die bildlich wirkenden Projektionen benutzt, besonders seitdem E. Stach (1922, 1923) durch die Wiedereinführung der Isometrie das Interesse für eine solche Bearbeitungsweise geweckt hat.

2. *Die bergmännischen Ausrichtungsmöglichkeiten*

a) Söhlige und seigere Ausrichtung

Beim Studium der Abschnitte II und III des Bandes II und des noch folgenden Abschnittes dieses Bandes wird der Leser erkennen, daß wir wohl die Aufgaben als solche einzeln behandeln, stets aber bemüht sind, den Zusammenhang mit dem Karten-, Riß- und Planwerk herzustellen, um diese Werke auf ein Bestmaß des Leistungsvermögens zu steigern. Damit sinkt die Bedeutung, die man seither der Einzelaufgabe zugemessen hat. Bekannt ist, daß die theoretisch kürzeste Ausrichtung immer wieder zum Nachdenken veranlaßt hat. Kotierte Projektionen machen das aber in großem Umfange überflüssig. In der *G*-Projektion mit Seigerabstandslinien ist das Ablesen der söhligen und seigeren Ausrichtung unmittelbar gegeben, wenn die Lagerstättenschichtfläche (das Liegende) und die Störungsfläche (das Liegende) formbeschrieben sind. Die Seigerabstandslinie selbst ist söhlig. Für die seigere Ausrichtung werden die Teufenunterschiede ausgezählt.

b) Ausrichtung durch flache Gesteinsstrecken

Auch für diese Art der Ausrichtung können wir uns auf die eingehende Behandlung der kotierten Projektionen bei Band II beziehen. Mit Rücksicht auf den zunehmenden Einsatz von sehr leistungsfähigen Transporteinrichtungen wird die flache Ausrichtung immer mehr angewandt. Rutschen, Bänder aus Gummi oder mit Stahlgliedern, Fördermittel verschiedenster Art mit Krümmungen und Steigung jeder Art gestatten in gewissen Grenzen die Überwindung von Störungen. Die Einplanung von Gesteinsstrecken oder Gesteinsaufhauen für solche Fördermittel geht nach den gleichen konstruktiven Grundregeln vor sich, wie wir sie bei den Anlagen von Straßen besprochen haben.

Durch flache Ausrichtung werden Zahl und Umfang der Aufschlüsse leider verringert; es wird ein Kostenvorteil mit einem empfindlichen Nachteil erkauft. Aber hier kommt glücklicherweise der Aufschluß durch Untersuchungsbohrungen zu Hilfe, die mehr und mehr zur Anwendung gelangen und deren Ergebnisse wiederum in der kotierten Projektion ihre beste Verwendung finden.

Wir lassen noch zwei Ausrichtungsbeispiele folgen:

1. Beispiel: Vorhanden sind drei Gebirgskörper A, B und C mit den Störungen 1 und 2 (Abb. 133). Vorausgesetzt wird, daß die Lagerstättenteile und Störungen gleichbleibendes Streichen und Fallen besitzen. Inwieweit diese Voraussetzung berechtigt ist, ergibt sich aus der allgemeinen Kenntnis der Lagerungs- und Störungsverhältnisse des Untersuchungsgebietes. Daß die Voraussetzungen zutreffen, ist also für die Richtigkeit der Ausrichtungsangaben entscheidend.

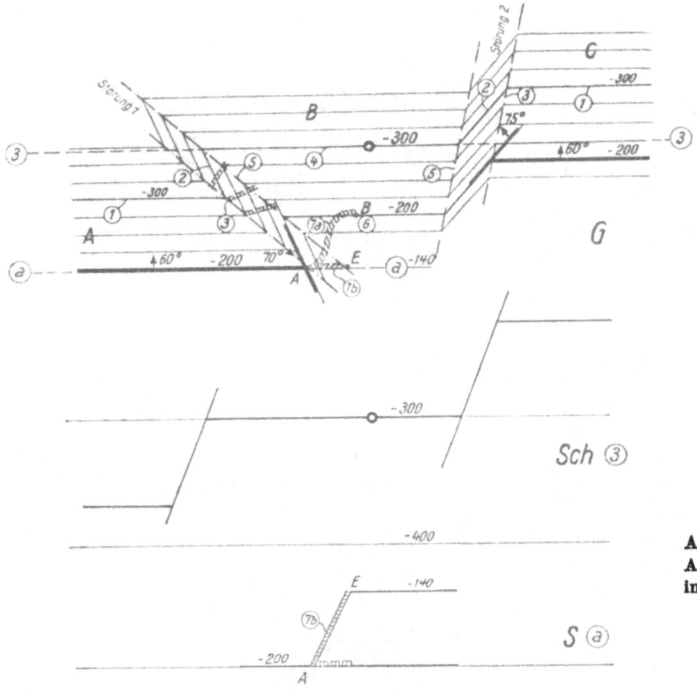

Abb. 133. Ausrichtungsbeispiel 1, in G, Sch und S

Die Aufschlüsse sind in der Abbildung mit stark ausgezogenen Linien und mit fetter Schrift eingetragen und entsprechend dem Gang der Konstruktion numeriert. Die Ausrichtung ist schraffiert angegeben, einmal für die söhlige Ausrichtung (Grundriß), zum anderen für die fast störungsfallende Ausrichtung (Schnitt ①, $\overline{AE}$). Der Vorgang erfordert im einzelnen folgenden Arbeitsgang:

① Zeichnen der Seigerabstandslinien bis —300 im Gebirgsteil *A* und *C*, ausgehend vom Streichen bei —200 mit dem Einfallen 50°.
② Zeichnen der Seigerabstandslinien auf den Störungen 1 und 2 bis —300, ausgehend vom Streichen bei —200 mit dem Einfallen 70° und 75°.
③ Zeichnen der Durchdringungslinien als (untere) Kreuzlinie zwischen *A* und 1 sowie *C* und 2.
④ Zeichnen der Seigerabstandslinie —300 im Gebirgsteil *B* parallel dem allgemeinen Streichen, Vervollständigung der *B*-Fläche bis —200.
⑤ Zeichnen der (oberen) Kreuzlinien zwischen *B* und den Störungen 1 und 2.
⑥ Graduierung der Fläche *B* bis —140.

Für die Ausrichtung der söhligen Strecke 7a, des Überhauens 7b, der Rolllöcher und für die Gestaltung der Abbauführung sind betriebliche Gesichtspunkte maßgebend. Die Möglichkeiten sind angedeutet.

2. Beispiel: Hier sind gleichfalls die Aufschlüsse mit kräftigen Linien hervorgehoben (Abb. 134). Sie bestehen in einer gesattelten Schicht *A* im Liegenden und Hangenden der Störung (Verwerfung — Sprung). Die Störungsfläche ist hin-

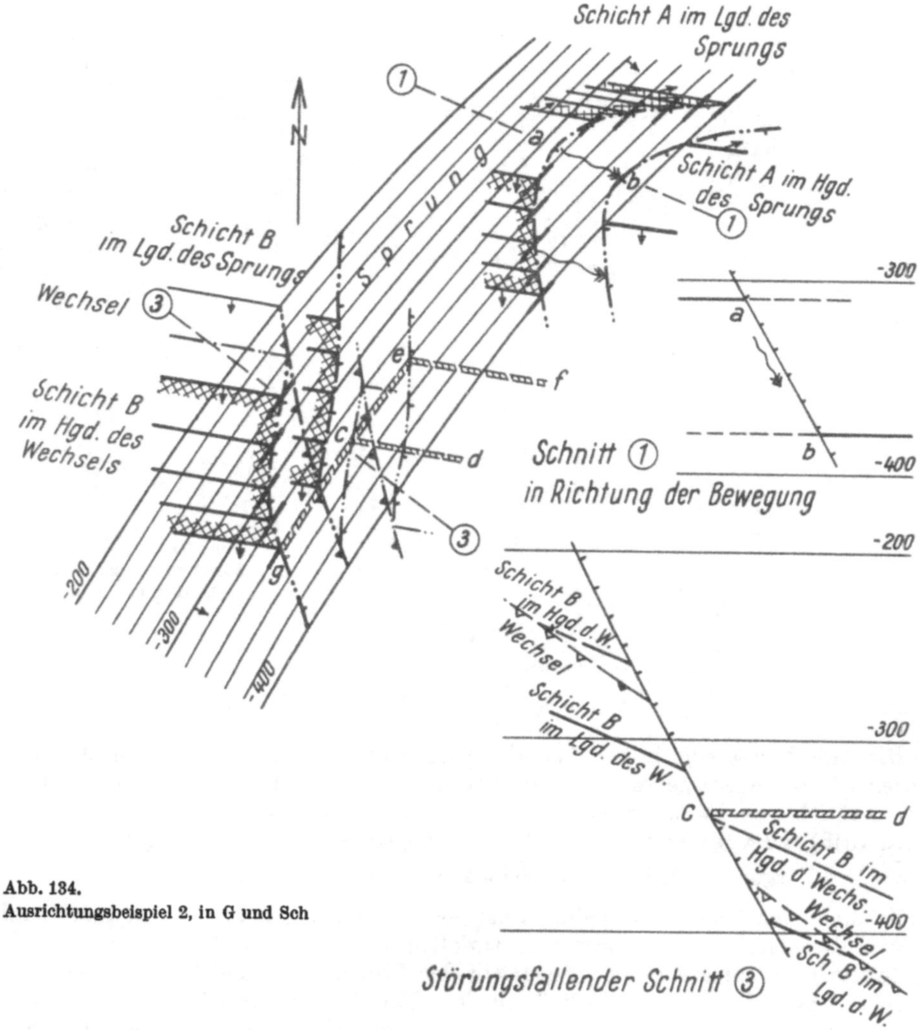

Abb. 134.
Ausrichtungsbeispiel 2, in G und Sch

reichend bekannt, ebenso die Bewegung der Gebirgsteile (Schollen) gegeneinander nach Richtung, Fallen und Weglänge $a-b$ (s. Schnitt ①). Während die Störungsfläche mit Seigerabstandslinien genügend sicher beschrieben werden kann, müssen mangels weiterer Aufschlüsse die im Schnitt ① ermittelten Größen für die gesamte Störungsfläche angenommen werden. Hierin liegen bereits Unsicherheiten für die späteren Ausrichtungsmaßnahmen. Die Schicht *B* ist im Liegenden und Hangenden einer weiteren Störung aufgeschlossen (Wechsel-Überschiebung). Die Überschiebungsfläche ist in nur einem sicheren Aufschluß (bei C) nachgewiesen. Sie muß entsprechend den in einem größeren Bereich gewonnenen Anschauungen projektiert werden, worin wiederum eine weitere Unsicherheit liegt.

Wir zeichnen im liegenden Teil der Störung die Kreuzlinie des Wechsels mit der Störung und die Kreuzlinien der im Hangenden und Liegenden des Wechsels liegenden Schichtteile mit der Störung. Das entstandene Kreuzlinienbild wird nunmehr in G-Richtung $a \to b$ und um die grundrißliche Strecke a—b verschoben. Es werden nur noch die Streichlinien gezeichnet. Die Richtungen ergeben sich aus dem allgemeinen Bau des Sattels. Ansatzpunkte geben die Schnittpunkte der Kreuzlinien mit den Seigerabstandslinien auf der Störung, zum Beispiel c—d in der Teufenlage —340 für den im Hangenden des Wechsels liegenden Teil und e—f in der Teufenlage —340 für den liegenden Teil des Wechsels. Die hangende Kreuzlinie des Wechsels auf der Verwerfung erzeugt mit den Seigerabstandslinien der Verwerfung wieder Schnittpunkte, die es gestatten, Streichlinien des Wechsels zu zeichnen. Diese Wechsel-Seigerabstandslinien und Schichtabstandslinien begrenzen die Überschiebungsfläche.

Wenn die Aufgabe auf eine söhlige Ausrichtung in der Teufenlage —340 beschränkt ist, können wir Richtungen und Verschiebungsmaß sofort ablesen. Von g aus erreichen wir auf der Verwerfung mit der Länge g—c in c die Schicht B im Hangenden der Verwerfung und im Hangenden des Wechsels. Durch weiteres Auffahren im Hangenden der Verwerfung in gleicher Richtung wird mit der Strecke c—e die Schicht B im Hangenden der Verwerfung und im Liegenden des Wechsels erreicht. Mit c—d und e—f befinden wir uns schon in den auszurichtenden Flözteilen. Für die tatsächliche Lage und das Ansteigen der Strecken sind betriebliche Gesichtspunkte maßgebend. Sollen diese Strecken nicht söhlig aufgefahren werden, so ist das Ansteigen in der kotierten Projektion zu berücksichtigen. Eine ansteigende Strecke von g aus ohne Richtung wird durch einen nach oben geöffneten Kegel mit konzentrischen (Graduierungs-) Kreisen dargestellt. Die Schnittpunkte der Graduierungskreise mit den zugehörigen Seigerabstandslinien des auszurichtenden Flözteiles ergeben Richtung und Länge der Strecke.

Damit haben wir die Aufgabe auf die Verfahren der kotierten Projektion zurückgeführt, die wir ausführlich in Bd. II, S. 221, behandelt haben. Da dieses Verfahren einfach und im Hinblick auf die immer auftretenden Unsicherheiten hinreichend genau ist, besteht die eigentliche Aufgabe viel mehr in der Ermittlung der Größen R_a^b und $a \to b$. Die Anwendbarkeit dieser Größen soll — wenn möglich — stets noch an anderen Aufschlüssen überprüft werden.

c) Ausrichtung für Abbauflächen

Die gewinnungstechnische Idealform einer Lagerstätte ist ihre flache Ausbildung bei gleichbleibender Mächtigkeit. Nicht umsonst spricht man von der „Intelligenz einer Lagerstätte", wenn die gleichen Verhältnisse auch nach der Güteseite gegeben sind. Etwas Ähnliches könnte im Hinblick auf die Störungen gesagt werden. Sie können so verlaufen, daß sie den Abbau nur wenig beeinflussen und andererseits ihn praktisch auf längere Zeit zum Erliegen bringen. Es darf also mit demselben Recht von einer Ausrichtung noch gesprochen werden, wenn — wie es in der flachen Lagerung vorkommt — die Verhiebsrichtung festgelegt wird, um Störungen in der zu erstrebenden einfachsten Weise zu überwinden. Hier setzt die „Ausrichtung" der Störung schon sehr früh ein, und sie geschieht zuweilen nicht für eine Störung allein, sondern bezieht sich auf eine ganze Störungszone oder auf mehrere Störungen unterschiedlichen Streichens und Fallens. Für die Störungsausrichtung spielt neben der Verhiebsrichtung das Maß eine Rolle, das für die Überwindung der Störung zwischen den beiden Abbauflächen notwendig ist; das ist die flach gemessene Flächengröße zwischen den Kreuzlinien. Für deren Ermittlung sind tektonische Pläne der betreffenden Lagerstättenflächen und gleicherweise gut durchgearbeitete Störungspläne notwendig; sie gestatten die gewünschte sichere Beurteilung; erst dann ergeben sich „Regeln", die sich aber auf die technischen Durchführungen in erster Linie beziehen.

Wir brauchen es nicht immer mit *einer* Lagerstätte zu tun zu haben. Es können auch zwei verschiedene Lagerstättenflächen sein, die jedoch abbautechnisch als eine einzige anzusprechen sind. Der Markscheider wird untersuchen, inwieweit die Fläche im Zusammenhang gewinnbar ist, ob sie merkliche Unterbrechungen aufweist und wie eine solche Unterbrechung an der Kreuzlinie der einen und an der Kreuzlinie der anderen Lagerstättenfläche beschaffen ist. Er wird voraussagen müssen, ob etwa bei einer Verwerfung die Sprunghöhe dem stratigraphischen Abstand der beiden Lagerstätten entspricht und um wieviel die Maße an der Nahtstelle voneinander abweichen. In allen diesen Fällen sind sorgfältig durchgearbeitete tektonische Pläne sowie Störungspläne mit formbeschreibenden Abstandslinien von großer Bedeutung, um die Ausrichtung richtig zu betreiben. Mit diesen Aufgaben befinden wir uns jedoch bereits in der Betriebsplanung und verweisen auf Abschnitt V.

SCHRIFTTUMSVERZEICHNIS

Adler, R., Die Bedeutung der Schlechtentektonik für den praktischen Bergbau. Bergvermessungstechn. Blätter 1959, Heft 3/4.

Bach, C., und O. Graf, Versuche mit Eisenbetonbalken, 4. Teil. Mitt. Forschungsarb. i. Ingenieurwes., V. D. J., Hefte 122, 123, Springer Verlag, Berlin 1912.

Becker, Abhängigkeit der Gewinnbarkeit der Kohle von tektonischen Einflüssen. Verlag Glückauf, Essen 1931.

Beer, A. H., Lehrbuch der Markscheidekunst. Verlag F. A. Credner, Prag 1856.

Beringer, C., Geologisches Wörterbuch. Stuttgart 1951.

Blaas, J., Über eine neue Methode der Beziehung und Darstellung geologischer Ebenen. Z. f. prakt. Geologie 1896.

—, Über die Lage der Schnittlinie von Terrainflächen und geologischen Ebenen. Jahrb. d. k. u. k. Geol. Reichsanst. Wien 1896.

—, Der Klinokompaß. Jahrb. d. k. u. k. Geol. Reichsanst. Wien 1904.

Börger, Untersuchung der tektonischen Verhältnisse von Ibbenbüren unter besonderer Berücksichtigung der Gesteinsklüfte. Jahrb. d. Preuß. Geol. Landesanst., Berlin 1928.

Böttcher, H., Über die versenkte Faltung und das hypothetische variskische Hochgebirge im Ruhrbezirk. Z. d. Dt. Geol. Ges. Berlin 1942.

—, Stockwerkstektonik oder Faltungstiefenstufe im Gebiet der Ruhrmolasse? Verlag Glückauf, Essen 1944.

Breddin, H., Junge Bodenbewegungen im Niederrheingebiet. Bergbau 1929.

—, Das tertiäre Deckgebirge im Aachener Steinkohlenbezirk. Verlag Glückauf, Essen 1933.

Brathuhn, O., Lehrbuch der Markscheidekunst. Veit & Co., Leipzig 1908.

Brinkmann, R., Abriß der Geologie. Verlag Enke, Stuttgart 1956.

Bucher, W. H., The mechanical interpretation of joints. Journ. Geol., 1920, S. 707.

Burger, K., Ermittlung des Fallwinkels und der Einfallrichtung von Rutschstreifen auf tektonischen Trennflächen. Ein Beitrag zur analytischen Tektonik. Bergfreiheit 1956.

Carnall, R. von, Die Sprünge im Steinkohlengebirge. Archiv f. Min. N. F. Berlin 1835.

Cloos, H., Einführung in die Geologie (Ein Lehrbuch der inneren Dynamik). Berlin 1936.

—, Künstliche Gebirge. Natur und Museum 1920.

Drumm, Vorkommen und Entstehung der „Flözverdrückungen" und ihre Bedeutung für die markscheiderische Aufnahme. Mitt. a. d. Marksch.-Wes. 1930.

Ebert, H., Beiträge zur analytischen Tektonik mit einem Beispiel aus dem östlichen Deister. Z. d. Dt. Geol. Ges., 1923, S. 46.

Fläschenträger, H., Die Bestimmung des söhligen Kreuzlinienabstandes. Mitt. a. d. Marksch.-Wes. 1937.

Fuhrmann, K., Grundzüge der söhligen Ausrichtung verworfener Lagerstätten. Z. f. d. Berg-, Hütten- u. Sal.-W. 1922.

Gräbsch, W., Aufgaben der gebirgsmechanischen Forschung. Der Deutsche Steinkohlenbergbau. Sammelwerk, 2. Band. Verlag Glückauf, Essen 1956.

Haibach, O., Zur Normung des bergmännischen Rißwesens aus Anlaß der Veröffentlichung der Normblätter DIN Berg 1900 bis 1938. Mitt a. d. Marksch.-Wes. 1939[2], Heft 1.

—, Grubensicherheitliche Aufgaben bei der geologischen Bearbeitung des Grubenbildes. Z. f. d. Berg-, Hütten- u. Sal.-Wes. 1944.

—, Betrachtungen zum Schichtenschnitt. Mitt. a. d. Marksch.-Wes. 1948[2].

—, Die Formbeschreibung von Lagerstätten durch Wertlinien unter Anwendung von Raum- und Polarkoordinaten-Umformungsverfahren. Mitt. a. d. Marksch.-Wes. 1949[3].

—, Die Wertlinie als Ausdruck- und Rechenmittel in der darstellenden Geometrie der Lagerstätte. Mitt. a. d. Marksch.-Wes. 1951[1], Heft 1.

—, Wertlinien gleichen Einfallens, zugleich ein Weg zur Oberflächenbestimmung. Mitt. a. d. Marksch.-Wes. 1951[2], Heft 1.

Heise, F., und F. Herbst, Lehrbuch der Bergbaukunde. Springer Verlag, Berlin 1930.

Hellwig, F., Zur Entstehung der Quersprünge und der Querwellung. Bergbau-Archiv. Verlag Glückauf, Essen 1952.

Henke, W., Deutung von Verwerfungen und Darstellung von Profilen. Verlag Glückauf, Essen 1923.

Herwegen, Die zweckmäßige Ausführung von Spezialkarten, Profilen, Massendiagrammen und graphischen Arbeitsplänen zur Erzielung betrieblicher und wirtschaftlicher Vorteile im Braunkohlenbergbau. Z. f. Gewinnung u. Verwertung d. Braunkohle, 1923, Nr. 18.

Höfer, H. von, Die Verwerfungen. Braunschweig 1917.

Hornoch, A. T., Das Verwerferproblem im Lichte des Markscheiders. Wien 1927.

—, Beitrag zur Ausrichtung von Verwerfungen. Sopron 1929.

Hungerer, E., Ein Belegstück zur Elastizitätstheorie der Faltung. Zentralbl. Min., Geol., Paläont., 1922, S. 106.

Kukuk, P., Geologie, Mineralogie und Lagerstättenlehre (Einführung). Springer Verlag, Berlin 1955.

Kukuk, P., und H. R. Kukuk, Die Schlechtenarten und ihre verschiedene Bedeutung für die Kohlengewinnung. Ein Beitrag zur Frage der Schlechten. Verlag Glückauf, Essen 1949, S. 227—231.

Krejci-Graf, K., Scheitelverlagerung und Faltung nicht paralleler Schichten. Z. Erdöl u. Kohle 1956.

Lagerstättenarchiv Steinkohlenbergbau, DIN 21941. Flözarchiv, Markscheiderische Arbeiten. Fachnormenausschuß Bergbau im Dt. Normenausschuß. Beuth-Vertrieb GmbH., Berlin und Köln 1953.

Lehmann, K., Über schräge Verwerfungen und Drehverwerfer im links- und rechtsrheinischen Steinkohlengebiet. Mitt. a. d. Marksch.-Wes. 1919.

—, Bewegungsvorgänge bei der Bildung von Pingen und Trögen. Verlag Glückauf, Essen 1919.

LEHMANN, K., Das tektonische Bild des rheinisch-westfälischen Steinkohlengebirges. Verlag Glückauf, Essen 1920.

—, Das rechtsrheinisch-westfälische Steinkohlengebirge als Ergebnis tektonischer Vorgänge in geologischen Trögen. Verlag Glückauf, Essen 1920.

METZ, K., Lehrbuch der tektonischen Geologie. Verlag Enke, Stuttgart 1957.

MICHELAU, P., Kleintektonische Fragen im Ruhrkarbon. Geol. Rdsch. 1951.

MINTROP, L., Einführung in die Markscheidekunde. Springer Verlag, Berlin 1916.

MÜLLER, H., Die Gangverhältnisse des Blei- und Zinkerzbergwerks Hilfe Gottes bei Grund im Harz und ihr Zusammenhang mit der Tektonik. Diss. Clausthal 1932.

—, Zur Konstruktion des Flachrisses. Mitt. a. d. Marksch.-Wes. 1938[3].

—, Der Flachriß als ergänzende Konstruktionsgrundlage bergbaulicher Sonderrisse. Verlag Glückauf, Essen 1938[4].

NEHM, W., Bewegungsvorgänge bei der Aufrichtung des rheinisch-westfälischen Steinkohlengebirges. Verlag Glückauf, Essen 1930.

—, Über die heutige Markscheidekunde. Mitt. a. d. Marksch.-Wes. 1933.

—, Markscheiderische Erwägungen zum Störungsproblem. Mitt. a. d. Marksch.-Wes. 1939, Heft 1.

—, Die Geologie im Grubenbild. Rißmuster für Markscheidewesen. Verlag Glückauf, Essen 1942[1].

NEUBERT, K., und W. STEIN, Plan- und Rißkunde, Lehrbriefe. Bergakademie Freiberg, 1957.

NEVIN, CH. M., Principles of Structural Geology. New York 1947.

NIEMCZYK, O., und O. HAIBACH, Bergmännisches Vermessungswesen. Bd. II. Akademie-Verlag, Berlin 1956.

OBERSTE-BRINK, K., Die geologischen Verhältnisse auf dem Steinkohlenbergwerk Plötz bei Löbejün. Jahrb. d. Halle'schen Verbandes zur Erforschung der mitteldeutschen Bodenschätze. III. Band. Verlag W. Knapp, Halle (Saale) 1921.

—, Die Darstellung der Tektonik im Grubenbild. Mitt. a. d. Marksch.-Wes. 1930.

—, Sedimentation und Tektonik des Karbons im Ruhrkohlenbezirk. Verlag Glückauf, Essen 1933.

OBERSTE-BRINK, K., und F. HEINE, Klüfte und Schlechten in ihren Beziehungen zum geologischen Aufbau des Ruhrkohlenbeckens. Verlag Glückauf, Essen 1934, S. 1021—1028.

OBERSTE-BRINK, K., Der Mechanismus der tektonischen Bewegungsvorgänge im Ruhrbezirk. In P. Kukuk, Geologie des niederrheinisch-westfälischen Steinkohlengebietes. Berlin 1938.

—, Vergleichender Überblick über die Stratigraphie, Paläogeographie und Tektonik der großdeutschen Steinkohlenbecken. Der Deutsche Steinkohlenbergbau. Techn. Sammelwerk, 2. Band, S. 343. Verlag Glückauf, Essen 1942.

—, Sedimentation und Faltung und das hypothetisch-variskische Hochgebirge im Ruhrbezirk. Z. d. Dt. Geol. Ges. 1943.

PAUS, H., Messungen an der Aachener Sandgewand. Diss. T. H. Aachen 1932.

PILGER, A., Die tektonischen Richtungen des Ruhrkarbons und ihre Beziehungen zur Faltung. Z. d. Dt. Geol. Ges. 1955.

—, Lineamente im Ruhrkarbon. Geol. Jb. 1955, S. 395—404.

—, Über die Lage von Schichtflächen und Achsen innerhalb der Querstörungen des Ruhrgebietes. Geol. Jb. 1955, S. 331—380.

—, Die Anwendung moderner tektonischer Methoden, besonders der Gefügekunde an Erzgängen des Ruhrgebietes. Z. f. Metallerzbergbau u. Hüttenwes. 1955.

—, Der tektonische Bau des Ruhrkarbons. Bergbau-Rdsch. 1956.

PILZ, Neuere Mergelabstürze im niederrheinisch-westfälischen Steinkohlengebirge. Verlag Glückauf, Essen 1906.

QUIRING, H., Über kontravergente Transformationen von Faltenzonen im rheinischen Gebirge. Z. d. Dt. Geol. Ges. 1939.

Richtlinien für Herstellung und Ausgestaltung des bergmännischen Rißwerks. Buch- u. Chromaldruck von Josef Schäfer, Düsseldorf 1950/51.

Rißmuster für Markscheidewesen zu DIN Berg 1901—1940. Herausgegeben vom Fachnormenausschuß für Bergbau (Faberg). Verlag Glückauf, Essen 1942.

Rüger, L., Einige Bemerkungen zur Darstellung tektonischer Elemente, insbesondere von Klüften und Harnischen. Sitzungsber. d. Heidelberger Akad. d. Wiss., Berlin u. Leipzig 1928.

Sander, B., Einführung in die Gefügekunde.

I. Allgemeine Gefügekunde und Arbeiten im Bereich Handstück bis Profil. Springer Verlag, Wien u. Innsbruck 1948.

II. Das Korngefüge. Springer Verlag, Wien u. Innsbruck 1950.

Särchinger, H., Geologie und Gesteinskunde. Volk und Wissen Volkseigener Verlag, Berlin 1958.

Schleier, O., Gesteinsklüfte und Schlechten im westlichen Teil der Essener Mulde und des Gelsenkirchener Sattels, ihre Beziehung zur Faltung und den Verwerfungen. Mitt. a. d. Marksch.-Wes. 1931/32.

Schmidt, J. Chr. L., Theorie der Untersuchung älterer Gänge mit Anwendung auf den Bergbau. Frankfurt (Main) 1810.

Schmidt, K. G., Einige Bemerkungen zur exakten Behandlung des Verwerferproblems. Mitt. a. d. Marksch.-Wes. 1929.

Schmidt, M., Die Verschiebungen auf Blättern im Karbon des rheinisch-westfälischen Steinkohlenbezirkes. Mitt. a. d. Marksch.-Wes. 1955.

Schmidt, W., Gefügestatistik. Tschermak, Mineralog.-petrogr. Mitt. Wien 1925, Becke-Festband.

—, Tektonik und Verformungslehre. Verlag Borntraeger, Berlin 1932.

Scholz, J., Zur tektonischen Analyse der mitgefalteten Überschiebungen im niederrheinisch-westfälischen Steinkohlengebirge. Z. d. Dt. Geol. Ges., 1955, Hannover Juni 1956.

Schulte, G., und W. Löhr, Markscheidekunde für Bergschulen und für den praktischen Gebrauch. Springer Verlag, Berlin 1958, 3. Aufl.

Schulte, H., Das geologische und lagerstättenkundliche Karten-, Riß- und Planwerk. Der Deutsche Steinkohlenbergbau. Sammelwerk, 2. Band, 1956.

Schulte, H. F., Beobachtungen beim Abteufen eines Gefrierschachtes als Beispiel für die stratigraphische Feinaufnahme im Steinkohlenbergbau. Verlag Glückauf, Essen 1952, S. 1243ff.

Seidel, G., Die Schollentektonik des Wurmgebietes bei Aachen. Z. d. Dt. Geol. Ges. 1938.

—, Eine anschauliche Darstellung tektonischer Flächen im Diagramm. Verlag Glückauf, Essen 1949[1].

—, Abgrenzung von Kleinstörungszonen in unaufgeschlossenem Gebirge. Bergb.-Rdsch. 1949[2].

—, Vorausbestimmung und Darstellung von Schlechten und Klüften im rheinisch-westfälischen Steinkohlengebirge. Verlag Glückauf, Essen 1951, S. 497.

—, Tektonische Zusammenhänge im niederrheinisch-westfälischen Steinkohlengebirge. Z. d. Dt. Geol Ges. 1952[1], S. 185—187.

—, Die Auswertung von Kluft- und Schlechtenmessungen für den praktischen Betrieb im Steinkohlenbergbau. Compte rendu. 3. Kongr. f. Karbongeologie, Heerlen 1952[2].

—, Entwurf einer genetischen und morphologischen Systematik der großtektonischen Störungen des Ruhrkarbons. Mitt. d. westf. Berggewerkschaftskasse (Kukuk-Festschrift), Bochum 1957.

Seidl, E., Bruch- und Fließformen der technischen Mechanik und ihre Anwendung auf Geologie und Bergbau. V. D. I.-Verlag, 1933.

—, Erklärung der Gesamttektonik des Ruhr-Lippe-Gebietes durch Hohlformdruck. Der Bergbau 1933.

—, Hohlformdrucktektonik, erläutert an Mulden- und Sattelflanken des Appalachischen und des Ruhr-Lippe-Steinkohlengebietes. Z. d. Dt. Geol. Ges. 1933.

Seitz, O., Über die Tektonik der Luganer Alpen. Verhandl. d. Med. Vereins zu Heidelberg, N. F. 1917, S. 533.

—, Das Wulff'sche Netz als Hilfsmittel bei tektonischen Untersuchungen. Verlag Glückauf Essen 1924.

STACH, E., Die stereographische Darstellung tektonischer Formen in Würfeldiagrammen auf Stereomillimeterpapier. Z. d. Dt. Geol. Ges. 1922, S. 277.

—, Horizontalverschiebungen und Sprünge im östlichen Ruhrkohlengebiet. Verlag Glückauf, Essen 1923, S. 669.

STIELER, K., Ein Beitrag zum Kapitel Klüfte. Zentr. Bl. Min., Stuttgart 1922, S. 664—672.

STOČES, Tektonische Geologie für Montanisten. Verlag Jänicke, Leipzig um 1925.

TREPTOW, E., Grundzüge der Bergbaukunde. Leipzig 1917, 6. Aufl.

TREPTOW, O., Der Störungsgrad von Flözen und Schachtanlagen, ein Versuch seiner Deutung und Kennzeichnung. Verlag Glückauf, Essen 1958.

UHLICH, P., Lehrbuch der Markscheidekunst. Verlag Graz & Gerlach, Freiberg (Sa.) 1901.

VOIGTEL, N., Geometria subterranea oder Markscheidekunst. Eisleben 1686, 2. Aufl. 1714.

WILLIS, B., The mechanics of Appalachian. Structure-Ann.-Rep. USA, Geol. Survey, 13, Part. II, Geology, S. 211ff., 1891—1892.

WILSKI, P., Markscheidekunde, Bd. I, Springer Verlag, Berlin 1929; Bd. II, Springer Verlag, Berlin 1932.

ZIMMERMANN, CHR., Die Wiederausrichtung verworfener Gänge, Lager und Flöze. Darmstadt 1828.

ZÖLLICH, M., Das Problem des Deckenbaus im Mittelharz. Z. d. Dt. Geol. Ges. 1939, Heft 7.

—, Zur Deckenfrage im Mittelharz. Abh. d. Preuß. Geol. Landesanst. Berlin, 1939.

SACHVERZEICHNIS

Abbaudaten, erste — 67, 69
Abbauflachriß 225, 281, 299, 311
Abbaugrundriß 207ff., 280ff., 288
Abbauschnittrisse 234ff.
Abbauseigerriß 211ff., 243
Ablaugungsdiskordanz, tektonische 434
Abriß, alter Begriff 80
—, neuer Begriff 118
Abstandslinien, Bank- 112
—, Flach- 220
—, Längs- 223
—, Seiger- 212, 224
—, Quer- 212, 223ff.
Amtsgrubenbild 93ff.
Anschauungsbild 70, 82
Antiklinorium 414
Aufsicht, bergbehördliche der Markscheider 114ff.
Aufsuchen verworfener Flözteile 454ff.
Ausbildung, in England 97ff.
Auslenkung 477
Ausrichtung für Abbauflächen 513
Ausrichtungsregeln 497, 508ff.
Anisometrische Projektion 70
Axonometrische Projektion 70

Bankabstandslinien 112
Beanspruchungspläne 407ff.
Berechnungsbuch 172
Berechtsame 122ff.
Berechtsamsakten 126
Berechtsamsriß 125, 180, 186ff.
Berggesetz, Allgemeines für die Preußischen Staaten (ABG) — 74ff., 93, 113
Berggesetz, Allgemeines österreichisches — 94ff.
Bergordnungen 11
Bergpolizeiverordnung, Allgemeine österreichische 95
Betriebsfeldgröße 126
Betriebskarte 289
Betriebsplanwerk 107ff.
Betriebspunktriß 210
Bewegung auf Störungsflächen 495ff.
Blattparallele Faltung 443ff.
Blattverzeichnis 180ff.
Blockdiagramm 314
Blockfaltung 441
Bohrgrundriß 178, 194, 198, 288ff.
Bohrlochsbild 314, 319, 322
Bohrlochvermessungen 387ff.
Bohrriß 178, 193ff., 297, 310
Bohrschnittriß 178, 194ff., 288, 294, 314
Bruchgrenze 407

Clossche Flächen 393

Denudationsdiskordanz, tektonische 434
Direktionsprinzip 8
Disharmonische Faltung 414, 421
Diskordanz, tektonische 434
Durchschnittslinie 69

Eastmann-Verfahren 389ff.
Einfallende 65ff.
Elastizität 407ff.
Erbbereiten 140
Erdölaltvertragsgebiete 134, 137
Erdölgewinnungsfeld 135ff.
Erdölverordnung 137
Erdölzuteilungsriß 136ff.

Faltenformen 412ff.
Faltenspiegel 414
Faltentypen 438ff.

Faltung 412ff., 421, 440ff.
—, blattparallele — 443ff.
—, Block- 441
—, disharmonische — 414, 421
—, harmonische — 414, 421
—, Hohlformdruck- 440
—, Längen- 448
—, Scher- 443
—, Quer- 343ff., 448
—, Stockwerks- 448
Faltungsdiskordanz, tektonische 434
Faltungsintensität 447ff.
Faltungsintensitätswert 450
Fehlergrenzen 73, 77, 95, 99
Feldbuch 169ff.
Feldesaustauschriß 138
Feldeseckpunkte 126ff.
Feldesteilungsriß 139
Feldesumwandlungsriß 137ff.
Feldesvermessungsriß 140
Feldeszulegungsriß 138ff.
Feldeszusammenlegungsriß 139
Firstengrundriß 209ff.
Firstenstoßbau 209
Flachabstandslinien 220
Flache Schubhöhe 484
Flache Sprunghöhe 484
Flache Zustandsrisse 227
Flacher Riß 70, 78
Flachriß 65ff., 85, 212
— als Folgeriß 230
— als Ursprungsriß 228ff.
Flachriß, betrieblicher 227
Flächengröße 126
Flexur 464
Fließgrenze 407
Flözkarte 80ff.
Förderdiagramm 314
Folgeriß 221
— Flachriß als — 230ff.
Freiberger Rißarchiv 66ff.
Fundamentalriß 72, 77, 79
Fundgrube 142ff.
Fundpunkt 123ff., 135, 142ff.
Fundsohle 142ff.

Gabelung 477
Gangspaltenbeschreibung 502ff.
Gebirgsschlag 109ff.
Geigerzähler 374
Geologische Zeichen 120
Geologisch-Lagerstättenkundliches Rißwerk 107ff.
Gerechtsame 122
Gerechtigkeit 122
Gestaltelastizität 407
Gewerbeordnung für den Norddeutschen Bund 77
Gewinnungsvertrag 135
Geviertfeld 76
Gradbogen 371ff.
Grenzbau 356ff.
Grenzriß 180, 188ff.
Grubensicherheit 109ff.
Grundeigentümerbergbau 122
Grundschnitt 234

Häufigkeitsgrad 493
— von Störungen 493
Handbuch der Aufnahmen unter Tage 171ff.
Harmonische Faltung 414, 421
Harnischstreifen 404, 443, 473ff.
Hauptschichtenschnitt der Lagerstätte 235
— der Schichtenfolge 235
Hauptschnittlinie 241
Haupttitelblatt 180ff., 280, 288, 299, 309
Hilfsvierung 145ff.
Höhen, in Grubenplänen 76
Hohlformdruckfaltung 440
Horst 464
Hysteresisschleife 463

Instruktionen für Markscheider 71ff.
Isometrische Projektion 70

Jahrbuch der Kgl. Bergakademie Frey(i)berg 67

Kernorientierung 387ff.
Klüfte 391ff.
Kluftnormale 404
Körperliche Ecke 451ff.
Kompressibilität 457
Konsolidation 139
Konzession, Markscheider- 77
Kopfmarkscheide 143ff., 147
Konzessionsgebiet (Erdöl) 136ff.
Konzessionsvertrag 135
Kreuzlinie 69, 82
Kreuzriß 236

Lachter (als Teil einer Maaße) 142
Lachter, sächsisches 67
Längenfaltung 448
Längenfeld 76, 140ff.
Längenschnittriß 235, 280
Längsabstandslinien 223
Längsschnittriß 235, 280
Lageriß 193, 313

Lagerstättenarchiv (allgemein) 111, 212
Lagerstättenarchiv Braunkohle 194ff.
Lagerstättenkarten 80
Lehrbücher der Markscheidekunst 78ff.

Maaße 142ff.
Markscheide 122, 149ff.
Markscheiderordnung (Bundesrepublik) 84ff., 91ff., 105ff., 113ff., 121
— (DDR) 93ff., 114
Markscheider-Reglement, Allgemeines 73, 76, 78, 105
Mittagslinie 72
MOHRsche Flächen 393
Mordgrube 68ff.
Muldenachse 420ff.
Muldenachsenfläche 420ff.
Muldenlinie 420ff.
Muldenstreichlinie 420ff.
Muldentiefster Punkt 423
Muldentiefstes 420ff.
Mutungsübersichtskarte 135ff.

Nachtragung 72, 113
NEHMsche Systematik 452ff.
Normen (für Markscheidewesen) 84ff., 91ff.
Normenausschuß (Normen für Markscheidewesen) 84ff., 91ff.

Öffentlicher Glaube 105ff., 114

Pressungsmaß 468
Profilrisse 67
Projektion, anisometrische 70
—, axonometrische 70
—, isometrische 70

Querabstandslinien 212, 223ff.
Querfaltung 343ff., 448
Querschnittriß 234, 280
Querwellung 434ff.

Raumkoordinaten 247
Realisierung 141ff.
Rechtsgrundlage des Grubenrißwerks 105ff.
Regionaldeformation 450
Rektifizierung 141ff.
Rekultivierungsriß 238
Richtlinien 84ff., 93ff., 118ff.
Riß, Ab-, alter Begriff 80, neuer Begriff 118
—, Abbauflach- 225, 281, 299, 311
—, Abbaugrund- 207ff., 280ff., 288ff., 297ff., 310, 351
—, Abbauseiger- 281, 288, 299ff., 310
—, Berechtsams- 180, 186ff.
Riß, Betriebspunkt- 210, 276
—, Betriebszustands- 238, 289ff., 300
—, Bohr- 178, 193ff., 297, 310
—, Bohrgrund- 178, 194ff., 288ff.
—, Bohrschnitt- 178, 194ff., 288, 294, 314
—, C(K)onzessions- 76
—, Erdölzuteilungs- 136ff.
—, Feldesaustausch- 138
—, Feldesteilungs- 139
—, Feldesumwandlungs- 137ff.
—, Feldesvermessungs- 140
—, Feldeszulegungs- 138ff.
—, Feldeszusammenlegungs- 139
—, Firstengrund- 209ff.
—, Flach- 65ff., 85, 212, 228ff.
—, flacher — 70, 78
—, geologischer — 213
—, Grenz- 180, 188ff.
—, Hauptgrund- 78
—, körperlicher — 70
—, Kreuz- 79
—, Längenschnitt- 235, 280
—, Längsschnitt- 235, 280
—, Lage- 193, 313
—, Lagerstätten- 203
—, Mutungs- 76, 113, 123, 134ff., 138
—, Permissions- 76
—, Produktions- 314, 319
—, Profil- 67
—, Quer- 79, 303
—, Querschnitt- 234, 280
—, Rekultivierungs- 288, 294
—, Seiger- 79, 83ff.
—, Situations- 78, 136
—, Sohlen- 78, 178, 198ff.
—, Sohlengrund- 178, 198ff., 281, 299, 301ff.
—, Sohlengruppen-Grund- 201
—, Sohlenseiger- 178, 199, 203
—, Sohlenübersichts- 178, 199, 203, 307
—, Schichtenschnitt- 280
—, Schnitt- 234ff.
—, Schürf- 76, 133ff.
—, Störungsflach- 221, 262ff.
—, Tage- 178, 190ff., 280, 288, 299, 310
—, Tagebau- 237ff.
—, Verleihungs- 76, 123, 134ff.
—, Wasserstrecken- 243ff.
—, Zulege- 72, 77, 79, 164ff.
—, Zustands- 238, 289
Rißarchiv, Freiberger 66ff.
Rißmuster 121
Rißwerk, Geologisch-Lagerstättenkundliches — 107ff.

Rißwesen in England 97ff.
Rißwesen in USA 100ff.
Rißwesen in UdSSR 102ff.
Rutschstreifen 376ff., 404, 443

Salband 267ff., 475
—-beschreibung 502ff.
Sattelachse 422
Sattelachsenfläche 422
Sattelhöchstes 422
Sattellinie 422
Sattelstreichlinie 422
Sattelhöchster Punkt 422
Seigerabstandslinien 212, 224
Seigere Schubhöhe 484
Seigere Sprunghöhe 484
Seigerriß 79, 83ff.
Seigerverwurf 484
Sicherheitspfeiler 156ff.
Single-Shot-Verfahren 389
Situationsriß 78, 136
Söhlige Schubweite 484
Söhlige Sprungweite 484
Sohlengrundriß 178, 198ff., 281, 299, 301ff.
Sohlenriß 78, 178, 198ff.
Sohlenseigerriß 178, 199, 203
Sohlenübersichtsriß 178, 199, 203, 307
Sprung — Beispiel 505ff.
Sprunghöhe, flache — 484
—, seigere — 484
Sprungweite 484
Spurlinie 83
Staatsvorbehaltsgebiet 134ff.
Substanzausgleich 155
Synklinorium 414
Scharen, das 473ff.
Scharungslinie 477
Scheibenlinie 83ff., 212
Scheitelverlagerung 445ff.
Scherfaltung 443
Scherfläche 409ff.
Schichtung 391
Schichtungsdiskordanz, tektonische 434
Schieferung 391ff., 406ff.
Schlechten 392ff.
Schleppung 477
SCHMIDTsches Netz 401ff.
Schnitt 234ff.
—, Hauptschichten- 235
Schnittpunktberechnung 127ff.
Schrägstoßbau 209
Schubhöhe, flache 484
—, seigere — 484
Schubweite 484
Schürfriß 76, 133ff.
Schuppenbildung 466ff.
Steine und Erden (Bergbau auf —) 322ff.
Steinkohlenförderung (Gesamtpreußen) 71
Stockwerksbau 434
Stockwerksfaltung 448
Stockwerkstektonik 414, 434
Störung 451ff., 484ff.
Störungsflachriß 221, 506ff.
Störungsgrad 493
Störungshäufigkeit 493
Störungsrose 410
Streckgrenze (bei Beanspruchung durch Zug oder Druck) 407
Struktur (der Gesteine) 391

Tagebau 237ff.
Tageriß 178, 190ff., 280, 288, 299, 310
Tektonik 366ff.
—, Aufnahme, Auswertung und Darstellung 370ff.
— in bergmännisch-geologischen Karten 485ff.
— in geologischen Karten 485
— im Schaubild 488
Teufe, ewige 145ff.
Textur 391
Tiefenlinienplan 314
Titelblatt 178, 180ff.
Titelblatt, Haupt- 180ff., 280, 288, 299, 309
Transformation von Flächen 395ff., 480ff.
Transformationen von Raumkoordinaten 247ff.
Transversalmaßstab, Lachter- 67
Trennflächen 391ff.
Trennkeil 83ff.

Umkehrverwerfung 466
Ursprungsabbauseigerriß 220ff.
Ursprungsriß 84ff., 220ff.
Ursprungsriß, Flachriß als — 228ff.

Verleihungsgröße 126
Verdrückung 106
Verformungsellipsoid 407ff.
Verfüllungsbericht 319, 322
Vermessungslinie 143ff.
Verordnung über technische Ausführung von Markscheiderarbeiten 114, 118ff.
Vierung, geologische 143ff.
—, geodätische 143ff.
—, kleine 142ff.
—, große 142ff.

Volumelastizität 407
Vorschriften über Ausübung der markscheiderischen Praxis in England 97 ff.
Vorschriften, Allgemeine, für Markscheider in Preußen 77

Wachsscheibenmethode 2
Wasserstreckenriß 238, 243 ff.
Wechsel 471
Wendefläche 428
Werksgrubenbild 93 ff.
Wertlinien 212
WULFFsches Netz 398 ff., 402

Zerreißgrenze 407
Zerrungsmaß 466
Ziviltechnikergesetz 95
Zulegeriß 72, 77, 79, 164 ff.
Zulegerißwerk 164 ff.
Zustandsriß 238, 289
Zustandsrisse, flache 227